Android
应用案例开发大全（第4版）

吴亚峰　苏亚光　于复兴◎编著

人民邮电出版社

北京

图书在版编目（CIP）数据

Android应用案例开发大全 / 吴亚峰，苏亚光，于复兴编著. -- 4版. -- 北京：人民邮电出版社，2018.9（2023.8重印）
ISBN 978-7-115-48243-3

Ⅰ. ①A… Ⅱ. ①吴… ②苏… ③于… Ⅲ. ①移动终端—应用程序—程序设计 Ⅳ. ①TN929.53

中国版本图书馆CIP数据核字(2018)第068862号

内 容 提 要

本书以讲解Android手机综合应用程序开发为主题，通过11个典型范例全面且深入地讲解了单机应用、网络应用、商业案例、游戏案例等多个开发技术。

全书共分12章，详细介绍了3D动态壁纸—百纳水族馆，LBS类应用—掌上杭州，营销管理系统—手机汽车4S店，LBS交通软件—百纳公交小助手，校园服务类应用—社团宝，校园辅助软件—手机新生小助手，生活辅助类应用—美食天下，音乐休闲软件—百纳网络音乐播放器，中学教育AR应用—化学可视体验，益智类游戏—污水征服者，生活服务类应用—驾考宝典等Android应用的开发技术。书中所有案例的全部源代码读者都可以通过网络下载，方便学习。

本书以真实的项目开发为写作背景，具有很强的实用性和实战性。讲解上深入浅出、通俗易懂，既有Android开发的实战技术和技巧，也包括真实项目的策划方案。本书非常适合初学者或有一定Android基础并希望学习Android高级开发技术的读者使用。

◆ 编　著　吴亚峰　苏亚光　于复兴
　责任编辑　张　涛
　责任印制　焦志炜

◆ 人民邮电出版社出版发行　北京市丰台区成寿寺路11号
　邮编　100164　电子邮件　315@ptpress.com.cn
　网址　https://www.ptpress.com.cn
　北京九州迅驰传媒文化有限公司印刷

◆ 开本：787×1092　1/16
　印张：37.75　　　　　　　　2018年8月第4版
　字数：1 000千字　　　　　　2023年8月北京第9次印刷

定价：99.00元

读者服务热线：(010)81055410　印装质量热线：(010)81055316
反盗版热线：(010)81055315
广告经营许可证：京东市监广登字20170147号

前　言

为什么要写一本这样的书

Android 正以前所未有的速度聚集着来自世界各地的开发者，越来越多的创意被应用到 Android 应用程序的开发中，大有席卷整个手机产业的趋势。

面对如此火爆的 Android 大潮，一些有关 Android 的技术书也开始在各地书店上架。纵观这些 Android 图书，其中缺少集商业应用和游戏开发于一体的案例图书，而如何把学习的 Android 知识系统地应用到实际项目中是许多读者进入实战角色前必备的技能。

本书正是在这种情况下应运而生的，作为国内难得的一本讲解 Android 应用大案例开发的专业书，作者为这本书倾注了很多的心血。书中既包括大型商务软件、益智游戏等，也包括现在正在风口浪尖的 AR 技术，同时详细讲解了软件、游戏开发时的思路以及真实项目的策划方案等。本书能够快速帮助读者提高在 Android 平台下进行实际项目和游戏开发的实战能力。

内容导读

本书内容分为 12 章，涵盖了商务软件、主流应用以及游戏程序案例，详细地介绍了 Android 平台下各种软件的开发流程。主要内容安排如下。

第 1 章　初识庐山真面目——Android 简介

本章介绍 Android 的来龙去脉，并介绍 Android 应用程序的框架，然后对 Android 的开发环境进行搭建和调试，同时还简要介绍如何导入并运行本书中的案例项目。

第 2 章　3D 动态壁纸——百纳水族馆

本章的案例为一个采用 OpenGL ES 3.0 技术开发的 3D 水族馆动态壁纸，运行时效果真实，具有很强的用户吸引力。同时还带有一定的交互能力，可以通过单击屏幕给水族馆中的鱼喂食，很有趣味性。

第 3 章　LBS 类应用——掌上杭州

本章介绍的是 LBS 类应用程序掌上杭州的开发。掌上杭州主要有首页、搜索、设置 3 大主项，其中首页包含美食、景点、住宿、医疗、娱乐、购物，设置中包含了字体、关于和帮助，搜索中可方便地搜索当前应用中的信息。

第 4 章　营销管理系统——手机汽车 4S 店

本章开发一个基于网络的营销管理系统，主要包括数据库、服务器端、PC 端和 Android 端。通过本章的学习，读者可以基本掌握基于移动互联网平台的营销管理系统的开发。

第 5 章　LBS 交通软件——百纳公交小助手

本章介绍的是 Android 应用程序百纳公交小助手的开发。百纳公交小助手基于百度地图进行二次开发，实现了北京、上海、广州、深圳与唐山这 5 个城市的公交线路查询、换乘查询、定位附近站点以及语音导航等功能。

第 6 章　校园服务类应用——社团宝

本章介绍的是校园服务类应用——社团宝的开发。本应用是以华北理工大学校园社团为参考进行设计和构思的。社团宝实现了社团、活动、社交和个人等功能，是为学生的校园生活提供便利服务的应用。

第 7 章 校园辅助软件——手机新生小助手

本章介绍的是 Android 客户端应用程序新生小助手的开发。本应用是以河北联合大学（简称联大）为模板进行设计和构思的。新生小助手实现了认识联大、唐山简介、报到流程、唐山导航、校园导航和更多信息等功能。

第 8 章 生活辅助类应用——美食天下

本章介绍的是生活辅助类应用——美食天下的开发。此系统实现了菜品和随拍的查询以及百度地图的基本功能，由 PC 端、服务器端和 Android 客户端 3 部分构成。

第 9 章 音乐休闲软件——百纳网络音乐播放器

本章介绍的是百纳音乐播放器的开发。PC 端实现了对歌手、歌曲以及专辑的增加、删除、修改的功能。服务器端实现了数据传输以及数据库的操作。Android 客户端实现了本地音乐的扫描及播放、网络音乐的查找及下载等。

第 10 章 中学教育 AR 应用——化学可视体验

本章介绍的应用"化学可视体验"是使用 OpenGL ES 3.0 开发的一款基于 Android 平台的增强现实（AR）类应用。通过本章的学习，读者将对 Android 平台下结合增强现实技术的应用开发流程有较深的了解。

第 11 章 益智类游戏——污水征服者

本章介绍的游戏利用实时流体仿真计算引擎，所模拟的水流形象逼真，而且玩法也非常简单，通过体感操控控制污水的速度和方向并躲避火焰的灼烧，最终将污水收集到固定的容器中。

第 12 章 生活服务类应用——驾考宝典

本章介绍的是生活服务类应用——驾考宝典的开发。本应用是以市面上大多数主流驾考软件为参考进行设计和构思的。软件中实现了科目一、科目二/三、科目四和车友圈等功能，为广大驾考学员提供了便利的服务。

本书特点

1. 技术新颖，贴近实战

本书涵盖了现实中几乎所有的流行技术，如传感器、OpenGL ES 3.0、增强现实、动态壁纸、LBS 百度地图的二次开发、移动办公、实时流体仿真计算引擎、服务器端和 Android 端的交互等。

2. 实例丰富，讲解详细

本书既包括单机版客户端项目，也有服务器端和 Android 端的结合开发，既包括典型的商业软件，也包括休闲娱乐项目，还有流行的增强现实热门案例以及借助 OpenGL ES 3.0 渲染的逼真场景。

3. 案例经典，含金量高

本书中的案例均是精心挑选的，不同类型的案例有其独特的开发方式。以真实的项目开发为讲解背景，包括大型商务软件、增强现实应用、益智游戏等，讲解了开发时的思路和真实项目的策划方案，以期让读者全面地掌握手机应用及游戏的开发，具有很高的含金量，非常适合各类读者学习。

为了帮助读者更好地利用本书提高自己的开发水平，本书中所有实例的源代码都将提供给读者。

本书面向的读者

1. Android 初学者

对于 Android 的初学者，可以通过本书前面的基础章节巩固 Android 的知识，并了解项目开发的流程。然后以此为踏板学习本书后面的案例，这样可以全面地掌握 Android 平台下项目开发的技巧。

    2. 有 Java 基础的读者

Android 平台下的开发基于 Java 语言，所以对于有 Java 基础的读者来说，阅读本书将不会感觉到困难。读者可以通过第 1 章的基础内容迅速熟悉 Android 平台下应用程序的框架和开发流程，然后通过案例提高自己在实战项目开发方面的能力。

    3. 在职开发人员

本书中的案例都是作者精心挑选的，其中涉及的与项目开发相关的知识均是作者积累的经验与心得体会。具有一定开发经验的在职开发人员可以通过本书进一步提高开发水平，并迅速成为 Android 的实战项目开发人员。

关于作者

吴亚峰，毕业于北京邮电大学，后留学澳大利亚卧龙岗大学取得硕士学位。1998 年开始从事 Java 应用的开发，有十多年的 Java 开发与培训经验。主要的研究方向为 OpenGL ES、手机游戏、Java EE 以及搜索引擎。同时为手机游戏、Java EE 独立软件开发工程师，并兼任百纳科技 Java 培训中心首席培训师。近十年来为数十家著名企业培养了上千名高级软件开发人员，曾编写过《Android 应用案例开发大全》（第 1 版～第 3 版）、《Android 游戏开发大全》（第 1 版～第 3 版）、《OpenGL ES 3.x 游戏开发（上、下卷）》《Cocos2d-x 3.x 游戏案例开发大全》《Unity 5.x 3D 游戏开发技术详解与典型案例》等多本畅销技术书。2008 年年初开始关注 Android 平台下的 3D 应用开发，并开发出一系列优秀的 Android 应用程序与 3D 游戏。

苏亚光，哈尔滨理工大学硕士，从业于计算机软件领域十多年，在软件开发和计算机教学方面有着丰富的经验，曾编写过《Android 游戏开发大全》《Android 3D 游戏开发技术详解与典型案例》《Android 应用案例开发大全》等多本畅销技术书。2008 年开始关注 Android 平台下的应用开发，参与开发了多款手机 2D/3D 游戏应用。

于复兴，北京科技大学硕士，从业于计算机软件领域十余年，在软件开发和计算机教学方面有着丰富的经验。工作期间曾主持科研项目"PSP 流量可视化检测系统研究与实现"，主持研发了多项省市级项目，同时为多家企事业单位设计开发了管理信息系统，并在科技刊物上发表多篇相关论文。2008 年开始关注 Android 平台下的应用开发，参与开发了多款手机 3D 游戏应用。

致谢

本书在编写过程中得到了唐山百纳科技有限公司 Java 培训中心的大力支持，同时王海宁、梁宇、王青山、王磊、高双、刘佳、张月月、李玲玲、张双彐、贺蕾红、陆小鸽、刘乾、张靖豪、王海涛、李世尧、吴伯乾、董杰、许凯炎、刘易周、蒋迪、韩金铖、王海峰以及作者的家人为本书的编写提供了很多帮助，在此表示衷心感谢！

本书提供的源程序可在 www.ptpress.com.cn 页面搜索书名，然后显示出来本书的页面，在该页面单击"资源下载"链接可以下载源程序。

由于作者水平有限，书中疏漏之处在所难免，欢迎广大读者批评指正。责任编辑联系邮箱为 zhangtao@ptpress.com.cn。

作　者

目 录

第1章 初识庐山真面目——Android简介 …… 1
- 1.1 Android的来龙去脉 …… 1
- 1.2 掀起Android的盖头来 …… 1
  - 1.2.1 选择Android的理由 …… 1
  - 1.2.2 Android的应用程序框架 …… 2
- 1.3 Android开发环境的搭建 …… 4
  - 1.3.1 Android Studio和Android SDK的下载 …… 4
  - 1.3.2 Android Studio和Android SDK的安装 …… 5
  - 1.3.3 第一个Android程序 …… 8
- 1.4 DDMS的灵活应用 …… 13
  - 1.4.1 初识DDMS …… 13
  - 1.4.2 System.out.println方法 …… 14
  - 1.4.3 android.util.Log类 …… 14
  - 1.4.4 Devices的管理 …… 15
  - 1.4.5 模拟器控制（Emulator Control）详解 …… 17
  - 1.4.6 File Explorer——SD Card文件管理器 …… 18
- 1.5 本书案例项目的导入 …… 19
- 1.6 本章小结 …… 20

第2章 3D动态壁纸——百纳水族馆 …… 21
- 2.1 背景及功能概述 …… 21
  - 2.1.1 项目背景 …… 21
  - 2.1.2 功能介绍 …… 22
- 2.2 策划及准备工作 …… 23
  - 2.2.1 项目策划 …… 24
  - 2.2.2 Android平台下3D开发的准备工作 …… 24
  - 2.2.3 百纳骨骼动画格式文件 …… 25
- 2.3 整体介绍 …… 25
- 2.4 项目的绘制 …… 28
  - 2.4.1 介绍壁纸服务类——OpenGLES3WallpaperService …… 29
  - 2.4.2 自定义渲染器类——MySurfaceView …… 30
- 2.5 辅助绘制类 …… 33
  - 2.5.1 背景辅助绘制类——Background …… 34
  - 2.5.2 气泡辅助绘制类——Bubble …… 35
  - 2.5.3 鱼类辅助绘制类——BNModel …… 36
  - 2.5.4 模型辅助绘制类——BnggdhDraw …… 37
- 2.6 绘制相关类 …… 40
  - 2.6.1 气泡绘制相关类 …… 40
  - 2.6.2 群鱼绘制相关类 …… 42
  - 2.6.3 鱼群绘制相关类 …… 44
  - 2.6.4 鱼食绘制相关类 …… 46
- 2.7 线程相关类 …… 48
  - 2.7.1 气泡移动线程类——BubbleThread …… 48
  - 2.7.2 群鱼游动线程类——FishGoThread …… 48
  - 2.7.3 鱼群游动线程类——FishSchoolThread …… 49
  - 2.7.4 鱼食移动线程类——FoodThread …… 51
  - 2.7.5 吸引力线程类——AttractThread …… 52
  - 2.7.6 线程组管理类——BNThreadGroup …… 54
- 2.8 着色器的开发 …… 54
  - 2.8.1 气泡的着色器 …… 54
  - 2.8.2 珍珠着色器 …… 55
  - 2.8.3 鱼类的着色器 …… 57
- 2.9 优化与改进 …… 58

第3章 LBS类应用——掌上杭州 …… 59
- 3.1 应用背景及功能介绍 …… 59
  - 3.1.1 背景简介 …… 59
  - 3.1.2 功能概述 …… 59
  - 3.1.3 开发环境 …… 60
- 3.2 功能预览及架构 …… 60
  - 3.2.1 加载、美食、医疗功能预览 …… 60
  - 3.2.2 购物、景点、娱乐功能预览 …… 63
  - 3.2.3 搜索、设置功能预览 …… 67
  - 3.2.4 项目目录结构 …… 68
- 3.3 开发前的准备工作 …… 69
  - 3.3.1 信息的搜集 …… 69
  - 3.3.2 数据包的整理 …… 72

3.3.3　XML 资源文件的准备………… 72
　3.4　辅助工具类的开发………………… 74
　　　3.4.1　常量类的开发………………… 74
　　　3.4.2　图片获取类的开发…………… 74
　　　3.4.3　解压文件类的开发…………… 75
　　　3.4.4　读取文件类的开发…………… 76
　　　3.4.5　自定义字体类的开发………… 76
　3.5　辅助功能的实现…………………… 77
　　　3.5.1　加载功能的实现……………… 77
　　　3.5.2　主界面的实现………………… 80
　　　3.5.3　百度地图的实现……………… 82
　3.6　美食模块的实现…………………… 86
　　　3.6.1　美食主界面的实现…………… 86
　　　3.6.2　介绍美食的实现……………… 88
　3.7　景点功能开发……………………… 90
　　　3.7.1　景点主界面的开发…………… 91
　　　3.7.2　当前景点界面的开发………… 95
　　　3.7.3　所有景点界面的开发………… 96
　　　3.7.4　新浪微博功能的开发………… 97
　　　3.7.5　搜索兴趣点功能的开发…… 101
　　　3.7.6　语言选择功能的开发……… 102
　　　3.7.7　建议反馈界面的开发……… 103
　3.8　其他模块的实现………………… 104
　　　3.8.1　娱乐、医疗、购物的实现… 104
　　　3.8.2　住宿版块的实现…………… 106
　　　3.8.3　搜索模块的实现…………… 109
　　　3.8.4　设置模块的实现…………… 112
　3.9　本章小结………………………… 113

第 4 章　营销管理系统——手机汽车 4S 店……114

　4.1　系统背景及功能介绍…………… 114
　　　4.1.1　手机汽车 4S 店背景简介…… 114
　　　4.1.2　手机汽车 4S 店功能概述…… 114
　　　4.1.3　手机汽车 4S 店开发环境和目标平台……………………… 116
　4.2　开发前的准备工作……………… 117
　　　4.2.1　数据库设计………………… 117
　　　4.2.2　数据库表设计……………… 118
　　　4.2.3　使用 Navicat for MySQL 创建表并插入初始数据………… 121
　4.3　系统功能预览及总体架构……… 122
　　　4.3.1　PC 端预览…………………… 122
　　　4.3.2　Android 客户端功能预览…… 125
　　　4.3.3　Android 客户端项目目录结构……………………………… 126
　4.4　PC 端的界面搭建与功能实现… 127
　　　4.4.1　用户登录功能的开发……… 127
　　　4.4.2　主管理界面功能的开发…… 129
　　　4.4.3　汽车车型管理功能的开发… 130
　　　4.4.4　汽车新闻管理功能的开发… 134
　　　4.4.5　信息反馈管理功能的开发… 136
　4.5　服务器端的实现………………… 137
　　　4.5.1　常量类的开发……………… 137
　　　4.5.2　服务线程的开发…………… 137
　　　4.5.3　DB 处理类的开发…………… 139
　　　4.5.4　图片处理类………………… 140
　　　4.4.5　辅助工具类………………… 140
　　　4.4.6　其他方法的开发…………… 142
　4.6　Android 客户端的准备工作…… 142
　　　4.6.1　图片资源的准备…………… 142
　　　4.6.2　XML 资源文件的准备……… 143
　4.7　加载界面功能模块的实现……… 144
　4.8　Android 客户端各功能模块的实现… 147
　　　4.8.1　汽车 4S 店主界面模块的实现……………………………… 147
　　　4.8.2　汽车新闻模块的实现……… 150
　　　4.8.3　汽车车型模块的实现……… 154
　　　4.8.4　汽车文化模块的实现……… 158
　　　4.8.5　汽车经销商模块的实现…… 159
　　　4.8.6　汽车服务模块的实现……… 160
　4.9　Android 客户端与服务器连接的实现……………………………… 166
　　　4.9.1　Android 客户端与服务器连接的各类功能………………… 166
　　　4.9.2　Android 客户端与服务器连接中各类功能的开发………… 167
　　　4.9.3　其他方法的开发…………… 168
　4.10　本章小结………………………… 168

第 5 章　LBS 交通软件——百纳公交小助手……170

　5.1　系统背景及功能介绍…………… 170
　　　5.1.1　背景简介…………………… 170
　　　5.1.2　模块与界面概览…………… 170
　　　5.1.3　开发环境…………………… 172
　5.2　功能预览及框架………………… 172
　　　5.2.1　项目功能预览……………… 172
　　　5.2.2　项目目录结构……………… 175
　5.3　开发前的准备工作……………… 177
　　　5.3.1　数据库表的设计…………… 177
　　　5.3.2　百度地图键值的申请……… 178
　　　5.3.3　百度地图的显示…………… 179
　　　5.3.4　XML 资源文件的准备……… 180

5.4 辅助工具类的开发……182
   5.4.1 常量类的开发……182
   5.4.2 工具类的开发……183
   5.4.3 换乘路径规划工具类的开发……184
   5.4.4 定位和获取附近公交站工具类的开发……185
5.5 各个功能模块的实现……186
   5.5.1 选择城市界面模块的实现……186
   5.5.2 主界面模块的实现……189
   5.5.3 线路查询模块的实现……191
   5.5.4 换乘方案查询模块的实现……200
   5.5.5 定位附近站点模块的开发……208
5.6 本章小结……215

第6章 校园服务类应用——社团宝……216

6.1 应用背景及功能介绍……216
   6.1.1 软件背景简介……216
   6.1.2 软件功能概述……216
   6.1.3 软件开发环境与目标平台……218
6.2 功能预览及架构……219
   6.2.1 管理端功能预览……219
   6.2.2 Android端功能预览……220
   6.2.3 目录结构图……223
6.3 开发前的准备工作……224
   6.3.1 数据库设计……224
   6.3.2 数据库表设计……225
   6.3.3 使用Navicat for MySQL创建表并插入初始数据……228
6.4 服务器端的实现……229
   6.4.1 常量类的开发……229
   6.4.2 服务线程的开发……229
   6.4.3 辅助工具类……231
   6.4.4 其他方法的开发……232
6.5 管理端功能搭建及界面实现……233
   6.5.1 用户登录功能的实现……233
   6.5.2 主管理界面功能的开发……234
   6.5.3 社团管理功能的开发……236
   6.5.4 意见管理功能的开发……238
   6.5.5 账号管理功能的开发……238
6.6 Android客户端各功能模板实现……240
   6.6.1 整体框架的搭建……240
   6.6.2 常量类的开发……244
   6.6.3 自定义字体类的开发……244
   6.6.4 启动界面功能的实现……245
   6.6.5 调用系统浏览器……246
   6.6.6 滚动加载功能的实现……247
   6.6.7 Android端与服务器的连接……250
   6.6.8 个人功能模块的实现……251
   6.6.9 图片处理……256
   6.6.10 Exit类的搭建……257
   6.6.11 社团主界面的构建……258
   6.6.12 活动主界面的构建……259
   6.6.13 社交主界面的构建……261
   6.6.14 社交功能的实现……262
6.7 本章小结……263

第7章 校园辅助软件——手机新生小助手……264

7.1 应用背景及功能介绍……264
   7.1.1 新生小助手背景简介……264
   7.1.2 新生小助手功能概述……264
   7.1.3 新生小助手开发环境……265
7.2 功能预览及架构……265
   7.2.1 新生小助手功能预览……266
   7.2.2 新生小助手目录结构图……269
7.3 开发前的准备工作……271
   7.3.1 文本信息的搜集……272
   7.3.2 相关图片的采集……274
   7.3.3 数据包的整理……276
   7.3.4 XML资源文件的准备……277
7.4 辅助工具类的开发……278
   7.4.1 常量类的开发……278
   7.4.2 图片获取类的开发……278
   7.4.3 解压文件类的开发……279
   7.4.4 读取文件类的开发……280
   7.4.5 自定义字体类的开发……280
   7.4.6 平面图数据类的开发……281
7.5 加载功能模块的实现……286
7.6 各个功能模块的实现……289
   7.6.1 新生小助手主界面模块的实现……289
   7.6.2 认识联大模块的实现……291
   7.6.3 报到流程模块的实现……304
   7.6.4 校内导航模块的实现……305
   7.6.5 唐山导航模块的实现……307
   7.6.6 更多信息模块的实现……313
7.7 本章小结……314

第8章 生活辅助类应用——美食天下……315

8.1 系统的功能介绍……315
   8.1.1 美食天下功能概述……315
   8.1.2 应用开发环境和目标平台……317
8.2 开发前的准备工作……317
   8.2.1 数据库设计……318

8.2.2 数据库表的设计……319
8.2.3 使用 Navicat Lite for MySQL 创建新表并插入初始数据……324
8.3 系统功能预览及总体架构……325
　8.3.1 PC 端预览……325
　8.3.2 Android 客户端功能预览……328
　8.3.3 Android 客户端目录结构图……331
8.4 PC 端的界面搭建与功能实现……332
　8.4.1 用户登录功能的开发……332
　8.4.2 主管理界面功能的开发……334
　8.4.3 菜品添加功能的开发……335
　8.4.4 菜品信息管理功能的开发……338
8.5 服务器端的实现……342
　8.5.1 常量类的开发……342
　8.5.2 服务线程的开发……343
　8.5.3 DB 处理类的开发……344
　8.5.4 图片处理类……345
　8.5.5 其他方法的开发……346
8.6 Android 客户端的准备工作……346
　8.6.1 图片资源的准备……346
　8.6.2 XML 资源文件的准备……347
　8.6.3 本地数据库的准备……347
　8.6.4 常量类的准备……350
8.7 Android 定位功能的开发……350
　8.7.1 创建应用以及百度地图 SDK 的下载……350
　8.7.2 手机定位功能的实现……353
8.8 Android 客户端功能的实现……354
　8.8.1 主界面的实现……354
　8.8.2 查找菜品功能的实现……356
　8.8.3 上传菜品功能的实现……362
　8.8.4 菜品评论功能的实现……364
　8.8.5 查看离线菜品和随拍功能的实现……365
8.9 Android 客户端与服务器连接的实现……367
　8.9.1 Android 客户端与服务器连接中的各类功能……367
　8.9.2 Android 客户端与服务器连接中各类功能的开发……368
　8.9.3 其他方法的开发……371
8.10 本章小结……371

第 9 章 音乐休闲软件——百纳网络音乐播放器……372

9.1 系统的功能介绍……372
　9.1.1 百纳音乐播放器功能概述……372
　9.1.2 百纳音乐播放器开发环境和目标平台……373
9.2 开发前的准备工作……374
　9.2.1 数据库表的设计……374
　9.2.2 数据库表的创建……375
　9.2.3 使用 Navicat for MySQL 创建新表并插入初始数据……377
9.3 系统功能预览及总体架构……378
　9.3.1 PC 端预览……378
　9.3.2 Android 客户端功能预览……380
　9.3.3 Android 客户端目录结构图……382
9.4 PC 端的界面搭建与功能实现……383
　9.4.1 用户登录功能的开发……383
　9.4.2 主管理界面功能的开发……385
　9.4.3 歌手管理功能的开发……386
　9.4.4 歌曲管理功能的开发……389
　9.4.5 专辑的功能的开发……390
9.5 服务器端的实现……392
　9.5.1 常量类的开发……392
　9.5.2 服务线程的开发……392
　9.5.3 DB 处理类的开发……394
　9.5.4 图片处理类……395
　9.5.5 辅助工具类……395
　9.5.6 其他方法的开发……397
9.6 Android 客户端的准备工作……397
　9.6.1 图片资源的准备……397
　9.6.2 XML 资源文件的准备……397
　9.6.3 本地数据库的准备……398
　9.6.4 常量类的准备……400
9.7 Android 客户端基本构架的开发……400
　9.7.1 音乐播放器的基本构架……400
　9.7.2 音乐播放模块的开发……401
　9.7.3 音乐切换模块的开发……404
9.8 Android 客户端功能模块的实现……406
　9.8.1 主界面的实现……406
　9.8.2 扫描音乐的实现……408
　9.8.3 音乐列表的实现……410
　9.8.4 播放界面的实现……413
　9.8.5 网络界面的实现……418
9.9 Android 客户端与服务器连接的实现……419
　9.9.1 Android 客户端与服务器连接中的各类功能……419
　9.9.2 Android 客户端与服务器连接中各类功能的开发……419
　9.9.3 其他方法的开发……421
9.10 本章小结……421

第 10 章　中学教育 AR 应用——化学可视体验 ································422

- 10.1 背景以及功能概述 ···················422
  - 10.1.1 开发背景概述 ·················422
  - 10.1.2 应用功能简介 ·················423
- 10.2 应用的策划及准备工作 ·········424
  - 10.2.1 应用的策划 ·····················424
  - 10.2.2 开发前的准备工作 ·········425
  - 10.2.3 资料卡片的结构及制作 ···428
  - 10.2.4 Vuforia 部分的配置 ·········429
  - 10.2.5 服务器端数据包简介 ·····430
- 10.3 应用的架构 ·····························431
  - 10.3.1 各个类的简要介绍 ·········432
  - 10.3.2 应用架构简介 ·················434
- 10.4 Vuforia 相关类 ·························435
- 10.5 界面绘制类 ·····························443
  - 10.5.1 界面控制类 ·····················443
  - 10.5.2 单独界面类 ·····················445
- 10.6 线程类 ·····································459
- 10.7 工具类 ·····································462
  - 10.7.1 下载工具类 ·····················462
  - 10.7.2 读取 txt 和 bitmap 工具类 ···464
  - 10.7.3 解压缩工具类 ·················467
  - 10.7.4 读取模型工具类 ·············468
- 10.8 常量类 ·····································469
- 10.9 管理类 ·····································471
  - 10.9.1 声音管理类 ·····················471
  - 10.9.2 着色器管理类 ·················472
  - 10.9.3 图片管理类 ·····················473
- 10.10 应用中着色器的开发 ···········475
  - 10.10.1 绘制 3D 模型的着色器 ···475
  - 10.10.2 绘制 2D 界面的着色器 ···476
  - 10.10.3 绘制波浪矩形的着色器 ···477
- 10.11 应用的优化与改进 ···············478

第 11 章　益智类游戏——污水征服者 ································480

- 11.1 游戏背景及功能概述 ·············480
  - 11.1.1 背景概述 ·························480
  - 11.1.2 功能介绍 ·························480
- 11.2 游戏的策划及准备工作 ·········483
  - 11.2.1 游戏的策划 ·····················483
  - 11.2.2 安卓平台下游戏开发的准备工作 ·························483
- 11.3 游戏的架构 ·····························487
  - 11.3.1 各个类的简要介绍 ·········487
  - 11.3.2 游戏框架简介 ·················489
- 11.4 常量及公共类 ·························491
  - 11.4.1 游戏主控类 WaterActivity ···491
  - 11.4.2 游戏常量类 Constant ·····494
- 11.5 界面相关类 ·····························495
  - 11.5.1 游戏界面管理类 ViewManager ·····················495
  - 11.5.2 欢迎界面类 BNWelcomeView ···············497
  - 11.5.3 选关界面类 BNSelectView ···500
  - 11.5.4 主菜单界面类 BNMenuView ·····················505
  - 11.5.5 游戏界面类 BNGameView2 ···507
  - 11.5.6 纹理矩形绘制类 RectForDraw ·······················519
  - 11.5.7 地图数据结构相关类 ·····521
  - 11.5.8 屏幕自适应相关类 ·········522
- 11.6 线程相关类 ·····························524
  - 11.6.1 计算缓冲线程类 CalculateFloatBufferThread ···524
  - 11.6.2 物理刷帧线程类 UpdateThread ·····················525
  - 11.6.3 火焰线程类 FireUpdateThread ·················527
- 11.7 水粒子计算相关类 ·················528
  - 11.7.1 单个水粒子类 Particle ···528
  - 11.7.2 单个网格节点类 Node ···529
  - 11.7.3 物理计算类 PhyCaulate ···529
- 11.8 游戏中着色器的开发 ·············532
  - 11.8.1 纹理的着色器 ·················533
  - 11.8.2 图像渐变的着色器 ·········533
  - 11.8.3 水纹理的着色器 ·············534
  - 11.8.4 加载界面闪屏纹理的着色器 ·····························534
  - 11.8.5 胜利失败对话框的纹理着色器 ·····························535
  - 11.8.6 烟火的纹理着色器 ·········535
- 11.9 游戏地图数据文件介绍 ·········536
- 11.10 游戏的优化及改进 ···············537

第 12 章　生活服务类应用——驾考宝典 ································538

- 12.1 应用背景及功能介绍 ·············538
  - 12.1.1 驾考宝典背景简介 ·········538
  - 12.1.2 驾考宝典功能概述 ·········539
  - 12.1.3 开发环境与目标平台 ·····541
- 12.2 功能预览及架构 ·····················542
  - 12.2.1 安卓端功能预览 ·············542

12.2.2　PC 端功能预览 …………………546
　　12.2.3　目录结构图 ……………………549
12.3　开发前的准备工作 …………………………549
　　12.3.1　数据库设计 ……………………549
　　12.3.2　数据库表设计 …………………551
　　12.3.3　使用 Navicat for MySQL
　　　　　　创建表并插入初始数据 ……552
12.4　服务器端的实现 ……………………………553
　　12.4.1　常量类的开发 …………………553
　　12.4.2　服务线程的开发 ………………554
　　12.4.3　DB 处理类的开发 ……………555
　　12.4.4　图片处理类 ……………………556
　　12.4.5　辅助工具类 ……………………557
　　12.4.6　其他方法的开发 ………………560
12.5　PC 端功能搭建及界面实现 ………………560
　　12.5.1　用户登录功能的实现 …………560
　　12.5.2　主管理界面功能的开发 ………561
　　12.5.3　管理员信息及其他类型
　　　　　　信息的开发 …………………563

　　12.5.4　试题管理功能的开发 …………564
　　12.5.5　论坛管理功能的开发 …………566
12.6　Android 客户端各功能模板实现 …………566
　　12.6.1　整体框架的搭建 ………………566
　　12.6.2　常量类的开发 …………………569
　　12.6.3　侧滑界面的实现 ………………569
　　12.6.4　调用系统浏览器 ………………571
　　12.6.5　启动界面功能的实现 …………572
　　12.6.6　定位功能的实现 ………………573
　　12.6.7　返回键的监听 …………………574
　　12.6.8　选车界面的实现 ………………575
　　12.6.9　选驾校界面的实现 ……………576
　　12.6.10　Android 端与服务器的
　　　　　　　连接 …………………………577
　　12.6.11　答题界面模块的实现 …………578
　　12.6.12　考试记录等功能的实现 ………582
　　12.6.13　车友圈模块的实现 ……………584
　　12.6.14　个人中心模块的实现 …………587
12.7　本章小结 ……………………………………592

第 1 章　初识庐山真面目——Android 简介

　　Android 一词的本义指"机器人",同时也是 Google 于 2007 年 11 月 5 日宣布的,基于 Linux 平台的开源手机操作系统的名称,该平台由操作系统、中间件、用户界面和应用软件组成,号称是首个为移动终端打造的真正开放和完整的解决方案。

　　几年前,当"智能手机"被越来越多的用户提及的时候,当手机爱好者手持一款 Symbian S60 手机随意安装一款软件的时候,人们认为智能手机时代已经来临,但是现在看来,那还只是个预热,真正的智能手机时代还没有到来。直到 Android 的诞生,才真正打破了智能手机发展的僵局,带领智能手机市场迅速崛起,为人们的生活和工作带来了与众不同的全新体验。

　　从此,人们不再受 PC 束缚。无论走到哪里,只要有一部 Android 手机,并且有移动信号,就可以随时随地进行办公、浏览资讯、网上冲浪,极大地方便了人们的生活。正因如此,Android 仅仅用了 3 年左右的时间,就迅速成长为全球第一大移动终端平台,不仅广泛应用到了智能手机领域,在平板电脑、智能导航仪、智能 MP4 领域也有很大的影响,深受移动终端生产厂商和广大用户的青睐。

1.1　Android 的来龙去脉

　　Android 的创始人 Andy Rubin 是硅谷著名的"极客",他离开 Danger 移动计算公司后不久便创立了 Android 公司,并开发了 Android 平台,他一直希望将 Android 平台打造成完全开放的移动终端平台。之后 Android 公司被 Google 公司看中并将其收购。这样,号称全球最大的搜索服务商 Google 大举进军移动通信市场,并推出自主品牌的移动终端产品。

　　2007 年 11 月初,Google 正式宣布与其他 33 家手机厂商、软硬件供应商、手机芯片供应商、移动运营商联合组成开放手机联盟(Open Handset Alliance),并发布名为 Android 的开放手机软件平台,希望建立标准化、开放式的移动软件平台,在移动行业内形成一个开放式的生态系统。

1.2　掀起 Android 的盖头来

　　自从 Android 发布以来,越来越多的人关注 Android 的发展,越来越多的开发人员在 Android 系统平台上开发应用,是什么使 Android 备受青睐,什么使 Android 在众多移动平台中脱颖而出呢?

1.2.1　选择 Android 的理由

　　Android 基于 Linux 技术开发,由操作系统、用户界面和应用程序组成,允许开发人员自由获取、修改源代码,也就是说这是一套具有开源性质的移动终端解决方案。其具有开放性、平等性、无界性、方便性以及丰富的硬件支持等特点。下面将对以上各个优点进行简单介绍。

- 开放性

　　提到 Android 的优势,首先想到的一定是其真正的开放,其开放性包含底层的操作系统以及上层的应用程序等。Google 与开放手机联盟合作开发 Android 的目的就是建立标准化、开放式的移动软件平台，在移动产业内形成一个开放式的生态系统。

- 平等性

在 Android 的系统上，所有的应用程序完全平等，系统默认自带的程序与自己开发的程序没有任何区别，程序开发人员可以开发个人喜爱的应用程序来替代系统的程序，构建个性化的 Android 手机系统，这些功能在其他的手机平台是没有的。

在开发之初，Android 平台就被设计成由一系列应用程序组成的平台，所有的应用程序都运行在一个虚拟机上面。该虚拟机提供了系列应用程序和硬件资源通信的 API。这样就成就了在 Android 的系统上，所有应用程序完全平等。

- 无界性

Android 平台的无界性表现在应用程序之间的无界，开发人员可以很轻松地将自己开发的程序与其他应用程序进行交互，比如应用程序需要播放声音的模块，而正好你的手机中已经有一个成熟的音乐播放器，此时就不需要再重复开发音乐播放功能，只需简单地加上几行代码即可将成熟的音乐播放功能添加到自己的程序中。

- 方便性

在 Android 平台中开发应用程序是非常方便的，如果对 Android 平台比较熟悉，想开发一个功能全面的应用程序并不是什么难事。Android 平台为开发人员提供了大量的实用库及方便的工具，同时也将百度地图等功能集成了进来，只需简单的几行调用代码即可将强大的地图功能添加到自己的程序中。

- 硬件的丰富性

由于平台的开放，众多的硬件制造商推出了各种各样的产品，但这些产品功能上的差异并不影响数据的同步与软件的兼容，例如，原来在诺基亚手机上的应用程序，可以很轻松地被移植到摩托罗拉手机上使用，且联系人、短信息等资料更是可以方便地转移。

1.2.2 Android 的应用程序框架

从软件分层的角度来说，Android 平台由应用程序、应用程序框架、Android 运行时库层以及 Linux 内核共 4 部分构成，本节将分别介绍各层的功能，使读者对 Android 平台有一个大致的了解，便于以后对 Android 应用程序的开发。其分层结构如图 1-1 所示。

▲图 1-1　Android 平台架构图

1. 应用程序层

本层的所有应用程序都是用 Java 编写的，一般情况下，很多应用程序都是在同一系列的核心应用程序包中一起发布的，主要有拨号程序、浏览器、音乐播放器、通讯录等。该层的程序是完全平等的，开发人员可以任意将 Android 自带的程序替换成自己的应用程序。

2. 应用程序框架层

对于开发人员来说，接触最多的就是应用程序框架层。该应用程序的框架设计简化了组件的重用，其中任何一个应用程序都可以发布自身的功能供其他应用程序调用，这也使用户可以很方便地替换程序的组件而不影响其他模块的使用。当然，这种替换需要遵循框架的安全性限制。

该层主要包含以下 9 部分，如图 1-2 所示。

▲图 1-2 应用程序框架

- 活动管理（Activity Manager）：用来管理程序的生命周期，以及提供最常用的导航回退功能。
- 窗口管理（Window Manager）：用来管理所有的应用程序窗口。
- 内容供应商（Content Provider）：通过内容供应商，可以使一个应用程序访问另一个应用程序的数据，或者共享数据。
- 视图系统（View System）：用来构建应用程序的基本组件，包括列表、网格、按钮、文本框，甚至是可嵌入的 Web 浏览器。
- 包管理（Package Manager）：用来管理 Android 系统内的程序。
- 电话管理（Telephony Manager）：所有的移动设备的功能统一归电话管理器管理。
- 资源管理（Resource Manager）：资源管理器可以为应用程序提供所需要的资源，包括图片、文本、声音、本地字符串，甚至是布局文件。
- 位置管理（Location Manager）：该管理器是用来提供位置服务的，如 GPRS 定位等。
- 通知管理（Notification Manager）：主要是对手机顶部状态栏的管理，开发人员在开发 Android 程序时会经常使用，如来短信提示、电量低提示，还有后台运行程序的提示等。

3. Android 运行时库

该层包含两部分，程序库及 Android 运行时库。程序库为一些 C/C++库，这些库能够被 Android 系统中不同的应用程序调用，并通过应用程序框架为开发者提供服务。而 Android 运行时库包含了 Java 编程语言核心库的大部分功能，提供了程序运行时所需调用的功能函数。

程序库主要包含的功能库如图 1-3 所示。

- Libc：是一个从 BSD 继承来的标准 C 系统函数库，专门针对移动设备优化过的。
- Media Framework：基于 PacketVideo 公司的 OpenCORE。支持多种常用音频、视频格式文件的回放和录制，并支持多种图像文件格式，如 MPEG-4、H.264、MP3、AAC、AMR、JPG、PNG 等。
- Surface Manager：Surface Manager 主要管理多个应用程序同时执行时，各个程序之间的显示与存取，并且为多个应用程序提供了 2D 和 3D 图层无缝的融合。
- SQLite：所有应用程序都可以使用的轻量级关系型数据库引擎。
- WebKit：是一套最新的网页浏览器引擎。同时支持 Android 浏览器和一个可嵌入的 Web 视图。

- OpenGLIES：是基于 OpenGL ES 1.0 API 标准来实现的 3D 绘制函数库。该函数库支持软件和硬件两种加速方式执行。
- FreeType：提供位图（bitmap）和矢量图（vector）两种字体显示。
- SGL：提供了 2D 图形绘制的引擎。

Android 运行时库包括核心库及 Dalvik 虚拟机，如图 1-4 所示。

- 核心库（Core Libraries）。该核心库包括 Java 语言所需要的基本函数以及 Android 的核心库。与标准 Java 不一样的是，系统为每个 Android 的应用程序提供了单独的 Dalvik 虚拟机来执行，即每个应用程序拥有自己单独的线程。
- Dalvik 虚拟机（Dalvik Virtual Machine）。大多数的虚拟机（包括 JVM）都是基于栈的，而 Dalvik 虚拟机则是基于寄存器的，它可以支持已转换为.dex 格式的 Java 应用程序的运行。.dex 格式是专门为 Dalvik 虚拟机设计的，更适合内存和处理器速度有限的系统。

▲图 1-3　程序库框架

▲图 1-4　Android 运行时库

4. Linux 内核

Android 平台中操作系统采用的是 Linux 2.6 内核，其安全性、内存管理、进程管理、网络协议栈和驱动模型等基本依赖于 Linux。对于程序开发人员，该层在软件与硬件之间增加了一层抽象层，使开发过程中不必时时考虑底层硬件的细节。而对于手机开发商而言，对此层进行相应的修改即可将 Android 平台运行到自己的硬件平台之上。

1.3　Android 开发环境的搭建

本节主要讲解基于 Android Studio 的 Android 开发环境的搭建、模拟器的创建和运行，以及 Android 开发环境搭建好之后，对其开发环境进行测试并创建第一个 Android 应用程序 Sample_1_1 等相关知识。

1.3.1　Android Studio 和 Android SDK 的下载

在 Android 官方网站下载 Android Studio，如图 1-5 所示。单击网页中被椭圆圈中的区域，开始 Android Studio 的下载。

▲图 1-5　Android Studio 下载首页

> **说明** 进入如图 1-5 所示界面后,读者可以自行选择下载所需版本的 Android Studio,为更加方便,笔者选择下载第一项(包含 SDK)版本的 Android Studio。

1.3.2　Android Studio 和 Android SDK 的安装

下载完成后,会得到一个名称为 "android-studio-bundle-145.3276617-windows.exe"(随选择下载版本的不同,此名称可能不同)的可执行文件,如图 1-6 所示。这时就可以开始安装了,具体步骤如下。

(1)双击下载名称为 "android-studio-bundle-145.3276617-windows.exe" 的可执行文件,此时会出现如图 1-7 所示的界面。

▲图 1-6　Android Studio 下载成功得到的文件

▲图 1-7　Android Studio 安装

(2)进入如图 1-7 所示的 Android Studio 安装界面后,单击 Next 按钮,开始安装。此时会出现如图 1-8 所示的界面,在此界面中可以选择需要安装的组件。其中 Android Studio 软件已经默认选中,但同时也要勾选 Android SDK 和 Android Virtual Device 选项,然后单击 Next 按钮。

(3)接着进入 Android Studio 安装许可协议界面,如图 1-9 所示。阅读完许可协议之后,单击 "I Agree" 按钮,就会出现如图 1-10 所示的界面。在此界面可以选择 Android Studio 和 Android SDK 的安装位置,选择好之后单击 Next 按钮,就会出现如图 1-11 所示界面。

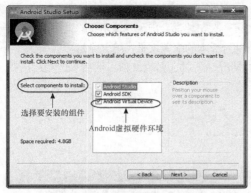

▲图 1-8　选择需要安装的组件

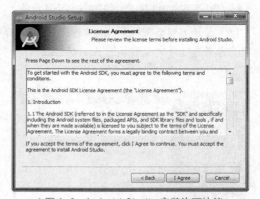

▲图 1-9　Android Studio 安装许可协议

> **提示** 读者如果选择与笔者相同的 SDK 安装路径 "D:\Android\sdk",将有助于本书中案例项目顺利地打开。如果读者选用了不同的安装路径,书中案例项目导入时可能需要进行一些配置与修改。

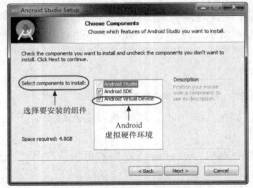
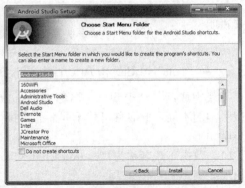

▲图 1-10　选择 Android Studio 和 Android SDK 安装位置　　　▲图 1-11　将快捷图标放在开始菜单文件夹中

（4）进入如图 1-11 所示的界面后，可以选择将 Android Studio 快捷图标放在开始菜单的哪个文件夹中。这里读者可以自行选择，笔者在此处选择的是名称为 Android Studio 的文件夹，然后单击 Install 按钮，就会出现如图 1-12 所示的界面。

（5）进入如图 1-12 所示的界面后，说明 Android Studio 和 Android SDK 已经开始安装，等待几分钟之后（随网络速度不同而不同），Android Studio 和 Android SDK 的安装就会完成。此时会出现如图 1-13 所示的界面，然后单击 Next 按钮，就会出现如图 1-14 所示的界面。

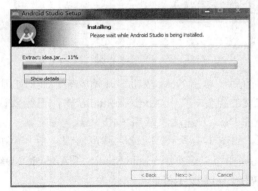
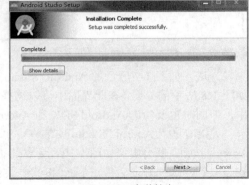

▲图 1-12　Android Studio 和 Android SDK 安装　　　▲图 1-13　安装结束

（6）单击 Finish 按钮后出现如图 1-15 所示的界面。第一次安装都会出现这个界面，此界面中第一个选项的含义是如果之前安装过 Android Studio，可以使用以前版本的配置文件；第二个选项含义为不导入配置文件。因为这里是演示第一次安装 Android Studio 的情况，所以选择第二项，然后单击 OK 按钮。

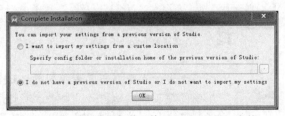

▲图 1-14　Android Studio 和 Android SDK 安装完成　　　▲图 1-15　选择是否加载旧的 Android Studio 文件

（7）单击 OK 按钮之后，稍等几分钟可能会出现如图 1-16 所示的界面。这是 Android Studio 配置向导的第一个界面，在其中单击 Next 按钮之后，就会出现如图 1-17 所示的界面。

▲图 1-16　Android SDK 需要更新

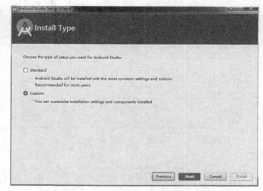

▲图 1-17　Android SDK 安装更新类型

（8）进入如图 1-17 所示的界面后，需要选择安装配置模式。其中第一个选项表示标准化安装，第二个选项表示自定义安装。笔者在这里选择的是第二个选项，然后单击 Next 按钮。

（9）接着进入如图 1-18 所示的界面，此界面显示了 Android SDK 需要更新的内容。单击 Finish 按钮，Android SDK 更新开始，此时进入如图 1-19 所示的界面。

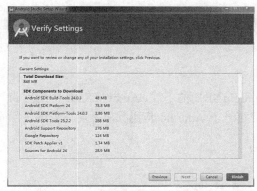

▲图 1-18　Android SDK 更新内容

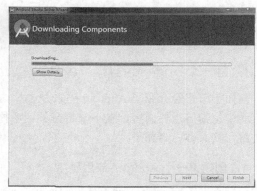

▲图 1-19　Android SDK 正在更新

（10）进入如图 1-19 所示的界面等待几分钟之后（随网络速度不同而不同），将会出现如图 1-20 所示的界面，说明 SDK 更新完成，然后单击 Finish 按钮。

（11）接着进入到如图 1-21 所示的界面，至此，Android Studio 和 Android SDK 的安装完成，读者可以开始使用 Android Studio 进行开发了。

（12）因为当前市面上安卓手机的 Android 版本基本都是 4.4 及以上，但是在 Android Studio 中自动安装并更新的 Android SDK 版本不全，因此需要再一次手动更新 Android SDK。进入如图 1-21 所示的界面后，单击右下角的 Configure，然后选择"SDK Manager"选项，将进入如图 1-22 所示的界面。

（13）进入如图 1-22 所示的界面后，将 Android 4.4 及以上的 Android 版本全部勾选，然后单击 Apply 按钮，Android SDK 开始更新。等待几分钟后，更新完成进入到如图 1-23 所示的界面，然后单击 Finish 按钮，Android SDK 更新完成。

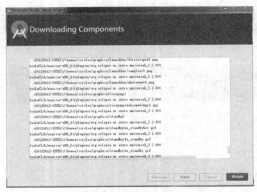
▲图 1-20　Android SDK 更新完成

▲图 1-21　Android SDK 更新完成

▲图 1-22　Android SDK 更新

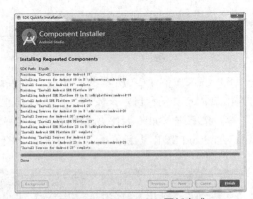
▲图 1-23　Android SDK 更新完成

1.3.3　第一个 Android 程序

前面小节已经介绍了 Android 的来龙去脉、Android SDK 的下载、Android SDK 的配置和创建及启动模拟器等重要内容，接下来将带领读者构建第一个 Android 应用程序并对该程序进行简单的讲解，其具体内容如下。

1. 创建第一个 Android 应用程序

（1）如图 1-21 所示，双击第一个选项，选择创建一个新的 Android Studio 项目，然后会进入如图 1-24 所示的界面，在此界面可以更改标有红色标记的项目，然后单击 Next 按钮。

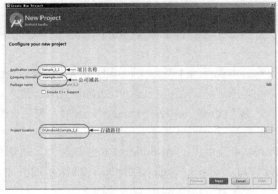
▲图 1-24　创建新的项目

▲图 1-25　设置 SDK 版本

（2）单击 Next 按钮后会进入如图 1-25 所示的界面，在此界面中可以选择自己项目编译需要的 SDK 版本。这一步笔者选择默认选项，然后单击 Next 按钮，就会进入如图 1-26 所示的界面。

（3）进入如图 1-26 所示的界面后，可以选择 Activity 的类型，这里笔者选择默认的 Activity 样式，然后单击 Next 按钮，进入如图 1-27 所示的界面。在此界面中可以修改 Activity 的名称和 Activity 布局文件的名称，然后单击 Finish 按钮。

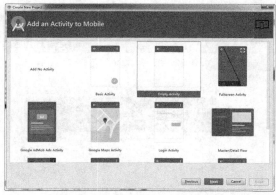

▲图 1-26　设置 Activity 样式

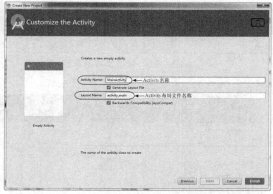

▲图 1-27　设置 Activity 和 activity 布局文件名称

（4）接着进入到如图 1-28 所示的界面，说明项目创建成功。此时单击工具栏中的 图标，打开 AVD 管理器，将会出现如图 1-29 所示的界面，然后单击图中被标记的"Create Virtual Device"按钮，开始创建一个新的模拟器，此时将会出现如图 1-30 所示的界面。

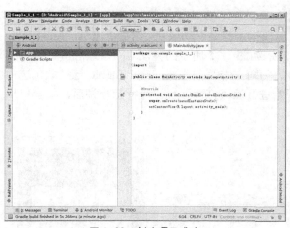

▲图 1-28　创建项目成功

▲图 1-29　创建 Android 模拟器

（5）进入到如图 1-30 所示的界面后，可以选择需要创建的目标设备类型以及设备的参数，笔者在此选择的是默认值，读者可以根据需要自行选择，然后单击 Next 按钮，将进入到如图 1-31 所示的界面。

（6）进入到如图 1-31 所示的界面后，可以自行选择想要创建的模拟器版本，并且在此界面还可以下载对应模拟器的配置文件。然后单击 Next 按钮，进入到如图 1-32 所示的界面，在此界面可以设置模拟器的名称等信息，然后单击 Finish 按钮，进入到如图 1-33 所示的界面，说明模拟器创建成功。

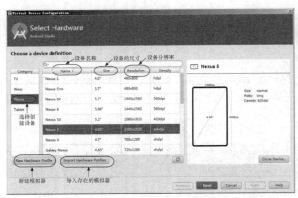
▲图 1-30 设置模拟器参数

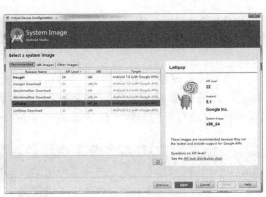
▲图 1-31 创建模拟器

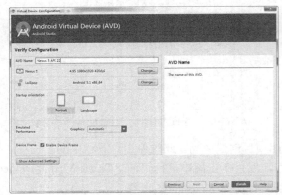
▲图 1-32 设置模拟器名称等信息

▲图 1-33 模拟器创建成功

（7）模拟器创建成功之后，单击图 1-33 中的▶图标启动模拟器。启动模拟器需要一些时间，等待几分钟后，将进入如图 1-34 所示的界面，说明模拟器已经启动成功。然后单击 Android Studio 主界面工具栏中的▶图标编译运行项目，此时将进入如图 1-35 所示的界面。

（8）此界面功能为选择项目运行的目标设备。如图 1-35 所示，Android Studio 已经默认选中刚才创建的模拟器。然后单击 OK 按钮，项目开始进行编译打包运行。等待几分钟后，就会出现如图 1-36 所示的界面，说明项目运行成功。

▲图 1-34 模拟器启动成功

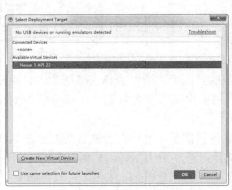
▲图 1-35 运行 Android Studio 项目

▲图 1-36 项目运行成功

2. 案例 Sample_1_1 的简单介绍

通过前面的学习，读者已经能够创建并运行简单的 Android 程序了，但可能对 Android 项目还不够了解，接下来将通过对 Sample_1_1 程序做详细介绍使读者了解 Android 项目的目录结构以及 Sample_1_1 的运行机理。

（1）在 Android Studio 中，提供了几种不同的项目结构类型，其中 Project 结构类型和 Android 结构类型比较常用，下面对 Project 结构类型下的 Android 项目结构做详细的讲解。

- app 目录：项目中的 Android 模块，在 Android Studio 中，项目分为 Project（工作区间）、Module（模块）两种概念，在创建项目时会默认创建一个模块，这里的 app 就是一个 Module，一个 Android 应用程序的文档结构。
- lib 目录：存放 Android 项目依赖的类库，例如项目中用到的.jar 文件。
- src 目录：Android 项目的源文件目录，存放应用程序中所有用到的资源文件。
- androidTest 目录：存放应用程序单元测试代码，读者可以在这里进行单元测试。
- main 目录：Android 项目的主目录，其中 java 目录用来存放.java 源代码文件，res 存放资源文件，包含图像、字符串资源、Activity 布局等资源，AndroidManifest 是项目的配置文件。
- app 目录下 build.gradle：Android 项目的 Gradle 构建脚本。
- build 目录：Android Studio 项目的编译目录。
- gradle 目录：存放项目用到的构建工具。
- gradle 目录下 build.gradle：Android Studio 项目的构建脚本。
- External Libraries 目录：显示项目所依赖的所有类库。

（2）上面介绍了 Sample_1_1 项目中各个目录和文件的作用，接下来介绍的是该项目的系统控制文件 AndroidManifest.xml，该文件的主要功能为定义该项目的使用架构、版本号及声明 Activity 组件等，其具体代码如下。

> **代码位置**：见随书源代码/第 1 章/Sample_1_1 目录下的 AndroidManifest.xml。

```
1   <?xml version="1.0" encoding="utf-8"?><!--XML 的版本以及编码方式-->
2   <manifest xmlns:android="http://schemas.android.com/apk/res/android"
3       package="com.example.sample_1_1">
4       <application
5           android:allowBackup="true"
6           android:icon="@mipmap/ic_launcher"<!-- 定义了该项目在手机中的图标-->
7           android:label="@string/app_name"<!-- 定义了该项目在手机中的名称 -->
8           android:supportsRtl="true"
9           android:theme="@style/AppTheme">
10          <activity android:name=".MainActivity">
11              <intent-filter>
12                  <action android:name="android.intent.action.MAIN" />
13                  <category android:name="android.intent.category.LAUNCHER" />
14              </intent-filter><!-- 声明 Activity 可以接受的 Intent -->
15          </activity>
16      </application>
17  </manifest>
```

- 第 1～3 行定义了程序的版本、编码方式、用到的架构以及该程序所在的包。
- 第 5～9 行定义了程序在手机上的显示图标、显示名称以及显示风格。
- 第 10～15 行定义了一个名为 MainActivity 的 Activity 以及该 Activity 能够接受的 intent。

（3）上面介绍了 Sample_1_1 项目的系统控制文件 AndroidManifest.xml，接下来介绍的是该项目的布局文件 activity_main.xml，该文件的主要功能为声明 XML 文件的版本以及编码方式、定义布局并添加控件 TextView，其具体代码如下。

代码位置：见随书源代码/第 1 章/Sample_1_1/app/src/main/res/layout 目录下的 activity_main.xml。

```xml
1   <?xml version="1.0" encoding="utf-8"?>              <!-- XML 的版本以及编码方式 -->
2   <RelativeLayout xmlns:android="http://schemas.android.com/apk/res/android"
3       xmlns:tools="http://schemas.android.com/tools"
4       android:id="@+id/activity_main"
5       android:layout_width="match_parent"
6       android:layout_height="match_parent"
7       android:paddingBottom="@dimen/activity_vertical_margin"
8       android:paddingLeft="@dimen/activity_horizontal_margin"
9       android:paddingRight="@dimen/activity_horizontal_margin"
10      android:paddingTop="@dimen/activity_vertical_margin"
11      tools:context="com.example.sample_1_1.MainActivity"><!--定义了一个布局-->
12      <TextView
13          android:layout_width="wrap_content"
14          android:layout_height="wrap_content"
15          android:text="Hello World!" />              <!--向布局中添加一个 TextView 控件-->
16  </RelativeLayout>
```

- 第 2~11 行定义了布局方式为 RelativeLayout，且左右和上下的填充方式为 match_parent。
- 第 12~15 行中向该布局中添加了一个 TextView 控件，其宽度和高度模式分别为 wrap_content、wrap_content，在 TextView 控件显示的内容为 Hello World。

（4）上面介绍了本项目的布局文件 activity_main.xml，接下来将为读者介绍的是项目的主控制类 MainActivity，本类为继承自 Android 系统 AppCompatActivity 的子类，其主要功能为调用父类的 onCreate 方法，并切换到 main 布局，其具体代码如下。

代码位置：见随书源代码/第 1 章/Sample_1_1/src/main/java/com.example.sample_1_1 目录下的 MainActivity.java。

```java
1   package com.example.myapplication;
2   import android.support.v7.app.AppCompatActivity;         //引入相关类
3   import android.os.Bundle;
4   public class MainActivity extends AppCompatActivity {    //定义一个 Activity
5       @Override
6       protected void onCreate(Bundle savedInstanceState) {//重写的 onCreate 回调方法
7           super.onCreate(savedInstanceState);             //调用基类的 onCreate 方法
8           setContentView(R.layout.activity_main);         //指定当前显示的布局
9       }
10  }
```

- 第 4 行是对继承自 AppCompatActivity 的子类的声明。
- 第 5~9 行重写了 AppCompatActivity 的 onCreate 回调方法，在 onCreate 方法中先调用基类的 onCreate 方法，然后指定用户界面为 R.layout.activity_main，对应的文件为 src/main/res/layou/tactivity_main。

（5）上面介绍了本项目的主控制类 MainActivity，接下来将为读者介绍 app 目录下 Android 项目的 Gradle 构建脚本 build.gradle 文件，该文件声明了用于编译的 SDK 版本、用于 Gradle 编译项目的工具版本和项目引用的依赖等信息，其具体代码如下。

代码位置：见随书源代码/第 1 章/Sample_1_1 目录下的 build.gradle。

```gradle
1   apply plugin: 'com.android.application'//使用 com.andorid.application 插件
2   android {
3       compileSdkVersion 24                //用于编译的 SDK 版本
4       buildToolsVersion "24.0.3"//用于 Gradle 编译项目的工具版本
5       defaultConfig {
6           applicationId "com.example.myapplication"//应用程序包名
7           minSdkVersion 15                //最低支持的 Android 版本
8           targetSdkVersion 24             //目标版本
9           versionCode 1                   //版本号
10          versionName "1.0"               //版本名称
```

```
11            testInstrumentationRunner "android.support.test.runner.
12            AndroidJUnitRunner"
13        }
14        buildTypes {
15            release {
16                minifyEnabled false
17                proguardFiles getDefaultProguardFile('proguard-android.txt'),
18                    'proguard-rules.pro'
19            }
20        }
21   }                                      //编译类型
22   dependencies {
23        compile fileTree(dir: 'libs', include: ['*.jar'])
24        androidTestCompile('com.android.support.test.espresso:espresso-core:
25                            2.2.2', {
26            exclude group: 'com.android.support', module: 'support-annotations'
27        })
28        compile 'com.android.support:appcompat-v7:24.2.1'
29        testCompile 'junit:junit:4.12'
30   }                                      //用于配置项目引用的依赖
```

> **说明** Android Studio 是基于 gradle 来对项目进行构建的，因此 build.gradle 文件对开发人员来说非常重要，很多关于项目的配置都需要在其中完成，有兴趣的读者可以去参考一下其他的书籍资料详细学习一下 gradle，将大有裨益。

1.4 DDMS 的灵活应用

作为一名合格的软件开发人员，必须要学会怎样去调试程序。调试是一个程序员最基本的技能，其重要性甚至超过学好一门语言。那么什么是调试呢？所谓调试，是在软件投入实际使用前，用手工或编译程序等方法进行测试，修正语法错误和逻辑错误的过程。这是保证软件系统正确性的必不可少的步骤。

Android 为开发人员提供了一个强大的调试工具——DDMS，通过 DDMS 可以调试并监控程序的运行，更好地帮助开发人员完成软件的调试和开发。本节将对 DDMS 的使用进行详细的讲解，希望对读者的软件整体把握能力有大的帮助。

1.4.1 初识 DDMS

依次选择 Android Studio 主界面中的 "Tools→Andorid→Android Device Monitor" 菜单项或者单击工具栏里面的 按钮，即可打开 DDMS 调试监控工具，如图 1-37 所示。

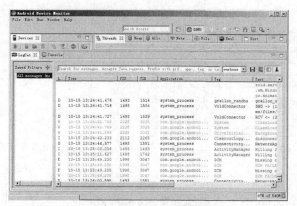

▲图 1-37 打开 DDMS 调试

从上述介绍中可以想到，DDMS 的一大功能就是查看应用程序运行时的后台输出信息。实际的应用程序开发中既可以使用传统的"System.out.println"方法来打印输出调试信息，也可以使用 Android 特有的"android.util.Log"类来输出调试信息，这两种方法的具体使用情况如下。

1.4.2 System.out.println 方法

首先介绍 Java 开发人员十分熟悉的 System.out.println 方法，其在 Android 应用程序中的使用方法与传统 Java 相同，具体步骤如下。

（1）首先在 Android Studio 中打开 app\src\main\java\com.example.sample_1_1 下的 MainActivity.java 文件。

（2）然后在"setContentView(R.layout.activity_main);"语句后添加代码"System.out.println("Hello Andorid");"。待修改完成后，再次运行本应用程序。

（3）应用程序运行后打开 DDMS，找到 LogCat 面板，更改为 debug 界面，如图 1-38 所示。在 LogCat 面板下的 Log 选项卡中可以看到输出的打印语句，如图 1-39 所示。

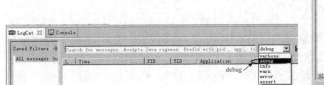

▲图 1-38　debug 界面

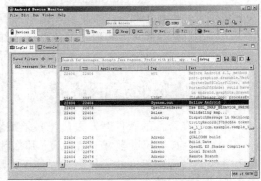

▲图 1-39　Log 选项卡

有时在 Log 中的输出信息太多，不便于查看。这时可在 LogCat 中添加一个专门输出 System.out 信息的面板。单击左边区域的 ➕（Create Filter）按钮，系统会弹出 Log Filter 对话框，在 Filter Name 输入框中输入过滤器的名称，在 by Log Tag 中输入用于过滤的标志，如图 1-40 所示。

此时再次运行应用程序观察输出的情况，在 LogCat 下的 System 面板中将会只存在 System.out 的输出信息，效果如图 1-41 所示。

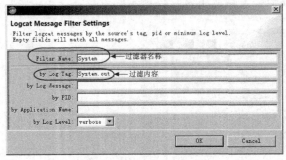

▲图 1-40　Log Filter 对话框

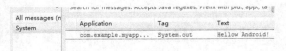

▲图 1-41　只查看 System.out 输出的信息

1.4.3 android.util.Log 类

除了上述介绍的 Java 开发人员所熟知的 System.out.println 方法外，Android 还专门提供了另外一个类 android.util.Log 来进行调试信息的输出。下面将介绍 Log 类的使用，具体步骤如下。

（1）在 MainActivity.java 中注释掉前面已经添加的打印输出语句"System.out.println("Hello Android");"，然后在后面添加代码"Log.d("Log", "This is message!");"。

（2）运行本应用程序，在 DDMS 中找到 LogCat 面板，切换到 All messages 页面，观看打印的内容，如图 1-42 所示。

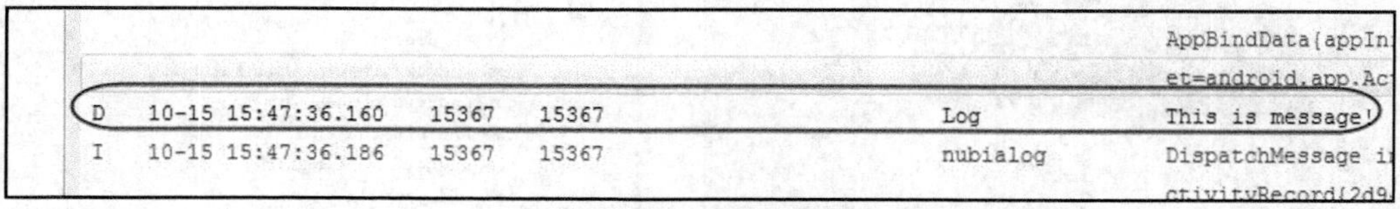

▲图 1-42　使用 Log 输出的信息

1.4.4　Devices 的管理

Devices 选项卡提供了软件截图的功能，可以方便地对多个模拟器和模拟器的进程、线程、堆等进行管理，如图 1-43 所示。其中 Devices 面板还可以与其他面板共同使用，例如 Threads 选项卡、Heap 选项卡等，从而进行程序线程和堆的管理。

1. Devices 简介

首先介绍 Devices 选项卡的基本功能，如图 1-43 所示，这里开启了两个 Android 模拟器，从图中可以看到两个模拟器都出现在了 Devices 选项卡面板中，名称分别为 emulator-5554 和 emulator-5556，通过单击模拟器的名称，可以在多个模拟器中进行切换。

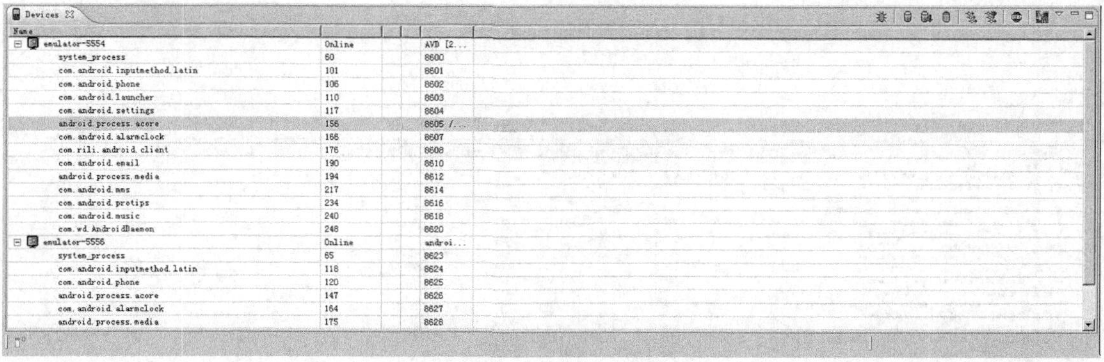

▲图 1-43　Devices 面板

- 截图功能：在模拟器中运行程序，如需要对软件运行效果进行抓图，在需要抓图的界面停留，然后单击 Devices 选项卡右上角 Screen Capture 按钮，显示截图对话框，在对话框中可以预览图片，并进行刷新、图片旋转、保存、复制等，如图 1-44 所示。
- 结束进程功能：先单击选中模拟器中要结束的进程，然后单击 Devices 选项卡右上角的 Stop Process 按钮，即可强制结束进程。如要结束模拟器中的 com.android.music 进程，如图 1-45 所示。
- 在 Devices 面板中，还可对某一进程进行"心电图"测试，首先选中要测试的进程，单击 Devices 面板右上角的 start Method Profiling 按钮，待程序运行一段时间后，自动弹出"心电图"窗口，如图 1-46 所示。

▲图 1-44 截图对话框

▲图 1-45 结束 music 进程

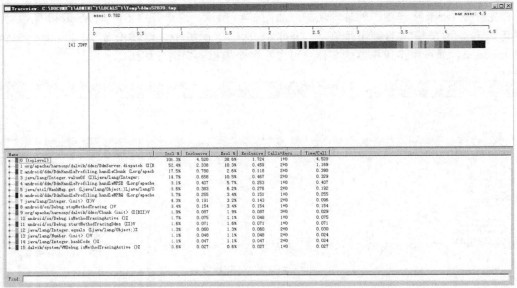
▲图 1-46 进程"心电图"

2. Devices 与 Threads

上面介绍的只是 Devices 面板简单的两个功能，下面介绍 Devices 面板与 Threads 面板共同使用，进行程序线程的管理。一个程序假如开太多的线程即使机器性能再好，也会慢如龟速，所以线程的控制就显得尤为重要了，线程的查看方法如下。

（1）选中 Devices 面板中要查看的程序进程。

（2）单击 Devices 面板右上角的 Update Threads 按钮。

（3）单击 Threads 选项卡，即可查看该进程的所有线程及线程的运行情况，如图 1-47 所示。

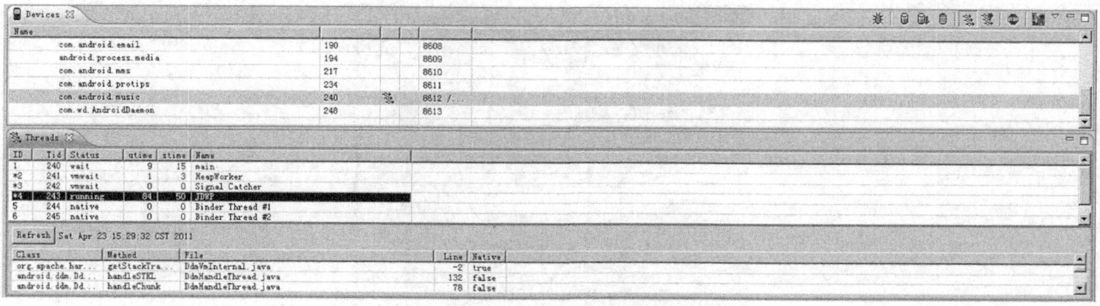

1.4 DDMS 的灵活应用

▲图 1-47　Threads 查看

3. Devices 与 Heap

虽然当下的手机性能越来越好，手机内存当然也越来越大，但是程序过多地占用内存也是不允许的，这不仅会使程序显得很慢造成用户的不满，而且会造成程序的臃肿，甚至是瘫痪。作为合格的软件开发人员，必须严格地管理自己程序的内存使用情况，在条件允许的情况下，尽量去优化程序，用最小的内存完美地运行程序。堆的查看和管理方法如下。

（1）选中 Devices 面板中要查看的程序进程。

（2）单击 Devices 面板右上角的 Update Heap 按钮。

（3）单击 Heap 选项卡，在该选项卡中单击 Cause GC 按钮，即可进行程序堆的详细查看和管理，如图 1-48 所示。

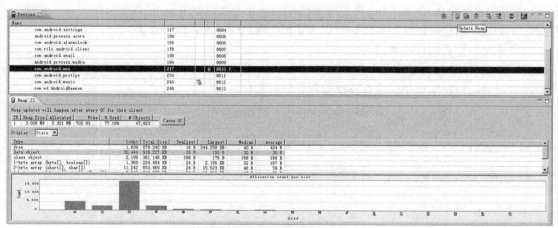

▲图 1-48　堆的查看和管理

1.4.5　模拟器控制（Emulator Control）详解

Emulator Control 顾名思义，即模拟器控制。通过 Emulator Control 面板（如图 1-49 所示）可以非常容易地使用模拟器模拟真实手机所具备的一些交互功能，如接听电话、模拟各种不同网络环境、模拟接收 SMS 消息和发生虚拟的地址坐标用于测试 GPS 相关功能等。

- Telephony Status：通过选项模拟语音质量以及信号连接模式。Telephony Actions：模拟电话接听和发送 SMS 到测试终端。Location Controls：模拟地理坐标或者模拟动态的路线坐标变化并显示预设的地理标识。
- 模拟地理坐标的 3 种方式为 Manual（手动为终端发送经纬度坐标）、GPX（通过 GPX 文件导入序列动态变化的地理坐标，从而模拟行进中 GPS 变化的数值）、KML（通过 KML 文件导入独特的地理标识，并以动态形式根据变化的地理坐标显示在测试终端）。

第 1 章 初识庐山真面目——Android 简介

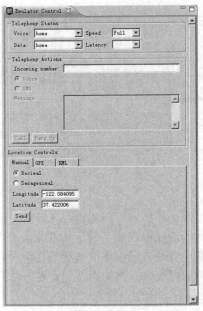

▲图 1-49 Emulator Control 面板

1.4.6 File Explorer——SD Card 文件管理器

File Explorer 是 Android SDK 提供的管理 SD Card 的文件管理器。通过 File Explorer 可以查看程序对 SD Card 的使用情况，从而判断程序是否正确运行，具体步骤如下。

（1）选择要查看的模拟器。

（2）单击 File Explorer 选项卡，如图 1-50 所示。从图 1-50 中可以看到该管理器类似于 Windows 的资源管理器，可以通过单击操作方便地查看任何文件。

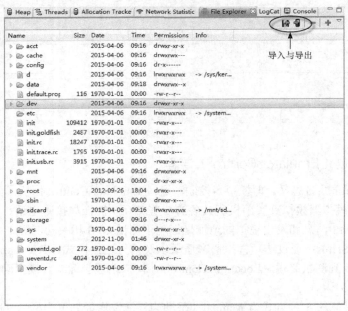

▲图 1-50 SD Card 文件管理器

（3）单击 File Explorer 选项卡右上角的两个按钮，可以方便地进行文件的导入和导出。

1.5 本书案例项目的导入

前面介绍了如何搭建 Android 开发环境，如何开发 Hello World 应用程序以及 DDMS 的应用等，接下来将为读者详细地介绍已有 Android 项目的导入与运行，本节将以导入本书第 11 章污水征服者为例进行详细讲解，其具体内容如下。

（1）打开 Android Studio，如果 Android Studio 中没有项目会进入到如图 1-51 所示的界面，如果 Android Studio 中已有项目则会进入到如图 1-52 所示的界面。

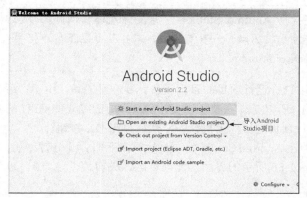

▲图 1-51　导入项目到 Android Studio　　　　　　▲图 1-52　Android Studio 主界面

（2）进入到如图 1-51 所示的界面后，单击 "Open an existing Android Studio project" 选项，进入到如图 1-53 所示的界面，在其中选择需要导入的项目（笔者已经将污水征服者的项目放到 D:\Android\workspace 目录下），然后单击 OK 按钮。

> **说明**　进入如图 1-52 所示的界面后，读者可以单击 File®New®Import Project...，也可以进入到如图 1-53 所示的界面来选择需要导入的项目。

（3）单击 OK 按钮之后经过短暂的加载，进入到如图 1-54 所示的界面。若没有打印错误日志，则说明导入成功。

▲图 1-53　选择导入项目　　　　　　　　　　　▲图 1-54　成功导入项目

> **提示** 如果加载界面一直卡在"Building gradle project info",一般是由于导入项目中描述的 gradle 版本与 Android Studio 中目前的 gradle 版本不一致造成的。最简单的处理方法就是根据前面在 Android Studio 中新建项目的 gradle 版本修改要导入项目文件夹下的 gradle/wrapper/gradle-wrapper.properties 文件中的 distributionUrl 项目,然后再执行项目导入。

(4)接着用数据线将手机与 PC 机连接,单击 Android Studio 导航栏中的▶图标,进入到如图 1-55 所示的界面。

> **提示** 如果读者的手机不能正常连接到 Android Studio,一般是手机驱动问题,可以考虑安装豌豆荚软件帮助自动安装手机驱动。一般情况下,豌豆荚可以正常连接手机后,手机就可以正常连接到 Android Studio 了。

(5)进入到如图 1-55 所示的界面后,可以选择运行项目的目标设备。要注意的是,由于"污水征服者"是基于 OpenGL ES 2.0 进行渲染的,所以必须在装备了支持 OpenGL ES 2.0 的 GPU 的真机上运行。如图 1-55 所示,已经选择了运行项目的目标手机设备,然后单击 OK 按钮。

(6)单击 OK 按钮之后,需要等待几分钟让 Android Studio 将项目运行到手机。几分钟之后,项目在手机上运行成功,手机屏幕将显示如图 1-56 所示的界面,此项目运行成功。

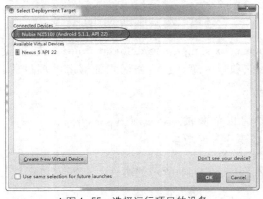

▲图 1-55 选择运行项目的设备

▲图 1-56 项目运行成功

1.6 本章小结

本章首先介绍了 Android 的诞生及其特点,相信读者对 Android 开发平台已有所了解。本章中还介绍了 Android 开发环境的搭建以及用 Android 创建的第一个应用程序,通过该程序,读者应该对 Android 应用程序的开发步骤有所了解。

本章重点为读者介绍的是 Android 应用程序的详细调试方法、项目结构和系统架构,这些能够帮助读者进一步更深层次地了解 Android。对于理论性的知识,读者只要先暂时有些概念,在以后的学习中一定会遇到,当结合实际例子之后,才能有更进一步的理解。

第 2 章 3D 动态壁纸——百纳水族馆

随着移动互联网的飞速发展，手机功能也越来越强大，用户也需要更好的方式去使用这些功能，其中为手机设置绚丽的动态壁纸已经成为用户追求手机炫酷效果的一种流行方式。本章将水族馆融入到了 Android 手机操作系统的动态壁纸当中，以创造全新的用户体验。

2.1 背景及功能概述

本节将对百纳水族馆的开发背景及其基本功能进行简单介绍，通过本节的学习，读者将会对百纳水族馆的具体功能及相应开发过程有一个整体了解，并且对百纳水族馆所需要的一些关键性技术有一个很好的认识，会对以后的学习有很大的帮助。

2.1.1 项目背景

随着移动互联网的快速发展，单一的图片壁纸已经不能完全满足用户的需求，所以产生了将手机屏幕所使用的壁纸以动画形式呈现出来的动态壁纸，这就需要开发人员不断地开发出新的壁纸来，以满足用户对酷炫壁纸的追求。

- 动态壁纸用美丽的动态的影像，比如花朵的绽放、闪烁的星空等，替换了原始的古板的静态壁纸，并且不会影响图标的显示和应用程序的使用。
- 通过使用动态壁纸让桌面更加酷炫、个性，还能够很好地缓解工作的压力，让手机变得有趣，令人更加心旷神怡。

当前市面上也有很多动态壁纸的作品，下面展示了笔者常用的 3 款优秀作品，如图 2-1、图 2-2 和图 2-3 所示。

▲图 2-1 绽放花朵动态壁纸

▲图 2-2 星空闪烁动态壁纸

▲图 2-3 神秘丛林动态壁纸

说明　图 2-1 展示的是娇艳的花朵亭亭玉立，慢慢绽放。图 2-2 展示的是夜空中漫天的星星在不断闪烁，十分美丽。图 2-3 展示的是神秘的丛林中可爱的小精灵在天空中飞舞，效果十分酷炫，令人赏心悦目。

2.1.2　功能介绍

上一小节介绍了动态壁纸的背景知识，本小节将对 3D 动态壁纸——百纳水族馆的功能及操作方法进行简单介绍，使读者对此壁纸有一个初步的了解，为后面的学习打好基础。首先介绍设置动态壁纸的操作方法，具体的步骤如下所列。

（1）安装完这个壁纸，两个手指同时向屏幕中滑动，屏幕下方将弹出 4 个设置按钮，然后选择"修改壁纸"按钮，如图 2-4 所示，单击"修改壁纸"选项，屏幕下方将弹出一个壁纸选择的选择列表，将其滑动到最右边单击其他按钮，出现如图 2-5 所示的 3 个选项。

（2）单击"动态壁纸"按钮，系统将弹出一个动态壁纸列表框，在此列表框中列出了用户手机上所有已安装的可选的各种动态壁纸，这些动态壁纸都可以设置成手机壁纸，都可以增加手机屏幕的酷炫效果，如图 2-6 所示。

▲图 2-4　设置列表选项

▲图 2-5　壁纸类型选择列表框

▲图 2-6　壁纸选择列表框

（3）单击"百纳水族馆"选项后，进入动态壁纸预览界面，此时已经可以对该壁纸进行控制，单击手机屏幕下方的"应用"选项即可将此 3D 动态壁纸设置为当前手机壁纸。

（4）此动态壁纸设置成功后，就可以看到本案例中的鱼游来游去还有骨骼动画，身体上还有水纹，鱼游到远离灯光的地方就会变暗，十分地炫酷，并可单击水族馆的地面来给鱼喂食，鱼看到鱼食会向鱼食游去。

（5）单击水族馆地面进行喂食后，本案例会判断百纳水族馆里的鱼是否能够看到鱼食，能看到鱼食的鱼会去将鱼食吃掉，其效果如图 2-7、图 2-8、图 2-9 所示，用户在左右滑动屏幕的同时也可以使百纳水族馆左右地移动。

（6）百纳水族馆地面上有 3 处气泡位置，这 3 处位置不断地冒气泡，并且冒出的气泡随高度增加而不断地变大，其效果如图 2-10 所示。

2.2 策划及准备工作

▲图2-7 喂食1

▲图2-8 喂食2

▲图2-9 喂食3

（7）水族馆中的地面上还有带有骨骼动画的珍珠贝，珍珠贝在地面上一张一合使整个地面看起来更加真实，其本身被光照射后有明暗的效果，珍珠贝中的珍珠会随着贝壳开合产生明暗变化，其效果如图2-11、图2-12所示。

▲图2-10 气泡变大

▲图2-11 动态贝壳1

▲图2-12 动态贝壳2

> **说明** 本案例测试机主要为小米5、红米3、小米3、三星S7、华为P9 PLUS等，具体设置壁纸的操作步骤是按照小米5的MIUI8来进行操作的。现在市场上Android机型种类较多，相应的壁纸设置步骤也不尽相同，在此不可能全部详细介绍，设置壁纸的具体操作步骤请读者根据自己的手机自行调整。

2.2 策划及准备工作

上一节介绍了本案例的背景及功能，本节将要为读者介绍3D动态壁纸——百纳水族馆的策划以及开发前的准备工作。通过这一节的学习，会使读者对3D动态壁纸——百纳水族馆案例有初步的了解，为后面的案例开发做好充分准备。

2.2.1 项目策划

本小节将对 3D 动态壁纸的策划工作进行简要的介绍。在真正的项目开发中，首先要进行的就是策划，这会使项目更加细致、具体、全面。该壁纸的策划如下所列。

- 动态水族馆

本案例为 3D 水族馆动态壁纸，在该壁纸中有许多本身有动作并可以自由游动的鱼，地面中有不断一张一合的珍珠贝和不断闪烁的珍珠，还可以单击地面给鱼喂食，还有几处不断地冒出气泡，并且气泡随高度增加而不断变大，场景美观、炫酷。

- 运行的目标平台

本案例运行的目标平台为 Android 4.3 及其以上版本，由于使用 OpenGL ES 3.0 渲染技术，所以必须在存在显卡的 Android 设备上运行。

- 操作方式

本案例操作比较简单，主要是通过屏幕触控来实现对壁纸的操作，用户可以单击水族馆的地面来给水族馆中的鱼进行喂食，用户可以通过向左滑动屏幕，使壁纸跟随向左滑动，也可以向右滑动屏幕，使壁纸跟随向右滑动。

- 目标受众

本案例设计新颖，不单单是在场景中的鱼拥有骨骼动画，而且逼真的光影变化使场景更加炫酷、真实，在壁纸的操作方式上也十分地简洁，用户可以很快很容易地掌握，适合大众用户将其作为手机的装饰壁纸。

- 呈现技术

本案例采用 OpenGL ES 3.0 作为案例的呈现技术，场景中有很强的立体感，非常逼真的光影效果。案例中用到的鱼食模型读者可以使用 3ds Max 按照自己的要求进行设计，鱼类和贝壳的模型是 bnggdh 文件——一种笔者自行开发的带骨骼动画的模型文件格式。

2.2.2 Android 平台下 3D 开发的准备工作

完成壁纸策划的介绍后，下面需要做一些壁纸开发前的准备工作，主要包括搜集本案例中使用的鱼食模型与鱼食的纹理图，还有鱼与珍珠贝的骨骼动画与纹理图，并在 3ds Max 对模型进行设计与贴图。其详细介绍如下所示。

（1）首先介绍的是案例中用到的图片资源，我们将图片资源统一放在项目文件夹 assets/pic 中，这样有利于统一管理图片资源，读者可以在以后的项目开发中借鉴。项目文件夹 assets/pic 的图片资源，其详细情况如表 2-1 所示。

表 2-1　　　　　　文件夹 app/sic/main/assets/pic 中的图片资源

图片名	大小（KB）	像素（w×h）	用途
background.png	2170	1024×768	场景背景纹理图
beike.png	438	512×512	珍珠贝纹理图
bubble.png	8	64×64	气泡纹理图
dayu.png	747	512×512	红色鲤鱼纹理图
dayublue.png	688	512×512	蓝色鲤鱼纹理图
dpm.png	139	512×512	明暗采样纹理图
fishfood.png	8	64×64	鱼食纹理

续表

图片名	大小（KB）	像素（w×h）	用途
lhfish.png	949	1024×1024	蓝黄小鱼纹理图
manfish.png	469	1024×1024	鳗鱼纹理图
redfish.png	502	512×512	红色大鱼纹理图
yellow.png	692	512×512	黄色大鱼纹理图
zhenzhu.png	4	128×128	珍珠纹理图

（2）下面介绍该壁纸中所用到的 3D 模型，该壁纸中用到的该类模型是鱼食模型、珍珠贝模型和鱼模型，鱼食模型放在项目资源 assets/model 文件夹中，珍珠贝模型、鱼模型放在项目资源 assets/bnggdh 文件夹中，其详细情况如表 2-2 所示。

表 2-2　　　　　　　　　　场景中模型资源

模型名称	大小（KB）	格式	用途
beike.obj	5	obj	下半个贝壳 3D 模型
fishfood.obj	10	obj	鱼食 3D 模型
zhenzhu.obj	49	obj	珍珠 3D 模型
beike.bnggdh	20	bnggdh	上半个贝壳 3D 模型
dayu.bnggdh	212	bnggdh	鲤鱼 3D 模型
lhfish.bnggdh	199	bnggdh	蓝黄小鱼 3D 模型
manfish.bnggdh	425	bnggdh	鳗鱼 3D 模型
redfish.bnggdh	276	bnggdh	大鱼 3D 模型

2.2.3　百纳骨骼动画格式文件

本项目中用到的 bnggdh 格式是由笔者自行开发的自定义骨骼动画格式，笔者通过研究 FBX 骨骼动画模型文件的官方 SDK，开发出了一套可以将 fbx 文件转换成 bnggdh 的转换工具，并且能够在项目中使用。

> **说明**　本项目中用到的 Bnggdh 类是作者自己封装的自定义骨骼动画类，在项目中以 jar 包的形式导入，其中主要涉及了骨骼动画的数学解析，这里只介绍了其使用方法，若读者想深入学习，请读者自行查阅《OpenGL ES 3.x 游戏开发》下卷第 9 章 "骨骼动画" 中的相关内容。

2.3　整体介绍

通过前面对百纳水族馆的介绍和准备工作，读者应该对案例有了一个初步的了解，下面将介绍案例中各个类的作用以及类与类之间的关系，从而使读者对百纳水族馆有一个更加全面的了解，可以更好地理解本案例的详细开发过程。

各个类的简要介绍

下面将对本项目中的所有类逐一进行简要介绍，从而使读者更为详细地了解各个类的作用以及各个类之间的联系，使读者对 3D 动态壁纸——百纳水族馆的制作流程有一个深刻的认识，具体内容如下。

1. 壁纸实现类

- 壁纸服务类——OpenGLES3WallpaperService

GLWallpaperService 类是动态壁纸类的基础类，此类为壁纸项目的开发提供了服务接口，OpenGLES3WallpaperService 是百纳水族馆的基础类，通过继承 GLWallpaperService 类，重写 onCreateEngine 方法等来实现壁纸功能。

- 自定义场景渲染器类——MySurfaceView

MySurfaceView 是百纳水族馆的核心类，在本类中首先设置使用 OpenGL ES 3.0 渲染技术，然后创建了本案例中需要绘制的所有对象，设置各个对象的绘制方式，加载各类物体模型及所需纹理，设置摄像机位置，使用投影矩阵，初始化光源位置等。

2. 绘制类

- 群鱼控制类——FishControl

FishControl 类是群鱼控制类（群鱼是指不包括鱼群的所有单条鱼的集合）。在该类中定义了群鱼列表，列表中存放着所有的单条鱼对象，创建并启动鱼的移动线程，最后遍历群鱼列表对单条鱼进行绘制。

- 单条鱼类——SingleFish

SingleFish 类是绘制单条鱼类。在此类中定义了单条鱼的所有属性，包括鱼的位置、速度、外力、鱼食对鱼的吸引力、鱼的质量（力的缩放比）、鱼的旋转角度等。该类中的 fishMove 方法计算了鱼的旋转角度、鱼所受的外力和鱼食对鱼的吸引力。

- 鱼群控制类——FishSchoolControl

FishSchoolControl 类是鱼群的控制类。在此类中定义了鱼群中的每条鱼，这些鱼组成了可以一起游动的鱼群，鱼群中的第一条鱼不受其他任何鱼的外力，只受到墙壁的作用力。然后创建并启动鱼群的游动线程，遍历鱼群列表实现对鱼群的绘制。

- 单个鱼群类——SingleFishSchool

SingleFishSchool 类是绘制鱼群里单条鱼的类。此类中定义了鱼群中每条鱼的所有相关属性，具体包括鱼的位置、速度、外力、鱼偏离相对位置（以鱼群中第一条鱼所在位置为球心，以定长为半径确定球面上的一个点）后受到的向心力、鱼的质量、鱼的旋转角度等。

- 喂食类——FeedFish

FeedFish 类是食物的控制类。此类中的 startFeed 方法作用是由摄像机与触控点确定一条与场景地面高度交叉的拾取射线并计算出交点的坐标，如果是第一次调用此方法，此方法还会调用 SingleFood 的 startFeed 方法来启动 SingleFood 中创建的两个线程。

- 鱼食类——SingleFood

SingleFood 类是绘制鱼食的类。该类的作用是创建并启动线程，绘制鱼食。在此类中定义了食物的移动线程，计算鱼食对鱼的吸引力线程，给出了食物的 y 坐标，并创建了启动以上两个线程的 startFeed 方法，最后再进行鱼食的绘制。

- 气泡控制类——BubbleControl

BubbleControl 类是本案例中所有气泡的控制类。在本类中首先根据气泡的数量创建气泡对象并将气泡对象添加到气泡列表中，然后创建并启动气泡移动线程，根据气泡的位置对气泡进行排序，最后遍历气泡列表并且绘制气泡。

- 单个气泡类——SingleBubble

SingleBubble 类用于绘制场景中的单个气泡类，在本类中定义了气泡的所有属性，如气泡的位置、纹理 ID、最大高度等。每调用一次此类中的 bubbleMove 方法，气泡就会移动一小段距离，如果气泡的 y 位置大于气泡高度的最大值，就会调用 newPosition 方法重新设置气泡的位置和气泡的最大高度。

- 珍珠贝类——AllBeiKe

AllBeiKe 类是绘制整个珍珠贝的类。此类中确定了珍珠贝的位置，根据模型缩放比例绘制了上半个不断开合的带有骨骼动画的贝壳模型和下半个贝壳还有珍珠的模型。

3. 线程类

- 群鱼游动线程类——FishGoThread

FishGoThread 类是群鱼游动的线程类。在此类中遍历群鱼列表判断两条鱼之间的距离，若距离小于阈值，则两条鱼之间产生力的作用。对鱼进行碰撞检测，当鱼与墙壁的距离小于阈值时鱼会受到与墙壁垂直的力。然后修改鱼所受到的外力、鱼的速度和位置。

- 鱼群游动线程类——FishschoolThread

FishschoolThread 类是鱼群游动的线程类。在此类中遍历鱼群列表并判断鱼群中的鱼（不包括第一条鱼）与相对位置的距离，若距离大于阈值就会对该鱼产生向心力。然后对鱼群进行碰撞检测，碰壁时鱼群受到一个与墙壁垂直的力。最后修改鱼所受到的外力、鱼群的速度和位置。

- 鱼食对鱼产生吸引力的线程类——AttractThread

AttractThread 类是鱼食对鱼产生吸引力的线程类。在此类中不断遍历群鱼列表判断鱼是否能看到鱼食，如果鱼能看到鱼食，则该鱼受到鱼食的吸引力作用使鱼向鱼食游动，当鱼与鱼食之间的距离小于阈值后鱼食消失，认定鱼食已经被吃掉。本案例中鱼食对鱼群中的鱼不产生吸引力作用。

- 鱼食移动线程类——FoodThread

FoodThread 类是鱼食移动的线程类。在此类中只要喂食线程中的标志位没有被置成 false 就会不断地修改鱼食的 x 方向和 z 方向的位置使鱼食产生晃动的效果，然后不断地修改鱼食的 y 位置。

- 气泡移动线程类——BubbleThread

BubbleThread 类是气泡的移动线程。在此类中首先遍历气泡列表，将气泡分为 3 份（因为在本案例中有 3 处气泡，读者可根据自身需要进行更改），进行标志用来判断气泡向左还是向右上升。然后调用气泡对象中的 bubbleMove 方法，从而实现气泡的移动。

4. 工具常量类

- 常量类——Constant

Constant 类是整个壁纸中用到的所有静态常量的集合。其中包括屏幕的长宽比、摄像机的位置、背景图的缩放比、地面高度等一系列静态常量。将这些常用的静态常量定义到常量类 Constant 中，会降低程序的维护成本，同时会增强程序的可读性。

- 向量类——Vector3f

Vector3f 类是本案例中用到的三维向量的类。包含了案例中所有需要的向量算法，具体包括求向量的模、向量的减法、向量的加法、向量的归一化等。此外还有获取力的大小，求指定半径的向量，获取从一个向量指向另一个向量的向量等方法。

- 屏幕拾取类——IntersectantUtil

IntersectantUtil 类是和屏幕拾取相关的工具类（主要是在对鱼进行喂食的时候会用到该类中包含的相关算法），通过拾取计算获得触控点在摄像机坐标系中的坐标，再乘以摄像机矩阵的逆矩阵即可得到该点在世界坐标系中的坐标。

- 着色器加载类——ShaderUtil

ShaderUtil 类是着色器加载的工具类。该类的作用是将着色器（shader）的脚本加载进显卡并且编译，其中 loadFromAssetsFile 方法用来从着色器 sh 脚本中加载着色器的内容，checkGlError 方法用来检查每一步操作是否有错误，createProgram 方法用来创建着色器程序，loadShader 方法用来加载着色器编码进 GPU 并且进行编译。

- 存储矩阵状态类——MatrixState

MatrixState 类是用于封装 Matrix 类各项功能的类。MatrixState 是一个非常重要的类，其中包括摄像机矩阵、投影矩阵、当前物体总变换矩阵等。还包括获取当前矩阵逆矩阵的方法，获取摄像机矩阵，获取保护矩阵以及恢复矩阵的方法。

5. 辅助绘制类

- 背景图辅助绘制类——Background

Background 类是百纳水族馆背景及地板的辅助绘制类。其中地板是虚拟的，在程序中只是给出了地面高度用来喂鱼。该类中给出了背景图的顶点坐标以及纹理坐标，并形成顶点缓冲和纹理缓冲送进渲染管线，用来绘制背景图。

- 气泡辅助绘制类——Bubble

Bubble 类是百纳水族馆中气泡的辅助绘制类。该类主要是构造一个纹理矩形并贴上气泡纹理，开启混合之后，用户就可以看到气泡了。此类中给出了纹理矩形的顶点坐标及纹理坐标，并形成顶点缓冲和纹理缓冲送进渲染管线，从而用于气泡的绘制。

- 珍珠贝辅助绘制类——AllBeiKe

AllBeiKe 类是百纳水族馆中整个珍珠贝的辅助绘制类。该类主要是构造了带有骨骼动画的贝壳模型和珍珠并贴上纹理，由于珍珠贝是由两个 obj 模型和一个 bnggdh 模型组合成的，该类对其位置大小、旋转角度进行了控制。

- obj 模型辅助绘制类——LoadedObjectVertexNormalTexture

LoadedObjectVertexNormalTexture 类是百纳水族馆中鱼食的辅助绘制类。该类的主要作用是对加载的 obj 模型信息进行处理，形成顶点缓冲、纹理缓冲以及法向量缓冲，并将相关的缓冲送入渲染管线，用于对鱼食的绘制。

- 鱼类辅助绘制类——BNModel

BNModel 类是百纳水族馆中鱼类以及珍珠贝的辅助绘制类。该类的主要作用是加载 bnggdh 骨骼动画模型并对加载完的模型信息进行处理，形成顶点缓冲、纹理缓冲、法向量缓冲等，并将相关缓冲送入渲染管线，用于百纳水族馆中鱼类以及珍珠贝的绘制。

- bnggdh 模型辅助绘制类——BnggdhDraw

BnggdhDraw 类是百纳水族馆中绘制有光照 bnggdh 格式文件的辅助绘制类。该类的主要作用是对模型中的数据进行处理，形成顶点缓冲、纹理缓冲以及法向量缓冲，并将相关的缓冲送入渲染管线，并不断更新。

2.4 项目的绘制

上一节介绍了壁纸的框架，让读者对项目的整体框架有了初步认识，本节将要对项目的实现服务类 GLWallpaperService 和 OpenGLES3WallpaperService 以及自定义场景渲染器类 MySurfaceView 的开发进行详细介绍。

2.4 项目的绘制

2.4.1 介绍壁纸服务类——OpenGLES3WallpaperService

GLWallpaperService 类为开发人员提供了壁纸服务,OpenGLES3WallpaperService 通过继承 GLWallpaperService 类,实现壁纸的开发。下面介绍一下 OpenGLES3WallpaperService 类中的 onCreate 方法和 GLWallpaperService 类中的触控响应事件 onTouchEvent。

(1) 首先是 OpenGLES3WallpaperService 类中的 onCreate 方法,onCreate 方法是 OpenGLES3-WallpaperService 类的核心部分,其中包括获取当前手机的配置信息,并且判断其是否支持 OpenGL ES3.0 渲染技术等。具体代码如下所示。

> 代码位置:见随书源代码/第 2 章/MyWallPaper/app/src/main/java/wyf/lxg/mywallpaper/目录下的 OpenGLES3WallpaperService.java。

```
1   public void onCreate(SurfaceHolder surfaceHolder) {
2       super.onCreate(surfaceHolder);
3       final ActivityManager activityManager =               //创建 Activity 管理器
4           (ActivityManager) getSystemService(Context.ACTIVITY_SERVICE);
5       final ConfigurationInfo configurationInfo =           //获取当前设备配置信息
6           activityManager.getDeviceConfigurationInfo();
7       final boolean supportsEs2 =                           //判断是否支持 OpenGL ES 3.0
8           configurationInfo.reqGlEsVersion >= 0x20000;
9       if (supportsEs2) {
10          setEGLContextClientVersion(3);                    //设置使用 OpenGL ES 3.0
11          setPreserveEGLContextOnPause(true);
12          setRenderer(getNewRenderer());                    //设置场景渲染器
13      }else{return;}
14  }
```

- 第 3~8 行用于创建 Activity 管理器,获取配置信息,判断当前手机是否支持 OpenGL ES3.0 渲染技术,并将结果存储在 supportsEs2 中。
- 第 9~13 行用于判断 supportsEs2 中的值,如果当前手机支持 OpenGL ES3.0 渲染技术,则设置使用 OpenGL ES3.0 进行绘制,并且让 EGL 跨越暂停或恢复界限来尝试和保护环境,然后设置场景渲染器;如果不支持,则退出绘制。

(2) 下面将对屏幕触控的响应事件进行介绍,屏幕的触控事件分为 3 部分:第一部分是滑动屏幕使背景图跟着屏幕左右移动,第二部分是单击屏幕下方的修改标志位,最后一部分是手指抬起时判断是否进行喂食。具体代码如下所示。

> 代码位置:见随书源代码/第 2 章/MyWallPaper/app/src/main/java/wyf/lxg/mywallpaper/目录下的 GLWallpaperService.java。

```
1   private float mPreviousY;                                 //上次的触控位置 y 坐标
2   private float mPreviousX;                                 //上次的触控位置 x 坐标
3   public void onTouchEvent(MotionEvent e) {
4   float y = e.getY();                                       //获取触控点 y 坐标
5   float x = e.getX();                                       //获取触控点 x 坐标
6     switch (e.getAction()) {
7       case MotionEvent.ACTION_DOWN:
8         Constant.feeding=true;break;                        //喂食标志位设为 true
9       case MotionEvent.ACTION_MOVE:
10          float dy = y - mPreviousY;                        //计算触控笔 y 位移
11          float dx = x - mPreviousX;                        //计算触控笔 x 位移
12          if (dx < 0){                                      //触摸左边 x 为正,触摸右边 x 为负
13           if (Constant.CameraX <Constant.MaxCameraMove) {  //判断是否超出移动范围
14              if(dx<-Constant.Thold){ Constant.feeding = false; }   //喂食标志位置为 false
15              Constant.CameraX = Constant.CameraX - dx / Constant.CameraMove_SCALE;
16               Constant.TargetX=Constant.CameraX;           //移动摄像机的坐标
17            }} else {
18           if(Constant.CameraX >-Constant.MaxCameraMove) {  //判断是否超出移动范围
19              if(dx>Constant.Thold){ Constant.feeding =false;}      //喂食标志位置为 false
20              Constant.CameraX = Constant.CameraX - dx / Constant.CameraMove_SCALE ;
```

```
21            Constant.TargetX=Constant.CameraX;                //移动摄像机的坐标
22         }}
23         MatrixState.setCamera(                              //将摄像机的位置信息存入到矩阵中
24         Constant.CameraX, Constant.CameraY, Constant.CameraZ,   //摄像机的位置
25         Constant.TargetX, Constant.TargetY, Constant.TargetZ,   //观测点的位置
26         Constant.UpX, Constant.UpY, Constant.UpZ);              //up 向量的 x、y、z 分量
27         break;
28         case MotionEvent.ACTION_UP:
29            if (Constant.feeding) {                          //标志位,开始喂食
30             if (Constant.isFeed) {
31                Constant.isFeed = false; //把标志位置为 false
32         float[] AB = IntersectantUtil.calculateABPosition(   //获取世界坐标系中的点
33         x, y,                                                //触控点 x、y 坐标
34         Constant.SCREEN_WIDTH, Constant.SCREEN_HEGHT,        //屏幕宽度、长度
35         Constant.leftABS, Constant.topABS,                   //视角 left、top 值
36         Constant.nearABS, Constant.farABS);                  //视角 near、far 值
37         Vector3f Start = new Vector3f(AB[0], AB[1], AB[2]);  //起点
38         Vector3f End = new Vector3f(AB[3], AB[4], AB[5]);    //终点
39            if (MySurfaceView.feedfish != null)               //判断不为空启动
40               MySurfaceView.feedfish.startFeed(Start, End);  //开始喂食
41         }}}
42         break;}
43         mPreviousY = y;                                      //记录触控笔 y 位置
44         mPreviousX = x;                                      //记录触控笔 x 位置
45         super.onTouchEvent(e);
46      }
```

- 第 1~8 行首先创建变量,用于记录触控笔上一次的触控 x 位置和 y 位置,然后获取当前触控点的 x 坐标和 y 坐标,并且响应屏幕的触控事件,对 ACTION_DOWN 事件进行监听,当触发时将喂食标志位设为 true。
- 第 9~27 行是对 ACTION_MOVE 事件进行监听,获取手指在屏幕上的移动距离,按照一定比例移动摄像机 x 坐标,同时,如果摄像机 x 坐标达到阈值,则摄像机不会向滑动方向移动。然后设置摄像机的位置、观测点的坐标和 up 向量。
- 第 29~45 行是判断标志位和计算拾取,首先通过矩阵变换获取触控点在世界坐标系中的坐标。然后通过拾取计算获取触控点在世界坐标系中的起点、终点坐标,判断 feedfish,若不为空,则调用 startFeed 方法开始喂食。

2.4.2 自定义渲染器类——MySurfaceView

下面将详细介绍自定义的场景渲染器代码,在自定义的场景渲染器类里,可以进行鱼、鱼群、珍珠贝、气泡、背景图、鱼食的初始化。初始化鱼类的初始速度、初始位置以及加载纹理等。并且设置光源位置、初始化矩阵等。

(1)由于 MySurfaceView 类中的绘制代码以及初始化代码比较多,在此首先介绍该类的绘制代码以及整体框架,使读者对此类有一个大致的了解。具体代码如下所示。

代码位置:见随书源代码/第 2 章/MyWallPaper/app/src/main/java/wyf/lxg/mywallpaper/目录下的 MySurfaceView.java。

```
1   package wyf.lxg.mywallpaper;
2   ......//此处省略部分类和包的导入代码,请读者自行查阅随书附带的源代码
3   public class MySurfaceView extends GLSurfaceView
4   implements GLSurfaceView.Renderer,OpenGLES3WallpaperService.Renderer
5   {
6      public MySurfaceView(Context context) {
7         super(context);
8         this.setEGLContextClientVersion(3);             //设置使用 OPENGL ES3.0
9      }
10     public void onDrawFrame(GL10 gl)
11     {
12        GLES30.glClear( GLES30.GL_DEPTH_BUFFER_BIT      //清除深度缓冲与颜色缓冲
```

2.4 项目的绘制

```
13                            | GLES30.GL_COLOR_BUFFER_BIT);
14        MatrixState.pushMatrix();
15        if(bg!=null){bg.drawSelf(back);}                        //绘制背景图
16        if(singlefood!=null)
17        {singlefood.drawSelf();}                                //绘制鱼食
18        if (fishControl != null) {fishControl.drawSelf();}      //绘制群鱼
19        if (fishSchool != null) {fishSchool.drawSelf();}        //绘制蓝黄鱼群
20        if (singlebeike != null) {singlebeike.drawSelf();}      //绘制珍珠贝
21        ......//此处绘制其他鱼群的代码与上述相似,故省略,请读者自行查阅随书附带的源代码
22        MatrixState.popMatrix();                                //恢复矩阵
23        GLES30.glEnable(GLES30.GL_BLEND);
24        GLES30.glBlendFunc(GLES30.GL_SRC_COLOR,                 //设置混合因子
25                GLES30.GL_ONE_MINUS_SRC_COLOR);
26        MatrixState.pushMatrix();                               //保护矩阵
27        if(bubble!=null){bubble.drawSelf();}                    //绘制气泡
28        MatrixState.popMatrix();                                //恢复矩阵
29        GLES30.glDisable(GLES30.GL_BLEND);                      //关闭混合
30        public void onSurfaceChanged(GL10 gl, int width, int height) {
31        ......//此处省略设置摄像机的代码,将在后面详细介绍
32        }
33        public void onSurfaceCreated(GL10 gl, EGLConfig config) {
34        ......//此处省略初始化的代码,将在后面详细介绍
35        }
36        public int initTexture(Resources res,String pname)//textureId{
37        ......//此处省略加载纹理的代码,将在后面详细介绍
38    }}}
```

- 第1~9行为声明包名,其中部分类和包的导入代码、相关成员变量的声明代码在此处省略,请读者自行查阅随书附带的代码。然后创建构造方法,获取父类上下文对象,设置使用 OpenGL ES 3.0 渲染技术进行绘制。

- 第11~21行首先清除深度缓冲与颜色缓冲,进行现场保护,判断引用若不为空,依次绘制背景图、鱼食、单条鱼鱼群以及珍珠贝。这里只给出了黄蓝小鱼群的绘制代码,其他鱼群绘制代码与之相似,请读者自行查阅随书附带的源代码。

- 第22~29行为绘制气泡的代码,首先开启混合,设置混合因子,保护现场,判断气泡引用,若不为空,则进行气泡的绘制,然后恢复现场,关闭混合。

(2)下面介绍上面省略的 onSurfaceChanged 方法。重写该方法,主要作用是设置视窗的大小及位置,计算 GLSurfaceView 的宽高比,通过计算产生投影矩阵以及摄像机9参数位置矩阵。该方法是场景渲染器类不可或缺的。具体代码如下所示。

🗡 **代码位置**:见随书源代码/第 2 章/MyWallPaper/app/src/main/java/wyf/lxg/mywallpaper/目录下的 MySurfaceView.java。

```
1   public void onSurfaceChanged(GL10 gl, int width, int height) {
2       GLES30.glViewport(0, 0, width, height);                 //设置视窗大小及位置
3       float ratio = (float) width / height;                   //计算GLSurfaceView 的宽高比
4       Constant.SCREEN_HEGHT=height;                           //获取屏幕高度
5       Constant.SCREEN_WIDTH=width;                            //获取屏幕宽度
6       Constant.leftABS=ratio*Constant.View_SCALE;             //设置left 值
7       Constant.topABS=1 * Constant.View_SCALE;                //设置top 值
8       Constant.SCREEN_SCALEX=                                 //设置缩放比
9           Constant.View_SCALE*((ratio>1)?ratio:(1/ratio));
10      MatrixState.setProjectFrustum(-Constant.leftABS, Constant.leftABS, //产生透视投影矩阵
11          -Constant.topABS, Constant.topABS, Constant.nearABS,Constant.farABS);
12      MatrixState.setCamera(                                  //产生摄像机9 参数位置矩阵
13          Constant.CameraX,                                   //摄像机的X 位置
14          Constant.CameraY,                                   //摄像机的Y 位置
15          Constant.CameraZ,                                   //摄像机的Z 位置
16          Constant.TargetX,                                   //观测点的X 位置
17          Constant.TargetY,                                   //观测点的Y 位置
18          Constant.TargetZ,                                   //观测点的Z 位置
19          Constant.UpX,                                       //up 向量的X 分量
20          Constant.UpY,                                       //up 向量的Y 分量
```

```
21              Constant.UpZ);                                  //up 向量的 Z 分量
22      }
```

- 第 1~10 行用于设置视窗大小及位置，获取屏幕高度以及宽度，设置视角的 left 值以及 top 值，计算横屏竖屏缩放比，产生透视投影矩阵。这里使用透视投影矩阵是为了更真实地模拟现实世界，产生近大远小的效果。
- 第 12~21 行用于产生摄像机的 9 参数位置矩阵，分别设置摄像机的 X、Y、Z 位置、观测点的 X、Y、Z 位置以及 up 向量的 X、Y、Z 分量，这里将摄像机位置矩阵的 9 参数都存放在 Constant 类中，是为了便于壁纸左右移动时修改摄像机的位置。

（3）下面介绍上面省略的 onSurfaceCreated 方法。重写该方法，主要作用是初始化光源位置，加载纹理，加载 BNModel 模型，创建鱼类、珍珠贝等对象，开启深度检测等。具体代码如下所示。

代码位置：见随书源代码/第 2 章/MyWallPaper/app/src/main/java/wyf/lxg/mywallpaper/目录下的 MySurfaceView.java。

```
1   public void onSurfaceCreated(GL10 gl, EGLConfig config) {
2       GLES30.glClearColor(0.5f,0.5f,0.5f, 1.0f);              //设置屏幕背景色 RGBA
3       MatrixState.setInitStack();                             //初始化矩阵
4       MatrixState.setLightLocation(0,9,13);                   //初始化光源位置
5       dpm=initTexture(MySurfaceView.this.getResources(),"dpm.png"); //加载明暗效果图
6       bnm1=new BNModel("bnggdh/manfish.bnggdh", "pic/manfish.png",
7               true, 0.1f, MySurfaceView.this);                //创建 BNModel 对象
8   ......//此处其他 BNModel 对象的声明与上述相同故省略，请读者自行查阅随书附带的源代码
9       if(fishAl.size() == 0)
10          {fishAl.add(new SingleFish(bnm1,dpm,        //位置、速度、力、吸引力、重力
11              new Vector3f(-7, 5, -7), new Vector3f(-0.05f, 0.02f, 0.03f),
12              new Vector3f(0, 0, 0), new Vector3f(0, 0, 0), 800, Constant.YaoScaleNum));
13      ......//此处添加鱼的代码与上述相同，故省略，请读者自行查阅随书附带的源代码
14      }
15      back=initTexture(MySurfaceView.this.getResources(),"background.png");   //背景纹理
16      fishfood=initTexture(MySurfaceView.this.getResources(),"fishfood.png"); //鱼食纹理
17      bubbles=initTexture(MySurfaceView.this.getResources(),"bubble.png");    //气泡纹理
18      beike= initTexture(MySurfaceView.this.getResources(),"beike.png");      //贝壳纹理
19      zhenzhu= initTexture(MySurfaceView.this.getResources(),"zhenzhu.png");  //珍珠纹理
20      bg=new background(MySurfaceView.this);                  //创建背景对象
21      GLES30.glEnable(GLES30.GL_DEPTH_TEST);                  //打开深度检测
22      bubble = new BubbleControl(MySurfaceView.this,bubbles); //创建气泡对象
23      bubble1 = new BubbleControl(MySurfaceView.this,bubbles);//创建气泡对象
24      fishfoods=LoadUtil.loadFromFile("fishfood.obj",         //加载鱼食对象
25          MySurfaceView.this.getResources(),MySurfaceView.this);
26      singlefood=new SingleFood(fishfood,fishfoods, MySurfaceView.this); //单个鱼食对象
27      beikes=LoadUtil.loadFromFile("beike.obj",               //加载贝壳对象
28          MySurfaceView.this.getResources(),MySurfaceView.this);
29      zhenzhus=LoadUtil.loadzhenzhuFromFile("zhenzhu.obj",    //加载珍珠对象
30          MySurfaceView.this.getResources(),MySurfaceView.this);
31      singlebeike=new AllBeiKe(beike,beikes,bnm8,             //创建珍珠贝对象
32          zhenzhu, zhenzhus, MySurfaceView.this);
33      feedfish=new FeedFish(MySurfaceView.this);              //创建喂食对象
34      if (fishControl == null) {                              //创建对象鱼类的 Control 对象
35          fishControl = new FishControl(fishAl, MySurfaceView.this);
36      }
37      if (fishSchool == null) {                               //创建鱼群对象的 Control
38          fishSchool = new FishSchoolControl(bnm4,dpm,MySurfaceView.this,
39              new Vector3f(5, -2, 4),new Vector3f(-0.05f, 0.0f, -0.05f),50);//位置、速度、质量
40      }
41   ......//此处添加鱼群的代码与上述相同，故省略，请读者自行查阅随书附带的源代码
42      GLES30.glDisable(GLES30.GL_CULL_FACE);                  //关闭背面剪裁
43   }
```

- 第 1~5 行为设置背景色的 RGBA 通道，初始化矩阵，只有初始化矩阵之后，保护矩阵、恢复矩阵等才能起作用。初始化光源位置，创建纹理管理器对象。
- 第 6~14 行为创建 BNModel 对象，向鱼类列表中添加单条鱼、珍珠贝等。这里仅给出了

bnm1 的加载代码，其他种类鱼以及珍珠贝的加载代码与此相似，故省略，请读者自行查阅随书附带的源代码。

- 第 15～43 行为加载背景、鱼食以及气泡的纹理，打开深度检测，创建背景、气泡、鱼食、喂食、鱼类以及鱼群的对象。其中在创建鱼群对象时，只给出了创建蓝黄小鱼鱼群的代码，其他鱼群的创建代码与此相似，故省略，请读者自行查阅随书附带的源代码。

（4）下面详细介绍上面省略的 initTexture 方法。该方法主要作用是通过输入流从 assets 中加载图片，生成纹理 ID，设置纹理的拉伸方式，设置纹理采样方式，最后释放 Bitmap。具体代码如下所示。

代码位置：见随书源代码/第 2 章/MyWallPaper/app/src/main/java/wyf/lxg/mywallpaper/目录下的 MySurfaceView.java。

```
1   public int initTexture(Resources res,String pname){       //初始化纹理
2       int[] textures = new int[1];                          //生成纹理 ID
3       GLES30.glGenTextures(1, textures, 0);
4       int textureId=textures[0];                            //纹理数组
5       GLES30.glBindTexture(GLES30.GL_TEXTURE_2D, textureId);//绑定纹理
6       GLES30.glTexParameterf(GLES30.GL_TEXTURE_2D,          //最近点采样
7       GLES30.GL_TEXTURE_MIN_FILTER,GLES30.GL_NEAREST);
8       GLES30.glTexParameterf(GLES30.GL_TEXTURE_2D,          //线性纹理过滤
9       GLES30.GL_TEXTURE_MAG_FILTER,GLES30.GL_LINEAR);
10      GLES30.glTexParameterf(GLES30.GL_TEXTURE_2D,          //纵向拉伸方式
11      GLES30.GL_TEXTURE_WRAP_S,GLES30.GL_REPEAT);
12      GLES30.glTexParameterf(GLES30.GL_TEXTURE_2D,          //横向拉伸方式
13      GLES30.GL_TEXTURE_WRAP_T,GLES30.GL_REPEAT);
14      InputStream is = null;                                //创建输入流
15      String name="pic/"+pname;
16      try { is = res.getAssets().open(name);                //加载纹理图片
17      } catch (IOException e1) {
18          e1.printStackTrace(); }                           //异常处理
19      Bitmap bitmapTmp;                                     //创建 Bitmap 对象
20      try { bitmapTmp = BitmapFactory.decodeStream(is); }   //对获取的图片解码
21      finally {
22          try {is.close();                                  //关闭输入流
23          }catch(IOException e) {
24              e.printStackTrace(); }}                       //异常处理
25      GLUtils.texImage2D(
26       GLES30.GL_TEXTURE_2D, 0,     bitmapTmp,0);           //纹理类型
27      bitmapTmp.recycle();                                  //释放 Bitmap
28      return textureId;
29  }
```

- 第 2～13 行为定义纹理 ID、生成纹理 ID 数组以及绑定纹理。同时设置纹理的过滤方式分别为最近点采样过滤和线性纹理过滤，设置纹理的拉伸方式为纵向拉伸方式和横向拉伸方式并且都为重复拉伸方式。

- 第 14～24 行为创建输入流，从 assets 中加载纹理图片，创建 Bitmap 对象，对获取的图片进行解码，然后关闭输入流，否则会造成资源浪费。

- 第 25～28 行为指定纹理，首先是纹理类型，在 OpenGLES 中必须为 GLES30.GL_TEXTURE_2D，其次是纹理的层次，0 表示基本图像层，可以理解为直接贴图，然后是纹理的图像以及边框尺寸。最后释放 Bitmap，返回纹理 ID。

2.5 辅助绘制类

上一节介绍了实现壁纸的开发，本节将对辅助绘制类的开发进行介绍。在绘制百纳水族馆动态壁纸中的各个物体之前，必须要做好准备工作，这就包括辅助绘制类的开发。通过这些类的学习，读者会对本案例中的绘制有一个深刻的了解，下面就对这些类的开发进行介绍。

2.5.1 背景辅助绘制类——Background

本小节将对本案例的背景辅助绘制类进行详细介绍，这个类的作用是绘制百纳水族馆的背景模型，在此逼真的深海背景下，所有的鱼、珍珠贝以及气泡都在此背景前呈现，使整个百纳水族馆更加活灵活现，开发步骤如下所示。

（1）首先来看本类的框架结构，本类中包括对背景图的顶点坐标及纹理坐标的初始化方法，以及对着色器初始化的 initShader()方法和 drawSelf()方法。仔细学习本类的结构，有助于读者更快地掌握本类所讲的知识，对读者有很大的帮助。其具体代码如下。

> 代码位置：见随书源代码/第 2 章/MyWallPaper/app/src/main/java/wyf/lxg/background/ 目录下的 Background.java。

```
1   package wyf.lxg.background;                        //声明包名
2   ......//此处省略部分类和包的引入代码，读者可自行查阅随书的源代码
3   public class Background{
4       int mProgram;                                  //自定义渲染管线程序 id
5       ......//此处省略了本类中部分成员变量的声明，读者可自行查阅随书的源代码
6       public Background(MySurfaceView mv){
7           initVertexData();                          //初始化顶点坐标与着色数据
8           initShader(mv);                            //初始化着色器
9       }
10      public void initVertexData(){                  //初始化顶点坐标与着色数据的方法
11          //顶点坐标数据的初始化
12          vCount=6;                                  //顶点的数量
13          float vertices[]=new float[] {             //顶点坐标数据数组
14              -30f*Constant.SCREEN_SCALEX,8f*Constant.SCREEN_SCALEY,
15              -30*Constant.SCREEN_SCALEZ,
16              -30f*Constant.SCREEN_SCALEX,-22f*Constant.SCREEN_SCALEY,
17              -30*Constant.SCREEN_SCALEZ,
18              30f*Constant.SCREEN_SCALEX,8f*Constant.SCREEN_SCALEY,
19              -30*Constant.SCREEN_SCALEZ,
20              -30f*Constant.SCREEN_SCALEX,-22f*Constant.SCREEN_SCALEY,
21              -30*Constant.SCREEN_SCALEZ,
22              30f*Constant.SCREEN_SCALEX,-22f*Constant.SCREEN_SCALEY,
23              -30*Constant.SCREEN_SCALEZ,
24              30f*Constant.SCREEN_SCALEX,8f*Constant.SCREEN_SCALEY,
25              -30*Constant.SCREEN_SCALEZ,
26          };
27          //创建顶点坐标数据缓冲
28          ByteBuffer vbb = ByteBuffer.allocateDirect(vertices.length*4);
29          vbb.order(ByteOrder.nativeOrder());        //设置字节顺序
30          mVertexBuffer = vbb.asFloatBuffer();       //转换为 Float 型缓冲
31          mVertexBuffer.put(vertices);               //向缓冲区中放入顶点坐标数据
32          mVertexBuffer.position(0);                 //设置缓冲区起始位置
33          //创建纹理坐标缓冲
34          float textureCoors[]=new float[]{          //顶点纹理 S、T 坐标值数组
35              0,0,0, 1,1,0, 0,1,1, 1,1,0};
36          //创建顶点纹理数据缓冲
37          ByteBuffer cbb = ByteBuffer.allocateDirect(textureCoors.length*4);
38          cbb.order(ByteOrder.nativeOrder());        //设置字节顺序
39          mTexCoorBuffer = cbb.asFloatBuffer();      //转换为 Float 型缓冲
40          mTexCoorBuffer.put(textureCoors);          //向缓冲区中放入顶点着色数据
41          mTexCoorBuffer.position(0);                //设置缓冲区起始位置
42      }
43      ......//此处省略了部分源代码，将在后面的步骤中给出
44      ......//此处省略了部分源代码，将在后面的步骤中给出
45  }
```

- 第 6~9 行是这个类的构造方法，此方法调用初始化顶点坐标与着色数据的 initVertexData()方法和初始化着色器的 initShader(mv)方法。
- 第 13~32 行是对顶点坐标数据的初始化，用三角形卷绕方式创建一个背景模型，将顶点数据存到 float 类型的顶点数组中，并创建顶点坐标缓冲，并对顶点字节进行设置，然后放入顶点

坐标缓冲区，设置缓冲区的起始位置。

- 第 33~41 行是对创建好的背景模型进行纹理创建，对顶点纹理 S、T 坐标进行初始化，将顶点纹理坐标数据存入 float 类型的纹理数组中，并创建纹理坐标缓冲，对纹理坐标进行设置然后送入缓冲区并设置起始位置。

（2）读者对本类的框架掌握后，下面将为读者介绍本类中的对着色器初始化的 initShader()方法以及绘制矩形的 drawSelf()方法。drawSelf()方法最后为画笔指定顶点位置数据和顶点纹理坐标数据，绘制纹理矩形。其具体代码如下。

代码位置：见随书源代码/第 2 章/MyWallPaper/app/src/main/java/wyf/lxg/background/目录下的 Background.java。

```
1   public void initShader(MySurfaceView mv){      //初始化着色器
2       mVertexShader=ShaderUtil                   //加载顶点着色器的脚本内容
3           .loadFromAssetsFile("back_vertex.sh", mv.getResources());
4       mFragmentShader=ShaderUtil                 //加载片元着色器的脚本内容
5           .loadFromAssetsFile("back_frag.sh", mv.getResources());
6       mProgram = createProgram(mVertexShader,
7           mFragmentShader);                      //基于顶点着色器与片元着色器创建程序
8       maPositionHandle = GLES30                  //获取程序中顶点位置属性引用 id
9           .glGetAttribLocation(mProgram, "aPosition");
10      maTexCoorHandle= GLES30                    //获取程序中顶点纹理坐标属性引用 id
11          .glGetAttribLocation(mProgram, "aTexCoor");
12      muMVPMatrixHandle = GLES30                 //获取程序中总变换矩阵引用
13          .glGetUniformLocation (mProgram, id"uMVPMatrix");
14  }
15  public void drawSelf(int texId){
16      GLES30.glUseProgram(mProgram); //指定使用某套 shader 程序
17      GLES30.glUniformMatrix4fv(muMVPMatrixHandle, 1,
18          false, MatrixState.getFinalMatrix(), 0);
19      GLES30.glVertexAttribPointer( maPositionHandle, 3,     //为画笔指定顶点位置数据
20      GLES30.GL_FLOAT, false,3*4, mVertexBuffer );
21      GLES30.glVertexAttribPointer( maTexCoorHandle,2,       //指定顶点纹理坐标数据
22      GLES30.GL_FLOAT, false,2*4, mTexCoorBuffer );
23      GLES30.glEnableVertexAttribArray(maPositionHandle);    //允许顶点位置数据数组
24      GLES30.glEnableVertexAttribArray(maTexCoorHandle);     //允许顶点纹理坐标数组
25      GLES30.glActiveTexture(GLES30.GL_TEXTURE0);            //绑定纹理
26      GLES30.glBindTexture(GLES30.GL_TEXTURE_2D, texId);
27      GLES30.glDrawArrays(GLES30.GL_TRIANGLES, 0, vCount);   //绘制纹理矩形
28  }
```

- 第 1~14 行是本类中对着色器的初始化，将着色器脚本内容加载并基于其顶点与片元着色器来创建程序供显卡使用，并从程序中获取顶点位置属性、顶点纹理坐标属性、总变换矩阵属性的 id 引用来使用。

- 第 15~28 行是本类中的 drawSelf()方法，其作用是绘制矩形，根据数据画出需要的矩形。首先指定某套 shader 程序，将一些数据传入 shader 程序，最后为画笔指定顶点位置数据和顶点纹理坐标数据，绘制纹理矩形。

2.5.2 气泡辅助绘制类——Bubble

本小节将对案例中的气泡辅助绘制类进行介绍，在该壁纸的场景中，有 3 处气泡位置在不断地冒出透明的气泡，这些气泡上升的高度不同，并且这些气泡随着高度的不断增加，其大小也在不断地变大，要绘制这些气泡，首先就需要构造气泡模型，其具体代码如下所示。

代码位置：见随书源代码/第 2 章/MyWallPaper/app/src/main/java/wyf/lxg/bubble/目录下的 Bubble.java。

```
1   package wyf.lxg.bubble; //声明包名
2   ......//此处省略部分类和包的引入代码，读者可自行查阅源代码
```

```
3   public class Bubble{
4     ......//此处省略了本类中部分成员变量的声明,读者可自行查阅随书的源代码
5     int vCount=0;                                    //顶点的数量
6     public Bubble(MySurfaceView mv){
7       initVertexData();                              //调用初始化顶点数据的 initVertexData 方法
8       initShader(mv);                                //调用初始化着色器的 intShader 方法
9     }
10    public void initVertexData(){                    //顶点坐标数据的初始化
11      vCount=6;  //顶点的数量
12      float vertices[]=new float[] {                 //顶点坐标数据数组
13        -0.15f*Constant.UNIT_SIZE,0.15f*Constant.UNIT_SIZE,0,
14        -0.15f*Constant.UNIT_SIZE,-0.15f*Constant.UNIT_SIZE,0,
15        0.15f*Constant.UNIT_SIZE,0.15f*Constant.UNIT_SIZE,0,
16        -0.15f*Constant.UNIT_SIZE,-0.15f*Constant.UNIT_SIZE,0,
17        0.15f*Constant.UNIT_SIZE,-0.15f*Constant.UNIT_SIZE,0,
18        0.15f*Constant.UNIT_SIZE,0.15f*Constant.UNIT_SIZE,0,
19      };
20      //创建顶点坐标数据缓冲
21      ByteBuffer vbb = ByteBuffer.allocateDirect(vertices.length*4);
22      vbb.order(ByteOrder.nativeOrder());            //设置字节顺序
23      mVertexBuffer = vbb.asFloatBuffer();           //转换为 int 型缓冲
24      mVertexBuffer.put(vertices);                   //向缓冲区中放入顶点坐标数据
25      mVertexBuffer.position(0);                     //设置缓冲区起始位置
26      float textureCoors[]=new float[]{0,0,0,1,1,0, 0,1,1,1,1,0 };//顶点纹理 S、T 坐标值数组
27      ByteBuffer cbb = ByteBuffer.allocateDirect(textureCoors.length*4); //创建纹理数据缓冲
28      cbb.order(ByteOrder.nativeOrder());            //设置字节顺序
29      mTexCoorBuffer = cbb.asFloatBuffer();          //转换为 int 型缓冲
30      mTexCoorBuffer.put(textureCoors);              //向缓冲区中放入顶点着色数据
31      mTexCoorBuffer.position(0);                    //设置缓冲区起始位置
32    }
33    ......//该处省略了与上节类似的 initShader()方法,读者可自行查阅随书的源代码
34    ......// 该处省略了与上节类似的 drawSelf()方法,读者可自行查阅随书的源代码
35  }
```

- 第 6~9 行是这个类的构造方法,调用 initVertexData()方法对顶点坐标数据与顶点纹理坐标数据进行初始化,并调用 initShader(mv)方法对着色器进行初始化。

- 第 11~25 行是对气泡模型的顶点坐标数据的初始化,首先以三角形卷绕的方式组装顶点数据并将数据存放到 float 类型的数组中,并创建顶点坐标数据缓冲,对顶点数据进行设置并放入缓冲区,设置缓冲区的起始位置。

- 第 26~32 行是对气泡模型的顶点纹理坐标 S、T 进行初始化,其坐标的组装需要与顶点卷绕方式、方向一致,并将顶点纹理坐标数据存入 float 类型的数组中,创建顶点纹理坐标缓冲,并设置顶点纹理坐标,放入缓冲区。

> **说明** 因其 obj 模型辅助绘制类 LoadedObjectVertexNormalTexture 和珍珠贝辅助绘制类 AllBeiKe 与背景图辅助绘制类 Background、气泡辅助绘制类 Bubble 中的代码类似,所以只对以上两个小节做详细介绍,其他类似的辅助绘制类读者可查看随书的源代码。

2.5.3 鱼类辅助绘制类——BNModel

本小节将对鱼类辅助绘制类 BNModel 进行详细的介绍,在该壁纸中的鱼本身也是有动作的,含有动画的模型就是骨骼动画。本小节将介绍如何对有骨骼动画的 bnggdh 文件类型进行加载,设置速率、时间相关方法的 BNModel 类,其具体代码如下。

代码位置: 见随书源代码/第 2 章/MyWallPaper/app/src/main/java/com/bn/fbx/core 目录下的 BNModel.java。

```
1   package com.bn.fbx.core;                           //声明包名
2   ......//此处省略部分分类和包的引入代码,读者可自行查阅源代码
3   public class BNModel {
```

2.5 辅助绘制类

```
4      //模型名称、图片名称、是否有光照、速率（范围在 0～1）、资源类引用
5      public BNModel(String sourceName, String picName, boolean isNormal,
6          float dtFactor, MySurfaceView mv) {
7          try {
8              InputStream is = mv.getResources().getAssets().open(sourceName);//创建输入流
9              if (isNormal == true) {                    //判断模型是否带光照
10                 cd = new BnggdhDraw(is, mv, picName);  //创建带光照的骨骼动画
11                 onceTime = cd.maxKeytime;              //获取一次动画所需的时间
12             } else {                                   //模型不带光照的情况
13                 cdnn = new BnggdhDrawNoNormal(is, mv, picName);
14                 onceTime = cdnn.maxKeytime;}
15             this.dtFactor = dtFactor;                  //初始化速率
16             this.dt = dtFactor * onceTime;             //初始化步长
17             this.isNormal = isNormal;                  //是否带法向量
18             if (isNormal == true) {                    //判断模型携带法向量
19                 cd.setDt(this.dt);                     //设置步长
20             } else {cdnn.setDt(this.dt);}              //设置步长
21         } catch (IOException e) {
22             e.printStackTrace();                       //异常捕捉
23         }}
24     public void draw(int texid) {                      //绘制方法
25         if (isNormal == true) {
26             cd.draw(texid);                            //绘制带法向量的模型并且传递明暗纹理图 id
27         } else {
28             cdnn.draw();                               //绘制不带法向量的模型
29         }}
30     public float getDtFactor() {                       //获取速率
31         return dtFactor;}
32     public void setDtFactor(float dtFactor) {          //设置速率
33         if(dtFactor > 0 && dtFactor < 1){              //速率取值范围
34             this.dtFactor = dtFactor;
35             this.dt = dtFactor * onceTime;} }
36     ......//该处省略了与上面类似的 setTime() 方法，读者可自行查阅随书的源代码
37     ......//该处省略了与上面类似的 getTime() 方法，读者可自行查阅随书的源代码
38     ......//该处省略了与上面类似的 getOnceTime() 方法，读者可自行查阅随书的源代码
39     }
```

- 第 6～23 行是这个类的构造方法，通过创建输入流，根据 isNormal 判断如果该模型带有法向量就创建带光照的模型绘制类，如果不带有法向量则创建不带光照的模型绘制类。然后初始化步长、速率、骨骼动画的时间等。

- 第 24～29 行是调用绘制模型的方法，该方法通过传递参数给模型绘制类，确定绘制的类型，此外传递明暗纹理图片的 id，从而在绘制时能够绘制出明暗凸显的纹理图案。

- 第 30～35 行是获取速率和设置速率的方法，通过这两个方法可以获得骨骼动画的运动速率和设置骨骼动画的运动速率，控制速率值在 0～1。

2.5.4 模型辅助绘制类——BnggdhDraw

本小节将对模型辅助绘制类 BnggdhDraw 进行详细的介绍，在上一节中我们介绍了 BNModel 类。该类在设置完参数后最终需要创建 BnggdhDraw 对象来绘制，这一节我们将详细讲解 BnggdhDraw 类，让读者更加深入地了解本案例的绘制过程。

（1）下面将详细介绍的是 BnggdhDraw 类的框架结构，这个类的主要作用是将数据送入缓冲、更新模型数据、初始化着色器、更新模型动画。理解了其代码框架，有助于读者对本案例中模型的加载有更加深刻的理解。其具体代码如下。

> 代码位置：见随书源代码/第 2 章/MyWallPaper/app/src/main/java/com/bn/fbx/core/normal 目录下的 BnggdhDraw.java。

```
1   package com.bn.fbx.core.normal;                      //声明包名
2   ......//此处省略部分类和包的引入代码，读者可自行查阅源代码
3   public class BnggdhDraw {
4   ......//此处省略相关成员变量的声明代码，请读者自行查阅随书附带的源代码
```

第 2 章 3D 动态壁纸——百纳水族馆

```
5    public BnggdhDraw(InputStream is, MySurfaceView mv, String path) {
6        bnggdh = new Bnggdh(is);                                    //创建 bnggdh 对象
7        try {
8            bnggdh.init();                                          //初始化 bnggdh 对象
9        } catch (IOException e) {
10           e.printStackTrace();                                    //异常捕捉
11       }
12       maxKeytime = bnggdh.getMaxKeytime();                        //设置动画时长
13       this.texId = LoadTextrueUtil.initTextureRepeat(mv, path);
14       initShader(mv);                                             //初始化着色器
15       initBuffer();                                               //初始化数据
16       BNThreadGroup.addTask(this);                                //在线程组中添加任务
17   }
18   public void finishSelf(){
19       BNThreadGroup.removeTask(this);                             //从线程组中移除任务
20   }
21   public void setDt(float dt){
22       this.dt=dt;                                                 //设置步长
23   }
24   private void initBuffer() {                                     //初始化缓冲区
25   ......//该处省略了部分代码,读者可自行查阅随书的源代码
26   }
27   public void initShader(MySurfaceView mv){                       //加载着色器
28   ......//该处省略了与上节类似的 initShader()方法,读者可自行查阅随书的源代码
29   }
30   public float[] getMatrix(String id) {                           //得到矩阵
31       return bnggdh.getMatrix(id);                                //返回矩阵
32   }
33   private void refreshBuffer() {                                  //更新数据
34   ......//该处省略了部分代码,将在后面的步骤中给出
35   }
36   public void updateTime(){                                       //更新动画时间
37   ......//该处省略了与上节类似的 initShader()方法,读者可自行查阅随书的源代码
38   }
39   public void draw(int texid){                                    //绘制模型
40   ......//该处省略了部分代码,将在后面的步骤中给出
41   }}
```

- 第 5～16 行初始化成员变量创建了导入 jar 包中的 Bnggdh 对象,该对象中有对 bnggdh 文件格式骨骼动画的数学解析,然后初始化着色器和数据,在线程组中添加任务,通过多线程管理绘制可以大大提高绘制效率。

- 第 18～40 行中包含 finishSelf()方法,可以从线程组中移除任务,setDt()方法设置步长,getMatrix 方法得到 bnggdh 中的矩阵,其中还包含了省略掉的一些重要的功能方法,将在后面的步骤中详细介绍。

(2) 下面介绍 BnggdhDraw 中的 refreshBuffer()方法,该方法更新骨骼动画运行过程中顶点的位置变化和纹理坐标,由于在程序中使用了多线程更新顶点数据,所以加了标志位和锁,其具体代码如下。

代码位置:见随书源代码/第 2 章/MyWallPaper/app/src/main/java/com/bn/fbx/core/normal 目录下的 BnggdhDraw.java。

```
1    private void refreshBuffer() {
2        if(!hasUpdateTask) return;
3        synchronized(lock){                                         //给更新顶点加锁
4            GLES30.glBindBuffer(GLES30.GL_ARRAY_BUFFER,
5                mVertexBufferId);                                   //绑定到顶点坐标数据缓冲
6            vbb1=(ByteBuffer)GLES30.glMapBufferRange(
7                GLES30.GL_ARRAY_BUFFER, 0,                          //偏移量
8                bnggdh.getPosition().length * 4,                    //长度
9                GLES30.GL_MAP_WRITE_BIT |                           //访问标志
10               GLES30.GL_MAP_INVALIDATE_BUFFER_BIT);
11           if (vbb1 == null) {                                     //顶点缓冲区不存在则返回
12               return;}
13           vbb1.order(ByteOrder.nativeOrder());                    //设置字节顺序
```

2.5 辅助绘制类

```
14      mVertexMappedBuffer = vbb1.asFloatBuffer();         //转换为 Float 型缓冲
15      mVertexMappedBuffer.put(positionBuf);               //向映射的缓冲区中放入顶点坐标数据
16      mVertexMappedBuffer.position(0);                    //设置缓冲区起始位置
17      if (GLES30.glUnmapBuffer(GLES30.GL_ARRAY_BUFFER) == false) {
18          return;}
19      float[] normals = bnggdh.getCurrentNormal();        //绑定到顶点坐标数据缓冲
20      GLES30.glBindBuffer(GLES30.GL_ARRAY_BUFFER, mNormalBufferId);
21      vbb2 = (ByteBuffer) GLES30.glMapBufferRange(
22          GLES30.GL_ARRAY_BUFFER, 0,                      //偏移量
23          normals.length * 4,                             //长度
24          GLES30.GL_MAP_WRITE_BIT |                       //访问标志
25          GLES30.GL_MAP_INVALIDATE_BUFFER_BIT
26      );
27      if (vbb2 == null) {                                 //顶点缓冲区不存在则返回
28          return;}
29      vbb2.order(ByteOrder.nativeOrder());                //设置字节顺序
30      mVertexMappedBuffer = vbb2.asFloatBuffer();         //转换为 Float 型缓冲
31      mVertexMappedBuffer.put(normalBuf);//向映射的缓冲区中放入顶点坐标数据
32      mVertexMappedBuffer.position(0);                    //设置缓冲区起始位置
33      if (GLES30.glUnmapBuffer(GLES30.GL_ARRAY_BUFFER) == false) {
34          return;
35      }
36      hasUpdateTask=false;                                //标志位置假
37      }
38  }
```

● 第 2~20 行为更新模型顶点位置坐标，因为更新时对缓冲区的操作过于频繁，所以有多个线程同时操作或者修改缓冲区，如果多个线程同时对一个缓冲区进行操作则会出现错误，所以需要用 synchronized 加锁，保证同时只有一个线程能够访问并且修改线程。

● 第 21~36 行为更新模型纹理坐标，在模型移动时，同时需要更新纹理坐标，最后将标志位置为假，通过这个标志位来控制，在更新一次动画之后，再更新一次缓冲区。

（3）下面介绍绘制骨骼动画的 draw() 方法，其具体代码如下。此方法是将加载的各种数据如顶点位置、纹理坐标、法向量等进行组装送入缓冲区，然后进行绘制的重要功能方法，理解其功能，有助于读者更好地理解本类。其具体代码如下。

代码位置：见随书源代码/第 2 章/MyWallPaper/app/src/main/java/com/bn/fbx/core/normal 目录下的 BnggdhDraw.java。

```
1  public void draw(int texid) {
2      refreshBuffer();                                    //更新缓存区
3      GLES30.glUseProgram(mProgram);                      //使用某套 shader 程序
4      MatrixState.copyMVMatrix();
5      GLES30.glUniformMatrix4fv(muMVPMatrixHandle,//将最终变换矩阵传入 shader 程序
6          1, false, MatrixState.getFinalMatrix(), 0);
7      GLES30.glUniformMatrix4fv(muMMatrixHandle,  //将位置旋转变换矩阵传入 shader 程序
8          1, false,MatrixState.getMMatrix(), 0);
9      GLES30.glUniform3fv(muCameraHandle,                 //将摄像机位置传入 shader 程序
10         1, MatrixState.cameraFB);
11     GLES30.glUniform3fv(muLightHandle, 1,               //将灯光位置传入 shader 程序
12         MatrixState.lightPositionFB);
13     GLES30.glEnableVertexAttribArray(maPositionHandle); //允许顶点位置数据
14     GLES30.glEnableVertexAttribArray(maTexCoorHandle);  //允许顶点纹理数据
15     GLES30.glEnableVertexAttribArray(maNormalHandle);   //允许顶点法向量数据
16     GLES30.glBindBuffer(GLES30.GL_ARRAY_BUFFER,         //绑定到顶点坐标数据缓冲
17         mVertexBufferId);
18     GLES30.glVertexAttribPointer(maPositionHandle,      //将顶点位置数据送入渲染管线
19         3, GLES30.GL_FLOAT,false, 3 * 4, 0);
20     GLES30.glBindBuffer(GLES30.GL_ARRAY_BUFFER,         //绑定到顶点坐标数据缓冲
21         mNormalBufferId);
22     GLES30.glVertexAttribPointer(maNormalHandle,        //将顶点位置数据送入渲染管线
23         3, GLES30.GL_FLOAT, false,3 * 4, 0);
24     GLES30.glBindBuffer(GLES30.GL_ARRAY_BUFFER,         //绑定到顶点纹理坐标数据缓冲
25         mTextureBufferId);
26     GLES30.glVertexAttribPointer(maTexCoorHandle,       //指定顶点纹理坐标数据
```

```
27              2, GLES30.GL_FLOAT,false, 2 * 4, 0);
28      GLES30.glBindBuffer(GLES30.GL_ARRAY_BUFFER, 0);        //绑定到系统默认缓冲
29      GLES30.glActiveTexture(GLES30.GL_TEXTURE0);            //绑定纹理
30      GLES30.glBindTexture(GLES30.GL_TEXTURE_2D, this.texId);
31      GLES30.glUniform1i(muTexHandle, 0);
32      GLES30.glBindBuffer(GLES30.GL_ELEMENT_ARRAY_BUFFER,
33              mIndexBufferId);                               //根据索引缓存区来绘制
34      GLES30.glDrawElements(GLES30.GL_TRIANGLES,             //以三角形方式执行绘制
35      bnggdh.getIndices().length,GLES30.GL_UNSIGNED_SHORT, 0);
36      GLES30.glBindBuffer(                                   //绑定到系统默认缓冲
37              GLES30.GL_ELEMENT_ARRAY_BUFFER, 0);
38      GLES30.glActiveTexture(GLES30.GL_TEXTURE1);            //绑定纹理
39      GLES30.glBindTexture(GLES30.GL_TEXTURE_2D, texid);
40      GLES30.glUniform1i(BenWl, 1);                          //传明暗纹理图到片元着色器
41      GLES30.glDisableVertexAttribArray(maPositionHandle);   //禁止顶点位置数据
42      GLES30.glDisableVertexAttribArray(maTexCoorHandle);    //禁止顶点纹理数据
43      GLES30.glDisableVertexAttribArray(maNormalHandle);     //禁止顶点法向量数据
44  }
```

- 第 2~12 行是首先指定某套 shader 程序，然后将矩阵复制，本案例中因为给鱼类加上了灯光，所以就需要把总变换矩阵、变换矩阵、摄像机位置、灯光位置传入以进行操作。
- 第 13~27 行先允许顶点位置、纹理、法向量的坐标数据，分别将顶点坐标数据、纹理数据和法向量数据送入渲染管线，然后绑定到顶点坐标数据缓冲、顶点纹理坐标数据缓冲和顶点法向量坐标缓冲。
- 第 28~43 行先绑定纹理，然后将鱼类纹理和明暗纹理依次传入渲染管线，因为本案例中鱼类本身有逼真的深水明暗条纹，所以需要将明暗采样纹理传入着色器以进行操作，最后用三角形方式执行绘制。

2.6 绘制相关类

前面详细介绍了辅助绘制类的开发过程，下面将对绘制相关类进行详细的介绍。主要包括气泡绘制相关类、群鱼绘制相关类、鱼群绘制相关类、鱼食绘制相关类以及总体绘制的 bnggdh 绘制类。通过本节的学习使读者对百纳水族馆的开发有更加深刻的理解。

2.6.1 气泡绘制相关类

下面将详细介绍绘制气泡相关类，绘制气泡相关类分为气泡控制类 BubbleControl 和单个气泡绘制类 SingleBubble。气泡控制类 BubbleControl 用来控制所有气泡的绘制，单个气泡绘制类 SingleBubble 用来对单个气泡进行绘制，下面将分步骤讲解。

（1）下面介绍单个气泡绘制类 SingleBubble，绘制气泡时用到了混合技术，对对象的绘制顺序是有严格要求的，即绘制顺序是由远及近的，所以，在绘制气泡之前要根据气泡的位置进行排序，具体代码如下所示。

代码位置：见随书源代码/第 2 章/MyWallPaper/app/src/main/java/wyf/lxg/bubble/目录下的 SingleBubble.java。

```
1   package wyf.lxg.bubble;
2   .....//此处省略部分类和包的导入代码，请读者自行查阅随书附带的源代码
3   public class SingleBubble implements Comparable<SingleBubble>{
4       Bubble bubble;                                         //气泡对象
5       float cuerrentX=0;                                     //气泡当前 X 位置
6       float cuerrentY=1;                                     //气泡当前 Y 位置
7       float cuerrentZ=0;                                     //气泡当前 Z 位置
8       float border;                                          //气泡的最大高度
9       int TexId;                                             //纹理 ID
10      public SingleBubble(MySurfaceView mySurfaceView,int TexId){
```

```
11        this.TexId=TexId;
12        bubble=new Bubble(mySurfaceView);              //创建气泡
13        newposition(-1);                               //初始气泡的位置
14    }
15    public void drawSelf(){
16        MatrixState.pushMatrix();                      //保护矩阵
17        MatrixState.translate(cuerrentX, cuerrentY, cuerrentZ);  //移动
18        bubble.drawSelf(TexId);                        //绘制气泡
19        MatrixState.popMatrix()                        //恢复矩阵
20    }
21    public void bubbleMove(float x,float y) {
22        this.cuerrentY += Constant.BubbleMoveDistance; //气泡上下移动
23        this.cuerrentX +=(float)(0.01*y);              //气泡左右晃动
24        this.cuerrentZ +=(float)(0.015*y)+0.1;         //越来越大效果
25        if (this.cuerrentY > border) {
26            newposition(x);                            //重置气泡位置
27    }}
28    public void newposition(float x) {
29        if(x==-1){                                     //第一处气泡的初始位置
30        cuerrentX = 2.6f;                              //x 位置
31        cuerrentY = -11.5f;                            //y 位置
32        cuerrentZ = -26.5f;                            //z 位置
33        }else if(x==1){                                //第二处气泡的初始位置
34            cuerrentX = 5f;                            //x 位置
35        cuerrentY = -12.5f;                            //y 位置
36        cuerrentZ = -25f;                              //z 位置
37        }else if(x==0){                                //第 3 处气泡的初始位置
38        cuerrentX = -5f;                               //x 位置
39        cuerrentY = -16f;                              //y 位置
40        cuerrentZ = -26.2f;                            //z 位置
41        }
42        border = (float) (2 * Math.random() + 3);      //气泡上升的最大高度
43    }
44    public int compareTo(SingleBubble another) {//重写比较两个气泡与摄像机距离的方法
45        return ((this.cuerrentZ-another.cuerrentZ)==0)?
46        0:((this.cuerrentZ-another.cuerrentZ)>0)?1:-1;
47    }}
```

- 第 1～14 行首先声明相关变量，包括气泡的当前位置、气泡的纹理 ID、气泡的最大高度、气泡对象等，然后在构造器中第一次调用 newposition 方法初始化百纳水族馆中 3 处气泡的位置，并且随机设置气泡上升的最大高度。

- 第 15～27 行首先根据气泡的当前位置绘制气泡，设置气泡的移动速度，并修改气泡的位置，尤其是 Z 位置，Z 位置离摄像机越来越近，气泡就会产生越来越大的效果。判断气泡的位置是否大于气泡的最大高度 border，如果大于 border，则调用 newposition 方法重新设置气泡的位置。

- 第 28～46 行首先根据接收到的 x 值确定气泡出现的位置，其次随机产生气泡上升的最大高度，气泡每次消失后都会重新调用 newposition 方法，然后重写 compareTo 方法，根据气泡的位置对气泡列表中的气泡对象进行排序。

（2）上面已经对单个气泡绘制类 SingleBubble 类进行了详细介绍，接下来就应该对所有气泡控制类 BubbleControl 进行介绍。气泡控制类中包括创建单个气泡对象，创建并且启动气泡移动线程，绘制气泡等。具体代码如下所示。

> 代码位置：见随书源代码/第 2 章/MyWallPaper/app/src/main/java/wyf/lxg/bubble/ 目录下的 BubbleControl.java。

```
1  package wyf.lxg.bubble;
2  ......//此处省略部分类和包的导入代码，请读者自行查阅随书附带的源代码
3  public class BubbleControl {
4      public ArrayList<SingleBubble> BubbleSingle=new ArrayList<SingleBubble>();//气泡列表
5      int texId;                                     //气泡的纹理 ID
6      MySurfaceView mv;                              //场景渲染器
7      public BubbleControl(MySurfaceView mv,int texId ) {
8          this.mv=mv;
```

```
9        this.texId = texId;                                    //获取ID
10       for (int i = 0; i <Constant.BUBBLE_NUM; i++) {          //创建多个气泡
11           BubbleSingle.add(new SingleBubble(mv,this.texId));  //添加到列表
12       }
13       BubbleThread Bgt = new BubbleThread(this);              //创建气泡移动线程
14       Bgt.start();                                            //启动气泡移动线程
15    }
16    public void drawSelf() {
17       try {
18           Collections.sort(this.BubbleSingle);                //对气泡排序
19           for (int i = 0; i < this.BubbleSingle.size(); i++) {
20               MatrixState.pushMatrix();                       //保护矩阵
21               BubbleSingle.get(i).drawSelf();                 //绘制气泡
22               MatrixState.popMatrix();                        //恢复矩阵
23           }} catch (Exception e) {
24               e.printStackTrace();                            //打印异常栈信息
25  }}}
```

- 第 1~15 行首先声明包名，创建气泡类列表，声明气泡纹理 ID 和场景渲染器，在构造器中获取纹理 ID，创建多个气泡并且将其添加到气泡列表中，然后创建并且启动气泡移动线程。
- 第 16~25 行的主要作用是绘制气泡，因为采用混合技术，所以在绘制气泡之前，要先对气泡列表中的气泡进行排序，之后遍历气泡列表，保护现场，进行气泡绘制，然后恢复现场。

2.6.2 群鱼绘制相关类

群鱼是百纳水族馆的主要元素，下面将详细介绍群鱼绘制相关类，群鱼绘制相关类分为单条鱼绘制类 SingleFish（用来对单条鱼进行绘制）和群鱼控制类 FishControl（用来控制群鱼里所有鱼的绘制）。开发步骤如下所示。

（1）下面介绍单条鱼绘制类 SingleFish 的开发。在 SingleFish 类中设置了群鱼中每条鱼的位置、速度、质量（力的缩放比）、所受到的外力、鱼食对鱼的吸引力、旋转角度等。具体代码如下所示。

代码位置：见随书源代码/第 2 章/MyWallPaper/app/src/main/java/wyf/lxg/fish/目录下的 SingleFish.java。

```
1   package wyf.lxg.fish;
2   ......//此处省略部分类和包的导入代码，请读者自行查阅随书附带的源代码
3   public class SingleFish {
4       ......//此处省略相关成员变量的声明代码，请读者自行查阅随书附带的源代码
5       public SingleFish(BNMcdel md,int texid, Vector3f Position,
6       Vector3f Speed, Vector3f force,Vector3f attractforce, float weight,float ScaleNum) {
7           this.md=md;                                          //鱼的模型
8           this.texid=texid;                                    //鱼的纹理ID
9           this.position = Position;                            //鱼的位置
10          this.speed = Speed;                                  //鱼的速度
11          this.force = force;                                  //鱼所受外力
12          this.attractforce = attractforce;                    //鱼食对鱼的吸引力
13          this.weight = weight;                                //鱼的质量
14          this.ScaleNum = ScaleNum;                            //鱼的缩放比
15      }
16      public void drawSelf() {
17        MatrixState.pushMatrix();                              //保护矩阵
18        MatrixState.translate(this.position.x, this.position.y, this.position.z);//平移
19        MatrixState.rotate(yAngle, 0, 1, 0);                   //y 轴旋转
20        MatrixState.rotate(zAngle, 0, 0, 1);                   //z 轴旋转
21        if (md != null) {                                      //判断 BNModel 不为空
22            MatrixState.pushMatrix();                          //保护矩阵
23            MatrixState.scale(ScaleNum, ScaleNum, ScaleNum);   //缩放矩阵
24            this.md.draw(texid);                               //绘制鱼类对象
25            MatrixState.popMatrix();                           //恢复矩阵
26        }
27        MatrixState.popMatrix();                               //恢复矩阵
28      }
29      public void fishMove() {
```

```
30     ……//此处省略动态修改鱼游动的代码,将在后面详细介绍
31 }}
```

- 第 1~14 行首先声明包名,通过构造器接收传递过来的鱼的纹理 ID、鱼的位置、鱼的速度、鱼所受的外力、鱼食对鱼的吸引力等参数信息。其中省略的部分,请读者自行查阅随书附带的源代码。
- 第 17~27 行是鱼类绘制方法,绘制之前先保护变换矩阵再将鱼平移到指定位置,并缩放相应的大小,从而使鱼能以正确的大小显示在屏幕上,然后再进行鱼的绘制。

(2) 接下来详细介绍前面省略的 fishMove 方法,该方法的作用是根据鱼的速度矢量确定出鱼的朝向,然后计算出坐标轴相应的旋转角度;根据鱼所受到的外力和食物吸引力的作用,动态修改鱼的速度。每次计算每条鱼的受力之后,把所受的力置零。具体代码如下所示。

代码位置: 见随书源代码/第 2 章/MyWallPaper/app/src/main/java/wyf/lxg/fish/目录下的 SingleFish.java。

```java
1  public void fishMove() {
2      float fz = (speed.x * speed.x + speed.y * 0 + speed.z * speed.z);              //分子
3      float fm = (float) (Math.sqrt(speed.x * speed.x + speed.y * speed.y            //分母
4      + speed.z * speed.z) * Math.sqrt(speed.x * speed.x + speed.z* speed.z));
5      float angle = fz / fm; //cos 值
6      tempZ = (float) (180f / Math.PI) * (float) Math.acos(angle);       //绕 z 轴的旋转角度
7      fz = (speed.x * Constant.initialize.x + speed.z * Constant.initialize.z);      //分子
8      fm = (float) (Math.sqrt(Constant.initialize.x * Constant.initialize.x+         //分母
9      Constant.initialize.z*Constant.initialize.z)*Math.sqrt(speed.x*speed.x+speed.z*speed.z));
10     angle = fz / fm;                                                               //cos 值
11     tempY = (float) (180f / Math.PI) * (float) Math.acos(angle);   //绕 y 轴的旋转角度
12     if (speed.y <= 0) {               //获取夹角根据 Speed.y 的正负性来确定夹角的正负性
13         zAngle = tempZ;
14     } else {                                             //上述计算出的角度均为正值
15         zAngle = -tempZ;}
16     if (speed.z > 0) {                //获取夹角,根据 Speed.z 的正负性来确定夹角的正负性
17         yAngle = tempY; } else {                         //上述计算出的角度均为正值
18         yAngle = -tempY; }
19     if (Math.abs(speed.x + force.x) < Constant.MaxSpeed) {
20         speed.x += force.x; }                            //动态修改鱼 x 方向的速度
21     if (Math.abs(speed.y + force.y) < Constant.MaxSpeed) {
22         speed.y += force.y; }                            //动态修改鱼 y 方向的速度
23     if (Math.abs(speed.z + force.z) < Constant.MaxSpeed) {
24         speed.z += force.z; }                            //动态修改鱼 z 方向的速度
25     if (Math.abs(speed.x + attractforce.x) < Constant.MaxSpeed) {
26         speed.x += attractforce.x; }                     //动态修改鱼 x 方向的速度
27     if (Math.abs(speed.y + attractforce.y) < Constant.MaxSpeed) {
28         speed.y += attractforce.y; }                     //动态修改鱼 y 方向的速度
29     if (Math.abs(speed.z + attractforce.z) < Constant.MaxSpeed) {
30         speed.z += attractforce.z; }                     //动态修改鱼 z 方向的速度
31     position.plus(speed);                                //改变鱼的位置
32     this.force.x = 0;                                    //外力置为零
33     this.force.y = 0;
34     this.force.z = 0;
35     attractforce.x = 0;                                  //鱼食对鱼的吸引力置为零
36     attractforce.y = 0;
37     attractforce.z = 0;
38  }
```

- 第 1~18 行为计算坐标轴相应旋转角度的方法。根据鱼的速度矢量确定出鱼的朝向,利用初等函数计算出坐标轴相应的旋转角度。
- 第 19~30 行为动态修改鱼速度的方法,鱼可能会受到外力(排斥力)和食物吸引力的作用,力会改变鱼的速度,当鱼的速度超过阈值时,速度不再增加。将鱼的速度矢量和位移矢量相加就会得到鱼新的位移矢量。
- 第 31~38 行是改变鱼的位置,防止鱼穿过地面,然后每次计算每条鱼的受力之后,把所受的力置零。因为每次都要重新计算鱼的受力,当鱼不受到力的作用时,鱼的速度就不会再改变,

鱼将沿着当前的速度方向游动。

（3）前面已经对单条鱼绘制类 SingleFish 进行了介绍，下面将进行鱼群控制类 FishControl 的开发介绍。在该类中将创建群鱼列表，创建并且启动群鱼的游动线程，然后遍历群鱼列表对除鱼群以外的单条鱼进行绘制。具体代码如下所示。

代码位置：见随书源代码/第 2 章/MyWallPaper/app/src/main/java/wyf/lxg/fish/目录下的 FishControl.java。

```
1   package wyf.lxg.fish;
2   ......//此处省略部分类和包的导入代码，请读者自行查阅随书附带的源代码
3   public class FishControl {
4     public ArrayList<SingleFish> fishAl;           //群鱼列表
5     FishGoThread fgt;                              //鱼 Go 线程
6     public MySurfaceView My;                       //渲染器
7     public FishControl(ArrayList<SingleFish> fishAl,MySurfaceView my){
8       this.fishAl = fishAl;                        //群鱼列表
9       this.My=my;
10      fgt= new FishGoThread(this);                 //创建鱼移动线程对象
11      fgt.start();                                 //启动鱼的移动线程
12    }
13    public void drawSelf(){                        //绘制方法
14      try {
15      for(int i=0;i<this.fishAl.size();i++){       //循环绘制每一条鱼
16         MatrixState.pushMatrix();                 //保护矩阵
17         fishAl.get(i).drawSelf();                 //绘制鱼
18         MatrixState.popMatrix();                  //恢复矩阵
19      }}catch (Exception e) {
20         e.printStackTrace();                      //打印异常栈信息
21    }}}
```

- 第 1~12 行为声明群鱼列表、鱼游动线程以及场景渲染器等相关变量，通过构造方法接收群鱼列表，创建鱼游动线程对象并且启动鱼的游动线程。此处省略部分类和包的导入代码，请读者自行查阅随书附带的源代码。
- 第 13~21 行为绘制鱼的方法。首先保护变换矩阵，其次遍历群鱼列表，循环绘制除鱼群以外的单条鱼，最后恢复变换矩阵，进行异常处理。

2.6.3 鱼群绘制相关类

前面已经详细介绍了群鱼的绘制相关类，下面将对鱼群绘制相关类的开发进行详细介绍。鱼群绘制相关类分为单条鱼绘制类 SingleFishSchool（用来对鱼群中单条鱼进行绘制）和鱼群控制类 FishSchoolControl（用来控制鱼群里所有鱼的绘制）。开发步骤如下所示。

（1）首先对鱼群中单个鱼绘制类 SingleFishSchool 的开发进行详细的介绍。在单个鱼绘制类中设置鱼的位置、鱼的速度、鱼的质量、鱼受到的外力、鱼受到的向心力（第一条鱼不受到向心力作用）以及鱼的旋转角度，具体代码如下所示。

代码位置：见随书源代码/第 2 章/MyWallPaper/app/src/main/java/wyf/lxg/fishschool/目录下的 SingleFishSchool.java。

```
1   package wyf.lxg.fishschool;
2   ......//此处省略部分类和包的导入代码，请读者自行查阅随书附带的源代码
3   public class SingleFishSchool {
4     ......//此处省略相关成员变量的声明代码，请读者自行查阅随书附带的源代码
5     public SingleFishSchool(BNModel md,int texid,
6     Vector3f Position, Vector3f Speed, Vector3f force,
7     Vector3f ConstantForce, float weight) {
8       this.texid=texid;                            //鱼的纹理 ID
9       this.position = Position;                    //鱼的位置
10      this.speed = Speed;                          //鱼的速度
11      this.force = force;                          //鱼所受到的外力
12      this.weight = weight;                        //鱼的质量
```

```
13          this.mt=md;                                             //鱼的模型
14          this.ConstantPosition.x = Position.x;                   //x 位移
15          this.ConstantPosition.y = Position.y;                   //y 位移
16          this.ConstantPosition.z = Position.z;                   //z 位移
17          this.ConstantForce = ConstantForce;                     //鱼受到的向心力
18      }
19      public void drawSelf() {
20          MatrixState.pushMatrix();                               //保护矩阵
21          MatrixState.translate(this.position.x, this.position.y, this.position.z);//平移
22          MatrixState.rotate(yAngle, 0, 1, 0);                    //绕 y 轴旋转一定角度
23          MatrixState.rotate(-zAngle, 0, 0, 1);                   //绕 z 轴旋转一定角度
24          if (mt != null) {
25              MatrixState.pushMatrix();
26              MatrixState.scale(Constant.ScaleNum,                //按比例缩放
27                      Constant.ScaleNum, Constant.ScaleNum);
28              this.mt.draw(texid);                                //画鱼群
29              MatrixState.popMatrix();                            //恢复矩阵
30          }
31          MatrixState.popMatrix();                                //恢复矩阵
32      }
33      public void fishschoolMove() {//根据鱼类的位置以及速度来计算鱼的下一个位置
34          if (speed.x == 0 && speed.z == 0 && speed.y > 0){       //y 轴速度大于 0
35              tempZ = -90;                                        //z 轴改变方向
36              tempY = 0;
37          } else if (speed.x == 0 && speed.z == 0 && speed.y < 0) { //y 轴速度小于 0
38              tempZ = 90;
39              tempY = 0;
40          } else if (speed.x == 0 && speed.z == 0 && speed.y == 0) { //y 轴速度等于 0
41              tempZ = 90;
42              tempY = 0;
43          } else {
44     ......//此处与前面的 fishMove 方法相似,故省略,请读者自行查阅随书附带的源代码
45      }}}
```

- 第 1~17 行通过构造器接收鱼的纹理 ID、鱼的初始位置、鱼的初始速度、鱼所受到的外力、鱼受到的向心力等。此处省略了部分类和包的导入代码以及相关成员变量的声明代码,请读者自行查阅随书附带的源代码。

- 第 19~44 行为鱼的绘制方法以及修改鱼速度的方法。首先平移到指定的位置,按照比例进行缩放,然后绕 y 轴、z 轴旋转相应的角度,从而使鱼能以正确的姿态显示在屏幕上,最后进行鱼的绘制。然后根据鱼类的位置以及速度来计算鱼的下一个位置。

> **说明** 第 44 行省略的代码与群鱼绘制时单条鱼绘制类中的 fishMove 方法相似,请读者自行查阅随书附带的源代码,但是鱼群中第一条鱼是不会受到向心力的作用的,且只有其他鱼超出阈值之后才会受到向心力的作用。

(2)前面完成了对鱼群中单个鱼绘制类 SingleFishSchool 的介绍,接下来进行鱼群控制类 FishSchoolControl 的开发介绍。在鱼群控制类中创建了鱼群列表,并将单条鱼对象以及单条鱼的相关信息添加进鱼群列表,同时创建了鱼群游动线程并启动。具体代码如下所示。

代码位置:见随书源代码/第 2 章/MyWallPaper/app/src/main/java/wyf/lxg/fishschool/目录下的 FishSchoolControl.java。

```
1   package wyf.lxg.fishschool;
2   ......//此处省略部分类和包的导入代码,请读者自行查阅随书附带的源代码
3   public class FishSchoolControl {
4   ......//此处省略相关成员变量的声明代码,请读者自行查阅随书附带的源代码
5       public FishSchoolControl(BNModel md,int texid,
6       MySurfaceView tr,Vector3f weizhi,Vector3f sudu,float weight) {
7           this.Tr = tr;                                           //场景渲染器
8           this.texid=texid;                                       //纹理 ID
9           if(sudu.x>0){ x=sudu.x-0.01f;                           //计算鱼 x、z 方向的速度
```

```
10         }else{ x=sudu.x+0.01f; }                         //计算鱼x、z方向速度
11       fishSchool.add(new SingleFishSchool(md,this.texid,    //第1条鱼
12         weizhi, sudu,new Vector3f(0, 0, 0), new Vector3f(0, 0, 0), weight));
13       fishSchool.add(new SingleFishSchool(md,this.texid,    //第2条鱼
14         new Vector3f(weizhi.x, weizhi.y, -Constant.Radius), new Vector3f(x,
15         0.00f, x), new Vector3f(0, 0, 0), new Vector3f(0,0, 0), weight)); //方向吸引力重力
16       fishSchool.add(new SingleFishSchool(md,this.texid,    //第3条鱼
17         new Vector3f(Constant.Radius, weizhi.y, weizhi.z), new Vector3f(x,
18         0.00f, x), new Vector3f(0, 0, 0), new Vector3f(0,0, 0), weight));
19       fishSchool.add(new SingleFishSchool(md,this.texid,    //第4条鱼
20         new Vector3f(weizhi.x, weizhi.y, Constant.Radius), new Vector3f(x,
21         0.00f, x), new Vector3f(0, 0, 0), new Vector3f(0,0, 0), weight));
22       Thread = new FishschoolThread(this);                  //创建鱼群游动线程
23       Thread.start();                                      //启动鱼群游动线程
24   }
25   public void drawSelf() {                                  //绘制方法
26     try {
27         for (int i = 0; i < this.fishSchool.size(); i++){
28             MatrixState.pushMatrix();                       //保护矩阵
29             fishSchool.get(i).drawSelf();                   //绘制鱼群
30             MatrixState.popMatrix();                        //恢复矩阵
31     }} catch (Exception e){
32         e.printStackTrace();                                //打印异常栈信息
33   }}}
```

- 第1~10行是通过构造器接收鱼类的纹理ID、场景渲染器，并且通过接收到的第一条鱼的速度计算出其余3条鱼在x方向和z方向的速度。此处省略部分类和包的导入代码以及相关成员变量的声明代码，请读者查阅附带的源代码。
- 第11~24行向鱼群列表中添加鱼对象，同时创建并启动鱼群游动线程。鱼群列表里的第一条鱼不受到其他任何鱼的作用力，只受到墙壁的作用力。
- 第25~33行为绘制鱼群的方法。首先遍历fishSchool列表，绘制鱼群里面的鱼。在绘制之前要先保护变换矩阵，然后再进行鱼群的绘制，最后恢复变换矩阵。

2.6.4 鱼食绘制相关类

本小节将要详细地介绍鱼食绘制相关类。在百纳水族馆中可以对游动的鱼进行喂食，单击地面，鱼食就会下落。并且单击地面远点时食物会相对小一些，单击地面近点时食物会相对大一些，从而产生近大远小的效果，下面将分步骤讲解。

（1）首先介绍单个鱼食的绘制类SingleFood的开发，SingleFood类具体包括实例化食物移动线程和食物吸引力线程，动态改变食物的Y位置和X位置，并且启动食物移动线程和食物吸引力线程，然后进行食物的绘制等。具体代码如下所示。

📎 **代码位置**：见随书源代码/第2章/MyWallPaper/app/src/main/java/wyf/lxg/fishfood/目录下的 SingleFood.java。

```
1   package wyf.lxg.fishfood;
2   ......//此处省略部分类和包的导入代码，请读者自行查阅随书附带的源代码
3   public class SingleFood {
4       public FoodThread Ft;                               //食物移动线程
5       public AttractThread At;                            //吸引力线程
6       public MySurfaceView mv;                            //场景渲染器
7       public float Ypositon =Constant.FoodPositionMax_Y;  //获取Ypositon
8       LoadedObjectVertexNormalTexture fishFoods;          //创建鱼食对象
9       int texld;                                          //纹理ID
10      public SingleFood(int texld,LoadedObjectVertexNormalTexture fishfoods,
11          MySurfaceView mv){
12          this.texld=texld;                               //获取纹理ID
13          this.mv = mv;
14          fishFoods = fishfocds;                          //实例化食物
15          Ft = new FoodThread(this);                      //实例化食物移动线程
16          At = new AttractThread(this);                   //实例化吸引力线程
```

```
17    }
18    public void StartFeed(){
19      Ft.start();                                              //启动鱼食移动线程
20      At.start();                                              //启动吸引力线程
21    }
22    public void drawSelf() {
23      MatrixState.pushMatrix();                                //保护矩阵
24      MatrixState.translate(mv.Xpositon,this.Ypositon,mv.Zposition);//平移
25      fishFoods.drawSelf(texId);                               //绘制鱼食
26      MatrixState.popMatrix();                                 //恢复矩阵
27 }}
```

- 第1～16行主要是获取鱼食的Ypositon，创建鱼食对象，声明食物移动线程和吸引力线程，同时通过构造器实例化食物移动线程和吸引力线程。此处省略部分类和包的导入代码，请读者自行查阅随书附带的源代码。

- 第18～26行首先是StartFeed方法，用来启动鱼食移动线程和吸引力线程。然后是drawSelf方法，进行鱼食的绘制，要先将鱼食平移到指定的位置，从而使鱼食能以正确的姿态显示在屏幕上，再进行鱼食的绘制。

（2）下面将对鱼食控制类FeedFish进行详细的介绍，具体包括设置鱼食的初始位置，根据地面的高度算出t值，根据t计算出拾取射线与近平面和远平面的交点坐标，更改鱼食移动线程和吸引力线程的标志位等，具体代码如下所示。

> **代码位置**：见随书源代码/第2章/MyWallPaper/app/src/main/java/wyf/lxg/fishfood/目录下的FeedFish.java。

```
1    package wyf.lxg.fishfood;
2    .....//此处省略部分类和包的导入代码，请读者自行查阅随书附带的源代码
3    public class FeedFish {
4    MySurfaceView Tr;                                          //场景渲染器
5    boolean start;                                             //启动移动食物线程标志位
6    public FeedFish(MySurfaceView tr) {
7      start = true;                                            //启动移动食物线程
8      this.Tr = tr;
9    }
10   public void startFeed(Vector3f Start,Vector3f End) {
11     Vector3f dv=End.cutPc(Start);                            //喂食的位置
12     float t=(Constant.Y_HEIGHT -Start.y)/dv.y;               //根据地面的高度算出t值
13     float xd=Start.x+t*dv.x;                                 //根据t 计算出交点的x坐标值
14     float zd=Start.z+t*dv.z;                                 //根据t 计算出交点的z坐标值
15     if(zd<=Constant.ZTouch_Min ||zd>Constant.ZTouch_Max){
16        Constant.isFeed=true;                                 //超出一定范围鱼食的大小不改变
17        return;                                               //并且位置不改变，食物不重置
18     }
19     Tr.Xposition = xd;                                       //食物的位置
20     Tr.Zposition = zd;
21     Tr.Fooddraw = true;                                      //绘制食物的标志位
22     Tr.singlefood.Ft.Fresit = true;                          //把重置Yposition 的标志位变为true
23     Tr.singlefood.At.Go = true;                              //将吸引力线程标志位设为true
24     Tr.singlefood.Ft.Go = true;                              //将喂食线程标志位设为true
25     if (start) {                                             //调用此方法开始移动食物的方法
26        Tr.singlefood.StartFeed();                            //开始喂食
27        start = false;                                        //标志位设为false
28   }}}
```

- 第1～14行为计算屏幕触控点的位置的算法，首先声明启动食物移动线程的标志位，再根据地面的高度算出t值，然后根据t计算出近平面和远平面与地面的交点的x、z坐标值（根据3点共线求出与地面平面的交点）。

- 第15～27行先判断单击位置是否在规定范围内，如果在规定范围内则将计算的位置赋给Xposition和Zposition，并把食物移动线程和吸引力线程的标志位设为true。如果是第一次单击地面喂食还会调用StartFeed方法，开启线程。

2.7 线程相关类

前面已经完成了对水族馆背景及水族馆中的鱼、鱼群、鱼食和气泡绘制的开发，为了产生更加真实的效果，还需要让它们动起来。该壁纸开发中开启了多个线程，大大提高了程序运行效率，下面将对线程相关类进行详细的介绍。

2.7.1 气泡移动线程类——BubbleThread

前面已经完成了对 3D 水族馆中气泡的开发，这就需要让气泡移动起来，并可以让多处位置连续不断地冒出气泡来，这样场景才会更加逼真。这就是本类的作用，本类开启了一个线程定时移动气泡，并在不同位置冒出。其具体代码如下。

> 代码位置：见随书源代码/第 2 章/MyWallPaper/app/src/main/java/wyf/lxg/bubble/目录下的 BubbleThread.java。

```
1   package wyf.lxg.bubble;              //声明包名
2   ......//此处省略部分类和包的引入代码，读者可自行查阅随书的源代码
3   public class BubbleThread extends Thread {
4       float x;                                    //气泡左右移动标志位
5       float y;                                    //气泡位置标志位
6       boolean flag = true;                        //标志位
7       BubbleControl Bcl;                          //气泡的控制类
8       public BubbleThread(BubbleControl Bcl){     //构造方法
9           this.Bcl=Bcl;                           //获取气泡控制类对象
10      }
11      public void run(){
12          while (flag) {                          //循环定时移动气泡
13              try {
14                  for(int i=0;i<Bcl.BubbleSingle.size();i++){  //遍历气泡列表
15                      if((i+3)%3==0){ //将气泡的总数量，切分为3 份
16                          if(((i+3)/3)%2==0){ //进行奇偶判断，为气泡的 x、z 轴方向偏移做准备
17                              y=1;                //偶数位气泡标志位
18                          }else{y=-1;}            //奇数位气泡标志位
19                          x=1; }                  //第一处气泡位置队列
20                      ......//该处省略了第一个 if 语句中相似的两个 if 语句，读者可自行阅随书的源代码
21                      Bcl.BubbleSingle.get(i).bubbleMove(x,y);  //执行气泡移动方法
22                  }} catch (Exception e) {        //进行异常处理
23                      e.printStackTrace();        //打印异常
24                  }
25                  try {
26                      Thread.sleep(10);           //线程休眠 10ms
27                  } catch (Exception e) {         //异常处理
28                      e.printStackTrace();        //打印异常
29      }}}}
```

- 第 1~10 行为声明相关成员变量，通过构造器获取 BubbleControl 的引用，为后面线程中调用 BubbleControl 类中的 bubbleMove 方法做准备。此处省略了部分类和包的引入代码，请读者自行查阅随书中的源代码。

- 第 11~28 行为该类中气泡移动线程方法，在该方法中遍历气泡列表 BubbleSingle，为了能够在场景中出现 3 处气泡，所以将气泡队列切分成 3 队，并根据每个队列中气泡的奇偶性来给出 y 的值，以作为气泡 x、z 轴移动的扰动变量。

2.7.2 群鱼游动线程类——FishGoThread

上小节介绍了气泡移动的线程 BubbleThread，本小节将为读者介绍群鱼游动的线程，在线程中有关于群鱼之间的受力算法，以防止两条鱼互穿。还有关于群鱼碰到鱼群的受力变化，以及群鱼和墙壁碰撞时群鱼的受力如何变化。其具体代码如下所示。

> **代码位置**：见随书源代码/第 2 章/MyWallPaper/app/src/main/java/wyf/lxg/fish/目录下的 FishGoThread.java。

```
1    package wyf.lxg.fish;                                      //声明包名
2    ......//此处省略部分类和包的引入代码，读者可自行查阅随书的源代码
3    public class FishGoThread extends Thread {
4    ......//该处省略了部分变量与构造方法代码，读者可自行查阅随书的源代码
5     public void run() {                                       //定时运动所有群鱼的线程
6       while (flag) {                                          //循环定时移动鱼类
7         try {                                                 //动态地修改鱼受到的力的大小
8           for (int i=0; i<fishControl.fishAl.size();i++){     //计算鱼群对该鱼产生的大小
9             Vector3f Vwall = null;
10            inside: for (int j = 0; j < fishControl.fishAl.size(); j++) {
11              Vector3f V3 = null;
12              if (i == j) { continue inside; }                //自己不能对自己产生力
13              V3 = fishControl.fishAl.get(i).position.cut(    //向量减法得到力改变方向
14                fishControl.fishAl.get(j).position,Constant.MinDistances);
15              V3.getforce(fishControl.fishAl.get(i).weight);  //力与质量的比
16              fishControl.fishAl.get(i).force.plus(V3);       //两条鱼之间的力
17            }
18            if (fishControl.My.fishSchool != null
19                && fishControl.My.fishSchool.fishSchool.size() != 0) {
20              Vector3f V4 = fishControl.fishAl.get(i).position.cut(//力的方向
21                fishControl.My.fishSchool.fishSchool.get(0).position,
                  Constant.MinDistances);
22              V4.getforce(fishControl.fishAl.get(i).weight);
23              fishControl.fishAl.get(i).force.plus(V4);       //两条鱼之间的力
24            }
25            Vwall = new Vector3f(0, 0, 0);
26            if (fishControl.fishAl.get(i).position.x <= -8.5f) { //判断鱼和左墙壁的碰撞
27              Vwall.x = 0.0013215f;                           //撞上之后产生力的作用
28     ......//该处省略了鱼与墙壁其他面碰撞产生的力的代码，读者可自行查阅随书的源代码
29            fishControl.fishAl.get(i).force.plus(Vwall);      //二力相加
30          }
31          for (int i = 0; i < fishControl.fishAl.size(); i++) { //定时修改鱼的速度和位移
32            fishControl.fishAl.get(i).fishMove();             //调用鱼游动方法
33          }}
34     ......//该处省略了异常处理与线程休眠代码，读者可自行查阅随书的源代码
35    }}}
```

- 第 3~24 行首先遍历鱼群、群鱼列表，并计算单条鱼所受到的其他鱼的力，和鱼群对该鱼的力。当鱼与其他单条鱼或群鱼之间距离小于阈值时会产生力的作用，这样计算群鱼中的鱼一直游动，并不会与鱼群发生碰撞。

- 第 25~33 行是对碰壁检测处理的代码，这里计算了鱼与墙壁的检测，然后判断鱼在某个方向的位置是否超过了墙壁的范围，如果超过，则墙壁给一个相反方向的力，然后计算合力，最后遍历鱼群调用游动方法。

2.7.3　鱼群游动线程类——FishSchoolThread

上一小节为读者介绍了群鱼游动的线程类，本小节将着重介绍鱼群游动的线程类——FishSchoolThread，其中计算了鱼群与群鱼之间的受力，使之不会碰撞，还计算了鱼群中的鱼受到从该位置指向相对位置的力，以及鱼群与墙壁碰撞时的受力情况，开发步骤如下所示。

（1）下面给出了 FishSchoolThread 类的整体框架。由于鱼群中单条鱼受到的向心力以及群鱼碰壁检测等其他算法代码过多，将在后面详细介绍。接下来详细介绍鱼群之间的受力算法，主要是群鱼对鱼群的作用力情况等。其具体的代码如下所示。

> **代码位置**：见随书源代码/第 2 章/MyWallPaper/app/src/main/java/wyf/lxg/fishschool/目录下的 FishSchoolThread.java。

```
1    package wyf.lxg.fishschool;  //声明包名
2    ......//此处省略部分类和包的引入代码，读者可自行查阅随书的源代码
```

```
3   public class FishschoolThread extends Thread {
4       boolean flag = true;                                        //线程标志位
5       FishSchoolCcntrol fishschools;                              //鱼群控制类对象
6       float Length;                                               //两条鱼之间的距离
7       public FishschoolThread(FishSchoolControl fishschools) {
8           this.fishschools = fishschools;                         //初始化鱼群成员变量
9       }
10      public void run() {
11          while (flag) {                                          //循环定时移动鱼类
12              try {
13                  outside: for(int i=1;i<fishschools.fishSchool.size();i++) {//群鱼对鱼群里面的鱼的作用力
14                      for (int j=0;j<fishschools.Tr.fishControl.fishAl.size();j++){
15                          if (Length > Constant.SMinDistances-0.5) {continue outside; }//判定范围
16                          Vector3f V3 = null;
17                          V3=.cut(fishschools.Tr.fishControl.fishAl
18                              .get(j).position,Constant.SMinDistances);   //获取力的方向
19                          V3.getforce(Constant.WeightScals);              //力的缩放比
20                          fishschools.fishSchool.get(i).force.plus(V3);   //两条鱼之间的力
21                      }}
22                  Vector3f Vwall = null;
23                  float Cx = fishschools.fishSchool.get(0).position.x;    //第0条鱼的位置
24                  float Cy = fishschools.fishSchool.get(0).position.y;
25                  float Cz = fishschools.fishSchool.get(0).position.z;
26                  int j=1;                                                //鱼群里面3条能动的鱼
27                  for(int i=-90;i<=90.;i=i+90){
28                      fishschools.fishSchool.get(j).ConstantPosition.x=(float) //x方向受到的力
29                          (Cx+Constant.Radius*Math.cos(i));
30                      fishschools.fishSchool.get(j).ConstantPosition.y = Cy;  //y方向受到的力
31                      fishschools.fishSchool.get(j).ConstantPosition.z=(float) //z方向受到的力
32                          (Cz+Constant.Radius*Math.sin(i));
33                      j++;                                                //变量自加
34                  }
35                  ......//该处省略了群鱼需要指向初始位置的力的算法代码,将在下面介绍
36                  ......//该处省略群鱼碰壁检测算法代码,将在下面介绍
37                  for (int i = 0; i < fishschools.fishSchool.size(); i++) {   //遍历鱼群中的鱼
38                      fishschools.fishSchool.get(i).fishschoolMove();
39              }} catch (Exception e) {                                //异常处理
40                  e.printStackTrace();                                //打印异常
41              }try {
42                  Thread.sleep(50);                                   //线程休眠
43              } catch (Exception e) {                                 //异常处理
44                  e.printStackTrace();                                //打印异常
45          }}}}
```

- 第4～9行是本类中一些变量的声明以及构造器的初始化。将线程是否开始的标志位设置为true,并获得鱼群控制类对象FishSchoolControl,为下面算法调用控制类对象中的方法,以及声明了两条鱼之间的距离。

- 第12～34行当鱼群中的某条鱼与鱼群中的距离小于阈值后便对该鱼产生力。第一条鱼只受墙壁的力,鱼群中其他鱼互相没有力的作用。受到从该位置指向相对位置(第一条鱼的位置为中心,以定半径确定的球面上的一个点)的力,并受群鱼的力。

- 第35～44行为修改鱼群里面所有鱼的速度和位移。调用每条鱼的fishschoolMove方法,定时修改鱼群里面鱼的速度和位移。并进行异常处理,让线程睡眠50ms后重新刷新鱼群。

(2) 上节详细介绍了鱼群碰见群鱼的受力算法与鱼群中鱼的受力情况算法。本节将为读者详细介绍(1)中省略的鱼离开鱼群受到恒力的算法,以及鱼群和墙壁碰撞时的受力变化的算法。这样鱼群一直是鱼群,不会被冲散。其具体代码如下所示。

🔍 代码位置:见随书源代码/第 2 章/MyWallPaper/app/src/main/java/wyf/lxg/fishschool/目录下的FishSchoolThread.java。

```
1   package wyf.lxg.fishschool;                                      //声明包名
2   public void run() {
3       ......//上文介绍了run()方法中的部分代码,下面接着介绍剩下的部分
```

```
4      for (int i = 1; i < fishschools.fishSchool.size(); i++){    //遍历鱼类列表
5         Vector3f VL = null;                                       //计算恒力的中间变量
6         VL = fishschools.fishSchool.get(i).ConstantPosition
7             .cutGetforce(fishschools.fishSchool.get(i).position);
8         Length = VL.Vectormodule();                               //计算中间距离
9         if ((Length) >= Constant.SMinDistances){
10            VL.getforce(Constant.ConstantForceScals / 8f);        //距离远,恒力增加
11        }else if (Length<= 0.3){
12            VL.x = VL.y = VL.z = 0;                               //距离<阈值不产生力
13        } else{
14            VL.getforce(Constant.ConstantForceScals);             //产生力的作用
15        }
16        float MediaLength = fishschools.fishSchool.get(i).force.Vectormodule();
17        if (Math.abs(MediaLength) == 0) {
18            fishschools.fishSchool.get(i).ConstantForce.x = VL.x; //x 方向
19            fishschools.fishSchool.get(i).ConstantForce.y = VL.y; //y 方向
20            fishschools.fishSchool.get(i).ConstantForce.z = VL.z; //z 方向
21        } else {
22            fishschools.fishSchool.get(i).ConstantForce.x = 0;    //恒力赋给变量
23            fishschools.fishSchool.get(i).ConstantForce.y = 0;
24            fishschools.fishSchool.get(i).ConstantForce.z = 0;
25      }}
26      Vwall = new Vector3f(0, 0, 0);                              //创建向量
27      if (fishschools.fishSchool.get(0)                           //与左墙壁的碰撞
28          .position.x <= -8.5f){Vwall.x = 0.0013215f;}
29      if (fishschools.fishSchool.get(0)                           //与右墙壁的碰撞
30          .position.x >4.5f){ Vwall.x = -0.0013212f;}
31      if (fishschools.fishSchool.get(0)                           //与上墙壁的碰撞
32          .position.y >= 7){ Vwall.y = -0.0013213f;}
33      if (fishschools.fishSchool.get(0)                           //与下墙壁的碰撞
34          .position.y <= -5f) { Vwall.y = 0.002214f;}
35      if (fishschools.fishSchool.get(0)                           //与后墙壁的碰撞
36          .position.z < -15) { Vwall.z = 0.0014214f;}
37      if (fishschools.fishSchool.get(0)                           //与前墙壁的碰撞
38          .position.z > 3) { Vwall.z = -0.002213f; }
39      fishschools.fishSchool.get(0).force.plus(Vwall);
40    }
```

- 第 1~28 行给离开鱼群的鱼赋予一个恒力。一旦这条鱼相对脱离了鱼群之后就会受到一个恒力使这条鱼游回鱼群,该条鱼距离鱼群越远这个恒力就会越大,从而使鱼群里面的鱼能够快速地回到鱼群,这样鱼群一直是鱼群,不会冲散。

- 第 31~38 行是鱼群里面的第一条鱼与水族馆中的上墙壁、下墙壁、左墙壁、右墙壁、前墙壁及后墙壁的碰撞检测,碰撞时墙壁会对鱼群里面的第一条鱼产生力的作用,这样鱼群就会一直在鱼缸中游来游去。

2.7.4 鱼食移动线程类——FoodThread

上一小节详细介绍了对鱼群的移动线程控制类,读者已经了解了鱼群的移动方法。本小节将为读者详细介绍鱼食的移动线程类 FoodThread,将着重为读者介绍鱼食的移动方法,以及对鱼食标志位的设置等,具体代码如下。

✍ **代码位置:见随书源代码/第 2 章/MyWallPaper/app/src/main/java/wyf/lxg/fishfood/目录下的 FoodThread.java。**

```
1    package wyf.lxg.fishfood;                                     //声明包名
2    ......//此处省略部分类和包的引入代码,读者可自行查阅随书的源代码
3    public class FoodThread extends Thread {                      //定时运动实物的线程
4        public boolean flag1 = true;                              //线程的标志位
5        public boolean Fresit=true;                               //食物 y 是否重置的标志位
6        boolean FxMove=true;                                      //移动 x 方向的标志位
7        public boolean Go=false;                                  //线程里面的算法是否走标志位
8        public SingleFood SingleF;                                //SingleFood 对象的引用
9        public FoodThread(SingleFood singleF){
```

```
10         this.SingleF=singleF;                              //实例化 SingleFood 对象
11     }
12     public void run(){                                     //线程方法
13         while (flag1) {                                    //如果线程标志位为真
14             try {
15                 if(Go){                                    //如果标志位为 true
16                     if(FxMove){                            //食物晃动的标志位
17                         SingleF.mv.Xposition+=Constant.FoodMove_X;
18                         FxMove=!FxMove;                    //标志位置反
19                     }else{
20                         SingleF.mv.Xposition-=Constant.FoodMove_X;
21                         FxMove=!FxMove;                    //标志位置反
22                     }
23                     SingleF.Ypositon-=Constant.FoodSpeed;  //定时地修改 y 坐标
24             }}
25             catch (Exception e) {                          //异常处理
26                 e.printStackTrace();                       //打印异常
27             }try {
28                 Thread.sleep(100);                         //线程休眠
29             } catch (Exception e) {
30                 e.printStackTrace();                       //打印异常
31     }}}}
```

- 第 4～11 行是本类中一些标志位的初始化与本类中的构造。其中一些标志位的初始化有助于读者更加容易地理解本类中的逻辑关系，其构造器是拿到 SingleFood 类的引用，为后面调用其中鱼食的坐标做准备。

- 第 12～31 行是本类中鱼食移动的线程方法，本案例中的鱼食是从上到下匀速运动，并且每次计算 y 轴所在的位置之前，会通过增加或减少食物的 x、z 坐标来产生轻微的晃动效果，从而增加食物的真实感，让线程休眠 100ms 后刷新鱼食。

2.7.5 吸引力线程类——AttractThread

上一小节中介绍了食物的移动线程。本小节着重介绍鱼食对群鱼的吸引力线程类 AttractThread，本案例中群鱼是可以看到鱼食的，但是鱼群看不到鱼食，所以鱼群不会受到食物吸引力的影响。本节将详细介绍这是如何操作的，开发步骤如下所示。

（1）下面将为读者重点介绍本类中鱼食对群鱼的吸引力的算法，并定时地对每条鱼的吸引力进行刷新。因而每当鱼食落下的时候，如果某条鱼看到了鱼食，这条鱼就会朝鱼食游去，将鱼食吃掉，这样使百纳水族管壁纸更加真实逼真。其具体代码如下。

✧ 代码位置：见随书源代码/第 2 章/MyWallPaper/app/src/main/java/wyf/lxg/fishfood/目录下的 AttractThread.java。

```
1  package wyf.lxg.fishfood;                                  //声明包名
2  ……//此处省略部分类和包的引入代码，读者可自行查阅随书的源代码
3  public class AttractThread extends Thread {
4  ……//该处省略了部分变量与构造方法代码，读者可自行查阅随书的源代码
5     public void run() {
6         while (Feeding) {                                   //Feeding 永为真
7             try {
8                 if(Go){
9                     if(Fforcefish) {                        //添加能被看到食物的鱼类列表
10                        fl.clear();                         //每次在单击喂食时要把列表清空
11                        Fforcefish = false;                 //只清空一次
12                    }
13                    if (fl != null ) {
14                        for (int i = 0; i < Sf.mv.fishAl.size(); i++) { //寻找满足条件的鱼
15                            if (Sf.mv.fishAl.get(i).position.x > Sf.mv.Xposition
16                                && Sf.mv.fishAl.get(i).speed.x < 0) {
17                                if (!fl.contains(Sf.mv.fishAl.get(i))) { //判断是否满足条件
18                                    fl.add(Sf.mv.fishAl.get(i));         //添加进列表
19                                }}
```

```
20          else if (Sf.mv.fishAl.get(i).position.x < Sf.mv.Xposition
21              && Sf.mv.fishAl.get(i).speed.x > 0) {
22              if (!fl.contains(Sf.mv.fishAl.get(i))) {
23                  fl.add(Sf.mv.fishAl.get(i));              //添加进列表
24          }}}}
25          if (fl.size() != 0){                              //给能看到食物的鱼加力的作用
26              for (int i = 0; i < fl.size(); i++) {
27              Vector3f VL = null;                           //计算诱惑力的中间变量
28              Vector3f Vl2 = null;                          //食物的位置信息
29              Vl2 = new Vector3f(Sf.mv.Xposition,
30              Sf.mv.singlefood.Ypositon, Sf.mv.Zposition);
31              VL = Vl2.cutPc(fl.get(i).position);           //获取需要的向量
32              Length = VL.Vectormodule();                   //吸引力的模长
33              if (Length != 0){VL.ChangeStep(Length);}      //将力的大小规格化
34              if (Length <= Constant.FoodFeedDistance || Sf.Ypositon
35                  < Constant.FoodPositionMin_Y) {           //吃掉或者超过阈值
36              StopAllThread();
37              }
38              VL.getforce(Constant.AttractForceScals);      //诱惑力的比例
39              fl.get(i).attractforce.x = VL.x;              //x 方向诱惑恒力
40              fl.get(i).attractforce.y = VL.y;              //y 方向诱惑恒力
41              fl.get(i).attractforce.z = VL.z;              //z 方向诱惑恒力
42              }}}
43          if(Sf.Ypositon < Constant.FoodPositionMin_Y) {
44              StopAllThread();                              //调用方法
45          }}
46          ......//该处省略了异常处理与线程休眠代码,读者可自行查阅随书的源代码
47          }}
48          ......//该处省略了StopAllThread()的 方法,将在下面介绍
49      }
```

- 第 4 行为省略的部分变量与构造方法代码。此代码中部分变量的作用是设置线程标志位、是否清空受到食物吸引力的鱼列表的标志位(每次喂食之前会清空列表 f1)、是否计算食物吸引力的标志位,并创建受到食物吸引力的鱼列表。

- 第 5~24 行首先进行判断是否需要喂食。开启喂食后寻找能看到鱼食的鱼,每喂食一次就清空受到吸引力的鱼列表 f1,然后再次喂食的时候会重新寻找满足条件的鱼,如果满足条件就把该条鱼添加到受到吸引力的鱼列表 f1 中。

- 第 25~45 行是开始喂食后,计算 f1 里面鱼受到食物吸引力的算法。其中能看到鱼食的鱼受到一个由该条鱼当前位置指向食物的吸引力的作用,这样当开始喂食时,一条鱼看到鱼食会自动地向鱼食游去,并将鱼食吃掉。

(2)上面介绍了当开始喂食时,如何寻找能够看到鱼食的鱼的算法,并介绍了如何操作当鱼看到鱼食后的游动问题。下面将为读者介绍如果鱼食被吃掉或者鱼食位置超过地面后,如何对鱼食进行操作的方法 StopAllThread()。

代码位置:见随书源代码/第 2 章/MyWallPaper/app/src/main/java/wyf/lxg/fishfood/目录下的 AttractThread.java。

```
1   public void StopAllThread() {
2       Sf.Ypositon = Constant.FoodPositionMax_Y;         //重置 SingleY
3       this.Fforcefish = true;                           //清空受到吸引力的鱼列表
4       this.Go = false;                                  //吸引力算法的标志位
5       Sf.Ft.Go = false;                                 //食物移动的标志位
6       Constant.isFeed = true;                           //喂食的标志位
7       Sf.mv.Fooddraw = false;                           //绘制的标志位
8   }
```

- 第 1~8 行为 StopAllThread 方法,若鱼食位置超过地面,或者鱼食被鱼吃掉后,就会调用此方法,把鱼食移动线程里面的计算标志位和计算群鱼是否受到食物吸引力的标志位变为 false,同时将单击喂食的标志位设置为 true,从而能单击屏幕再次喂食。

2.7.6 线程组管理类——BNThreadGroup

现在市面上的手机，大多都有多核的处理器可以同时处理多个线程的任务，所以在绘制的过程中我们使用了多线程，并用 BNThreadGroup 类管理线程组添加或删除任务，其具体代码如下。

> 代码位置：见随书源代码/第2章/MyWallPaper/app/src/main/java/com/bn/fbx/core/normal 目录下的 BNThreadGroup.java。

```
1   public class BNThreadGroup {
2       private static final int THREAD_COUNT=3;              //线程数量
3       private static TaskThread[] threadGroup=              //执行任务的线程组
4               new TaskThread[THREAD_COUNT];
5       public static Object lock=new Object();               //任务分配锁
6       static {                                              //静态成员初始化
7           for(int i=0;i<THREAD_COUNT;i++){
8               threadGroup[i]=new TaskThread(i);             //创建名为i的任务线程对象
9               threadGroup[i].start();                       //启动线程组
10          }}
11      public static void addTask(BnggdhDraw bd){            //添加任务
12          synchronized(lock){                               //加线程锁
13              int min=Integer.MAX_VALUE;                    //初始化最小值
14              int curr=-1;                                  //初始化当前标志
15              for(int i=0;i<THREAD_COUNT;i++){              //遍历多个线程
16                  TaskThread tt=threadGroup[i];
17                  if(tt.taskGroup.size()<min){
18                      min=tt.taskGroup.size();              //线程数赋值给最小值
19                      curr=i;                               //i 赋值给当前值
20              }}
21              threadGroup[curr].addTask(bd);                //添加任务
22          }}
23      public static void removeTask(BnggdhDraw bd){         //移除任务
24          synchronized(lock){                               //加线程锁
25              for(int i=0;i<THREAD_COUNT;i++){
26                  TaskThread tt=threadGroup[i];
27                  tt.removeTask(bd);                        //移除任务
28      }}}}
```

- 第1~10行创建执行任务的线程组、任务分配锁，然后在静态方法块中创建名为 i 的任务线程对象，并且启动线程。
- 第11~27行是添加任务和移除任务的静态方法，先给执行任务的模块加锁，防止两个方法同时操作同一个线程而产生错误，然后遍历线程组中的线程，对每个线程添加或移除任务。

> **说明** 因为 TaskThread 类代码实现的功能与该类相似而且也很容易理解，故在此不再详细介绍 TaskThread 类。读者可自行查看随书中的源代码，其位置在项目 src/com/bn/fbx/core/normal 目录下的 TaskThread.java。

2.8 着色器的开发

前面已经对项目整体进行了详细的介绍。本节将对本案例中用到的相关着色器进行介绍。本案例中用到的着色器共有4对，其中有气泡着色器、背景着色器、鱼类着色器及珍珠贝着色器。下面就对本壁纸中用到的着色器的开发进行一一介绍。

2.8.1 气泡的着色器

气泡着色器分为顶点着色器与片元着色器，下面便分别对气泡着色器的顶点着色器和片元着色器的开发进行详细的介绍。

2.8 着色器的开发

（1）首先介绍的是气泡着色器中的顶点着色器的开发，其详细代码如下。

代码位置：见随书源代码/第 2 章/MyWallPaper/assets/shader/目录下的 bubble_vertex.sh。

```
1   #version 300 es
2   uniform mat4 uMVPMatrix;                            //总变换矩阵
3   in vec3 aPosition;                                  //顶点位置
4   in vec2 aTexCoor;                                   //顶点纹理坐标
5   out vec2 vTextureCoord;                             //用于传递给片元着色器的变量
6   void main(){
7     gl_Position = uMVPMatrix * vec4(aPosition,1);     //根据总变换矩阵计算绘制此顶点位置
8     vTextureCoord = aTexCoor;                         //将接收的纹理坐标传递给片元着色器
9   }
```

- 第 1~4 行是着色器中接收数据传递数据的声明。接收 Java 代码部分的总变换矩阵、顶点位置及顶点纹理坐标，并将顶点纹理坐标从顶点着色器传递到片元着色器中。
- 第 5~8 行该顶点着色器的主要作用就是根据 Java 传递过来的模型本身的顶点位置 aPosition 与总变换矩阵计算出 gl_Position，每顶点执行一次。

（2）完成顶点着色器的开发后，下面开发的是气泡的片元着色器，其详细代码如下。

代码位置：见随书源代码/第 2 章/MyWallPaper/assets/shader/目录下的 bubble_frag.sh。

```
1   #version 300 es
2   precision mediump float;
3   uniform sampler2D sTexture;                         //纹理内容数据
4   varying vec2 vTextureCoord;                         //接收从顶点着色器过来的参数
5   out vec4 fragColor;
6   void main(){
7     vec4 finalColor=texture(sTexture, vTextureCoord); //将计算出的颜色给此片元
8     fragColor = finalColor;                           //给此片元颜色值
9   }
```

- 第 1~7 行该片元着色器的作用主要为根据从顶点着色器传递过来的纹理坐标数据 vTextureCoord 和从 Java 代码部分传递过来的 sTexture 计算片元的最终颜色值，并将最终颜色值赋值给着色器输出变量 fragColor，每片元执行一次。

> **说明** 因为背景的着色器代码与上述气泡着色器的代码基本一致，故在此不再详细介绍背景的着色器。读者可自行查看随书中的源代码，其位置在项目目录 assets/shader/目录下的 back_vertex.sh 与 back_frag.sh。

2.8.2 珍珠着色器

前面已经为读者介绍了珍珠模型的加载方法，为了能让场景中的珍珠更加酷炫，我们用着色器对它实现了表面闪烁的效果，让珍珠更加熠熠生辉。下面对珍珠的着色器进行详细的介绍，开发步骤如下所示。

（1）首先介绍的是珍珠着色器中的顶点着色器的开发，其具体代码如下。

代码位置：见随书源代码/第 2 章/MyWallPaper/assets/shader/目录下的 zhenzhu_vertex.sh。

```
1    #version 300 es                                     //声明使用 OpenGL ES 3.0
2    ......//该处省略了声明变量的代码，读者可自行查阅随书的源代码
3    //定位光光照计算的方法
4    void pointLight(                                    //定位光光照计算的方法
5      in vec3 normal,                                   //法向量
6      inout vec4 ambient,                               //环境光最终强度
7      inout vec4 diffuse,                               //散射光最终强度
8      inout vec4 specular,                              //镜面光最终强度
9      in vec3 lightLocation,                            //光源位置
10     in vec4 lightAmbient,                             //环境光强度
```

```glsl
11      in vec4 lightDiffuse,                          //散射光强度
12      in vec4 lightSpecular                          //镜面光强度
13  ){
14      ambient=lightAmbient;                          //直接得出环境光的最终强度
15      vec3 normalTarget=aPosition+normal;            //计算变换后的法向量
16      vec3 newNormal=(uMMatrix*vec4(normalTarget,1)).xyz
17          -(uMMatrix*vec4(aPosition,1)).xyz;
18      newNormal=normalize(newNormal);                //对法向量规格化
19      vec3 eye= normalize(uCamera-                   //计算从表面点到摄像机的向量
20          (uMMatrix*vec4(aPosition,1)).xyz);
21      vec3 vp= normalize(lightLocation-              //计算从表面点到光源位置的向量 vp
22          (uMMatrix*vec4(aPosition,1)).xyz);
23      vp=normalize(vp);                              //格式化 vp
24      vec3 halfVector=normalize(vp+eye);             //求视线与光线的半向量
25      float shininess=50.0;                          //粗糙度,越小越光滑
26      float nDotViewPosition=max(0.0,dot(newNormal,vp)); //法向量与 vp 点积与 0 的最大值
27      diffuse=lightDiffuse*nDotViewPosition;         //算散射光的最终强度
28      float nDotViewHalfVector=dot(newNormal,halfVector); //法线与半向量的点积
29      float powerFactor=max(0.0,pow(nDotViewHalfVector,shininess));  //镜面反射光强度因子
30      specular=lightSpecular*powerFactor;            //计算镜面光的最终强度
31  }
32  void main(){
33      gl_Position = uMVPMatrix * vec4(aPosition,1);  //根据总变换矩阵计算绘制此顶点位置
34      vec4 ambientTemp,                              //存放环境光、散射光、镜面反射光的临时变量
35          diffuseTemp, specularTemp;
36      pointLight(normalize(aNormal),ambientTemp,diffuseTemp,specularTemp,
37          uLightLocation,vec4(0.3,0.3,0.3,1.0),vec4(0.9,0.9,0.9,1.0),vec4(0.4,0.4,0.4,1.0));
38      ambient=ambientTemp;                           //将环境光传递给片元着色器
39      diffuse=diffuseTemp;                           //将散射光传递给片元着色器
40      specular=specularTemp;                         //将镜面反射光传递给片元着色器
41      vTextureCoord = aTexCoor;                      //将接收的纹理坐标传递给片元着色器
42      vPosition=(uMMatrix*vec4(aPosition,1)).xyz;    //将顶点坐标传递给片元着色器
43  }
```

- 第 1~13 行首先声明使用的是 OpenGL ES 3.0，然后从主函数将未赋值的光照变量传递给 pointLight()方法。
- 第 1~30 行是定位光光照的计算方法，在该方法中通过计算点到摄像机的向量、变换后的法向量、表面粗糙度、3 种光照的强度等从而得出该顶点的总光照强度（即该点的亮度）。
- 第 33~42 行是着色器的主函数，通过 pointLight()方法将环境光、散射光、镜面反射光的强度计算出来，然后传递给片元着色器，完成进一步的计算。

（2）介绍完珍珠的顶点着色器后，下面将介绍珍珠的片元着色器，此片元着色器实现了珍珠随时间不断闪烁的效果。其具体代码如下所示。

代码位置：见随书源代码/第 2 章/MyWallPaper/assets/shader/目录下的 zhenzhu_frag.sh。

```glsl
1   #version 300 es
2   precision mediump float;
3   in vec2 vTextureCoord;                             //接收从顶点着色器过来的参数
4   uniform sampler2D sTexture;                        //纹理内容数据
5   uniform sampler2D sTextureHd;                      //纹理内容数据
6   uniform float uBfb;                                //变化百分比
7   in vec3 vPosition;                                 //顶点坐标
8   in vec4 ambient;                                   //环境光
9   in vec4 diffuse;                                   //散射光
10  in vec4 specular;                                  //镜面光
11  out vec4 fragColor;                                //输出到的片元颜色
12  void main()
13  {
14      vec4 finalColorDay;                            //纹理采样值
15      vec4 finalColorzj;
16      finalColorDay= texture(sTexture, vTextureCoord);  //纹理采样计算
17      finalColorzj =finalColorDay;
18      fragColor=finalColorzj*ambient+finalColorzj*specular+finalColorzj*diffuse*uBfb;
19  }
```

- 第 14～19 行为片元着色器的计算过程，通过从顶点着色器获得的纹理采样值，乘以得到的环境光、散射光、镜面光的强度，最后也是最关键的一步，就是乘以 uBfb 百分比，uBfb 变量随着时间改变会传入不断变化的值，这样就会出现珍珠一闪一闪的效果。

2.8.3 鱼类的着色器

前面已为读者介绍了鱼类模型加载。单纯的一个鱼类的骨骼动画并不能使水族馆看起来真实。所以前面已为鱼类着色器传递了一张明暗纹理图做准备。在鱼类着色器中，我们再为鱼类添加了灯光，并为鱼类本身采取了多重纹理采样绘制，开发步骤如下所示。

（1）首先介绍的是鱼类的顶点着色器，由于本着色器对鱼类灯光的设置与上节中珍珠着色器的灯光设置一致，故不再赘述，请读者自行查看随书中的源代码。本小节将着重介绍对多重纹理采样绘制的实现。其具体代码如下。

代码位置：见随书源代码/第 2 章/MyWallPaper/assets/shader/目录下的 fish_vertex.sh。

```
1   #version 300 es
2   uniform mat4 uMVPMatrix;                    //总变换矩阵
3   uniform mat4 uMMatrix;                      //变换矩阵
4   uniform vec3 uLightLocation;                //光源位置
5   uniform vec3 uCamera;                       //摄像机位置
6   in vec3 aPosition;                          //顶点位置
7   in vec3 aNormal;                            //顶点法向量
8   in vec2 aTexCoor;                           //顶点纹理坐标
9   out vec3 vNormal;                           //将顶点法向量传给片元着色器
10  out vec4 ambient;                           //将环境光传给片元着色器
11  out vec4 diffuse;                           //将散射光传给片元着色器
12  out vec4 specular;                          //将镜面反射光传给片元着色器
13  out vec2 vTextureCoord;                     //用于传递给片元着色器的变量
14  out vec3 vPosition;                         //将顶点传给片元着色器
15  ......//该处省略了计算定向光照的方法 pointLight，读者可自行查阅随书的源代码
16  void main(){
17    gl_Position = uMVPMatrix * vec4(aPosition,1);  //根据总变换矩阵计算此次绘制此顶点位置
18    ......//该处省略了调用 pointLight 方法与传递 3 个光的通道变量代码，
19    读者可自行查阅随书的源代码
20    vec3 normalTarget=aPosition+aNormal;      //计算变换后的法向量
21    vec3 newNormal=(uMMatrix*vec4(normalTarget,1)).xyz-(uMMatrix*vec4(aPosition,1)).xyz;
22    vNormal=normalize(newNormal);             //对法向量规格化
23    vTextureCoord = aTexCoor;                 //将接收的纹理坐标传递给片元着色器
24    vPosition=(uMMatrix*vec4(aPosition,1)).xyz;  //计算物理世界中顶点位置
25  }
```

- 第 2～14 行是着色器对全局变量的声明。主要包括总变换矩阵、变换矩阵、光源位置、摄像机位置、顶点位置以及顶点法向量的引用等，还有对传递给片元着色器的相关变量声明。
- 第 20～24 行是对 Java 代码部分传递过来的顶点法向量进行计算。首先对法向量进行变换，并将顶点纹理坐标传递给片元着色器，然后根据鱼类本身的顶点来计算出顶点在物理世界的坐标并传递到片元着色器。

（2）介绍完鱼类的顶点着色器后，下面将介绍鱼类的片元着色器，此片元着色器实现了鱼类身体上的明暗效果与灯光特效。下面将着重介绍明暗效果的实现，其具体代码如下所示。

代码位置：见随书源代码/第 2 章/MyWallPaper/assets/shader/目录下的 fish_frag.sh。

```
1   #version 300 es
2   precision mediump float;
3   in vec2 vTextureCoord;                      //接收从顶点着色器过来的参数
4   uniform sampler2D sTexture;                 //本身纹理内容数据
5   uniform sampler2D sTextureHd;               //明暗纹理内容数据
6   in vec3 vNormal;                            //接受顶点着色器的法向量
7   in vec3 vPosition;                          //接受顶点着色器的顶点
8   in vec4 ambient;                            //接受顶点着色器环境光
```

```
 9      in vec4 diffuse;                                             //接受顶点着色器散射光
10      in vec4 specular;                                            //接受顶点着色器镜面光
11      out vec4 fragColor;                                          //输出到的片元颜色
12      void main(){
13        float f;
14        vec4 finalColorDay;                                        //鱼类本身纹理颜色
15        vec4 finalColorNight;                                      //采样明暗纹理颜色
16        vec4 finalColorzj;                                         //混合后的纹理颜色
17        finalColorDay= texture(sTexture, vTextureCoord);           //给此片元从纹理中采样出颜色值
18        vec2 tempTexCoor=vec2((vPosition.x+20.8)/5.2,(vPosition.z+18.0)/2.5); //8×8 重复纹理
19        if(vNormal.y>0.2){                                         //鱼类动态相对上半身
20          finalColorNight = texture(sTextureHd, tempTexCoor);      //采样出明暗纹理颜色值
21          f=(finalColorNight.r+finalColorNight.g+finalColorNight.b)/3.0;  //取 3 个颜色值的平均值
22        }else if(vNormal.y<=0.2&&vNormal.y>=-0.2){                 //过渡区域混合颜色值
23          if(vNormal.y>=0.0&&vNormal.y<=0.2){                      //平滑过渡
24            finalColorNight = texture(sTextureHd,
25              tempTexCoor)*(1.0-2.5*(0.20-vNormal.y));             //采样出过渡颜色
26            f=(finalColorNight.r+finalColorNight.g
27              +finalColorNight.b)/3.0;                             //取 3 个颜色值的平均值
28          }else if(vNormal.y<0.0&&vNormal.y>=-0.2){                //平滑过渡
29            finalColorNight = texture(sTextureHd,
30              tempTexCoor)*(0.5+2.5*vNormal.y);                    //采样出过渡颜色
31            f=(finalColorNight.r+finalColorNight.g
32              +finalColorNight.b)/3.0;                             //取 3 个颜色值的平均值
33        }}else if(vNormal.y<-0.2){                                 //鱼类动态相对下半身
34          f=0.0;
35        }
36        finalColorzj =finalColorDay*(1.0+f*1.5);                   //算出混合后的片元颜色
37        fragColor=finalColorzj*ambient+finalColorzj*specular+finalColorzj*diffuse;
38      }
```

- 第 1~11 行是接收鱼类本身纹理内容数据和鱼类明暗采样纹理内容数据。接收顶点着色器传递过来的法向量、顶点数据与环境光、散射光、镜面反射光及顶点纹理坐标数据，用于片元着色器对每一片元颜色的计算。
- 第 13~18 行是首先声明一个浮点数变量 f，然后再根据鱼类模型的顶点在物理世界中的坐标，计算出在 8×8 明暗采样纹理图中对应的顶点纹理坐标 S、T，为后面的采样颜色值做准备。
- 第 19~37 行根据顶点着色器传递过来的顶点法向量计算出明暗纹理的采样颜色值。根据其法向：规定大于 0.2 的为全部纹理明暗采样颜色值；在-0.2~0.2 的，采样值从 1 逐渐降为 0，使之平滑过渡；小于-0.2 的，采样值为 0。

2.9 优化与改进

本章对 3D 动态壁纸——百纳水族馆进行了详细的介绍，本壁纸采用 OpenGL ES3.0 作为渲染引擎，在学习过程中，应重点掌握着色器的应用，及鱼游过程中鱼与鱼之间作用力的变化规律等。开发完成之后依然还有很多值得提升的地方，笔者在此列出了以下几个方面。

- 界面的优化

对本案例的界面、风格，读者可以自行根据自己的想法进行改进，使其更加完美，如水族馆背景壁纸、鱼的骨骼动画及纹理图、珍珠贝的纹理图都可以进一步完善，从而达到更加理想的效果。

- 着色器的优化

本项目将明暗纹理和法向量的计算放在了片元着色器上进行，这样的计算太占用资源，读者可以试着想办法将片元着色器中这部分计算转移到顶点着色器中进行，这样可以大大减少壁纸在运行时对手机 GPU 资源的消耗。

第 3 章　LBS 类应用——掌上杭州

本章将介绍的是 Android 应用程序掌上杭州的开发。掌上杭州主要有首页、搜索、设置 3 大主项，其中首页包含美食、景点、住宿、医疗、娱乐、购物，设置中包含了设置字体、关于和帮助，搜索中可方便地搜索当前应用中的信息。接下来将对掌上杭州进行详细的介绍。

3.1　应用背景及功能介绍

本节将简要介绍掌上杭州的背景及功能，主要对掌上杭州的功能架构进行简要说明。这样让读者熟悉本应用各个部分的功能，对整个掌上杭州应用有大致的了解，便于后面的学习。接下来会通过应用的运行顺序给大家简要介绍相关内容。

3.1.1　背景简介

随着生活水平的提高，现在人们越来越喜欢出行游玩。通过调查发现，如果刚刚到达一个陌生的地方，例如杭州市，往往会因为不了解新环境而在游玩时产生不必要的麻烦。为了减少游客在杭州旅行中不必要的麻烦，也为了满足游客旅行时的需求，我们推出了掌上杭州这一应用。掌上杭州的特点如下。

- 降低成本

将掌上杭州所需要的资源文件以特定的格式压缩为数据包加载到应用程序中，如果将数据包替换为其他城市的数据包，则掌上杭州就会成为任何一座城市。这样的设计不仅增强了程序的灵活性和通用性，而且还极大地降低了二次应用的成本。

- 方便管理

掌上杭州中数据包的内容可以灵活地修改，因此管理人员可以很方便地通过修改数据包中的信息更新相关内容。既能为用户提供正确有效的资讯，又能有效地降低管理人员的工作压力，极大地提高了工作效率。

- 设置字体

为了使字体样式不再是单一的模式，掌上杭州通过自定义字体成功实现更改该应用在手机屏幕呈现更多字体样式的功能，改变了千篇一律的老套路，增强了字体的美感。

- 连网与地图

掌上杭州中美食、景点、购物、医疗、娱乐等版块不但有介绍这方面的资料，还有如何到达此地点的驾车、公交、步行地图，并且在住宿这一版块，可以连网到相应的酒店的主页，可以预定房等，极大地方便了出行到杭州的游客。

3.1.2　功能概述

开发一个应用之前，需要对开发的目标和所实现的功能进行细致有效的分析，进而确定要开发的具体功能。做好应用的准备工作，将为整个项目的开发奠定一个良好的基础。通过与游客交流及对杭州的了解，掌上杭州开发了如下功能。

- 首页

用户可以单击美食、医疗、购物、景点、娱乐及住宿功能按钮。不但为用户带来杭州的大量信息，还拥有地图导航、步行导航、公交搜索，可方便快捷地找到目的地，可以网上订房，还可以分享微博等功能，为用户出行杭州带来极大的便捷。

- 搜索

在搜索版块中，我们提供了搜索建议框与本应用中的动态列表选项，在搜索框中用户可以搜索本应用中的信息，并且搜索框提供了搜索建议功能，可以快捷地进行搜索，找到相应的界面，在动态列表选项中用户可以左右上下滑动来翻看信息，选定到指定的界面来查找信息。

- 设置

在设置版块中我们提供了设置字体、使用帮助与关于软件3个功能，用户可以根据自己的喜好自由地设置字体的大小、颜色、样式，得到不一样的体验，并且用户在使用帮助中可以对本应用的使用快速了解，在关于软件中用户可以了解本应用的特色与功能。

根据上述功能概述得知，本应用主要包括首页、搜索、设置3大项，其功能结构如图3-1所示。

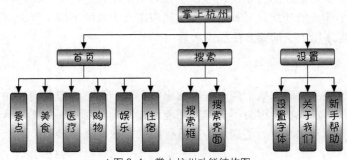

▲图 3-1　掌上杭州功能结构图

3.1.3　开发环境

开发掌上杭州应用之前，读者首先需要了解一下完成本项目的开发环境。下面将简单介绍本项目开发所需要的环境，读者阅读了解即可。

Android 系统平台的设备功能强大，此系统开源、应用程序无界限，随着 Android 手机的普及，Android 应用的需求势必越来越大，这是一个潜力巨大的市场，会吸引无数软件开发商和开发者投身其中。

3.2　功能预览及架构

本应用适合于 Android 应用使用，能够为用户提供方便快捷的各种服务，便于用户快速了解杭州。这一节将介绍掌上杭州的基本功能预览以及总架构，通过对本节的学习，读者将对掌上杭州的架构有一个大致的了解。

3.2.1　加载、美食、医疗功能预览

在这一小节将通过软件的执行顺序用图文叙述的方式详细为读者介绍加载、美食、医疗的基本功能预览。美食版块包含了多个界面，相对于其他版块而言比较重要。读者可多花点时间分析、

总结。下面将一一介绍，请读者仔细阅读。

（1）打开本软件后，首先进入掌上杭州的加载界面，效果如图 3-2 所示。在加载过程中，本应用所需要的资源文件都将被解压到 SD 卡中的指定位置。待加载完成后，后面对资源信息的查看便不再重新进行加载工作，避免重复性操作的问题，提高程序的运行速度。

（2）加载完成后进入主界面，默认首页的界面，如图 3-3 所示。可以通过单击不同的按钮，跳转到不同的模块界面。可以单击按钮上方的动画，切换到具体的介绍界面，单击介绍文本上方的图片，会放大景点的图片，可以左右地滑动。如图 3-4、图 3-5 所示。

▲图 3-2　掌上杭州加载界面

▲图 3-3　默认首页界面

▲图 3-4　动画介绍界面

（3）单击首页中的美食按钮，会切换到美食主界面，如图 3-6 所示。可以选择美食列表选项浏览杭州的各种美食，也可单击动画图片到具体的介绍界面。单击风味名菜，切换到分类美食的界面（见图 3-7），单击东坡肉，切换到美食具体介绍界面（见图 3-8），单击图片，放大图片（见图 3-9）。

▲图 3-5　画廊放大景点

▲图 3-6　美食主界面

▲图 3-7　分类美食界面

（4）单击图 3-8 左上方标题栏按钮进行店面选择（见图 3-10），单击店名，可以定位位置也可进行驾车搜索、公交搜索、步行搜索（见图 3-11）。用户单击驾车搜索，会切换到路线规划界面（见图 3-12），用户还可以单击模拟导航按钮或真实导航按钮在地图上显示导航动画，如图 3-13 所示。

▲图 3-8 美食具体介绍界面

▲图 3-9 放大图片

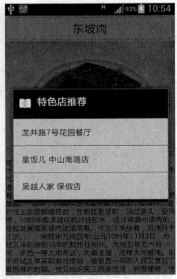
▲图 3-10 特色店对话框

▲图 3-11 地图

▲图 3-12 模拟导航界面

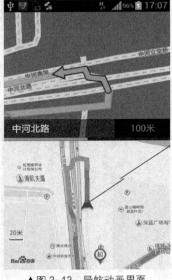
▲图 3-13 导航动画界面

（5）用户可以单击公交搜索，切换到公交线路界面，如图 3-14 所示，显示出到达目的地的几种方案；用户还可以单击中间的文本查看具体的乘坐公交方案，如图 3-15 所示。单击左方按钮进入地图公交导航，可以单击下方的左右图标，查看线路，如图 3-16 所示。

（6）用户可单击步行搜索，切换到步行导航界面，可以单击下方的左右向图标，在弹出来的对话框中查看步行线路节点提示信息，如图 3-17 所示，用户可以根据弹出来的对话框中的提示信息息到达用户目的地。

3.2 功能预览及架构

▲图 3-14 公交路线界面

▲图 3-15 公交方案界面

▲图 3-16 地图公交方案界面

（7）用户可以单击首页上的医疗按钮，切换到医院的列表选项（见图 3-18），选择相应的医院列表选项切换到具体介绍医院的界面（见图 3-19）。在这个界面上可以上下滑动介绍文本，也可以单击标题框右边的地图按钮，会为用户提供地图导航功能。

▲图 3-17 步行导航界面

▲图 3-18 医疗列表界面

▲图 3-19 医疗介绍界面

3.2.2 购物、景点、娱乐功能预览

上一小节为读者介绍了加载、美食、医疗的基本功能预览，这一小节将为读者介绍购物、景点、娱乐功能预览。通过界面的预览，读者可能已经发现这几个版块都是大同小异的，因此在后面的章节里读者可比较其异同。下面将一一介绍，请读者仔细阅读。

（1）用户可以单击首页上的购物按钮，进入到购物的图标选项列表（见图 3-20），可以选择单击一个购物商场，进入具体介绍商场的界面（见图 3-21），在这个界面可以上下滑动介绍文本来查看介绍内容，也可以单击标题框的地图按钮来进行地图导航到达此商场。

63

（2）用户可以单击首页上的娱乐按钮，则会切换到娱乐界面（见图3-22），默认的界面是KTV界面，在这个界面上可以单击标题框下面的KTV、酒吧、影院、俱乐部按钮到相应的界面，也可以左右滑动到下一个界面。

（3）用户单击图3-22中的图表选项会切换到具体介绍的界面（见图3-23），在这个界面中含有该娱乐场所的图片，还有文本简介，文本简介可以左右滑动。用户也可以单击标题框右边的地图按钮，切换到地图导航，地图导航包括驾车、公交、步行搜索，方便快捷地到达目的地。

▲图3-20 购物商场界面　　▲图3-21 商场介绍界面　　▲图3-22 娱乐主界面界面

（4）用户单击首页中的住宿按钮，切换到住宿的界面（见图3-24），单击图表选项按钮会切换到具体的酒店介绍的界面（见图3-25），这个界面有图片介绍也有文本介绍。用户可以单击标题框上的订房按钮，可以方便地到酒店的官网来预订房（见图3-26）。

 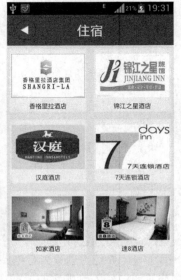 

▲图3-23 娱乐具体介绍界面　　▲图3-24 住宿界面　　▲图3-25 住宿介绍界面

（5）用户单击首页中的景点按钮，切换到景点界面（图3-27），该界面提供了当前景点、所有景点、锁定位置、拍照及切换地图等功能按钮。本软件把杭州的西湖十景及西湖新十景显示在地图中，用户可以单击地图气泡，弹出窗体。

（6）用户单击景点主界面（见图 3-27）中的窗体，切换到具体介绍景点的界面（见图 3-28）。在具体介绍界面，用户可以上下滑动简介文本来查看景点的介绍信息，也可以左右滑动图片，来欣赏景点的风景；可以单击图片放大欣赏，还可以单击放大缩小按钮来调整字体大小。

（7）用户可以单击景点主页中的所有景点按钮，切换到所有景点的界面（见图 3-29），在图标列表选项中可以上下滑动来查看图标选项，图表列表上可以显示图片及名字，单击图表选项按钮，切换到具体介绍界面（见图 3-28）。

▲图 3-26　联网界面

▲图 3-27　景点主界面　　▲图 3-28　景点介绍界面

▲图 3-29　所有景点界面

（8）用户可以单击景点主页中的锁定位置按钮，这大大减少了游客在杭州游玩时不知道自己位置的烦恼，在户外单击锁定位置按钮就会锁定当前游客的位置，为用户出行提供了方便。

（9）用户可以单击景点首页中的拍照快捷按钮，在用户出行游玩的时候，本软件提供了一个快捷的拍照按钮，避免了用户在使用本软件的同时遇到美景想拍照还需打开照相机的烦恼，直接单击拍照按钮进行拍照，为用户提供了极大的方便。

（10）在本应用中为了防止用户误按下手机上的返回键而带来不必要的麻烦，我们对手机的返回监听键进行了监听。如果被单击就会弹出对话框进行询问，如果用户是不小心单击的返回键就不会误退了，如图 3-30 所示。

（11）景点的首页中，用户可以单击首页左下角的地图切换按钮，我们提供了两种地图模式，默认的是打开的模式。单击地图切换按钮，会切换到卫星地图模式，在这种模式下，用户可以查看地形。

（12）在景点首页，用户还可以单击更多按钮，弹出对话框，单击分享，首先是进行微博授权，授权完后进入微博分享界面。用户可以选择手机相册，也可拍照、选择图片进行分享，如图 3-31 和图 3-32 所示。

▲图 3-30　询问退出对话框　　▲图 3-31　选择添加图片的方式　　▲图 3-32　编辑微博分享界面

（13）在景点主页的更多对话框中，用户可以通过建议反馈功能及时将自己的意见或建议进行反馈（提醒用户最多能输入 500 个字），从而使软件不断优化，也为用户带来更加优质的服务与不一样的体验（见图 3-33）。

（14）在更多对话框中，用户可以单击语言选择功能按钮。在本景点版块中提供了简体中文与英文两种语言选项，增强了国际化竞争的能力，默认的是简体中文。如果选中英文（English），则会在英文后面出现选中状态下的一个对钩。

（15）景点的首页中，用户可以单击更多对话框中的关于按钮，这是在景点版块中的一个对话框，会为用户介绍本景点版块的一些简介。可以单击右上角的叉号退出这个关于对话框简介。

（16）用户可以单击对话框中的分享周边按钮，则会切换到城市搜索界面（图 3-34），可以在第一个与第二个编辑框中填入城市与兴趣点，单击开始，就会在地图中显示 10 个兴趣点，单击下一组，会显示另外 10 个，也可切换地图，还可以单击地图气泡显示信息。

> 说明　　在景点版块中，如果用户在户外条件下进入某个景点的范围，即可单击当前景点按钮，进入到具体介绍界面，如果没有进入某个景点的范围，单击景点按钮，则会提醒用户当前无景点，为用户提供了极大的出行方便。

3.2 功能预览及架构

▲图 3-33 建议反馈界面

▲图 3-34 查找周边搜索兴趣点界面

3.2.3 搜索、设置功能预览

上一小节为读者介绍了购物、景点、娱乐的基本功能预览，这一小节将为读者介绍搜索、设置模块的功能预览。其中包括搜索的滑动界面以及搜索框，还有设置中对字体大小、颜色、风格的设置。还包含了使用帮助和关于软件的展示。

（1）在本应用中的搜索版块为用户提供了可以搜索本应用信息的快捷服务，在这里用户可以避免频繁地去单击按钮来查找服务的界面，可以直接在搜索框中搜索，而搜索提供了联想搜索功能，也可以左右上下滑动下方的列表来查找用户需要的信息，如图3-35所示。

（2）在本应用中的设置版块为用户提供了设置字体、使用帮助、关于软件等功能，在设置字体功能按钮中，我们可以对本软件的字体的颜色、大小、样式进行设置，并且提供了多种字体大小、颜色与样式，为用户带来不一样的体验，如图3-36、图3-37和图3-38所示。

▲图 3-35 搜索界面

▲图 3-36 设置字体大小对话框

▲图 3-37 设置字体颜色对话框

（3）在本应用中的设置版块中，用户可以单击使用帮助功能按钮来帮助用户在短时间内了解本软件使用方法，避免了一些不必要的麻烦，也为游客带来了方便（见图 3-39），用户还可以单击关于软件，来了解本软件的功能特色（见图3-40）。

▲图 3-38　设置字体样式对话框

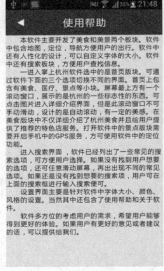
▲图 3-39　使用帮助界面

▲图 3-40　关于软件窗口

> **说明**　以上几个小节是对本掌上杭州的功能预览，读者对掌上杭州的功能有了大致的了解，后面章节会对掌上杭州的功能做具体介绍，请读者仔细阅读。

3.2.4　项目目录结构

上一节是掌上杭州的功能展示，下面将介绍掌上杭州项目的目录结构。在进行本应用开发之前，还需要对本项目的目录结构有大致的了解，便于读者对掌上杭州整体的理解，具体内容如下。

（1）首先介绍的是掌上杭州所有的 Java 文件的目录结构，Java 文件根据内容分别放入指定包内，便于程序员对各个文件的管理和维护，具体结构如图 3-41 所示。

（2）上面介绍的是本项目 Java 文件的目录结构，下面将介绍掌上杭州中需要的图片资源文件的目录结构，内容如图 3-42 所示。

▲图 3-41　Java 文件目录结构

▲图 3-42　资源文件目录结构

（3）上面介绍了本项目中图片资源等的目录结构，下面将继续介绍掌上杭州的项目连接文件的目录结构，内容如图 3-43 所示。

（4）上面介绍了掌上杭州的项目所有配置连接文件的目录结构，下面将继续介绍本项目中项目配置文件的目录结构，内容如图 3-44 所示。

▲图 3-43　项目连接文件目录结构

▲图 3-44　项目配置文件目录结构

（5）上面介绍了本项目所有配置连接文件的目录结构，下面将介绍本项目 libs 目录结构，该目录下存放的是百度地图与邮件开发需要的 jar 包和 so 动态库。读者在学习或开发时可根据具体情况在本项目中复制或在百度地图官网上下载，效果如图 3-45 所示。

（6）上面介绍了掌上杭州的 libs 目录结构，下面将介绍本项目存储资源目录结构，该目录下存放的是本项目所需要的资源数据包、百度导航所需的文件以及各种字体库。在使用百度导航时，assets 目录下的 BaiduNaviSDK_Resource_v1_0_0.png 和 channel 文件必须存在，效果如图 3-46 所示。

▲图 3-45　项目 libs 目录结构　　　　▲图 3-46　项目存储资源目录结构

> **说明**　上述介绍了掌上杭州的目录结构图，包括程序源代码、程序所需图片、xml 文件和程序配置文件，使读者对掌上杭州的程序文件有了清晰的了解。

3.3　开发前的准备工作

本节将介绍该应用开发前的准备工作，主要包括文本信息的搜集、相关图片的搜集、数据包的整理以及 xml 资源文件的准备等。开发应用前，资源的准备是成功的第一步。完善的资源文件方便项目的开发以及测试，提高了工作效率。

3.3.1　信息的搜集

开发一个应用软件之前，做好资料的搜集工作是非常必要的。完善的信息数据会使测试变得相对简单，后期开发工作能够很好地进行下去，缩短开发周期。掌上杭州中的文本信息主要包括美食、景点、医疗、购物等，下面主要详细介绍所需的文本信息。

（1）首先给各位介绍美食版块所用到的文本资源，该资源主要包括杭州美食特色的介绍、不同分类美食的详细介绍和特色店的推荐以及经纬度的存储。将该资源放在项目目录中的 assets 文件夹下的 zshz.zip 中，其详细情况如表 3-1 所列。

表 3-1　　　　　　　　　　　　　杭州美食详细信息

文件名	大小（KB）	格式	用途
LaoWeiDao	229	文件夹	杭州老味道详细信息
MingCai	422	文件夹	杭州名菜详细信息
NongJiaCai	191	文件夹	杭州农家菜详细信息
XiaoChi	211	文件夹	杭州小吃详细信息
jianjie	1	txt	杭州菜系的特色介绍
img	81	文件夹	杭州美食所需要的图片
jieshao	217	文件夹	杭州美食的文字介绍
foodname	1	txt	杭州美食列表
map	1	txt	杭州美食特色店的经纬度信息

（2）其次介绍购物版块用到的资源，该资源主要包括杭州各大购物商场的详细信息以及所在的经纬度。该信息存在 gouwu 文件中，其详细情况如表 3-2 所列。

表 3-2　　　　　　　　　　　　　杭州购物中心信息

文件名	大小（KB）	格式	用途
name	1	txt	杭州购物列表
bh	50	jpg	杭州百货大楼图片
bh	1	txt	杭州百货大楼详细介绍
Bh_map	1	txt	杭州百货大楼经纬度
ds	48	jpg	杭州大厦购物城
ds	5	txt	杭州大厦购物城简介
ds_map	4	txt	杭州大厦购物城经纬度
yt	52	jpg	银泰百货图片
yt	1	txt	银泰百货介绍
yt_map	1	txt	银泰百货经纬度

（3）接着介绍软件中景点版块用到的一些资源。该资源中有景点的图片存储，以及景点的中英文介绍，方便不同用户的使用。以上信息存放在 jingdian 文件夹中，其详细信息存放如表 3-3 所列。

表 3-3　　　　　　　　　　　　　杭州景点概要

文件名	大小（KB）	格式	用途
Pic	819.2	文件夹	杭州景点图片的存储
yingn	29.5	文件夹	杭州景点的英文介绍
zhongn	41.5	文件夹	杭州景点的中文介绍
scenic	41	txt	杭州景点的中文详细介绍
scenic_english	30	txt	杭州景点的英文详细介绍

(4）下面介绍医疗版块所用的资源。该版块中主要包括医院的简介和医院的具体位置。因此，资源信息中包含了医院的简介和经纬度。该信息存储在 yiliao 文件夹中，如表 3-4 所示。

表 3-4　　　　　　　　　　　　　　医疗版块资源

文件名	大小（KB）	格式	用途
yiliaoname	1	txt	杭州医院列表信息
hzsdirmyy	1	txt	杭州市第一人民医院简介
hzsdirmyy_map	1	txt	杭州市第一人民医院经纬度
hzsdsyy|	1	txt	杭州市第三人民医院简介
hzsdsyy|_map	1	txt	杭州市第三人民医院经纬度
hzszyyy|	1	txt	杭州市中医院简介
hzszyyy|_map	1	txt	杭州市中医院经纬度
zjyy|	1	txt	浙江医院
zjyy|_map	1	txt	浙江医院经纬度

（5）接着展示一下娱乐版块所需要的资源。本软件娱乐部分主要包含了 KTV、酒吧、影院、俱乐部。其资源文件 yule 放在项目目录中的 assets 文件夹下的 zshz.zip 中，其详细情况如表 3-5 所列。

表 3-5　　　　　　　　　　　　　　娱乐板块资源

文件名	大小（KB）	格式	用途
bar	174	文件夹	酒吧的一切信息
club	150	文件夹	俱乐部的详细信息
foot	165	文件夹	影院的详细信息
ktv	149	文件夹	KTV 的详细信息
name	1	txt	列表的详细信息
dsc|	36	jpg	都市纯 K 量贩式 KTV 图片
dsc	1	txt	都市纯 K 量贩式 KTV 详细介绍
xyt	40	jpg	西雅图音乐酒吧图片
xyt	1	txt	西雅图音乐酒吧详细介绍
zy	37	jpg	中影国际影城图片
Zy	1	txt	中影国际影城详细介绍

（6）下面介绍一下软件中住宿所用到的一些资源。该资源包括酒店的一些图片和简介。其资源文件 zhusu 放在项目目录中的 assets 文件夹下的 zshz.zip 中，其详细情况如表 3-6 所列。

表 3-6　　　　　　　　　　　　　　住宿版块资源

文件名	大小（KB）	格式	用途
name	1	txt	酒店的列表信息
ht	26	jpg	汉庭酒店图片
ht	1	txt	汉庭酒店简介
xgll	32	jpg	香格里拉酒店图片
xgll	1	txt	香格里拉酒店简介

续表

文件名	大小（KB）	格式	用途
jj	36	jpg	锦江之星酒店图片
jj	1	txt	锦江之星酒店详细介绍
qt	40	jpg	7天连锁酒店图片
qt	1	txt	7天连锁酒店详细介绍
rj	37	jpg	如家酒店图片
Rj	1	txt	如家酒店详细介绍

3.3.2 数据包的整理

上述介绍了掌上杭州所需要的文本和图片，为了方便对数据包的管理与维护，掌上杭州采用了将资源文件以指定格式压缩为数据包的技术将文本和图片加载到项目。不仅提高了程序的灵活性和通用性，而且还极大地降低了二次开发的成本。

（1）在项目开发之前，读者需要了解数据包的结构，这样方便理解从 SD 卡获取指定图片或文本的代码。首先介绍\zshz\food 文件中文本资源的目录结构，主要包括杭州美食的一些图片和详细介绍以及特色店的地址信息等，具体结构如图 3-47 所示。

（2）上面介绍了掌上杭州美食版块的目录结构，下面将介绍\zshz\gouwu 文件中购物版块的文本资源的目录结构，内容如图 3-48 所示。

（3）软件中美食版块所需的图文资源比较多，接着展示一下软件中景点版块的目录结构，具体信息需读者自行查看，内容如图 3-49 所示。

▲图 3-47 美食版块所需的资源

▲图 3-48 住宿资源

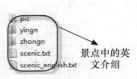

▲图 3-49 景点的图文资源

> 说明　上面主要为读者展示的是掌上杭州所需要的文本和图片的数据包，读者可以自行查看随书的项目数据包的详细内容。

3.3.3 XML 资源文件的准备

每个 Android 项目都是由不同的布局文件搭建而成，掌上杭州各个界面是由布局文件搭建组成。下面将介绍掌上杭州中部分 xml 资源文件，主要有 strings.xml 、styles.xml 和 colors.xml。接下来会逐一介绍配置文件的开发，请读者仔细阅读。

- strings.xml 的开发

掌上杭州被创建后会默认在 res/values 目录下创建一个 strings.xml 文件，该 xml 文件用于存放项目在开发阶段所需要的字符串资源，将字符串存放在此文件中以方便开发过程中的使用，规范的分类使项目结构清晰，修改方便，其实现代码如下。

代码位置：见随书源代码/第 3 章/HangZhou/app/src/main/res/values 目录下的 strings.xml。

```
1  <?xml version="1.0" encoding="utf-8"?>            <!--版本号及编码方式-->
2  <resources>
```

3.3 开发前的准备工作

```
3       <string name="app_name">掌上杭州</string>              <!--标题-->
4       <string name="spinner_name">特色店推荐</string>         <!--美食版块特色店推荐-->
5       <string name="gw_tg">团购</string>                     <!--购物版块团购-->
6       <string name="gw_cx">促销</string>                     <!--购物版块促销-->
7       <string name="gw_pp">品牌</string>                     <!--购物版块品牌-->
8       <string name="str_ktv">KTV</string>                    <!--娱乐版块KTV-->
9       <string name="str_bar">酒吧</string>                   <!--娱乐版块酒吧-->
10      <string name="str_yy">影院</string>                    <!--娱乐版块影院-->
11      <string name="str_club">俱乐部</string>                <!--娱乐版块俱乐部-->
12  </resources>
```

> **说明** 上述代码中声明了本程序需要用到的字符串，避免在布局文件中重复声明，增加了代码的可靠性和一致性，极大地提高了程序的可维护性。

- styles.xml 的开发

styles.xml 文件被创建在项目 res/values 目录下，该 xml 文件中存放项目界面中所需的各种风格样式，作用于一系列单个控件元素的属性。本程序中的 styles.xml 文件代码用于设置整个项目的格式，部分代码如下所示。

代码位置：见随书源代码/第 3 章/HangZhou/app/src/main/res/values 目录下的 styles.xml。

```
1   <resources>
2       <style name="AppBaseTheme" parent="android:Theme.Light"></style>
3       <!-- Application theme.-->
4       <style name="AppTheme" parent="AppBaseTheme"></style>   <!-- Activity 主题 -->
5       <style name="activityTheme" parent="android:Theme.Light">
6           <item name="android:windowNoTitle">true          <!--设置对话框格式为无标题模式-->
7           </item>
8           <item name="android:windowIsTranslucent">true    <!--设置对话框格式为不透明-->
9           </item>
10          <item name="android:windowContentOverlay">@null  <!--窗体内容无覆盖-->
11          </item>
12      </style>
13  </resources>
```

> **说明** 上述代码用于声明程序中的样式风格，使用定义好的风格样式，方便读者在编写程序时调用。避免在各个布局文件中重复声明，增加了代码的可读性、可维护性并提高了程序的开发效率。

- colors.xml 的开发

colors.xml 文件被创建在 res/values 目录下，该 xml 文件用于存放本项目在开发阶段所需要的颜色资源。colors.xml 中的颜色值能够满足项目界面中颜色的需要，其颜色代码实现如下。

代码位置：见随书源代码/第 3 章/HangZhou/app/src/main/res/values 目录下的 colors.xml。

```
1   <?xml version="1.0" encoding="utf-8"?>                     <!--版本号及编码方式-->
2   <resources>
3       <color name="red">#fd8d8d</color>                      <!--文本颜色红色-->
4       <color name="green">#9cfda3</color>                    <!--文本颜色绿色-->
5       <color name="blue">#8d9dfd</color>                     <!--文本颜色蓝色-->
6       <color name="white">#FFFFFF</color>                    <!--背景颜色白色-->
7       <color name="black">#000000</color>                    <!--黑色-->
8       <color name="gray">#CCCCCC</color>                     <!--灰色-->
9       <color name="text_num_gray">#333</color>               <!--文字颜色-->
10      <color name="lightgreen">#d9ebb1</color>               <!--按钮颜色-->
11      <color name="transparent">#00000000</color>            <!--按钮颜色-->
12      <color name="itemcolcor">#fff1f6fc</color>             <!--列表颜色-->
13  </resources>
```

第 3 章 LBS 类应用——掌上杭州

> **说明** 上述代码用于项目所需要的颜色，主要包括列表标题颜色、列表小标题颜色、按钮被选中状态颜色、按钮未被选中状态颜色以及内容背景色等，避免了在各个界面中重复声明。

3.4 辅助工具类的开发

前面已经介绍了掌上杭州功能的预览以及总体架构，下面将介绍项目所需要的工具类，工具类被项目其他 Java 文件多次调用，避免重复性开发，同时提高了程序的可维护性，可谓是一劳永逸。工具类在这个项目中十分常用，请读者仔细阅读。

3.4.1 常量类的开发

本小节将向读者介绍掌上杭州中的常量类 Constant 的开发。软件内有许多地方需要重复调用的常量，为了避免重复在 Java 文件中定义常量，于是我们将多处需要的常量放在了 Constant.java 文件中方便开发者的管理和修改，其具体代码如下所示。

> 📄 代码位置：见随书源代码/第 3 章/HangZhou/app/src/main/java/com/cn/util 目录下的 Constant.java。

```
1    package com.cn.util;
2    public class Constant {
3        public static final String ADD_PRE="/sdcard/zshz/";    <!--文件路径-->
4        public static final int WAIT_DIALOG_REPAINT=0;          <!--等待对话框刷新消息编号-->
5        public static final int WAIT_DIALOG=0;                  <!--等待对话框编号 -->
6        public static final int INFO_MYSQL=1;                   <!--编号 -->
7        public static int TEXT_SIZE=16;                         <!--文字的大小-->
8        public static String snzy="zhongn";                     <!--中文文本-->
9        public static int COLOR=R.color.black;                  <!--字体颜色-->
10       public static final int PHOTOHRAPH = 1;                 <!--拍照调用系统照相机时使用-->
11       public static Location myLocation;                      <!--游客当前的经纬度位置-->
12       public static final int SHOWMOREDIALOG=1;               <!--显示更多对话框-->
13       public static final int EXIT_DIALOG=2;                  <!--询问是否退出对话框-->
14       public static String curSMP=null;                       <!--记录当前正在播报的景点名-->
15       public static String curScenicId=null;                  <!--记录当前显示景点的编号-->
16       public static final int DISTANCE_SCENIC=200;            <!--景点范围的阈值-->
17       public static final double EARTH_RADIUS = 6378137.0;    <!--地球半径-->
18       public static final int DISTANCE_USER=100;              <!--用户移动范围的阈值-->
19   }
```

> **说明** 常量类的开发是高效完成项目的一项十分必要的准备工作，这样可以避免在不同的 Java 文件中定义常量的重复性工作，提高了代码的可维护性。如果读者在下面的类或方法中有不明白具体含义的常量，可以在本类中查找。

3.4.2 图片获取类的开发

上一小节中介绍了掌上杭州常量类的开发，本小节将介绍图片获取类的开发。软件中需要加载大量的图片，于是我们开发了从 SD 卡中加载指定的图片的 BitmapIOUtil 类。BitmapIOUtil 类供其他 Java 文件调用，提高了程序的可读性和可维护性，具体代码如下。

> 📄 代码位置：见随书源代码/第 3 章/HangZhou/app/src/main/java/com/cn/util 目录下的 BitmapIOUtil.java。

```
1    package com.cn.util;
2    ……//此处省略了本类中导入类的代码，读者可自行查阅随书的源代码
3    public class BitmapIOUtil{                                  //图片获取类
4        static Bitmap bp=null;                                  //Bitmap 对象加载图片
5        public static Bitmap getSBitmap(String subPath){
```

3.4 辅助工具类的开发

```
6            try{
7                String path=Constant.ADD_PRE+subPath;        //获取路径字符串
8                bp = BitmapFactory.decodeFile(path);          //实例化 Bitmap
9            } catch(Exception e){                              //捕获异常
10               System.out.println("出现异常!! ");              //打印字符串
11           }
12           return bp;                                         //返回 Bitmap 对象
13  }}
```

> **说明** 上述代码表示利用 BitmapFactory 类的 decodeFile(String path)方法来加载指定路径的位图，显示原图。path 表示要解码的文件路径名的完整路径名，最后返回获得的解码的位图。如果指定的文件名称 path 为 null，则不能被解码成位图，该函数返回 null。

3.4.3 解压文件类的开发

上一小节中介绍了图片获取类的开发，本小节将继续给大家介绍本应用的第 3 个工具类 ZipUtil，该类为解压文件类。程序在初次运行时将调用该类，用于将 HangZhou/assets 中的.zip 文件解压到 SD 卡中供程序中获取资源使用，具体代码如下。

代码位置：见随书源代码/第 3 章/HangZhou/app/src/main/java/com/cn/util 目录下的 ZipUtil.java。

```
1   package com.cn.util;
2   ……//此处省略了导入类的代码，读者可自行查阅随书的源代码
3   public class ZipUtil {
4       public static void unZip(Context context, String assetName,
5       String outputDirectory) throws IOException {            //解压.zip 压缩文件方法
6           File file = new File(outputDirectory);               //创建解压目标目录
7           if (!file.exists()) {                                //如果目标目录不存在,则创建
8               file.mkdirs();                                   //创建目录
9           }
10          InputStream inputStream = null;
11          inputStream = context.getAssets().open(assetName);   //打开压缩文件
12          ZipInputStream zipInputStream = new ZipInputStream(inputStream);
13          ZipEntry zipEntry = zipInputStream.getNextEntry();   //读取一个进入点
14          byte[] buffer = new byte[1024 * 1024];               //使用 1Mbuffer
15          int count = 0;                                       //解压时字节计数
16          while (zipEntry != null)  {  //如果进入点为空说明已经遍历完所有压缩包中文件和目录
17              if (zipEntry.isDirectory()) {                    //如果是一个目录
18                  file = new File(outputDirectory + File.separator + zipEntry.getName());
19                  file.mkdir();                                //创建文件
20              } else {                                         //如果是文件
21                  file = new File(outputDirectory + File.separator  + zipEntry.getName());
22                  file.createNewFile();                        //创建该文件
23                  FileOutputStream fileOutputStream = new FileOutputStream(file);
24                  while ((count = zipInputStream.read(buffer)) > 0) {
25                      fileOutputStream.write(buffer, 0, count);
26                  }
27                  fileOutputStream.close();                    //关闭文件输出流
28              }
29              zipEntry = zipInputStream.getNextEntry();        //定位到下一个文件入口
30          }
31          zipInputStream.close();                              //关闭流
32  }}
```

- 第 6～9 行用于创建解压目标目录，并且判断目标目录是否存在，不存在则创建。
- 第 11～13 行用于打开压缩文件，创建 ZipInputStream 对象，并读取.zip 文件中的内容。
- 第 14～15 行用于设置读取文本的 Byte 值和解压时字节计数。
- 第 16～30 行用于判断进入点是否为空，若为空，说明已经遍历完所有压缩包中文件和目录，则开始进行解压文本文件。
- 第 31 行用于关闭 ZipInputStream 流。

3.4.4 读取文件类的开发

上一小节中介绍了解压文件类的开发,本小节将继续介绍本应用的第 4 个工具类 PubMethod,该类为读取文件类。该类在程序中将多次被调用,用于获取各个界面中所需要的文本信息,极大地提高了程序的可读性和可维护性,具体实现代码如下。

代码位置:见随书源代码/第 3 章/HangZhou/app/src/main/java/com/cn/util 目录下的 PubMethod.java。

```java
1   package com.cn.util;                                          //声明包
2   ……//此处省略了导入类的代码,读者可自行查阅随书的源代码
3   public class PubMethod{
4       Activity activity;                                         //创建 Activity 对象
5       public PubMethod(){}                                       //无参构造器
6       public PubMethod(Activity activity){
7           this.activity=activity;                                //赋值
8       }
9       public String loadFromFile(String fileName){               //获取文件信息
10          String result=null;
11          try{
12              File file=new File(Constant.ADD_PRE+fileName);    //创建 File 类对象
13              int length=(int)file.length();                     //获取文件长度
14              byte[] buff=new byte[length];                      //创建 byte 数组
15              FileInputStream fin=new FileInputStream(file);//创建 FileInputStream 流对象
16              fin.read(buff);                                    //读取文本文件
17              fin.close();                                       //关闭文件流
18              result=new String(buff,"UTF-8");                   //文本字体设置为汉字
19              result=result.replaceAll("\\r\\n","\n");           //替换换行字符
20          } catch(Exception e){                                  //捕获异常
21              Toast.makeText(activity, "对不起,没有找到指定文件!", Toast.LENGTH_SHORT).show();
22          }
23          return result;                                         //返回数据
24      }}
```

- 第 6~8 行为构造函数,用于获得 Activity 对象。
- 第 12~14 行用于打开文本文件,并获得文本文件的长度,设置读取文本的 Byte 数组值。
- 第 15~17 行创建 FileInputStream 对象,并读取文本文件,读完文本文件后则关闭文件流。
- 第 18~19 行用于将字体转换成汉字,并且将 "\r\n" 换成 "\n"。
- 第 21~22 行提示用户该文件不存在。

3.4.5 自定义字体类的开发

上一小节中介绍了读取文件类的开发,本小节将继续介绍本应用中用到的第 5 个工具类 FontManager,该类为自定义字体类。该类在程序中多次被调用,用来将各个界面中的字体设置为各种用户所需的字体,使界面更具艺术性,具体实现代码如下。

代码位置:见随书源代码/第 3 章/HangZhou/app/src/main/java/com/cn/util 目录下的 FontManager.java。

```java
1   package com.cn.util;                                          //声明包
2   ……//此处省略了导入类的代码,读者可自行查阅随书的源代码
3   public class FontManager{
4       public static Typeface tf =null;                           //声明字体变量
5       public static void init(Activity act,String xx){
6           if(tf==null){                                          //初始化字体
7               tf= Typeface.createFromAsset(act.getAssets(), "fonts/kaiti.ttf");
8           } else{
9               if(xx.equals("kaiti")){                            //设置楷体
10                  if(tf!=Typeface.createFromAsset(act.getAssets(), "fonts/kaiti.ttf")){
11                      tf= Typeface.createFromAsset(act.getAssets(), "fonts/kaiti.ttf");
12      }}
13          ……//此处省略了字体的多种类型,读者可自行查阅随书的源代码
14      }
15      public static void changeFonts(ViewGroup root,Activity act){//转换字体
```

```
16      for (int i = 0; i < root.getChildCount(); i++){
17          View v = root.getChildAt(i);                    //获取控件
18          if (v instanceof TextView){
19              ((TextView) v).setTypeface(tf);             //转换 TextView 控件中的字体
20          } else if (v instanceof Button){
21              ((Button) v).setTypeface(tf);               //转换 Button 控件中的字体
22          } else if (v instanceof EditText) {
23              ((EditText) v).setTypeface(tf);             //转换 EditText 控件中的字体
24          } else if (v instanceof ViewGroup){
25              changeFonts((ViewGroup) v, act);            //重新调用 changeFonts()方法
26  }}}
27  public static ViewGroup getContentView(Activity act) {//获取控件的方法
28      ViewGroup systemContent =(ViewGroup)
29      act.getWindow().getDecorView().findViewById(android.R.id.content);
30      ViewGroup content = null;                           //创建 ViewGroup
31      if(systemContent.getChildCount() > 0 &&
32          systemContent.getChildAt(0) instanceof ViewGroup){
33              content = (ViewGroup)systemContent.getChildAt(0);   //给 content 赋值
34          }
35      return content;                                     //返回获取的控件
36  }}
```

- 第 3~14 行初始化 Typeface。第一次调用 FontManager 类时，调用 init()方法，若 Typeface 为空，则创建 Typeface 对象。
- 第 15~26 行用于转换界面中的字体。用循环遍历界面中的各个控件，并将控件中的所有字体转换为卡通字体。
- 第 27~36 行用于获得传过来的 Activity，若该 Activity 的内容大于 0 并且其中的控件属于 ViewGroup，则获取该控件并返回。

3.5 辅助功能的实现

上一节介绍了软件开发前的各种准备工作，这一节主要介绍各辅助功能的开发。辅助功能的开发是为了帮助应用中各种功能的实现。掌上杭州为用户提供了多方面的帮助，全方位地为用户考虑，下面将逐一介绍辅助功能是如何实现的。

3.5.1 加载功能的实现

下面将介绍掌上杭州 Android 应用加载界面功能模块的实现。当用户初次进入本应用时，掌上杭州需要解压 assets 文件下的数据包，因此在欢迎界面中设计了加载功能，给用户动态感，让界面不再显得呆板。下面将具体介绍加载模块的开发。

（1）本节首先介绍软件加载界面 loading.xml 框架的搭建与实现，包括布局的安排、自定义等待动画属性的设置，其具体代码如下所示。

> **代码位置：** 见随书源代码/第 3 章/ HangZhou/app/src/main/res/layout 目录下的 loading.xml。

```
1   <?xml version="1.0" encoding="utf-8"?>                  <!--版本号及编码方式-->
2   <LinearLayout xmlns:android="http://schemas.android.com/apk/res/android"  <!--线性布局-->
3       android:orientation="horizontal"
4       android:layout_width="fill_parent"
5       android:layout_height="fill_parent">
6       <LinearLayout                                       <!--线性布局-->
7           android:layout_width="300dip"
8           android:layout_height="wrap_content" >
9           <edu.heuu.campusAssistant.util.WaitAnmiSurfaceView <!-- 自定义的等待动画-->
10              android:id="@+id/wasv"
11              android:layout_width="fill_parent"          <!--设置长宽-->
12              android:layout_height="fill_parent"
13              android:layout_marginLeft="100dip"
```

```
14                   android:layout_marginTop="280dip"/>
15        </LinearLayout>
16    </LinearLayout>
```

> **说明** 上述代码用于声明加载界面的线性布局,设置了 LinearLayout 宽、高的属性,并将排列方式设为水平排列。线性布局中包括 WaitAnmiSurfaceView.java 类中绘制的加载动画,并设置了其宽、高、位置的属性。

(2)上面简要介绍了加载界面框架的搭建,接下来将介绍首次进入本应用时,解压资源文件时出现的加载界面中自定义动画的实现,具体代码如下。

代码位置:见随书源代码/第 3 章/HangZhou/app/src/main/java/com/cn/loading 目录下的 LoadingActivity.java。

```
1    package com.cn.loading                                    //导入包
2    ……//此处省略导入类的代码,读者可自行查阅随书的源代码
3    public class LoadingActivity extends Activity{            //继承系统 Activity
4        ……//此处省略变量定义的代码,请自行查看源代码
5        Handler hd=new Handler(){                             //创建 Handler
6            public void handleMessage(Message msg){           //重写方法
7                switch(msg.what){
8                    case Constant.WAIT_DIALOG_REPAINT:        //等待对话框刷新
9                        wasv.repaint();                       //调用 repaint 方法绘制
10                       break;                                //退出
11       }}};
12       public void onCreate(Bundle savedInstanceState){
13           super.onCreate(savedInstanceState);               //调用父类方法
14           setContentView(R.layout.login);                   //切换界面
15           requestWindowFeature(Window.FEATURE_NO_TITLE);    //设置隐藏标题栏
16           showDialog(Constant.WAIT_DIALOG);                 //绘制对话框
17       }
18       public Dialog onCreateDialog(int id){
19           Dialog result=null;
20           switch(id){
21               case Constant.WAIT_DIALOG:                    //历史记录对话框的初始化
22                   AlertDialog.Builder b=new AlertDialog.Builder(this);
                                                               //创建 AlertDialog.Builder 类对象
23                   b.setItems(null, null);
24                   b.setCancelable(false);
25                   waitDialog=b.create();                    //创建对话框
26                   result=waitDialog;
27                   break;                                    //退出
28           }
29           return result;                                    //返回 Dialog 类对象
30       }
31       public void onPrepareDialog(int id, final Dialog dialog){
32           if(id!=Constant.WAIT_DIALOG) return;              //若不是历史对话框则返回
33           dialog.setContentView(R.layout.loading);
34           wasv=(WaitAnmiSurfaceView)dialog.findViewById(R.id.wasv);
                                                               //创建 WaitAnmiSurfaceView
35           new Thread(){
36               public void run(){
37                   for(int i=0;i<200;i++){                   //循环 200 次
38                       wasv.angle=wasv.angle+5;              // angle 值加 5
39                       hd.sendEmptyMessage(Constant.WAIT_DIALOG_REPAINT);   //发送消息
40                       try{
41                           Thread.sleep(50);                 //睡眠 50 毫秒
42                       } catch(Exception e){                 //捕获异常
43                           e.printStackTrace();              //打印栈信息
44                       }
45                       dialog.cancel();                      //取消对话框
46                       unzipAndChange();                     //切换到另一 Activity 的方法
47               }}.start();
48           }
49       public void unzipAndChange(){
50           ……//此处省略界面切换的代码,下面将详细介绍
```

3.5 辅助功能的实现

```
51    }}
```

- 第 5～10 行用于创建 Handler 对象，重写 handleMessage 方法，并调用父类处理消息字符串，根据消息的 what 值，执行相应的 case，开始绘制对话框里的动画。
- 第 12～16 行为在 onCreate 方法里调用父类 onCreate 方法，并设置自定义 Activity 标题栏为隐藏标题栏。
- 第 18～48 行重写 onCreateDialog、onPrepareDialog 方法，与 showDialog 共用。当对话框第一次被请求时，调用 onCreateDialog 方法，在这个方法中初始化对话框对象 Dialog。在每次显示对话框之前，调用 onPrepareDialog 方法加载动画。

> **说明** 上面提到的 WaitAnmiSurfaceView 类是用来绘制加载界面动画图形的，在下面的小节会讲到，在这里就不再叙述了，请读者自行查看后面小节的详细介绍。

（3）上面省略的加载界面 LoadingActivity 类的 unzipAndChange() 方法具体代码如下。该方法执行的是切换到不同 Activity 和解压文本文件的操作。

> **代码位置**：见随书源代码/第 3 章/HangZhou/app/src/main/java/com/cn/loading 目录下的 LoadingActivity.java。

```
1   public void unzipAndChange(){
2       try{
3           ZipUtil.unZip(LoadingActivity.this, "zshz.zip", "/sdcard/");//解压
4       }catch(Exception e){                                            //捕获异常
5           System.out.println("解压出错！");                            //打印字符串
6       }
7       Intent intent=new Intent();                                     //创建Intent类对象
8       intent.setClass(LoadingActivity.this, MainActivityGroup.class);
9       startActivity(intent);                                          //启动下一个Activity
10       finish();
11   }
```

> **说明** 上面在 unzipAndChange() 方法中调用了 ZipUtil 工具类中的 unZip 方法来将 .zip 文件解压到 SD 卡中，同时启动下一个 Activity。在上面提到的欢迎界面的布局和功能与加载界面基本一致，这里因篇幅原因就不再叙述，请读者自行查阅随书的源代码。

（4）因为加载动画的操作是用画笔完成的，所以需要使用绘制图形类来实现该操作，即上面用到的 WaitAnmiSurfaceView 类，其具体代码如下。

> **代码位置**：见随书源代码/第 3 章/HangZhou/app/src/main/java/com/cn/util 目录下的 WaitAnmiSurfaceView.java。

```
1   package com.cn.util;                                                //导入包
2   ……//此处省略导入类的代码，读者可自行查阅随书的源代码
3   public class WaitAnmiSurfaceView extends View{
4       ……//此处省略定义变量的代码，请自行查看源代码
5       public WaitAnmiSurfaceView(Context activity,AttributeSet as){
6           super(activity,as);                                         //调用构造器
7           paint = new Paint();                                        //创建画笔
8           paint.setAntiAlias(true);                                   //打开抗锯齿
9           bitmapTmp=BitmapFactory.decodeResource(activity.getResources(), R.drawable.star);
10          picWidth=bitmapTmp.getWidth();                              //获得图片宽度
11          picHeight=bitmapTmp.getHeight();                            //获得图片高度
12      }
13      public void onDraw(Canvas canvas){
14          paint.setColor(Color.WHITE);                                //设置画笔颜色
15          float left=(viewWidth-picWidth)/2+80;                       //计算左上侧点的x坐标
```

79

```
16              float top=(viewHeight-picHeight)/2+80;        //计算左上侧点的y坐标
17              Matrix m1=new Matrix();
18              m1.setTranslate(left,top);                     //平移
19              Matrix m3=new Matrix();
20              m3.setRotate(angle, viewWidth/2+80, viewHeight/2+80);//设置旋转角度
21              Matrix mzz=new Matrix();
22              mzz.setConcat(m3, m1);
23              canvas.drawBitmap(bitmapTmp, mzz, paint);      //绘制动画
24          }
25          public void repaint(){                             //自己为了方便开发的repaint方法
26              this.invalidate();
27      }}
```

> **说明** 上述代码为重绘图片的方法，先设置画笔的颜色，将其透明度设置为40，然后用Canvas的对象开始绘制该矩阵，当获得左上侧点的坐标后，将Matrix平移到该坐标位置上，然后设置其旋转角度，最后将两个Matrix对象计算并连接起来由Canvas绘制自定义的动画。

3.5.2 主界面的实现

本小节主要介绍的是软件整个大框架的实现。经过加载界面后进入到主界面，用户可以通过单击主界面下方的菜单栏按钮，实现界面的切换。本软件有首页、搜索、设置3个界面的相互切换。详细介绍该架构的搭建与实现。

（1）下面主要向读者具体介绍主界面的搭建，包括布局的安排及按钮、水平滚动视图等控件的各个属性的设置，读者可自行查阅随书代码进行学习，其具体代码如下。

代码位置：见随书源代码/第3章/HangZhou/app/src/main/res/layout 目录下的 activity_main.xml。

```
1   <?xml version="1.0" encoding="utf-8"?>                     <!--版本号及编码方式-->
2   <LinearLayout xmlns:android="http://schemas.android.com/apk/res/android"
3       android:layout_width="fill_parent"                     <!--线性布局-->
4       android:layout_height="fill_parent"
5       android:background="@color/black"
6       android:orientation="vertical" >
7       <LinearLayout                                          <!--线性布局-->
8           android:id="@+id/container"
9           android:layout_width="fill_parent"
10          android:layout_height="50dip"
11          android:layout_weight="1.0" />
12      <RadioGroup                                            <!--按钮组-->
13          android:gravity="center_vertical"
14          android:layout_gravity="bottom"
15          android:orientation="horizontal"
16          android:layout_width="fill_parent"
17          android:layout_height="wrap_content">
18      <RadioButton                                           <!--首页按钮-->
19          android:id="@+id/Button01"
20          android:layout_width="wrap_content"                <!--设置长宽属性-->
21          android:layout_height="wrap_content"
22          android:layout_weight="1"
23          android:gravity="center"
24          android:button="@null"
25          android:background="@drawable/bt_home" />
26      <RadioButton                                           <!--搜索按钮-->
27          android:id="@+id/Button02"
28          android:layout_width="wrap_content"                <!--设置长宽属性-->
29          android:layout_height="wrap_content"
30          android:layout_weight="1"
31          android:gravity="center"
32          android:button="@null"
33          android:background="@drawable/bt_search" />
34      <RadioButton                                           <!--设置按钮-->
```

```
35              android:id="@+id/Button03"
36              android:layout_width="wrap_content"       <!--设置长宽属性-->
37              android:layout_height="wrap_content"
38              android:layout_weight="1"
39              android:gravity="center"                  <!--设置位于中心-->
40              android:button="@null"
41              android:background="@drawable/bt_set" />
42          </RadioGroup>
43      </LinearLayout>
```

● 第2～6行用于声明总的线性布局，总线性布局中还包含一个线性布局。设置线性布局的宽度为自适应屏幕宽度，高度为屏幕高度，并设置了总的线性布局距屏幕顶端的距离。

● 第7～11行用于视图的变换，设置了LinearLayout宽、高，以及布局的权重比，随着下面按钮的单击切换视图。

● 第12～43行用于声明按钮组，其中包含3个普通按钮。这些代码设置了RadioGroup的宽、高、背景颜色、对齐方式，以及相对布局、对齐方式的属性、排列方式为水平列，还设置了RadioButton的宽、高、背景颜色及文本等属性。

（2）下面将介绍主界面MainActivityGroup类中功能的开发。主界面一开始选择首页，用户单击下面的按钮首页、搜索、设置时，将切换到相应的界面。主界面搭建的具体代码如下。

> 代码位置：见随书源代码/第 3 章/HangZhou/app/src/main/java/com/cn/hangzhou 目录下的 MainActivityGroup.java。

```
1   package com.cn.hangzhou;                                    //声明包
2   ……//此处省略导入类的代码，读者可自行查阅随书的源代码
3   public class MainActivityGroup extends MZActivityGroup implements OnClickListener{
4       ……//此处省略定义变量的代码，读者可自行查看随书的源代码
5       @Override
6       protected void onCreate(Bundle savedInstanceState) {
7           setContentView(R.layout.main);                      //切换界面
8           super.onCreate(savedInstanceState);                 //调用父类方法
9           initRadioBtns();                                    //初始化按钮
10      }
11      protected ViewGroup getContainer(){                     //加载Activity的View
12          return (ViewGroup) findViewById(R.id.container);
13      }
14      protected void initRadioBtns(){
15          initRadioBtn(R.id.Button01);                        //初始化首页按钮
16          initRadioBtn(R.id.Button02);                        //初始化搜索按钮
17          initRadioBtn(R.id.Button03);                        //初始化设置按钮
18      }
19      @Override
20      public void onCheckedChanged(CompoundButton buttonView, boolean isChecked){
21          if (isChecked){
22              switch (buttonView.getId()) {                   //判断哪个按钮
23                  case R.id.Button01:
24                      setContainerView(CONTENT_ACTIVITY_NAME_0, ShouYeActivity.class);
25                      break;                                  //切换到首页界面
26                  case R.id.Button02:
27                      setContainerView(CONTENT_ACTIVITY_NAME_1, SouSuoActivity.class);
28                      break;                                  //切换到搜索界面
29                  case R.id.Button03:
30                      setContainerView(CONTENT_ACTIVITY_NAME_2, ShiZhiActivity.class);
31                      break;                                  //切换到设置界面
32                  default:
33                      break;
34      }}}}
```

● 第6～10行为Activity启动时调用的方法，在onCreate方法中进行了部分内容初始化的工作，并拿到了该界面的引用。

● 第11～13行用于加载被选中按钮下的Activity的View并返回此View。

- 第 14～18 行用于向主界面加入所有按钮，作为界面的菜单栏，位于界面的最下面一行，可左右切换不同的界面。
- 第 19～35 行为按钮被单击时，具体发生变化的代码，按下按钮后，onCheckedChanged 方法获得 id 号，根据 id 号跳入到相对应的 Activity 界面。

> **说明** 上面提到的 MainActivityGroup 类是继承了我们自己重写的 MZActivityGroup 类，MZActivityGroup 类的代码在这里省略，读者可自行查阅随书的源代码。

3.5.3 百度地图的实现

本小节主要介绍的是掌上杭州中地图的实现。软件中美食、景点、娱乐等多个地方用到地图。此应用是一次开发，多次调用，节省了开发成本，实现了路线规划、GPS 定位以及导航等功能，方便了用户的出行。接下来详细介绍地图各功能的实现。

> **提示** 本模块是基于百度地图进行二次开发而成，二次开发的功能包括路线规划、模拟导航、真实导航以及 GPS 定位等。在运行本程序之前，读者首先应该重新申请百度地图的 key 值，添加到主配置文件（AndroidManifest.xml）的 meta-data 属性中，运行即可。对这些相关操作不太熟悉的读者可以参考百度地图官网的相关资料，本书由于篇幅所限，不能一一赘述。

（1）由于地图模块的界面搭建比较单一，在这就不再细讲，读者可自行查看源代码。下面将主要介绍地图中具体功能的开发，具体的实现代码如下。

代码位置： 见随书源代码/第 3 章/HangZhou/app/src/main/java/com/cn/map 目录下的 MapActivity.java。

```
1    package com.cn.map;                                        //声明包
2    ……//此处省略导入类的代码，读者可自行查阅随书的源代码
3    public class MapActivity extends Activity {
4         //此处省略定义变量的代码，读者可自行查阅随书的源代码
5         @Override
6         public void onCreate(Bundle savedInstanceState) {
7             super.onCreate(savedInstanceState);              //调用父类方法
8             SDKInitializer.initialize(getApplicationContext());
              //SDK 各功能组件使用之前都需要调用
9             setContentView(R.layout.map_main);               //切换界面
10            mMapView = (MapView) findViewById(R.id.bmapView); //地图初始化
11            mBaiduMap = mMapView.getMap();
12            mBaiduMap.setMapType(BaiduMap.MAP_TYPE_NORMAL);   //设置地图为普通模式
13            mBaiduMap.setTrafficEnabled(true);
14            eX=this.getIntent().getIntExtra("longN",12016984);//接受经纬度
15            eY=this.getIntent().getIntExtra("latN",3027673);
16            nameStr=this.getIntent().getStringExtra("name");  //接受地址名称
17            float    longF=(float)(eX * 1e-5);                //转换经纬度
18            float latF=(float)(eY * 1e-5);
19            nodeLocation=new LatLng(latF,longF);
20            bitmap = BitmapDescriptorFactory.fromResource(R.drawable.ballon);//构建Marker 图标
21            OverlayOptions option = new MarkerOptions()       //构建 MarkerOption
22            position(nodeLocation) .icon(bitmap);
23            mBaiduMap.clear();                                //清除图标
24            mBaiduMap.addOverlay(option);                     //在地图上添加 Marker,并显示
25            mBaiduMap.setMapStatus(MapStatusUpdateFactory.newLatLng(nodeLocation));
26            mBaiduMap.setOnMarkerClickListener(new OnMarkerClickListener(){
              //弹出泡泡
27                public boolean onMarkerClick(final Marker marker){
28                    Button button = new Button(getApplicationContext());
29                    button.setBackgroundResource(R.drawable.popup);//设置气泡的图片
30                    button.setText(nameStr);                  //设置文本
```

```
31                button.setTextColor(Color.BLACK);              //设置字体颜色
32                mInfoWindow = new InfoWindow(button, nodeLocation, null);
33                mBaiduMap.showInfoWindow(mInfoWindow);          //将窗体设置到地图中
34                return true;
35            }});}
36        ……//此处省略了 3 个必须重写的方法,读者可自行查阅随书的源代码
37    }
```

- 第 6～13 行是本类的变量赋值。首先调用父类 onCreate,切换主界面,然后从布局文件中获取 MapView 对象,并对其初始化,接着设置了地图的相关属性。
- 第 14～19 行接受传过来地址的名称及其经纬度,并转换经纬度的数值类型。
- 第 19～24 行从布局文件中获取表示路线规划的 Button 对象,并为其添加监听。如果单击该按钮,将调用 startCalcRoute 方法在地图中进行线路规划。
- 第 19～24 行根据传入的经纬度在地图上相应的位置添加气球图标。
- 第 26～35 行用于在单击地址图标时弹出气泡,并设置气泡的图片以及气泡中的文本内容和字体的颜色,将其弹窗显示在地图上。

(2)接着介绍驾车搜索的实现包括初始化地图、更新指南针位置、规划路线以及导航等方法,在此将为读者进行详细的介绍,具体代码如下。

代码位置:见随书源代码/第 3 章/HangZhou/app/src/main/java/com/cn/map 目录下的 RoutePlanDemo.java。

```
1   private void initMapView() {                                //初始化 mMGLMapView
2       if (Build.VERSION.SDK_INT < 14) {                      //版本号小于 14
3           BaiduNaviManager.getInstance().destroyNMapView();//释放导航视图,即地图
4       }
5       mMGLMapView = BaiduNaviManager.getInstance().createNMapView(this);
        //创建导航视图地图
6       BNMapController.getInstance().setLevel(14);            //设置地图放大比例尺
7       BNMapController.getInstance().setLayerMode(LayerMode.MAP_LAYER_MODE_BROWSE_MAP);
8       updateCompassPosition();                               //更新指南针
9       BNMapController.getInstance().locateWithAnimation(eX, eY);//设置地图的中心位置
10  }
11  private void updateCompassPosition(){                      //更新指南针位置的方法
12      int screenW = this.getResources().getDisplayMetrics().widthPixels; //获得屏幕宽度
13      BNMapController.getInstance().resetCompassPosition(    //设置指南针的位置
14          screenW - ScreenUtil.dip2px(this, 30),ScreenUtil.dip2px(this, 126), -1);
15  }
16  private void startCalcRoute(int netmode) {
17      ……//此处省略起止点经纬度的设置,读者可自行查阅随书的源代码
18      RoutePlanNode startNode = new RoutePlanNode(sX, sY,    //起点
19          RoutePlanNode.FROM_MAP_POINT, strFrom, strFrom);
20      RoutePlanNode endNode = new RoutePlanNode(eX, eY,      //终点
21          RoutePlanNode.FROM_MAP_POINT, strTo, strTo);
22      ArrayList<RoutePlanNode> nodeList = new ArrayList<RoutePlanNode>(2);//初始化 nodeList
23      nodeList.add(startNode);                               //添加起点
24      nodeList.add(endNode);                                 //添加终点
25      BNRoutePlaner.getInstance().setObserver(new RoutePlanObserver(this, null));
26      BNRoutePlaner.getInstance().                           //设置算路方式
27          setCalcMode(NE_RoutePlan_Mode.ROUTE_PLAN_MOD_MIN_TIME);
28      BNRoutePlaner.getInstance().setRouteResultObserver(mRouteResultObserver);
29      boolean ret = BNRoutePlaner.getInstance().setPointsToCalcRoute(//设置起终点并算路
30          nodeList,NL_Net_Mode.NL_Net_Mode_OnLine);
31      if(!ret){
32          Toast.makeText(this, "规划失败", Toast.LENGTH_SHORT).show();//显示 Toast
33  }}
34  private void startNavi(boolean isReal) {
35      if (mRoutePlanModel == null) {                         //如果 mRoutePlanModel 为 null
36          Toast.makeText(this, "请先算路!", Toast.LENGTH_LONG).show();//显示 Toast
37          return;                                            //返回
38      }
39      RoutePlanNode startNode = mRoutePlanModel.getStartNode();//获取路线规划结果起点
40      RoutePlanNode endNode = mRoutePlanModel.getEndNode();  //获取路线规划结果终点
```

```
41          if (null == startNode || null == endNode) {    //若 startNode 或 endNode 为空
42              return;                                    //返回
43          }
44          int calcMode = BNRoutePlaner.getInstance().getCalcMode();//获取路线规划算路模式
45          Bundle bundle = new Bundle();                  //创建 Bundle 对象
46          bundle.putInt(BNavConfig.KEY_ROUTEGUIDE_VIEW_MODE,   //设置 Bundle 对象
47              BNavigator.CONFIG_VIEW_MODE_INFLATE_MAP);
48          ……//此处省略 Bundle 类对象的设置，读者可自行查看源代码
49          f (!isReal) {                                  //模拟导航
50              bundle.putInt(BNavConfig.KEY_ROUTEGUIDE_LOCATE_MODE,
51                  RGLocationMode.NE_Locate_Mode_RouteDemoGPS);
52          } else {                                       //GPS 导航
53              bundle.putInt(BNavConfig.KEY_ROUTEGUIDE_LOCATE_MODE,
54                  RGLocationMode.NE_Locate_Mode_GPS);
55          }
56          Intent intent = new Intent(TangShanMapActivity.this, BNavigatorActivity.
            class);//创建 Intent 对象
57          intent.putExtras(bundle);                      //添加 Bundle 对象
58          startActivity(intent);                         //切换 Activity
59      }
```

- 第 1~10 行表示初始化 mMGLMapView 的方法，首先如果版本号小于 14 时，BaiduNaviManager 将释放导航视图，即释放地图。然后通过 BaiduNaviManager 创建导航视图以及设置地图层显示模式，最后更新指南针在地图上的位置以及设置地图的中心点。
- 第 11~15 行表示更新指南针位置的方法，通过获取手机屏幕的宽度来计算指南针当前的位置。
- 第 16~33 行为规划路线的方法，首先创建并初始化 RoutePlanNode 类对象 startNode 和 endNode，创建并初始化 ArrayList<RoutePlanNode>对象，用于存放路线节点。然后设置线路方式、线路结果回调以及起止点，最后在地图中进行算路。
- 第 34~40 行为开启导航的方法。如果 mRoutePlanModel 对象为空，则说明还未进行算路，无法进行导航功能；否则通过 mRoutePlanModel 对象获取路线规划结果起点和终点。
- 第 41~55 行中，如果起点和终点二者之间有一个变量为空，则无法进行导航功能，否则通过 BNRoutePlaner 对象获得路线规划算路模式，并创建 Bundle 对象，根据 isReal 变量设置导航模式，为 Bundle 对象添加键值。
- 第 56~59 行创建并初始化 Intent 对象用于切换 Activit，实现模拟导航或 GPS 导航功能。

（3）上面提到的 BNavigatorActivity 为创建导航视图并时时更新视图的类。本类中调用语音播报功能，导航过程中的语音播报是对外开放的，开发者通过回调接口可以决定使用导航自带的语音 TTS 播报，还是采用自己的 TTS 播报。具体代码如下。

代码位置：见随书源代码/第 3 章/HangZhou/app/src/main/java/com/cn/map 目录下的 Bnavigator-Activity.java。

```
1   package com.cn.map;                                   //导入包
2   ……//此处省略导入类的代码，读者可自行查阅随书的源代码
3   public class BNavigatorActivity extends Activity{    //继承系统 Activity
4       public void onCreate(Bundle savedInstanceState){
5           super.onCreate(savedInstanceState);          //调用父类方法
6           if (Build.VERSION.SDK_INT < 14) {            //如果版本号小于 14
7               BaiduNaviManager.getInstance().destroyNMapView(); //销毁视图
8           }
9           MapGLSurfaceView nMapView = BaiduNaviManager.getInstance().createNMapView(this);
10          View navigatorView = BNavigator.getInstance().  //创建导航视图
11              init(BNavigatorActivity.this, getIntent().getExtras(), nMapView);
12          setContentView(navigatorView);               //填充视图
13          BNavigator.getInstance().setListener(mBNavigatorListener); //添加导航监听器
14          BNavigator.getInstance().startNav();         //启动导航
15          BNTTSPlayer.initPlayer();                    //初始化 TTS 播放器
16          BNavigatorTTSPlayer.setTTSPlayerListener(new IBNTTSPlayerListener() {
```

```
17              @Override
18              public int playTTSText(String arg0, int arg1) {    //TTS 播报文案            //设置 TTS 播放回调
19                  return BNTTSPlayer.playTTSText(arg0, arg1);
20              }
21              ……//此处省略两个重写的方法,读者可自行查阅随书的源代码
22              @Override
23              public int getTTSState() {                                              //获取 TTS 当前播放状态
24                  return BNTTSPlayer.getTTSState();                                   //返回 0 则表示 TTS 不可用
25          }});
26          BNRoutePlaner.getInstance().setObserver(
27              new RoutePlanObserver(this, new IJumpToDownloadListener() {
28                  @Override
29                  public void onJumpToDownloadOfflineData() {
30      }})));}
31      //导航监听器
32      private IBNavigatorListener mBNavigatorListener = new IBNavigatorListener() {
33          @Override
34          public void onPageJump(int jumpTiming, Object arg) {    //页面跳转回调
35              if(IBNavigatorListener.PAGE_JUMP_WHEN_GUIDE_END == jumpTiming){
36                  finish();                                               //如果导航结束,则退出导航
37              }elseif(IBNavigatorListener.PAGE_JUMP_WHEN_ROUTE_PLAN_FAIL == jumpTiming){
38                  finish();                                               //如果导航失败,则退出导航
39              }}
40          @Override
41          public void notifyStartNav() {                              //开始导航
42              BaiduNaviManager.getInstance().dismissWaitProgressDialog();
43              //关闭等待对话框
44      }};
45      ……//此处省略 Activity 生命周期中的 5 个方法,读者可自行查阅随书的源代码
      }
```

- 第 4～8 行功能为调用继承系统 Activity 的方法,如果版本号小于 14 时,BaiduNaviManager 将销毁导航视图。
- 第 9～15 行功能为创建 MapGLSurfaceView 对象、创建导航视图、填充视图、为视图添加导航监听器、启动导航功能以及初始化 TTS 播放器等。
- 第 16～30 行功能为通过 BNavigatorTTSPlayer 添加 TTS 监听器,重写 TTS 播报文案方法以及重写获取 TTS 当前播放状态的方法,时时更新 BNTTSPlayer。
- 第 32～43 行表示创建导航监听器,重写页面跳转回调方法和开始导航回调方法。页面跳转方法的功能为判断当前导航是否进行,如果导航结束或导航失败,则视图将退出导航。如果导航开启,则关闭等待对话框。

(4)上面介绍了驾车搜索的相关实现内容,接着介绍地图中公交搜索是如何实现的。公交搜索中有不同线路的选择,包含了线路信息的展示和模拟地图步骤的显示。

代码位置:见随书源代码/第 3 章/HangZhou/app/src/main/java/com/cn/map 目录下的 GetBusLineChange.java。

```
1   package com.cn.map;                                          //声明包
2   ……//此处省略导入类的代码,读者可自行查阅随书的源代码
3   public class GetBusLineChange implements OnGetRoutePlanResultListener {
4       ……//此处省略定义变量的代码,读者可自行查阅随书的源代码
5       public GetBusLineChange(Context context, String lineStart, String lineEnd) {
6           this.lineStart =                                        //城市加名字方式建立开始节点
7               PlanNode.withCityNameAndPlaceName(Constant.CITY_NAME,lineStart);
8           this.lineEnd =                                          //城市加名字方式建立终点节点
9               PlanNode.withCityNameAndPlaceName(Constant.CITY_NAME,lineEnd);
10          this.mContext = context;
11          mSearch = RoutePlanSearch.newInstance();                //路径规划接口
12          mSearch.setOnGetRoutePlanResultListener(this);          //给接口设置监听
13          searchBusLine();                                        //调用方法
14      }
15      public void searchBusLine() {
16          mTransitRouteLine = new ArrayList<TransitRouteLine>();
```

```
17          TransitRoutePlanOption myTRP = new TransitRoutePlanOption();//换乘路径规划参数
18          myTRP.policy(TransitPolicy.EBUS_NO_SUBWAY);      //不含地铁
19          mSearch.transitSearch((myTRP)
20                  .from(lineStart)                          //设置起点
21                  .city(Constant.CITY_NAME)                 //设置所查询的城市
22                  .to(lineEnd));                            //设置终点
23      }
24      public void onGetTransitRouteResult(TransitRouteResult result) {  //换乘路线结果回调
25          if (result == null || result.error != SearchResult.ERRORNO.NO_ERROR) {
26              Toast.makeText(mContext,                     //没有找到结果,弹出一个 Toast 提示用户
27                  "抱歉,未找到结果", Toast.LENGTH_SHORT).show();
28          }
29          if (result.error == SearchResult.ERRORNO.NO_ERROR) {  //检索结果正常返回
30              mTransitRouteLine=result.getRouteLines();    //获取所有换乘路线方案给数据 List 赋值
31          }
32          isFinish=true;                                    //设置完成,标志位为 true
33      }
34      ……//此处省略不需要重写的方法代码,读者可自行查阅随书的源代码
35  }
```

- 第 5~14 行为含有 3 个参数的构造函数,其中通过城市名称加起点或终点名称的方式建立了起点和终点节点。此构造函数中给线路规划接口赋值并添加了监听。

- 第 15~23 行为发起换乘路径规划的方法。其中建立了换乘路径规划参数,并为此参数赋值。因为本案例暂不支持含有地铁的路线查询,所以参数设置为不含地铁。此方法中还给换乘路径规划接口传递起点、终点和所查询城市的名称等参数发起查询。

- 第 24~35 行为换乘路线结果回调方法。若返回结果为空或者检索结果返回不正常,则弹出 Toast 提示用户未找到结果,若检索结果返回正常则给数据集合赋值用于后面的换乘方案查询模块。检索完成后将标志位设为 true。

3.6 美食模块的实现

美食版块在整个应用中算是比较重要的一部分,所以在本章节会具体讲解各个功能的实现。该版块有 3 个不同的界面。包括主界面、分类界面和详细介绍美食界面。每个界面搭建用到的都是比较常见的控件。接下来请读者仔细阅读下面章节。

3.6.1 美食主界面的实现

美食版块的主界面包括标题栏、滚动菜单、杭州美食简介和美食的不同分类。其中的滚动菜单是比较重要的一个自定义控件,在下面的小节会详细介绍。杭州的美食多种多样,各有千秋。因此在此设置了一个美食的分类,方便用户的选择。

(1) 下面主要向读者具体介绍美食主界面的搭建,包括布局的安排,按钮、水平滚动视图等控件的各个属性的设置,省略部分与介绍的部分基本相似,就不再重复介绍了,读者可自行查阅随书代码进行学习,其具体代码如下。

代码位置:见随书源代码/第 3 章/ HangZhou/app/src/main/res/layout 目录下的 meishi_main.xml。

```
1  <?xml version="1.0" encoding="utf-8"?>
2  <LinearLayout xmlns:android="http://schemas.android.com/apk/res/android" <!--版本号及编码方式-->
3      android:layout_width="fill_parent"
4      android:layout_height="fill_parent"
5      android:background="@drawable/main_bg"
6      android:orientation="vertical" >
7      <RelativeLayout                                       <!--线性布局-->
8          android:layout_width="fill_parent"
9          android:layout_height="60dip"
```

```
10              android:background="@drawable/biaoti_bg" >
11              <TextView                                         <!--美食界面标题-->
12                  android:id="@+id/title"    android:layout_width="wrap_content"
13                  android:layout_height="wrap_content"     android:layout_
                    centerInParent="true"
14                  android:textColor="#FFFFF0"   android:textSize="25dip"
15                  android:text="杭州美食" >
16              </TextView>
17          </RelativeLayout>
18          <com.cn.hangzhou.SlidingSwitcherView              <!--自定义的控件-->
19              android:id="@+id/slidingLayout"     myattr:auto_play="true"
20              android:layout_width="fill_parent"     android:layout_height="150dip" >
21              <LinearLayout                                    <!--线性布局-->
22                  android:layout_width="fill_parent"
23                  android:layout_height="fill_parent"
24                  android:orientation="horizontal" >
25                  <ImageButton                                 <!--滚动的图片-->
26                      android:id="@+id/mb01"     android:scaleType="fitXY"
27                      android:layout_width="fill_parent"
28                      android:layout_height="fill_parent" />  <!--此处省略其他3个按钮-->
29              </LinearLayout>
30          </com.cn.hangzhou.SlidingSwitcherView>
31          <TextView                                        <!--杭州美食特色介绍-->
32              android:id="@+id/jianjie"     android:layout_width="fill_parent"
33              android:layout_height="wrap_content"     android:textColor="@color/black">
34          </TextView>
35          <GridView                                            <!--美食分类-->
36              android:id="@+id/meishi_gv"    android:layout_width="fill_parent"
37              android:layout_height="0dp"    android:layout_weight="1.91"
38              android:horizontalSpacing="5dip"    android:stretchMode="columnWidth"
39              android:verticalSpacing="18dip" >
40          </GridView>
41      </LinearLayout>
```

- 第 7~17 行用于美食主界面的上标题的构建,设置界面的标题名,并设置标题的背景图片。
- 第 18~30 行用于自定义的滚动窗口,并设置窗口的长宽属性。在自定义的控件中加入了 4 个 ImageButton 控件,用于滚动的图片,并可单击。
- 第 31~41 行包含了 TextView 和 GridView 控件,设置了杭州美食的特色介绍以及美食的 4 种分类。根据不同分类可单击进入不同的美食界面。

(2)上面介绍了美食版块的布局搭建,接下来介绍一下上面所提到的自定义控件的实现。该自定义控件在首页和美食版块都有用到,其他地方就不再赘述。具体代码如下。

代码位置:随书源代码/第 3 章/HangZhou/app/src/main/java/com/cn/hangzhou 目录下的 SlidingSwitcherView.java。

```
1   package com.cn.hangzhou;                                   //声明包
2   ……//此处省略导入类的代码,读者可自行查阅随书的源代码
3   public class SlidingSwitcherView extends RelativeLayout {
4       ……//此处省略定义变量的代码,读者可自行查阅随书的源代码
5       public SlidingSwitcherView(Context context, AttributeSet attrs) {
6           super(context, attrs);                             //继承上下文
7           TypedArray a = context.obtainStyledAttributes(attrs,R.styleable.
            SlidingSwitcherView);
8           boolean isAutoPlay = a.getBoolean(R.styleable.
            SlidingSwitcherView_auto_play, false);
9           if (isAutoPlay) {                                  //用于设定自定义控件的属性值
10              startAutoPlay();
11          }
12          a.recycle();                   //用于检索从这个结构对应于给定的属性位置的值
13      }
14      public void scrollToNext() {                           //滚动到下一个元素
15          new ScrollTask().execute(-20);
16      }
17      ……//此处省略滚动元素的代码,读者可自行查阅随书的源代码
18      private Handler handler = new Handler();               //用于在定时器当中操作 UI 界面
```

```
19      public void startAutoPlay() {                              //开启图片自动播放功能
20          new Timer().scheduleAtFixedRate(new TimerTask() {
21              @Override
22              public void run() {         //当滚动到最后一张图片的时候,会自动回滚到第一张图片
23                  if (currentItemIndex == itemsCount - 1)
24                      currentItemIndex = 0;          //检测是否滚动到最后一张图片
25                      handler.post(new Runnable() {
26                          @Override
27                          public void run() {        //开启线程,滚动到第一张图片
28                              scrollToFirstItem();
29                              refreshDotsLayout();
30                  }});} else {                       //检测还没有滚动到最后一张图片
31                      currentItemIndex++;
32                      handler.post(new Runnable() {
33                          @Override
34                          public void run() {    //开启线程,滚动到下一张图片
35                              scrollToNext();
36                              refreshDotsLayout();
37                  }});}}
38          }, 3000, 3000);}                           //设置滚动的时间,单位为毫秒
39      @Override
40      protected void onLayout(boolean changed, int l, int t, int r, int b) {
41          super.onLayout(changed, l, t, r, b);
42          if (changed) {                //在 onLayout 中重新设定菜单元素和标签元素的参数
43              initializeItems();
44              initializeDots();
45      }}
46      private void sleep(long millis) {
47          try {
48              Thread.sleep(millis);                  //指定当前线程睡眠多久,以毫秒为单位
49          } catch (InterruptedException e) {
50              e.printStackTrace();
51      }}}
```

- 第 6~13 行用于设定自定义开发控件前的属性设置,并根据 bool 值的设定,判断控件是否执行线程的开启。确保调用 recycle 函数。用于检索从这个结构对应于给定的属性位置到 obtainStyledAttributes 中的值。
- 第 14~17 行用于滚动窗口的控制,设置窗口上一个、下一个还是第一个的滚动方式。根据不同的滚动方式,调用函数传入不同的参数。
- 第 18~37 行为线程的建立,开启自动播放功能。根据判断当期图片的位置,设置下一次滚动图片。主要是下一张和第一张的判断。
- 第 38~44 行是重写的一个方法,用于在 onLayout 中重新设定菜单元素和标签元素的参数。此方法在每次变换图片后调用。
- 第 45~50 行为设置当前线程睡眠时间的方法,可以在此方法中设置参数的大小,更改图片滚动的时间间隔,以毫秒为单位。

> **提示** 该自定义控件类是一个封装类,包含的内容比较多,由于篇幅的限制没能在此详细介绍,省略了许多重写的方法,读者可自行查看随书的源代码。

3.6.2 介绍美食的实现

在美食版块中美食的详细介绍是必不可少的。在本应用中提供了美食的 3 张图片,以及美食的一些来源、做法、营养价值等。让用户从多方面详细地了解杭州美食。在美食的介绍中,我们提供了特色店的推荐,并可导入地图进行导航。

(1) 接下来介绍一下详细的美食介绍的界面是如何搭建的。该界面包括上面的标题栏和下面的图片展示,以及最下面的文字介绍。该界面的搭建用到几个常见的控件,算是比较简单的。读

者可自行查阅随书代码进行学习，其具体代码如下。

> 代码位置：见随书源代码/第 3 章/HangZhou/app/src/main/res/layout 目录下的 meishi_detail.xml。

```xml
1   <?xml version="1.0" encoding="utf-8"?>                    <!--版本号及编码方式-->
2   <LinearLayout xmlns:android="http://schemas.android.com/apk/res/android"
3       android:layout_width="fill_parent"         android:layout_height="fill_parent"
4       android:background="@drawable/meishi_bg"   android:orientation="vertical" >
5       <RelativeLayout                                       <!-标题栏的布局-!>
6           android:layout_width="fill_parent"
7           android:layout_height="50dip"
8           android:background="@drawable/wenben_bg" >        <!-设置标题栏的背景-!>
9           <TextView                                         <!-设置标题-!>
10              android:id="@+id/cm"            android:layout_width="fill_parent"
11              android:layout_height="50dp"    android:gravity="center"
12              android:text="菜名"             android:textColor="#000000"
13              android:textSize="22dp" />
14          <Button                                           <!-设置特色店的按钮-!>
15              android:id="@+id/bt_xiala"               android:layout_width="40dip"
16              android:layout_height="40dip"  android:layout_alignParentRight="true"
17              android:layout_centerVertical="true"   android:layout_marginRight="18dp"
18              android:background="@drawable/xiala"/>
19      </RelativeLayout>
20      <Gallery                                              <!-设置图片的展示-!>
21          android:id="@+id/Gallery01"
22          android:layout_width="fill_parent"
23          android:layout_height="210dip"
24          android:spacing="2dip" />
25      <ScrollView                                           <!-用于文字介绍的滚动-!>
26          android:layout_width="fill_parent"  android:layout_height="fill_parent"
27          android:scrollbars="vertical"       android:fadingEdge="vertical">
28          <LinearLayout                                     <!-线性布局-!>
29              android:layout_width="fill_parent"
30              android:layout_height="fill_parent"
31              android:orientation="vertical">
32              <TextView                                     <!-详细介绍的文本-!>
33                  android:id="@+id/msdetail"   android:layout_width="fill_parent"
34                  android:layout_height="wrap_content"   android:text="详细介绍美食"
35                  android:textColor="#000000"  />
36          </LinearLayout>
37      </ScrollView>
38  </LinearLayout>
```

● 第 5~19 行用于美食详细介绍界面的标题栏。该标题栏包括返回按钮、标题名称，还有一个特色店推荐的按钮，设置了控件的相关属性。

● 第 20~25 行用于 Gallery 控件的设置，包括控件的名称，长、宽大小的设置和图片间距离的设定。该控件中包含了 3 张图片。

● 第 26~38 行包含了 TextView 和 ScrollView 控件，在 ScrollView 控件下包含了 TextView 控件。详细的美食文本介绍有可能会超出屏幕的大小，因此 ScrollView 控件的设定，可以使过大的文本信息出现滚动条，方便浏览。

（2）最后介绍一下上面所出现的推荐特色店按钮的实现。通过前面软件的预览大家已经知道了，单击此按钮会弹出一个新建的小窗口。列出我们所推荐的几家店名，单击店名列表会跳转到下一个界面，然后返回小窗口自动取消。其具体代码如下。

> 代码位置：见随书源代码/第 3 章/HangZhou/app/src/main/java/com/cn/meishi 目录下的 DetailsActivity.java。

```java
1   public void showDialog(){
2       LinearLayout linearlayout_list_w = new LinearLayout(this);//创建对话框
3       linearlayout_list_w.setLayoutParams(new LinearLayout.LayoutParams(
4           LayoutParams.FILL_PARENT, LayoutParams.FILL_PARENT));
5       ListView listview = new ListView(DetailsActivity.this);   //创建列表
6       listview.setLayoutParams(new LinearLayout.LayoutParams(
7           LayoutParams.FILL_PARENT, LayoutParams.FILL_PARENT));
```

```
8          listview.setFadingEdgeLength(0);
9          linearlayout_list_w.setBackgroundColor(getResources().getColor(
10                 R.color.gray));                                       //设置弹窗的背景颜色
11         linearlayout_list_w.addView(listview);
12         final AlertDialog dialog = new AlertDialog.Builder(
13             DetailsActivity.this).create();                           //创建对话框
14         WindowManager.LayoutParams params = dialog.getWindow().getAttributes();
15         params.width = 200;                                           //设置窗口的宽度
16         params.height = 400;                                          //设置窗口的高度
17         dialog.setTitle("特色店推荐");                                 //设置弹窗的标题
18         dialog.setIcon(R.drawable.tese_bg);
19         dialog.setView(linearlayout_list_w);
20         dialog.getWindow().setAttributes(params);
21         dialog.show();                                                //弹出窗口
22         BaseAdapter ba = new BaseAdapter() {                          //设置listview适配器
23             LayoutInflater inflater = LayoutInflater.from(DetailsActivity.this);
24             @Override
25             public int getCount() {                                   //返回列表的长度
26                 return restaurant.length;
27             }
28             @Override
29             public Object getItem(int arg0)      {                    //返回该对象本身
30                 return null;
31             }
32             @Override
33             public long getItemId(int arg0) {                         //返回该对象的索引
34                 return 0;
35             }
36             @Override
37             public View getView(int arg0, View arg1, ViewGroup arg2) {
38                 String musicName=restaurant[arg0];                    //获取列表名单
39                 LinearLayout ll = (LinearLayout) inflater.inflate(R.layout.list_w,null);
40                 TextView tv = (TextView) ll.getChildAt(0);
41                 tv.setText(musicName);                                //设置列表的名称
42                 return ll;
43             }};
44         listview.setAdapter(ba);                                      //将列表添加适配器
45         listview.setOnItemClickListener(new OnItemClickListener() {
46             @Override                                      // 响应listview中的item的单击事件
47             public void onItemClick(AdapterView<?> arg0, View arg1, int arg2,
48                     long arg3) {
49                 ……//此处省略跳转界面的代码,读者可自行查阅随书的源代码
50     }});;}
```

- 第 2～13 行用于设置弹窗的相关属性，首先是弹窗的创建，随后设置了弹窗的背景颜色，同时创建了店名列表，为列表获取了上下文。
- 第 14～21 行设置了弹窗的相关属性，如弹窗的背景、长度、宽度。同时设置了列表的标题。调用 show 方法，使屏幕上出现弹窗。
- 第 22～44 行用于设置 listview 的适配器，重写了构造器的 4 个方法，并返回了列表的长度、对象本身和索引的值。通过 getView 方法获取了列表的名单，并给列表设定了名称。将适配器添加到 ListView 中。
- 第 45～50 行为 ListView 添加了单击监听。用户可以通过选择不同的特色店跳转到相应不同的界面，此处省略了跳转代码。

3.7 景点功能开发

本节主要介绍的是景点功能的开发。经过打开 GPS 界面后进入到景点的主界面，主界面包含所有景点、锁定位置、拍照、更多以及退出等功能。所有景点都会呈现在地图中，让用户可以清晰地查看游玩的地点，给用户游玩带来很好的体验。

3.7.1 景点主界面的开发

本节主要介绍的是景点主界面功能的实现。主界面中除了地图的展示，还包括了最上面一排的功能选项。该版块主要介绍杭州的一些名景、美景，方便用户观赏。下面将为读者介绍主界面的视图及其功能的开发，以及如何将景点显示在地图中。

（1）下面向读者具体介绍景点主界面类 JDMainActivity 的基本框架及部分代码，理解该框架有助于读者对景点主界面开发有整体的了解，其框架代码如下。

代码位置：见随书源代码/第 3 章/HangZhou/app/src/main/java/com/cn/jingdian 目录下的 JDMainActivity。

```
1   package com.cn.jingdian;                                        //声明包
2   import android.app.Activity;                                    //导入相关类
3   ……//该处省略了导入相关类的代码，读者可自行查阅随书的源代码
4   public class JDMainActivity extends Activity {
5       public MapView mMapView;                                    //地图界面
6       ……//该处省略了其他变量声明的代码，读者可自行查阅随书的源代码
7       public void onCreate(Bundle savedInstanceState) {
8           ……//该处省略了初始化界面方法的方法，将在下面为读者介绍
9       }
10      protected void updateAndJudgement(Location location, BaiduMap mBaiduMap) {
11          ……//该处重写了判断游客位置并更新地图方法的代码，将在下面为读者介绍
12      }
13      public void addTour(Location location){                     //添加游客类层
14          ……//该处省略了更新用户在地图中的位置方法的代码，将在下面为读者介绍
15      }
16      private void initGPSListener()   {                          //初始化 GPS
17          ……//该处省略了初始化 GPS 的方法，将在下面为读者介绍
18      }
19      public boolean isGPSOpen(){                                 //获得位置管理对象
20   LocationManager alm = (LocationManager) this.getSystemService(Context.LOCATION_SERVICE);
21          if(!alm.isProviderEnabled(android.location.LocationManager.GPS_PROVIDER)){
22              return false;                                       //如果GPS没开,返回false
23          } else{ return true;                                    //返回 true
24      }}
25      public void gotoGPSSetting(){                               //跳到 GPS 设置界面
26          Intent intent = new Intent();                           //创建 Intent 对象
27          intent.setAction(Settings.ACTION_LOCATION_SOURCE_SETTINGS);//设置 Action
28          intent.setFlags(Intent.FLAG_ACTIVITY_NEW_TASK);         //设置 flags
29          try{
30              startActivity(intent);                              //跳转到 GPS 设置界面方法
31          }catch(Exception e) {
32              e.printStackTrace();
33      }}
34      protected Dialog onCreateDialog(int id) {
35          ……//该处省略了显示更多对话框的方法，将在下面为读者介绍
36      }
37      ……//此处省略了用于管理地图声明周期的 3 个方法，读者可自行查阅随书的源代码
38      public void mSetVisibility() {                              //隐藏缩放按钮
39          int childCount = mMapView.getChildCount();
40          View zoom = null;
41          for (int i = 0; i < childCount; i++){                   //通过 for 遍历
42              View child = mMapView.getChildAt(i);
43              if (child instanceof ZoomControls){                 //是否是缩放按钮
44                  zoom = child;
45                  break;
46          }}
47          zoom.setVisibility(View.GONE);                          //设置为隐藏
48      }}
```

- 第 19~24 行用于实现判断 GPS 是否打开，首先拿到位置管理器，然后进行判断，如果 GPS 未打开则返回 false，反之返回 true。
- 第 25~33 行用于打开手机系统 GPS 设置界面并打开 GPS，首先创建 Intent 对象，然后设置 Intent 对象的动作并设置 Intent 的 flags，最后调用手机系统的 GPS 设置界面然后打开 GPS。

- 第38～48行用于实现隐藏地图中的缩放按钮，首先对拿到的地图的 childCount 进行过滤，判断出是否为缩放按钮，如果是就执行隐藏。

（2）在了解了主界面的基本结构后，下面将要介绍的是景点主界面的初始化方法 onCreate，具体代码如下，对应上面步骤（1）中代码的第7行。

代码位置：见随书源代码/第3章/HangZhou/app/src/main/java/cn/jingdian 目录下的 JDMainActivity。

```
1   super.onCreate(savedInstanceState);
2   requestWindowFeature(Window.FEATURE_NO_TITLE);              //去掉标题栏
3   setContentView(R.layout.jingdian_main);
4   FontManager.changeFonts(FontManager.getContentView(this),this);   //用自定义的字体方法
5   ……//此处省略了获取数据的代码,读者可自行查阅随书的源代码
6   mMapView = (MapView) findViewById(R.id.bmapView);           //获取地图控件
7   mBaiduMap = mMapView.getMap();
8   mSetVisibility();                                           //调用隐藏缩放按钮方法
9   mBaiduMap.setMapType(BaiduMap.MAP_TYPE_NORMAL);             //普通地图
10  mBaiduMap.setTrafficEnabled(true);
11  LatLng nodeLocation=new LatLng(30.25046,120.15315);         //杭州市经纬度
12  mBaiduMap.setMapStatus(MapStatusUpdateFactory.newLatLng(nodeLocation));//移节点至中心
13  float mZoomLevel = 13.0f;                                   //初始化地图 zoom 值
14  mBaiduMap.setMapStatus(MapStatusUpdateFactory.zoomTo(mZoomLevel));
15  if(isGPSOpen()){
16          initGPSListener();                                  //若GPS已经打开则进入主界面
17  } else {                                                    //若GPS未打开则进入设置界面
18          gotoGPSSetting();
19  }
20  for(int i=0;i<count;i++) {
21          LatLng llup=new LatLng(vdata[i], jdata[i]);         //获取经纬度
22          BitmapDescriptor bitmaps = BitmapDescriptorFactory.fromResource(R.drawable.ballon);
23          mMapView.getMap().addOverlay(new MarkerOptions()    //在地图上添加该文字对象并显示
24              .position(llup) .title(tpname[i]).icon(bitmaps));
25  }
26  OnMarkerClickListener listener = new OnMarkerClickListener(){
27     public boolean onMarkerClick(Marker arg0){
28              String ss=arg0.getTitle();                      //获取地图气泡的标题
29              for(int j=0;j<count;j++){
30                      if(ss.equals(tpname[j])){               //对标题进行匹配判断
31                          x=j;
32              }}
33              sname=name[x];
34              LayoutInflater factory=LayoutInflater.from(JDMainActivity.this);
                //拿到一个 LayoutInflater
35              View view=(View)factory.inflate(R.layout.jingdian_pop, null);
36              ImageView iv=(ImageView)view.findViewById(R.id.pictureiv);
                //从布局中拿到控件并赋值
37              iv.setImageBitmap(BitmapIOUtil.getSBitmap("jingdian/pic/"+
                tpname[x]+"1.jpg"));//设置图片
38              iv.setScaleType(ImageView.ScaleType.FIT_XY);
39              TextView showTitle=(TextView)view.findViewById(R.id.jingdian_name);
40              showTitle.setText(name[x]);                     //设置景点名称
41              TextView Title=(TextView)view.findViewById(R.id.snippet);
42              Title.setText(ftou[x]);                         //设置景点简介
43              OnInfoWindowClickListener listener = null;
44              LatLng llup=new LatLng(vdata[x]+0.002,jdata[x]);
45              if(ss.equals(tpname[x])){
46                      listener = new OnInfoWindowClickListener(){ //对自定义窗体进行监听
47                          public void onInfoWindowClick(){    //完成切换界面的动作
48                              Intent intent=new Intent(JDMainActivity.this,
                                JDNewActivity.class);
49                              intent.putExtra("nearlyname", tpname[x]);
50                              intent.putExtra("nearlyhm", sname);
51                              startActivity(intent);          //切换 activity
52              }};}
53              mInfoWindow = new InfoWindow(view, llup, listener);  //创建 InfoWindow 类对象
54              mBaiduMap.showInfoWindow(mInfoWindow);          //显示信息框
55              return false;
56  }};
```

```
57     mMapView.getMap().setOnMarkerClickListener(listener);          //添加监听
58     ……//该处省略了按钮单击监听事件的代码,读者可自行查阅随书的源代码
```

- 第6~7行用于实现获取地图控件的id,并对地图控件添加百度地图。
- 第9~14行用于设置百度地图,设置地图为普通地图,地图的中心点是杭州市,地图的缩放的Zoom值为13f。
- 第15~19行用于对打开景点主界面后对手机是否打开GPS进行判断,如果未打开,则调用方法打开,如果打开则进入景点主界面。
- 第20~25行用于实现将所有景点以地图Marker的形式显示在地图中。
- 第26~32行用于实现对地图中的Marker进行监听,响应单击地图Marker动作,并拿到地图Marker标题进行匹配判断,设置变量id。
- 第33~44行用于实现拿到自定义窗体中的控件并赋值,并且创建窗体监听。
- 第45~52行用于响应单击窗体的动作,首先对单击的Marker进行判别,然后显示窗体,然后对单击窗体的动作进行响应转换到具体介绍界面。
- 第53~55行用于实现创建InfoWindow类对象,并将窗体显示在景点界面中。

(3)当用户位置发生变化时调用的更新方法updateAndJudgement及更新用户在地图上的显示位置的方法addTour,具体代码如下,分别对应步骤(1)中代码的第10行和第13行。

代码位置:见随书源代码/第3章/HangZhou/app/src/main/java/com/cn/jingdian 目录下的JDMainActivity。

```
1  protected void updateAndJudgement(Location location, BaiduMap mBaiduMap){
2      double latitude=location.getLatitude();          //得到当前位置的纬度
3      double longitude=location.getLongitude();        //得到当前位置的经度
4      double dis;
5      Constant.myLocation=location;                    //改变存储的游客位置
6      if(Constant.myLocation==null){
7          addTour(location);                           //添加游客图层
8      }else{                                           //计算与之前位置的距离
9          dis=Constant.jWD2M(latitude, longitude, Constant.myLocation.getLatitude(),
10                     Constant.myLocation.getLongitude());
11         if(dis>Constant.DISTANCE_USER){
12             addTour(location);                       //改变游客图层
13     }}
14     double nearlyLong=200E6;                         //创建变量并赋初值
15     for(int i=0;i<count;i++){
16         LatLng latlng=new LatLng(vdata[i], jdata[i]);
17         dis=Constant.jWD2M(latitude, longitude, (latlng.latitude*10000)/10000.0,
18                     (latlng.longitude*10000)/10000.0);
19         if(dis<Constant.DISTANCE_SCENIC && dis<nearlyLong){  //找到距离最近的景点
20             nearlyLong=dis;              //将此景点距游客的距离值赋值给nearlyLong记录
21             nearlyname=tpname[i];
22             nearlyhm=name[i];
23     }}
24     if(!nearlyname.equals(Constant.curScenicId)&&nearlyname!=null&&nearlyhm!=null){
25      Intent intent=new Intent(JDMainActivity.this,JDNewActivity.class);
       //找到一个距离最近的景点
26         intent.putExtra("nearlyname", nearlyname);   //添加所进入景点名字的附加信息
27         intent.putExtra("nearlyhm", nearlyhm);       //添加所进入景点汉语名字的附加信息
28         startActivity(intent);                       //开启景点介绍界面
29  }}
30  public void addTour(Location location){              //添加游客类层
31      LatLng latlng=new LatLng(Math.round(location.getLatitude()*10000)/10000.0,
32      Math.round(location.getLongitude()*10000)/10000.0);
33      BitmapDescriptor bitmaps = BitmapDescriptorFactory.fromResource(R.drawable.ballon);
34      mMapView.getMap().addOverlay(new MarkerOptions()
35          .position(latlng)                            //在地图上添加图层
36          .icon(bitmaps));
37  }
```

- 第5~13行为获取用户当前位置,并根据GPS定位方法,若之前没有存储用户的位置则

记录用户的当前位置,若用户较之前存储的位置之间的距离大于阈值则更新位置。

- 第15~29行为一次遍历所有景点并判断是否到达某个景点的范围内,若已到达某个景点则开启景点介绍界面的代码,若其中两个景点距离很近则选择距离用户最近的景点。
- 第30~37行为显示游客位置的代码并更新游客在地图中的位置,为游客提供准确定位的功能,显示游客位置气泡。

(4)为了景点版块功能的完善,此类中还重写了 Activity 类的其他方法,并写了 GPS 初始化的方法,具体代码如下,对应上面步骤(1)中代码第17行与第35行。

> 代码位置:见随书源代码/第3章/HangZhou/app/src/main/java/cn/jingdian 目录下的 JDMainActivity。

```
1   private void initGPSListener() {                                    //初始化 GPS
2       final LocationManager locationManager=(LocationManager)
3           this.getSystemService(Context.LOCATION_SERVICE);            //获取位置管理器实例
4       LocationListener ll=new LocationListener(){                     //位置变化监听器
5           public void onLocationChanged(Location location){           //当位置变化时触发
6               if(location!=null){
7                   try{
8                       Constant.myLocation=location;                   //改变存储的游客位置
9                       updateAndJudgement(location,mBaiduMap);
10                  }catch(Exception e){
11                      e.printStackTrace();                            //打印异常
12          }}}
13          public void onProviderDisabled(String provider){ }
            //Location Provider 被禁用时更新
14          public void onProviderEnabled(String provider){}
            //Location Provider 被启用时更新
15          public void onStatusChanged(String provider, int status,Bundle extras){}
16      };                                                              //注册位置改变的监听器
17      locationManager.requestLocationUpdates(LocationManager.GPS_PROVIDER,5000,0,ll);
18  }
19  protected Dialog onCreateDialog(int id) {
20      Dialog dialog=null;                                             //初始化 Dialog
21      AlertDialog.Builder builder = new AlertDialog.Builder(this);
22      switch(id){                                                     //判断 id
23          case Constant.SHOWMOREDIALOG:
24              dialog=new MoreDialog(this);break;                      //创建"更多"对话框
25          case Constant.EXIT_DIALOG:                                  //代表退出对话框
26              builder = new AlertDialog.Builder(this);                //创建对话框的 Builder
27              builder.setMessage(getResources().getString(R.string.exitdialog))
                //设置显示内容
28                  .setCancelable(false)
29                  .setPositiveButton(getResources().getString
                        (R.string.yes),//设置确定按钮
30                      new DialogInterface.OnClickListener() { //创建单击监听器
31                          public void onClick(DialogInterface dialog, int id) {
32                              JDMainActivity.this.finish();//关闭主界面
33                      }})
34                  .setNegativeButton(getString(R.string.no),new DialogInterface.
                        OnClickListener() {
35                      public void onClick(DialogInterface dialog, int id) {
36                          dialog.cancel();
37                  }});
38              dialog = builder.create();                              //创建对话框
39              break;                                                  //跳出判断
40      }
41      return dialog;                                                  //返回对话框对象
42  }
```

- 第2~3行为获取位置监听管理器,并设置服务的类型为 GPS 获取定位。
- 第4~12行为设置位置变化监听器,当位置变化时触发,并对游客位置进行判断,如果存储的位置为空,则重新储存位置,并调用 updateAndJudgement 方法进行定位。
- 第13~16行为位置变化监听器自带的对 GPS 打开关闭动作进行回调的3种方法。

- 第 17 行是对位置变化监听器进行注册，注册完成就可以对游客位置变化进行监听。
- 第 19～42 行为创建所需要的对话框的方法，通过调用方法时给出的 id 值的不同，分别创建对应的对话框对象并返回，无论调用多少次 onCreateDialog 方法，对应的对话框只创建一次。

3.7.2 当前景点界面的开发

上一节介绍的是景点主界面的功能开发，接下来将要介绍的是当前景点界面的开发，此界面将为用户展现景点的风景图片及文本介绍，使用户可以很好地了解景点，其中用户还可以根据自身需要调整字体大小。下面将为读者介绍当前景点界面的功能开发，具体代码如下。

代码位置：见随书源代码/第 3 章/HangZhou/app/src/main/java/com/cn/jingdian 目录下的 JDNewActivity。

```java
1   package com.cn.jingdian;                                             //声明包
2   import java.io.IOException;
3   ……//该处省略了导入相关类的代码，读者可自行查阅随书的源代码
4   public class JDNewActivity extends Activity {
5       int size_index;                                                  //用于记录字体大小的变量
6       ……//该处省略了声明相关变量的代码，读者可自行查阅随书的源代码
7       public void onCreate(Bundle savedInstanceState){
8           super.onCreate(savedInstanceState);
9           requestWindowFeature(Window.FEATURE_NO_TITLE);                //去掉标题栏
10          SDKInitializer.initialize(getApplicationContext());
11          setContentView(R.layout.jingdian_new);
12          FontManager.changeFonts(FontManager.getContentView(this),this);
            //用自定义的字体方法
13          Intent intent=getIntent();                                    //得到当前景点的 id 号
14          boolean flag=intent.getBooleanExtra("isAll", false);
            //是否从所有景点列表跳转来
15          nearlyname=intent.getStringExtra("nearlyname");               //获取图片名字
16          nearlyhm=intent.getStringExtra("nearlyhm");                   //获取景点名字
17          imageIDs=new Bitmap[5];//初始化数组
18          for(int i=0,j=1;i<5;i++,j++){                                 //确定有 5 张图片
19              imageIDs[i]=BitmapIOUtil.getSBitmap("jingdian/pic/"+nearlyname+j+".jpg");
20          }
21          ……//该处省略了介绍过的对画廊控件的操作代码，读者可自行查阅随书的源代码
22          TextView rvName=(TextView)findViewById(R.id.showName);//获得显示景点名称的 textview
23          rvName.setText(nearlyhm);                                     //设置名字并显示
24          String information=PubMethod.loadFromFile("jingdian/"+szzy+"/"+nearlyname+".txt");
25          rvIntro=(TextView)findViewById(R.id.showIntro);
26          rvIntro.setTextSize(Constant.TEXT_SIZES[size_index]);         //设置显示的字体大小
27          rvIntro.setText(information);                                 //设置介绍文本并显示
28          rvIntro.setTextColor(JDNewActivity.this.getResources().getColor(Constant.COLOR));
29          ……//该处省略了已介绍过的返回方法，故不再赘述，读者可自行查阅随书的源代码
30          Button bt_size_plus=(Button)findViewById(R.id.size_plus_bt);
            //获得加大字号的按钮图标
31          bt_size_plus.setOnClickListener(                              //添加监听
32              new OnClickListener() {
33                  public void onClick(View v) {
34                      size_index=size_index+1;        //字体大小加 1
35                      if(size_index>Constant.TEXT_SIZES.length-1){
36                          size_index=size_index-1;   //如果超出最大字体大小则执行此代码
37                          Toast.makeText(JDNewActivity.this,
38                              getResources().getString(R.string.text_max),Toast.LENGTH_SHORT).show();
39                      }
40                      rvIntro.setTextSize(Constant.TEXT_SIZES[size_index]);//设置字体大小
41          }});
42          ……//该处缩小字体代码因与加大字体代码类似故省略，读者可自行查阅随书的源代码
43      }}
```

- 第 13～16 行的功能为获取两个 Activity 间传递的 Intent 内的附加值，其中 nearlyname 为当前景点的图片名字，nearlyhm 为景点名字。

- 第 18~19 行为根据获取到的 nearlyname，从数据包中获取图片。
- 第 22~28 行为获取布局中的控件并赋值，根据 nearlyhm 获取景点的介绍文本，然后显示出来，并对文本字体的大小设置变量，可以设置字体大小。
- 第 30~41 行用于设置字体大小，首先获取加大缩小按钮，然后对控件进行监听，然后根据设置字体大小变量来改变字体大小，并添加判断不会出现字体大小越过设置字体变量中规定的大小。

3.7.3 所有景点界面的开发

上一节主要介绍的是当前景点界面的开发，接下来介绍的是所有景点界面的开发，此界面为用户展现所有景点的简略介绍，用户可根据自身需要单击查看相应景点的详细介绍信息。下面将为读者介绍所有景点中主界面框架及功能的开发，具体代码如下。

代码位置：见随书源代码/第 3 章/HangZhou/app/src/main/java/com/cn/jingdian 目录下的 JDAllActivity。

```java
1   package com.cn.jingdian;                                    //声明包名
2   import com.cn.util.BitmapIOUtil;
3   ……//该处省略了导入相关类的代码，读者可自行查阅随书的源代码
4   public class JDAllActivity extends Activity {               //继承系统的Activity
5       public static String[] name;                            //景点名字
6       ……//该处省略了相关常量声明的代码，读者可自行查看随书的源代码
7       protected void onCreate(Bundle savedInstanceState) {
8           this.requestWindowFeature(Window.FEATURE_NO_TITLE); //设置全屏
9           super.onCreate(savedInstanceState);                 //调用父类方法
10          setContentView(R.layout.jingdian_all);              //转到景点介绍界面
11          //用自定义的字体方法
12          FontManager.changeFonts(FontManager.getContentView(this),this);
13          ……//该处省略了返回方法的代码，读者可自行查阅随书的源代码
14          intitAll();                                         //调用方法
15      }
16      public void intitAll(){
17          Constant.List=PubMethod.loadFromFile("jingdian/"+szzy+"/"+"hname.txt");
18          ……//该处省略了从数据包获取数据的相关代码，读者可自行查阅随书的源代码
19          BaseAdapter adapter = new BaseAdapter(){
20              ……//该处省略了适配器自带的 3 个方法代码，读者可自行查阅随书的源代码
21              public View getView(int position, View convertView, ViewGroup parent){
22                  LayoutInflater factory=LayoutInflater.from(JDAllActivity.this);
                    //初始化 factory
23                  //将自定义的 griditem.xml 实例化，转换为 View
24                  View view=(View)factory.inflate(R.layout.listitem, null);  //初始化view
25                  ImageView iv=(ImageView)view.findViewById(R.id.piciv);     //初始化 iv
26      iv.setImageBitmap(BitmapIOUtil.getSBitmap("jingdian/pic/"+tpname
        [position]+1+".jpg"));
27                  iv.setScaleType(ImageView.ScaleType.FIT_XY);
28                  TextView showTitle=(TextView)view.findViewById(R.id.showTitle);
29                  showTitle.setText(name[position]);                    //设置景点名称
30   TextView showDistance=(TextView)view.findViewById(R.id.showDistance);
     //显示距离文本控件
31                  if(Constant.myLocation!=null){
32   double dis=Constant.jWD2M(vdata[position], jdata[position], Constant.
     myLocation.getLatitude(),
33   //第一个参数是纬度，第二个是经度，而得到的第一个数组是经度，第二个是纬度
34                  Constant.myLocation.getLongitude());  //计算与之前位置的距离
35                  if(dis<Constant.DISTANCE_SCENIC){
36                      showDistance.setText(getResources().getString(R.
                        string.curs));
37                  }else{                                       //显示距离文本内容
38                      showDistance.setText(dis+getResources().
                        getString(R.string.unit));
39                  }else{                                       //显示距离文本内容
40                      showDistance.setText(getResources().getString(R.
                        string.GPSFailed));
41                  }
```

```
42                    return view;
43             }};
44       GridView showS=(GridView)findViewById(R.id.lvshow);    //初始化 showS
45       ……//该处省略了 GridView 响应方法代码,读者可自行查阅随书的源代码
46   }}
```

- 第 17～18 行为获取数据的代码,将为下面的 GridView 准备数据。
- 第 19 行是为 GridView 创建适配器以此可以进行数据填充。
- 第 21～32 行为通过先选取一个 LayoutInflater,再利用其将自定义的 xml 文件转换为 view,通过 view 从自定义页面中获取控件的引用,然后对其赋值。
- 第 21～32 行的功能为得到当前用户所处的位置与各个景点之间的距离,以便用户可以根据其距离来选择距离最近的景点进行参观,避免用户盲目选择造成不便。
- 第 44 行是对 GridView 中的选项进行监听,如果单击,则跳转到相应景点的介绍界面,来查看图片介绍及具体的文本介绍。

3.7.4 新浪微博功能的开发

在出行的时候,游客如何将自己的所见所感分享给好友呢?新浪微博就为用户提供了一个可以分享自己切身感受的选择,用户可以随时随地地发表自己在旅途中的一些感受或是新鲜事,还可以对沿途美丽风景拍照分享给好友。

(1) 微博开发首先需要做的是接受新浪微博的授权,下面将为读者介绍微博登录授权及界面的开发,具体代码如下。

代码位置:见随书源代码/第 3 章/HangZhou/app/src/main/java/com/cn/weibo 目录下的 WBMainActivity。

```
1    package com.cn.weibo;                                    //声明包
2    import java.text.SimpleDateFormat;
3    ……//该处省略了导入相关类的代码,读者可自行查阅随书的源代码
4    public class WBMainActivity extends Activity{
5        private TextView mTokenText;                         //显示认证后的信息
6        ……//该处省略了相关变量的声明,读者可自行查阅随书的源代码
7        protected void onCreate(Bundle savedInstanceState){
8            super.onCreate(savedInstanceState);
9            setContentView(R.layout.weibo_main);             //显示登录界面
10           FontManager.changeFonts(FontManager.getContentView(this),this);
             //用自定义的字体方法
11           mTokenText = (TextView) findViewById(R.id.tvToken);
12           mWeiboAuth = new WeiboAuth(this, Constants.APP_KEY,//创建微博实例
13           Constants.REDIRECT_URL, Constants.SCOPE);
14           findViewById(R.id.btnLogin).setOnClickListener(new OnClickListener() {//Web 授权
15               public void onClick(View v) {
16                   mWeiboAuth.anthorize(new AuthListener());//调用方法
17           }});
18           mAccessToken = AccessTokenKeeper.readAccessToken(this);
19           if (mAccessToken.isSessionValid()) {   //第一次启动本应用,AccessToken 不可用
20               updateTokenView(true);
21               StarActivity();                              //调用切换界面方法
22       }}
23       class AuthListener implements WeiboAuthListener {    //微博认证授权回调类
24           public void onComplete(Bundle values) {          //从 Bundle 中解析 Token
25               mAccessToken = Oauth2AccessToken.parseAccessToken(values);
26               if (mAccessToken.isSessionValid()) {         //判断是否登录成功
27                   updateTokenView(false);                  //显示 Token
28                   AccessTokenKeeper.writeAccessToken(WBMainActivity.this,
                     mAccessToken);
29               Toast.makeText(WBMainActivity.this, "授权成功", Toast.LENGTH_SHORT).show();
30                   StarActivity();
31               } else {
32                   String code = values.getString("code");  //获取 code 信息
33                   String message = "授权失败";
34                   if (!TextUtils.isEmpty(code)) {
```

```
35                      message = message + "\nObtained the code: " + code;
                        //显示 code 信息
36                  }
37              Toast.makeText(WBMainActivity.this, message, Toast.LENGTH_LONG).show();
38          }}
39          ……//该处省略了微博回调类自带的两个简单方法,读者可自行查阅随书的源代码
40      }
41      private void updateTokenView(boolean hasExisted) {
42          String date = new SimpleDateFormat("yyyy/MM/dd HH:mm:ss").format( //定义 data
43              new java.util.Date(mAccessToken.getExpiresTime())));
44          String format ="Token: %1$s \n 有效期: %2$s";
45          mTokenText.setText(String.format(format, mAccessToken.getToken(),
              date));//设置信息
46          String message = String.format(format, mAccessToken.getToken(), date);
              //设置格式
47          if (hasExisted) {                                         //判断 Token
48              message = "Token 仍在有效期内,无需再次登录." + "\n" + message;
49          }
50          mTokenText.setText(message);                              //显示信息
51      }
52      public void StarActivity() {
53          ……//该处省略转换界面的方法,读者可自行查阅随书的源代码
54  }}
```

- 第 12~13 行是用于对创建出实例,需要 APP_KEY 与 REDIRECT_URL(回调接口)等参数。
- 第 14~17 行是用于获取授权按钮,并对授权按钮监听,单击调用 AuthListener 对微博实例进行授权。
- 第 18~22 行首先是从 SharedPreferences 中读取上次已保存好的 AccessToken 等信息,如果存在,则直接跳转到微博分享编辑界面,并开启 updateTokenView 方法。
- 第 23~40 行是微博授权回调类,首先从 Bundle 中解析到 Token,然后进行判断是否授权登录成功,然后显示信息到登录界面,并切换到微博编辑界面。反之则将会获取 code 并显示,并在其下面的省略方法中捕捉错误并提示。
- 第 41~51 行是对是否是第一次登录授权的判断,如果不是,则在登录微博的界面中显示 AccessToken 等信息,并对有效时间判断以提醒用户。

(2)上面步骤(1)为读者介绍了微博登录授权功能的开发,下面将为读者介绍微博分享编辑界面功能的开发,在此界面内,读者可以编辑分享文字,并发送到微博。下面将为读者介绍分享功能的开发,具体代码如下。

代码位置:见随书源代码/第 3 章/HangZhou/app/src/main/java/com/cn/weibo 目录下的 WBShareActivity。

```
1   package com.cn.weibo;                                           //声明包
2   ……//该处省略了相关类的导入,读者可自行查阅随书的源代码
3   public class WBShareActivity extends Activity implemen
4    OnClickListener,IWeiboHandler.Response{
5       ……//该处省略了相关变量的声明,读者可自行查阅随书的源代码
6       protected void onCreate(Bundle savedInstanceState) {       //显示微博分享编辑界面
7           FontManager.changeFonts(FontManager.getContentView(this),this);
            //用自定义的字体方法
8           mWeiboShareAPI = WeiboShareSDK.createWeiboAPI(this, Constants.APP_KEY);
9           mWeiboShareAPI.registerApp();                          //注册到新浪微博
10          ……//该处省略了微博分享按钮的监听代码,读者可自行查阅随书的源代码
11          getPicBnt=(Button)findViewById(R.id.get_pic_button);   //获取图片按钮
12          getPicBnt.setOnClickListener(this);                    //添加监听
13          mPiclayout = (FrameLayout)findViewById(R.id.flPic);//承装图片的 layout
14          if (!mWeiboShareAPI.isWeiboAppInstalled()) { //未安装客户端,设置下载微博对应回调
15              mWeiboShareAPI.registerWeiboDownloadListener(new IWeiboDownloadListener(){
16                  public void onCancel() {
17                      Toast.makeText(WBShareActivity.this,"取消下载", Toast.LENGTH_SHORT).show();
18          }});}
19          if (savedInstanceState != null) {
20              mWeiboShareAPI.handleWeiboResponse(getIntent(), this); //微博回调
```

3.7 景点功能开发

```
21        }}
22        protected void onNewIntent(Intent intent) {
23            super.onNewIntent(intent);
24            mWeiboShareAPI.handleWeiboResponse(intent, this);//返回到当前应用时调用该函数
25        }
26        public void send(){                                        //分享按钮调用的方法
27            if (mWeiboShareAPI.isWeiboAppSupportAPI()){
28                int supportApi = mWeiboShareAPI.getWeiboAppSupportAPI();
29                if (supportApi >= 10351 ){              //支持同时分享多条消息的判断
30                    WeiboMultiMessage weiboMessage = new WeiboMultiMessage();
31                    weiboMessage.textObject = getTextObj();
32                    if(BZ==1){
33                        weiboMessage.imageObject = getImageObj();
34                    }
35        SendMultiMessageToWeiboRequest request = new SendMultiMessageToWeiboRequest();
36        request.transaction = String.valueOf(System.currentTimeMillis());
        //设置唯一标识一个请求
37                    request.multiMessage = weiboMessage;
38                    mWeiboShareAPI.sendRequest(request); //发送请求消息到微博，唤起微博分享界面
39                } else if(BZ!=1){
40                    ……//该处省略了发一条类型微博的代码，读者可自行查阅随书的源代码
41            }} else {
42            Toast.makeText(this,"微博客户端不支持 SDK 分享或微博客户端未安装或微博客户端是非
43                    官方版本。", Toast.LENGTH_SHORT).show();
44        }}
45        private TextObject getTextObj(){
46            TextObject textObject = new TextObject();              //变量初始化
47            textObject.text = getSharedText();                     //获取文本
48            return textObject;
49        }
50        ……//该处省略了一些方法，读者可自行查阅随书的源代码
51        public void onClick(View v) {
52            if(v.getId()==R.id.get_pic_button){                    //获取照片的按钮
53                SelectPicDialog spdialog=new SelectPicDialog(this);
54                spdialog.show();                                   //显示选择方式对话框
55                BZ=1;                                              //设置标志位
56        }}
57        ……//该处省略了获取照片的方法，将在下面为读者介绍
58    }
```

● 第 8~9 行是用于创建微博接口实例，并将这个实例注册到新浪微博。

● 第 14~18 行是用于对手机是否有微博客户端的判断，如果有则不执行，没有则调用微博下载的回调。

● 第 19~21 行是用于处理微博客户端发送过来的请求。

● 第 22~25 行是用于从当前应用唤起微博并进行分享后，返回到当前应用时，需要在此处调用该函数来接受微博客户端返回数据。

● 第 26~44 行是分享按钮调用的方法，首先是对是否分享多类型信息进行判断，如果是则执行多条信息分享代码，并调用文本获取及图片获取方法得到信息并发送信息到微博，唤起微博分享界面。

● 第 45~49 行是用于回调方法，返回文本信息，在此方法获取编辑的文本信息。

● 第 51~56 行是用于对微博编辑界面中的获取图片按钮的监听，调用创建对话框类创建对话框并显示，并置标志位为 1。

（3）上面步骤（2）为读者介绍了微博编辑分享的功能代码，下面将为读者介绍如何获取图片及拍照的功能开发的方法 onActivityResult，对应上面步骤（2）中代码第 57 行，具体代码如下。

🐝 **代码位置：见随书源代码/第 3 章/HangZhou/app/src/main/java/com/cn/weibo 目录下的 WBShareActivity。**

```
1    if(resultCode==RESULT_OK && requestCode==Constant.FROMALBUM && null!=data){
2        Uri seletedImage=data.getData();            //成功返回且是从图片库返回了图片
3        String[] filePathColumn={MediaStore.Images.Media.DATA};
```

```
 4       Cursor cursor=getContentResolver().query(seletedImage, filePathColumn, null, null, null);
 5       cursor.moveToFirst();
 6       int columnIndex=cursor.getColumnIndex(filePathColumn[0]);
 7       this.mPicPath=cursor.getString(columnIndex);        //得到图片的路径
 8       cursor.close();
 9       ivImage=(ImageView)findViewById(R.id.ivImage);      //获取显示图片的控件引用
10       bitmapDrawable=(BitmapDrawable)ivImage.getDrawable();
11       if(!bitmapDrawable.getBitmap().isRecycled()){       //将此控件中之前的图片释放掉
12           bitmapDrawable.getBitmap().recycle();
13       }
14       ivImage.setImageBitmap(BitmapFactory.decodeFile(this.mPicPath));
         //将图片解析设置显示
15       mPiclayout.setVisibility(View.VISIBLE);             //设置图片可见
16   }                                                       //照相机返回的结果
17   if(resultCode==RESULT_OK && requestCode==Constant.FROMCAMERA && null!=data){
18       Bundle dataBundle=data.getExtras();                 //得到附加的值
19       tempBitmap=(Bitmap)dataBundle.get("data");          //得到图片
20       ivImage=(ImageView)findViewById(R.id.ivImage);      //获取显示图片的控件
21       bitmapDrawable=(BitmapDrawable)ivImage.getDrawable();
22       if(!bitmapDrawable.getBitmap().isRecycled()){       //释放之前的图片
23           bitmapDrawable.getBitmap().recycle();
24       }
25       ivImage.setImageBitmap(tempBitmap);                 //将图片设置显示
26       mPiclayout.setVisibility(View.VISIBLE);
27       boolean isSdCardExit = Environment.getExternalStorageState().equals(
         //判断 SDcard 是否存在
28                              android.os.Environment.MEDIA_MOUNTED);
29       if(isSdCardExit){
30           File saveImageFile = new File("/sdcard/bnguid");   //文件夹目录
31           if (!saveImageFile.exists()){                      //若无此文件夹
32               saveImageFile.mkdir();                         //创建文件
33           }
34           String fileName = new SimpleDateFormat("yyyyMMddHHmmss");//设置文件名
35           File file=null;
36           try {
37               file=File.createTempFile(fileName, ".png", saveImageFile);//创建新文件
38           } catch (IOException e2) {
39               e2.printStackTrace();}// TODO Auto-generated catch block
40           if(null != file){                                  //若创建成功
41               try {
42               BufferedOutputStream bos = new BufferedOutputStream(new
               FileOutputStream(file));
43                   tempBitmap.compress(Bitmap.CompressFormat.JPEG, 80, bos);
44                   this.mPicPath=file.getAbsolutePath(  //存储图像的路径
45                   bos.flush();
46                   bos.close();                               //将输入流强行输出并且关闭
47               } catch (FileNotFoundException e) {
48                   e.printStackTrace();                       //打印异常信息
49               } catch (IOException e) {
50                   e.printStackTrace();                       //打印异常信息
51           }}else{                                            //冒出提示
52               Toast.makeText(this,getResources().getString(R.string.save_failed) ,
53                   Toast.LENGTH_SHORT).show();
54       }}else{                                                //不同的提示
55           Toast.makeText(this,getResources().getString(R.string.nosdcard) ,
56               Toast.LENGTH_SHORT).show();
57   }}
```

- 第 1 行是用于对对话框响应的判断，如果是相册，则是成功从相册返回且是从图片库返回图片。
- 第 2~8 行是用于从图片库中提取信息的操作，并且获得图片资源的路径。
- 第 9~13 行是用于获取自定义布局 xml 中的控件，并且获取控件上的图片，如果有图片则释放图片。
- 第 14~16 行是用于按获取到的图片的路径将图片解析出来，并将图片设置到控件中且显示出来。

- 第 17~33 行是用于对手机是否有 SDcard 的判断，如果有则指定到文件夹目录，若是没有则提示没有 SDcard，如果没有文件夹则创建文件夹。
- 第 34~39 行是用于设置文件名字，并创建新文件。
- 第 40~48 行是首先对是否有文件进行判断，如果存在，则创建 BufferedOutputStream，并设置图片，并且获取存储图片的路径，将输入流强行输出并且关闭，如果不存在文件夹则提示保存失败。

> **提示**　微博开发中，读者一定要将本项目中的 app_key 替换为自己在微博开放者平台中申请的 app_key。App_key 位置在随书源代码/第 3 章/HangZhou/scr/com/cn/weibo 目录下的 Constants 中。并建议读者使用微博默认的回调页。

3.7.5 搜索兴趣点功能的开发

本节将为读者介绍城市兴趣点搜索功能的开发，用户可以根据自身需要搜索兴趣点，将兴趣点显示在地图中并可单击查看小窗体中的信息，如果这一组中的 10 个兴趣点没有用户所需，可以单击下一组按钮查看另外 10 个兴趣点，还可切换到卫星地图。具体代码如下。

代码位置：见随书源代码/第 3 章/HangZhou/app/src/main/java/com/cn/jingdian 目录下的 JDSearchActivity。

```
1   package com.cn.jingdian;                                         //声明包
2   ……//该处省略了相关类的导入，读者可自行查阅随书的源代码
3   public class JDSearchActivity extends FragmentActivity implemen
4   OnGetPoiSearchResultListener, OnGetSuggestionResultListener {
5       ……//该处省略了相关变量的声明，读者可自行查阅随书的源代码
6       public void onCreate(Bundle savedInstanceState) {
7           SDKInitializer.initialize(getApplicationContext());
8           requestWindowFeature(Window.FEATURE_NO_TITLE);            //去掉标题栏
9           ……//该处省略了初始化代码，读者可自行查阅随书的源代码
10          mMapView = (MapView) findViewById(R.id.bmapView);         //获取地图控件
11          mBaiduMap = mMapView.getMap();
12          ……//该处省略了地图模式设置的代码，读者可自行查阅随书的源代码
13          keyWorldsView.addTextChangedListener(new TextWatcher() {  //动态更新建议列表
14              ……//该处省略了相关的两个方法，读者可自行查阅随书的源代码
15              public void onTextChanged(CharSequence cs, int arg1, int arg2,int arg3) {
16                  if (cs.length() <= 0) {
17                      return;
18              }}
19              String city = ((EditText) findViewById(R.id.city)).getText().toString();
20              mSuggestionSearch.requestSuggestion((new   //结果在 onSuggestionResult()中更新
21                  SuggestionSearchOption()).keyword(cs.toString()).city(city));
22          }});}
23      ……//该处省略了管理地图及 Activity 生命周期的方法，读者可自行查阅随书的源代码
24      public void searchButtonProcess(View v) {                     //影响搜索按钮单击事件
25          EditText editCity = (EditText) findViewById(R.id.city);   //获取控件
26          EditText editSearchKey = (EditText) findViewById(R.id.searchkey); //获取控件
27          mPoiSearch.searchInCity((new PoiCitySearchOption()
28              .city(editCity.getText().toString())                  //获取城市关键字搜索
29              .keyword(editSearchKey.getText().toString())          //获取兴趣点关键字搜索
30              .pageNum(load_Index));                                //获取页码关键字翻页
31      }
32      ……//该处省略了翻页功能按钮的监听方法，读者可自行查阅随书的源代码
33      public void onGetPoiResult(PoiResult result) {                //对兴趣点处理的方法
34          if (result == null || result.error == SearchResult.ERRORNO.RESULT_NOT_FOUND) {
35              return;//获取为空则返回空
36          }
37          if (result.error == SearchResult.ERRORNO.NO_ERROR) {
38              mBaiduMap.clear();                                    //清空地图
39              PoiOverlay overlay = new MyPoiOverlay(mBaiduMap);     //创建
40              mBaiduMap.setOnMarkerClickListener(overlay);          //对气泡监听
41              overlay.setData(result);                              //对气泡转入数据
```

```
42                    overlay.addToMap();                          //添加气泡到地图
43                    overlay.zoomToSpan();                        //设置地图缩放比
44                    return;
45                }
46                ……//该处省略了未搜索到处理方法的代码,读者可自行查阅随书的源代码
47            }
48            public void onGetPoiDetailResult(PoiDetailResult result) {
49                ……//该处省略了已为读者介绍过的窗体的开发,读者可自行查阅随书的源代码
50            }
51            public void onGetSuggestionResult(SuggestionResult res) {
52                ……//该处省略了更新搜索建议列表的方法,读者可自行查阅随书的源代码
53            }
54            private class MyPoiOverlay extends PoiOverlay {        //地图气泡单击回调类
55                ……//该处省略了地图单击回调类的方法代码,读者可自行查阅随书的源代码
56            }
57        ……//该处省略了隐藏缩放按钮的方法,读者可自行查阅随书的源代码
58    }
```

- 第10~11行是用于获取地图控件,转入数据并显示地图。
- 第13~22行是用于对编辑兴趣点的编辑框的监听,如果用户填入兴趣点,则此方法激活,使用建议搜索服务获取建议列表,结果在 onSuggestionResult()中更新。
- 第24~31行是用于对城市搜索界面中的开始按钮的监听方法,首先获取到两个编辑框中的关键字信息,并在城市搜索中根据城市关键字与兴趣点关键字来搜索,并根据标志位 load_index 来实现多页兴趣点功能。
- 第33~47行是用于对搜索到的兴趣点的处理方法,首先判断是否搜索到了兴趣点,如果未搜索到则设置为空,否则清除地图中的气泡与其他,创建地图气泡,并对气泡监听,添加数据并显示在地图中。
- 第48~50行是用于对地图气泡的监听反应方法,如果单击气泡,则显示信息窗体,此功能开发已为读者介绍过,故不再赘述。

3.7.6 语言选择功能的开发

上一节介绍的是分享微博功能的开发,下面介绍的是语言选择功能,本景点版块为用户提供了简体中文和英文两种语言,语言选择界面是在更多对话框中选择而弹出来的对话框,主要通过不同的语言来适应更多的人群使用,方便了人们的自主选择,其代码如下。

代码位置:见随书源代码/第 3 章/HangZhou/app/src/main/java/com/cn/jingdian 目录下的 LanguageSelectDialog。

```
1    package com.cn.jingdian;                                      //声明包
2    import java.util.Locale;
3    ……//该处省略了相关类的导入,读者可自行查阅随书的源代码
4    public class LanguageSelectDialog extends Dialog{
5        public static final String[] LANGUAGE={"简体中文","English"};  //可选语言种类
6        Context context;
7        int index;                                                //当前记录的选中值
8        public LanguageSelectDialog(Context context) {
9            super(context);
10            this.context=context;
11            String lan=Locale.getDefault().getLanguage();         //获取系统使用语言
12            String country=Locale.getDefault().getCountry();      //获得地区
13            if("zh".equals(lan)&&"CN".equals(country)){           //判断语言
14                index=0;                                          //中文简体
15            }else{
16                index=1;                                          //英文
17            }}
18        protected void onCreate(Bundle savedInstanceState) {
19            this.setTitle(R.string.LanTitle);                     //设置标题
20            setContentView(R.layout.jiandian_moredialog);         //转到语言选择布局
21            ……//该处省略了为 listview 创建的适配器,读者可自行查阅随书的源代码
```

```
22            ListView lv=(ListView)findViewById(R.id.showLan);       //获得语言种类列表
23            lv.setAdapter(ba);                                      //设置适配器
24            lv.setOnItemClickListener(
25                new OnItemClickListener(){
26                    public void onItemClick(AdapterView<?> arg0, View arg1,int
                       item, long arg3) {
27                        Toast.makeText(context, LANGUAGE[item], Toast.LENGTH_SHORT).
                           show();
28                        if(item==0){                                //为简体中文
29                            Constant.snzy="zhongn";
30                            updateLanguage(Locale.SIMPLIFIED_CHINESE);
31                        }else if(item==1){                          //英语
32                            Constant.snzy="yingn";
33                            updateLanguage(Locale.ENGLISH);
34                        }
35                        dismiss();                                  //关闭
36         }});}
37         private void updateLanguage(Locale locale) {
38             ……//该处省略了改变系统语言的方法，读者可自行查阅随书的源代码
39         }}
```

- 第 8～17 行实现的是语言设置对话框的构造器，主要是获取当前系统使用的语言，并把此语言所代表的 id 号赋值给相应的变量。
- 第 21 行是为 listview 创建适配器，其中有几个需要重写的方法，分别返回对话框的长度、选中的选项、选中选项的 id 号及各选项的视图。
- 第 24～36 行主要是为 listview 的各项添加监听，选择什么语言，就调用改变系统语言的方法，同时更改数据包中相应语言的数据。

> **说明** 上述改变系统语言的设置需要在 AndroidManifest.xml 中设置相应的 android.permission.CHANGE_CONFIGURATION。

3.7.7 建议反馈界面的开发

上一节主要介绍了语言选择功能的开发，接下来本节将介绍的是建议反馈功能的核心代码，用户在使用本软件的时候可能会遇到某些问题和一些建议，通过此功能用户可以针对问题提出宝贵的意见和建议，具体代码实现如下。

代码位置：见随书源代码/第 3 章/HangZhou/app/src/main/java/com/cn/jingdian 目录下的 JDJYActivity。

```
1   public static boolean isConnect(Context context) {        //判断网络是否连接的方法
2       try {                                                 //获取手机所有连接管理对象
3           ConnectivityManager connectivity = (ConnectivityManager) context
4               .getSystemService(Context.CONNECTIVITY_SERVICE);
5           if (connectivity != null) {
6               NetworkInfo info = connectivity.getActiveNetworkInfo();
                //获取网络连接管理的对象
7               if (info != null&& info.isConnected()) {
8                   if (info.getState() == NetworkInfo.State.CONNECTED) {
9                       return true;        //判断当前网络是否已经连接，网络已连接
10      }}}} catch (Exception e) {                             //捕获异常
11          e.printStackTrace();                               //打印异常
12      }
13      return false;                                          //网络连接失败
14  }
15  class sendThread extends Thread{                           //发送邮件的线程
16      public void run() {
17          MailSenderInfo mailInfo = new MailSenderInfo();    //建立 MailSenderInfo 对象
18          mailInfo.setMailServerHost("smtp.163.com");        //发送邮件服务器的 IP
19          mailInfo.setMailServerPort("25");                  //发送邮件的端口
20          mailInfo.setValidate(true);                        //是否需要身份验证
21          mailInfo.setUserName("m18712852082@126.com");      //登录邮件发送服务器用户名
```

```
22          mailInfo.setPassword("q15002233214");                //您的邮箱密码
23          mailInfo.setFromAddress("m18712852082@163.com ");    //邮件发送者的地址
24          mailInfo.setToAddress("m18712852082@163.com");       //邮件接收者的地址
25          mailInfo.setSubject("");                              //邮件的主题
26          mailInfo.setContent(contentStr);                      //邮件的文本内容
27          SimpleMailSender sms = new SimpleMailSender();
28          sms.sendTextMail(mailInfo);                           //发送邮件
29       }}
```

- 第 1～14 行的功能为判断网络是否连接的方法。首先获取手机所有连接管理对象，进而获取相应的网络连接管理对象。通过判断它的状态来返回网络的连接情况。
- 第 15～29 行为一个发送邮件的线程，首先设置邮件的主题、文本内容及发送端口等属性，然后通过调用 SimpleMailSender 类中的 sendTextMail 方法来实现发送邮件的功能。

> **说明** 上述代码是建议反馈的主要的方法，读者可以自行查看随书的辅助方法及一些开发的辅助类，这里不再大篇幅地介绍。

3.8 其他模块的实现

前面的章节着重介绍了本应用中比较重要的美食、景点模块。接下来将会为读者介绍其他没有讲到的模块。其中包括娱乐、住宿、搜索等等。本章节包含的东西比较杂碎，读者一定要细看这些小模块，其中依然包含了一些比较复杂的功能。

3.8.1 娱乐、医疗、购物的实现

由于美食、景点包含的东西比较多，用了两节来介绍。相对而言娱乐、医疗、购物版块包含的内容比较单一，又有几分相似，所以将这 3 个版块合在一起讲。读者也可对比 3 个版块之间的相似与不同之处，提高学习的效率。具体情况如下所示。

（1）下面介绍一下娱乐版块的滑动主界面是如何实现的。该界面最大的亮点就是界面的滚动切换。达到这种效果完全取决于 ViewPager 控件，读者可以多注意一下该控件是如何实现的。其中省略部分可自行查看代码，其具体代码如下。

> **代码位置**：见随书源代码/第 3 章/ HangZhou/app/src/main/res/layout 目录下的 yule_main.xml。

```
1   <?xml version="1.0" encoding="utf-8"?>                    <!--版本号及编码方式-->
2   <LinearLayout xmlns:android="http://schemas.android.com/apk/res/android"
3      android:layout_width="fill_parent"
4      android:layout_height="fill_parent"
5      android:background="@drawable/main_bg"                 <!-设置界面的背景-!>
6      android:orientation="vertical" >
7      <RelativeLayout                                        <!-相对布局-!>
8         android:layout_width="fill_parent"
9         android:layout_height="60dip"
10        android:background="@drawable/biaoti_bg" >
11        <TextView                                           <!-设置标题-!>
12           android:id="@+id/fenlei_title"   android:layout_width="wrap_content"
13           android:layout_height="wrap_content"   android:layout_centerInParent="true"
14           android:textColor="#FFFFF0"      android:textSize="25dip"
15           android:text="娱乐"  >
16        </TextView>
17        <ImageButton                                        <!-设置返回按钮-!>
18           android:id="@+id/fl_back"        android:layout_width="40dip"
19           android:layout_height="40dip"    android:layout_alignParentLeft="true"
20           android:layout_centerVertical="true"   android:layout_marginLeft="16dp"
21           android:background="@drawable/back_bg" />
22     </RelativeLayout>
23     <LinearLayout                                          <!-线性布局-!>
```

```
24          android:layout_width="fill_parent"
25          android:layout_height="wrap_content"
26          android:background="#FFFFFF" >
27      <TextView                                            <!-设置不同的分类-!>
28          android:id="@+id/tv_ktv"          android:layout_width="wrap_content"
29          android:layout_height="wrap_content"   android:layout_weight="1"
30          android:gravity="center"    android:text="@string/str_ktv"
31          android:textColor="@color/black"
32          android:textSize="20sp" />
33      ……//此处省略其他3个TextView,读者可自行查看随书的源代码
34  </LinearLayout>
35   <android.support.v4.view.ViewPager    android:id="@+id/viewpager"
36          android:layout_width="wrap_content"    android:layout_height="wrap_content"
37          android:layout_gravity="center"     android:layout_weight="1"
38          android:background="#000000" />             <!-设置ViewPager的相关属性-!>
39  </LinearLayout>
```

- 第1~6行用于设置整个界面的线性布局，并设置了背景图片。
- 第7~22行是相对布局，用于设置标题栏。在此布局下又设置了文本标题和返回按钮。设置了标题栏的背景图片，设定了控件的相关属性。
- 第23~34行用于设置娱乐版块的4个不同的分类，包括KTV、酒吧、影院、俱乐部。并设置了TextView的长宽和文字颜色。
- 第35~39行用于设置本界面最重要的一个控件ViewPager,使用该控件之前必须得导入相应的jar包。读者可自行查看该控件的相关信息。

（2）上面有提到ViewPager一个不常见的控件，读者可能已经注意到了引用该控件与其他控件的不同。下面将给大家具体介绍一下该控件的使用方法。该控件的实现需要一个构造器的帮助。具体实现如下面的YuLeActivity.java文件所示。

代码位置： 见随书源代码/第3章/HangZhou/app/src/main/java/com/cn/yule 目录下的YuLeActivity.java。

```
1   package com.cn.yule;                                    //声明包
2   ……//此处省略导入类的代码，读者可自行查阅随书的源代码
3   public class YuLeActivity extends Activity implements OnPageChangeListener{
4       ……//此处省略定义变量的代码，读者可自行查阅随书的源代码
5       @Override
6       public void onCreate(Bundle savedInstanceState) {
7           super.onCreate(savedInstanceState);             //调用父类的构造函数
8           setContentView(R.layout.yule_main);             //切换到当前界面
9           vp=(ViewPager) findViewById(R.id.viewpager);    //拿到ViewPager控件
10          PagerAdapter pa=new PagerAdapter(){             //重写构造器
11              ……//此处省略构造器重写的方法，读者可自行查阅随书的代码
12          };
13          vp.setAdapter(pa);                              //将构造器添加到控件中
14          vp.setCurrentItem(0);                           //初始化选项
15          vp.setOnPageChangeListener(this);               //为控件添加监听
16      }
17      @Override
18      public void onPageScrollStateChanged(int arg0) {    //此方法是在状态改变的时候调用
19      }
20      @Override
21      public void onPageScrolled(int arg0, float arg1, int arg2) {
            //当页面在滑动的时候会调用此方法
22      }
23      @Override
24      public void onPageSelected(int arg0) {              //此方法是页面跳转完后得到调用
25          ……//此处省略实现的代码，读者可自行查看随书的源码
26  }}
```

- 第7~9行是调用父类的onCreate构造函数，savedInstanceState是保存当前Activity的状态信息。同时切换到当前界面，并拿到控件的引用。
- 第10~12行是用于重写PagerAdapter构造器。该构造器需要重写8个方法。
- 第13~15行用于ViewPager控件的相关设置。将构造器添加到控件中，并初始化控件的

界面。同时给控件添加上监听。

- 第17～26行是继承OnPageChangeListener接口所重写的方法。这3个方法是用于控件发生变化时所调用。不同的切换效果可以通过这3个方法来实现。有兴趣的读者可以测试一下，将实现的代码放在不同的方法里面会出现如何不同的情况。

（3）前面已经介绍了娱乐版块是如何实现的。接下来给大家详细介绍一下医疗版块的实现过程。由于xml文件过于简单在此就不做展示，主要讲解一下java文件是如何实现的。代码如下所示。

> **代码位置：见随书源代码/第3章/HangZhou/app/src/main/java/com/cn/yiliao目录下的YiLiaoActivity.java。**

```java
1   package com.cn.yiliao;                                     //声明包
2   ……//此处省略导入类的代码，读者可自行查阅随书的源代码
3   public class YiLiaoActivity extends Activity{
4       ……//此处省略定义变量的代码，读者可自行查阅随书的源代码
5       public List<? extends Map<String,?>> generateDataList()   {
6           ArrayList<Map<String,Object>> list=new ArrayList<Map<String,Object>>();
7           for(int i=0;i<count;i++) {                         //遍历信息
8               HashMap<String,Object> hmp=new HashMap<String,Object>();
9               hmp.put("col1",yy_mc[i]);                      //存储信息
10              list.add(hmp);
11          }
12          return list;                                       //返回信息列表
13      }
14      @Override
15      public void onCreate(Bundle savedInstanceState) {
16          super.onCreate(savedInstanceState);
17          setContentView(R.layout.yiliao_main);              //显示界面
18          ……//此处省略如何获取信息，读者可自行查阅随书的源代码
19          GridView gv=(GridView)this.findViewById(R.id.gv_yl);   //获取控件
20          SimpleAdapter sca=new SimpleAdapter (              //设置适配器
21                  this,
22                  generateDataList(),                        //数据List
23                  R.layout.gouwu_row,                        //行对应layout id
24                  new String[]{"col1"},                      //列名列表
25                  new int[]{R.id.row_bt}                     //列对应控件id列表
26              );
27          gv.setAdapter(sca);
28          gv.setOnItemClickListener(                         //为列表添加监听
29              new OnItemClickListener(){
30                  @Override
31                  public void onItemClick(AdapterView<?> arg0,View arg1,int arg2,long arg3){
32                      ……//此处省略了单击事件的处理方法，读者可自行查阅随书的源代码
33  }});}
```

- 第5～13行新建一个方法，目的是通过遍历获取所有信息列表。存储在list中，为后面GridView控件的设置提供信息。
- 第20～26行是用于重写SimpleAdapter构造器。该构造器比较简单，只需要设置几个参数即可。按顺序设置了上下文、信息列表、对应的行框架及与之相对应的id。行框架的搭建，读者可自行查看代码，此处不再赘述。
- 第27～32行将构造器添加到GridView控件中，并为控件添加了监听。该控件的监听由arg2参数的值决定，相当于索引值。

> **提示** 掌上杭州中医疗和购物版块都是用GridView控件搭建的，为什么会出现截然不同的两个界面呢？完全是因为在构造器中每一行构架不同导致的。读者可将两者对比一下，便一目了然。在这将不再叙述购物版块是如何实现的。

3.8.2 住宿版块的实现

上一节主要介绍的是娱乐、医疗、购物的开发，接下来要介绍的是住宿版块的开发，此版块

3.8 其他模块的实现

将为用户展现住宿版块的文本、图片介绍及网上订房的功能开发，使用户在游玩的同时不必因为没有住宿的地方而烦恼，为用户提供方便快捷的服务。

（1）下面向读者具体介绍住宿主界面类 ZhuSuActivity 的基本框架及部分代码，理解该框架有助于读者对住宿主界面开发有整体的了解，其框架代码如下。

> **代码位置**：见随书源代码/第 3 章/HangZhou/app/src/main/java/com/cn/zhusu 目录下的 ZhuSuActivity。

```
1   package com.cn.zhusu;                                        //声明包
2   import java.util.ArrayList;
3   ……//该处省略导入相关类的代码，读者可自行查阅随书的源代码
4   public class ZhuSuActivity extends Activity{
5       private String[] infor=new String[40];                   //文件内容,获取图片名和菜名
6       ……//该处省略了其他变量声明的代码，读者可自行查阅随书的源代码
7       super.onCreate(savedInstanceState);
8       setContentView(R.layout.zhusu_main);
9       FontManager.changeFonts(FontManager.getContentView(this),this);//用自定义的字体方法
10      String information=PubMethod.loadFromFile("zhusu/name.txt");
        //文本内容,获取图片名和菜名
11      ……//该处省略了获取图片文本资源的相关代码，读者可自行查阅随书的源代码
12      ArrayList<HashMap<String, Object>> lstImageItem = new ArrayList<HashMap<String,
        Object>>();
13      for(int i=0;i<count;i++){
14          HashMap<String, Object> map = new HashMap<String, Object>();
15          map.put("ItemImage",imgBp[i]);                       //添加图像资源的 ID
16          map.put("ItemText",namePP[i]);                       //按序号做 ItemText
17          lstImageItem.add(map);
18      }
19      SimpleAdapter saImageItems = new SimpleAdapter(this,     //生成适配器的 ImageItem
20          lstImageItem,                                        //数据来源
21          R.layout.gouwu_item,                                 //night_item 的 XML 实现
22          new String[] {"ItemImage","ItemText"},               //动态数组与 ImageItem 对应的子项
23          new int[] {R.id.ItemImage,R.id.ItemText});           //控件 ID
24      saImageItems.setViewBinder(new ViewBinder(){             //实现接口
25          public boolean setViewValue(View view, Object data,String textRepresentation) {
26              if( (view instanceof ImageView) & (data instanceof Bitmap) ) {
27                  ImageView iv = (ImageView) view;             //获取控件
28                  Bitmap bm = (Bitmap) data;                   //拿到图片
29                  iv.setImageBitmap(bm);                       //添加图片到控件
30                  return true;                                 //返回 true
31              }
32              return false;
33      }});
34      gridview.setAdapter(saImageItems);                       //添加并且显示
35      ImageView iback=(ImageView)this.findViewById(R.id.fl_back); //返回按钮
36      iback.setOnClickListener(new OnClickListener(){          //对按钮进行监听
37          public void onClick(View v){
38              finish();
39      }} );}
40      class ItemClickListener implements OnItemClickListener {  //返回的 Item 单击事件
41          ……//该处省略了单击响应切换界面的方法的代码，将在下面为读者介绍
42  }}
```

● 第 9 行用于实现设置自定义字体样式的转换方法的调用，以实现字体转换。

● 第 12～18 行用于实现动态数组，并转入数据，使数组中的文本内容与图片组装成一一对应的数据。

● 第 19～23 行用于构建适配器，获取控件，并为控件组装一一对应的图片文本数据。

● 第 24～34 行用于实现接口，对控件类型与数据类型进行判断，如果正确则获取控件并对控件添加数据并显示，否则返回 false，不添加数据。

● 第 35～39 行用于实现获取返回按钮 fl_back 的控件引用，并对控件监听，如果用户单击返回按钮，则调用方法 finish 来关闭当前界面。

（2）在了解了住宿主界面的基本结构后，下面将要介绍的是住宿主界面转换到下一级的具体

介绍的转换方法,具体代码如下,对应上面步骤(1)代码中的第 40 行。

代码位置:见随书源代码/第 3 章/HangZhou/app/src/main/java/com/cn/zhusu 目录下的 ZhuSuActivity。

```
1   package com.cn.zhusu;        //当 AdapterView 被单击(触摸屏或者键盘),则返回的 Item 单击事件
2   class ItemClickListener implements OnItemClickListener {
3       public void onItemClick(AdapterView<?> arg0,        //单击的 AdapterView 发生
4                               View arg1,                  //单击 AdapterView 中的视图
5                               int arg2,                   //单击 AdapterView 中的视图
6                               long arg3) {                //单击的行 id 项
7           HashMap<String, Object> item=(HashMap<String, Object>) arg0.getItemAtPosition(arg2);
8           Intent intent=new Intent(ZhuSuActivity.this,ZyActivity.class);
            //选中项目,跳转到下一界面
9           intent.putExtra("namePP",namePP[arg2]);         //酒店名称
10          intent.putExtra("imgPath",imgPath[arg2]);       //图片路径
11          intent.putExtra("jiePath",jiePath[arg2]);       //介绍路径
12          startActivity(intent);
13      }}
```

● 第 2~6 行用于实现当 AdapterView 中的视图被单击时所执行的方法。其中包含了 3 个参数,参数的意义上面有详细解释。

● 第 7~13 行用于跳转下一界面所需要传递的参数。其中内容包括酒店的名称、图片和酒店详细介绍的路径。这些信息传递到下一界面被其接受并使用。

(3)上面介绍了住宿主界面的基本结构及功能开发,下面将要介绍的是住宿次级界面的开发,其中开发了联网功能,具体代码如下。

代码位置:见随书源代码/第 3 章/HangZhou/app/src/main/java/com/cn/zhusu 目录下的 ZyActivity。

```
1   package com.cn.zhusu;                                                   //导入相关类
3   ……//该处省略了导入相关类的代码,读者可自行查阅随书的源代码
4   public class ZyActivity extends Activity{
5       public String duri;                                                 //定义变量
6       public void onCreate(Bundle savedInstanceState) {
7           super.onCreate(savedInstanceState);
8           requestWindowFeature(Window.FEATURE_NO_TITLE);                  //设置全屏
9           setContentView(R.layout.zhusu_yx);
10          FontManager.changeFonts(FontManager.getContentView(this),this);
            //用自定义字体方法
11          String PP_name=this.getIntent().getStringExtra("namePP");
            //接受品牌名称
12          String imgPath=this.getIntent().getStringExtra("imgPath");
            //接受图片路径
13          String jiePath=this.getIntent().getStringExtra("jiePath");
            //接受介绍路径
14          if(jiePath.equals("zhusu/xgll.txt")) {
15              duri="http://www.shangri-la.com/cn/";
16          }
17          ……//该处省略了与 14~15 行相似判断代码,读者可自行查阅随书的源代码
18          TextView tv_name=(TextView)this.findViewById(R.id.zs_name);     //设置品牌名称
19          tv_name.setText(PP_name);
20          Bitmap PP_img=BitmapIOUtil.getSBitmap(imgPath);                 //设置图片
21          ImageView iv_pp=(ImageView)this.findViewById(R.id.zs_img);
22          iv_pp.setImageBitmap(PP_img);
23          TextView jie=(TextView)this.findViewById(R.id.zs_jie);          //设置介绍文本
24          String information=PubMethod.loadFromFile(jiePath);             //获取美食详细介绍
25          jie.setText(information);
26          jie.setTextSize(Constant.TEXT_SIZE);                            //设置字体的大小
27          jie.setTextColor(ZyActivity.this.getResources().getColor(Constant.COLOR));
28          ImageButton iback=(ImageButton)this.findViewById(R.id.fl_back);
            //返回按钮
29          iback.setOnClickListener(                                       //对按钮进行监听
30              new OnClickListener() {
31                  public void onClick(View v) {
32                      finish();                                           //结束本 Activity
33          }});
```

```
34          ImageButton ipost=(ImageButton)this.findViewById(R.id.fl_set);  //联网跳转按钮
35          ipost.setOnClickListener(
36              new OnClickListener() {
37                  public void onClick(View v) {
38                      Uri uri = Uri.parse(duri);                    //得到Uri并初始化
39                      Intent intent = new Intent(Intent.ACTION_VIEW, uri);
40                      startActivity(intent);                        //页面开始跳转
41    }});}}
```

- 第11~13行获取住宿主界面传递过来的品牌名称、图片路径与介绍文本路径，为下面添加数组做准备。
- 第14~17行对获取到的数据进行判断，匹配到相应的网址并赋值给变量duri。
- 第18~27行获取zhusu_yx.xml布局中的控件，设置界面中的标题文本与介绍图片以及文本介绍并显示。
- 第28~33行获取返回按钮并对返回按钮进行监听，结束本界面以实现返回功能。
- 第34~41行获取界面左上角的联网订房按钮id并对按钮进行监听，并获取到变量duri中的数据然后跳转到订房网页。

3.8.3 搜索模块的实现

上一节介绍了住宿模块的实现，下面将介绍掌上杭州中搜索模块是如何实现的。当用户进入搜索界面时会出现常见的搜索内容，可方便用户选择。用户也可自行通过搜索框进行搜索，搜索框有一个联想搜索功能。下面将具体介绍搜索模块的开发。

（1）本节首先介绍的是搜索界面sousuo.xml框架的搭建，包括布局的安排、控件的使用。其中包括了一个少见的AutoCompleteTextView控件，用于搜索框的设置。还有一个自定义控件，用于设置常见搜索内容的布局。其具体代码如下。

代码位置： 见随书源代码/第3章/ HangZhou/app/src/main/res/layout 目录下的 sousuo.xml。

```
1  <?xml version="1.0" encoding="utf-8"?>                          <!--版本号及编码方式-->
2  <LinearLayout xmlns:android="http://schemas.android.com/apk/res/android"  <!--线性布局-->
3      android:layout_width="fill_parent"  android:layout_height="fill_parent"
4      android:orientation="vertical" >
5      <LinearLayout                                                <!--线性布局-->
6          android:id="@+id/searchL1"    android:layout_width="fill_parent"
7          android:layout_height="50dp"  android:background="@drawable/hend"
8          android:gravity="center_vertical" >
9          <RelativeLayout                                          <!--相对布局-->
10             android:id="@+id/searchL2"    android:layout_width="0.0px"
11             android:layout_height="wrap_content"
12             android:layout_weight="1.0"  >
13             <AutoCompleteTextView                                 <!--搜索框控件--!>
14                 android:id="@+id/search_Keywords"  android:layout_width="fill_parent"
15                 android:layout_height="wrap_content" android:layout_gravity="center_vertical"
16                 android:background="@drawable/edittext"  android:layout_marginLeft="8dp"
17                 android:ellipsize="start"       android:focusable="true"
18                 android:focusableInTouchMode="true"  android:imeOptions="actionDone"
19                 android:maxLength="25"   android:maxLines="1"
20                 android:paddingLeft="3dip"
21                 android:singleLine="true" />
22             <ImageView                                            <!--设置清除按钮--!>
23                 android:id="@+id/ivSButtonClear"  android:layout_width="22dip"
24                 android:layout_height="22dip"  android:layout_alignParentRight="true"
25                 android:layout_centerVertical="true"  android:layout_marginRight="12dp"
26                 android:src="@drawable/bus_btn_clear" />
27         </RelativeLayout>
28         <ImageButton                                              <!--设置搜索按钮-->
29             android:id="@+id/search_button"  android:background="@drawable/search"
30             android:layout_width="wrap_content"  android:layout_height="wrap_content"
```

```
31              android:layout_marginRight="2dp"
32              android:scaleType="fitCenter" />
33      </LinearLayout>
34      <LinearLayout                                       <!--线性布局-->
35          android:id="@+id/searchContent"   android:layout_width="fill_parent"
36          android:layout_height="fill_parent"   android:orientation="vertical"
37          android:background="@color/itemcolcor" >
38          <com.cn.sousuo.KeywordsView                     <!--自定义控件--!>
39              android:id="@+id/word"
40              android:layout_width="fill_parent"
41              android:layout_height="fill_parent"
42              android:padding="2dip" />                   <!--设置间距--!>
43      </LinearLayout>
44  </LinearLayout>
```

> **说明** 上述代码用于设置整个搜索界面的布局。用到了线性布局和相对布局。其中使用了多个常见的控件。值得注意的是用于搜索框的 AutoCompleteTextView 控件,具有搜索联想功能。还有就是自定义控件的使用,下面的小节会详细介绍。

（2）上面简要介绍了搜索界面框架的搭建,下面将介绍上述 AutoCompleteTextView 控件是如何实现搜索框的,搜索框是怎样产生联想的,以及如何清空搜索内容的。具体实现如下所示。

代码位置：见随书源代码/第 3 章/HangZhou/app/src/main/java/com/cn/sousuo 目录下的 SouSuoActivity.java。

```
1   package com.cn.sousuo;                                  //声明包
2   ……//此处省略导入类的代码,读者可自行查阅随书的源代码
3   public class SouSuoActivity extends Activity implements View.OnClickListener {
4       ……//此处省略定义变量的代码,读者可自行查阅随书的源代码
5       @Override
6       protected void onCreate(Bundle savedInstanceState) {
7           super.onCreate(savedInstanceState);             //调用父类
8           this.setContentView(R.layout.sousuo);           //切换到当前界面
9           nl=new NameList();                              //获取本地信息列表
10          String[] autoStrs=new String[nl.n_sum];         //声明字符数组
11          for(int i=0;i<nl.n_sum;i++) {
12              autoStrs[i]=nl.s_name[i];                   //通过循环赋值
13          }
14          et_ss=(AutoCompleteTextView)this.findViewById(R.id.search_Keywords); //搜索框
15          ArrayAdapter<String> adapter = new ArrayAdapter<String>(this,
16              android.R.layout.simple_dropdown_item_1line,autoStrs);
17          et_ss.setAdapter(adapter);                      //添加适配器
18          ImageView clear= (ImageView)this.findViewById(R.id.ivSButtonClear);
            //清除搜索框
19          clear.setOnClickListener(new OnClickListener() { //添加监听
20              @Override
21              public void onClick(View v) {
22                  et_ss.setText("");                      //清空搜索框
23  }});;}
```

● 第 7~13 行用于界面切换的准备工作。通过 NameList 类获取本地信息的列表,同时通过循环赋值给数组。为后面的构造器做准备。

● 第 14~17 行首先获取 AutoCompleteTextView 控件,随后设置 ArrayAdapter 构造器。在构造器中使用前面所获取的数组,并设置构造器的风格。将设置完成的构造器添加到控件当中。此时已完成了搜索框的搜索联想功能。

● 第 18~23 行实现了如何清空搜索框内容。首先获取了控件的引用,并对控件添加了监听。在监听方法里面执行了清空搜索框的命令。

（3）上面在搜索界面的搭建中有自定义控件的使用,接下来介绍一下,自定义控件是如何实现的。由于自定义控件类是一个封装的类,包含的内容比较多,由于篇幅的限制不能一一介绍,其中省略的部分读者可自行查看代码,部分重要代码如下。

3.8 其他模块的实现

> **代码位置**：见随书源代码/第 3 章/HangZhou/app/src/main/java/com/cn/sousuo 目录下的 KeywordsView.java。

```
1   package com.cn.sousuo;                                          //声明包
2   ……//此处省略导入类的代码，读者可自行查阅随书的源代码
3   public class KeywordsView extends FrameLayout implements OnGlobalLayoutListener {
4       ……//此处省略定义变量的代码，读者可自行查阅随书的源代码
5       public KeywordsView(Context context, AttributeSet attrs){
6           super(context,attrs);                                    //自定义控件继承父类
7           init();                                                  //初始化方法
8       }
9       ……//此处省略初始化代码，读者可自行查阅随书的源代码
10      private boolean show() {                                     //显示信息的方法
11      if(width > 0 && height > 0 && vecKeywords != null && vecKeywords.size() >
        0 && enableShow){
12          enableShow = false;
13          lastStartAnimationTime = System.currentTimeMillis();
14          int xCenter = width >> 1, yCenter = height >> 1;
15          int size = vecKeywords.size();                           //设置大小
16          int xItem = width / size , yItem = height / size;
17          LinkedList<Integer> listX = new LinkedList<Integer>(), listY =
            new LinkedList<Integer>();
18          for (int i = 0; i < size; i++) {                         //用循环添加信息
19              listX.add(i*xItem);
20              listY.add(i*yItem + (yItem >> 2));
21          }
22          LinkedList<TextView> listTxtTop = new LinkedList<TextView>();   //实例化类
23          LinkedList<TextView> listTxtBottom = new LinkedList<TextView>();//实例化类
24          for (int i = 0; i < size; i++) {
25              String keyword = vecKeywords.get(i);
26              int ranColor =  random.nextInt(5);                   //随机颜色
27              ……//此处省略5种颜色的随机设置，读者可自行查阅随书的源代码
28              int xy[] =randomXY(random,listX,listY,xItem);//随机位置,粗糙
29              int txtSize = TEXT_SIZE_MIN ;                        //随机字体大小
30              final TextView txt = new TextView(getContext());//实例化 Textview
31              txt.setOnClickListener(itemClickListener);           //添加监听
32              txt.setText(keyword);                                //设置文本
33              txt.setTextColor(color);                             //设置颜色
34              txt.setTextSize(TypedValue.COMPLEX_UNIT_SP,txtSize); //设置字体大小
35              txt.setShadowLayer(2, 2, 2, 0xff696969);
36              txt.setGravity(Gravity.CENTER);                      //设置显示风格
37              txt.setEllipsize(TruncateAt.MIDDLE);
38              txt.setSingleLine(true);
39              txt.setEms(10);
40              Paint paint = txt.getPaint();                        //获取文本长度
41              ……//此处省略位置设置，读者可自行查阅随书的源代码
42              return true;
43          }
44          return false;
45      }
46      ……//此处省略部分方法，读者可自行查阅随书的源代码
47  }
```

- 第 5~8 行是自定义控件中必须调用父类方法的。在该方法中调用了本类中的初始方法。
- 第 10~21 行通过判断屏幕的大小，决定信息的摆放位置。并设置文本的大小，同时通过循环将不同的信息添加到屏幕中。
- 第 22~34 行设置了文本信息的相关属性。首先初始化两个不同的事例。通过循环随机设置了不同颜色和字体的大小。并为文本信息添加了监听，用于产生单击效果。
- 第 35~46 行设置了文本的显示风格，并在文本长于视图时显示完整视图。并在此获取文本的长度，为后面设置文本的位置做准备。省略部分通过屏幕的长宽比例和 if 判断语句决定文本信息处在屏幕中什么位置。

3.8.4 设置模块的实现

最后介绍一下掌上杭州应用的最后一个设置模块。在这一版块中完成了用户自定义字体，包括字体的大小、颜色和风格。除了字体的设置外，还包括软件的帮助和关于。由于帮助和关于过于简单就不再详述，读者可自行查看。

本小节就详细介绍一下如何实现自定义字体的。用户可以通过个人喜好设置软件中的字体，满足不同用户的需求。完成该功能的核心代码位于 SheZhiZiTiActivity.java 文件中。下面会讲到其中一个重要的方法。其具体情况如下所示。

代码位置：见随书源代码/第 3 章/HangZhou/app/src/main/java/com/cn/shezhi 目录下的 SheZhiZiTiActivity.java。

```java
1   public Dialog onCreateDialog(int id) {
2       Dialog dialog=null;                                    //声明对话框引用
3       switch(id) {
4           case SHEZHI_DAXIAO:                                //生成单选列表对话框的代码
5               Builder b=new AlertDialog.Builder(this);
6               b.setIcon(R.drawable.szzt);                    //设置图标
7               b.setTitle("字体大小");                         //设置标题
8               b.setSingleChoiceItems( items, 0,
9                   new DialogInterface.OnClickListener() {
10                      ……//此处省略定义字体大小的代码，读者可自行查阅随书的源代码
11              }});
12              b.setPositiveButton (                          //为对话框设置按钮
13                  "确定",
14                  new DialogInterface.OnClickListener(){     //添加监听
15                      @Override
16                      public void onClick(DialogInterface dialog, int which) {}
17              });
18              dialog=b.create();                             //创建对话框
19              break;
20          case SHEZHI_YANSE:                                 //生成单选列表对话框的代码
21              b=new AlertDialog.Builder(this);
22              b.setIcon(R.drawable.szzt);                    //设置图标
23              b.setTitle("字体颜色");                         //设置标题
24              b.setSingleChoiceItems( yanse, 0,
25                  new DialogInterface.OnClickListener() {
26                      @Override
27                      public void onClick(DialogInterface dialog, int which){
28                      ……//此处省略字体颜色的代码，读者可自行查阅随书的源代码
29              }});
30              dialog=b.create();
31              break;
32          case SHEZHI_ZITI:                                  //生成单选列表对话框的代码
33              b=new AlertDialog.Builder(this);
34              b.setIcon(R.drawable.szzt);                    //设置图标
35              b.setTitle("字体样式");                         //设置标题
36              b.setSingleChoiceItems( yanshi, 0,
37                  new DialogInterface.OnClickListener(){     //对对话框添加监听
38                      @Override
39                      public void onClick(DialogInterface dialog, int which)    {
40                      ……//此处省略字体风格的代码，读者可自行查阅随书的源代码
41              }});
42              dialog=b.create();                             //创建对话框
43              break;
44      }
45      return dialog;
46  }
```

- 第 1~3 行的方法为实现切换字体的核心方法。其中声明了弹出对话框的引用。方法中通过 switch 判断设置字体的大小、颜色还有字体风格。
- 第 4~19 行用于设置字体的大小。首先生成单选列表设置其风格，设置了标题、背景。随

后将字体的大小选项加入列表中。最后添加了一个确定按钮，用于判断选择的是哪个选项。
- 第 20~31 行实现了字体颜色的设置。颜色选择列表的设置和上述的大概一致。在颜色的选择上设置了 4 种颜色可供用户选择。
- 第 32~46 行实现了字体显示风格的设置。其实现过程和上述设置字体大小、颜色一致。在这就不再赘述。最后该方法返回对话框，执行结束。

3.9 本章小结

本章对掌上杭州的各个功能模块及实现方式进行了简要的说明讲解。本应用中包含了美食、医疗、购物、景点、娱乐、住宿、搜索、设置功能模块，并对其中的各部分功能版块的功能与实现方式（架构）进行了简要的介绍，读者可循序渐进学习，以学习到本案例的精髓。

本应用中在实现多个功能模块的同时具体实现了公交路线的搜索导航、城市兴趣点搜索、GPS 定位、驾车导航、步行导航、微博分享、邮件反馈、联网订房等基本功能。读者可在实际开发中参考本应用，并根据自身需要优化功能或者添加功能。

第 4 章　营销管理系统——手机汽车 4S 店

本章将介绍的是手机汽车 4S 店的开发。本系统实现了对汽车厂商营销管理的功能，由 PC 端、服务器端和 Android 客户端 3 部分构成。

PC 端实现了对汽车车型、新闻以及汽车服务等管理功能，服务器端实现了数据的传输及对数据库的操作。Android 客户端实现了查看手机汽车 4S 店企业文化、汽车新闻、汽车车型介绍等信息。在接下来的介绍中，首先介绍的是 PC 端和服务器端，最后介绍 Android 客户端。

4.1　系统背景及功能介绍

本节将简要介绍手机汽车 4S 店的背景及功能，主要是对 PC 端、服务器端和 Android 客户端的功能架构进行简要说明。使读者熟悉系统各部分的功能，对整个系统有大致的了解。

4.1.1　手机汽车 4S 店背景简介

随着人们生活水平的提高，汽车厂商为了满足客户的需求而推出 4S 店业务模式。汽车 4S 店拥有统一的外观形象、统一的标识、统一的管理标准，只经营单一的品牌的特点，在提升汽车品牌、汽车生产企业形象上的优势是显而易见的。本手机汽车 4S 店的特点如下。

- 降低成本

由于原有的代理销售体制已不能适应市场与用户的需求，当客户想要了解或购买喜欢的汽车时，需要耗费极大精力，而本系统只需要客户在手机上操作就可以查看最新的汽车新闻，了解自己喜欢的车型信息以及自己所在地区所有该汽车 4S 店的经销商。

- 改善服务质量

加强客户关系管理，挖掘客户资源，建立客户关系管理系统和相关的管理制度，并加大执行力度，及时将销售客户转化为售后客户，对客户做到及时有效的"一对一"服务，与客户进行有效的沟通，为客户提供优质高效的服务。

- 方便管理

企业员工可以很方便地通过本系统来管理汽车 4S 店，做到及时更新该汽车 4S 店企业的所有信息，为客户带来实时有效的资讯，有效地降低企业管理人员的工作压力。

4.1.2　手机汽车 4S 店功能概述

开发一个系统之前，需要对系统开发的目标和所实现的功能进行细致有效的分析，进而确定开发方向。做好系统分析工作，将为整个项目开发奠定一个良好的基础。

经过对汽车 4S 店的细致了解，以及和相关人员进行一段时间的交流和沟通之后，总结出本系统需要的功能如下所示。

1. PC 端功能

- 汽车信息管理登录界面

管理员可以通过输入自己的用户名和密码进入管理界面对手机汽车 4S 店信息进行管理，当管理员输入正确的用户名和密码后，"登录成功！"的消息对话框弹出。

- 管理汽车车型信息

管理员可以对汽车车型进行信息管理，如车系的简介、车型的详细信息以及每款车型的图片介绍，分别对其进行查看、修改、添加等操作。

- 管理汽车新闻信息

管理员可以按时更新汽车新闻，通过设置标识位来判断汽车新闻在 Android 客户端是否可读，还可以对其进行查看新闻具体内容、具体时间以及修改等操作。由于在 Android 端新闻界面下的 Gallery 存放的是固定的 5 张最新新闻图片，所以在添加汽车新闻时需至少添加 5 条新闻。

- 管理汽车 4S 店经销商信息

管理员可以查看该汽车厂商在全国各地汽车 4S 店的详细信息，如公司名称、公司地址、联系方式，还可以对其进行添加、修改具体信息等操作。

- 管理汽车 4S 店企业文化信息

管理员可以在 PC 端查看 4S 店企业文化，如对汽车 4S 店品牌的简介、汽车品牌标志的由来以及企业的发展简史等，还可以根据具体情况对企业文化进行修改和添加。

- 管理意见反馈信息

管理员接收客户从 Android 客户端反馈的意见，用不同的 Android ID 对其进行标识，判断是否已回复客户来进行具体的不同操作，努力完善汽车 4S 店厂商的售后服务。

2. 服务器端功能

- 收发数据

服务器端利用服务线程循环接收 Android 客户端传过来的数据，经过处理后发送给 PC 端，这样就能将 Android 客户端、PC 端联系起来，形成一个共同协作的整体。

- 操作数据库

利用 MySQL 这个关系型数据库管理系统对数据进行管理，服务器端根据 PC 端和 Android 客户端发过来的请求调用相应的方法，通过这些方法对数据库进行相应的操作，保证数据实时有效。

3. Android 客户端功能

- 浏览汽车新闻

用户可以通过 Android 客户端实时了解到汽车 4S 店企业的最新新闻，包括最新上市的汽车车型的图片和介绍，也可以根据自己的喜好来阅读不同的新闻消息。

- 了解汽车 4S 店企业文化

用户可以通过 Android 客户端对汽车 4S 店品牌的简介、汽车品牌标志的由来以及汽车 4S 店厂商的发展简史进行深入的了解。

- 查看汽车 4S 店经销商信息

用户可以在 Android 客户端查看该汽车厂商在全国各地经销商的详细信息，为咨询信息、购买或维修汽车方面提供了极大的方便。

- 对汽车 4S 店服务的建议反馈

用户可以根据不同的反馈方式将自己的问题意见反馈给汽车厂商，如可以免费拨打服务热线、发送短信和 E-mail 等。企业工作人员会在最短的时间内回复客户所提的问题。本书主要对 Android 客户端的功能进行细致的讲解和分析。

根据上述的功能概述可以得知本系统主要包括对各项基本信息的查看、意见反馈的处理等，其系统结构如图 4-1 所示。

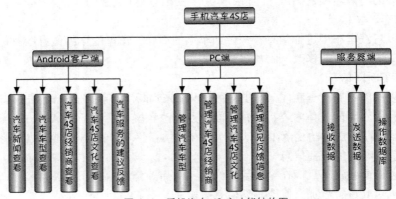

▲图 4-1　手机汽车 4S 店功能结构图

> **说明**　　图 4-1 是手机汽车 4S 店的功能结构图，包含手机汽车 4S 店的全部功能。认识该功能结构图有助于读者了解本程序的开发。

4.1.3　手机汽车 4S 店开发环境和目标平台

1. 开发环境

开发此手机汽车 4S 店需要用到如下软件环境。

- Android Studio 编程软件

Android Studio 是一个 Android 集成开发工具，基于 IntelliJ IDEA，类似 Eclipse ADT，Android Studio 提供了集成的 Android 开发工具。

- JDK 1.6 及其以上版本

系统选 JDK1.6 作为开发环境，因为 JDK1.6 版本是目前 JDK 最常用的版本，有许多开发者用到的功能，读者可以通过不同的操作系统平台在官方网站上免费下载。

- Navicat for MySQL

Navicat for MySQL 是一款强大的 MySQL 数据库管理和开发工具，它基于 Windows 平台。为 MySQL 量身定做，提供类似于 MySQL 的用户管理界面。

- Android 系统

Android 系统平台的设备功能强大，此系统开源、应用程序无界限，随着 Android 手机的普及，Android 应用的需求势必越来越大，这是一个潜力巨大的市场，会吸引无数软件开发商和开发者投身其中。

2. 目标平台

手机汽车 4S 店需要的目标平台如下。

- 服务器端工作在 Windows 操作系统（建议使用 Windows XP 及以上版本）的平台。
- PC 端工作在 Windows 操作系统（建议使用 Windows XP 及以上版本）的平台。

- Android 客户端工作在 Android 2.3 及以上版本的手机平台。

4.2 开发前的准备工作

本节将介绍系统开发前的一些准备工作，主要包括数据库的设计、数据库中表的创建，以及 Navicat for MySQL 与 MySQL 建立联系等基本操作。

4.2.1 数据库设计

开发一个系统之前，做好数据库分析和设计是非常必要的。良好的数据库设计，会使开发变得相对简单，后期开发工作能够很好地进行下去，缩短开发周期。

该系统总共包括 8 张表，分别为汽车车系表、汽车车型表、汽车新闻表、汽车 4S 店经销商表、汽车 4S 店企业文化表、意见反馈信息表、汽车型图片表、管理人员信息表（包括用户名和密码）。各表在数据库中的关系如图 4-2 所示。

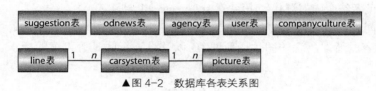

▲图 4-2　数据库各表关系图

下面分别介绍汽车车系表、汽车车型表、汽车新闻表、汽车 4S 店经销商表、汽车 4S 店企业文化表、意见反馈信息表、汽车型图片表、管理人员信息表。这几个表实现了手机汽车 4S 店的功能。

- 汽车新闻表

表名为 odnews，用于管理实时新闻，该表有 6 个字段，包含插入新闻时的时间、新闻导语、新闻详细内容、新闻所含的图片、新闻 ID 以及设置新闻是否可读的标识位。

- 汽车车系表

表名为 line，用于管理汽车厂商所有车系信息，该表有 3 个字段，分别为汽车车系名、车系的详细介绍以及车系的 ID。

- 汽车车型表

表名为 carsystem，用于管理每款车型的详细信息，该表有 17 个字段，分别为所属车系 ID、车型 ID、 车型名称、指导价、车身、车型简介、发动机、变速箱、GPS 导航、车轮制动、安全装备、座椅配置、灯光配置、多媒体配置、玻璃/后视镜、排量以及插入时间。

- 汽车车型图片表

表名为 picture，用于管理不同车型的图片介绍，该表有 3 个字段，包括了车型 ID、图片 ID、图片名称。同一车型拥有相同的车型 ID，在 PC 端插入车型图片介绍时，至少添加两张图片，以便对每款车型有个详细的介绍。

- 汽车 4S 店经销商表

表名为 agency，用于管理不同的经销商信息，该表有 6 个字段，分别为省份 ID、汽车 4S 店 ID（按所属城市来分）、所属省份名、公司名称、公司地址以及联系方式。

- 汽车 4S 店企业文化表

表名为 companyculture，用于管理汽车 4S 店企业文化，该表有 3 个字段，包括文化 ID、文化标题以及文化的具体内容。

- 意见反馈信息表

表名为 suggestion,用于管理 Android 客户端的反馈信息,该表有 6 个字段,包括意见反馈 ID、不同 Android 手机的识别 ID、客户所提的问题、回复信息、提问时间以及联系方式。

- 管理人员信息表

表名为 user,用于管理 PC 端管理人员的基本信息,该表有 2 个字段,分别为用户名和密码。当管理人员在登录界面输入与之匹配的用户名和密码时提示登录成功。

> **说明** 上面将本数据库中的表大概梳理了一遍,由于后面的开发部分全部是基于该数据库做的,因此,请读者认真阅读本数据库的设计。

4.2.2 数据库表设计

上述小节介绍的是手机汽车 4S 店数据库的结构,接下来介绍的是数据库中相关表的具体属性。由于篇幅有限,下面着重介绍汽车新闻表、汽车车型表、汽车 4S 店经销商表、意见反馈信息表。其他表请读者结合随书源代码\第 4 章\sql\create.sql 学习。

(1)汽车新闻表:用于管理实时新闻,该表有 6 个字段,包含插入新闻时的时间、新闻导语、新闻详细内容、新闻所含的图片、新闻 ID 以及设置新闻是否可读的标识位,详细情况如表 4-1 所示。

表 4-1　　　　　　　　　　　　　　汽车新闻表

名称	数据类型	字段大小	是否主键	说明
oid	char	6	是	新闻 ID
dd	date	0	否	新闻时间
lead	varchar	100	否	新闻导语
contents	varchar	1000	否	新闻详细内容
pic	varchar	20	否	新闻图片名称
yorn	char	5	否	标识是否可读

建立该表的 SQL 语句如下。

> **代码位置**:见书中源代码\第 4 章\sql\create.sql。

```
1    create table odnews (                    /*汽车新闻表 odnews 的创建*/
2        oid char(6) primary key,             /*新闻 ID,设置为主键*/
3        dd date,                             /*新闻时间*/
4        lead varchar(100),                   /*新闻导语*/
5        contents varchar(1000),              /*新闻内容*/
6        pic varchar(20),                     /*新闻图片名*/
7        yorn char(5)                         /*设置新闻是否可读标识位*/
8    );
```

> **说明** 上述代码为汽车新闻表的创建,该表中主要包含新闻 ID、新闻时间、新闻导语、新闻内容、新闻图片名、新闻是否可读的标识位 6 个属性。

(2)汽车车型表:用于管理每款车型的详细信息,该表有 17 个字段,分别为所属车系 ID、车型 ID、车型名称、指导价、车身、车型简介、发动机、变速箱、GPS 导航、车轮制动、安全装备、座椅配置、灯光配置、多媒体配置、玻璃/后视镜、排量、插入时间。如表 4-2 所示。

表 4-2　　　　　　　　　　　　　　汽车车型表

字段名称	数据类型	字段大小	是否主键	说明
lid	char	5	否	所属车系 ID
csid	char	6	是	车型 ID
cname	varchar	10	否	车型名称
cprice	varchar	8	否	指导价
carbody	varchar	20	否	车身
cintro	varchar	250	否	车型简介
motor	varchar	20	否	发动机
gearbox	varchar	20	否	变速箱
GPS	varchar	20	否	GPS 导航
wheel	varchar	20	否	车轮制动
safeyeq	varchar	20	否	安全装备
sittingeq	varchar	20	否	座椅配置
lighteq	varchar	20	否	灯光配置
multimidia	varchar	20	否	多媒体配置
vmirror	varchar	20	否	玻璃/后视镜
outputv	varchar	20	否	排量
time	date	0	否	插入时间

建立该表的 SQL 语句如下。

> 代码位置：见书中源代码\第 4 章\sql\ create.sql。

```
1   create table carsystem(                                    /*汽车车型表 carsystem 的创建*/
2       lid char(5),                                           /*所属车系 ID*/
3       csid char(6)primary key,                               /*车型 ID*/
4       cname varchar(10),                                     /*车型名称*/
5       cprice varchar(8),                                     /*指导价  */
6       carbody varchar(20),                                   /*车身*/
7       cintro varchar(250),                                   /*车型简介*/
8       motor varchar(20),                                     /*发动机*/
9       gearbox varchar(20),                                   /*变速箱*/
10      GPS varchar(20),                                       /*GPS 导航*/
11      wheel varchar(20),                                     /*车轮制动*/
12      safeyeq varchar(20),                                   /*安全装备 */
13      sittingeq varchar(20),                                 /*座椅配置*/
14      lighteq varchar(20),                                   /*灯光配置*/
15      multimidia varchar(20),                                /*多媒体配置*/
16      vmirror varchar(20),                                   /*玻璃/后视镜*/
17      outputv varchar(8),                                    /*排量*/
18      time date,                                             /*插入时间*/
19      constraint fk_id foreign key(lid) references line(lid) /*车系 ID 的外键*/
20  );
```

> 说明　　上述代码表示的是汽车车型表的创建，该表中主要包括所属车系 ID、车型 ID、车型名称、指导价、车身、车型简介、发动机、变速箱、GPS 导航、车轮制动、安全装备、座椅配置、灯光配置、多媒体配置、玻璃/后视镜、排量、插入时间 17 个属性。

（3）汽车 4S 店经销商表：用于管理不同的经销商信息，该表有 6 个字段，分别为省份 ID、汽车 4S 店 ID（按所属城市来分）、所属省份名、公司名称、公司地址、联系方式。如表 4-3 所示。

表 4-3　　　　　　　　　　　汽车 4S 店经销商表

字段名称	数据类型	字段大小	是否主键	说明
proid	char	10	否	省份 ID
cityid	char	10	是	汽车 4S 店 ID（按所属城市来分）
pro	varchar	10	否	所属省份
name	varchar	40	否	公司名称
address	varchar	80	否	公司地址
tel	varchar	15	否	联系方式

建立该表的 SQL 语句如下。

代码位置：见书中源代码\第 4 章\sql\create.sql。

```
1   create table agency(               /*汽车 4S 店经销商表的创建*/
2       proid char(10),                /*所属省份 ID*/
3       cityid char(10) primary key,   /*汽车 4S 店 ID(按所属城市来分)*/
4       pro varchar(10),               /*所属省份*/
5       name varchar(40),              /*公司名称*/
6       address varchar(80),           /*公司地址*/
7       tel varchar(15)                /*联系方式*/
8   );
```

说明　　上述代码表示的是汽车 4S 店经销商表的创建，该表中主要包括所属省份 ID、汽车 4S 店 ID（按所属城市来分）、所属省份、公司名称、公司地址、联系方式 6 个属性。

（4）意见反馈信息表：用于管理 Android 客户端的反馈信息，该表有 6 个字段，包括意见反馈 ID、不同 Android 手机的识别 ID、客户所提的问题、回复信息、提问时间、联系方式。如表 4-4 所示。

表 4-4　　　　　　　　　　　意见反馈信息表

字段名称	数据类型	字段大小	是否主键	说明
sid	char	6	是	意见反馈信息 ID
phoneid	char	50	否	不同 Android 手机的识别 ID
time	datetime	0	否	提问时间
question	varchar	800	否	客户所提的问题
answer	varchar	800	否	回复信息
tel	char	11	否	联系方式

建立该表的 SQL 语句如下。

代码位置：见书中源代码\第 4 章\sql\create.sql。

```
1   create table suggestion (          /*意见反馈信息表的创建*/
2       sid char(6)primary key,        /*意见反馈信息 ID,设置为主键*/
3       phoneid char(50),              /*不同 Android 手机的识别 ID*/
4       time DateTime,                 /*提问时间*/
5       question varchar(800),         /*客户所提的问题*/
6       answer varchar(800),           /*回复信息*/
7       tel char(11)                   /*联系方式*/
8   );
```

> **说明** 上述代码表示的是意见反馈表的创建，该表中主要包括意见反馈 ID、不同 Android 手机的识别 ID、客户所提的问题、回复信息、提问时间、联系方式 6 个属性。

4.2.3 使用 Navicat for MySQL 创建表并插入初始数据

本手机汽车 4S 店后台数据库采用的是 MySQL，开发时使用 Navicat for MySQL 实现对 MySQL 数据库的操作。Navicat for MySQL 的使用方法比较简单，本节将介绍如何使用其连接 MySQL 数据库并进行相关的初始化操作，具体步骤如下。

（1）开启软件，创建连接。设置连接名(密码可以不设置)，如图 4-3 所示。

> **说明** 在进行上述步骤之前，必须首先在机器上安装好 MySQL 数据库并启动数据库服务，同时还需要安装好 Navicat for MySQL 软件。MySQL 数据库以及 Navicat for MySQL 软件是免费的，读者可以自行从网络上下载安装。由于本书不是专门讨论 MySQL 数据库的，因此，对于软件的安装与配置这里不做介绍，需要的读者请自行参考其他资料或书籍。

（2）在建好的连接上单击鼠标右键，选择打开连接，然后选择创建数据库。键入数据库名为"carlist"，字符集选择"utf8--UTF-8 Unicode"，整理为"utf8_general_ci"，如图 4-4 所示。

▲图 4-3 创建新连接图

▲图 4-4 创建新数据库

（3）在创建好的 carlist 数据库上单击鼠标右键，选择打开，然后选择右键菜单中的运行批次任务文件，找到随书源代码第 4 章\sql\create.sql 脚本。单击此脚本开始运行，完成后关闭即可。

（4）此时再双击 carlist 数据库，其中的所有表会呈现在右侧的子界面中，如图 4-5 所示。

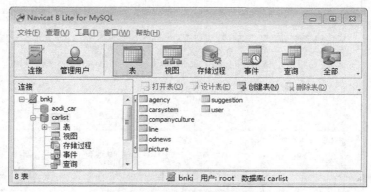

▲图 4-5 创建连接完成效果图

（5）当数据库创建成功后，读者需通过 Navicat for MySQL 运行随书源代码/第 4 章/sql/ insert.sql 里与 user 表相关的脚本文件来插入初始数据（用户名和密码），具体插入初始数据代码如下。

> 代码位置：见书中源代码\第 4 章\sql\insert.sql。

```
1    insert into user values('张三','1234');
```

> 说明　　由于用户在使用本系统 PC 端时需在登录界面输入与之匹配的用户名和密码后才能对与手机汽车 4S 店相关的信息进行管理，所以先得运行随书源代码\第 4 章\sql\insert.sql 里与 user 表相关的脚本文件来插入初始数据（用户名和密码）。

4.3　系统功能预览及总体架构

本系统由 PC 端、服务器端和 Android 客户端 3 部分组成，这一节将介绍手机汽车 4S 店的基本功能。通过对本节的学习，读者将对 PC 端和 Android 客户端的总体架构有一个大致的了解。

4.3.1　PC 端预览

PC 端主要负责管理汽车 4S 店信息、处理意见反馈信息等。本节将对 PC 端进行简单介绍，PC 端管理主要包括管理汽车 4S 店信息、回复客户所提问题等操作。

（1）管理人员在使用 PC 端对与手机汽车 4S 店相关的信息进行管理之前，需输入与之匹配的用户名和密码来登录管理界面，如图 4-6 所示。

（2）管理人员可以对与汽车车型有关的信息进行实时操作。例如，进行添加、修改相关车型的信息等操作，如图 4-7 所示。

（3）PC 端可以实现添加新闻、修改新闻、设置新闻是否可读等操作。通过单击新闻明细可以查看新闻的详细内容，如图 4-3 所示。

▲图 4-6　PC 端登录界面

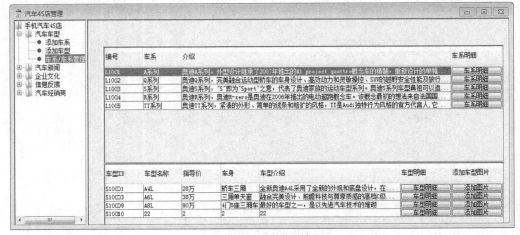

▲图 4-7　汽车车型管理

4.3 系统功能预览及总体架构

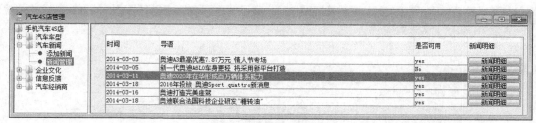

▲图 4-8 汽车新闻管理

（4）在汽车 4S 店企业文化管理中，管理员可以对汽车 4S 店企业文化进行查看操作，在必要的时候可以根据现实情况来修改不同的汽车 4S 店企业文化信息。如图 4-9 所示。

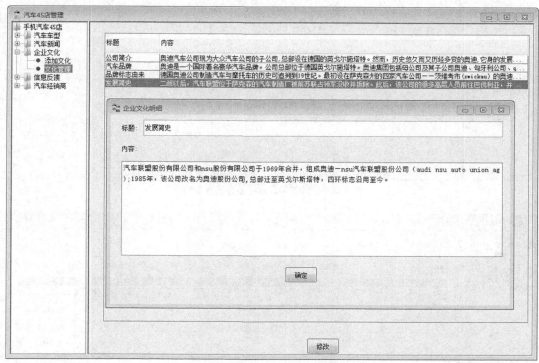

▲图 4-9 汽车 4S 店企业文化管理

（5）在汽车 4S 店经销商管理中，管理员可以根据省份名来查看该省份所有 4S 店经销商的详细信息，也可以对其进行修改、添加新的经销商等操作，如图 4-10 所示。

（6）在意见反馈信息管理中，管理员可以根据是否回复客户问题来管理反馈信息，若已回复了的，则可在选中具体问题之后通过单击查看按钮来进行查看具体回复内容的操作，如图 4-11 所示。

（7）由于一些问题还未来得及回复，那么管理员可以查看暂未回复的问题，在选中具体问题之后通过单击回复按钮来进行回复相应问题的操作，如图 4-12 所示。

> 说明
>
> 以上是对整个 PC 端功能的概述，请读者仔细阅读，以对 PC 端有大致的了解。预览图中的各项数据均为后期操作添加，若不添加则 Android 端无法运行，请读者自行登录 PC 端后尝试操作。鉴于本书主要介绍 Android 的相关知识，本书只以少量篇幅来介绍 PC 端的管理功能。

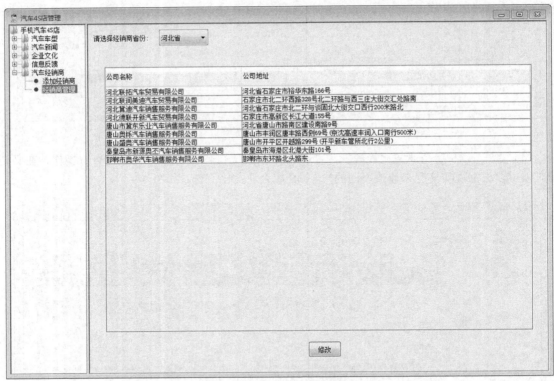

▲图 4-10　汽车 4S 店经销商信息管理

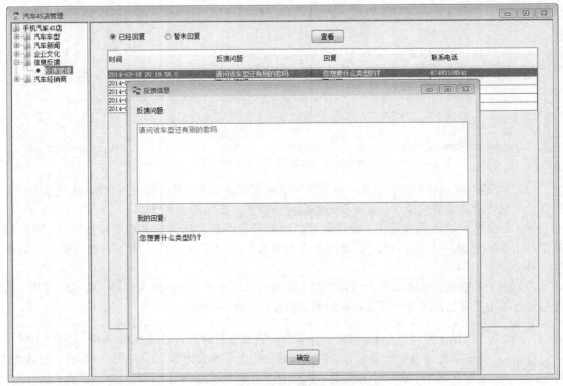

▲图 4-11　意见反馈信息已回复

4.3 系统功能预览及总体架构

▲图 4-12 意见反馈信息未回复

4.3.2 Android 客户端功能预览

（1）打开本软件后，首先进入加载界面，效果如图 4-13 所示。在加载过程中，将 Android 客户端所需要的图片数据从数据库缓存到手机的 SD 卡中。

（2）加载完后进入主界面，默认在汽车新闻界面，如图 4-14 所示。单击标题栏不同的按钮，跳转到不同的模块界面。在汽车新闻界面，单击新闻导语浏览具体的新闻内容。

（3）单击标题栏的车型按钮，切换到查看汽车车型界面，如图 4-15 所示。单击不同的车系查看该车系下的不同车型的参数详情和图片介绍。

▲图 4-13 汽车 4S 店加载界面

▲图 4-14 默认汽车新闻界面

▲图 4-15 汽车车型查看界面

第 4 章 营销管理系统——手机汽车 4S 店

（4）单击标题栏的文化按钮，切换到企业文化查看界面，如图 4-16 所示。单击不同的文化标语查看相应的具体企业文化内容。

（5）单击标题栏的经销商按钮，切换到汽车 4S 店经销商查看界面，如图 4-17 所示。单击具体省份后进入该省经销商详细介绍的界面。

（6）单击标题栏的服务按钮，切换到汽车 4S 店服务界面，如图 4-18 所示。当单击建议反馈按钮时跳到另一界面，用户可以留下联系方式和反馈信息。

▲图 4-16 企业文化界面

▲图 4-17 经销商查看界面

▲图 4-18 汽车 4S 店服务界面

> **说明** 以上功能预览图中的车型、经销商等数据均为后期通过操作 PC 端添加得以实现，请读者自行操作，以达到预览图所示效果。以上介绍主要是对本系统 Android 客户端功能的概述，读者可以对本系统的 Android 客户端有大致的了解，接下来的介绍中会一一实现对应的功能。

4.3.3 Android 客户端项目目录结构

上一节介绍的是 Android 客户端的主要功能，接下来介绍的是系统目录结构。在进行系统开发之前，还需要对系统的目录结构有大致的了解，该结构如图 4-19 所示。

> **说明** 图中所示为 Android 客户端程序目录结构图，包括程序源代码、程序所需图片、xml 文件和程序配置文件，使读者对 Android 客户端程序文件有清晰的了解。

了解了本系统都有哪些功能后，在详细学习开发之前读者可能希望在自己的机器上运行一下，以加深体会，此时有如下几点需要注意。

- 首先要在自己的机器上安装配置好 MySQL 数据库，并创建所需的表和插入初始管理员账户数据。本案例中 MySQL 数据库是没有密码的，若读者需要有密码则需要修改相关的代码。
- 接着将服务端项目导入 Eclipse 并运行。
- 然后可以将 PC 端项目导入 Eclipse 并运行。要特别注意的是，笔者提供的源代码是默认 PC 端和服务器工作在同一台机器上的，若读者的需求不同需要修改 PC 端项目中 NetInfoUtil 类中有关服务器 IP 的代码。

- 最后可以将 Android 项目导入 Android Studio 并运行到手机上。要特别注意的是，笔者提供的源代码中服务器的 IP 地址是笔者机器的，读者需要在运行前修改为读者运行服务器程序机器的 IP。同时，还需要保证运行 Android 端的手机和运行服务器的机器网络是互通的。

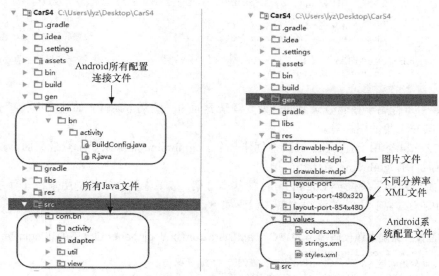

▲图 4-19 Android 客户端目录结构图

综上可以看出，成功运行本案例需要对开发各方面的基本知识比较熟悉，如果读者对这些基本知识不太了解请首先参考相关的资料进行学习。由于本书着重于介绍 Android 端功能的开发，对这些基本知识不能一一详细介绍。

4.4 PC 端的界面搭建与功能实现

前面已经介绍了手机汽车 4S 店功能的预览以及总体架构，下面介绍具体代码的实现，先从 PC 端开始。PC 端主要用来实现对手机汽车 4S 店相关内容的管理与更新，本节主要介绍 PC 端对汽车新闻、车型、信息反馈等相关信息的管理。

4.4.1 用户登录功能的开发

下面将介绍用户登录功能的开发。打开 PC 端的登录界面，需要输入用户名与密码，判断输入是否正确。若正确，即可进入 PC 端管理界面。

（1）首先介绍的是用户登录界面的搭建及其相关功能的实现，给出实现其界面的 LoginFrame 类的代码框架，具体代码如下。

> 代码位置：见随书源代码\第 4 章\PC_Car4S\src\com\bn\frame 目录下的 LoginFrame.java。

```
1   package com.bn.frame;
2   ……//此处省略导入类的代码，读者可自行查阅随书的源代码
3   public class LoginFrame extends JFrame{                    //用户登录界面
4       JLoginPanel jLoginPanel=new JLoginPanel();             //创建登录 JPanel 的对象
5       final LoginFrame login;                                //创建登录界面的对象，进行显示
6       String lookAndFeel;                                    //定义界面风格字符串
7       ImageIcon img;                                         //创建 ImageIcon 对象
8       public LoginFrame(){
9           img=new ImageIcon("res/img/png-0010.png");         //将图片加载到 ImageIcon 中
```

```
10          this.setTitle("登录界面");                          //设置标题为"登录界面"
11          jLoginPanel.setBackground(Color.WHITE);            //背景颜色设置为白色
12          this.add(jLoginPanel);                              //将JPanel对象添加到登录界面中
13          this.setBounds(500,200,400,420);                    //设置界面大小
14          this.setVisible(true);                              //设为可见
15          try{
16              lookAndFeel="com.sun.java.swing.plaf.windows.WindowsLookAndFeel";
17              UIManager.setLookAndFeel(lookAndFeel);          //设置外观风格
18          } catch(Exception e){
19              e.printStackTrace(); }
20          this.setIconImage(img.getImage());                  //设置界面左上方的图标
21      }
22      public static void main(String [] args){               //打开用户登录主界面的Main方法
23          login=new LoginFrame();
24      }}
```

- 第8～21行用于搭建登录界面，设置登录界面的一些基本属性，如其大小、背景色及外观风格，定义其左上角的图标等。
- 第22～24行用于在main方法中创建一个LoginFrame对象来显示登录界面，然后在显示主管理界面后将LoginFrame窗体释放掉。

（2）上面已介绍了界面类LoginFrame的基本框架，接下来要介绍的是用来搭建登录界面类的各种控件的定义与监听方法的添加，具体代码如下。

> 代码位置：见随书源代码\第4章\PC_Car4S\src\com\bn\loginpanel 目录下的 JLoginPanel.java。

```
1   package com.bn.loginpanel;
2   ......//此处省略导入类的代码，读者可自行查阅随书的源代码
3   public class JLoginPanel extends JPanel
4       implements ActionListener{
5       JLabel jLoginPicL;                                      //定义JLabel（放图片）
6       JLabel jAdminL;                                         //定义用户名标签
7       JLabel jPassWordL;                                      //定义密码标签
8       JLabel jWarningL;                                       //定义提示信息标签
9       JTextField jAdminT;                                     //定义用户名输入框
10      JPasswordField jPassWordT;                              //定义密码输入框
11      JButton jLoginOk;                                       //定义登录按钮
12      JButton jLoginRe;                                       //定义重置按钮
13      ImageIcon ii;                                           //定义ImageIcon对象
14      int width=400;                                          //设置图片长度
15      int height=120;                                         //设置图片高度
16      public JLoginPanel(){
17          ii=new ImageIcon("res/img/background2.png");        //定义登录JPanel中的插图
18          ii.setImage(ii.getImage().getScaledInstance
19              (width, height, Image.SCALE_DEFAULT));          //保证图片不会被拉伸
20          jLoginPicL=new JLabel();                            //创建JLabel
21          jLoginPicL.setIcon(ii);                             //将图片放到标签中显示
22          jAdminL=new JLabel("用 户 名:");                     //创建用户名标签
23          jPassWordL=new JLabel("密    码:");                  //创建密码标签
24          jWarningL=new JLabel("提示:");                       //创建提示标签
25          jAdminT=new JTextField();                           //创建用户名输入框
26          jPassWordT=new JPasswordField();                    //创建密码输入框
27          jLoginOk=new JButton("登录");                        //创建"登录"按钮
28          jLoginRe=new JButton("重置");                        //创建"重置"按钮
29          this.setLayout(null);                               //不使用任何布局
30          this.add(jLoginPicL);                               //将图片标签插入到登录JPanel中
31          jLoginPicL.setBounds(0,0,400,200);
32          this.add(jAdminL);                                  //将用户名标签插入到登录JPanel中
33          jAdminL.setBounds(20,200,60,30);
34          this.add(jAdminT);                                  //将用户名输入框插入到登录JPanel中
35          jAdminT.setBounds(80,200,270,30);
36          this.add(jPassWordL);                               //将密码标签插入到登录JPanel中
37          jPassWordL.setBounds(20,240,60,30);
38          this.add(jPassWordT);                               //将密码输入框插入到登录JPanel中
39          jPassWordT.setBounds(80,240,270,30);
40          this.add(jLoginOk);                                 //将"登录"按钮插入到登录JPanel中
41          jLoginOk.setBounds(130,290,60,30);
```

```
42              this.add(jLoginRe);                              //将"重置"按钮插入到登录JPanel中
43              jLoginRe.setBounds(245,290,60,30);
44              this.add(jWarningL);                             //将提示标签插入到登录JPanel中
45              jWarningL.setBounds(20,290,100,30);
46              jLoginOk.addActionListener(this);                //给"登录"按钮添加监听
47              jLoginRe.addActionListener(this);                //给"重置"按钮添加监听
48          }
49          ……//此处省略登录界面中按钮的监听方法的实现,后面详细介绍
50      }
```

- 第5~15行定义登录JPanel时需要的各个变量,包括插入图片,定义用户名、密码输入框、提示标签、登录按钮以及重置按钮等变量。
- 第17~28行创建登录JPanel时需要的各个变量,包括插入图片标签、用户名标签、密码输入框以及提示标签等对象。
- 第29~45行设置此JPanel为空布局,将图片标签、用户名标签、密码输入框、提示标签等添加到JPanel中,并设置其在登录界面的位置、大小等。
- 第46~47行为登录按钮和重置按钮添加监听方法,监听方法在此省略,后面将进行详细介绍,读者可自行查阅随书附带的源代码。

(3) 在登录界面搭建好之后,接下来要进行的工作就是给界面中的两个按钮添加监听,即上述代码中省略的给界面中的按钮添加监听的方法,具体代码如下。

> **代码位置:** 见随书源代码\第4章\PC_Car4S\src\com\bn\loginpanel目录下的JLoginPanel.java。

```
1   @Override
2   public void actionPerformed(ActionEvent arg0){                   //登录/重置按钮添加监听
3       String ls=NetInfoUtil.getUser();
4       String[] mess;
5       mess=ls.split("<#>");//获得从服务器端传过来的用户名和密码
6       if(arg0.getSource()==jLoginRe){                              //单击重置按钮
7           jAdminT.setText("");                                     //用户输入框内容清空
8           jPassWordT.setText("");                                  //密码输入框内容清空
9           jWarningL.setText("提示:");                              //设置提示标签内容为"提示:"
10      }else if(arg0.getSource()==jLoginOk){                        //单击登录按钮
11          if(jAdminT.getText().equals(mess[0])&&jPassWordT.getText().equals(mess[1])){
12              jWarningL.setText("");
13              JOptionPane.showMessageDialog(null, "提示:登录成功!");
14              new PrimaryFrame();                                  //打开PC端主管理界面
15          }else {
16              jWarningL.setText("提示:用户名或者密码错误!!!");
17              jAdminT.setText("");                                 //用户输入框内容清空
18              jPassWordT.setText("");                              //密码输入框内容清空
19      }}}
```

- 第6~9行用于给"重置"按钮添加监听,将用户名和密码的输入框内容都置为空。
- 第10~18行用于给"登录"按钮添加监听,从输入框中获得输入的用户名和密码,然后与从服务器传来的用户名和密码进行比较。若信息正确,"登录成功!"的消息对话框就弹出,反之在左下角显示登录失败的信息"输入错误"。

4.4.2 主管理界面功能的开发

在介绍完登录界面之后,将要介绍的是主管理界面功能的开发。登录成功后,将进入主管理界面,对手机汽车4S店的相关信息进行管理。

(1) 下面要介绍的是用来搭建主管理界面的树结构模型PrimaryTree类,树结构模型主要由5个节点构成,各个节点下面还有若干子节点,具体代码如下。

> **代码位置:** 见随书源代码\第4章\PC_Car4S\src\com\bn\frame目录下的PrimaryTree.java。

```
1   package com.bn.frame;
2   ……//此处省略导入类的代码,读者可自行查阅随书附带中的源代码
```

```
3      public class PrimaryTree
4      implements TreeSelectionListener{
5             JTree jt=new JTree();                    //定义一个树形结构对象
6             ……//此处省略定义各个树节点的代码，读者可自行查阅随书附带源代码
7             public PrimaryTree(){                    //定义各个节点
8                    fnode2.add(snode1);               //将车系节点添加到汽车车型主节点中
9                    fnode2.add(snode2);               //将车型节点添加到汽车车型主节点中
10                   fnode2.add(snode3);               //将车系/车型管理节点添加到汽车车型主节点中
11                   fnode3.add(snod2);                //将文化节点添加到汽车文化主节点中
12                   fnode3.add(snode3);               //将文化管理节点添加到汽车文化主节点中
13                   fnode4.add(snod4);                //将经销商节点添加到汽车 4S 店经销商主节点中
14                   fnode4.add(snod5);                //将经销商管理节点添加到汽车 4S 店经销商主节点中
15                   fnode4.add(node1);                //将新闻节点添加到汽车新闻主节点中
16                   fnode4.add(node2);                //将新闻管理节点添加到汽车新闻主节点中
17                   fnode1.add(snod1);                //将信息反馈管理节点添加到信息反馈主节点中
18                   DefaultMutableTreeNode top=
19                       new DefaultMutableTreeNode("手机汽车 4S 店");//创建一个手机汽车 4S 店主节点对象
20                   top.add(fnode2);                  //将汽车车型添加到主节点中
21                   top.add(fnode5);                  //将汽车新闻添加到主节点中
22                   top.add(fnode3);                  //将汽车文化添加到主节点中
23                   top.add(fnode1);                  //将信息反馈添加到主节点中
24                   top.add(fnode4);                  //将汽车 4S 店经销商添加到主节点中
25                   TreeModel all = new DefaultTreeModel(top);  //将主节点添加到树模型中
26                   jt.setModel(all);                 //JTree 设置模型
27                   jt.addTreeSelectionListener(this);           //给 JTree 添加监听
28                   ……//此处省略各个树节点添加监听方法的代码，后面将详细介绍
29      }}
```

- 第 5~6 行为定义的各个树节点的代码，这里由于篇幅原因没有一一列出，读者可自行查阅随书源代码。
- 第 8~17 行用于把各个已经创建的子节点对象添加到相对应的主节点下。
- 第 18~26 行用于将各个有子节点的主节点添加到树模型上，并对创建的树对象的模型进行设置。
- 第 27~29 行用于给创建的树对象的各个节点添加监听，监听代码在此处省略，下面将详细介绍。

（2）在主界面搭建好了之后，接下来要进行的工作就是给界面中的树节点添加监听，即上述操作中省略的给树节点添加监听的方法，具体代码如下。

代码位置：见随书源代码\第 4 章\PC_Car4S\src\com\bn\frame 目录下的 PrimaryTree.java。

```
1      @Override
2      public void valueChanged(TreeSelectionEvent arg0){
3             //获得最后点中的节点，添加单击事件
4             DefaultMutableTreeNode node=(DefaultMutableTreeNode)jt.getLastSelectedPathComponent();
5             if(node.equals(snode1)){                                        //单击添加车系节点
6                    PrimaryFrame.c1.show(PrimaryFrame.jAll, "jAddCars");     //显示添加车系界面
7             } else if(node.equals(snode2)){                                 //单击添加车型节点
8                    PrimaryFrame.c1.show(PrimaryFrame.jAll, "jAddCar");      //显示添加车型界面
9             }else if(node.equals(snode3)){                                  //单击车系/车型管理节点
10                   PrimaryFrame.c1.show(PrimaryFrame.jAll, "jLookCarLine"); //显示车系/车型管理界面
11                   new JMakeTableForCars();                                 //为显示车系内容创建表格
12            }
13            ……//在其他节点下的操作与上述操作基本相同，不再进行赘述，读者可自行查阅源代码
14     }
```

> **说明** 上述为给树节点添加监听的方法，实现了每个功能模块管理界面的显示。由于具体代码的实现大致相似，在这里只列举了有关车系、车型节点监听的实现代码，其余的不再进行赘述，读者可自行查阅随书源代码。

4.4.3 汽车车型管理功能的开发

在介绍主界面功能的开发之后，本小节将介绍如何对汽车的车系、车型信息进行管理。其中主要的功能有 3 项：添加车系、添加车型以及车系/车型管理。

4.4 PC端的界面搭建与功能实现

由于添加车系与添加车型、车系管理与车型管理的操作基本相同,因此,这里先只介绍添加车型与车型管理的功能,其他功能的实现读者可自行查阅随书附带源代码。

(1)下面要介绍的是在单击"添加车型"节点时,在主类管理界面显示出来的需要输入的有关车型的各项信息,上面已经介绍了关于节点的监听方法,这里将着重介绍有关添加车型界面的相关代码的开发,实现的具体代码如下。

> 代码位置:见随书源代码\第4章\PC_Car4S\src\com\bn\carpanel 目录下的 JAddCarPanel.java。

```
1   package com.bn.carpanel;
2   ……//此处省略导入类的代码,读者可自行查阅随书的源代码
3   public class JAddCarPanel extends JPanel 
4   implements ActionListener{
5   ……//此处省略定义变量与界面尺寸的代码,请自行查看源代码
6       @Override
7       public void actionPerformed(ActionEvent arg0){
8           if(arg0.getSource()==jAddCarOk){           //如果单击的是确定添加按钮
9               String selected=(String)selectCars.getSelectedItem();
                //下拉列表中选择的车系名称
10              carId=NetInfoUtil.getCarsId(selected);     //通过车系名称获得车系 ID
11              //将车系 ID 和车型名称添加到字符串中
12              String allMessage=carId+"<#>"+jAddCarNameT.getText()+"<#>";
13              //将车型名称和车身添加到字符串中
14              allMessage+=jAddCarPriceT.getText()+"<#>"+jAddCarBodyT.getText()+"<#>";
15              //将车型内容和发动机添加到字符串中
16              allMessage+=jAddCarInfoT.getText()+"<#>"+jAddCarMotorT.getText()+"<#>";
17              //将变速箱和 GPS 添加到字符串中
18              allMessage+=jAddCarGearT.getText()+"<#>"+jAddCarGPST.getText()+"<#>";
19              //将车轮制动和安全装备添加到字符串中
20              allMessage+=jAddCarWheelT.getText()+"<#>"+jAddCarSafetyT.getText()+"<#>";
21              //将座椅配置和灯光配置添加到字符串中
22              allMessage+=jAddCarSeatT.getText()+"<#>"+jAddCarLightT.getText()+"<#>";
23              //将多媒体配置和玻璃/后视镜添加到字符串中
24              allMessage+=jAddCarMediaT.getText()+"<#>"+jAddCarMirrorT.getText()+"<#>";
25              //将排量添加到字符串中
26              allMessage+=jAddCarOutputT.getText();
27              //将添加车型的所有信息传到服务器,返回 boolean 类型
28              boolean bb=NetInfoUtil.addModels(allMessage);
29              if(bb) {                                   //如果信息发送成功
30                  //弹出对话框,提示数据库已经成功接收
31                  JOptionPane.showMessageDialog(null, "数据库已经成功接收!");
32                  selectCars.setSelectedIndex(0);    //将下拉列表索引值设置为 0
33                  ……//此处省略清空添加车型信息的各个输入框的代码,请自行查看源代码
34              }else{                                     //如果信息没有发送成功
35                  //弹出对话框,提示数据库未能接收
36                  JOptionPane.showMessageDialog(null, "数据库没有接收信息!");
37  }}}}
```

● 第5行为定义各个变量与设置界面大小等的代码,由于篇幅原因,在这里不再进行介绍,读者可自行查阅随书附带的源代码。

● 第8~26行在单击确认按钮后,获取添加车型的每一项的详细信息,并将车型的各项信息转换成服务器端所需的字符串格式。

● 第27~37行用于将添加车型的每一项信息传到服务器端,并进行相应的判断,如果插入车型信息成功,则返回 true,并弹出对话框进行提示,清空各个输入框;如果插入失败,则弹出对话框提示失败。

(2)在介绍完添加车型的功能之后,将介绍的主要是车型管理功能的开发。在单击车系/车型管理节点后,需要为车型管理界面创建表格,具体代码如下。

> 代码位置:见随书源代码\第4章\PC_Car4S\src\com\bn\carpanel 目录下的 JMakeTableForCar.java。

```
1   package com.bn.carpanel;
2   ……//此处省略导入类的代码,读者可自行查阅随书附带中的源代码
```

```
3    public class JMakeTableForCar{
4        int rows;                                                  //单击车系管理时选中的行
5        int cols;                                                  //单击车系管理时选中的列
6        int size;                                                  //构建车型管理表格共有多少列
7        String[][] str;                                            //构建车型表格的信息
8        public JMakeTableForCar(){
9          rows=JLookCarsPanel.jLookCarsT.getSelectedRow();//得到单击车系表格时所在的行
10         cols=0;                                                  //得到单击车系表格时所在的列
11         if(rows == -1 ){                                         //如果没有单击车系管理表格的任意一行,则返回
12             return;
13         }
14         String lid = (String)
15         JLookCarsPanel.jLookCarsT.getValueAt(rows, cols);//得到所在单元格的车系 ID
16         List<String[]> ls=new ArrayList<String[]>();   //定义一个 List<String[]>对象
17         //将车系 ID 传到服务器,得到一个车系下的所有车型的部分信息
18         ls=NetInfoUtil.getOneCarsModels(lid);
19         str=new String[ls.size()][ls.get(0).length];
20         for(int i=0;i<ls.size();i++){
21             for(int j=0;j<ls.get(i).length;j++){
22                 str[i][j]=ls.get(i)[j];
23         } }
24         JLookCarsPanel.jLookCarD.setDataVector
25         (str,new String[]{"车型 ID","车型名称","指导价","车身","车型介绍"});
26         if(str[0][0].length()>0){
27             JLookCarsPanel.jLookCarD.addColumn("车型明细");    //添加一列为"车型明细"
28             JLookCarsPanel.jLookCarD.addColumn("添加车型图片"); //添加一列为"添加车型图片"
29             //显示构建完车型信息表格后共有多少列
30             size=JLookCarsPanel.jLookCarD.getColumnCount();
31             for(int i = 0; i < str.length; i++){
32                 //自定义表格绘制器以及编辑器,在表格内添加按钮以及对按钮添加监听
33                 JLookCarsPanel.jLookCarT.getColumnModel().getColumn(size-1).
                   setCellRenderer
34                    (new MyAddCarCellRenderer());
35                 JLookCarsPanel.jLookCarT.getColumnModel().getColumn(size-1).
                   setCellEditor
36                    (new MyAddCarCellEditor());
37                 JLookCarsPanel.jLookCarT.getColumnModel().getColumn(size-2).
                   setCellRenderer
38                    (new MyLookCarCellRenderer());
39                 JLookCarsPanel.jLookCarT.getColumnModel().getColumn(size-2).
                   setCellEditor
40                    (new MyLookCarCellEditor());
41  }}}}
```

● 第 4～7 行为创建表格时需要定义的各个变量。

● 第 8～25 行用于将服务器端获得车型的主要信息放到二维数组中,并创建表格,将二维数组里的车型的主要信息写入表格中。

● 第 26～40 行中,如果此车系下有车型,则给车型管理的表格添加车型明细和车型图片两列按钮,同时分别为这两列按钮添加绘制器和编辑器。

> **说明** 上述代码中出现的给车型明细按钮和车型图片按钮添加绘制器类和编辑器类的代码在此处省略,在后面将进行详细介绍。

（3）构建车型管理表格之后,表格中会出现两列按钮,分别是"车型明细"和"添加车型图片",通过设置表格添加绘制器来显示这些按钮,通过设置表格添加编辑器来对这些按钮添加监听。下面将介绍实现绘制器类的代码框架,具体代码如下。

代码位置：见随书源代码\第 4 章\PC_Car4S\src\com\bn\renderer 目录下的 MyLookCarCellRenderer.java。

```
1   package com.bn.renderer;
2   ……//此处省略导入类的代码,读者可自行查阅随书附带中的源代码
3   public class MyLookCarCellRenderer
```

```
 4   implements TableCellRenderer   {              //实现绘制当前 Cell 单元数值内容接口
 5       static JButton jTableLookCarBRender;       //定义一个按钮
 6       @Override
 7       public Component getTableCellRendererComponent(JTable arg0,
 8           Object arg1,boolean arg2, boolean arg3, int arg4, int arg5){
 9           jTableLookCarBRender=new JButton("车型明细");//创建一个车型明细的按钮对象
10           return jTableLookCarBRender;           //将当前 Cell 单元格设置为车型明细按钮
11   }}
```

> **说明** 上述代码是车型明细按钮的绘制器类，重写 getTableCellRendererComponent 方法，返回一个按钮对象，显示在表格中。由于添加车型图片的绘制器类和上述操作基本相同，下面不再进行赘述，读者可自行查阅随书附带的源代码。

（4）介绍完给表格添加的绘制器类之后，则介绍给表格添加的编辑器类的操作，即 MyLookCarCellEditor 类的代码框架，具体代码如下。

代码位置：见随书源代码\第 4 章\PC_Car4S\src\com\bn\renderer 目录下的 MyLookCarCellEditor.java。

```
 1   package com.bn.renderer;
 2   ......//此处省略导入类的代码,读者可自行查阅随书附带的源代码
 3   public class MyLookCarCellEditor
 4   implements TableCellEditor,ActionListener{
 5       //当被编辑时,编辑器将替代绘制器进行显示
 6       JButton jTableLookCarBEditor;                      //定义一个按钮
 7       ......//此处省略定义变量的代码,读者可自行查阅随书附带的源代码
 8       public MyLookCarCellEditor(){
 9           jTableLookCarBEditor=new JButton("车型明细");   //创建车型明细按钮对象
10           jTableLookCarBEditor.addActionListener(this);  //添加监听,显示车型详细信息界面
11           jTableLookCarBEditor.setActionCommand(EDIT);
12       }
13       @Override
14       public Component getTableCellEditorComponent(JTable arg0,
15           Object arg1,boolean arg2, int arg3, int arg4){
16           return jTableLookCarBEditor;        //将当前 Cell 单元格的内容设置为车型明细按钮
17       }
18       @Override
19       public void actionPerformed(ActionEvent arg0){
20           if(arg0.getActionCommand().equals(EDIT)){
21               row=JLookCarsPanel.jLookCarT.getSelectedRow();
                //单击车型管理表格时所选的行
22               col=1;                          //单击车型管理表格时所选的列
23               cname=(String)JLookCarsPanel.jLookCarT.getValueAt(row,col);
                //此单元格的内容(车型名)
24               carID=(String)JLookCarsPanel.jLookCarT.getValueAt(row, 0);
                //此单元格的内容(车型 ID)
25               content=NetInfoUtil.getOneModelsPicItem(cname);
26               List<String[]> ls=new ArrayList<String[]>();
                //创建一个 List<String[]>对象
27               ls=NetInfoUtil.getOneModelsPartInfo(cname);  //得到一个车型下的部分信息
28               carpartinfo=new String[ls.size()][ls.get(0).length];
29               for(int i=0;i<ls.size();i++){
30                   for(int j=0;j<ls.get(i).length;j++){
31                       carpartinfo[i][j]=ls.get(i)[j];
32           }}
33               new MinorLookCarFrame();             //显示车型部分信息界面
34       }}
35       @Override
36       public boolean stopCellEditing(){
37           return true;                             //结束单元格的编辑状态
38       }
39       ......//此处省略的是需重写的实现 TableCellEditor 接口的部分方法,请自行查看源代码
40   }
```

- 第 13～17 行重写 getTableCellEditorComponent 方法，当表格里的按钮需要被编辑时，编辑器类将代替绘制器类显示。

- 第 18～34 行重写 actionPerformed 方法，即给表格内的按钮添加监听，获得从服务器传过来的信息，将其显示在车型明细界面。
- 第 35～38 行中，当单击 table 时，首先检查 table 是不是还有 cell 在编辑，如果还有 cell 的编辑，则调用 editor 的 stopCellEditing 方法。

> **说明** 上述代码是车型明细按钮的编辑器类，添加车型图片按钮的编辑器代码与上述操作基本相同，此处不再进行赘述，读者可自行查阅随书附带的源代码。

（5）在单击车型明细按钮或者添加车型图片按钮时，都将弹出一个新的界面。车型明细界面和上述操作基本一致，不再进行赘述。下面将详细介绍添加车型图片功能，具体代码如下。

代码位置：见随书源代码\第 4 章\PC_Car4S\src\com\bn\frame 目录下的 MinorAddCarFrame.java。

```java
1   package com.bn.frame;
2   ……//此处省略导入类的代码，读者可自行查阅随书附带的源代码
3   public class MinorAddCarFrame extends JFrame
4       implements ActionListener{
5       ……//此处省略定义变量与界面尺寸的代码，请自行查看源代码
6       @Override
7       public void actionPerformed(ActionEvent arg0){
8           if(arg0.getSource()==jAddCarFileB){             //如果单击打开文件按钮
9               JFileChooser jAddCarPicF=new JFileChooser();
10              jAddCarPicF.setCurrentDirectory(new File("D:/saved/"));//设置默认路径
11              jAddCarPicF.showDialog(new JFrame(), "打开文件");    //弹出打开文件界面
12              jAddCarPicT.setText(jAddCarPicF.getCurrentDirectory()+"\\"+
13                  jAddCarPicF.getSelectedFile().getName());    //显示选择的路径及图片名称
14              ImageIcon image=new ImageIcon(jAddCarPicT.getText());//加载选择的图片
15              jPreviewCarPicL.setIcon(image);                //将图片显示到JLabel中
16              jPreviewCarPicL.setHorizontalAlignment(center);//图片设置为水平居中
17              jPreviewCarPicL.setVerticalAlignment(center);  //图片设置为垂直居中
18          }else if(arg0.getSource()==jAddCarPicOk){          //如果单击确认添加按钮
19              File f=new File(jAddCarPicT.getText());        //将图片数据存进byte数组中
20              FileInputStream fis=null;
21              byte[] data = null;
22              try {
23                  fis=new FileInputStream(f);
24                  data = new byte[fis.available()];
25                  StringBuilder str = new StringBuilder();
26                  fis.read(data);
27                  for(byte bs:data) {
28                      str.append(Integer.toBinaryString(bs));
29              }}catch (Exception e) {
30                  e.printStackTrace();
31              }
32              //将图片数据和车型名称传给服务器
33              NetInfoUtil.addPicture(data,MyAddCarCellEditor.cpicname);
34      }}}
```

- 第 5 行为定义各个变量与设置界面大小等的代码，由于篇幅原因，在这里不再进行介绍，读者可自行查阅随书附带的源代码。
- 第 8～17 行中，当单击打开文件按钮时，从弹出的对话框中选择要添加的车型图片，将图片添加到 JLabel，将图片的路径添加到输入框中，并设置图片的位置属性。
- 第 18～34 行中，当单击确认按钮时，将已经选择的图片的数据存入 byte 数组中，然后读入到文件流中，最后将图片数据与车型名称传到服务器端，并根据车型名称将车型图片的名称插入到数据库表中。

4.4.4 汽车新闻管理功能的开发

上一节已经详细介绍了对汽车车型信息的管理，本节将介绍的是汽车新闻信息管理功能的开发。

4.4 PC 端的界面搭建与功能实现

汽车新闻信息管理大致有两项:添加新闻和新闻管理。因为这些功能的实现与上述操作基本相同,所以相同的地方本节将不再赘述,读者可自行查阅随书附带的源代码。

(1)下面要介绍的是单击汽车新闻管理下的添加新闻节点时,需要用到的 JAddNewsPanel(添加新闻)类的代码框架,具体代码如下。

代码位置:见随书源代码\第 4 章\PC_Car4S\src\com\bn\newspanel 目录下的 JAddNewsPanel.java。

```
1   package com.bn.newspanel;
2   ……//此处省略导入类的代码,读者可自行查阅随书附带的源代码
3   public class JAddNewsPanel extends JPanel
4       implements ActionListener{
5       ……/*此处省略定义变量与界面尺寸的代码,请自行查看源代码*/
6       @Override
7       public void actionPerformed(ActionEvent arg0){
8           if(arg0.getSource()==jAddNewsPicB){                       //如果单击打开文件按钮
9               jAddNewsPicF=new JFileChooser();
10              jAddNewsPicF.showDialog(new JFrame(), "打开文件");
11              jAddNewsPicT.setText(jAddNewsPicF.getSelectedFile().getName());
                //显示图片名称
12          }else if(arg0.getSource()==jAddNewsRe){                   //如果单击重置按钮
13              jAddNewsT.setText("");
14              jAddNewsContentT.setText("");
15          }else if(arg0.getSource()==jAddNewsOK){                   //如果单击确认按钮
16              String newsContent=jAddNewsT.getText()+"<#>";         //添加新闻的所有信息
17              newsContent+=jAddNewsContentT.getText()+"<#>";
18              newsContent+=jAddNewsPicT.getText()+"<#>";
19              ……//此处省略将图片数据存到 byte 数组中,请自行查看源代码
20              NetInfoUtil.addNewsAllContents(data, newsContent);    //添加新闻图片数据和内容
21      }}}
```

- 第 8~11 行中,当单击打开文件按钮时,实现从弹出的对话框中选择要添加的车型图片的操作。
- 第 12~14 行中,当单击重置按钮时,将所有输入框内容置空。
- 第 15~20 行中,当单击确认按钮时,将要添加的所有新闻信息通过一系列的形式转换后和新闻图片数据共同传给服务器。

(2)介绍完添加新闻的功能之后,下面将介绍的是新闻管理功能的代码,其实现的是查看新闻详细内容、修改新闻信息等操作,具体代码如下。

代码位置:见随书源代码\第 4 章\PC_Car4S\src\com\bn\newspanel 目录下的 JLookNewsPicPanel.java。

```
1   package com.bn.newspanel;
2   ……//此处省略导入类的代码,读者可自行查阅随书附带的源代码
3   public class JLookNewsPicPanel extends JPanel
4       implements ActionListener{
5       ……//此处省略定义变量与界面尺寸的代码,请自行查看源代码
6       @Override
7       public void actionPerformed(ActionEvent arg0) {
8         if(arg0.getSource()==jOpenNewsPicB) {                       //如果单击打开文件按钮
9           ……//此处省略弹出的打开文件对话框的代码,请自行查看源代码
10        }else if(arg0.getSource()==jUpdateNewsB) {                  //如果单击修改新闻信息按钮
11          picID=NetInfoUtil.byNewsLead(MyLookNewsCellEditor.newsLead);
12          if(jUpdateNewsPicT.getText().equals("")){                 //如果不更新图片
13              //获得修改后的所有新闻信息
14              allContents=JLookNewsContentsPanel.jLookNewsLeadT.getText()+"<#>";
15              allContents+=JLookNewsContentsPanel.jLookNewsContentsT.getText().trim()+"<#>";
16              allContents+=MyLookNewsCellEditor.newsPicStr+"<#>";
17              allContents+=picID;
18              NetInfoUtil.modifyNewsInfo(allContents);              //修改新闻信息
19          }else {                                                   //如果更新图片
20              allContents=JLookNewsContentsPanel.jLookNewsLeadT.getText()+"<#>";
21              allContents+=JLookNewsContentsPanel.jLookNewsContentsT.getText().trim()+"<#>";
22              allContents+=jUpdateNewsPicT.getText()+"<#>";
23              allContents+=picID;
24              ……//此处省略将图片数据存到 byte 数组中的代码,请自行查看源代码
25              NetInfoUtil.modifyNewsInfoB(data, allContents);       //将图片数据和新闻信息更新
26      }}}}
```

- 第 8~9 行中，当单击打开文件按钮时，会有对话框弹出等一系列的动作，由于这里的操作代码与上述操作基本相同，这里不再进行赘述，读者可自行查阅。
- 第 12~18 行中，当单击修改新闻信息按钮时，不更新新闻图片的实现代码，只将更新后的新闻信息传到服务器端，并对数据库进行更新。
- 第 19~25 行中，当单击修改新闻信息按钮时，更新新闻图片的实现代码，将图片的数据和新闻信息一并传到服务器端，并对数据库进行更新。

4.4.5 信息反馈管理功能的开发

在 PC 端的管理系统中，汽车车型与汽车新闻的功能固然重要，信息反馈的管理同样不可或缺。本节将介绍的是用户在 Android 端反馈信息后，在 PC 端对用户提出的问题进行相应处理（如回复问题）的功能的开发。

（1）下面介绍在单击信息反馈管理节点时，反馈信息管理界面的开发，即 JLookFeedBackPanel（信息反馈）类的代码框架，具体代码如下。

代码位置：见随书源代码\第 4 章\PC_Car4S\src\com\bn\feedback 目录下的 JLookFeedBackPanel.java。

```
1   package com.bn.feedback;
2   ……//此处省略导入类的代码，读者可自行查阅随书附带的源代码
3   public class JLookFeedBackPanel extends JPanel
4   implements ActionListener{
5       ……/*此处省略定义变量与界面尺寸的代码，请自行查看源代码*/
6       @Override
7       public void actionPerformed(ActionEvent arg0){
8           if(arg0.getSource()==jSelect[0])    {        //单击单选按钮，选择已经回复的反馈信息
9               jLookQuestionB.setText("查看");           //按钮文字设置为"查看"
10              new JMakeTableForYes();                  //查看已经回复的反馈信息的表格
11          }else if(arg0.getSource()==jSelect[1]){      //单击单选按钮，选择暂未回复的反馈信息
12              jLookQuestionB.setText("回复");           //按钮文字设置为"回复"
13              new JMakeTableForNo();                   //查看暂未回复的反馈信息的表格
14          }else if((arg0.getSource()==jLookQuestionB)){//单击查看/回复按钮
15              new MinorLookFeedBackFrame();            //显示问题和答复的界面
16      }}}
```

- 第 8~10 行中，当单击已经回复的单选按钮时，按钮文字设置为"查看"，并创建已经回复的表格。
- 第 11~13 行中，当单击暂未回复的单选按钮时，按钮文字设置为"回复"，并创建暂未回复的表格。
- 第 14~16 行中，当单击查看/回复按钮时，显示反馈问题和回复的界面。

> **说明**　已经回复和暂未回复的反馈信息表格的代码实现与上述操作类似，这里不再进行赘述，读者可自行查阅随书附带的源代码。

（2）上面已经对信息反馈界面进行了介绍，下面将介绍的是在单击回复/查看按钮后，弹出反馈信息界面的代码框架，具体代码如下。

代码位置：见随书源代码\第 4 章\PC_Car4S\src\com\bn\feedback 目录下的 JReplyFeed BackPanel.java。

```
1   package com.bn.feedback;
2   ……//此处省略导入类的代码，读者可自行查阅随书附带的源代码
3   public class JReplyFeedBackPanel extends JPanel
4   implements ActionListener{
5       ……//此处省略定义变量的代码，请自行查看源代码
6       public JReplyFeedBackPanel(){
7           ……//此处省略定义界面尺寸的代码，请自行查看源代码
8           //如果已经回复饭问题，是查看信息，就显示问题以及回复，并可以对回复进行修改
9           if(JLookFeedBackPanel.jLookQuestionB.getText().equals("查看")){
10              value=(String)JLookFeedBackPanel.jLookFeedBackT.getValueAt(row, 2)
```

4.5 服务器端的实现

```
11                    ;   //反馈问题
                      jReplyT.setText(value);
12                    //如果反馈问题暂未回复，则可以进行回复
13                }else if(JLookFeedBackPanel.jLookQuestionB.getText().equals("回复")){
14                    jReplyT.setText("");
15            }}
16            @Override
17            public void actionPerformed(ActionEvent arg0){    //给确定按钮添加监听
18                message=jQuestionT.getText()+"<#>";           //将反馈问题添加到字符串中
19                message+=jReplyT.getText();                   //将回复添加到字符串中
20                NetInfoUtil.updateAnswer(message);            //将反馈信息传到服务器，更新数据库
21        }}
```

- 第 9~15 行中，当单击反馈管理界面内的回复/查看按钮时，弹出新界面，定义界面尺寸的代码在此处省略，新界面的内容会有相应的变化，读者可自行查阅。
- 第 16~20 行为给反馈信息界面内的确定按钮添加监听方法，单击确定按钮后，将反馈问题以及对应的回复传到服务器端。

4.5 服务器端的实现

上一节介绍了 PC 端的界面搭建与功能实现，这一节介绍服务器端的实现方法。服务器端主要用来实现 Android 端、PC 端与数据库的连接，从而实现其对数据库的操作。本节主要介绍服务线程、DB 处理、流处理、图片处理等功能的实现。

4.5.1 常量类的开发

首先介绍常量类 Constant 的开发。在进行正式开发之前，需要对即将用到的主要常量进行提前设置，这样避免了开发过程中的反复定义，这就是常量类的意义所在，常量类的具体代码如下。

> 代码位置：见随书源代码\第 4 章\Server\src\com\bn\util 目录下的 Constant.java。

```
1  package com.bn.server;
2  public class Constant{                                                    //定义主类 Constant
3      //意见反馈
4      public static String Submit="<#Submit#>";                             //提交反馈信息
5      public static String GET_QuestionList="<#GET_QuestionList#>";         //从数据库获得问题列表
6      public static String GET_DoubtList="<#GET_DoubtList#>";               //从数据库获得问题列表
7      public static String GET_Reply="<#GET_Reply#>";                       //从数据库获得回复
8      public static String UPDATE_Answer="<#UPDATE_Answer#>";               //回复反馈问题
9      public static String GET_FeedBackYesContent="<#GET_FeedBackYesContent#>";
10     public static String GET_FeedBackNoContent="<#GET_FeedBackNoContent#>";
11     //汽车新闻
12     public static String GET_ODNewsGalleryPic="<#GET_ODNewsGalleryPic#>";
13     public static String GET_NewsPicture="<#GET_NewsPicture#>";           //获取新闻图片
14     public static String GET_ODNews="<#GET_ODNews#>";                     //获取汽车新闻导语
15     public static String GET_ODNewsContentPic="<#GET_ODNewsContentPic#>";
16     public static String GET_ODNewsContent="<#GET_ODNewsContent#>";
17     public static String GET_ODNewsTime="<#GET_ODNewsTime#>";
18     ......//由于服务器端定义的常量过多，在此不一一列举
19  }
```

> 说明：常量类的开发是一项十分必要的准备工作，能够避免在程序中重复不必要的定义工作，提高代码的可维护性，读者在下面的类或方法中如果有不知道其具体作用的常量，可以到这个类中查找。

4.5.2 服务线程的开发

上一节介绍了服务器端常量类的开发，下面介绍服务线程的开发。服务主线程接收 Android

端和 PC 端发来的请求，将请求交给代理线程处理，代理线程通过调用 DB 处理类中的方法对数据库进行操作，然后将操作结果通过流反馈给 Android 端或 PC 端。

（1）下面介绍一下主线程类 ServerThread 的开发，主线程类部分的代码比较短，是服务器端最重要的一部分，也是实现服务器功能的基础，具体代码如下。

> 代码位置：见随书源代码\第 4 章\Server\src\com\bn\server 目录下的 ServerThread.java。

```
1   package com.bn.server;
2   ……//此处省略了导入类的代码，读者可自行查阅随书附带的源代码
3   public class ServerThread extends Thread{    //创建一个名为 ServerThread 的继承线程的类
4       ServerSocket ss;                          //定义一个 ServerSocket 对象
5       @Override
6       public void run(){                        //重写 run 方法
7           try{                                  //因用到网络，需要进行异常处理
8               //创建一个绑定到端口 8888 的 ServerSocket 对象
9               ss=new ServerSocket(8888);
10              System.out.println("listen on 8888..");  //打印提示信息
11              while(Constant.flag){                    //开启 While 循环
12                  //接收客户端的连接请求，若有连接请求返回连接对应的 Socket 对象
13                  Socket sc=ss.accept();
14                  new ServerAgentThread(sc).start();   //创建并开启一个代理线程
15          }}catch(Exception e){                        //捕获异常
16              e.printStackTrace();
17      }}
18      public static void main(String args[]){           //编写主方法
19          new ServerThread().start();                   //创建一个服务线程并启动
20      }}
```

● 第 8~10 行为创建连接端口的方法，首先创建一个绑定端口到端口 8888 上的 ServerSocket 对象，然后打印连接成功的提示信息。

● 第 11~19 行为开启线程的方法，该方法将接受客户端请求 Socket，成功后调用并启动代理线程对接收的请求进行具体的处理。

（2）经过上面的介绍，已经了解了服务器端主线程类的开发方式，下面介绍代理线程 ServerAgentThread 的开发，具体代码如下。

> 代码位置：见随书源代码\第 4 章\Server\src\com\bn\server 目录下的 ServerAgentThread.java。

```
1   package com.bn.server;
2   ……//此处省略了导入类的代码，读者可自行查阅随书附带的源代码
3   public class ServerAgentThread extends Thread{
4       ……//此处省略变量定义的代码，请自行查看源代码
5       public ServerAgentThread(Socket sc){              //定义构造器
6           this.sc=sc;                                   //接收 Socket
7       }
8       public void run(){                                //重写 run 方法
9           try{
10              din=new DataInputStream(sc.getInputStream());    //创建新数据输入流
11              dout=new DataOutputStream(sc.getOutputStream()); //创建新数据输出流
12              //将流中读取的数据放入字符串中
13              msg=din.readUTF();
14              if(msg.startsWith(Constant.Submit)){             //提交反馈信息
15                  content=msg.substring(10,msg.length());      //得到反馈信息
16                  array=StrListChange.StrToArray(content);
                    //将字符串转化为字符串数组
17                  DBUtil.InsertAdvice(array);                  //调用方法，存入数据库
18              }else if(msg.startsWith(Constant.GET_QuestionList)){//从数据库获取问题列表
19                  content=msg.substring(20,msg.length());      //得到问题的手机 Id
20                  ness=DBUtil.getQuestionList(content);        //调用方法
21                  dout.writeUTF(MyConverter.escape(mess));     //将得到的信息写入流
22              }
23              ……//由于其他 msg 动作代码与上述相似，故省略，读者可自行查阅源代码
24          }catch(Exception e){                                 //捕获异常
25              e.printStackTrace();
26      }}}
```

- 第 14～17 行为提交反馈信息的方法，该方法将调用 DBUtil 的 InsertAdvice 方法处理来自 Android 端的数据，将数据存入数据库。
- 第 18～22 行为获取数据库问题列表的方法，通过调用 DBUtil 的 getQuestionList 方法来处理数据库并得到返回的列表信息，然后将字符串信息写入反馈至 PC 端或 Android 端。

4.5.3 DB 处理类的开发

上一节介绍了服务器线程的开发，下面介绍 DBUtil 类的开发。DBUtil 是服务器端一个很重要的类，它包括了所有 Android 端和 PC 端需要的方法。通过与数据库建立连接后执行 SQL 语句，然后将得到的数据库信息处理成相应的格式，具体代码如下。

代码位置：见随书源代码\第 4 章\Server\src\com\bn\Database 目录下的 DBUtil.java。

```
1    package com.bn.Database;
2    ......//此处省略了导入类的代码，读者可以自行查阅随书的源代码
3    public class DBUtil {                                    //创建主类
4        //连接数据库
5        public static Connection getConnection(){            //编写与数据库建立连接的方法
6            Connection con=null;                             //声明连接
7            try{
8                Class.forName("org.gjt.mm.mysql.Driver");    //声明驱动
9                //得到连接(数据库名、编码形式、数据库用户名、数据库密码)
10               con = DriverManager.getConnection("jdbc:mysql://localhost:3306/"+"carlist?
11               useUnicode=true&characterEncoding=UTF-8" ,"root","");
12           }catch(Exception e){
13               e.printStackTrace();}                        //捕获异常
14           return con;                                      //返回连接
15       }
16       public static String getQuestionList(String android_id){ //从数据库获得问题列表
17           Connection con = getConnection();                //与数据库建立连接
18           Statement st = null;                             //创建接口
19           ResultSet rs = null;                             //结果集
20           String mess="";                                  //字符串常量
21           try{
22               st=con.createStatement();                    //创建一个对象来将 SQL 语句发送到数据库
23               //编写 SQL 语句
24               String sql ="select question,time from suggestion where phoneid='
                 "+android_id+"';";
25               rs=st.executeQuery(sql);                     //执行 SQL 语句
26               while(rs.next()){                            //遍历执行
27                   mess+=rs.getString(1)+"<#>";             //将查询得到的问题放入字符串常量
28           }}catch(Exception e){
29               e.printStackTrace();}
30           finally{
31               try {rs.close();} catch (SQLException e) {e.printStackTrace();}
                 //关闭结果集
32               try {st.close();} catch (SQLException e) {e.printStackTrace();}
                 //关闭接口
33               try {con.close();} catch (SQLException e) {e.printStackTrace();}
                 //关闭连接
34           }
35           return mess;                                     //返回问题
36       }
37       ....../*由于其他方法代码与上述相似，该处省略，读者可自行查阅源代码*/
38   }
```

- 第 5～14 行为编写与数据库建立连接的方法，选择驱动后建立连接，然后返回连接。这里注意建立连接时各数据库属性以读者自己的 MySQL 设置而定。
- 第 16～36 行为根据手机 ID 得到问题列表的方法。先与数据库建立连接，然后编写正确的 SQL 语句并执行，得到问题后赋值给字符串变量，关闭相关的结果集、接口、连接。最后返回问题列表的字符串。

> **说明** DB 处理类是服务器端的重要组成部分，DB 处理类的开发使对数据库的操作变得简单明了，使用者只要调用相关方法即可，可以极大地提高团队的合作效率。

4.5.4 图片处理类

上一小节主要介绍了 DB 处理类的开发，下面将介绍的是图片处理类。Android 端和 PC 端都会进行图片处理，包括添加图片、查看图片、保存图片等操作，这些操作都可以通过这个类中的方法完成。下面是图片处理类的代码实现。

> 代码位置：见随书源代码\第 4 章\Server\src\com\bn\util 目录下的 ImageUtil.java。

```
1   public static void saveImage(byte[] data,String path) throws IOException{    //保存图片
2       file= new File(path);                                                    //创建文件
3       FileOutputStream fos = new FileOutputStream(file);                       //将 File 实例放入输出流
4       fos.write(data);                                                         //将实例数据写入文件流
5       fos.flush();                                                             //清空缓冲区数据
6       fos.close();                                                             //关闭文件流
7   }
8   public static byte[] getImage(String path){                                  //获取图片
9       byte[] data=null;                                                        //声明图片比特数组
10      try{
11          //根据路径创建输入流
12          BufferedInputStream in=new BufferedInputStream(new FileInputStream(path));
13          //创建一个新的缓冲输出流，指定缓冲区大小为 1024Byte
14          ByteArrayOutputStream out=new ByteArrayOutputStream(1024);
15          byte[] temp=new byte[1024];                                          //创建大小为 1024 的比特数组
16          int size=0;                                                          //定义大小常量
17          while((size=in.read(temp))!=-1){                                     //若有内容读出，写入比特数组
18              out.write(temp,0,size);                                          //写入比特数组
19          }
20          data=out.toByteArray();          //将图片信息以比特数组形式读出并赋值给图片比特数组
21          out.close();                     //关闭输出流
22          in.close();                      //关闭输入流
23      }catch(Exception e){
24          e.printStackTrace();}
25      return data;                         //返回比特数组
26  }
```

- 第 1～7 行为将图片存入指定路径下的文件夹里的方法，先创建一个文件，然后将 File 实例放入输入流中，再将其数据写入文件流中，最后关闭文件流。
- 第 8～26 行用于从指定路径下的文件夹里获取图片数据，将图片信息放入指定的缓冲输出流中，然后以比特数组的形式返回，最后关闭输入输出流。

> **说明** 通过流对图片进行操作，从磁盘中获得图片的方法为根据图片路径将图片信息放入输入流中，通过循环读取输入流的信息并写入输出流，然后以字节数组的形式读取输出流的信息并返回。

4.4.5 辅助工具类

上面主要介绍了有关服务器端各功能的具体方法，在服务器中的类调用方法的时候，需要用到两个工具类，即数据类型转换类和编译码类。下面将分别介绍这两个工具类。工具类在这个项目中十分常用，请读者仔细阅读。

1. 数据类型转换类

在 DB 处理类执行方法时，需要把指定的数据转换成字符串数组的形式然后再进行处理。在

4.5 服务器端的实现

代理线程方法中,经过 DB 处理返回的列表数据又需要经过数据转换为字符串才能写入流。下面将介绍数据类型转换类 StrListChange 的开发,具体代码如下。

代码位置:见随书源代码\第 4 章\Server\src\com\bn\util 目录下的 StrListChange.java。

```java
1    package com.bn.util;
2    ......//此处省略了本类中导入类的代码,读者可自行查阅随书附带的源代码
3    public class StrListChange{
4            //将字符串转换成列表数据
5            public static List<String[]> StrToList(String info){
6                    List<String[]> list=new ArrayList<String[]>();    //创建一个新列表
7                    String[] s=info.split("\\|");                     //将字符串以"|"为界分割开
8                    int num=0;                                        //定义大小常量
9                    for(String ss:s){                                 //遍历数组
10                           num=0;                                     //计数器
11                           String[] temp=ss.split("<#>");             //将字符串以"<#>"为界分割开
12                           String[] midd=new String[temp.length];     //创建临时数组
13                           for(String a:temp){                        //遍历数组
14                                   midd[num++]=a;
15                           }
16                           list.add(midd);//将字符串加入列表
17                    }
18                    return list;                                      //返回列表
19           }
20           //将字符串转换成字符串数组
21           public static String[] StrToArray(String info){
22                   int num=0;                                         //定义大小常量
23                   String[] first=info.split("\\|");                  //将字符串以"|"为界分割开
24                   for(int i=0;i<first.length;i++){                   //遍历字符串数组
25                           String[] temp1=first[i].split("<#>");      //将字符串以"<#>"为界分割开
26                           num+=temp1.length;
27                   }
28                   String[] temp2=new String[num];                    //创建临时数组
29                   num=0;                                             //清零
30                   for(String second:first){                          //遍历数组
31                           String[] temp3=second.split("<#>");        //将字符串以"<#>"为界分割开
32                           for(String third:temp3){                   //遍历数组
33                                   temp2[num]=third;                  //给临时数组赋值
34                                   num++;
35                   }}
36                   return temp2;                                      //返回数组
37           }
38           //将列表数据转换成字符串
39           public static String ListToStr(List<String[]> list){
40                   String mess="";                                    //定义字符串常量
41                   List<String[]> ls=new ArrayList<String[]>();       //创建一个新列表
42                   ls=list;                                           //赋值
43                   for(int i=0;i<ls.size();i++){                      //遍历列表
44                           String[] ss=ls.get(i);                     //将列表的值赋给字符串
45                           for(String s:ss){                          //遍历字符串数组
46                                   mess+=s+"<#>";//更新字符串
47                           }
48                           mess+="|";
49                   }                                                  //字符串末尾加"|"
50                   return mess;                                       //返回字符串
51   }}
```

- 第 5~19 行为将字符串转换为 List<String[]>类型的方法,通过 split 方法将字符串数组以"<#>"为界分割开,然后循环遍历整个字符串数组并赋值给列表。
- 第 20~37 行为将字符串转换成字符串数组的方法,通过 split 方法将字符串分别以"|"和"<#>"为界分割开并赋值给字符串数组,然后返回整个字符串数组。
- 第 38~50 行为将列表数据转换为字符串类型的方法,通过创建一个字符串将列表遍历赋值给这个 String,利用"<#>"将 String 分割后以字符串的形式返回。

> 说明　上述数据类型转换的方法应用的地方比较多，在本项目其他端中亦可见到。请读者仔细研读，理解其中的逻辑方式，以后便可以直接拿来用。

2. 编译码类

上面主要介绍了数据类型转换工具类的开发，下面将继续介绍本服务器端的第二个工具类，用于加密、解密的编译码类。

代理线程通过调用 DB 处理类中的方法对数据库进行操作后，将得到并转换后的操作结果通过流反馈给 Android 客户端或 PC 端，这些操作结果必须经过编译码类中的方法编码后才能写入流，当读取时必须先解码，这样就保证了数据传输的正确性。

由于 Android 客户端与 PC 端的 MyConverter 类相同，读者可随意查看其中的一个类即可，这里由于篇幅有限，不做叙述，请读者自行查看随书的源代码\第 4 章\PC_Car4S（CarS4）\src/com/bn\util 目录下的 MyConverter.java。

4.4.6　其他方法的开发

在上面的介绍中，省略了 DB 处理类中的一部分方法和其他类中的一些变量定义，但是想要完整实现各功能是需要所有方法合作的。这些省略的方法并不是不重要，只是篇幅有限，无法一一详细介绍，请读者自行查看随书的源代码。

4.6　Android 客户端的准备工作

前面的章节中介绍了 PC 端和服务器端的功能实现，在开始进行 Android 客户端的开发工作之前，需要进行相关的准备工作。这一节主要介绍 Android 客户端的图片资源、XML 资源文件等。

4.6.1　图片资源的准备

在 Android studio 中，新建一个 Android 项目 CarS4。在进行开发之前需要准备程序中要用到的图片资源，包括背景图片、图形按钮的图片。本系统用到的图片资源如图 4-20 所示。

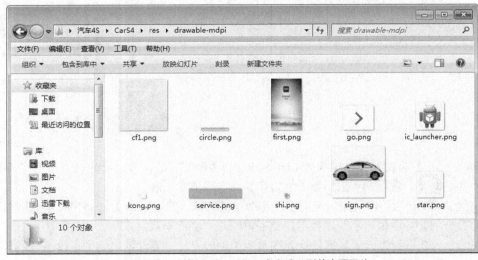

▲图 4-20　汽车 4S 店 Android 客户端用到的资源图片

> **说明** 将图 4-20 中的图片资源放在项目文件夹下的 res\drawable-mdpi 目录下。在使用该文件夹中的图片时，只需调用该图片对应的 ID 即可。

4.6.2 XML 资源文件的准备

每个 Android 项目由不同的布局文件搭建而成，下面介绍本系统中 Android 客户端部分的 XML 资源文件，主要有 strings.xml 和 styles.xml。

（1）strings.xml 的开发。

strings.xml 文件用于存放字符串资源，项目创建后默认会在 res\values 目录下创建一个 strings.xml，用于存放开发阶段所需要的字符串资源，实现代码如下。

代码位置：见随书源代码\第 4 章\CarS4\res\values 目录下的 strings.xml。

```
1   <?xml version="1.0" encoding="utf-8"?>        <!--版本号及编码方式-->
2   <resources>
3       <string name="app_name">汽车4S店</string>   <!--标题-->
4       <string name="car">汽车车型</string>        <!--汽车车型界面用到的字符串-->
5       <string name="news">汽车新闻</string>       <!--汽车新闻界面用到的字符串-->
6       <string name="services">汽车服务</string>   <!--汽车服务界面用到的字符串-->
7       <string name="saler">汽车4S店经销商</string> <!--汽车4S店经销商界面用到的字符串-->
8       <string name="cars">汽车车系</string>       <!--汽车车系界面用到的字符串-->
9       <string name="culture">企业文化</string>    <!--汽车文化界面用到的字符串-->
10      <string name="price">指导价格:</string>     <!--汽车车型详细信息用到的字符串-->
11      <string name="body">车身:</string>          <!--汽车车型详细信息用到的字符串-->
12      <string name="motor">发动机:</string>       <!--汽车车型详细信息用到的字符串-->
13      <string name="gear">变速箱:</string>        <!--汽车车型详细信息用到的字符串-->
14      <string name="introduce">车型介绍:</string> <!--汽车车型详细信息用到的字符串-->
15      <string name="sonnews">详细介绍</string>    <!--汽车新闻界面用到的字符串-->
16      <string name="gps">GPS:</string>            <!--汽车车型详细信息用到的字符串-->
17      <string name="wheel">车轮制动</string>      <!--汽车车型详细信息用到的字符串-->
18      <string name="safety">安全装备:</string>    <!--汽车车型详细信息用到的字符串-->
19      <string name="seat">座椅配置:</string>      <!--汽车车型详细信息用到的字符串-->
20      <string name="light">灯光配置:</string>     <!--汽车车型详细信息用到的字符串-->
21      <string name="media">多媒体配置:</string>   <!--汽车车型详细信息用到的字符串-->
22      <string name="mirror">玻璃/后视镜:</string> <!--汽车车型详细信息用到的字符串-->
23      <string name="output">排量:</string>        <!--汽车车型详细信息界面用到的字符串-->
24      <string name="selectpro">请选择省份</string> <!--汽车4S店经销商界面用到的字符串-->
25      <string name="history">历史</string>        <!--汽车服务用到的字符串-->
26      <string name="feed">意见反馈</string>       <!--汽车服务用到的字符串-->
27      <string name="submit">发送</string>         <!--汽车服务用到的字符串-->
28      <string name="connect">请留下联系方式</string> <!--汽车服务用到的字符串-->
29      <string name="editmsg">您的反馈会在24小时内得到答案，我们每周抽取幸运用户，赠送汽车之家车标。></string>
                                                   <!--汽车服务用到的字符串-->
30  </resources>
```

> **说明** 上述代码中声明了程序中需要用到的固定字符串，重复使用代码来避免编写新的代码，增加了代码的可靠性并提高了一致性。

（2）styles.xml 的开发。

在项目 res\values 目录下新建 styles.xml，该文件中存放一些定义好的风格样式，作用于一系列单个控件元素的属性，本程序中的 styles.xml 文件代码用于设置对话框的格式，部分代码如下所示。

代码位置：见随书源代码\第 4 章\CarS4\res\values 目录下的 styles.xml。

```
1   <resources>
2       <!--登录对话框的样式-->
3       <style name="AppBaseTheme" parent="android:Theme.Light">
4       </style>
5       <!-- Application theme.-->
```

```
6        <style name="AppTheme" parent="AppBaseTheme">
7        </style>
8        <style name="ContentOverlay" parent="android:Theme.Light">
9            <item name="android:windowNoTitle">true</item>     <!--设置对话框格式为无标题模式-->
10           <item name="android:windowIsTranslucent">true</item>   <!--设置对话框格式为不透明-->
11           <item name="android:windowContentOverlay">@null</item> <!--窗体内容无覆盖-->
12       </style>
13   </resources>
```

> **说明** 上述代码用于声明程序中的对话框的样式,使用定义好的风格样式,方便读者在写程序时调用。其余代码作用类似,读者可以根据上述代码注释理解,在这里不再赘述。

4.7 加载界面功能模块的实现

上一节介绍 Android 客户端图片以及 XML 资源的准备,下面将介绍手机汽车 4S 店 Android 客户端加载界面功能模块的实现。单击进入手机汽车 4S 店,首先进入的是加载界面,启动一个线程,当把图片数据资源从数据库成功导入到 SD 卡后切换到汽车 4S 店主界面。

(1)下面介绍的是单击 Android 客户端时首先显示的加载界面 loading1.xml 的框架搭建,包括布局的安排、组件属性的设置等,具体代码如下。

代码位置:见随书源代码\第 4 章\CarS4\res\layout-port 目录下的 loading1.xml。

```
1  <?xml version="1.0" encoding="utf-8"?>                              <!--版本号及编码方式-->
2  <LinearLayout xmlns:android="http://schemas.android.com/apk/res/android"  <!--线性布局-->
3      android:orientation="horizontal"
4      android:layout_width="fill_parent"
5      android:layout_height="fill_parent"
6      android:background="@drawable/first">
7  </LinearLayout>
```

> **说明** 上述代码用于声明总的线性布局,设置了 LinearLayout 宽、高以及背景的属性。

(2)上面介绍了搭建加载界面的代码,下面将继续介绍加载界面内对话框 dialog.xml 的框架搭建,包括布局的安排、组件属性的设置等,具体代码如下。

代码位置:见随书源代码/第 4 章\CarS4\res\layout-port 目录下的 dialog.xml。

```
1  <?xml version="1.0" encoding="utf-8"?>                              <!--版本号及编码方式-->
2  <LinearLayout xmlns:android="http://schemas.android.com/apk/res/android"  <!--线性布局-->
3      android:orientation="horizontal"
4      android:layout_width="fill_parent"
5      android:layout_height="fill_parent">
6      <com.bn.view.WaitAnmiSurfaceView                                <!-- 自定义的等待动画-->
7          android:id="@+id/wasv"
8          android:layout_width="80dip"
9          android:layout_height="80dip"
10         android:layout_gravity="center" />
11 </LinearLayout>
```

> **说明** 上述代码用于声明等待对话框的线性布局,设置了 LinearLayout 宽、高位置的属性。线性布局中包括 WaitAnmiSurfaceView.java 类中绘制的等待动画,并设置了其宽、高、位置的属性。

(3)上面简要介绍了加载界面框架的搭建,下面将介绍首先进入的加载界面中动态更新等待

4.7 加载界面功能模块的实现

对话框里的自定义动画状态的代码实现，具体代码如下。

> 代码位置：见随书的源代码\第 4 章\CarS4\src\com\bn\activity 下的 LoadingActivity.java。

```
1   package com.bn.activity;
2   ......//此处省略导入类的代码，读者可自行查阅随书附带的源代码
3   public class LoadingActivity extends Activity{
4       public static final int WAIT_DIALOG=0;                  //等待对话框编号
5       public static final int WAIT_DIALOG_REPAINT=0;          //等待对话框刷新消息编号
6       Dialog waitDialog;
7       WaitAnmiSurfaceView wasv;
8       Handler hd=new Handler(){
9           public void handleMessage(Message msg){
10              switch(msg.what){
11                  case WAIT_DIALOG_REPAINT:                    //等待对话框刷新
12                      wasv.repaint();
13                  break;
14  }}};
15      public void onCreate(Bundle savedInstanceState){
16          super.onCreate(savedInstanceState);
17          requestWindowFeature(Window.FEATURE_NO_TITLE);       //设置隐藏标题栏
18          setRequestedOrientation(ActivityInfo.SCREEN_ORIENTATION_PORTRAIT);
            //设置为竖屏模式
19          setContentView(R.layout.loading1);
20          showDialog(WAIT_DIALOG);
21      }
22      public Dialog onCreateDialog(int id){
23          Dialog result=null;
24              switch(id){
25                  case WAIT_DIALOG:                            //历史记录对话框的初始化
26                      AlertDialog.Builder b=new AlertDialog.Builder(this);
27                      b.setItems(   null,   null );
28                      b.setCancelable(false);
29                      waitDialog=b.create();
30                      result=waitDialog;
31                  break;
32              }
33          return result;
34      }
35      //每次弹出对话框时被回调以动态更新对话框内容的方法
36      public void onPrepareDialog(int id, final Dialog dialog){
37          if(id!=WAIT_DIALOG)      return;//若不是历史对话框则返回
38          dialog.setContentView(R.layout.dialog);
39          wasv=(WaitAnmiSurfaceView)dialog.findViewById(R.id.wasv);
40          new Thread(){
41              public void run(){
42                  for(int i=0;i<100;i++){
43                      wasv.angle=wasv.angle+5;
44                      hd.sendEmptyMessage(WAIT_DIALOG_REPAINT);
45                      try{
46                          Thread.sleep(20);
47                      }catch(Exception e){
48                          e.printStackTrace();}
49                  }
50                  dialog.cancel();
51                  ChangeFace();                                //切换到另一 Activity 的方法
52          }}.start();
53  }}
```

- 第 8~10 行用于创建 Handler 对象，重写 handleMessage 方法，并调用父类处理消息字符串。
- 第 11~14 行根据消息的 what 值，执行相应的 case，开始绘制对话框里的动画。
- 第 15~21 行中，在 onCreate 方法里调用父类 onCreate 方法，设置自定义 Activity 标题栏为隐藏标题栏，将窗体显示状态设置为竖屏模式。
- 第 22~53 行重写 onCreateDialog、onPrepareDialog 方法与 showDialog 共用。当对话框第一次被请求时，调用 onCreateDialog，在这个方法里初始化对话框 Dialog。在每次显示对话之

前，调用 onPrepareDialog 加载动画。

（4）上面省略的加载界面 LoadingActivity 类的 ChangeFace 方法具体代码如下。该方法执行的是切换到不同 Activity 的操作，具体代码如下。

> **代码位置**：见随书的源代码\第 4 章\CarS4\src\com\bn\activity 下的 LoadingActivity.java。

```
1    public void ChangeFace(){
2        /* 新建一个 Intent 对象 */
3        Intent intent = new Intent();
4        /* 指定 intent 要启动的类 */
5        intent.setClass(LoadingActivity.this,MainActivity.class);
6        /* 启动一个新的 Activity */
7        LoadingActivity.this.startActivity(intent);
8        /* 关闭当前的 Activity
9        LoadingActivity.this.finish();
10   }
```

> **说明** 上述 ChangeFace 方法为新建一个 Intent 对象，利用 Intent 切换到下一个 Activity，在当前的 Activity 里启动新的 Activity 并关闭当前的 Activity。

（5）由于加载动画是用画笔画出来的，所以需使用绘制图形类来实现该操作，即上面省略的 WaitAnmiSurfaceView 类，具体代码如下。

> **代码位置**：见随书源代码\第 4 章\ CarS4\src\com\bn\view 下的 WaitAnmiSurfaceView.java。

```
1    public class WaitAnmiSurfaceView extends View{
2        ......//此处省略导入类的代码，读者可自行查阅随书附带的源代码
3        public WaitAnmiSurfaceView(Context activity,AttributeSet as){
4            super(activity,as);
5            paint = new Paint();                              //创建画笔
6            paint.setAntiAlias(true);                         //打开抗锯齿
7            bitmapTmp=BitmapFactory.decodeResource(activity.getResources(),
                 R.drawable.star);  //加载图片
8            picWidth=bitmapTmp.getWidth();
9            picHeight=bitmapTmp.getHeight();
10       }
11       public void onDraw(Canvas canvas){
12           paint.setColor(Color.rgb(0, 0, 0));               //设置画笔颜色
13           paint.setAlpha(40);                               //设置画笔透明度
14           canvas.drawRect(0, 0, 0, 0, paint);
15           float left=(viewWidth-picWidth)/2;                //计算左上侧点的坐标
16           float top=(viewHeight-picHeight)/2;
17           paint.setAlpha(255);
18           Matrix m1=new Matrix();
19           m1.setTranslate(left,top);
20           Matrix m3=new Matrix();
21           m3.setRotate(angle, viewWidth/2, viewHeight/2);   //设置旋转角度
22           Matrix mzz=new Matrix();
23           mzz.setConcat(m3, m1);
24           canvas.drawBitmap(bitmapTmp, mzz, paint);
25       }
26       public void repaint(){                                //自己为了方便开发的 repaint 方法
27           this.invalidate();
28       }}
```

> **说明** 上述代码为重绘图片的方法，先设置画笔的颜色，将其透明度设置为 40，然后用 Canvas 的对象开始绘制该矩阵，当获得左上侧点的坐标后，将 Matrix 平移到该坐标位置上，然后设置其旋转角度，最后将两个 Matrix 对象计算并连接起来由 Canvas 绘制自定义的动画。

4.8 Android 客户端各功能模块的实现

上一节介绍了 Android 客户端加载界面。这一节主要介绍加载完后呈现在主界面的各功能模块的开发。包括汽车车型、汽车文化、汽车新闻、汽车 4S 店经销商以及汽车服务等功能。实现客户对手机汽车 4S 店提出建议及反馈信息等操作。下面将逐一介绍这部分功能的实现。

4.8.1 汽车 4S 店主界面模块的实现

上一节介绍了加载界面功能的实现，本小节主要介绍的是主界面功能的实现。经过加载界面后进入到主界面，可以通过单击主界面上方的各个标题栏，实现界面的切换。主要是查看汽车的新闻、车型、企业文化、经销商以及信息反馈等相关内容。

（1）下面将介绍主界面的搭建，包括布局的安排，按钮、文本框等控件的属性设置，省略部分与介绍的部分相似，读者可自行查阅随书代码进行学习，具体代码如下。

> 代码位置：见随书源代码\第 4 章\CarS4\res\layout-port 目录下的 viewpager.xml。

```xml
1  <?xml version="1.0" encoding="utf-8"?>                              <!--版本号及编码方式-->
2  <LinearLayout xmlns:android="http://schemas.android.com/apk/res/android"<!--线性布局-->
3      android:layout_width="match_parent"
4      android:layout_height="match_parent"
5      android:background="#EEEEEE"
6      android:orientation="vertical" >
7      <LinearLayout                                                    <!--线性布局-->
8          android:id="@+id/linearLayout1"
9          android:layout_width="fill_parent"
10         android:layout_height="40.0dip"
11         android:background="#EEEEEE" >
12         <TextView                                                    <!--文本域-->
13             android:id="@+id/PagerText01"
14             android:layout_width="fill_parent"
15             android:layout_height="fill_parent"
16             android:layout_weight="1.0"
17             android:gravity="center"
18             android:text="新闻"
19             android:textSize="18.0dip" />
20      ……<!--此处文本域与上述相似，故省略，读者可自行查阅随书的源代码-->
21     </LinearLayout>
22     <ImageView                                                       <!--图像域-->
23         android:id="@+id/cursor"
24         android:layout_width="fill_parent"
25         android:layout_height="wrap_content"
26         android:background="#EEEEEE"
27         android:scaleType="matrix"
28         android:src="@drawable/circle" />
29     <com.bn.view.MyViewPager                                         <!--自定义的ViewPager-->
30         android:id="@+id/viewpage"
31         android:layout_width="match_parent"
32         android:layout_height="match_parent" />
33 </LinearLayout>
```

- 第 2~6 行用于声明总的线性布局，总线性布局中还包含一个线性布局。设置线性布局的宽度为自适应屏幕宽度，高度为屏幕高度，排列方式为垂直排列，并设置总的线性布局背景颜色。
- 第 7~21 行用于声明线性布局，线性布局中包含 5 个 TextView 控件，同时还设置了 LinearLayout 宽、高、位置的属性和 TextView 宽、高、内容、大小的属性。
- 第 22~28 行用于声明图片域，设置了 ImageView 宽、高、背景颜色，以及显示的图片的属性。
- 第 29~32 行用于声明自定义的 ViewPager，并设置了 ViewPager 宽、高的属性。

(2）下面介绍主界面 MainActivity 类中 ViewPager 功能的开发。主界面主要是由新闻界面构成，用户在单击新闻、车型、文化、经销商、汽车服务等任一内容时，将切换到相应的界面。上述界面将在下面的章节逐个介绍，主界面搭建的具体代码如下。

代码位置：见随书源代码\第 4 章\CarS4\src\com\bn\activity 目录下的 MainActivity.java。

```java
1    package com.bn.activity;
2    ……//此处省略导入类的代码，读者可自行查阅随书附带的源代码
3    public class MainActivity extends Activity{
4        ……//此处省略定义变量的代码，请自行查看源代码
5        @Override
6        protected void onCreate(Bundle savedInstanceState){  //activity 启动时调用的方法
7            super.onCreate(savedInstanceState);
8            setContentView(R.layout.viewpager);
9            FontManager.initTypeFace(this);                   //初始化 TypeFace
10           FontManager.changeFonts(FontManager.getContentView(this),this);
             //用自定义的字体方法
11           context = MainActivity.this;
12           manager = new LocalActivityManager(this,true);
13           manager.dispatchCreate(savedInstanceState);
14           initImageView();                                  //初始化 ImageView
15           initTextView();                                   //初始化 TextView
16           initPagerViewer();                                //初始化 ViewPager
17       }
18       public void initTextView(){                           //初始化标题文字
19           ……//此处省略定义 ImageView 和添加监听的代码，下面将详细介绍
20       }
21       private void initImageView() {                        //初始化动画
22           ……//此处省略定义 ImageView 和添加监听的代码，下面将详细介绍
23       }
24       private void initPagerViewer() {                      //初始化 ViewPager
25           ……//此处省略定义动画相关信息的代码，下面将详细介绍
26       }
27       private View getView(String id, Intent intent){
28           return manager.startActivity(id, intent).getDecorView();
29   }}
```

- 第 6～17 行为 Activity 启动时调用的方法，在 onCreate 方法中进行了部分内容初始化的工作，并将字体设为方正卡通形式。
- 第 18～26 行为初始化标题文字、动画和 ViewPager 的 3 个方法，在这里方法的代码省略，下面将详细介绍。

（3）上面省略的主界面类初始化的 3 个方法的具体代码如下。初始化标题文字、初始化动画以及初始化 ViewPager，在主界面中进行显示。

代码位置：见随书源代码\第 4 章\CarS4\src\com\bn\activity 目录下的 MainActivity.java。

```java
1    public void initTextView(){
2        t1 = (TextView) findViewById(R.id.PagerText01);      //得到新闻的 TextView
3        t2 = (TextView) findViewById(R.id.PagerText02);      //得到车型的 TextView
4        t3 = (TextView) findViewById(R.id.PagerText03);      //得到企业文化的 TextView
5        t4 = (TextView) findViewById(R.id.PagerText04);      //得到经销商的 TextView
6        t5 = (TextView) findViewById(R.id.PagerText05);      //得到服务的 TextView
7        t1.setOnClickListener(new MyOnClickListener(0));     //给新闻添加单击监听
8        t2.setOnClickListener(new MyOnClickListener(1));     //给车型添加单击监听
9        t3.setOnClickListener(new MyOnClickListener(2));     //给企业文化添加单击监听
10       t4.setOnClickListener(new MyOnClickListener(3));     //给经销商添加单击监听
11       t4.setOnClickListener(new MyOnClickListener(4));     //给服务添加单击监听
12   }
13   private void initImageView(){
14       cursor = (ImageView) findViewById(R.id.cursor);      //得到动画的 ImageView
15       bmpW = BitmapFactory.decodeResource(getResources(),
16           R.drawable.circle).getWidth();                   // 获取图片宽度
17       DisplayMetrics dm = new DisplayMetrics();
18       getWindowManager().getDefaultDisplay().getMetrics(dm);
```

```
19          int screenW = dm.widthPixels;                      //获取分辨率宽度
20          offset = (screenW / 5 - bmpW) / 2;                  //计算偏移量
21          Matrix matrix = new Matrix();
22          matrix.postTranslate(offset, 0);
23          cursor.setImageMatrix(matrix);                      //设置动画初始位置
24      }
25      private void initPagerViewer(){
26          pager = (MyViewPager) findViewById(R.id.viewpage);  //得到自定义ViewPager
27          //将各个主要的Activity放在list中,并传到其适配器中
28          final ArrayList<View> list = new ArrayList<View>();//定义ArrayList<View>对象
29          Intent intent = new Intent(context, ODNewsActivity.class);
            //将汽车新闻Activity放在list中
30          list.add(getView("ODNewsActivity", intent));
31          Intent intent2 = new Intent(context, CarsShowActivity.class);
            //将车系Activity放在list中
32          list.add(getView("CarsShowActivity", intent2));
33          Intent intent3 = new Intent(context, CultureActivity.class);
            //将企业文化Activity放在list中
34          list.add(getView("CultureActivity", intent3));
35          Intent intent4 = new Intent(context, AgencyActivity.class);
            //将经销商Activity放在list中
36          list.add(getView("AgencyActivity", intent4));
37          Intent intent5 = new Intent(context, ServiceActivity.class);
            //将汽车服务Activity放在list中
38          list.add(getView("ServiceActivity", intent5));
39          pager.setAdapter(new MyPagerAdapter(list));         //将list传到其适配器中
40          pager.setCurrentItem(0);                            //默认选中第0个
41          pager.setOnPageChangeListener(
42              new MyOnPageChangeListener());
43      }
```

- 第1~12行为初始化标题文字方法的代码,将新闻、车型、文化、经销商和反馈5项内容显示在主界面上方,并添加监听,监听方法在此处省略,后面详细介绍。
- 第13~24行为初始化动画的代码,设置动画的初始位置,并计算每次变化的偏移量。
- 第25~43行为初始化ViewPager的代码,将新闻、车型、文化、经销商和反馈的显示Activity添加到ViewPager的适配器中。则在单击选项的时候,同时进行切换Activity的工作。

> **说明** 给TextView添加的监听方法和自定义ViewPager以及给ViewPager添加适配器的代码这里省略,读者可自行查阅随书附带的源代码。

(4)上面介绍了主界面内各项内容的初始化,下面将介绍ViewPager在切换Activity时需要添加的监听方法,具体代码如下。

代码位置:见随书源代码\第4章\CarS4\src\com\bn\view目录下的MyOnPageChangeListener.java。

```
1   package com.bn.view;
2   ......//此处省略导入类的代码,读者可自行查阅随书附带的源代码
3   public class MyOnPageChangeListener
4       implements OnPageChangeListener {
5       int one = MainActivity.offset * 2 + MainActivity.bmpW;//从页卡1到页卡2的偏移量
6       int two = one * 2;                                    //从页卡1到页卡3的偏移量
7       int three = one * 3;                                  //从页卡1到页卡4的偏移量
8       int four = one * 4;                                   //从页卡1到页卡5的偏移量
9       @Override
10      public void onPageSelected(int arg0){
11          Animation animation = null;
12          switch (arg0){
13          case 0:                                           //现在选择第0个界面
14              if (MainActivity.currIndex == 1){             //如果当前页卡编号为1
15                  animation = new TranslateAnimation(one, 0, 0, 0);  //动画平移一个偏移量
16              } else if (MainActivity.currIndex == 2){      //如果当前页卡编号为2
17                  animation = new TranslateAnimation(two, 0, 0, 0);  //动画平移两个偏移量
18              }else if (MainActivity.currIndex == 3){       //如果当前页卡编号为3
19                  animation = new TranslateAnimation(three, 0, 0, 0);//动画平移3个偏移量
```

```
20            }else if (MainActivity.currIndex == 4){         //如果当前页卡编号为4
21                animation = new TranslateAnimation(four, 0, 0, 0); //动画平移4个偏移量
22            }
23            break;
24        case 1:                                              //现在在第一个界面
25            if (MainActivity.currIndex == 0){                //如果当前页卡编号为0
26                animation = new TranslateAnimation(MainActivity.offset, one, 0, 0);
27            } else if (MainActivity.currIndex == 2){         //如果当前页卡编号为2
28                animation = new TranslateAnimation(two, one, 0, 0);
29            }else if (MainActivity.currIndex == 3){          //如果当前页卡编号为3
30                animation = new TranslateAnimation(three, one, 0, 0);
31            }else if (MainActivity.currIndex == 4){          //如果当前页卡编号为4
32                animation = new TranslateAnimation(four, one, 0, 0);
33            }
34            break;
35        ……//此处省略在其他界面时,动画需平移的偏移量的代码,与上述操作类似,故不再赘述
36        MainActivity.currIndex = arg0;                       //设置当前页卡
37        animation.setFillAfter(true);                        //图片停在动画结束位置
38        animation.setDuration(300);
39        MainActivity.cursor.startAnimation(animation);       //开始动画
40    }}
```

- 第5~8行定义在滑动ViewPager时计算页卡移动的偏移量的变量,从页卡1到页卡2的偏移量为根据Android手机屏幕分辨率和动画图片的宽度计算出的数值大小。
- 第13~35行为从ViewPager里的当前选中页卡切换到其他不同的页卡界面时的动画走动情况。
- 第36~39行设置默认当前页面在第0界面,将动画停留在最后滑动的页卡里,设置动画执行时间为300,然后开始动画的走动。

4.8.2 汽车新闻模块的实现

上一小节介绍了主界面模块的实现,本小节将介绍汽车新闻模块的开发,通过单击标题栏的新闻按钮可进行查看汽车新闻的操作。

(1)下面简要介绍汽车新闻首界面的搭建,包括布局的安排、文本的属性设置,读者可自行查看随书源代码进行学习,具体代码如下。

代码位置:见随书源代码\第4章\CarS4\res\layout-port目录下的odnews.xml。

```
1   <?xml version="1.0" encoding="utf-8"?>                           <!--版本号及编码方式-->
2   <LinearLayout xmlns:android="http://schemas.android.com/apk/res/android"<!--线性布局-->
3       android:orientation="vertical"
4       android:layout_width="fill_parent"
5       android:layout_height="fill_parent">
6       <FrameLayout                                                 <!--帧式布局-->
7       android:layout_width="fill_parent"
8       android:layout_height="wrap_content">
9       <Gallery                                                     <!--画廊控件-->
10          android:id="@+id/gl"
11          android:layout_height="200dip"
12          android:layout_width="fill_parent"
13          android:unselectedAlpha="1"/>
14      <RelativeLayout                                              <!--相对布局-->
15          android:layout_width="fill_parent"
16          android:layout_height="18dp"
17          android:layout_gravity="bottom"
18          android:layout_marginBottom="3dp"
19          android:layout_marginLeft="3dp"
20          android:layout_marginRight="3dp"
21          android:gravity="center">
22      <ImageView                                                   <!--图片域-->
23          android:id="@+id/IMG01"
24          android:layout_width="wrap_content"
25          android:layout_height="wrap_content"
```

```
26                android:src="@drawable/kong" />
27         ......<!--此处图片视图与上述相似,故省略,读者可自行查阅随书的源代码。-->
28        </RelativeLayout>
29    </FrameLayout>
30    <LinearLayout                                              <!--线性布局-->
31        android:orientation="vertical"
32        android:layout_width="fill_parent"
33        android:layout_height="fill_parent">
34        <ListView                                              <!--列表视图组件-->
35            android:id="@+id/ListView01"
36            android:layout_width="fill_parent"
37            android:layout_height="fill_parent"
38            android:choiceMode="singleChoice">
39        </ListView>
40    </LinearLayout>
41 </LinearLayout>
```

- 第 9~13 行用于声明一个显示图片的 Gallery 画廊控件,设置了 Gallery 宽、高的属性,将 Gallery 中未选中的图片的透明度设为 1。
- 第 14~28 行用于声明一个相对布局,相对布局中包含 5 个 ImageView,设置了相对布局的宽、高及位置等属性,并设置了 ImageView 宽、高及相对位置的属性。
- 第 30~40 行用于声明一个线性布局,该线性布局中包含一个 ListView 列表视图组件,设置了 ListView 宽、高及位置的属性,然后将其列表设置为单选模式。

(2)新闻详细界面有两种不同的布局文件,最后一条新闻为最新车型的介绍,其新闻详细界面搭建的具体代码如下。

代码位置:见随书源代码\第 4 章\CarS4\res\layout-port 目录下的 anothernewscontent_list.xml。

```
1  <?xml version="1.0" encoding="utf-8"?>                        <!--版本号及编码方式-->
2  <LinearLayout xmlns:android="http://schemas.android.com/apk/res/android" <!--线性布局-->
3      android:layout_width="match_parent"
4      android:layout_height="match_parent"
5      android:orientation="vertical"
6      android:id="@+id/other">
7      <TextView                                                 <!--文本域-->
8          android:id="@+id/tx2"
9          android:layout_width="fill_parent"
10         android:layout_height="wrap_content"
11         android:textSize="18sp"/>
12     <ImageView                                                <!--图片域-->
13         android:id="@+id/firstiv"
14         android:layout_width="200dip"
15         android:layout_height="150dp"
16         android:layout_gravity="center_horizontal"
17         android:layout_marginTop="15dp"/>
18     <ImageView                                                <!--图片域-->
19         android:layout_marginTop="40dp"
20         android:id="@+id/firstiv2"
21         android:layout_width="200dip"
22         android:layout_height="150dp"
23         android:layout_gravity="center_horizontal"/>
24     <TextView                                                 <!--文本域-->
25         android:id="@+id/time1"
26         android:layout_gravity="right"
27         android:layout_width="180dp"
28         android:layout_height="60dp"
29         android:textSize="18sp"
30         android:gravity="left"/>
31 </LinearLayout>
```

> **说明** 上述的总线性布局中包含两个文本域和两个图片域的布局。由于介绍新闻详细内容共有两种布局,除了车型介绍的新闻布局外,其他的新闻布局相同,这里因篇幅原因就不再叙述,请读者自行查阅随书的源代码。

（3）上面介绍了汽车新闻界面的搭建，下面介绍具体功能的实现，客户可以滑动 Gallery 里的图片查看最新新闻的图片内容，单击新闻导语可以查看详细的新闻内容，具体代码如下。

> **代码位置**：见随书源代码\第 4 章\CarS4\src\com\bn\activity 目录下的 ODNewsActivity.java。

```java
package com.bn.activity;
......//此处省略导入类的代码，读者可自行查阅随书附带的源代码
public class ODNewsActivity extends Activity {                    //新闻显示界面类
    ......//此处省略定义变量的代码，读者可自行查阅随书附带中的源代码
    protected void onCreate(Bundle savedInstanceState){
        super.onCreate(savedInstanceState);
        setContentView(R.layout.odnews);                          //设置 layout
        FontManager.changeFonts(FontManager.getContentView(this),this);//使用自定义字体
        initThread();                                             //初始化线程
    }
    public void initThread(){                                     //开启线程，获取内容方法
        new Thread(){                                             //开启线程
            public void run(){
                try {while(flag){                                 //循环
                    synchronized(Constant.lock){
                        allcontent=NetInfoUtil.getODNews();       //得到新闻标题（导语）
                        picStr=NetInfoUtil.getODNewsPic() ;       //得到新闻图片
                        picGroup=picStr.split("\\|");             //获得图片名称数组
                        bb=new byte[picGroup.length][];
                        for(int i=0;i<picGroup.length;i++){
                            bb[i]=NetInfoUtil.getPicture(picGroup[i]);//获得图片数据
                        }
                        galleryPicName=NetInfoUtil.getODNewsGalleryPic();
                        galleryPicNames=galleryPicName.split("\\|");   //获得图片名称数组
                        galleryBB=new byte[galleryPicNames.length][];  //创建 byte 数组
                        for(int i=0;i<galleryPicNames.length;i++){
                            galleryBB[i]=NetInfoUtil.getPicture(galleryPicNames[i]);
                        }
                        handler.sendEmptyMessage(0);              //发送消息，更新控件内容
                        flag=false;                               //标志位设为 false
                }}}catch (Exception e) {
                    e.printStackTrace();
        }}}.start();}                                             //开启线程
    public Handler handler = new Handler(){
        public void handleMessage(Message msg){
            if(msg.what==0){                                      //获取网络信息成功
                initListView();                                   //初始化新闻列表
                ChangePicture();                                  //修改 Gallery 图片
    }}};
    public void ChangePicture(){/*此处省略的是修改 Gallery 图片的方法，将在下面简单介绍*/}
    private void initListView(){                                  //初始化新闻内容
        listcontent=allcontent.split("\\|");
        bitmap=GetBitmap.getBitmap(picGroup, bb);
        BaseAdapter ba=new BaseAdapter(){
            ......//此处省略的是创建适配器的代码，下面将进行简单介绍
        };
        ListView lv=(ListView)this.findViewById(R.id.ListView01);
        lv.setAdapter(ba);                                        //为 ListView 设置内容适配器
        lv.setOnItemClickListener(
            new OnItemClickListener(){
                public void onItemClick(AdapterView<?> arg0, View arg1, int arg2, long arg3){
                    ......//此处省略的是切换 Activity 的代码，读者可自行查阅随书附带中的源代码
    }}
}
```

- 第 5～10 行为当前 Activity 被创建时需要调用的方法。在该方法中，设置当前 Activity 需要显示的 layout，并设置使用自定义字体，最后调用初始化线程的方法。

- 第 11～33 行为初始化线程的方法。在该方法中，另外开启一个线程，在线程中，循环运行方法，如果一旦获得了锁资源，则从服务器端获取需要的内容，如需要显示的新闻图片的名称、根据图片名称而获得的图片数据等。如果获取内容结束，则发送消息，并且将标志位设为 false。

- 第 34～39 行为创建 Handler 接收消息的方法。如果传过来的值等于 0，则代表从服务器端获取需要的内容成功，即可调用初始化列表方法，更新控件的内容。
- 第 41～53 行为初始化列表的方法。根据从服务器端获取的新闻内容，转化成需要的格式，并将图片的数据转换成可以直接使用的 Bitmap 格式。

> **说明** 在上面介绍的新闻显示类中，需要特别注意的是，如果需要通过联网从服务器端获取相关内容，则需要另外开启一个线程，必须等到内容获取成功后，再进行界面控件的更新。将图片数据转换成 Bitmap 格式的工具类这里不再介绍，由于篇幅原因，部分内容将在下面进行简单介绍。

（4）在滑动 Gallery 里的图片时，要调用 ODNewsActivity 类的 ChangePicture 方法来实现图片切换的动作与下面的小图标变换的动作一致的操作，该方法实现的具体代码如下。

代码位置：见随书源代码\第 4 章\CarS4\src\com\bn\activity 目录下的 ODNewsActivity.java。

```java
1   public void ChangePicture(){                                //切换 Gallery 里图片的方法
2       galleryBitmap=GetBitmap.getBitmap(galleryPicNames, galleryBB);
3       adapter=new ImageAdapter(this);                         //创建 ImageAdapter 对象
4       mGallery=(Gallery)this.findViewById(R.id.gl);
5       mGallery.setAdapter(adapter);                           //为 Gallery 添加适配器
6       mGallery.setPadding(20,0, 20,0);
7       mImgView=new ImageView[]{                               //得到 ImageView 的对象数组
8               (ImageView)this.findViewById(R.id.IMG01),       //获得第一个 ImageView 对象
9               (ImageView)this.findViewById(R.id.IMG02),       //获得第二个 ImageView 对象
10              (ImageView)this.findViewById(R.id.IMG03),       //获得第 3 个 ImageView 对象
11              (ImageView)this.findViewById(R.id.IMG04),       //获得第 4 个 ImageView 对象
12              (ImageView)this.findViewById(R.id.IMG05)        //获得第 5 个 ImageView 对象
13      };
14      mImgView[0].setImageDrawable(getBaseContext().          //设置图片内容
15                                  getResources().getDrawable(R.drawable.shi));
16      mGallery.setOnItemSelectedListener(
17          new OnItemSelectedListener(){                       //添加监听方法
18              public void onItemSelected(AdapterView<?> arg0, View arg1,int arg2, long arg3) {
19                  int pos = arg2 % IMAGE_COUNT;
20                  mImgView[pos].setImageDrawable(getBaseContext().getResources().
21                                  getDrawable(R.drawable.shi));   //单击的小圆点变化
22                  if (pos > 0){                               //位置变化的各种情况(越界等)
23                      mImgView[pos1].setImageDrawable(getBaseContext().getResources().
24                                  getDrawable(R.drawable.kong));
25                  }
26                  if (pos < (IMAGE_COUNT - 1)){               //将图片设为白点
27                      mImgView[pos1].setImageDrawable(getBaseContext().getResources().
28                                  getDrawable(R.drawable.kong));
29                  }
30                  if (pos == 0){
31                      mImgView[IMAGE_COUNT1].setImageDrawable(getBaseContext().
32                                  getResources().getDrawable(R.drawable.kong));
33              }}
34              public void onNothingSelected(AdapterView<?> arg0){}  //该方法内没有内容
35      });;}
```

- 第 2～6 行为切换 Gallery 里图片的方法，首先根据从服务器端获取的图片数据转换成可以使用的 Bitmap 格式，然后创建 ImageAdapter 对象，为 Gallery 添加适配器，将 Gallery 画廊布局的左右留白 20 宽度，以免画廊里的图片被拉伸。
- 第 7～15 行声明 Gallery 下的 5 个 ImageView 小图标对象，得到 ImageView 的 id，默认选中第一个小图标，将其设置为灰色，其他的为白色。
- 第 16～35 行给 Gallery 设置监听，重写 onItemSelected 方法，在该方法中给出小图标状态变化的不同情况，使小图标的状态变化与 Gallery 中图片滑动的动作效果一致。

（5）新闻显示的 Activity 内，除了可以滑动的 Gallery，还有可以查看相关新闻内容的 ListView，下面则介绍上面省略了的需要给 ListView 添加的适配器的代码，具体代码如下。

> 代码位置：见随书源代码\第 4 章\CarS4\src\com\bn\activity 目录下的 ODNewsActivity.java。

```java
1    BaseAdapter ba=new BaseAdapter(){
2    LayoutInflater inflater=LayoutInflater.from(ODNewsActivity.this);    //获得相应布局
3    @Override
4    public int getCount(){                                               //设置适配器的长度
5        return listcontent.length;
6    }
7    @Override
8    public Object getItem(int arg0){return null;}                        //默认选中的条目为空
9    @Override
10   public long getItemId(int position){return 0;}                       //默认选中条目的 id 为 0
11   @Override
12   public View getView(int arg0, View convertView, ViewGroup parent){
13       LinearLayout ll=(LinearLayout)convertView;                       //获得 LinearLayout 对象
14       if(ll==null){
15           ll=(LinearLayout)(inflater.inflate(R.layout.news,null).findViewById(R.
                 id.LinearLayout_news));
16       }
17       ImageView iv=(ImageView)ll.getChildAt(0);                        //获得 ImageView 对象
18       iv.setImageBitmap(bitmap[arg0]);                                 //设置图片
19       TextView tv=(TextView)ll.getChildAt(1);
20       for(int i=1;i<listcontent[arg0].length();i++){                   //给时间 Text 加上【】
21           if(listcontent[arg0].charAt(i)=='#'){
22               String a=listcontent[arg0].substring(i-1,i+2).replaceAll("<#>","【");
23               listcontent[arg0]=listcontent[arg0].substring(0,i-1)+"\n"+a+
                     listcontent[arg0].substring(i+2,
24                                                           listcontent[arg0].length());
25       }}
26       tv.setText(listcontent[arg0]+"】");                              //设置内容
27       tv.setTextSize(20);                                              //设置字体大小
28       tv.setTypeface(FontManager.tf);                                  //设置字体为方正卡通形式
29       tv.setTextColor(ODNewsActivity.this.getResources().getColor(R.color.black));
         //设置字体颜色
30       return ll;
31   }};
```

- 第 3～6 行重写 getCount 方法，返回 ListView 下 Item 的数量。
- 第 12～18 行创建一个 LinearLayout 对象，第一次加载为空时，就用 inflater 对象来获得相应的 XML 布局文件，然后用 LinearLayout.findViewById()获得该布局下的子件赋给该对象。
- 第 20～31 行先把时间 Text 转换成需要的格式，然后设置其字体大小为 20、颜色为黑色、风格为方正卡通形式。

> 说明　汽车新闻界面还有其他 Activity 类，如单击一条新闻后，显示该新闻详细信息的 NewsContentsActivity 类，在这里由于篇幅原因不再叙述，请读者自行查阅随书的源代码。

4.8.3　汽车车型模块的实现

上一小节介绍的是汽车新闻模块的实现，本小节主要是介绍在单击标题栏的车型按钮时，显示车系介绍界面，在选择任一车系后将进入介绍相关车型界面，选中任一车型后，可进入查看任一车型的车型参数详情界面。

（1）下面首先介绍查看车系界面搭建主布局 cars_main.xml 的开发，包括布局的安排、控件的基本属性设置，实现的具体代码如下。

4.8 Android 客户端各功能模块的实现

> 📝 **代码位置**：见随书源代码\第 4 章\CarS4\res\layout-port 目录下的 cars_main.xml。

```xml
1  <?xml version="1.0" encoding="utf-8"?>                                <!--版本号及编码方式-->
2  <LinearLayout xmlns:android="http://schemas.android.com/apk/res/android"<!--线性布局-->
3      android:layout_width="fill_parent"
4      android:layout_height="fill_parent"
5      android:orientation="vertical" >
6      <ListView                                                          <!--列表视图组件-->
7          android:id="@+id/ListView01"
8          android:layout_width="fill_parent"
9          android:layout_height="wrap_content"
10         android:layout_marginTop="5sp"
11         android:choiceMode="singleChoice" >
12     </ListView>
13 </LinearLayout>
```

> 💡 **说明** 上述代码用于声明一个线性布局，该线性布局中包含一个 ListView 列表视图组件，设置了 ListView 宽、高及位置的属性，然后将其列表设置为单选模式。

（2）由于 ListView 布局样式是由 TextView、ImageView 共同搭建实现的，那么接下来将介绍该子布局 carsshow.xml 的开发，具体代码如下。

> 📝 **代码位置**：见随书源代码\第 4 章\CarS4\res\layout-port 目录下的 carsshow.xml。

```xml
1  <LinearLayout xmlns:android="http://schemas.android.com/apk/res/android"
2      android:layout_width="fill_parent"
3      android:layout_height="wrap_content"
4      android:orientation="vertical"
5      android:id="@+id/LinearLayout_row" >
6      <TextView                                                          <!--文本域-->
7          android:id="@+id/TextView01"
8          android:layout_width="fill_parent"
9          android:layout_height="wrap_content"
10         android:textColor="@color/black"
11         android:gravity="left"
12         android:textSize="18sp" />
13     <ImageView                                                         <!--图片域-->
14         android:id="@+id/ImageView01"
15         android:layout_width="300dip"
16         android:layout_height="150dip"
17         android:layout_gravity="center_horizontal"
18         android:contentDescription="@string/car"/>
19 </LinearLayout>
```

> 💡 **说明** 线性布局中包含 TextView 和 ImageView 控件，并设置了 LinearLayout 宽、高、位置的属性和 TextView、ImageView 宽、高、内容、大小等属性。

（3）下面介绍车系界面 CarsShowActivity 功能的实现，如果选择了任一车系，则进入选择车系下的相应的车型信息，具体代码如下。

> 📝 **代码位置**：见随书源代码\第 4 章\CarS4\src\com\bn\activity 目录下的 CarsShowActivity.java。

```java
1  package com.bn.activity;                                    //声明包名
2  ......//此处省略导入类的代码，读者可自行查阅随书附带的源代码
3  public class CarsShowActivity extends Activity{             //车系的显示界面
4      ......//此处省略定义变量的代码，读者可自行查阅随书附带的源代码
5      protected void onCreate(Bundle savedInstanceState){
6          super.onCreate(savedInstanceState);
7          setContentView(R.layout.cars_main);                 //设置 layout
8          initThread();                                       //开启线程，获取内容
9      }
10     public void initThread(){                               //开启线程，获取内容方法
11         new Thread(){
12             public void run(){
```

```
13                    ......//此处省略从服务器端获取内容的代码，与上面介绍的相似，读者可自行查阅
14     }}.start();                                                  //开启线程
15     public Handler handler = new Handler(){
16          @Override
17          public void handleMessage(Message msg){
18               if(msg.what==0){                                    //获取网络信息成功
19                    initCarsShowView();                            //初始化车系界面
20     }}};
21     public void initCarsShowView(){                               //初始化车系界面方法
22          listcontent=message.split("\\|");                        //分隔以后的车系名称和介绍数组
23          for(int i=0;i<listcontent.length;i++){
24               listcontent[i]=listcontent[i].replaceAll("<#>", "\n         ");
25          }
26          bitmap=GetBitmap.getBitmap(picGroup, bb);                //根据图片数据转换成Bitmap
27          ......//此处省略的是创建适配器的代码，读者可自行查阅
28          ListView lv=(ListView)this.findViewById(R.id.ListView01);//获得ListView对象
29          lv.setAdapter(ba);                                       //设置适配器
30          lv.setOnItemClickListener(                               //添加监听方法
31               new OnItemClickListener(){
32                    @Override
33                    public void onItemClick(AdapterView<?> arg0, View arg1,
34                                           int arg2, long arg3) {
35                         LinearLayout ll=(LinearLayout)arg1;//获取当前选中选项对应的LinearLayout
36                         TextView tvn=(TextView)ll.getChildAt(0);  //获取其中的TextView
37                         carsname= tvn.getText()+"";               //获得车系名称
38                         int b=carsname.indexOf("\n");
39                         carsname=carsname.substring(0,b);         //得到车系名称
40                         Intent intent = new Intent();             //新建一个Intent对象
41                         intent.setClass(CarsShowActivity.this,CarShowActivity.class);
42                         CarsShowActivity.this.startActivity(intent);//启动一个新的Activity
43          }});
44     }}
```

- 第5～14行为Activity创建时需要调用的方法和初始化线程的方法。首先设置该界面需要显示的layout，之后则调用初始化线程的方法，在初始化线程方法中，需要获取的工作和新闻界面内的对应工作是相似的，都是从服务器端获取需要的内容，获取成功后，发送消息。

- 第15～20行中，创建Handler对象后，如果接收到的消息索引值为0，则调用初始化车系界面的方法，进行控件的更新。

- 第21～44行为初始化车系界面的 initCarsShowView 方法。在该方法中，首先将服务器端获得的内容转换成需要的格式，然后获得 ListView 对象，为其设置适配器后，添加监听方法，在单击了任一车系后，跳转到该车系的车型显示界面。

> **说明** 由于该类的初始化线程的方法和上面已经介绍过的新闻显示类的方法大致相似，这里不再赘述。给 ListView 添加的适配器的内容在上面也进行了简单介绍，非常相似，感兴趣的读者可以自行查阅随书附带的源代码。

（4）由于在选择车系后进入的车型界面的代码和上述操作基本相同，所以车型的布局和界面搭建的代码都不再赘述。下面主要介绍的是在选择车型后，查看选择车型的全部信息的布局 carcontent.xml 的开发，具体代码如下。

代码位置：见随书源代码\第4章\CarS4\res\layout-port 目录下的 carcontent.xml。

```
1  <?xml version="1.0" encoding="utf-8"?>                           <!--版本号及编码方式-->
2  <ScrollView xmlns:android="http://schemas.android.com/apk/res/android" <!--滚动视图-->
3       android:layout_width="fill_parent"
4       android:layout_height="wrap_content" >
5     <LinearLayout                                                 <!--线性布局-->
6       android:orientation="vertical"
7       android:layout_width="fill_parent"
8       android:layout_height="wrap_content">
9       <TextView                                                   <!--文本域-->
```

```
10              android:id="@+id/TextCarContent01"
11              android:layout_width="fill_parent"
12              android:layout_height="wrap_content"
13              android:textSize="24sp"
14              android:textStyle="bold"/>
15      ......<!--此处文本域和上述相似,故省略,读者可自行查阅随书的源代码-->
16      </LinearLayout>
17  </ScrollView>
```

> **说明** 可以上下滚动的线性布局中包含 14 个 TextView 控件,由于大部分相似,所以省略了部分代码。上述代码中设置了 LinearLayout 宽、高、位置和 TextView 宽、高、内容、大小等属性。

(5)单击任一车型后可查看其详细信息,下面将介绍实现车型详细信息界面 CarContentActivity 类的代码,实现的具体代码如下。

📝 **代码位置**:见随书源代码\第 4 章\CarS4\src\com\bn\activity 目录下的 CarContentActivity.java。

```
1   package com.bn.activity;                                              //声明包名
2   ......//此处省略导入类的代码,读者可自行查阅随书附带的源代码
3   public class CarContentActivity extends Activity{                     //显示车型详细信息类
4       ......//此处省略定义变量的代码,读者可自行查阅随书附带的源代码
5       public void onCreate(Bundle savedInstanceState){
6           super.onCreate(savedInstanceState);
7           setContentView(R.layout.carcontent);                          //设置 layout
8           FontManager.changeFonts(FontManager.getContentView(this),this);//自定义字体
9           initThread();                                                 //初始化线程方法
10      }
11      public void initThread(){                                         //初始化线程方法
12          new Thread(){
13              public void run(){
14                  ......//此处省略的是从服务器端获取内容的方法,与上述相似,读者可自行查阅
15      }}.start();}
16      public Handler handler = new Handler(){
17          ......//此处省略的是接收信息后,调用初始化列表方法,与上述相似,读者可自行查阅
18      };
19      public void initCarContent(){                                     //初始化列表方法
20          tv=(TextView)this.findViewById(R.id.TextCarContent01);
21          tv.setText(CarShowActivity.carname[0]);                       //显示车型号
22          content=message.split("<#>");
23          tv=(TextView)this.findViewById(R.id.TextCarContent02);       //获得 TextView 对象
24          appendStrB.append(tv.getText());                              //追加字符串
25          appendStrB.append(content[0]);
26          appendStr=appendStrB.toString();
27          tv.setText(appendStr);                                        //显示指导价格
28          appendStrB.delete(0, appendStr.length());                     //删除之前的内容
29          tv=(TextView)this.findViewById(R.id.TextCarContent03);       //获得 TextView 对象
30          appendStrB.append(tv.getText());                              //追加字符串
31          appendStrB.append(content[1]);
32          appendStr=appendStrB.toString();
33          tv.setText(appendStr);                                        //显示车身
34          ......//此处省略其他车型的显示内容,与上述相似,读者可自行查阅
35  }}
```

● 第 5~18 行为创建 Activity 时的方法、初始化线程方法和接收消息的 Handler 内容,首先设置该界面需要显示的 layout,然后在初始化线程的方法内,从服务器端获取需要显示的内容,获取成功后,发送消息,Handler 接收消息后,调用初始化列表方法,进行控件的更新。

● 第 19~35 行为初始化列表内容的方法。由于该界面内只需要设置文字内容,而没有图片,所以不要添加适配器,直接给 TextView 对象赋对应的值即可。由于设置文字内容的代码大致相似,这里不再赘述,读者可自行查阅随书附带的源代码。

4.8.4 汽车文化模块的实现

上一小节介绍了汽车车型模块的实现，本小节将介绍汽车文化模块的开发。通过单击标题栏的文化按钮，切换到查看汽车文化界面。

（1）下面简要介绍汽车文化首界面的搭建，包括布局的安排、文本的属性设置，读者可自行查看随书源代码进行学习，具体代码如下。

> 代码位置：见随书源代码\第 4 章\CarS4\res\layout 目录下的 main_culture.xml。

```xml
1  <?xml version="1.0" encoding="utf-8"?>                       <!--版本号及编码方式-->
2  <LinearLayout xmlns:android="http://schemas.android.com/apk/res/android"  <!--线性布局-->
3      android:layout_width="match_parent"
4      android:layout_height="match_parent"
5      android:orientation="vertical"
6      android:id="@+id/ml">
7      <ListView                                                 <!--列表视图组件-->
8          android:id="@+id/mllist"
9          android:layout_width="fill_parent"
10         android:layout_height="wrap_content"
11         android:choiceMode="singleChoice">
12     </ListView>
13 </LinearLayout>
```

> **说明** 企业文化界面由多个布局文件组成，由于其他的布局文件与车型的搭建界面类似，在这里就不再赘述，请读者自行查阅随书的源代码。

（2）上面介绍了汽车文化界面的搭建，下面介绍具体功能的实现，客户可以单击不同的文化标题查看不同文化的详细内容，具体代码如下。

> 代码位置：见随书源代码\第 4 章\CarS4\src\com\bn\activity 目录下的 CultureActivity.java。

```java
1  package com.bn.activity;                                      //声明包名
2  ......//此处省略导入类的代码，读者可自行查阅随书附带的源代码
3  public class CultureActivity extends Activity{                //显示企业文化目录界面
4      ......//此处省略定义变量的代码，读者可自行查阅随书附带的源代码
5      public void onCreate(Bundle savedInstanceState){
6          super.onCreate(savedInstanceState);
7          setContentView(R.layout.main_culture);                //切换到主企业文化界面
8          initThread();                                         //初始化线程
9      }
10     public void initThread(){/*此处省略了开启线程，获取内容的方法，读者可自行查阅*/}
11     public Handler handler = new Handler(){/*此处省略接收信息的代码，读者可自行查阅*/};
12     private void initListView(){                              //初始化列表方法
13         listcontent=allcontent.split("\\|");
14         BaseAdapter ba=new BaseAdapter(){                     //为 ListView 准备内容适配器
15             ......//此处省略创建适配器的代码，将在下面介绍
16         };
17         ListView lv=(ListView)this.findViewById(R.id.mllist);
18         lv.setAdapter(ba);                                    //为 ListView 设置内容适配器
19         lv.setOnItemClickListener(                            //添加监听方法
20             new OnItemClickListener(){
21                 @Override
22                 public void onItemClick(AdapterView<?> arg0, View arg1,int arg2, long arg3){
23                     LinearLayout ll=(LinearLayout)arg1;  //获取当前选中选项对应的LinearLayout
24                     TextView tvn=(TextView)ll.getChildAt(0);  //获取其中的 TextView
25                     title = tvn.getText()+"";                 //获得选中的标题
26                     ......//此处切换不同Activity的代码省略，请读者自行查阅随书源代码
27             }});
28 }}
```

- 第 5～11 行为创建 Activity 时的方法、初始化线程方法和接收消息的 Handler 内容，首先设置该界面需要显示的 layout，然后在初始化线程的方法内，从服务器端获取需要显示的内容，

获取成功后，发送消息，Handler 接收消息后，调用初始化列表方法，进行控件的更新。

● 第 12～28 行为初始化列表内容的方法。获得 ListView 对象后，设置适配器，并添加监听方法。由于篇幅原因，创建适配器的代码将在下面简单介绍，而切换 Activity 代码这里不再赘述。

（3）滑动 ListView 时须使用 BaseAdapter，即在上面介绍的 initListView 方法中省略的创建适配器方法的代码，实现的具体代码如下。

代码位置：见随书源代码\第 4 章\CarS4\src\com\bn\activity 目录下的 CultureActivity.java。

```
1   BaseAdapter ba=new BaseAdapter(){              //为 ListView 准备内容适配器
2       LayoutInflater inflater=LayoutInflater.from(CultureActivity.this); //获得相应布局
3       @Override
4       public int getCount(){
5           return listcontent.length;              //返回列表长度
6       }
7       @Override
8       public Object getItem(int arg0){ return null; }   //默认选中的条目为空
9       @Override
10      public long getItemId(int arg0){ return 0; }      //默认选中条目的 id 为 0
11      @Override
12      public View getView(int arg0, View arg1, ViewGroup arg2){
13          LinearLayout ll=(LinearLayout)arg1;     //获取 LinearLayout 对象
14          if(ll==null){
15              ll=(LinearLayout)(inflater.inflate(R.layout.culturelist_content,null).
16              findViewById(R.id.layoutsonnextc));
17          }
18          TextView tv=(TextView)ll.getChildAt(0); //获取 TextView 对象
19          tv.setText(listcontent[arg0]);          //设置内容
20          tv.setTextSize(20);                     //设置字体大小
21          tv.setTextColor(CultureActivity.this.getResources().getColor(R.color.black));
                                                    //设置字体颜色
22          tv.setPadding(5,5,5,5);                 //设置四周留白
23          tv.setTypeface(FontManager.tf);         //使用自定义字体(方正卡通)
24          return ll;
25  }};
```

● 第 2 行为获得企业文化界面的相应布局。

● 第 13～17 行创建一个 LinearLayout 对象 ll，第一次加载为空时，就用 inflater 对象来获得相应的 XML 布局文件，然后用 LinearLayout.findViewById()获得该布局下的子件赋给 ll。

● 第 20～23 行设置 Text 的字体大小为 20、颜色为黑色、风格为方正卡通形式，将 TextView 的四周设置为留白。

> **说明** 汽车文化还有一个详细介绍各项文化的 Activity 类，这里由于篇幅原因不再赘述，请读者自行查阅随书的源代码。

4.8.5 汽车经销商模块的实现

上一小节介绍了汽车文化模块的实现，本小节将介绍汽车经销商模块的开发。通过单击标题栏的经销商按钮，切换到汽车经销商信息介绍界面。

由于汽车经销商模块的界面搭建的代码与上述界面搭建的代码大致相似，这里就不再一一介绍，下面将主要介绍具体功能的开发，具体代码如下。

代码位置：见随书源代码\第 4 章\CarS4\src\com\bn\activity 目录下的 AgencyActivity.java。

```
1   package com.bn.activity;                        //声明包名
2   ......//此处省略导入类的代码，读者可自行查阅随书附带的源代码
3   public class AgencyActivity extends Activity{   //汽车经销商显示类
4       ......//此处省略定义变量的代码，读者可自行查阅随书附带的源代码
5       protected void onCreate(Bundle savedInstanceState) {
```

```
6          super.onCreate(savedInstanceState);
7          setContentView(R.layout.agencypro);              //设置 layout
8          FontManager.changeFonts(FontManager.getContentView(this),this);
                                                            //用自定义的字体方法
9          initThread();                                    //开启线程,获取内容
10     }
11     public void initThread(){/*此处省略开启线程,获取内容的方法,读者可自行查阅*/}
12     public Handler handler = new Handler(){/*此处省略接收消息的代码,读者可自行查阅*/};
13     private void initListView(){                         //初始化列表内容方法
14         listAgency=allAgency.split("<#>");
15         BaseAdapter ba=new BaseAdapter(){
16         ......//此处省略创建适配器的代码,读者可自行查阅
17         };
18         ListView lv=(ListView)this.findViewById(R.id.ListView01);
19         lv.setAdapter(ba);                               //为 ListView 设置内容适配器
20         lv.setOnItemClickListener(                       //设置选项被单击的监听器
21           new OnItemClickListener(){
22             @Override                                    //重写选项被单击事件的处理方法
23             public void onItemClick(AdapterView<?> arg0, View arg1, int arg2,long arg3) {
24                 Intent intent=new Intent();              //新建一个 Intent 对象
25                 intent.setClass(AgencyActivity.this,AgencysActivity.class);
26                 String msg=arg2+"";
27                 intent.putExtra("province", msg);        //传消息
28                 AgencyActivity.this.startActivity(intent);
29         }});
30     }}
```

- 第 5～12 行为创建 Activity 时的方法、初始化线程的方法和接收消息的 Handler 内容,首先设置该界面需要显示的 layout,然后在初始化线程的方法内,从服务器端获取需要显示的内容,获取成功后,发送消息,Handler 接收消息后,调用初始化列表方法,进行控件的更新。

- 第 13～30 行为初始化列表内容的方法,获得 ListView 对象后,设置适配器,并添加监听方法。由于篇幅原因,创建适配器的代码和切换 Activity 代码这里不再赘述。

> **说明** 汽车 4S 店经销商还有一个介绍经销商详细信息的 Activity 类,这里由于篇幅原因不再叙述,请读者自行查阅随书的源代码。

4.8.6 汽车服务模块的实现

为了进一步改善用户的购车体验,用户可以通过单击标题栏的服务按钮对汽车 4S 店售后服务进行反馈。首先要切换到服务模块,然后根据列出的 4 项功能,选择符合自己需要的一项,根据提示一步步完成意见的反馈,并进行提交和查看。

(1)下面介绍汽车服务主界面的搭建,包括布局的安排、文本的属性设置,读者可自行查看随书源代码进行学习,具体代码如下:

代码位置:见随书源代码\第 4 章\CarS4\res\layout 目录下的 server_activity.xml。

```
1  <?xml version="1.0" encoding="utf-8"?>                   <!--版本号及编码方式-->
2  <LinearLayout xmlns:android="http://schemas.android.com/apk/res/android" <!--线性布局-->
3      android:layout_width="match_parent"
4      android:layout_height="match_parent"
5      android:orientation="vertical" >
6      <TextView                                            <!--文本域-->
7          android:id="@+id/TextView01"
8          android:layout_width="fill_parent"
9          android:layout_height="wrap_content"
10         android:textSize="24sp"
11         android:gravity="center_horizontal"
12         android:text="联系我们" />
13     <TextView                                            <!--文本域-->
14         android:id="@+id/TextView02"
15         android:layout_width="fill_parent"
```

```
16          android:layout_height="wrap_content"
17          android:layout_weight="1.05"
18          android:gravity="center_horizontal"
19          android:text=""
20          android:textSize="18sp" />
21      <Button                                              <!--普通按钮-->
22          android:id="@+id/button1"
23          android:layout_width="match_parent"
24          android:layout_height="wrap_content"
25          android:text="一键电话" />
26      <Button                                              <!--普通按钮-->
27          android:id="@+id/button2"
28          android:layout_width="match_parent"
29          android:layout_height="wrap_content"
30          android:text="一键信息" />
31      <Button                                              <!--普通按钮-->
32          android:id="@+id/button3"
33          android:layout_width="match_parent"
34          android:layout_height="wrap_content"
35          android:text="一键邮箱" />
36      <Button                                              <!--普通按钮-->
37          android:id="@+id/button4"
38          android:layout_width="match_parent"
39          android:layout_height="wrap_content"
40          android:text="建议反馈" />
41  </LinearLayout>
```

- 第 2~5 行用于声明总的线性布局，总线性布局中包含两个文本域和 4 个普通按钮布局。设置线性布局的宽度为自适应屏幕宽度，高度为屏幕高度，排列方式为垂直排列。
- 第 6~20 行用于声明文本域，设置了 TextView 的宽、高、内容、大小等属性。
- 第 21~40 行用于声明普通按钮，设置了 Button 的宽、高及文本等属性。

（2）汽车服务模块是由许多界面共同搭建实现的，下面将介绍汽车服务模块的意见反馈子界面的开发，实现的具体代码如下。

代码位置：见随书源代码\第 4 章\CarS4\res\layout 目录下的 feedback_activity.xml。

```
1  <?xml version="1.0" encoding="utf-8"?>                    <!--版本号及编码方式-->
2  <LinearLayout xmlns:android="http://schemas.android.com/apk/res/android" <!--线性布局-->
3      android:layout_width="match_parent"
4      android:layout_height="match_parent"
5      android:orientation="vertical" >
6      <LinearLayout                                         <!--线性布局-->
7          android:layout_width="match_parent"
8          android:layout_height="48dp"
9          android:background="@drawable/service" >
10         <Button                                           <!--普通按钮-->
11             android:id="@+id/history"
12             android:layout_width="wrap_content"
13             android:layout_height="wrap_content"
14             android:text="@string/history"/>
15         <TextView                                         <!--文本域-->
16             android:id="@+id/title"
17             android:layout_width="155dp"
18             android:layout_height="wrap_content"
19             android:layout_weight="0.91"
20             android:gravity="fill_vertical|center"
21             android:text="@string/feed"
22             android:textSize="32sp" />
23         <Button                                           <!--普通按钮-->
24             android:id="@+id/send"
25             android:layout_width="wrap_content"
26             android:layout_height="wrap_content"
27             android:text="@string/submit"/>
28     </LinearLayout>
29     <EditText                                             <!--文本编辑-->
30         android:id="@+id/doubt"
```

```
31              android:layout_width="match_parent"
32              android:layout_height="200dp"
33              android:ems="10"
34              android:gravity="left"
35              android:text="@string/editmsg">
36              <requestFocus />                          <!--请求获取焦点-->
37          </EditText>
38          <EditText                                     <!--文本编辑-->
39              android:id="@+id/tel"
40              android:layout_width="match_parent"
41              android:layout_height="wrap_content"
42              android:ems="10"
43              android:text="@string/connect"/>
44      </LinearLayout>
```

● 第10~14行用于声明普通按钮，设置了Button宽、高及文本等属性，其用于控制跳转到用户提意见及反馈信息的界面。

● 第29~37行用于声明一个文本编辑控件，设置了EditText宽、高、位置等属性，将EditText的宽度设置为10个字符的宽度，使该编辑文本获得焦点。

> **说明** 汽车服务模块还有其他布局文件，和已叙述的布局文件大致相似，就不再做介绍了，请读者自行查看随书的源代码。

（3）通过单击标题栏的服务按钮进入汽车服务的主界面ServiceActivity类，即用户可以进行选择的4项服务界面的代码框架，具体代码如下。

> 代码位置：见随书源代码\第4章\CarS4\src\com\bn\activity目录下的ServiceActivity.java。

```
1   package com.bn.activity;
2   ......//此处省略导入类的代码，读者可自行查阅随书的源代码
3   public class ServiceActivity extends Activity{            //显示汽车服务主界面
4       @Override
5       protected void onCreate(Bundle savedInstanceState){
6           ......//此处省略设置界面格式及其他添加按钮引用、监听方法的代码
7           Button btel=(Button)ServiceActivity.this.findViewById(R.id.button1);
                                                              //添加按钮的引用
8           btel.setOnClickListener(                          //一键电话的监听
9             new OnClickListener(){
10                @Override
11                public void onClick(View v){              //重写onClick方法
12                //系统拨号程序的动作为android.content.Intent.ACTION_DIAL
13                Intent intent=new Intent(Intent.ACTION_DIAL,Uri.parse("tel://8888888"));
14                ServiceActivity.this.startActivity(intent);  //调用系统的默认程序
15          }});
16          Button bmessage=(Button)ServiceActivity.this.findViewById(R.id.button2);
            //添加按钮的引用
17          bmessage.setOnClickListener(                      //一键信息的监听
18            new OnClickListener(){
19                @Override
20                public void onClick(View v){              //重写onClick方法
21                //系统信息程序的动作为android.content.Intent.ACTION_SENDTO
22                Intent intent=new Intent(Intent.ACTION_SENDTO,Uri.parse
                  ("smsto:18888888888"));
23                ServiceActivity.this.startActivity(intent);//调用系统的默认程序
24          }});
25          Button bemail=(Button)ServiceActivity.this.findViewById(R.id.button3);
            //添加按钮的引用
26          bemail.setOnClickListener(                        //一键邮箱的监听
27            new OnClickListener(){
28                @Override
29                public void onClick(View v){              //重写onClick方法
30                //系统邮件程序的动作为android.content.Intent.ACTION_SEND
31                Intent email=new Intent(android.content.Intent.ACTION_SEND);
32                email.setType("text/plain");               //设置文本类型
33                String[] emailReceiver=new String[]{"AUDIservice@163.com"};
```

4.8 Android 客户端各功能模块的实现

```
34                       //默认邮箱地址
                         email.putExtra(android.content.Intent.EXTRA_EMAIL, emailReceiver);
35                       startActivity(Intent.createChooser(email, "请选择邮件发送软件"));
36              }});
37              Button bfeedback=(Button)ServiceActivity.this.findViewById(R.id.button4);
                //添加按钮的引用
38              bfeedback.setOnClickListener(                //意见反馈的监听
39                   new OnClickListener(){
40                     @Override
41                     public void onClick(View v){           //重写 onClick 方法
42                       Intent intent=new Intent();          //创建 Intent 对象
43                       intent.setClass(ServiceActivity.this,FeedBackActivity.class);
                         //切换界面
44                       ServiceActivity.this.startActivity(intent);//调用系统的默认系统
45              }});
46      }}
```

- 第 7~24 行为先创建 Button 对象，然后分别给一键电话按钮、一键信息按钮设置监听，重写 onClick 方法，调用系统的拨号程序和信息程序来反馈信息。
- 第 25~36 行先创建发 E-mail 的 Button 对象，在其重写的 onClick 方法中设置邮件文本类型、默认的邮箱地址等之后调用系统 E-mail 程序来反馈信息。
- 第 37~45 行为给创建的意见反馈按钮设置监听，当单击该按钮后跳转到另一界面来反馈相应的信息，同时留下可回复的联系方式。

> **说明**　以上代码为汽车服务主界面，并且为 4 个按钮添加了监听，实现了一键电话、一键信息、一键邮件和切换到填写意见反馈界面的功能，为用户在建议反馈时提供了极大的方便。

（4）单击意见反馈按钮后，通过 intent 跳转到意见反馈界面，接下来将介绍 FeedBackActivity 类的开发，实现的具体代码如下。

代码位置：见随书源代码\第 4 章\CarS4\src\com\bn\activity 目录下的 FeedBackActivity.java。

```
1   package com.bn.activity;                                  //声明包名
2   ......//此处省略导入类的代码，读者可自行查阅随书的源代码
3   public class FeedBackActivity extends Activity{           //反馈信息显示类
4       ......//此处省略定义变量的代码，读者可自行查阅随书附带的源代码
5       protected void onCreate(Bundle savedInstanceState) {
6           ......//此处省略设置界面格式及其他添加按钮引用、监听方法的代码，请自行查看源代码
7           android_id = Secure.getString(getBaseContext().   //获得手机的唯一标识 id
8                         getContentResolver(), Secure.ANDROID_ID);
9           et1=(EditText)this.findViewById(R.id.doubt);  //添加 EditText 的引用
10          et1.setOnTouchListener(                //一键清除 EditText1 里文本的监听
11              new OnTouchListener(){
12                 @Override
13                 public boolean onTouch(View v, MotionEvent event){ //重写 onTouch 方法
14                     et1.setText("");            //清空 EditText 的内容
15                     return false;
16          }});
17          ......//此处省去一键清除 EditText2 里的文本代码，读者可自行查阅
18          bsend=(Button)this.findViewById(R.id.send);   //添加发送按钮的引用
19          bsend.setOnClickListener(                     //发送键的监听
20              new OnClickListener(){
21                 @Override
22                 public void onClick(View v){           //重写 onClick 方法
23                     //隐藏输入法
24                     ((InputMethodManager)getSystemService(INPUT_METHOD_SERVICE)).
25                       hideSoftInputFromWindow(FeedBackActivity.this.getCurrentFocus().
                         getWindowToken(),InputMethodManager.HIDE_NOT_ALWAYS);
26
27                     feedbackinfo=et1.getText().toString();    //获得 EditText1 里的内容
28                     feedbackinfo+="<#>";                //用"<#>"分割字符串
29                     feedbackinfo+=et2.getText().toString();//获得 EditText2 里的内容
```

```
30                    feedbackinfo+="<#>"+android_id;           //将手机的id放入字符串
31                    Toast toast = new Toast(FeedBackActivity.this);     //提示框
32                    toast.setDuration(Toast.LENGTH_LONG);//设置持续时间
33                    toast.setGravity(Gravity.CENTER, 0, 0);
34                    LinearLayout line = new LinearLayout(FeedBackActivity.this);
                      //获得布局的引用
35                    line.setBackgroundColor(Color.GRAY);//设置布局的背景色
36                    TextView text = new TextView(getApplicationContext());
                      //添加TextView的引用
37                    text.setTextSize(20);                      //设置TextView字体的大小
38                    text.setText("您的宝贵意见已存入数据库");  //设置TextView的内容
39                    line.addView(text);                        //将TextView添加到布局文件
40                    toast.setView(line);                       //将上个布局文件添加到toast中
41                    toast.show();                              //显示toast
42                    handler.sendEmptyMessage(0);               //发送消息
43              }});
44        bhistory=(Button)this.findViewById(R.id.history);    //添加历史按钮的引用
45        bhistory.setOnClickListener(                         //历史键的监听
46          new OnClickListener(){
47              @Override
48              public void onClick(View v){                   //重写onClick方法
49                  Intent intent=new Intent();                //创建intent对象
50                  intent.setClass(FeedBackActivity.this,DoubtActivity.class);//切换界面
51                  FeedBackActivity.this.startActivity(intent);   //调用系统的默认系统
52              }});
53    public Handler handler = new Handler(){/*此处省略接收消息的代码,读者可自行查阅*/};
54    public void initThread(){/*此处省略初始化线程的代码,读者可自行查阅*/}
55    }
```

- 第9~16行为EditText的对象et1设置监听,在其重写的onTouch方法里实现当用户单击输入框即清除EditText里的提示内容的功能。
- 第18~43行为给发送按钮设置监听,实现在其重写的onClick方法里完成选中后隐藏输入法,将EditText里的文本内容转换成需要的格式之后,把该信息上传到服务器的功能开发。当提交反馈信息成功后显示toast提示框。
- 第44~52行为创建查看历史反馈信息的Button对象,为bhistory按钮设置监听,选中后切换到查看历史反馈信息的界面。
- 第53~54行为初始化线程的方法和创建Handler的代码。如果信息获得成功,则发送消息,Handler接收到信息后,则调用初始化线程方法,在该方法中,开启线程,将内容传到服务器端。由于这两个方法和上面介绍过的代码相似,读者可自行查阅随书附带的源代码。

(5) 单击历史按钮后,通过intent跳转到历史查看界面,接下来将介绍DoubtActivity类的代码开发,实现的具体代码如下。

代码位置: 见随书源代码\第4章\CarS4\src\com\bn\activity目录下的DoubtActivity.java。

```
1   package com.bn.activity;                                   //声明包名
2   ......//此处省略导入类的代码,读者可自行查阅随书的源代码
3   public class DoubtActivity extends Activity {              //反馈类
4         ......//此处省略定义变量的代码,读者可自行查阅随书附带的源代码
5         protected void onCreate(Bundle savedInstanceState) {
6             super.onCreate(savedInstanceState);
7             setContentView(R.layout.doubt);                  //设置layout
8             FontManager.changeFonts(FontManager.getContentView(this),this);
              //用自定义的字体方法
9             android_id = Secure.getString(getBaseContext().//获得手机的唯一标识id
10                                 getContentResolver(), Secure.ANDROID_ID);
11            initThread();                                    //初始化线程方法
12        }
13    public void initThread(){/*此处省略的是开启线程,获得内容的方法,读者可自行查阅*/}
14    public Handler handler = new Handler(){/*此处省略接收消息的代码,读者可自行查阅*/};
15    public void initListView(){                              //初始化列表内容方法
16        if(getdoubt.length()!=0){
17            getdoubtlist=getdoubt.split("<#>");              //获得String数组
```

```
18                BaseAdapter ba=new BaseAdapter(){
19                  ......//此处省略的是创建适配器的代码,读者可自行查阅
20                };
21                ListView lv=(ListView)this.findViewById(R.id.questionlist);
                  //获得ListView的引用
22                lv.setAdapter(ba);                                    //为ListView设置内容适配器
23                lv.setOnItemClickListener(                            //设置选项被单击的监听器
24                  new OnItemClickListener(){
25                    @Override
26                    public void onItemClick(AdapterView<?> arg0, View arg1,
                        int arg2,long arg3) {
27                        Intent intent=new Intent();                   //单击进入下一个Avtivity
28                        intent.setClass(DoubtActivity.this,AnswerActivity.class);
29                        String id=arg2+"";                            //获得id
30                        intent.putExtra("doubt_id", id);  //传消息
31                        DoubtActivity.this.startActivity(intent);
32                }});;}else{
33                  ......//此处省略的是提示框toast的代码,请自行查看源代码
34                  Intent intent=new Intent();                         //发送Intent
35                  intent.setClass(DoubtActivity.this,FeedBackActivity.class);
36                  DoubtActivity.this.startActivity(intent);
37    }}}
```

- 第5~14行为创建Activity时调用的方法,将字体格式设置为方正卡通格式,获得手机的唯一标识id,最后调用初始化线程的方法。在初始化线程方法中,开启线程,从服务器端获得内容,获得成功后,发送消息,Handler接收到消息后,更新控件。

- 第15~37行为初始化列表内容的方法。如果有反馈内容,在获得ListView的对象后,设置适配器,并为其添加监听器,如果没有反馈内容,则提示用户,并返回到服务的主界面。

> **说明** 在上面介绍的历史反馈显示类内,初始化线程的方法、创建Handler接收消息的代码和创建适配器等均没有进行介绍,读者可自行查阅随书附带的源代码。

(6)若查看历史问题,则单击问题查看回复信息,即跳转到信息回复界面,因此下面将介绍AnswerActivity类的代码框架,具体代码如下。

代码位置:见随书源代码\第4章\CarS4\src\com\bn\activity目录下的AnswerActivity.java。

```
1   package com.bn.activity;                                    //声明包名
2   ......//此处省略导入类的代码,读者可自行查阅随书的源代码
3   public class AnswerActivity extends Activity{               //查看回复信息显示类
4       ......//此处省略定义变量的代码,读者可自行查阅随书附带的源代码
5       protected void onCreate(Bundle savedInstanceState) {
6           super.onCreate(savedInstanceState);
7           setContentView(R.layout.answer);                    //设置layout
8           FontManager.changeFonts(FontManager.getContentView(this),this);
            //用自定义的字体方法
9           android_id = Secure.getString(getBaseContext().     //获得手机的唯一标识id
10                          getContentResolver(), Secure.ANDROID_ID);
11          tquestion=(TextView)this.findViewById(R.id.question);//问题TextView对象
12          treply=(TextView)this.findViewById(R.id.reply);     //回复TextView对象
13          Intent intent=this.getIntent();
14          Bundle bundle=intent.getExtras();
15          value=bundle.getString("doubt_id");                 //获得选中项的编号
16          initThread();                                       //初始化线程方法
17      }
18      public void initThread(){/*此处省略了初始化线程的方法,读者可自行查阅*/}
19      public Handler handler = new Handler(){/*此处省略接收信息的代码,读者可自行查阅*/};
20      public void initListView(){                             //初始化列表内容的方法
21          if(reply.equals("false")){                          //判断反馈的问题是否得到解决
22              Toast toast = new Toast(AnswerActivity.this);   //提示框
23              toast.setDuration(Toast.LENGTH_SHORT);          //设置持续时间
24              //设置toast的位置,参数依次为对齐方式、x、y的偏移值
25              toast.setGravity(Gravity.CENTER, 0, 0);
26              //在toast中增加一个Layout
```

```
27              LinearLayout line = new LinearLayout(AnswerActivity.this);
28              line.setBackgroundColor(Color.GRAY);
29              TextView text = new TextView(getApplicationContext());
30              text.setTextSize(20);
31              text.setText("无回复！");                              //设置提示信息
32              line.addView(text);
33              toast.setView(line);
34              toast.show();                                          //提示信息
35              Intent in=new Intent();                                //创建Intent
36              in.setClass(AnswerActivity.this,DoubtActivity.class);
37              AnswerActivity.this.startActivity(in);
38          }else{
39              String[] table={"问题：","回答："};                    //设置文本内容
40              tquestion.setText(table[0]+question);                  //显示问题
41              treply.setText(table[1]+reply);                        //显示信息回复
42      }}}
```

- 第 5～19 行为创建 Activity 时调用的方法，将字体格式设置为方正卡通格式，获得手机的唯一标识 id，获得选中项目编号，最后调用初始化线程的方法。在初始化线程方法中，开启线程，从服务器端获得内容，获得成功后，发送消息，Handler 接收到消息后，更新控件。
- 第 21～37 行判断回复信息是否为空，当回复信息的文本内容为空时就弹出"无回复！"的提示框，然后切换到历史查看界面。
- 第 38～42 行中，当回复信息的文本内容不为空时，显示用户查看的历史问题和从服务器获得的相应回复信息。

> **说明** 到目前为止，需要介绍的模块的内容已经基本介绍完毕，由于部分代码存在非常相似的地方，而篇幅有限，所以进行了部分的省略，读者可以根据随书附带的源代码进行更深入的理解。

4.9 Android 客户端与服务器连接的实现

上面章节已经介绍了 Android 客户端各个功能模块的实现，这一节将介绍上述功能模块与服务器连接的开发，包括设置 IP 测试连接功能的验证等，读者可以根据需要查看随书了解更多信息。

4.9.1 Android 客户端与服务器连接的各类功能

这一小节将介绍 Android 客户端与服务器连接的各类功能实现所利用的工具类的代码实现，首先给出的是工具类 NetInfoUtil 的部分代码框架，具体代码如下。

代码位置：见随书源代码\第 4 章\CarS4\src\com\bn\util 目录下的 NetInfoUtil.java。

```
1   package com.bn.util;
2   ......//此处省略导入类的代码，读者可自行查阅随书附带的源代码
3   /*NetInfoUtil 工具类，用来封装耗时的工作*/
4   public class NetInfoUtil{
5       ......//此处省略变量定义的代码，请自行查看源代码
6       public static void connect() throws Exception{/*通信的建立*/}
7       public static void disConnect(){/*通信的关闭*/}
8       public static String getODNewsGalleryPic(){/*获得汽车新闻 Gallery 里的图片*/}
9       public static byte[] getNewsPicture(String picname){/*获取新闻图片（图片名）*/}
10      public static String getODNews(){/*获取汽车新闻导语*/}
11      public static String getODNewsContentPic(String str){/*获得详细新闻图片*/}
12      public static String getODNewsContent(String str){/*获得详细新闻内容*/}
13      public static String getODNewsTime(String str){/*获得新闻时间*/}
14      public static String getPartCarsInfo(){/*获得车系的名称和介绍*/}
15      public static String getOneCarsPic(){/*每一车系获取一张图片*/}
16      public static String getCarPicAndroid(String carsname){/*每一车型获取一张图片*/}
```

4.9 Android 客户端与服务器连接的实现

```
17      public static String getCarName(String carsname){
18          /*通过车系名获得一个车系下的所有车型的名称和介绍*/}
19      public static String getOneModelsPartInfoAndroid(String modelsname){
20          /*通过车型名获得一个车型的部分信息*/}
21      public static String getTitle(){/*获得企业文化目录*/}
22      public static String getCompanyCulture(String str){/*获取企业文化介绍*/}
23      public static String getAgencyPro(){/*获取经销商的省份分布*/}
24      public static String[] getAgencysinfo(String pro){
25          /*通过省份名称获得指定省份经销商的具体信息*/}
26      public static void submit(String info){/*提交反馈信息*/}
27      public static String getQuestionList(String android_id){
28          /*通过手机 Id 从数据库获得问题列表*/}
29      public static String getReply(String question){/*通过问题从数据库获得回复*/}
30      public static String getOneCarNewsPic(){/*获得最新新闻车型的图片*/}
31      public static String[] getCarNewsName(){/*获得每个新闻车型的车型名*/}
32      public static String getCarNewsPic(){/*获得两张车型图片*/}
33      public static String[] getCarNews(){/*获得每个新闻车型的信息及两张图片*/}
34      public static String getODNewsPic(){/*获取汽车新闻图片*/}
35      public static String getCarsId(String carsname){/*通过车系名得到其 Id*/}
36      public static List<String[]> getCarLineName(){/*查看车系名*/}
37      public static List<String[]> getAllCarsInfo(){/*获得车系的所有信息*/}
38      public static List<String[]> getOneCarsModels(String lid){
39          /*通过车系名获得一车系下所有车型的主要信息*/}
40      public static String[] getOneModelsPicItem(String modelsname){
41          /*通过车系名获取一车型下的图片列表*/}
42      public static List<String[]> getOneModelsPartInfo(String modelsname){
43          /*通过车系名获得一车型下的部分信息*/}
44      public static byte[] getPicture(String picname){/*通过图片名获取图片*/}
45  }
```

> **说明** NetInfoUtil 工具类，用来封装耗时的工作，上述是完成不同功能的一部分方法概述，下面将会继续进行部分方法的开发介绍，其他方法读者可根据随书自行查看。

4.9.2 Android 客户端与服务器连接中各类功能的开发

上一小节已经介绍了 Android 端与服务器连接中各类的功能实现的工具类的代码框架，接下来将继续上述功能的具体开发。

（1）下面介绍上一节省略的通信的建立和关闭方法，将 Socket 的连接和关闭写入单独的方法，避免了代码的重复，实现的具体代码如下。

代码位置：见随书源代码\第 4 章\CarS4\src\com\bn\util 目录下的 NetInfoUtil.java。

```
1   public static void connect() throws Exception{          //通信建立
2       ss=new Socket("10.16.189.111",8888);  //创建一个绑定到指定 IP 和端口的 ServerSocket 对象
3       din=new DataInputStream(ss.getInputStream());       //创建新数据输入流
4       dos=new DataOutputStream(ss.getOutputStream());//创建新数据输出流
5   }
6   public static void disConnect(){                        //通信关闭
7       if(dos!=null)                                       //判断输出流是否为空
8           try{dos.flush();}catch(Exception e){e.printStackTrace();}//清缓冲
9       if(din!=null)                                       //判断输入流是否为空
10          try{din.close();}catch(Exception e){e.printStackTrace();} //关闭输入流
11      if(ss!=null)                                        //判断 ServerSocket 对象是否为空
12          try{ss.close();}catch(Exception e){e.printStackTrace();}
            //关闭 ServerSocket 连接
13  }
```

> **说明** 上述介绍了通信的建立和关闭功能的实现。各类功能的实现都需要最先调用 connect()方法，连接到服务器，然后根据需要获取指定的信息并返回，最后调用 disConnect()方法，关闭连接。在运行手机汽车 4S 店 Android 端项目之前需把 CarS4\src\com\bn\util\NetInfoUtil 里的 IP 地址改成服务器所在局域网相应端口的 IP 地址。

（2）下面介绍 NetInfoUtil 框架中获取新闻图片功能 getNewsPicture、获得汽车新闻下 Gallery 图片功能 getODNewsGalleryPic 和获得指定省份经销商的具体信息功能 getAgencysInfo 的开发。

> **代码位置**：见随书源代码\第 4 章\CarS4\src\com\bn\util 目录下的 NetInfoUtil.java。

```
1   public static byte[] getNewsPicture(String picname){     //通过图片名获取新闻图片
2       try{
3           connect();                                        //通信的连接
4           dos.writeUTF(Constant.GET_NewsPicture+MyConverter.escape(picname));
            //将信息写入流
5           data=IOUtil.readBytes(din);        //通过工具类将流中读取的数据放入 byte 数组中
6       }catch(Exception e){
7           e.printStackTrace();}
8       finally{
9           disConnect();                                     //通信的关闭
10      }
11      return data;                                          //返回 byte 数组
12  }
13  public static String getODNewsGalleryPic(){               //获得汽车新闻下 Gallery 下的图片
14      try{
15          connect();                                        //通信的连接
16          dos.writeUTF(Constant.GET_ODNewsGalleryPic);      //将信息写入流
17          message=din.readUTF();                            //将流中读取的数据放入字符串中
18      }catch(Exception e){
19          e.printStackTrace();}
20      finally{
21          disConnect();
22      }
23      return MyConverter.unescape(message);                 //返回字符串
24  }
25  public static String[] getAgencysInfo(String pro){        //获得指定省份经销商的具体信息
26      try{
27          connect();                                        //通信的连接
28          dos.writeUTF(Constant.GET_AgencysProInfo+MyConverter.escape(pro));
            //将信息写入流
29          message=din.readUTF();                            //将流中读取的数据放入字符串中
30      }catch(Exception e){
31          e.printStackTrace();}
32      finally{
33          disConnect();
34      }
35      return StrListChange.StrToArray(MyConverter.unescape(message));
36  }
```

> **说明** 上述代码介绍了测试连接功能的实现，调用 connect()方法后，通过 writeUTF() 方法将信息写入流中，然后通过 readUTF()方法将从流中读取的数据放入相应的字符串中，最后通过工具类转换成需要的格式并返回。

4.9.3 其他方法的开发

上面的介绍中省略了 NetInfoUtil 中的一部分方法和其他类中的一些变量的定义，但是想要完整实现各功能是需要所有方法合作的。这些省略的方法并不是不重要，只是篇幅有限，无法一一详细介绍，请读者自行查看随书的源代码。

4.10 本章小结

本章对汽车 4S 店 PC 端、服务器端和 Android 客户端的功能及实现方式进行了简要的讲解。本系统实现汽车 4S 店管理的基本功能，读者在实际项目开发中可以参考本系统，对系统的功能进行优化，并根据实际需要加入其他相关功能。

> **说明** 鉴于本书的宗旨为主要介绍 Android 项目开发的相关知识，因此，本章主要详细介绍了 Android 客户端的开发，对数据库、服务端、PC 端的介绍比较简略，不熟悉的读者请进一步参考其他的相关资料或书籍。

第 5 章　LBS 交通软件——百纳公交小助手

本章将介绍的是 Android 应用程序百纳公交小助手的开发。百纳公交小助手实现了北京、上海、广州、深圳以及唐山这 5 个城市的公交线路查询、换乘查询、定位附近站点以及语音导航等功能，接下来将对百纳公交小助手进行详细介绍。

5.1 系统背景及功能介绍

本小节将简要地介绍 Android 应用程序百纳公交小助手的开发背景、功能及应用开发环境，主要是针对百纳公交小助手的功能架构进行简要说明，结合百纳公交小助手功能结构图，使读者熟悉本应用各部分的功能，对整个百纳公交小助手应用有一个大致的了解。

5.1.1 背景简介

出行是一个永恒的话题，为了方便大家出行，让大家能够快速查询所在地附近的公交站点，更好地进行路线规划，百纳公交小助手应运而生。百纳公交小助手的特点如下。

- 语音导航

当用户外出时，大多数情况下用户需要搜寻自己所在地附近的公交站点并且想要了解如何到达要去的公交站点。百纳公交小助手很好地解决了这一问题，本应用提供了语音导航，不仅规划路线，并且全程进行语音播报，提示用户已进入哪条路，接近哪个小区等。

- 降低成本

将百纳公交小助手所需要的资源文件按城市分别建成数据库，如果将所需城市的源文件单独建成数据库，将城市名称添加到城市列表中，这样百纳公交小助手就会适合于所添加的城市了。这样的设计不仅增强了程序的灵活性和通用性，而且还极大地降低了二次应用的成本。

5.1.2 模块与界面概览

开发一个应用之前，需要对开发的目标和所实现的功能进行细致有效的分析，进而确定开发方向。做好系统分析工作，为整个项目开发奠定一个良好的基础。经过对公交线路、站点的细致了解，以及和周围人进行一段时间的交流和沟通之后，总结出本应用的功能结构，如图 5-1 所示。

根据上述的功能结构图可以得知本应用主要包括选择城市、线路查询、换乘查询和定位附近站点 4 个功能模块，每个功能模块包含不同的界面，下面将对各个界面的功能特点进行简要介绍。

- 选择城市界面

单击主界面的菜单按钮，用户进入选择城市界面，就可看到北京、上海、广州、深圳、唐山这 5 个城市的列表，单击城市名称就可切换到已选城市，并且返回到该城市的线路查询界面。其后的一切操作都将基于当前城市进行。

5.1 系统背景及功能介绍

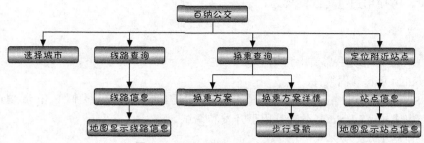

▲图 5-1 百纳公交小助手功能结构图

- 线路查询界面

显示公交线路类型分组项以及每一类型公交线路数量，用户可单击任一项，在所选分组展开之后，就可以单击自己想要查询的线路名称。然后就会进入线路信息界面，亦可单击查询按钮或者当前默认线路的编辑框进入线路查询输入界面。

- 线路查询输入界面

用户可以在线路查询主界面通过单击显示默认线路的编辑框或查询按钮进入线路查询输入界面，在显示的对话框里输入自己想要查询的线路名称，例如 99 路，然后就可以得到 99 路的全程站点个数及站点名称、首末发车时间等信息。

- 线路信息界面

用户可查看到某条线路的始末站、首发车时间、末发车时间、站点个数以及站点名称等信息，可单击某一站点进入站点信息界面，也可单击返回按钮回到线路查询主界面。

- 换乘查询界面

用户可通过单击查询按钮进入输入界面，然后可单击编辑框尾按钮清除编辑框内的默认内容，在第一个编辑框内输入换乘查询的起点，在第二个编辑框内输入换乘查询的终点，单击查询按钮就可看到换乘方案列表，单击任一方案可进入单个换乘显示界面。

- 换乘方案界面

用户可看到由起点到终点之间的换乘站点以及下车站点距换乘站点的步行距离，单击呼吸图标可进入语音导航界面，单击返回按钮可进入换乘输入界面。

- 步行导航界面

当用户单击呼吸按钮，可在弹出的对话框中选择真实导航或者模拟导航。进入导航界面然后进行语音播报，模拟导航界面在导航结束后，倒计时 5 秒或者用户单击确定按钮返回换乘方案界面，真实导航在单击返回按钮之后返回换乘方案界面。

- 附近站点界面

用户可看到用户所在地附近 1000m 范围内的所有站点及站点与用户所在地的距离的列表。单击任一站点可进入站点信息界面进而查询路过此站点的所有线路，单击地图按钮可进入地图显示界面。单击最下方的显示框可进行地点重新定位。

- 站点信息界面

用户可查看到通过某站点的所有公交线路列表，用户可根据自身需求选择公交路线，单击设置起点按钮可将此站点设为换乘查询的起点，单击设置终点按钮可将此站点设为换乘查询的终点，单击返回按钮返回线路信息界面。

- 地图显示界面

用户地图上可看到某条线路全程站点个数以及站点名称、通过某个站点的所有公交线路、用户所在地以及用户所在地的附近站点在地图上会有显示。可以切换到卫星地图，进而更加直观地显示各项信息，方便用户进行线路规划。

5.1.3 开发环境

开发此百纳公交小助手需要用到如下软件环境。

- Android Studio 编程软件

Android Studio 是一个 Android 集成开发工具，基于 IntelliJ IDEA 类似 Eclipse ADT，Android Studio 提供了集成的 Android 开发工具用于开发和调试。

- JDK1.8 及其以上版本

JDK 即 Java 语言的软件开发工具包，系统选 JDK1.8 作为开发环境，因为 JDK1.8 版本是目前 JDK 较新的版本，有许多开发者用得到的功能，读者可以通过不同的操作系统平台在官方网站上免费下载。

- SQLite 数据库

SQLite 是一款轻型的数据库，是遵守 ACID 的关系型数据库管理系统，是嵌入式的，并且占用资源非常低。它能够支持 Windows/Linux/UNIX 等主流的操作系统，同时能够与很多程序语言相结合，还有 ODBC 接口，处理速度比 MySQL、PostgreSQL 快。

- Android 系统

Android 系统平台的设备功能强大，此系统开源，应用程序无界限，方便开发，显著的开放性可以使其拥有更多的开发者。随着 Android 手机的普及，Android 应用的需求势必越来越大，这是一个潜力巨大的市场，会吸引无数软件开发商和开发者投身其中。

5.2 功能预览及框架

百纳公交小助手适用于 Android 手机用户使用，该项目能够为用户提供查询公交线路信息、查询换乘方案和定位附近公交站点等功能，方便用户出行。这一小节将介绍此应用的基本功能预览及总体架构，通过对本小节的学习，读者将对百纳公交小助手的功能及架构有一个大致的了解。

5.2.1 项目功能预览

这一小节将为读者介绍百纳公交小助手的基本功能预览，主要包括公交线路查询、线路站点信息、线路地图展示、站点地图展示、换乘方案查询、换乘方案展示、步行导航和定位附近站点等功能。其中线路查询、换乘查询和附近站点为本应用的核心部分。具体功能如下。

（1）打开百纳公交小助手后，首先播放开始动画，动画结束后进入线路查询界面。此界面可浏览本市内所有公交线路，线路根据不同的类型分组，用户可根据需要进入分组选择线路。效果如图 5-2 所示。单击查询按钮进入线路查询输入界面，可在文本框内输入想要查询的线路名称，应用会根据输入的内容检索出相似的结果供用户选择。如图 5-3 所示。

（2）通过单击线路查询左上角的菜单按钮进入到选择城市界面。目前支持北京、上海、广州、深圳、唐山 5 个城市。单击相应城市名称，将其设置为当前城市，并自动返回主界面。之后的其他所有功能都是以该城市为当前城市。如图 5-4 所示。

（3）在线路查询界面或线路查询输入界面单击需要线路后，进入线路信息界面。本界面显示线路的名称、首末班车发车时间和全程的所有站点。可根据需要查看去程或返程信息。效果如图 5-5 所示。单击本界面右上角的地图按钮进入线路地图界面，通过单击线路上的节点可查看线路通过的站点名称。也可以通过屏幕下方按钮顺序查看站点名称，如图 5-6 所示。

（4）在线路信息界面单击相应站点后进入站点信息界面。本界面可查看通过该站点的所有公交线路，单击公交线路后可进入到相应的线路信息界面。通过设置起点或终点按钮，把当前站点设置为换乘查询的起点或终点，如图5-7所示。

▲图5-2 线路查询界面

▲图5-3 线路查询输入界面

▲图5-4 选择城市界面

▲图5-5 线路信息界面

▲图5-6 线路地图界面

▲图5-7 站点信息界面

（5）单击站点信息界面右上角的地图按钮后可进入站点地图界面。进入本界面后应用将自动地显示当前站点在地图上的所在位置。单击右下角卫星小图标可将地图模式在普通模式和卫星模式之间转换。界面效果如图5-8所示。

（6）在线路查询主界面向左滑动界面，可切换到换乘查询主界面，如图5-9所示。单击查询后进入换乘查询输入界面，输入起点和终点后单击查询，可在下方显示换乘方案，若没查到结果则弹出提示框提示用户，如图5-10所示。

▲图 5-8 站点地图界面

▲图 5-9 换乘查询主界面

▲图 5-10 换乘查询输入界面

（7）单击某个具体换乘方案后进入到换乘方案界面，本界面具体地展示了换乘方案。包括该换乘方案的起点、步行路段、公交路段和换乘方案的终点。其中若有步行路段则在后面显示一个有呼吸灯效果的导航按钮，效果如图 5-11 所示。

（8）在步行导航选择界面，在换乘方案界面单击有呼吸灯效果的步行导航按钮会弹出对话框，提示选择导航模式。导航模式分为真实导航和模拟导航，用户可根据需要选择，选择所需模式后进入到步行导航界面，界面效果如图 5-12 所示。

（9）进入步行导航界面后系统将自动播报语音提示用户，用户可根据语音提示信息步行到相应的目的地。若为模拟导航模式，应用将会模拟用户在路上步行的方式，不断导航到终点，使用户对整个线路一目了然，如图 5-13 所示。

▲图 5-11 换乘方案界面

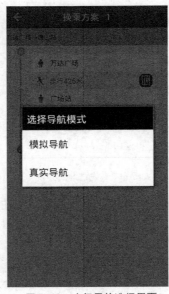
▲图 5-12 步行导航选择界面

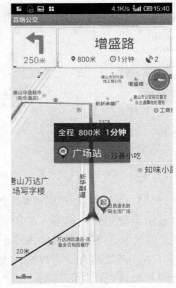
▲图 5-13 步行导航界面

（10）在换乘查询主界面向左滑动可切换到附近站点界面。进入该界面应用将自动定位并获得附近的公交站点。在计算出该站点与定位位置的距离后，将站点信息以由近到远的顺序显示在界面上。单击界面下方灰色按钮可进行重新定位，如图5-14所示。

▲图5-14 附近站点主界面

（11）在附近站点界面单击地图按钮进入到附近站点地图界面。运行程序后，地图上蓝色点位置为用户当前所在的位置，红色气球为附近站点的位置。单击右下角卫星小图标可将地图模式在普通模式和卫星模式间转换。

（12）在附近站点地图界面，红色气球为附近站点的位置，单击红色气球后弹出一个窗口显示该站点的名称和通过该站点的所有公交线路。单击右下角卫星小图标可将地图模式在普通模式和卫星模式间转换。

> **说明**　以上是百纳公交小助手的功能预览，读者可以对此项目的功能有大致的了解，后面的章节会对百纳公交小助手的各个功能做具体介绍，请读者仔细阅读。

5.2.2 项目目录结构

上一小节对百纳公交小助手的大致功能进行了展示，下面将具体介绍本项目的目录结构。在进行本项目开发之前，还需要对项目的目录结构有大致的了解，便于读者对百纳公交小助手的整体有更好的理解，具体内容如下。

（1）下面介绍的是百纳公交小助手所有的Java文件的目录结构，Java文件根据内容分别放入指定包内，便于对各个文件的管理和维护，具体结构如图5-15所示。

（2）上面介绍的是本项目Java文件的目录结构，下面将介绍百纳公交小助手中图片资源的目录结构，效果如图5-16所示。

（3）上面介绍了本项目中图片资源等目录结构，下面将继续介绍百纳公交小助手的项目配置连接文件的目录结构，效果如图5-17所示。

（4）上面介绍了百纳公交小助手的项目所有配置连接文件的目录结构。下面将介绍本项目中项目配置文件的目录结构，效果如图 5-18 所示。

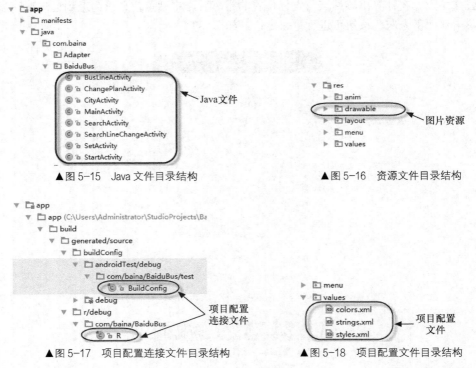

▲图 5-15　Java 文件目录结构　　　　　　▲图 5-16　资源文件目录结构

▲图 5-17　项目配置连接文件目录结构　　　▲图 5-18　项目配置文件目录结构

（5）上面介绍了百纳公交小助手的项目配置文件的目录结构，下面将介绍本项目 libs 和 src/main/ /jniLibs/armeabi 目录结构，两目录下存放的分别是百度地图开发必需的 jar 包和 So 动态库。读者在学习或开发时可根据具体情况在本项目中复制或在百度地图官网上下载，效果如图 5-19 所示。

（6）下面将介绍本项目存储资源目录结构，该目录下存放的是本项目所支持的城市公交线路数据和百度导航所需的文件。在使用到百度导航时 assets 目录下的 BaiduNaviSDK_Resource_v1_0_0.png 和 channel 文件必须存在，请读者注意，效果如图 5-20 所示。

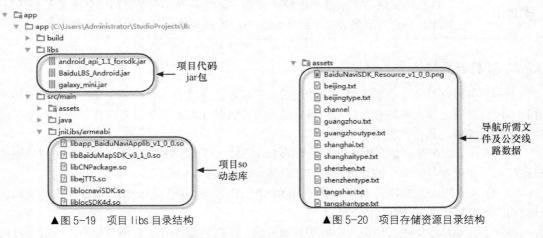

▲图 5-19　项目 libs 目录结构　　　　　　▲图 5-20　项目存储资源目录结构

（7）上面介绍了百纳公交小助手存储资源目录结构，下面介绍本项目 jar 包挂载。在 libs 目录下的 jar 包必须挂载到项目上。首先在 jar 包上右键单击 Add As Library，随后选择指定的类库即可。

> **说明** 上面介绍了百纳公交小助手的目录结构图，包括程序源代码、程序所需图片、XML 文件和程序配置文件，使读者对百纳公交小助手的程序文件有清晰的了解，其中关于 jar 包挂载部分读者可参考百度地图官网。

5.3 开发前的准备工作

本节将介绍应用开发前的一些准备工作，主要包括数据库表的设计、百度地图键值的申请和 XML 资源文件的准备等。完善的资源文件方便项目的开发测试，可以提高测试效率。

5.3.1 数据库表的设计

开发一个应用之前，做好数据库表的设计是非常必要的。良好的数据库表的设计，会使开发变得相对简单，后期开发工作能够很好地进行下去，缩短开发周期。

该应用包括两张表，分别为公交类型表和公交线路表。这两张表实现了百纳公交小助手信息的存储和读取功能。下面将一一进行介绍。

（1）公交类型表：该表用于存储公交类型信息。其中包含两个字段，分别是类型 id 和类型名称，详细情况如表 5-1 所列。

表 5-1　　　　　　　　　　　　　　公交类型表

字段名称	数据类型	字段大小	是否主键	说明
btId	int		是	类型 id
btName	varchar	100	否	类型名称

建立该表的 SQL 语句如下。

> 代码位置：见随书源代码/第 5 章/BaiduBus/app/src/main/java/com/baina/SqlLite/ BjSQLiteOpenHelper.java。

```
1    create table if not exists bus_type          /*公交类型表*/
2    (   btId int not null,                       /*类型id*/
3        btName varchar(100) not null,            /*类型名称*/
4        primary key(btId)
5    );
```

（2）公交线路表：用于存储公交线路信息。该表有 3 个字段，包括公交线路 id、公交类型 id、公交线路名称，详细情况如表 5-2 所列。

表 5-2　　　　　　　　　　　　　　公交线路表

字段名称	数据类型	字段大小	是否主键	说明
blId	int		是	公交线路 id
blType	int		否	公交类型 id
blName	varchar	100	否	公交线路名称

建立该表的 SQL 语句如下。

> 代码位置：见随书源代码/第 5 章/BaiduBus/app/src/main/java/com/baina/SqlLite/ BjSQLiteOpenHelper.java。

```
1    create table if not exists bus_lines
2    (   blId int not null,                                    /*公交线路 Id*/
3        blName varchar(100) not null ,                        /*公交线路名称*/
```

```
    4       blType int not null,                                        /*公交类型 id */
    5       primary key(blId),                                          /*设为主键 */
    6       foreign key(blType) references bus_type(btId)               /*公交类型 id 设为外键*/
    7       on update cascade on delete restrict
    8   );
```

5.3.2 百度地图键值的申请

对于线路、站点在地图上的显示来说，最重要的部分就是获取所需的地图信息。本应用采取的是利用百度 SDK 开放平台获取地图信息的方法，所以了解、学习百度地图键值（亦称 ak 值）的申请过程，对于读者来说是十分必要的，下面即百度地图 ak 值申请的详细步骤。

（1）在 ak 值之前要先获取读者所用计算机的安全码，其中每一台计算机的安全码是唯一的，因此只需获取一次。首先打开命令提示符，输入"path=本机 jdk 下 bin 的安装目录 keytool -list -v -keystore "C:\Users\Administrator\.android\debug.keystore" -alias androiddebugkey -storepass android -keypass android –v"，按回车键即可获得安全码，如图 5-21 所示。

> **提示**　对于"C:\Users\Administrator\.android\debug.keystore"是默认操作系统装于 C 盘的路径，读者可根据自身计算机操作系统安装路径进行更改。

（2）打开浏览器，在地址栏输入 www.baidu.com，按回车键进入"百度一下，你就知道"界面，如图 5-22 所示，如果有百度账号，则单击右上方的"登录"。如果没有百度账号，则单击右上方的"注册"，进入注册百度账号界面，如图 5-23 所示。

▲图 5-21　获取安全码界面

▲图 5-22　百度界面

（3）注册成功后，即可进行登录，如图 5-24 所示。登录成功后，在地址栏输入"http://developer.baidu.com/map/index.php?title=androidsdk"，进入百度地图 LBS 开放平台界面后，单击获取密钥，如图 5-25 所示。

▲图 5-23　注册百度账号界面

▲图 5-24　登录界面

(4)如果刚才没有登录，单击申请密钥后也可进行登录。进入"我的应用"界面，单击"创建应用"，如图 5-26 所示。

▲图 5-25　申请密钥界面

▲图 5-26　创建应用界面

（5）在创建应用界面内，添加应用名称，应用类型选取 Android SDK，在发布版 SHA1 框和开发版 SHA1 框中输入安全码，如图 5-27 所示。输入你自己项目的包名并单击确认以后，获得访问百度地图的 ak 值，在程序相应的位置使用此 ak 值即可，如图 5-28 所示。

▲图 5-27　输入安全码界面

▲图 5-28　获取 ak 界面

5.3.3　百度地图的显示

接下来将介绍百度地图显示的准备工作，百度地图 SDK 为开发者提供了显示百度地图数据的便捷的接口，只需要在应用的 AndroidManifest.xml 中添加相应的开发密钥以及相应的 Android 权限，在地图布局 XML 文件中添加地图控件即可。下面是添加开发密钥、Android 权限和地图控件的具体步骤。

（1）在 AndroidManifest.xml 中的 application 中添加开发密钥，其中开发密钥就是百度地图键值（亦称 ak 值），添加键值的位置如下所示。

```
1    <application>
2        <meta-data
3            android:name="com.baidu.lbsapi.API_KEY"
4            android:value="百度地图键值" />
5    </application>
```

（2）添加所需权限，在 Android 开发中我们使用百度地图会涉及许多 Android 权限配置，也就是 Android 开发百度地图时 AndroidManifest.xml 中配置的权限。下面列出了本应用中百度地图开发所涉及的权限，请读者根据自身需要自行更改。

```
1   <uses-permission android:name="android.permission.GET_ACCOUNTS" tools:ignore=
    "ManifestOrder"/>
2   <uses-permission android:name="android.permission.USE_CREDENTIALS" />
3   <uses-permission android:name="android.permission.MANAGE_ACCOUNTS" />
4   <uses-permission android:name="android.permission.AUTHENTICATE_ACCOUNTS" />
5   <uses-permission android:name="android.permission.ACCESS_NETWORK_STATE" />
6   <uses-permission android:name="android.permission.INTERNET" />
7   <uses-permission android:name="com.android.launcher.permission.READ_SETTINGS" />
8   <uses-permission android:name="android.permission.CHANGE_WIFI_STATE" />
9   <uses-permission android:name="android.permission.ACCESS_WIFI_STATE" />
10  <uses-permission android:name="android.permission.READ_PHONE_STATE" />
11  <uses-permission android:name="android.permission.WRITE_EXTERNAL_STORAGE" />
12  <uses-permission android:name="android.permission.BROADCAST_STICKY" />
13  <uses-permission android:name="android.permission.WRITE_SETTINGS" />
14  <uses-permission android:name="android.permission.READ_PHONE_STATE" />
15  <uses-permission android:name="android.permission.ACCESS_COARSE_LOCATION" />
16  <uses-permission android:name="android.permission.ACCESS_FINE_LOCATION" />
17  <uses-permission android:name="android.permission.MOUNT_UNMOUNT_FILESYSTEMS" />
18  <uses-permission android:name="android.permission.BAIDU_LOCATION_SERVICE" />
19  <uses-permission android:name="android.permission.ACCESS_NETWORK_STATE" />
20  <uses-permission android:name="android.permission.ACCESS_COARSE_LOCATION" />
21  <uses-permission android:name="android.permission.INTERNET" />
22  <uses-permission android:name="android.permission.ACCES_MOCK_LOCATION" />
23  <uses-permission android:name="android.permission.ACCESS_FINE_LOCATION" />
24  <uses-permission android:name="com.android.launcher.permission.READ_SETTINGS" />
25  <uses-permission android:name="android.permission.WAKE_LOCK" />
26  <uses-permission android:name="android.permission.CHANGE_WIFI_STATE" />
27  <uses-permission android:name="android.permission.ACCESS_WIFI_STATE" />
28  <uses-permission android:name="android.permission.ACCESS_GPS" />
29  <uses-permission android:name="android.permission.GET_TASKS" />
30  <uses-permission android:name="android.permission.WRITE_EXTERNAL_STORAGE" />
31  <uses-permission android:name="android.permission.BROADCAST_STICKY" />
32  <uses-permission android:name="android.permission.WRITE_SETTINGS" />
33  <uses-permission android:name="android.permission.PROCESS_OUTGOING_CALLS" />
34  <uses-permission android:name="android.permission.READ_PHONE_STATE" />
35  <uses-permission android:name="android.permission.MODIFY_AUDIO_SETTINGS" />
36  <uses-permission android:name="android.permission.RECORD_AUDIO" />
```

> **提示** 以上权限含义由于篇幅所限，在此将不再一一赘述，若读者有不明白的地方，请登录百度地图官方网站，进行详细了解。

（3）地图控件对于地图的显示是必不可少的，所以需要在应用中所有显示地图的布局 XML 文件中添加地图控件，以下即是地图控件的相关内容。

```
1   <com.baidu.mapapi.map.MapView
2           android:id="@+id/bmapView"
3           android:layout_width="fill_parent"
4           android:layout_height="fill_parent"
5           android:clickable="true" />
```

> **说明** 其中包括控件的 id、控件的大小以及地图是否可以单击等属性。若读者需要在自己的应用中进行百度地图开发，只需将上面内容原封不动复制到需要显示地图布局的 XML 文件中即可。

5.3.4　XML 资源文件的准备

每个 Android 项目都是由不同的布局文件搭建而成的，百纳公交小助手的各个界面也是由不同的布局文件搭建而成的。下面将介绍百纳公交小助手中的部分 XML 资源文件，主要有 strings.xml、colors.xml 和 style.xml，请读者仔细阅读。

5.3 开发前的准备工作

- strings.xml 的开发

百纳公交小助手被创建后会默认在 app/src/main/res/values 目录下创建一个 strings.xml，该 XML 文件用于存放项目在开发阶段所需要的字符串资源，其具体代码如下。

📡 **代码位置**：见随书源代码/第 5 章/BaiduBus/app/src/main/res/values 目录下的 strings.xml。

```xml
1   <?xml version="1.0" encoding="utf-8" ?>                <!--版本号及编码方式-->
2     <resources>
3       <string name="app_name">百纳公交小助手</string>        <!--标题-->
4       <string name="btQuCheng">去程</string>                <!--线路信息界面字符串-->
5       <string name="btFanCheng">返程</string>               <!--线路信息界面字符串-->
6       <string name="selectCity">选择城市</string>            <!--选择城市界面字符串-->
7       <string name="dangQianCity">当前城市为：</string>      <!--选择城市界面字符串-->
8       <string name="searchBusLine">线路查询</string>         <!--线路查询主界面字符串-->
9       <string name="busHelper">公交助手</string>             <!--主界面字符串-->
10      <string name="busLine">线路</string>                  <!--主界面字符串-->
11      <string name="change">换乘</string>                   <!--主界面字符串-->
12      <string name="station">站点</string>                  <!--主界面字符串-->
13      <key name="keyNaem">请输入关键字</key>                 <!--线路查询输入界面字符串-->
14      <string name="searchChange">换乘查询</string>          <!--换乘查询界面字符串-->
15      <string name="search">查询</string>                   <!--查询按钮字符串-->
16      <string name="setStart">设置起点</string>             <!--站点信息界面字符串-->
17      <string name="setEnd">设置终点</string>               <!--站点信息界面字符串-->
18      <string name="busLineMap">线路地图</string>           <!--线路信息界面字符串-->
19      <string name="stationMap">站点地图</string>           <!--站点信息界面字符串-->
20      <string name="searchNavi">选择导航模式：</string>      <!--步行导航界面字符串-->
21      <string name="trueNavi">真实导航</string>             <!--步行导航界面字符串-->
22      <string name="falseNavi">模拟导航</string>            <!--步行导航界面字符串-->
23      <string name="dataLoading">数据加载中……</string>      <!--动画加载字符串-->
24      <string name="nearStation">附近站点</string>          <!--附近站点界面字符串-->
25      <string name="map">地图</string>                     <!--附近站点界面字符串-->
26      <string name="start">请输入起点</string>              <!--换乘查询界面字符串-->
27      <string name="end">请输入终点</string>                <!--换乘查询界面字符串-->
28    </resources>
```

💡 **说明** 　上述代码中声明了本程序需要用到的部分字符串，避免在布局文件中重复声明，增加了代码的可靠性和一致性，极大地提高了程序的可维护性。

- colors.xml 的开发

colors.xml 文件被创建在 app/src/main/res/values 目录下，该 XML 文件用于存放本项目在开发阶段所需要的颜色资源。colors.xml 中的颜色值能够满足项目界面中颜色的需要，其颜色代码实现如下。

📡 **代码位置**：见随书源代码/第 5 章/BaiduBus/app/src/main/res/values 目录下的 colors.xml。

```xml
1   <?xml version="1.0" encoding="utf-8" ?>              <!--版本号及编码方式-->
2     <resources>
3       <color name="bg_color">#fffbfbfb</color>         <!-- 背景颜色 -->
4       <color name="bg_text">#b5b5b5</color>            <!-- 文本框颜色-->
5       <color name="text_color">#ff999999</color>       <!-- 字体颜色-->
6       <color name="white">#ffffffff</color>            <!-- 自定义白色-->
7       <color name="gray">#C1C1C1</color>               <!-- 自定义灰色-->
8       <color name="black">#000000</color>              <!-- 自定义黑色-->
9       <color name="near_item_press">#ffe5eff9</color>  <!-- 列表项颜色-->
10    </resources>
```

💡 **说明** 　上述代码用于项目所需要的部分颜色，主要包括字体的自定义颜色、查询按钮和地图按钮被选中状态颜色、查询按钮和地图按钮未被选中状态颜色等，避免了在各个界面中重复声明。

- style.xml 的开发

style.xml 文件被创建在 app/src/main/res/values 目录下，该 XML 文件用于存放本项目在开发阶段所需要的对话框的格式。其格式代码实现如下。

代码位置： 见随书源代码/第 5 章/BaiduBus/app/src/main/res/values 目录下的 style.xml。

```
1   <resources>
2       <style name="AppBaseTheme" parent="android:Theme.Light">
3       </style>                                                    <!-- Application theme. -->
4       <style name="AppTheme" parent="AppBaseTheme"> </style>
5       <style name="loading_dialog" parent="android:style/Theme.Dialog">
6           <item name="android:windowFrame">@null
7           </item>                                                 <!-- Dialog 的 windowFrame 框为无-->
8           <item name="android:windowNoTitle">true</item>          <!-- 没标题-->
9           <item name="android:windowBackground">@drawable/bg_btn_more</item> <!-- 背景图片-->
10          <item name="android:windowIsFloating">true</item>       <!-- 是否漂在 activity 上-->
11          <item name="android:windowContentOverlay">@null</item>  <!-- 对话框是否有遮盖-->
12      </style>
13  </resources>
```

> **说明** 上述代码用于项目所需要的对话框格式的设置，这样对对话框格式进行统一设置，避免了在各个界面中重复声明对话框格式。

5.4 辅助工具类的开发

前面已经介绍了百纳公交小助手功能的预览以及总体架构，下面将介绍此项目所需要的辅助工具类，此类被项目其他 Java 文件调用，避免了重复性开发，提高了程序的可维护性。工具类在这个项目中十分常用，请读者仔细阅读。

5.4.1 常量类的开发

本小节将向读者介绍百纳公交小助手常量类 Constant 的开发。在进行正式开发之前，需要对即将用到的主要常量进行提前设置，供给其他 Java 文件使用，这样避免了开发过程中的反复定义，这就是常量类的意义所在，常量类的具体代码如下。

代码位置： 见随书源代码/第 5 章/BaiduBus/app/src/main/java/com/baina/Constant 目录下的 Constant.java。

```
1   package com.baina.Constant;
2   public class Constant {
3       public static final String DB_PATH =                        //唐山数据库路径
4           "/data/data/com.baina.BaiduBus/databases/gongjiao.db";
5       public static final String BJDB_PATH =                      //北京数据库路径
6           "/data/data/com.baina.BaiduBus/databases/bjgongjiao.db";
7       public static final String SHDB_PATH =                      //上海数据库路径
8           "/data/data/com.baina.BaiduBus/databases/shgongjiao.db";
9       public static final String GZDB_PATH =                      //广州数据库路径
10          "/data/data/com.baina.BaiduBus/databases/gzgongjiao.db";
11      public static final String SZDB_PATH =                      //深圳数据库路径
12          "/data/data/com.baina.BaiduBus/databases/szgongjiao.db";
13      public static final int INFO_MYSQL=1;                       //数据库完成标志
14      public static final int INFO_NEARBYSTATIO=2;                //数据库已经存在标志
15      public static final int COLOR_BLACK=0xff999999;             //颜色黑
16      public static final int COLOR_BLUE=0xaa000099;              //颜色蓝
17      public static   LatLng myLatlng=null;                       //定位点坐标
18      public static String CITY_NAME="唐山";                       //当前城市名称默认为唐山
19      public static String START_STATION="";                      //规划路线的起点
20      public static String END_STATION="";                        //规划路线的终点
21  }
```

> **说明** 常量类的开发是高效完成项目十分必要的准备工作，这样可以避免在不同的 Java 文件中定义常量的重复性工作，提高了代码的可维护性。如果读者在下面的类或方法中有不明白具体含义的常量，可以在本类中查找。

5.4.2 工具类的开发

本小节将介绍百纳公交小助手工具类 ConstantTool 的开发，此类中的功能方法经常被项目其他 Java 文件调用。为了方便使用和避免重复性工作，把这些方法集中到 ConstantTool 类中。读者在其他 Java 文件中若有不明白具体含义的方法可在本类中查找，此类具体代码如下。

> 代码位置：见随书源代码/第 5 章/BaiduBus/app/src/main/java/com/baina/Util 目录下的 ConstantTool.java。

```
1   package com.baina.Util;
2   ......//此处省略导入类的代码，读者可自行查阅随书附带的源代码
3   public class ConstantTool {
4       public static void toActivity(Context context,Class cla) {
5           Intent intent = new Intent(context,cla);        //建立一个新的消息
6           ((Activity)context).startActivity(intent);      //执行 Intent
7           ((Activity)context).finish();                   //结束本界面
8       }
9       public static void toActivity(Context context,Class cla,String[] keyArray,
            String[] valueArray ) {
10          Intent intent = new Intent(context,cla);        //建立一个新的消息
11          for(int i=0;i<keyArray.length;i++){
12              intent.putExtra(keyArray[i], valueArray[i]); //添加内容
13          }
14          ((Activity)context).startActivity(intent);      //执行 Intent
15          ((Activity)context).finish();                   //结束本界面
16      }
17      public static boolean ifNull(String s) {            //判断字符串是否为空
18          if (s == null || s.equals("")) { return false; } //字符串是否为空
19          return true;
20      }
21      public static String getTime(String time) {         //获得时间的函数
22          if(time.indexOf(" ")==-1){ return time; }
23          String[] strs = time.split(" ");                //切分时间字符串
24          return strs[3].substring(0,strs[3].length()-3); //返回需要的时间字符串部分
25      }
26      public static void setListViewHeightBasedOnChildren(ListView listView) {
27          ListAdapter listAdapter = listView.getAdapter(); //获取ListView对应的Adapter
28          if (listAdapter == null) {return;}
29          int totalHeight = 0;
30          for (int i = 0, len = listAdapter.getCount(); i < len; i++) {
31              View listItem =                             //返回数据项的数目
32                  listAdapter.getView(i, null, listView);
33              listItem.measure(0, 0);                     //计算子项 View 的宽高
34              totalHeight += listItem.getMeasuredHeight(); //统计所有子项的总高度
35          }
36          ViewGroup.LayoutParams params = listView.getLayoutParams();
37          params.height =                                 //重新设置高度属性
38              totalHeight+ (listView.getDividerHeight() *
                  (listAdapter.getCount() - 1));
39          listView.setLayoutParams(params);
40      }}
```

- 第 4～8 行为 Activity 间的跳转方法，此方法用于没有数据传输的 Activity 间跳转使用。百纳公交小助手中有很多 Activity，没有数据传递的 Activity 间跳转都要用到此方法。
- 第 9～16 行也是 Activity 间的跳转方法，与上一方法不同的是，此方法用于有数据传递的 Activity 间跳转使用。此方法的形参包含了两个字符串数组，在方法中用一个循环把字符串数组中的值加入到消息中，传递到目标 Activity。

- 第17~25行首先是判断一个字符串是否为空的方法，百纳公交小助手项目中有大量的字符串处理，接收或处理后的字符串往往要判断是否为空。然后是处理接收到的时间字符串方法，根据该字符串的特定格式拆分出需要的部分。
- 第26~40行用于配置特殊的ListView，当一个ListView位于一个ScrollView中时ListView只能显示一行。笔者使用的解决方法是在代码中重新计算和配置该ListView的一些属性，其中包括计算子项View的宽高，统计所有子项的总高度，再重新配置ListView的属性。

5.4.3 换乘路径规划工具类的开发

本小节将介绍换乘路径规划类的开发，此类为百纳公交小助手项目的核心功能换乘方案查询提供了数据。如换乘功能中的步行路段信息、乘车路段信息等都是由本类提供的。因此该类是本项目的核心类。请读者仔细阅读，具体代码如下。

> 代码位置：见随书源代码/第5章/BaiduBus/app/src/main/java/com/baina/Util 目录下的 GetBusLineChange.java。

```java
1    package com.baina.Util;
2    ......//此处省略导入类的代码，读者可自行查阅随书附带的源代码
3    public class GetBusLineChange implements OnGetRoutePlanResultListener {
4        ......//此处省略定义变量的代码，读者可自行查阅随书附带的源代码
5        public GetBusLineChange(Context context, String lineStart, String lineEnd) {
6            this.lineStart =                                    //城市加名字方式建立起始节点
7                PlanNode.withCityNameAndPlaceName(Constant.CITY_NAME,lineStart);
8            this.lineEnd =                                      //城市加名字方式建立终点节点
9                PlanNode.withCityNameAndPlaceName(Constant.CITY_NAME,lineEnd);
10           this.mContext = context;
11           mSearch = RoutePlanSearch.newInstance();             //路径规划接口
12           mSearch.setOnGetRoutePlanResultListener(this);       //给接口设置监听
13           searchBusLine();
14       }
15       public void searchBusLine() {
16           mTransitRouteLine = new ArrayList<TransitRouteLine>();
17           TransitRoutePlanOption myTRP = new TransitRoutePlanOption();
             //换乘路径规划参数
18           myTRP.policy(TransitPolicy.EBUS_NO_SUBWAY);          //不含地铁
19           mSearch.transitSearch((myTRP)
20                   .from(lineStart)                             //设置起点
21                   .city(Constant.CITY_NAME)                    //设置所查询的城市
22                   .to(lineEnd));                               //设置终点
23       }
24       public void onGetTransitRouteResult(TransitRouteResult result) {
             //换乘路线结果回调
25           if (result == null || result.error != SearchResult.ERRORNO.NO_ERROR) {
26                 Toast.makeText(mContext,               //没有找到结果，弹出一个Toast提示用户
27                     "抱歉，未找到结果", Toast.LENGTH_SHORT).show();
28           }
29           if (result.error == SearchResult.ERRORNO.NO_ERROR) {   //检索结果正常返回
30                mTransitRouteLine=result.getRouteLines();       //获取所有换乘路线方案给数据List赋值
31           }
32           isFinish=true;                                        //设置完成，标志位为true
33       }
34       ......//此处省略不需要重写的方法代码，读者可自行查阅随书附带的源代码
35   }
```

- 第5~14行为含有3个参数的构造函数，其中通过城市名称加起点或终点名称的方式建立了起点和终点节点。此构造函数中给线路规划接口赋值并添加了监听。
- 第15~23行为发起换乘路径规划的方法。其中建立了换乘路径规划参数，并为此参数赋值。因为本案例暂不支持含有地铁的路线查询，所以参数设置为不含地铁。此方法中还给换乘路径规划接口传递起点、终点和所查询城市的名称等参数发起查询。

- 第 24~35 行为换乘路线结果回调方法。若返回结果为空或者检索结果返回不正常则弹出 Toast 提示用户未找到结果。若检索结果返回正常则给数据集合赋值用于后面的换乘方案查询模块中。检索完成后将标志位设为 true。

5.4.4 定位和获取附近公交站工具类的开发

本小节将介绍定位和获取附近公交站工具类的开发。本项目中有获取附近公交站的功能，而想要获取附近的公交站点必须要先定位。定位完成后再通过百度提供的 POI 检索接口检索用户定位点附近的公交站点数据。获得数据后再通过文字和地图的方式反馈给用户。此工具类非常重要，请读者仔细阅读。具体代码如下。

> **代码位置：** 见随书源代码/第 5 章/BaiduBus/app/src/main/java/com/baina/Util 目录下的 GetBusStationData.java。

```
1    package com.baina.Util;
2    ......//此处省略导入类的代码，读者可自行查阅随书附带的源代码
3    public class GetBusStationData implements OnGetPoiSearchResultListener{
4    ......//此处省略定义变量的代码，读者可自行查阅随书附带的源代码
5        public GetBusStationData(Context context){
6            this.mContext=context;                                //设置上下文
7            isFinsh=false;                                         //标志位设置为 false
8            mLocationClient = new LocationClient(mContext);        //声明 LocationClient 类
9            mMyLocationListener = new MyLocationListener();
10           mLocationClient.registerLocationListener(mMyLocationListener);
             //注册监听函数
11           LocationClientOption option =                          //新建定位方式类
12                   new LocationClientOption();
13           option.setLocationMode(LocationMode.Hight_Accuracy);   //定位模式为高精度
14           option.setCoorType(tempcoor);                          //结果类型为百度经纬度
15           option.setIsNeedAddress(true);                         //结果包含地址信息
16           mLocationClient.setLocOption(option);                  //设置定位方式
17           mLocationClient.start();                               //开始定位
18           mPoiSearch = PoiSearch.newInstance();                  //获得 poi 接口
19           mPoiSearch.setOnGetPoiSearchResultListener(this);      //设置结果监听
20           mPoiIfo = new ArrayList<PoiInfo>();
21           mPoiIfo.clear();
22           startLocation();
23       }
24   ......//此处省略判断定位是否完成代码，读者可自行查阅随书附带的源代码
25       public void searchButtonProcess() {                        //发起 poi 检索
26           mPoiSearch.searchNearby(new PoiNearbySearchOption()
27                   .keyword("公交站")                              //检索关键字为公交站
28                   .location(new LatLng(mBDLocation.getLatitude(),//检索位置设置为定位点
29                       mBDLocation.getLongitude()))
30                   .pageCapacity(10)                              //设置每页容量为 10 条
31                   .radius(1000)                                  //检索半径为 1000 米
32                   .pageNum(load_Index));                         //当前分页编号
33       }
34       public void goToNextPage() {
35           load_Index++;                                          //当前页号加 1
36           searchButtonProcess();                                 //再次发起检索
37       }
38       @Override
39       public void onGetPoiResult(PoiResult result) {
40           if (result == null|| result.error == SearchResult.ERRORNO.RESULT_NOT_FOUND) {
41                                                                  //检索结果为空或没有找到结果
42               isFinsh = true;                                    //将检索完成标志位设置为 true
43               return;
44           }
45           if (result.error == SearchResult.ERRORNO.NO_ERROR) {   //检索结果正常返回
46               if (((result.getCurrentPageNum() < result.getTotalPageNum() - 1)) {
47                                                                  //检索结果页数不是最后一页
48                   List<PoiInfo> mPoi = result.getAllPoi();//获得所有检索结果
```

```
49                  for (PoiInfo poiInfo : mPoi) {
50                      mPoiIfo.add(poiInfo);
51                      ......//此处省略重写排序规则代码，读者可自行查阅随书附带的源代码
52                      num_Index++;                            //Poi 检索结果序号加 1
53                  }
54                  goToNextPage();                             //获得下一页结果
55              }
56              return;
57          }}
58
59      public class MyLocationListener implements BDLocationListener {
        //LocationClient 监听
60          @Override
61          public void onReceiveLocation(BDLocation location) {
62              mBDLocation=location;                            //接收返回结果
63          }}
64
65      ......//此处省略无关代码，读者可自行查阅随书附带的源代码
66  }
```

- 第 5~23 行为此类的构造函数，此构造函数通过参数获得上下文为变量 mContext 赋值并设置完成标志位为 false。同时获得了 POI 检索和定位功能的必要接口并为这些接口设置了监听。这些接口将用于返回定位点附近站点数据。
- 第 25~33 行为发起 POI 检索的方法。此方法为 POI 检索接口传递参数，其中包括检索关键字、检索地点坐标、检索半径、检索返回结果每页容量和当前检索结果页号。其中检索关键字为公交站，检索地点坐标为定位点坐标，检索半径为 1000m。
- 第 34~37 行首先将当前检索结果页号加一然后再次发起检索。由于每一次检索只能返回固定的容量，为了数据完整要多次发起检索，直到检索到所需的所有信息。
- 第 38~58 行为 POI 检索回调方法。此方法中首先判断返回结果是否正确，如果返回结果不正确则直接将标志位设置为 true 结束此方法。反之则获得检索结果加入到自己的数据集合中，重新排序后将用于附近站点查询模块中。
- 第 59~66 行为自定义的类，此类实现了 BDLocationListener 接口，重写了 onReceiveLocation 方法，通过该方法获得定位结果。

> 说明　com/baina/Util 目录下还包括 GetType.Java 和 MyDialog.Java 两个工具类，这两个类和上述省略的一些方法中的代码都非常简单易懂。这里由于篇幅有限就不再一一赘述，请读者自行查看随书的源代码进行学习。

5.5　各个功能模块的实现

上一节介绍了辅助工具类的开发，这一节主要介绍百纳公交各功能模块的开发，该项目中主要包括选择城市界面模块、主界面模块、线路查询模块、换乘查询模块和附近站点定位模块。下面将从选择城市界面开始逐一介绍其功能的实现。

5.5.1　选择城市界面模块的实现

本小节主要介绍的是选择城市界面模块的实现。当用户进入本应用时默认城市为唐山，用户可根据需要切换到相应城市，以便制定符合用户自身的出行方案。若用户首次选择某城市，应用会在用户选择后自动建立此城市的数据库，以便再次使用。

（1）本小节首先介绍选择城市界面 activity_city.xml 框架的搭建，包括布局的安排、控件的属性设置等。该界面包含一个导航条和一个列表视图组件，其中导航条由一个返回按钮和一个文本框组成。此界面的布局代码如下。

代码位置：见随书源代码/第 5 章/BaiduBus/app/src/main/res/layout 目录下的 activity_city.xml。

```xml
1   <?xml version="1.0" encoding="utf-8"?>              <!--版本号及编码方式-->
2   <LinearLayout xmlns:android="http://schemas.android.com/apk/res/android"  <!--线性布局-->
3       android:layout_width="match_parent"
4       android:layout_height="match_parent"
5       android:orientation="vertical" >
6       <RelativeLayout                                                      <!--相对布局-->
7           android:id="@+id/rlTop"
8           android:layout_width="match_parent"
9           android:layout_height="50dip"
10          android:background="@drawable/title_bg" >
11          <Button                                                          <!--返回按钮-->
12              android:id="@+id/btCityBack"
13              android:layout_width="50dip"
14              android:layout_height="wrap_content"
15              android:layout_alignParentLeft="true"
16              android:layout_centerVertical="true"
17              android:background="@drawable/fanhui_bt"
18              android:gravity="center" />
19          <LinearLayout                                                    <!--线性布局-->
20              android:id="@+id/llxlqk"
21              android:layout_width="wrap_content"
22              android:layout_height="wrap_content"
23              android:layout_centerInParent="true"
24              android:gravity="center"
25              android:orientation="horizontal" >
26              <TextView                                                    <!--文本域-->
27                  android:id="@+id/tvBLTitle"
28                  android:layout_width="wrap_content"
29                  android:layout_height="wrap_content"
30                  android:textColor="@color/white"
31                  android:textSize="15.0sp" />
32          </LinearLayout>
33          ......<!--此处文本域定义与上述相似，故省略，读者可自行查阅随书附带的源代码-->
34      </RelativeLayout>
35      <ListView                                                            <!--列表视图组件-->
36          android:id="@+id/lvCity"
37          android:layout_width="fill_parent"
38          android:layout_height="fill_parent"
39          android:layout_marginTop="10dip"
40          android:background="@color/bg_color"
41          android:dividerHeight="5dip" />
42  </LinearLayout>
```

● 第 2～5 行声明了选择城市界面的总的线性布局，设置了其宽、高均为自适应屏幕宽度和高度，排列方式为垂直排列。

● 第 6～10 行声明一个 RelativeLayout 相对布局，并设置了相对布局的 id、宽、高等属性，如将其宽度设置为自适应屏幕的宽度，高度设置为 50。

● 第 11～18 行声明了一个普通按钮，设置了其 id、宽度、高度、相对位置信息、背景图片和此按钮中的文字的相对位置属性。

● 第 19～25 行声明了一个线性布局，设置其宽、高均为包裹内容的宽度和高度，相对位置居中、内容居中、排列方式为水平排列。

● 第 26～31 行声明了一个文本框，设置了其 id，宽度和高度均为包裹内容，文本颜色为自定义白色，字体大小为 15sp。

● 第 35～41 行声明了一个 ListView，设置了其 id、宽、高、距顶部距离、背景颜色和 ListView 分割线的高度等属性。

（2）上面简要介绍了选择城市界面模块框架的搭建，下面将介绍的是该界面功能的开发。在选择城市界面中，首先看到的是顶部导航条内显示的当前城市。然后用户可以通过单击 ListView

中列出的城市，选择所需城市。实现的代码如下。

> 代码位置：见随书源代码/第 5 章/BaiduBus/app/src/main/java/com/baina/BaiduBus 目录下的 CityActivity.java。

```
1    package com.baina.BaiduBus;
2    ......//此处省略导入类的代码，读者可自行查阅随书附带的源代码
3    public class CityActivity extends Activity {
4        ......//此处省略定义变量的代码，读者可自行查阅随书附带的源代码
5        protected void onCreate(Bundle savedInstanceState) {
6            super.onCreate(savedInstanceState);
7            requestWindowFeature(Window.FEATURE_NO_TITLE);        //设置全屏工作
8            getWindow().setFlags(WindowManager.LayoutParams.FLAG_FULLSCREEN,
9            WindowManager.LayoutParams.FLAG_FULLSCREEN);
10           setContentView(R.layout.activity_city);
11           mInflater = getLayoutInflater();
12           cityList = new ArrayList<String>();                   //支持的城市名称集合
13           cityList.add("北京");                                  //添加城市，北京
14           ......//此处添加其他城市的代码，读者可自行查阅随书附带的源代码
15           cityListView = (ListView) this.findViewById(R.id.lvCity);//获得城市ListView引用
16           BaseAdapter ba = new BaseAdapter() {                  //建立ListView适配器
17               @Override
18               public View getView(int position, View convertView, ViewGroup parent) {
19                   ViewHolder holder;                            //声明静态类ViewHolder
20                   if (convertView == null) {
21                       convertView =                             //引入自定义文本框的布局
22                               mInflater.inflate(R.layout.view_text, parent,false);
23                       holder = new ViewHolder();                //定义静态类ViewHolder
24                       holder.mCityText =                        //获得文本框的引用
25                               (TextView) convertView.findViewById(R.id.mTextView);
26                       convertView.setTag(holder);
27                   } else {
28                       holder = (ViewHolder) convertView.getTag();
29                   }
30                   holder.mCityText.setText(cityList.get(position));   //设置文字
31                   return convertView;                           //返回设置完成的convertView
32               }
33           ......//此处方法不需要重写，故省略，请自行查阅随书的源代码
34           public int getCount() { return cityList.size();}};   //返回ListView列个数
35           static class ViewHolder { TextView mCityText;}       //声明一个文本框
36           cityListView.setAdapter(ba);                         //设置适配器
37           cityListView.setOnItemClickListener(new OnItemClickListener() {//添加监听
38               @Override
39               public void onItemClick(AdapterView<?> arg0, View arg1,
                       int position, long arg3) {
40                   Constant.CITY_NAME = cityList.get(position); //将城市设为选择城市
41                   GetBusStationData.isFinsh = false;           //清除完成标志位
42                   ProvideContent.busLine=null;                 //清除线路信息
43                   ProvideContent.busLineName=null;             //清除线路名称
44                   ProvideContent.busLineTypeArray=null;        //清除线路类型数组
45                   ConstantTool.toActivity(CityActivity.this, MainActivity.class);
                                                                  //跳转到主界面
46           }});
47           Button btCityBack = (Button) this.findViewById(R.id.btCityBack);
                                                                  //获得返回按钮引用
48           btCityBack.setOnClickListener(new OnClickListener() { //给返回按钮添加监听
49               public void onClick(View v) {
50                   ConstantTool.toActivity(CityActivity.this, MainActivity.class);
                                                                  //跳转到主界面
51           }});
52           TextView tvTitle = (TextView) this.findViewById(R.id.tvBLTitle);
                                                                  //获取标题文本框引用
53           tvTitle.setText(Constant.CITY_NAME);                 //设置标题
54    }}
```

- 第 6~9 行设置全屏工作。每一个 Activity 中都会出现这段代码，由于代码比较固定简单，在后面的介绍中会省略此段代码，读者可自行查阅随书的源代码。

- 第 12~14 行建立城市名称集合。其中包括北京、上海、广州、深圳和唐山 5 个城市，该集合将用于城市 ListView 中。
- 第 15~36 行获得城市 ListView 引用并为其添加适配器。其中引入自定义文本框，获得该文本框引用并赋相应值后添加到 convertView 中。最后通过获得上面介绍的城市名称集合的长度返回 ListView 列的个数。
- 第 37~46 行给 ListView 中的 Item 添加监听。单击具体的 Item 后将 Constant 中的城市名称设置为所选城市，并清除上一个城市遗留下来的信息。如完成标志位、路线信息、路线名称和路线类型数组。最后跳转回主界面。
- 第 47~54 行首先获得返回按钮引用并为其添加监听，单击该按钮后应用将跳转回主界面。然后获取标题文本框引用，并设置标题内容为当前城市名称。

5.5.2 主界面模块的实现

上一小节介绍的是选择城市界面功能的实现，下面将介绍主界面功能的实现。进入主界面后可通过已经介绍的选择城市模块选择所需城市。单击该界面内的线路、换乘或站点按钮可在线路查询、换乘查询和附近站点定位功能间切换，或者通过左右滑动切换到相应功能。

（1）下面主要向读者具体介绍主界面的搭建，包括布局的安排，按钮、ViewPager 等控件的各个属性的设置，省略部分与已经介绍的部分基本相似，就不再重复介绍了，读者可自行查阅随书代码进行学习，其具体代码如下。

代码位置：见随书源代码/第 5 章/BaiduBus/app/src/main/res/layout 目录下的 activity_main.xml。

```xml
1   <LinearLayout xmlns:android="http://schemas.android.com/apk/res/android"   <!--线性布局-->
2       android:layout_width="match_parent"
3       android:layout_height="match_parent"
4       android:background="@color/bg_color"
5       android:orientation="vertical" >
6       ......<!--此处为导航条相对布局，已经介绍，故省略，读者可自行查阅随书附带的源代码-->
7       <LinearLayout                                                           <!--线性布局-->
8           android:id="@+id/llMainItemName"
9           android:layout_width="match_parent"
10          android:layout_height="50dip" >
11          <TextView                                                           <!--文本域-->
12              android:id="@+id/tvBusLine"
13              android:layout_width="match_parent"
14              android:layout_height="match_parent"
15              android:layout_weight="1.0"
16              android:gravity="center"
17              android:text="@string/busLine"
18              android:textColor="@color/text_color"
19              android:textSize="15.0sp" />
20          <ImageView                                                          <!--图片域-->
21              android:layout_width="wrap_content"
22              android:layout_height="fill_parent"
23              android:src="@drawable/sub_tab_line" />
24          ......<!--此处文本域和图片域定义与上述相似，故省略，读者可自行查阅随书附带的源代码-->
25      </LinearLayout>
26      <LinearLayout                                                           <!--文本域-->
27          android:layout_width="fill_parent"
28          android:layout_height="wrap_content"
29          android:background="#ffd9d9d9"
30          android:orientation="horizontal" >
31          <ImageView                                                          <!--图片域-->
32              android:id="@+id/ivUnderLine"
33              android:layout_width="95dip"
34              android:layout_height="wrap_content"
35              android:layout_marginLeft="10dip"
36              android:background="@drawable/sub_tab_hover_line"/>
37      ......<!--此处图片域定义与上述相似，故省略，读者可自行查阅随书附带的源代码-->
```

```
38        </LinearLayout>
39        <android.support.v4.view.ViewPager                          <!--ViewPager-->
40            android:id="@+id/vpItemLayout"
41            android:layout_width="wrap_content"
42            android:layout_height="wrap_content"
43            android:layout_gravity="center"
44            android:layout_weight="1.0"
45            android:background="@color/bg_color"/>
46    </LinearLayout>
```

- 第 1~5 行用于声明总线性布局，总线性布局中还包含了两个线性布局。线性布局的宽度和高度均设置为屏幕宽度，并且设置了总的线性布局的排列方式为垂直排列。
- 第 7~10 行用于声明线性布局，线性布局中包含 3 个文本域和两个图片域。设置线性布局的宽度为屏幕宽度，高度为 50dip。
- 第 11~19 行用于声明文本域控件，并设置了文本域的 id、宽、高、文字内容、文字大小、文字颜色、宽度比重以及文字相对布局的对齐方式等属性。
- 第 20~23 行为声明一个 ImageView 图像域来分割不同的文本域控件，并设置了其宽度、高度以及图片信息等属性。
- 第 26~30 行用于声明线性布局，该线性布局中包含 3 个图片域。设置了线性布局的背景颜色、宽度和高度。其中宽度为屏幕宽度，高度为自适应内容的高度。并且设置了该布局的排列方式为水平排列。
- 第 31~36 行声明 ImageView 图像域控件，并设置其 id、宽度、高度、背景图片以及距离屏幕左端长度等属性。
- 第 39~45 行用于声明一个自定义的 ViewPager，设置了 ViewPager 的 id、宽、高、比重及位置等属性，该控件可通过左右滑动或者单击按钮来切换界面。

（2）下面介绍主界面 MainActivity 类中 ViewPager 功能的开发。此界面主要是由线路查询构成，用户在左右滑动屏幕或单击换乘、站点等任一内容时，将切换到相应的界面。上述界面将在下面的章节逐个介绍，ViewPager 功能具体代码如下。

代码位置：见随书源代码/第 5 章/BaiduBus/app/src/main/java/com/baina/BaiduBus 目录下的 MainActivity.java。

```
1     private void initImageView() {
2         underLine = (ImageView) findViewById(R.id.ivUnderLine);    //获得图片资源
3         DisplayMetrics dm = new DisplayMetrics();                  //获得屏幕分辨率
4         getWindowManager().getDefaultDisplay().getMetrics(dm);
5         int screenW = dm.widthPixels;                              //获得屏幕宽度
6         tabW = screenW / layoutList.size();                        //求出每个条目的宽度
7         offset = 0;                                                //设置偏移量为 0
8     }
9     private void initViewPage() {
10        myPager = (ViewPager) this.findViewById(R.id.vpItemLayout); //获得ViewPager引用
11        layoutList = new ArrayList<View>();
12        LayoutInflater lif = getLayoutInflater();
13        layoutList.add(lif.inflate(R.layout.viewpager_busline, null));  //导入线路布局
14        layoutList.add(lif.inflate(R.layout.viewpager_change, null));   //导入换乘布局
15        layoutList.add(lif.inflate(R.layout.viewpager_busstation, null)); //导入站点布局
16        myPager.setAdapter(new MyPagerAdapter(layoutList));        //给ViewPager设置适配器
17        myPager.setCurrentItem(0);                                 //设置初始化界面
18        myPager.setOnPageChangeListener(
19            new OnPageChangeListener() {                           //设置 ViewPager 监听器
20                @Override
21                public void onPageSelected(int arg0) {
22                    Animation animation =                          //定义下划线动画
23                        new TranslateAnimation(tabW * pagerIndex+ offset, tabW * arg0 + offset, 0, 0);
24                    pagerIndex = arg0;                             //设置当前页号
25                    if (arg0 == 0) {                               //根据不同的页面设置标题颜色
```

```
26                      busLine.setTextColor(Constant.COLOR_BLUE);        //线路文字设为蓝色
27                      change.setTextColor(Constant.COLOR_BLACK);
28                      busStation.setTextColor(Constant.COLOR_BLACK);
29                      mainType.setText("路线查询");                      //设置导航标题
30                  }
31                  ......//此处代码与上述相似,故省略,读者可自行查阅随书附带的源代码
32                  animation.setFillAfter(true);               //设置动画终止时停留在最后一帧
33                  animation.setDuration(350);                 //设置动画时长
34                  underLine.startAnimation(animation);        //下划线执行动画
35              }
36              ......//此处省略的方法不需要重写,故省略,读者可自行查阅随书的源代码
37      });}
38      public class MyPagerAdapter extends PagerAdapter {
39          public List<View> myLV;
40          public MyPagerAdapter(List<View> myLV) {this.myLV = myLV;}//构造函数
41          @Override
42          public void destroyItem(View arg0, int arg1, Object arg2) {
43              ((ViewPager) arg0).removeView(myLV.get(arg1));    //转移到指定标号的页面
44          }
45          @Override
46          public int getCount() { return myLV.size();}          //返回页面个数
47          @Override
48          public Object instantiateItem(View arg0, int arg1) {
49              ((ViewPager) arg0).addView(myLV.get(arg1), 0);
50              return myLV.get(arg1);                             //添加当前页面
51          }
52          @Override
53          public boolean isViewFromObject(View arg0, Object arg1) {
54              return arg0 == arg1;
55          }
56          ......//此处省略的方法不需要重写,故省略,读者可自行查阅随书的源代码
57      }
```

- 第1~8行初始化下画线并计算出相关参数。其中包括获得下划画图片资源,获得屏幕分辨率后计算每个条目的宽度并设置偏移量为零。
- 第9~17行导入ViewPager中的布局。建立布局集合,引入线路、换乘和站点布局,并为ViewPager添加适配器,设置初始页面。
- 第18~37行给ViewPager添加监听器方法。该方法内定义了下画线动画,设置了动画终止时停留在最后一帧,动画执行的时间长度为350ms并为下画线添加了该动画。该方法还根据不同的页面设置当前页面标题的颜色。
- 第38~57行为ViewPager适配器类。其中包括的destroyItem方法为滑动界面时,从ViewPager中移除当前页面。getCount方法返回页面总个数。instantiateItem方法用于向ViewPager中添加选中的页面,并返回从布局集合中获得的选中页面。

> **说明** 本小节介绍了主界面的布局搭建和MainActivity类中ViewPager功能。主界面中还嵌套了一些具体模块的功能,在后面具体模块中将详细介绍,这里不再赘述。

5.5.3 线路查询模块的实现

本节将介绍线路查询模块的实现。进入此界面,单击选择城市获得目的城市的线路情况,单击此界面的查询按钮或者编辑框进入线路查询输入界面,在编辑框内输入想要查询的线路,即可进入线路信息界面,单击任一站点名称进入站点信息界面。单击地图图标就可以在地图上查看相关站点和相关线路信息,亦可在线路查询界面单击线路类型折叠列表,选择想要查询的公交线路。

(1)下面主要介绍的是线路查询界面的搭建,包括布局的安排,文本框、图片视图等控件的属性设置。省略部分与介绍的部分相似,在此不再赘述,读者可自行查阅随书附带的源代码进行学习。具体的实现代码如下。

第 5 章 LBS 交通软件——百纳公交小助手

代码位置：见随书源代码/第 5 章/BaiduBus/app/src/main/res/layout 目录下的 viewpager_busline.xml。

```xml
1  <?xml version="1.0" encoding="utf-8"?>        <!--版本号及编码方式-->
2  <LinearLayout                                  <!--线性布局-->
3      xmlns:android="http://schemas.android.com/apk/res/android"
4      android:layout_width="match_parent"
5      android:layout_height="match_parent"
6      android:background="#fffbfbfb"
7      android:orientation="vertical" >
8      <LinearLayout                              <!--线性布局-->
9          android:layout_width="match_parent"
10         android:layout_height="80dp"
11         android:background="#fffbfbfb"
12         android:focusable="true"
13         android:focusableInTouchMode="true"
14         android:orientation="horizontal" >
15         <TextView                              <!--文本域-->
16             android:id="@+id/tvBusLineName"
17             android:layout_width="match_parent"
18             android:layout_height="50dip"
19             android:layout_marginBottom="15dip"
20             android:layout_marginLeft="15dip"
21             android:layout_marginRight="10dip"
22             android:layout_marginTop="15dip"
23             android:layout_weight="1.0"
24             android:background="@drawable/input_bar_bg"
25             android:gravity="center_vertical"
26             android:hint="  输入线路名称,如: 1 路"
27             android:singleLine="true"
28             android:textColor="#ff999999"
29             android:textSize="16dip" />
30         <Button                                <!--普通按钮-->
31             android:id="@+id/btInquiryBusLine"
32             android:layout_width="match_parent"
33             android:layout_height="50dip"
34             android:layout_marginBottom="15dip"
35             android:layout_marginRight="15dip"
36             android:layout_marginTop="15dip"
37             android:layout_weight="3.0"
38             android:background="@drawable/chaxun_bt"
39             android:text="查询" />
40     </LinearLayout>
41     <ImageView                                 <!--图片域-->
42         android:layout_width="fill_parent"
43         android:layout_height="1dip"
44         android:background="#55000000" />
45     <ExpandableListView                        <!--列表区-->
46         android:id="@+id/elBusLineName"
47         android:layout_width="fill_parent"
48         android:layout_height="wrap_content"
49         android:layout_marginTop="10dip"
50         android:layout_marginLeft="10dip"
51         android:layout_marginRight="10dip"
52         android:divider="#ff666666"
53         android:background="#ffeeeeee" >
54     </ExpandableListView>
55 </LinearLayout>
```

- 第 2~7 行用于声明线路查询界面的总线性布局，总线性布局中还包含了一个线性布局。设置线性布局的宽度为自适应屏幕宽度、高度为自适应屏幕高度、排列方式为水平排列。

- 第 8~14 行定义了一个线性布局，线性布局中包含一个文本域控件和一个按钮控件。设置线性布局的宽度为自适应屏幕宽度，高度为 80 个像素，排列方式为垂直排列。

- 第 15~29 行用于声明文本域控件，并设置了文本域的 id、提示信息、文本的颜色、文本的大小，文本输入模式为单行、宽度为自适应父控件宽度、高度为 50 个像素，还设置了距离上下左右的长度，且位置为水平居中。此文本域用于输入线路查询关键字。

- 第30～39行定义了一个按钮控件,设置了按钮的 id、按钮的大小、按钮的名称、按钮的背景以及距离上下右的长度,单击此按扭即可进入线路查询输入界面。
- 第45～54行定义了一个 ExpandableListView,设置了 ExpandableListView 的 id、宽度、高度、分隔符颜色、背景颜色以及距离左右上的长度。此列表用于显示公交线路类型。

(2) 下面将介绍主界面 MainActivity 类中线路查询界面初始化的方法。路线查询界面主要展示当前城市的公交类型信息,并可以通过单击切换城市查看其他城市的公交信息,同时可查询公交线路的具体信息。具体代码如下。

✍ 代码位置:见随书源代码/第 5 章/BaiduBus/app/src/main/java/com/baina/BaiduBus 目录下的 MainActivity.java。

```
1    private void initBusLineNameList() {
2        pc = new ProvideContent(MainActivity.this);
3        BaseExpandableListAdapter adapter =          //设置给主界面线路的 ListView
4            new ExpandableAdapter(layoutList .get(0).getContext(),
5            ProvideContent.busLineTypeArray,ProvideContent.busLineName);
6        View v = layoutList.get(0);                   //获取当前页面索引
7        elistview = (ExpandableListView)             //获取线路类型列表的 id
8            v.findViewById(R.id.elBusLineName);
9        elistview.setGroupIndicator(null);           //将控件默认的左边箭头去掉
10       elistview.setAdapter(adapter);               //设置适配器
11       elistview.setOnGroupExpandListener(
12           new OnGroupExpandListener() {            //设置展开和折叠事件
13               @Override
14               public void onGroupExpand(int groupPosition) {
15                   for(int i=0;i<ProvideContent.busLineTypeArray.size();i++)
                     { //遍历 grouplist
16                       if (groupPosition != i) {
17                           elistview.collapseGroup(i);   //默认所有 group 都不展开
18       }}}});
19       elistview.setOnChildClickListener(new OnChildClickListener() {
20           @Override                                //设置单击子项目的监听事件
21           public boolean onChildClick(ExpandableListView parent,
22                   View v,int groupPosition, int childPosition, long id) {
23               String[] keyArray = { "busLineName" };   //需要传递的名称的集合
24               String[] valueArray = { ProvideContent    //需要传递的内容集合
25                   .busLineName.get(groupPosition).get(childPosition) };
26               ConstantTool.toActivity(MainActivity.this,  //跳转到线路信息界面
27                   BusLineActivity.class, keyArray, valueArray);
28               return true;
29       }});
30       tvBusLineName = (TextView) v.findViewById(R.id.tvBusLineName);
         //获取编辑的 id
31       tvBusLineName.setText(ProvideContent.busLineSName);  //设置编辑框默认信息
32       tvBusLineName.setOnClickListener(new OnClickListener() {
         //设置编辑框单击监听
33           @Override
34           public void onClick(View v) {                //跳转到线路查询输入界面
35               ConstantTool.toActivity(MainActivity.this, SearchActivity.class);
36       }});
37       btInquiryBusLine = (Button) v.findViewById(R.id.btInquiryBusLine);
         //获取查询按钮的 id
38       btInquiryBusLine.setOnClickListener(new OnClickListener() {
         //设置单击按钮监听
39           @Override
40           public void onClick(View v) {
41               if (pc.isBusLine(tvBusLineName.getText().toString().trim())) {
                 //判断编辑框中的内容
42                   String[] keyArray = { "busLineName" };   //需要传递的名称集合
43                   String[] valueArray = { tvBusLineName.getText().toString().trim() };
                     //需要传递的内容集合
44                   ConstantTool.toActivity(MainActivity.this,   //跳转到线路信息界面
45                       BusLineActivity.class, keyArray, valueArray);
46               } else {
```

```
47                    ConstantTool.toActivity(MainActivity.this, //跳转到线路查询输入界面
48                            SearchActivity.class);
49        }}});
50    }
```

- 第 7～10 行为 ExpandableListView 设置相关属性，ExpandableListView 的 setGroupIndicator 属性非常重要，此属性可将其默认左边箭头改变位置，亦可将默认箭头去掉，将其置空即可，还可以自定义用户自己喜欢的图标。
- 第 11～29 行为 ExpandableListView 设置展开和折叠事件和单击子项目监听事件，默认所有 group 都不展开，单击之后展开，单击其他组时当前组折叠。单击公交线路名称之后要跳转到线路信息界面，要将所需的线路名称、线路信息传递给 BusLineActivity。
- 第 38～49 行为查询按钮设置单击监听事件，首先判断文本编辑框中的内容，如果编辑框中内容为线路名称，则将相关信息传递给 BusLineActivity，且跳转到线路信息界面；如果编辑框中的内容不为线路名称，则跳转到线路查询输入界面。

（3）上面介绍了线路查询界面的初始化功能，下面将介绍的是线路信息界面的搭建，包括布局的安排、按钮的属性设置等，读者可自行查看随书源代码进行学习，具体代码如下。

代码位置：见随书源代码/第 5 章/BaiduBus/app/src/main/res/layout 目录下的 activity_busline。

```
1   <?xml version="1.0" encoding="utf-8"?>     <!--版本号及编码方式-->
2   <LinearLayout xmlns:                        <!--线性布局-->
3       android="http://schemas.android.com/apk/res/android"
4       android:layout_width="match_parent"
5       android:layout_height="match_parent"
6       android:background="#fffbfbfb"
7       android:orientation="vertical" >
8   ......<!--此处省略导航条相对布局的代码，请读者自行查阅随书附带的源代码-->
9       <ScrollView                             <!--滚动视图-->
10          android:layout_width="fill_parent"
11          android:layout_height="fill_parent"
12          android:scrollbars="vertical" >
13          <LinearLayout                       <!--线性布局-->
14              android:layout_width="match_parent"
15              android:layout_height="wrap_content"
16              android:orientation="vertical" >
17              <TextView                       <!--文本域-->
18                  android:id="@+id/tvSummary"
19                  android:layout_width="match_parent"
20                  android:layout_height="wrap_content"
21                  android:layout_marginBottom="5dip"
22                  android:layout_marginLeft="10dip"
23                  android:layout_marginRight="10dip"
24                  android:layout_marginTop="5dip"
25                  android:background="@drawable/input_bar_bg" >
26              </TextView>
27              <LinearLayout                   <!--线性布局-->
28                  android:layout_width="match_parent"
29                  android:layout_height="wrap_content" >
30                  <Button                     <!--普通按钮-->
31                      android:id="@+id/btQuCheng"
32                      android:layout_width="fill_parent"
33                      android:layout_height="40dip"
34                      android:layout_marginLeft="10dip"
35                      android:layout_weight="1.0"
36                      android:background="@drawable/list_sort_hv"
37                      android:gravity="center"
38                      android:text="去程" >
39                  </Button>
40   ......   <!--此处省略定义其他按钮的代码，请读者自行查阅随书附带的源代码-->
41              </LinearLayout>
42              <ListView                       <!--列表区-->
43                  android:id="@+id/lvBusLineStation"
44                  android:layout_width="fill_parent"
```

```
45                    android:layout_height="wrap_content"
46                    android:layout_marginLeft="10dip"
47                    android:layout_marginRight="10dip" >
48              </ListView>
49          </LinearLayout>
50      </ScrollView>
51  </LinearLayout>
```

- 第 2～7 行声明了总的线性布局,设置了其宽度和高度为自适应屏幕的宽度、高度,排列方式为垂直排列,此布局中包含一个相对布局和一个滚动视图。相对布局为界面的导航条与前面介绍相似,故省略,请读者自行查阅随书附带的源代码。
- 第 9～12 行声明了一个滚动视图,设置了其宽度、高度以及滚动方式,其中包含了两个线性布局和一个列表区,此滚动视图主要是为了用户能方便地查看线路信息。
- 第 17～26 行定义了一个文本域,设置了其 id、宽度、高度、距离屏幕左右的长度以及距离上下控件的长度等相关属性,此文本域用来显示当前线路的名称、首末发车时间等相关信息。
- 第 27～41 行声明了一个线性布局,其排列方式为水平排列,其中包含两个普通按钮和一个 View,两个按钮分别是去程和返程。单击去程按钮,则 ListView 显示当前线路从起点到终点的相关站点;单击返程按钮,则 ListView 显示当前线路从终点到起点的相关站点。
- 第 42～48 行定义了一个 ListView,设置了其 id、宽度、高度以及其距离屏幕左右的长度,此 ListView 用来显示当前线路的各个站点名称,单击任何一个站点名称即可进入站点信息界面。

(4)下面将介绍的是线路查询界面 BusLineActivity 类中通过 POI 检索获得用户想要查询的公交线路的各个站点信息以及首末发车时间的实现方法。具体代码如下。

> **提示** POI(Point of Interest),中文可以翻译为"兴趣点"。在地理信息系统中,一个 POI 可以是一栋房子、一个商铺、一个公交站等。

📄 **代码位置:见随书源代码/第 5 章/BaiduBus/app/src/main/java/com/baina/BaiduBus 目录下 Busline-Activity.java。**

```
1   package com.baina.BaiduBus;       //声明包名
2   ......//此处省略导入类的代码,读者可自行查阅随书附带的源代码
3   public class BusLineActivity extends Activity implemen
4           OnGetPoiSearchResultListener, OnGetBusLineSearchResultListener {
5           ......//此处省略定义变量的代码,请读者自行查阅随书附带的源代码
6           protected void onCreate(Bundle savedInstanceState) {
7               super.onCreate(savedInstanceState);
8                //在使用 SDK 各组件之前初始化 context 信息,传入 ApplicationContext
9               SDKInitializer .initialize(this.getApplication());
10              ......//此处省略设置全屏的代码,请读者自行查阅随书附带的源代码
11              setContentView(R.layout.activity_busline);  //设置当前 activity 显示界面
12              extras = getIntent().getExtras();               //接收消息
13              busLineName = extras.getString("busLineName");  //获得线路名称
14              stationStartUid = new ArrayList<String>();      //去程站点 uid 集合
15              stationEndUid = new ArrayList<String>();        //返程站点 uid 集合
16              ProvideContent.busLineSName = busLineName;
                //设置 ProvideContent 类的线路名称
17              busStartArray = new ArrayList<String>();        //去程站点名称集合
18              busEndArray = new ArrayList<String>();          //返程站点名称集合
19              mSearch = PoiSearch.newInstance();              //POI 检索接口
20              mSearch.setOnGetPoiSearchResultListener(this);  //设置 POI 检索监听
21              mBusLineSearch = BusLineSearch.newInstance();   //线路检索接口
22              mBusLineSearch.setOnGetBusLineSearchResultListener(this);
                //设置线路接口监听
23              busLineIDList = new ArrayList<String>();
24              ......//此处省略加载对话框的代码,请读者自行查阅随书附带的源代码
25          }
26          ......//此处省略加载界面控件及设置监听事件的代码,请读者自行查阅随书附带的源代码
27          public void searchBusLine() {                       //搜索线路
```

```
28                    busLineIDList.clear();
29                    busLineIndex = 0;                                   //索引置为 0
30                    mSearch.searchInCity((new PoiCitySearchOption())    //设置城市检索参数
31                      .city( Constant.CITY_NAME).keyword(busLineName));//名称和关键字
32                }
33          public void SearchNextBusline() {                             //搜索下一条线路
34                    if (busLineIndex >= busLineIDList.size()) {
35                             busLineIndex = 0;                          //索引置为 0
36                    }
37                    if (busLineIndex >= 0 && busLineIndex < busLineIDList.size()
38                             && busLineIDList.size() > 0) {             //判断线路 id 集合
39                        mBusLineSearch.searchBusLine((new BusLineSearchOption()
40                          .city(Constant.CITY_NAME)                     //设置城市名
41                          .uid(busLineIDList.get(busLineIndex))));//设置线路 uid
42                    busLineIndex++;
43                }}
44          @Override
45          public void onGetBusLineResult(BusLineResult result) {
46          ......//此处省略获取线路结果的方法，将在后面详细介绍
47          }
48          @Override
49          public void onGetPoiResult(PoiResult result) {
50          ......//此处省略获取 POI 搜索结果的方法，将在后面详细介绍
51                }
52      }
```

- 第 12～23 行首先获取来自主界面的消息，然后声明了线路 id、线路站点 id、线路站点名称等集合，并且创建 POI 搜索实例，实现 POI 搜索监听，为下面线路搜索做准备。

- 第 27～32 行进行线路搜索，主要是 searchInCity 方法，此方法是百度地图 SDK 中提供的 POI 检索中的城市检索方法，需要给出城市名称、需要搜索的关键字，此外还有设置搜索页最大容量等其他相关属性，请读者自行学习。

- 第 33～43 行是城市公交信息（包含地铁信息）查询，mBusLineSearch 是 BusLineSearch 的实例，该接口用于查询整条公交线路信息、searchBusLine 公交检索入口，若成功发起检索则返回 true，失败则返回 false，抛出 java.lang.IllegalStateException 和 java.lang.IllegalArgumentException 异常。

（5）上面介绍了线路搜索的方法，下面将详细介绍上面省略的 onGetBusLineResult 方法，该方法用来获取线路的详细信息。具体代码如下。

代码位置：见随书源代码/第 5 章/BaiduBus/app/src/main/java/com/baina/BaiduBus 目录下 Busline-Activity.java。

```
1       public void onGetBusLineResult(BusLineResult result) {
2            if (result == null || result.error != SearchResult.ERRORNO.NO_ERROR) {
                 //没有搜到结果
3            Toast.makeText(BusLineActivity.this, "抱歉，未找到结果", Toast.LENGTH_LONG).show();
4                dialog.dismiss();                                       //关闭提示控件
5                ConstantTool.toActivity(BusLineActivity.this, MainActivity.class);
                 //返回主界面
6                    return;
7            }
8            route = result;              //获取结果
9              try{
10                busStartTime =                                          //获得首班发车时间
11                         ConstantTool.getTime(route.getStartTime().toString());
12                busEndTime =                                            //获得末班发车时间
13                         ConstantTool.getTime(route.getEndTime().toString());
14           }catch(Exception e){
15                    e.printStackTrace();                                //打印异常栈信息
16                    busStartTime = "暂无时间信息";                        //没有取得则是指默认值
17                    busEndTime ="暂无时间信息";
18           }
19                if (flag == true) {                                     //完成标志位为 true
20                    busEndStation = route.getStations();
```

```
21                for (BusStation busStation : busEndStation) {    //遍历站点集合
22                    busEndArray.add(busStation.getTitle().toString());
                      //返程集合添加数据
23        }}
24        if (flag == false) {                                     //完成标志位为false
25            busStartStation = route.getStations();               //获取线路站点
26            ProvideContent.mWayPoints = busStartStation;
27            for (BusStation busStation : busStartStation) {
                  //遍历站点集合
28                busStartArray.add(busStation.getTitle().toLowerCase());
                  //获取站点名称
29                stationStartUid.add(busStation.getUid());        //获取站点 uid
30            }
31            SearchNextBusline();                                 //搜索下两个站点之间的路线
32            flag = true;                                         //设置完成标志位为true
33        }
34   }
```

- 第 2～7 行是判断是否检索到结果，如果没有检索到用户需要的信息，则出现提示信息，并且跳转到主界面，请用户重新查询。
- 第 8～33 行是获取公交信息查询结果，BusLineResult 是公共交通信息查询结果，BusLineResult 包含公交公司名称、公交线路名称、公交线路末班车时间、公交线路首班车时间、公交线路所有站点信息、公交路线分段信息、公交线路 uid 等公交线路相关信息。

（6）下面将介绍线路地图界面框架的搭建，包括布局的安排，文本视图、按钮等控件的属性设置，省略部分与介绍的部分相似，读者可自行查阅随书代码进行学习，具体代码如下。

> **代码位置**：见随书源代码/第 5 章/BaiduBus/app/src/main/java/com/baina/BaiduBus 目录下 BuslineActivity.java。

```
1    @Override
2    public void onGetPoiResult(PoiResult result) {   //获取 POI 搜索结果
3        if (result == null || result.error != SearchResult.ERRORNO.NO_ERROR) {
4            Toast.makeText(BusLineActivity.this, "抱歉，未找到结果", Toast.LENGTH_LONG).show();
5            dialog.dismiss();                        //关闭提示信息
6            ConstantTool.toActivity(BusLineActivity.this, MainActivity.class);
             //没有找到结果直接返回
7            return;
8        }
9        busLineIDList.clear();                       //清除线路 ID 集合
10       for (PoiInfo poi : result.getAllPoi()) {     //遍历所有 POI，找到类型为公交线路的 POI
11           if (poi.type == PoiInfo.POITYPE.BUS_LINE
12               || poi.type == PoiInfo.POITYPE.SUBWAY_LINE) {
13               busLineIDList.add(poi.uid);          //将线路 id 放进集合
14       }}
15       SearchNextBusline();                         //检索下一条线路
16       route = null;
17   }
```

- 第 3～8 行为判断是否获取到相关的 POI 搜索结果，如果没找到，则出现提示信息，并且返回到主界面，请用户重新搜索。
- 第 9～17 行是将公交类型的信息全部取出，getAllPoi()是获取所有 POI 查询结果，将 PoiInfo 的类型设为公交类型，即可获取当前城市的公交线路信息。

> **说明** 第 9 行代码在使用百度地图以及百度地图所提供的各种接口、方法时非常重要，这行代码是在使用 SDK 各组件之前初始化 context 信息，传入 ApplicationContext，建议放在 setContentView 之前。

（7）下面将介绍线路地图界面框架的搭建，包括布局的安排，文本视图、按钮等控件的属性设置，省略部分与介绍的部分相似，读者可自行查阅随书代码进行学习，具体代码如下。

第 5 章　LBS 交通软件——百纳公交小助手

代码位置：见随书源代码/第 5 章/BaiduBus/app/src/main/res/layout 目录下的 map_busline.xml。

```xml
1  <?xml version="1.0" encoding="utf-8"?>                        <!--版本号及编码方式-->
2  <LinearLayout xmlns:android="http://schemas.android.com/apk/res/android"
3      android:layout_width="fill_parent"
4      android:layout_height="fill_parent"
5      android:orientation="vertical" >
6      ......<!--此处省略页面导航条相对布局的代码，请读者自行查阅随书附带的源代码-->
7      <RelativeLayout                                             <!--相对布局-->
8          xmlns:android="http://schemas.android.com/apk/res/android"
9          android:layout_width="match_parent"
10         android:layout_height="match_parent" >
11         <com.baidu.mapapi.map.MapView                            <!--地图域-->
12             android:id="@+id/bmapView"
13             android:layout_width="fill_parent"
14             android:layout_height="fill_parent"
15             android:clickable="true" />
16         <LinearLayout                                            <!--线性布局-->
17             xmlns:android="http://schemas.android.com/apk/res/android"
18             android:id="@+id/linearLayout1"
19             android:layout_width="wrap_content"
20             android:layout_height="wrap_content"
21             android:layout_alignParentBottom="true"
22             android:layout_alignWithParentIfMissing="false"
23             android:layout_centerHorizontal="true"
24             android:layout_centerVertical="false"
25             android:layout_marginBottom="10dip" >
26             <Button                                              <!--普通按钮-->
27                 android:id="@+id/pre"
28                 android:layout_width="fill_parent"
29                 android:layout_height="fill_parent"
30                 android:layout_marginLeft="2dip"
31                 android:layout_marginRight="2dip"
32                 android:layout_weight="1.0"
33                 android:background="@drawable/pre_"
34                 android:onClick="nodeClick" />
35             ......<!--此处组件的布局代码与上述相似，故省略，请读者自行查阅随书附带的源代码-->
36         </LinearLayout>
37         <Button                                                  <!--普通按钮-->
38             android:id="@+id/mapType"
39             android:layout_width="50dip"
40             android:layout_height="50dip"
41             android:layout_above="@id/linearLayout1"
42             android:layout_alignParentRight="true"
43             android:layout_marginRight="20dip"
44             android:background="@drawable/bt_map_style_type" />
45     </RelativeLayout>
46 </LinearLayout>
```

● 第 2~5 行用于声明总的线性布局，总线性布局中包含两个相对布局。设置线性布局的宽度为充满整个屏幕宽度，高度为充满整个屏幕高度。其中第一个相对布局即省略部分用来设置此界面标题部分；另一个相对布局用来控制地图显示部分。

● 第 11~15 行为地图控件，设置了地图的 id，地图的宽度和高度分别充满父控件的宽度、高度，并且设置了地图可单击属性为 true。此段代码是实现百度地图所必需的。

● 第 16~36 行声明了一个线性布局，设置了其 id、宽度、高度、位置等相关属性。其中包含了两个按钮控件，分别为向前和向后两个按钮，单击向前按钮则对话框出现在当前路线当前站点的前一个站点上；单击向后按钮则对话框出现在当前路线当前站点的后一个站点上。

● 第 37~44 行定义了一个普通按钮，设置了按钮的 id，按钮的宽度和高度都为 50 个像素，还设置了按钮的位置以及透明度，单击此按钮即可实现普通地图和卫星地图之间的切换。

（8）上面介绍了通过 POI 检索获取公交线路信息、站点信息，下面将介绍在地图上显示当前线路的方法，用户在地图上不仅可以清晰直观地查看整条线路信息还可以具体地查看当前线路各个站点的名称、位置等。具体代码如下。

5.5 各个功能模块的实现

> **代码位置**：见随书源代码/第5章/BaiduBus/app/src/main/java/com/baina/Map 目录下的 BusLineMap.java。

```java
1   package com.baina.Map;
2   ......//此处省略导入类的代码，读者可自行查阅随书附带的源代码
3   public class BusLineMap extends FragmentActivity implemen
4          OnGetPoiSearchResultListener, OnGetBusLineSearchResultListener,
5          BaiduMap.OnMapClickListener {
6             ......//此处省略定义变量的代码，请读者自行查阅随书附带的源代码
7          protected void onCreate(Bundle savedInstanceState) {
8             super.onCreate(savedInstanceState);
9             //在使用SDK各组件之前初始化context信息，传入ApplicationContext
10            SDKInitializer.initialize(this.getApplication());
11            ......//此处省略设置全屏的代码，请读者自行查阅随书附带的源代码
12            setContentView(R.layout.map_busline);     //加载当前activity显示界面
13            mMapView = (MapView) this.findViewById(R.id.bmapView);  //获取地图显示的id
14            ......//此处省略加载按钮的代码，请读者自行查阅随书附带的源代码
15            mBaiduMap = mMapView.getMap();            //加载地图
16            float mZoomLevel = 15.0f;
17            mBaiduMap.setMapStatus(                   //初始化地图zoom值
18                MapStatusUpdateFactory.zoomTo(mZoomLevel));
19            mBaiduMap.setOnMapClickListener(this);    //添加地图监听
20            ......//此处省略获取POI搜索引用代码，请读者自行查阅随书附带的源代码
21            Button mapType =                          //加载切换地图类型按钮
22                (Button) this.findViewById(R.id.mapType);
23            mapType.setOnClickListener(               //设置切换地图类型按钮监听事件
24                new OnClickListener() {
25                    @Override
26                    public void onClick(View v) {
27                        if (mBaiduMap.getMapType() ==    //判断当前地图模式
28                            BaiduMap.MAP_TYPE_NORMAL) {  //切换到卫星模式
29                            mBaiduMap.setMapType(BaiduMap.MAP_TYPE_SATELLITE);
30                        } else {                         //切换到普通模式
31                            mBaiduMap.setMapType(BaiduMap.MAP_TYPE_NORMAL);
32             }}
33            ......//此处省略加载文本控件及搜索的代码，请读者自行查阅随书附带的源代码
34         }
35         public void nodeClick(View v) {
36            if (nodeIndex < -1 || route == null       //判断当前是否有站点信息
37                || nodeIndex >= route.getStations().size())
38                return;
39            View viewBt = getLayoutInflater().inflate(R.layout.view_button,
            null);  //添加布局
40            Button btStation = (Button) viewBt.findViewById(R.id.btStation);
            //获取按钮id
41            if (mBtnPre.equals(v) && nodeIndex > 0) {     //上一个节点
42                nodeIndex--;                              //索引减
43                mBaiduMap.setMapStatus(MapStatusUpdateFactory
                //移动到指定索引的坐标
44                 .newLatLng(route.getStations().get(nodeIndex).getLocation()));
45                btStation.setText((nodeIndex + 1)         //设置显示内容
46                    + "."+ route.getStations().get(nodeIndex).getTitle());
47                mBaiduMap.showInfoWindow(new InfoWindow(btStation,  //弹出泡泡
48                    route.getStations().get(nodeIndex).getLocation(), null));
49            }
50            ......//此处省略添加弹出窗口代码与上面相似，请读者自行查阅随书附带的源代码
51         }
52         ......//此处省略onGetBusLineResult方法的代码，请读者自行查阅随书附带的源代码
53   }
```

● 第13～20行获取地图id，加载百度地图，初始化地图zoom值，添加地图监听，创建POI搜索实例，为用户所查线路在地图上显示做准备。其中获取POI引用及为其添加监听事件的代码与前面相似，故省略，请读者自行查阅随书附带的源代码。

● 第21～32行加载地图类型切换按钮，并且添加单击监听事件，首次单击按钮时地图由普通地图模式切换为卫星地图模式，再次单击地图由卫星模式切换为普通地图模式。

● 第35～51行在地图上弹出泡泡，当单击向前或向后按钮时会在当前站点的前一站或后一

站弹出泡泡,用来显示相关站点信息。首先通过 setMapStatus 方法将坐标移到要显示的位置,然后再获得相关站点信息,并将信息设置在泡泡中,最后通过 showInfoWindow 弹出泡泡。

5.5.4 换乘方案查询模块的实现

上一小节介绍的是线路查询模块的实现,本小节将介绍的是换乘方案模块的实现。在主界面单击换乘按钮或者左右滑动到换乘后单击查询,进入换乘方案查询界面。在该界面输入起点和终点,单击查询按钮应用将会列出符合要求的换乘方案,单击具体的方案名称进入换乘方案界面。此界面将展示换乘方案的起点、步行路段及公交路段等信息。其中单击步行路段后的呼吸灯后可进入步行导航。

(1)下面介绍搭建换乘方案查询界面的主布局 activity_searchbuslinechange.xml 的开发,包括布局的安排、控件的基本属性设置,实现的具体代码如下。

代码位置:见随书源代码/第 5 章/BaiduBus/app/src/main/res/layout 目录下的 activity_searchbuslinechange.xml。

```xml
1   <?xml version="1.0" encoding="utf-8"?>                    <!--版本号及编码方式-->
2   <LinearLayout xmlns:android="http://schemas.android.com/apk/res/android"  <!--线性布局-->
3       android:layout_width="match_parent"
4       android:layout_height="match_parent"
5       android:orientation="vertical" >
6       ......<!--此处为导航条相对布局已经介绍,故省略,读者可自行查阅随书附带的源代码-->
7       <LinearLayout                                         <!--线性布局-->
8           android:layout_width="match_parent"
9           android:layout_height="180dip"
10          android:background="#ffeeeeee"
11          android:orientation="vertical" >
12          ......<!--此处相对布局与上述相似,故省略,读者可自行查阅随书附带的源代码-->
13          <RelativeLayout                                   <!--相对布局-->
14              android:layout_width="match_parent"
15              android:layout_height="40dip"
16              android:layout_marginTop="10dip" >
17              <EditText                                     <!--编辑文本域-->
18                  android:id="@+id/etStart"
19                  android:layout_width="match_parent"
20                  android:layout_height="40dip"
21                  android:layout_marginLeft="10dip"
22                  android:layout_marginRight="10dip"
23                  android:textColor="@color/text_color"
24                  android:textSize="16sp" />
25              <ImageView                                    <!--图片域-->
26                  android:id="@+id/ivSButtonClear"
27                  android:layout_width="22dip"
28                  android:layout_height="22dip"
29                  android:layout_alignParentRight="true"
30                  android:layout_centerVertical="true"
31                  android:layout_marginRight="18dp"
32                  android:src="@drawable/bus_btn_clear" />
33          </RelativeLayout>
34          ......<!--此处相对布局与上述相似,故省略,读者可自行查阅随书附带的源代码-->
35      </LinearLayout>
36      <Button                                               <!--普通按钮-->
37          android:id="@+id/btSearchBusLineChange"
38          android:layout_width="match_parent"
39          android:layout_height="40dip"
40          android:layout_marginBottom="5dip"
41          android:layout_marginLeft="20dip"
42          android:layout_marginRight="20dip"
43          android:layout_marginTop="5dip"
44          android:background="@drawable/chaxun_bt"
45          android:text="@string/search" />
46      </LinearLayout>
47      <View                                                 <!--自定义View-->
```

```
48              android:layout_width="match_parent"
49              android:layout_height="1.0dip"
50              android:background="@color/text_color" />
51          <ListView                                               <!--列表视图组件-->
52              android:id="@+id/lvChangeFangAn"
53              android:background="@color/white"
54              android:layout_width="fill_parent"
55              android:layout_height="wrap_content"
56              android:layout_marginLeft="10dip"
57              android:layout_marginRight="10dip" />
58      </LinearLayout>
```

- 第 2～5 行声明了换乘方案查询界面的总的线性布局，设置了其宽、高均为自适应屏幕的宽度和高度，排列方式为垂直排列。
- 第 7～10 行声明了一个线性布局，设置其宽度为自适应屏幕宽度，高度为 180。背景颜色为自定义颜色并设置排列方式为垂直排列。
- 第 13～16 行声明一个相对布局，设置了相对布局宽为自适应屏幕宽度，高度为 40。距离父视图顶端长度为 10。
- 第 17～24 行声明了一个编辑文本框，设置了其 id，宽度为自适应屏幕宽度、高度为 40，背景颜色为自定义颜色，字体大小为 16，距离父控件左右端长度均为 10。
- 第 25～32 行声明了一个图片域，设置了 ImageView 的 id、相对位置信息以及背景图片等属性，并设置其宽度和高度均为 22。
- 第 37～45 行声明了一个普通按钮用于发起查询指令，设置此 Button 宽度为自适应屏幕宽度、高度为 40，距离父控件的上下方为 5、距离父控件左右端为 20，以及背景图片和文字等属性。
- 第 47～50 行声明了一个自定义的 View，该 View 用于向界面内加入分割线。
- 第 51～57 行声明了一个 ListView，设置了其 id，并设置其宽度与父视图相同，高度为包裹内容，距离父视图左右端的距离均为 10，同时设置背景颜色为自定义白色。

（2）上面介绍了换乘方案查询界面的搭建，下面将介绍此界面功能的实现。此界面主要功能是用户输入起点和终点信息，输入完成后单击查询按钮，该界面将列出所有符合要求的换乘方案。用户可根据自身需要选择合适的方案。具体代码如下。

代码位置： 见随书源代码/第 5 章/BaiduBus/app/src/main/java/com/baina/BaiduBus 目录下的 SearchLineChangeActivity.java。

```
1   package com.baina.BaiduBus;
2   ......//此处省略导入类的代码，读者可自行查阅随书附带的源代码
3   public class SearchLineChangeActivity extends Activity {
4       ......//此处省略定义变量的代码，请读者自行查看源代码
5       @Override
6       protected void onCreate(Bundle savedInstanceState) {
7           super.onCreate(savedInstanceState);
8           ......//此处为设置全屏工作代码已经介绍，故省略，读者可自行查阅随书附带的源代码
9           mDialog = MyDialog.                                     //建立加载提示对话框
10                  createLoadingDialog(this, "信息正在加载请稍后……");
11          ......//此处省略 Handler 的内容，将在下面进行详细介绍
12          etStart = (EditText) findViewById(R.id.etStart);   //获取起点编辑文本框引用
13          if(!Constant.START_STATION.equals("")){
14              etStart.setText(Constant.START_STATION);       //设置起点编辑文本框内容
15          }
16          etEnd = (EditText) findViewById(R.id.etEnd);       //获取终点编辑文本框引用
17          if(!Constant.END_STATION.equals("")){
18              etEnd.setText(Constant.END_STATION);           //设置终点编辑文本框内容
19          }
20          btSearchLine = (Button) this.                          //获取查询按钮引用
21                  findViewById(R.id.btSearchBusLineChange);
22          btSearchLine.setOnClickListener(new OnClickListener() {  //给查询按钮添加监听
23              @Override
24              public void onClick(View v) {
```

```
25                ……//此处发起查询的内容，将在下面进行详细介绍
26                     mDialog.show();                                //显示提示信息对话框
27                ……//此处省略线程的内容，将在下面进行详细介绍
28                }
29            }});
30            ImageView clearStart = (ImageView)this.                //获取起点清除图标引用
31                     findViewById(R.id.ivSButtonClear);
32            clearStart.setOnClickListener(new OnClickListener() {   //起点清除图标添加监听
33                @Override
34                public void onClick(View v) {
35                     etStart.setText("");                           //设置起点编辑文本框为空
36            }});
37        ……//此处为终点清除图标代码，与上述代码基本相似，读者可自行查阅随书附带的源代码
38            });
39            TextView tvTitle = (TextView) this.findViewById(R.id.tvsblTitle);
                //获取标题文本框引用
40            tvTitle.setText(Constant.CITY_NAME);                    //设置标题
41            Button btCityBack = (Button) this.findViewById(R.id.btBack);
                //获取返回按钮引用
42            btCityBack.setOnClickListener(new OnClickListener() {   //给返回按钮添加监听
43                @Override
44                public void onClick(View v) {                       //返回到主界面
45                     ConstantTool.toActivity(SearchLineChangeActivity.this,
                         MainActivity.class);
46            }});
47        }
48        public void initLineChangeData() {
49        ……//此处省略该方法的内容，将在下面进行详细介绍
50        }
51        public void initListView(){
52        ……//此处方法内容非常简单，故省略，读者可自行查阅随书附带的源代码
53        }
54    }
```

- 第 9～10 行建立加载提示对话框，并为此对话框设置提示信息"信息正在加载……"，此对话框用于应用在进行耗时操作的时候弹出提示用户等待。如创建数据库、检索公交线路信息以及定位附近站点等。

- 第 11～39 行首先获取起点和终点编辑文本框引用。获取引用后判断常量类中是否存在起点和终点信息，若此信息存在则为编辑文本框设置内容。最后获取查询按钮引用，并添加监听。

- 第 30～38 行获得起点清除图标引用并为此图标添加监听，单击此图标后起点编辑文本框的内容设为空。省略的终点清除图标的代码和功能与起点基本相似，读者可自行查阅随书中的源代码，这里不再赘述。

- 第 39～47 行获得标题文本框和返回按钮的引用，并为标题文本框设置内容。同时给返回按钮添加监听，单击该按钮应用将返回主界面。

（3）上面介绍了换乘方案查询界面功能实现，下面将介绍该界面内发起方案查询的步骤。首先判断起点和终点编辑文本框内是否存在内容，根据不同情况提示用户输入相应信息。然后建立 GetBusLineChange 类设置相关参数后发起查询。具体代码如下。

代码位置：见随书源代码/第 5 章/BaiduBus/app/src/main/java/com/baina/BaiduBus 目录下的 SearchLineChangeActivity.java。

```
1    if (etStart.getText().toString().equals("")              //起点为空终点不为空
2             && !etEnd.getText().toString().equals("")) {
3        Toast.makeText(SearchLineChangeActivity.this, "请输入起点",
4                 Toast.LENGTH_SHORT).show();
5    } else if (!etStart.getText().toString().equals("")       //起点不为空终点为空
6             && etEnd.getText().toString().equals("")) {
7        Toast.makeText(SearchLineChangeActivity.this, "请输入终点",
8                 Toast.LENGTH_SHORT).show();
9    } else {
```

```
10            endStation = etEnd.getText().toString();            //获取终点字符串
11            startStation = etStart.getText().toString();         //获取起点字符串
12            Constant.START_STATION=startStation;                 //设置常量类起点
13            Constant.END_STATION=endStation;                     //设置常量类终点
14            GetBusLineChange busLineProvide = new GetBusLineChange(
15                    SearchLineChangeActivity.this, etStart.getText().toString(),
16                    etEnd.getText().toString());                 //设置起点和终点
```

- 第 1~9 行为判断起点和终点文本框内是否存在内容,根据不同情况提示用户输入相应信息。例如起点文本框为空终点文本框不为空时,弹出 Toast 提示用户输入起点。
- 第 10~16 行首先获取起点和终点编辑文本框的内容并为常量类中的起点和终点字符串赋值。这两个字符串用于下一次进入该界面时,自动填入起点和终点文本框内。然后建立 GetBusLineChange 对象并为其传递参数发起查询。

(4) 上面介绍了发起方案查询的步骤,下面将介绍该界面内的 Handler 和自定义线程。该线程用于判断 GetBusLineChange 类获得数据是否完成,完成后线程会向 Handler 发送消息,Handler 根据消息的 what 值,执行相应的 case。具体代码如下。

> 代码位置:见随书源代码/第 5 章/BaiduBus/app/src/main/java/com/baina/BaiduBus 目录下的 SearchLineChangeActivity.java。

```
1    handler = new Handler() {                                    //新建 Handler
2        @Override
3        public void handleMessage(Message msg) {                //接收消息
4            super.handleMessage(msg);
5            switch (msg.what) {
6            case Constant.INFO_NEARBYSTATIO:
7                mDialog.dismiss();                              //关闭提示对话框
8                initLineChangeData();                           //执行初始化换乘信息方法
9                break;                                          //返回
10           }}};
13   new Thread(new Runnable() {                                 //创建新的线程判断返回数据是否完成
14       @Override
15       public void run() {
16           boolean bz = true;                                  //设置标志位为 true
17           while (bz) {
18               if (GetBusLineChange.isFinish) {
19                   Message message = new Message();            //新建一个消息
20                   message.what =                              //添加消息内容
21                           Constant.INFO_NEARBYSTATIO;
22                   handler.sendMessage(message);               //向 Handler 发送消息
23                   bz = false;                                 //设置标志位为 false
24               }
25               try {
26                   Thread.sleep(5);                            //每 5 毫秒检查一次
27               } catch (Exception e) {                         //捕获异常
28                   e.printStackTrace();                        //打印异常信息
29           }}}}).start();                                      //启动线程
```

- 第 1~12 行用于创建 Handler 对象,重写 handleMessage 方法,并调用父类处理消息字符串,根据消息的 what 值,执行相应的 case。此 Handler 中只有一个 case,所以开始执行关闭提示对话框,对话框关闭后开始执行 initLineChangeData 方法。
- 第 13~29 行新建一个线程用于判断获取数据是否完成。此线程的 run 方法内首先建立标志位通过循环每 5 毫秒判断一次 GetBusLineChange 类获取数据是否完成。若获取数据完,建立一个新的消息发送到 Handler,再将标志位设置为 false 停止判断。

(5) 上面介绍了换乘方案查询界面的 Handler 和自定义线程,下面将介绍 initLineChangeData 方法。此方法用于处理 GetBusLineChange 类获得的换乘方案数据。根据数据的具体格式拆分出换乘方案查询界面所需的部分,如线路名、起点和终点等信息。具体代码如下。

📝 **代码位置**：见随书源代码/第 5 章/BaiduBus/app/src/main/java/com/baina/BaiduBus 目录下的 SearchLineChangeActivity.java。

```java
 1   public void initLineChangeData() {
 2       myMapArray = new ArrayList<HashMap<String, String>>();    //建立存储数据的List集合
 3       List<TransitRouteLine> mRouteLine =                       //检索结果换乘路线集合
 4                   GetBusLineChange.mTransitRouteLine;
 5       for (int index = 0; index < mRouteLine.size(); index++) {
 6           ......//此处省略定义变量的代码，请读者自行查看源代码
 7           TransitRouteLine line = mRouteLine.get(index);        //取出编号为index的数据
 8           ArrayList<TransitStep> steps =                        //获取所有节点信息
 9                       (ArrayList<TransitStep>) line.getAllStep();
10           for (TransitStep step : steps) {
11               str = str + step.getInstructions() + "->";
12               String instructions = step.getInstructions().toString();
13                                                                 //获取该路段换乘说明
14               station = station+ instructions.substring(        //获取到达的站点
15                          instructions.indexOf("到达") + 2,instructions.length());
15               if (stepsIndex != steps.size() - 1) {
16                   station = station + "->";                     //在站点间加入箭头
17               }
18               if (step.getStepType() == TransitRouteStepType.BUSLINE) {
19                   allStation =allStation+ Integer.parseInt(
                        //获得公交路段经过的站点
20                              instructions.substring(instructions.
                                indexOf("经过")+ 2,
21                              (instructions.indexOf(",", instructions.
                                indexOf("经过") + 2) - 1)));
22                   if (instructions.indexOf(")") != -1) {
23                       bus =bus+ instructions.substring(
                            //获得乘坐的直达线路名称
24                           instructions.indexOf("乘坐") + 2,instructions.
                            indexOf(")") + 1);
25                   } else {
26                       bus =bus+ instructions.substring(
                            //获得乘坐的换乘线路名称
27                              instructions.indexOf("乘坐") + 2,instructions.
                                indexOf(","));
28                   }
29                   if (stepsIndex != steps.size() - 1) {
30                       bus = bus + "->";                         //在站点间加入箭头
31                   }
32                   change++;
33               }
34               stepsIndex++;
35           }
36           myMap.put("station", station);                        //站点数据加入集合
37           myMap.put("bus", bus);                                //线路数据加入集合
38           myMap.put("change", change + "");                     //换乘数据加入集合
39           myMap.put("allStation", allStation + "");             //所有站点数据加入集合
40           myMapArray.add(myMap);
41       }
42       initListView();                                           //执行初始化ListView方法
43   }
```

● 第 2~9 行首先建立存储数据的 List 集合，然后从 GetBusLineChange 类取出检索结果，最后获取集合为 index 的换乘方案，取得此方案后通过 getAllStep 方法取出方案内全部节点，为后面切分具体信息提供数据。

● 第 10~43 行中，取出具体节点后通过 getInstructions 获得该节点路段换乘说明，根据说明的具体格式拆分出起点、终点和线路名称等信息。拆分完成后将站点数据、线路数据、换乘数据以及所有站点数量数据加入到集合中，为后面初始化 ListView 提供数据。

（6）上面介绍了换乘方案查询界面的搭建和功能实现，下面将介绍该界面的子界面换乘方案展示界面。首先介绍此界面布局 activity_change_plan.xml 的开发，包括布局的安排、控件的基本

属性设置等，实现的具体代码如下。

代码位置：见随书源代码/第 5 章/BaiduBus/app/src/main/res/layout 目录下的 activity_change_plan.xml。

```xml
1   <?xml version="1.0" encoding="utf-8"?>              <!--版本号及编码方式-->
2   <LinearLayout xmlns:android="http://schemas.android.com/apk/res/android">   <!--线性布局-->
3       android:id="@+id/llPar"
4       android:layout_width="match_parent"
5       android:layout_height="match_parent"
6       android:background="#ffeeeeee"
7       android:orientation="vertical" >
8       ......<!--此处为导航条相对布局已经介绍，故省略，读者可自行查阅随书附带的源代码-->
9       <LinearLayout                                    <!--线性布局-->
10          android:layout_width="fill_parent"
11          android:layout_height="40dip" >
12          <TextView                                    <!--文本域-->
13              android:id="@+id/tvPlanTitle"
14              android:layout_width="fill_parent"
15              android:layout_height="40dip"
16              android:background="@color/bg_text"
17              android:gravity="center_vertical" />
18      </LinearLayout>
19      <LinearLayout                                    <!--线性布局-->
20          android:id="@+id/llParent"
21          android:layout_width="fill_parent"
22          android:layout_height="wrap_content"
23          android:orientation="horizontal" >
24          <RelativeLayout                              <!--相对布局-->
25              android:id="@+id/rlLayout"
26              android:layout_width="wrap_content"
27              android:layout_height="50dip"
28              android:layout_marginLeft="20dip" >
29              <ImageView                               <!--图片域-->
30                  android:id="@+id/ivStart"
31                  android:layout_width="wrap_content"
32                  android:layout_height="wrap_content"
33                  android:background="@drawable/ico_start" />
34              ......<!--此处图片域定义与上述相似，读者可自行查阅随书附带的源代码-->
35          </RelativeLayout>
36          <LinearLayout                                <!--线性布局-->
37              android:id="@+id/llChangePlan"
38              android:layout_width="fill_parent"
39              android:layout_height="wrap_content"
40              android:layout_marginLeft="10dip"
41              android:layout_marginRight="20dip"
42              android:layout_marginTop="20dip"
43              android:orientation="vertical" >
44          </LinearLayout>
45      </LinearLayout>
46  </LinearLayout>
```

- 第 2~7 行声明了换乘方案展示界面的总的线性布局，设置了其 id，并设置其宽、高均为自适应屏幕的宽度和高度，背景颜色为自定义颜色，排列方式为垂直排列。
- 第 9~18 行声明了一个线性布局，其中包裹了一个文本域，设置了文本域的 id，并设置其宽度与父视图相同，高度为 40，背景颜色为自定义灰色，相对位置信息为垂直居中。此文本框用于显示起点和终点信息。
- 第 19~23 行声明一个线性布局，设置了其 id，并设置其宽度与父视图相同，高度为自适应内容高度，排列方式为垂直排列。
- 第 24~28 行声明一个相对布局，设置了其 id，并设置此布局宽度与父视图相同，高度为自适应内容高度。距离父视图左端长度为 20。
- 第 29~33 行声明了一个图片域，设置了其 id，宽度、高度均为自适应内容的宽度和高度，背景图片为 ico_start。包含此图片域的相对布局同时包含另外两个图片域，因与此图片域相似，故省略，请读者自行查看源代码。

- 第36~44行声明一个线性布局，设置了其id，并设置其宽度与父视图相同，高度为自适应内容高度，此布局距离父视图的左端、右端和顶端长度分别为10、20和20，排列方式为垂直排列。此线性布局用于显示具体的换乘方案。

（7）上面介绍了换乘方案展示界面的布局搭建，下面将介绍此界面的功能实现。此界面主要用于展示具体的换乘方案信息，其中包括起点、终点、步行路段、公交路段和步行导航等。这里主要介绍与导航有关的代码。具体代码如下。

> **说明** 由于换乘方案展示界面的一些功能与已经介绍过的大致相同不再赘述，读者可自行查阅随书附带的源代码。

代码位置：见随书源代码/第 5 章/BaiduBus/app/src/main/java/com/baina/BaiduBus 目录下的 ChangePlanActivity.java。

```
1   BaiduNaviManager.getInstance().initEngine(this, getSdcardDir(),    //初始化导航引擎
2           mNaviEngineInitListener, new LBSAuthManagerListener() {    //验证key值
3                   @Override
4                   public void onAuthResult(int status, String msg) {
5                           String str = null;
6                           if (0 == status) {
7                                   str = "key校验成功!";     //设置提示字符
8                           } else {
9                                   str = "key校验失败, " + msg;
                                    //设置提示字符和错误原因
10                          }
11                          Toast.makeText(                  //弹出Toast提示用户
12                                  ChangePlanActivity.this, str,Toast.LENGTH_LONG
                                    ).show();
13                  }});
15  private NaviEngineInitListener mNaviEngineInitListener = new NaviEngineInitListener() {
16          public void engineInitSuccess() {
17                  mIsEngineInitSuccess = true;    //导航初始化标志位，为true时才能发起导航
18          }
19          ......//此处省略两个重写的方法，读者可自行查阅随书附带的源代码
20  };
21  private String getSdcardDir() {                                //用于初始化导航
22          if (Environment.getExternalStorageState().equalsIgnoreCase(
23                  Environment.MEDIA_MOUNTED)) {
24              return Environment.getExternalStorageDirectory().toString();
25          }
26          return null;
27  }
28  private void launchNavigator2(int index, String stationName) {
29          TransitStep mStep = stepsWalk.get(index);          //获得换乘路段
30          BNaviPoint startPoint = new BNaviPoint(            //建立起点节点
31              mStep.getEntrace().getLocation().longitude, mStep.getEntrace()
32              .getLocation().latitude, "",BNaviPoint.CoordinateType.BD09_MC);
33          BNaviPoint endPoint = new BNaviPoint(              //建立终点节点
34              mStep.getExit().getLocation().longitude, mStep.getExit()
35              .getLocation().latitude, stationName,BNaviPoint.CoordinateType.BD09_MC);
36          BaiduNaviManager.getInstance().launchNavigator(    //启动导航
37              this,                                          //启动导航所在的Activity
38              startPoint,                                    //起点
39              endPoint,                                      //终点
40              NE_RoutePlan_Mode.ROUTE_PLAN_MOD_MIN_TIME,     //算路方式
41              navigatorType,              //true为真实导航，false为模拟导航
42              BaiduNaviManager.STRATEGY_FORCE_ONLINE_PRIORITY,   //在线策略
43              new OnStartNavigationListener() {              //跳转监听
44                  @Override
45                  public void onJumpToNavigator(Bundle configParams) {
46                      Intent intent = new Intent(            //跳转到导航界面
```

```
47                                             ChangePlanActivity.this,BNavigatorActivi
ty.class);
48                       intent.putExtras(configParams);          //添加信息
49                       startActivity(intent);                   //切换到导航界面
50                  }
51            ......//此处省略重写的方法，读者可自行查阅随书附带的源代码
52       });}
```

- 第1～27行初始化导航引擎。导航初始化是异步的，需要一小段时间，以mIsEngineInitSuccess为标志来识别引擎是否初始化成功，只有此标志为true才能发起导航。其中onAuthResult是用来验证key值的方法，根据该方法的返回值来判断key值是否校验成功并通过Toast提示用户。
- 第28～35行首先获得相应的换乘路段信息。然后建立起点和终点节点，并通过获取到的换乘路段信息为节点设置坐标、名称和坐标类型参数。
- 第36～52行启动导航。首先设置启动导航所在的Activity、起点、终点、算路方式、导航方式以及离线策略等参数。其中导航方式用户可在应用弹出的对话框根据需要选择。然后通过onJumpToNavigator方法跳转到导航界面。

（8）上面用到的BNavigatorActivity为创建导航视图并时时更新视图的类。本类中调用语音播报功能，导航过程中的语音播报是对外开放的，开发者通过回调接口可以决定使用导航自带的语音TTS播报，还是采用自己的TTS播报。具体代码如下。

 代码位置：见随书源代码/第5章/BaiduBus/app/src/main/java/com/baina/BaiduBus 目录下的 BNavigatorActivity.java。

```
1   package edu.heuu.campusAssistant.map;                         //导入包
2   ......//此处省略导入类的代码，读者可自行查阅随书附带的源代码
3   public class BNavigatorActivity extends Activity{             //继承系统Activity
4       public void onCreate(Bundle savedInstanceState){
5           super.onCreate(savedInstanceState);                   //调用父类方法
6           if (Build.VERSION.SDK_INT < 14) {                     //如果版本号小于14
7               BaiduNaviManager.getInstance().destroyNMapView(); //销毁视图
8           }
9           MapGLSurfaceView nMapView = BaiduNaviManager.getInstance().createNMapView(this);
10          View navigatorView = BNavigator.getInstance().        //创建导航视图
11              init(BNavigatorActivity.this, getIntent().getExtras(), nMapView);
12          setContentView(navigatorView);                        //填充视图
13          BNavigator.getInstance().setListener(mBNavigatorListener); //添加导航监听器
14          BNavigator.getInstance().startNav();                  //启动导航
15          BNTTSPlayer.initPlayer();                             //初始化TTS播放器
16          BNavigatorTTSPlayer.setTTSPlayerListener(new IBNTTSPlayerListener() {
17              @Override                                         //设置TTS播放回调
18              public int playTTSText(String arg0, int arg1) {   //TTS播报文案
19                  return BNTTSPlayer.playTTSText(arg0, arg1);
20              }
21              ......//此处省略两个重写的方法，读者可自行查阅随书附带的源代码
22              @Override
23              public int getTTSState() {                        //获取TTS当前播放状态
24                  return BNTTSPlayer.getTTSState();             //返回0则表示tts不可用
25          }});
26          BNRoutePlaner.getInstance().setObserver(
27              new RoutePlanObserver(this, new IJumpToDownloadListener() {
28                  @Override
29                  public void onJumpToDownloadOfflineData() {
30      }})));}
31      private IBNavigatorListener mBNavigatorListener = new IBNavigatorListener(
        ) { //导航监听器
32              @Override
33              public void onPageJump(int jumpTiming, Object arg) {  //页面跳转回调
34                  if (IBNavigatorListener.PAGE_JUMP_WHEN_GUIDE_END == jumpTiming
35                      ||IBNavigatorListener.PAGE_JUMP_WHEN_ROUTE_PLAN_FAIL ==
                        jumpTiming) {
36                      backActivty();
```

```
37              }}
38          @Override
39          public void notifyStartNav() {                      //开始导航
40              BaiduNaviManager.getInstance().dismissWaitProgressDialog();
                                                                //关闭等待对话框
41          }};
42      ......//此处省略 Activity 生命周期中的 5 个方法,读者可自行查阅随书附带的源代码
43  }
```

- 第 4~8 行调用继承系统 Activity 的方法,如果版本号小于 14,BaiduNaviManager 将销毁导航视图。
- 第 9~15 行创建 MapGLSurfaceView 对象、创建导航视图、填充视图、为视图添加导航监听器、启动导航功能以及初始化 TTS 播放器等。
- 第 16~30 行通过 BNavigatorTTSPlayer 添加 TTS 监听器,重写 TTS 播报文案方法以及重写获取 TTS 当前播放状态的方法,时时更新 BNTTSPlayer。
- 第 31~41 行表示创建导航监听器,重写页面跳转回调方法和开始导航回调方法。页面跳转方法的功能为判断当前导航是否进行,如果导航结束或导航失败,则视图将退出导航;如果导航开启,则关闭等待对话框。

5.5.5 定位附近站点模块的开发

本小节将介绍定位附近站点功能模块的具体实现,通过向右滑动主界面切换到定位附近站点界面进行操作。单击站点列表中任一站点名称即可进入站点信息界面,单击地图按钮即可进入百度地图界面,从而在地图上查看用户所在地附近 1000m 范围内的所有公交站点。

> **提示** 本模块的站点信息搜索、地图显示是基于百度地图的二次开发,相关 key 值、配置文件和相关权限不太熟悉的读者可以参考百度地图官网的相关资料,本书由于篇幅所限,不能一一详述。

(1) 下面将介绍定位附近站点界面框架的搭建,包括布局的安排,文本视图、按钮等控件的属性设置,省略部分与介绍的部分相似,读者可自行查阅随书代码进行学习,具体代码如下。

代码位置:见随书源代码/第 5 章/BaiduBus/app/src/main/res/layout 目录下的 viewpager_busstation.xml

```
1   <?xml version="1.0" encoding="utf-8"?>       <!--版本号及编码方式-->
2   <LinearLayout                                <!--线性布局-->
3       xmlns:android="http://schemas.android.com/apk/res/android"
4       android:layout_width="match_parent"
5       android:layout_height="match_parent"
6       android:background="#ffeeeeee"
7       android:orientation="vertical" >
8       <LinearLayout                            <!--线性布局-->
9           android:layout_width="match_parent"
10          android:layout_height="50dip"
11          android:background="#ffeeeeee"
12          android:focusable="true"
13          android:focusableInTouchMode="true"
14          android:orientation="horizontal" >
15          <TextView                            <!--文本域-->
16              android:layout_width="match_parent"
17              android:layout_height="wrap_content"
18              android:layout_marginBottom="10dip"
19              android:layout_marginLeft="15dip"
20              android:layout_marginTop="10dip"
21              android:layout_weight="6.0"
22              android:hint="附近站点"
23              android:singleLine="true"
```

```
24                  android:textColor="#ff999999"
25                  android:textSize="20dip" />
26              <Button                                          <!--普通按钮-->
27                  android:id="@+id/btMapBusStation"
28                  android:layout_width="wrap_content"
29                  android:layout_height="wrap_content"
30                  android:layout_marginBottom="10dip"
31                  android:layout_marginRight="15dip"
32                  android:layout_marginTop="10dip"
33                  android:layout_weight="1.0"
34                  android:background="@drawable/chaxun_bt"
35                  android:text="地图" />
36          </LinearLayout>
37          <ListView                                            <!--列表区-->
38              android:id="@+id/lvNearbyStation"
39              android:layout_width="fill_parent"
40              android:layout_height="fill_parent"
41              android:layout_marginBottom="10dip"
42              android:layout_marginLeft="10dip"
43              android:layout_marginRight="10dip"
44              android:layout_marginTop="5dip"
45              android:layout_weight="15"
46              android:background="#fffbfbfb" >
47          </ListView>
48          ......  <!--此处省略声明了线性布局的代码,请读者自行查阅随书附带的源代码-->
49      </LinearLayout>
```

- 第 2~7 行用于声明总的线性布局,总线性布局中还包含两个线性布局。设置线性布局的宽度为自适应屏幕宽度,高度为自适应屏幕高度,排列方式为垂直排列。
- 第 8~36 行用于声明一个线性布局,设置线性布局的宽度为自适应父控件宽度,高度为 50 个像素,排列方式为水平排列。此线性布局包含一个文本域和一个普通按钮,文本域显示"附近站点",用来提示用户;按钮为地图按钮,单击进入百度地图界面,显示当前用户所在地附近 1000 米范围内的所有公交站点。
- 第 37~47 行定义了一个 ListView,设置 ListView 的 id 为 lvNearbyStation、宽度和高度分别为充满父控件的宽度和高度,此 ListView 用来显示附近站点的站点名称,按距离用户所在地远近排列,并将距离显示在站点名称后面,单击任一站点名称进入站点信息界面。

(2) 上面介绍了定位附近站点界面的布局搭建,下面将介绍主界面 MainActivity 类中定位附近站点界面初始化的方法。定位附近站点界面主要显示当前用户所在地附近 1000 米范围内的所有公交站点,单击地图按钮即可进入地图界面,在地图上查看附近站点信息。具体代码如下:

代码位置:见随书源代码/第 5 章/BaiduBus/app/src/main/java/com/baina/BaiduBus 目录下的 MainActivity.java。

```
1   public void initNearStation(View rLocation) {
2       View v = layoutList.get(2);                              //界面切换到定位附近站点界面
3       llRLocation = (LinearLayout) v.findViewById(R.id.llRenvateLocation);
    //加载重定位
4       if (mGetData == null && rLocation == null) {
5           mGetData = new GetBusStationData(v.getContext());    //创建定位对象提供数据
6       }
7       if (rLocation != null &&                 // 如果是通过 llRenvateLocation 单击
8           rLocation.getId() == R.id.llRenvateLocation) {
9           new GetBusStationData(v.getContext());               //则重新创建定位对象
10      }
11      tvLocationName =                                         //显示定位地点名称
12          (TextView) v.findViewById(R.id.tvLocationName);
13      tvLocationName.setText("正在定位……");                    //设置提示信息
14      ......//此处省略判断结果是否获取完全的代码,请读者自行查阅随书附带的源代码
15      }
16      public void initNearStationView() {
17          mPoiIfo = GetBusStationData.mPoiIfo;                 //获得返回的数据
```

```
18              View v = layoutList.get(2);
19              Button map = (Button) v.findViewById(R.id.btMapBusStation);
                //加载 map 按钮
20              ListView lv = (ListView) v.findViewById(R.id.lvNearbyStation);
                //加载 ListView
21              NearStationAdapter mNearStation =            //给 ListView 添加适配器
22               new NearStationAdapter( v.getContext(), mPoiIfo);
23              lv.setAdapter(mNearStation);
24              lv.setOnItemClickListener(new OnItemClickListener() {//添加单击监听事件
25              @Override
26               public void onItemClick(AdapterView<?> arg0, View arg1,
27                  int position, long arg3) {
28               String busLineName = mPoiIfo.get(position).name;     //获取站点名称
29               String uid = mPoiIfo.get(position).uid;              //获取站点 uid
30               Constant.myLatlng = mPoiIfo.get(position).location;
31               String[] keyArray =                                  //需要传递的 key 集合
32                { "busLineName", "busStationName","busStationNum", "stationUid" };
33               String[] valueArray =                                //需要传递的 key 值集合
34                { "null", busLineName, "null", uid };
35                ConstantTool.toActivity(MainActivity.this,  //跳转到信息站点界面
36                           SetActivity.class,keyArray, valueArray);
37              }});
38               map.setOnClickListener(                             //给 map 按钮添加监听
39                new OnClickListener() {
40                 @Override
41                 public void onClick(View v) {                     //转换到附近站点的 Map
42                  ConstantTool.toActivity(MainActivity.this,PoiSearchStationMap.class);
43              }});
44              tvLocationName.setText(                              //设置当前定位的位置信息
45              GetBusStationData.mBDLocation.getAddrStr());
46              llRLocation.setOnClickListener(new OnClickListener() {//添加单击监听事件
47               @Override
48               public void onClick(View v) { initNearStation(v); }
                //初始化定位附近站点界面
49              });
50         }
```

- 第 3～15 行加载重定位控件，获取 id，设置监听事件。如果首次定位则创建定位对象，获取相关数据，在文本框中显示当前用户位置；如果是用户单击重定位控件则重新创建定位对象，重新获取相关数据。并且单独创建一个线程，用来检查返回数据是否完成。

- 第 18～25 行获取 POI 搜索返回的结果，加载本界面的地图按钮以及用来显示站点名称的 ListView 等控件，为 ListView 设置适配器，添加单击监听事件。

- 第 29～37 行获取当前站点的名称、id 等信息，并将当前站点的相关信息传递给站点信息界面，当单击事件发生时，由本界面跳转到站点信息界面。

- 第 38～49 行为地图按钮和重定位控件添加单击监听事件，单击地图按钮则跳转到百度地图界面，用户可在地图上查看附近站点情况；单击重定位控件则执行 initNearStation(view)方法，进行重新定位，并将用户所在地信息返回。

> 说明：ListView 不仅显示当前用户所在地 1000m 范围内的所有公交站点，而且显示出站点与用户所在地之间的距离，并且按升序排列。请读者运行本书附带的案例自行查看。

（3）上面介绍了定位附近站点界面的实现，下面将介绍站点信息界面框架的搭建，包括布局的安排，文本视图、按钮等控件的属性设置，省略部分与介绍的部分相似，读者可自行查阅随书代码进行学习，具体代码如下。

代码位置：见随书源代码/第5章/BaiduBus/app/src/main/res/layout 目录下的 activity_set.xml。

```xml
1   <?xml version="1.0" encoding="utf-8"?>        <!--版本号及编码方式-->
2   <LinearLayout xmlns:                          <!--线性布局-->
3       android="http://schemas.android.com/apk/res/android"
4       android:layout_width="match_parent"
5       android:layout_height="match_parent"
6       android:background="#ffeeeeee"
7       android:orientation="vertical" >
8       ......<!--此处省略页面导航条的布局，请读者自行查阅随书附带的源代码-->
9       <LinearLayout                             <!--线性布局-->
10          android:layout_width="fill_parent"
11          android:layout_height="50dip"
12          android:layout_marginLeft="10dip"
13          android:layout_marginRight="10dip"
14          android:layout_marginTop="10dip"
15          android:background="#ffffff"
16          android:orientation="horizontal" >
17          <ImageView                            <!--图片域-->
18              android:layout_width="wrap_content"
19              android:layout_height="fill_parent"
20              android:src="@drawable/ico_start" />
21          <Button                               <!--普通按钮-->
22              android:id="@+id/btSeZhiQiDian"
23              android:layout_width="fill_parent"
24              android:layout_height="40dip"
25              android:layout_marginTop="5dip"
26              android:layout_weight="1.0"
27              android:background="@drawable/zdbutton"
28              android:text="设置起点"
29              android:textColor="#000000" />
30      ......<!--此部分与前面介绍的部分相似，故省略，请读者自行查阅随书附带的源代码-->
31      </LinearLayout>
32      <ListView                                 <!--列表区-->
33          android:id="@+id/lvzsszxl"
34          android:layout_width="fill_parent"
35          android:layout_height="wrap_content"
36          android:layout_marginLeft="10dip"
37          android:layout_marginRight="10dip"
38          android:layout_marginTop="10dip"
39          android:dividerHeight="20dip"
40          android:background="#fffbfbfb" >
41      </ListView>
42  </LinearLayout>
```

● 第2~7行用于声明总的线性布局，总线性布局中还包含了一个线性布局和一个相对布局。设置线性布局的宽度为自适应屏幕宽度，高度为自适应屏幕高度，排列方式为垂直排列。

● 第9~16行声明了一个线性布局，设置了此布局的宽度充满父控件的宽度，高度为50个像素，距离屏幕左右端距离为10个像素，排列方式为水平排列。

● 第21~29行定义了一个普通按钮，设置了按钮的 id、背景、颜色、内容，以及按钮的宽度为充满父控件，按钮的高度为40个像素。单击按钮则将当前站点设为查询的起点。

● 第33~41行定义了一个 ListView，设置了 ListView 的 id、高度、宽度、左右留白等相关属性，此 ListView 用来显示通过当前站点的所有公交路线。

（4）下面将介绍站点信息界面的实现代码，站点信息界面主要显示通过当前站点的所有公交路线，同时单击"设为起点"或"设为终点"按钮可将当前站点设为换乘查询的起点或终点。具体代码如下。

代码位置：见随书源代码/第5章/BaiduBus/app/src/main/java/com/baina/BaiduBus 目录下的 SetActivity.java。

```java
1   package com.baina.BaiduBus;
2   ......//此处省略导入类的代码，读者可自行查阅随书附带的源代码
3   public class SetActivity extends Activity implemen
4       OnGetPoiSearchResultListener {
```

```
5         ......//此处省略定义变量的代码，请读者自行查阅随书附带的源代码
6         @Override
7         protected void onCreate(Bundle savedInstanceState) {
8             super.onCreate(savedInstanceState);
9             ......//此处省略设置全屏的代码，请读者自行查阅随书附带的源代码
10            setContentView(R.layout.activity_set);
11            mPoiSearch = PoiSearch.newInstance();                       //POI 检索接口
12            mPoiSearch.setOnGetPoiSearchResultListener(this);           //设置结果监听
13            ......//此处省略获取信息的代码，请读者自行查阅随书附带的源代码
14            ......//此处省略发送消息的代码，请读者自行查阅随书附带的源代码
15            lv=(ListView) this.findViewById(R.id.lvzsszxl);     //获取 ListView 引用
16            witeStation();//判断是否获取到搜索结果，请读者自行查阅随书附带的源代码
17        }
18        public void searchStation() {                                   //搜索站点信息
19            mPoiSearch.searchPoiDetail((new PoiDetailSearchOption())
20             .poiUid(stationUid));                              //设置 POI 检索参数站点 uid
21        }
22        public void init() {
23            ......//此处省略加载控件的代码，请读者自行查阅随书附带的源代码
24            BaseAdapter ba=new BaseAdapter() {                  //建立站点 ListView 适配器
25              @Override
26              public View getView(int position,View convertView, ViewGroup parent) {
27                 TextView tv=new TextView(SetActivity.this);//新建 TextView
28                 tv.setTextSize(20);                              //设置字体大小
29                 tv.setTextColor(Color.BLACK);                    //设置字体颜色
30                 tv.setText(stationBus.get(position));            //设置文字
31                 return tv;
32              }
33              ......//此处省略适配器其他相关方法，请读者自行查阅随书附带的源代码
34            };
35            lv.setAdapter(ba);
36            lv.setOnItemClickListener(                              //添加 ListViewItem 监听
37                new OnItemClickListener() {
38              @Override
39              public void onItemClick(AdapterView<?> arg0,View arg1,int position,
              long arg3) {
40                 String busLineName=stationBus.get(position).trim(); //获取线路信息
41                 String[] keyArray = { "busLineName" };           //要传递的 key
42                 String[] valueArray = { busLineName };           //要传递的 key 值
43                 ConstantTool.toActivity(SetActivity.this,
                  //转到公交线路信息界面
44                      BusLineActivity.class, keyArray, valueArray);
45            }});
46            ......//此处省略返回按钮的监听事件，请读者自行查阅随书附带的源代码
47            Button setStart=(Button) this.findViewById(R.id.btSeZhiQiDian); //加载引用
48            Button setEnd=(Button)this.findViewById(R.id.btSeZhiZhongDian); //加载引用
49            setStart.setOnClickListener(new OnClickListener() {             //设置监听
50              @Override
51              public void onClick(View v) {
52                Constant.START_STATION=busStation;       //设置起点并且跳转到查询界面
53                ConstantTool.toActivity(SetActivity.this, SearchLineChangeActivity.class);
54            }});
55            ......//此处省略设为终点按钮的监听事件的代码，请读者自行查阅随书附带的源代码
56        }
57        ......//此处省略获取 POI 搜索结果的方法的代码，请读者自行查阅随书附带的源代码
58    }
```

● 第 11～15 行获取 POI 搜索接口，并对其设置监听事件，获取来自其他界面的线路信息和站点信息，获取本界面的 ListView 的引用等。

● 第 18～21 行为 POI 搜索站点信息的方法，searchPoiDetail 是按照 POI 的 id 查找 POI 详细信息的方法，返回相应的 PoiItemDetail，抛出 AMapServicesException。

● 第 24～45 行创建适配器并为 ListView 添加适配器，新建 TestView，设置 TestView 的字体大小、字体颜色等相关属性。单击 ListView 中的任一项，则进入线路信息界面。

● 第 48～54 行加载 "设为起点" 按钮和 "设为终点" 按钮，并为两个按钮添加单击监听事件，单击 "设为起点" 按钮，将当前站点设为换乘查询的起点并跳转到换乘查询输入界面，单击

"设为终点"按钮,将当前站点设为换乘查询的终点并跳转到换乘查询输入界面。

(5)上面介绍了站点信息界面的实现,下面将介绍定位附近站点地图界面的开发,在定位附近站点界面单击地图按钮即可进入地图界面。在地图上不仅会显示当前用户所在地,还会显示1000m范围内的所有公交站点,单击站点图标则会显示出当前站点相关信息。具体代码如下。

> **提示** 此界面的框架搭建与前面的地图界面相似,故省略,请读者自行查阅源代码。

代码位置:见随书源代码/第 5 章/BaiduBus/app/src/main/java/com/baina/Map 目录下 PoiSearchStationMap.java。

```java
1    package com.baina.Map;
2    ......//此处省略导入类的代码,读者可自行查阅随书附带的源代码
3    public class PoiSearchStationMap
4            extends FragmentActivity implements OnGetPoiSearchResultListener {
5        ......//此处省略定义变量的代码,请读者自行查阅随书附带的源代码
6        @Override
7        protected void onCreate(Bundle savedInstanceState) {
8            super.onCreate(savedInstanceState);
9            //在使用SDK各组件之前初始化context信息,传入ApplicationContext
10           SDKInitializer.initialize(this.getApplication());
11           ......//此处省略设置全屏的代码,请读者自行查阅随书附带的源代码
12           setContentView(R.layout.map_near_station);   //加载当前activity显示界面
13           mMapView=(MapView) this.findViewById(R.id.mapNear);  //获取地图显示引用
14
15           mBaiduMap = mMapView.getMap();                       //加载地图
16           mSetVisibility();                                    //隐藏地图缩放按钮
17           mBaiduMap.setMyLocationEnabled(true);                //开启图层定位
18           float mZoomLevel = 16.0f;                            //设置地图缩放比
19           mBaiduMap.setMapStatus(MapStatusUpdateFactory.zoomTo(mZoomLevel));
20           mBaiduMap.setMapStatus(                              //设置地图中心点
21                   MapStatusUpdateFactory.newLatLng(GetBusStationData.locationLanLng));
22           mPoiSearch = PoiSearch.newInstance();                //获取POI搜索引用
23           mPoiSearch.setOnGetPoiSearchResultListener(this);    //设置结果监听
24           mBDLocation = GetBusStationData.mBDLocation;         //获取定位
25           mPoiIfo = new ArrayList<PoiInfo>();
26           mBaiduMap.setOnMarkerClickListener(
27               new OnMarkerClickListener() {                    //添加气球监听
28                   @Override
29                   public boolean onMarkerClick(Marker marker) {
30                       marker.setIcon(bitMapS);                 //设置气球图片
31                       if (markerTop != marker && markerTop != null) {
32                           markerTop.setIcon(bitMapN);          //设置气球图片
33                       }
34                       presentIndex = Integer.parseInt(marker.getTitle()) - 1; //设置索引
35                       PoiInfo poi = mPoiIfo.get(presentIndex);
36                       mPoiSearch.searchPoiDetail(              //查询POI的具体信息
37                           (new PoiDetailSearchOption()).poiUid(poi.uid));
38                       mBaiduMap.setMapStatus(                  //把地图移动到气球位置
39                         MapStatusUpdateFactory.newLatLng(mPoiIfo.get(presentIndex).location));
40                       markerTop = marker;
41                       return true;
42               }});
43           bitMapN = BitmapDescriptorFactory.fromResource(R.drawable.point_n); //加载图片
44           bitMapS = BitmapDescriptorFactory.fromResource(R.drawable.point_s); //加载图片
45           ......//此处省略切换地图类型的代码,请读者自行查阅源代码
46           addMarker();                                         //添加气球
47       }
48       public void addMarker() {
49           ......//此处省略添加气球的代码,将在后面详细介绍
50       }
51       ......//此处省略获取POI搜索结果的代码,请读者自行查阅源代码
52       ......//此处省略隐藏地图缩放按钮的代码,请读者自行查阅源代码
53   }
```

- 第13~21行获取地图显示引用,加载百度地图,隐藏地图缩放按钮,设置地图显示的中

心点，设置地图缩放比，开启图层定位，为后续地图显示做准备。

● 第 24～44 行获取定位，加载图片，设置气球图片并添加气球单击监听。未单击气球之前，气球为红色；单击气球之后，气球为蓝色。

> **说明** 其中在获取定位信息之前，一定要先开启定位图层。第 53 行省略的为隐藏地图上的缩放按钮的方法，其中设置 View 可见与不可见共有 3 种，分别为 View.GONE（隐藏控件且不保留 view 控件所占有的空间）、View.INVISIBLE（控件不可见，界面保留了 view 控件所占有的空间）、View.VISIBLE（控件可见），读者可根据自身需要对控件进行相关设置。

（6）下面将详细介绍上面省略的 addMarker()方法，该方法是定位附近站地图界面的核心部分，包含添加 Overlay、获取定位数据以及将获取的数据显示到地图上等。具体代码如下。

代码位置：见随书源代码/第 5 章/BaiduBus/app/src/main/java/com/baina/Map 目录下 PoiSearch-StationMap.java。

```
1   public void addMarker() {
2       if (!GetBusStationData.mPoiIfo.isEmpty()) {       //判断当前是否获取到搜索结果
3           for (PoiInfo poiInfo : GetBusStationData.mPoiIfo) {
4               mPoiIfo.add(poiInfo);
5               OverlayOptions mOverlay = new MarkerOptions()   //创建 MarkerOptions 对象
6                   .position(poiInfo.location)      //设置当前 MarkerOptions 对象的经纬度
7                   .icon(bitMapN)                   //设置当前 MarkerOptions 对象的自定义图标
8                   .zIndex(9).perspective(true)    //设置为近大远小效果
9                   .title(num_Index + "");          //设置 Marker 的标题
10              mBaiduMap.addOverlay(mOverlay);      //向地图添加 Overlay
11              num_Index++;
12          }
13          MyLocationData locData = new MyLocationData.Builder()    //加入定位图标
14              .accuracy(mBDLocation.getRadius())                    //设置定位精度
15              .direction(mBDLocation.describeContents())  //此处设置方向信息,顺时针 0～360
16              .latitude(mBDLocation.getLatitude())                  //百度纬度坐标
17              .longitude(mBDLocation.getLongitude()).build();      //百度经度坐标
18          mBaiduMap.setMyLocationData(locData);                     //设置定位数据
19          if (isFirstLoc) {
20              isFirstLoc = false;
21              LatLng ll = new LatLng(                               //获取定位坐标
22                  mBDLocation.getLatitude(),mBDLocation.getLongitude());
23              MapStatusUpdate u = MapStatusUpdateFactory.newLatLng(ll);  //定位图标设置
24              mBaiduMap.animateMapStatus(u);      //以动画方式更新地图状态,动画耗时 300 ms
25          } else {
26              Toast.makeText(PoiSearchStationMap.this,              //显示提示信息
27                  "抱歉未找到结果",Toast.LENGTH_LONG).show();
28          }
29      }
```

● 第 5～10 行向地图添加一个 Overlay，OverlayOptions 为地图覆盖物选型基类，MarkerOptions 为定义了一个 Marker 选项，MarkerOptions 自带很多方法用来设置 Marker 选项，本处用到了设置 MarkerOptions 对象的经纬度、自定义图标、标题以及近大远小的效果等相关属性。

● 第 13～18 行获取定位数据，MyLocationData.Builder 为定位数据建造器，该方法可以设置定位数据的精度信息、定位数据的方向信息、定位数据的经度和纬度、定位数据的卫星个数以及定位数据的速度等有关定位数据的相关属性。

● 第 19～27 行将定位信息显示到地图上，animateMapStatus(MapStatusUpdate update)方法是设置地图以动画方式更新，默认耗时 300 ms，还可以通过 animateMapStatus(MapStatusUpdate update，int durationMs)自定义设置动画时间。

5.6 本章小结

本章对 Android 应用百纳公交的功能及实现方式进行了简要的讲解。本应用实现了公交线路查询、线路地图展示、站点地图展示、换乘方案查询、步行导航和定位附近站点等基本功能，读者在实际项目开发中可以参考本应用，对项目的功能进行优化，并根据实际需要加入其他相关功能。

> **说明** 鉴于本书的宗旨为主要介绍 Android 项目开发的相关知识，因此，本章主要详细介绍了 Android 客户端的开发，不熟悉的读者请进一步参考其他的相关资料或书籍。

第6章 校园服务类应用——社团宝

本章将介绍的是校园服务类应用——社团宝的开发。本应用是以华北理工大学校园社团为参考进行设计和构思的。社团宝实现了社团、活动、社交和个人等功能,是为学生的校园生活提供便利服务的应用,接下来将对社团宝进行详细的介绍。

6.1 应用背景及功能介绍

本节将简要介绍社团宝的背景以及功能,主要针对社团宝的功能架构进行简要说明。包括管理端的架构和管理功能、服务器的连接功能、Android 端的结构以及功能实现的操作流程。通过这些介绍说明让读者熟悉本应用各个部分的功能,对整个社团宝有较为详细的了解。

6.1.1 软件背景简介

通过调查发现,在每年的开学季,学校社团都会有招新活动,但招新方式比较单一,许多新生根本不能详细了解各个社团及其活动,所以为了方便社团展示自己和新生了解社团,我们推出了社团宝这一应用,下面将简单介绍社团宝的特点。

- 方便易用

社团宝的设计较为人性化,用户经过填写相关信息注册后即可浏览相关信息,社团详情界面详细介绍了社团的信息,方便用户浏览,用户也可在活动界面浏览社团所举办的活动信息,并发表个人评论。操作简单、方便。

- 方便管理

社团宝中数据的状态和内容可以灵活地被修改,因此应用的管理人员输入独立口令后即可进入软件的管理界面,既能为用户提供正确健康有效的资讯,又能有效地降低应用管理人员的工作压力,极大地提高了工作效率。

- 自定义字体

为了使字体更加多样化、幽默化,社团宝通过自定义字体,成功实现了该应用在手机呈现卡通化字体的功能,改变了千篇一律的字体样式,增强了字体的美感。

6.1.2 软件功能概述

开发一个应用之前,需要对开发的目标和所实现的功能进行细致有效的分析,进而确定开发所要做的具体准备工作。做好应用开发的准备工作,将为整个项目的开发奠定一个良好的基础。在对学生需要的深入了解以及与校方负责人的交流之后,开发人员对社团宝设定了如下基本功能。

1. 服务器端功能
- 收发数据

服务器端利用服务线程，循环接收 Android 客户端传送来的数据，经过处理后发送给管理端，这样就能将 Android 客户端、服务端、管理端联系起来，形成一个共同协作的整体。
- 操作数据库

数据库中的数据是采用 MySQL 关系型数据库管理系统来进行管理的。服务器根据管理端和 Android 客户端发过来的请求调用适当的方法，执行适当的 SQL 语句来对数据库进行操作，保证数据真实有效。

2. Android 管理端功能
- 社团的信息管理登录界面

管理员通过输入正确的账号和密码进入管理界面来对信息进行查看和管理，当输入正确的账号密码后，弹出登录成功对话框，登录成功。
- 社团成员信息的管理

管理员可查看成员的诸多信息，如用户名、电话、状态等，并且可以对用户的状态进行管理，对于屡次恶意发布虚假、不健康信息的用户可进行封号处理，被封号的用户不允许登录程序，即不能进行浏览社团信息、评论等操作。
- 社团的信息管理

管理员可以实现增加社团、屏蔽社团等功能，还可以根据需要，对社团会徽、名称、口号和详情等信息进行修改。
- 社团意见反馈

管理员可以在管理界面查看用户的意见反馈，方便采纳用户意见，对软件进行完善。

3. Android 客户端功能
- 社团信息

用户可以在社团详情界面查看社团口号、社团成员、社团详情以及社团举办和未举办的活动等信息。
- 活动信息

用户可以在活动详情界面中查看活动相册、活动详情等信息。用户还可以报名参加相应的活动，并对活动进行评论。
- 社交

用户在社交界面可以实现与好友的聊天功能。在添加好友时即可以输入好友账号进行搜索，还可以通过扫好友的二维码进行搜索，操作简单、方便，极大地提高了效率。
- 个人

该界面主要包括了社团宝和用户的个人信息。用户可以方便快捷地更改个人的相关信息，还可以大致地了解社团宝的相关功能。
- 管理功能

在个人界面最下方包括了社团的二级管理。当指定管理员输入独立口令后，可以进入社团宝的二级管理界面。二级管理界面包括了成员、活动以及相册管理。管理员还可以查看自己社团活动的报名人员的详细信息。

根据上述的功能概述得知本应用主要有社团、活动、社交和用户 4 大项，其功能结构如

图 6-1 所示。

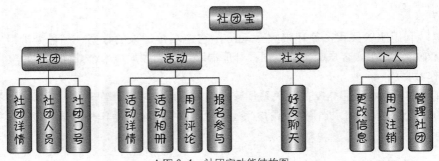

▲图 6-1 社团宝功能结构图

> **说明** 　　图 6-1 展示的是社团宝的功能结构图，其包含了社团宝的全部功能。认识该功能结构图有助于读者了解本程序的开发。

6.1.3 软件开发环境与目标平台

开发使用社团宝之前，读者需要了解完成本项目的软件环境，下面将简单介绍本项目所需要的环境和目标平台，请读者阅读了解即可。

1. 开发环境

- JDK 1.6 及其以上版本

系统选 JDK1.6 作为开发环境，因为 JDK1.6 是目前 JDK 最常用的版本，有许多开发者用到的功能，读者可以通过不同的操作系统平台在官方网站上免费下载。

- Navicat for MySQL

Navicat for MySQL 是一款强大的 MySQL 数据库管理和开发工具，它基于 Windows 平台。为 MySQL 量身定做，提供类似于 MySQL 的用户管理界面。

- Eclipse 编程软件（Eclipse IDE for Java 和 Eclipse IDE for Java EE）

Eclipse 是一个著名的开源 Java IDE，主要是以其开放性、高效的 GUI、先进的代码编辑器等著称，其项目包括许多各种各样的子项目组，包括 Eclipse 插件、功能部件等，主要采用 SWT 界面库，支持多种本机界面风格。

- Android 系统

Android 系统平台的设备功能强大，此系统开源、应用程序无界限，随着 Android 手机的普及，Android 应用的需求势必越来越大，这是一个潜力巨大的市场，会吸引无数软件开发商和开发者投身其中。

2. 目标平台

社团宝需要的目标平台如下。

- 服务器端工作在 Windows 操作系统（建议使用 Windows XP 及以上版本）的平台。
- 管理端工作在 Android 4.4 及以上版本的手机平台。
- Android 客户端工作在 Android 4.4 及以上版本的手机平台。

6.2 功能预览及架构

本社团宝 App 由管理端、服务器、Android 端 3 部分构成,能够为用户提供方便快捷的服务。这一节将介绍社团宝的基本功能预览及总架构,通过对本节的学习,读者将对社团宝的架构有一个大致的了解,并且能够使用社团宝来实现一些基本的需求。

6.2.1 管理端功能预览

管理端主要负责用户状态的改变、社团的新增、信息改变、社团的状态改变以及客户端用户提交建议的查看、账号管理等功能,旨在对信息有一个具体的管理功能,保证信息的健康与程序的健康,本小节将对管理端做一个简单的介绍。

(1)管理员在使用社团宝管理端以前,需要输入正确的账号与密码来获取权限登录管理端界面,如图 6-2 所示。

(2)社团管理主要是对社团进行增加、修改、屏蔽和解除屏蔽,增加社团主要让管理员在进行社团添加时输入社团的一些基本信息,以及添加社团会徽,如图 6-3 所示。

(3)屏蔽社团主要对一些违反规定的社团进行屏蔽处理,管理员通过查看社团列表进行屏蔽操作。如图 6-4 所示。

▲图 6-2 登录

▲图 6-3 社团增加

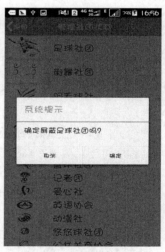

▲图 6-4 屏蔽社团

(4)修改社团主要对存在的社团进行信息修改,可以修改社团的会徽、名称、基本介绍等,管理员通过右上角保存按钮来实现对修改信息并保存,如图 6-5 所示。

(5)解除屏蔽社团主要对社团进行解除屏蔽处理,管理员单击社团的列表,会弹出提示框,询问是否解除屏蔽此社团。

(6)意见箱主要查看客户端提交的建议,意见箱列表通过时间排序进行显示,管理员可以单击意见列表进行详细查看,如图 6-6 所示。

(7)账号管理主要对管理员账号和个人用户账号进行管理,管理员账号主要用于建立账号、修改社团管理员口令。个人用户账号通过搜索用户姓名的关键字进行用户查找,搜索出的结果为该用户的信息详情,可以进行封号/解除封号处理,如图 6-7 所示。

第6章 校园服务类应用——社团宝

▲图6-5 修改社团

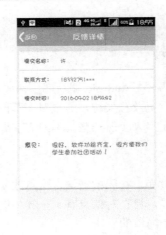
▲图6-6 意见反馈

▲图6-7 个人账号

> 说明：以上是对该软件程序整个管理端功能的概述，请读者仔细阅读，以对管理端有大致的了解。预览图中的各项数据均为后期操作添加，若不添加则 Android 端无数据，请读者自行登录管理端和 Android 端后尝试操作。

6.2.2 Android 端功能预览

这一小节将为读者介绍社团宝 Android 端的基本功能预览，主要包括社团、活动、社交、个人 4 个主要功能，下面将一一介绍，请读者仔细阅读。

（1）打开本软件后，首先进入的是社团宝的闪屏界面，效果如图 6-8 所示。在这个加载过程中，应用的 Android 端与数据库端进行连接，为下一步缓冲做准备工作。

（2）闪屏界面结束后，应用将进入用户登录界面，效果如图 6-9 所示，在用户填写完账号密码后，程序将连接数据库端加载闪屏界面没有加载完的内容，为显示应用的主界面做最后一步工作。

（3）加载完成后进入本应用的主界面，默认在社团界面，如图 6-10 所示。可以通过底部标题栏不同的按钮，跳转到不同的模块界面，也可以左右滑动屏幕跳转到不同的模块界面。

▲图6-8 闪屏界面

▲图6-9 登录界面

▲图6-10 社团主界面

（4）在社团界面中，单击左上角华北理工大学校园会徽跳转至华北理工大学学校官网。单击右上角放大镜图标弹出搜索界面，输入社团关键字进行社团搜索。单击图片轮播图会跳转到热门社团的详细界面。单击列表中某一条，也会跳转到相应社团的详细界面。

（5）在社团详情界面中，界面上部有一个相应社团将要举办的活动的轮播图，中部是社团的名称、口号、人员等详细信息，底部列表是一个已经举办的活动的列表，如图6-11所示，单击列表可查看相应的活动详情信息。

（6）单击底部标题栏的活动按钮，界面跳转到活动主页面，如图6-12所示，单击顶部轮播图或跳转到热门应用的详情界面，单击每一个项目都会跳转到相应活动的详细界面。

（7）进入活动详情界面，如图6-13所示，顶部轮播该活动的相应活动图片，单击界面右上角相册按钮，会跳转到相应的相册，可查看相应图片。界面中除了有活动的详情信息外，还可以单击我要报名按钮，进行活动报名，还可以对活动进行评论，发表观点。

▲图6-11　社团详情　　　　▲图6-12　活动主界面　　　　▲图6-13　活动详情

（8）单击底部标题栏的社交按钮，界面就会跳转到社交主界面，如图6-14所示，在主界面中联系人分页面中有已经存在的好友，单击好友可以显示出该好友的详细信息，如图6-15所示，单击发消息按钮可以进入聊天界面。

（9）单击消息按钮进入聊天信息分界面，也可以向右滑动到该界面，在这里可以查看与好友的聊天信息，如图6-16所示。

（10）单击社交主界面右上角加号图标弹出搜索好友账号界面，在这里可以手动输入要搜索联系人的账号，也可以单击搜索框左侧的二维码标志，扫描好友的二维码信息，进行好友添加，单击搜索按钮后，可以看到搜索到的联系人信息，如图6-17所示。

（11）单击底部标题栏的个人按钮，进入个人主界面，如图6-18所示，此页面有5项不同的功能，用户可以修改个人资料，如图6-19所示，也可以查看自己的二维码信息，如图6-20所示，还可以查看本应用介绍，以及意见反馈、联系我们等。

（12）单击管理按钮，进入管理界面，需要输入管理员口令，如图6-21所示，登录成功后，管理员可以对自己社团的成员、活动（如图6-22所示）、报名人员（如图6-23所示）、相册进行管理，添加人员也可以进行手动添加或者二维码扫描，如图6-24所示。

（13）在任意主框架的模块界面中单击系统返回键都会提示是否退出程序，用户选择，单击确定后，就会退出，关闭当前程序，如图6-25所示。

第 6 章 校园服务类应用——社团宝

▲图 6-14 社交主界面

▲图 6-15 聊天界面

▲图 6-16 聊天记录

▲图 6-17 用户资料

▲图 6-18 个人主界面

▲图 6-19 个人资料

▲图 6-20 二维码

▲图 6-21 管理员

▲图 6-22 管理活动

▲图 6-23　活动人员

▲图 6-24　二维码扫描

▲图 6-25　退出界面

（14）客户端与以往不同的是，鉴于此软件的性质，里面新加入了一个二级管理，主要对每个社团的负责人开放，因为负责人也拥有社团宝的账号，所以将此功能加入到客户端里面，本应用还有一个一级管理，下面小节将做介绍。

> 说明　　以上是对本社团宝 Android 端的功能预览，读者可以对社团宝的功能有大致的了解，其中的所有信息是程序开发成功后添加的，以达到预览显示效果。后面章节会对社团宝的功能实现做具体介绍，请读者仔细阅读。

6.2.3　目录结构图

上一节是社团宝的功能展示，下面将介绍 Android 端和管理端部分的目录结构。在进行本项目的开发之前，还需要对本目录的结构有大致了解，有利于读者对社团宝的整体架构的理解，具体内容如下。

（1）下面介绍的是社团宝内所有 Java 文件的目录结构，Java 文件根据内容分别放到指定包内，包名格式相同，便于程序员对各个文件的维护与管理，在这里需要注意的是，配置连接文件的第一个包和第三个包为 v7 与第三方融云 SDK 2.0 自动运行生成，具体如图 6-26 所示。

（2）需要注意的是项目目录下的 libs 文件，里面 zxing-2.0-core.jar 和 txm.jar 为生成二维码和扫描二维码的外部 jar 包，picasso-2.4.0.jar 为第三方融云处理图片的外部 jar 包，用户在自己的项目中自行导入该文件目录下即可。

> 说明　　图 6-26①所有 Java 文件；图 6-27anim 和 color 文件夹为按钮和 TextView 属性文件，drawable 为图片文件；图 6-28values 文件夹为 Android 端系统配置文件。

（3）介绍图片资源以及配置文件的目录结构，该目录下用于存放图片资源，部分按钮和 TextView 属性文件以及 XML 文件，values 目录下存放的是 colors.xml、strings.xml 文件、styles.xml 文件、attr.xml 文件、dimens.xml 文件、ids.xml 文件，具体结构如图 6-27 所示。

（4）介绍管理端 Java 所有的文件的目录结构，主要方便读者对管理端有一个清楚的了解，如图 6-29 所示。

（5）最后介绍管理端中图片资源以及配置文件的目录结构，如图 6-30 所示，大体与 Android

端的资源文件目录相似，values 目录下存放的是 attr.xml 文件、colors.xml 文件、dimens.xml 文件、strings.xml 文件、styles.xml 文件。

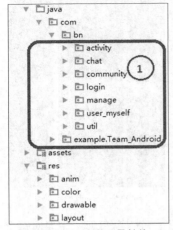

▲图 6-26 文件目录结构

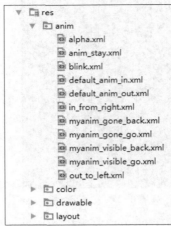

▲图 6-27 文件目录结构

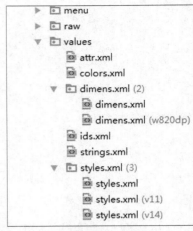

▲图 6-28 文件目录结构

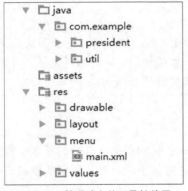

▲图 6-29 管理端文件目录结构图

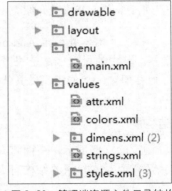

▲图 6-30 管理端资源文件目录结构

> 说明　图 6-29com.example 下为所有 java 文件，drawable 文件夹为属性文件和图片文件。

图 6-30 中，values 下为系统配置文件。

6.3 开发前的准备工作

本节将介绍系统开发前的一些准备工作，主要包括数据库的设计、各个表格之间的关系、各个表格的创建等基本操作过程，通过这些来概括地介绍数据库的建立和运行流程，使用户对数据库运行有基本的了解和认识。

6.3.1 数据库设计

开发一个系统之前，做好数据库分析和设计是非常必要的。开发者需要根据软件的需求，在数据库管理系统上，设计数据库的结构和建立数据库。良好的数据库设计，会使开发变得相对简单，后期开发工作能够很好地进行下去，缩短开发周期。

该系统总共包括 16 张表，包括活动表、活动相册表、活动评论表、活动参与者表、社团管理人员表、社团表、慈善类社团表、管理人员表、活动人员表、意见反馈表、体育竞技类社团表、社团人员等表。各表在数据库中的关系如图 6-31 所示。

▲图 6-31 数据库各表关系图

下面分别介绍用户表、社团表、活动表、好友表、活动评论表。这几个表有代表性地概括了社团宝的大部分功能，所以做一下介绍。

- 用户表

表名为 users，用于管理 Android 端用户信息，该表有 11 个字段，包含用户的 ID、姓名、密码、用户邮箱、用户电话、性别、用户签名、用户头像、用户状态、学院和专业。

- 社团表

表名为 community，用于管理 Android 端社团信息，该表有 7 个字段，包含有社团 ID、社团名称、社团介绍、社团口号、社团图标、社团照片、社团状态。

- 活动表

表名为 activities，用于管理 Android 端活动详细信息，该表有 8 个字段，包含活动 ID、活动名称、活动时间、活动地点、活动介绍、活动图片、举办活动社团 ID、活动的类型。

- 好友表

表名为 friends，用于管理好友关系，该表有两个字段，包含用户 ID、好友 ID。

- 活动评论表

表名为 activity_pinglun，用于管理活动评论的简要信息，该表有 6 个字段，包含有活动 ID、用户 ID、评论内容、评论时间、评论者姓名、评论者头像。

> 说明：由于本应用有诸多相似表格且类型相同，章节有篇幅限制，相似的部分就不再多做阐述，只是写一些代表性的表格来说明结构设计，详细内容请自行查看随书源代码/第 6 章/sql/test.sql。

6.3.2 数据库表设计

上述小节介绍的是社团宝数据库的结构，接下来介绍的是数据库中相关表的具体属性。由于篇幅有限，下面着重介绍用户表、好友表、社团表、活动表。其他表不做详细介绍，如需查看，请读者结合随书源代码/第 6 章/sql/test.sql 阅读。

（1）用户表 users。该表有 11 个字段，包含用户的 ID、姓名、密码、用户邮箱、用户电话、性别、用户签名、用户头像、用户状态、学院和专业。详细情况如表 6-1 所示。

表 6-1　　　　　　　　　　　　　　　　　用户表

字段名称	数据类型	字段大小	是否主键	说明
user_id	int	20	是	用户 ID
username	char	20	否	用户姓名
userpassword	char	20	否	用户密码
useremail	char	50	否	用户邮箱
userphone	char	12	否	用户电话
sex	char	4	否	用户性别
userpen	char	100	否	用户签名
userphoto	char	20	否	用户头像
static	char	2	否	用户状态
major	char	20	否	用户专业
xueyuan	char	20	否	用户学院

建立该表的 SQL 语句如下。

代码位置：见书中源代码/第 6 章/sql/test.sql。

```
1    CREATE TABLE 'users' (                                    /*用户表 users 创建*/
2      'user_id' int(20) NOT NULL default '0',                 /*用户 ID*/
3      'username' char(20) default NULL,                       /*用户姓名*/
4      'userpassword' char(20) default NULL,                   /*用户密码*/
5      'useremail' char(50) default NULL,                      /*用户邮箱*/
6      'userphone' char(12) default NULL,                      /*用户电话*/
7      'sex' char(4) default NULL,                             /*用户性别*/
8      'userpen' char(100) default NULL,                       /*用户签名*/
9      'userphoto' char(20) default NULL,                      /*用户头像*/
10     'static' char(2) default NULL,                          /*用户状态*/
11     'major' char(20) default NULL,                          /*用户专业*/
12     'xueyuan' char(20) default NULL,                        /*用户学院*/
13     PRIMARY KEY ('user_id')
14   ) ENGINE=InnoDB DEFAULT CHARSET=utf8;                     /*设置字符编码为 utf8*/
```

（2）好友表 friends。该表有两个字段，包含用户 ID、好友 ID，好友表用来存储用户的所有好友 ID。详细情况如表 6-2 所示。

表 6-2　　　　　　　　　　　　　　　　　好友表

字段名称	数据类型	字段大小	是否主键	说明
user_id	int	20	是	用户 ID
friend_id	int	20	否	好友 ID

建立该表的 SQL 语句如下。

代码位置：见书中源代码/第 6 章/sql/test.sql。

```
1    CREATE TABLE 'friends' (                                           /*好友表 friends 创建*/
2      'user_id' int(20) NOT NULL default '0',                          /*用户 ID*/
3      'friend_id' int(20) NOT NULL default '0',                        /*好友 ID*/
4      PRIMARY KEY ('user_id','friend_id'),                             /*设置主键*/
5      CONSTRAINT 'friends_ibfk_1' FOREIGN KEY ('user_id') REFERENCES 'users' ('user_id')
6    ) ENGINE=InnoDB DEFAULT CHARSET=utf8;                              /*设置字符编码为 utf8*/
```

（3）社团表 community。该表有 7 个字段，包含有社团 ID、社团名称、社团介绍、社团口号、社团图标、社团照片、社团状态。详细情况如表 6-3 所示。

6.3 开发前的准备工作

表 6-3　　　　　　　　　　　　　　社团表

字段名称	数据类型	字段大小	是否主键	说明
community_id	int	10	是	社团 ID
community_name	char	10	否	社团名称
community_introduce	char	200	否	社团介绍
community_kouhao	char	50	否	社团口号
community_tubiao	char	15	否	社团图标
community_picture	char	10	否	社团照片
community_stat	char	2	否	社团状态

建立该表的 SQL 语句如下。

> 代码位置：见书中源代码/第 6 章/sql/test.sql。

```
1    CREATE TABLE 'community' (                                  /*社团表 community 创建*/
2        'community_id' int(10) NOT NULL default '0',            /*社团 ID*/
3        'community_name' char(10) default NULL,                 /*社团名称*/
4        'community_introduce' char(200) default NULL,           /*社团介绍*/
5        'community_kouhao' char(50) default NULL,               /*社团口号*/
6        'community_tubiao' char(15) default NULL,               /*社团图标*/
7        'community_picture' char(10) default NULL,              /*社团照片*/
8        'community_stat' char(2) default NULL,                  /*社团状态*/
9        PRIMARY KEY ('community_id')                            /*设置主键*/
10     ) ENGINE=InnoDB DEFAULT CHARSET=utf8;                     /*设置字符编码为 utf8*/
```

（4）活动表 activities。该表有 8 个字段，包含活动 ID、活动名称、活动时间、活动地点、活动介绍、活动图片、举办活动的社团 ID、活动的类型。详细情况如表 6-4 所示。

表 6-4　　　　　　　　　　　　　　活动表

字段名称	数据类型	字段大小	是否主键	说明
activity_id	int	10	是	活动 ID
activity_title	char	10	否	活动标题
activity_time	char	255	否	活动时间
activity_place	char	50	否	活动地点
activity_introduce	char	255	否	活动介绍
activity_picture	char	100	否	活动照片
community_id	int	10	否	社团 ID
leixing	int	2	否	活动类型

建立该表的 SQL 语句如下。

> 代码位置：见书中源代码/第 6 章/sql/test.sql。

```
1    CREATE TABLE 'activities' (                                 /*活动表 community 创建*/
2        'activity_id' int(10) NOT NULL default '0',             /*活动 ID*/
3        'activity_title' char(10) default NULL,                 /*活动标题*/
4        'activity_time' char(255) default NULL,                 /*活动时间*/
5        'activity_place' char(50) default NULL,                 /*活动地点*/
6        'activity_introduce' char(255) default NULL,            /*活动介绍*/
7        'activity_picture' char(100) default NULL,              /*活动照片*/
8        'community_id' int(10) default NULL,                    /*社团 ID*/
9        'leixing' int(2) default NULL,                          /*活动类型*/
10       PRIMARY KEY ('activity_id')                             /*设置主键*/
11     ) ENGINE=InnoDB DEFAULT CHARSET=utf8;                     /*设置字符编码为 utf8*/
```

6.3.3 使用 Navicat for MySQL 创建表并插入初始数据

本社团宝后台数据库采用的是 MySQL，开发时使用 Navicat for MySQL 实现对 MySQL 数据库的操作。Navicat for MySQL 的使用方法比较简单，本节将介绍如何使用其连接 MySQL 数据库并进行相关的初始化操作，具体步骤如下。

（1）开启软件，创建连接。设置连接名(密码可以不设置)，如图 6-32 所示。

> **说明**　在进行上述步骤之前，必须首先在机器上安好 MySQL 数据库并启动数据库服务，同时还需要安装好 Navicat for MySQL 软件。MySQL 数据库以及 Navicat for MySQL 软件是免费的，读者可以自行从网络上下载安装。由于本书不是专门讨论 MySQL 数据库的，因此，对于软件的安装与配置这里不做介绍，需要的读者请自行参考其他资料或书籍。

（2）在建好的连接上单击鼠标右键，选择打开连接，然后选择创建数据库。键入数据库名为"test"，字符集选择"utf8--UTF-8 Unicode"，整理为"utf8_general_ci"，如图 6-33 所示。

 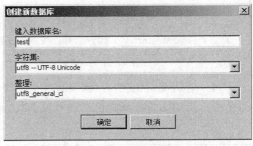

▲图 6-32　创建新连接图　　　　　　　　▲图 6-33　创建新数据库

（3）在创建好的 test 数据库上单击鼠标右键，选择打开，然后选择右键菜单中的运行批次任务文件，找到随书源代码/第 6 章/sql/test.sql 脚本。单击此脚本开始运行，完成后关闭即可。

（4）此时再双击 test 数据库，其中的所有表会呈现在右侧的子界面中。

（5）当数据库创建成功后，读者需通过 Navicat for MySQL 运行随书源代码/第 6 章/sql/ insert.sql 里与 users 表相关的脚本文件来插入初始数据（用户名和密码，管理人员账号），具体插入初始数据代码如下。

> **代码位置：** 见随书源代码/第 6 章/sql/insert.sql。

```
1   insert into users values ('2013141009', '我', '7ddd2de7sa', '755445855@qq.com', '15864852563', '男',
2   'come on', 'touxiang.png', '1', '工业工程辅修', '机械工程学院');
3   insert into administrator values ('95001', '10003', '789');
4   insert into president values ('1', '1');
```

> **说明**　由于用户在使用本系统管理端时需在登录界面输入与之匹配的用户名和密码后才能对与社团宝相关的信息进行管理，所以先得运行随书源代码/第 6 章/sql/insert.sql 里与 users 表相关的脚本文件来插入初始数据（用户名和密码，管理人员账号）。

了解了本系统都有哪些功能后，在详细学习开发之前读者可能希望在自己的机器上运行一下，以加深体会，此时有如下几点需要注意。

- 首先要在自己的机器上安装配置好 MySQL 数据库，并创建本案例所需的表。本案例中

MySQL 数据库是没有密码的，若读者需要有密码则需要修改相关的代码来增加功能。
- 接着将服务端项目导入 Eclipse 并运行，等待。
- 然后可以将服务器设置在同一台机器上。若读者的需求不同，把服务器单独放在一台机器上，需要修改管理项目中 NetInfoUtil 类中有服务器管理端项目。要特别注意的是，笔者提供的源代码是默认管理端和服务器在同一台机器上。
- 最后可以将 Android 项目导入 Eclipse 并运行到手机上。要特别注意的是，笔者提供的源代码中服务器的 IP 地址是笔者机器的，读者需要在运行前修改为读者运行服务器程序机器的 IP。同时，还需要保证运行 Android 端的手机和运行服务器的机器网络是互通的。

综上所述，成功运行本案例需要对开发各方面的基本知识比较熟悉，如果读者对这些基本知识不太了解请首先参考相关的书籍资料进行学习。由于本书着重于介绍 Android 端功能的开发，对这些基本知识不做详细介绍。

6.4 服务器端的实现

上一节讲述了开发前的准备工作，这一节主要介绍服务器的开发过程。包括读取数据库信息、读取图片数据、向数据库加载数据等功能。服务器实现了作为纽带沟通数据库、管理端和 Android 端，并实现交互功能。下面将逐一介绍功能的实现。

6.4.1 常量类的开发

本小节将向读者介绍服务器的常量类 Constant 的开发。通过定义常量类，来确定服务器与管理端、Android 端之间的信息传递信号，防止出现重名问题，便于三者之间的连接。于是我们开发了供其他 Java 文件调用的常量类 Constant，其具体代码如下。

> 代码位置：见随书源代码/第 6 章/F_Server/com/bn/util/目录下的 Constant.java。

```
1   package com.bn.util;
2   public class Constant {
3       public static final String GETFRIEND="<#GETFRIEND#>";      //获得好友信息
4       public static final String GetToken="<#GetToken#>";         //获得 Token
5       public static final String GETUSERID="<#GETUSERID#>";      //获得用户 ID
6       public static final String GETUSERPEN="<#GETUSERPEN#>";   //获得用户签名
7       public static final String GetUserName="<#GetUserName#>";  //获得用户姓名
8       public static final String GetUserFriendName="<#GetUserFriendName#>";
                                                                    //获得用户好友姓名
9       public static final String GetUserFriendPen="<#GetUserFriendPen#>";
                                                                    //获得用户好友签名
10      public static final String GetOnePicture="<#GetOnePicture#>"; //获得某张图片名
11      public static final String GetUserFriendPhoto="<#GetUserFriendPhoto#>";
                                                                    //获得用户好友头像名
12          ......//此处省略了常量类的剩余代码，读者可自行查阅随书附带的源代码
13  }
```

> **说明** 常量类的开发是高效完成项目的一项十分必要的准备工作，这样可以避免在不同的 Java 文件中定义常量的重复性工作，提高了代码的可维护性。如果读者在下面的类或方法中有不明白具体含义的常量，可以在本类中查找。

6.4.2 服务线程的开发

上一小节中介绍了服务器常量类的开发，本小节将介绍服务线程类的开发。社团宝中需要向服务器索取和传输大量信息，于是我们开发了服务线程类 ServerThread。ServerThread 提供管理端

与 Android 端接口，增加系统的可靠性。

（1）下面首先介绍一下主线程类 ServerThread 的开发，主线程类部分的代码虽然比较短，但却是服务器端最重要的一部分，也是实现服务器功能的基础，具体代码如下。

代码位置：见随书源代码/第 6 章/F_Server/src/com/bn/Server 目录下的 ServerThread.java。

```
1    package com.bn.Server;
2    ……//此处省略了一些导入相关类的代码，读者可自行查阅随书附带的源代码
3    public class ServerThread extends Thread{
4      ServerSocket ss;                                    //创建 ServerSocket 的引用
5      @Override
6       public void run(){                                 //重写 run 方法
7        try{
8          ss=new ServerSocket(10006);                     //启动服务器，并且监听 10006
9          System.out.println("Listen on 10006....");      //标示 10006 已监听
10         while(true){                                    //总是等待客户连接
11           Socket sc=ss.accept();                        //等待客户端连接 10006 端口
12           new ServerAgentThread(sc).start();            //创建新的线程并启动
13         }}catch(Exception e){                           //捕捉异常信息
14           e.printStackTrace();                          //打印异常信息
15         }}
16      public static void main(String args[]){            //创建 main 方法
17         new ServerThread().start();                     //启动新线程
18      }}
```

- 第 8～9 行为创建连接端口的方法，首先创建一个绑定端口到端口 10006 上的 ServerSocket 对象，然后打印连接成功的提示信息。
- 第 10～17 行为开启线程的方法，该方法将接受客户端请求 Socket，成功后调用并启动代理线程对接收的请求进行具体的处理。
- 以上代码有关于 Socket 通信的知识，通过 Socket 通信可以建立数据库和服务器的连接。

（2）经过上面步骤（1）的介绍，读者应该了解了服务器端主线程类的开发方式，下面将详细介绍线程 ServerAgentThread 类的开发，具体代码如下。

代码位置：见随书源代码/第 6 章/ F_Server/src/com/bn/Server 目录下的 ServerAgentThread.java。

```
1    package com.bn.Server;
2    ……//此处省略了一些导入相关类的代码，读者可自行查阅随书附带的源代码
3    public class ServerAgentThread extends Thread{
4      Socket sc;                                          //声明 Socket 的引用
5      DataInputStream din;                                //声明输入流的引用
6      DataOutputStream dout;                              //声明输出流的引用
7      public ServerAgentThread(Socket sc){                //创建构造器
8        this.sc=sc;                                       //获取 Socket 的引用
9      }
10     @Override
11     public void run(){                                  //重写 run 方法
12       try{
13         din=new DataInputStream(sc.getInputStream());   //创建数据输入流
14         dout=new DataOutputStream(sc.getOutputStream());//创建数据输出流
15         List<String[]> ls=new ArrayList<String[]>();    //创建临时缓存列表
16         String msg = din.readUTF();                     //将流中信息赋值给字符串
17         String mess = null;                             //创建具体信息字符串
18         String content = null;                          //创建解码后信息字符串
19         String[] dbupathStrings = null;                 //创建信息缓冲数组
20         String[] array= null;                           //创建信息缓冲数组
21         String path="res/img/";                         //将图片路径复制到字符串
22         //查询获得所有活动标题
23         if(msg.startsWith(Constant.GetAllHuodong)){
24           ls=DBUtil.getAllHuodong();                    //拿到活动标题信息
25           mess=StrListChange.ListToStr(ls);             //将列表转为字符串
26           dout.writeUTF(MyConverter.escape(mess));      //输出获取活动标题信息
27         }
28         //查询获得所有活动 ID
29         else if(msg.startsWith(Constant.GetAllHuodongId)){
```

```
30            ls=DBUtil.getallid(content);              //拿到活动ID信息
31            mess=StrListChange.ListToStr(ls);         //将列表转为字符串
32            dout.writeUTF(MyConverter.escape(mess));  //输出活动ID信息
33            }
34            ......//由于其他msg动作代码与上述相似,故省略,读者可自行查阅源代码
35        }catch(Exception e){
36            e.printStackTrace();                      //打印异常信息
37        }finally{
38        try {sc.close();} catch (IOException e) {e.printStackTrace();}    //关闭socket
39        try {din.close();} catch (IOException e) {e.printStackTrace();}   //关闭输入流
40        try {dout.close();} catch (IOException e) {e.printStackTrace();}  //关闭输出流
41    }}}
```

- 第23~27行为获取所有活动标题的方法,该方法调用DBUtil的getAllHuodong方法处理数据库并得到返回信息,然后将字符串信息传给管理端或Android端。
- 第28~33行为获得所有活动ID信息的方法,该方法调用DBUtil的getallid方法处理数据库,并得到返回用户信息,然后将字符串信息转码并加密传给管理端或Android端。
- 第38~40行用于保证程序内存消耗的正常大小,打印异常信息,并关闭刚才打开的socket、输入流和输出流。
- 在使用Socket通信时,需要在子线程中获取连接。否则,数据库与服务器连接不上。
- 以上的常量类的相关常量均在Constant.java处理,在传输过程中不会发生改变。
- 在连接数据库中读取数据或者修改数据操作后,需要关闭建立通信的各种Socket和输入输出流。

> **说明** DB处理类是服务器端的重要组成部分,DB处理类的开发使对数据库的操作变得简单明了,使用者只要调用相关方法即可,该类格式工整,使使用者对其方法一目了然,可以非常方便、快捷地调用相关需要方法,很大地提高了团队的合作效率。

本章主要讲的是Android相关知识,以上代码是关于服务器的,在这里不做多余叙述,有兴趣的读者可以上网查阅服务器搭建的相关资料,或者查看随书源代码。

6.4.3 辅助工具类

上面各小节主要介绍了服务器端各功能的具体实现方法,在服务器中的类调用方法的时候,需要用到两个工具类,即数据类型转换类和编译码类。下面将分别介绍这两个工具类。工具类在这个项目中十分常用,请读者仔细阅读。

1. 数据类型转换类

在DB处理类执行方法时,需要把指定的数据转换成字符串数组的形式然后再进行处理。在处理线程方法中,经过DB处理返回的列表数据又需经过类型转换,转变为字符串才能写入流。下面将介绍数据类型转换类StrListChange类的开发,具体代码如下。

代码位置:见随书源代码/第6章/F_Server/com/bn/util/目录下的StrListChange.java。

```
1   package com.bn.util;
2   ......//此处省略了一些导入相关类的代码,读者可自行查阅随书附带的源代码
3   public class StrListChange{
4       public static List<String[]> StrToList(String info){  //将字符串转换成列表
5           List<String[]> list=new ArrayList<String[]>();    //创建临时缓存列表
6           String[] s=info.split("\\|");                     //将字符串以"|"为界分割开
7           int num=0;                                        //定义计数器
8           for(String ss:s){                                 //遍历数组
9               num=0;                                        //建立计数器
10              String[] temp=ss.split("<#>");                //将字符串以"<#>"为界分割开
```

```
11          String[] midd=new String[temp.length];            //创建临时数组
12          for(String a:temp){midd[num++]=a;}                 //遍历数组
13          list.add(midd);                                    //将字符串加入列表
14      }
15      return list;                                           //返回列表信息
16   }
17   public static String[] StrToArray(String info){           //将字符串转换成字符数组
18      int num=0;                                             //定义大小常量
19      String[] first=info.split("\\|");                      //将字符串以"|"为界分割开
20      for(int i=0;i<first.length;i++){                       //遍历字符串数组
21          String[] temp1=first[i].split("<#>");              //将字符串以"<#>"为界分割开
22          num+=temp1.length;                                 //给计数器赋值
23      }
24      String[] temp2=new String[num];                        //创建临时数组
25      num=0;                                                 //计数器清零
26      for(String second:first){                              //遍历数组
27          String[] temp3=second.split("<#>");                //将字符串以"<#>"为界分割开
28          for(String third:temp3){                           //遍历数组
29              temp2[num]=third;                              //给临时数组赋值
30              num++;                                         //计数器自加一
31      }}
32      return temp2;                                          //返回数组
33   }
34   ....../*由于其他方法代码与上述相似,该处省略,读者可自行查阅源代码*/
35   }
```

- 第 4~16 行为将字符串转换为 List<String[]>类型的方法,通过 split 方法将字符串数组以"<#>"为界分割开,然后循环遍历整个字符串数组并赋值给列表。
- 第 17~33 行为将字符串转换成字符串数组的方法,通过 split 方法将字符串分别以"|"和"<#>"为界分割开并赋值给字符串数组,然后返回整个字符串数组。
- 在以上方法中,以"|"分割的字符串需要注意,在分割该字符串中,不能直接以此符号作为分隔符,需要在此字符前面加上"\\"作为转义字符。
- 在计数器使用完毕后,一定要将计数器清零,否则,在第二次使用时,数组的下标会越界。
- 在该类中有相关对于数据类型的转换操作,在这里不做多余叙述,请读者参考随书源代码。

> **说明** 上述数据类型转换的方法应用的地方比较多,在本项目其他部分中亦可见到。请读者仔细研读,理解其中的逻辑方式,以后便可以直接拿来用。

2. 编译码类

上面主要介绍了数据类型转换工具类的开发,下面将继续介绍本服务器端的第二个工具类,用于加密、解密的编译码类。

代理线程通过调用 DB 处理类中的方法对数据库进行操作后,将得到并转换后的操作结果通过流反馈给 Android 客户端或管理端,这些操作结果必须经过编译码类中的方法编码后才能写入流,当读取时必须先解码,这样保证了数据传输的正确性。

由于 Android 客户端与管理端的 MyConverter 类相同,读者随意查看其中的一个类即可,这里由于篇幅有限,不做叙述,请读者自行查看随书的源代码/第 6 章/F_Server/com/bn/util/目录下的 MyConverter.java。

6.4.4 其他方法的开发

在上面的介绍中,省略了 DB 处理类中的一部分方法和其他类中的一些变量定义,但是想要完整实现各功能是需要所有方法合作的。这些省略的方法并不是不重要，只是篇幅有限，无法一一详细介绍，请读者自行查看随书的源代码。

6.5 管理端功能搭建及界面实现

上一节主要介绍了服务器的开发与实现，这一节主要介绍管理端功能的搭建与界面实现。管理端作为一个管理端口，主要的功能是用户和社团的信息和管理机制。这部分中，一个完善的管理端能大大提高程序的运行与维护。下面将逐一介绍。

6.5.1 用户登录功能的实现

下面将介绍用户登录功能界面的开发。打开管理端的登录界面，需要输入正确的账号和密码，则可进入管理端主界面，否则提示账号或密码错误。

（1）下面介绍的是用户登录界面的搭建及其相关功能的实现，该界面包含了 ImageView、EditText、Button 等控件，下面是对其位置、大小、内容等参数的设置，请参考实现其界面的 activity_login.xml 的代码框架，在这里不做多余叙述，具体见随书源代码。

（2）上面已经介绍了登录界面的搭建，现在要实现登录界面和 Java 文件连接起来，能够让界面显示在手机上。具体代码如下。

代码位置：见随书源代码/第 6 章/F_Team_president/java/com.example/president/LoginActivit y.java。

```
1   super.onCreate(savedInstanceState);                    //保存当前 activity 的状态
2   requestWindowFeature(Window.FEATURE_NO_TITLE);         //设置界面无标题
3   setContentView(R.layout.activity_login);               //调用 xml 界面
```

（3）上面已经介绍了登录界面的布局方式和界面调用，接下来要介绍在 Java 文件里面设置界面各种控件的监听方法的添加，只有设置监听后，相关控件才能单击，下面是对其详细介绍。具体代码如下。

代码位置：见随书源代码/第 6 章/F_Team_president/java/com.example/president/LoginActivit y.java。

```
1   username=(EditText)findViewById(R.id.login_edtId);              //根据 id 获取账号控件
2   password=(EditText)findViewById(R.id.login_edtPwd);             //根据 id 获取密码控件
3   sign=(Button)findViewById(R.id.login_btnLogin);                 //根据 id 获取登录按钮控件
4   sign.setOnClickListener(this);                                  //给登录按钮添加监听
5   public void onClick(View v) {                                   //添加监听方法
6       //TODO Auto-generated method stub
7
8       switch(v.getId()){                                          //判断触摸的那个控件
9           case R.id.login_btnLogin:                               //触摸登录按钮控件
10              String userNameValue=username.getText().toString(); //获取登录的账号
11              String passwordValue=password.getText().toString(); //获取登录的密码
12              if(userNameValue.equals("")||passwordValue.equals("")){//判断是否有空的选项
13                  Toast.makeText(LoginActivity.this,"账号或密码不能为空", Toast.LENGTH_SHORT).show();
14              }
15              else
16                  login(userNameValue,passwordValue);             //否则执行登录的方法
17  }}
```

- 第 1～4 行获取登录界面的控件，以及给登录按钮添加监听。
- 第 5～18 行为登录按钮添加监听的具体实现方法，按下登录按钮时，先获取账号和密码的内容，判断是否为空，如果为空，则出现提示；如果不为空，则执行下一个方法。
- 用户如果账号与密码输入正确，登录成功，子线程中的方法会自动跳转到社团宝的主界面。

（4）上面已经介绍了登录界面的之前的开发过程，现在要判断输入账号和密码是否正确，是

否能登录成功。

> **代码位置**：见随书源代码/第 6 章/F_Team_president/java/com.example/president/LoginActivity.java。

```
1   void login(String userNameValue, String passwordValu) {  //执行判断账号和密码的方法
2       zh_pw=new String[2];                                  //声明长度为2的String数组
3       zh_pw[0]=userNameValue;                               //数组第一位存账号
4       zh_pw[1]=passwordValue;                               //数组第2位存密码
5       name=userNameValue;                                   //把账号赋值给name
6       userpassword=passwordValue;                           //把密码赋值给userpassword
7       mHandler.sendEmptyMessage(3);                         //发消息出现正在加载状态
8       pd.show();
9       new Thread(new Runnable()    {                        //线程连接服务器判断账号和密码
10          @Override
11          public void run(){
12              count=NetInfoUtil.login(zh_pw);               //判断此账号和密码是否存在
13              if(count.equals("1")) {                       //返回1则存在
14                  mHandler.sendEmptyMessage(SUCCESS);       //出现登录成功提示
15                  Intent ii=new Intent(LoginActivity.this,MainActivity.class); //跳转主界面
16                  finish();                                 //销毁登录界面
17                  startActivity(ii);                        //开始跳转界面
18                  pd.dismiss();                             //正在加载状态消失
19              }else{                                        //账号或密码不正确
20                  mHandler.sendEmptyMessage(FAIL);          //出现登录失败提示
21                  pd.dismiss();                             //正在加载状态消失
22          }} }).start();                                    //启动线程
23   }
```

- 第3~9行把输入的账号和密码存入数组，并且把账号和密码分别存入不同的字符串中，方便线程判断账号和密码是否正确。
- 第5~20行为给登录按钮添加监听的具体实现方法，按下登录按钮时，先获取账号和密码的内容，判断是否为空，如果为空，则出现提示，如果不为空，则执行下一个方法。
- 如果账号与密码输入错误，界面加载动画消失，登录界面出现账号或密码输入错误的提示。如果账号与密码都正确，则自动跳转界面，出现登录成功提示。

> **说明**：本节代码主要实现对主管理界面的开发，包括社团管理、意见管理、账号管理的选项。总管理员单击相关按钮时，会跳转到相应的管理界面。

6.5.2 主管理界面功能的开发

介绍完登录界面后，将要介绍的是主管理社团的界面功能的开发。在用户输入正确的账号和密码登录成功后，将进入主管理界面，在这个界面可以实现对社团宝的相关信息进行管理。

（1）下面要介绍主管理界面的开发与实现。具体代码如下。

> **代码位置**：见随书源代码/第 6 章/F_Team_president/res/layout 目录下的 activity_main.xml。

```
1   <?xml version="1.0" encoding="utf-8"?>                    <!--版本号及编码方式-->
2   <LinearLayout xmlns:android="http://schemas.android.com/apk/res/android"
3       android:layout_width="match_parent"
4       android:layout_height="fill_parent"
5       android:orientation="vertical" >
6       <LinearLayout
7           android:id="@+id/zhuxi"
8           android:layout_width="match_parent"
9           android:layout_height="50dp"
10          android:background="@drawable/gengduo_modifybiaoti122"
11          android:orientation="horizontal" >              <!--顶部标题栏的线性布局-->
12          <TextView
13              android:id="@+id/zhuxi_tubiao"  android:layout_width="70dp"
14              android:layout_height="30dp"  android:layout_marginTop="10dp"
15              android:layout_weight="1"
```

6.5 管理端功能搭建及界面实现

```
16                android:gravity="center"
17                android:text="管理"
18                android:textColor="#ffffff"
19                android:textSize="20sp" />              <!--顶部标题栏的字体-->
20          </LinearLayout>
21          <LinearLayout
22              android:id="@+id/zhuxi_2"
23              android:layout_width="match_parent"
24              android:layout_height="210dp"
25              android:orientation="vertical" >          <!--主界面功能栏的线性布局-->
26              <TextView
27                  android:id="@+id/zhuxi_shetuan"
28                  android:layout_width="match_parent"
29                  android:layout_height="match_parent"
30                  android:layout_margin="0.5dp"
31                  android:layout_weight="1"
32                  android:background="@drawable/gengduo_beijingtiao"
33                  android:gravity="left|center"
34                  android:padding="11dp"
35                  android:text="社团管理"
36                  android:textColor="#666666"
37                  android:textSize="18sp" />             <!--主界面的具体功能栏-->
38        ......<!--此处文本域与上述相似,故省略,读者可自行查阅随书的源代码-->
39          </LinearLayout>
40      </LinearLayout>
```

- 第 2~22 行为主管理界面的顶部标题栏的实现,标题栏总布局为线性布局,TextView 控件水平居中在总控件中。
- 第 23~41 行为主管理界面的具体功能,在程序中有 3 大块功能,由于布局相同,所以上述代码只列出一个控件的具体实现,其他两个控件实现方法与其相同,读者可自行查阅随书源代码。

(2) 上面介绍了主管理界面的开发,现在介绍主管理界面各个控件的监听以及跳转功能的实现,具体代码如下。

✏️ **代码位置**: 见随书源代码/第 6 章/F_Team_president/java/com.example/president 目录下的 MainActivity.java。

```
1   TextView shetuan;                                              //声明管理社团的 TextView
2   TextView yijian;                                               //声明管理意见的 TextView
3   TextView zhanghao;                                             //声明管理账号的 TextView
4   shetuan=(TextView)findViewById(R.id.zhuxi_shetuan);            //根据 id 获取管理社团 TextView
5   shetuan.setOnClickListener(new View.OnClickListener() {        //给其设置监听
6       public void onClick(View v) {
7         Intent it=new Intent(MainActivity.this,shetuanmanger.class); //跳转到管理社团界面
8         startActivity(it);                                       //启动跳转
9   }});
10  yijian=(TextView)findViewById(R.id.zhuxi_shetuan_yijian);      //获取意见管理的 TextView
11   yijian.setOnClickListener(new View.OnClickListener() {        //给其设置监听
12      public void onClick(View v) {
13        Intent it=new Intent(MainActivity.this,YiJianActivity.class);  //跳转到意见管理的界面
14        startActivity(it);                                       //启动界面
15     }});
16  zhanghao=(TextView)findViewById(R.id.zhuxi_shetuan_zhanghao);  //获取账号管理的 TextView
17    zhanghao.setOnClickListener(new View.OnClickListener() {     //设置账号监听
18      public void onClick(View v) {
19        Intent it=new Intent(MainActivity.this,guanli_zhanghao.class);  //跳转账号界面
20        startActivity(it);                                       //启动跳转
21  }});
```

- 第 1~3 行在代码中声明 3 个 TextView 变量,分别表示管理社团、管理意见、管理账号的按钮。
- 第 3~21 行根据 3 个 TextView 控件的 id 找到该控件,设置控件监听,并在相应的监听中设置相应的界面跳转。

- Android 管理端主界面主要有 3 个按钮，单击相关按钮跳转到不同的功能界面。

> **说明** 本节代码主要对社团进行管理，包括社团的增加、信息修改、状态修改等。单击相应的按钮，跳转到相应的管理界面进行操作。

6.5.3 社团管理功能的开发

在介绍完管理端登录界面的开发与相关功能的实现后，本小节将详细地介绍如何对本应用程序的社团进行管理，其中社团管理可以实现的是增加社团、屏蔽社团、修改社团信息、解除屏蔽社团等功能。下面将对其进行详细介绍。

（1）下面介绍增加社团的功能开发，增加社团主界面，上部为一个相片框，下面是几个相应的 TextView，表示添加相应社团信息，这里代码不做相应叙述。读者可参考随书源代码。这里先介绍功能开发。具体代码如下。

代码位置：见随书源代码/第 6 章/F_Team_president/java/com.example/president 目录下的 zengjiashetuan.java。

```java
1   changephoto.setOnClickListener(new View.OnClickListener() {   //给界面相片框设置监听
2     public void onClick(View v) {
3       Intent intent = new Intent(Intent.ACTION_GET_CONTENT);   //调用系统的相册，详细代码可
4       intent.addCategory(Intent.CATEGORY_OPENABLE);   //见 Android 的相应 API 或者见随书程序
5       intent.setType("image/*");
6       startActivityForResult(intent, 0);
7     }});
8   class thread_insert extends Thread {                         //开启子线程，实现图片上传
9     public void run() {
10      ByteArrayOutputStream baos = new ByteArrayOutputStream();   //创建字符输出流对象
11      bm.compress(Bitmap.CompressFormat.PNG, 100, baos);   //压缩选中的图片
12      byte[] data1 = baos.toByteArray();                    //根据 Bitmap 创建 byte 数组
13      NetInfoUtil.insertpic(data1,photopath+".png");        //将 byte 数组上传到服务器中
14    }}
15  private class thread_set extends Thread{                   //开启子线程，社团文字信息上传
16    public void run(){
17      name = shetuaname.getText().toString();               //将社团名称转化为字符串类型
18      mes = name;                                           //将社团名称赋值给 mes 字符串
19      if (!shetuankouhao.getText().toString().equals("")) { //判断社团口号栏不为空
20        kouhao = shetuankouhao.getText().toString();        //社团口号转化为字符串类型
21      } else {
22        kouhao = shetuankouhao.getHint().toString();
23      }
24      mes = mes + "<#>" + kouhao;                           //将社团口号加入到 mes 字符串中
25      if (!shetuanjieshao.getText().toString().equals("")) { //判断社团介绍不为空
26        jianjie = shetuanjieshao.getText().toString();     //将社团介绍转化为字符串类型
27      } else {
28        jianjie = shetuanjieshao.getHint().toString();
29      }
30      mes = mes + "<#>" + jianjie;                          //将社团介绍加入到 mes 字符串中
31      int maxidd=Integer.parseInt(maxid)+1;                 //将数据库中社团最大 id 加一
32      mes = mes +"<#>"+(maxidd+"");                         //将 maxidd 加入到 mes 字符串中
33      NetInfoUtil.zengjiashetuan(mes);                      //将 mes 上传到数据库中
34    }}
```

- 第 1~8 行为调用 Android 原生相册的方法，来实现社团会徽的选择，具体调用方法可以参考 Android 相应 API 或者见随书程序。
- 第 9~16 行将从相册中选择出来的照片进行压缩处理，并且将其从 Bitmap 数组转化为 byte 数组，来实现上传到服务器的功能。
- 第 17~34 行将界面文本区内的文字提取出来，并且转化为字符串类型，并用"<#>"符号分别开存到 mes 字符串中，这就表示新增社团的信息，在服务器端有相应的方法解析此字符串，

并且插入到数据库中。
- 在将输入的信息组建成新的字符串时，需要在每个字符之间加"<#>"作为分隔符，在服务器端进行接收时，有相关方法进行字符串切分。
- 在上传图片到服务器中时，需要先将 Bitmap 图片转为 byte 类型数组，上传到服务器中的是 byte 数组，在服务器端又将 byte 数组转为 Bitmap 类型图片并且保存。

（2）上面介绍了社团增加的功能实现，下面将要介绍修改社团的功能，具体代码如下。

代码位置：见随书源代码/第 6 章/F_Team_president/java/com.example/president 目录下的 gaixiushetuan.java。

```
1   private class thread_get extends Thread{                    //开启子线程获取社团信息
2       public void run(){
3           shetuanmessage=NetInfoUtil.getshetuanmessagebyid(shetuanid);    //获得该社团的信息列表
4           message = new String[shetuanmessage.size()][shetuanmessage.get(0).length];//初始化数组
5           for (int i = 0; i < shetuanmessage.size(); i++) {
6               for (int j = 0; j < shetuanmessage.get(i).length; j++) {
7                   message[i][j] = shetuanmessage.get(i)[j];   //将社团信息列表存到 message
8           }}
9   name.setText(message[0][0]);                                //社团名称控件设置名称
10  kouhao.setHint(message[0][2]);                              //社团口号控件设置口号
11  detail.setHint(message[0][1]);                              //社团介绍控件设置介绍
12  image1=message[0][3]+".png";                                //将图片名称赋值给 image1
13  for(int i=0;i<1;i++){
14      if (F_GetBitmap.isEmpty(image1)) {                      //判断该图片在手机中不存在
15          temp = NetInfoUtil.getPicture(image1);              //获取该图片的 byte 数组
16          F_GetBitmap.setInSDBitmap(temp, image1);            //将该图片存入到手机上
17          InputStream input = null;                           //创建输入流
18          BitmapFactory.Options options = new BitmapFactory.Options();  //设置 Bitmap 格式工厂
19          options.inSampleSize = 2;                           //压缩该图片比例
20          input = new ByteArrayInputStream(temp);             //将该图片 byte 数组放入到输入流
21          SoftReference softRef = new SoftReference(          //软引用该图片
22              BitmapFactory.decodeStream(input, null, options));  //Bitmap 格式工厂压缩该图片
23          bit = (Bitmap) softRef.get();                       //返回处理完的 Bitmap 图片
24      } else {                                                //如果手机存在该图片
25          bit = F_GetBitmap.getSDBitmap(image1);//             //从手机中获取该图片
26          if (F_GetBitmap.bitmap != null&& !F_GetBitmap.bitmap.isRecycled()) {
27              F_GetBitmap.bitmap = null;
28      }}}
29      touxiang.setImageBitmap(bit);                           //将图片设置到界面会徽位置
30  }}
```

- 以上代码为子线程通过连接服务器获取数据库中的相应的社团信息，并且把获取到的社团的信息设置到修改社团界面的各个控件中去。
- 修改社团功能还有需要调取系统相册和将修改的信息进行数据上传的功能，大致与上一小节的内容相似，读者可见随书源代码。
- 从服务器中下载图片到本地中,不能直接使用下载的图片,需要将图片进行软引用与压缩,防止手机的内存溢出导致崩溃。
- 在第一次下载图片后，该图片会自动存在手机 SD 卡中，第二次使用该图片时，不用联网下载，减少用户的等待时间。

（3）下面将要介绍社团的屏蔽与解除屏蔽社团的功能，因为两者功能实现大致相同，所以将这两个管理功能放到一起进行讲解。具体代码如下。

代码位置：见随书源代码/第 6 章/F_Team_president/java/com.example/president 目录下的 shanchushetuan.java 与 fengjinshetuan.java。

```
1   private class thread_updata extends Thread{                 //开启子线程修改社团状态
2       public void run(){
3           NetInfoUtil.updatajiechushetuan(jiechuname);        //调用服务器方法修改状态
4       }}
```

> **说明**　以上代码为通过子线程修改社团的状态，以上代码是解除屏蔽状态的代码，由于屏蔽社团的代码与其相似，读者可自行查阅随书源代码。

本节代码主要实现对社团进行管理的功能，总管理员可以增加社团、屏蔽社团、修改社团信息、解除屏蔽社团状态等，方便总管理员对整个软件的管理与维护。

6.5.4　意见管理功能的开发

介绍完管理端主界面的界面开发与第一个功能的开发，下面将要详细介绍管理端的意见管理的开发流程，总管理员在该界面可以查看用户在使用过程中所提交的所有建议，并根据用户的建议对社团宝数据进行操作，方便对该应用的管理。

管理端的意见管理界面主要有两部分组成，第一个界面是一个列表，按照时间排序进行显示，方便管理员看到比较新的意见，点进去一个列表是该意见的具体方面，有提交人的账号、提交时间、联系方式等。具体代码如下。

> **代码位置**：见随书源代码/第 6 章/F_Team_president/java/com.example/president 目录下的 YiJianDetail.java。

```
1   name=(EditText)findViewById(R.id.yijian_11);              //根据id获取提交姓名控件
2   time=(EditText)findViewById(R.id.yijian_tijiao_3);        //根据id获取提交时间控件
3   lianxi=(EditText)findViewById(R.id.yijian_lianxi_3);      //根据id获取联系方式控件
4   detail=(EditText)findViewById(R.id.yijian_13);            //根据id获取提交意见详情控件
5   Intent intent = getIntent();           //检索出来的intent赋值给一个Intent 类型的变量intent
6   name1 = intent.getStringExtra("name");                    //获取传过来的姓名
7   time1 = intent.getStringExtra("time");                    //获取传过来的时间
8   detail1 = intent.getStringExtra("detail");                //获取传过来的详情
9   lianxi1 = intent.getStringExtra("lianxi");                //获取传过来的联系方式
10  name.setText(name1);                                      //控件设置姓名
11  time.setText(time1);                                      //控件设置时间
12  lianxi.setText(lianxi1);                                  //控件设置联系方式
13  detail.setText(detail1);                                  //控件设置详情
```

- 以上代码为意见详情界面的信息设置，前一个列表界面由于前文中多次列出，具体实现方法不在这里进行描述，读者可见随书源代码。此处需要特别说明的是，意见的相关信息在列表界面已经全部获取，只需要在跳转界面时传递到下一个界面即可。
- 列表界面全部获取的原因是减少访问服务器的次数、减少服务器的负载、增加程序运行的速度。

> **说明**　本节代码主要实现总管理员查看用户从Android端提交的意见。意见列表是按照时间进行排序的，保证总管理员看到的总是较新的意见，总管理员可以单击某一条意见进行意见详情查看，方便管理员意见的收集。

6.5.5　账号管理功能的开发

在前面的几个小节已经详细介绍了管理端相应的功能，下面将要详细介绍管理端的最后一个功能——账号管理功能。账号管理功能分为两大部分，即管理员账号管理功能和普通用户账号管理功能。下面将对这两个功能进行详细的介绍。

（1）下面介绍管理员账号的管理功能，每个社团有一个管理员，此管理员需要登录口令来实现对社团进行管理，总管理员可以通过此功能来修改原来已有的口令，或者增加新的社团管理员口令。具体代码的实现如下。

6.5 管理端功能搭建及界面实现

代码位置：见随书源代码/第 6 章/F_Team_president/java/com.example/president 目录下的 shetuanzhanghao_detail.java。

```
1   private class thread_get extends Thread{              //获得社团管理员的信息的子线程
2     public void run(){
3       idy=NetInfoUtil.getshetuanidbyname(name);          //根据社团姓名获取其 id
4       if (!password2.getText().toString().equals("")) {   //判断口令不为空
5           p = password2.getText().toString();             //将口令赋值给 p 字符串
6       } else {
7           p = password2.getHint().toString();
8       }
9       mes = p;                                            //将 p 赋值给 mes 字符串
10      mes=mes+"#"+idy.get(0)[0];                          //将其 id 加到 mes 字符串中
11      NetInfoUtil.updataguanlimima(mes);                  //执行修改口令方法
12  }}
13  private class thread_insert extends Thread{            //新增社团管理员的子线程
14    public void run(){
15      if (!name.getText().toString().equals("")) {        //判断社团名称是否为空
16          name2 = name.getText().toString();              //将社团名称赋值给 name2 字符串
17      } else {
18          name2 = name.getHint().toString();
19      }
20      idy=NetInfoUtil.getshetuanidbyname(name2);          //根据社团名称获取 id
21      String max=(Integer.parseInt(NetInfoUtil.getguanlimax())+1)+"";
        //获取管理表最大的 id 并加一
22      if (!password.getText().toString().equals("")) {    //判断口令不为空
23          password2 = password.getText().toString();      //将口令赋值给 password2 字符串
24      } else {
25          password2 = password.getHint().toString();
26      }
27      mes=idy.get(0)[0]+"<#>"+max+"<#>"+password2;        //将社团 id、最大 id、口令加到 mes
28      NetInfoUtil.insertguanlimima2(mes);                 //执行新的社团管理员插入方法
29  }}
```

- 第 1~13 行为修改社团管理员口令的子线程以及方法，社团管理员在忘记社团口令的时候，可以提交申请，让总管理员进行口令的修改。
- 第 14~29 行为新增社团管理员的子线程以及方法，总管理员在新增社团界面执行完增加社团的操作后，需要为其分配管理员口令，以实现对社团的管理。
- 在将新社团信息整合为新的字符串时，需要将"<#>"作为连接符，在服务器端有相关解析操作。

（2）上面介绍完了社团管理员的口令的建立与修改，下面将介绍个人用户账号的状态改变，总管理员可以对某一用户进行封号/解除封号处理，以保证对应用信息的健康保证。首先介绍的是搜索用户功能。具体代码如下。

代码位置：见随书源代码/第 6 章/F_Team_president/java/com.example/president 目录下的 gerenActivity.java。

```
1   private class thread_gg2 extends Thread{              //搜索用户方式一
2     public void run(){
3       zongy=NetInfoUtil.getuseridbyname(username);       //根据用户姓名进行搜索
4       all2=new String[zongy.size()][zongy.get(0).length]; //初始化二维数组
5       id2=new String[all2.length];                        //初始化一维数组
6       for(int i=0;i<zongy.size();i++){                    //控制链表的外层循环
7           for(int j=0;j<zongy.get(i).length;j++){         //控件链表的内层循环
8               all2[i][j]=zongy.get(i)[j];                 //将链表的值赋值给二维数组
9               id2[i]=all2[i][0];                          //将二维数组的值赋值给一维数组
10  }}}}
11  private class thread_gg extends Thread{               //搜索用户方式二
12    public void run(){
13      zongy=NetInfoUtil.getuseridandmima(username+"#"+thisshetuan);
        //根据姓名和所属社团搜索
14      all2=new String[zongy.size()][zongy.get(0).length];//初始化二维数组
15      id2=new String[all2.length];                        //初始化一维数组
```

```
16          for(int i=0;i<zongy.size();i++){           //控制链表的外层循环
17              for(int j=0;j<zongy.get(i).length;j++){ //控制链表的内层循环
18                  all2[i][j]=zongy.get(i)[j];         //将链表中的值赋值给二维数组
19                  id2[i]=all2[i][0];                  //将二维数组赋值给一维数组
20      }}}}
```

- 第 1~13 行为搜索用户的第一种方式，只根据输入的关键字进行搜索，将所属社团选择"全部社团"选项。搜索出来的如果有多条结果，则先显示一个列表；如果只有一条结果，则直接跳转到用户详细界面。
- 第 14~20 行为搜索用户的第二种方式，以输入的用户姓名关键字和所属社团进行搜索，搜索出的多条结果还是跳到一个列表，否则，直接跳转到用户详细界面。
- 两者用户搜索的条件不一样，但都有用户姓名的关键字。

（3）下面介绍搜索完成后，管理员找到想要找的用户后进行的封号/解除封号的处理。具体代码如下。

> **代码位置**：见随书源代码/第 6 章/F_Team_president/java/com.example/president 目录下的 gerenxianshi.java。

```
1   private class thread_feng extends Thread{           //封号操作的子线程方法
2       public void run(){
3           NetInfoUtil.updatauserstat(name2);          //封号操作的具体方法
4   }}
5   private class thread_jin extends Thread{            //解除封号的子线程方法
6       public void run(){
7           NetInfoUtil.updatauserstat2(name2);         //解除封号的具体方法
8   }}
```

- 第 1~5 行为管理员对个人用户账号进行的封号处理的具体方法，账号一旦被封号，在 Android 端，该账号便不可以再登录，并给予封号提示。
- 第 6~8 行为管理员对封号的账号进行解除封号处理的具体方法，账号若被解除封号，在 Android 端，该账号就可以正常登录并使用。

> **说明** 本节代码主要实现总管理员对社团管理员账号和个人用户账号进行管理。总管理员可以增加、修改社团管理员口令，也可以改变个人用户账号的状态，比如对个人用户账号进行封号/解除封号处理。

6.6 Android 客户端各功能模板实现

上一节介绍了管理端搭建和功能实现。这一节主要介绍 Android 端具体各块功能实现的开发。包括整体框架的搭建、设置字体、滚动刷新、图片处理以及各部分具体功能，实现社团宝方便同学校园生活的目的。下面将逐一介绍这部分功能的实现。

6.6.1 整体框架的搭建

本小节将向读者介绍主体框架的搭建，讲述 ViewPager 的使用方法。实现界面的滑动切换和单击切换，包括学校社团、社团活动、聊天交友和个人中心等 4 个模块界面的切换过程。该功能的实现可以提高用户的体验感，下面是具体内容。

（1）下面将介绍主界面的搭建，包括布局的安排，按钮、图片等控件的大小、位置、排列方式的设置。代码中的一些省略部分与介绍的部分相似，在此就不一一列举出来，读者可自行查阅随书代码进行学习，具体代码如下。

代码位置：见随书源代码/第 6 章/F_Team_Android/res/layout/目录下的 main_frame.xml。

```xml
1   <?xml version="1.0" encoding="utf-8"?>                       <!--版本号及编码方式-->
2   <RelativeLayout xmlns:android="http://schemas.android.com/apk/res/android"
3       android:layout_width="match_parent"
4       android:layout_height="match_parent"
5       android:background="#ffffff" >                           <!--相对布局-->
6       <LinearLayout
7           android:id="@+id/frame_bottomview"
8           android:layout_width="match_parent"
9           android:layout_height="52dp"
10          android:layout_alignParentBottom="true"
11          android:background="@drawable/fengexian1"
12          android:orientation="horizontal" >                   <!--线性布局-->
13          <LinearLayout
14              android:id="@+id/frame_bottomview_talk"
15              android:layout_width="wrap_content"
16              android:layout_height="match_parent"
17              android:layout_weight="1"
18              android:gravity="center_vertical|center_horizontal"
19              android:orientation="vertical" >
20              <ImageView
21                  android:id="@+id/frame_bottomview_talk_imageview"
22                  android:layout_width="wrap_content"
23                  android:layout_height="32dp"
24                  android:src="@drawable/a_shejiao" />
25              <TextView
26                  android:id="@+id/frame_bottomview_talk_textview"
27                  android:layout_width="wrap_content"
28                  android:layout_height="wrap_content"
29                  android:layout_marginTop="2dp"
30                  android:text="社交"
31                  android:textColor="@color/search_bottom_textcolor"
32                  android:textSize="12dp" />
33              ……
34              <!-- 此处文本域与上述相似，故省略，读者可自行查阅随书的源代码 -->
35          </LinearLayout>
36          <android.support.v4.view.ViewPager
37              android:id="@+id/framepager"
38              android:layout_width="match_parent"
39              android:layout_height="match_parent"
40              android:layout_above="@+id/frame_bottomview" >
41          </android.support.v4.view.ViewPager>
42      </LinearLayout>
43  </RelativeLayout>
```

- 第 2～5 行用于声明总的相对布局，总相对布局中还包含一个线性布局。设置相对布局的宽度为屏幕宽度，高度为屏幕高度，并设置总的线性布局背景颜色。
- 第 6～12 行为线性布局，位置为底部居中，为放置不同图片和文本信息。设置线性布局为自适应屏幕宽度，高度为 52dp。
- 第 13～19 行为线性布局，排列方式为垂直排列，为放置社交的图片和文本文字。
- 第 20～24 行用于声明图片域，为放置社交的图片，设置图片的宽、高和图片的样式属性，设置为单击后切换为不同的图片。
- 第 25～32 行用于声明文本域，为放置社交文字，设置文字的大小、颜色。
- 第 36～41 行声明 ViewPager，设置宽、高为自适应屏幕，位置为最底部的线性布局上方。

（2）下面介绍主界面 MainFrame 类中整体的开发。主界面主要是由社团、活动、社交、个人中心以及更多界面组成的，用户单击或滑动界面时，会切到相应的界面，这些界面将在下面的章节逐个介绍。主界面搭建具体代码如下。

代码位置：见随书源代码/第 6 章/F_Team_Android/java/com/example.Team_Android 目录下的 MainFrame.java。

```
1    package com.example.f_school_android;
2    ......//此处省略了一些导入相关类的代码，读者可自行查阅随书附带的源代码
3    public class MainFrame extends ActivityGroup {
4        ......//此处省略定义变量的代码，请自行查看随书的源代码
5        @Override
6        protected void onCreate(Bundle savedInstanceState) {     //重写onCreate方法
7            super.onCreate(savedInstanceState);                  //调用父类构造函数
8            requestWindowFeature(Window.FEATURE_NO_TITLE);       //消除顶部Title
9            setContentView(R.layout.main_frame);                 //切换主界面到布局
10           Exit.getInstance().addActivities(this);              //调用退出方法
11           initView();                                          //初始化按钮控件
12       }
13       private void initView(){                                 //初始化多个控件方法
14           ......//此处省略定义初始化控件、PagerAdapter 以及滑动监听的代码，下面将详细介绍
15       }
16       public View getZero(){                                   //拿到社团界面
17           view = this                                          //获得社团的引用
18               .getLocalActivityManager()                       //拿到Activity 管理器
19               .startActivity("luntan",
20                   new Intent(MainFrame.this,TalkerActivity.class))  //跳转到社团界面
21               .getDecorView();                                 //获取界面截图
22           return view;                                         //返回社团界面
23       }
24       /*因与上述相似，此处省略 4 个获取 view 的方法，请自行查看随书的源代码*/
25       private class MyBtnOnClick implements View.OnClickListener {//设置多个按钮监听
26           ......//此处省略单击监听的代码，请自行查看随书的源代码
27       }
28       private void initButtomBth() {                           //初始化多个控件样式
29           ......//此处省略初始化控件的颜色的代码，请自行查看随书的源代码
30       }
31       public void toastSelf(String msgStr){                    //发送Toast 信息方法
32           ......//此处省略发送 Message 的代码，请自行查看随书的源代码
33       }
34       Handler hd=new Handler(){                                //处理Toast 信息方法
35           ......//此处省略重写 handleMessage 的代码，请自行查看随书的源代码
36       };
37       @Override
38       public boolean onKeyDown(int keyCode, KeyEvent event){   //重写返回键方法
39           ......//此处省略设置 Android 返回键的代码，请自行查看随书的源代码
40   }}
```

● 第 6～12 行为 Activity 启动时调用的方法，在 onCreate 方法中取消了顶部的 Title，调用了 Exit 方法，并调用初始化控件方法。

● 第 13～15 行初始化控件、PagerAdapter 以及滑动监听，这里的代码省略，下面将详细介绍。

● 第 16～24 行获得社团、活动、社交、个人中心以及更多的 Activity。社团的具体代码已经罗列出了，因为篇幅有限，关于其他的 Activity 请读者自行查阅随书的源代码。

● 第 25～27 行为单击监听的代码，这里的代码省略，下面将详细介绍。

● 第 28～30 行为初始化控件的颜色的代码，因为篇幅有限，请读者自行查阅随书的源代码。

● 第 31～33 行为发送 Toast 信息的方法，因为篇幅有限，请读者自行查阅随书的源代码。

● 第 34～36 行创建 Handler 对象并重写 handleMessage 方法，因为篇幅有限，请自行查阅随书的源代码。

● 第 37～40 行为重写 Android 返回键的代码，因为篇幅有限，请读者自行查阅随书的源代码。

> **说明** 给 TextView 添加的监听方法和自定义 ViewPager 以及给 ViewPager 添加适配器的代码这里省略，读者可自行查阅随书附带的源代码。

（3）上面步骤（2）中省略的主界面类 initView 初始化的具体代码如下。初始化标题文字、初始化图片以及初始化 ViewPager，在主界面中进行显示，具体代码如下。

> **代码位置**：见随书源代码/第 6 章/F_Team_Android/java/com/example.Team_Android 目录下的 MainFrame.java。

```java
1   private void initView() {                                           //初始化多个控件
2       mViewPager = (ViewPager) findViewById(R.id.framepager);        //获取 ViewPager 的引用
3       frameBottomLuntan = (LinearLayout) findViewById(R.id.frame_bottomview_luntan);
4       frameBottomviewactivity = (LinearLayout) findViewById(R.id.frame_bottomview_activity);
5       ......//此处代码与上述相似，故省略，读者可自行查阅随书的源代码
6       list.add(0, getZero());                                         //list 列表中加入社团界面
7       list.add(1, null);
8       list.add(2, null);
9       list.add(3, null);
10      mViewPager.setOffscreenPageLimit(2);                            //预加载为两个界面
11      pagerAdapter = new PagerAdapter() {                             //获取 PagerAdapter 的引用
12          ......//此处省略 PagerAdapter 的代码，下面将详细介绍
13      };
14      mViewPager.setAdapter(pagerAdapter);                            //为 ViewPager 设置适配器
15      MyBtnOnClick myTouchlistener = new MyBtnOnClick();              //获取单击监听对象
16      frameBottomLuntan.setOnClickListener(myTouchlistener);          //为社团设置单击监听
17      ......//此处代码与上述相似，故省略，读者可自行查阅随书的源代码
18      mViewPager.setOnPageChangeListener(new OnPageChangeListener() {
19          @Override
20          public void onPageSelected(int arg0) {                      //重写 onPageSelected 方法
21              initButtomBth();                                        //先清除按钮样式
22              if (arg0 == 0) {                                        //单击社团界面
23                  bottomviewLuntanImageview                           //更改文字颜色和图片
24                      .setImageResource(R.drawable.b_shetuan);
25                  bottomviewLuntanTextview.setTextColor(Color
26                          .parseColor("#49c4d6"));
27              /*因与上述相似，此处省略剩余获取 view 方法，请自行查看源代码*/
28      } }});}
```

- 第 2~5 行为初始化线性布局、图片控件和文本框架的代码。
- 第 6~9 行为初始化列表的内容。
- 第 11~13 行为 PagerAdapter 的代码，此处省略，下面将详细介绍。
- 第 15~17 行给线性布局添加监听。单击不同 LinearLayout 的时候触发这个监听，切换不同的图片和不同颜色的字体，并跳转不同的界面。
- 第 19~28 行为滑动监听。当用户手指滑动屏幕的时候，触发 onPageChangeListener 方法，拿到不同界面的 ID 号，根据这个号码再跳转到用户想要跳转到的界面。其中跳转的同时更改了选中的图片和文字颜色，增加用户的体验感。

（4）上面步骤（3）中省略的主界面类 PagerAdapter，设定可视界面的长度和具体内容，在部件做出改变的时候都触发这个适配器，具体代码如下。

> **代码位置**：见随书源代码/第 6 章/F_Team_Android/java/com/example.Team_Android 目录下的 MainFrame.java。

```java
1   pagerAdapter = new PagerAdapter() {                                 //写一个内部类 pagerAdapter
2       View v = null;
3       @Override
4       public boolean isViewFromObject(View agr0, Object agr1) {       //重写 isViewFromObject 方法
5           return agr0 == agr1;                                        //返回判断 boolean 值
6       }
7       @Override
8       public int getCount() {                                         //重写 getCount 方法
9           return list.size();                                         //返回数据源长度
10      }
11      @Override
12      public void destroyItem(ViewGroup container, int position,      //重写 destroyItem 方法
```

```
13        Object object) {
14            container.removeView(list.get(position));        //销毁被滑动走的view
15        }
16        @Override
17        public Object instantiateItem(ViewGroup container, int position) {     //重写instantiateItem方法
18            if (position == 0) {                             //如果position为社团
19                v = getZero();                               //拿到社团的view
20                container.removeView(v);                     //数据组中移除社团界面
21                container.addView(v);                        //数据组中添加社团界面
22                list.remove(0);                              //list列表中移除社团界面
23                list.add(0, v);                              //list列表中添加社团界面
24            }
25            /*因与上述相似,此处省略剩余获取view方法,请自行查看源代码*/
26            return v;                                        //返回View信息
27    }};
```

- 第3~6行判断再次添加的view和之前的view是否是同一个view。
- 第7~10行返回view个数。
- 第12~15行重写destroyItem方法,此方法为销毁已经查看过的view,保证ViewGroup中的view不会超出4个,多余的view立即销毁。
- 第17~27行重写instantiateItem方法。当用户单击或者滑动到某一个界面的时候,系统就调用这个方法,根据view的编号,得到相应的view。

> **说明** PagerAdapter适配器中重写instantiateItem方法为最主要的一个方法。读者的很多操作可以在这个方法里面完成。

6.6.2 常量类的开发

本小节将向读者介绍社团宝的常量类Constant类的开发。社团宝内有许多需要重复调用的常量,为了避免在Java文件中重复定义常量,我们开发了供其他Java文件调用的常量类Constant来储存所有的常量,其具体代码如下。

代码位置:见随书源代码/第6章/F_Team_Android/java/com/bn/util目录下的Constant.java。

```
1   package com.bn.util;
2   public class Constant {
3     public static final String GETUSERPEN="<#GETUSERPEN#>";                         //获得用户签名
4     public static final String GetUserName="<#GetUserName#>";                       //获得用户姓名
5     public static final String GetUserFriendName="<#GetUserFriendName#>";           //获得用户好友姓名
6     public static final String GetUserFriendPen="<#GetUserFriendPen#>";             //获得用户好友签名
7     public static final String GetOnePicture="<#GetOnePicture#>";                   //获得某张图片名
8     public static final String GetUserFriendPhoto="<#GetUserFriendPhoto#>";         //获得用户好友头像
9     public static final String GetUserFriend="<#GetUserFriend#>";                   //获得好友信息
10    public static final String GetUserFriendId="<#GetUserFriendId#>";               //获得用户好友ID
11    ......//由于客户器端定义的常量过多,在此不一一列举
12  }
```

> **说明** 常量类的开发是一项十分必要的准备工作,能够避免在程序中重复不必要的定义工作,提高代码的可维护性,读者在下面的类或方法中如果有不知道其具体作用的常量,可以到这个类中查找。

6.6.3 自定义字体类的开发

上一小节中介绍了读取文件类的开发,本小节将继续介绍本应用中用到的工具类FontManager,该类为自定义字体类。该类在程序中多次被调用,用来将各个界面中的字体设置为

卡通字体，使界面更具艺术性，具体实现代码如下。

> **代码位置**：见随书源代码/第 6 章/F_Team_Android/java/com/bn/util 目录下的 FontManager.java。

```
1   package edu.heuu.campusAssistant.util;
2   ......//此处省略了一些导入相关类的代码，读者可自行查阅随书附带的源代码
3   public class FontManager{                                     //自定义字体类
4       public static Typeface tf =null;                          //声明 Typeface
5       public static void init(Activity act){                    //初始化 Typeface 方法
6           if(tf==null){
7               tf= Typeface.createFromAsset(act.getAssets(),"fonts/newfont.ttf");  //创建 Typeface
8           }}
9       public static void changeFonts(ViewGroup root,Activity act){   //转换字体
10          for (int i = 0; i < root.getChildCount(); i++){
11              View v = root.getChildAt(i);                      //获取控件
12              if (v instanceof TextView){
13                  ((TextView) v).setTypeface(tf);               //转换 TextView 控件中的字体
14              }else if (v instanceof Button){
15                  ((Button) v).setTypeface(tf);                 //转换 Button 控件中的字体
16              }else if (v instanceof EditText){
17                  ((EditText) v).setTypeface(tf);               //转换 EditText 控件中的字体
18              }else if (v instanceof ViewGroup){
19                  changeFonts((ViewGroup) v, act);              //重新调用 changeFonts()方法
20          }}}
21      public static ViewGroup getContentView(Activity act){     //获取控件的方法
22          ViewGroup systemContent = (ViewGroup)act.getWindow().
                getDecorView().findViewById(android.R.id.content);
24          ViewGroup content = null;                             //创建 ViewGroup
25          if(systemContent.getChildCount()>0&& systemContent.getChildAt(0)
                instanceof ViewGroup){
26              content = (ViewGroup)systemContent.getChildAt(0); } //给 content 赋值
27          return content;                                       //返回获取的控件
28      }}
```

- 第 5~8 行初始化 Typeface。第一次调用 FontManager 类时，调用 init()方法，若 Typeface 为空，则创建 Typeface 对象。
- 第 9~20 行用于转换界面中的字体为卡通字体。用循环遍历界面中的各个控件，并将控件中的所有字体转换为卡通字体。
- 第 21~28 行用于获得传过来的 Activity，若该 Activity 的内容大于 0 并且其中的控件属于 ViewGroup，则获取该控件并返回。
- 如果用户需要更换字体，需要将下载的字体进行替换操作，直接修改上面的路径即可。

6.6.4 启动界面功能的实现

本小节将介绍启动界面时的动画显示实现功能，当在手机上单击社团宝头像图标的时候，最先进入的页面是一个具有动画淡入效果的界面，展示软件风格。用户会看到一张逐渐清晰的图片慢慢展现在手机屏幕上，随后消失跳转到主界面。

（1）当打开软件的时候，界面会显示一张具有淡入渐变效果的图片，下面将介绍该布局的具体内容，具体代码如下。

> **代码位置**：见随书源代码/第 6 章/F_Team_Android/res/layout 目录下的 main_lost.xml。

```
1   <RelativeLayout xmlns:android="http://schemas.android.com/apk/res/android"   <!---相对布
        局--->
2       xmlns:tools="http://schemas.android.com/tools"
3       android:layout_width="match_parent"                   <!---设置布局的宽--->
4       android:layout_height="match_parent"                  <!---设置布局的高--->
5       tools:context=".MainActivity" >                       <!---设置渲染上下文--->
6       <ImageView                                            <!---设置图片--->
7           android:id="@+id/welcome "                        <!---控件 ID--->
8           android:layout_width="match_parent"               <!---设置宽--->
```

```
9            android:layout_height="match_parent"              <!---设置高--->
10           android:src="@drawable/load "/>                    <!---引用资源图片--->
11  </RelativeLayout>
```

> **说明** 这段代码为软件刚打开时产生动画淡入效果的布局文件，相对布局中包含了图片控件，设置相对布局的长宽和渲染上下文，设置了 ImageView 的 ID、宽高以及引入图片资源名称等。

（2）接下来将要介绍动画效果的代码实现，该段代码将布局文件显示在启动界面并设置其显示效果，如动画显示时间、渐变效果方式等，具体代码如下。

代码位置：见随书源代码/第 6 章/F_Team_Android/java/com/bn/login 目录下的 LoadActivity.java。

```
1   package com.bn.login;
2   ......//此处省略了一些导入相关类的代码，读者可自行查阅随书附带的源代码
3   public class LoadActivity extends Activity {
4       private ImageView welcomeImg = null;                     //声明 ImageView 引用
5       @Override
6       protected void onCreate(Bundle savedInstanceState) {
7          super.onCreate(savedInstanceState);                   //调用父类构造器
8          requestWindowFeature(Window.FEATURE_NO_TITLE);        //不显示标题
9          setContentView(R.layout.main_lost);                   //显示布局文件
10         welcomeImg = (ImageView) this.findViewById(R.id.welcome); //得到动画图片引用
11         AlphaAnimation anima = new AlphaAnimation(0.3f, 1.0f); //创建动画对象
12         anima.setDuration(2000);                              //设置动画显示时间
13         welcomeImg.startAnimation(anima);                     //开始动画
14         anima.setAnimationListener(new AnimationImpl());}     //给动画设置监听器
15      private class AnimationImpl implements AnimationListener {  //设置监听回调方法
16          @Override
17          public void onAnimationStart(Animation animation) {    //动画开始
18             welcomeImg.setBackgroundResource(R.drawable.load); } //设置显示图片
19          @Override
20          public void onAnimationEnd(Animation animation) {skip();} //动画结束后跳转到主界面
21          @Override
22          public void onAnimationRepeat(Animation animation) { } //动画执行时的方法
23      }
24      private void skip() {
25         startActivity(new Intent(this, LoginActivity.class));//动画结束后跳转到主界面
26  }}
```

> **说明** 这段代码实现了启动界面图片的渐变动画效果，包括加载布局文件，设置为不显示标题，创建动画对象并设置动画显示效果和显示时间，及设置动画监听器，在动画显示结束后触发监听器页面会自动跳转到主程序界面，然后主程序界面线程触发加载数据。

6.6.5 调用系统浏览器

上一小节中介绍了自定义字体的使用，本小节继续介绍使用系统浏览器登录"华北理工大学"官方网站，在校园应用中登录官方校园网站了解相关信息是非常有必要的功能，一些内容更新和教务查询都可以在这里登录，具体代码如下。

代码位置：见随书源代码/第 6 章/F_Team_Android/java/com/example.Team_Android 目录下的 MainSocialActivity.java。

```
1   school.setOnClickListener(new View.OnClickListener() {     //给图标设置监听器
2       @Override
3       public void onClick(View v) {                          //设置单击监听器
4          // TODO Auto-generated method stub
5          Intent intent=new Intent(Intent.ACTION_VIEW);       //创建 Intent 对象
6          intent.setData(Uri.parse("http://www.ncst.edu.cn")); //设置 URL 官网路径
```

```
7        startActivity(intent);                              //发送调用浏览器的 Intent
8    }});
```

> **说明**　这段代码主要用于调用手机上的浏览器登录"华北理工大学"官方网站，使用 Android 中的 Intent 机制来发送消息。

6.6.6 滚动加载功能的实现

本小节将介绍如何为列表添加监听器，当用户向上滑动时列表会动态加载数据。当所有用户发布的内容过多时，如果用列表全部显示出来会出现很多的问题，我们采用动态加载的方式将相关内容分批显示给用户浏览。

代码位置：见随书源代码/第 6 章/F_Team_Android/res/layout 目录下的 load.xml。

```
1   <?xml version="1.0" encoding="utf-8"?>              <!--版本号及编码方式-->
2   <LinearLayout xmlns:android="http://schemas.android.com/apk/res/android"
3       android:layout_width="match_parent"
4       android:layout_height="wrap_content"
5       android:gravity="center_vertical|center_horizontal"
6       android:orientation="horizontal"
7       android:paddingBottom="20dip"
8       android:visibility="gone" >                     <!--线性布局-->
9       <ProgressBar
10          android:id="@+id/progressBar2"
11          style="?android:attr/progressBarStyleSmall"
12          android:layout_width="wrap_content"
13          android:layout_height="wrap_content"
14          android:layout_gravity="center_vertical"
15          android:layout_marginLeft="80dp" />         <!--进度条-->
16      <TextView
17          android:id="@+id/loadmore_text"
18          android:layout_width="fill_parent"
19          android:layout_height="wrap_content"
20          android:layout_centerInParent="true"
21          android:layout_marginLeft="40dp"
22          android:text="数据加载中..."
23          android:textSize="18dip" />                 <!--文本域-->
24  </LinearLayout>
```

> **说明**　总线性布局中包含一个进度条和 TextView 控件，并设置了总线性布局宽、高、位置的属性；ProgressBar 设置宽、高、id 位置等属性，TextView 设置宽、高、文本、字体等属性，在用户触发加载监听器时，该布局显示出来。

（1）当用户下拉到底层时，需要为信息列表设置监听器来处理相关操作，拉到底部时首先会显示"数据加载中......"，当数据内容加载完毕后字样就会消失。具体代码如下。

代码位置：见随书源代码/第 6 章/F_Team_Android/java/com/example.Team_Android 目录下的 MainCampaignActivity.java。

```
1   @Override
2   public void onScroll(AbsListView view, int firstVisibleItem,      //滚动监听方法
3       int visibleItemCount, int totalItemCount) {}
4   @Override
5   public void onScrollStateChanged(AbsListView view, int scrollState){  //滚动状态监听方法
6       switch (scrollState) {
7       case OnScrollListener.SCROLL_STATE_IDLE:           //当界面不滚动时
8           if (count<200&&view.getLastVisiblePosition()
9               == (view.getCount() - 1)) {               //判断滚动到底部且数据小于 200 条
10              moreView.setVisibility(view.VISIBLE);     //显示加载布局文件
11              mHandler.sendEmptyMessage(0);      }      //向 Handler 发送消息
12          if (count>=200&&view.getLastVisiblePosition() ==
```

```
13                 (view.getCount() - 1)) {        //判断滚动到底部且数据大于200条
14             moreView.setVisibility(view.VISIBLE);  //显示加载布局文件
15             mHandler.sendEmptyMessage(1);    }    //向Handler发送消息
16         break;
17     }}
```

- 第9~11行中，如果滚动停止，ListView中的总条数小于200条且滚动到底部，会显示加载布局且向Handler发送消息。
- 第12~15行中，如果滚动停止，ListView中的总条数大于200条且滚动到底部，会显示加载布局且向Handler发送消息。

（2）触发监听器之后就会向Handler发送消息然后执行加载数据的各种方法，下面将介绍Handler的消息分发所执行的各种方法，具体代码如下。

代码位置：见随书源代码/第 6 章/F_Team_Android/java/com/example.Team_Android 目录下的 MainCampaignActivity.java。

```
1   private Handler mHandler2 = new Handler(){              //声明Handler
2       public void handleMessage(android.os.Message msg) {
3           switch (msg.what) {
4           case 0:                                         //上拉只加载
5               loadMoreData();                             //加载更多数据
6               ba.notifyDataSetChanged();                  //通知适配器数据发生变化
7               moreView.setVisibility(View.GONE);          //设置加载布局不可见
8               break;
9           case 1:                                         //上拉既加载又删减
10              reduceSomeData();                           //减少一些数据
11              loadMoreData();                             //加载更多数据，这里使用异步加载
12              ba.notifyDataSetChanged();                  //通知适配器数据发生变化
13              moreView.setVisibility(View.GONE);          //设置加载布局不可见
14              break;
15          case 2:                                         //初始化活动信息
16              initBaseAdapter();                          //调用适配器方法匹配活动信息
17              break;
18      }}};
```

说明　这段代码是使用Handler机制来实现功能分发，如数据加载、数据删除及动态更新适配器等，当列表中的条数大于50条时在加载新数据的同时也会删除旧数据，当ListView中的条数小于10条时只会加载数据不会删除。

（3）通过Handler机制来实现不同任务有两个，加载数据方法和删除数据方法。对于信息列表而言，用户使用滚动不断载入数据，在少量数据时会很顺畅，在数据相当多时就会发生卡顿甚至瘫掉。这时就需要删除一些旧信息同时加载一些新信息，相关代码如下。

代码位置：见随书源代码/第 6 章/F_Team_Android/java/com/example.Team_Android 目录下的 MainCampaignActivity.java。

```
1   private void reduceSomeData() {                         //删除数据的方法
2       for (int i = 0; i < 10; i++) {
3           listItem.remove(i);                             //清除前10条数据
4       }
5       reduce = reduce + 10;                               //记录已经删除的条数
6       count = listItem.size();                            //记录当前列表中有多少条
7       data.addAll(listItem);                              //重新装载数据
8       listItem.clear();                                   //清空列表
9   }
10  private void loadMoreData() {                           //加载更多信息方法
11      thread_shangla lmd = new thread_shangla();          //上拉获取信息线程
12      lmd.start();
13      try {
14          lmd.join();
15      } catch (InterruptedException e) {
```

```
16            e.printStackTrace();
17        }
18        count = listItem.size();                          //记录当前列表中有多少条数
19        data.addAll(listItem);                            //重新装载数据
20        listItem.clear();                                 //清空列表
21    }
```

（4）当用户上拉刷新时，调用子线程加载数据。可以实现对 ListView 的实时更新。利用子线程加载数据的相关代码如下。

✍ **代码位置**：见随书源代码/第 6 章/F_Team_Android/java/com/example.Team_Android 目录下的 MainCampaignActivity.java。

```
1   private class thread_shangla extends Thread {          //上拉加载更多信息的子线程
2       @Override
3       public void run() {
4           if (num < 5) {                                 //判断剩余数据是否大于 5
5               n = num;
6               x = x + n;
7               num = num - n;
8           } else {
9               n = 5;
10              x = x + n;
11              num = num - n;
12          }
13          zong = NetInfoUtil.getallhuodongmessage();      //获得活动信息
14          all = new String[n][zong.get(0).length];        //获得这次加载的活动信息
15          name = new String[all.length];                  //创建活动名称数组
16          time = new String[all.length];                  //创建活动时间数组
17          didian = new String[all.length];                //创建活动地点数组
18          id = new String[all.length];                    //创建活动 ID 数组
19          image = new String[all.length];                 //创建活动图片名称数组
20          all_image = new byte[all.length][];             //创建活动图片 byte 数组
21          imageData = new Bitmap[all.length];             //创建活动图片 Bitmap 数组
22          if (zong.get(0)[0].equals("")) {
23          } else {
24              for (int i = 0; i < n; i++) {              //遍历数组
25                  for (int j = 0; j < zong.get(i).length; j++) {
26                      all[i][j] = zong.get(x - n + i)[j];//得到这次加载的活动信息
27                      name[i] = all[i][0];               //得到这次加载的活动标题信息
28                      time[i] = all[i][1];               //得到这次加载的活动时间信息
29                      didian[i] = all[i][2];             //得到这次加载的活动地点信息
30                      id[i] = all[i][3];                 //得到这次加载的活动 ID 信息
31                      image[i] = all[i][4] + ".png";     //得到这次加载的活动图片信息
32              }}
33              for (int i = 0; i < n; i++) {
34                  if (F_GetBitmap.isEmpty(image[i])) {    //是否保存当前图片
35                      all_image[i] = NetInfoUtil.getPicture(image[i])  //获得图片数据;
36                      F_GetBitmap.setInSDBitmap(all_image[i], image[i]);//存到本地
37                      InputStream input = null;
38                      BitmapFactory.Options options = new BitmapFactory.Options();
39                      options.inSampleSize = 2;           //设置图片缩放比例
40                      input = new ByteArrayInputStream(all_image[i]);  //读取二进制数据
41                      @SuppressWarnings({ "rawtypes", "unchecked" })
42                      SoftReference softRef = new SoftReference(
43                      BitmapFactory.decodeStream(input, null, options)); //生成 Bitmap
44                          imageData[i] = (Bitmap) softRef.get();  //将Bitmap信息存入数组
45                  } else {
46                      imageData[i] = F_GetBitmap.getSDBitmap(image[i]);//拿到 Bitmap
47                      if (F_GetBitmap.bitmap != null
48                          && !F_GetBitmap.bitmap.isRecycled()) {
49                          F_GetBitmap.bitmap = null;
50                  }}}
54              for (int i = 0; i < name.length; i++) {    //填充数据
55                  Map<String, Object> map = new HashMap<String, Object>();
53                  map.put("name", name[i]);
54                  map.put("time", time[i]);
55                  map.put("image", imageData[i]);
```

```
56                    map.put("didian", didian[i]);
57                    map.put("id", id[i]);
58                    listItem.add(map);
59         }}}}
```

6.6.7 Android 端与服务器的连接

本小节将向读者介绍 Android 端与服务器的连接。当 Android 端想要获取数据或更新数据库信息的时候，就要与服务器建立连接，向服务器发送请求，得到服务器的反馈信息，才能达到用户的目的，下面请读者看具体代码。

代码位置：见随书源代码/第 6 章/F_Team_Android/java/com/bn/ util 目录下的 NetInfoUtil.java。

```
1   package com.bn.util;
2   ......//此处省略了一些导入相关类的代码，读者可自行查阅随书附带的源代码
3   public class NetInfoUtil {
4     public static Socket ss=null;                              //声明 Socket 的引用
5     public static DataInputStream din=null;                    //声明输入流的引用
6     public static DataOutputStream dos=null;                   //声明输出流的引用
7     public static String message="";                           //创建临时存储字符串
8     public static byte[] data;                                 //声明 byte 信息缓存数组
9     public static void connect() throws Exception{             //通信建立方法
10      ss=new Socket("10.16.189.186",10006);                    //确定 IP 地址和端口号
11      din=new DataInputStream(ss.getInputStream());            //拿到输入流
12      dos=new DataOutputStream(ss.getOutputStream());          //拿到输出流
13    }
14    public static void disConnect(){                           //通信关闭
15      if(dos!=null){                                           //若输出流不为 null
16        try{dos.flush();}catch(Exception e){e.printStackTrace();}  //关闭输出流
17      }if(din!=null){                                          //若输入流不为 null
18        try{din.close();}catch(Exception e){e.printStackTrace();}  //关闭输入流
19      }if(ss!=null){                                           //若 socket 不为 null
20        try{ss.close();}catch(Exception e){e.printStackTrace();}   //关闭 socket
21      }}
22    public static List<String[]> gethuodongtime(){             //获取活动时间信息
23      try{
24        connect();                                             //调用通信建立方法
25        dos.writeUTF(Constant.GetAllHuodongTime );             //向服务器发送请求
26        message=din.readUTF();                                 //拿到回复信息
27      }catch(Exception e){                                     //捕捉异常
28        e.printStackTrace();                                   //打印异常信息
29      }finally{
30        disConnect();                                          //通信关闭
31      }
32      return StrListChange.StrToList(MyConverter.unescape(message));  //返回活动时间信息
33    }
34    ......//此处代码与上述相似，故省略，读者可自行查阅随书的源代码
35  }
```

- 第 9～13 行建立通信。确定 Socket 的 IP 地址和端口号，拿到输入流和输出流。因为下面都会用到，所以这里单独写一个方法，直接调用就好。
- 第 14～23 行关闭输入流、输出流以及 Socket。因为内存是有限的，不能在信息传递结束后依然保持 Android 端与服务器的连接，所以一定要把该关闭的关闭了。
- 第 24～35 行用于从 Android 端向服务器获取活动时间信息。首先建立通信，然后就可以向服务器发送请求，接下来得到服务器的反馈信息。最后关闭打开的连接，返回获取信息。
- 在连接服务器后获取的字符串不能直接使用，需要在本地进行解码，才能呈现正确内容。
- 在声明输入输出流等相关变量时，必须设置为静态变量。

说明　　其他 Android 端与服务器通信的代码与社团获取信息大致相同,代码这里省略，读者可自行查阅随书附带的源代码。

6.6.8 个人功能模块的实现

上一小节介绍了 Android 端与服务器连接，本小节将介绍个人模块的开发。通过单击最下面菜单栏的个人，切换到个人界面。该界面实现了注销、修改资料、意见反馈等功能，做到了用户方便管理自己的信息。

1. 个人界面功能的实现

由于个人信息模块的界面搭建的代码与上面介绍的其他模块界面搭建的代码大致相似，所以，在这里就不再向读者一一介绍了。下面将主要向读者介绍个人信息模块的具体功能的开发，使读者具体了解该模块的功能，其具体实现代码如下。

代码位置：见随书源代码/第 6 章/ F_Team_Android/java/com/example.Team_Android 目录下的 MainMyselfActivity.java。

```
1    package com.example.team_school_android;
2    ......//此处省略了一些导入相关类的代码，读者可自行查阅随书附带的源代码
3    public class user_myself extends Activity{
4      ......//此处省略定义变量的代码，请自行查看源代码
5      @Override
6      protected void onCreate(Bundle savedInstanceState){    //重写 onCreate 方法
7        super.onCreate(savedInstanceState);                   //调用父类构造函数
8        Exit.getInstance().addActivities(this);               //调用退出方法
9        requestWindowFeature(Window.FEATURE_NO_TITLE);        //取消顶部 title
10       setContentView(R.layout.myself_activity);             //切换到个人界面
11       thread_getuserpicture th=new thread_getuserpicture(); //调用线程获取用户头像
12       th.start();
13       ......//此处省略了设置显示头像和 ID 位置的代码，读者可自行查阅随书附带的源代码
14       shezhi.setOnClickListener(new View.OnClickListener(){ //为设置按钮添加监听
15         @Override
16         public void onClick(View v) {
17           Intent it = new Intent(user_myself.this,user_shezhi.class); //设置跳转界面
18           it.putExtra("name", name);                        //存储姓名信息
19           startActivity(it);                                //跳转界面
20         }});
21       ......//此处省略了与上述跳转 Activity 代码重复的监听代码，读者可自行查阅随书附带的源代码
22       FontManager.initTypeFace(this);                       //设置字体
23       FontManager.changeFonts(FontManager.getContentView(this),this);
24     }
25     private class thread_getuserpicture extends Thread{     //定义线程
26       @Override
27       public void run(){
28         image=NetInfoUtil.getuseronephoto(Constant.userName);  //获取头像名称
29         name=NetInfoUtil.getusername(Constant.userName);       //获取姓名
30         zhuangtai=NetInfoUtil.getuserstatic(Constant.userName);//获取状态
31         if(F_GetBitmap.isEmpty(image)) {                    //判断头像名是否为空
32           all_image=NetInfoUtil.getPicture(image);          //根据头像名获取头像
33           F_GetBitmap.setInSDBitmap(all_image, image);
34           InputStream input = null;
35           BitmapFactory.Options options = new BitmapFactory.Options();
36           options.inSampleSize = 2;
37           input = new ByteArrayInputStream(all_image);
38           @SuppressWarnings({ "rawtypes", "unchecked" })
42           SoftReference softRef = new SoftReference(BitmapFactory.decodeStream(
39             input, null, options));
40           imageData = (Bitmap) softRef.get();
41         }
42         else{
43           imageData=F_GetBitmap.getSDBitmap(image);//拿到的是 BitMap 类型的图片数据
44           if(F_GetBitmap.bitmap!=null && !F_GetBitmap.bitmap.isRecycled()){
45             F_GetBitmap.bit map = null;
46         }}}}
47     ......//此处省略了重写的系统返回键方法，读者可自行查阅随书附带的源代码
48     }}
```

- 第 14～22 行用于为 TextView 添加监听，当用户单击该 TextView 后便会发送显示 Intent，跳转到用户想要跳转的界面。并且还包括了弹出对话框提示的功能，更好地为用户的使用提供了方便。
- 第 27～47 行用于定义线程调用 NetInfoUtil 相关方法，获取数据库中信息，显示在界面指定地方，补全用户信息。另外根据数据库中的头像名可以获取服务器中的指定图片，方便用户查看自己的相关信息。
- 在这里需要说明的是，由于获取数据是联网进行的，在 Android 中需要在子线程获取联网数据。所以在这里，所有的联网操作均在子线程中操作。
- 第 8 行为在工具类中的一个方法，把每个 activity 加入到一个链表中去，在退出时清空链表中所有数据，所有界面也就都退出了。
- 以上代码中的 Constant.username 为登录者的账号，在用户登录后，用户账号会自动保存到常量类中，方便之后的信息获取。
- 鉴于篇幅的限制，系统返回键的监听方法不在这里讲解，有兴趣的读者可以上网查阅相关资料或者查看随书源代码。
- 在子线程中，获取相关的图片、状态、姓名等信息时，均是根据用户 id 进行操作的。

> **说明** 因篇幅有限，上述代码省略了大量重复的代码，其中重写的系统返回键监听方法，读者可自行查看随书的源代码。

2. 个人资料模块功能的实现

下面将具体介绍"个人资料"功能的内容和实现。其实现了用户查看自己的相关信息和修改部分内容的功能，其中可以修改昵称、性别、学院、专业、邮箱等信息。本部分只介绍个人资料界面的相关内容，其具体代码如下。

代码位置：见随书源代码/第6章/F_Team_Android/java/com/bn/user_myself 目录下的 user_gerenziliao.java。

```
1   package com.bn.user_myself;
2   ......//此处省略了一些导入相关类的代码，读者可自行查阅随书附带的源代码
3   public class user_gerenziliao extends Activity {
4   ......//此处省略定义变量的代码，请自行查看源代码
5       @Override
6       protected void onCreate(Bundle savedInstanceState) {      //重写 onCreate 方法
7           super.onCreate(savedInstanceState);                    //调用父类构造函数
8           requestWindowFeature(Window.FEATURE_NO_TITLE);         //取消界面顶部 title
9           setContentView(R.layout.geren_gerenziliao);            //切换到修改密码的界面
10          pd = new ProgressDialog(this);                         //定义 ProgressDialog 对象
11          pd.setMessage("加载中...");                            //设置显示信息
12          photopath=Constant.userName;                           //获取用户 ID
13          FontManager.changeFonts(FontManager.getContentView(this), this);   //设置字体
14          baocun.setOnClickListener(new View.OnClickListener() {   //为保存键添加监听
15              @Override
16              public void onClick(View v) {                       //重写单击方法
17                  if(username.getText().equals(null)||name.getText().equals("")
                    //如果添加的信息不为空
18                  ||sex.getHint().equals(null)||sex.getText().equals("")||e_mail.getText().
                    equals("")||
19                  pen.getText().equals("")||phone.getText().equals("")){
20                      Toast.makeText(user_gerenziliao.this,"不可有空的选项",Toast.LENGTH_SHORT)
21                      .show();}                                   //Toast 提示
22                  else {
23                      thread_set th = new thread_set();
24                      th.start();                                 //启动 thread_set()线程
25                      try {
26                          th.join();                              //将此线程加入主线程
```

```
27              } catch (InterruptedException e) {              //捕获异常
28                  e.printStackTrace();
29              }
30              ......//此处省略定义AlertDialog提示框的代码,请自行查看源代码
31          }}});
32      ......//此处省略了一些与上述Toast提示大致相同的代码,读者可自行查阅随书附带的源代码
33      thread th_1 = new thread();                               //定义th_1对象
34      th_1.start();                                             //启动th_1对象
35      try {
36          th_1.join();                                          //将线程加入主线程
37      } catch (InterruptedException e) {
38          e.printStackTrace();                                  //捕获线程
39      }
40      FontManager.initTypeFace(this);                           //设置字体
41      FontManager.changeFonts(FontManager.getContentView(this), this);
42  }
43  ......//此处省略了获取相关信息线程的方法,读者可自行查阅随书附带的源代码
44  }
```

- 第14～30行为保存键添加监听,当用户单击保存后,系统首先判断用户所填入内容是否为空,如果为空,则Toast提示;如果不为空,则调用线程,获取相关信息,并显示在指定地方。
- 第33～39行设置线程,根据用户的ID获取用户加入的社团、用户的头像名、用户的姓名、性别和联系方式等信息。并根据用户的头像名获取服务器中的图片。最后将这些获得信息显示在指定的位置。
- 在17～21行判定输入的内容,在修改个人信息界面中,如果提交的数据有空的选项,在本地就会弹出toast,提示用户有空的选项。
- 第13行设置字体中,用的是工具类中的字体,如果用户需要更换字体,可以上网下载不同字体,替换项目中的字体即可。
- 在用户添加或者更换头像时,每次是以用户的id进行图片保存,这样不会导致图片名混乱。
- 第41～42行为更换字体的相关方法。

3. 登录模块功能的实现

(1)对于本软件来说,用户如果想进入主界面,首先要根据自己的账号和密码进行登录,只有登录后才能进入本软件程序,查看和应用本软件程序的强大功能。下面将具体介绍用户登录功能的内容和实现,其具体实现代码如下。

代码位置:见随书源代码/第6章/ F_Team_Android/java/com/bn/login 目录下的 LoginActivity.java。

```
1   package com.example.login;
2   ......//此处省略了一些导入相关类的代码,读者可自行查阅随书附带的源代码
3   @SuppressLint({ "HandlerLeak", "WorldReadableFiles" })
4   public class LoginActivity extends Activity implements OnClickListener{
5   ......//此处省略定义变量的代码,请自行查看源代码
6   @Override
7   protected void onCreate(Bundle savedInstanceState){            //重写onCreate方法
8       super.onCreate(savedInstanceState);                        //调用父类构造函数
9       requestWindowFeature(Window.FEATURE_NO_TITLE);             //取消界面顶部title
10      setContentView(R.layout.loginactivity);                    //切换到登录的界面
11      Exit.getInstance().addActivities(this);                    //调用退出方法
12      sp=this.getSharedPreferences("userInfo",MODE_WORLD_READABLE); //获取用户所有信息
13      sign.setOnClickListener(this);                             //为登录按钮添加监听
14      register.setOnClickListener(this);                         //为注册按钮添加监听
15      pd = new ProgressDialog(this);                             //建立对话对象
16      if(sp.getBoolean("CHECK", false)){
17          ......//此处省略了设置信息位置的方法,读者可自行查阅随书附带的源代码
18          thread_get2 th=new thread_get2();                      //建立获取账号状态的线程对象
19      th.start();                                                //启动线程
20      try{
```

```
21         th.join();                                          //将此线程加入主线程
22       }catch(Exception e){                                  //捕获异常
23         e.printStackTrace();
24       }
25       if(zhuangtai2.equals("1")){                           //判断状态是否被封
26         Intent in=new Intent(LoginActivity.this,MainFrame.class);   //进入主界面
27         startActivity(in);
28       }
29       else if(zhuangtai2.equals("0")){
30         Toast.makeText(LoginActivity.this,,"账号被封,不能登录!!", Toast.LENGTH_SHORT).show();
31     }}}                                                     //Toast 提示账号被封
32     ......//此处省略了其他目的弹出对话框的代码,读者可自行查阅随书附带的源代码
33     @Override
34     public void onClick(View v){                             //为不同按钮添加监听
35       ......//此处省略了为不同按钮设置监听的代码,读者可自行查阅随书附带的源代码
36   }}
37   void login(String userNameValue, String passwordValue){
38     ......//此处省略了重写的获取账号信息的线程方法,读者可自行查阅随书附带的源代码
39     new Thread(new Runnable(){
40       @Override
41       public void run() {
42         if(count.equals("1")){
43           ......//此处省略了当登录成功后获取用户信息的方法,读者可自行查阅随书附带的源代码
44           Intent ii=new Intent(LoginActivity.this,MainFrame.class);  //账号被封后返回登录界面
45           startActivity(ii);
46           try {
47             Thread.sleep(1000);                              //线程休眠
48           } catch (InterruptedException e) {
49             e.printStackTrace();                             //捕获异常
50           }
51           pd.dismiss();
52         }else{
53           mHandler.sendEmptyMessage(FAIL);                   //提示框消失
54           pd.dismiss();
55     }}}).start();                                            //线程开始
56   }
57   ......//此处省略了重写的系统返回键方法,读者可自行查阅随书附带的源代码
58 }
```

● 第 16～31 行为登录按钮的监听器内容,当用户填写好信息后单击登录按钮,便会启动登录线程。系统会判断用户状态,如果没有被封,则进入主界面;否则会弹出对话框提示用户。

● 第 37～56 行为当用户已经登录后的判断内容,当用户账号被封后,将无法进入主界面,界面会弹回登录界面,并弹出对话框提示用户账号状态。

● 在用户第一次登录过后,Android 中的内存会记住登录者的账号和密码,方便用户登录,减少用户重复输入密码和账号的麻烦。

● 用户如果没有被封号就可以正常登录,如果被管理员封号,在单击登录按钮时就会提示账号被封。

● 用户如果登录成功,则提示登录成功,加载界面动画消失;如果登录不成功,则提示相关错误信息,加载动画消失。

● 以上代码中省去了设置信息位置的方法,读者可自行查看随书源代码。

● 在线程中加入加载动画时,加载动画的显示方法需要在 run 方法之前调用,在 run 方法中消失。

● 在用户输入账号和密码后,验证是否能登录的流程是,先判断两者是否有错误,再判断账号是否被封,进而判断是否能登录。

● 在子线程中发提示消息时,需要再使用 Handler 发送提示消息。

(2) 当用户已经登录成功过,第二次打开程序时,无需再输入账号密码,因为第一次登录时系统已经将输入的信息保存下来。下面详细介绍其实现代码。

> **代码位置**：见随书源代码/第 6 章/ F_Team_Android /java/com/bn/login 目录下的 LoginActivity.java。

```java
1    if (sp.getBoolean("CHECK", false)) {                          //判断是否是第一次登录
2        username.setText(sp.getString("USER_NAME", ""));          //设置显示账号
3        password.setText(sp.getString("PASSWORD", ""));           //设置显示密码
4        Constant.userName = sp.getString("USER_NAME", "");        //保存用户账号
5        Constant.userPassword = sp.getString("PASSWORD", "");     //保存用户密码
6        Constant.userToken = sp.getString("Token", "");
7        ss = Constant.userName;                                   //获取账号
8        thread_get2 th = new thread_get2();
9        th.start();                                               //开始线程
10       try {
11           th.join();                                            //加入主线程
12       } catch (Exception e) {
13           e.printStackTrace();
14       }
15       if (zhuangtai2.equals("1")) {                             //如果账号没有被封
16           Intent in = new Intent(LoginActivity.this, MainFrame.class);  //设置跳转界面
17           startActivity(in);//开始跳转
18       } else if (zhuangtai2.equals("0")) {                      //如果账号被封
19           Toast.makeText(LoginActivity.this, "账号被封,不能登录!!",Toast.LENGTH_SHORT).show();
20   }}}
```

- 第 2~6 行为对输入信息的保存，系统将用户的账号和密码保存在常量类中，第二次登录时无需再次输入，只需调用即可。
- 第 15~20 行判断用户账号的状态，如果账号没有被封，当登录成功后，界面就会跳转到主界面，可以实现相应功能。如果被封号，Toast 会提示其账号已被封。

4. 注销功能的实现

注销功能是一款软件不可或缺的部分，当用户需要切换账号时，需要先注销当前账号。下面将对注销功能进行详细介绍。

> **代码位置**：见随书源代码/第 6 章/F_Team_Android/java/com/bn/user_myself 目录下的 user_shezhi.java。

```java
1    Intent logoutIntent = new Intent(user_shezhi.this, LoginActivity.class);
     //设置跳转界面
2    logoutIntent.setFlags(Intent.FLAG_ACTIVITY_CLEAR_TASK | Intent.FLAG_ACTIVITY_NEW_TASK);
3    startActivity(logoutIntent);                                  //开始跳转
4    LoginActivity.sp.edit().clear().commit();                     //清除数组信息
```

当单击注销后，系统会跳转到登录界面，并将所存储的信息全部删除。

5. 注册功能的实现

用户打开社团宝第一件事应该是注册一个属于自己的账号，只有拥有自己账号并登录以后才能进入社团宝，查看和使用社团宝的强大的功能。在这里我们将详细介绍本软件的注册功能的实现代码。其具体的实现代码如下所示。

> **代码位置**：见随书源代码/第 6 章/ F_Team_Android /java/com/bn/util 目录下的 F_GetBitmap.java。

```java
1    package com.bn.util;
2    ......//此处省略了一些导入相关类的代码，读者可自行查阅随书附带的源代码
3    public class registerActivity extends Activity {
4        ......//此处省略定义变量的代码，请自行查看源代码
5        @Override
6        protected void onCreate(Bundle savedInstanceState) {      //重写 onCreate 方法
7            super.onCreate(savedInstanceState);                   //调用父类构造函数
8            requestWindowFeature(Window.FEATURE_NO_TITLE);        //取消界面顶部 title
9            setContentView(R.layout.de_ac_register);              //切换到注册的界面
10           Exit.getInstance().addActivities(this);               //调用退出方法
11           yonghuming.setOnFocusChangeListener(new OnFocusChangeListener() {  //为按钮添加监听
12               @Override
```

```
13        public void onFocusChange(View arg0, boolean hasFocus) {    //重写焦点改变方法
14          if (hasFocus) {//如果获得焦点
15            usernamel.setBackgroundResource(R.drawable.roundshapepress);   //显示出自定义边框
16          } else {
17            usernamel.setBackgroundResource(R.drawable.roundshape);   //显示出系统边框
18          }}});}
19      public void judgeusernamerepetitionThread() {                 //定义判断线程
20        new Thread() {
21          @Override
22          public void run() {
23            ......//此处省略判断填写内容,并弹出提示框内容的代码,请自行查看源代码
24          }
25          @Override
26          public Dialog onCreateDialog(int id) {                    //重写Dialog方法
27            Dialog dialog = null;                                   //定义Dialog对象
28              switch (id) {
29              ......//此处省略定义提示框内容的代码,请自行查看源代码
30            }
31        return dialog;
32      }
33   ......//此处省略重写系统返回键的代码,请自行查看源代码
34   }
```

- 第11~18行为所有文本框添加监听,当单击文本框时会弹出自定义的边框。
- 第19~24行为判断文本框输入内容的线程,该方法会判断所填写的内容是否符合规定,符合规定后会将所注册的内容传送至数据库。
- 第26~32行为提示框内容,当单击按钮后,会根据判断弹出不同的对话框。
- 以上代码中省去了一些toast的相关信息,读者可自行查阅随书源代码。

6.6.9 图片处理

本小节将向读者介绍Android端图片处理的方式。在项目中,总会涉及图片数据的传递,如果每次都向服务器请求图片的数据,就会大大降低用户的体验感,所以一般的想法是把图片存储在SD卡中,这样会大大提高运行效率,下面请读者看源代码。

代码位置:见随书源代码/第6章/ F_Team_Android /java/com/bn/util 目录下的 F_GetBitmap.java。

```
1    package com.bn.util;
2    ......//此处省略了一些导入相关类的代码,读者可自行查阅随书附带的源代码
3    public class F_GetBitmap {
4      public static Bitmap bitmap = null;                            //声明Bitmap的引用
5      public static String filePath;                                 //声明文件夹路径字符串
6      public static String picFilePath;                              //声明图片路径字符串
7      public static File file;                                       //声明文件的引用
8      public static boolean isEmpty(String picName){                 //判断图片是否存在
9        if(Environment.getExternalStorageState().equals(             //判断SD卡是否存在
10         android.os.Environment.MEDIA_MOUNTED)){
11         filePath=Environment.getExternalStorageDirectory()         //拿到文件夹路径
12           +"/download_test";
13         file=new File(filePath);                                   //创建文件夹对象
14         if(!file.exists()){file.mkdirs();}                         //判断文件夹是否存在
15      picFilePath=Environment.getExternalStorageDirectory().toString()//拿到图片路径
16      +"/download_test"+"/"+picName;
17      file=new File(picFilePath);                                   //创建图片对象
18      if(file.exists()){                                            //若图片存在
19        return false;                                               //返回false
20      }else{return true;}                                           //若图片不存在
21      return true;                                                  //没有图片数据
22    }
23    public static Bitmap getSDBitmap(String picName){               //获取图片数据
24      picFilePath=Environment.getExternalStorageDirectory()         //拿到图片路径
25        +"/download_test"+"/"+picName;
26      BitmapFactory.Options options = new BitmapFactory.Options();  //创建Options对象
27      options.inSampleSize = 2;                                     //横宽各缩小两倍
```

```
28          Bitmap bit = BitmapFactory.decodeFile(picFilePath,options);//拿到图片数据
29          return bit;                                              //返回图片数据
30      }
31      public static void setInSDBitmap(byte[] bb,String picName){//获取图片数据
32          filePath=Environment.getExternalStorageDirectory()       //拿到文件夹路径
33          +"/download_test/";
34          bitmap=BitmapFactory.decodeByteArray(bb, 0,bb.length);   //byte 转为 bitmap
35          file=new File(filePath);                                 //创建文件夹对象
36          if(!file.exists()){file.mkdir();}                        //判断文件夹是否存在
37          FileOutputStream fos=null;                               //声明输出流的引用
38          file=new File(filePath+"/"+picName);                     //创建图片对象
39          try{
40              fos = new FileOutputStream(file);                    //创建输出流对象
41              bitmap.compress(Bitmap.CompressFormat.PNG, 90, fos); //读到 SD 卡中
42              fos.flush();                                         //清空输出流
43              fos.close();                                         //关闭输出流
44          }catch(Exception e){                                     //捕获异常
45              e.printStackTrace();                                 //打印异常信息
46      }}}
```

- 第 8~22 行判断图片是否存在 SD 卡中。根据返回的 boolean 值作为判断来确定下一步是向服务器请求获取图片信息还是直接从 SD 卡中得到图片数据。
- 第 23~30 行根据图片路径获取图片数据,并且在获取的时候缩小图片宽高各一半,为了减小内存的消耗,在一定程度上缓解了内存不足的问题。
- 第 31~46 行把从服务器上获得的图片数据存储到 SD 卡中,以便下次读取图片数据的时候直接判断 SD 卡中是否存在目标图片。若有,则调用 getSDBitmap 方法,从 SD 卡中获取图片数据,减少数据传输的时间,增加用户体验感。
- 在从 SD 卡中获取图片时,压缩完后拿到的图片是 Bitmap 类型的。
- 将图片存到 SD 卡中时,需要先创建输出流,在传输完毕后要将输出流清空并关闭。
- 在对流对象进行操作时,需要将操作加入到 try/catch 语句中,防止操作不成功直接崩溃。
- 在程序一开始,声明各种路径以及声明图片时,必须设置为静态变量。

> **说明** 图片处理是 Android 项目不可忽视的一个问题,处理的好坏也就决定了在大数据时代中程序是否因为内存不足而瘫痪。所以这块的内容是十分重要的。

6.6.10 Exit 类的搭建

Android 端的各项操作中,退出操作是每个项目必须考虑到的一个细节,就是要把所有打开的窗口都关闭。本小节介绍的就是 Exit 类的搭建,其具体代码如下。

代码位置:见随书源代码/第 6 章/ F_Team_Android /java/com/bn/util 目录下的 Exit.java。

```
1   package com.bn.util;
2   ......//此处省略了一些导入相关类的代码,读者可自行查阅随书附带的源代码
3   public class Exit {
4     public static List<Activity> activity=new LinkedList<Activity>();
      //声明 Activity 存储列表
5     private static Exit instance;                            //声明 Exit 类引用
6     public static Exit getInstance(){                        //获取 Exit 类的引用方法
7       if(null == instance){ instance = new Exit();}          //若引用为空,返回 Exit 的引用
8       return instance;                                       //返回类的引用
9     }
10    public void addActivities(Activity ac){ activity.add(ac);}//向列表中加入 activity
11    public static void exitActivity(){                       //关闭所有 Activity 方法
12      for(Activity ac:activity){ ac.finish();}               //遍历界面信息列表
13    }}
```

- 第 6~9 行获取 Exit 类的引用。若 instance 为 null 则重新获取类的引用。

- 第 10 行添加 Activity 到 Activity 缓存列表里面。每当打开一个 Activity 的时候，就把它放入 Activity 缓存列表，关闭程序时关闭列表所有 Activity 即可。
- 第 11~13 行遍历 Activity 缓存列表，把 Activity 缓存列表里所有的 Activity 全部关闭。

> **说明** Exit 类简单易懂，读者可直接使用。在退出时直接调用 exitActivity 方法，可直接关闭所有 Activity 缓存列表中的 Activity。

6.6.11 社团主界面的构建

介绍完了某些特定功能在本应用中功能和开发之后，本小节将介绍社团主界面功能的具体实现，让读者更全面地了解应用的运行过程。在这一小节中我们将会对社团界面功能的总体应用有一个系统的了解和认识，以便更好地理解软件的设计。

在启动软件进入主程序之后，首先进入主界面，即框架显示社团界面。此时启动线程对主界面 ListView 加载数据，设置 ListView 单击监听器和滑动监听器，设置适配器等重要任务。由于相关功能代码在前面章节已经介绍，此处会做相关省略，具体代码如下。

> **代码位置**：见随书源代码/第 6 章/F_Team_Android/java/com/example.Team_Android 目录下的 MainCommunityActivity.java。

```
1   package com.example.Team_Android;
2   ......//此处省略了一些导入相关类的代码，读者可自行查阅随书附带的源代码
3   public class MainCommunityActivity extends Activity implements
    OnPageChangeListener, OnScrollListener{
4   ......//此处省略定义变量的代码，请自行查看源代码
5   @Override
6   protected void onCreate(Bundle savedInstanceState) {   //重写 onCreate 方法
7       super.onCreate(savedInstanceState);                //调用父类构造函数
8       requestWindowFeature(Window.FEATURE_NO_TITLE);     //取消顶部 title
9       setContentView(R.layout.activity_main);            //切换到社团界面
10      Exit.getInstance().addActivities(this);            //调用退出方法
11      ......//此处省略定义图片画廊并设置监听的代码，请自行查看源代码
12      search.setOnClickListener(new View.OnClickListener() { //为设置键添加监听
13          @Override
14          public void onClick(View v) {                  //单击方法
15              title.setVisibility(View.GONE);            //界面设置为不可见
16              title_gone.setVisibility(View.VISIBLE);    //界面设为可见
17          }});
18      thread_shetuan th = new thread_shetuan();          //建立获取全部社团对象
19      th.start();                                        //启动线程
20      ......//此处省略了搜索框搜索内容方法，读者可自行查阅随书附带的源代码
21      }
22      ......//此处省略了为按钮设置监听的代码，请自行查看源代码
23      private class thread_shetuan extends Thread {      //声明线程
24          @Override
25          public void run() {                            //定义线程方法
26          ......//此处省略了获取全部社团内容的方法，读者可自行查阅随书附带的源代码
27          }
28      ......//此处省略了为对话框添加监听的方法，读者可自行查阅随书附带的源代码
29      public void initBaseAdapter() {
30          base = new baseAdapter(this);                  //建立 baseAdapter 对象
31          ......//此处省略了设置 ListView 内容的方法，读者可自行查阅随书附带的源代码
32          }});}
33          @Override
34      private class thread_shetuan2 extends Thread {     //声明线程
35          @Override
36          public void run() {                            //定义线程方法
37          ......//此处省略了异步加载的方法，读者可自行查阅随书附带的源代码
38      }
39      ......//此处省略了重写的系统返回键方法，读者可自行查阅随书附带的源代码
```

- 第 12～17 行是为 TextView 按钮添加监听，由于代码量较大，并且功能大致相同，所以省略了部分重复的代码。其功能是单击不同的按钮，执行不同的方法。
- 第 18～20 行为执行获取全部社团信息的方法。系统开始后会根据服务器中的方法获取数据库中社团的信息，如社团名称、口号、头像名称等。
- 第 29～32 行为设置 ListView 内容的代码，系统会将数据库中各个社团的信息显示在不同的行上，并设置其显示位置。
- 搜索界面与顶部标题栏是重合的，搜索界面起始状态设置为不可见，在单击搜索按钮后，显示搜索界面，隐藏顶部标题栏。
- 以上界面中省去了 ListView 相关的适配器操作，读者可以自行查看随书源代码。
- 在进行社团搜索时，把搜索的子线程放到了异步加载中，防止子线程阻塞主线程。

6.6.12 活动主界面的构建

介绍完了社团功能模块在本应用中功能和开发之后，这一小节将介绍活动界面功能的具体实现，让读者更全面地了解应用的运行过程。运行程序后大家会发现活动界面内容和功能与社团界面大致相同，下面为大家具体介绍。

（1）首先将介绍活动界面跳转后的运行流程，包含有布局的获取和实现功能等一些细节，比如返回键以及滑屏功能的实现，其具体代码如下。

代码位置：见随书源代码/第 6 章/ F_Team_Android /java/com/example.Team_Android 目录下的 MainCampaignActivity.java。

```
1    package com.example.Team_Android;
2    ......//此处省略了一些导入相关类的代码，读者可自行查阅随书附带的源代码
3    public class MainCampaignActivity extends Activity implements
     OnPageChangeListener, OnScrollListener {
4    ......//此处省略定义变量的代码，请自行查看源代码
5    @Override
6    protected void onCreate(Bundle savedInstanceState) {        //重写 onCreate 方法
7        super.onCreate(savedInstanceState);                      //调用父类构造函数
8        requestWindowFeature(Window.FEATURE_NO_TITLE);           //取消顶部 title
9        setTheme(android.R.style.Theme_Holo_Dialog);             //设置 Dialog 形式
10       setContentView(R.layout.huodong_activity_main);          //转换到活动界面
11       Exit.getInstance().addActivities(this);                  //调用退出方法
12       pd2 = new ProgressDialog(this);                          //创建对话框对象
13       ......//此处省略了设置滑屏的代码，读者可自行查阅随书附带的源代码
14       nodate_image.getBackground().setAlpha(150);              //设置图片透明度
15       school.setOnClickListener(new View.OnClickListener() {   //为图标添加监听
16           @Override
17           public void onClick(View v) {                        //单击方法
18               Intent intent = new Intent(Intent.ACTION_VIEW);  //声明对象
19               intent.setData(Uri.parse("http://www.ncst.edu.cn")); //设置跳转网站
20               startActivity(intent);                           //开始跳转
21           }});
22       search.setOnClickListener(new View.OnClickListener() {   //为搜索按钮添加监听
23           @Override
24           public void onClick(View v) {                        //单击方法
25               title.setVisibility(View.GONE);                  //界面设为不可见
26               title_gone.setVisibility(View.VISIBLE);          //界面设为可见
27           }});
28       thread_ntd th = new thread_ntd();                        //声明线程对象
29       th.start();                                              //开始线程
30       @Override
31       public void afterTextChanged(Editable s) {               //设置文本框内容改变后的方法
32           for (int i = 0; i < huodongname.length; i++) {
33               if (actv.getText().toString().trim().equals(huodongname[i].toString().
                 trim())) {      //判断单击内容
34                   String messa = actv.getText().toString();   //获取输入内容
35                   Intent it=new Intent(MainCampaignActivity.this,huodong_sousuo.class
```

```
36                );                       //声明跳转对象
37                it.putExtra("sousuo", messa);                //存储搜索内容
                  startActivity(it);                           //开始跳转
38          }}}}});
39          FontManager.initTypeFace(this);                    //设置字体
40          FontManager.changeFonts(FontManager.getContentView(this), this);
41      }
```

- 第 6～14 行为进入 onCreate 方法。取消顶部 Title，切换到 main_lost 布局，初始化字体设置，自定义字体，调用 Exit 类方法，开启 ProgressDialog，初始化缓存区，调用初始化按钮方法，向服务器发送获取数据请求。
- 第 15～27 行给所有控件添加监听，为每个按钮都设置了内容，当单击不同的按钮后，跳转不同的界面，执行不同的功能。
- 第 31～38 行为搜索功能，当文本框中输入关键字后，会调用数据库中所有活动名，判断匹配的内容，显示在文本框下方，单击可进入其详情界面。
- 在单击界面左上角的校徽按钮时，会弹出浏览器，自动跳转到学校的官网。
- 在单击搜索按钮时，除了界面的相关操作之外，会调用子线程，进行关键字搜索查询。

（2）下面将介绍活动主界面跳转后的其他功能实现，包括从数据库拿取信息，用于标题、内容、时间、图片等在界面上显示的过程以及监听器的添加实现，其具体代码如下。

```
1   public class MyAdapter extends PagerAdapter {                //创建 PagerAdapter 类
2     @Override
3     public Object instantiateItem(View container, final int position) {
4       public void onClick(View view) {                         //设置单击方法
5         Intent it = new Intent(MainCampaignActivity.this, HuoDongDetailActivity.
          class);//跳转到活动详情界面
6         ......//此处省略设置储存活动信息的代码，请自行查看源代码
7         startActivity(it);                                     //开始跳转
8     }});
9     return mImageViews[position % mImageViews.length];         //返回信息
10    }}
11    @Override
12    private class thread_ntd extends Thread {                  //获取活动信息的子线程
13      @Override
14      public void run() {                                      //定义线程
15        ......//此处省略从数据库获取全部活动信息内容并处理的代码，请自行查看源代码
16    }}}
17    public void inithandler() {                                //定义方法
18      Message msg = new Message();                             //声明 Message 对象
19      msg.what = 2;                                            //声明长度
20      mHandler2.sendMessage(msg);                              //传送信息
21    }
22    public Handler mHandler2 = new Handler() {
23      @Override
24      public void handleMessage(android.os.Message msg) {
25        ......//此处省略定义单击不同对话框执行不同内容的代码，请自行查看源代码
26    }}};
27    public void initBaseAdapter() {
28      base = new baseAdapter(this);                            //声明 baseAdapter 对象
29      listview.addFooterView(moreView);
30      listview.setAdapter(base);                               //添加适配器
31      listItem.clear();                                        //清空 ListView
32      listview.setOnScrollListener(this);                      //设置 listview 的滚动事件
33      setListViewHeightBasedOnChildren(listview);
34      listview.setOnItemClickListener(new OnItemClickListener() {
35        @Override
36        public void onItemClick(AdapterView<?> arg0, View arg1, int arg2, long arg3) {
37          ......//此处省略了设置活动显示内容的方法，读者可自行查阅随书附带的源代码
38        }});}
39      ......//此处省略设置内部适配器的代码，请自行查看源代码
40      private class thread_shangla extends Thread {            //上拉加载更多信息的子线程
41        @Override
42        ......//此处省略定义上拉加载的代码，请自行查看源代码
```

```
43      }}}
44      ……//此处省略了重写的系统返回键方法,读者可自行查阅随书附带的源代码    }
```

- 第 1~10 行中,当单击任意一行 ListView 之后,界面会跳转到对应的活动详情界面,并储存当前活动的详细信息,便于在活动详情界面显示出来。
- 第 27~43 行设置内部适配器,为 ListView 设置显示内容,并添加单击事件。
- ListView 中添加数据需要建立 ListView 的适配器,具体代码见随书源代码。
- 在 ListView 下部显示正在加载样式,需要将该界面加入到 ListView 下部,使用的是 addFooterView 方法。
- 在调用 ListView 适配器时,需要用 Handler 发送调用方法消息,否则会导致程序崩溃。
- 第 33 行实时设置 ListView 的高度,因为 ListView 加入到了滚动轴中,如果不进行高度计算,会导致 ListView 显示不完整。
- 从服务器中获取的信息加入到了 listItem 中,在调用适配器时,需要将其清空,否则会导致数据的紊乱。

6.6.13 社交主界面的构建

上一小节介绍了活动主界面功能模块的开发,本小节介绍的是社交功能模块的开发过程。本应用模块主要是针对用户与好友进行社交聊天用的,其目的是便于社团宝的用户进行交流。下面将给读者展示模块开发流程,具体步骤如下。

代码位置:见随书源代码/第 6 章/ F_Team_Android /java/com/example.Team_Android 目录下的 MainSocialActivity.java。

```
1    package com.example.Team_Android;
2    ……//此处省略了一些导入相关类的代码,读者可自行查阅随书附带的源代码
3    public class MainSocialActivity extends FragmentActivity {
4        ……//此处省略定义变量的代码,请自行查看源代码
5        @Override
6        protected void onCreate(Bundle savedInstanceState) {        //重写 onCreate 方法
7            super.onCreate(savedInstanceState);                     //调用父类构造函数
8            setContentView(R.layout.main_shejiao);                  //切换到社交界面
9            Exit.getInstance().addActivities(this);                 //调用退出方法
10           sousuo.setOnClickListener(new View.OnClickListener() {  //为搜索按钮添加监听
11               public void onClick(View v) {                       //设置单击方法
12                   Intent it=new Intent(MainSocialActivity.this,sousuolianxiren.class); //设置跳转界面
13                   startActivity(it);}});                          //界面跳转
14           InitImageView();                                        //初始化动画
15           InitTextView();                                         //初始化按钮监听
16       }
17       private void InitTextView() {                               //初始化按钮监听
18           textView1 = (TextView) findViewById(R.id.text1);        //获取 ID
19           textView2 = (TextView) findViewById(R.id.text2);
20           textView1.setOnClickListener(new MyOnClickListener(0)); //初始化
21           textView2.setOnClickListener(new MyOnClickListener(1)); }
22       private void InitImageView() {                              //初始化动画方法
23           ……//此处省略了初始化动画方法,读者可自行查阅随书附带的源代码}
24       public class MyOnPageChangeListener implements OnPageChangeListener{
25           int one = offset * 2 + bmpW;                            //从页卡 1 跳转到页卡 2,偏移量是 26
26       public void onPageSelected(int arg0) {
27           Animation animation = new TranslateAnimation(one*currIndex, one*arg0, 0, 0);
28           currIndex = arg0;
29           animation.setFillAfter(true);
30           animation.setDuration(120);
31           imageView.startAnimation(animation);    }}
32       private Fragment initConversation(){
33           if (mCoversationList == null) {
34               ConversationListFragment listFragment = ConversationListFragment.getInstance();
```

```
35            ......//此处省略了部分对话框的显示方法,读者可自行查阅随书附带的源代码
36       }}
37    ......//此处省略了重写的系统返回键方法,读者可自行查阅随书附带的源代码
38    private void connect(String token) {
39    ......//此处省略了连接第三方的方法,在之后章节中有详细介绍;}}
40    ......//此处省略了第三方部分内容显示方法,读者可自行查阅随书附带的源代码
41    }
```

- 第 6~9 行为 onCreate 方法。取消顶部 Title,切换到 main_shejiao 布局,初始化字体设置,自定义字体,调用 Exit 类方法,初始化缓存区,调用初始化按钮方法。
- 第 10~21 行为按钮单击事件设置监听,当单击搜索图标后,系统跳转到搜索联系人界面。
- 第 24~36 行对主页面卡进行设置,设置页卡偏移量和动画,以及图片停在动画结束的位置。
- 在单击搜索好友图标时,界面会从当前界面跳转到搜索联系人的详细界面,进行账号搜索。
- 在进行聊天时,以上代码省去了初始化动画的相关方法,有兴趣的读者可以自行查阅随书源代码或者上网查阅相关资料。
- 社交主界面是两个可以切换的页面,通过页面滑动监听可以设置页面偏移量,以保证滑动正常。
- 第 38 行为连接第三方的具体方法,在这里不做多余叙述,下一小节为具体介绍第三方使用方法。

6.6.14 社交功能的实现

上一小节我们介绍了活动主界面界面功能的开发,这一小节我们将会对社团宝的社交聊天功能的实现做详细的介绍。在社团宝中我们主要是对融云 SDK 2.0 实现了二次开发,将聊天交友的功能成功地嵌入到我们社团宝中。下面将简略给出社交功能实现的开发流程,具体步骤如下。

> **代码位置**:见随书源代码/第 6 章/ F_Team_Android /java/com/example.Team_Android 目录下的 MainSocialActivity.java。

```
1    private void connect(String token) {
2      if (getApplicationInfo().packageName.equals(MyApp
3        .getCurProcessName(getApplicationContext()))) {
4        RongIM.connect(token, new RongIMClient.ConnectCallback() {
5        @Override                                              //建立与服务器的连接
6        public void onTokenIncorrect() {
7        }    // token 错误
8        public void onSuccess(String userid) {                 //连接融云成功
9          setConnectedListener();                              //设置监听
10         InitViewPager();                                     //设置 viewpager
11       }
12       @Override
13       public void onError(RongIMClient.ErrorCode errorCode) {
14         InitViewPager();                                     //连接融云失败
15    }});}}
```

- 第 2~4 行建立融云 SDK 与服务器的连接。具体接口文档请查看融云 SDK 官网。
- 第 6~8 行为当 token 出错时的情况。在线上环境下主要是因为 token 已经过期,您需要重新请求 token。
- 第 8~10 行是连接融云服务器成功的方法,然后对聊天功能添加监听并且设置 viewpager。
- 第 13~15 行是由于网络或其他原因连接服务器失败的情况。

6.7 本章小结

本章对社团宝管理端、服务器端和 Android 客户端的功能及实现方式进行了简要的讲解。本系统实现社团宝管理的基本功能，读者在实际项目开发中可以参考本系统，对系统的功能进行优化，并根据实际需要加入其他相关功能。

> **说明** 鉴于本书的宗旨为主要介绍 Android 项目开发的相关知识，因此，本章主要详细介绍了 Android 客户端的开发，对数据库、服务端、管理端的介绍比较简略，不熟悉的读者请进一步参考其他的相关资料或书籍。

第 7 章 校园辅助软件——手机新生小助手

本章将介绍的是 Android 客户端应用程序新生小助手的开发。本应用是以河北联合大学为模板进行设计和构思的。新生小助手实现了认识联大、唐山简介、报到流程、唐山导航、校园导航和更多信息等功能，接下来将对新生小助手进行详细的介绍。

7.1 应用背景及功能介绍

本节将简要介绍新生小助手的背景及功能，主要针对新生小助手的功能架构进行简要说明。这样让读者熟悉本应用各个部分的功能，对整个新生小助手有大致的了解。

7.1.1 新生小助手背景简介

随着全国各大高校的扩招，接受高等教育的人数越来越多。通过调查发现，在新生初次进入大学报到时，往往会因为不了解新环境而在报到时产生不必要的麻烦。无论是相关学校还是网络都没有提供辅助学生报到的应用。学校为了满足学生的需求推出了新生小助手这一应用，新生小助手的特点如下。

- 降低成本

将新生小助手所需要的资源文件以特定的格式压缩为数据包加载到应用程序中，如果将数据包替换为其他学校的数据包，则新生小助手就会成为适合于任何一所学校的新生小助手。这样的设计不仅增强了程序的灵活性和通用性，而且还极大地降低了二次应用的成本。

- 方便管理

新生小助手中数据包的内容可以灵活地被修改，因此学校管理人员可以很方便地通过修改数据包中的信息更新相关内容。既能为用户提供正确有效的资讯，又能有效地降低学校管理人员的工作压力，极大地提高了工作效率。

- 自定义字体

为了使字体更加卡通化、幽默化，新生小助手通过自定义字体成功实现更改该应用在手机屏幕呈现卡通化字体的功能，改变了千篇一律的老套路，增强了字体的美感。

7.1.2 新生小助手功能概述

开发一个应用之前，需要对开发的目标和所实现的功能进行细致有效的分析，进而确定要开发的具体功能。做好应用的准备工作，将为整个项目的开发奠定一个良好的基础。通过对河北联合大学的深入了解以及与校方负责人的交流，对新生小助手设定了如下基本功能。

- 查看认识联大

用户可以通过单击认识联大按钮查看学校概况、学院信息及唐山介绍等相关信息，方便用户快速了解学校的方针政策、发展历史以及唐山的旅游景点等资讯。

- 查看报到流程

用户可以单击报到流程按钮查看新生报到的流程介绍，该功能为用户详细地介绍了在报到过程中应该注意的事项，起到了为用户提供方便快捷的报到服务的目的，体现人性化的思想。

- 进入唐山导航

用户可以单击唐山导航按钮查看地图，单击界面中查找按钮显示选项小菜单。通过在小菜单中选择起始点名称，并单击小菜单中对应的功能按钮，在地图上就可以显示起始位置、路线图、模拟导航、GPS 导航以及用户的 GPS 定位等。

- 查看校园导航

用户既可以通过选择列表中指定建筑物的名称在平面图上定位，也可以在平面图上指定位置进行单击定位。无论是哪一种方式的定位，在平面图上都会显示当前选中建筑的边框。

- 查看更多信息

该界面主要介绍新生小助手的基本信息，主要由关于和帮助构成，用户既可单击两个按钮查看，也可以左右滑动屏幕查看。这一选项的设置主要是方便用户查看该新生小助手的相关信息。

根据上述的功能概述得知本应用主要包括认识联大、唐山导航、校园导航、报到流程、更多信息 5 大项，其功能结构如图 7-1 所示。

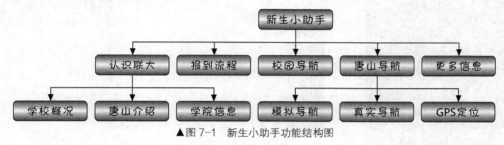

▲图 7-1　新生小助手功能结构图

> **说明**　图 7-1 展示的是新生小助手的功能结构图，其包含新生小助手的认识联大、报到流程、导航等全部功能。认识该功能结构图有助于读者了解本程序的开发。

7.1.3　新生小助手开发环境

开发新生小助手之前，读者需要了解完成本项目的软件环境，下面将简单介绍本项目所需要的环境，请读者阅读了解即可。

- Android Studio 编程软件

Android Studio 是一个 Android 集成开发工具，基于 IntelliJ IDEA，类似 Eclipse ADT，Android Studio 提供了集成的 Android 开发工具用于开发和调试。

- Android 系统

Android 系统平台的设备功能强大，此系统开源、应用程序无界限，随着 Android 手机的普及，Android 应用的需求势必越来越大，这是一个潜力巨大的市场。

7.2　功能预览及架构

本新生小助手只适合于 Android 客户端使用，能够为用户提供方便快捷的报到服务，便于用户快速了解河北联合大学。这一节将介绍新生小助手的基本功能预览以及总架构，通过对本节的学习，读者将对新生小助手的架构有一个大致的了解。

7.2.1 新生小助手功能预览

这一小节将为读者介绍新生小助手的基本功能预览，主要包括加载资源、认识联大、报到流程、唐山导航、校园导航、更多信息等功能，下面将一一介绍，请读者仔细阅读。

（1）打开本软件后，首先进入新生小助手的加载界面，效果如图 7-2 所示。在加载过程中，本应用所需要的资源文件都将被解压到 SD 卡中指定位置。待加载完成后，后面对资源信息的查看便不再重新进行加载工作，避免重复性操作的问题，提高程序的运行速度。

（2）加载完成后进入本应用的主界面，默认出现认识联大选项中学校概况的界面，如图 7-3 所示。可以通过单击标题栏不同的按钮，跳转到不同的模块界面，也可以左右滑动屏幕更换到不同的模块界面。在学校概况界面中，单击列表选项浏览具体的内容。例如单击轻工学院查看具体内容，如图 7-4 所示。

▲图 7-2　新生小助手加载界面

▲图 7-3　默认学校概况界面

▲图 7-4　轻工学院界面

（3）单击标题栏的唐山介绍按钮，切换到查看唐山介绍界面，如图 7-5 所示。单击不同的列表选项查看唐山风景图、特色小吃、海洋特产以及著名人物等详细内容。例如单击唐山简介、特色美食、风景区、著名人物等查看具体信息。效果如图 7-6、图 7-7、图 7-8、图 7-9 所示。

▲图 7-5　唐山介绍界面

▲图 7-6　唐山简介界面

▲图 7-7　特色美食画廊界面

7.2 功能预览及架构

（4）滑动屏幕进入学院信息界面，该界面主要介绍河北联合大学本部部分学院，如图 7-10 所示。单击不同的选项查看相应的学院的具体内容，例如单击查看机械工程学院的领导简介、发展历史等具体内容，如图 7-11 和图 7-12 所示。

▲图 7-8　风景图界面

▲图 7-9　著名人物界面

▲图 7-10　学院信息界面

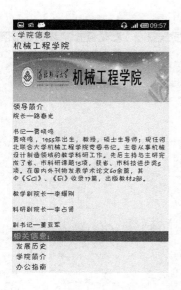
▲图 7-11　领导简介界面

▲图 7-12　发展历史界面

（5）单击屏幕下方主菜单中的报到流程按钮，切换到新生小助手流程介绍的查看界面，如图 7-13 所示。本流程旨在为用户提供方便的报到服务，缩短报到时间，提高报到效率。

（6）单击屏幕下方主菜单中的唐山导航按钮，切换到唐山导航的查看界面。用户可以选择起点、终点，通过单击路线规划按钮在地图上显示起始点位置以及两点之间的路线图。用户还可以单击模拟导航按钮或真实导航按钮在地图上显示导航动画，如图 7-14 所示，本应用也可以在户外进行 GPS 定位。

第 7 章　校园辅助软件——手机新生小助手

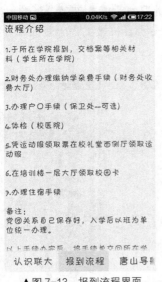

▲图 7-13　报到流程界面

▲图 7-14　模拟导航界面

（7）单击屏幕下方主菜单中的校园导航按钮，切换到校园导航的查看界面，如图 7-15、图 7-16、图 7-17、图 7-18 所示。用户可以通过在列表中查找位置名称在河北联合大学平面图上定位，也可以直接在平面图上找到相应的位置单击定位。无论通过哪一种方式在平面图中定位，在平面图上都将显示选中建筑的边框。

▲图 7-15　校园导航界面 1

▲图 7-16　校园导航界面 2

▲图 7-17　校园导航界面 3

（8）单击屏幕下方主菜单中的更多信息按钮，切换到新生小助手更多信息的查看界面，如图 7-19、图 7-20 所示。该界面中包括两项，分别为帮助和关于，主要为用户提供新生小助手的基本信息。

> 说明　以上是对本新生小助手的功能预览，读者可以对新生小助手的功能有大致的了解，后面章节会对新生小助手的功能做具体介绍，请读者仔细阅读。

7.2 功能预览及架构

▲图 7-18 校园导航界面 4

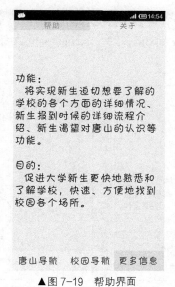
▲图 7-19 帮助界面

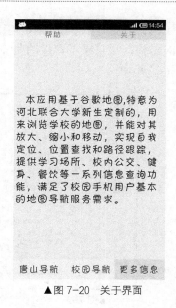
▲图 7-20 关于界面

7.2.2 新生小助手目录结构图

上一小节是新生小助手的功能展示，下面将介绍新生小助手项目的目录结构。在进行本应用开发之前，还需要对本项目的目录结构有大致的了解，便于读者对新生小助手整体功能的理解，具体内容如下。

（1）下面介绍的是新生小助手所有 Java 文件的目录结构，Java 文件根据内容分别放入指定包内，便于程序员对各个文件的管理和维护，具体结构如图 7-21 所示。

（2）上面介绍的是本项目 Java 文件的目录结构，下面将介绍新生小助手中图片资源以及不同分辨率配置文件的目录结构，该目录下用于存放图片资源和不同分辨率的 XML 文件，具体结构如图 7-22 所示。

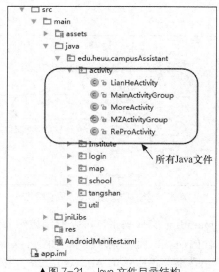
▲图 7-21 Java 文件目录结构

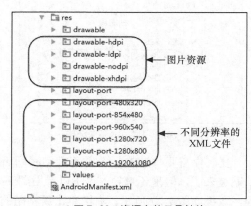
▲图 7-22 资源文件目录结构

（3）上面介绍了本项目中图片资源等文件的目录结构，下面将继续介绍新生小助手的项目连接文件的目录结构，具体结构如图 7-23 所示。

（4）上面介绍了新生小助手所有项目连接文件的目录结构，下面将介绍所有项目配置文件的目录结构，该目录下存放的是 colors.xml 文件、strings.xml 文件和 styles.xml 文件，具体结构如图 7-24 所示。

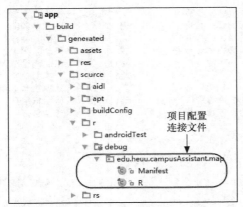
▲图 7-23　项目连接文件目录结构

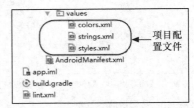
▲图 7-24　项目配置文件目录结构

（5）上面介绍了新生小助手所有项目配置文件的目录结构，下面将介绍本项目 libs 目录结构，该目录下存放的是百度地图开发需要的 jar 包和 so 动态库。读者在学习或开发时可根据具体情况在项目中复制或在百度地图官网上下载相应的 jar 包和 so 动态库，效果如图 7-25 所示。

（6）上面介绍了新生小助手的 libs 目录结构，下面将介绍本项目的存储资源目录结构，该目录下存放的是本项目所需要的资源压缩包、百度导航所需的文件以及方正卡通字库等。在使用百度导航时，assets 目录下的 BaiduNaviSDK_Resource_v1_0_0.png 和 channel 文件必须存在，效果如图 7-26 所示。

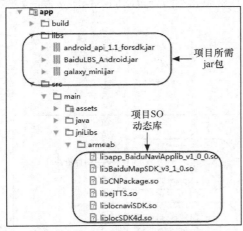
▲图 7-25　项目 libs 目录结构

▲图 7-26　项目存储资源目录结构

（7）复制你需要添加的 jar，并将其粘贴到 app\src\main\libs 文件夹下，可以看到虽然 jar 已经复制粘贴过来了，但是还未导入，所以看不到 jar 中包含的内容。而已导入的 jar，则可以看到 jar 中内容，效果如图 7-27 所示。右键单击新粘贴的 jar，在弹出菜单中单击 Add As Library，效果如图 7-28 所示。

（8）选择要导入到的 module，在 Android Studio 中相当于 Eclipse 中的 project，如果当前只是一个项目，下拉框中除了 app 没有其他的内容，那么直接单击 OK 确认，效果如图 7-29 所示，成功导入 jar 包后可以查看 jar 包内的内容，如图 7-30 所示。

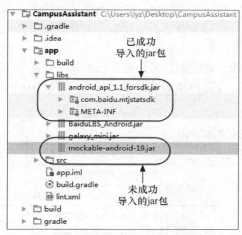

▲图 7-27　项目挂载 jar 包截图 1

▲图 7-28　项目挂载 jar 包截图 2

▲图 7-29　项目挂载 jar 包截图 3

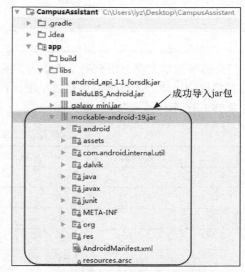

▲图 7-30　项目挂载 jar 包截图 4

> 说明　上述介绍了新生小助手的目录结构图以及挂载 jar 包的操作步骤，包括程序源代码、程序所需资源、XML 文件和程序配置文件等，使读者对新生小助手项目有清晰的了解。其中关于 jar 包挂载的部分，读者还可以参考百度地图官网。

7.3　开发前的准备工作

本节将介绍该应用开发前的准备工作，主要包括文本信息的搜集、相关图片的搜集、数据包的整理以及 XML 资源文件的准备等。完善的资源文件方便项目的开发以及测试，提高了测试效率。

7.3.1 文本信息的搜集

开发一个应用软件之前，做好资料的搜集工作是非常必要的。完善的信息数据会使测试变得相对简单，后期开发工作能够很好地进行下去，缩短开发周期。新生小助手中的文本信息主要包括各分校简介、河北联合大学本部各学院信息、唐山简介等，下面将详细介绍各个界面所需要的文本信息。

（1）下面介绍学校概况界面用到的文本资源，该资源主要包括学校的基本概况、主要领导和学校的分校轻工学院、冀唐学院、迁安学院等，并且将该资源放在项目目录中的 assets 文件夹下的 zhushou.zip 中，其详细情况如表 7-1 所列。

表 7-1　　　　　　　　　　　学校概况文本清单

文件名	大小/KB	格式	用途
school	1	txt	学校概况界面列表
gk	9	txt	学校基本概况介绍界面内容
ld	1	txt	学校主要领导界面内容
qg	4	txt	学校分校轻工学院界面信息
jt	4	txt	学校分校冀唐学院界面信息
qa	5	txt	学校分校迁安学院界面信息
fs	4	txt	学校附属医院界面信息

（2）下面介绍学院信息界面用到的文本资源，该资源包含了各个学院的学院简介、领导介绍、办公指南以及发展历史等，并且将该资源放在项目目录中的 assets 文件夹下的 zhushou.zip 中，其详细情况如表 7-2 所列。

表 7-2　　　　　　　　　　　学院信息文本清单

文件名	大小/KB	格式	用途
xueyuanlist	1	txt	学院信息界面列表信息
yj	2	txt	冶金与能源学院的学院简介界面
lingdao	2	txt	冶金与能源学院的领导介绍界面
fazhan	1	txt	冶金与能源学院的发展历史界面
bangong	1	txt	冶金与能源学院的办公指南界面
cl	13	txt	材料化学与工程学院的领导介绍界面
xueyuan	2	txt	材料化学与工程学院的学院简介界面
fazhan	1	txt	材料化学与工程学院的发展历史界面
hx	2	txt	化学工程学院的学院简介界面
jg	1	txt	建筑工程学院的办公指南界面
jx	1	txt	机械工程学院的办公指南界面
jxjy	1	txt	继续教育学院的领导介绍界面
ky	5	txt	矿业工程学院的领导介绍界面
lxy	1	txt	理学院的办公指南界面
ys	5	txt	以升基地学院的领导介绍界面

（3）上面介绍了学院信息界面的文本资源，下面将介绍唐山介绍界面用到的文本资源。该资源主要包括了唐山简介、建制沿革、游玩景区风景图、特色小吃、著名人物、风景区、海洋特产等，并将该资源放在项目目录中的 assets 文件夹下的 zhushou.zip 中，其详细情况如表 7-3 所列。

表 7-3　　　　　　　　　　　　　唐山介绍文本清单

文件名	大小/KB	格式	用途
tangshanlist	1	txt	唐山介绍界面列表
ts	1	txt	唐山简介界面
jz	1	txt	建制沿革界面
fjj	1	txt	游玩景区风景图界面
ms	1	txt	特色小吃界面
hy	1	txt	海洋特产界面
mss	1	txt	特色美食图界面
rw	2	txt	著名人物界面
fj	1	txt	风景区界面
hyy	1	txt	海鲜特色美食图界面

（4）下面介绍校内导航界面用到的文本资源，该资源包含了学校内各个建筑物的名称、边框坐标、包围盒组、气球点等，并且将该资源放在项目目录中的 assets 文件夹下的 zhushou.zip 中，其详细情况如表 7-4 所列。

表 7-4　　　　　　　　　　　　　校内导航文本清单

文件名	大小/KB	格式	用途
mapList	1	txt	校内导航界面主列表中的建筑名
classroom	1	txt	校内导航界面子列表中的教学楼名
xueyuan	1	txt	校内导航界面子列表中的学院楼名
room	1	txt	校内导航界面子列表中的宿舍楼名
other	1	txt	校内导航界面子列表中的其他建筑物名
schoolmap	1	txt	各个建筑物的名称
schoolab	2	txt	各个建筑物的包围盒组
schoolbk	4	txt	各个建筑物的边框
schoolzx	1	txt	各个建筑物的气球点

（5）最后介绍其他界面用到的文本资源，该资源包括报到流程界面中的流程步骤、更多信息界面中的帮助文本以及关于文本等，并且将该资源放在项目目录中的 assets 文件夹下的 zhushou.zip 中，其详细情况如表 7-5 所列。

表 7-5　　　　　　　　　　　　　其他界面文本清单

文件名	大小/KB	格式	用途
liucheng	1	txt	报到流程界面内容
help	1	txt	更多信息界面的帮助界面
about	1	txt	更多信息界面的关于界面

7.3.2 相关图片的采集

上一小节介绍的是新生小助手文本信息的搜集，接下来介绍的是新生小助手相关图片的搜集。该应用用到了大量的图片资源，为了让该软件更具有可靠性，图片资源大多数都是从河北联合大学的校园网上获取的，让用户通过图片更加熟悉新的学校、新的城市。下面将介绍各个界面所需要的图片资源。

（1）下面介绍学校概况界面用到的图片资源，将该资源放在项目目录中的 assets 文件夹下的 zhushou.zip 压缩文件下的 img 中，其详细情况如表 7-6 所列。

表 7-6　　　　　　　　　　学校概况界面的图片资源清单

图片名	大小/KB	像素（w×h）	用途
hb.jpg	140	454×300	学校概况界面列表中的学校基本概况介绍
ld.jpg	12.9	332×220	学校概况界面列表中的学校主要领导
qg.jpg	6.6	207×143	学校概况界面列表中学校分校轻工学院
jt.jpg	22	454×300	学校概况界面列表中学校分校冀唐学院
qa.jpg	69.2	440×280	学校概况界面列表中学校分校迁安学院
fs.jpg	15.7	329×220	学校概况界面列表中学校附属医院

（2）下面介绍学院信息界面中用到的图片资源，将该资源放在项目目录中的 assets 文件夹下的 zhushou.zip 压缩文件下的 img 中，其详细情况如表 7-7 所列。

表 7-7　　　　　　　　　　学院信息界面的图片资源清单

图片名	大小/KB	像素（w×h）	用途
yj.jpg	108	1772×271	学院信息界面列表中冶金与能源学院
cl.jpg	133	1772×312	学院信息界面列表中材料化学与工程学院
hx.jpg	85.4	1772×282	学院信息界面列表中化学工程学院
jg.jpg	155	1872×473	学院信息界面列表中建筑工程学院
jx.jpg	123	1772×357	学院信息界面列表中机械工程学院
jxjy.jpg	64.8	1772×208	学院信息界面列表中继续教育学院
ky.jpg	93.9	1772×215	学院信息界面列表中矿业工程学院
lxy.jpg	127	1772×297	学院信息界面列表中理学院
ys.jpg	82.9	1772×273	学院信息界面列表中以升基地

（3）下面介绍唐山介绍界面中用到的图片资源，将该资源放在项目目录中的 assets 文件夹下的 zhushou.zip 压缩文件下的 img 中，其详细情况如表 7-8 所列。

表 7-8　　　　　　　　　　唐山介绍界面的图片资源清单

图片名	大小/KB	像素（w×h）	用途
tangshan.jpg	27.2	121×140	唐山介绍界面列表中唐山简介
jz.jpg	27.2	121×140	唐山介绍界面列表中建制沿革
fj1.jpg	17.2	350×233	唐山介绍界面列表中游玩景区风景图
ms.jpg	11.9	200×150	唐山介绍界面列表中特色小吃
hy.jpg	8.95	200×130	唐山介绍界面列表中海洋特产
ms1.jpg	21.2	425×352	唐山介绍界面列表中特色美食图
rw.jpg	11.4	240×285	唐山介绍界面列表中著名人物

续表

图片名	大小/KB	像素（w×h）	用途
fj.jpg	21.9	396×300	唐山介绍界面列表中风景区
hy1.jpg	19.6	451×300	唐山介绍界面列表中海鲜特色美食图
hf.jpg	7.49	200×150	唐山简介界面中现代唐山
tm.jpg	5.09	200×160	唐山简介界面中唐山港码头
td.jpg	13.6	200×194	唐山简介界面中唐山地理位置
tjz1.jpg	6.66	200×150	建制沿革界面中历史建筑
tjz2.jpg	7.90	227×150	建制沿革界面中唐山抗震纪念碑
tjz3.jpg	16.5	308×220	建制沿革界面中立体交通
fj2.jpg	14.1	350×234	游玩景区风景图界面中的南湖藕雕塑
fj3.jpg	13.2	330×220	游玩景区风景图界面中的唐人街
fj4.jpg	12.9	293×220	游玩景区风景图界面中的天宫寺
mm.jpg	8.71	200×150	特色小吃界面中的鸿宴肘子
my.jpg	6.71	200×134	特色小吃界面中的京东小酥鱼
mj.jpg	8.34	200×150	特色小吃界面中的鸡蛋摊面条鱼
mr.jpg	7.7	200×133	特色小吃界面中的肉烧冬笋
ppx.jpg	11.8	200×185	海洋特产界面中的大虾
dx.jpg	11.1	200×188	海洋特产界面中的对虾
mx.jpg	5.91	200×150	海洋特产界面中的面条鱼
ht.jpg	10.2	200×132	海洋特产界面中的海洋特产
ms2.jpg	25.6	435×308	特色美食图界面中的开平大麻花
ms3.jpg	18.1	435×326	特色美食图界面中的棋子烧饼
ms4.jpg	26.7	435×331	特色美食图界面中的花生酥糖
ms5.jpg	27.1	435×500	特色美食图界面中的刘美烧鸡
rz.jpg	56.6	350×466	著名人物界面中的张庆伟
zc.jpg	10.5	164×220	著名人物界面中的闫肃
xs.jpg	8.71	220×152	著名人物界面中的闫怀礼
jjx.jpg	19.6	350×244	著名人物界面中的姜文、姜武两兄弟
al.jpg	13.1	237×300	著名人物界面中的张爱玲
fjh.jpg	20.6	350×234	风景区界面中的唐山南湖公园
fjt.jpg	16.8	398×220	风景区界面中的黑天鹅落户唐山南湖公园
fjg.jpg	390	375×220	风景区界面中的滦州古城
fjj.jpg	16.6	339×220	风景区界面中的丰南运河唐人街
hy2.jpg	12.6	350×171	海鲜特色美食图界面中的大蚌美食
hy3.jpg	14.3	472×300	海鲜特色美食图界面中的大脚虾

（4）最后介绍其他界面中用到的图片资源，将该资源放在项目目录中的 assets 文件夹下的 zhushou.zip 压缩文件下的 img 中，其详细情况如表 7-9 所列。

表 7-9　　　　　　　　　　　　　其他界面的图片资源清单

图片名	大小/KB	像素（w×h）	用途
st.png	397	2999×2094	校内导航界面中的学校平面图
aj.png	6.67	108×108	放大按钮
ajj.png	3.58	108×108	缩小按钮
tb.png	3.58	108×108	方向图标
star.png	30.4	200×200	加载图标
xl.png	6.25	84×88	下拉图标

7.3.3　数据包的整理

以上介绍了新生小助手所需要的文本和图片。为了方便对数据包的管理与维护，新生小助手采用了将资源文件以指定格式压缩为数据包的技术将文本和图片加载到项目，不仅提高了程序的灵活性和通用性，而且还极大地降低了二次开发的成本。

（1）在项目开发之前，读者需要了解数据包的结构，这样方便理解从 SD 卡获取指定图片或文本的代码。首先介绍\zhushou\map 文件中文本资源的目录结构，主要包括校园导航界面中河北联合大学平面图各个建筑物的名称、位置数据等，具体结构如图 7-31 所示。

（2）上面介绍了河北联合大学平面图中数据信息的目录结构，下面将介绍\zhushou\school 文件中学校概况文本资源的目录结构，内容如图 7-32 所示。

▲图 7-31　校园导航中的文本资源

▲图 7-32　学校介绍的文本资源

（3）上面介绍了新生小助手资源数据包中学校概况的文本资源目录结构，下面将继续为读者介绍数据包中\zhushou\tangshan 文件中唐山介绍文本资源的目录结构，内容如图 7-33 所示。

（4）上面介绍了本项目数据包中唐山介绍文本资源的目录结构，下面将继续为读者介绍数据包中最后一个目录结构——学院简介文本资源的目录结构，内容如图 7-34 所示。

▲图 7-33　唐山介绍中的文本资源

▲图 7-34　学院简介中的文本资源

说明：上面主要为读者展示的是新生小助手所需要的文本和图片的数据包，读者可以自行查看随书附带的项目数据包的详细内容。

7.3.4 XML 资源文件的准备

每个 Android 项目都是由不同的布局文件搭建而成，新生小助手各个界面是由布局文件搭建组成。下面将介绍新生小助手中部分 XML 资源文件，主要有 strings.xml、styles.xml 和 colors.xml。

- strings.xml 的开发

新生小助手被创建后会默认在 res/values 目录下创建一个 strings.xml，该 XML 文件用于存放项目在开发阶段所需要的字符串资源，其实现代码如下。

代码位置：见随书源代码\第 7 章\ CampusAssistant\app\src\main\res\values 目录下的 strings.xml。

```xml
1   <?xml version="1.0" encoding="utf-8"?>           <!--版本号及编码方式-->
2   <resources>
3       <string name="app_name">新生小助手</string>     <!--标题-->
4       <string name="help">帮助</string>              <!--更多信息界面中用到的字符串-->
5       <string name="about">关于</string>             <!--更多信息界面中用到的字符串-->
6       <string name="back">&lt;&lt;&lt;</string>     <!--学校概况子界面中用到的字符串-->
7       <string name="xueyuan">&lt;&lt;学院信息</string> <!--学院信息界面中用到的字符串-->
8   </resources>
```

> **说明** 上述代码中声明了本程序需要用到的字符串，避免在布局文件中重复声明，增加了代码的可靠性和一致性，极大地提高了程序的可维护性。

- styles.xml 的开发

styles.xml 文件被创建在项目 res\values 目录下，该 XML 文件中存放项目所需的各种风格样式，作用于一系列单个控件元素的属性。本程序中的 styles.xml 文件代码用于设置整个项目的格式，部分代码如下所示。

代码位置：见随书源代码\第 7 章\ CampusAssistant\app\src\main\res\values 目录下的 styles.xml。

```xml
1   <resources>
2       <style name="AppBaseTheme" parent="android:Theme.Light"></style>
3       <!-- Application theme.-->
4       <style name="AppTheme" parent="AppBaseTheme"></style>
5       <!-- Activity 主题 -->
6       <style name="activityTheme" parent="android:Theme.Light">
7           <item name="android:windowNoTitle">true       <!--设置对话框格式为无标题模式-->
8           </item>
9           <item name="android:windowIsTranslucent">true <!--设置对话框格式为不透明-->
10          </item>
11          <item name="android:windowContentOverlay">@null <!--窗体内容无覆盖-->
12          </item>
13      </style>
14  </resources>
```

> **说明** 上述代码用于声明程序中的样式风格，使用定义好的风格样式，方便读者在编写程序时调用。避免在各个布局文件中重复声明，增加了代码的可读性、可维护性，并提高了程序的开发效率。

- colors.xml 的开发

colors.xml 文件被创建在 res\values 目录下，该 XML 文件用于存放本项目在开发阶段所需要的颜色资源。colors.xml 中的颜色值能够满足项目界面中颜色的需要，其颜色代码实现如下。

代码位置：见随书源代码\第 7 章\ CampusAssistant\app\src\main\res\values 目录下的 colors.xml。

```xml
1   <?xml version="1.0" encoding="utf-8"?>           <!--版本号及编码方式-->
2   <resources>
3       <color name="red">##fd8d8d</color>           <!--表示红色-->
```

```
4        <color name="text">##f0f0f0</color>           <!--内容背景色-->
5        <color name="ziti1">##878787</color>          <!--按钮未被选中时的颜色-->
6        <color name="blue">##2b61c0</color>           <!--表示蓝色-->
7        <color name="ziti2">##141414</color>          <!--列表标题的颜色-->
8        <color name="gray">##e0e6f0</color>           <!--按钮被选中时的背景颜色-->
9        <color name="black">##484848</color>          <!--表示黑色-->
10       <color name="title">##f5f5f5</color>          <!--按钮未被选中时的背景颜色-->
11       <color name="ziti">##9cb4de</color>           <!--按钮被选中时的颜色-->
12       <color name="ziti3">##999999</color>          <!--列表小标题的颜色-->
13       <color name="back">##41342f</color>
14   </resources>
```

> **说明** 上述代码用于项目所需要的颜色，主要包括列表标题颜色、列表小标题颜色、按钮被选中状态颜色、按钮未被选中状态颜色以及内容背景色等，避免了在各个界面中重复声明。

7.4 辅助工具类的开发

前面已经介绍了新生小助手功能的预览以及总体架构，下面将介绍项目所需要的工具类，工具类被项目其他 Java 文件调用，避免重复性开发，提高了程序的可维护性。工具类在这个项目中十分常用，请读者仔细阅读。

7.4.1 常量类的开发

本小节将向读者介绍新生小助手的常量类 Constant 的开发。新生小助手内有许多需要重复调用的常量，为了避免重复在 Java 文件中定义常量，于是我们开发了供其他 Java 文件调用的常量类 Constant，其具体代码如下。

代码位置：见随书源代码\第 7 章\ CampusAssistant\app\src\main\java\edu\heuu\campusAssistant\util 目录下的 Constant.java。

```
1    package edu.heuu.campusAssistant.util;
2    public class Constant {
3        public static final String ADD_PRE="/sdcard/zhushou/";   //文件路径的字符串
4        public static        String[] ListArray;                 //字符串数组变量
5        public static        String List;                        //文件内容的字符串
6        public static final int WAIT_DIALOG=0;                   //等待对话框编号
7            public static final int WAIT_DIALOG_REPAINT=0;       //等待对话框刷新消息编号
8            public static final int DRAW_MAP=0;                  //绘制平面图
9            public static final int DISPLAY_TOAST=0;             //显示 Toast 的消息编号
10           public static final int ADD_LINE=1;                  //添加路线的消息编号
11           public static final int CENTER_TO=2;                 //移动到指定中心点的消息编号
12           public static final int ADD_DH_MARK=3;               //添加导航气球的消息编号
13           public static final int TEXT_DH_MARK=4;              //修改导航气球内容的消息编号
14           public static final int DH_DH_FINISH=5;              //导航动画结束工作的消息编号
15   }
```

> **说明** 常量类的开发是高效完成项目的一项十分必要的准备工作，这样可以避免在不同的 Java 文件中定义常量的重复性工作，提高了代码的可维护性。如果读者在下面的类或方法中有不明白具体含义的常量，可以在本类中查找。

7.4.2 图片获取类的开发

上一小节中介绍了新生小助手常量类的开发，本小节将介绍图片获取类的开发。新生小助手中需要加载大量的图片，于是我们开发了从 SD 卡中加载指定的图片的 BitmapIOUtil 类。

BitmapIOUtil 类供其他 Java 文件调用，提高了程序的可读性和可维护性，具体代码如下。

代码位置：见随书源代码\第 7 章\ CampusAssistant\app\src\main\java\edu\heuu\campusAssistant\util 目录下的 BitmapIOUtil.java。

```
1   package edu.heuu.campusAssistant.util;
2   ....//此处省略了本类中导入类的代码，读者可自行查阅随书附带的源代码
3   public class BitmapIOUtil{                                    //图片获取类
4       static Bitmap bp=null;                                    //Bitmap 对象加载图片
5       public static Bitmap getSBitmap(String subPath){
6           try{
7               String path=Constant.ADD_PRE+subPath;             //获取路径字符串
8               bp = BitmapFactory.decodeFile(path);              //实例化 Bitmap
9           }
10          catch(Exception e){                                   //捕获异常
11              System.out.println("出现异常!! ");                 //打印字符串
12          }
13          return bp;                                            //返回 Bitmap 对象
14  }}
```

> **说明**　上述代码表示利用 BitmapFactory 类的 decodeFile(String path)方法来加载指定路径的位图，显示原图。path 表示要解码的文件路径名的完整路径名，最后返回获得的解码的位图。如果指定的文件名称 path 为 null，则不能被解码成位图，该函数返回 null。

7.4.3　解压文件类的开发

上一小节中介绍了图片获取类的开发，本小节将继续介绍本应用的第 3 个工具类 ZipUtil，该类为解压文件类。程序在初次运行时将调用该类，用于将 CampusAssistant/assets 中的.zip 文件解压到 SD 卡中供程序使用，具体代码如下。

代码位置：见随书源代码\第 7 章\CampusAssistant\app\src\main\java\edu\heuu\campusAssistant\util 目录下的 ZipUtil.java。

```
1   package edu.heuu.campusAssistant.util;
2   ......//此处省略了导入类的代码，读者可自行查阅随书附带的源代码
3   public class ZipUtil {
4       public static void unZip(Context context, String assetName,
5           String outputDirectory) throws IOException {          //解压.zip 压缩文件方法
6           File file = new File(outputDirectory);                //创建解压目标目录
7           if (!file.exists()) {                                 //如果目标目录不存在，则创建
8               file.mkdirs();                                    //创建目录
9           }
10          InputStream inputStream = null;
11          inputStream = context.getAssets().open(assetName);    //打开压缩文件
12          ZipInputStream zipInputStream = new ZipInputStream(inputStream);
13          ZipEntry zipEntry = zipInputStream.getNextEntry();    //读取一个进入点
14          byte[] buffer = new byte[1024 * 1024];                //使用 1Mbuffer
15          int count = 0;                                        //解压时字节计数
16          while (zipEntry != null) {   //如果进入点为空说明已经遍历完所有压缩包中文件和目录
17              if (zipEntry.isDirectory()) {                     //如果是一个目录
18                  file = new File(outputDirectory + File.separator + zipEntry.getName());
19                  file.mkdir();                                 //创建文件
20              }
21              else {                                            //如果是文件
22                  file = new File(outputDirectory + File.separator  + zipEntry.getName());
23                  file.createNewFile();                         //创建该文件
24                  FileOutputStream fileOutputStream = new FileOutputStream(file);
25                  while ((count = zipInputStream.read(buffer)) > 0) {
26                      fileOutputStream.write(buffer, 0, count);
27              }
```

```
28                 fileOutputStream.close();                    //关闭文件输出流
29             }
30             zipEntry = zipInputStream.getNextEntry();        //定位到下一个文件入口
31         }
32         zipInputStream.close();                              //关闭流
33  }}
```

- 第 6~8 行用于创建解压目标目录,并且判断目标目录是否存在,不存在则创建。
- 第 11~13 行打开压缩文件,并创建 ZipInputStream 对象,用于读取.zip 文件中的内容。
- 第 14~15 行用于设置读取文本的 Byte 值和解压时字节计数。
- 第 16~30 行判断进入点是否为空,若为空,说明已经遍历完所有压缩包中的文件和目录,则开始进行解压文本文件。
- 第 32 行关闭 ZipInputStream 流。

7.4.4 读取文件类的开发

上一小节中介绍了解压文件类的开发,本小节将继续介绍本应用的第 4 个工具类 PubMethod,该类为读取文件类。该类在程序中将多次被调用,用于获取各个界面中所需要的文本信息,极大地提高了程序的可读性和可维护性,具体实现代码如下。

代码位置:见随书源代码\第 7 章\ CampusAssistant\app\src\main\java\edu\heuu\campusAssistant\util 目录下的 PubMethod.java

```
1   package edu.heuu.campusAssistant.util;
2   ......//此处省略了导入类的代码,读者可自行查阅随书附带的源代码
3   public class PubMethod{
4       Activity activity;                                      //创建 Activity 对象
5       public PubMethod(){}                                    //无参构造器
6       public PubMethod(Activity activity){
7           this.activity=activity;                             //赋值
8       }
9       public String loadFromFile(String fileName){            //获取文件信息
10          String result=null;
11          try{
12              File file=new File(Constant.ADD_PRE+fileName);//创建 File 类对象
13              int length=(int)file.length();                  //获取文件长度
14              byte[] buff=new byte[length];                   //创建 byte 数组
15              FileInputStream fin=new FileInputStream(file);//创建 FileInputStream 流对象
16              fin.read(buff);                                 //读取文本文件
17              fin.close();                                    //关闭文件流
18              result=new String(buff,"UTF-8");                //文本字体设置为汉字
19              result=result.replaceAll("\\r\\n","\n");        //替换转行字符
20          }
21          catch(Exception e){                                 //捕获异常
22            Toast.makeText(activity, "对不起,没有找到指定文件!", Toast.LENGTH_SHORT).show();
23          }
24          return result;
25  }}
```

- 第 6~8 行为构造函数,用于获得 Activity 对象。
- 第 12~14 行用于打开文本文件,并获得文本文件的长度,设置读取文本的 Byte 数组值。
- 第 15~17 行创建 FileInputStream 对象,并读取文本文件,读完文本文件后关闭文件流。
- 第 18~19 行用于将字体转换成汉字,并且将 "\r\n" 换成 "\n"。
- 第 21~22 行提示用户该文件不存在。

7.4.5 自定义字体类的开发

上一小节中介绍了读取文件类的开发,本小节将继续介绍本应用中用到的第 5 个工具类 FontManager,该类为自定义字体类。该类在程序中多次被调用,用来将各个界面中的字体设置为

卡通字体，使界面更具艺术性，具体实现代码如下。

> **代码位置**：见随书源代码\第 7 章\ CampusAssistant\app\src\main\java\edu\heuu\campusAssistant\util 目录下的 FontManager.java。

```java
1   package edu.heuu.campusAssistant.util;
2   ......//此处省略了导入类的代码，读者可自行查阅随书附带的源代码
3   public class FontManager{
4       public static Typeface tf =null;                //声明静态常量
5       public static void init(Activity act){          //初始化Typeface方法
6           if(tf==null){
7               tf= Typeface.createFromAsset(act.getAssets(),"fonts/newfont.ttf");   //创建Typeface
8           }}
9       public static void changeFonts(ViewGroup root,Activity act){   //转换字体
10          for (int i = 0; i < root.getChildCount(); i++){
11              View v = root.getChildAt(i);                           //获取控件
12              if (v instanceof TextView){
13                  ((TextView) v).setTypeface(tf);     //转换TextView控件中的字体
14              }
15              else if (v instanceof Button){
16                  ((Button) v).setTypeface(tf);       //转换Button控件中的字体
17              }
18              else if (v instanceof EditText){
19                  ((EditText) v).setTypeface(tf);     //转换EditText控件中的字体
20              }
21              else if (v instanceof ViewGroup){
22                  changeFonts((ViewGroup) v, act);    //重新调用changeFonts()方法
23      }}}
24      public static ViewGroup getContentView(Activity act){//获取控件的方法
25          ViewGroup systemContent = (ViewGroup)act.getWindow().
26                              getDecorView().findViewById(android.R.id.content);
27          ViewGroup content = null;                   //创建ViewGroup
28          if(systemContent.getChildCount() > 0 && systemContent.getChildAt(0) instanceof ViewGroup){
29              content = (ViewGroup)systemContent.getChildAt(0);   //给content赋值
30          }
31          return content;                             //返回获取的控件
32  }}
```

- 第 5～7 行初始化 Typeface。第一次调用 FontManager 类时，调用 init()方法，若 Typeface 为空，则创建 Typeface 对象。
- 第 9～22 行用于转换界面中的字体为卡通字体。用循环遍历界面中的各个控件，并将控件中的所有字体转换为卡通字体。
- 第 24～31 行用于获得传过来的 Activity，若该 Activity 的内容大于 0 并且其中的控件属于 ViewGroup，则获取该控件并返回。

7.4.6 平面图数据类的开发

上一小节中介绍了自定义字体类的开发，本小节将继续为读者介绍本应用中要用到的自定义平面图工具类的开发，包含了平面地图类 BNMapView、获取平面图数据类 MapSQData 以及获得建筑物的 id 号类 MapSQUtil。下面将分别介绍各个自定义平面图的工具类，请读者仔细阅读。

（1）在校园导航界面中设有河北联合大学的平面图，对于屏幕的触控需要开发继承自 View 的 BNMapView 类来完成，该类实现了平面图的触控、添加气球以及平面图的放大缩小等功能，下面将详细介绍该类，其具体代码如下。

> **代码位置**：见随书源代码\第 7 章\ CampusAssistant\app\src\main\java\edu\heuu\campusAssistant\util 目录下的 BNMapView.java。

```java
1   package edu.heuu.campusAssistant.util;
2   ......//此处省略导入类的代码，读者可自行查阅随书的源代码
```

```
3     public class BNMapView extends View{
4         ......//此处省略变量定义的代码,请自行查看源代码
5         public BNMapView(Context context){                    //构造器
6             super(context);                                    //调用父类构造器
7         }
8         public BNMapView(Context context,AttributeSet art){   //构造器
9             super(context,art);
10            this.setFocusable(true);                           //设置当前View拥有控制焦点
11            this.setFocusableInTouchMode(true);                //设置当前View拥有触摸事件
12            paint = new Paint();                               //创建画笔
13            paint.setAntiAlias(true);                          //打开抗锯齿
14            paint1= new Paint();                               //创建画笔
15            paint1.setAntiAlias(true);                         //打开抗锯齿
16            initBitmap();                                      //初始化Bitmap
17        }
18        public void initBitmap(){                              //初始化图片方法
19            ......//此处省略该方法的代码,后面将详细介绍,请读者仔细阅读
20        }
21        public void gotoBuilding(int id){                      //跳到指定建筑物处的方法
22            ......//此处省略该方法的代码,后面将详细介绍,请读者仔细阅读
23        }
24        public void onDraw(Canvas canvas){                     //绘制方法
25            viewWidth=this.getWidth();                         //获取View宽度
26            viewHeight=this.getHeight();                       //获取View高度
27            paint1.setColor(Color.BLACK);                      //设置画笔为黑色
28            paint1.setStyle(Style.STROKE);                     //设置画笔样式为空心
29            paint1.setStrokeWidth(4);                          //设置空心线宽为4
30            canvas.drawARGB(0, 0, 0, 0);                       //设置画布颜色
31            canvas.save();                                     //用来保存Canvas的状态
32            canvas.translate(pyx,pyy);                         //平移
33            canvas.scale(scale, scale);                        //缩放
34            canvas.drawBitmap(bmMap, 0,0, paint1);             //加载图片
35            if(selectedId!=-1){                                //绘制选中的建筑物边框
36                paint.setColor(new Color().argb(75, 9, 36, 196));  //设置画笔颜色
37                paint.setStyle(Style.STROKE);                  //设置画笔样式为空心
38                paint.setStrokeWidth(6);                       //设置空心线宽为6
39                canvas.drawPath(bpath, paint);                 //画笔路线颜色填充
40            }
41            canvas.restore();                                  //用来恢复Canvas之前保存的状态
42            if(selectedId!=-1){                                //绘制选中气球
43                ......//此处的代码实现与绘制边框类似,故省略,请读者自行查阅随书的源代码
44            }
45            //放大缩小按钮位置
46            canvas.drawBitmap(bmFD,viewWidth-bmFDWidth-20,viewHeight-bmFDWidth-140, paint1);
47            canvas.drawBitmap(bmSX,viewWidth-bmSXWidth-20,viewHeight-bmSXWidth-40, paint1);
48            canvas.drawBitmap(bmTB,15,10, paint1);
49            canvas.drawLine(0, 0, viewWidth, 0, paint1);       //绘制平面图上边缘线
50            canvas.drawLine(0, viewHeight, viewWidth, viewHeight, paint1);
                                                                //绘制平面图下边缘线
51        }
52        ......//此处省略变量定义的代码,请读者自行查看随书附带的的源代码
53        public boolean onTouchEvent(MotionEvent event){        //触控方法
54            ......//此处省略该方法的内容,后面将为读者仔细介绍
55    }}
```

- 第5~7行表示该类的含有一个参数的构造器,并调用父类构造器。
- 第8~17行表示该类的含有两个参数的构造器,调用父类含两个参数的构造器。此外,设置View的焦点与触碰的属性,创建画笔,并打开抗锯齿。
- 第25~26行表示获取View的高度和宽度。
- 第27~29行表示设置画笔paint1的基本属性,包括颜色、样式风格和线宽等。
- 第30~34行表示设置画布canvas的属性,包括设置画布颜色、保存画布当前的状态以及画布的旋转、缩放等。
- 第35~40行表示当选中建筑物时,通过设置画笔颜色、画笔风格以及画笔的空心变宽等绘制选中建筑物的边框。

- 第 46~48 行表示在画布中加载放大、缩小以及指示图标的图片。
- 第 49~50 行表示在加载平面图 View 的上下边缘绘制分割线。

（2）上述平面地图类 BNMapView 中省略的 initBitmap()方法的代码主要是完成校园导航界面中各个图片的加载以及设置。该方法可以方便程序员对校园导航中各个图片的管理，提高了程序的灵活性和维护性，其具体代码如下。

> **代码位置**：见随书源代码\第 7 章\ CampusAssistant\app\src\main\java\edu\heuu\campusAssistant\util 目录下的 BNMapView.java。

```
1    public void initBitmap(){
2        if(isLoaded)return;                              //如果正在加载平面图数据则返回
3        isLoaded=true;
4        bmMap=BitmapIOUtil.getSBitmap("img/st.png");     //加载图片
5        mapWidth=bmMap.getWidth();                       //获取图片的宽度
6        mapHeight=bmMap.getHeight();                     //获取图片的高度
7        ......//此处加载图片的代码实现与之前的类似，故省略，请读者自行查阅随书的源代码
8    }
```

- 第 2~3 行表示判断平面图数据是否正在加载，如果正在加载数据则返回，否则加载河北联合大学的平面图。
- 第 4~6 行表示加载平面图，并获取平面图的宽度和高度。

（3）上述平面地图类 BNMapView 中省略的 gotoBuilding(int id)方法中的代码主要是用来获取平面图上各个建筑物的 id 号，并将屏幕中央滚动到对应建筑物的位置，实现了平面图上建筑物的定位，其具体代码如下，请读者仔细阅读。

> **代码位置**：见随书源代码\第 7 章\ CampusAssistant\app\src\main\java\edu\heuu\campusAssistant\util 目录下的 BNMapView.java。

```
1    public void gotoBuilding(int id){                    //屏幕中央滚动到指定 id 的建筑物
2        selectedId=id;                                   //获取建筑物的 id 号
3        int[] bwz=MapSQData.buildingBallon[id];          //获取指定建筑物的 id
4        pyx=viewWidth/2-bwz[0]*scale;                    //计算偏移量
5        pyy=viewHeight/2-bwz[1]*scale;
6        if(selectedId!=-1){                              //如果 id 号不为-1 时
7            int[] pdata=msd.buildingBorder[selectedId];  //获取边框数据
8            bpath=new Path();
9            bpath.moveTo(pdata[0], pdata[1]);            //移动位置
10           for(int i=1;i<pdata.length/2;i++){
11               bpath.lineTo(pdata[i*2], pdata[i*2+1]);  //记录边框的各个点
12           }
13           bpath.lineTo(pdata[0], pdata[1]);            //记录该建筑物的中心点
14   }}
```

- 第 3~5 行表示获取指定建筑物的 id，并将计算出的移动偏移量保存。
- 第 7~13 行表示获取选中建筑物的边框数据，将其存放在 int 型数组并将平面图中心移动到指定建筑物的中心。

（4）上面介绍了平面地图类 BNMapView 中获取指定建筑物的 id 号的方法，下面将向读者具体介绍平面图上触控的详细内容，即 onTouchEvent(MotionEvent event)方法。请读者仔细阅读该内容，其具体代码如下。

> **代码位置**：见随书源代码\第 7 章\ CampusAssistant\app\src\main\java\edu\heuu\campusAssistant\util 目录下的 BNMapView.java。

```
1    public boolean onTouchEvent(MotionEvent event){
2        float tx=(int)event.getX();                      //获取触碰点的 x 值
3        float ty=(int)event.getY();                      //获取触碰点的 y 值
4        switch (event.getAction()){
5            case MotionEvent.ACTION_DOWN:                //ACTION_DOWN 是指按下触摸屏
```

```
6              preX=tx;                          //将当前触碰点的 x 坐标记录
7              preY=ty;                          //将当前触碰点的 y 坐标记录
8              isMove=false;                     //不移动
9          break;
10         case MotionEvent.ACTION_MOVE: // ACTION_MOVE 是指按下触摸屏后移动受力点
11             if(Math.abs(tx-preX)>40||Math.abs(ty-preY)>40){
12                 isMove=true;     //若当前位置距离上一个位置的距离大于 40 时表示移动
13             }
14             if(isMove){                       //如果移动时
15                 pyx+=tx-preX;                 //若移动则记录移动的距离
16                 pyy+=ty-preY;
17                 preX=tx;                      //记录当前位置 x
18                 preY=ty;                      //记录当前位置 y
19             }
20         break;
21         case MotionEvent.ACTION_UP:           //ACTION_UP 则是指松开触摸屏
22             if(!isMove){
23                 if(tx>=(viewWidth-bmFDWidth-20)&&tx<=(viewWidth-20)
24                     &&ty>=(viewHeight-bmFDWidth-140)&&ty<=(viewHeight-140)){
                       //放大按钮
25                     scale=scale+0.1f;         //计算表示缩放的变量
26                     if(scale>3){
27                         scale=3;              //赋予固定值
28                 }}
29                 else if(tx>=(viewWidth-bmSXWidth-20)&&tx<=(viewWidth-20)
30                     &&ty>=(viewHeight-bmSXWidth-40)&&ty<=(viewHeight
                       -40)){//缩小按钮
31                     scale=scale-0.1f;         //计算表示缩放的变量
32                     if(scale<1){
33                         scale=1;              //赋予固定值
34                 }}
35                 else{         //单击拾取,并计算出在当前情况下相当于单击的原图哪里
36                     sqx=(tx-pyx)/scale;       //计算平面图被缩放后的坐标
37                     sqy=(ty-pyy)/scale;
38                     //根据 sqx、sqy,判断建筑物被选中
39                     selectedId=MapSQUtil.getSelectBuildingID(sqx, sqy);
                       //获取建筑物的 id 号
40                     if(selectedId!=-1){
41                         int[] pdata=msd.buildingBorder[selectedId];
                           //获取选中建筑物的边框
42                         bpath=new Path();     //path 用来描述画笔的路径
43                         bpath.moveTo(pdata[0], pdata[1]);
                           //将平面图的中心移动到指定位置
44                         for(int i=1;i<pdata.length/2;i++){
45                             bpath.lineTo(pdata[i*2], pdata[i*2+1]);
                               //两点连成直线
46                         }
47                         bpath.lineTo(pdata[0], pdata[1]);   //两点连成直线
48             }}}
49         break;                                //跳出
50         }
51         verifyPY();                           //检查坐标范围
52         this.postInvalidate();                //刷新界面
53         return true;
54 }}
```

● 第 5~9 行表示当按下触摸屏时,记录当前点的位置坐标。当第二次执行时,第一次结束调用的坐标值将作为第二次调用的初始坐标值。

● 第 10~20 行表示若按下触摸屏后移动受力点。如果当前位置与上一个位置之间的距离大于 40 时移动受力点,并记录当前位置的坐标。

● 第 21~34 行表示当松开触摸屏时的动作,分别包括放大按钮、缩小按钮等。当触摸放大按钮图标时,控制放大平面图倍数的变量值增大。当触摸缩小按钮图标时,控制缩小平面图倍数的变量值减小。当放大或缩小到一定值后,控制缩放的变量会被赋予一个常量值。

● 第 35~48 行表示单击拾取,并计算出当前建筑物在平面图中的位置。如果当前建筑物未被选中,则通过 buildingBorder 方法获取指定建筑物的边框数据并存入数组 pdata。通过创建 Path

7.4 辅助工具类的开发

类对象 bpath，将边框中的点数据依次连成直线，便得到当前选中建筑物的边框。

（5）上面详细介绍了平面地图类 BNMapView 中重写的屏幕事件处理方法 onTouchEvent(MotionEvent event)，下面将向读者详细介绍检查图片是否移动出范围的方法 verifyPY()，请读者仔细阅读，其具体代码如下。

代码位置：见随书源代码\第 7 章\ CampusAssistant\app\src\main\java\edu\heuu\campusAssistant\util 目录下的 BNMapView.java。

```java
1   public void verifyPY(){                                          //检查坐标范围
2       if(pyx>0){                                                    //图片 x 坐标没有移除屏幕范围时
3           pyx=0;                                                    //将 pyx 赋值为 0
4       }
5       else if(pyx<viewWidth-mapWidth*scale){//图片不能移动出范围,因此计算弯腰限制坐标范围
6           pyx=viewWidth-mapWidth*scale;     //计算弯腰限制坐标 x 的范围
7       }
8       if(pyy>0){                                                    //图片 y 坐标没有移除屏幕范围时
9           pyy=0;                                                    //将 pyy 赋值为 0
10      }
11      else if(pyy<viewHeight-mapHeight*scale){//图片不能移动出范围,因此计算弯腰限制坐标范围
12          pyy=viewHeight-mapHeight*scale;//计算弯腰限制坐标 y 的范围
13  }}
```

> **说明** 上述方法表示用于判断平面图是否移出手机屏幕。如果不能移出手机屏幕范围则计算弯腰限制坐标范围。在限定坐标范围后，若移动到平面图的边缘，则平面图不能继续沿原方向移动。

（6）上面介绍完了设置平面图的 BNMapView 类后，下面将向读者详细介绍 MapSQData 的开发，主要完成获取各个建筑物的名称、各个建筑物的包围盒组、各个建筑物的边框以及各个建筑物的定位用的气球点标识，其具体实现代码如下。

代码位置：见随书源代码\第 7 章\CampusAssistant\app\src\main\java\edu\heuu\campusAssistant\util 目录下的 MapSQData.java。

```java
1   package edu.heuu.campusAssistant.util;
2   public class MapSQData{
3       PubMethod pub=new PubMethod();                       //创建 PubMethod 对象
4       public static String[] buildingName;                  //存放建筑物名的字符串数组
5       public static int[][][] AABB;                         //建筑物的包围盒组
6       ......//此处省略定义各种变量的代码，请自行查看源代码
7       public MapSQData(){
8           String ss1=pub.loadFromFile("school/schoolmap.txt"); //各个建筑物的名称
9           buildingName=ss1.split(",");                     //用 "," 分割字符串
10          String ss2=pub.loadFromFile("school/schoolab.txt"); //各个建筑物的包围盒组
11          String[] st1=ss2.split("/");                     //用 "/" 分割字符串
12          AABB=new int[st1.length][][];                    //创建 int 型数组
13          for(int i=0;i<st1.length;i++){
14              String[] st2=st1[i].split(";");   //用 ";" 分割字符串,并存放到字符串数组
15              AABB[i]=new int[st2.length][];
16              for(int j=0;j<st2.length;j++){
17                  String[] st3=st2[j].split(",");  //用","分割字符串,并存放在字符串数组
18                  AABB[i][j]=new int[st3.length-1];
19                  for(int t=0;t<st3.length-1;t++){
20                      AABB[i][j][t]=Integer.parseInt(st3[t+1].trim());
                        //为建筑物的包围盒组赋值
21      }}}
22      ......//此处从 SD 卡读取信息的代码与之前的类似故省略，请自行查阅随书的源代码
23  }}
```

- 第 3~5 行表示创建对象 pub，并声明本类所需要的变量 buildingName 和 AABB。
- 第 8~9 行表示从 SD 卡中提取各个建筑物的名称，并将其用 "," 分割后存放在数组中。
- 第 10~12 行表示从 SD 卡中提取各个建筑物的包围盒组，用 "/" 分割后存放在数组中，

并创建 int 型三维数组用于存放建筑物坐标和 id 编号。

- 第 13~21 行表示遍历各个建筑物的包围盒组，获取各个建筑物的坐标数据。

（7）上面介绍了获取平面图数据的工具类 MapSQData，下面将详细介绍 MapSQUtil 类的开发，该类的主要功能是遍历所有建筑物的 id 编号，并返回指定建筑物的 id，如果不存在则返回-1。具体代码如下，请读者仔细阅读。

> 代码位置：见随书源代码\第 7 章\ CampusAssistant\app\src\main\java\edu\heuu\campusAssistant\util 目录下的 MapSQUtil.java。

```
1   package edu.heuu.campusAssistant.util;                              //导入包
2   public class MapSQUtil{
3       static MapSQData msd=new MapSQData();                           //创建 MapSQData 对象
4       public static int getSelectBuildingID(float tx,float ty){       //获取建筑物的 id 号方法
5           for(int i=0;i<MapSQData.AABB.length;i++){
6               int[][] aabbs=MapSQData.AABB[i];//遍历 MapSQData.AABB，将数据存放在数组中
7               for(int[] aabb:aabbs){                                  //遍历 aabbs 数组
8                   if(tx>aabb[0]&&tx<aabb[2]&&ty>aabb[1]&&ty<aabb[3]){
9                       return i;                                       //返回建筑物 id
10          }}}
11          return -1;                                                  //如果不存在，则返回-1
12  }}
```

> 说明
> 上述代码中 getSelectBuildingID()方法表示遍历包围盒组，并将数据存放在二维数组 aabbs 中。遍历二维数组 aabbs 搜索指定位置的 id，如果存在指定的 id 则返回，否则返回-1。

7.5 加载功能模块的实现

上一节介绍了辅助工具类的开发，下面将介绍新生小助手 Android 客户端加载界面功能模块的实现。当用户初次进入本应用时，新生小助手需要解压 assets 文件夹下的数据包，因此在欢迎界面中设计了加载功能，给用户动态感，让界面不再显得呆板。下面将具体介绍加载模块的开发。

（1）下面介绍加载界面 loading.xml 框架的搭建，包括布局的安排、自定义等待动画属性的设置，其具体代码如下。

> 代码位置：见随书源代码\第 7 章\CampusAssistant\app\src\main\res\layout-port 目录下的 loading.xml。

```
1   <?xml version="1.0" encoding="utf-8"?>                      <!--版本号及编码方式-->
2   <LinearLayout xmlns:android="http://schemas.android.com/apk/res/android"    <!--线性布局-->
3       android:orientation="horizontal"
4       android:layout_width="fill_parent"
5       android:layout_height="fill_parent">
6       <LinearLayout                                                           <!--线性布局-->
7           android:layout_width="300dip"
8           android:layout_height="wrap_content" >
9           <edu.heuu.campusAssistant.util.WaitAnmiSurfaceView   <!-- 自定义的等待动画-->
10              android:id="@+id/wasv"
11              android:layout_width="fill_parent"
12              android:layout_height="fill_parent"
13              android:layout_marginLeft="100dip"
14              android:layout_marginTop="280dip"/>
15      </LinearLayout>
16  </LinearLayout>
```

> 说明
> 上述代码用于声明加载界面的线性布局，设置了 LinearLayout 宽、高的属性，并将排列方式设为水平排列。线性布局中包括 WaitAnmiSurfaceView.java 类中绘制的加载动画，并设置了其宽、高、位置的属性。

7.5 加载功能模块的实现

（2）上面简要介绍了加载界面框架的搭建，下面将介绍首次进入本应用时加载界面中自定义动画的实现，具体代码如下。

代码位置：见随书源代码\第 7 章\CampusAssistant\app\src\main\java\edu\heuu\campusAssistant\login 目录下的 LoadingActivity.java。

```java
1   package edu.heuu.campusAssistant.login;                         //导入包
2   ......//此处省略导入类的代码，读者可自行查阅随书附带的源代码
3   public class LoadingActivity extends Activity{                  //继承系统 Activity
4       ......//此处省略变量定义的代码，请自行查看源代码
5       Handler hd=new Handler(){
6           public void handleMessage(Message msg){                 //重写方法
7               switch(msg.what){
8                   case Constant.WAIT_DIALOG_REPAINT:              //等待对话框刷新
9                       wasv.repaint();                             //调用 repaint 方法绘制
10                      break;                                      //退出
11      }}};
12      public void onCreate(Bundle savedInstanceState){
13          super.onCreate(savedInstanceState);                     //调用父类方法
14          setContentView(R.layout.login);                         //切换界面
15          requestWindowFeature(Window.FEATURE_NO_TITLE);          //设置隐藏标题栏
16          showDialog(Constant.WAIT_DIALOG);                       //绘制对话框
17      }
18      public Dialog onCreateDialog(int id){
19          Dialog result=null;
20          switch(id){
21              case Constant.WAIT_DIALOG:                          //历史记录对话框的初始化
22                  AlertDialog.Builder b=new AlertDialog.Builder(this);
                    //创建 AlertDialog.Builder 类对象
23                  b.setItems(null, null);
24                  b.setCancelable(false);
25                  waitDialog=b.create();                          //创建对话框
26                  result=waitDialog;
27                  break;                                          //退出
28          }
29          return result;                                          //返回 Dialog 类对象
30      }
31      public void onPrepareDialog(int id, final Dialog dialog){
32          if(id!=Constant.WAIT_DIALOG)return;                     //若不是历史对话框则返回
33          dialog.setContentView(R.layout.loading);
34          wasv=(WaitAnmiSurfaceView)dialog.findViewById(R.id.wasv);//创建WaitAnmiSurfaceView
35          new Thread(){
36              public void run(){
37                  for(int i=0;i<200;i++){                         //循环 200 次
38                      wasv.angle=wasv.angle+5;                    //angle 值加 5
39                      hd.sendEmptyMessage(Constant.WAIT_DIALOG_REPAINT);//发送消息
40                      try{
41                          Thread.sleep(50);                       //睡眠 50ms
42                      }
43                      catch(Exception e){                         //捕获异常
44                          e.printStackTrace();                    //打印栈信息
45                  }}
46                  dialog.cancel();                                //取消对话框
47                  unzipAndChange();                               //切换到另一 Activity 的方法
48          }}.start();
49      }
50      public void unzipAndChange(){
51          ......//此处省略界面切换的代码，下面将详细介绍
52  }}
```

- 第 5~10 行用于创建 Handler 对象，重写 handleMessage 方法，并调用父类处理消息字符串，根据消息的 what 值，执行相应的 case，开始绘制对话框里的动画。
- 第 12~16 行在 onCreate 方法里调用父类的 onCreate 方法，并设置自定义 Activity 标题栏为隐藏标题栏。
- 第 18~48 行重写 onCreateDialog、onPrepareDialog 方法，与 showDialog 共用。当对话框

第一次被请求时，调用 onCreateDialog 方法，在这个方法中初始化对话框对象 Dialog。在每次显示对话框之前，调用 onPrepareDialog 方法加载动画。

> **说明** 上面提到的 WaitAnmiSurfaceView 类是用来绘制加载界面动画图形的，在前面辅助工具类的开发小节中已经讲过，在这里就不再重述了，请读者自行查看前面辅助工具类的开发小节。

（3）上面省略的加载界面 LoadingActivity 类的 unzipAndChange()方法具体代码如下。该方法执行的是切换到不同 Activity 和解压文本文件的操作。

代码位置：见随书源代码\第 7 章\CampusAssistant\app\src\main\java\edu\heuu\campusAssistant\login 目录下的 LoadingActivity.java。

```
1    public void unzipAndChange(){
2        try{
3            ZipUtil.unZip(LoadingActivity.this, "zhushou.zip", "/sdcard/");  //解压
4        }
5        catch(Exception e){                                              //捕获异常
6            System.out.println("解压出错！");                              //打印字符串
7        }
8        Intent intent=new Intent();                                      //创建 Intent 类对象
9        intent.setClass(LoadingActivity.this, MainActivityGroup.class);
10       startActivity(intent);                                           //启动下一个 Activity
11       finish();
12   }
```

> **说明** 上面在 unzipAndChange()方法中调用了 ZipUtil 工具类中的 unZip 方法来将.zip 文件解压到 SD 卡中，同时启动下一个 Activity。在上面提到的欢迎界面的布局和功能与加载界面基本一致，这里因篇幅原因就不再叙述，请读者自行查阅随书的源代码。

（4）因为加载动画的操作是用画笔完成的，所以需使用绘制图形类来实现该操作，即上面用到的 WaitAnmiSurfaceView 类，具体代码如下。

代码位置：见随书源代码\第 7 章\CampusAssistant\app\src\main\java\edu\heuu\campusAssistant\util 目录下的 WaitAnmiSurfaceView.java。

```
1    package edu.heuu.campusAssistant.util;                               //导入包
2    ......//此处省略导入类的代码，读者可自行查阅随书附带的源代码
3    public class WaitAnmiSurfaceView extends View{
4        ......//此处省略定义变量的代码，请自行查看源代码
5        public WaitAnmiSurfaceView(Context activity,AttributeSet as){
6            super(activity,as);                                          //调用构造器
7            paint = new Paint();                                         //创建画笔
8            paint.setAntiAlias(true);                                    //打开抗锯齿
9            bitmapTmp=BitmapFactory.decodeResource(activity.getResources(), R.drawable.star);
10           picWidth=bitmapTmp.getWidth();                               //获得图片宽度
11           picHeight=bitmapTmp.getHeight();                             //获得图片高度
12       }
13       public void onDraw(Canvas canvas){
14           paint.setColor(Color.WHITE);                                 //设置画笔颜色
15           float left=(viewWidth-picWidth)/2+80;                        //计算左上侧点的 x 坐标
16           float top=(viewHeight-picHeight)/2+80;                       //计算左上侧点的 y 坐标
17           Matrix m1=new Matrix();
18           m1.setTranslate(left,top);                                   //平移
19           Matrix m3=new Matrix();
20           m3.setRotate(angle, viewWidth/2+80, viewHeight/2+80);//设置旋转角度
21           Matrix mzz=new Matrix();
22           mzz.setConcat(m3, m1);
23           canvas.drawBitmap(bitmapTmp, mzz, paint);                    //绘制动画
```

```
24              }
25          public void repaint(){               //自己为了方便开发的repaint方法
26              this.invalidate();
27      }}
```

> **说明** 上述代码为重绘图片的方法,先设置画笔的颜色,将其透明度设置为40,然后用 Canvas 的对象开始绘制该矩阵,当获得左上侧点的坐标后,将 Matrix 平移到该坐标位置上,然后设置其旋转角度,最后将两个 Matrix 对象计算并连接起来由 Canvas 绘制自定义的动画。

7.6 各个功能模块的实现

上一节介绍了加载界面,这一节主要介绍加载完后呈现在主界面的各功能模块的开发,包括认识联大、报到流程、唐山导航、校园导航以及更多信息等功能。新生小助手为用户提供了了解唐山和河北联合大学的平台。下面将逐一介绍功能的实现。

7.6.1 新生小助手主界面模块的实现

本小节主要介绍的是主界面功能的实现。经过加载界面后进入到主界面,可以通过单击主界面下方的菜单栏按钮,实现界面的切换。主要是查看认识联大、报到流程、唐山导航、校园导航以及更多信息等相关内容。

(1)下面主要向读者具体介绍主界面的搭建,包括布局的安排,按钮、水平滚动视图等控件的各个属性的设置,省略部分与介绍的部分基本相似,就不再重复介绍了,读者可自行查阅随书代码进行学习,其具体代码如下。

> 代码位置:见随书源代码\第 7 章\CampusAssistant\app\src\main\res\layout-port 目录下的 activity_main.xml。

```
1   <?xml version="1.0" encoding="utf-8"?>                <!--版本号及编码方式-->
2   <LinearLayout xmlns:android="http://schemas.android.com/apk/res/android" <!--线性布局-->
3       android:layout_width="fill_parent"
4       android:layout_height="fill_parent"
5       android:layout_marginTop="0.0px">
6       <LinearLayout                                      <!--线性布局-->
7           android:orientation="vertical"
8           android:layout_width="fill_parent"
9           android:layout_height="fill_parent">
10          <LinearLayout                                  <!--线性布局-->
11              android:id="@+id/container"
12              android:layout_width="fill_parent"
13              android:layout_height="50dip"
14              android:layout_weight="1.0"
15              android:background="@color/text"/>
16          <HorizontalScrollView                          <!--水平滚动视图-->
17              android:layout_width="fill_parent"
18              android:layout_height="wrap_content"
19              android:background="@color/title"
20              android:scrollbars="none">
21              <RadioGroup                                <!--按钮组-->
22                  android:gravity="center_vertical"
23                  android:layout_gravity="bottom"
24                  android:orientation="horizontal"
25                  android:layout_width="fill_parent"
26                  android:layout_height="50dip"
27                  android:background="@color/title">
28                  <RadioButton                           <!--普通按钮-->
29                      android:id="@+id/radio_button0"
```

```
30                        android:layout_marginLeft="4.0dip"
31                        android:layout_width="120dip"
32                        android:layout_height="50dip"
33                        android:button="@null"
34                        android:text="   认识联大"
35                        android:textSize="24dp"
36                        android:textColor="@color/black"
37                        android:background="@drawable/radio"/>
38             ......<!--此处普通按钮与上述相似,故省略,读者可自行查阅随书的源代码-->
39         </RadioGroup>
40       </HorizontalScrollView>
41   </LinearLayout>
42 </LinearLayout>
```

- 第 2～5 行用于声明总的线性布局,总线性布局中还包含一个线性布局。设置线性布局的宽度为自适应屏幕宽度,高度为屏幕高度,并设置了总的线性布局距屏幕顶端的距离。
- 第 6～15 行用于声明线性布局,线性布局中包含一个线性布局和一个水平滑动视图控件。设置线性布局的宽度为自适应屏幕宽度,高度为屏幕高度,排列方式为垂直排列。
- 第 16～20 行用于声明水平滑动视图,设置了 HorizontalScrollView 宽、高、背景颜色以及是否显示滚动条的属性。
- 第 21～37 行用于声明按钮组,按钮组包含 5 个普通按钮,设置了 RadioGroup 宽、高、背景颜色、对齐方式,以及相对布局、对齐方式的属性,并设置排列方式为水平排列和 RadioButton 宽、高、背景颜色及文本等属性。

(2) 下面将介绍主界面 MainActivityGroup 类中 HorizontalScrollView 功能的开发。主界面主要是由认识联大界面构成,用户在左右滑动并单击认识联大、报到流程、唐山导航、校内导航、更多信息等任一内容时,将切换到相应的界面。主界面搭建的具体代码如下。

代码位置:见随书源代码\第 7 章\CampusAssistant\app\src\main\java\edu\heuu\campusAssistant\activity 目录下的 MainActivityGroup.java。

```
1   package edu.heuu.campusAssistant.activity;
2   ......//此处省略导入类的代码,读者可自行查阅随书附带的源代码
3   public class ActivityGroup extends MainActivityGroup {
4       ......//此处省略定义变量的代码,请自行查看源代码
5       @Override
6       protected void onCreate(Bundle savedInstanceState) {
7           setContentView(R.layout.activity_main);              //切换界面
8           super.onCreate(savedInstanceState);                  //调用父类方法
9           FontManager.init(this);                              //初始化TypeFace
10          FontManager.changeFonts(FontManager.getContentView(this),this);///用自定义的字体方法
11          initRadioBtns();                                     //初始化所有的按钮
12          ((RadioButton)findViewById(R.id.radio_button0)).setChecked(true);  //默认的选中按钮
13      }
14      protected ViewGroup getContainer(){                      //加载Activity的View
15          return (ViewGroup) findViewById(R.id.container);
16      }
17      protected void initRadioBtns() {                         //初始化按钮
18          initRadioBtn(R.id.radio_button0);
19          initRadioBtn(R.id.radio_button1);
20          initRadioBtn(R.id.radio_button2);
21          initRadioBtn(R.id.radio_button3);
22          initRadioBtn(R.id.radio_button4);
23      }
24      @Override
25      public void onCheckedChanged(CompoundButton buttonView, boolean isChecked) {
26          if (isChecked) {
27              switch (buttonView.getId()) {
28                  case R.id.radio_button0:
29                      setContainerView(CONTENT_ACTIVITY_NAME_0,   //加载LianHeActivity
30                              LianHeActivity.class);
31                      break;
32                  case R.id.radio_button1:
```

```
33                setContainerView(CONTENT_ACTIVITY_NAME_1,    //加载ReProActivity
34                    ReProActivity.class);
35                break;
36            case R.id.radio_button2:
37                setContainerView(CONTENT_ACTIVITY_NAME_2, //加载TangShanMapActivity
38                    TangShanMapActivity.class);
39                break;
40            case R.id.radio_button3:
41                setContainerView(CONTENT_ACTIVITY_NAME_3,    //加载SchoolMapActivity
42                    SchoolMapActivity.class);
43                break;
44            case R.id.radio_button4:
45                setContainerView(CONTENT_ACTIVITY_NAME_4,//加载MoreActivity
46                    MoreActivity.class);
47                break;
48            default:
49                break;
50    }}}}
```

- 第 6～13 行为 Activity 启动时调用的方法，在 onCreate 方法中进行了部分内容初始化的工作，并将字体设为方正卡通形式。
- 第 14～16 行用于加载被选中按钮下的 Activity 的 View 并返回此 View。
- 第 17～23 行用于向主界面加入所有按钮，作为界面的菜单栏，位于界面的最下面一行，可左右滑动菜单栏。
- 第 24～49 行为按钮被单击时，具体发生的变化的代码，按下按钮后，onCheckedChanged 方法获得 id 号，根据 id 号跳入到相对应的 Activity 界面。

> **说明** 上面提到的 MainActivityGroup 类是继承了我们自己重写的 MZActivityGroup 类，MZActivityGroup 类的代码在这里省略，读者可自行查阅随书附带的源代码。

7.6.2 认识联大模块的实现

上一小节介绍了主界面模块的实现，本小节将向读者详细介绍认识联大模块的开发。用户可以通过左右滑动屏幕或者单击标题栏中的文本查看学校概况、学院信息、唐山介绍等。

（1）下面简要介绍认识联大首界面的搭建，包括布局的安排、按钮各个属性的设置以及自定义 ViewPager 的设置。其中省略的部分与介绍的部分基本相似，就不再重复介绍了，读者可自行查看随书源代码进行学习，其具体代码如下。

📄 **代码位置**：见随书源代码\第 7 章\CampusAssistant\app\src\main\res\layout-port 目录下的 main.xml。

```
1   <?xml version="1.0" encoding="utf-8"?>                   <!--版本号及编码方式-->
2   <LinearLayout xmlns:android="http://schemas.android.com/apk/res/android"  <!--线性布局-->
3       android:layout_width="fill_parent"
4       android:layout_height="fill_parent"
5       android:orientation="vertical" >
6       <LinearLayout                                        <!--线性布局-->
7           android:layout_width="fill_parent"
8           android:layout_height="wrap_content"
9           android:background="@color/title">
10          <Button                                          <!--普通按钮-->
11              android:id="@+id/Button01"
12              android:layout_width="60dip"
13              android:layout_height="wrap_content"
14              android:text="学校概况"
15              android:textColor="@color/ziti"
16              android:background="@color/gray"
17              android:textSize="18dp"
18              android:layout_weight="1"/>
19          ......<!--此处普通按钮与上述相似，故省略，读者可自行查阅随书的源代码-->
```

```
20        </LinearLayout>
21        <View
22            android:layout_width="fill_parent"
23            android:layout_height="1px"
24            android:background="?android:attr/listDivider"/>
25        <android.support.v4.view.ViewPager                        <!--自定义的ViewPager-->
26            android:id="@+id/viewpager"
27            android:layout_width="fill_parent"
28            android:layout_height="wrap_content"/>
29    </LinearLayout>
```

- 第 10~18 行用于声明普通按钮，设置了 Button 宽、高、比重及文本等属性。
- 第 21~24 行用于声明一个 View 视图，设置了 View 宽、高及背景色的属性，用于放置认识联大的子界面，下面将详细介绍。
- 第 25~28 行用于声明一个 ViewPager，设置了 ViewPager 宽、高及位置的属性，左右滑动来切换界面。

（2）上面介绍了认识联大界面的搭建，下面介绍主界面 LianHeActivity 类中 ViewPager 功能的开发，主界面主要是由学校概况构成，用户在左右滑动屏幕或单击学校概况、学院信息、唐山介绍等任一内容时，将切换到相应的界面。上述界面将在下面的章节逐个介绍，主界面搭建具体代码如下。

> **代码位置：** 见随书源代码\第 7 章\ CampusAssistant\app\src\main\java\edu\heuu\campusAssistant\activity 目录下的 LianHeActivity.java。

```
1   package edu.heuu.campusAssistant.activity;
2   ......//此处省略导入类的代码，读者可自行查阅随书的源代码
3   public class LianHeActivity extends Activity {
4       ......//此处省略变量定义的代码，请自行查看源代码
5       @Override
6       protected void onCreate(Bundle savedInstanceState){
7           super.onCreate(savedInstanceState);             //调用父类方法
8           setContentView(R.layout.main);                  //切换界面
9           FontManager.changeFonts(FontManager.getContentView(this),this);  //使用自定义字体
10          manager=new LocalActivityManager(this,true);    //创建LocalActivityManager类对象
11          manager.dispatchCreate(savedInstanceState);
12          m_vp=(ViewPager)LianHeActivity.this.findViewById(R.id.viewpager);
13          final Button bn0= (Button) findViewById(R.id.Button01);   //获取Button对象
14          final Button bn1 = (Button) findViewById(R.id.Button02);
15          final Button bn2 = (Button) findViewById(R.id.Button03);
16          bn0.setOnClickListener(                         //设置按钮监听
17              new OnClickListener(){
18                  @Override
19                  public void onClick(View v){
20                      changeText(bn0,bn1,bn2,0);
21              }});
22          ......//此处省略给其他按钮设置监听，与上述操作基本相同，不再赘述
23          list=new ArrayList<View>();                     //创建List对象
24          Intent intent1=new Intent(this,SchoolActivity.class);   //创建Intent对象
25          list.add(getView("SchoolActivity",intent1));    //添加List成员
26          Intent intent2=new Intent(this,InstituteActivity.class);
27          list.add(getView("InstituteActivity",intent2));
28          Intent intent3=new Intent(this,TangShanActivity.class);
29          list.add(getView("TangShanActivity",intent3));
30          PagerAdapter fa=new PagerAdapter(){             //准备PagerAdapter适配器
31              ......//适配器里的具体方法将在下面具体介绍
32          };
33          m_vp.setAdapter(fa);                            //为ViewPager设置内容适配器
34          m_vp.setCurrentItem(0);                         //默认选择id0页面
35          m_vp.setOnPageChangeListener(                   //添加监听
36              new OnPageChangeListener(){
37                  @Override
38                  public void onPageScrollStateChanged(int arg0){ }
39                  @Override
40                  public void onPageScrolled(int arg0, float arg1, int arg2){ }
```

```
41                  @Override
42                  public void onPageSelected(int arg0){
43                      changeText(bn0,bn1,bn2,arg0);
44                  }});
45          }
46      private View getView(String string, Intent intent){
47        return manager.startActivity(string, intent).getDecorView();
48      }
49      public void changeText(Button bn1,Button bn2,Button bn3,int count){    //页面翻转方法
50          ......//此处省略该方法的内容,将在下面进行介绍
51  }}
```

- 第9行为使用自定义的字体,将字体设置为方正卡通形式。
- 第13~21行用于初始化3大按钮,并设置监听,按下按钮后则调用changeText()方法来切换到相应的界面并且按钮的一些属性也发生变化,下面将会详细介绍。
- 第23~29行创建List,向其中加入该界面中包含的3大子界面,分别为学校概况界面、学院信息界面以及唐山介绍界面。
- 第30~32行为给ViewPager添加适配器的代码,在这里方法的代码省略,下面将详细介绍。
- 第33~44行给ViewPager设置内容适配器,并添加监听,当前默认的是id为0的学校概况页面,滑动界面则调用changeText()方法来切换界面。
- 第49~50行为页面和按钮切换时的代码,在这里方法的代码省略,下面将详细介绍。

(3) 在滑动 ViewPager 时,须使用 PagerAdapter 来实现左右滑动和调用 LianHeActivity 类的 changeText 方法来实现按钮内容和颜色的改变等功能,即上述代码中省略的 PagerAdapter 适配器的代码,其实现的具体代码如下。

> **代码位置**:见随书源代码\第7章\ CampusAssistant\app\src\main\java\edu\heuu\campusAssistant\activity 目录下的 LianHeActivity.java。

```
1   PagerAdapter fa=new PagerAdapter(){
2       @Override
3       public void destroyItem(ViewGroup container, int position,Object object){
4           ViewPager pViewPager = ((ViewPager) container);
5           pViewPager.removeView(list.get(position));      //移除当前页面
6       }
7       @Override
8       public int getCount(){
9           return list.size();                             //ViewPager中按钮的个数
10      }
11      @Override
12      public boolean isViewFromObject(View arg0, Object arg1){
13          return arg0==arg1;
14      }
15      @Override
16      public Object instantiateItem(View arg0, int arg1){
17          ViewPager pViewPager = ((ViewPager) arg0);
18          pViewPager.addView(list.get(arg1));             //添加当前页面
19          return list.get(arg1);
20  }};
21  public void changeText(Button bn1,Button bn2,Button bn3,int count){
22      switch(count){
23          case 0:{
24              bn1.setBackgroundColor(
25              LianHeActivity.this.getResources().getColor(R.color.gray));//设置被选中按钮的背景色
26              bn2.setBackgroundColor(
27              LianHeActivity.this.getResources().getColor(R.color.title));//设置未被选中按钮的背景色
28              bn3.setBackgroundColor(
29                  LianHeActivity.this.getResources().getColor(R.color.title));
30              bn1.setTextColor(
31                  LianHeActivity.this.getResources().getColor(R.color.ziti));
                //设置被选中按钮的字体颜色
32              bn2.setTextColor(
33                  LianHeActivity.this.getResources().getColor(R.color.ziti1));
```

```
34                //设置未被选中按钮的字体颜色
                  bn3.setTextColor(
35                LianHeActivity.this.getResources().getColor(R.color.ziti1));
36            }
37            break;
38        ......//此处省略其他情况,与上述代码基本相同,不再赘述
39        }
40        m_vp.setCurrentItem(count);                          //页面选中
41    }
```

- 第 3~6 行用于滑动界面时,从 ViewPager 中移除当前页面的方法。
- 第 7~10 行返回 ViewPager 中页面或按钮的个数。
- 第 15~19 行用于左右滑动界面时,向 ViewPager 中添加选中的页面,并返回从 List 列表中获得的选中页面。
- 第 21~40 行为页面切换时所引起的改变的方法,先获得被选中按钮的 id 号,再根据 id 号将被选中按钮的背景色设置为一种颜色,未被选中的按钮设置为另一种颜色,字体的颜色也做相应的改变,同时切换到相应的页面。

(4)下面介绍认识联大界面中的学校概况界面的搭建,包括布局的安排,列表、图片视图等控件的属性设置,具体代码如下。

📄 **代码位置**:见随书源代码\第 7 章\ CampusAssistant\app\src\main\res\layout-port 目录下的 school.xml。

```
1   <?xml version="1.0" encoding="utf-8"?>                    <!--版本号及编码方式-->
2   <LinearLayout xmlns:android="http://schemas.android.com/apk/res/android" <!--线性布局-->
3       xmlns:tools="http://schemas.android.com/tools"
4       android:layout_width="fill_parent"
5       android:layout_height="fill_parent"
6       android:orientation="vertical"
7       android:background="@color/text"
8       tools:context=".SchoolActivity" >
9       <ImageView                                            <!--图像域-->
10          android:id="@+id/ImageView01"
11          android:layout_width="fill_parent"
12          android:layout_height="120dip"/>
13      <ListView                                             <!--列表视图组件-->
14          android:id="@+id/listView01"
15          android:layout_width="fill_parent"
16          android:layout_height="wrap_content"
17          android:choiceMode="singleChoice"/>
18  </LinearLayout>
```

- 第 9~12 行用于声明图片域,设置了 ImageView 宽、高以及 id 号的属性。
- 第 13~17 行用于声明一个 ListView 列表视图组件,设置了 ListView 宽、高及 id 的属性,然后将其列表设置为单选模式。

(5)ListView 布局样式是由 TextView、ImageView 共同搭建实现的,接下来将介绍该子布局 row.xml 的开发,具体代码如下。

📄 **代码位置**:见随书源代码\第 7 章\ CampusAssistant\app\src\main\res\layout-port 目录下的 row.xml。

```
1   <?xml version="1.0" encoding="utf-8"?>                    <!--版本号及编码方式-->
2   <LinearLayout xmlns:android="http://schemas.android.com/apk/res/android" <!--线性布局-->
3       android:id="@+id/listLinearLayout01"
4       android:layout_width="fill_parent"
5       android:layout_height="fill_parent"
6       android:background="@color/text"
7       android:orientation="horizontal">
8       <ImageView                                            <!--图像域-->
9           android:id="@+id/listImageView01"
10          android:layout_width="100dp"
11          android:layout_height="80dp"/>
12      <LinearLayout xmlns:android="http://schemas.android.com/apk/res/android"<!--线性布局-->
```

7.6 各个功能模块的实现

```
13            android:id="@+id/listLinearLayout01"
14            android:layout_width="wrap_content"
15            android:layout_height="wrap_content"
16            android:orientation="vertical">
17            <TextView                                       <!--文本域-->
18                android:id="@+id/listTextView01"
19                android:layout_width="wrap_content"
20                android:layout_height="wrap_content"/>
21            ......<!--此处TextView与上述相似,故省略,读者可自行查阅随书的源代码-->
22       </LinearLayout>
23  </LinearLayout>
```

> **说明** 总线性布局中包含一个线性布局和ImageView控件,并设置了总线性布局宽、高、位置的属性和ImageView宽、高、内容、大小等属性;线性布局中又包含两个TextView控件,设置了LinearLayout宽、高、id位置的属性,排列方式为垂直排列和TextView宽、高、位置等属性。

(6)下面介绍认识联大界面中的学校概况界面,该界面向客户展示了河北联合大学的基本信息,由图片与列表构成,使界面不再呆板和枯燥,实现的具体代码如下。

代码位置:见随书源代码\第7章\ CampusAssistant\app\src\main\java\edu\heuu\campusAssistant\school目录下的SchoolActivity.java。

```
1   package edu.heuu.campusAssistant.school;
2   ......//此处省略导入类的代码,读者可自行查阅随书附带的源代码
3   public class SchoolActivity extends Activity{
4       ......//此处省略定义变量的代码,请自行查看源代码
5       public void onCreate(Bundle savedInstanceState){
6           super.onCreate(savedInstanceState);
7           setContentView(R.layout.school);
8           FontManager.changeFonts(FontManager.getContentView(this),this);//用自定义的字体方法
9           ImageView iv=(ImageView)SchoolActivity.this.findViewById(R.id.ImageView01);
10          Drawable d=Drawable.createFromPath("/sdcard/zhushou/img/xiaomen.jpg");//获取图片
11          iv.setBackground(d);
12          initSchoolList();                                    //初始化学校概况列表
13      }
14      public void initSchoolList(){                            //初始化学校简介菜单
15          final LayoutInflater inflater=LayoutInflater.from(SchoolActivity.this);
16          Constant.List=pub.loadFromFile("school/school.txt");  //根据路径读取文本中信息
17          Constant.ListArray=Constant.List.split("\\|");
18          final int count=Constant.ListArray.length/4;         //获取数组长度
19          for(int i=0;i<6;i++){                                //获得所有图片的路径
20              imgSubPath[i]="img/"+Constant.ListArray[i*4+2];
21          }
22          BaseAdapter ba=new BaseAdapter(){                    //为ListView准备适配器
23              ......//适配器里的具体方法将在下面具体介绍
24          };
25          ListView lv=(ListView)SchoolActivity.this.findViewById(R.id.listView01);
26          lv.setAdapter(ba);
27          lv.setOnItemClickListener(                           //设置选项被单击的监听器
28              new OnItemClickListener(){
29                  @Override
30                  public void onItemClick(AdapterView<?> arg0, View arg1,int arg2, long arg3){
31                      Intent intent=new Intent();
32                      Bundle b=new Bundle();
33                      String textPath="school/"+Constant.ListArray[arg2*4+3].toString();
                        //子路径
34                      b.putString("txt", textPath);
35                      intent.putExtras(b);
36                      String title=Constant.ListArray[arg2*4].toString();  //将标题传递过去
37                      b.putString("title", title);
38                      intent.putExtras(b);
39                      String imgPath="img/"+Constant.ListArray[arg2*4+2].toString();
                        //图片路径
40                      b.putString("img", imgPath);
```

```
41                intent.putExtras(b);
42                intent.setClass(SchoolActivity.this, SchoolDetialActivity.class);
43                startActivity(intent);
44          }});
45   }}
```

- 第 9～11 行向 ImageView 对象中加载图片。
- 第 15～20 行先创建了一个 LayoutInflater 对象 inflater，再从 SD 卡中读取相应文本和图片路径，供后面的适配器使用。
- 第 25～43 行先初始化 ListView，再为其添加适配器和监听器，适配器里的具体方法将在下面具体介绍，监听器中代码的功能主要是向下一个界面传递信息。

> **说明** 认识联大界面中的学院信息和唐山介绍界面的布局和功能与学校概况界面基本一致，在这里就不再重复叙述了，请读者自行查阅随书的源代码。

（7）上面介绍了学校概况界面，下面介绍学校概况界面下的子界面的搭建，包括布局的安排，文本视图、滚动视图、图片视图等控件的属性设置，具体代码如下。

代码位置：见随书源代码\第 7 章\ CampusAssistant\app\src\main\res\layout-port 目录下的 schooldetail.xml。

```xml
1    <?xml version="1.0" encoding="utf-8"?>                        <!--版本号及编码方式-->
2    <ScrollView xmlns:android="http://schemas.android.com/apk/res/android"  <!--滚动视图-->
3        android:id="@+id/ScrollView01"
4        android:layout_width="fill_parent"
5        android:layout_height="fill_parent">
6        <LinearLayout                                              <!--线性布局-->
7            android:layout_width="fill_parent"
8            android:layout_height="wrap_content"
9            android:background="@color/text"
10           android:orientation="vertical" >
11           <LinearLayout                                          <!--线性布局-->
12               android:layout_width="fill_parent"
13               android:layout_height="wrap_content"
14               android:orientation="horizontal">
15               <TextView                                          <!--文本域-->
16                   android:layout_width="wrap_content"
17                   android:layout_height="wrap_content"
18                   android:text="@string/back"
19                   android:id="@+id/ButtonBack"
20                   android:textSize="20dip"
21                   android:textColor="@color/gray"
22                   android:gravity="left"/>
23               ......<!--此处文本域与上述相似，故省略，读者可自行查阅随书的源代码-->
24           </LinearLayout>
25           <View                                                  <!--自定义 View-->
26               android:layout_width="fill_parent"
27               android:layout_height="1px"
28               android:background="?android:attr/listDivider"/>   <!--设置分割线-->
29           <ImageView                                             <!--图片域-->
30               android:id="@+id/ImageView003"
31               android:layout_width="fill_parent"
32               android:layout_height="wrap_content"/>
33           < FrameLayout                                          <!--帧布局-->
34               android:id="@+id/fl_desc"
35               android:layout_width="fill_parent"
36               android:layout_height="wrap_content"
37               android:fadingEdge="horizontal"
38               android:fadingEdgeLength="5dp" >
39               ......<!--此处文本域与上述相似，故省略，读者可自行查阅随书的源代码-->
40           </FrameLayout>
41           ......<!--此处 TextView 与上述相似，故省略，读者可自行查阅随书的源代码-->
42       </LinearLayout>
43   </ScrollView>
```

7.6 各个功能模块的实现

- 第 2～5 行用于声明滚动视图，设置 ScrollView 的宽度为自适应屏幕宽度，高度为屏幕高度，使界面能上下滚动。
- 第 6～10 行用于声明一个线性布局，布局中包含线性布局、View 视图控件、ImageView 控件、帧布局以及 TextView 控件，并设置了线性布局宽、高、位置、背景色的属性，排列方式为垂直排列。
- 第 25～28 行用于声明自定义的 View，向界面加入分割线。
- 第 33～39 行用于声明一个帧布局，帧布局中包含了两个 TextView 控件，同时还设置了 FrameLayout 宽、高、位置的属性，排列方式为垂直排列。

（8）下面介绍学校概况界面下子界面的功能实现，包括图片、文字信息展示以及收起、展开文本的功能，使界面别具一格，具体实现代码如下。

代码位置：见随书源代码\第 7 章\ CampusAssistant\app\src\main\java\edu\heuu\campusAssistant\school 目录下的 SchoolDetailActivity.java。

```java
1   package edu.heuu.campusAssistant.school;                //导入包
2   ......//此处省略导入类的代码，读者可自行查阅随书附带的源代码
3   public class SchoolDetialActivity extends Activity{     //继承系统 Activity
4       ......//此处省略变量定义的代码，请自行查看源代码
5       @Override
6       public void onCreate(Bundle savedInstanceState){
7           super.onCreate(savedInstanceState);             //调用父类方法
8           setContentView(R.layout.schooldetail);
9           FontManager.changeFonts(FontManager.getContentView(this),this);
                //用自定义的字体方法
10          initSchoolDetail();                             //初始化界面
11      }
12      public void initSchoolDetail(){                     //初始化界面方法
13          ck=(TextView)SchoolDetialActivity.
14              this.findViewById(R.id.ckwy);               //表示查看全文的控件
15          ck.setTextSize(15);
16          Intent intent = this.getIntent();               //获得当前的 Intent
17          Bundle bundle = intent.getExtras();             //获得全部数据
18          String value = bundle.getString("txt");         //获得名为 txt 的路径值
19          String txtInf=pub.loadFromFile(value);          //具体文本内容
20          String imgValue=bundle.getString("img");        //加载图片
21          ImageView iv=(ImageView)SchoolDetialActivity.
22              this.findViewById(R.id.ImageView003);       //获取 ImageView 对象
23          iv.setImageBitmap(BitmapIOUtil.getSBitmap(imgValue));
24          String title=bundle.getString("title");         //设置标题
25          TextView tvTitle=(TextView)SchoolDetialActivity.
26              this.findViewById(R.id.TextViewSchoolDetail02);
                //获取 TextView 对象
27          tvTitle.setText(title);                         //设置文本内容
28          tvTitle.setTextSize(29);                        //文本属性设置
29          tvTitle.setTypeface(FontManager.tf);
30          tvTitle.setGravity(Gravity.CENTER_VERTICAL|Gravity.CENTER_HORIZONTAL);
31          initTextView(txtInf.trim());                    //加载文本信息
32          ck.setGravity(Gravity.CENTER_HORIZONTAL);       //查看全文设置
33          ck.setOnClickListener(                          //设置监听
34              new View.OnClickListener(){
35                  @Override
36                  public void onClick(View v){
37                      if(ck.getText().equals("查看全文")){
38                          tvTxt_long.setVisibility(View.VISIBLE);    //设置可见
39                          tvTxt_short.setVisibility(View.GONE);      //设置不可见
40                          ck.setText("收起");
41                      }
42                      else if(ck.getText().equals("收起")){
43                          tvTxt_long.setVisibility(View.GONE);       //设置不可见
44                          tvTxt_short.setVisibility(View.VISIBLE);   //设置可见
45                          ck.setText("查看全文");
46                      }
47                      ck.setTextSize(15);                 //设置字体大小
```

```
48              }});
49         }
50      public void initTextView(String txtInf){                //初始化TextView文本信息
51          tvTxt_short=(TextView)SchoolDetailActivity.this.findViewById(R.id.TextView_short);
52          tvTxt_long=(TextView)SchoolDetailActivity.this.findViewById(R.id.TextView_long);
53          tvTxt_long.setText(txtInf.trim());                  //设置子图
54          tvTxt_short.setText(txtInf.trim());
55          tvTxt_long.setVisibility(View.GONE);                //设置不可见
56          tvTxt_short.setVisibility(View.VISIBLE);            //设置可见
57     }}
```

- 第9~10行设置了该界面中字体为自定义字体和初始化界面。
- 第13~15行定义了一个TextView对象,控制界面文本内容的收缩,设置字体的大小为15号。
- 第16~17行获得当前的Intent,并通过Bundle获得从SchoolActivity类传过来的路径数据,用于获得文本和图片。
- 第18~29行通过获得文本和图片路径,获取具体文本内容和图片,加入到TextView和ImageView控件中显示出来。
- 第33~48行用于实现文本内容的收起与展开的功能,按下查看全文,长文本将显示,短文本则隐藏,并设置了字体的大小为15号。
- 第50~56行初始化TextView文本信息,有两个TextView文本,一个长文本和一个短文本,都设置了文本的内容以及是否可见的属性,起始默认的是显示短文本,隐藏长文本。

（9）上面介绍了学校概况界面,下面介绍学院信息界面下子界面的搭建,包括布局的安排,文本视图、滚动视图、图片视图等控件的属性设置,具体代码如下。

代码位置：见随书源代码\第7章\CampusAssistant\app\src\main\res\layout-port 目录下的institutemain.xml。

```
1   <?xml version="1.0" encoding="utf-8"?>                      <!--版本号及编码方式-->
2   <ScrollView xmlns:android="http://schemas.android.com/apk/res/android"<!--滚动视图-->
3       android:id="@+id/ScrollView01"
4       android:layout_width="fill_parent"
5       android:layout_height="fill_parent">
6       <LinearLayout                                            <!--线性布局-->
7           android:id="@+id/instituteLinear01"
8           android:layout_width="fill_parent"
9           android:layout_height="fill_parent"
10          android:background="@color/text"
11          android:orientation="vertical">
12          <TextView                                            <!--文本域-->
13              android:id="@+id/TextView"
14              android:text="@string/xueyuan"
15              android:textColor="@color/black"
16              android:textSize="20dip"
17              android:layout_gravity="center_vertical"
18              android:layout_width="fill_parent"
19              android:layout_height="wrap_content"/>
20          ......<!--此处文本域与上述相似,故省略,读者可自行查阅随书的源代码-->
21          <ImageView                                           <!--图片域-->
22              android:id="@+id/ImageView01"
23              android:layout_width="360dip"
24              android:layout_height="120dip"/>
25          <TextView                                            <!--文本域-->
26              android:id="@+id/TextView1"
27              android:layout_width="fill_parent"
28              android:layout_height="wrap_content"/>
29          ......<!--此处文本域与上述相似,故省略,读者可自行查阅随书的源代码-->
30      </LinearLayout>
31  </ScrollView>
```

- 第2~5行用于声明滚动视图,设置了ScrollView的宽度为自适应屏幕宽度,高度为屏幕高度。

- 第6~29行声明了一个线性布局，包含了8个TextView控件和一个ImageView控件，设置了线性布局的宽、高及位置等属性，此外还设置了ImageView宽、高及相对位置的属性和TextView宽、高、字体大小、颜色以及位置等属性。

> **说明** 上面提到的8个TextView控件，代码中只列了两个，其他的与上述相似，故省略，读者可自行查阅随书的源代码。

（10）下面介绍学院信息界面下子界面的功能实现，包括图片、文字信息展示以及收起、展开文本的功能，使界面别具一格，具体实现代码如下。

代码位置：见随书源代码\第7章\CampusAssistant\app\src\main\java\edu\heuu\campusAssistant\Institute 目录下的 InstituteDetailActivity.java。

```
1   package edu.heuu.campusAssistant.Institute;           //导入包
2   ......//此处省略导入类的代码，读者可自行查阅随书附带的源代码
3   public class InstituteDetailActivity extends Activity {   //继承系统Activity
4       ......//此处省略定义变量的代码，请自行查看源代码
5       @Override
6       protected void onCreate(Bundle savedInstanceState) {
7           super.onCreate(savedInstanceState);           //调用父类方法
8           setContentView(R.layout.institutemain);       //切换界面
9           FontManager.changeFonts(FontManager.getContentView(this),this);
                                                          //用自定义的字体方法
10          init();                                       //初始化界面信息
11      }
12      public void init(){                               //初始化界面信息方法
13          Intent intent=this.getIntent();               //获取Intent
14          Bundle bundle=intent.getExtras();             //获取Bundle对象的值对象
15          String textPath=bundle.getString("name");
16          String information=pub.loadFromFile("xueyuan/"+textPath); //获取信息路径
17          infor=information.split("\\|");               //切分字符串
18          TextView tv=(TextView)InstituteDetailActivity.        //创建TextView对象
19                  this.findViewById(R.id.TextView01);
20          tv.setTextColor(InstituteDetailActivity.this.getResources().
                  getColor(R.color.ziti2));
21          tv.setText(infor[0].trim());
22          tv.setTextSize(22);                           //设置字体大小
23          tv.setPadding(0, 2, 2, 1);                    //设置留白
24          ImageView iv=(ImageView)InstituteDetailActivity.this.findViewById
                  (R.id.ImageView01);
25          iv.setImageBitmap(BitmapIOUtil.getSBitmap("img/"+infor[1]));  //加载图片
26          tv=(TextView)InstituteDetailActivity. this.findViewById(R.id.TextView1);
                  //创建TextView对象
27          tv.setTextColor(InstituteDetailActivity. this.getResources().
                  getColor(R.color.ziti2));
28          tv.setText(infor[2].trim());
29          tv.setTextSize(18);                           //设置字体大小
30          tv.setPadding(0, 1, 0, 1);                    //设置留白
31          ......//此处省略剩下TextView的创建，与上述代码基本相同，不再赘述
32          tv=(TextView)InstituteDetailActivity.this.findViewById(R.id.TextView4);
                  //创建TextView对象
33          tv.setTextColor(InstituteDetailActivity.this.getResources().
                  getColor(R.color.ziti2));
34          tv.setText(infor[4].trim());
35          tv.setPadding(16, 1, 0, 4);                   //设置留白
36          tv.setTextSize(18);                           //设置字体大小
37          tv.setOnClickListener(
38              new OnClickListener(){
39                  @Override
40                  public void onClick(View v){
41                      changeText(5);
42          }});
43          ......//此处省略TextView的创建，与上述代码基本相同，不再赘述
44      }
```

```
45      public void changeText(int id){                              //界面更新
46          Intent intent=new Intent();                              //创建 Intent 对象
47          Bundle bundle=new Bundle();
48          bundle.putString("name",infor[id].toString());           //添加键值对象
49          intent.putExtras(bundle);
50          intent.setClass(InstituteDetailActivity.this, InstituteDetailActivity.class);
51          startActivity(intent);                                   //启动 intent
52          finish();
53      }}
```

- 第 9～10 行设置界面中字体为自定义字体，并调用初始化界面信息方法。
- 第 13～14 行用于获取 Intent，再通过 Intent 获取 Bundle 对象的值对象，该值为文件和图片路径。
- 第 15～17 行先通过 String 获得文本信息，再以 "/" 分割字符串，得到各个 TextView 所需的信息和 ImageView 要设置的图片。
- 第 18～23 行用于创建 TextView 对象，并设置了内容、字体大小以及留白，用于显示学院名。
- 第 24～25 行用于创建 ImageView 对象，放置学院图标。
- 第 26～30 行用于创建 TextView 对象，并设置了内容、字体大小、留白和将字体颜色设置为自定义颜色，用于显示学院的详细信息。
- 第 32～41 行创建 TextView 对象，设置内容、字体大小以及留白，显示学院相关信息，并为其添加了监听。
- 第 45～52 行是界面相关信息下列表按下后界面更新的方法。

（11）上面介绍了学校概况界面和学院信息界面下的子界面，下面介绍唐山介绍界面下的子界面。唐山介绍界面下的子界面有两种，现在介绍其中的一个子界面的搭建，包括布局的安排，文本视图、图片视图等控件的属性设置，构成了一个画廊，具体代码如下。

> 代码位置：见随书源代码\第 7 章\CampusAssistant\app\src\main\res\layout-port 目录下的 information.xml。

```
1   <?xml version="1.0" encoding="utf-8"?>                             <!--版本号及编码方式-->
2   <LinearLayout xmlns:android="http://schemas.android.com/apk/res/android"  <!--线性布局-->
3       android:layout_width="fill_parent"
4       android:layout_height="fill_parent"
5       android:background="@color/text"
6       android:orientation="vertical">
7       <TextView                                                      <!--文本域-->
8           andrcid:id="@+id/TextView01"
9           andrcid:layout_width="fill_parent"
10          andrcid:layout_height="30dip"
11          andrcid:textSize="25dip"
12          andrcid:text="唐山信息"
13          andrcid:layout_gravity="center"/>
14      <Gallery                                                       <!--画廊控件-->
15          andrcid:id="@+id/Gallery01"
16          andrcid:layout_width="fill_parent"
17          andrcid:layout_height="fill_parent"
18          andrcid:background="@color/black"
19          andrcid:gravity="center_vertical"/>
20  </LinearLayout>
```

> 说明　　线性布局中包含 TextView 和 Gallery 控件，并设置了 LinearLayout 排列方式为垂直排列，以及宽、高、背景色的属性；设置 TextView 宽、高、内容、字体大小、相对位置等属性和 Gallery 宽、高、背景色、相对位置等属性。

（12）下面介绍唐山介绍界面下的子界面画廊功能的实现，以多张图片为背景，每张图片最下方标有文字说明，给用户视觉上的享受，具体实现代码如下。

7.6 各个功能模块的实现

代码位置： 见随书源代码\第 7 章\CampusAssistant\app\src\main\java\edu\heuu\campusAssistant\tangshan 目录下的 TangShanInfor2Activity.java。

```
1    package edu.heuu.campusAssistant.tangshan;                    //导入包
2    ......//此处省略导入类的代码，读者可自行查阅随书附带的源代码
3    public class TangShanInfor2Activity extends Activity{          //继承系统Activity
4        ......//此处省略定义变量的代码，请自行查看源代码
5        @Override
6        protected void onCreate(Bundle savedInstanceState){
7            super.onCreate(savedInstanceState);                    //调用父类方法
8            setContentView(R.layout.information);                  //切换界面
9            FontManager.changeFonts(FontManager.getContentView(this),this);
             //用自定义的字体方法
10           initListView();                                        //初始化界面
11       }
12       public void initListView(){                                //初始化唐山信息界面
13           Intent intent = this.getIntent();                      //获得当前的Intent
14           Bundle bundle=intent.getExtras();                      //获得全部数据
15           String information= bundle.getString("name");
16           String infor=pub.loadFromFile("tangshan/"+information);
17           final String[] content=infor.split("\\|");
18           BaseAdapter ba=new BaseAdapter(){                      //适配器
19               @Override
20               public int getCount(){
21                   return content.length/2;
22               }
23               ......//此处省略的方法不需要重写，故省略，读者可自行查阅书的源代码
24               @Override
25               public View getView(int arg0, View arg1, ViewGroup arg2){
26                   LinearLayout ll=(LinearLayout)arg1;
27                   if(ll==null){
28                       ll=new LinearLayout(TangShanInfor2Activity.this);
29                       ll.setOrientation(LinearLayout.VERTICAL);   //设置朝向
30                       ll.setPadding(0,1,0,1);                     //设置四周留白
31                   }
32                   Drawable d=Drawable.createFromPath("/sdcard/zhushou/img/"+
                     content[arg0*2+1]);
33                   ll.setBackgroundDrawable(d);                    //布局背景图片
34                   ll.setPadding(0, 2, 0, 2);
35                   ll.setLayoutParams(new Gallery.LayoutParams(720,540)); //图片相对位置
36                   TextView tv=new TextView(TangShanInfor2Activity.this);//创建TextView对象
37                   tv.setText(content[arg0*2]);
38                   tv.setTextSize(20);                             //设置字体大小
39                   tv.setTextColor(TangShanInfor2Activity.this.getResources().
                     getColor(R.color.blue));
40                   tv.setGravity(Gravity.BOTTOM);
41                   tv.setPadding(4, 440, 4, 0);
42                   tv.setTypeface(FontManager.tf);                 //使用自定义字体
43                   ll.addView(tv);                                 //设置字体留白
44                   return ll;
45               }};
46           Gallery gl=(Gallery)this.findViewById(R.id.Gallery01);
47           gl.setAdapter(ba);
48           gl.setBackgroundColor(this.getResources().getColor(R.color.back));
49    }}
```

- 第 9～10 行设置界面中字体为自定义字体，并调用初始化界面信息方法。
- 第 13～17 行用于获取 Intent，通过 Bundle 获得上一界面传的路径信息，再根据路径从 SD 卡中获取相应文本信息并用 "/" 分割文本。
- 第 18～45 行用于为 Gallery 准备内容适配器，返回图片的个数，适配器中加入了一个线性布局，布局中包含一个 TextView 控件，并设置布局的背景图、朝向和 TextView 内容、字体大小、颜色、相对位置等，构建成画廊。
- 第 46～48 行创建 Gallery 对象，背景色设置为自定义颜色和添加适配器。

> **说明** 上面在 BaseAdapter 中省略的方法是 BaseAdapter 自带的,同时也不需要去修改,故省略,读者可自行查阅随书附带的源代码。

(13)上面介绍了唐山介绍界面下的画廊界面,下面介绍唐山介绍界面下的另一种子界面的搭建,包括布局的安排,文本视图、列表视图等控件的属性设置,具体代码如下。

> **代码位置**:见随书源代码\第 7 章\CampusAssistant\app\src\main\res\layout-port 目录下的 tangshaninfor.xml。

```
1   <?xml version="1.0" encoding="utf-8"?>                              <!--版本号及编码方式-->
2   <LinearLayout xmlns:android="http://schemas.android.com/apk/res/android"   <!--线性布局-->
3       android:id="@+id/LinearLayout1"
4       android:orientation="vertical"
5       android:layout_width="fill_parent"
6       android:layout_height="wrap_content"
7       android:background="@color/text">
8       <LinearLayout                                                    <!--线性布局-->
9           android:orientation="horizontal"
10          android:layout_width="fill_parent"
11          android:layout_height="wrap_content">
12          <TextView                                                    <!--文本域-->
13              android:id="@+id/TextView01"
14              android:layout_width="fill_parent"
15              android:layout_height="24dip"
16              android:text="唐山信息"
17              android:textSize="20dp"
18              android:layout_gravity="center_horizontal"
19              android:gravity="left"/>
20      </LinearLayout>
21      <View
22          android:layout_width="fill_parent"
23          android:layout_height="1px"
24          android:background="?android:attr/listDivider"/>
25      ......<!--此处 LinearLayout 与上述相似,故省略,读者可自行查阅随书的源代码-->
26      <ListView                                                        <!--列表视图组件-->
27          android:id="@+id/ListView01"
28          android:layout_width="fill_parent"
29          android:layout_height="fill_parent"/>
30  </LinearLayout>
31  </LinearLayout>
```

- 第 2~7 行用于声明总线性布局,包含两个子线性布局和 View 控件,并设置了总线性布局宽、高、背景色、id 等属性,排列方式为垂直排列。
- 第 8~19 行用于声明一个线性布局,包含 TextView 控件,设置了线性布局、宽、高属性和 TextView 宽、高、内容、字体大小、相对位置等属性。
- 第 21~24 行用于声明自定义的 View,向界面加入分割线。
- 第 26~29 行用于声明一个 ListView 列表视图组件,设置了 ListView 宽、高及 id 的属性。

(14)由于 ListView 布局样式是由 TextView 控件和 ImageView 控件共同搭建实现的,那么接下来将介绍该子布局 tangshan1.xml 的开发,具体代码如下。

> **代码位置**:见随书源代码\第 7 章\CampusAssistant\app\src\main\res\layout-port 目录下的 tangshan1.xml。

```
1   <?xml version="1.0" encoding="utf-8"?>                              <!--版本号及编码方式-->
2   <LinearLayout xmlns:android="http://schemas.android.com/apk/res/android"   <!--线性布局-->
3       android:id="@+id/linearLayout1"
4       android:layout_width="fill_parent"
5       android:layout_height="fill_parent"
6       android:background="@color/text"
7       android:orientation="vertical" >
```

```
8       <ImageView                                                  <!--图片域-->
9           android:id="@+id/ImageView01"
10          android:layout_width="300dip"
11          android:layout_height="140dip"/>
12      <TextView                                                   <!--文本域-->
13          android:id="@+id/TextView01"
14          android:layout_width="fill_parent"
15          android:layout_height="wrap_content"/>
16  </LinearLayout>
```

> **说明** 线性布局中包含一个 ImageView 控件和一个 TextView 控件，设置了线性布局宽、高、位置、背景色的属性，排列方式为垂直排列，也设置了 ImageView 宽、高、位置的属性和 TextView 宽、高、位置等属性。

（15）下面介绍唐山介绍界面下该子界面功能的实现，以图片与文字相结合的方式循环呈现各个信息，让界面滚动起来，给用户视觉上的享受，具体实现代码如下。

代码位置：见随书源代码\第 7 章\ CampusAssistant\app\src\main\java\edu\heuu\campusAssistant\tangshan 目录下的 TangShanInforActivity.java。

```
1   package edu.heuu.campusAssistant.tangshan;                      //导入包
2   ......//此处省略导入类的代码，读者可自行查阅随书附带的源代码
3   public class TangShanInforActivity extends Activity {
4       ......//此处省略定义变量的代码，请自行查看源代码
5       @Override
6       protected void onCreate(Bundle savedInstanceState){
7           super.onCreate(savedInstanceState);                     //调用父类方法
8           setContentView(R.layout.tangshaninfor);                 //切换界面
9           FontManager.changeFonts(FontManager.getContentView(this),this); //用自定义的字体方法
10          initList();                                             //初始化界面
11      }
12      public void initList(){                                     //初始化唐山信息子界面
13          Intent intent = this.getIntent();                       //获得当前的 Intent
14          Bundle bundle = intent.getExtras();                     //获得全部数据
15          String value = bundle.getString("name");                //获得名为 name 的路径名
16          String information=pub.loadFromFile("tangshan/"+value);
17          infor=information.split("\\|");                         //切分字符串
18          final int count=infor.length/2;
19          for(int i=0;i<count;i++){                               //获取图片路径
20              imgPath[i]="img/"+infor[i*2+1];
21          }
22          BaseAdapter ba=new BaseAdapter(){                       //为 ListView 准备内容适配器
23              LayoutInflater inflater=LayoutInflater.from(TangShanInforActivity.this);
24              @Override
25              public int getCount(){
26                  return count;                                   //总的选项
27              }
28              ......//此处方法不需要重写，故省略，请自行查阅随书的源代码
29              @Override
30              public View getView(int arg0, View arg1, ViewGroup arg2){
31                  LinearLayout ll=(LinearLayout)arg1;
32                  if (ll == null){
33                      ll = (LinearLayout)(inflater.inflate(R.layout.tangshan1, null)
34                          .findViewById(R.id.linearLayout1));
35                  }
36                  ImageView  ii=(ImageView)ll.getChildAt(0);      //初始化 ImageView
37                  ii.setImageBitmap(BitmapIOUtil.getSBitmap(imgPath[arg0])); //设置图片
38                  TextView tv=(TextView)ll.getChildAt(1);         //初始化 TextView
39                  tv.setText(infor[arg0*2]);
40                  tv.setTextSize(20);                             //设置字体大小
41                  tv.setTextColor(TangShanInforActivity.this.getResources().
                        getColor(R.color.ziti3));
42                  tv.setGravity(Gravity.LEFT);
43                  tv.setTypeface(FontManager.tf);                 //使用自定义字体
44                  return ll;
45          }};
```

```
46            ListView lv=(ListView)TangShanInforActivity.this.findViewById(R.id.ListView01);
47            lv.setAdapter(ba);
48            lv.setBackgroundColor(TangShanInforActivity.this.getResources().
              getColor(R.color.text));
49        }}
```

- 第9~10行设置界面中字体为自定义字体，并调用初始化界面信息方法。
- 第13~17行用于获取Intent，通过Bundle获得上一界面传过来的路径，再拿该路径从SD卡中获取相应文本信息并用"/"分割文本。
- 第18~21行用于取得列表的行数和获取各个图片的路径。
- 第24~27行为返回列表行数的方法。
- 第30~44行为获得视图的方法，视图中包含一个线性布局，线性布局中有一个ImageView和TextView对象；若线性布局已经被创建则不需要再次创建，大大节省了内存空间；同时，也设置了TextView的内容、字体大小、位置等，字体设置成自定义字体。
- 第46~48行用于创建ListView，为其添加了适配器和设置背景色为自定义颜色。

7.6.3 报到流程模块的实现

上一小节介绍的是认识联大模块的实现，本小节主要是介绍在单击菜单栏的报到流程按钮时，显示报到流程界面，该界面设计比较简单，只有一个视图，且只由TextView构成，主要是对新生报到的各个步骤进行详细的介绍，让新生对报到的各个流程更加熟悉。

（1）下面首先向读者具体介绍报到流程界面搭建的主布局baodao.xml的开发，报到流程界面的主布局包括了线性布局的安排、控件的各个基本属性的设置，其实现的具体代码如下。

代码位置：见随书源代码\第7章\CampusAssistant\app\src\main\res\layout-port 目录下的baodao.xml。

```
1   <?xml version="1.0" encoding="utf-8"?>              <!--版本号及编码方式-->
2   <ScrollView xmlns:android="http://schemas.android.com/apk/res/android"   <!--滚动视图-->
3       android:layout_width="fill_parent"
4       android:layout_height="wrap_content">
5       <LinearLayout                                    <!--线性布局-->
6           android:layout_width="fill_parent"
7           android:layout_height="fill_parent"
8           android:background="@color/text"
9           android:orientation="vertical">
10          <TextView                                    <!--文本域-->
11              android:id="@+id/textView01"
12              android:layout_width="fill_parent"
13              android:layout_height="wrap_content"/>
14          ......<!--此处TextView对象的创建与上述相似，故省略，读者可自行查阅随书的源代码-->
15      </LinearLayout>
16  </ScrollView>
```

说明 滚动视图中包含一个线性布局，线性布局包含两个TextView控件，设置了ScrollView的宽为屏幕宽度，高为紧紧包裹内容，也设置了线性布局宽、高、位置、背景色的属性，排列方式为垂直排列和设置了TextView宽、高、位置的属性。

（2）上面介绍了报到流程界面的搭建，下面将向读者具体介绍报到流程界面功能的实现。该界面主要实现的是向用户展示报到的各个具体步骤的功能,用户在报到时可查看该模块中的信息，具体了解报到的流程，其具体实现代码如下。

代码位置：见随书源代码\第7章\ CampusAssistant\app\src\main\java\edu\heuu\campusAssistant\activity 目录下的 ReProActivity.java。

```
1   package edu.heuu.campusAssistant.activity;                    //导入包
```

7.6 各个功能模块的实现

```
2      ……//此处省略导入类的代码,读者可自行查阅随书附带的源代码
3      public class ReProActivity extends Activity{
4          ……//此处省略定义变量的代码,请自行查看源代码
5          public void onCreate(Bundle savedInstanceState){
6              super.onCreate(savedInstanceState);           //调用父类方法
7              setContentView(R.layout.baodao);              //切换界面
8              FontManager.changeFonts(FontManager.getContentView(this),this);
               //用自定义的字体方法
9              initListView();                               //初始化界面
10         }
11         public void initListView(){                       //初始化界面
12             String information=pub.loadFromFile("txt/liucheng.txt");  //获取文本中的信息
13             String[] title=information.split("\\|");
14             TextView tv=(TextView)ReProActivity.this.findViewById(R.id.textView01);
15             tv.setText(title[0]);                         //设置内容
16             tv.setTextSize(24);                           //设置字体大小
17             tv.setPadding(2, 2, 2, 0);                    //设置留白
18             ……//此处 TextView 对象的创建与上述相似,故省略,请自行查阅随书的源代码
19      }}
```

- 第 8~9 行设置界面中字体为自定义字体,并调用初始化界面信息方法。
- 第 11~18 行为初始化界面方法,通过前面讲到的 loadFromFile()方法获得该界面所需要的文本,用"/"分割文本,得到标题和内容两部分,加入到 TextView 中显示出来。

7.6.4 校内导航模块的实现

上一小节介绍了唐山导航模块的实现,本小节将介绍校内导航模块的开发。通过单击菜单栏的校内导航按钮,切换到校内地图界面。该界面实现了校内定位搜索以及等比例地放大缩小平面的功能,做到了与真实平面图的接轨,让新生更加熟识校园,走遍校园。

(1)由于校内导航模块的界面搭建的代码与上述界面搭建的代码大致相似,这里就不再一一介绍。下面将主要介绍该模块具体功能的开发,该模块实现了在校园平面图上对校园中各个建筑物的定位以及对校园平面图的等比例的放大缩小等功能,其具体实现代码如下。

> 代码位置:见随书源代码\第 7 章\CampusAssistant\app\src\main\java\edu\heuu\campusAssistant\map 目录下的 SchoolMapActivity.java。

```
1      package edu.heuu.campusAssistant.map;                 //导入包
2      ……//此处省略导入类的代码,读者可自行查阅随书附带的源代码
3      public class SchoolMapActivity extends Activity{
4          ……//此处省略定义变量的代码,请自行查看源代码
5          public void onCreate(Bundle savedInstanceState){
6              super.onCreate(savedInstanceState);           //调用父类方法
7              setContentView(R.layout.schoolmap);           //切换界面
8              FontManager.changeFonts(FontManager.getContentView(this),this);  //用自定义字体
9              lv=(ListView)SchoolMapActivity.this.findViewById(R.id.ListView1);
10             ……//此处省略其他 ListView 的创建,请自行查看源代码
11             initListView();                               //加载 ListView 信息
12             Toast.makeText(this, "目前本导航只支持联合大学本部。", Toast.LENGTH_LONG).show();
13             iv=(ImageView)SchoolMapActivity.this.findViewById(R.id.ImageView1);
               //初始化 ImageView
14             iv.setOnClickListener(
15                 new OnClickListener(){
16                     @Override
17                     public void onClick(View v){
18                         lv1.setVisibility(View.GONE);     //设置不可见
19                         lv2.setVisibility(View.VISIBLE);
20                         iv.setVisibility(View.GONE);      //设置不可见
21                         initDetialList2(textPath);
22             }});
23         }
24         public void initListView(){
25             ……//此处省略初始化 ListView 的代码,下面将详细介绍
26         }
```

```
 27         ……//此处方法代码与上述方法基本一致,请自行查看源代码
 28     }
```

- 第 8~12 行用于自定义字体,将字体设置为方正卡通形式,创建了 ListView 对象,调用 initListView()方法,并以 Toast 的形式向用户声明了该界面只适用于河北联合大学本部。
- 第 12~22 行创建 ImageView 对象来显示下拉图标,并为其添加了监听,在监听中实现了 ListView 的显现或隐藏等功能。

（2）下面将具体介绍上面省略的 initListView()方法。initListView()方法的主要功能有为列表 ListView 添加适配器以及监听,使之在校内导航界面中显示学校的各个建筑名称,并且通过单击其中的建筑名称使该建筑在平面图中定位,其具体代码如下。

代码位置：见随书源代码\第 7 章\ CampusAssistant\app\src\main\java\edu\heuu\campusAssistant\ map 目录下的 SchoolMapActivity.java。

```
 1   public void initListView(){
 2       Constant.List=pub.loadFromFile("map/mapList.txt");
 3       final String[] title=Constant.List.split("\\|");        //ListView 的目录
 4       BaseAdapter ba=new BaseAdapter(){                         //为 ListView 准备内容适配器
 5           public int getCount(){
 6               return title.length/2;
 7           }
 8           ……//此处方法不需要重写,故省略,读者可自行查阅随书的源代码
 9           public View getView(int arg0, View arg1, ViewGroup arg2){
10               LinearLayout ll=new LinearLayout(SchoolMapActivity.this);
11               TextView tv=new TextView(SchoolMapActivity.this);
12               tv.setText(title[arg0*2].trim());                 //设置内容
13               tv.setTextSize(22);                               //设置字体大小
14               tv.setPadding(4, 0, 4, 0);                        //设置留白
15               tv.setGravity(Gravity.LEFT);
16               tv.setTypeface(FontManager.tf);
17               ll.addView(tv);                                   //添加 TextView
18               return ll;
19       }};
20       lv.setAdapter(ba);                                        //初始化 ListView
21       lv.setOnItemClickListener(                                //设置选项被单击的监听器
22           new OnItemClickListener(){
23               @Override
24               public void onItemClick(AdapterView<?> arg0, View arg1,int arg2, long arg3){
25                   lv2.setVisibility(View.GONE);                 //lv2 列表隐藏
26                   lv1.setVisibility(View.VISIBLE);              //lv1 列表显现
27                   iv.setVisibility(View.VISIBLE);               //设置可见
28                   initDetialList(title[arg2*2+1]);
29       }});
30       lv2.setVisibility(View.GONE);                             //设置不可见
31       lv1.setVisibility(View.VISIBLE);
32       initDetialList(title[1]);                                 //默认子 ListView 列表
33       view=(BNMapView)SchoolMapActivity.this.findViewById(R.id.View01);
34       view.gotoBuilding(27);                                    //标记相应建筑
35       view.postInvalidate();
36   }
```

- 第 2~3 行用于从 SD 卡中获取学校建筑名文本,并用"/"分割该文本获得各个建筑名称,添加到下面的 ListView 列表中。
- 第 5~7 行用于返回列表的行数。
- 第 9~19 行为设置列表中每行的内容,设置了 TextView 的内容、字体大小以及留白,并且字体为自定义字体。
- 第 21~28 行用于给 ListView 添加监听,在监听中实现了各个列表是否显示的功能。
- 第 30~35 行为初始时列表为收缩状态,下拉图标显示,并且在校园平面图上选中第二教学楼。

7.6.5 唐山导航模块的实现

上一小节介绍了报到流程模块的实现，本小节将介绍唐山导航模块的开发。该界面由百度地图、按钮、TextView 等构成，实现了路线规划、GPS 定位以及导航等功能。搜索时按钮可收起或展开。同时在寻找路线时，可选择浮动列表中的地址名称。

> **提示**：本模块是基于百度地图进行二次开发而成，二次开发的功能包括路线规划、模拟导航、真实导航以及 GPS 定位等。在运行本程序之前，读者首先应该重新申请百度地图键值（亦称 ak 值），添加在主配置文件（AndroidManifest.xml）的 meta-data 属性中，运行即可。对这些相关操作不太熟悉的读者可以参考百度地图官网的相关资料，本书由于篇幅所限，不能一一详述。

（1）由于唐山导航模块的界面搭建的代码与上述界面搭建的代码大致相似，这里就不再一一介绍，下面将主要介绍具体功能的开发，实现的具体代码如下。

代码位置：见随书源代码\第 7 章\ CampusAssistant\app\src\main\java\edu\heuu\campusAssistant\map 目录下的 TangShanMapActivity.java。

```
1    package edu.heuu.campusAssistant.map;                    //导入包
2    ......//此处省略导入类的代码，读者可自行查阅随书附带的源代码
3    public class TangShanMapActivity extends Activity {
4        ......//此处省略定义变量的代码，读者可自行查阅随书附带的源代码
5        protected void onCreate(Bundle savedInstanceState) {   //继承Activity必须重写的方法
6            super.onCreate(savedInstanceState);                //调用父类方法
7            setContentView(R.layout.ditu);                     //切换到主界面
8            eX=this.getIntent().getIntExtra("longN", (int)(118.164013f*1E5));  //经度
9            eY=this.getIntent().getIntExtra("latN",(int)(39.625656f*1E5));    //纬度
10           final Button bStart=(Button)TangShanMapActivity.this.findViewById(R.id.b01);
11           final LinearLayout ll1=(LinearLayout)TangShanMapActivity.this.findViewById(R.id.ll);
12           ll1.setVisibility(View.GONE);                      //设为不可见
13           ......//此处省略设置查找按钮和LinearLayout 的代码，可自行查阅随书附带的源代码
14           findViewById(R.id.online_calc_btn).setOnClickListener(new OnClickListener() {
15               @Override
16               public void onClick(View arg0) {               //规划按钮添加监听
17                   startCalcRoute(NL_Net_Mode.NL_Net_Mode_OnLine);//规划路线方法
18           }});
19           findViewById(R.id.simulate_btn).setOnClickListener(new OnClickListener() {
20               @Override
21               public void onClick(View arg0) {               //模拟导航按钮监听
22                   startNavi(false);                          //导航方法
23           }});
24           ......//此处省略真实导航按钮和定位按钮的设置，读者可自行查阅随书附带的源代码
25        }
26        @Override
27        public void onDestroy() {                             //销毁
28            super.onDestroy();                                //调用父类方法
29        }
30        @Override
31        public void onPause() {
32            super.onPause();                                  //调用父类方法
33            BNRoutePlaner.getInstance().setRouteResultObserver(null);  //设置路线观察者
34            ((ViewGroup) (findViewById(R.id.mapview_layout))).removeAllViews();  //清除
35            BNMapController.getInstance().onPause();
36        }
37        @Override
38        public void onResume() {
39            super.onResume();super.onPause();                 //调用父类方法
40            initMapView();                                    //初始化地图
41            ((ViewGroup)(findViewById(R.id.mapview_layout))).addView(mMGLMapView);
                //添加视图
```

```
42                BNMapController.getInstance().onResume();
43        }
44        ......//此处省略初始化下拉列表、按钮方法的代码,下面将详细介绍
45        private IRouteResultObserver mRouteResultObserver = new IRouteResultObserver() {
46            @Override
47            public void onRoutePlanSuccess() {                    //必须重写的方法
48                BNMapController.getInstance().setLayerMode(      //设置地图层模式
49                        LayerMode.MAP_LAYER_MODE_ROUTE_DETAIL);
50                mRoutePlanModel = (RoutePlanModel) NaviDataEngine.getInstance()
                                                                   //设置路线模型
51                        .getModel(ModelName.ROUTE_PLAN);
52            }
53        ......//此处省略了5个内部类必须重写的方法,读者可自行查阅随书附带的源代码
54        }
55        ......//此处省略初始化地图、更新指南针位置、规划路线以及导航等方法的代码,下面将详细介绍
56  }
```

- 第6～10行为本类的变量赋值。首先调用父类onCreate,切换主界面,然后获取intent传递的变量并为eX、eY赋值,最后从布局文件中获取Button对象。
- 第11～13行初始化LinearLayout对象,并将LinearLayout设置为隐藏。
- 第14～18行从布局文件中获取表示路线规划的Button对象,并为其添加监听。如果单击该按钮,则将调用startCalcRoute方法在地图中进行线路规划。
- 第19～23行从布局文件中获取表示GPS定位的Button对象,并为其添加监听。当该按钮被单击时,将调用startNavi方法在地图中开启导航功能。
- 第26～29行表示继承系统Activity所重写的方法onDestroy,该方法用于释放本程序所有的资源。
- 第30～36行表示继承系统Activity所重写的方法onPause,该方法主要是在当前Activity被其他Activity覆盖或者锁屏时被调用。在本类中的功能为置空路线观察者对象,并清除视图对象。
- 第37～43行继承系统Activity所重写的方法onResume,该方法主要是当前Activity由覆盖状态回到前台或者解屏时被调用,在本类中的功能为初始化地图,并添加导航视图。
- 第45～52行设置算路结果监听器IRouteResultObserver,获取算路的结果。通过重写父类方法设置地图层的模式以及设置路线的显示模式。

(2)上面省略的唐山导航界面类中初始化的3个方法的具体代码如下。分别表示在主界面中初始化下拉列表、初始化按钮以及初始化Map对象,具体代码如下。

> **代码位置**：见随书源代码\第 7 章\CampusAssistant\app\src\main\java\edu\heuu\campusAssistant\map 目录下的 TangShanMapActivity.Java。

```
1   public void initSpinner(final Button bStart,final LinearLayout ll1,final LinearLayout ll2,
2                           final LinearLayout ll3){         //初始化下拉列表
3       bStart.setVisibility(View.GONE);                     //设置不可见
4       setView(bStart,ll1,ll2,ll3);
5       String[] stations={"唐山站","唐山北","唐山西站汽车站","唐山东站汽车站"};  //创建字符串数组
6       String[] location={"河北联合大学本部","河北联合大学建设路校区",
7              "河北联合大学轻工学院","河北联合大学冀唐学院","河北联合大学北校区"};
8       initHashMap();                                       //调用initHashMap方法
9       final Spinner spinner1=(Spinner)this.findViewById(R.id.spinner01);//初始化Spinner对象
10      final Spinner spinner2=(Spinner)this.findViewById(R.id.spinner02);//初始化Spinner对象
11      ArrayAdapter<String> adapter=new ArrayAdapter<String>
12             (TangShanMapActivity.this,android.R.layout.simple_spinner_item,stations);
13      ArrayAdapter<String> adapter2=new ArrayAdapter<String>
14             (TangShanMapActivity.this,android.R.layout.simple_spinner_item,location);
15      adapter.setDropDownViewResource(android.R.layout.simple_list_item_single_choice);
16      adapter2.setDropDownViewResource(android.R.layout.simple_list_item_single_choice);
17      spinner1.setAdapter(adapter);                        //为spinner1添加适配器
18      spinner2.setAdapter(adapter2);                       //为spinner2添加适配器
19      spinner1.setVisibility(View.VISIBLE);                //设置可视
```

7.6 各个功能模块的实现

```
20          spinner2.setVisibility(View.VISIBLE);              //设置可视
21          spinner1.setOnItemSelectedListener(new OnItemSelectedListener() {
        //为spinner1添加监听
22              @Override
23              public void onItemSelected(AdapterView<?> arg0, View arg1,int arg2, long arg3) {
24                  strFrom=spinner1.getSelectedItem().toString(); //获得路线起点字符串
25                  tart=myMap.get(strFrom);                   //获得起点的经纬度
26              }
27              @Override
28              public void onNothingSelected(AdapterView<?> arg0) {}
29          });
30          spinner2.setOnItemSelectedListener(new OnItemSelectedListener() {
        //为spinner2添加监听
31              @Override
32              public void onItemSelected(AdapterView<?> arg0, View arg1,int arg2, long arg3) {
33                  strTo=spinner2.getSelectedItem().toString();   //获得路线终点字符串
34                  end=myMap.get(strTo);                      //获得终点的经纬度
35              }
36              @Override
37              public void onNothingSelected(AdapterView<?> arg0) {}
38          });
39          Button bend=(Button)TangShanMapActivity.this.findViewById(R.id.gps_btn);
40          bend.setOnClickListener(new View.OnClickListener(){     //为按钮添加监听
41              @Override
42              public void onClick(View arg0) {
43                  bStart.setVisibility(View.VISIBLE);         //设置该按钮为可见
44                  setView(bStart,ll1,ll2,ll3);                //调用setView()方法
45          }});}
46      //初始化搜索按钮、ll1、ll2以及搜索路线按钮
47      public void setView(Button v1,LinearLayout v2,LinearLayout v3,LinearLayout v4){
48          if(v1.getVisibility()==0){                          //v1可见
49              v2.setVisibility(View.GONE);                    //设置该v2为不可见
50              v3.setVisibility(View.GONE);                    //设置该v3为不可见
51              v4.setVisibility(View.GONE);                    //设置该v4为不可见
52          }else if(v1.getVisibility()==8){                    //v1不可见
53              ......//此处各个按钮变化与上述基本一致，读者可自行查看源代码
54      }}
```

- 第5~8行表示创建并初始化stations和location字符串数组。initHashMap()表示初始化地图对象引用，关于方法中的具体代码，请自行参考随书附带的源代码。
- 第9~10行表示从布局文件中获取下拉列表对象spinner1和spinner2。
- 第11~14行表示创建并初始化ArrayAdapter<String>对象adapter1和adapter2。
- 第15~20行功能为设置下拉列表对象spinner1和spinner2的风格并为其添加适配器，此外设置spinner1和spinner2为可见。
- 第28~38行表示为下拉列表对象spinner1和spinner2添加监听器，根据下拉列表被选中的元素获得地图路线的起点和终点，并获取起止点对应的经纬度。
- 第39~45行表示根据按钮对象bend的可见性来设置是否显示地图的小菜单。

（3）上面省略的唐山导航界面类中初始化地图、更新指南针位置、规划路线以及导航等方法，在此将为读者进行详细的介绍，具体代码如下。

📡 **代码位置**：见随书源代码\第7章\ CampusAssistant\app\src\main\java\edu\heuu\campusAssistant\map 目录下的 TangShanMapActivity.java。

```
1   private void initMapView() {                                //初始化mMGLMapView
2       if (Build.VERSION.SDK_INT < 14) {                       //版本号小于14
3           BaiduNaviManager.getInstance().destroyNMapView();   //释放导航视图，即地图
4       }
5       mMGLMapView = BaiduNaviManager.getInstance().createNMapView(this);//创建导航视图
6       BNMapController.getInstance().setLevel(14);             //设置地图放大比例尺
7       BNMapController.getInstance().setLayerMode(LayerMode.MAP_LAYER_MODE_BROWSE_MAP);
8       updateCompassPosition();                                //更新指南针
```

```
 9              BNMapController.getInstance().locateWithAnimation(eX, eY);      //设置地图的中心位置
10        }
11        private void updateCompassPosition(){                                 //更新指南针位置的方法
12              int screenW = this.getResources().getDisplayMetrics().widthPixels;//获得屏幕宽度
13              BNMapController.getInstance().resetCompassPosition(              //设置指南针的位置
14                  screenW - ScreenUtil.dip2px(this, 30),ScreenUtil.dip2px(this, 126), -1);
15        }
16        private void startCalcRoute(int netmode) {
17              ......//此处省略起止点经纬度的设置,读者可自行查看源代码
18              RoutePlanNode startNode = new RoutePlanNode(sX, sY,              //起点
19                  RoutePlanNode.FROM_MAP_POINT, strFrom, strFrom);
20              RoutePlanNode endNode = new RoutePlanNode(eX, eY,                //终点
21                  RoutePlanNode.FROM_MAP_POINT, strTo, strTo);
22              ArrayList<RoutePlanNode> nodeList = new ArrayList<RoutePlanNode>(2);//创建 nodeList
23              nodeList.add(startNode);                                         //添加起点
24              nodeList.add(endNode);                                           //添加终点
25              BNRoutePlaner.getInstance().setObserver(new RoutePlanObserver(this, null));
26              BNRoutePlaner.getInstance().                                     //设置算路方式
27                  setCalcMode(NE_RoutePlan_Mode.ROUTE_PLAN_MOD_MIN_TIME);
28        BNRoutePlaner.getInstance().setRouteResultObserver(mRouteResultObserver);//设置算路结果回调
29          boolean ret = BNRoutePlaner.getInstance().setPointsToCalcRoute(//设置起终点并算路
30              nodeList,NL_Net_Mode.NL_Net_Mode_OnLine);
31          if(!ret){
32              Toast.makeText(this, "规划失败", Toast.LENGTH_SHORT).show();     //显示 Toast
33        }}
34        private void startNavi(boolean isReal) {
35              if (mRoutePlanModel == null) {                                   //如果 mRoutePlanModel 为 null
36                  Toast.makeText(this, "请先算路!", Toast.LENGTH_LONG).show();  //显示 Toast
37                  return;                                                      //返回
38              }
39              RoutePlanNode startNode = mRoutePlanModel.getStartNode();//获取路线规划结果起点
40              RoutePlanNode endNode = mRoutePlanModel.getEndNode();          //获取路线规划结果终点
41              if (null == startNode || null == endNode) {                    //若 startNode 或 endNode 为空
42                  return;                                                    //返回
43              }
44              int calcMode = BNRoutePlaner.getInstance().getCalcMode();      //获取路线规划算路模式
45              Bundle bundle = new Bundle();                                  //创建 Bundle 对象
46              bundle.putInt(BNavConfig.KEY_ROUTEGUIDE_VIEW_MODE,             //设置 Bundle 对象
47                  BNavigator.CONFIG_VIEW_MODE_INFLATE_MAP);
48              ......//此处省略 Bundle 类对象的设置,读者可自行查看源代码
49              f (!isReal) {                                                  //模拟导航
50                  bundle.putInt(BNavConfig.KEY_ROUTEGUIDE_LOCATE_MODE,
51                      RGLocationMode.NE_Locate_Mode_RouteDemoGPS);
52              } else {                                                       //GPS 导航
53                  bundle.putInt(BNavConfig.KEY_ROUTEGUIDE_LOCATE_MODE,
54                      RGLocationMode.NE_Locate_Mode_GPS);
55              }
56              Intent intent = new Intent(TangShanMapActivity.this, BNavigatorActivity.class);
57              intent.putExtras(bundle);                                      //添加 Bundle 对象
58              startActivity(intent);                                         //切换 Activity
59        }
```

- 第 1~10 行表示初始化 mMGLMapView 的方法,首先如果版本号小于 14,BaiduNaviManager 就将释放导航视图,即释放地图。然后通过 BaiduNaviManager 创建导航视图以及设置地图层显示模式,最后更新指南针在地图上的位置以及设置地图的中心点。

- 第 11~15 行表示更新指南针位置的方法,通过获取手机屏幕的宽度来计算指南针当前的位置。

- 第 16~33 行为规划路线的方法,首先创建并初始化 RoutePlanNode 类对象 startNode 和 endNode,创建并初始化 ArrayList<RoutePlanNode>对象,用于存放路线节点。然后设置线路方式、线路结果回调以及起止点,最后在地图中进行算路。

- 第 34~40 行为开启导航的方法。如果 mRoutePlanModel 对象为空,则说明还未进行算路,无法进行导航功能;否则通过 mRoutePlanModel 对象获取路线规划结果起点和终点。

- 第 41~55 行中,如果起点和终点二者当中有一个变量为空,则无法进行导航功能,否则

通过 BNRoutePlaner 对象获得路线规划算路模式，并创建 Bundle 对象，根据 isReal 变量设置导航模式，为 Bundle 对象添加键值。

- 第 56～59 行创建并初始化 Intent 对象用于切换 Activity 实现模拟导航或 GPS 导航功能。

（4）上面提到的 BNavigatorActivity 为创建导航视图并时时更新视图的类。本类中调用语音播报功能，导航过程中的语音播报是对外开放的，开发者通过回调接口可以决定是使用导航自带的语音 TTS 播报，还是采用自己的 TTS 播报。具体代码如下。

> 代码位置：见随书源代码\第 7 章\ CampusAssistant\app\src\main\java\edu\heuu\campusAssistant\ map 目录下的 BNavigatorActivity.java。

```
1    package edu.heuu.campusAssistant.map;                          //导入包
2    ......//此处省略导入类的代码，读者可自行查阅随书附带的源代码
3    public class BNavigatorActivity extends Activity{               //继承系统 Activity
4        public void onCreate(Bundle savedInstanceState){
5            super.onCreate(savedInstanceState);                     //调用父类方法
6            if (Build.VERSION.SDK_INT < 14) {                       //如果版本号小于14
7                BaiduNaviManager.getInstance().destroyNMapView();   //销毁视图
8            }
9            MapGLSurfaceView nMapView = BaiduNaviManager.getInstance().createNMapView(this);
10           View navigatorView = BNavigator.getInstance().          //创建导航视图
11               init(BNavigatorActivity.this, getIntent().getExtras(), nMapView);
12           setContentView(navigatorView);                          //填充视图
13           BNavigator.getInstance().setListener(mBNavigatorListener);   //添加导航监听器
14           BNavigator.getInstance().startNav();                    //启动导航
15           BNTTSPlayer.initPlayer();                               //初始化 TTS 播放器
16           BNavigatorTTSPlayer.setTTSPlayerListener(new IBNTTSPlayerListener() {
17               @Override                                           //设置 TTS 播放回调
18               public int playTTSText(String arg0, int arg1) {     //TTS 播报文案
19                   return BNTTSPlayer.playTTSText(arg0, arg1);
20               }
21               ......//此处省略两个重写的方法，读者可自行查阅随书附带的源代码
22               @Override
23               public int getTTSState() {                          //获取 TTS 当前播放状态
24                   return BNTTSPlayer.getTTSState();               //返回0则表示 TTS 不可用
25               }});
26           BNRoutePlaner.getInstance().setObserver(
27               new RoutePlanObserver(this, new IJumpToDownloadListener() {
28                   @Override
29                   public void onJumpToDownloadOfflineData() {
30           }}));}
31    //导航监听器
32    private IBNavigatorListener mBNavigatorListener = new IBNavigatorListener() {
33        @Override
34        public void onPageJump(int jumpTiming, Object arg) {        //页面跳转回调
35            if(IBNavigatorListener.PAGE_JUMP_WHEN_GUIDE_END == jumpTiming){
36                finish();                                           //如果导航结束，则退出导航
37            }elseif(IBNavigatorListener.PAGE_JUMP_WHEN_ROUTE_PLAN_FAIL == jumpTiming){
38                finish();                                           //如果导航失败，则退出导航
39            }}
40        @Override
41        public void notifyStartNav() {                              //开始导航
42            BaiduNaviManager.getInstance().dismissWaitProgressDialog();
               //关闭等待对话框
43        }};
44        ......//此处省略 Activity 生命周期中的 5 个方法，读者可自行查阅随书附带的源代码
45    }
```

- 第 4～8 行为调用继承系统 Activity 的方法，如果版本号小于 14，BaiduNaviManager 就将销毁导航视图。
- 第 9～15 行创建 MapGLSurfaceView 对象、创建导航视图、填充视图、为视图添加导航监听器、启动导航功能以及初始化 TTS 播放器等。
- 第 16～30 行通过 BNavigatorTTSPlayer 添加 TTS 监听器，重写 TTS 播报文案方法以及重

写获取 TTS 当前播放状态的方法，时时更新 BNTTSPlayer。

● 第 32～43 行表示创建导航监听器，重写页面跳转回调方法和开始导航回调方法。页面跳转方法的功能为判断当前导航是否进行，如果导航结束或导航失败，则视图将退出导航。如果导航开启，则关闭等待对话框。

（5）上面省略的唐山界面类中还涉及 GPS 定位的功能，本功能是通过 LocationActivity 来实现。本类中自定义初始化 GPS、判断 GPS 是否打开以及跳转至开启 GPS 界面的方法，具体代码如下。

代码位置： 见随书源代码\第 7 章\CampusAssistant\app\src\main\java\edu\heuu\campusAssistant\map 目录下的 LocationActivity.java。

```
1    package edu.heuu.campusAssistant.map;                          //导入包
2    ......//此处省略导入类的代码，读者可自行查阅随书附带的源代码
3    public class LocationActivity extends Activity {                //继承系统 Activity
4        ......//此处省略声明成员变量的代码，读者自行查看源代码
5        @Override
6        public void onCreate(Bundle savedInstanceState) {
7            ......//此处省略切换界面以及初始化 mMapView 和 mBaiduMap 的方法，读者自行查看源代码
8            if(isGPSOpen()){                                         //若 GPS 已经打开则进入主界面
9                initGPSListener();
10           }else{                                                   //若 GPS 未打开则进入设置界面
11               gotoGPSSetting();
12           }}
13       private void initGPSListener() {                             //初始化 GPS
14           final LocationManager locationManager=(LocationManager)
15                   this.getSystemService(Context.LOCATION_SERVICE);//获取位置管理器实例
16           LocationListener ll=new LocationListener(){              //位置变化监听器
17               @Override                                            //当位置变化时触发
18               public void onLocationChanged(Location location){
19                   if(location!=null){
20                       try{
21                           double latitude=location.getLatitude();  //获得经度
22                           double longitude=location.getLongitude();//获得纬度
23                           LatLng nodeLocation=new LatLng(latitude,longitude);
24                           bitmap = BitmapDescriptorFactory.fromResource(R.drawable.ballon);
25                           OverlayOptions option=new               //构建 MarkerOption
26                               MarkerOptions().position(nodeLocation).icon(bitmap);
27                           mBaiduMap.clear();                       //清除图标
28                           mBaiduMap.addOverlay(option);//在地图上添加 Marker，并显示
29                           mBaiduMap.setMapStatus(MapStatusUpdateFactory.newLatLng(nodeLocation));
30                       }catch(Exception e){                         //捕获异常
31                           e.printStackTrace();                     //打印栈信息
32                       }}}
33                   ......//此处方法不需要重写，故省略，请自行查看源代码
34               };
35           locationManager.requestLocationUpdates(LocationManager.GPS_PROVIDER,5000,0,ll);
36       }
37       public boolean isGPSOpen(){                                  //判断 GPS 是否打开
38           LocationManager alm = (LocationManager)
39                   this.getSystemService(Context.LOCATION_SERVICE); //获得位置管理对象
40           if(!alm.isProviderEnabled(android.location.LocationManager.GPS_PROVIDER)){
41               return false;                                        //如果 GPS 没开，返回 false
42           }else return true;                                       //否则返回 true
43       }
44       public void gotoGPSSetting(){                                //跳到 GPS 设置界面
45           Intent intent = new Intent();                            //创建 Intent 对象
46           intent.setAction(Settings.ACTION_LOCATION_SOURCE_SETTINGS);
47           intent.setFlags(Intent.FLAG_ACTIVITY_NEW_TASK);          //设置 Intent 的 flags
48           try{
49               startActivity(intent);                               //跳转到 GPS 设置界面方法
50           }catch(Exception e){                                     //捕获异常
51               e.printStackTrace();                                 //打印栈信息
52       }}
```

```
53             ......//此处省略继承系统 Activity 的三个方法，读者可自行查看源代码
54    }
```

- 第 4 行和第 7 行表示声明成员变量并为成员变量赋值，由于篇幅原因，在此不再进行详细的介绍，需要的读者可自行查看随书附带的源代码。
- 第 8~12 行表示判断是否打开 GPS，如果没有打开 GPS，则跳到 GPS 设置界面进行设置。
- 第 14~15 行表示通过 getSystemService 方法获得定位服务的引用，然后将这个引用添加到新创建的 LocationManager 实例中。
- 第 18~32 行表示重写方法 onLocationChanged，当位置发生变化时该方法被触发。首先获得当前位置的经纬度，创建并初始化 LatLng，并从 res 文件下获取图片资源用于构建 Marker 图标。然后创建用于在地图上添加 Marker 的 MarkerOption 类对象。最后在地图上添加 Marker 后将移动节点移至屏幕中心。
- 第 37~42 行通过获得位置管理对象判断是否打开 GPS，如果 GPS 未开启，则返回 false；否则返回 true。
- 第 44~52 行跳到 GPS 设置界面进行 GPS 设置，通过创建 Intent 对象并调用 startActivity 切换至 GPS 设置界面。如果抛出异常，后台就会打印出现异常的栈信息。

7.6.6 更多信息模块的实现

上一小节介绍了校内导航模块的实现，本小节主要向读者介绍在单击菜单栏的更多信息按钮时，显示更多信息界面。该界面主要介绍了该软件的帮助和关于的基本信息，用户可左右滑动或单击标题来查看该界面中相应的文本信息。

由于更多信息模块的界面搭建的代码与上面介绍的其他模块界面搭建的代码大致相似，所以，在这里就不再向读者一一介绍了。下面将主要向读者介绍更多信息模块的具体功能的开发，使读者具体了解该模块的功能，其具体实现代码如下。

代码位置：见随书源代码\第 7 章\ CampusAssistant\app\src\main\java\edu\heuu\campusAssistant\activity 目录下的 MoreActivity.java。

```
1     package edu.heuu.campusAssistant.activity;                    //导入包
2     ......//此处省略导入类的代码，读者可自行查阅随书附带的源代码
3     public class MoreActivity extends Activity{
4         ......//此处省略定义变量的代码，请自行查看源代码
5         protected void onCreate(Bundle savedInstanceState) {
6             super.onCreate(savedInstanceState);                   //调用父类方法
7             FontManager.changeFonts(FontManager.getContentView(this),this);//用自定义的字体方法
8             final Button bHelp=(Button)MoreActivity.this.findViewById(R.id.Button1);
9             final Button bAbout=(Button)MoreActivity.this.findViewById(R.id.Button2);
10            final String[] text=new String[2];                    //创建字符串数组
11            text[0]=pub.loadFromFile("txt/help.txt");
12            text[1]=pub.loadFromFile("txt/about.txt");
13            BaseAdapter ba=new BaseAdapter(){                     //适配器
14                public int getCount(){
15                    return 2;
16                }
17                ......//此处方法不需要重写，故省略，请自行查看源代码
18                public View getView(int arg0, View arg1, ViewGroup arg2){
19                    TextView tv=new TextView(MoreActivity.this);
20                    tv.setText(text[arg0]);
21                    tv.setTextSize(26);                           //设置字体大小
22                    tv.setTextColor(MoreActivity.this.getResources().getColor(R.color.ziti2));
23                    tv.setGravity(Gravity.LEFT);
24                    tv.setTypeface(FontManager.tf);               //使用自定义字体
25                    tv.setPadding(6, 6, 6, 6);                    //设置四周留白
26                    return tv;
27                }};
28            final Gallery gl=(Gallery)this.findViewById(R.id.Gallery01);//创建Gallery类对象
```

```
29              gl.setAdapter(ba);                                    //添加适配器
30              gl.setSelection(0);
31              bHelp.setOnClickListener(                             //添加监听
32                 new View.OnClickListener(){
33                     public void onClick(View v){
34                         changeButton(bHelp,bAbout,gl,0);          //调用changeButton()方法
35              }});
36              ......//此处关于按钮监听与上述基本一致,请自行查看源代码
37              gl.setOnItemSelectedListener(                         //添加监听器
38                 new OnItemSelectedListener(){
39                   public void onItemSelected(AdapterView<?> arg0, View arg1,int
                   arg2, long arg3){
40                         changeButton(bHelp,bAbout,gl,arg2);
41              }});
42         }
43         public void changeButton(Button bn1,Button bn2,Gallery gl,int id){  //按钮交换方法
44              if(id==0){
45                     bn1.setBackgroundColor(MoreActivity.this.getResources().
                   getColor(R.color.gray));
46                     bn2.setBackgroundColor(MoreActivity.this.getResources().
                   getColor(R.color.title));
47                     bn1.setTextColor(MoreActivity.this.getResources().getColor(R.color.ziti));
48                     bn2.setTextColor(MoreActivity.this.getResources().getColor(R.color.ziti1));
49              }
50              else{
51                     ......//此处关于按钮变化与上述基本一致,请自行查看源代码
52              }
53              gl.setSelection(id);
54         }}
```

- 第 7~9 行使用自定义的字体,并创建帮助和关于按钮对象。
- 第 10~12 行从 SD 卡中获取帮助和关于的文本内容。
- 第 13~27 行用于准备 Gallery 内容适配器,在适配器中添加 TextView 对象,并设置其内容、字体大小、颜色、位置等属性,并且字体设置为自定义字体。
- 第 28~35 行用于创建 Gallery 对象,并为其添加适配器和默认选中帮助按钮;同时也为帮助按钮添加了监听,在监听中调用 changeButton()方法来改变选中按钮的背景色和字体颜色。
- 第 37~41 行给 Gallery 对象添加监听,在滑动屏幕时,调用 changeButton()方法来改变屏幕中的内容和对应的按钮的背景色与字体颜色。
- 第 43~53 行为按钮交换方法,在该方法中实现了改变选中按钮的背景色和字体颜色以及界面内容信息。

7.7 本章小结

本章对新生小助手 Android 客户端的功能及实现方式进行了简要的讲解。本应用实现了路线的搜索、GPS 定位、学校定位等基本功能,读者在实际项目开发中可以参考本应用,对项目的功能能进行优化,并根据实际需要加入其他相关功能。

> **说明** 鉴于本书的宗旨为主要介绍 Android 项目开发的相关知识,因此,本章主要详细介绍了 Android 客户端的开发,不熟悉的读者请进一步参考其他的相关资料或书籍。

第 8 章 生活辅助类应用——美食天下

本章将介绍的是生活辅助类应用——美食天下的开发。本系统实现了菜品和随拍的查询以及百度地图的基本功能，由 PC 端、服务器端和 Android 客户端 3 部分构成。

PC 端实现了对菜品、随拍和评论的增加、删除、修改、查询的功能。服务器端实现了数据传输以及数据库的操作。Android 客户端实现了对菜品和随拍的查询、上传、评论、收藏、下载功能以及对用户的关注功能。

8.1 系统的功能介绍

本节将简要介绍生活辅助类应用——美食天下的功能，主要是对 PC 端、服务器端和 Android 客户端的功能架构进行简要的说明，以及对本应用的开发环境和目标平台进行简单的描述，使读者熟悉本应用各部分功能和开发环境以及目标平台，进而对整个软件有大致的了解。

8.1.1 美食天下功能概述

开发一个应用之前，需要对应用开发的目标和所实现的功能进行细致有效的分析，进而确定开发方向。做好系统分析工作，将为整个项目开发奠定一个良好的基础。

目前用美食查询和分享方面的软件还比较少，不同软件又都有各自的特点。为了开发一款功能强大，方便用户使用的美食查询和分享软件，笔者亲身体验了多种美食方面的软件，和部分用户进行一段时间的交流和沟通后，总结出本应用需要实现的功能如下所示。

1. PC 端功能

- 登录界面

管理员可以通过输入自己的用户名和密码进入管理界面对美食和随拍进行管理，当管理员输入正确的用户名和密码后就会呈现管理界面，否则在登录按钮上面会显示密码或用户名错误。用户可以单击重置按钮清空密码和用户名，重新输入信息。如果想查看所有记录只需把查询条件设置为全部。

- 菜品管理

管理员可以对菜品进行管理，如添加菜品，按照菜系、口味、制作难度、制作时间、状态对菜品进行查询，也可以对菜品进行编辑、删除等操作。

- 随拍管理

管理员可以对用户所上传的随拍按照城市、标签和状态进行查询，还可以对其状态进行编辑，以决定随拍对于用户是否可见。

- 推荐管理

管理员可以对 Android 端首页的推荐内容进行管理，如对首页顶部的推荐进行添加和删除，选择数据库中对于用户可见的菜品数据和随拍数据对首页的精品菜品和精品随拍进行添加，还可以删除精品菜品和精品随拍。

- 用户管理

管理员可以对用户的相关信息进行管理，如按照性别、加入日期进行用户查询，查看、删除用户上传的随拍和菜品，查看用户关注和用户的粉丝，取消用户的关注。

- 评论管理

管理员可以对用户菜品和随拍的评论进行管理。如按照评论日期和状态查询评论，编辑评论的状态以决定用户是否可见评论。

2. 服务器端功能

- 收发数据

服务器端利用服务线程循环接受 Android 客户端传过来的数据，经过处理后发给 PC 端。这样能将 Android 客户端和 PC 端联系起来，形成一个共同协作的整体。

- 操作数据库

利用 MySQL 这个关系型数据库管理系统对数据进行管理，服务器端根据 Android 客户端和 PC 端发送的请求调用相应的方法，通过这些方法对数据库进行相应的操作，保证数据实时有效。

3. Android 客户端功能

- 推荐信息的查看

用户可以通过 Android 客户端接到服务器端，查看推荐信息、精品菜品信息、精品随拍信息，单击某一项可以看到该推荐的详细信息。

- 菜品信息的查看

用户可以通过 Android 客户端连接到服务器，搜索和查看要查询的菜品，同时在菜品详情界面还可以实现对菜品的收藏、下载、喜欢操作，还可以关注上传该菜品的用户以及单击评论进入评论界面，查看该菜品的评论和上传自己对当前菜品的评论。

- 随拍信息的查看

用户可以通过 Android 客户端连接到服务器，搜索和查看要查询的随拍，同时在菜品详情界面还可以实现对随拍的收藏、下载、喜欢操作，还可以关注上传该随拍的用户以及单击评论进入评论界面，查看该随拍的评论和上传自己对当前随拍的评论。

- 个人信息查看

用户可以查看自己的相关信息，如查看本地离线的菜品和随拍，当前自己的关注和粉丝，通过连接服务器查看自己上传过的随拍和菜品。

- 菜品和随拍的上传

用户可以通过 Android 客户端连接到服务器，上传用户自己的菜品和随拍。

根据上述的功能概述可以得知本应用主要包括对菜品数据信息、随拍数据信息的管理，包含对数据信息的添加、删除、更新、查询等操作，其系统结构如图 8-1 所示。

> **说明** 图 8-1 展示的是本软件的功能结构图，其包含 Android 客户端、PC 端、服务器端的全部功能。认识该功能结构图有助于读者了解本程序的开发。

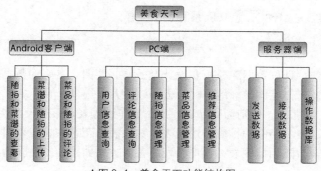

▲图 8-1　美食天下功能结构图

8.1.2　应用开发环境和目标平台

任何一个应用的开发都需要相关语言的支持和开发工具的使用，好的开发工具可以使得软件的开发效率大大提高，一定程度上减轻程序员的工作量。开发出来的应用需要在相关平台上运行，所以平台的选择也很重要，所以下面将要介绍本应用的开发环境和目标平台。

1．开发环境

开发 Android 应用需要用到一些常见的开发工具，开发工具的使用可以使开发过程更加顺利、方便，也会使程序更加合理规范，开发此应用需要用到如下工具。

- Eclipse 编程软件（Eclipse IDE for Java 和 Eclipse IDE for Java EE）

Eclipse 是一个著名的开源 Java IDE，主要是以其开放性、高效的 GUI、先进的代码编辑器等著称，其项目包括许多各种各样的子项目组，包括 Eclipse 插件、功能部件等，主要采用 SWT 界面库，支持多种本机界面风格。

- JDK 1.6 及其以上版本

贴心药箱选 JDK1.6 作为开发环境，因为 JDK1.6 版本是目前 JDK 最常用的版本，有许多开发者用到的功能，读者可以通过不同的操作系统平台在官方网站上免费下载。

- Navicat Lite for MySQL

Navicat Lite for MySQL 是一款强大的 MySQL 数据库管理和开发工具，它基于 Windows 平台。为 MySQL 量身定做，提供类似于 MySQL 的用户管理界面。

- Android 系统

Android 系统平台的设备功能强大，此系统开元、应用程序无界限，随着 Android 手机的普及，Android 应用的需求势必越来越大，这是一个潜力巨大的市场，会吸引无数软件开发商和开发者投身其中。

2．目标平台

开发平台的选择对于本应用虽然不是重点，但也是很重要的，因为开发出来的应用应该与现在的主流需求相适应，本应用需要的目标平台如下。

- 服务器端工作在 Windows 操作系统（建议使用 Windows XP 及以上版本）的平台。
- PC 端工作在 Windows 操作系统（建议使用 Windows XP 及以上版本）的平台。
- Android 客户端工作在 Android 4.0 及以上版本的手机平台。

8.2　开发前的准备工作

本节将介绍本应用开发前的一些准备工作，主要包括数据库的设计、数据库表的创建，以及

Navicat Lite for MySQL 与 MySQL 建立联系等基本操作。

8.2.1 数据库设计

开发一个应用之前，做好数据库分析和设计是非常必要的。良好的数据库设计，会使开发变得相对简单，后期开发工作能够很好地进行下去，缩短开发周期。

本应用总共包括 18 张表，分别为菜品表、菜品制作过程表、随拍表、菜品评论表、随拍评论表、推荐表、精品菜品表、精品随拍表、用户表、关注表、工艺表、制作时间表、困难度表、口味表、菜系表、厨具表、随拍标签表、管理员表。各表关系如图 8-2 所示。

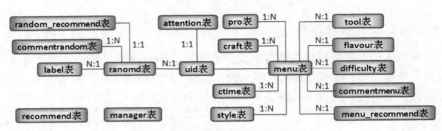

▲图 8-2　数据库各表关系图

下面分别介绍菜品表、菜品制作过程表、随拍表、菜品评论表、随拍评论表、推荐表、精品菜品表、精品随拍表、用户表、关注表、工艺表、制作时间表、困难度表、口味表、菜系表、厨具表、随拍标签表、管理人员信息表。这几个表实现了本软件的基本功能。

- 菜品表

表名为 menu，用于管理菜品信息。该表有 21 个字段，包含菜品编号、菜品名称、上传者、主图、菜系、困难度、口味、制作时间、厨具、工艺、主料、辅料、简介、小技巧、喜欢人数、收藏人数、评论人数、上传时间、喜欢的人、状态、上传者头像。

- 菜品制作过程表

表名为 pro，用于管理菜品制作过程，该表有 21 个字段，分别是菜品编号和各步骤的简介和图片。

- 随拍表

表名为 random，用于用户上传的随拍信息，该表有 13 个字段，分别为随拍编号、上传者、所在城市、标签、简介、图片名称、上传时间、收藏人数、评论人数、喜好人数、喜欢的人、随拍状态、上传者的头像。

- 菜品评论表

表名为 commentmenu，用于管理菜品评论，该表有 8 个字段，分别为评论编号、菜品编号、评论者、评论时上传的图片、评论语、评论时间、评论状态、评论者头像。

- 随拍评论表

表名为 commentrandom，用于管理随拍评论，该表有 8 个字段，分别为评论编号、随拍编号、评论者、图片名、评论内容、评论时间、状态、评论者头像。

- 推荐表

表名为 recommend，用于管理推荐信息，该表有 4 个字段，分别为推荐编号、图片名称、推荐时间、推荐语。

- 精品菜品表

表名为 menu_recommend，用于管理精品菜品信息，该表有 3 个字段，分别为精品菜品编号、推荐日期、菜品名。
- 精品随拍表

表名为 random_recommend，用于管理精品随拍信息，该表有两个字段，分别为精品随拍编号、推荐日期。
- 用户表

表名为 uid，用于管理用户的信息，该表有 13 个字段，分别为用户名称、用户密码、用户头像、用户性别、注册时间、粉丝数量、随拍数量、菜品数量、菜品收藏数量、随拍收藏数量、随拍收藏详细信息、菜品收藏详细信息、用户关注数量。
- 关注表

表名为 attention，用于管理用户关注的用户信息，该表有 3 个字段，分别为用户名、关注信息、关注人数。
- 工艺表

表名为 craft，用于管理工艺信息，该表有 1 个字段，字段名为工艺。
- 制作时间表

表名为 ctime，用于管理菜品的制作时间，该表有 1 个字段，字段名为时间。
- 困难度表

表名为 difficulty，用于管理菜品的困难度信息，该表有 1 个字段，字段名为困难度。
- 口味表

表名为 flavour，用于管理菜品的口味信息，该表有 1 个字段，字段名为口味。
- 菜系表

表名为 style，用于管理菜品的制作菜系信息，该表有 1 个字段，字段名为菜系。
- 厨具表

表名为 tools，用于管理菜品的制作厨具信息，该表有 1 个字段，字段名为厨具。
- 随拍标签表

表名为 label，用于管理随拍的标签信息，该表有 1 个字段，字段名为标签。
- 管理人员信息表

表名为 manager，用于管理 PC 端管理人员的基本信息，该表有两个字段，分别为用户名和密码。当用户输入用户名和密码后单击登录按钮，信息会发送到数据库并与该表进行核对。

> 说明：上面将本数据库中的表大概梳理了一遍，由于后面的开发很大一部分是基于该数据库做的，因此，请读者认真阅读本数据库的设计。

8.2.2 数据库表的设计

上述小节介绍的是本应用数据库的结构，接下来介绍的是数据库中相关表的具体属性。由于篇幅有限，个别表的结构相对简单而且表的结构相似，下面着重介绍菜品表、随拍表、用户表、推荐表、菜品评论表。其他表请读者查阅随书源代码/第 8 章/sql/create.sql。

（1）菜品表：用于菜品，该表有 21 个字段，包含所插入菜品编号、菜品名称、上传者、菜品主图、菜品菜系、制作难度、菜品口味、制作时间、厨具、制作工艺、菜品主料、菜品辅料、菜品简介、小技巧、喜欢人数、收藏人数、评论人数、上传时间、喜欢的人、菜品状态、上传者头像，详细情况如表 8-1 所示。

表 8-1　　菜品表

字段名称	数据类型	字段大小	是否主键	说明
id	int	10	是	菜品编号
cname	varchar	30	否	菜品名称
uid	varchar	10	否	上传者
prmaryPic	varchar	30	否	菜品主图
style	varchar	10	否	菜品菜系
difficulty	varchar	10	否	制作难度
flavour	varchar	10	否	菜品口味
ctime	varchar	10	否	制作时间
tools	varchar	10	否	厨具
craft	Varchar	10	否	制作工艺
food	varchar	500	否	菜品主料
codiments	varchar	500	否	菜品辅料
introduction	varchar	500	否	菜品简介
tips	varchar	500	否	小技巧
slike	int	5	否	喜欢人数
collection	int	5	否	收藏人数
pinglun	int	5	否	评论人数
uploadTime	timestamp	0	否	上传时间
likeser	varchar	255	否	喜欢的人
state	tinyint	4	否	菜品状态
sculture	varchar	150	否	上传者头像

建立该表的 SQL 语句如下。

代码位置：见书中源代码/第 8 章/sql/create.sql。

```
1   create table menu(                                          /*创建菜品表*/
2       id int(10) primary key auto_increment,                  /*菜品编号*/
3       cname varchar(50),                                      /*菜品名称*/
4       uid varchar(10),                                        /*菜品上传者*/
5       primarypic varchar(50),                                 /*菜品主图*/
6       style varchar(20),                                      /*菜系*/
7       difficulty varchar(20),                                 /*困难度*/
8       flavour varchar(20),                                    /*菜品口味*/
9       ctime varchar(20),                                      /*菜品制作时间*/
10      tool varchar(20),                                       /*厨具*/
11      craft varchar(20),                                      /*制作工艺*/
12      food varchar(1000),                                     /*主料*/
13      codiments varchar(1000),                                /*配料*/
14      introduction varchar(1000),                             /*菜品简介*/
15      tips varchar(1000),                                     /*菜品提示*/
16      slike int(5) default 0,                                 /*制作技巧*/
17      collection int(5) default 0,                            /*喜欢菜品的人数*/
18      pinglun int(5) default 0,                               /*评论菜品的人数*/
19      uploadtime timestamp default current_timestamp,         /*菜品上传时间*/
20      likeuser varchar(1000) default '<08>',                  /*喜好菜品的用户*/
21      state tinyint(4) default 1,                             /*菜品状态*/
22      sculture varchar(50) not null,                          /*上传者头像*/
23      constraint menu_fk_uid foreign key (uid) references uid(uid),  /*上传者外键*/
```

```
24      constraint menu_fk_style foreign key(style) references style(style),/*菜系外键*/
25      constraint menu_fk_difficulty foreign key(difficulty) references difficulty(difficulty),
                                                                                   /*制作困难度外键*/
26      constraint menu_fk_flavour foreign key(flavour) references flavour(flavour),/*菜品口味外键*/
27      constraint menu_fk_ctime foreign key(ctime) references ctime(ctime),    /*制作时间外键*/
28      constraint menu_fk_id foreign key(tool) references pro(id),             /*编号外键*/
29      constraint menu_fk_craft foreign key(craft) references craft(craft)     /*制作工艺外键*/
30      );
```

> **说明** 上述代码表示的是菜品表的建立,该表中包含菜品编号、菜品名称、上传者、主图、菜系、困难度、口味、制作时间、厨具、工艺、主料、辅料、简介、小技巧、喜好的人数、收藏的人数、评论人数、上传时间、喜好的人、状态、上传者头像共21个字段,菜品编号是该表的主键。

(2)随拍表:用于随拍信息,该表有13个字段,包含所插入随拍编号、上传者、所在城市、标签、随拍简介、图片名称、上传时间、收藏人数、评论人数、喜好人数、喜欢的人、随拍状态、上传者头像,详细情况如表8-2所示。

表 8-2   随拍表

字段名称	数据类型	字段大小	是否主键	说明
id	int	10	是	随拍编号
uid	varchar	10	否	上传者
city	varchar	20	否	所在城市
label	varchar	20	否	标签
introduce	varchar	500	否	随拍简介
picPath	varchar	500	否	图片名称
uploadTime	timestamp	0	否	上传时间
collection	int	5	否	收藏人数
pinglun	int	5	否	评论人数
slike	int	5	否	喜欢人数
likeUser	varchar	255	否	喜欢的人
state	Timyint	4	否	随拍状态
sculture	varchar	150	否	上传者头像

建立该表的SQL语句如下。

代码位置:见书中源代码/第8章/sql/create.sql。

```
1   create table random(                                                /*创建随拍表*/
2       id int(10) primary key auto_increment,                          /*随拍编号*/
3       uid varchar(10),                                                /*随拍上传者*/
4       city varchar(10),                                               /*随拍城市*/
5       label varchar(20),                                              /*随拍标签*/
6       introduce varchar(1000),                                        /*随拍简介*/
7       picPath varchar(1000),                                          /*随拍图片*/
8       uploadTime timestamp default current_timestamp,                 /*上传时间*/
9       collection int(5) default 0,                                    /*收藏人数*/
10      pinglun int(5) default 0,                                       /*评论人数*/
11      slike int(4) default 0,                                         /*喜欢人数*/
12      likeUser varchar(1000) default '<08>',                          /*喜欢的人*/
13      state tinyint(4) default 1,                                     /*随拍状态*/
14      sculture varchar(50),                                           /*上传者头像*/
15      CONSTRAINT random_fk_uid
```

```
16   FOREIGN KEY(uid) REFERENCES uid(uid)                    /*表的外键*/
17  );
```

> **说明** 上述代码是随拍表的建立,该表中包含随拍编号、上传者、城市、标签、简介、图片名称、上传时间、收藏人数、评论人数、喜好人数、喜好的人、状态、上传者的头像共 13 个字段。随拍编号是该表的主键,上传者是该表的外键。

(3)用户表:用于管理用户信息,该表有 13 个字段,包含所插入用户名称、用户密码、用户头像、用户性别、注册时间、随拍数量、菜品数量、菜品收藏数量、随拍收藏数量、随拍收藏详细、粉丝数量、菜品收藏详细、用户关注数量,详细情况如表 8-3 所示。

表 8-3　　　　　　　　　　　　　用户表

字段名称	数据类型	字段大小	是否主键	说明
uid	varchar	10	是	用户名称
pwd	varchar	10	否	用户密码
sculpture	varchar	150	否	用户头像
Sex	char	4	否	用户性别
entertime	timestamp	0	否	注册时间
random	int	5	否	随拍数量
menu	int	5	否	菜品数量
menuC	int	5	否	菜品收藏数量
randomC	int	5	否	随拍收藏数量
randomContent	varchar	255	否	随拍收藏详细信息
menuContent	varchar	255	否	菜品收藏详细信息
fans	int	5	否	粉丝数量
attention	int	5	否	用户关注数量

建立该表的 SQL 语句如下。

代码位置:见书中源代码/第 8 章/sql/create.sql。

```
1   create table uid(                                              /*创建用户表*/
2    uid varchar(10) primary key,                                  /*用户名*/
3    pwd varchar(10) ,                                             /*用户密码*/
4    sculpture varchar(50) default 'initial.jpg',                  /*用户头像*/
5    sex char(8) DEFAULT 'bm',                                     /*用户性别*/
6    entertime timestamp default current_timestamp,                /*用户注册时间*/
7    fans int(5)   default 0,                                      /*粉丝数量*/
8    random int(5)   default 0,                                    /*用户随拍数量*/
9    menu int(5)   default 0,                                      /*用户菜品数量*/
10   menuc int(5)   default 0,                                     /*用户收藏的菜品数量*/
11   randomc int(5)   default 0,                                   /*用户收藏的随拍数量*/
12   randomContent varchar(1000)   default '<08>',                 /*用户随拍收藏*/
13   menuContent varchar(1000)   default '<08>',                   /*用户菜品收藏*/
14   attention int(5)   default 0                                  /*用户关注度*/
15  );
```

> **说明** 上述代码表示的是用户表的建立,该表中包含用户名、密码、用户头像、性别、申请时间、粉丝数量、随拍数量、菜品数量、菜品收藏数量、随拍收藏数量、收藏的随拍、收藏的菜品、关注数量共 13 个字段。用户表的用户名为该表的主键。

(4)推荐表:用于管理主推荐内容,该表有 4 个字段,包含推荐编号、图片名称、推荐时间、推荐语，详细情况如表 8-4 所示。

表 8-4　　　　　　　　　　　　　　　推荐表

字段名称	数据类型	字段大小	是否主键	说明
id	int	5	是	推荐编号
picPath	varchar	50	否	图片名称
uptime	timestamp	0	否	推荐时间
tips	varchar	7	否	推荐语

建立该表的 SQL 语句如下。

代码位置：见书中源代码/第 8 章/sql/create.sql。

```
1  create table recommend(                                /*创建推荐表*/
2    id int(5) primary key auto_increment,                /*推荐编号*/
3    picPath varchar(50) not null,                        /*图片推荐*/
4    upTime timestamp default current_timestamp,          /*推荐时间*/
5    tips varchar(7) not null                             /*推荐提示语*/
6  );
```

说明　　上述代码表示的是推荐表的建立，该表包含推荐编号、图片名称、推荐日期、推荐语共 4 个字段。推荐表的推荐编号是该表的主键。

（5）菜品评论表：用于菜品的评论，该表有 8 个字段，分别为评论编号、菜品编号、评论者、图片名、评论内容、评论时间、状态、评论者头像，详细情况如表 8-5 所示。

表 8-5　　　　　　　　　　　　　　　菜品评论表

字段名称	数据类型	字段大小	是否主键	说明
id	int	10	是	评论编号
menu_id	int	10	否	菜品编号
uid	varchar	10	否	评论者
picPath	varchar	10	否	评论时上传的图片
word	varchar	500	否	评论语
times	timestamp	0	否	评论时间
state	tinyint	4	否	评论状态
sculpture	varchar	50	否	评论者头像

建立该表的 SQL 语句如下。

代码位置：见书中源代码/第 8 章/sql/create.sql。

```
1  create table commentmenu(                              /*创建菜品评论表*/
2    id int(10) primary key auto_increment,               /*评论编号*/
3    menu_id int(10),                                     /*菜品编号*/
4    uid varchar(10),                                     /*评论者*/
5    picPath varchar(50),                                 /*评论时上传的图片*/
6    word varchar(500),                                   /*评论语*/
7    times timestamp default current_timestamp,           /*评论时间*/
8    state tinyint default 1,                             /*评论状态*/
9    sculpture varchar(50),                               /*评论者头像*/
10   CONSTRAINT commentmenu_fk_uid FOREIGN KEY
11   (uid) REFERENCES uid(uid),                           /*表的外键*/
12   CONSTRAINT commentmenu_fk_menuid FOREIGN KEY
13   (menu_id) REFERENCES menu(id)                        /*表的外键*/
```

```
14 );
```

> **说明** 上述代码表示的是菜品评论表的建立，该表包含评论编号、菜品编号、评论者、图片名、评论内容、评论时间、状态、评论者头像。菜品评论表的评论编号是菜品评论表的主键。评论者和菜品编号是外键，评论菜品的用户必须在用户表中存在才能评价菜品，添加评论内容，这样保证了只有注册的用户才能评论菜品，所评论的菜品的编号必须在菜品表中存在才能评论菜品，添加菜品评论，这样保证了只能评论存在的菜品。

8.2.3 使用 Navicat Lite for MySQL 创建新表并插入初始数据

本应用的后台数据库管理用的是 MySQL，开发时使用 Navicat Lite for MySQL 实现对 MySQL 数据库的操作。Navicat Lite for MySQL 的使用方法比较简单，本节将介绍如何使用其连接 MySQL 数据库并进行相关的初始化操作，具体步骤如下。

（1）开启软件，创建连接。选择常规选项卡，设置连接名(密码可以不设置)，高级选项卡、SSL 选项卡、SSH 选项卡、HTTP 选项卡不需要进行设置，如图 8-3 所示。

> **说明** 进行上述步骤之前，必须首先在机器上安好 MySQL 数据库并启动数据库服务，同时还需要安装好 Navicat Lite for MySQL 软件。MySQL 数据库以及 Navicat Lite for MySQL 软件是免费的，读者可以自行从网络上下载安装。由于本书不是专门讨论 MySQL 数据库的，因此，对于软件的安装与配置这里不做介绍，需要的读者请自行参考其他资料或书籍。

（2）在建好的连接上单击鼠标右键，选择打开连接，然后选择创建数据库。键入数据库名为"foodbase"，字符集选择"utf8--UTF-8 Unicode"，整理为"utf8_general_ci"，如图 8-4 所示。

▲图 8-3 创建新连接图

▲图 8-4 创建新的数据库

（3）在创建好的 foodbase 数据库上单击鼠标右键，选择打开，然后选择右键菜单中的运行批次任务文件，找到随书的源代码/第 8 章/sql/create.sql 脚本，单击此脚本开始运行，运行完关闭即可。

（4）此时再鼠标左键双击 foodbase 数据库，其中创建的所有表会呈现在右侧的子界面中，单击右侧界面中的表会显示该表所包含的数据信息，如图 8-5 所示。

（5）当数据库创建成功后，读者需通过 Navicat Lite for MySQL 运行随书源代码/第 8 章/sql/insert.sql 里与 manager 表相关的脚本文件来插入初始数据（用户名和密码），具体插入初始数据代码如下。

▲图 8-5 创建连接完成效果图

> 代码位置：见书中源代码/第 8 章/sql/insert.sql。

```
1  insert into manager values('gck','000');
```

> **说明** 由于用户在使用本系统 PC 端时需在登录界面输入与之匹配的用户名和密码后才能对与本应用相关的信息进行管理，所以先得运行随书源代码/第 8 章/sql/insert.sql 里与 manager 表相关的脚本文件来插入初始数据（用户名和密码）。

8.3 系统功能预览及总体架构

本章将对 PC 端和 Android 客户端的总体架构进行概述，希望通过本章的概述帮助读者对整个应用的架构有一个基本的认识，为后面的深入学习做一个良好的铺垫。

8.3.1 PC 端预览

PC 端主要负责管理菜品、随拍、用户信息和推荐信息。本节将对 PC 端进行简单介绍，PC 端管理主要包括菜品管理、用户管理、随拍管理、推荐管理、评论管理。

（1）管理人员在使用 PC 端对菜品、随拍、用户、评论以及推荐信息进行管理之前，需要输入正确的用户名和密码来登录管理界面，效果如图 8-6 所示。在管理员正确登录后会弹出一个提示框，提示登录成功，如图 8-7 所示。

▲图 8-6 PC 端登录界面

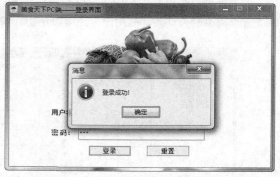

▲图 8-7 登录成功提示界面

（2）管理员可以对菜品进行实时管理。例如，查看菜品信息，可以按照菜系、口味、时间、难度、状态查询菜品，也可以查询所有菜品。对查到的菜品可以进行相关操作，例如禁止用户看到、查询详细信息、删除菜品等操作。此外还可以更加方便地进行菜品添加操作。如图 8-8 所示。

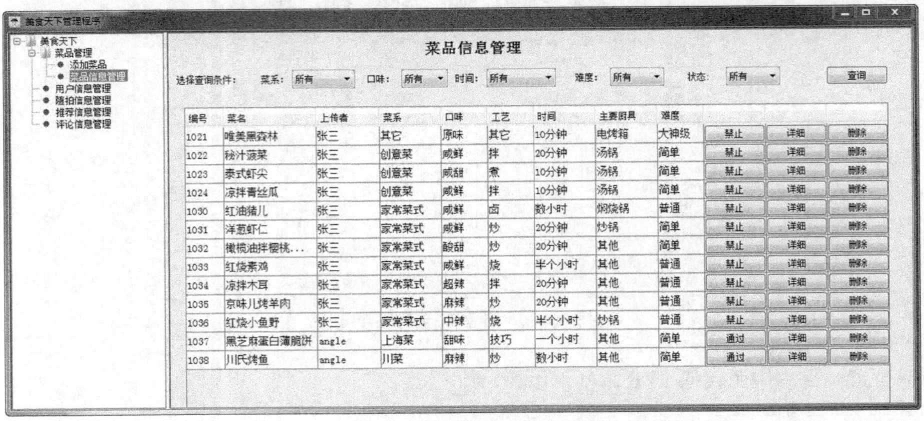

▲图 8-8　菜品信息管理

（3）管理员可以对随拍信息进行实时操作。例如单击详细按钮查看随拍的详细信息，按照城市、标签、状态 3 方面的条件查看符合条件的随拍，还可以单击禁止/通过按钮管理随拍状态，随拍状态决定随拍对于 Android 客户端是否可见，如图 8-9 所示。

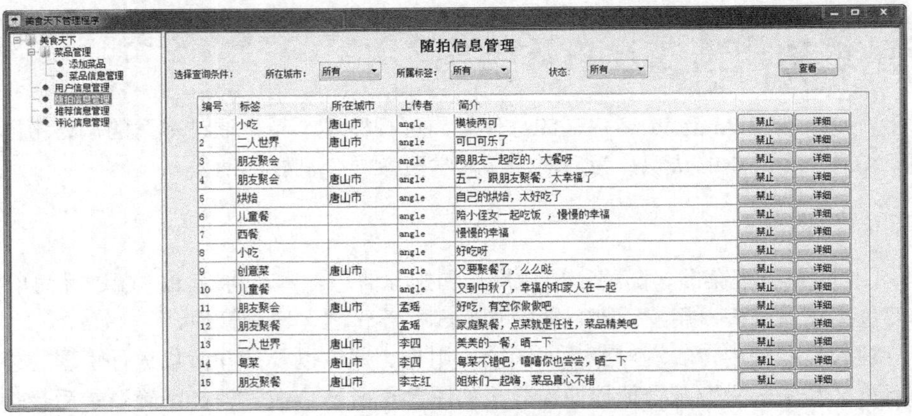

▲图 8-9　随拍信息管理

（4）管理员可以对用户的信息进行操作。例如查看用户基本信息，按照性别和加入日期两方面条件进行查询符合查询条件的用户，还可以单击详情按钮，查看用户的详细信息，如图 8-10 所示。

▲图 8-10　用户信息管理

（5）管理员可以对推荐信息进行管理。管理员可以查看 Android 端的推荐信息，Android 端的推荐信息包括主推荐、精品菜品和精品随拍。管理员对推荐信息可以实时地进行添加、删除和查看详细信息等操作，效果如图 8-11 所示。

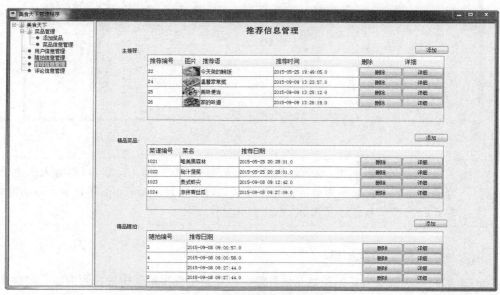

▲图 8-11　推荐信息管理

（6）管理员可以对主推荐的图片进行放大查看，鼠标单击图片，会弹出一个新的窗口显示该图片。附加图片使每一个主推荐更加直观，给用户更好的体验，如图 8-12 所示。

▲图 8-12　主推荐图片管理

（7）管理员可以对菜品和随拍的评论信息进行管理。可以根据类型、评论日期、状态查询评论。对每一项评论，用户可以进行查看详细内容操作，还可以进行禁止和通过操作。当评论状态处于禁止状态时，用户在 Android 端查询不到处于禁止状态的评论，只有处于通过状态的评论才能被用户看到。如图 8-13 所示。

▲图 8-13 评论信息管理

> **说明** 以上是对整个 PC 端功能的概述,请读者仔细阅读,以对 PC 端有大致的了解。预览图中的各项数据均为后期操作添加,若不添加,Android 客户端网络功能则无法运行,请读者自行登录 PC 端后尝试操作。

8.3.2 Android 客户端功能预览

Android 客户端主要负责随拍和菜品信息等,也是整个应用框架中的核心内容。同时本应用还开发了自动定位功能,实现随拍地点的定位。

(1)打开软件后进入主界面,效果如图 8-14 所示。该软件的主要功能由主界面的 8 个部分实现,主界面主要负责展示推荐内容,分别包括上部分的主推荐以及下面的精品菜品和精品随拍,下面将依次介绍其他的各个部分。

(2)单击主页下部分的随拍会切换到随拍查找界面,效果如图 8-15 所示。随拍查找界面会给出各种查找随拍的各个条件,单击相应的条件就可以按照选定的条件查找随拍切换进入随拍查询结果界面,效果如图 8-16 所示。

▲图 8-14 天下美食主界面

▲图 8-15 随拍查询界面

▲图 8-16 随拍查询结果界面

8.3 系统功能预览及总体架构

（3）单击图 8-15 的随拍查询结果，界面会切换到随拍详细信息界面，效果如图 8-17 所示，随拍详细信息界面会显示你单击的随拍的详细内容。在随拍详细信息界面可以进行随拍的相关操作，例如单击界面上的关注可以关注发布该随拍的用户，单击收藏收藏然后该随拍，单击离线然后离线该随拍到本地，也可以单击评论切换到随拍评论界面发表对该随拍的评论信息，随拍评论界面效果如图 8-18 所示。

（4）单击主界面下部分的菜品会切换到菜品查找界面，菜品查找界面和上面随拍查找界面相似，这里不再单独给出菜品查找界面结果。同样，单击菜品查找界面上的查找条件，然后切换得到的菜品查找结果界面和随拍查找结果界面相似，这里也不再给出菜品查找结果界面。

（5）选择菜品查找结果界面上的菜品，界面会切换到菜品详情界面，效果如图 8-19 所示，在这里可以查看你单击的菜品的详细内容。在菜品详情界面你可以进行菜品的相关操作，例如单击界面上的关注可以关注发布该菜品的用户，单击收藏然后收藏该菜品，单击离线然后离线该菜品到本地，也可以单击评论切换到菜品评论界面发表对该随拍的评论信息，由于菜品评论界面和随拍评论界面相似，这里不再单独给出菜品评论界面。

▲图 8-17　随拍详情界面　　　　▲图 8-18　随拍评论界面　　　　▲图 8-19　菜品详情界面

（6）单击主界面下部分的我的会切换到个人信息界面，效果如图 8-20 所示。在这里可以单击注册，输入用户注册信息注册新用户，效果如图 8-21 所示，也可以单击登录，输入用户名和用户密码进行用户登录，效果如图 8-22 所示。

（7）在登录界面输入正确的用户名和密码进行登录会切换到用户个人信息界面，效果如图 8-23 所示。在这里可以查看个人的详细信息，包括用户名、头像、粉丝、关注、我的菜品、我的随拍、收藏和设置。由于目前软件的开发并没有实际应用，所以设置项暂时未开发。

（8）单击个人信息界面中间的我的菜品会切换到我的菜品界面，在这里可以看到登录的上传过的所有菜品，因为我的菜品界面和上面随拍查询结果界面类似，这里也不再给出我的菜品界面。

（9）单击个人信息界面中间的我的随拍会切换到我的随拍界面，在这里可以看到登录用户上传过的所有随拍，同样因为我的随拍界面和上面随拍的查询结果界面相似，这里也不再给出我的随拍的界面。

第 8 章 生活辅助类应用——美食天下

▲图 8-20 我的界面

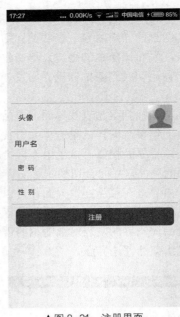
▲图 8-21 注册界面

▲图 8-22 登录界面

（10）单击个人信息界面中间的收藏界面会切换到收藏界面，收藏界面会显示用户收藏过的所有菜品和随拍，效果如图 8-24 所示。

（11）单击主界面上的搜索会切换进入搜索界面，效果如图 8-25 所示，选择搜索类型，如选择菜品，然后输入关键字单击搜索图标可以按照关键字搜索菜品，搜索结果界面和上面随拍查询的结果相似，这里不再给出搜索结果界面。

▲图 8-23 用户信息界面　　　▲图 8-24 收藏界面　　　▲图 8-25 搜索界面

（12）单击主界面左上方的图标会切换到离线菜品和随拍界面，由于离线菜品和随拍界面和上面的收藏界面相似，这里也不再给出离线菜品和随拍界面。

（13）单击主界面上方的添加图标，可以选择添加菜品和随拍，效果如图 8-26 所示。单击添加菜品会切换到添加菜品界面，效果如图 8-27 所示，输入菜品信息和选择图片后即可添加菜品，单击添加随拍会切换进入添加随拍界面，效果如图 8-28 所示，输入随拍的相关信息即可添加随拍。单击取消则不进行任何操作。

▲图 8-26　添加主界面

▲图 8-27　添加菜品界面

▲图 8-28　添加随拍界面

8.3.3　Android 客户端目录结构图

上一节介绍的是 Android 客户端的主要功能，接下来介绍的是系统目录结构。在进行系统开发之前，还需要对系统的目录结构有大致的了解，该结构如图 8-29 所示。

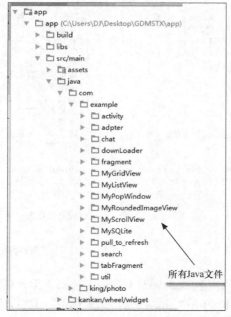

▲图 8-29　Android 客户端目录结构图

> **说明** 图 8-29 所示为 Android 客户端程序目录结构图,包括程序源代码、程序所需图片、XML 文件和程序配置文件,使读者对 Android 客户端程序文件有清晰的了解。

8.4 PC 端的界面搭建与功能实现

前面已经介绍了本应用的功能预览以及总体架构,下面介绍具体代码的实现。先从 PC 端开始,PC 端主要用来实现对本应用的菜品信息、随拍信息、用户信息、推荐信息、评论信息的管理,因为随拍信息管理部分和菜品信息管理部分类似,用户管理和评论管理在功能上较为简单且实现方法和菜品管理类似,另外由于篇幅有限,这里只介绍菜品管理。

8.4.1 用户登录功能的开发

下面将介绍用户登录功能的开发。打开 PC 端的登录界面,需要输入用户名与密码,当单击登录按钮时将用户名和密码存入字符串中,上传字符串到服务器判断用户输入的信息是否正确。若正确,即可进入 PC 端管理界面,若密码或者用户名信息错误下面就会显示提示信息。具体步骤如下。

(1) 下面介绍的是用户登录界面的搭建及其相关功能的实现,给出实现其界面的 LoginFrame 类的代码框架,LoginFrame 类负责窗口属性的相关设置,具体代码如下。另外,这里省略了导入类的代码,有需要的读者可以查看随书的源代码。

代码位置:见随书源代码/第 8 章/FoodPC/src/com/bn/landframe 目录下的 LoginFrame.java。

```
1  package com.bn.landframe;
2  ……//此处省略导入类的代码,读者可自行查阅随书附带的源代码
3  public class LandFrame extends JFrame{                              //用户登录界面
4      LandPanel jLandPanel=new LandPanel();                           //创建登录 JPanel 对象
5      String lookAndFeel;                                             //界面风格
6      ImageIcon img;                                                  //设置图片
7      public static LandFrame lf;                                     //创建登录界面的对象
8      public LandFrame(){
9          img=new ImageIcon("res/img/icon_launch.png");               //将图片加载到 ImageIcon 中
10         this.setTitle("美食天下 PC 端——登录界面");                    //设置标题
11         jLandPanel.setBackground(Color.WHITE);                      //背景颜色设置为白色
12         Toolkit toolkit=Toolkit.getDefaultToolkit();                //创建一个 Toolkit 对象
13         Dimension d=toolkit.getScreenSize();                        //获得 Dimension 对象
14         int x=(int) ((d.width-500)/2);                              //登录界面在屏幕中 x 坐标
15         int y=(int) ((d.height-320)/2);                             //登录界面在屏幕中 y 坐标
16         this.add(jLandPanel);                                       //添加 JPanel 对象
17         this.setBounds(x,y,500,320);                                //设置界面大小
18         this.setVisible(true);                                      //设置可见
19         this.setDefaultCloseOperation(JFrame.DISPOSE_ON_CLOSE);     //界面关闭时释放资源
20         this.setResizable(false);                                   //界面大小不可改变
21         try  {
22             lookAndFeel="com.sun.java.swing.plaf.windows.WindowsLookAndFeel";
23             UIManager.setLookAndFeel(lookAndFeel);                  //设置外观风格
24         }
25         catch(Exception e){e.printStackTrace();}
26         this.setIconImage(img.getImage());                          //设置界面左上方的图标
27     }
28     public static void main(String args[]){
29         lf=new LandFrame();                                         //打开用户登录界面的 Main 方法
30     }}
```

- 第 4~7 行创建登录界面的 JPanel 对象,创建 ImageIcon 对象以及定义界面风格的字符串。
- 第 9~26 行搭建登录界面,设置登录界面的一些基本属性,如其标题、大小、背景颜色、外观风格以及定义其左上角的图标等。

● 第 28～29 行为在 main 方法中创建一个 LoginFrame 对象来显示登录界面，然后在显示主管理界面后将 LoginFrame 窗体释放掉。

（2）上面已介绍了界面类 LoginFrame 的基本框架，接下来要介绍的是用来搭建登录界面的各种控件和给界面控件添加监听器的代码。由于登录界面主要用来实现登录功能，这里主要是给"登录"按钮和"重置"按钮添加监听器，具体代码如下。

> **代码位置：**见随书源代码/第 8 章/FoodPC/src/com/bn/landframe 目录下的 LandPanel.java。

```
1   package com.bn.landframe;
2   ……//此处省略导入类的代码，读者可自行查阅随书附带的源代码
3   public class LandPanel extends JPanel
4   implements ActionListener{
5       JLabel jAdminL=new JLabel("用户名:");;          //创建用户名标签
6       JLabel jPassWordL=new JLabel("密 码: ");        //创建登录密码标签
7       JTextField jAdminT=new JTextField();            //创建用户名输入框
8       JPasswordField jPassWordT=new JPasswordField(); //创建密码输入框
9       JButton jLoginOk=new JButton("登录");           //创建登录按钮
10      JButton jLoginRe=new JButton("重置");           //创建重置按钮
11      ImageIcon ii;                                   //创建 ImageIcon 对象
12      JLabel background=new JLabel();                 //创建图片标签
13      public LandPanel(){
14          ii=new ImageIcon("res/img/login.png");      //将图片加载到 ImageIcon 对象
15          background.setIcon(ii);                     //将图片添加到标签中
16          background.setBounds(150, 10, ii.getIconWidth(), ii.getIconHeight());
            //设置标签大小、位置
17          this.add(background);                       //添加标签到 JPanel 中
18          ii.setImage(ii.getImage().getScaledInstance //保证图片不会被拉伸
19          (ii.getIconWidth(), ii.getIconHeight(), Image.SCALE_DEFAULT));
20          this.setLayout(null);                       //设置 JPanel 布局为空
21          jAdminL.setBounds(80,170,80,30);            //设置用户名标签的大小和位置
22          this.add(jAdminL);                          //添加用户名标签
23          jAdminT.setBounds(130,170,240,30);          //设置用户名输入框的大小和位置
24          this.add(jAdminT);                          //添加用户名输入框
25          jPassWordL.setBounds(80,210,80,30);         //设置密码标签的大小和位置
26          this.add(jPassWordL);                       //添加密码标签
27          jPassWordT.setBounds(130,210,240,30);       //设置密码输入框的大小和位置
28          this.add(jPassWordT);                       //添加密码输入框
29          jLoginOk.setBounds(150,250,80,20);          //设置登录大小和位置
30          this.add(jLoginOk);                         //添加登录按钮
31          jLoginRe.setBounds(260,250,80,20);          //设置重置标签的大小和位置
32          this.add(jLoginRe);                         //添加重置按钮
33          jLoginOk.addActionListener(this);           //给登录按钮添加监听
34          jLoginRe.addActionListener(this);           //给重置按钮添加监听
35          this.setVisible(true);                      //设置界面可见
36      }
37      ……//此处省略登录界面中按钮的监听方法的实现，后面详细介绍
38  }
```

● 第 5～12 行创建登录 JPanel 时需要的各个变量，包括标题标签、用户名标签、密码标签、用户名输入框、密码输入框、提示标签、重置按钮以及登录按钮等对象。

● 第 14～36 行设置此 JPanel 为空布局，将标题标签、用户名标签、密码标签、用户名输入框、密码输入框、提示标签、重置按钮以及登录按钮等添加到 JPanel 中，并设置其在登录界面的位置、大小以及字体等。

● 第 33～37 行为登录按钮和重置按钮添加监听方法，监听方法在此省略，后面将进行详细介绍，读者可自行查阅随书附带的源代码。

（3）在登录界面搭建好之后，接下来要进行的工作就是给界面中的两个按钮添加监听，即上述代码中省略的给界面中的按钮添加监听的方法，在监听器中重写了 actionPerformed 方法，该方法用来处理控件的单击事件，这里具体指登录和重置输入框事件，具体代码如下。

第 8 章 生活辅助类应用——美食天下

代码位置：见随书源代码/第 8 章/FoodPC/src/com/bn/ LandPanel 目录下的 LandPanel.java。

```java
1   @Override
2   public void actionPerformed(ActionEvent arg0){            //给登录/重置按钮添加监听
3       if(arg0.getSource()==jLoginRe){                       //单击重置按钮
4           jAdminT.setText("");                              //用户名输入框内容清空
5           jPassWordT.setText("");                           //密码输入框内容清空
6       }
7       else if(arg0.getSource()==jLoginOk){                  //单击登录按钮
8           String s=jAdminT.getText().toString();            //添加用户名、密码到字符串中
9           s=s+"<08>"+jPassWordT.getText().toString();
10          if(NetIO.isManager(s)){                           //添加用户名、密码到字符串中
11              Constant.manager=jAdminT.getText().toString();//初始化信息
12              NetIO.iniInfo();
13              JOptionPane.showMessageDialog(null, "登录成功!");//提示登录成功
14              PrimaryFrame.pf = new PrimaryFrame();         //打开 PC 主管理界面
15          }
16          else{
17              jAdminT.setText("");                          //用户名输入框内容清空
18              jPassWordT.setText("");                       //密码输入框内容清空
19              JOptionPane.showMessageDialog(null, "用户名或密码错误，请重新输入");
20          }}}}
```

- 第 3~5 行为给"重置"按钮添加监听，将用户名和密码输入框内容都置为空，提示标签则显示"请重新输入用户名，密码！"的提示信息。

- 第 7~19 行为"登录"按钮添加监听，从输入框中获取输入的用户名和密码，然后与从服务器传来的用户名和密码进行比较。若信息正确，就弹出"登录成功！"的消息对话框，反之弹出"用户名或密码错误，请重新输入"的消息对话框，并且将用户名和密码输入框都置空。

8.4.2 主管理界面功能的开发

前面已经介绍了登录界面功能的开发，下面将要介绍的是主管理界面功能的开发。在登录成功后，将进入主管理界面，对随拍信息、菜品信息、推荐信息、用户信息、评论信息进行管理。

（1）下面要介绍的是用来搭建主管理界面的树结构模型 PrimaryTree 类，树结构模型主要由一个根节点和下面的 5 个子节点构成，在这 5 个子节点中有一个节点下面有 2 个节点，这最后的 6 个节点分别负责管理不同方面的信息，具体代码如下。

代码位置：见随书源代码/第 8 章/FoodPC/src/com/bn/ primary 目录下的 FoodJtree.java。

```java
1   package com.bn.primary;
2   ……//此处省略导入类的代码，读者可自行查阅随书附带的源代码
3   public class FoodJtree implements TreeSelectionListener {
4       ……//此处省略定义各个树节点的代码，读者可自行查阅随书附带源代码
5       private DefaultTreeModel dtm = new DefaultTreeModel(root); //创建一个 JTree 模型对象
6       public static JTree jt=new JTree();                   //创建一个树形结构对象
7       public FoodJtree() {
8           for (int i = 0; i < hf1.length; i++)
9           {root.add(hf1[i]);}                               //二级子节点加入根节点
10          hf1[0].add(menus[0]);                             //添加三级子节点
11          hf1[0].add(menus[1]);                             //添加三级子节点
12          jt.setModel(dtm);                                 //JTree 设置模型
13          jt.addTreeSelectionListener(this);                //给 JTree 添加监听
14          jt.setShowsRootHandles(true);                     //设置显示根节点的控制图表
15      }
16      ……//此处省略各个树节点添加监听方法的代码，后面将详细介绍
17  }
```

- 第 4~6 行定义树形结构中的子节点并创建树对象和树对象的模型，这里由于篇幅有限定义子节点的代码没有一一列出，读者可自行查阅随书附带的源代码进行了解。

- 第 8~14 行将各个有子节点的主节点添加到树模型上，并将创建的树对象的模型进行设置。下面将详细介绍给创建的树对象的各个节点添加监听。

(2)主界面搭建好了之后,接下来要进行的工作就是给界面中的树节点添加监听,即上述操作中省略的给树节点添加监听的方法,具体代码如下。

代码位置:见随书源代码/第8章/FoodPC/src/com/bn/primary 目录下的 FoodJtree.java。

```java
1  @Override
2  public void valueChanged(TreeSelectionEvent e) {
3      DefaultMutableTreeNode dn = (DefaultMutableTreeNode) jt
4              .getLastSelectedPathComponent();
5      if (dn.equals(menus[0])) {
6          PrimaryFrame.cl.show(PrimaryFrame.jpall, "addMenuPanel");      //添加菜品
7      }
8      else if (dn.equals(menus[1])) {
9          PrimaryFrame.cl.show(PrimaryFrame.jpall, "manageMenuPanel"); //查看菜品信息
10     }
11     else if (dn.equals(hf1[1])) {
12         PrimaryFrame.cl.show(PrimaryFrame.jpall, "manageUidPanel");   //查看用户信息
13     }
14     else if (dn.equals(hf1[2])) {
15         PrimaryFrame.cl.show(PrimaryFrame.jpall, "manageRandomPanel");//查看随拍信息
16     }
17     else if (dn.equals(hf1[3])) {
18         PrimaryFrame.cl.show(PrimaryFrame.jpall, "recommendPanel");   //查看推荐信息
19     }
20     else if (dn.equals(hf1[4])) {
21         PrimaryFrame.cl.show(PrimaryFrame.jpall, "pinglunPanel");     //查看评论信息
22  }}
```

> **说明** 上述为给树节点添加监听的方法。实现了每个功能部分管理界面的显示。每一个界面的显示功能的开发将会在下面详细介绍,读者也可以自行查阅随书附带的源代码。

8.4.3 菜品添加功能的开发

前面已经介绍了主界面功能的开发,本小节将介绍如何对菜品进行管理。在菜品管理中,最主要的功能有两项:添加菜品和管理菜品信息。添加菜品负责向数据库添加新的菜品,管理菜品信息主要是查看和编辑菜品的信息。

(1)下面要介绍的是在单击"添加菜品"节点实现添加菜品功能,在添加菜品时需要为添加菜品界面创建表格以及添加图片、查看图片,输入菜品的相关信息。这里主要介绍制作过程表格的表格模型代码,具体代码如下。

代码位置:见随书源代码/第8章/FoodPC/src/com/bn/menu 目录下的 ProcessTableModel.java。

```java
1  package com.bn.menu;
2  ……//此处省略导入类的代码,读者可自行查阅随书附带的源代码
3  public class ProcessTableModel extends AbstractTableModel {
4      public static ArrayList<Object[]> data = new ArrayList<Object[]>(); //定义一个二维数组
5      String head[] = { "步骤", "说明", "图片", "" };                    //创建列表题字符串数组
6      Class[] typeArray =
7      { String.class, String.class, Icon.class, String.class };          //定义列的数值类型
8      @Override
9      public int getRowCount() {                                         //重写返回表格总行数的方法
10         return data.size();
11     }
12     @Override
13     public int getColumnCount() {                                      //重写返回表格总列数的方法
14         return head.length;
15     }
16     @Override
17     public Object getValueAt(int rowIndex, int columnIndex) {          //重写返回单元格值的方法
18         return data.get(rowIndex)[columnIndex];
```

```
19      }
20      @Override
21      public String getColumnName(int col) {              //重写返回列名的函数
22          return head[col];
23      }
24      @Override
25      public Class getColumnClass(int c) {                //重写返回列类型方法
26          return typeArray[c];
27      }
28      ……//此处省略类的其他代码,读者可自行查阅随书附带的源代码
29 }
```

- 第4～7行定义表格的列类型和列标题,因为没有可以显示图片的表格模型,所有必须重新自定义表格模型来显示图片,typeArray 数组定义了表格每列显示数据的类型,typeArray 数组中的 Icon.class 值决定了该数组可以显示图片。
- 第9～27行定义了表格模型中的相关方法,它们负责表格的总列数、总行数、列类型、列名、单元格中的值。

(2) 创建过程表栏后,表格中会出现添加图片按钮和图片缩略图,这里没有用到编辑器和绘制器,而是用到了表栏监听器来实现,当单击缩略图时会弹出新的窗口显示图片,当单击添加图片按钮时会弹出图片选择器选择图片,具体代码如下。

> 代码位置:见随书源代码/第8章/FoodPC/src/com/bn/menu 目录下的 AddMenuPanel.java。

```
1  public class MyListener extends MouseAdapter {
2      @Override
3      public void mouseClicked(MouseEvent e) {
4          Point point = e.getPoint();                                //鼠标坐标
5          int column = jtP.columnAtPoint(point);                     //鼠标单击位置所在列
6          int row = jtP.rowAtPoint(point);                           //鼠标单击位置所在行
7          if (column == 2) {
8              String path = (String) jtP.getValueAt(row, 3);         //获取图片路径
9              if (path != null && path.length() > 0) {
10                 new LookPicFrame(path, "步骤" + (row + 1));//创建新窗口,查看大图
11             }
12         } else if (column == 3) {
13             mfc.showDialog(new JFrame(), "选择图片");              //打开图片选择器,选择图片
14             String path = null;                                    //声明一个字符串
15             if (mfc.getSelectedFile() != null) {
16                path = mfc.getCurrentDirectory() + "\\"//如果选择了图片,得到图片路径
17                      + mfc.getSelectedFile().getName();
18                row = jtP.getSelectedRow();
19                ImageIcon icon = new ImageIcon(path);  //创建 ImageIcon 对象
20                icon = new ImageIcon(icon.getImage().getScaledInstance(45,
21                      45, Image.SCALE_DEFAULT));        //保证图片不变形
22                AddMenuPanel.dtmP.setValueAt(icon, row, 2);  //设置图片到表格中
23                AddMenuPanel.dtmP.setValueAt(path, row, column);
24         }}}
```

- 第4～6行为获取鼠标单击时的 Point 对象,根据 Point 对象得到鼠标单击位置所在表格的行和列。
- 第7～23行用于判断查大图还是添加图片,当鼠标单击在第二列时查看图片,当鼠标单击在表格第3列时弹出选择图片窗口选择要添加的图片。

> **说明** 上述代码中出现的图片选择器是通过 MyPicFileChooser 继承 JFileChooser 类得到的,由于代码较为简单,这里不再给出。此后代码中出现的图片选择器也不再单独给出代码解释,请读者自行查阅随书附带的源代码。

(3) 介绍完了过程表格,下面介绍一下"提交"按钮的功能。在单击"提交"按钮后会检查上传菜品的信息是否完整,如若菜品信息不完整会提示补充缺少的菜品信息,在菜品信息完整后

8.4 PC 端的界面搭建与功能实现

单击"提交"按钮才会将菜品信息提交到数据库实现添加菜品功能,具体代码如下。

代码位置: 见随书源代码/第 8 章/FoodPC/src/com/bn/menu 目录下的 AddMenuPanel.java。

```
1   package com.bn.menu;
2   ……//此处省略导入类的代码,读者可自行查阅随书附带的源代码
3   public class AddMenuPanel extends JPanel implements ActionListener {    //添加菜品 JPanel
4   ……//此处省略定义变量与界面尺寸的代码,请自行查看源代码
5       @Override
6       public void actionPerformed(ActionEvent e) {
7           if (e.getSource() == okB) {
8               int rowCount = dtmP.getRowCount();                //获取过程表格总行数
9               if (primaryP == null || primaryP.length() <= 0) {  //没有选择主图,提示选择主图
10                  JOptionPane.showMessageDialog(null, "请选择主图");
11                  return;
12              }
13              List<String> picNames = new ArrayList<String>();  //创建字符串集合
14              for (int i = 0; i < rowCount; i++) {              //循环获取过程图片
15                  String path = (String) dtmP.getValueAt(i, 3);
16                  if (path == null || path.length() <= 0) {      //没有图片,提示补充图片
17                      JOptionPane.showMessageDialog(null, "请将图片补充完整");
18                      return;
19                  }
20                  picNames.add(path);                            //将图片路径存入字符串集合
21              }
22              List<String> pross = getProcess();                 //获取制作过程简介
23              String content = getContent(Constant.manager);     //获取管理者
24              if (pross == null || content == null) {
25                  return;                                        //没有菜品信息,返回
26              }
27              if (UploadUtils.upLoadMenu(primaryP, content, pross, picNames))  //添加菜品
28                  new TableForAddMenu(jtF, jtV, jtP);            //界面内容清空
29          }
30  ……//此处省略其他简单的代码,读者可自行查阅随书附带的源代码
31  }}
```

● 第 4 行为定义各个变量与设置界面大小等的代码,由于篇幅原因,在这里不再进行介绍,读者可自行查阅随书附带的源代码。

● 第 9~26 行为获取菜品主图和过程图片路径以及制作过程简介的代码,如果没有选择主图或者过程图片会弹出对话框提示添加图片。主图图片路径用一个字符串 primaryP 来存储,过程图片用一个字符串集合 picNames 来存储。图片的制作过程通过调用 getProcess()方法获取,然后存储在一个字符串集合 pross 中。

● 第 27~28 行提交菜品信息给服务器,这里调用了另一个类 UploadUtils 中的静态方法 upLoadMenu()来实现。

(4)上面介绍了菜品提交按钮的功能,在代码中只是提到了 UploadUtils 类中的 upLoadMenu()方法,并没有给出具体代码,接下来介绍 upLoadUtils 类的功能,具体的实现代码如下。

代码位置: 见随书源代码/第 8 章/FoodPC/src/com/bn/util 目录下的 UploadUtils.java。

```
1   package com.bn.util;
2   ……//此处省略导入类的代码,读者可自行查阅随书附带的源代码
3   public class UploadUtils{
4       public static String upLoadPic(String path) {              //上传图片方法
5           File file = null;                                       //定义文件对象
6           FileInputStream fis = null;                             //定义文件流
7           byte[] bb = null;                                       //定义数组
8           String name = null;                                     //定义字符串
9           try {
10              file = new File(path);                              //创建文件对象
11              fis = new FileInputStream(file);                    //创建文件输入流
12              bb = new byte[fis.available()];                     //创建字节数组
13              fis.read(bb);                                       //将图片存入字节数组中
14              name = NetIO.insertPic(bb);                         //图片在服务器端的名字
```

```
15          } catch (Exception e) {e.printStackTrace();return null;}
16          return name;                                              //返回图片名字
17      }
18      public static Boolean upLoadMenu                              //上传菜品方法
19      (String primary,String content,List<String> process,List<String> picNames){
20          StringBuffer sb=new StringBuffer();                       //创建StringBuffer对象
21          for(int i=0;i<picNames.size();i++){
22              String name=upLoadPic(picNames.get(i));               //循环插入所有过程图片
23              if(name==null||name.equals(Constant.NO_MESSAGE)){
24                  return false;
25              }
26              sb.append(name+"|"+process.get(i)+"<08>");            //存入图片名字
27          }
28          int id=NetIO.insertProcess(sb.substring(0, sb.length()-3));//添加制作过程
29          primary=upLoadPic(primary);                               //添加菜品主图
30          if(NetIO.insertMenu(id+"<%>"+primary+"<08>"+content)){    //添加菜品
31              JOptionPane.showMessageDialog(null, "菜品添加成功");   //提示添加成功
32              return true;                                          //返回操作结果
33          }
34          else{
35              JOptionPane.showMessageDialog(null, "菜品添加失败");   //提示添加失败
36          }
37          return  false;                                            //返回操作结果
38 }}
```

- 第4～17行为图片上传方法 upLoadPic()，图片路径是方法的形参，根据路径获取图片文件的数据存入到 byte 数组中，然后读入到文件流中，最后将图片数据和专辑信息上传到服务器，并提示上传成功。
- 第18～38行是添加菜品主图和过程图片的代码，将图片传给服务端，然后服务端返回一个字符串回来，这个字符串是上传的图片在服务器端的名字。

8.4.4 菜品信息管理功能的开发

上一节已经介绍了菜品添加功能，本节主要介绍菜品信息管理功能的开发。菜品信息管理主要包括禁止/通过菜品、查询菜品、查询菜品详细信息、删除菜品 4 大功能。

（1）下面要介绍的是在单击"菜品信息管理"节点时，需要创建表格以及在界面上添加查询按钮。这里先介绍表格创建相关的代码，具体代码如下。

> 代码位置：见随书源代码/第 8 章/FoodPC/src/com/bn/menu 目录下的 TableForMenuManage.java。

```
1  package com.bn.menu;
2  ……//此处省略导入类的代码，读者可自行查阅随书附带的源代码
3  public class TableForMenuManage{
4   public TableForMenuManage(JTable jt,DefaultTableModel dtm,String[][] content){
5       String[] heads=new String[]                                   //创建列标题数组
6       {"编号","菜系","上传者","菜系","口味","工艺","时间","主要厨具","难度","","",""};
7       dtm.setDataVector(content, heads);                            //设置表格内容
8       jt.setFont(new Font("宋体",Font.PLAIN,14));
9       int column=jt.getColumnCount();                               //获取总列数
10      jt.getColumnModel().getColumn(column-1).
11      setCellRenderer(new TextJButtonTableCellRenderer("删除"));//设置删除按钮的绘制器
12      jt.getColumnModel().getColumn(column-2).
13      setCellRenderer(new TextJButtonTableCellRenderer("详细")); //设置详细按钮的绘制器
14      jt.getColumnModel().getColumn(column-3).
15      setCellRenderer(new ManageMenuForbidCellRenderer());     //设置禁止/通过按钮的绘制器
16      jt.setRowHeight(25);                                         //设置行高度
17      jt.setRowMargin(2);                                          //设置行间隔
18      ……//此处省略定义表格每列固定宽度的代码，读者可自行查阅随书附带的源代码
19 }}
```

- 第4～8行为创建表格时设置表格列标题和表格中的内容，并设置表格列标题的字体和大小。
- 第10～16行为禁止/通过、详细和删除按钮添加绘制器，这里没有为表格的这几列添加编辑器，而是像上述一样为表格添加监听器，在监听器里处理单击事件绘制表格。

- 第 19 行为定义表格每列固定宽度的代码。由于篇幅原因,在这里不再进行介绍,读者可自行查阅随书附带的源代码。

> **说明** 上述代码中出现的对菜品信息禁止/通过、详细、删除按钮添加绘制器类的代码在此处省略,在后面将进行详细介绍。

(2)下面将要介绍的是自定义绘制器,这里介绍的是禁止/通过按钮的绘制器。当菜品信息处于禁止状态时按钮显示"通过",即单击按钮将实现菜品"通过"操作,单击后按钮显示"禁止",即再单击按钮会实现菜品"禁止"操作。反之亦然。这里的"禁止"状态是指 Android 端看不到处于禁止状态的菜品,反之可以看到处于"通过"状态的菜品。具体代码如下。

代码位置:见随书源代码/第 8 章/FoodPC/src/com/bn/menu 目录下的 ManageMenuForbidCellRenderer.java。

```
1   package com.bn.menu;
2   ……//此处省略导入类的代码,读者可自行查阅随书附带的源代码
3   public class ManageMenuForbidCellRenderer implements TableCellRenderer{
4       JButton jlpic=new JButton();                            //创建一个编辑的按钮对象
5       @Override
6       public Component getTableCellRendererComponent(JTable table, Object value,
7               boolean isSelected, boolean hasFocus, int row, int column) {
8           Boolean flag=Boolean.parseBoolean((String) value);  //当前菜品状态
9           jlpic.setText(flag?"禁止":"通过");                   //设置按钮显示内容
10          return jlpic;                                       //将当前的单元格设置为编辑按钮
11  }}
```

> **说明** 上述代码是禁止/通过按钮的绘制器类,重写 getTableCellRendererComponent 方法,首先获得菜品当前状态,然后反向显示菜品状态,将按钮对象返回显示在表格中。由于其他表格中按钮的绘制器和这里的绘制器基本相同,所有以后出现的表格中按钮的绘制器不再赘述,读者可自行查阅随书附带的源代码。

(3)以下主要介绍的是单击查询按钮实现查询菜品功能。单击"查询"按钮后会根据界面上选择好的查询条件查询菜品,然后将查询到的结果设置到表格中,具体代码如下。

代码位置:见随书源代码/第 8 章/FoodPC/src/com/bn/menu 目录下的 ManageMenu.java。

```
1   @Override
2   public void actionPerformed(ActionEvent e) {               //重新加载actionPerformed方法
3       if (e.getSource() == jblook) {
4           StringBuffer sb = new StringBuffer();              //创建查询添加字符串
5           for (JComboBox jc : jccs) {                        //获取查询条件
6               if (jc.getSelectedIndex() == 0) {
7                   sb.append(Constant.NO_MESSAGE + "<08>");   //没有查询限制
8               } else {
9                   sb.append(jc.getSelectedItem() + "<08>");  //有查询条件
10              }}
11          if (jcState.getSelectedIndex() != 0) {
12              sb.append(jcState.getSelectedIndex() == 1 ? "1" : "0");  //获取菜品状态
13          } else {
14              sb.append(Constant.NO_MESSAGE);
15          }                                                  //得到查询结果
16          String[][] content = NetIO.getMsgSelect(sb.toString().trim());
17          if (content[0][0].equals(Constant.NO_MESSAGE)) {
18              JOptionPane.showMessageDialog(null, "查询结果为空");//查询结果提示
19              return;
20          }
21          new TableForMenuManage(jt, dtm, content);          //将查询结果设置到表格中
22  }}
```

- 第 4~15 行获得菜品查询条件,菜品查询条件包括菜系、口味、时间、难度、状态。当然

所有条件都可以选择"所有",即查询所有菜品。

● 第17～22行按照查询条件查询菜品,当查询结果不为空时将查询到的结果设置到表格当中,如果查询结果为空也会弹出对话框提示查询结果为空。

(4)在查询出符合条件的菜品后,可以通过表格中的按钮对菜品进行一系列操作。以下是自定义监听器的代码,该监听器负责处理对菜品表格的单击事件。这里重新加载了onMouseClicked方法,该方法负责处理表格中所有按钮的单击事件,具体代码如下。

> **代码位置**:见随书源代码/第8章/FoodPC/src/com/bn/menu 目录下的 ManageMenu.java。

```java
private class MyMouseAdapter extends MouseAdapter {
    @Override
    public void mouseClicked(MouseEvent e) {
            Pcint point = e.getPoint();                                 //获取鼠标单击位置
            int row = jt.rowAtPoint(point);
            int column = jt.columnAtPoint(point);
            if (column == 9) {                                          //禁止菜品
                    String menuId = (String) jt.getValueAt(row, 0);     //获取菜品编号
                    String s = (String) dtm.getValueAt(row, column);    //获取菜品状态
                    Boolean flag = Boolean.parseBoolean(s);
                    s = flag ? "false" : "true";                        //菜品状态置反
                    if (flag) {
                            if (NetIO.isExcellentMenu(menuId)) {
                                    JOptionPane.showMessageDialog(null,
                                                                            //提示精品菜品不能禁止
                                        "该菜品是精品菜品,请先取消推荐后再禁止");
                                    return;
                            }
                            NetIO.forbitMenu(menuId);                   //禁止菜品
                            dtm.setValueAt(s, row, column);             //更改表格中菜品的状态
                    } else {
                            NetIO.permitMenu(menuId);                   //通过菜品
                            dtm.setValueAt(s, row, column);             //更改表格中菜品的状态
                    }
            } else if (column == 10) {                                  //按编号查看菜品详细
                    String id = (String) jt.getValueAt(row, 0);         //获取菜品编号
                    String mess = NetIO.searchMenu(id);                 //获取菜信息
                    if (mess.equals("No Message")) {                    //提示菜品信息不完整
                            JOptionPane.showMessageDialog(null, "记录不完整,请补充");
                            return;
                    }
                    PrimaryFrame.cl.show(PrimaryFrame.jpall, "menuDetailPanel");
                                                                        //切换到详细信息界面
                    new TableForDetailMenu(mess, id, "manageMenuPanel");
                                                                        //设置菜品详细信息
            } else if (column == 11) {
                    int bool = JOptionPane
                            .showConfirmDialog(jt, "是否要删除?", "提示!",
                                                                        //提示删除菜品信息
                                    JOptionPane.YES_NO_OPTION,
                                    JOptionPane.QUESTION_MESSAGE);
                    if (bool == 0) {
                            String id = (String) dtm.getValueAt(row, 0);    //获取菜品编号
                            String uid = (String) dtm.getValueAt(row, 2);   //获取用户名称
                            int v = NetIO.deleteMenu(id + "<08>" + uid);    //删除菜品
                            if (v >= 0) {
                                    JOptionPane.showMessageDialog(null, "已删除" + v + "条记录");
                                    dtm.removeRow(row);                 //将菜品从表格中删除
                            } else {
                                    JOptionPane.showMessageDialog(null, "删除失败");
                                                                        //提示删除菜品失败
}}}}}
```

● 第7～22行为禁止/通过菜品操作。当菜品处于通过状态时,如果菜品不是精品菜品,则单击后菜品会处于禁止状态,即用户不可见状态,反之处于通过状态,即用户可见状态;如果菜

品是精品菜品，当菜品处于通过状态，单击会出现"该菜品是精品菜品，请取消后禁止"的提示。

● 第 24～32 行为查看菜品详细信息的操作。单击详细后，会根据菜品编号查询菜品的详细信息，界面会切换到菜品详细信息界面，然后将菜品详细信息设置到菜品详细信息界面。

● 第 34～46 行为删除菜品信息的操作。单击后会弹出"是否要删除？"的提示。确定后会根据菜品编号删除菜品，当删除成功后会弹出提示框，提示删除成功，反之提示删除失败。

（5）上面是菜品信息表格监听器的代码，接下来要介绍的是菜品详细信息界面的实现。在菜品详细信息界面里，主要的是菜品详细信息的设置，其中最主要的是对各个表格的属性设置和信息添加，具体代码如下。

代码位置：见随书源代码/第 8 章/FoodPC/src/com/bn/menu 目录下的 TableForDetailMenu.java。

```
1   package com.bn.menu;
2   ……//此处省略导入类的代码，读者可自行查阅随书附带的源代码
3   public class TableForDetailMenu
4   {
5       ……//此处省略设置表格用到的数组和整数，读者可自行查阅随书附带的源代码
6       public TableForDetailMenu(String info,String id,String bacPanel){
7           setContent(info,id);                                //设置菜品信息
8           headF=new String[]{"名称","数量"};                   //设置主料表格列标题
9           headV=new String[]{"名称","数量"};                   //设置配料表格列标题
10          headP=new String[]{"步骤","步骤说明"};               //设置制作步骤表格列标题
11          MenuDetailPanel.jtF.setRowHeight(25);               //设置主料列的高度
12          MenuDetailPanel.jtP.setRowHeight(25);               //设置配料列的高度
13          MenuDetailPanel.jtV.setRowHeight(25);               //设置制作步骤列的高度
14          MenuDetailPanel.jtF.setFont(new Font("宋体",Font.PLAIN,12));//设置主料表格列标题字体
15          MenuDetailPanel.dtmF.setDataVector(contentF, headF); //设置主料表格的内容
16          MenuDetailPanel.jtP.setFont(new Font("宋体",Font.PLAIN,12));//设置制作步骤表格列标题的字体
17          MenuDetailPanel.jtV.setFont(new Font("宋体",Font.PLAIN,12));//设置配料表格列标题的字体
18          MenuDetailPanel.dtmV.setDataVector(contentV, headV); //设置辅料表格的内容
19          MenuDetailPanel.dtmP.setDataVector(contentP, headP); //设置制作过程表格的内容
20          MenuDetailPanel.dtmP.addColumn("制作过程明细");      //添加明细列
21          columnP=MenuDetailPanel.jtP.getColumnCount();
22          MenuDetailPanel.jtP.getColumnModel().getColumn(columnP-1). //设置按钮绘制器
23          setCellRenderer(new TextJButtonTableCellRenderer("单击查看"));;//设置单击查看绘制器
24          MenuDetailPanel.jtP.getColumnModel().getColumn(columnP-1).
25          setCellEditor(new DetailMenuDetailCellEditor(message,imagePath));//设置按钮编辑器
26          MenuDetailPanel.show=bacPanel;
27      }
```

● 第 8～19 行为设置菜品详细信息表格的代码，分别设置了表格的内容、列标题、列标题的字体、列的高度。

● 第 20 行为添加列的代码，这里添加了一列"图片和说明明细"，这一列用来查看制作过程图片和制作过程详细信息，当单击这一列的按钮时会弹出新的窗口展示制作过程说明和图片。

● 第 22～25 行设置"图片和说明明细"按钮的绘制器和编辑器。按钮的绘制器前面已经介绍过了，这里不再赘述，对于按钮编辑器的代码，将在后面给出。

（6）在创建菜品制作过程表格后，表格里会有一列"制作过程明细"按钮，这列按钮用来查看菜品制作过程中每一个步骤的详细情况。下面介绍"制作过程明细"按钮的编辑器，在编辑器里会实现查看菜品制作过程每一个步骤的详细情况功能。具体代码如下。

代码位置：见随书源代码/第 8 章/FoodPC/src/com/bn/menu 目录下的 DetailMenuDetailCellEditor.java。

```
1   package com.bn.menu;
2   ……//此处省略导入类的代码，读者可自行查阅随书附带的源代码
3   public class DetailMenuDetailCellEditor extends AbstractCellEditor implemen
4       TableCellEditor, ActionListener {
5       JButton unitJCB = new JButton("单击查看");              //定义一个按钮
```

```
6        String[] message;                                    //声明一个字符串数组
7        String[] imagePath;                                  //声明一个字符串数组
8        public DetailMenuDetailCellEditor(String[] message, String[] imagePath) {
9               this.message = message;
10              this.imagePath = imagePath;
11              unitJCB.addActionListener(this);               //给按钮添加监听
12       }
13       @Override
14       public Component getTableCellEditorComponent(JTable table, Object value,
15              boolean isSelected, int row, int column) {
16              return unitJCB;                                //将当前单元格的内容设置为编辑按钮
17       }
18       @Override
19       public Object getCellEditorValue() {                  //返回单元格编辑时显示的值
20              return unitJCB;
21       }
22       @Override
23       public void actionPerformed(ActionEvent e) {
24              int row = MenuDetailPanel.jtP.getSelectedRow();//获取选择的行数
25              String order = (String) MenuDetailPanel.jtP.getValueAt(row, 0);//获取选择的制作步骤
26              byte[] bb = NetIO.getImagebyte(imagePath[row]);           //获取该菜品步骤的图片
27              new ProcessJFrame(new ImageIcon(bb), message[row],order); //创建新窗口显示步骤详情
28       } }
```

- 第 5~7 行定义了一个按钮，声明了两个字符串数组。按钮用来响应单元格的编辑事件，这两个字符串数组用来存放菜品制作步骤的信息，message 数组存放菜品制作步骤每一步的介绍，imagePath 数组存放菜品制作步骤每一步的图片。
- 第 14~17 行重写 getTableCellEditorComponent 方法，当表格里的按钮需要被编辑时，编辑器类将代替绘制器类显示。
- 第 23~28 行重写 actionPerformed 方法，即给表格内的编辑按钮添加监听，当单击编辑按钮时，弹出一个新的窗口，显示当前步骤的图片和简介。

> **说明** 上述代码是详细按钮的编辑器类，其他表格的编辑器代码与上述操作基本相同，此处不再赘述，读者可自行查阅随书附带的源代码。

8.5 服务器端的实现

上一节介绍了 PC 端的界面搭建与功能实现，这一节介绍服务器端的实现方法。服务器端主要用来实现 Android 客户端、PC 端与数据库的连接，从而实现其对数据库的操作。本节主要介绍服务线程、DB 处理、流处理、图片处理等功能的实现。

8.5.1 常量类的开发

首先介绍常量类 Constant 的开发。在进行正式开发之前，需要对即将用到的主要常量进行提前设置，这样避免了开发过程中的反复定义，这就是常量类的意义所在。常量类的具体代码如下。

> 代码位置：见随书源代码/第 8 章/FoodServer/src/com/bn/util 目录下的 Constant.java。

```
1  package com.bn.util;
2  public class Constant {
3      public static String NO_MESSAGE = "No Message";              //没有信息标志
4      public static String IS_MANAGER = "<08IS_manager08>";        //管理员标志
5      public static String INIT_INFO="<08INIT_INFO08>";            //初始化信息标志
6      public static String REGIST="<08REGIST08>";                  //用户注册标志
7      public static String IS_USER = "<08IS_USER08>";              //用户登录标志
8      public static String ADD_ATTENTION = "<08ADD_ATTENTION08>";  //增加关注标志
9      public static String GET_ATTENTION = "<08GET_ATTENTION08>";  //关注信息标志
```

8.5 服务器端的实现

```
10    public static String DELETE_ATTENTION = "<08DELETE_ATTENTION08>";    //取消关注标志
11    public static String GET_FANS = "<08GET_FANS08>";                    //获取粉丝标志
12    public static String GET_USER_SELECT = "<08GET_USER_SELECT08>";      //条件筛选用户标志
13    public static String GET_UID_MESSAGE = "<08GET_UID_MESSAGE08>";      //个人信息标志
14    public static String GET_MENUBY_UID="<08GET_MENUBY_UID08>";          //用户所有菜品标志
15    public static String GET_RANDOMBY_UID="<08GET_RANDOMBY_UID08>";      //用户所有随拍标志
16    ……//由于服务器端定义的常量过多,在此不一一列举
17    }
```

> **说明** 常量类的开发是一项十分必要的准备工作,避免在程序中重复不必要的定义工作,提高代码的可维护性,读者在下面的类或方法中如果有不知道其作用的常量,可以到这个类中查找。

8.5.2 服务线程的开发

上一节介绍了服务器端常量类的开发,下面介绍服务线程的开发。服务主线程接收 Android 客户端和 PC 端发来的请求,将请求交给代理线程处理,代理线程通过调用 DB 处理类中的方法对数据库进行操作,然后将操作结果通过流反馈给 Android 客户端或 PC 端。

(1)下面介绍一下主线程类 ServerThread 的开发。主线程类部分的代码比较短,是服务器端最重要的一部分,也是实现服务器功能的基础。具体代码如下。

> **代码位置:**见随书源代码/第 8 章/FoodService/com/bn/server 目录下的 ServerThread.java。

```
1   package com.bn.server;
2   ……//此处省略了导入类的代码,读者可自行查阅随书附带的源代码
3   public class ServerThread extends Thread{
4       ServerSocket ss;                                //定义一个 ServerSocket 对象
5       int technique;                                  //定义一个端口号
6       public ServerThread (int technique){            //构造函数
7           this.technique=technique;
8       }
9       @Override
10      public void run(){                              //重写 run 方法
11          try{
12              ss=new ServerSocket(technique);         //创建一个 ServerSocket 对象
13              while(true){
14                  Socket sk=ss.accept();              //阻塞函数
15                  new ServerAgentThread(sk).start();  //创建并开启一个代理线程
16              }}
17          catch(Exception e){e.printStackTrace();}
18      }
19      public static void main(String args[]){
20          new ServerThread(8887).start();             //创建处理即时响应任务的线程
21          new ServerThread(8888).start();             //创建处理界面加载任务的线程
22          new ServerThread(8889).start();             //创建处理后台下载和上传任务的线程
23      }}
```

● 第 3~18 行为创建连接端口的方法,首先创建一个绑定端口到 technique 上的 ServerSocket 对象,然后打印连接成功的提示信息。连接成功后就可以接收 Android 端和 PC 端的请求。

● 第 15~18 行为开启线程的方法,该方法将接收客户端请求 Socket,成功后调用并启动代理线程对接收的请求进行具体的处理。

> **说明** 因为 Android 端用到了大量的图片,而图片的加载和后台下载、上传操作时间较长,这样就造成了长期占有端口号而影响界面的其他操作的不良后果。这里创建了 3 个不同端口号的线程分别处理来自这 3 个方面的请求,解决了界面单击操作和图片加载的即时性问题。

（2）经过上面的介绍，已经了解了服务器端主线程类的开发方式，下面介绍代理线程 TranslateThread.java 的开发，具体代码如下。

> **代码位置**：见随书源代码/第 8 章/FoodService/com/bn/server 目录下的 ServerAgentThread.java。

```
1   package com.bn.server;
2   ……//此处省略了导入类的代码，读者可自行查阅随书附带的源代码
3   public class ServerAgentThread extends Thread {
4       ……//此处省略变量定义的代码，请自行查看源代码
5       public ServerAgentThread(Socket sc) {              //构造函数
6           this.sc = sc;
7       }
8       public void run() {
9           try {
10              din = new DataInputStream(sc.getInputStream());      //创建数据输入流
11              dout = new DataOutputStream(sc.getOutputStream());   //创建数据输出流
12              String msg = din.readUTF();                          //将数据放入字符串
13              if (msg.startsWith(Constant.IS_MANAGER)) {           //是否是管理员
14                  flag = DBUtil.isManager(msg.substring(           //判断是否是管理员
15                      Constant.IS_MANAGER.length(), msg.length()));
16                  dout.writeBoolean(flag);                         //将结果输出到输出流
17              }
18              else if (msg.startsWith(Constant.INSERT_MENU)) {     //插入菜品
19                  Boolean flag = DBUtil.insertMenu(msg.substring(  //数据库操作结果
20                      Constant.INSERT_MENU.length(), msg.length()));
21                  dout.writeBoolean(flag);                         //将结果写入输出流
22              }
23  ……//由于篇幅有限，此处省略了对数据执行删除、更新操作等的判断代码，以及对异常的捕获
24  }}}
```

- 第 10~14 行获得 Android 端和 PC 端发送来的请求，创建一个字符串对象并把请求信息赋值给字符串对象。通过对比字符串开头的字符，判断请求语句想要执行的操作。
- 第 13~17 行为查询数据信息的方法，通过调用 DBUtils 的 isManager 方法，从数据库中获取信息，判断登录用户是否是管理员，然后以字节流的形式将判断结果发送到 PC 端。
- 第 18~22 行为查询数据信息的方法，通过调用 DBUtils 的 insertMenu 方法，向数据库中添加信息，添加完信息后返回一个结果，将结果以字节流的形式发送到 PC 端或 Android 端。

> **说明**　由于篇幅有限，另外对于数据的更新、删除等的判断与数据的查询、添加的判断方式类似，所以对部分代码进行省略，读者可以参考随书附带的源代码学习。

8.5.3　DB 处理类的开发

上一节介绍了服务器线程的开发，下面介绍 DBUtils 类的开发。DBUtils 是服务器端一个很重要的类，它包括了所有 Android 客户端和 PC 端需要的方法。

首先介绍一下向数据库中添加数据的功能实现，从数据库中删除数据、更新数据以及查询数据等方法基本和添加数据方法类似，所以不再介绍。具体代码如下。

> **代码位置**：见随书源代码/第 8 章/ FoodService/com/bn/databaseutil 目录下的 DBUtils.java。

```
11  package com.bn.databaseutil;
2   ……//此处省略了导入类的代码，读者可以自行查阅随书的源代码
3   public class DBUtil {
4       public static Connection getConnection() {
5           Connection con = null;                               //声明连接
6           try {
7               Class.forName("org.gjt.mm.mysql.Driver");        //声明驱动
8               con = DriverManager.getConnection("jdbc:mysql://localhost:3306/"
9                   + "foodbase?useUnicode=true&characterEncoding=UTF-8",
```

```
10                  "root", "");                             //获得连接
11          } catch (Exception e) {e.printStackTrace();}
12          return con;                                       //返回连接
13      }
14      public static Boolean isManager(String info) {
15          Connection con=null;
16          Statement st = null;                              //定义接口对象
17          ResultSet rs = null;                              //定义结果集
18          String[] mess = info.split("<08>");
19          try {
20              con = getConnection();                        //获得连接对象
21              st = con.createStatement();                   //获取接口
22              String sql = "select * from manager where cname='" + mess[0]  //创建SQL语句
23                      + "' and pwd='" + mess[1] + "';";
24              rs = st.executeQuery(sql);                    //执行SQL语句
25              while (rs.next())                             //返回结果
26              {return true;}
27          } catch (Exception e) {e.printStackTrace();}
28          finally {
29              try {rs.close();} catch (Exception e) {e.printStackTrace();}   //关闭结果集
30              try {st.close();} catch (SQLException e) {e.printStackTrace();} //关闭接口
31              try {con.close();} catch (SQLException e) {e.printStackTrace();}//关闭连接
32          }
33          return false;                                     //返回结果
34      }
35      ……/*由于其他方法代码与上述相似,该处省略,读者可自行查阅源代码*/
36  }
```

- 第 4～13 行为编写与数据库建立连接的方法,选择驱动后建立连接,然后返回连接。这里注意建立连接时各数据库属性以读者自己的 MySQL 设置而定且保持网络连接。
- 第 14～34 行判断登录用户是否是管理员。先与数据库建立连接,创建结果集,根据登录用户的用户名和密码创建编写正确的 SQL 语句并执行,关闭相关的结果集、接口、连接。最后返回结果。
- 第 35 行为其他方法,由于篇幅原因且与搜索歌曲的方法相似,在这里不再进行介绍,读者可自行查阅随书附带的源代码。

> **说明** DBUtils 处理类是服务器端的重要组成部分,DBUtils 处理类的开发使对数据库的操作变得简单明了,使用者只要调用相关方法即可,可以大力提高团队的合作效率。

8.5.4 图片处理类

上一节主要介绍了 DBUtils 处理类的开发,下面将介绍的是图片处理类。Android 客户端和 PC 端都会进行图片处理,包括添加图片、查看图片等操作,这些操作都可以通过这个类中的方法完成。下面是图片处理类的代码实现。

代码位置:见随书源代码/第 8 章/FoodService/com/bn/util 目录下的 ImageUtil.java。

```
1   public static void saveImage(byte[] data,String path) throws IOException{
2       File file = new File(path);                           //创建文件
3       FileOutputStream fos = new FileOutputStream(file);    //将 File 实例放入输出流
4       fos.write(data);                                      //将实例数据写入输入流
5       fos.flush();                                          //清空缓存区数据
6       fos.close();                                          //关闭文件流
7   }
8   public static byte[] readBytes(DataInputStream din){      //获得图片
9       byte[]  data=null;                                    //声明图片比特数组
10      //创建新的缓存输出流,指定缓存区为 4096Byte
```

```
11         ByteArrayOutputStream out= new ByteArrayOutputStream(4096);//创建字节输出流
12         try {
13             int length=0,temRev =0,size;            //定义3个大小长度
14             length=din.readInt();                   //获得输入流长度
15             byte[] buf=new byte[length-temRev];     //定义byte数组
16             while ((size = din.read(buf))!=-1){     //若有内容读出
17                 temRev+=size;                       //记录缓存长度
18                 out.write(buf, 0, size);            //写入小于 size 的比特数组
19                 if(temRev>=length)                  //如果缓存的长度大于文件的总长
20                     {break;}                        //终止写入
21                 buf = new byte[length-temRev];      //定义byte数组
22             }
23             data=out.toByteArray();      //将图片信息以比特数组形式读出并赋值给图片比特数组
24             out.close();                            //关闭输出流
25         } catch (IOException e){
26             e.printStackTrace();
27         }
28         return data;                                //返回比特数组
29     }
```

● 第1～7行为将图片存入指定路径目录下的文件夹里的方法，先创建一个文件，然后将 File 实例放入输入流中，再将其数据写入到文件流中，最后关闭文件流。

● 第 8～29 行为从指定路径目录下的文件夹里获取图片数据的方法，将图片信息放入指定的缓冲输出流中，然后关闭输出流，最后以比特数组的形式返回。

> **说明** 通过流对图片进行操作，从磁盘中获得图片的方法是根据图片路径将图片信息放入输入流中，通过循环读取输入流的信息并写入输出流，然后以字节数组的形式读取输出流的信息并返回。

8.5.5 其他方法的开发

本章前面的介绍中省略了 DBUtils 处理类中的一部分方法和其他类中的一些变量定义，省略部分中的方法主要功能是对数据的查询、更新、删除。其中查询方法所占比重较大，负责将查询结果返回给 PC 端或 Android 客户端。更新和删除方法相对简单，只负责对数据进行更新和删除。

想要完整实现各功能是需要所有方法合作的，这些省略的方法并不是不重要，只是篇幅有限，无法逐一详细介绍，请读者自行查看随书的源代码。

8.6 Android 客户端的准备工作

前面的章节中介绍了 PC 端和服务器端的功能实现，接下来将介绍 Android 端的主要功能。在开始进行 Android 客户端的开发工作之前，需要进行相关的准备工作。Android 客户端的准备工作涉及图片资源、XML 资源文件、数据库等。

8.6.1 图片资源的准备

在 Eclipse 中，新建一个 Android 项目 BNMusic，系统将自动在 res 目录下建立图片资源文件夹 drawable。在进行开发之前将图片资源复制到图片资源文件夹，图片资源包括背景图片、图形按钮。本软件用到的图片资源如图 8-30 所示。

> **说明** 将图 8-30 中的图片资源放在项目文件夹目录下的 res\drawable-hdpi 目录下。编程过程中，在需要使用图片时，调用此文件夹中该图片对应的 ID 即可。

▲图 8-30　美食天下 Android 客户端用到的资源图片

8.6.2　XML 资源文件的准备

每个 Android 项目都由众多不同的布局文件搭建而成。下面介绍 Android 客户端的部分 XML 资源文件，主要是对于 strings.xml 的介绍。strings.xml 文件用于存放字符串资源，由系统在项目创建后默认生成到 res/values 目录下，用于存放开发阶段所需要的字符串资源，实现代码如下。

> 代码位置：见随书源代码/第 8 章/GDMSTX/res/values 目录下的 strings.xml。

```
1  <?xml version="1.0" encoding="utf-8"?>          <!-- 版本号及编码方式 -->
2  <resources>
3      <string name="app_name">美食天下</string>      <!-- 软件标题 -->
4      <string name="menu_settings">Settings</string>
5      <string name="mstx">美食天下</string>
6      <string name="load_now">正在加载</string>
7      <string name="pai_new">最新</string>          <!-- 随拍界面 -->
8      <string name="remen">热门</string>
9      <string name="renao">热闹</string>
10     <string name="hongbei">烘焙</string>
11     <string name="xiaochi">小吃</string>
12     ……/*由于其他代码与上述相似，此处省略，读者可自行查阅源代码*/
13 </resources>
```

> 说明　上述代码中声明了程序中需要用到的固定字符串，重复使用代码来避免编写新的代码，增加了代码的可靠性并提高了一致性。

8.6.3　本地数据库的准备

Android 客户端需要动用到数据库的基本知识。数据库可以将本应用的基本信息保存起来，以便于客户端界面的加载和应用管理。在 Android 客户端中用到的是 SQLite 数据库，本节将介绍数据库的设计以及数据库中表的创建。

1．数据库的设计

本软件总共分为 4 个表，分别为菜品表、标签表、随拍表、制作过程表。其中菜品表、菜品制作过程表用来存放离线下载的菜品，随拍表用来存放离线下载的随拍，在断网情况下依然可以从这 3 张表中获取菜品和随拍进行查看。标签表存放在上传随拍时要用到的标签。下面介绍这几个表的具体用途。

- 菜品表

表名 menu，用于管理本地菜品，该表有 18 个字段，分别是菜品编号、菜品名称、上传者、菜品主图、制作难度、菜品口味、制作时间、厨具、制作工艺、菜品主料、菜品辅料、菜品简介、小技巧、喜欢的人、收藏人数、评论人数、上传时间、上传者头像。此表记录了本地菜品的所有信息。

- 菜品制作过程

表名为 pro，用于管理菜品制作信息，该表有 21 个字段，分别是菜品编号以及各步骤的简介和图片。

- 随拍表

表名为 random，用于用户上传的随拍信息，该表有 11 个字段，分别为随拍编号、上传者、上传者的头像、上传时间、图片名称、简介、标签、城市、收藏人数、评论人数、喜欢的人数。

- 随拍标签表

表名为 label，用于管理随拍的标签信息，该表有 1 个字段，字段名为标签。

 说明　　上面将本数据库中的表大概梳理了一遍，由于菜品相关的数据全部保存在该数据库中，因此，请读者认真阅读本数据库的设计。

2. 数据库表的设计

上述小节介绍的是 Android 客户端数据库的结构，接下来讲解数据库中相关表的具体属性。菜品表和随拍表是本程序中最重要的表，包含了菜品和随拍的全部信息，所以着重介绍。因篇幅所限，其他表请读者结合随书源代码/第 8 章/sql/SQLiteDatabase.sql 学习。

（1）菜品表：用于管理本地菜品，该表有 18 个字段，包括编号、菜名、上传者、主图、困难度、口味、时间、工具、工艺、主食、辅料、简介、温馨提示、喜好、收藏、评论、上传时间、上传者头像。详细情况如表 8-6 所列。

表 8-6　　　　　　　　　　　　　　　　本地菜品

字段名称	数据类型	字段大小	是否主键	说明
Id	int	10	是	菜品编号
Cname	varchar	30	否	菜品名称
Uid	varchar	10	否	上传者
prmaryPic	varchar	30	否	菜品主图
Difficulty	varchar	10	否	制作难度
Flavour	varchar	10	否	菜品口味
Ctime	varchar	10	否	制作时间
Tools	varchar	10	否	厨具
Craft	varchar	10	否	制作工艺
Food	varchar	500	否	菜品主料
Codiments	varchar	500	否	菜品辅料
Introduction	varchar	500	否	菜品简介
Tips	varchar	500	否	小技巧
Collection	int	5	否	收藏人数

续表

字段名称	数据类型	字段大小	是否主键	说明
Pinglun	Int	5	否	评论人数
uploadTime	timestamp	0	否	上传时间
Likeser	varchar	255	否	喜欢的人数
Sculture	varchar	150	否	上传者头像

建立该表的 SQL 语句如下。

代码位置：见书中源代码/第 8 章/sql/SQLDatabase.sql。

```
1   create table if not exists menu(              /*菜品表的创建*/
2       id int(10) primary key,                   /*菜品编号*/
3       cname varchar(30),                        /*菜品名称*/
4       uid varchar(10),                          /*上传者*/
5       primaryPic varchar(30),                   /*菜品主图*/
6       difficulty varchar(10),                   /*制作难度*/
7       flavour varchar(10),                      /*菜品口味*/
8       ctime varchar(10),                        /*制作时间*/
9       tools varchar(10),                        /*厨具*/
10      craft varchar(10),                        /*制作工艺*/
11      food varchar(500),                        /*菜品主料*/
12      codiments varchar(500),                   /*菜品辅料*/
13      introduction varchar(500),                /*菜品简介*/
14      tips varchar(50),                         /*小技巧*/
15      slike varchar(255),                       /*喜欢的人数*/
16      collection int(5),                        /*收藏人数*/
17      pinglun int(5),                           /*评论人数*/
18      uploadTime datetime,                      /*上传时间*/
19      sculture varchar(20)                      /*上传者头像*/
20  );
```

说明 上述代码为菜品表的创建，包括编号、菜名、上传者、主图、困难度、口味、时间、工具、工艺、主食、辅料、简介、温馨提示、喜好、收藏、评论、上传时间、上传者头像 18 个属性。

（2）随拍表：用于随拍信息，该表有 11 个字段，包含所插入随拍编号、上传者、所在城市、标签、随拍简介、图片名称、上传时间、收藏人数、评论人数、喜好人数、上传者头像，详细情况如表 8-7 所示。

表 8-7　　　　　　　　　　随拍表

字段名称	数据类型	字段大小	是否主键	说明
Id	int	10	是	随拍编号
Uid	varchar	10	否	上传者
City	varchar	20	否	所在城市
Label	varchar	20	否	标签
Introduce	varchar	500	否	随拍简介
picPath	varchar	500	否	图片名称
uploadTime	timestamp	0	否	上传时间
Collection	int	5	否	收藏人数
Pinglun	int	5	否	评论人数
Slike	int	5	否	喜欢的人数
Sculture	varchar	150	否	上传者头像

建立该表的 SQL 语句如下。

代码位置：见书中源代码/第 8 章/sql/create.sql。

```sql
1   create table random(                          /*创建随拍表*/
2     id int(10) primary key,                     /*随拍编号*/
3     uid varchar(10),                            /*上传者*/
4     sculture varchar(20),                       /*上传者头像*/
5     uploadTime datetime,                        /*上传时间*/
6     picPath varchar(500),                       /*图片名称*/
7     introduce varchar(500),                     /*随拍简介*/
8     label varchar(20),                          /*标签*/
9     city varchar(20),                           /*所在城市*/
10    slike int(5),                               /*喜欢的人数*/
11    collection int(5),                          /*收藏的人数*/
12    pinglun int(5)                              /*评论人数*/
13  );
```

> **说明** 上述代码是随拍表的建立，该表中包含随拍编号、上传者、城市、标签、简介、图片名称、上传时间、收藏人数、评论人数、喜欢的人数、上传者的头像共 11 个字段。随拍编号是该表的主键。

8.6.4 常量类的准备

本小节介绍常量类 Constant 的开发。在进行开发之前或者进行开发的过程中，需要对用到的主要常量进行设置。这样既方便了对常量的更改设置，又避免了开发过程中的反复定义，这就是常量类的意义所在。常量类的具体代码如下。

代码位置：见随书源代码/第 8 章/GDMSTX/app/src/main/java/com/example/util 目录下的 Constant.java。

```java
1   public class Constant {
2     public static int ScreenWidth;                                          //屏幕宽度
3     public static int ScreenHeight;                                         //屏幕高度
4     public static String NO_MESSAGE = "No Message";                         //查询结果为空或条件没有限制
5     public static String INIT_INFO="<08INIT_INFO08>";                       //初始化信息
6     public static String IS_USER = "<08IS_USER08>";                         //是否是用户
7     public static String ADD_ATTENTION = "<08ADD_ATTENTION08>";             //增加关注
8     public static String DELETE_ATTENTION = "<08DELETE_ATTENTION08>";       //取消关注
9     public static String GET_UID_MESSAGE = "<08GET_UID_MESSAGE08>";         //获取个人的各项信息
10    public static String REGIST = "<08REGIST08>";                           //用户注册
11    ……//由于定义的常量过多，在此不一一列举
12  }
```

> **说明** 常量类的开发是一项十分必要的准备工作，可避免在程序中重复不必要的定义工作，提高代码的可维护性，读者在下面的类或方法中如果有不知道其具体作用的常量，可以到这个类中查找。

8.7 Android 定位功能的开发

上一节介绍 Android 客户端图片以及 XML 资源的准备，这一节介绍本应用在连网情况下实现手机定位，获取随拍所在城市的功能。

8.7.1 创建应用以及百度地图 SDK 的下载

当前好多手机应用都用到了手机定位功能，用户可以把自己的位置连同你感兴趣的事分享到网上，

8.7 Android 定位功能的开发

本软件也用到了手机定位功能,在你发表随拍的时候可以定位你的位置,跟其他人分享你的快乐。

开发随拍定位功能时,需要到百度地图开发平台上创建自己的应用以及下载相应 SDK,应用创建成功后会获得一个密钥 Key,在开发中会用到密钥 Key,具体步骤如下。

(1)首先在浏览器中输入 http://developer.baidu.com/map/,打开百度地图开放平台的官网,如图 8-31 所示。接着将鼠标光标移动到顶部的"开发"选项上,会出现下拉菜单,单击"Android 定位 SDK"。

▲图 8-31 百度开放平台首页

(2)单击"Android 定位 SDK"后页面将跳转到 Android 定位 SDK 页面,如图 8-32 所示。Android 定位 SDK 页面中单击"获取密钥"按钮,页面将会跳转到我的应用界面。

▲图 8-32 Android 定位 SDK 页面页面

(3)单击"获取密钥"按钮后页面将跳转到我的应用界面,如图 8-33 所示。在该页面中会有开发者以前创建的应用。在应用列表界面单击创建应用创建新的应用。

(4)在单击"创建应用"后界面右侧的应用列表会切换为创建应用,如图 8-34 所示。在该页面中需要开发者填写一些基本信息,应用名称应该填写开发者自己应用的名称,应用类型选择"Android SDK",Android SDK 安全码组成为数字签名+;+包名,其他选择默认,最后单击提交。

(5)单击"提交"按钮后页面右侧将重新跳转到应用列表界面,如图 8-35 所示。这时列表里就有了刚才创建的应用,创建应用的访问应用(AK)即为本应用申请的密钥。

第 8 章 生活辅助类应用——美食天下

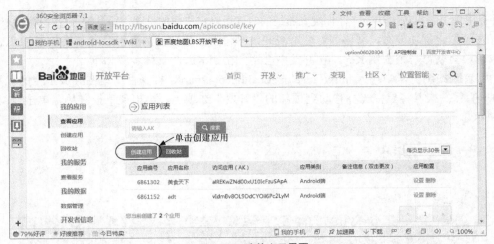

▲图 8-33 我的应用界面

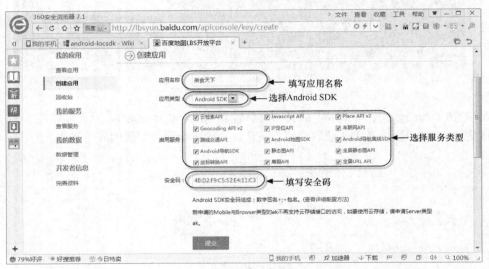

▲图 8-34 创建新应用

▲图 8-35 应用列表界面

8.7 Android 定位功能的开发

（6）上述创建应用后获得了应用密钥，下面介绍百度地图定位 SDK 的下载操作。单击上述 Android 定位 SDK 页面下左侧的"相关下载"，页面右侧会出现定位 SDK 下载，如图 8-36 所示，单击右下角的下载中的版本开发包下载，下载需要的 SDK 开发包。

▲图 8-36 Android 定位 SDK 下载界面

> **说明** 安全码的数字签名可由命令行获取也可以通过 Eclipse 获取，获取方法可以通过单击上述 Android 定位 SDK 页面中的"开发指南"下的"申请密钥"查看，这里不再赘述。开发者在开发手机定位功能时需要在 Android 项目中导入 locSDK_6.11.jar 包和 liblockSDK6a.so 连接库。它们是通过解压从百度地图中下载的开发包中得到的，直接复制到 libs 目录下就可以。

8.7.2 手机定位功能的实现

前一小节介绍了百度手机定位的一些申请过程，下面将介绍在自己开发的项目中如何利用百度地图 API 实现手机定位功能的。

本小节介绍手机定位功能的实现。为了方便调用，这里开发了一个手机定位类 LocationUtil.java，它主要负责定位手机位置，具体代码实现如下。

📝 **代码位置**：见随书的源代码/第 8 章/GDMSTX/app/src/main/java/com/example/util 目录下的 LocationUtil.java。

```
1   package com.example.util;
2   ……//此处省略导入类的代码，读者可自行查阅随书附带的源代码
3   public class LocationUtil {
4     public LocationClient mLocationClient = null;         //声明 LocationClient
5     public LocationUtil(Context context) {
6         mLocationClient = new LocationClient(context);    //声明 LocationClient 类
7         mLocationClient.registerLocationListener(new MyLocationListener());
          //注册监听函数
8         setLocationOption();                              //设置定位所需参数
9         mLocationClient.start();                          //启动定位功能
10    }
11    private void setLocationOption(){
12        LocationClientOption option = new LocationClientOption();//创建属性变量
13        option.setOpenGps(true);                          //启用 GPS
14        option.setIsNeedAddress(true);                    //返回的定位结果包含地址信息
```

```
15            option.setCoorType("bd09ll");                    //返回的定位结果是百度经纬度
16            option.setScanSpan(5000);                         //设置发起定位请求的间隔
17            mLocationClient.setLocOption(option);
18       }
19       private class MyLocationListener implements BDLocationListener {   //实现实时位置回调监听
20            @Override
21            public void onReceiveLocation(BDLocation location) {
22                if (location == null)
23                {mLocationClient.stop();return;}              //停止定位
24                try {
25                    UploadPaiActivity.tv_local.setText(location.getCity()); //加载位置信息
26                } catch (Exception e) {
27                    e.printStackTrace();
28                    UploadPaiActivity.tv_local.setText("定位失败"); //定位出错,位置设置为空
29                }
30                mLocationClient.stop();
31       }}}
```

- 第 5～10 行创建 LocationClient 对象并给 LocationClient 对象添加监听器。设置 LocationClient 对象的参数以获得位置信息,最后启动定位功能。
- 第 11～18 行设置 LocationClient 对象的参数,参数内容包括可以获取地址信息、定位请求的间隔、启用 GPS 功能等信息。
- 第 19～31 行为 LocationClient 对象的监听器。当定位成功后,监听器会在界面设置此时手机的位置,若定位失败则会提示失败信息。

8.8 Android 客户端功能的实现

这一节介绍呈现在主界面上的各部分功能的开发。由于菜品和随拍的相关功能极其相似,所以这里只介绍菜品的相关功能,菜品的相关功能包括查找菜品、上传菜品、评论菜品和查看菜品评论。下面将逐一介绍这部分功能的实现,代码如下。

8.8.1 主界面的实现

首先介绍美食天下软件主界面的搭建,Android 客户端主界面由一个标题栏和 4 个可以相互切换的 fragment 组成。标题栏位于界面顶端,有标题和实现基本功能的按钮,4 个不同的 fragment 负责不同方面的功能。这里首先介绍主界面的布局。

(1)主界面的搭建包括布局的安排和按钮等控件的属性设置等,由于篇幅有限,这里省略部分布局的代码,但是省略部分和介绍部分代码基本相同,有需要的读者可以自行查看随书代码进行学习,具体代码如下。

代码位置:见随书源代码/第 8 章/GDMSTX/app/src/main/res/layout 目录下的 activity_main.xml。

```
1  <?xml version="1.0" encoding="utf-8"?>                      <!-- 版本号及编码方式 -->
2  <LinearLayout xmlns:android="http://schemas.android.com/apk/res/android"
3      xmlns:tools="http://schemas.android.com/tools"
4      android:id="@+id/main"
5      android:layout_width="match_parent"
6      android:layout_height="match_parent"
7      android:orientation="vertical"
8      tools:context=".MainActivity" >                         <!-- 工具条布局 -->
9      <include
10         android:id="@+id/head_main"
11         android:layout_width="match_parent"
12         android:layout_height="wrap_content"
13         layout="@layout/main_tool" />
14     <LinearLayout
15         android:layout_width="match_parent"
16         android:layout_height="match_parent"
```

```
17                android:orientation="vertical" >              <!-- 页面主布局 -->
18            <TabHost
19                android:id="@+id/tabhost"
20                android:layout_width="fill_parent"
21                android:layout_height="wrap_content" >         <!--TabHost 布局 -->
22                <RelativeLayout
23                    android:layout_width="fill_parent"
24                    android:layout_height="fill_parent"
25                    android:orientation="vertical" >
26                    <FrameLayout
27                        android:id="@android:id/tabcontent"
28                        android:layout_width="fill_parent"
29                        android:layout_height="fill_parent"
30                        android:layout_above="@android:id/tabs" >
31                        <fragment
32                            android:id="@+id/tab01"
33                            android:name="com.example.TabFragment.HomeFragment"
34                            android:layout_width="fill_parent"
35                            android:layout_height="fill_parent" />  <!-- 首页 fragment 布局 -->
36                    <!--由于篇幅有限此处省略了其他 fragment 布局,请读者查看相关代码-->
37                    </FrameLayout>                              <!-- 底部按钮布局 -->
38                    <TabWidget
39                        android:id="@android:id/tabs"
40                        android:layout_width="fill_parent"
41                        android:layout_height="60dip"
42                        android:layout_alignParentBottom="true"
43                        android:background="@color/white"
44                        android:orientation="horizontal"
45                        android:paddingTop="3dip" />
46                </RelativeLayout>
47            </TabHost>
48        </LinearLayout>
49 </LinearLayout>
```

- 第 2~8 行用于声明线性布局,该线性布局为总的界面布局,界面的其他所有布局包都在该布局下,这样方便界面的设计,同时还设置了 LinearLayout 宽、高、排列方式的属性。
- 第 9~13 行用于声明引入其他布局控件,这里引入 layout 目录下的 main_tool.xml 的布局控件作为工具栏。对于工具栏布局,由于篇幅有限读者可以查看相关代码。
- 第 14~48 行用于声明线性布局。这里它包括了一个 TabHost 布局,TabHost 布局是主界面的主要布局,通过单击 TabHost 的不同标签切换不同的标签页。

> **说明** 主界面布局代码较多,因篇幅所限不能一一列举,故仅选择有代表性的部分代码讲解。其他代码读者可自行查阅随书的源代码。

(2) 本软件主界面的主要布局是一个 TabHost 布局,它有 4 个不同的标签页,单击 TabHost 布局的不同标签,TabHost 会切换到不同的标签页,在不同的标签页中可以实现不同的功能。下面介绍 TabHost 标签页和标签的设置,具体代码如下。

代码位置:见随书的源代码/第 8 章/GDMSTX/app/src/main/java/com/example/activity 目录下的 MainActivity.java。

```
1  public class MainActivity extends FragmentActivity implements OnClickListener {
2      ……//此处省略了变量的声明,读者可自行查阅随书附带的源代码
3      @Override
4      protected void onCreate(Bundle savedInstanceState) {
5          super.onCreate(savedInstanceState);
6          setContentView(R.layout.activity_main);
7          tabHost = (TabHost) findViewById(R.id.tabhost);       //获取 TabHost 对象
8          tabHost.setup();                                      //初始化 TabHost 对象
9          tabWidget = tabHost.getTabWidget();                   //底部标签栏
10         tabHost.addTab(tabHost                                //设置标签页和标签内容
```

```
11                  .newTabSpec("one")
12                  .setIndicator(
13                          getResources().getString(R.string.home),    //标签文字
14                          getResources().getDrawable(
15                                  R.drawable.image_selector_home))            //标签图片
16                  .setContent(R.id.tab01));                           //设置标签页
17        ……//此处省略了其他标签和标签页的设置,读者可自行查阅随书附带的源代码
18        tabWidget.setStripEnabled(false);                             //设置标签间没有分隔线
19        upTabselected();
20        tabHost.setOnTabChangedListener(new OnTabChangeListener() {   //给TabHost设置监听器
21            @Override
22            public void onTabChanged(String tabId) {
23                upTabselected();                                      //改变底部标签颜色
24            }});
25        initFuction();                                                //给按钮设置监听器
26        initPop();                                                    //初始化PopupWindow
27    }
28  ……//此处省略了其他方法的代码,读者可自行查阅随书附带的源代码
28  }
```

- 第7～18行设置TabHost对象的标签和标签页并设置标签之间没有分割线,在设置好标签和标签页后,单击不同的标签TabHost会切换不同的标签页。
- 第20～24行设置标签页监听器,当切换为不同的标签时会设置选择标签的图标和文字为红色,没有选中的标签图标和文字为灰色。
- 第25～26行初始化主界面其他按钮、设置监听器和初始化弹出框,由于篇幅有限和内容相对较为简单,读者可自行查阅随书附带的源代码。

8.8.2 查找菜品功能的实现

上一节介绍了本软件主界面的实现,主界面主要的布局是TabHost的布局,这里介绍查找菜品功能的实现。查询菜品可以通过菜品标签页选择查询条件查找菜品,也可以通过搜索按钮按关键字查找,这两种查找方式类似,这里介绍按标签选择查询条件查找菜谱,对于按关键字的菜品查询方式,读者可以查看随书,这里不再赘述。下面将逐步介绍按标签页查询菜品功能的实现。

(1)下面要介绍的是菜品标签页的搭建,它由一个GridView布局实现,布局结构简单,读者可自行查看随书源代码进行学习,具体代码如下。

代码位置: 见随书源代码/第8章/GDMSTX/app/src/main/res/layout目录下的select_grid.xml。

```
1   <?xml version="1.0" encoding="utf-8"?>
2   <GridView xmlns:android="http://schemas.android.com/apk/res/android"   <!--菜品标签页布局-->
3       android:id="@+id/gridview"
4       android:paddingTop="10dip"
5       android:layout_width="fill_parent"
6       android:layout_height="fill_parent"
7       android:numColumns="2"
8       android:verticalSpacing="10dip"
9       android:horizontalSpacing="10dip"
10      android:columnWidth="90dip"
11      android:stretchMode="columnWidth"
12      android:gravity="center"
13  />
```

> **说明** 上述是菜品标签页的布局,菜品标签页布局较为简单,它由一个GridView布局构成,布局中设置了布局的宽高、列数、留白、对齐方式等属性。随拍标签页的标签页的布局跟菜品标签页的布局一样,以后不再赘述。

(2)上一小节内容介绍了菜品标签页界面的搭建,接下来介绍条件查询菜品。菜品查询条件的选择分两种情况,一种直接选择具体的查询条件,另一种切换到二级条件界面选择具体的菜品

8.8 Android 客户端功能的实现

查询条件,当选择好菜品查询条件后,界面会切换到菜品查询结果界面,具体代码如下。

代码位置:见的源代码/第 8 章/ GDMSTX/app/src/main/java/com/example/tabFragment 目录下的 MenuFragment.java。

```java
1   package com.example.TabFragment;
2   ……//此处省略了变量的声明,读者可自行查阅随书附带的源代码
3   public class MenuFragment extends Fragment {
4       MyToast toast;                                              //声明自定义的MyToast
5       @Override
6       public View onCreateView(LayoutInflater inflater, ViewGroup container,
7                   Bundle savedInstanceState) {
8           GridView menu_grid = (GridView) inflater.inflate(R.layout.select_grid,//获取网格布局对象
9                   container, false);
10          SimpleAdapter sa = new SimpleAdapter(this.getActivity(),    //GridView 的适配器
11                  generateDataList(), R.layout.grid_item,             //行对应 layout id
12                  new String[] { "col1", "col2" },                    //列名列表
13                  new int[] { R.id.ItemImage, R.id.ItemText }         //列对应控件 id 列表
14              );
15          toast=new MyToast(getActivity());
16          menu_grid.setAdapter(sa);                                   //给GridView 设置适配器
17          menu_grid.setSelector(new ColorDrawable(Color.TRANSPARENT));
18          menu_grid.setOnItemClickListener(new OnItemClickListener() {//设置监听器
19              @Override
20              public void onItemClick(AdapterView<?> arg0, View arg1, int arg2,
21                      long arg3) {
22                  if(!Utils.isNewWork(getActivity())){
23                      toast.showToast(getResources().getString(R.string.net_fail)); //断网提示
24                      return;
25                  }
26                  if(arg2<2){
27                      Intent intent=new Intent(getActivity(),MenuChooseListActivity.class);//创建 Intent 对象
28                      intent.putExtra("title", Constant.MENU_ARGS[arg2][0]);
                        //添加查询条件到 Intent
29                      intent.putExtra("type",Constant.MENU_LIKE[arg2]); //添加条件类型到 Intent
30                      intent.putExtra("args", Constant.MENU_ARGS[arg2][0]);   //添加具体条件
31                      startActivity(intent);                           //切换到查询结果界面
32                      return;
33                  }
34                  Intent intent=new Intent(getActivity(),MenuSearchCondition.class);//创建 Intent 对象
35                  TextView tv=(TextView) arg1.findViewById(R.id.ItemText);
                    //获取条件 TextView
36                  String title=tv.getText().toString();                //获取具体条件
37                  intent.putExtra("title", title);                     //添加具体条件到 Intent
38                  intent.putExtra("type", Constant.MENU_LIKE[arg2]);   //添加条件类型到Intent
39                  startActivity(intent);                               //切换到二级条件界面
40              }});
41          return menu_grid;                                            //返回界面布局
42      }
43      public List<? extends Map<String, ?>> generateDataList() {       //GridView 数据
44          ArrayList<Map<String, Object>> list = new ArrayList<Map<String, Object>>();
            //创建数据集合
45          int rowCounter = Constant.menu_imgs.length;                  //得到表格的行数
46          for (int i = 0; i < rowCounter; i++) {                       //添加数据
47              HashMap<String, Object> hmap = new HashMap<String, Object>();
48              hmap.put("col1", Constant.menu_imgs[i]);                 //添加图片
49              hmap.put("col2",
50                      this.getResources().getString(Constant.menu_text[i]));//添加文字
51              list.add(hmap);
52          }
53          return list;
54  }}
```

● 第 8～16 行为创建 GridView 的实例对象 menu_grid 和它的适配器 sa,适配器 sa 是 SimpleAdapter 类型的适配器,这是 Android 适配器中最简单的一种适配器。这里 sa 负责向

menu_grid 提供数据，menu_grid 负责将数据呈现到界面上去。

- 第 18～41 行给 menu_grid 设置监听器。因为查询界面的前两个查询条件已经是很具体的查询条件了，当单击网格对象 menu_grid 的前两项时，界面会直接切换到菜品查询结果界面，显示查询结果。当单击 menu_grid 其他项时，会切换到菜品查询条件的二级条件界面，在二级条件界面，查询条件比上一级更加具体，选择二级查询条件后切换到菜品查询结果界面。
- 第 43～54 行将菜品查询条件组织成 List 形式并返回，这样做使数据更加整洁具体，方便添加到上述 menu_grid 的适配器中。

（3）上一步说到了菜品的二级查询条件界面，菜品的二级查询条件界面用了一个 ListView 加载菜品具体的查询条件，呈现更加详细的菜品查询条件，下面具体介绍菜品的二级查询条件界面的搭建代码，具体代码如下。

> 代码位置：见随书的源代码/第 8 章/GDMSTX/app/src/main/res/layout 目录下的 menu_condition.xml。

```xml
1  <?xml version="1.0" encoding="utf-8"?>                    <!-- 菜品查询二级条件界面 -->
2  <LinearLayout xmlns:android="http://schemas.android.com/apk/res/android"
3      android:layout_width="match_parent"
4      android:layout_height="match_parent"
5      android:orientation="vertical" >
6      <include                                              <!-- 界面标题栏的引入-->
7          android:id="@+id/head"
8          android:layout_width="match_parent"
9          android:layout_height="wrap_content"
10         layout="@layout/general_head" />
11     <ListView                                             <!-- ListView 布局 -->
12         android:id="@+id/lv_flavour"
13         android:layout_width="match_parent"
14         android:layout_height="match_parent" >
15     </ListView>
16 </LinearLayout>
```

- 第 6～10 行为界面标题栏的引入。其他每个界面都有标题栏，这里将标题栏写在了 general_head.xml 布局文件中，以后每次用到标题栏时只要引入 general_head.xml 布局文件就可以，这样就增加了代码的重用性。
- 第 11～15 行为 ListView 布局，在设置适配器后会显示筛选菜品条件信息。

（4）前面介绍了查询菜品的详细条件界面搭建，接下来介绍如何将菜品详细查询条件加载到界面以及选择菜品查询条件后切换到菜品查询结果界面。这里用到了自定义的适配器，给 ListView 添加了自定义的监听器，具体代码如下。

> 代码位置：见随书的源代码/第 8 章 GDMSTX/app/src/main/java/com/example/activity 目录下的 MenuSearchCondition.xml。

```java
1  package com.example.activity;
2  ……//此处省略了变量的声明，读者可自行查阅随书附带的源代码
3  public class MenuSearchCondition extends Activity implements OnClickListener {
4  ……//此处省略了变量的声明，读者可自行查阅随书附带的源代码
5      @Override
6      protected void onCreate(Bundle savedInstanceState) {
7          super.onCreate(savedInstanceState);
8          setContentView(R.layout.menu_search_condition);    //添加界面布局
9  ……//此处省略了变量的创建和标题栏的相关设置，读者可自行查阅书附带的源代码
10         ba = new FlavoutAdapter(MenuSearchCondition.this,  //创建适配器
11                 Constant.MENU_ARGS[type]);
12         lv.setAdapter(ba);                                 //给 ListView 设置适配器
13         lv.setOnItemClickListener(new OnItemClickListener() {  //设置监听器
14             @Override
15             public void onItemClick(AdapterView<?> arg0, View arg1, int arg2,
                                                              //重新加载 onItemClick 方法
16                     long arg3) {
```

```
17                  String str = (String) ((TextView) arg1).getText();    //获取界面标题
18                  Intent intent = new Intent(MenuSearchCondition.this,//创建Intent
19                          MenuChooseListActivity.class);
20                  intent.putExtra("title", str);               //添加条件信息到Intent
21                  intent.putExtra("type", type);               //添加条件类型到Intent
22                  intent.putExtra("args", Constant.MENU_ARGS[type][arg2]);
                    //添加具体条件到Intent
23                  startActivity(intent);                       //切换到菜品详情界面
24          }});}
25      @Override
26      public void onClick(View v) {
27          if (v == back)                                       //结束界面
28          {this.finish();}
29      }
30      private class FlavoutAdapter extends BaseAdapter {       //声明自定义适配器
31          String[] type;
32          Context context;
33          ……//此处省略了其他重写方法，读者可自行查阅随书附带的源代码
34          @Override
35          public View getView(int position, View convertView, ViewGroup parent) {
            //重新加载getView方法
36              TextView tv = (TextView) LayoutInflater.from(context).inflate(
37                      R.layout.textvieww, null);               //创建一个TextView对象
38              tv.setText(type[position]);                      //将查询条件设置到TextView
39              return tv;                                       //返回ListView呈现的控件
40      }}}
```

- 第10～12行创建适配器ba并将适配器设置到ListView的实例对象lv上，适配器ba负责向lv提供要显示到界面的数据，lv负责将数据呈现到界面上。
- 第13～24行给lv设置监听器。当选择菜品查询条件后界面会切换到菜品查询结果界面，同时创建的Intent对象会将查询条件传递到查询结果界面。
- 第30～40行为适配器类的声明，getView方法返回ListView要呈现的控件。

> **说明** 由于篇幅有限，所以对控件的声明、标题栏中控件的设置以及一些简单的重新加载方法没有逐一介绍，还请读者仔细查看随书里的源代码。

（5）在选好菜品查询条件后界面会切换到查询结果界面，菜品查询结果界面用了一个自定义的MyListView加载查询到的结果，下面介绍查询结果界面的搭建，具体代码如下。

代码位置：见随书的源代码/第8章 GDMSTX/app/src/main/res/layout目录下的menu_listview.xml。

```
1  <?xml version="1.0" encoding="utf-8"?><!-- 菜品浏览页 -->
2  <LinearLayout xmlns:android="http://schemas.android.com/apk/res/android"
3      android:layout_width="match_parent"
4      android:layout_height="match_parent"
5      android:orientation="vertical" >
6      <include
7          android:id="@+id/menu_head"
8          android:layout_width="match_parent"
9          android:layout_height="wrap_content"
10         layout="@layout/head_general" />                     <!-- 标题栏 -->
11     <LinearLayout
12         android:id="@+id/content"
13         android:layout_width="match_parent"
14         android:layout_height="match_parent"
15         android:orientation="vertical" >
16         <com.example.MyListView.MyListView
17             android:id="@+id/menu_listview"
18             android:layout_width="match_parent"
19             android:layout_height="wrap_content" >
20         </com.example.MyListView.MyListView>                 <!-- 自定义ListView -->
21     </LinearLayout>
22 </LinearLayout>
```

- 第6～10行用于引入标题栏。标题栏用于显示提示信息，这里显示的是查询条件信息。在标

题栏的左侧还有一个返回按钮,返回按钮用来返回上一个界面。

● 第 11~21 行为界面的主要布局,它是一个线性布局,在这个布局里用来显示查找到的菜品结果。其中嵌套了一个自定义的 MyListView 布局。

> **说明** 由于篇幅有限和代码简单,标题栏的具体代码这里不再具体给出,有需要的读者可以自行查看随书的源代码。同样自定义的 MyListView 类也是一样,请读者自行查看随书的源代码。

(6)上面提到了菜品查询结果界面的搭建,接下来介绍如何查询符合条件的菜品并将菜品查询结果加载到界面上,具体代码如下。

代码位置:见随书的源代码/第 8 章/GDMSTX/app/src/main/java/com/example/activity 目录下的 MenuChooseListActivity.java。

```java
1    package com.example.activity;
2    ……//此处省略了包的导入,读者可自行查阅随书附带的源代码
3    public class MenuChooseListActivity extends Activity {
4        ……//此处省略了变量的声明,读者可自行查阅随书附带的源代码
5        @Override
6        protected void onCreate(Bundle savedInstanceState) {
7            super.onCreate(savedInstanceState);
8            setContentView(R.layout.menu_listview);
9            ……//此处省略了变量的创建,读者可自行查阅随书附带的源代码
10           iv.setOnClickListener(new OnClickListener() {    //给返回按钮设置监听器
11               @Override
12               public void onClick(View v) {               //重新加载 onClick 代码
13                   MenuChooseListActivity.this.finish();   //结束界面,返回上一界面
14           }});
15           mHandler = new Handler() {                      //创建一个 Handler 对象
16               @Override
17               public void handleMessage(Message msg) {
18                   super.handleMessage(msg);               //执行父类构造方法
19                   switch (msg.what) {
20                   case REFRESH:                           //刷新界面
21                       itemList = new ArrayList<MenuListItem>();  //创建数据集合
22                       loadItem(list);                     //处理查询结果
23                       lma = new MenuSearchAdapter(itemList,
24                           MenuChooseListActivity.this);   //创建适配器
25                       lv.setAdapter(lma);                 //向界面加载菜品信息
26                       lv.onRefreshComplete();             //隐藏 ListView 的页头和页尾
27                       lv.refreshNow = false;              //设置重复刷新标志位
28                       lv.nowLoad=false;                   //设置加载标志位
29                       lma.isInit=true;                    //设置刷新标志位
30                       break;
31                   case LOADED:                            //查询更多结果
32                       loadItem(list);                     //处理请求结果
33                       lma.notifyDataSetChanged();         //提醒适配器更新了数据
34                       lv.nowLoad = false;                 //设置加载标志位
35                       break;
36                   case THE_END:
37                       TextView tv = (TextView) lv.findViewById(R.id.foot_tip);
                                                             //获取页尾 TextView
38                       tv.setText(getResources().getString(R.string.the_end));
                                                             //提醒查询结果到底
39                       break;
40                   case NO_MESSAGE:
41                       String noMessage = getResources()
42                           .getString(R.string.no_set);    //创建提示信息
43                       noNetWork(noMessage);               //提示没有查找到符合条件的菜品
44                       break;
45                   case NO_NET:
46                       String noNet = getResources().getString(R.string.net_fail);
                                                             //获取提示信息
47                       noNetWork(noNet);                   //提醒网络中断
```

```
48                    break;
49              }}};
50        initView();                                    //初始化界面信息
51    }
52    ……//此处省略了其他方法,相关方法下面会给出
53    }
```

- 第 4 行省略了一些变量的声明,这些变量用来辅助菜品查询功能的实现,由于篇幅有限,不再赘述,有需要的读者可以查看随书的源代码。
- 第 9 行省略了一些变量的创建和其他的一些基本查找,由于篇幅有限,这里不再赘述,读者有需要可以自行查阅随书的源代码。
- 第 15~49 行创建一个 Handler 的实例对象,并重载了 handleMessage 方法,当发送一个 Handler 消息后会自动调用该方法。Handler 对象用来更新界面信息,当进行菜品信息加载或者刷新查询结果时 Handler 会发送消息,调用 handleMessage 方法。在 handleMessage 中的 switch 结构会根据不同的标志进行不同的界面更新。
- 第 20 行为执行界面的 initView 方法,initView 用来获取查询条件、加载界面的相关信息和设置相关的监听器等。

(7) 前面介绍了菜品筛选条件界面的搭建和相关功能的实现,下面介绍菜品详细信息功能的实现,由于篇幅有限,菜品详细信息界面布局界面代码又太多,请读者自行查阅随书附带的源代码。这里介绍如何加载界面信息,具体代码如下。

✍ **代码位置**:见随书的源代码/第 8 章/GDMSTX/app/src/main/java/com/example/activity 目录下的 Menushow.java。

```
1   package com.example.activity;
2   ……//此处省略了包的导入代码,读者可自行查阅随书附带的源代码
3   public class Menushow extends Activity implements OnClickListener {
4       ……//此处省略了声明变量的代码,读者可自行查阅随书附带的源代码
5       @Override
6       protected void onCreate(Bundle savedInstanceState) {
7           super.onCreate(savedInstanceState);
8           setContentView(R.layout.menushow);              //添加界面布局
9           Bundle bundle = this.getIntent().getExtras();   //获取 Bundle 对象
10          menu_id = bundle.getString("menu_id", null);    //获取菜品编号
11          isLoaded = bundle.getBoolean("isLoaded", false); //创建是否联网获取菜品标志
12          imageDownLoader = new ImageDownLoader();        //创建图片加载器
13          toast = new MyToast(this);
14          onLoadUtil = new OnLoadUtil(this);              //创建下载器
15          mHandler = new Handler() {                      //创建 Handler
16              @Override
17              public void handleMessage(Message msg) {
18                  super.handleMessage(msg);               //调用父类构造函数
19                  Bundle bundle = msg.getData();          //获取 Bundle 对象
20                  String[] str = bundle.getStringArray("str"); //获取菜品信息
21                  String process = bundle.getString("process", null);//获取制作过程信息
22                  if (process != null && str != null) {
23                      if (!str.equals(Constant.NO_MESSAGE)) { //判断菜品制作过程内容不为空
24                          loadReady(str);                 //加载菜品基本信息
25                          if (!process.equals(Constant.NO_MESSAGE))
26                              loadPro(process, str[2]);   //加载菜品制作过程
27                      }}
28                  imageDownLoader.cacelTask();            //取消图片加载
29              }};
30          initView();                                     //初始化界面
31          new Thread() {                                  //创建线程联网获取菜品信息
32              @Override
33              public void run() {
34                  try {
35                      String[] str = null;                //菜品信息数组
36                      String process = null;              //菜品制作过程信息
37                      if (isLoaded){                      //获取菜品信息
```

```
38                            str = DatabaseUtil.getMenuById(getApplicationContext(),
                                                                                    //本地菜品信息
39                                         menu_id);
40                            process = DatabaseUtil.getPro(getApplicationContext(),
                                                                                    //获取菜品制作过程
41                                         menu_id);
42                        } else {
43                            String mmsg = NetInfoUtil.getMenuDetC(menu_id);
                                                                                    //联网菜品信息
44                            process = NetInfoUtil.getMenuProC(menu_id);  //获取菜品制作过程
45                            str = mmsg.split("<08>");
46                        }
47                        Bundle bundle = new Bundle();                   //创建 Bundle 对象
48                        bundle.putStringArray("str", str);               //将菜品信息加入 bundle
49                        bundle.putString("process", process);            //将菜品制作过程加入 bundle
50                        Message msg = new Message();                     //创建消息
51                        msg.setData(bundle);                             //将 bundle 加入消息中
52                        mHandler.sendMessage(msg);                       //message 传递菜品信息
534                     } catch (Exception e){e.printStackTrace();}}
54          }.start();}
55      //……此处省略了其他相关方法,读者可自行查阅随书附带的源代码
56  }
```

- 第 9~14 行用来准备界面,在这里声明和创建了必要的变量,它们的功能分别是:toast 用来发布提示信息,imageDownLoader 用来加载图片,onLoadUtil 用来下载菜品,bundler 用来获取菜品编号和是否联网获取菜品信息的标志信息。

- 第 15~29 行创建一个 Handler 的实例对象,并重载 handleMessage 方法,当发送一个 Handler 消息后会自动调用该方法。Handler 对象用来更新界面信息,当菜品详细信息需要加载到界面时,Handler 会发送消息,调用 handleMessage 方法。

- 第 30 行调用 initView 方法完成对界面控件的基本设置。在该方法中声明和创建了表示界面控件的变量,为控件设置了相关监听器。

- 第 31~54 行开始加载信息,首先启动一个线程然后重载 Thread 类的 run 方法,然后再向服务器发送请求,服务器接收请求然后操作数据库再将信息返回回来,数据加载完后以 Message 形式向 Handler 发送,Handler 里的方法就可以通过数据来更新 UI 了。

> **说明** 由于篇幅有限所以上面只介绍了菜品详细信息的获取方法,并未对每一个方法进行仔细介绍,读者可以查看源代码了解具体方法的实现过程。

8.8.3 上传菜品功能的实现

本节主要介绍菜品的上传功能实现,菜品上传功能布局界面代码比较多但是没有复杂的布局,由于篇幅有限这里不再给出。在菜品上传中涉及很多图片的选择和加载,所以这里主要介绍如何选择菜品上传中所需要的图片。

菜品上传中所需要的图片包括菜品主图和菜品制作过程中每一步的图片,这里以菜品主图的选择为例,具体步骤如下。

(1)当单击主图时会弹出窗口提示选择图片的来源,这是由菜品主图控件上的监听器里的重载方法 onClick 实现的,onClick 方法用于处理控件的单击事件,这里是弹出一个窗口提示选择图片来源,具体代码如下。

> **代码位置:见随书的源代码/第 8 章/GDMSTX/app/src/main/java/com/example/activity 目录下的 UploadActivity.java。**

```
1   public void onClick(View v) {
2       if (v.equals(layout_imag)) {
3           lib.setOnClickListener(new OnClickListener() {        //给图片按钮设置监听器
```

```
4              @Override
5              public void onClick(View v) {                    //重载 onClick 函数
6                  Bimp.initSingleBimp();                        //设置图片选择数量
7                  Intent intent = new Intent(UploadActivity.this,//创建 Intent 对象
8                          AlbumActivity.class);
9                  startActivityForResult(intent, Constant.PICTURE_SIMLE);
                                                                 //启动图片选择器
10                 overridePendingTransition(R.anim.activity_translate_in,
11                         R.anim.activity_translate_out);//设置界面切换方式
12                 pop.dismiss();                               //关闭弹出窗口
13             }});
14         take.setOnClickListener(new OnClickListener() {     //给拍照按钮设置监听器
15             @Override
16             public void onClick(View v) {
17                 Intent camera = new Intent(MediaStore.ACTION_IMAGE_CAPTURE);
                                                                 //创建 Intent
18                 startActivityForResult(camera, Constant.CAMERA_SIMPLE);
                                                                 //启用拍照功能
19                  pop.dismiss();                              //关闭弹出窗口
20             }
21         });
22         pop.showAtLocation(findViewById(R.id.lay_upload), Gravity.BOTTOM
23             | Gravity.CENTER_HORIZONTAL, 0, 0);              //设窗口显示的位置
24         imm.hideSoftInputFromWindow(UploadActivity.this.getCurrentFocus()
                                                                 //关闭软键盘
25             .getWindowToken(), InputMethodManager.HIDE_NOT_ALWAYS);
26         return;
27     }
28     ……//此处省略了处理单击其他控件事件的代码,读者可自行查阅随书附带的源代码
29 }
```

● 第 3~21 行给弹出窗口的 item 设置监听器,当单击弹出窗口的 lib 项时会创建 Intent 对象,通过 startActivityForResult 的方式调用自定义的图片选择器选择图片,通过 startActivityForResult 方式调用完自定义图片选择器选择图片后,界面会自动切换回来,并且图片选择结果也会返回给本界面的 onActivityResult 方法处理。同理,在单击弹出窗口的 take 项时也会创建 Intent 对象通过 startActivityForResult 方式调用相机的拍照功能拍照获取图片,界面切换回来后图片也会交由 onActivityResult 方法处理。

● 第 22~26 行给弹出窗口设置弹出时所在的位置以及隐藏软键盘。在选择添加图片后会关闭软键盘避免软键盘占据屏幕位置,影响弹出窗口的正常显示。

(2)在上面的弹出窗口里选择好图片来源获取图片后会将图片返回给 onActivityResult 方法处理,onActivityResult 方法会处理 startActivityForResult 启动的 Activity 结束后返回的数据,这里是处理不同来源的图片数据,具体处理代码如下。

✎ **代码位置**: 见随书的源代码/第 8 章/GDMSTX/app/src/main/java/com/example/activity 目录下的 UploadActivity.java。

```
1  @Override
2  protected void onActivityResult(int requestCode, int resultCode, Intent data) {
3      super.onActivityResult(requestCode, resultCode, data);
4      if (requestCode == Constant.CAMERA_SIMPLE            //通过相机拍照获取图片
5              && resultCode == Activity.RESULT_OK && null != data) {
6          String path = savePhoto(data);                    //保存图片
7          Bimp.displayBmpfromFile(main_image, path);        //加载图片到界面
8      }
9      else if (requestCode == Constant.PICTURE_SIMLE) {    //通过图片选择器获取图片
10         if(Bimp.tempSelectBitmap.size()>0){
11             pripath = Bimp.tempSelectBitmap.get(0).getImagePath(); //获取图片路径
12             Bitmap bm = BitmapUtils.revitionImageSize(pripath);   //创建 Bitmap 对象
13             main_image.setImageBitmap(bm);                //加载图片到界面
14         }}
15     ……//此处省略了处理单击其他控件事件的代码,读者可自行查阅随书附带的源代码
16 }}
```

- 第 2~8 行通过相机拍照添加菜品主图图片。在手机拍照后，图片信息会自动交由 onActivityResult 方法处理，通过图片加载器将图片加载到 main_image 上。
- 第 9~14 行通过图片选择器添加菜品主图图片。在图片选择器选择好图片后，图片信息会自动交给 onActivityResult 方法处理，通过路径加载图片到 main_image。

> **说明**　由于篇幅有限，菜品上传的其他代码没有给出，读者可以自行查看随书的源代码。上面提到了图片选择器，图片选择器可以更方便进行多张图片的选择，由于篇幅有限这里不再给出，读者可以自行查看随书的源代码。其他图片的选择和菜品主图的选择类似，以后关于图片的选择不再赘述。

8.8.4 菜品评论功能的实现

本节主要介绍菜品评论功能的实现，在菜品详细信息界面单击底部菜单的评论，会切换到菜品评论界面，在菜品评论界面会看到对当前菜品的所有评论，在界面下部会有一个输入框，这个输入框用来输入用户对该菜品的评论内容。下面将逐步介绍评论菜品功能的实现。

（1）下面介绍的是菜品评论界面的搭建，它主要由一个自定义的 MyListView 布局和界面底部的自定义布局 ChatBottomLayout 构成，界面布局设计代码如下。

代码位置：见随书源代码/第 8 章/GDMSTX/app/src/main/res/layout 目录下的 pinglun.xml。

```xml
1  <?xml version="1.0" encoding="utf-8"?>
2  <LinearLayout xmlns:android="http://schemas.android.com/apk/res/android"
3      android:id="@+id/fr"
4      android:layout_width="match_parent"
5      android:layout_height="match_parent"
6      android:orientation="vertical" >
7      <include
8          android:layout_width="match_parent"
9          android:layout_height="wrap_content"
10         layout="@layout/head_general" />              <!-- 界面标题栏 -->
11     <LinearLayout
12         android:id="@+id/myListView"
13         android:layout_width="match_parent"
14         android:layout_height="wrap_content"
15         android:layout_weight="1" >
16         <com.example.MyListView.MyListView
17             android:id="@+id/listview"
18             android:layout_width="match_parent"
19             android:layout_height="wrap_content"
20             android:layout_weight="1" >              <!-- 评论内容布局 -->
21         </com.example.MyListView.MyListView>
22     </LinearLayout>
23     <include
24         android:id="@+id/pinglun_include"
25         android:layout_width="match_parent"
26         android:layout_height="wrap_content"
27         layout="@layout/pinglun_bottom" />             <!-- 底部评论输入栏 -->
28 </LinearLayout>
```

- 第 16~21 行是一个自定义的 MyListView 控件，MyListView 类用于加载用户对该菜品的评论，它有页头和页脚，页头和页脚用来提示加载情况。
- 第 23~27 行引入一个评论输入栏，并设置了控件的宽度填充整个布局，高度包裹内容等属性。

> **说明**　由于篇幅有限，这里只介绍了引入菜品评论输入栏，关于菜品评论输入栏的具体布局代码，读者有需要可以自行查看源代码。

（2）上面介绍了菜品评论界面的搭建，在菜品评论界面的中间是用户对该菜品的评论信息，底部是用户用来评论该菜品的输入栏。当输入评论内容并单击发送按钮后，评论内容会上传到服务器，实现对该菜品的评论功能，具体代码如下。

> 代码位置：见随书源代码/第 8 章/GDMSTX/app/src/main/java/com/example/activity 目录下的 Pinglun.java。

```
1    @Override
2    public void onClick(View v) {
3        switch (v.getId()) {
4        case R.id.take_ph:                                    //插入图片
5            ChatUtils.handlerInput.sendEmptyMessage(ChatUtils.CLOSE_INPUT);
6            pop.showAtLocation(findViewById(R.id.fr), Gravity.BOTTOM
7                    | Gravity.CENTER_HORIZONTAL, 0, 0);      //弹出图片选择方式窗口
8            break;
9        case R.id.btn_send:                                   //发送评论信息
10           String uid = Utils.getUser(getApplicationContext())[0];
11           String content = TextUtils.isEmpty(et.getText().toString().trim()) ? ""
                                                                 //获取评论内容
12                   : et.getText().toString().trim();
13           if (uid != null&& ((picPath != null && !picPath.isEmpty()) || content
                                                                 //判断评论内容不为空
14                   .length() > 0)) {
15               if (isMenu) {
16                   utils.uploadMenuComment(this, id, uid, content, picPath);
                                                                 //上传菜品评论
17               } else {
18                   utils.uploadRandomComment(this, id, uid, content, picPath);
                                                                 //上传随拍评论
19               }}
20           viewll.closeView();                               //关闭评论栏
21           ChatUtils.handlerInput.sendEmptyMessage(ChatUtils.CLOSE_INPUT);
                                                                 //隐藏评论栏
22           break;
23       case R.id.btback:
24           finish();                                         //结束评论界面
25           break;
26       }}
```

● 第 4～8 行是单击评论栏输入栏上图片按钮后设置 PopupWindow 窗口的弹出位置并弹出 PopupWindow 窗口，该窗口用来提示选择图片的来源。

● 第9～22 行是发送评论信息的代码。在评论内容不为空的时候单击发送按钮，根据 isMenu 标志位判断当前评论的是菜品换上随拍，然后将评论者名字、评论对象编号、评论信息一同发给服务器评论菜品或随拍，最后并且关闭软键盘。

● 第 23～26 行为处理单击返回按钮事件的代码。在单击返回按钮后会结束评论界面并返回到上一个界面。

8.8.5 查看离线菜品和随拍功能的实现

本节主要介绍查看离线菜品和随拍功能的实现，用户离线的菜品和随拍在断网的情况下依然可以通过查看离线菜品和随拍功能进行查看。查看收藏菜品和收藏随拍的功能和查看离线菜品和随拍的功能类似，因此不再赘述，这里只介绍查看离线菜品和随拍功能的实现，具体步骤如下。

（1）下面介绍的是离线菜品和随拍界面的搭建，离线菜品和随拍界面主要由一个 FrameLayout 主布局和两个切换离线菜品和离线随拍的按钮组成，在 FrameLayout 中有两个 fragment，它们分别负责离线的菜品和离线的随拍，具体代码如下。

代码位置：见随书源代码/第 8 章/app/src/main/res/layout 目录下的 loaded.xml。

```xml
1  <?xml version="1.0" encoding="utf-8"?>
2  <LinearLayout xmlns:android="http://schemas.android.com/apk/res/android"
3      android:layout_width="match_parent"
4      android:layout_height="match_parent"
5      android:orientation="vertical" >
6    <include
7        android:layout_width="match_parent"
8        android:layout_height="wrap_content"
9        layout="@layout/head_general" />              <!-- 标题栏 -->
10   <!--这里省略了按钮的代码-->
11   <FrameLayout
12       android:layout_width="fill_parent"
13       android:layout_height="fill_parent" >
14     <fragment
15         android:id="@+id/loaded_tab01"
16         android:name="com.example.fragment.LoadedMenuFragment"
17         android:layout_width="fill_parent"
18         android:layout_height="fill_parent" />       <!-- 离线菜品布局 -->
19     <fragment
20         android:id="@+id/Loaded_tab02"
21         android:name="com.example.fragment.LoadedRandomFragment"
22         android:layout_width="fill_parent"
23         android:layout_height="fill_parent" />       <!-- 离线随拍布局 -->
24   </FrameLayout>
25  </LinearLayout>
```

- 第 11～24 行是界面的主要布局，外层的 FrameLayout 布局只能显示最上层的控件，它包含两个 fragment，这两个 fragment 分别是管理离线菜品和离线随拍的显示，它们能够处理各自的事物管理离线菜品信息和离线随拍信息。

（2）上面介绍了离线菜品和随拍界面的搭建，下面介绍离线菜品按钮和离线随拍按钮的作用，当单击离线菜品时，界面信息会显示离线菜品信息而隐藏离线随拍信息，同理，单击离线随拍可以查看离线随拍信息而隐藏离线菜品信息，具体代码如下。

代码位置：见随书源代码/第 8 章/GDMSTX/app/src/main/java/com/example/activity 目录下的 Loaded.java。

```java
1   package com.example.activity;
2   ……//此处省略了包的导入代码，读者可自行查阅随书附带的源代码
3   public class Loaded extends FragmentActivity implements OnClickListener{
4   ……//此处省略了变量的定义代码，读者可自行查阅随书附带的源代码
5       protected void onCreate(Bundle savedInstanceState) {
6           super.onCreate(savedInstanceState);
7           setContentView(R.layout.loaded);                          //设置主布局
8           last=(ImageView) this.findViewById(R.id.btback);          //获取返回按钮
9           TextView tv=(TextView) this.findViewById(R.id.head_title); //获取界面标题 TextView
10          tv.setText(getResources().getString(R.string.loaded_text));//设置界面标题
11          menu=(Button) this.findViewById(R.id.loaded_menu);        //获取菜品按钮
12          menu.setTextColor(Color.RED);                             //设置离线菜品字体为红色
13          random=(Button) this.findViewById(R.id.loaded_random);    //获取随拍按钮
14          menu.setOnClickListener(this);                            //给离线菜品按钮添加监听器
15          random.setOnClickListener(this);                          //给离线随拍按钮添加监听器
16          last.setOnClickListener(this);                            //给返回按钮设置监听器
17          fg1=this.findViewById(R.id.loaded_tab01);                 //获取菜品信息 View
18          fg2=this.findViewById(R.id.Loaded_tab02);                 //获取随拍信息 View
19      }
20      @Override
21      public void onClick(View v) {
22          View left=findViewById(R.id.left);                        //离线菜品 View
23          View right=findViewById(R.id.right);                      //离线随拍 View
24          if(v==menu){                                              //切换显示离线菜品信息
25              fg1.setVisibility(View.VISIBLE);                      //设置离线菜品信息可见
26              fg2.setVisibility(View.GONE);                         //设置离线随拍信息不可见
27              menu.setTextColor(Color.RED);                         //设置离线菜品字体为红色
```

```
28              random.setTextColor(Color.BLACK);           //设置离线随拍字体为黑色
29              left.setBackgroundColor(Color.RED);          //设置离线菜品底部分割线为红色
30              right.setBackgroundColor(Color.BLACK);       //设置离线菜品底部分割线为黑色
31          }else if(v==random){                             //切换显示离线随拍信息
32              fg2.setVisibility(View.VISIBLE);             //设置离线随拍信息可见
33              fg1.setVisibility(View.GONE);                //设置离线菜品信息不可见
34              random.setTextColor(Color.RED);              //设置离线随拍字体为红色
35              menu.setTextColor(Color.BLACK);              //设置离线菜品信息不可见
36              left.setBackgroundColor(Color.BLACK);        //设置离线菜品底部分割线为黑色
37              right.setBackgroundColor(Color.RED);         //设置离线随拍底部分割线为红色
38          }else if(v==last){
39              this.finish();                               //结束界面
40          }}
41      @Override
42      public boolean onKeyDown(int keyCode, KeyEvent event) {
43          if (keyCode == KeyEvent.KEYCODE_BACK) {
44              this.finish();                               //结束界面
45          }
46          return true;
47      }}
```

- 第 7~18 行为界面的基本设置,包括设置界面标题,设置界面各个按钮的监听器等。
- 第 25~30 行切换为离线菜品信息页面。当单击离线菜品按钮时,"离线菜品"的字体颜色设置为红色,"离线随拍"的字体颜色设置为黑色,同时离线菜品布局设置为可见,离线随拍布局设置为不可见,这样整个界面就显示为离线菜品的信息。反之单击离线随拍时也只可以看到离线随拍信息。
- 第 39 行为处理返回按钮的单击事件。当单击返回按钮后会结束当前界面。
- 第 42~47 行为重写手机键监听器中的 onKeyDown 方法。在该方法中设置了界面的切换方式,当单击手机返回键时,会结束当前界面并返回上一个界面。

> **说明** 由于查看收藏菜品和随拍功能和这里的查看离线菜品和随拍功能基本相同,关于查看收藏菜品和随拍功能的介绍不再赘述。

8.9 Android 客户端与服务器连接的实现

前面已经介绍了 Android 客户端各个功能模块的实现,这一节将介绍上述功能模块与服务区连接的开发,包括设置 IP 测试连接功能的验证等,读者可以根据需要查看随书了解更多信息。

8.9.1 Android 客户端与服务器连接中的各类功能

这一小节将介绍 Android 客户端与服务器连接中各类功能实现所利用的工具类的代码实现,首先给出工具类 NetInfoUtil 的部分代码框架,具体代码如下。

> **代码位置:** 见随书源代码/第 8 章/GDMSTX/app/src/main/java/com/example/util 目录下的 NetInfoUtil.java。

```
1  package com.example.util;
2  ……/*此处省略导入类的代码,读者可自行查阅随书附带的源代码*/
3  public class NetInfoUtil {
4  ……/*此处省略变量定义的代码,请自行查看源代码*/
5      public static void connect() throws Exception {/* 通信建立(界面响应)*/}
6      public static void disConnect() {       /*通信关闭(界面响应)*/}
7      public static void cacheConnect() throws Exception {/* 通信建立(缓冲)*/}
8      public static void cacheDisConnect() {/* 通信关闭(缓冲)*/}
9      public static void onLoadConnect() throws Exception {/* 通信建立(下载)*/}
10     public static void onLoadDisConnect() {/* 通信关闭(下载)*/}
11     public static Boolean isUser(String sname, String password) {/* 是否是用户(界面响应)*/}
```

```
12    public static List<String> getUser(String sname) {/* 获取用户所有信息(缓冲)*/}
13    public static byte[] getCachePicture(String picName) {/*获取图片（按名称图片名）(缓冲)*/}
14    public static byte[] getCacheThumbnail(String picName) {/*获取缩略图 （缓冲)*/}
15    public static byte[] getOnLoadPicture(String picName) {/* 获取图片（按名称图片名）(下载)*/}
16    public static List<String[]> getRecommend() {/* 获取推荐信息(缓冲)*/}
17    public static List<String[]> getRanLike(String timeDiver, int type,
18              String arg) {/* 模糊查询随拍(缓冲)*/}
19    public static String getRandomDetailC(String randomId) {/*按编号查询随拍(缓冲)*/}
20    public static String getRandomDetailL(String randomId) {/* 按编号查询随拍(下载)*/}
21    public static Boolean likeRandom(String userId, String randomId) {/*喜欢随拍*/}
22    static Boolean collectionRandom(String user, String randomId) {/*收藏随拍(界面响应)*/}
23    public static Boolean addAttention(String user, String target) {/*添加关注信息(界面响应)*/}
24    public static Boolean cancelAttention(String user, String target) {/*取消关注信息(界面响应)*/}
25    public static String getMenuDetC(String menuId) {/*按编号获取菜品详细信息(缓冲)*/}
26    public static String getMenuDetL(String menuId) {/*按编号获取菜品详细信息(下载)*/}
27    public static String getMenuProC(String menuId) {/*  /获取制作过程(缓冲)*/}
28    public static String getMenuProL(String menuId) {///获取制作过程(下载)*/}
29    public static Boolean likeMenu(String user, String menuId) {/* 喜欢菜品(界面响应)*/}
30    public static Boolean collectionMenu(String user, String menuId) {/*  收藏菜品(界面响应)*/}
31    public static List<String[]> getMenuLike(String timeDiver, int type,
32              String args) {/*模糊搜索菜品(缓冲)*/}
33    public static Boolean insertRandom(String[] contents) {/* 插入随拍(后台)*/}
34    public static String uploadPic(byte[] bb) {/*上传图片(后台)*/}
35    public static int uploadPro(List<String> picpath, List<String> introduces) {/*上
       传制作过程(后台) */}
36    public static Boolean uploadMenu(List<String> list) {/*上传菜品(后台)*/}
37    public static String getMenuC(String lastId,String uid) {/*获取收藏菜品(缓冲)*/}
38    public static String getRandomC(String lastId,String uid) {/*获取收藏随拍*/}
39    public static Boolean commentMenu(String menuId, String uid,
40              String content, String picName) {/*菜品添加评论(后台)*/}
41    public static Boolean commentRandom(String randomId, String uid,
42              String content, String picName) {/*评论随拍(后台)*/}
43    public static List<String[]> getCommentM(String menuId, String timeDiver) {/*获取
      菜品评论(缓冲)*/}
44    public static List<String[]> getCommentR(String randomId, String timeDiver) {/*获取
      随拍评论(缓冲)*/}
45    public static Boolean cancelCollectionM(String uid, String menuId) {/*取消菜品收藏(界面响应)*/}
46    public static Boolean cancelCollectionR(String uid, String ranId) {/*取消随拍收藏(界面响应)*/}
47    public static List<String[]> getExcellentMenu() {/*获取推荐的精品菜品*/}
48    public static List<String[]> getExcellentRandom() {/*获取推荐的精品随拍*/}
49    public static Boolean register(String name,String passward,String sculture,String sex
      ){/*注册*/}
50    }
```

> **说明** NetInfoUtil 工具类，用来封装耗时的工作。通过封装的工作，能让程序更加有序、易读。上述方法是完成不同功能的部分方法，下面将会继续进行部分方法的开发介绍，其他方法读者可根据随书自行查看。

8.9.2 Android 客户端与服务器连接中各类功能的开发

上一小节已经介绍了 Android 客户端与服务器连接的各类的功能实现的工具类的代码框架，接下来将继续上述功能的具体开发。

（1）下面介绍上一节省略的通信的建立和关闭方法，将 Socket 的连接和关闭写入单独的方法，避免了代码的重复，实现的具体代码如下。

> **代码位置**：见随书源代码/第 8 章/GDMSTX/app/src/main/java/com/example/util 下的 NetInfoUtil.java。

```
1    public static void connect() throws Exception{                //通信建立
2        ss = new Socket();                                        //创建一个ServerSocket 对象
3        SocketAddress socketAddress =
4            new InetSocketAddress(MusicApplication.socketIp, 8887);//绑定到指定IP 和端口
5        ss.connect(socketAddress, 5000);                          //设置连接超时时间
6        din=new DataInputStream(ss.getInputStream());             //创建新数据输入流
7        dos=new DataOutputStream(ss.getOutputStream());           //创建新数据输出流
```

```
8   }
9   public static void disConnect(){                                    //通信关闭
10      if(dos!=null)                                                    //判断输出流是否为空
11              try{dos.flush();}catch(Exception e){e.printStackTrace();}    //清理缓冲
12      if(din!=null)                                                    //判断输入流是否为空
13              try{din.close();}catch(Exception e){e.printStackTrace();}  //关闭输入流
14      if(ss!=null)                                                     //ServerSocket 对象是否为空
15              try{ss.close();}catch(Exception e){e.printStackTrace();}
                                                                         //关闭 ServerSocket 连接
16  }
```

- 第 1~8 行为建立与服务器端通信的连接方法。首先新建一个 socket，之后为 socket 设置 IP、端口和连接超时时间，其中超时时间单位为毫秒。最后创建数据的输入流和输出流，为之后与服务器端进行数据交互做准备。
- 第 9~16 行为断开与服务器端通信的注销方法。判断输入输出流与 socket 是否存在，如果存在则清理缓冲并且关闭。

> **说明** 界面即时响应需要与服务器端通信的代码在首尾分别执行这两个方法。还有其他两对方法，代码和上述两个方法几乎完全一样，这里不再给出，它们分别用在后头下载和界面缓冲的方法前后。读者可自行查阅随书附带的源代码。

（2）下面介绍 NetInfoUtil 框架根据菜品编号查询菜品详细信息功能 getMenuDetC、上传菜品功能 uploadMenu 和喜好菜品功能 likeMenu 的开发。

代码位置：见随书源代码/第 8 章/GDMSTX/app/src/main/java/com/example/activity 目录下的 NetInfoUtil.java。

```
1   public static String getMenuDetC(String menuId) {                  //按编号获取菜品详细信息
2       String message = null;                                         //创建一个字符串的对象
3       try {
4           cacheConnect();                                            //建立网络通信的连接
5           cachedos.writeUTF(Constant.SEAECH_MENU_YEARS + menuId);    //将查询信息写入输出流
6           message = cachedin.readUTF();                              //获取返回信息
7       } catch (Exception e) {e.printStackTrace();return null;
8       } finally {cacheDisConnect();}                                 //调用关闭网络通信方法
9       return message;                                                //返回一个字符串的对象
10  }
11  public static Boolean uploadMenu(List<String> list) {              //上传菜品
12      Boolean flag = false;                                          //创建一个Boolean 的对象
13      try {
14          onLoadConnect();                                           //建立网络通信的连接
15          StringBuffer sb = new StringBuffer();                      //创建一个字符串
16          sb.append(list.get(0) + "<%>");                            //添加菜品信息
17          for (int i = 1; i < list.size(); i++) {
18              sb.append(list.get(i) + "<08>");                       //获取菜品信息
19          }
20          onLoaddos.writeUTF(Constant.INSERT_MENU                    //将菜品信息写入输出流
21              + sb.substring(0, sb.length() - 3));
22          flag = onLoaddin.readBoolean();                            //获取返回信息
23      } catch (Exception e) {e.printStackTrace();return false;
24      } finally {onLoadDisConnect();}                                //调用关闭网络通信方法
25      return flag;                                                   //返回上传结果
26  }
27  public static Boolean likeMenu(String user, String menuId) {       //喜欢菜品
28      try {
29          connect();                                                 //建立网络通信的连接
30          dos.writeUTF(Constant.LIKE_MENU + user + "<%>" + menuId);  //将查询信息写入输出流
31          flag = din.readBoolean();                                  //获取返回信息
32      } catch (Exception e)      e.printStackTrace();return false;
33      } finally {disConnect();}                                      //调用关闭网络通信方法
34      return flag;                                                   //返回操作结果
35  }
```

- 第1～10行为查询菜品详情功能的方法，根据菜品编号查询是否有对应的菜品，如果有，则返回菜品的详细信息。
- 第11～26行为上传菜品功能的方法，将菜品的详细信息写入输入流后上传给服务器，然后获取返回结果，返回值为boolean类型，true代表操作成功，否则操作失败。
- 第27～35行为喜好菜品功能的方法，将用户名和菜品的编号上传给服务器，然后获取返回值，返回值为boolean类型，true代表操作成功，否则操作失败。

（3）由于随拍和菜品的操作基本相同，其他功能方法和上述的3个方法相似，这里不再赘述。下面介绍NetInfoUtil框架获取精品菜品功能、上传图片功能、获取图片功能。

代码位置：见随书源代码/第8章/GDMSTX/app/src/main/java/com/example/util目录下的NetInfoUtil.java。

```
1   public static List<String[]> getExcellentMenu() {        //获取精品菜品
2       try {
3           cacheConnect();                                   //建立网络通信的连接
4           cachedos.writeUTF(Constant.GET_RECOMMEND_MENU);
5           message = cachedin.readUTF();                     //获取返回信息
6       } catch (Exception e) {e.printStackTrace();}
7       finally {cacheDisConnect();}                          //通信的关闭
8       return StrListChange.StrToList(message);              //返回精品菜品列表
9   }
10  public static String uploadPic(byte[] bb) {               //上传图片
11      String picName = null;                                //创建字符串
12      try {
13          onLoadConnect();                                  //建立网络通信的连接
14          onLoaddos.writeUTF(Constant.INSERT_PIC);          //写入上传命令
15          onLoaddos.writeInt(bb.length);                    //将字节数组长度写入流
16          onLoaddos.write(bb);                              //写入字节数组
17          onLoaddos.flush();                                //刷新流
18          picName = onLoaddin.readUTF();                    //获取图片名称
19      } catch (Exception e) {e.printStackTrace();}
20      finally {onLoadDisConnect();}                         //通信的关闭
21      return picName;                                       //返回图片名字
22  }
23  public static byte[] getCachePicture(String picName) {    //获取图片
24      byte[] data = null;                                   //声明字节数组
25      try {
26          cacheConnect();                                   //建立网络通信的连接
27          cachedos.writeUTF(Constant.GET_IMAGE + picName);  //写入请求信息
28          data = IOUtil.readBytes(cachedin);                //数据放入byte数组
29      } catch (Exception e) {e.printStackTrace();}
30      finally {cacheDisConnect();}                          //通信的关闭
31      return data;                                          //返回byte数组
32  }
```

- 第1～9行为获取精品菜品功能的方法，获取精品菜品的信息，以列表形式返回精品菜品的信息。
- 第10～22行为上传图片的功能方法，图片信息在字节数组中，以流的形式上传到服务器。首先上传图片字节数组的长度，然后上传图片的具体字节数组信息，最后从服务器返回一个字符串，这个字符串就是上传到服务器的图片在服务器中的名字。
- 第23～32行为获取图片功能的方法，根据图片名称获取此图片信息，如果有此图片则将图片的byte数组返回。

> **说明** 上述代码介绍了测试连接功能的实现，调用connect()方法后，通过writeUTF()方法将信息写入流中，然后通过readUTF()方法将从流中读取的数据放入相应的字符串中，最后通过工具类转换成需要的格式并返回。

8.9.3 其他方法的开发

上面的介绍中省略了 NetInfoUtil 中的一部分方法和其他类中的一些变量的定义，但是想要完整实现各功能是需要所有方法合作的。这些省略的方法并不是不重要，只是篇幅有限，无法一一详细介绍，请读者自行查看随书的源代码。

8.10 本章小结

本章对美食天下 PC 端、服务器端和 Android 客户端的功能及实现方式进行了简要的讲解。本系统实现美食天下的基本功能，读者在实际项目开发中可以参考本系统，对系统的功能进行优化，并根据实际需要加入其他相关功能。

> **说明** 鉴于本书的宗旨为主要介绍 Android 项目开发的相关知识，因此，本章主要详细介绍了 Android 客户端的开发，对数据库、服务端、PC 端的介绍比较简略，不熟悉的读者请进一步参考其他的相关资料或书籍。

第 9 章　音乐休闲软件——百纳网络音乐播放器

本章将介绍的是百纳网络音乐播放器的开发。本系统实现了音乐播放器中的基本功能，由 PC 端、服务器端和 Android 客户端 3 部分构成。

PC 端实现了对歌手、歌曲以及专辑的增加、删除、修改的功能。服务器端实现了数据传输以及数据库的操作。Android 客户端实现了本地音乐的扫描及播放、网络音乐的查找及下载和音乐播放过程中的可视化效果。

9.1　系统的功能介绍

本节将简要介绍百纳网络音乐播放器的功能，主要是对 PC 端、服务器端和 Android 客户端的功能架构进行简要的说明，以及对音乐播放器的开发环境和目标平台进行简单的描述。使读者熟悉系统各部分功能及开发环境和目标平台，进而对整个系统有大致的了解。

9.1.1　百纳音乐播放器功能概述

开发一个系统之前，需要对系统开发的目标和所实现的功能进行细致有效的分析，进而确定开发方向。做好系统分析工作，将为整个项目开发奠定一个良好的基础。

对于手机音乐播放器，几乎所有人都用过，而且不止一款播放器。每款音乐播放器都有各自的特点，于是笔者亲身体验了多款音乐播放器，在和一些用户进行一段时间的交流和沟通之后，总结出本系统需要的功能如下所示。

1. PC 端功能

- 登录界面

管理员可以通过输入自己的用户名和密码进入管理界面对网络音乐进行管理，当管理员输入正确的用户名和密码后弹出"登录成功!"的消息对话框。

- 歌手管理信息

管理员可以查看歌手的基本信息，可以按歌手的性别、籍贯、类别 3 方面进行条件查看，可以对每一个歌手的信息进行编辑，还可以进行添加歌手等操作。

- 歌曲管理信息

管理员可以查看歌曲和歌词的基本信息，可以按歌手名、专辑名、歌词有无 3 方面进行条件查看，可以根据歌手名和专辑名添加新的歌曲，可以为已有歌曲添加歌词以及更新歌词信息，还可以对每一条歌曲信息进行编辑和删除等操作。

- 专辑管理信息

管理员可以查看专辑和图片的基本信息，可以根据歌手名添加专辑信息，可以添加以及更新指定专辑的图片信息，还可以对专辑信息和图片信息进行编辑等操作。

9.1 系统的功能介绍

2. 服务器端功能

- 收发数据

服务器端利用服务线程循环接收 Android 客户端传过来的数据，经过处理后发给 PC 端。这样能将 Android 客户端和 PC 端联系起来，形成一个共同协作的整体。

- 操作数据库

利用 MySQL 这个关系型数据库管理系统对数据进行管理，服务器端根据 Android 客户端和 PC 端发送的请求调用相应的方法，通过这些方法对数据库进行相应的操作，保证数据实时有效。

3. Android 客户端功能

- 本地音乐的扫描及播放

用户可以通过扫描本地 SD 卡，将音乐添加进 Android 客户端，并进行后台播放。同时用户可以将所有音乐循环播放，可以选择喜欢的音乐单曲循环播放，还可以将音乐添加进不同的播放列表播放。

- 网络音乐的搜索及下载

用户可以通过 Android 客户端连到服务器端，查看与音乐有关的最新动态，同时可以对网络音乐进行搜索和下载，下载完成后则立即播放。

- 音乐播放的可视化效果

用户可以在音乐播放时，通过 Android 客户端查看音乐的信息、进度、播放状态、即时歌词以及频谱。并且，在桌面上也有相应的控件进行显示。

根据上述的功能概述可以得知本系统主要包括对本地音乐、网络音乐的基本操作，其系统结构如图 9-1 所示。

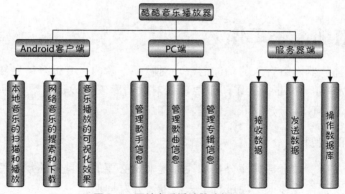

▲图 9-1　百纳音乐播放器功能结构图

> 说明　图 9-1 表示的是百纳音乐播放器的功能结构图,其包含音乐播放器的全部功能。认识该功能结构图有助于读者了解本程序的开发。

9.1.2　百纳音乐播放器开发环境和目标平台

1. 开发环境

开发此音乐播放器需要用到如下软件环境。

- Eclipse 编程软件（Eclipse IDE for Java 和 Eclipse IDE for Java EE）

Eclipse 是一个著名的开源 Java IDE，主要是以其开放性、高效的 GUI、先进的代码编辑器等著称，其项目包括许多各种各样的子项目组，如 Eclipse 插件、功能部件等，主要采用 SWT 界面库，支持多种本机界面风格。

- Android Studio 编程软件

Android Studio 是一个 Android 集成开发工具，基于 IntelliJ IDEA，类似 Eclipse ADT，Android Studio 提供了集成的 Android 开发工具用于开发和调试。

- JDK 1.6 及其以上版本

系统选 JDK1.6 作为开发环境，因为 JDK1.6 版本是目前 JDK 最常用的版本，有许多开发者用到的功能，读者可以通过不同的操作系统平台在官方网站上免费下载。

- Navicat for MySQL

Navicat for MySQL 是一款强大的 MySQL 数据库管理和开发工具，它基于 Windows 平台。为 MySQL 量身定做，提供类似于 MySQL 的用户管理界面。

- Android 系统

Android 系统平台的设备功能强大，此系统开源、应用程序无界限，随着 Android 手机的普及，Android 应用的需求势必越来越大，这是一个潜力巨大的市场，会吸引无数软件开发商和开发者投身其中。

2. 目标平台

百纳音乐播放器需要的目标平台如下：
- 服务器端工作在 Windows 操作系统（建议使用 Windows XP 及以上版本）的平台。
- PC 端工作在 Windows 操作系统（建议使用 Windows XP 及以上版本）的平台。
- Android 客户端工作在 Android 4.2 及以上版本的手机平台。

9.2 开发前的准备工作

针对百纳音乐播放器网络音乐的功能需求，对歌手、歌曲、专辑等信息便于管理的实现，本节将介绍系统开发前的一些准备工作，主要包括对数据库表的设计，数据库中表的创建，以及 Navicat for MySQL 与 MySQL 建立联系等基本操作。

9.2.1 数据库表的设计

开发一个系统之前，做好数据库分析和设计是非常必要的。良好的数据库设计会使开发变得相对简单，后期开发工作能够很好地进行下去，缩短开发周期。

▲图 9-2 数据库各表关系图

该系统总共包括 5 张表，分别为歌手信息表、歌曲信息表、专辑信息表、图片信息表、管理人员信息表（包括用户 ID、用户名以及密码）。各表在数据库中的关系如图 9-2 所示。

下面分别介绍歌手信息表、歌曲信息表、专辑信息表、图片信息表、管理人员信息表。这几个表实现了音乐播放器的网络音乐功能。

- 歌手信息表

表名为 signers，用于管理歌手的基本信息，该表有 5 个字段，分别为歌手 ID、歌手姓名、歌手籍贯、歌手性别以及歌手的音乐类别。歌手 ID 作为该表的主键。

- 歌曲信息表

表名为 song，用于管理歌曲的基本信息，该表有 6 个字段，分别为文件名、歌曲名、歌手名、歌手 ID、专辑名、歌词信息（用来显示歌词有无）。歌手表的歌手 ID 作为该表的外键，因此在添加歌曲时只能添加歌手表中已有歌手的歌曲信息。

- 专辑信息表

表名为 albums，用来管理专辑的基本信息，该表有 4 个字段，分别为专辑名、歌手名、歌手 ID、专辑 ID。歌手表的歌手 ID 作为该表的外键，因此在添加专辑时只能添加歌手表中已有歌手的专辑信息。

- 图片信息表

表名为 picture，用来管理专辑的图片信息，该表有 3 个字段，分别为专辑 ID、图片 ID、图片名称。在 PC 端一个专辑只能添加一张图片，如果向已有图片的专辑添加图片则会替代以前的图片。

- 管理人员信息表

表名为 user，用于管理 PC 端管理人员的基本信息，该表有 3 个字段，分别为用户 ID、用户名和密码。当管理人员在登录界面输入与之匹配的用户名和密码时提示登录成功。

> **说明** 上面将本数据库中的表大概梳理了一遍，由于后面的网络音乐开发全部是基于数据库做的，因此，请读者认真阅读本数据库的设计。

9.2.2 数据库表的创建

上述小节介绍的是百纳音乐播放器网络音乐数据库的结构，接下来介绍的是数据库中相关表的具体属性。由于篇幅有限，下面着重介绍歌手表、歌曲表、专辑表、图片表。其他表格读者结合随书源代码/第 9 章/sql/create.sql。

（1）歌手表：用于管理歌手信息，该表中有 5 个字段，包含歌手 ID、歌手姓名、歌手籍贯、歌手性别以及歌手类别。详细情况如表 9-1 所列。

表 9-1 歌手表

字段名称	数据类型	字段大小	是否主键	说明
sId	char	5	是	歌手 ID
SingerName	varchar	20	否	歌手姓名
Nation	varchar	20	否	歌手籍贯
Gender	varchar	5	否	歌手性别
Category	varchar	20	否	歌手类别

建立该表的 SQL 语句如下。

> **代码位置**：见书中源代码/第 9 章/sql/creat.sql。

```
1   create table Singers(                          /*歌手表 Singers 的创建*/
2       sId char(5) primary key,                   /*歌手 ID*/
3       SingerName varchar(20) not null,           /*歌手姓名*/
4       Nation varchar(20),                        /*歌手籍贯*/
5       Gender varchar(5),                         /*歌手性别*/
6       Category varchar(20)                       /*歌手类别*/
7   );
```

> **说明** 上述代码表示的是歌手表的建立，该表中包含歌手 ID、歌手姓名、歌手籍贯、歌手性别、歌手类别共 5 个属性。歌手 ID 作为该表的主键。

（2）歌曲表：用于管理歌曲信息，该表中有 6 个字段，包括歌曲的文件名、歌曲名、歌手姓名、歌手 ID、专辑名、歌词信息（用来显示歌词有无）。详细情况如表 9-2 所列。

表 9-2　　　　　　　　　　　　　　　　　歌曲表

字段名称	数据类型	字段大小	是否主键	说明
FileName	varchar	40	是	文件名
SongName	varchar	30	否	歌曲名
SingerName	varchar	20	否	歌手名
ssId	char	5	否	歌手 ID
Album	varchar	30	否	专辑名
Lyric	char	5	否	歌词信息

建立该表的 SQL 语句如下。

代码位置：见书中源代码/第 9 章/sql/creat.sql。

```
1    create table Song(                              /*歌曲表 Song 的创建*/
2         FileName varchar(40) primary key,          /*文件名*/
3         SongName varchar(30) not null,             /*歌曲名*/
4         SingerName varchar(20) not null,           /*歌手姓名*/
5         ssId char(5),                              /*歌手 ID*/
6         Album varchar(30),                         /*专辑名*/
7         Lyric char(5),                             /*歌词信息*/
8         constraint fk_ssId foreign key(ssId) references Singers(sId)
                                                     /*歌手表中的歌手 ID 做此表的主键*/
9    );
```

> **说明**　上述代码表示的是歌曲表的建立，该表中包含歌曲的文件名、歌曲名、歌手姓名、歌手 ID、专辑名以及歌词信息（用来显示歌词有无）共 6 个属性。歌手表的歌手 ID 作为该表的外键，因此在添加歌曲时只能添加歌手表中已有歌手的歌曲信息。

（3）专辑表：用于管理专辑信息，该表有 4 个字段，分别为专辑名、歌手姓名、歌手 ID、专辑 ID。详细情况如表 9-3 所列。

表 9-3　　　　　　　　　　　　　　　　　专辑表

字段名称	数据类型	字段大小	是否主键	说明
AlbumName	varchar	30	否	专辑名
SingerName	varchar	20	否	歌手名
sID	char	5	否	歌手 ID
Aid	char	5	是	专辑 ID

建立该表的 SQL 语句如下。

代码位置：见书中源代码/第 9 章/sql/creat.sql。

```
1    create table Albums(                            /*专辑表 Albums 的创建*/
2         AlbumName varchar(30) not null,            /*专辑名*/
3         SingerName varchar(20) not null,           /*歌手姓名*/
4         sID char(5) not null,                      /*歌手 ID*/
5         Aid char(5) primary key,                   /*专辑 ID*/
6         constraint fk_sID foreign key(sID) references Singers(sId)
                                                     /*歌手表中的歌手 ID 做此表的外键*/
7    );
```

> **说明** 上述代码表示的是专辑表的建立,该表中包含专辑名、歌手姓名、歌手 ID、专辑 ID 共 4 个属性。歌手表的歌手 ID 作为该表的外键,因此在添加专辑时只能添加歌手表中已有歌手的专辑信息。

(4)图片表:用于管理专辑的图片信息,该表有 3 个字段,分别为专辑 ID、图片 ID、图片名称。详细情况如表 9-4 所列。

表 9-4　　　　　　　　　　　　　　　　图片表

字段名称	数据类型	字段大小	是否主键	说明
aid	char	5	是	专辑 ID
picID	char	5	否	图片 ID
picName	varchar	50	否	图片名称

建立该表的 SQL 语句如下。

> 代码位置:见书中源代码/第 9 章/sql/creat.sql。

```
1   create table Picture(                                   /*图片表Picture的创建*/
2           aid char(5) primary key,                        /*专辑ID*/
3           picID char(5),                                  /*图片ID*/
4           picName varchar(50) not null                    /*图片名称*/
5   );
```

> **说明** 上述代码表示的是图片表的建立,该表中包含专辑 ID、图片 ID、图片名称共 3 个属性。专辑 ID 作为该表的主键,所以一个专辑只能添加一张图片,如果向已有图片的专辑添加图片则会替代以前的图片。

9.2.3 使用 Navicat for MySQL 创建新表并插入初始数据

本百纳音乐播放器后台数据库采用的是 MySQL,开发时使用 Navicat for MySQL 实现对 MySQL 数据库的操作。Navicat for MySQL 的使用方法比较简单,本节将介绍如何使用其连接 MySQL 数据库并进行相关的初始化操作,具体步骤如下。

(1)开启软件,创建连接。设置连接名(密码可以不设置),如图 9-3 所示。

> **说明** 在进行上述步骤之前,必须首先在机器上安装好 MySQL 数据库并启动数据库服务,同时还需要安装好 Navicat for MySQL 软件。MySQL 数据库以及 Navicat for MySQL 软件是免费的,读者可以自行从网络上下载安装。由于本书不是专门讨论 MySQL 数据库的,因此,对于软件的安装与配置这里不做介绍,需要的读者请自行参考其他资料或书籍。

(2)在建好的连接上单击鼠标右键,选择打开连接,然后选择创建数据库。键入数据库名为"musicbase",字符集选择"utf8--UTF-8 Unicode",整理为"utf8_general_ci",如图 9-4 所示。

(3)在创建好的 musicbase 数据库上单击鼠标右键,选择打开,然后选择右键菜单中的运行批次任务文件,找到随书源代码/第 9 章/sql/create.sql 脚本。单击此脚本开始运行,完成后关闭即可。

(4)此时再双击 musicbase 数据库,其中的所有表会呈现在右侧的子界面中,如图 9-5 所示。

▲图 9-3 创建新连接图

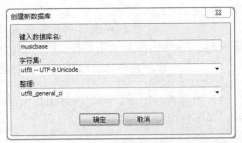

▲图 9-4 创建新的数据库

▲图 9-5 创建连接完成效果图

（5）当数据库创建成功后，读者需通过 Navicat for MySQL 运行随书源代码/第 9 章/sql/ insert.sql 里与 user 表相关的脚本文件来插入初始数据（用户名和密码），具体插入初始数据代码如下。

代码位置：源代码/第 9 章/sql/insert.sql。

```
1    insert into user values('u1001','admin','123');
```

> **说明** 由于用户在使用本系统 PC 端时需在登录界面输入与之匹配的用户名和密码后才能对与百纳音乐播放器网络音乐相关的信息进行管理，所以先得运行随书源代码/第 9 章/sql/ insert.sql 里与 user 表相关的脚本文件来插入初始数据（用户名和密码）。

9.3 系统功能预览及总体架构

9.3.1 PC 端预览

PC 端负责管理百纳音乐播放器的网络音乐。本节将对 PC 端进行简单介绍，PC 端管理主要包括管理歌手信息、歌曲信息、歌词信息、专辑信息以及专辑图片等操作。

（1）管理人员在使用 PC 端对百纳音乐播放器的网络音乐进行管理之前，需输入与之匹配的用户名和密码来登录管理界面，如图 9-6 所示。

（2）管理人员可以对歌手的信息进行实时操作。例如，查看歌手的基本信息，可以按歌手的性别、歌手的类别两方面进行条件查看，可以对每一个歌手的信息进行编辑，还可以进行添加歌手等操作，如图 9-7 所示。

▲图 9-6 PC 端登录界面

▲图 9-7 歌手管理

（3）管理人员可以对歌曲的信息进行实时操作。例如，查看歌曲和歌词的基本信息，可以按歌手名、专辑名、歌词有无 3 方面进行条件查看，可以添加新的歌曲，可以为已有歌曲添加歌词，还可以对每一条歌曲信息进行编辑和删除等操作，如图 9-8 所示。

▲图 9-8 歌曲管理

（4）管理人员可以对专辑的信息进行操作。例如，管理员可以查看专辑和图片的基本信息，可以添加专辑信息，可以添加和更新指定专辑的图片信息，还可以对专辑信息和图片信息进行编辑等操作，如图 9-9 所示。

（5）管理人员可以对专辑的图片进行放大查看。单击专辑表中的小图片，将弹出一个新的窗口显示此专辑的图片，如图 9-10 所示。

第 9 章 音乐休闲软件——百纳网络音乐播放器

▲图 9-9 专辑管理

▲图 9-10 放大专辑图片

> **说明** 以上是对整个 PC 端功能的概述，请读者仔细阅读，以对 PC 端有大致的了解。预览图中的各项数据均为后期操作添加，若不添加，Android 客户端网络功能则无法运行，请读者自行登录 PC 端后尝试操作。鉴于本书主要介绍 Android 的相关知识，本书只以少量篇幅来介绍 PC 端的管理功能。

9.3.2 Android 客户端功能预览

（1）本软件有一个 widget 小控件，小控件能够在桌面上显示。如图 9-11 所示，用户可以通过小控件来控制音乐的播放、停止、上一首、下一首以及软件的打开。

（2）进入本软件的主界面后，可以跳转到各功能的操作界面。如图 9-12 所示，主界面仅能控制音乐的播放暂停，其他功能均需进入其他操作界面。

（3）单击进入本地音乐界面。此界面功能为显示所有本地音乐，用户第一次运行时需要单击右上角菜单键中的扫描本地音乐按钮来添加音乐，才能达到如图 9-13 所示的效果。

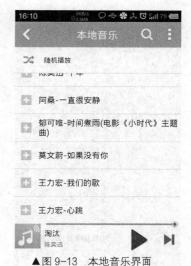

▲图 9-11　桌面控件　　　　　▲图 9-12　播放器主界面　　　　▲图 9-13　本地音乐界面

（4）扫描本地音乐时显示扫描进度，效果如图 9-14 所示，用户可以直观地了解扫描到的音乐数量，也可以单击取消键终止扫描。

（5）主界面中本地音乐的下方是我喜欢、我的歌单、下载管理以及最近播放 4 个按键。用户可以按用户的喜好以及音乐的风格将音乐添加到我喜欢或者不同的歌单中。下载管理显示从服务器端下载到本地的音乐。最近播放则是存储最近播放的歌曲。4 个界面布局均如图 9-15 所示。

（6）乐库和歌手组成了本软件的网络部分。单击进入乐库，如图 9-16 所示，用户可以浏览热门专辑以及热门歌手，并单击各个专辑、歌手来进一步查看所涵盖的歌曲，同时用户单击上方的歌曲、歌手、专辑可分别进入各个专页。在主界面单击歌手则进入歌手专页。

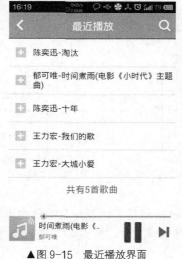

▲图 9-14　音乐扫描界面　　　▲图 9-15　最近播放界面　　　　▲图 9-16　乐库界面

（7）此页面为歌曲的下载页面，如图 9-17 所示，用户可以单击音乐名称并根据提示来进行音乐的下载。音乐下载过程中显示进度条，下载完成后则跳转到主界面同时自动播放歌曲。

（8）主界面最下方有播放控制条，可以控制音乐播放的进度以及播放状态。单击播放控制条，可以进入音乐的播放界面。如图 9-18、图 9-19 所示，用户能够在此界面查看音乐的频谱，以及音乐的歌词。

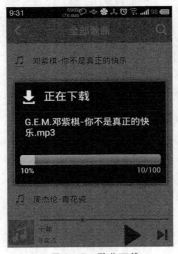
▲图 9-17　歌曲下载

▲图 9-18　频谱界面

▲图 9-19　歌词界面

> 说明：以上功能中，网络部分的数据需要用户自行在 PC 端上添加，以达到预览图所示效果。以上介绍主要是对本系统 Android 客户端功能的概述，使读者对本系统的 Android 客户端能有大致的了解，接下来的介绍会一一实现对应的功能。

9.3.3　Android 客户端目录结构图

上一节介绍的是 Android 客户端的主要功能，接下来介绍的是系统目录结构。在进行系统开发之前，还需要对系统的目录结构有大致的了解，该结构如图 9-20 所示。

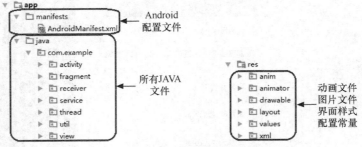
▲图 9-20　Android 客户端目录结构图

> 说明：图 9-20 所示为 Android 客户端程序目录结构图，包括程序源代码、程序所需图片、XML 文件和程序配置文件，通过学习使读者对 Android 客户端程序文件有清晰的了解。

9.4 PC 端的界面搭建与功能实现

前面已经介绍了百纳音乐播放器功能的预览以及总体架构，下面介绍具体代码的实现，先从 PC 端开始。PC 端主要用来实现对百纳音乐播放器网络音乐的管理与更新，本节主要介绍 PC 端对歌手、歌曲、专辑以及专辑图片等相关信息的管理。

9.4.1 用户登录功能的开发

下面将介绍用户登录功能的开发。打开 PC 端的登录界面，需要输入用户名与密码，当单击登录按钮时将用户名和密码存入字符串中，上传字符串到服务器判断用户输入的信息是否正确。若正确，即可进入 PC 端管理界面。

（1）下面介绍的是用户登录界面的搭建及其相关功能的实现，给出实现其界面的 LoginFrame 类的代码框架，具体代码如下。

> **代码位置**：见随书源代码/第 9 章/Mymusic/src/com/bn/frame 目录下的 LoginFrame.java。

```java
1   package com.bn.frame;
2   ……//此处省略导入类的代码，读者可自行查阅随书附带的源代码
3   public class LoginFrame extends JFrame{                         //用户登录界面
4       JLoginPanel jLoginPanel=new JLoginPanel();                  //创建登录 JPanel 对象
5       static LoginFrame login;                                    //创建登录界面的对象，进行显示
6       JLabel jLoginPicL=new JLabel();                             //创建放背景图片的 JLabel
7       String lookAndFeel;                                         //定义界面风格字符串
8       ImageIcon imgBackground;                                    //创建 ImageIcon 对象
9       public LoginFrame(){
10          imgBackground=new ImageIcon("resource/pic/bg.jpg");     //将图片加载到 ImageIcon 中
11          this.setTitle("登录界面");                               //设置标题
12          this.add(jLoginPicL,-1);                                //添加背景图片
13          jLoginPicL.setIcon(imgBackground);                      //设置背景图片
14          jLoginPicL.setBounds(0,0,500,350);                      //设置图片大小
15          this.add(jLoginPanel,0);                                //将JPanel对象添加到登录界面中
16          jLoginPanel.setOpaque(false);                           //设置 JPanel 透明
17          imgBackground.setImage(imgBackground.getImage().        //保证图片不会被拉伸
18              getScaledInstance(500,350, Image.SCALE_DEFAULT));
19          this.setBounds(400,170,500,350);                        //设置界面大小
20          this.setVisible(true);                                  //设置可见
21          try{
22              lookAndFeel="com.sun.java.swing.plaf.windows.WindowsLookAndFeel";
23              UIManager.setLookAndFeel(lookAndFeel);              //设置外观风格
24          }catch(Exception e){
25              e.printStackTrace();
26          }
27          this.setIconImage(imgBackground.getImage());            //设置界面左上方的图标
28      }
29      public static void main(String args[]){                     //打开用户登录界面的 Main 方法
30          login=new LoginFrame();
31  }}
```

- 第 4～8 行创建登录界面的 JPanel 对象，创建显示背景图片的 JLabel 对象，创建 ImageIcon 对象以及定义界面风格的字符串。
- 第 9～28 行搭建登录界面，设置登录界面的一些基本属性，如其标题、大小、背景图片、外观风格以及定义其左上角的图标等。
- 第 29～30 行在 main 方法中创建一个 LoginFrame 对象来显示登录界面，然后在显示主管理界面后将 LoginFrame 窗体释放掉。

（2）上面已介绍了界面类 LoginFrame 的基本框架，接下来要介绍的是用来搭建登录界面类的各种控件的定义与其监听的添加，具体代码如下。

> 见随书源代码/第 9 章/Mymusic/src/com/bn/ loginpanel 目录下的 JLoginPanel.java。

```java
1   package com.bn.loginpanel;
2   ……//此处省略导入类的代码，读者可自行查阅随书附带的源代码
3   public class JLoginPanel extends JPanel
4       implements ActionListener{
5       JLabel jTitle=new JLabel("音乐播放器后台管理");      //创建登录标题
6       JLabel jAdminL=new JLabel("用户名:");              //创建用户名标签
7       JLabel jPasswordL=new JLabel("密码:");             //创建密码标签
8       JLabel jWarningL=new JLabel();                     //创建提示标签
9       JTextField jAdminT=new JTextField();               //创建用户名输入框
10      JPasswordField jPasswordT=new JPasswordField();    //创建密码输入框
11      JButton jLoginOk=new JButton("登录");              //创建登录按钮
12      JButton jLoginRe=new JButton("重置");              //创建重置按钮
13      public JLoginPanel(){
14          this.setLayout(null);                          //不使用任何布局
15          this.add(jTitle);                              //添加标题
16          jTitle.setFont(new Font("宋体",Font.BOLD,25));  //设置标题字体，大小
17          jTitle.setBounds(120,20,300, 50);
18          this.add(jAdminL);                             //添加用户名标签到登录 JPanel 中
19          jAdminL.setBounds(100,100,70,30);
20          this.add(jAdminT);                             //添加用户的输入框到登录 JPanel 中
21          jAdminT.setBounds(170,100,200,30);
22          this.add(jPasswordL);                          //添加密码标签到登录 JPanel 中
23          jPasswordL.setBounds(100,150,70,30);
24          this.add(jPasswordT);                          //添加密码输入框到登录 JPanel 中
25          jPasswordT.setBounds(170,150,200,30);
26          this.add(jWarningL);                           //添加警告标签到登录 JPanel 中
27          jWarningL.setBounds(150,200,200,30);
28          this.add(jLoginOk);                            //添加确定按钮到登录 JPanel 中
29          jLoginOk.setBounds(150,250,70,30);
30          this.add(jLoginRe);                            //添加重置按钮到登录 JPanel 中
31          jLoginRe.setBounds(250,250,70,30);
32          jLoginOk.addActionListener(this);              //给登录按钮添加监听
33          jLoginRe.addActionListener(this);              //给重置按钮添加监听
34      }
35      ……//此处省略登录界面中按钮的监听方法的实现，后面详细介绍
36  }
```

● 第 5~12 行创建登录 JPanel 时需要的各个变量，包括标题标签、用户名标签、密码标签、用户名输入框、密码输入框、提示标签、重置按钮以及登录按钮等对象。

● 第 14~31 行设置此 JPanel 为空布局，将标题标签、用户名标签、密码标签、用户名输入框、密码输入框、提示标签、重置按钮以及登录按钮等添加到 JPanel 中，并设置其在登录界面的位置、大小以及字体等。

● 第 32~33 行为登录按钮和重置按钮添加监听方法，监听方法在此省略，后面将进行详细介绍，读者可自行查阅随书附带的源代码。

（3）在登录界面搭建好之后，接下来要进行的工作就是给界面中的两个按钮添加监听，即上述代码中省略的给界面中的按钮添加监听的方法，具体代码如下。

> 代码位置：见随书源代码/第 9 章/Mymusic/src/com/bn/ loginpanel 目录下的 JLoginPanel.java。

```java
1   @Override
2   public void actionPerformed(ActionEvent e)             //给登录/重置按钮添加监听
3   {
4       if(e.getSource()==jLoginRe){                       //单击重置按钮
5           jAdminT.setText("");                           //用户名输入框内容清空
6           jPasswordT.setText("");                        //密码输入框内容清空
7           jWarningL.setText("提示：请重新输入用户名，密码!"); //设置提示标签内容
8       }else if(e.getSource()==jLoginOk){                 //单击登录按钮
9           String user=jAdminT.getText()+"<#>";           //添加用户名、密码到字符串中
10          user+=jPasswordT.getText();
11          if(NetInfoUtil.isUser(user)){                  //上传输入信息判断是否为用户
12              new PrimaryFrame();                        //打开 PC 主管理界面
```

```
13                JOptionPane.showMessageDialog(null, "登录成功!");
14            }else {
15                jWarningL.setText("提示: 用户名或者密码错误!!!");    //设置提示标签内容
16                jAdminT.setText("");                              //用户名输入框内容清空
17                jPasswordT.setText("");                           //密码输入框内容清空
18    }}}
```

● 第 4~7 行为给"重置"按钮添加监听，将用户名和密码输入框内容都置为空，提示标签则显示"提示：请重新输入用户名，密码!"的信息。

● 第 10~18 行为"登录"按钮添加监听，从输入框中获取输入的用户名和密码，然后与从服务器传来的用户名和密码进行比较。若信息正确，就弹出"登录成功!"的消息对话框，反之在界面下方显示输入错误登录失败的信息。

9.4.2 主管理界面功能的开发

在介绍完登录界面之后，将要介绍的是主管理界面功能的开发。登录成功后，将进入主管理界面，对百纳音乐播放器的网络音乐的相关信息进行管理。

（1）下面要介绍的是用来搭建主管理界面的树结构模型 PrimaryTree 类，树结构模型主要由一个节点构成，下面有 3 个子节点，具体代码如下。

> 代码位置：见随书源代码/第 9 章/Mymusic/src/com/bn/ frame 目录下的 PrimaryTree.java。

```
1     package com.bn.frame;
2     ……//此处省略导入类的代码，读者可自行查阅随书附带的源代码
3     public class PrimaryTree
4     implements TreeSelectionListener{
5         JTree jt=new JTree();                                //创建一个树形结构对象
6         ……//此处省略定义各个树节点的代码，读者可自行查阅随书附带源代码
7         public PrimaryTree(){
8             DefaultMutableTreeNode top=
9                 new DefaultMutableTreeNode("信息浏览");      //创建一个音乐播放器主节点对象
10            TreeModel all=new DefaultTreeModel(top);         //将主节点添加到树模型
11            top.add(node_singer);                            //将歌手管理添加到主节点中
12            top.add(node_music);                             //将歌曲管理添加到主节点中
13            top.add(node_album);                             //将专辑管理添加到主节点中
14            jt.setModel(all);                                //JTree 设置模型
15            jt.setShowsRootHandles(true);                    //设置显示根节点的控制图表
16            jt.addTreeSelectionListener(this);               //给 JTree 添加监听
17            ……//此处省略各个树节点添加监听方法的代码，后面将详细介绍
18    }}
```

● 第 5~6 行为定义各个树节点的代码，这里由于篇幅原因没有一一列出，读者可自行查阅随书附带源代码。

● 第 8~18 行将各个有子节点的主节点添加到树模型上，并将创建的树对象的模型进行设置。给创建的树对象的各个节点添加监听，监听代码在此处省略，下面将详细介绍。

（2）在主界面搭建好了之后，接下来要进行的工作就是给界面中的树节点添加监听，即上述操作中省略的给树节点添加监听的方法，具体代码如下。

> 代码位置：见随书源代码/第 9 章/Mymusic/src/com/bn/ frame 目录下的 PrimaryTree.java。

```
1     @Override
2     public void valueChanged(TreeSelectionEvent e) {
3         DefaultMutableTreeNode node=(DefaultMutableTreeNode)jt.
          getLastSelectedPathComponent();
4         if(node.equals(node_singer)){                                //单击歌手管理节点
5             JMakeSingerTable.s=0;                                    //设置显示全部歌手
6             new JMakeSingerTable();                                  //为显示歌手信息创建表格
7             PrimaryFrame.cl.show(PrimaryFrame.jall,"jsingermanage"); //显示歌手界面
8         }else  if(node.equals(node_music)){                          //单击歌曲管理节点
9             JMakeMusicTable.s=0;                                     //设置显示全部歌曲
```

第 9 章 音乐休闲软件——百纳网络音乐播放器

```
10                  new JMakeMusicTable();                                      //为显示歌曲信息创建表格
11                  PrimaryFrame.cl.show(PrimaryFrame.jall,"jmusicmanage");//显示歌曲界面
12          }
13          ……//在其他节点下的操作与上述操作基本相同,不再赘述,读者可自行查阅源代码
14      }
```

> **说明** 上述为给树节点添加监听的方法。实现了每个功能模块管理界面的显示。由于具体代码的实现大致相似,读者可自行查阅随书附带的源代码。

9.4.3 歌手管理功能的开发

在介绍主界面功能的开发之后,本小节将介绍如何对歌手信息进行管理。其中主要的功能有 3 项:添加歌手、编辑歌手以及按条件查看歌手信息。

(1)下面要介绍的是在单击"歌手管理"节点时,需要为歌手管理界面创建表格以及加载工具条,工具条中的查看按钮、添加歌手按钮后面将进行详细介绍,这里将着重介绍有关歌手管理界面创建表格的相关代码的开发,具体代码如下。

> **代码位置**:见随书源代码/第 9 章/Mymusic/src/com/bn/ singerpanel 目录下的 JLookSingerPanel.java。

```
1   package com.bn.singerpanel;
2   ……//此处省略导入类的代码,读者可自行查阅随书附带的源代码
3   public class JMakeSingerTable {
4       public static String[][] content;                   //定义一个String 二维数组
5       public static int s;                                 //定义一个int 判断搜索类型
6       public JMakeSingerTable(){
7           String []title={"序号","姓名","性别","类别",""};
                                                              //定义一个 String 对象作为表格标题
8           List<String[]> ls=new ArrayList<String[]>();     //定义一个 List<String[]>对象
9           if(s==0){                                         //加载全部歌手信息
10              ls=NetInfoUtil.getSingerList();               //获得所有歌手信息
11          }else if(s==1){                                   //加载部分歌手信息
12              ls=NetInfoUtil.
13                  conditionalSearch(JLookSingerPanel.search);//把条件上传服务器,获得歌手信息
14          }
15          content=new String[ls.size()][ls.get(0).length];  //定义表格内容行、列
16          for(int i=0;i<ls.size();i++){
17              for(int j=0;j<ls.get(i).length;j++){
18                  content[i][j]=ls.get(i)[j];
19          }}
20          JLookSingerPanel.dtm_Singer.setDataVector(content, title);//设置表格标题、内容
21          JLookSingerPanel.jt_Singer.getTableHeader().setFont
22                  (new Font("宋体",Font.BOLD,15);            //设置表格标题大小、字体
23          int size=JLookSingerPanel.jt_Singer.getColumnCount();  //获得歌手信息表格列数
24          //自定义表格绘制器以及编辑器,在表格内添加按钮以及对按钮添加监听
25          JLookSingerPanel.jt_Singer.getColumnModel().getColumn(size-1).setCellEditor
26                  (new MyLookSingerCellEditor());
27          JLookSingerPanel.jt_Singer.getColumnModel().getColumn(size-1).setCellRenderer
28                  (new MyLookSingerCellRenderer());
29          ……//此处省略定义表格每列固定宽度的代码,读者可自行查阅附带的源代码
30  }}}}
```

- 第 4~22 行为创建表格时需要定义的各个变量。将从服务器端获取的歌手信息添加到二维数组中,将标题数组和歌手信息数组添加到表格中并设置表格标题的字体及大小。
- 第 24~28 行中,如果歌手表中有歌手信息,则给歌手管理的表格添加一列编辑按钮,同时分别为这一列按钮添加绘制器和编辑器。
- 第 29 行为定义表格每列固定宽度的代码。由于篇幅原因,在这里不再进行介绍,读者可自行查阅随书附带的源代码。

> **说明** 上述代码中出现的对歌手信息编辑按钮添加绘制器类和编辑器类的代码在此处省略,在后面将进行详细介绍。

（2）构建歌手管理表格之后，表格中会出现一列"编辑"按钮，通过设置表格添加绘制器来显示这些按钮，通过设置表格添加编辑器来对这些按钮添加监听。下面将介绍实现绘制器类的代码框架，具体代码如下。

代码位置： 见随书源代码/第 9 章/Mymusic/src/com/bn/renderer 目录下的 MyLookSingerCellRenderer.java。

```java
package com.bn.render;
……//此处省略导入类的代码，读者可自行查阅随书附带的源代码
public class MyLookSingerCellRenderer
    implements TableCellRenderer {                        //实现绘制当前 Cell 单元数值内容接口
        @Override
        public Component getTableCellRendererComponent(JTable table, Object value,
            boolean isSelected, boolean hasFocus, int row, int column) {
                JButton jlooksingerrender_editor=new JButton("编辑");  //创建一个编辑的按钮对象
                return jlooksingerrender_editor;           //将当前的单元格设置为编辑按钮
}}
```

> **说明** 上述代码是编辑按钮的绘制器类，重写 getTableCellRendererComponent 方法，返回一个按钮对象，显示在表格中。由于歌曲表格和专辑表格的编辑按钮的绘制器类和上述操作基本相同，下面不再赘述，读者可自行查阅随书附带的源代码。

（3）介绍完给表格添加的绘制器类之后，则介绍给表格添加的编辑器类的操作，即 MyLookSingerCellEditor 类的代码框架，具体代码如下。

代码位置： 见随书源代码/第 9 章/Mymusic/src/com/bn/renderer 目录下的 MyLookSingerCellEditor.java。

```java
package com.bn.render;
……//此处省略导入类的代码，读者可自行查阅随书附带的源代码
public class MyLookSingerCellEditor
    implements TableCellEditor, ActionListener {
        //当被编辑时，编辑器将替代绘制器进行显示
        JButton jlooksingereditor=new JButton("编辑");      //定义一个按钮
        String edit="edit";                                //定义一个字符串
        public MyLookSingerCellEditor(){
            jlooksingereditor.addActionListener(this);     //添加监听，显示编辑歌手界面
            jlooksingereditor.setActionCommand(edit);
        }
        @Override
        public Component getTableCellEditorComponent(JTable table,
        Object value,boolean isSelected, int row, int column){
            return jlooksingereditor;                      //将当前单元格的内容设置为编辑按钮
        }
        @Override
        public void actionPerformed(ActionEvent e){
            new JLookSingerEditFrame();                    //显示编辑歌手界面
        }
        @Override
        public boolean stopCellEditing(){
            return true;                                   //结束单元格的编辑状态
        }
        ……//此处省略的是需重写的实现 TableCellEditor 接口的部分方法，请自行查看源代码
}
```

- 第 12～16 行重写 getTableCellEditorComponent 方法，当表格里的按钮需要被编辑时，编辑器类将代替绘制器类显示。
- 第 17～20 行重写 actionPerformed 方法，即给表格内的编辑按钮添加监听，当单击编辑按钮时，弹出一个新的编辑窗口，显示当前歌手信息。
- 第 21～24 行中，当单击 table 时，首先检查 table 是不是还有 cell 在编辑，如果还有 cell 的编辑，则调用 editor 的 stopCellEditing 方法。

> **说明** 上述代码是编辑按钮的编辑器类,歌曲表格和专辑表格的编辑按钮的编辑器代码与上述操作基本相同,此处不再赘述,读者可自行查阅随书附带的源代码。

(4)上面介绍了歌手管理界面创建表格方法的实现,接下来介绍工具条中的条件查看按钮、添加歌手按键功能的实现,实现的具体代码如下。

代码位置:见随书源代码/第9章/Mymusic/src/com/bn/singerpanel 目录下的 JLookSingerPanel.java。

```
1   package com.bn.singerpanel;
2   ……//此处省略导入类的代码,读者可自行查阅随书附带的源代码
3   public class JLookSingerPanel extends JPanel
4       implements ActionListener {
5   ……//此处省略定义变量与界面尺寸的代码,请自行查看源代码
6       @Override
7       public void actionPerformed(ActionEvent e) {
8           if(e.getSource()==jaddsinger){              //单击添加歌手按钮
9               new JAddSingerFrame();                  //显示添加歌手界面
10          }else if(e.getSource()==jsearch){           //单击查找按钮
11              if(jsexC.getSelectedItem().equals("所有")&&jnationC.getSelectedItem().
                equals("所有")
12              &&jsortC.getSelectedItem().equals("所有")){//判断查看条件
13                  JMakeSingerTable.s=0;               //设置所有歌手信息
14                  new JMakeSingerTable();             //重新加载歌手信息到表格中
15              }else {
16                  search=jsexC.getSelectedItem()+"<#>";//把搜索条件添加到字符串中
17                  search+=jnationC.getSelectedItem()+"<#>";
18                  search+=jsortC.getSelectedItem();
19                  JMakeSingerTable.s=1;               //设置条件查看歌手信息
20                  new JMakeSingerTable();             //重新加载歌手信息到表格中
21  }}}}
```

- 第5行为定义各个变量与设置界面大小等的代码,由于篇幅原因,在这里不再进行介绍,读者可自行查阅随书附带的源代码。
- 第8~21行添加歌手并按条件查看歌手信息。当单击添加歌手按钮时,将自动弹出添加歌手的窗口,后面将进行详细介绍。当单击查找按钮时,如果没有选择条件,则默认添加全部的歌手信息,否则把条件发送给服务器,获取按条件检索后的歌手信息。

(5)上面介绍了按条件查看功能的实现,接下来介绍一下添加歌手按钮的功能实现,实现的代码具体如下。

代码位置:见随书源代码/第9章/Mymusic/src/com/bn/singerpanel 目录下的 JAddSingerPanel.java。

```
1   package com.bn.singerpanel;
2   ……//此处省略导入类的代码,读者可自行查阅随书附带的源代码
3   public class JAddSingerPanel extends JPanel
4       implements ActionListener{
5   ……//此处省略定义变量与界面尺寸的代码,请自行查看源代码
6       @Override
7       public void actionPerformed(ActionEvent e){
8           if(e.getSource()==jadd){                    //单击确定按钮
9               if(j_singername.getText().equals("")){  //如果歌手输入框为空
10                  JOptionPane.showMessageDialog(null,"请输入歌手姓名");
11              }else{
12                  String all=j_singername.getText()+"<#>";  //将歌手姓名添加到字符串中
13                  all+=j_sexC.getSelectedItem()+"<#>";   //将选择的性别添加到字符串中
14                  all+=j_sort.getSelectedItem()+"<#>";   //将选择的类别添加到字符串中
15                  all+=j_nation.getSelectedItem();       //将选择的籍贯添加到字符串中
16                  String singername=j_singername.getText();//将歌手姓名添加到字符串中
17                  Boolean bb=NetInfoUtil.addSinger(all); //上传到数据库,返回是否添加成功
18                  if(bb){                                //如果添加成功
19                      JOptionPane.showMessageDialog(null,"数据库已经成功接收!");
20                      JAddMusicPanel.j_singerC.addItem(singername);//把歌手姓名添加到下拉列表
21                      JLookMusicPanel.j_singerC.addItem(singername);//把歌手姓名添加到下拉列表
```

```
22                    JAddAlbumpanel.j_singerC.addItem(singername);//把歌手姓名添加到下拉列表
23                }else{                                           //如果添加失败
24                    JOptionPane.showMessageDialog(null,"数据库没有接收信息！");
25  }}}}}
```

- 第 5 行为定义各个变量与设置界面大小等的代码，由于篇幅原因，在这里不再进行介绍，读者可自行查阅随书的源代码。
- 第 9~25 行为如果没有添加歌手姓名，则弹出对话框提示没有输入歌手姓名。把歌手信息上传到服务器端，返回歌手信息是否添加成功。如果添加成功，则提示数据库已经成功接收。如果添加失败，则提示数据库没有接收信息。

9.4.4 歌曲管理功能的开发

上一节已经详细介绍了对歌手信息的管理，本节将介绍的是歌曲信息管理功能的开发。歌曲信息管理大致有 3 项：按条件查看歌曲信息，添加歌曲信息，添加歌词信息。由于按条件查看歌曲与按条件查看歌手，添加歌曲和添加歌词的操作基本相同，所以相同的地方本节将不再赘述，读者可自行查阅随书附带的源代码。

本节主要介绍的是单击添加歌曲按钮后，显示添加歌曲的窗口，需要单击打开文件按钮去选择要添加的歌曲文件名，选择一个歌曲后，单击确定按钮上传歌曲信息到服务器端，具体代码如下。

> **代码位置**：见随书源代码/第 9 章/Mymusic/src/com/bn/musicpanel 目录下的 JAddMusicPanel.java。

```
1   package com.bn.musicpanel;
2   ……//此处省略导入类的代码，读者可自行查阅随书附带的源代码
3   public class JAddMusicPanel extends JPanel
4   implements ActionListener{
5       ……/*此处省略定义变量与界面尺寸的代码，请自行查看源代码*/
6       @Override
7       public void actionPerformed(ActionEvent e) {
8           if(e.getSource()==jOpen){                             //单击打开文件按钮
9               //只显示后缀是 MP3 格式的文件
10              FileNameExtensionFilter filter = new FileNameExtensionFilter
                ( "MP3 Music", "mp3");
11              jchooser.setFileFilter(filter);
12              int returnVal = jchooser.showOpenDialog(this);    //判断是否选择了文件
13              if(returnVal == JFileChooser.APPROVE_OPTION){     //如果选择了文件
14                  //输入框中添加文件名
15                  j_filename.setText(jchooser.getSelectedFile().getName());
16          }}else if(e.getSource()==jadd){                       //单击确定按钮
17              if(j_filename.getText().equals("")){              //判断输入框是否为空
18                  JOptionPane.showMessageDialog(null, "请选择要添加的歌曲");
19              }else{
20                  String []song=j_filename.getText().split("-|//.");
                                                                  //从文件名中截取歌曲名
21                  String all=j_singerC.getSelectedItem()+"<#>";
                                                                  //创建字符串收集添加的歌曲信息
22                  all+=j_albumC.getSelectedItem()+"<#>";        //将专辑名添加到字符串中
23                  all+=song[1].trim()+"<#>";                    //将歌曲名添加到字符串中
24                  all+=j_filename.getText();                    //将文件名添加到字符串中
25                  //获得歌曲文件路径及歌曲文件名
26                  File file=new File(jchooser.getCurrentDirectory()+"//"+
27                  jchooser.getSelectedFile().getName());
28                  Boolean bb=NetInfoUtil.addSong(file,all);
                                                                  //上传服务器,返回是否添加成功
29                  if(bb){                                       //如果上传成功
30                      JOptionPane.showMessageDialog(null, "数据库已经成功接收！");
31                      JAddLyricPanel.jlookfilenameC.addItem(j_filename.getText());
32                  }else{
33                      JOptionPane.showMessageDialog(null, "数据库没有接收信息！");
34  }}}}}
```

- 第 5 行为定义各个变量与设置界面大小等的代码，由于篇幅原因，在这里不再进行介绍，读者可自行查阅随书附带的源代码。
- 第 8～15 行中，当单击打开文件按钮时，只显示后缀是 MP3 格式的文件，进行歌曲文件的选择，当选择后在输入框中添加歌曲文件名。
- 第 25～34 行获取歌曲文件路径及歌曲文件名并上传歌曲文件和添加歌曲的信息到服务器中。如果上传成功，则提示数据库已经成功接收信息并添加文件名到添加歌词的下拉列表中。如果上传失败，则提示数据库没有接收信息。

> **说明** 添加歌词和添加歌曲的操作基本相同，所以相同的地方本节将不再赘述，读者可自行查阅随书附带的源代码。

9.4.5 专辑的功能的开发

上一节已经介绍了歌曲信息管理，本节主要介绍专辑信息管理功能的开发。专辑信息管理大致有 3 项：添加专辑、添加专辑图片、编辑专辑信息。由于专辑表中有显示图片的列，所以自定义了专辑表格模型。由于添加专辑与添加歌手、编辑专辑信息和编辑歌手信息的操作基本相同，所以相同的地方本节将不再赘述。本节将主要介绍添加图片功能的实现和自定义表格模型的开发以及表格控件的添加。

（1）下面介绍的是自定义表格模型的开发以及表格控件的添加，具体代码如下。

代码位置：见随书源代码/第 9 章/Mymusic/src/com/bn/albumpanel 目录下的 MyTableModel.java。

```
1   package com.bn.albumpanel;
2   ……//此处省略导入类的代码，读者可自行查阅随书附带的源代码
3   public class MyTableModel
4   extends AbstractTableModel{
5       private ImageIcon src;                              //定义一个图片
6       public static Object[][] data;                      //创建表格内容数组
7       String head[]={"序号","专辑名","歌手","图片",""};   //创建列表题字符串数组
8       //创建表示各个列类型的类型数组
9       Class[] typeArray={String.class,String.class,String.class,Icon.class,Object.class};
10      public MyTableModel(){
11          List<String[]> ls=new ArrayList<String[]>();//定义一个List<String[]>类型
12          ls=NetInfoUtil.getAlbumsList();                 //获得专辑列表的信息
13          data=new Object[ls.size()][ls.get(0).length+2];
14          for(int i=0;i<ls.size();i++){                   //向数组导入获得的专辑信息
15              for(int j=0;j<ls.get(i).length-1;j++){
16                  data[i][j+1]=ls.get(i)[j];
17              }}
18          for(int i=0;i<ls.size();i++){
19              data[i][0]=i+1+"";                          //添加表格编号
20              if(!ls.get(i)[2].equals("null")){           //如果有图片信息
21                  src=new ImageIcon(ls.get(i)[2]);//获得图片
22                  //固定图片的大小
23                  src.setImage(src.getImage().getScaledInstance(40,30, Image.SCALE_DEFAULT));
24                  data[i][3]=src;                         //添加图片到数组中
25          }}}
26      ……//此处省略表格模型重写方法的代码，读者可自行查阅随书附带的源代码
27  }}
```

- 第 6～9 行创建表格的标题数组，创建表格的内容数组，创建表格列类型的类型数组，其中表格列中有图片类型，用于存放专辑图片。
- 第 10～25 行为获取专辑信息的方法，首先添加专辑信息到数组中，根据每一个专辑信息判断有无图片，有图片则获取图片，固定图片的大小，将图片添加到数组中。
- 第 26 行为表格模型重写方法的代码，由于篇幅原因，在这里不再进行介绍，读者可自行

查阅随书附带的源代码。

（2）上面介绍了自定义表格模型的开发以及表格控件的添加，接下来介绍添加图片功能的实现。在单击添加图片按钮时，将弹出一个新的添加图片的界面。下面将详细介绍添加图片功能的实现，具体代码如下。

代码位置：见随书源代码/第9章/Mymusic/src/com/bn/ picpanel 目录下的 JAddPicPanel.java。

```java
1    package com.bn.picpanel;
2    ……//此处省略导入类的代码，读者可自行查阅随书附带的源代码
3    public class JAddPicPanel extends JPanel
4        implements ActionListener{
5    ……/*此处省略定义变量与界面尺寸的代码，请自行查看源代码*/
6        @Override
7        public void actionPerformed(ActionEvent e) {
8            if(e.getSource()==jOpen) {                          //单击打开文件按钮
9                //只显示文件名后缀是JPG,GIF,PNG的文件
10               FileNameExtensionFilter filter
11                   =new FileNameExtensionFilter("JPG & GIF & PNG Images", "jpg", "gif","png");
12               chooser.setFileFilter(filter);
13               int returnVal = chooser.showOpenDialog(this);//判断是否选择了文件
14               if(returnVal == JFileChooser.APPROVE_OPTION){  //如果选择了图片文件
15                   File file=chooser.getSelectedFile();       //获得文件名
16                   BufferedImage bi=null;                      //定义一个图片
17                   try{
18                       bi=ImageIO.read(file);                  //读取选中的图片文件
19                       double picHeight=bi.getHeight();        //获得图片的高
20                       double picWidth=bi.getWidth();          //获得图片的宽
21                       if(picHeight>600||picWidth>800) {       //如果高大于600或宽大于800
22                           JOptionPane.showMessageDialog(null,"图片高宽不能大于600,800");
23                       }else if(!(picHeight/3==picWidth/4)){   //如果宽高比例不为4:3
24                           JOptionPane.showMessageDialog(null, "图片宽高比例应为4:3");
25                       }else{                                  //满足宽高大小及比例
26                           //添加图片文件名到输入框
27                           jAddPicT.setText(chooser.getSelectedFile().getName());
28                       }}catch(Exception e1){
29                           e1.printStackTrace();
30               }}}else if(e.getSource()==jAddPicOK){           //单击确定按钮
31                   if(jAddPicT.getText().equals("")){          //如果输入框为空
32                       JOptionPane.showMessageDialog(null, "请选择图片");
33                   }else{
34                       String newsContent=j_albumC.getSelectedItem()+"<#>";
                                                                 //添加专辑名到字符串
35                       newsContent+=jAddPicT.getText();        //添加文件名到字符串中
36                       //获得文件路径及文件名
37                       File f=new File(chooser.getCurrentDirectory()+"//"+
38                           chooser.getSelectedFile().getName());
39                       FileInputStream fis = null;
40                       byte[] data = null;                      //定义一个byte数组
41                       try {
42                           fis = new FileInputStream(f);
43                           data = new byte[fis.available()];
44                           StringBuilder str = new StringBuilder();
45                           fis.read(data);
46                           for (byte bs : data) {
47                               str.append(Integer.toBinaryString(bs));
48                           }
49                       } catch (Exception e1) {
50                           e1.printStackTrace();
51                       }
52                       NetInfoUtil.addPicture(data, newsContent); //上传文件和专辑信息到服务器
53                       JOptionPane.showMessageDialog(null, "数据库已经成功接收！");
54   }}}}
```

- 第5行为定义各个变量与设置界面大小等的代码，由于篇幅原因，在这里不再进行介绍，读者可自行查阅随书附带的源代码。
- 第8~29行中，当单击打开文件按钮时，设置只显示文件名后缀是JPG、GIF、PNG的文

件,从弹出的对话框中选择要添加的专辑图片,当获取图片的宽高不满足要求时,则提示图片不满足要求,请重新选择图片。当图片满足宽度不大于 800、高度不大于 600 且图片的宽高比例符合 4:3 时,将图片的文件名添加到输入框中。

- 第 30～53 行为单击确认按钮时,如果输入框为空则提示"请选择图片",如果不为空,则获取图片文件路径,根据路径获取图片文件的数据存入到 byte 数组中,然后读入到文件流中,最后将图片数据和专辑信息上传到服务器,并提示上传成功。

9.5 服务器端的实现

上一节介绍了 PC 端的界面搭建与功能实现,这一节介绍服务器端的实现方法。服务器端主要用来实现 Android 客户端、PC 端与数据库的连接,从而实现其对数据库的操作。本节主要介绍服务线程、DB 处理、流处理、图片处理、歌曲处理、歌词处理等功能的实现。

9.5.1 常量类的开发

首先介绍常量类 Constant 的开发。在进行正式开发之前,需要对即将用到的主要常量进行提前设置,这样避免了开发过程中的反复定义,这就是常量类的意义所在,常量类的具体代码如下。

> 代码位置:见随书源代码/第 9 章/mServer/src/com/bn/util 目录下的 Constant.java。

```
1   package com.bn;
2   public class Constant {                                                        //定义主类 Constant
3       public static String GetPicture="<#GET_PICTURE#>";                         //获得专辑图片
4       public static String GetSongList="<#GET_SONGLIST#";                        //获得歌曲列表
5       public static String GetSongPath="<#GET_SONGPATH#>"    ;                   //获得本地歌曲
6       public static String GetAlbumList="<#GET_ALBUMLIST#>";                     //获得专辑列表
7       public static String GetSingerList="<#GET_SINGERLIST#>";                   //获得歌手列表
8       public static String GetAlbumListTop="<#GET_ALBUMLISTTOP#>";               //获得前 3 名专辑
9       public static String GetSingerListTop="<#GET_SINGERLISTTOP#>";             //获得前 3 名歌手
10      public static String GetManagePicture="<#GET_MANAGEPICTURE#>";             //获得本地图片
11      public static String GetSingerForList="<#GET_SINGERNAMEFORLIST#>";         //获得歌手下拉条
12      public static String GetSongForList="<#GET_SONGFILENAMEFORLIST#>";         //获得歌曲下拉条
13      ……//由于服务器端定义的常量过多,在此不一一列举
14  }
```

> **说明** 常量类的开发是一项十分必要的准备工作,能够避免在程序中重复不必要的定义工作,提高代码的可维护性,读者在下面的类或方法中如果有不知道其具体作用的常量,可以到这个类中查找。

9.5.2 服务线程的开发

上一节介绍了服务器端常量类的开发,下面介绍服务线程的开发。服务主线程接收 Android 客户端和 PC 端发来的请求,将请求交给代理线程处理,代理线程通过调用 DB 处理类中的方法对数据库进行操作,然后将操作结果通过流反馈给 Android 客户端或 PC 端。

(1) 下面首先介绍一下主线程类 ServerThread 的开发,主线程类部分的代码比较短,是服务器端最重要的一部分,也是实现服务器功能的基础,具体代码如下。

> 代码位置:见随书源代码/第 9 章/mServer/src/com/bn/server 目录下的 ServerThread.java。

```
1   package com.bn;
2   ……//此处省略了导入类的代码,读者可自行查阅随书附带的源代码
3   public class ServerThread extends Thread{          //创建一个名为 ServerThread 的继承线程
4       ServerSocket ss;                               //定义一个 ServerSocket 对象
```

9.5 服务器端的实现

```
5        @Override
6        public void run(){                              //重写 run 方法
7            try{                                         //因用到网络，需要进行异常处理
8                //创建一个绑定到端口 8888 的 ServerSocket 对象
9                ss = new ServerSocket(8888);
10               System.out.println("listen on 8888..");  //打印提示信息
11               while(Constant.flag){                    //开启 While 循环
12                   //接收客户端的连接请求，若有连接请求则返回连接对应的 Socket 对象
13                   Socket sc = ss.accept();
14                   new ServerAgentThread(sc).start();   //创建并开启一个代理线程
15           }}catch(Exception e){                        //捕获异常
16               e.printStackTrace();
17       }}
18       public static void main(String args[]){          //编写主方法
19           new ServerThread().start();                  //创建一个服务线程并启动
20   }}
```

- 第 8~10 行创建连接端口的方法，首先创建一个绑定端口到端口 8888 上的 ServerSocket 对象，然后打印连接成功的提示信息。

- 第 11~19 行为开启线程的方法，该方法将接收客户端的请求 Socket，成功后调用并启动代理线程对接收的请求进行具体的处理。

（2）经过上面的介绍，已经了解了服务器端主线程类的开发方式，下面介绍代理线程 ServerAgentThread 的开发，具体代码如下。

🐞 **代码位置：见随书源代码/第 9 章/mServer/src/com/bn/server 目录下的 ServerAgentThread.java。**

```
1    package com.bn;
2    ……//此处省略了导入类的代码，读者可自行查阅随书附带的源代码
3    public class ServerAgentThread extends Thread{
4        ……//此处省略变量定义的代码，请自行查看源代码
5        public ServerAgentThread(Socket sc){              //定义构造器
6            this.sc=sc;
7        }                                                 //接收 Socket
8        public void run(){                                //重写 run 方法
9            try{
10               din=new DataInputStream(sc.getInputStream());//创建数据输入流
11               dout=new DataOutputStream(sc.getOutputStream());//创建数据输出流
12               msg=din.readUTF();                        //将数据放入字符串
13               File fpath=new File("resource");          //获得 resource 的文件
14               songPath=fpath.getAbsolutePath()+"//SONG//"; //添加歌曲路径到字符串中
15               picPath=fpath.getAbsolutePath()+"//IMG//";   //添加图片路径到字符串中
16               lyrPath=fpath.getAbsolutePath()+"//LYRIC//"; //添加歌词路径到字符串中
17               if(msg.startsWith(Constant.GetSongList)){ //获得歌曲列表
18                   ls=DBUtil.getSongList();             //获得歌曲信息
19                   mess=StrListChange.ListToStr(ls);    //转化成字符串
20                   dout.writeUTF(mess);                 //将得到的信息写入流
21               }else if(msg.startsWith(Constant.GetAlbumList)){ //获得专辑列表
22                   ls=DBUtil.getAlbumsList();           //获得专辑信息
23                   mess=StrListChange.ListToStr(ls);    //转化成字符串
24                   dout.writeUTF(mess);                 //将得到的信息写入流
25               }
26               ……//由于其他 msg 动作代码与上述相似，故省略，读者可自行查阅源代码
27           }catch(Exception e){                         //捕获异常
28               e.printStackTrace();
29   }}}
```

- 第 13~16 行获取 resource 文件的绝对路径，将歌曲、歌词、专辑图片的路径存到相应字符串中，以便于后面上传或下载歌曲、歌词、专辑图片。

- 第 17~20 行为获取歌曲信息的方法，通过调用 DBUtil 的 getSongList 方法，从数据库中获取歌曲信息，然后将歌曲信息返回到 Android 客户端或 PC 端。

- 第 21~24 行为获取专辑信息的方法，通过调用 DBUtil 的 getAlbumsList 方法，从数据库中获取专辑信息，然后将专辑信息返回到 Android 客户端或 PC 端。

9.5.3 DB 处理类的开发

上一节介绍了服务器线程的开发，下面介绍 DBUtil 类的开发。DBUtil 是服务器端一个很重要的类，它包括了所有 Android 客户端和 PC 端需要的方法。通过与数据库建立连接后执行 SQL 语句，将得到的数据库信息处理成相应的格式，具体代码如下。

> 代码位置：见随书源代码/第 9 章/mServer/src/com/bn/db 目录下的 DBUtil.java。

```
1   package com.bn.db;
2   ……//此处省略了导入类的代码，读者可以自行查阅随书的源代码
3   public class DBUtil {                                                //创建主类
4       public static Connection getConnection(){                        //编写与数据库连接的方法
5           Connection con = null;                                        //声明连接
6           try{
7               Class.forName("org.gjt.mm.mysql.Driver");                //声明驱动
8               //得到连接(数据库名、编码形式、数据库用户名、数据库密码)
9               con = DriverManager.getConnection("jdbc:mysql://localhost:3306/"+
10                      "musicbase?useUnicode=true&characterEncoding=UTF-8","root","");
11          }catch(Exception e){
12              e.printStackTrace();}                                    //捕获异常
13          return con;                                                   //返回连接
14      }
15      public static List<String[]> searchSong(String info){            //搜索歌曲
16          Connection con = getConnection();                             //与数据库建立连接
17          Statement st = null;                                          //创建接口
18          ResultSet rs = null;                                          //创建结果集
19          List<String[]> lstr=new ArrayList<String[]>();                //定义列表
20          try{
21              st = con.createStatement();                               //创建对象将 SQL 语句发送到数据库
22              String sql =
23              "select SongName,SingerName,Album,Lyric,FileName from Song where SingerName='"
24              +info+"' or SongName='"+info+"' or Album='"+info+"';";
25              rs = st.executeQuery(sql);                                //执行 SQL 语句
26              while(rs.next()){                                         //遍历结果
27                  String[] str=new String[5];                           //定义字符串数组
28                  for(int i=0;i<5;i++){
29                      str[i]=rs.getString(i+1);                         //收集结果集
30                  }
31                  lstr.add(str);                                        //添加结果集到列表中
32          }}catch(Exception e){
33              e.printStackTrace();}
34          finally{
35              try{rs.close();} catch(Exception e){e.printStackTrace();}  //关闭结果集
36              try{st.close();} catch(Exception e){e.printStackTrace();}  //关闭接口
37              try{con.close();} catch(Exception e){e.printStackTrace();} //关闭连接
38          }
39          return lstr;                                                  //返回列表
40      }
41      ……/*由于其他方法代码与上述相似，该处省略，读者可自行查阅源代码*/
42  }
```

- 第 4～14 行为编写与数据库建立连接的方法，选择驱动后建立连接，然后返回连接。这里注意建立连接时各数据库属性以读者自己的 MySQL 设置而且保持网络连接。
- 第 15～40 行为搜索歌曲的方法，根据歌手名、歌曲名或者专辑名在歌曲表中检索与之有联系的歌曲信息。先与数据库建立连接，创建结果集，定义收集检索结果的列表，然后编写正确的 SQL 语句并执行，关闭相关的结果集、接口、连接。最后返回歌曲信息的列表。
- 第 41 行为其他方法，由于篇幅原因且与搜索歌曲的方法相似，在这里不再进行介绍，读者可自行查阅随书附带的源代码。

> 说明 DB 处理类是服务器端的重要组成部分，DB 处理类的开发使对数据库的操作变得简单明了，使用者只要调用相关方法即可，可以极大地提高团队的合作效率。

9.5.4 图片处理类

上一节主要介绍了 DB 处理类的开发，下面将介绍的是图片处理类。Android 客户端和 PC 端都会进行图片处理，包括添加图片、查看图片等操作，这些操作都可以通过这个类中的方法完成。下面是图片处理类的代码实现。

> **代码位置**：见随书源代码/第 9 章/mServer/src/com/bn/util 目录下的 ImageUtil.java。

```java
1   public static void saveImage(byte[] data,String path) throws IOException{
2       File file = new File(path);                              //创建文件
3       FileOutputStream fos = new FileOutputStream(file);//将 File 实例放入输出流
4       fos.write(data);                                         //将实例数据写入输入流
5       fos.flush();                                             //清空缓存区数据
6       fos.close();                                             //关闭文件流
7   }
8   public static byte[] readBytes(DataInputStream din){         //获得图片
9       byte[]   data=null;                                      //声明图片比特数组
10      //创建新的缓冲输出流，指定缓存区为 4096Byte
11      ByteArrayOutputStream out= new ByteArrayOutputStream(4096);
12      try {
13          int length=0,temRev =0,size;                         //定义 3 个大小长度
14          length=din.readInt();                                //获得输入流长度
15          byte[] buf=new byte[length-temRev];                  //定义 byte 数组
16          while ((size = din.read(buf))!=-1){                  //若有内容读出
17              temRev+=size;                                    //记录缓存长度
18              out.write(buf, 0, size);                         //写入小于 size 的比特数组
19              if(temRev>=length){                              //如果缓存的长度大于文件的总长
20                  break;}                                      //终止写入
21              buf = new byte[length-temRev];                   //定义 byte 数组
22          }
23          data=out.toByteArray();        //将图片信息以比特数组形式读出并赋值给图片比特数组
24          out.close();                                         //关闭输出流
25      } catch (IOException e){
26          e.printStackTrace();
27      }
28      return data;                                             //返回比特数组
29  }
```

- 第 1～7 行为将图片存入指定路径目录下文件夹里的方法，先创建一个文件，然后将 File 实例放入输入流中，再将其数据写入到文件流中，最后关闭文件流。
- 第 8～29 行为从指定路径目录下的文件夹里获取图片数据的方法，将图片信息放入指定的缓冲输出流中，然后关闭输出流，最后以比特数组的形式返回。

> **说明**　通过流对图片进行操作，从磁盘中获得图片的方法是根据图片路径将图片信息放入输入流中，通过循环读取输入流的信息并写入输出流，然后以字节数组的形式读取输出流的信息并返回。

9.5.5 辅助工具类

上面主要介绍了服务器端各功能的具体方法，在服务器中的类调用方法的时候，需要用到一个工具类，即数据类型转换类。下面将介绍这个工具类。工具类在这个项目中十分常用，请读者仔细阅读。

数据类型转换类

在 DB 处理类执行方法时，需要把指定的数据转换成字符串数组的形式然后再进行处理。在代理线程方法中，经过 DB 处理返回的列表数据又需要经过数据转换为字符串才能写入流。下面

将介绍数据类型转换类 StrListChange 的开发,具体代码如下。

> **代码位置**:见随书源码/第 9 章/mServer/src/com/bn/util 目录下的 StrListChange.java。

```java
package com.bn;
……//此处省略了本类中导入类的代码,读者可自行查阅随书附带的源代码
public class StrListChange {
    //将字符串转换成列表数据
    public static List<String[]> StrToList(String info){
        List<String[]> list = new ArrayList<String[]>();    //创建一个新列表
        String[] s = info.split("//|");                     //将字符串以"|"为界分割开
        int num = 0;                                        //定义大小常量
        for(String ss:s){                                   //遍历数组
            num = 0;                                        //计数器
            String[] temp = ss.split("<#>");                //将字符串以"<#>"为界分割开
            String[] midd = new String[temp.length];        //创建临时数组
            for(String a:temp){                             //遍历数组
                midd[num++] = a;
            }
            list.add(midd);                                 //将字符串加入列表
        }
        return list;                                        //返回列表
    }
    //将字符串转换成数组
    public static String[] StrToArray(String info){
        int num = 0;                                        //定义大小常量
        String[] first = info.split("//|");                 //将字符串以"|"为界分割开
        for(int i=0;i<first.length;i++){                    //遍历字符串数组
            String[] temp1 = first[i].split("<#>");         //将字符串以"<#>"分割开
            num+=temp1.length;
        }
        String[] temp2=new String[num];                     //创建临时数组
        num=0;                                              //计数器清零
        for(String second:first){                           //遍历数组
            String[] temp3=second.split("<#>");             //将字符串以"<#>"分割开
            for(String third:temp3){                        //遍历数组
                temp2[num]=third;                           //给临时数组赋值
                num++;                                      //计时器递增
            }}
        return temp2;                                       //返回临时数组
    }
    //将 List 转换成字符串
    public static String ListToStr(List<String[]> list){
        String mess="";                                     //定义字符串常量
        List<String[]> ls=new ArrayList<String[]>();        //创建一个新的列表
        ls=list;                                            //给列表赋值
        for(int i=0;i<ls.size();i++){                       //遍历列表
            String[] ss=ls.get(i);                          //将列表的值赋给字符串
            for(String s:ss){                               //遍历字符串
                mess+=s+"<#>";                              //更新字符串
            }
            mess+="|";                                      //字符串末尾加"|"
        }
        return mess;                                        //返回字符串
}}
```

- 第 5~19 行为将字符串转换为 List<String[]>类型的方法,通过 split 方法将字符串数组以"<#>"为界分割开,然后循环遍历整个字符串数组并赋值给列表。
- 第 20~37 行为将字符串转换成字符串数组的方法,通过 split 方法将字符串分别以"|"和"<#>"为界分割开并赋值给字符串数组,然后返回整个字符串数组。
- 第 38~50 行为将列表数据转换为字符串类型的方法,通过创建一个字符串将列表遍历赋值给这个 String,利用"<#>"将 String 分割后以字符串的形式返回。

> **说明** 上述数据类型转换的方法应用的地方比较多,在本项目其他端中亦可见到。请读者仔细研读,理解其中的逻辑方式,以后便可以直接拿来用。

9.5.6 其他方法的开发

在上面的介绍中,省略了 DB 处理类中的一部分方法和其他类中的一些变量定义,但是想要完整实现各功能是需要所有方法合作的。这些省略的方法并不是不重要,只是篇幅有限,无法一一详细介绍,请读者自行查看随书的源代码。

9.6 Android 客户端的准备工作

前面的章节中介绍了 PC 端和服务器端的功能实现,接下来将介绍 Android 端的主要功能。在开始进行 Android 客户端的开发工作之前,需要进行相关的准备工作。Android 客户端的准备工作涉及图片资源、XML 资源文件、数据库等。

9.6.1 图片资源的准备

在 Android Studio 中,新建一个 Android 项目 BNMusic,系统将自动在 res 目录下建立图片资源文件夹 drawable。在进行开发之前将图片资源复制进图片资源文件夹,图片资源包括背景图片、图形按钮。本软件用到的图片资源如图 9-21 所示。

▲图 9-21　百纳音乐播放器 Android 客户端用到的资源图片

> 💡 说明　将图 9-21 中的图片资源放在项目文件夹目录下的 res/drawable-mdpi 目录下。编程过程中,在需要使用图片时,调用此文件夹中该图片对应的 ID 即可。

9.6.2 XML 资源文件的准备

每个 Android 项目都由众多不同的布局文件搭建而成。下面介绍 Android 客户端的部分 XML 资源文件,主要是对于 strings.xml 的介绍。strings.xml 文件用于存放字符串资源,由系统在项目创建后默认生成到 res/values 目录下,用于存放开发阶段所需要的字符串资源,实现代码如下。

> **代码位置**：见随书源代码/第9章/BNMusic/app/src/main/res/values 目录下的 strings.xml。

```xml
1   <?xml version="1.0" encoding="utf-8"?>           <!-- 版本号及编码方式 -->
2   <resources>
3       <string name="app_name">BNMusic</string>                    <!-- 软件标题 -->
4       <string name="main_singer">传播好声音</string>              <!-- 主界面用到的字符串 -->
5       <string name="main_song">百纳音乐</string>                   <!-- 主界面用到的字符串 -->
6       <string name="main_local">本地音乐</string>                  <!-- 主界面用到的字符串 -->
7       <string name="main_ilike">我喜欢</string>                    <!-- 主界面用到的字符串 -->
8       <string name="main_mylist">我的歌单</string>                 <!-- 主界面用到的字符串 -->
9       <string name="main_download">下载管理</string>               <!-- 主界面用到的字符串 -->
10      <string name="main_lastplay">最近播放</string>               <!-- 主界面用到的字符串 -->
11      <string name="main_search">默认搜索</string>                 <!--主界面用到的字符串-->
12      <string name="playlist_create">创建歌单</string>             <!--歌单界面用到的字符串-->
13      <string name="player_lyric">百纳，传播好声音</string>        <!--播放音乐用到的字符串-->
14      <string name="player_song">百纳音乐</string>                 <!--播放音乐用到的字符串-->
15      <string name="player_singer">有你，还有你想的他(她)</string> <!--播放音乐用到的字符串-->
16      <string name="search">搜索           </string>              <!--搜索用到的字符串-->
17      <string name="load">正在努力加载……</string>                 <!--加载用到的字符串-->
18      <string name="scan">扫描歌曲</string>                        <!--扫描音乐用到的字符串-->
19      <string name="scan_complete">扫描完成</string>               <!--扫描音乐用到的字符串-->
20      <string name="scan_complete_button">完成</string>            <!--扫描音乐用到的字符串-->
21      <string name="scan_before">已扫描到</string>                 <!--扫描音乐用到的字符串-->
22      <string name="scan_after">首音乐&#8230;</string>             <!--扫描音乐用到的字符串-->
23      <string name="scan_all">全部扫描</string>                    <!--扫描音乐用到的字符串-->
24      <string name="localmusic_random">随机播放</string>           <!--本地音乐用到的字符串-->
25      <string name="localmusic_scan">扫描本地音乐</string>         <!--本地音乐用到的字符串-->
26      <string name="localmusic_menu">菜单</string>                 <!--本地音乐用到的字符串-->
27      <string name="localmusic_title">   本地音乐</string>         <!--本地音乐用到的字符串-->
28      <string name="list_title_w">播放队列</string>                <!--播放列表用到的字符串-->
29      <string name="web_song">歌曲</string>                        <!--网络功能用到的字符串-->
30      <string name="web_singer">歌手</string>                      <!--网络功能用到的字符串-->
31      <string name="web_singertop">歌手TOP3</string>               <!--网络功能用到的字符串-->
32      <string name="web_album">专辑</string>                       <!--网络功能用到的字符串-->
33      <string name="web_albumtop">专辑TOP3</string>                <!--网络功能用到的字符串-->
34  </resources>
```

> **说明**　上述代码中声明了程序中需要用到的固定字符串，重复使用代码来避免编写新的代码，增加了代码的可靠性并提高了一致性。

9.6.3　本地数据库的准备

Android 客户端需要用到数据库的基本知识。数据库可以将音乐的基本信息保存起来，以便于客户端播放列表的加载以及对音乐的管理。在 Android 客户端中用到的是 SQLite 数据库，本节将介绍数据库的设计以及数据库中表的创建。

1．数据库的设计

本软件总共分为 5 个表，分别为音乐表、播放历史表、下载历史表、歌单表、歌单歌曲表。各表在数据库中的关系如图 9-22 所示。

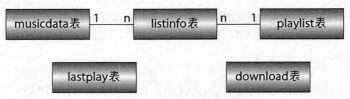

▲图9-22　数据库各表关系图

下面将分别介绍这几个表的功能用途。这几个表实现了本音乐播放器的功能。

- 音乐表

表名 musicdata，用于管理全部本地音乐，该表有 8 个字段，包含音乐 id、音乐文件名、音乐名、歌手名、音乐路径、歌词名、歌词路径以及是否为我喜欢的标志位。此表记录了所有歌曲以及歌曲的全部信息。其他表仅仅提供音乐 id，通过 id 查询本表获取信息。

- 播放历史表

表名 lastplay，用于保存最新播放的音乐 id，该表仅有一个音乐 id 字段。当音乐被播放时，将音乐记录进本表。首先将播放的音乐添加进 List 集合，再将表中音乐依次添加。如果表中有此音乐，则跳过此音乐；如果表内容超过 10 个，则只将前 10 个添加。最后将集合记入表中。

- 下载历史表

表名 download，用于保存下载到本地的音乐 id，该表也仅有一个音乐 id 字段。当音乐被从服务器端下载时，将音乐加入音乐表并得到音乐 id，再将音乐 id 加入此表。用户可以通过下载管理界面来查询下载的音乐，能将此表作为播放列表进行播放。

- 歌单表

表名 playlist，用于保存用户自己创建的歌单，该表有两个字段，分别为歌单 id 和歌单名称。此表保存了歌单的 id 和名称，id 用来和音乐 id 建立联系，名称用来显示给用户。此表为用户提供自建歌单的功能，使用户可以方便地按自己的喜好播放歌曲。

- 歌单歌曲表

表名 listinfo，用于记录各歌单名下涵盖的歌曲，该表有两个字段，分别为歌单 id 和音乐 id。同一歌单含有多首音乐，同一音乐也能存在于多个歌单。此表用来记录歌单与歌曲之间的关系，通过歌单 id 来筛选得到音乐 id，从而达到获得歌单内音乐的功能。

> **说明** 上面将本数据库中的表大概梳理了一遍，由于音乐播放器的数据全部保存在该数据库中，因此，请读者认真阅读本数据库的设计。

2. 数据库表的设计

上述小节介绍的是 Android 客户端数据库的结构，接下来讲解数据库中相关表的具体属性。音乐表是本程序中最重要的表，包含了音乐的全部信息，所以着重介绍。因篇幅所限，其他表请读者结合随书源代码/第 9 章/sql/SQLiteDatabase.sql 学习。

音乐表用于管理全部本地音乐，该表有 8 个字段，包含音乐 id、音乐文件名、音乐名、歌手名、音乐路径、歌词名、歌词路径以及是否为我喜欢的标志位。详细情况如表 9-5 所列。

表 9-5 音乐表

字段名称	数据类型	字段大小	是否主键	说明
id	integer	0	是	音乐 id
file	varchar	100	否	音乐文件的名称
music	varchar	50	否	音乐的名称
singer	varchar	50	否	歌手的名字
path	varchar	200	否	音乐的路径
lyric	varchar	100	否	歌词的名称
lpath	varchar	200	否	歌词的路径
ilike	integer	0	否	标志是否为我喜欢

建立该表的 SQL 语句如下。

代码位置：见书中源代码/第 9 章/sql/SQLDatabase.sql。

```sql
1   create table if not exists musicdata(               /*音乐表的创建*/
2           id integer PRIMARY KEY,                      /*音乐 id,设置为主键*/
3           file varchar(100),                           /*音乐文件的名称*/
4           music varchar(50),                           /*音乐的名称*/
5           singer varchar(50),                          /*歌手的名称*/
6           path varchar(200),                           /*音乐的路径*/
7           lyric varchar(100),                          /*歌词的名称*/
8           lpath varchar(200),                          /*歌词的路径*/
9           ilike integer                                /*设置音乐是否为我喜欢标志位*/
10  );
```

说明　上述代码为音乐表的创建，该表包含音乐 id、音乐文件名、音乐名、歌手名、音乐路径、歌词名、歌词路径以及是否为我喜欢的标志位 8 个属性。

9.6.4 常量类的准备

本小节介绍常量类 Constant 的开发。在进行开发之前或者进行开发的过程中，需要对用到的主要常量进行设置。这样既方便了对常量的更改设置，又避免了开发过程中的反复定义，这就是常量类的意义所在。常量类的具体代码如下。

代码位置：见随书源代码/第 9 章/BNMusic/app/src/main/java/com/example/util 目录下的 Constant.java。

```java
1   package com.example.util;
2   public class Constant {//定义主类 Constant
3           public static final int COMMAND_PLAY = 0;        // 播放命令
4           public static final int COMMAND_PAUSE = 1;       // 暂停命令
5           public static final int COMMAND_PROGRESS = 3;    // 设置播放位置
6           public static final int COMMAND_STOP = 15;       // 停止命令
7           public static final int COMMAND_GO = 7;
8           public static final int COMMAND_START = 8;
9           public static final int COMMAND_PLAYMODE=9;
10          ……//由于定义的常量过多，在此不一一列举
11  }
```

说明　常量类的开发是一项十分必要的准备工作，能够避免在程序中重复不必要的定义工作，提高代码的可维护性，读者在下面的类或方法中如果有不知道其具体作用的常量，可以到这个类中查找。

9.7 Android 客户端基本构架的开发

上一节介绍 Android 客户端图片以及 XML 资源的准备，这一节介绍音乐播放器的核心构架。其中 Activity 实现了音乐的控制，Service 实现了音乐的播放，BroadcastReceiver 实现了 Activity 与 Service 的沟通。下面来看各个功能的实现方法。

9.7.1 音乐播放器的基本构架

首先介绍一下播放器的基本构架。音乐播放器不同于其他单机应用，它需要在后台执行任务，Service 和 Activity 如何进行通信是一大重点。下面来讲解音乐播放器如何运行，各模块之间如何进行通信，具体构架如图 9-23 所示。

- MusicService 为 Service 模块，其构建十分简单，主要用来为音乐的后台播放提供运行环

境。有关播放器的监听也在此初始化，例如频谱与加速度传感器。

● MusicUpdateMedia 为更新播放器的模块，用来接收 Activity 发出的指令并更新 MediaPlayer 的状态和设置。任何对 MediaPlayer 进行的操作均在此进行，包括对音乐的播放、暂停控制，对频谱、加速度传感器的注册以及音乐播放完成后的操作。

● MusicActivityMain 与 MusicActivityPlay 功能相同，均为继承自 Activity，是用来向用户展示歌曲的相关信息，并提供给用户操作歌曲的按钮的界面。界面的内容随歌曲的播放而改变，改变界面的方法由广播接收器 BroadcastReceiver 执行。

● MusicUpdateMain 与 MusicUpdatePlay 功能相同，均为广播接收器，用来接收 MediaPlayer 发出的指令并更新界面 UI。其中包括了更换播放与暂停的按钮，刷新音乐播放的进度，更改音乐名称与歌手名，以及更新歌词的方法。

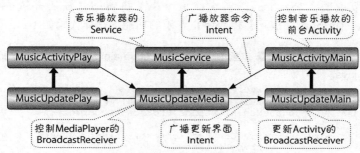

▲图 9-23　音乐播放器的基本构架

9.7.2　音乐播放模块的开发

上一节概述了音乐播放器基本构架的各个模块，首先来讲解音乐播放模块。音乐播放模块由 Service 和注册在 Service 上的 BroadcastReceiver 构成，其中 Service 保证了 MediaPlayer 能在系统后台正常工作并且响应控制，BroadcastReceiver 实现了对音乐的控制管理。

（1）第一个要介绍的是 Service，通过将含有 MediaPlayer 实例的广播接收器绑定在 Service 上实现了后台播放音乐的功能。而后台播放音乐是音乐播放器的灵魂，没有任何一个用户在想听歌的时候会傻傻地看着界面。本功能不涉及界面布局，具体代码如下。

> 📄 **代码位置**：见随书的源代码/第 9 章/BNMusic/app/src/main/java/com/example/service 目录下的 MusicService.java。

```
1   package com.example.service;
2   ……//此处省略导入类的代码，读者可自行查阅随书附带的源代码
3   public class MusicService extends Service {
4       @Override
5       public void onCreate() {
6           super.onCreate();
7           mc = new MusicUpdateMedia(this);
8           mc.mp = new MediaPlayer();
9           IntentFilter filter = new IntentFilter();
10          filter.addAction(Constant.MUSIC_CONTROL);
11          this.registerReceiver(mc, filter);  //为Service注册广播接收器MusicUpdateMedia
12      }
13      @Override
14      public void onStart(Intent intent, int id) {
15          mc.UpdateUI(this.getApplicationContext());   //更新界面
16      }
17      @Override
18      public void onDestroy() {
19          super.onDestroy();
20          if(mc.mp!=null){
```

```
21                    mc.mp.release();                  //释放播放器
22            }
23            this.unregisterReceiver(mc);              //注销广播接收器
24 }}
```

- 第 4~12 行在 Service 创建时执行，注册广播接收器。
- 第 13~16 行在 Service 开始时执行，发送更新 UI 界面的广播。
- 第 17~24 行在 Service 销毁时执行，释放 MediaPlayer，注销广播接收器。

> **说明**　上述代码完成了 Service 各种状态下所进行的操作，目的是在 Service 运行时保证 MediaPlayer 存在，而在 Service 被停止时使 MediaPlayer 销毁。Service 在后台持续运行。

（2）上一小节说明了 Service 的实现，这一小节讲解的是注册并依存在 Service 上的 BroadcastReceiver。主要介绍播放、暂停、停止音乐的功能，具体代码如下。

代码位置：见随书的源代码/第 9 章/BNMusic/app/src/main/java/com/example/receiver 目录下的 MusicUpdateMedia.java。

```
1   package com.example.receiver;
2   ……//此处省略导入类的代码，读者可自行查阅随书附带的源代码
3   public class MusicUpdateMedia extends BroadcastReceiver {
4       @Override
5       public void onReceive(Context context, Intent intent) {
6           switch (intent.getIntExtra("cmd", -1)) {
7           case Constant.COMMAND_PLAYMODE:              //更换播放模式
8               playMode = intent.getIntExtra("playmode",Constant.PLAYMODE_SEQUENCE);
9               break;
10          case Constant.COMMAND_START:                 //Media 初始化
11              ……//此处技术与 commandPlay 方法相同
12          case Constant.COMMAND_PLAY:                  //播放命令
13              String path = intent.getStringExtra("path");
14              if (path != null) {     //如果路径为空则表示歌曲从暂停状态到播放状态
15                  commandPlay(path);  //设置 MediaPlayer
16              }
17              else{                                    //否则表示播放一首新歌
18                  ……//此处代码与下文播放歌曲代码类似，故省略
19              }}
20              status = Constant.STATUS_PLAY;           //更改播放状态
21              break;
22          case Constant.COMMAND_STOP:                  //停止命令
23              NumberRandom();   //为播放线程随机设置一个编号，通过编号的改变来结束线程
24              status = Constant.STATUS_STOP;
25              if(mp!=null){
26                  mp.release();
27              }
28              ms.canalSensor();
29              break;
30          case Constant.COMMAND_PAUSE:                 //暂停命令
31              status = Constant.STATUS_PAUSE;
32              mp.pause();
33              ms.canalSensor();
34              break;
35          case Constant.COMMAND_PROGRESS:              //设置播放进度
36              int current = intent.getIntExtra("current", 0);
37              mp.seekTo(current);
38              break;
39          }
40          UpdateUI();                                  //发送 Intent 更新 Activity 的方法
41      }
42      private void commandPlay(String path) {          //播放音乐的方法
43          ……//此处省略音乐播放的相关代码，下面将详细介绍
44 }}
```

- 第7~9行读取当前设置的播放模式。
- 第12~21行进行音乐播放的操作,分为两种情况,一种是由暂停状态到播放状态,另一种是由停止状态到播放状态。第一种只需要设置 MediaPlayer 为播放状态,第二种需要执行播放一首新音乐的代码。
- 第22~29行为将播放器设置为停止状态的操作,同时注册传感器监听。
- 第30~34行为将播放器设置为暂停状态的操作,同时注销传感器监听。
- 第35~38行为更改音乐播放的进度。

> **说明** 上述代码基本实现了播放音乐的操作,读者可自行查阅随书附带的源代码。其中关于频谱和传感器的操作,将在后面为大家详细展示。

(3)上面的内容省略了音乐播放的相关代码,此部分代码包括了对 MediaPlayer 的设置、频谱的注册与注销以及对发生异常的处理,其具体代码如下。

代码位置:见随书的源代码/第 9 章/BNMusic/app/src/main/java/com/example/receiver 目录下的 MusicUpdateMedia.java。

```
1    private void commandPlay(String path) {
2        NumberRandom();
3        if (mp != null) {
4            mp.release();
5        }
6        ms.canalVisualizer();                                    //注销频谱监听
7        mp = new MediaPlayer();
8        mp.setOnCompletionListener(new OnCompletionListener(){   //添加播放完成监听
9            @Override
10           public void onCompletion(MediaPlayer mp){
11               NumberRandom();
12               onComplete(mp);
13               UpdateUI();
14       }});
15       try {
16           mp.setDataSource(path);                              //设置播放路径
17           mp.prepare();
18           mp.start();
19           ms.initVisualizer(mp);                               //初始化频谱监听
20           new MusicPlayerThread(this, context, threadNumber).start();
21       } catch (Exception e) {
22           e.printStackTrace();
23           NumberRandom();
24           ms.canalVisualizer();
25       }
26       status = Constant.STATUS_PLAY;                           //更改播放状态
27   }
```

- 第2~7行为播放新的歌曲做准备,首先更改编号使旧的播放线程停止,然后释放旧的 MediaPlayer 并且注销频谱的监听,最后创建新的 MediaPlayer。
- 第8~14行为播放器添加音乐播放完成后的监听。
- 第15~20行为播放新音乐的操作,其中包括设置音乐路径,准备播放器,开始播放,注册频谱监听器和开始新的播放线程。
- 第22~24行为异常处理,目的是防止因 SD 卡被拔出等意外情况导致程序崩溃。

(4)上一小节讲解了 MediaPlayer 如何响应播放、暂停、停止音乐的操作,这一小节将介绍如何发送播放、暂停、停止音乐的命令。发送命令一般由 Activity 的按钮实现,下面从 MusicActivityMain.java 中选择实现了此项功能的一段代码,具体代码如下。

代码位置：见随书的源代码/第 9 章/BNMusic/app/src/main/java/com/example/activity 目录下的 MusicActivityMain.java。

```java
1    ImageView iv_play = (ImageView) findViewById(R.id.imageview_play);
2    iv_play.setOnClickListener(new OnClickListener() {
3        @Override
4        public void onClick(View v) {
5            int musicid=getShared(Constant.SHARED_ID);
6            if (musicid == -1) {
7                Intent intent = new Intent(Constant.MUSIC_CONTROL);
8                intent.putExtra("cmd", Constant.COMMAND_STOP);
9                MusicActivityMain.this.sendBroadcast(intent);
10               Toast.makeText(getApplicationContext(), "歌曲不存在",
                     Toast.LENGTH_LONG).show();
11               return;
12           }
13           if (musicid != -1) {
14               if (MusicUpdateMain.status == Constant.STATUS_PLAY) {
15                   Intent intent = new Intent(Constant.MUSIC_CONTROL);
16                   intent.putExtra("cmd", Constant.COMMAND_PAUSE);
17                   MusicActivityMain.this.sendBroadcast(intent);
18    ……//暂停和停止状态与播放的代码相似，此处不做说明
19   }}}});
```

- 第 6～12 行用来判断音乐 id 是否为-1，如果为-1 则表示列表里没有歌曲可以播放，同时发送停止播放的命令并弹出歌曲不存在的提示。
- 第 13～18 行为发送播放状态的操作。当前为播放状态时发送暂停命令、为暂停状态时发送播放命令、为停止状态时发送播放命令并发送将要播放歌曲的地址。

9.7.3 音乐切换模块的开发

上一节基本实现了音乐播放的功能。本节主要介绍音乐切换功能的开发，其中包括单击按键的音乐切换、音乐播放完成后的音乐切换，以及摇一摇切歌。其中摇一摇切歌用到了传感器这项技术，请读者用心阅读代码，学习传感器灵活的利用方式，并将其彻底掌握。

（1）3 种音乐切换的触发方式不同，但切换的方式大体相同。触发方式将在下一个小节讲解。本小节用音乐播放完成后的音乐切换来介绍音乐切换的方式。

代码位置：见随书的源代码/第 9 章/BNMusic/app/src/main/java/com/example/receiver 目录下的 MusicUpdateMedia.java。

```java
1    public void onComplete(MediaPlayer mp) {
2        SharedPreferences sp = ms.getSharedPreferences("music",
3            Context.MODE_MULTI_PROCESS);              //获取 SharedPreferences 的引用
4        int musicid = sp.getInt(Constant.SHARED_ID, -1);  //获得正在播放的音乐 id
5        int playMode = sp.getInt("playmode", Constant.PLAYMODE_SEQUENCE);  //获得当前播放模式
6        int list=sp.getInt(Constant.SHARED_LIST, Constant.LIST_ALLMUSIC); //获得当前播放列表
7        ArrayList<Integer> musicList = DBUtil.getMusicList(list);    //获得歌曲播放列表
8        if(musicid==-1){                              //如果当前播放歌曲不存在则返回
9            return;
10       }
11       if(musicList.size()==0){                      //如果播放列表为空则返回
12           return;
13       }
14       String playpath;
15       switch (playMode){
16       case Constant.PLAYMODE_REPEATSINGLE:          //单曲循环模式
17           playpath = DBUtil.getMusicPath(musicid);  //获得歌曲地址
18           commandPlay(playpath);
19           break;
20       case Constant.PLAYMODE_REPEATALL:             //列表循环模式
21           musicid = DBUtil.getNextMusic(musicList,musicid);//获得下一首歌曲
22           playpath = DBUtil.getMusicPath(musicid);
```

```
23                    commandPlay(playpath);
24                    break;
25            case Constant.PLAYMODE_SEQUENCE:                    //列表播放模式
26                if (musicList.get(musicList.size() - 1) == musicid){  //判断是否为播放列表的最后一首
27                    ms.canalSensor();
28                    ms.canalVisualizer();
29                    mp.release();
30                    status = Constant.STATUS_STOP;
31                    Toast.makeText(context, "已到达播放列表的最后，请重新选歌"
32                        , Toast.LENGTH_LONG).show();
33                } else {
34                    musicid = DBUtil.getNextMusic(musicList,musicid);
35                    playpath = DBUtil.getMusicPath(musicid);
36                    commandPlay(playpath);
37                }
38                break;
39            case Constant.PLAYMODE_RANDOM:                      //随机播放模式
40                musicid = DBUtil.getRandomMusic(musicList, musicid);     //获得随机音乐 id
41                playpath = DBUtil.getMusicPath(musicid);
42                commandPlay(playpath);
43                break;
44        }
45        SharedPreferences.Editor spEditor = sp.edit();      //获得编辑 SharedPreferences 的引用
46        spEditor.putInt(Constant.SHARED_ID, musicid);                   //保存音乐 id
47        spEditor.commit();
48        UpdateUI();
49    }
```

- 第 2～14 行为切换歌曲前的准备工作，获取当前播放的音乐、播放列表以及播放模式。
- 第 15～19 行为单曲循环模式，用当前播放音乐的 id 重新获取音乐路径。
- 第 20～24 行为列表循环模式，遍历播放列表，寻找到当前播放音乐的 id 并获取下一首音乐的 id，如果当前播放音乐 id 为最后一个，则选择列表里第一个 id 返回。
- 第 25～38 行为列表播放模式，与列表循环类似。
- 第 39～44 行为随机播放的操作，需要利用随机数获得随机的音乐 id。
- 第 45～48 行为改变播放音乐后的保存工作。

> **说明** 获得音乐 id 的一系列方法均通过读取数据库的内容来实现。方法是通过数据库获取当前播放列表，然后通过当前播放音乐的 id 获取此 id 在列表中的位置，最终获得目标音乐 id。读者可自行查阅随书附带的源代码。

（2）本节讲解音乐切换的触发方式。单击按键的音乐切换通过注册 OnClickListener 实现。音乐播放完成后的音乐切换通过注册 OnCompletionListener 实现。以上两种方式的触发十分简单，而摇一摇切歌需要用到加速度传感器，下面将介绍摇一摇切歌功能的实现。

代码位置：见随书的源代码/第 9 章/BNMusic/app/src/main/java/com/example/service 目录下的 MusicService.java。

```
1   public void initSensor(){                                 //获取加速度传感器引用
2       mySensorManager = (SensorManager)getSystemService(Context.SENSOR_SERVICE);
3       mySensor = mySensorManager.getDefaultSensor(Sensor.TYPE_ACCELEROMETER);
4   }
5   private SensorEventListener mySel=new SensorEventListener(){
6       @Override
7       public void onAccuracyChanged(Sensor sensor, int accuracy) {}   //精度改变时响应
8       @Override
9       public void onSensorChanged(SensorEvent event){       //传感器数值改变时响应
10          currentTime = System.currentTimeMillis();//返回从1970 年1 月1 日午夜开始经过的毫秒数
11          duration = currentTime - lastTime;
12          duration2 = currentTime - lastTime2;
13          if(duration2 < SPACE_TIME){                       //每隔 0.2s 响应
14              return;
```

```
15              }
16              if(duration < SPACE_MUSIC){           //切歌后隔 2s 再次开始响应
17                  return;
18              }
19              lastTime2 = currentTime;
20              float x = event.values[0];
21              float y = event.values[1];
22              float z = event.values[2];
23              //计算加速度的平方,10 为用于平衡重力的偏移量
24              double speed =Math.abs(Math.sqrt(x*x+y*y+z*z)-10);
25              if(speed > SPEED_SHRESHOLD){
26                  lastTime=currentTime;
27                  mc.NumberRandom();
28                  //如果响应切歌,执行歌曲播放完成时执行的代码,代码重用,减少代码量
29                  mc.onComplete(mc.mp);
30                  mc.UpdateUI();                    //更新 UI 界面
31      }}};
32      public void startSensor() {                    //注册加速度传感器
33          mySensorManager.registerListener(mySe1, mySensor, SensorManager.SENSOR_DELAY_UI);
34      }
```

- 第 1～4 行获取加速度传感器引用的方法。获取系统服务,选择加速度传感器。
- 第 10～18 行设置响应频率,并且增加每次响应后的延时设置。
- 第 20～30 行获取手机 x、y、z 三个方向的加速度值,通过计算获得一个加速度,如果加速度超过阀值则触发切换音乐的操作。
- 第 32～34 行将传感器监听、传感器引用注册。

> **说明** 摇一摇切歌的基本原理是当任一方向的加速度超过阀值响应切换音乐的命令。由于默认有重力加速度 g 的影响,所以在第 26 行要减去一个偏移量。

9.8 Android 客户端功能模块的实现

上一节介绍了 Android 核心功能歌曲控制的开发,这一节介绍呈现在主界面上的各功能模块的开发,其中包括对本地音乐的扫描、音乐列表的实现、播放模式的更改以及网络音乐的获取。除此之外,还有歌词频谱界面的绘制。下面将逐一介绍这部分功能的实现。

9.8.1 主界面的实现

首先介绍播放器主界面的搭建,Android 客户端主界面几乎不涉及具体功能,仅提供简单的音乐控制和进入各个功能的接口,具体功能将在各个子界面中实现。本小节将重点介绍主界面的搭建、fragment 的使用、切换动画的开发。

(1) 主界面的搭建,包括布局的安排,按钮、文本框等控件的属性设置,省略部分与介绍的部分相似,读者可自行查阅随书代码进行学习,具体代码如下。

> **代码位置**:见随书源代码/第 9 章/BNMusic/app/src/main/res/layout 目录下的 fragment_main.xml。

```
1   <?xml version="1.0" encoding="utf-8"?>              <!--版本号及编码方式-->
2   <ScrollView xmlns:android="http://schemas.android.com/apk/res/android"  <!--滚动条-->
3       android:id="@+id/main_scrollview"
4       android:layout_width="fill_parent"
5       android:layout_height="fill_parent"
6       android:background="@drawable/main_skin_1"
7       android:fadingEdge="vertical"
8       android:scrollbars="none" >
9       <LinearLayout                                    <!--线性布局-->
10          android:layout_width="fill_parent"
11          android:layout_height="fill_parent"
```

```
12              android:layout_margin="7dip"
13              android:alpha="1"
14              android:orientation="vertical" >
15          <LinearLayout
16              android:layout_width="fill_parent"
17              android:layout_height="50dip"
18              android:background="@color/a_black"
19              android:orientation="horizontal" >
20              <EditText                                          <!--文本域-->
21                  android:id="@+id/main_edittext_search"
22                  android:layout_width="fill_parent"
23                  android:layout_height="fill_parent"
24                  android:layout_marginLeft="5dip"               <!--控件外围左侧留白-->
25                  android:layout_weight="1"                      <!--设置宽度占比-->
26                  android:background="@color/none"
27                  android:gravity="center_vertical"              <!--垂直居中-->
28                  android:singleLine="true"                      <!--只允许一行文本-->
29                  android:text="@string/main_search"
30                  android:textColor="@color/gray" />
31              <ImageView                                         <!--图像域-->
32                  android:id="@+id/main_imageview_search"
33                  android:layout_width="fill_parent"
34                  android:layout_height="fill_parent"
35                  android:layout_margin="5dip"
36                  android:layout_weight="5"
37                  android:background="@drawable/main_colorchange_1"
38                  android:clickable="true"                       <!--设置单击属性-->
39                  android:gravity="center_vertical"
40                  android:src="@drawable/main_search" />
41          </LinearLayout>
42      </LinearLayout>
43      ……<!--此处与上述布局相似，故省略，读者可自行查阅随书的源代码-->
44  </ScrollView>
```

● 第 2～14 行用于声明总的滚动视图和滚动视图中包含的一个线性布局。设置滚动视图的宽度为自适应屏幕宽度，高度为屏幕高度，滚动方式为垂直滚动，并设置背景图片。

● 第 15～19 行用于声明线性布局，线性布局中包含 EditText 和 ImageView，同时还设置了 LinearLayout 宽、高、位置、排列方式的属性。

● 第 20～30 行用于声明文本编辑域，设置了 EditText 宽的比例、高、背景颜色以及显示的图片的属性。

● 第 31～40 行用于声明图像域，设置了 ImageView 宽的比例、高、背景颜色、能响应单击事件以及显示的图片的属性。

> **说明** 主界面布局代码较多，因篇幅所限不能在此一一列举，故仅选择有代表性的一段代码讲解。其他代码读者可自行查阅随书的源代码。

（2）为了方便用户能在执行查看音乐、歌单等操作的同时操作歌曲，本软件利用 fragment 实现了下方固定播放栏的效果。基本原理是将界面分为一个播放栏模块和一个 fragment 模块。在切换不同界面时只需要切换 fragment，保证了播放栏的固定存在。具体代码如下。

代码位置：见随书的源代码/第 9 章/BNMusic/app/src/main/java/com/example/activity 目录下的 MusicActivityMain.java。

```
1  package com.example.activity;
2  ……//此处省略导入类的代码，读者可自行查阅随书附带的源代码
3  public class MusicActivityMain extends FragmentActivity {
4      ……//此处省略了声明变量的代码，读者可自行查阅随书附带的源代码
5      @Override
6      protected void onCreate(Bundle savedInstanceState) {
7          super.onCreate(savedInstanceState);
8          setContentView(R.layout.activity_main);
```

```
9               DBUtil.createTable();                           //数据库不存在则创建
10              mu = new MusicUpdateMain(this);                 //注册服务器
11              ……//此处省略了添加各个按键监听的代码，读者可自行查阅随书附带的源代码
12              IntentFilter filter = new IntentFilter();   //注册广播接收器
13              filter.addAction(Constant.UPDATE_STATUS);
14              this.registerReceiver(mu, filter);
15              FragmentManager fragmentManager = this.getFragmentManager();
16              FragmentTransaction fragmentTransaction = fragmentManager.beginTransaction();
17              MusicFragmentMain fragment = new MusicFragmentMain();
18              fragmentTransaction.setCustomAnimations(   //设置fragment切换动画
19                      R.animator.click_enter,
20                      R.animator.click_exit,
21                      R.animator.back_enter,
22                      R.animator.back_exit);
23              fragmentTransaction.add(R.id.main_linearlayout_1, fragment);
                                                                //将fragment添加到Activity中
24              fragmentTransaction.addToBackStack(null);
25              mainFragmentId=fragmentTransaction.commit(); //将操作保存，用于回到主界面
26      }}
```

- 第7～14行为初始化音乐播放器的操作，包括对Service和Activity的初始化。程序涉及数据库的应用，为了保障数据库的存在，要在程序运行的第一时间尝试创建数据库。如果Service关闭则启动新的Service并给Service注册广播接收器。
- 第15～26行为添加fragment的操作。依次执行拿到fragment管理者、拿到fragment引用、设置动画、将新的fragment添加到Activity、将旧的fragment添加到回退栈。

> **说明** 主界面各个按钮的监听已在上文介绍，本节不再详述。

（3）最后讲解切换动画的开发。动画分为Property和Tween两种，分别存储在animator与anim中。fragment的切换使用的是Property动画。具体代码如下。

> **代码位置**：见随书的源代码/第9章/BNMusic/app/src/main/res/animator 目录下的back_enter.xml。

```
1   <set xmlns:android="http://schemas.android.com/apk/res/android" >
2       <!-- X方向伸缩 -->
3       <objectAnimator
4           android:duration="400"
5           android:interpolator="@android:anim/linear_interpolator"
6           android:propertyName="scaleX"
7           android:valueFrom="0.4"
8           android:valueTo="1"
9           android:valueType="floatType" />
10      ……<!-- Y方向伸缩，与X方向伸缩类似，故省略，读者可自行查阅随书的源代码-->
11  </set>
```

> **说明** 动画的参数值在0到1之间，interpolator为插值器，可以选择匀速或者加速等模式播放动画。其他3种动画与本动画的实现基本相同，这里不再赘述。

9.8.2 扫描音乐的实现

上一节介绍的是音乐播放器主界面的实现，本节将介绍如何将本地的音乐读取。单击本地音乐右上角菜单中的扫描本地音乐，切换到音乐扫描界面。接下来单击开始按钮，等待系统扫描SD卡。系统扫描完成之后将信息存入数据库，并显示扫描完成的字样。

（1）下面简要介绍扫描音乐界面的搭建，包括布局的安排、文本的属性设置，读者可自行查看随书源代码进行学习，具体代码如下。

> **代码位置**：见随书源代码/第9章/BNMusic/app/src/main/res/layout 目录下的activity_scan_before.xml。

```
1   <?xml version="1.0" encoding="utf-8"?>              <!--版本号及编码方式-->
```

```
2   <RelativeLayout xmlns:android="http://schemas.android.com/apk/res/android">    <!--相对布局-->
3       android:id="@+id/scan_linearlayout_before"
4       android:layout_width="match_parent"
5       android:layout_height="match_parent"
6       android:background="@color/white" >
7       ……<!--此处与上述布局相似,故省略,读者可自行查阅随书的源代码-->
8       <ImageView                                                                 <!--图片域-->
9           android:layout_width="fill_parent"
10          android:layout_height="360dp"
11          android:layout_centerInParent="true"
12          android:background="@color/white"
13          android:paddingBottom="100dp"
14          android:paddingLeft="80dip"
15          android:paddingRight="80dip"
16          android:scaleType="centerInside"
17          android:src="@drawable/scan_prepare" />
18      ……<!--此处与上述布局相似,故省略,读者可自行查阅随书的源代码-->
19  </RelativeLayout>
```

- 第 2～6 行用于声明总的相对布局,并将相对布局分为上中下 3 个部分,同时设置了布局的宽、高以及背景颜色。

- 第 8～17 行用于声明图片域,设置了 ImageView 宽、高、背景颜色。同时为了适应多种分辨率,将图片按原来的 size 居中显示并上移一段距离。

(2) 上一小节内容介绍了扫描音乐界面的布局,接下来讲解如何实现扫描并记录存储在 SD 卡中的音乐文件。具体代码如下。

> 代码位置:见随书的源代码/第 9 章/BNMusic/app/src/main/java/com/example/activity 目录下的 MusicActivityScan.java。

```java
1   public void scanMp3List(File sdcardFile, int max) {
2       if (sdcardFile.listFiles() != null){
3           File[] files = sdcardFile.listFiles();
4           for (File filetemp : files) {                    //遍历当前文件夹中的内容
5               if(!thread_flag){                            //如果单击取消按钮则停止扫描
6                   return;
7               }
8               int min = max / files.length;                //计算进度条的位置
9               if (filetemp.isDirectory()) {
10                  scanMp3List(filetemp, min);              //进入下一层文件夹
11              }else {
12                  String filepath = filetemp.getAbsolutePath().toString();
13                  if (filepath.endsWith(".mp3")){          //如果是以 mp3 为结尾的文件则记录
14                      String filename = filetemp.getName();
15                      File fileTemp=new File(filepath);
16                      if(fileTemp.length()<10){            //如果文件大小小于一定值
17                          continue;
18                      }
19                      System.out.println(filename);
20                      String[] fileinfo = filename.split("-");   //将文件名从-处分割
21                      if (fileinfo.length != 1) {
22                          music_number++;
23                          Music_bianhao.add(music_number + "");
24                          Music_wenjian.add(filename.substring(0, filename.length() - 4));
25                          Music_gequ.add(fileinfo[1].substring(0, fileinfo[1].length() - 4).trim());
26                          Music_geshou.add(fileinfo[0].trim());
27                          Music_lujing.add(filepath);
28                      }}
29                  if (filepath.endsWith(".lrc")) {         //如果是以 lrc 为结尾的文件则记录
30                      String filename = filetemp.getName();
31                      geci.add(filename);
32                      gecilujing.add(filepath);
33                  }
34                  scanPath = filepath;
```

```
35                progress += min;                            //更改搜索进度
36                handler.sendEmptyMessage(Constant.PROGRESS_UPDATE);  //更新UI界面
37  }}}}
```

- 第2~11行用于遍历当前文件夹全部内容的操作。
- 第13~28行用于读取以.mp3为结尾的音频文件，并筛选掉一些过短的音频文件，同时给读取到的音频文件编号，并将文件名分割得到歌名、歌手名的信息。最后将音乐编号、音乐文件名、音乐名、歌手名、音乐路径存进各自的list，便于之后将信息录入数据库。
- 第29~33行用于读取以.lrc为结尾的歌词文件，将歌词文件名、歌词路径存进各自list。
- 第34~37行用于计算搜索进度，并调用handler发送信息更新UI界面。

> **说明** 此模块使用了深度优先算法以及递归调用的技术，有兴趣的读者可自行查阅相关内容。

9.8.3 音乐列表的实现

上一节介绍了扫描音乐的实现，本节将主要介绍音乐列表的实现。其中包括对音乐列表的展示、对音乐的相关操作以及对正在播放的音乐列表的更换。用户可以通过歌单、我喜欢等界面，按照自己的喜好选择歌曲进行播放。

（1）下面将以我喜欢界面的搭建为例，具体介绍音乐列表的实现，包括布局的安排、文本的属性设置，读者可自行查看随书源代码进行学习，具体代码如下。

代码位置：见随书源代码/第9章/BNMusic/app/src/main/res/layout目录下的fragment_four.xml。

```
1   <?xml version="1.0" encoding="utf-8"?>                  <!--版本号及编码方式-->
2   <LinearLayout xmlns:android="http://schemas.android.com/apk/res/android"  <!--线性布局-->
3       android:layout_width="match_parent"
4       android:layout_height="match_parent"
5       android:background="@color/black"
6       android:orientation="vertical" >
7       <LinearLayout
8           android:layout_width="fill_parent"
9           android:layout_height="50dp"
10          android:background="@color/blue"
11          android:orientation="horizontal" >
12          <ImageButton                                                      <!--图像域-->
13              android:id="@+id/four_imagebutton_back_1"
14              android:layout_width="fill_parent"
15              android:layout_height="fill_parent"
16              android:layout_gravity="center_vertical"
17              android:layout_weight="1"
18              android:background="@drawable/local_colorchange_1"
19              android:scaleType="centerInside"
20              android:src="@drawable/main_title_back_1" />
21          <TextView                                                         <!--文本域-->
22              android:id="@+id/four_textview_title_1"
23              android:layout_width="fill_parent"
24              android:layout_height="fill_parent"
25              android:layout_weight="0.3"
26              android:gravity="center"
27              android:text=""
28              android:textColor="@color/white"
29              android:textSize="20dip"
30              android:textStyle="bold" />
31          <ImageButton                                                      <!--图像域-->
32              android:id="@+id/four_imagebutton_search_1"
33              android:layout_width="fill_parent"
34              android:layout_height="fill_parent"
35              android:layout_gravity="center_vertical"
36              android:layout_weight="1"
```

```
37                    android:background="@drawable/local_colorchange_1"
38                    android:scaleType="centerInside"
39                    android:src="@drawable/main_title_search_1" />
40          </LinearLayout>
41          <LinearLayout
42              android:layout_width="fill_parent"
43              android:layout_height="fill_parent"
44              android:layout_marginTop="1dip"
45              android:background="@color/white"
46              android:orientation="vertical" >
47              <ListView xmlns:android="http://schemas.android.com/apk/res/android"
48                  android:id="@+id/web_listview_music"
49                  android:layout_width="fill_parent"
50                  android:layout_height="fill_parent"
51                  android:background="@color/white"
52                  android:divider="@color/gray_background"
53                  android:dividerHeight="1dp" >
54              </ListView>
55          </LinearLayout>
56  </LinearLayout>
```

- 第 2~6 行用于声明总的线性布局。设置线性布局的宽度与高度为充满屏幕，排列方式为垂直排列，并设置背景颜色为黑色。
- 第 7~11 行用于声明标题栏的线性布局。
- 第 12~20 行用于声明后退按钮的图像域，设置图片居中显示，保持原来长宽比。同时设置控件的高度与宽度为充满屏幕。
- 第 21~30 行用于声明文本域，设置了 TextView 高度、宽度以及宽度的占比，并设置了文字的字号、颜色以及文字的样式。
- 第 31~40 行用于声明查询按钮的图像域，设置与后退按钮的设置相同。
- 第 41~55 行用于声明一个列出音乐的列表控件，设置控件的宽度、高度、背景颜色以及分割线的高度和颜色。

> **说明**：本软件中所有的音乐列表的展示布局均与此布局类似，后文将不再赘述。

（2）由于 ListView 中每行的格局完全相同，由 ImageView、TextView 共同构成，所以开发了子布局，具体代码如下。

代码位置：见随书源代码/第 9 章/BNMusic/app/src/main/res/layout 目录下的 fragment_localmusic_listview_row.xml。

```
1   <?xml version="1.0" encoding="utf-8"?>
2   <LinearLayout xmlns:android="http://schemas.android.com/apk/res/android"
3       android:id="@+id/LinearLayout_row"
4       android:layout_width="fill_parent"
5       android:layout_height="50dip"
6       android:background="@drawable/main_colorchange_1"
7       android:orientation="horizontal" >
8       <ImageView
9           android:id="@+id/imageView_row">
10      </ImageView>
11      <TextView
12          android:id="@+id/TextView_row"
13          />
14  </LinearLayout>
```

> **说明**：ListView 里每一行的线性布局中包含了 TextView 和 ImageView 控件，并设置了 LinearLayout 宽、高、位置的属性和 TextView、ImageView 宽、高、内容、大小等属性。ImageView 中放置音乐的图片，TextView 中放置歌曲名。

（3）内容不能直接显示在 ListView 中，需要编写一个适配器 Adapter 来容纳。Adapter 可以设置行数，每一行的 id、样式以及内容。下面来介绍 BaseAdapter 的实现，具体代码如下。

> 代码位置：见随书的源代码/第 9 章/BNMusic/app/src/main/java/com/example/fragment 目录下的 MusicFragmentFour.java。

```
1    new BaseAdapter(){
2        LayoutInflater inflater = LayoutInflater.from(getActivity());  //获取载入布局的引用
3        @Override
4        public int getCount() {return musiclist.size() + 1;}
5        @Override
6        public Object getItem(int arg0) {return null;}
7        @Override
8        public long getItemId(int arg0) {return 0;}
9        @Override
10       public View getView(int arg0, View arg1, ViewGroup arg2) {
11           if (arg0 == musiclist.size()){
12               LinearLayout lll = (LinearLayout) inflater.inflate(    //获取 xml 布局
13                   R.layout.listview_count, null).findViewById(R.id.linearlayout_null);
14               TextView tv_sum = (TextView) lll.getChildAt(0);
15               tv_sum.setText("共有" + musiclist.size() + "首歌曲/n/n/n");
16               return lll;
17           }
18           String musicName = DBUtil.getMusicInfo(musiclist.get(arg0)).get(2);
19           musicName+="-"+DBUtil.getMusicInfo(musiclist.get(arg0)).get(1);
20           LinearLayout ll = (LinearLayout) inflater.inflate(          //获取 xml 布局
21               R.layout.fragment_localmusic_listview_row,null).findViewById(R.id.
                 LinearLayout_row);
22           TextView tv = (TextView) ll.getChildAt(1);
23           tv.setText(musicName);
24           return ll;
25   }};
```

- 第 2~9 行为 BaseAdapter 的前 3 个方法，包括了设置 BaseAdapter 的行数以及返回每行对象或者索引的方法。
- 第 10~17 行用来返回列表末行的 LinearLayout 对象。首先当前行是否为 BaseAdapter 的最后一行，结果为真则设置该行显示此列表中有多少首音乐。
- 第 18~24 行用来返回列表每行的 LinearLayout 对象。将音乐列表中每首音乐的信息转换为"歌手-歌曲"的形式依次加载进 BaseAdapter 中。

（4）音乐列表不仅仅能够展示音乐，还应该能对音乐进行基本的操作。例如，选择音乐播放、删除或者可以将音乐加入歌单，这些功能需要通过注册单击监听实现，具体代码如下。

> 代码位置：见随书的源代码/第 9 章/BNMusic/app/src/main/java/com/example/fragment 目录下的 MusicFragmentFour.java。

```
1    new OnItemLongClickListener(){
2        @Override
3        public boolean onItemLongClick(AdapterView<?> arg0, View arg1,int arg2, long arg3) {
4            final int selectTemp = arg2;
5            AlertDialog.Builder builder = new Builder(getActivity());
6            builder.setTitle("更多功能");
7            builder.setItems(new String[]{"从歌单中删除"}, new DialogInterface.
                 OnClickListener() {
8                @Override
9                public void onClick(DialogInterface dialog, int which) {
10                   dialog.dismiss();
11                   DBUtil.deleteMusicInList(musiclist.get(selectTemp), playlistNumber);
12                   musiclist = DBUtil.getMusicList(playlistNumber);
13                   ba.notifyDataSetChanged();
14           }}).create().show();
15           return false;
16   }}
```

> **说明** 本段代码实现了通过长按音乐名弹出对话框来从歌单中删除音乐的功能。首先设置对话框的标题,然后创建一个数组来命名每个菜单项,最后注册对话框的单击监听。在单击监听中,获取被单击音乐的 id,调用从列表中删除音乐的方法,之后重新读取音乐信息并刷新 Adapter。

9.8.4 播放界面的实现

上一小节介绍了音乐列表的实现,本小节介绍音乐播放界面的实现。单击音乐播放栏进入音乐播放界面。音乐播放界面涵盖了音乐的控制以及音乐播放器的可视化效果。其中包括歌词的显示、频谱的显示以及播放模式的切换。

1. 播放界面的设计

本节讲解播放界面的搭建,其中有两个自建控件将在之后进行讲解。

(1) 本界面布局的安排以及各控件的属性设置与前文类似,故只对背景色渐变的实现进行介绍,具体内容如下。

> **代码位置**:见随书源代码/第 9 章/BNMusic/app/src/main/res/drawable 目录下的 player_jianbian_back_w。

```
1  <?xml version="1.0" encoding="utf-8"?>
2  <shape xmlns:android="http://schemas.android.com/apk/res/android"
3      android:shape="rectangle" >
4      <gradient
5          android:angle="270"
6          android:endColor="#00888888"
7          android:startColor="#5f000000" >
8      </gradient>
9  </shape>
```

> **说明** 背景色渐变的原理是将一个颜色渐变的矩形贴到控件里。gradient 表示颜色渐变,其中设置了渐变的方向、开始的颜色与结束的颜色。

(2) 首先介绍播放列表对话框的实现。单击右上角右边第二个按钮,弹出一个当前播放列表的对话框。下面讲解如何实现将 ListView 填入 Dialog 中,具体代码如下。

> **代码位置**:见随书的源代码/第 9 章/BNMusic/app/src/main/java/com/example/activity 目录下的 MusicActivityPlay.java。

```
1  public void showDialog() {
2      //创建对话框
3      musiclist = DBUtil.getMusicList(this.getShared(Constant.SHARED_LIST));
4      LinearLayout linearlayout_list_w = new LinearLayout(this);
5      linearlayout_list_w.setLayoutParams(new LinearLayout.LayoutParams(
6              LayoutParams.FILL_PARENT, LayoutParams.FILL_PARENT));
7      linearlayout_list_w.setLayoutDirection(0);
8      ListView listview = new ListView(MusicActivityPlay.this);
9      listview.setLayoutParams(new LinearLayout.LayoutParams(
10             LayoutParams.FILL_PARENT, LayoutParams.FILL_PARENT));
11     listview.setFadingEdgeLength(0);
12     linearlayout_list_w.setBackgroundColor(getResources().getColor(
13             R.color.gray_shen));
14     linearlayout_list_w.addView(listview);
15     final AlertDialog dialog = new AlertDialog.Builder(
16             MusicActivityPlay.this).create();
17     WindowManager.LayoutParams params = dialog.getWindow().getAttributes();
18     params.width = 200;
19     params.height = 400;
20     dialog.setTitle("播放列表(" + musiclist.size() + ")");//
```

```
21          dialog.setIcon(R.drawable.player_current_playlist_w);
22          dialog.setView(linearlayout_list_w);
23          dialog.getWindow().setAttributes(params);
24          dialog.show();
25      }
```

● 第 3～14 行获取当前的播放列表，同时创建了 LinearLayout 和其中包含的 ListView，并将这两个控件的样式均设为充满父控件。

● 第 15～24 行创建了一个 Dialog，设置了 Dialog 的高度、宽度、图标、标题，并将 LinearLayout 放入其中，最后让 Dialog 显示。

> 说明 其中 ListView 的 Adapter 与上文的实现方法类似，读者可自行查阅随书的源代码。

2. 频谱控件的设计

前面介绍了播放界面的基本布局，下面将介绍频谱控件的实现。频谱现已成为播放器的标准配置，不仅可以美化播放器，更可以给用户带来直观的音乐感受。频谱的实现十分简单，首先给播放器注册频谱的监听器，将数据发送 Intent 给 Activity，最后将其绘制。

（1）除了绘制模块，要想实现频谱的功能还需要注册频谱的监听。具体代码如下。

代码位置：见随书的源代码/第 9 章/BNMusic/app/src/main/java/com/example/receiver 目录下的 MusicService.java。

```
1   public void initVisualizer(MediaPlayer mp)    {              // 初始化频谱
2       mEqualizer = new Equalizer(0, mp.getAudioSessionId());   // 创建均衡器
3       mVisualizer = new Visualizer(mp.getAudioSessionId());    // 创建频谱分析器
4       mVisualizer.setCaptureSize(512);                         // 设置采样率
5       mVisualizer.setDataCaptureListener(new Visualizer.OnDataCaptureListener() {
6           public void onWaveFormDataCapture(Visualizer visualizer,  // 时域频谱
7                   byte[] bytes,int samplingRate) {
8               Intent intent = new Intent(Constant.UPDATE_VISUALIZER);
9               intent.putExtra("visualizerwave", bytes);
10              MusicService.this.sendBroadcast(intent);
11          }
12          public void onFftDataCapture(Visualizer visualizer,      // 频域频谱
13                  byte[] bytes, int samplingRate) {
14              byte[] byt = new byte[RECT_COUNT];
15              for (int i = 0; i < RECT_COUNT; i++) {
16                  byt[i] = (byte) Math.hypot(bytes[2 * (i + 1)],bytes[2 * (i + 1) + 1]);
17              }
18              Intent intent = new Intent(Constant.UPDATE_VISUALIZER);
19              intent.putExtra("visualizerfft", byt);
20              MusicService.this.sendBroadcast(intent);
21          }
22      } , Visualizer.getMaxCaptureRate() / 2, true, true);
        //更新频率、时域频谱、频域频谱是否启用
23      startVisualizer();
24      startSensor();
25  }
```

● 第 2～4 行创建频谱和均衡器，均衡器用来保证在手机音量为 0 时也能正确分析频谱数据。采样率为采集多少个数据，表示数据的数组大小。

● 第 6～11 行创建时域频谱的监听，实时将数据通过发送 Intent 传给 View。

● 第 12～21 行创建频域频谱的监听，根据频域频谱的原理，取数据的实部和虚部进行平方计算，选取合适的值发送广播。

（2）频谱的实现涉及自定义控件的开发。首先来看控件的初始化，具体代码如下。

> **代码位置**：见随书的源代码/第 9 章/BNMusic/app/src/main/java/com/example/view 目录下的 VisualizerView.java。

```java
1    package com.example.view;
2    ……//此处省略导入类的代码，读者可自行查阅随书附带的源代码
3    public class VisualizerView extends View{
4        ……//此处省略了声明变量的代码，读者可自行查阅随书附带的源代码
5        public void initView(){
6            viewHeight=getHeight();//
7            viewWidth=getWidth();
8            contentWidth=viewWidth-2*paddingLeft;
9            contentHeight=3*contentWidth/8;
10           paddingTop=(int) ((viewHeight-contentHeight)/2);
11           setBackgroundResource(R.color.none);
12           paintRect.setStyle(Style.FILL_AND_STROKE);   //设置画笔格式为绘制边框并填充
13           paintRect.setStrokeWidth(2f);                //设置边框大小
14           paintRect.setAntiAlias(true);                //设置抗锯齿
15           paint.setStyle(Style.FILL_AND_STROKE);
16           paint.setStrokeWidth(2f);
17           paint.setAntiAlias(true);
18           int colorFrom=Color.RED;
19           int colorTo=Color.YELLOW;
20           LinearGradient lg=new LinearGradient(paddingLeft,paddingTop,
                 contentWidth+paddingLeft,contentHeight+paddingTop,colorFrom,colorTo,
                 TileMode.CLAMP);
21
22           paint.setShader(lg);
23       }
24       public void updateVisualizer(byte[] bytes,boolean visualizerMode){
25           this.visualizerMode=visualizerMode;
26           if(visualizerMode){
27               myBytesWave=bytes;
28           }else{
29               myBytesFft=bytes;
30           }
31           invalidate();
32       }
33       @Override
34       protected void onDraw(Canvas canvas){
35           ……//此处省略定义绘制自定义控件的代码，下面将详细介绍
36   }}
```

- 第 5～11 行设置了界面的大小、背景颜色。为了能适应各种分辨率，首先获取控件的高度和宽度，宽度减去界面左右留白预设值得到显示内容区域的宽度。高度由宽度控制，占宽度的 3/8，并计算界面上下留白。最后设置界面背景色为透明。
- 第 12～17 行设置了不同画笔的基本样式并打开抗锯齿。
- 第 18～23 行设置了画笔的颜色，从红色到黄色。在此运用了一种线性渲染的技术，可以得到颜色渐变的最终效果。参数为绘制区域左上角坐标、右下角坐标、颜色初始值、颜色结束值以及渲染模式。
- 第 24～32 行为改变控件内容的更新方法。获取频谱模式、频谱内容以及重绘控件。Wave 为时域，Fft 为频域。

（3）接下来讲解如何绘制频谱的基本操作，具体代码如下。

> **代码位置**：见随书的源代码/第 9 章/BNMusic/app/src/main/java/com/example/view 目录下的 VisualizerView.java。

```java
1    @Override
2    protected void onDraw(Canvas canvas){
3        super.onDraw(canvas);
4        initView();//初始化
5        if(myBytesFft==null){
6            return;
7        }
```

```
8        if(myOldBytesTop==null){
9            myOldBytesTop=new byte[myBytesFft.length];
10       }
11       if(myOldBytesBottom==null){
12           myOldBytesBottom=new byte[myBytesFft.length];
13       }
14       for(int i=0;i<myBytesFft.length;i++){
15           if(myBytesFft[i]>myOldBytesTop[i]){
16               myOldBytesTop[i] = (byte) ((myBytesFft[i] / 3) * 3 + 3);
17               myOldBytesBottom[i] = (byte) ((myBytesFft[i] / 3) * 3);
18           }else{
19               if(myOldBytesTop[i]>9){
20                   myOldBytesTop[i]-=3;
21               }else{
22                   myOldBytesTop[i]=6;
23               }
24               if(myOldBytesBottom[i]>6){
25                   myOldBytesBottom[i]-=6;
26               }else{
27                   myOldBytesBottom[i]=3;
28               }
29           }
30           paintRect.setARGB(200, 255, 255*i/myBytesFft.length, 0);
31           myFftPoints[0]=paddingLeft+paddingLeftRect+contentWidth*i/(myBytesFft.length);
32           myFftPoints[1]=viewHeight-paddingTop-(myOldBytesTop[i]*2-2)*contentHeight/256;
33           myFftPoints[2]=paddingLeft-paddingLeftRect+contentWidth*(i+1)/(myBytesFft.length);
34           myFftPoints[3]=viewHeight-paddingTop-(myOldBytesTop[i]*2-4)*contentHeight/256;
35           canvas.drawRect(myFftPoints[0], myFftPoints[1], myFftPoints[2], myFftPoints[3], paintRect);
36           for(int j=1;j<=myOldBytesBottom[i]*2/3;j+=2){
37               myFftPoints[0]=paddingLeft+paddingLeftRect+contentWidth*i/(myBytesFft.length);
38               myFftPoints[1]=viewHeight-paddingTop-j*3*contentHeight/256;
39               myFftPoints[2]=paddingLeft-paddingLeftRect+contentWidth*(i+1)/(myBytesFft.length);
40               myFftPoints[3]=viewHeight-paddingTop-(j*3-2)*contentHeight/256;
41               canvas.drawRect(myFftPoints[0],myFftPoints[1],myFftPoints[2],myFftPoints[3], paintRect);
42 }}}
```

- 第5～13行验证数据是否成功传入，引用是否指向一个已经实例化的对象。以此来保证控件不会弹出空指针的错误而使程序崩溃。
- 第15～29行计算传入的数据是否大于本地数据，如果大于则将新传入的数据格式化并覆盖本地数据，由此来实现频谱的柱子慢慢落下的效果。紧接着计算每个柱子的下移量并将顶端小矩形的下移量减半。
- 第30～35行绘制每列柱子顶端的小矩形。因为每列柱子顶端小矩形的降落速度略慢于下方所有小矩形，所以需要单独绘制。
- 第36～41行通过柱子的高度来计算小矩形的多少，并依次绘制。小矩形的宽度为显示界面宽度除以数据总量的值减去每列左右留白的预设值。高度为显示界面高度乘以当前数值占最大数值的比例，再减去预设的间距。

> 说明：其中时域频谱的绘制相对简单，读者可自行查阅随书的源代码。

3. 歌词控件的设计

除了频谱界面，歌词界面也不可或缺。下面来介绍歌词控件的设计。歌词控件的绘制模块与频谱的绘制类似，所以在此不详细讲解，有需要的读者可自行查阅随书的源代码。本节主要介绍控件初始化以及逻辑计算。具体代码如下。

代码位置： 见随书的源代码/第 9 章/BNMusic/app/src/main/java/com/example/view 目录下的 LyricView.java。

```
1   package com.example.view;
2   ……//此处省略导入类的代码，读者可自行查阅随书附带的源代码
3   public class LyricView extends View {
4       ……//此处省略了声明变量的代码，读者可自行查阅随书附带的源代码
5       public void initView() {                              //初始化控件参数
6           viewHeight = getHeight();//获得控件高度
7           viewWidth = getWidth();//获得控件宽度
8           lineHeight = viewHeight / (lineCount + 2);//根据行数计算行高
9           paddingTop = (viewHeight - lineCount * lineHeight) / 2;
            //计算歌词上下预留的空白区域
10          lyricSpeed = viewHeight / lyricTime;
11          otherLyricSize = (int) (lineHeight * 0.6);
12          nowLyricSize = (int) (lineHeight * 0.85);
13          paddingTop += lineHeight*1/4;
14      }
15      public int now() {                                    //根据时间计算歌词位置
16          int now = 0;
17          for (int i = 0; i < lyric.size(); i++) {          //遍历歌词数组
18              String lyric1[] = lyric.get(i);
19              int time1 = (Integer.parseInt(lyric1[0]) * 60 + Integer.parseInt(
                    lyric1[1])) * 1000;
20              String lyric2[] = { "", "", "" };
21              int time2;
22              if (i != lyric.size() - 1) {                  //判断歌词是否为最后一句
23                  lyric2 = lyric.get(i + 1);
24                  time2 = (Integer.parseInt(lyric2[0]) * 60 + Integer.
                        parseInt(lyric2[1])) * 1000;
25              }else {
26                  time2 = duration;
27              }
28              if (current<(Integer.parseInt(lyric.get(0)[0])*60+Integer.
                    parseInt(lyric.get(0)[1]))*1000) {
29                  break;
30              }
31              if (current > time1 && current < time2) {
32                  now = i;
33                  break;
34              }
35          }
36          return now;                                       //返回当前歌词位置
37      }
38      public void initLayout() {                            //初始化歌词
39          lyrictemp = new String[lineCount];                //建立长度为歌曲行数的数组来存放歌词
40          int iTemp = lyrictemp.length;
41          if (lyric == null){                               //如果没有歌词，则居中显示百纳好音乐
42              for (int i = 0; i < iTemp; i++) {
43                  if (i == iTemp / 2) {
44                      lyrictemp[i] = "百纳好音乐";
45                  } else {
46                      lyrictemp[i] = "";
47              }}
48              return;
49          }
50          int j = now();
51          j = j - iTemp / 2;
52          for (int i = 0; i < iTemp; i++, j++) {
53              try {
54                  lyrictemp[i] = lyric.get(j)[2];
55              } catch (Exception e) {                       //如果找不到数据则返回空值
```

```
56                    lyrictemp[i] = "";
57  }}}}
```

- 第 5～14 行为设置空间参数的初始化方法。获得控件高度和宽度，计算每行歌词占据的空间大小，歌词滑动的速度，当前播放歌词的大小，其他歌词的大小以及歌词位置的偏移量。
- 第 15～37 行为正在播放歌词的计算方法。按顺序获取每句歌词的时间点，判断播放进度是否在两句歌词点之间，结果为真则返回第一个时间点所属的歌词在数组中的位置。如果第一个时间点所属的歌词为最后一句歌词，则将第二个时间点设为歌曲总时长。
- 第 38～56 行为计算歌词的初始化方法。新建立一个长度为歌曲行数的绘制数组来存放将要绘制的歌词，其中数组中间位置存放着播放中的歌词。然后判断歌词是否存在，如果不存在则将"百纳好音乐"放入数组中间位置，其他位置设为空。

> **说明** 当播放中歌词为整首歌的前几句或后几句时，会取到负数或者超出歌词数组的下标，所以根据实际情况加入容错处理，使无法读取到歌词数据的那一行为空。

9.8.5 网络界面的实现

上一小节介绍了播放界面，本小节将介绍网络界面的实现。用户可以在乐库中浏览热门音乐并挑选喜爱的音乐进行下载。网络界面的布局与大部分功能均已在上文中介绍，因篇幅有限，本小节不再涉及，只选取界面加载效果的实现加以讲解。具体代码如下。

代码位置：见随书的源代码/第 9 章/BNMusic/app/src/main/java/com/example/fragment 目录下的 MusicFragmentWeb.java。

```
1   handle = new Handler() {
2       public void handleMessage(Message msg) {
3           super.handleMessage(msg);
4           switch (msg.what) {
5               case Constant.LOAD_COMPLETE:           //加载完成则显示内容界面
6                   ll_web.removeViewAt(1);            //移除等待页面
7                   ll_web.addView(sv_content);        //加载内容页面
8                   break;
9               case Constant.LOAD_ERROR:              //加载失败则显示失败界面
10                  ll_web.removeViewAt(1);
11                  ll_error.setLayoutParams(new LayoutParams(LayoutParams.MATCH_PARENT,
12                      LayoutParams.MATCH_PARENT));   //设置界面的大小
13                  ll_web.addView(ll_error);          //加载失败界面
14                  break;
15  }}};
16  new Thread() {
17      @SuppressWarnings("deprecation")
18      public void run() {
19          ……//此处省略了数据加载的相关内容，读者可自行查阅随书的源代码
20          handle.sendEmptyMessage(Constant.LOAD_COMPLETE);
21  }}.start();
```

- 第 1～15 行创建一个新的 Handler，当 Handler 收到不同编号的消息时，执行不同的任务。Handler 还能接收数据，通过将数据放入 Bundle 再用 Handler 发送消息来实现。
- 第 16～21 行创建数据加载线程。等到将数据全部获取后，发送更新界面的 Message 给 Handler。

> **说明** 联网获取数据是阻塞线程，为了防止程序失去响应，必须将其操作放在一个单独的线程中来。更改界面的操作只能在主线程中运行，所以需要通过 Handler 来处理。

9.9 Android 客户端与服务器连接的实现

上面文章已经介绍了 Android 客户端各个功能模块的实现，这一节将介绍上述功能模块与服务区连接的开发，包括设置 IP 测试连接功能的验证等，读者可以根据需要查看随书了解更多信息。

9.9.1 Android 客户端与服务器连接中的各类功能

这一小节将介绍 Android 客户端与服务器连接中各类功能实现所利用的工具类的代码实现，首先给出工具类 NetInfoUtil 的部分代码框架，具体代码如下。

> 代码位置：见随书源代码/第 9 章/BNMusic/app/src/main/java/com/example/util 目录下的 NetInfoUtil.java。

```
1   package com.example.util;
2   ……//此处省略导入类的代码，读者可自行查阅随书附带的源代码
3   public class NetInfoUtil{
4       ……//此处省略变量定义的代码，请自行查看源代码
5       public static void connect() throws Exception{/*通信建立*/}
6       public static void disConnect(){/*通信关闭*/}
7       public static List<String[]> searchSong(String info){/*搜索歌曲*/}
8       public static List<String[]> getSongListWithAlbum(String info){/*根据专辑名获得歌曲*/}
9       public static List<String[]> getSongListWithSinger(String info){/*根据歌手名
            获得歌曲名*/}
10      public static byte[] getPicture(String aid){/*获得专辑图片*/}
11      public static List<String[]> getSongList(){/*获得歌曲信息*/}
12       public static List<String[]> getSingerList(){/*获得歌手信息*/}
13       public static List<String[]> getAlbumsList(){/*获得专辑信息*/}
14       public static List<String[]> getSingerListTop(){/*获得前 3 名歌手信息*/}
15       public static List<String[]> getAlbumsListTop(){/*获得前 3 名专辑信息*/}
16  }
```

> 说明　NetInfoUtil 工具类，用来封装耗时的工作。通过封装的工作，能让程序更加有序、易读。上述方法是完成不同功能的部分方法，下面将会继续进行部分方法的开发介绍，其他方法读者可根据随书自行查看。

9.9.2 Android 客户端与服务器连接中各类功能的开发

上一小节已经介绍了 Android 客户端与服务器连接的各类的功能实现的工具类的代码框架，接下来将继续上述功能的具体开发。

（1）下面介绍上一节省略的通信的建立和关闭方法，将 Socket 的连接和关闭写入单独的方法，避免了代码的重复，实现的具体代码如下。

> 代码位置：见随书源代码/第 9 章/BNMusic/app/src/main/java/com/example/util 目录下的 NetInfoUtil.java。

```
1   public static void connect() throws Exception{           //通信建立
2       ss = new Socket();                                   //创建一个 ServerSocket 对象
3       SocketAddress socketAddress =
4           new InetSocketAddress(MusicApplication.socketIp, 8888);//绑定到指定 IP 和端口
5       ss.connect(socketAddress, 5000);                     //设置连接超时时间
6       din=new DataInputStream(ss.getInputStream());        //创建新数据输入流
7       dos=new DataOutputStream(ss.getOutputStream());      //创建新数据输出流
8   }
9   public static void disConnect(){                         //通信关闭
10      if(dos!=null)                                        //判断输出流是否为空
11          try{dos.flush();}catch(Exception e){e.printStackTrace();}  //清缓冲
12      if(din!=null)                                        //判断输入流是否为空
13          try{din.close();}catch(Exception e){e.printStackTrace();}   //关闭输入流
14      if(ss!=null)                                         //ServerSocket 对象是否为空
15          try{ss.close();}catch(Exception e){e.printStackTrace();}//关闭 ServerSocket 连接
16  }
```

- 第 1~8 行为建立与服务器端通信的连接方法。首先新建一个 socket，之后为 socket 设置 IP、端口和连接超时时间，其中超时时间单位为毫秒。最后创建数据的输入流和输出流，为之后与服务器端进行数据交互做准备。
- 第 9~16 行为断开与服务器端通信的注销方法。判断输入输出流与 socket 是否存在，如果存在则清理缓冲并且关闭。

> **说明** 任何与服务器端的通信都要在代码首尾分别执行这两个方法。其次，播放器的默认 IP 为 10.16.189.156。读者在运行百纳音乐播放器网络音乐的功能之前，需单击主界面右上角 IP 按钮，将地址改为服务器端所在局域网的 IP 地址。

（2）下面介绍 NetInfoUtil 框架搜索歌曲功能 searchSong、根据专辑名获取歌曲名功能 getSongListWithAlbum 和根据歌手名获取歌曲名功能 getSongListWithSinger 的开发。

> **代码位置**：见随书源代码/第 9 章/BNMusic/app/src/main/java/com/example/util 目录下的 NetInfoUtil.java。

```
1   public static List<String[]> searchSong(String info) {    //搜索歌曲信息
2       try {
3           connect();                                         //通信的连接
4           dos.writeUTF("<#SEARCH_SONG#>" + info);            //将信息写入流
5           message = din.readUTF();                           //将流中读取的数据放入字符串中
6       }catch (Exception e){
7           e.printStackTrace();}
8       finally {
9           disConnect();                                      //通信的关闭
10      }
11      return StrListChange.StrToList(message);               //返回搜索到的歌曲信息列表
12  }
13  public static List<String[]> getSingerListTop(){           //获得前 3 名歌手信息
14      try{
15          connect();                                         //通信的连接
16          dos.writeUTF("<#GET_SINGERLISTTOP#>");              //将信息写入流
17          message=din.readUTF();                             //将流中读取的数据放入字符串中
18      }catch(Exception e){
19          e.printStackTrace();}
20      finally{
21          disConnect();                                      //通信的关闭
22      }
23      return StrListChange.StrToList(message);               //返回前 3 名歌手信息列表
24  }
25  public static List<String[]> getAlbumsListTop(){           //获得前 3 名专辑信息
26      try{
27          connect();                                         //通信的连接
28          dos.writeUTF("<#GET_ALBUMLISTTOP#>");               //将信息写入流
29          message=din.readUTF();                             //将流中读取的数据放入字符串中
30      }
31      catch(Exception e){
32          e.printStackTrace();}
33      finally{
34          disConnect();                                      //通信的关闭
35      }
36      return StrListChange.StrToList(message);               //返回前 3 名专辑信息列表
37  }
```

- 第 1~12 行为搜索歌曲信息功能的方法，根据给出的歌手名、歌曲名或是专辑名判断是否有对应的歌曲信息，如果有歌曲则返回相应的歌曲信息列表。
- 第 13~24 行为获取前 3 名歌曲信息功能的方法，检索歌曲表中前 3 名歌曲的信息，返回相应的歌曲信息列表。
- 第 25~37 行为获取前 3 名歌手信息功能的方法，检索歌手表中前 3 名歌手的信息，返回相应的歌手信息列表。

（3）由于获取歌手信息功能、获取专辑信息功能和获取歌曲信息功能相似，代码基本相同，此处就不做介绍。下面介绍 NetInfoUtil 框架获取歌曲信息功能 getSongList 和获取专辑图片功能 getPicture 的开发。

代码位置：见随书源代码/第 9 章/BNMusic/app/src/main/java/com/example/util 目录下的 NetInfoUtil.java。

```
1   public static List<String[]> getSongList(){        //获得歌曲目录
2       try{
3           connect();                                  //通信的连接
4           dos.writeUTF("<#GET_SONGLIST#>");          //将信息写入流
5           message=din.readUTF();                     //将流中读取的信息放入字符串中
6       }catch(Exception e){
7           e.printStackTrace();}
8       finally{
9           disConnect();                              //通信的关闭
10      }
11      return StrListChange.StrToList(message);       //返回歌曲信息列表
12  }
13  public static byte[] getPicture(String aid){       //获得专辑图片
14      try{
15          connect();                                  //通信的连接
16          dos.writeUTF("<#GET_PICTURE#>"+aid);       //将信息写入流
17          data=IOUtil.readBytes(din);                //将流中读取的信息放入字符串中
18      }catch(Exception e){
19          e.printStackTrace();}
20      finally{
21          disConnect();                              //通信的关闭
22      }
23      return data;                                    //返回 byte 数组
24  }
```

- 第 1~12 行为获取歌曲目录信息功能的方法，获取歌曲表的所有歌曲信息，以列表的形式返回所有的歌曲信息。
- 第 13~24 行为获取专辑图片功能的方法，根据传来的专辑名称获取此专辑的图片信息，如果此专辑有图片，则返回专辑图片的 byte 数组。

> **说明**　上述代码介绍了测试连接功能的实现，调用 connect()方法后，通过 writeUTF()方法将信息写入流中，然后通过 readUTF()方法将从流中读取的数据放入相应的字符串中，最后通过工具类转换成需要的格式并返回。

9.9.3　其他方法的开发

上面的介绍中省略了 NetInfoUtil 中的一部分方法和其他类中的一些变量的定义，但是想要完整实现各功能是需要所有方法合作的。这些省略的方法并不是不重要，只是篇幅有限，无法一一详细介绍，请读者自行查看随书的源代码。

9.10　本章小结

本章对百纳音乐播放器 PC 端、服务器端和 Android 客户端的功能及实现方式进行了简要的讲解。本系统实现音乐播放器管理的基本功能，读者在实际项目开发中可以参考本系统，对系统的功能进行优化，并根据实际需要加入其他相关功能。

> **说明**　鉴于本书的宗旨为主要介绍 Android 项目开发的相关知识，因此，本章主要详细介绍了 Android 客户端的开发，对数据库、服务端、PC 端的介绍比较简略，不熟悉的读者请进一步参考其他的相关资料或书籍。

第 10 章　中学教育 AR 应用——化学可视体验

随着图形识别和渲染技术的高速发展，移动手持设备在增强现实方面的技术日趋成熟。人们在移动设备上可以体验到比以往更加真实的视觉冲击和立体效果，同时伴随着人们对增强现实类应用的青睐，使得此类手机应用得到了迅速的发展。

本章介绍的应用"化学可视体验"是开发的一款基于 Android 平台的增强现实类应用，下面将对本应用进行详细的介绍。通过本章的学习，读者将对 Android 平台下的结合增强现实技术的应用开发流程有更深了解。

10.1　背景以及功能概述

本节将对本应用的开发背景进行详细的介绍，并对其功能进行简要概述。读者通过对本节的学习，将会对本应用的整体有一个简单的认知，明确本应用的开发思路，直观了解本应用所实现的功能和所要达到的各种效果。

10.1.1　开发背景概述

增强现实技术是一种将真实世界信息和虚拟世界信息"无缝"集成的新技术，其中包含了多媒体、三维建模、场景融合等新型手段。此技术在三维尺度空间中实时定位并绘制虚拟物体，可广泛应用到军事、医疗、建筑、教育、工程、影视、娱乐等领域。

随着增强现实技术的高速发展，基于此技术的应用和游戏如雨后春笋般涌现出来。如风靡全球的口袋动物园、星空导游等等（见图 10-1、图 10-2）。由于此类项目在渲染上突破了空间的局限性，与真实世界进行实时交互，其独特的呈现效果常常让用户叹为观止，因此深受广大用户的喜爱。

▲图 10-1　口袋动物园

▲图 10-2　星空导游

化学可视体验是一款结合 Vuforia 引擎用于化学初级教育的应用。打开应用后进入体验界面，加载对应的数据包后将设备的照相机对准资料卡片上的二维码部分即可在屏幕上显示出对应的三维立体模型。另外，用户还可通过滑动屏幕来实现对模型的旋转。

> 说明：Vuforia 扩增实境软件开发工具，是高通推出的针对移动设备扩增实境应用的软件开发工具。它利用计算机视觉技术实时识别和捕捉平面图像或简单的三维物体，允许开发者通过照相机取景器放置虚拟物体并调整物体在镜头前实体背景上的位置。

化学可视体验还有语音讲解功能和截屏功能，可帮助刚刚接触化学的青少年快速建立起对各种化学仪器和分子结构的整体认知。由于本应用使用了增强现实技术，画面渲染更加精美，引人入胜，用户在学习的过程中会保持浓厚的兴趣，完全不会觉得枯燥无味。

10.1.2 应用功能简介

前一个小节简单地介绍了本应用的开发背景，本小节将对该应用的主要功能及用户界面进行简单的介绍。包括应用 UI 界面的展示、按钮的功能详细介绍以及使用流程的展示。下面将以图文并茂的方式对其进行深入介绍。

（1）运行应用，首先进入的是欢迎界面，如图 10-3 所示。经过欢迎界面后进入应用的主菜单界面，如图 10-4 所示，这里是本应用的中转站，从这里可以通过单击不同的功能按钮进入到不同的界面。

▲图 10-3　欢迎界面

▲图 10-4　主菜单界面

（2）单击主菜单界面右下角的按钮进入关于界面，如图 10-5 所示，单击按钮之后关于界面从下方移动到当前位置。关于界面中显示了我们开发团队的相关信息。单击箭头可返回到主菜单按钮。如图 10-6 所示，单击主菜单界面的帮助按钮可进入帮助界面。

▲图 10-5　关于界面

▲图 10-6　帮助界面

（3）单击主菜单界面的进入体验按钮进入选择模型类别界面，如图 10-7 所示，用户可在此界面中选择模型类别。黄色名称的类别可进行体验，否则用户需要到数据包管理界面下载。数据包管理界面如图 10-8 所示，用户单击类别的下载按钮即可进行下载。

▲图 10-7 选择模型类别界面

▲图 10-8 数据包管理界面

（4）用户在选择模型类别界面中单击了某种模型类别的名称之后即可进入加载界面。如图 10-9 所示，在加载界面中，加载进度条显示模型相关数据的加载进度。如图 10-10 所示，在模型相关数据完全加载完毕后即可进入体验界面。

▲图 10-9 加载界面

▲图 10-10 体验界面

（5）进入体验界面后，用户可将设备后置摄像头对准资料卡片的二维码部分，屏幕将会出现对应模型的图像信息，如图 10-11 所示。通过滑动屏幕可以使模型进行旋转。用户还可以单击左上角的按钮开启语音讲解功能，单击右下角的按钮进行截屏，如图 10-12 所示。

▲图 10-11 绘制模型界面

▲图 10-12 旋转模型后

10.2 应用的策划及准备工作

上一节介绍了本应用的开发背景和部分功能，本节主要对应用的策划和开发前的一些准备工作进行介绍。在应用开发之前做一个细致的准备工作可以起到事半功倍的效果。准备工作大体上包括主体策划、相关美工及音效准备等。

10.2.1 应用的策划

本节将对本应用的具体策划工作进行简单的介绍。在项目的实际开发过程中，要想使自己将要开发的项目更加地具体、细致和全面，需要准备一个相对完善的策划工作，这样可以使开发事半功倍，读者在以后的实际开发过程中将有所体会，本应用的策划工作如下所示。

● 应用类型

本应用是以 OpenGL ES 3.0 作为开发工具，以 Java 作为开发语言开发的一款用于化学基础教育的应用。应用中结合了增强现实技术，实时在三维世界中对模型进行定位渲染，教学过程更加有趣。

● 运行目标平台

运行平台为 Android 2.2 或者更高的版本。

● 目标受众

本应用以手持移动设备为载体，大部分 Android 平台手持设备均可安装。本应用呈现方法新颖，画面渲染真实，对传统教育方式进行革新，使用户在有趣的操作过程中轻松完成对知识的学习。适合广大青少年和对化学感兴趣的其他年龄段的人群使用。

● 操作方式

本应用操作十分简单。用户在体验界面可通过滑动屏幕实现对模型的旋转。单击屏幕左上的语音按钮即可开启对此模型的语音讲解功能。单击屏幕右下角的按钮可完成截屏操作，方便用户在学习过程中记录重点和难点，进一步提高学习效率。

● 呈现技术

本应用以 OpenGL ES 3.0 为开发工具，使用多个着色器对应用中的各个部分有针对性地进行美化，并结合增强现实技术，使画面有很强的立体感。用户将在应用中获得绚丽真实的视觉体验。

10.2.2 开发前的准备工作

上一节对本应用的策划工作进行了简单介绍。本节将对开发之前的准备工作，包括相关的图片、声音、模型等资源的选择与用途进行简单介绍，介绍内容包括资源的资源名、大小、像素（格式）以及用途和各资源的存储位置并将其整理列表。具体如下。

（1）首先对本应用中所用到的背景图片和按钮图片资源进行介绍，应用中将其中部分图片制作成图集，在这里将依次介绍，介绍内容包括图片名、图片大小（KB）、图片像素（W×H）以及图片的用途，所有按钮图片资源全部放在项目文件 app/src/main/assets/pic/文件夹下，如表 10-1 所示。

表 10-1   图片资源

图片名	大小（KB）	像素（W×H）	用途
about.png	19.9	128×128	主菜单界面关于按钮图片
aboutC.png	22.3	512×256	关于界面文字介绍图片
back.png	2.98	64×64	关于界面返回按钮图片
bg_back.png	204	1024×512	主菜单界面帮助按钮图片
blackcircle.png	3.08	128×128	帮助界面中黑色圆点图片
close.png	34.6	256×128	主菜单界面退出按钮图片
datamanager.png	21.2	606×176	主菜单数据包管理按钮图片
download.png	35.7	512×512	数据包管理界面下载按钮图片
downloading.png	5.92	256×256	数据包管理界面正在下载图片
experience.png	87.1	512×256	选择模型界面体验类别图片

续表

图片名	大小（KB）	像素（W×H）	用途
goback.png	2.02	256×256	体验界面返回按钮图片
ground.png	4.84	256×256	关于界面的背景图片
help.png	22.9	512×128	主菜单界面帮助按钮图片
help1.png	690	1920×1080	帮助界面第一张图片
help2.png	843	1920×1080	帮助界面第二张图片
help3.png	910	1920×1080	帮助界面第3张图片
into.png	18.2	606×176	主菜单界面进入体验按钮图片
load_bottom.png	3.01	580×40	进度条为空时的图片
load_front.png	1.09	580×37	进度条为满时的图片
screenshot.png	5.51	64×64	体验界面中截屏按钮图片
soundoff.png	25.4	256×256	主菜单界面关闭声音图片
soundon.png	24.2	256×256	主菜单界面开启声音图片
speech.png	19.7	64×64	体验界面中语音讲解按钮图片
title.png	135	600×222	主菜单界面中标题图片
undownload.png	42.0	512×512	数据包管理界面已下载图片
whitecircle.png	3.06	128×128	帮助界面中白色圆点图片

（2）然后对本应用中需要上传到服务器的图片数据进行详细介绍，介绍内容包括图片名、图片大小（KB）、图片像素（W×H）以及这些图片的用途，所有按钮图片资源全部进行打包上传到服务器。具体如表 10-2 所示。

表 10-2　　　　　　　　　　应用中需要上传的图片资源

图片名	大小（KB）	像素（W×H）	用途
instrumentT.png	14.4	512×256	表示仪器模型下载完毕的图片
instrumentTG.png	8.42	512×256	表示仪器模型未下载完毕的图片
moleculeT.png	13.4	512×256	表示分子模型下载完毕的图片
moleculeTG.png	8.00	512×256	表示分子模型未下载完毕的图片
ghxp.png	4.42	512×512	仪器模型的纹理图
load_device.png	52.0	699×90	仪器模型加载顶部图片
load_device_bottom.png	50.5	699×90	仪器模型加载底部图片
modeltexture.png	8.35	256×256	分子模型的纹理图
load_element.png	47.7	699×90	分子模型加载顶部图片
load_element_bottom.png	47.3	699×90	分子模型加载底部图片

（3）本应用中所用到的 3D 模型是用 3d Max 生成的 obj 文件导入的。下面将对其进行详细介绍，介绍内容包括文件名、文件大小（KB）、文件格式以及用途。obj 全部放在对应模型目录的 obj 文件夹下。其详细情况如表 10-3 所示。

表 10-3　　　　　　　　　　　　　　模型文件清单

文件名	大小（KB）	格式	用途	文件名	大小（KB）	格式	用途
ConicalFlask.obj	16.9	obj	锥形瓶模型	RoundFlask.obj	63.1	obj	圆底烧瓶模型
CultureDish.obj	14.3	obj	培养皿模型	SpiritLamp.obj	22.5	obj	酒精灯模型
Cup.obj	30.1	obj	量杯模型	SpiritLampLine.obj	56.5	obj	酒精灯灯芯模型
Cylinder.obj	43.1	obj	量筒模型	SpiritLampTop.obj	10.0	obj	酒精灯灯盖模型
Drier.obj	102	obj	干燥器模型	ThreeGuideTube.obj	114	obj	三头接引管模型
DropPlate.obj	207	obj	点滴板模型	TubeRack.obj	58.5	obj	试管架模型
EvaporatingDish.obj	23.6	obj	蒸发皿模型	Ucuvette.obj	490	obj	U试管模型
LiquidFunnel.obj	57.8	obj	分液漏斗模型	C2H2.obj	170	obj	乙炔模型
OrdinaryFunnel.obj	83.9	obj	普通漏斗模型	C2H4.obj	254	obj	乙烯模型
Research.obj	50.2	obj	研钵模型	CH2O2.obj	244	obj	甲酸模型
CH4.obj	470	obj	甲烷模型	CH4O.obj	302	obj	甲醇模型
CO2.obj	144	obj	二氧化碳模型	H2.obj	37.0	obj	氢气模型
H2O.obj	157	obj	水分子模型	HCl.obj	87.9	obj	氯化氢模型

（4）下面将对本应用中用到的资料卡片文件进行详细介绍。介绍内容包括图片名称、图片大小（KB）、图片像素（W×H）以及这些图片对应的模型，所有图片资源保存在项目目录/media/下。具体如表 10-4 所示。

表 10-4　　　　　　　　　　　　　　资料卡片介绍

图片名	大小（KB）	像素（W×H）	用途
C2H2.png	347	1700×1100	包含乙炔的二维码及介绍信息
C2H4.png	386	1700×1100	包含乙烯的二维码及介绍信息
CH2O2.png	370	1700×1100	包含甲酸的二维码及介绍信息
CH4.png	361	1700×1100	包含甲烷的二维码及介绍信息
CH4O.png	364	1700×1100	包含甲醇的二维码及介绍信息
CO2.png	398	1700×1100	包含二氧化碳的二维码及介绍信息
ConicalFlask.png	447	1700×1100	包含锥形瓶的二维码及介绍信息
CultureDish.png	558	1700×1100	包含培养皿的二维码及介绍信息
Cup.png	362	1700×1100	包含量杯的二维码及介绍信息
Cylinder.png	382	1700×1100	包含量筒的二维码及介绍信息
Drier.png	476	1700×1100	包含干燥器的二维码及介绍信息
DropPlate.png	453	1700×1100	包含点滴板的二维码及介绍信息
EvaporatingDish.png	447	1700×1100	包含蒸发皿的二维码及介绍信息
H2.png	351	1700×1100	包含氢气的二维码及介绍信息
H2O.png	375	1700×1100	包含水分子的二维码及介绍信息
HCl.png	385	1700×1100	包含氯化氢的二维码及介绍信息
LiquidFunnel.png	438	1700×1100	包含分液漏斗的二维码及介绍信息
O2.png	359	1700×1100	包含氧气的二维码及介绍信息

续表

图片名	大小（KB）	像素（W×H）	用途
OrdinaryFunnel.png	398	1700×1100	包含普通漏斗的二维码及介绍信息
Research.png	356	1700×1100	包含研钵的二维码及介绍信息
RoundFlask.png	434	1700×1100	包含圆底烧瓶的二维码及介绍信息
SpiritLamp.png	440	1700×1100	包含酒精灯的二维码及介绍信息
ThreeGuideTube.png	443	1700×1100	包含三头接引管的二维码及介绍信息
TubeRack.png	420	1700×1100	包含试管架的二维码及介绍信息
Ucuvette.png	355	1700×1100	包含U试管的二维码及介绍信息

10.2.3 资料卡片的结构及制作

上文中已经介绍了本应用的功能，从中可以看出资料卡片的制作也是很重要的。本节将详细介绍资料卡片的相关信息。资料卡片中内容主要包括模型的名称、文字简介和二维码部分。图10-13为乙炔及二氧化碳的资料卡片，下面将以乙炔的资料卡片为例介绍资料卡片的开发步骤。

▲图10-13 乙炔及二氧化碳的资料卡片

（1）首先介绍的是资料卡片中二维码部分的制作过程。现在市面中有很多网站提供二维码的制作服务。笔者使用的是联图网的二维码生成服务。进入联图官方网站后，找到文字输入框。如图10-14所示。

（2）在文本输入框处输入对应模型的名称。因为当前介绍的模型为乙炔，所以可在文本输入框处输入 C2H2。并找到右下角的选项框。单击嵌入文字选项，输入要嵌入的文字。最后单击保存图片，即可将二维码下载下来。如图10-15所示。

▲图10-14 文字输入框

▲图10-15 选项框

（3）资料卡中只有二维码部分与扫描部分有关系。其余部分可由开发者自行设计。最后只需将上一步骤中得到的二维码加进来即可。

10.2.4 Vuforia 部分的配置

（1）首先登录 Vuforia 的开发者网站，如图 10-16 所示。单击 Log In 按钮进行账号登录。没有账号的读者可单击 Register 按钮进行注册，此处不再赘述。

（2）登录完成后进入 Develop 标签下的 Target Manager 页面，如图 10-17 所示。单击 Add Database 按钮。进入添加数据界面。

▲图 10-16　Vuforia 开发者网站

▲图 10-17　Target Manager 页面

（3）添加数据页面如图 10-18 所示。在 Name 框中填写要创建数据包的名称。Type 选项框中选择 Device。单击 Create 按钮。

（4）如图 10-19 所示是 Add Target 页面中的一部分，Type 选择 Single Image 选项，File 项选择制作好的二维码图片。Width 项填写图片的宽度。Name 项填写可追踪目标的名称。确认无误后单击 Add 按钮。

▲图 10-18　Create Database 页面

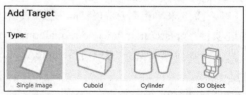

▲图 10-19　Add Target 部分页面

（5）如图 10-20 所示，在添加完所有图片后可单击右上角的 Download Dataset（All）按钮，进入数据包的下载页面。

▲图 10-20　添加成功页面

（6）如图 10-21 所示为数据包下载页面，保持默认选项即可。选择 Download 按钮，自动跳转到下载页面。下载的压缩包中包括两个文件。后缀分别为.dat 和.xml。本项目中将这两个文件放在 app/src/main/assets/xml/ 目录下，并在 app/src/main/java/com/bn/ar/activity/StereoRendering.java 中进行配置。

（7）下面进入 Develop 标签下的 License Manager 页面。如图 10-22 所示。单击 Add License Key 按钮，进入申请许可的页面。

（8）接下来会跳转到申请许可的页面。如图 10-23 所示用户需要在 Application Name 中填写程序的名称。其他选项保持默认即可。确认无误后单击 Next 按钮。

▲图 10-21　下载数据包页面

▲图 10-22　License Manager 页面

（9）核对相关信息的页面如图 10-24 所示。开发者需要核对程序名称、许可的级别等信息。确认无误后勾选确认框。单击 Confirm 按钮。

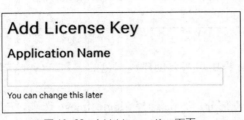
▲图 10-23　Add License Key 页面

▲图 10-24　Confirm License Key 页面

（10）上述步骤完成以后浏览器自动跳转到 License Manager 页面，并且页面上出现刚才添加成功的信息。如图 10-25 所示。

（11）接下来单击对应的名称。进入查看 License Key 的页面中，见图 10-26。将对应字符串添加进项目 app/src/main/java/com/qualcomm/vuforia/ 目录中的 SampleApplicationSession.java 文件中。具体添加位置详见后文中对 SampleApplicationSession.java 类的介绍。

▲图 10-25　License Manager 页面

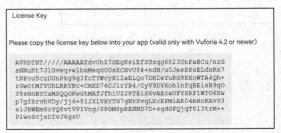
▲图 10-26　查看 License Key

10.2.5　服务器端数据包简介

前文中已经对应用中用到的资源进行了介绍。部分资源需要放在服务器中。本应用运行时，会连接服务器执行下载任务。本节将会对服务器上的数据包结构和功能进行介绍。

（1）首先介绍的是服务器端数据包的结构。在本应用中，在服务器端的所有数据都存放在名称为 huaxue 的文件夹中，并放置在 tomcat 的 webapps 目录下。如图 10-27 所示。

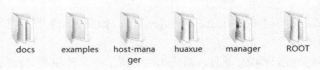
▲图 10-27　tomcat 的 webapps 目录

（2）打开 huaxue 文件夹，文件结构如图 10-28 所示。device.zip 和 element.zip 分别为仪器模型和分子模型的相关数据。后缀为.png 的图片为显示模型类别的纹理。package_list.txt 文件中存储着模型编号和相关数据的下载地址。type.txt 中存储着模型名称。

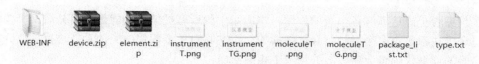

▲图 10-28　huaxue 文件夹中的文件结构

（3）下面将以 device.zip 为例介绍压缩包内存储的数据。将其解压并打开，文件结构如图 10-29 所示。devicecard 中存储的是仪器模型的资料卡图片。obj 文件夹存储的是 obj 文件。readcontent 中存放的是讲解内容。texture 中存放的是模型的纹理。

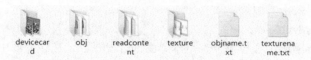

▲图 10-29　device 文件夹中的文件结构

（4）下面介绍 device 文件夹中剩余的两个文本文件的作用。objname.txt 存储所有仪器模型的名称。texturename.txt 中存储的是文件加载时进度条和文字介绍的纹理图。

（5）压缩包的文件结构已经基本介绍完毕，接下来详细介绍 huaxue 文件夹中 package_list.txt 中的内容，如图 10-30 所示。每个模型种类都要在其中存储 6 项信息，并用"|"分割。具体介绍如下。

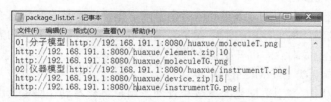

▲图 10-30　package_list.txt 中的内容

- 第一项内容为此类模型的编号。
- 第二项内容为此类模型的名称。
- 第三项内容为下载地址。下载内容为在客户端显示此类模型名称的黄色纹理图。
- 第四项内容为在服务器上下载此类模型压缩包的地址。
- 第五项内容为此类模型中包含模型的总个数。
- 第六项内容为下载地址。下载内容为在客户端显示此类模型名称的灰色纹理图。

 说明　　在下载地址中 192.168.191.1 为数据所在服务器的 IP 地址。如果用户需要更改 IP 只需要用自己架设的服务器 IP 地址替换掉文件中 192.168.191.1 字段即可。

10.3　应用的架构

上节对应用开发前的策划工作和准备工作进行了简单的介绍。本节将介绍本应用的整体架构以及对应用中的各个界面进行简单的介绍，读者通过在本节的学习可以对本应用的整体开发思路有一定的了解并对本应用的开发过程更加熟悉。

10.3.1 各个类的简要介绍

为了使读者更好地理解各个类的作用，本应用中的所有类按照功能划分可分成 7 个模块进行介绍。每个模块都是由多个类相结合而组成的。下文将对各个模块中类的功能进行简要介绍。而对于各个类的详细代码将会在后面的章节中相继给出。

1. 界面相关类

- 欢迎界面类 StereoRendering

此类负责绘制本应用的欢迎动画，在此同时，完成对语音讲解的有关组件的配置，并且初始化 Vuforia 的相关部分。用户在该界面中可以通过单击按钮进入其他界面，如体验界面、数据包管理界面、帮助界面、关于界面等。

- 主菜单界面类 MenuView

此类是转向各个界面的中心控制类也是本界面的开发重点。在该界面中用户可以通过单击按钮进入其他界面，如体验界面、数据包管理界面、帮助界面、关于界面等，还可以对音效是否开启进行设置。

- 选择模型界面类 ExperienceView

此类是本应用最重要的类之一。该类中的逻辑为每次进入此界面，都会扫描一次每个类的模型是否储存在用户设备中。用户设备中存在的数据包的模型名称用黄色，可直接进行体验。否则，模型名称为灰色，用户需要到数据包管理界面进行下载。

- 体验界面类 MainView

此类是本应用重点开发的类。该类的渲染中融入了增强现实技术。设备会在屏幕自动扫描是否存在着模型的二维码。如果存在的话，设备会进行定位渲染。语音讲解内容也会和模型数据包的内容进行匹配。匹配成功后即可开始语音讲解。

- 数据包管理界面类 DataManagerView

该类用于实现应用中模型数据包的下载和管理。用户将会看到在服务器上的所有类型的模型信息。单击灰色模型名称后的下载按钮可下载相应的数据包并进行加载。

2. 线程类

- 网络连接下载线程类 URLConnectionThread，其功能是连接网络，并在网络上获取上传到服务器的数据列表。对于数据列表上的项，如果本设备存在，则直接进行加载。否则，需要在网络环境下进行加载，并在此同时开始下载任务。

3. 绘制相关类

- 2D 界面绘制类 BN2DObject

该类用于绘制大部分 2D 界面。只要给定界面的起始坐标、界面的大小、纹理的 id 即可绘制出理想的效果。并且，此类还提供缩放效果，主菜单界面的 3 个实时改变大小的按钮即用此类进行绘制。

- 3D 界面绘制类 LoadedObjectVertexNormalTexture

该类为 3D 场景中物体的绘制，根据传入的顶点数据和矩阵来绘制 3D 物体，且根据传入的法向量数据给着色器传入这些数据来进行光照计算以达到炫酷的光影效果。

- 波浪效果的纹理矩形绘制类 DownLoadingTextureRect

该类用于绘制数据包管理界面中正在下载的按钮。此类与一般的 2D 界面类不同的地方是此类使用一个特殊的着色器，对矩形的位置进行实时计算。用这种方法来实现波浪效果。

- 进度条绘制类 ProgressBarDraw

该类用于进度条的绘制，在程序中向此类传入进度条未开始加载和完全加载完毕的两张纹理图的 id 并且传入加载进度。此类可以根据加载进度实时对纹理进行切换，来达到进度条移动的效果。

4. 管理类

- 着色器管理类 ShaderManager

该类主要负责着色器的管理。此类中存在一个二维数组，包含着程序中使用的所有着色器的名称。应用开始运行时会读取所有的着色器信息，并创建多套着色器程序。如果对着色器有特殊要求，只需要向相应的绘制类中传入对应的着色器程序 id 即可。

- 声音管理类 SoundManager

该类主要负责声音的管理。该类存在一个声音池对象，在初始化的时候将所有的用到的声音放入到声音池中。在需要播放声音的按钮的监听器中调用播放声音的方法即可。

- 纹理管理类 TextureManager

该类主要负责纹理的管理。该类中存在一个数组，包含着所有程序中纹理图的名称。在程序开始运行时，会调用初始化纹理图的方法，把每一张纹理图都初始化，并绑定 id 存储在列表中。如果需要得到纹理 id，则指明纹理名称调用此类中的方法即可。

5. Vuforia 相关类

- 异常类 SampleApplicationException

此类继承了 Exception 类，并且定义了多种错误类型。由于 Vuforia 的初始化过程比较复杂，所以可能导致初始化失败的原因有很多，开发者很难判断初始化失败的原因。而此类存储着错误编号和错误描述。开发者必要时可查看此类的信息来判断错误类型。

- 初始化配置类 SampleApplicationSession

此类实现了 UpdateCallbackInterface 接口，将 Vuforia SDK 的初始化和其他操作放入异步任务内。这样既可以防止多个任务之间发生冲突，同时又保证了 UI 线程进入阻塞状态。

- 控制 Vuforia 的接口类 SampleApplicationControl

此接口中封装了对 Vuforia 进行操控的多种方法，包括对追踪器的设置和初始化。在应用中应该开发一个 activity 类实现此类中的各个方法，并且将 Vuforia 和自己开发的渲染界面进行关联，这样就可以按照开发者的实际需要加入到本应用中。

6. 屏幕自适应相关类

- 屏幕自适应工具类 ScreenScaleUtil

此类主要完成屏幕自适应的相关计算，将原始横屏和竖屏的屏幕长度和宽度存储在这个类中。不同手机由于屏幕分辨率不同，显示结果也会有所不同。将本设备的屏幕信息传入此类的方法中，计算出通过怎样的操作可实现标准的屏幕显示效果。

- 屏幕自适应结果类 ScreenScaleResult

此类用来储存屏幕自适应工具类 ScreenScaleUtil 的计算结果，在程序的触控部分直接使用。类中分别储存着横屏和竖屏两种状态下的左上角 x 坐标、左上角 y 坐标和缩放比例等信息。

7. 工具类

- 下载任务类 DownLoaderTask

此类主要用来将网络上的文件数据下载到本地的类。该类继承了 AsyncTask 类，防止网络状态差而将主线程阻塞。开发者只需要将下载文件的网络地址、在本设备中的存储路径和下载文件的类型传入此类中即可开始下载。

- 加载 3D 模型工具类 LoadUtil

此类主要是在指定的 obj 文件中读取相应信息，构造出渲染 3D 物体用的 LoadedObjectVertexNormalTexture 对象，读取的内容包括顶点坐标、纹理坐标、法向量等。

- 存储系统矩阵状态类 MatrixState

该类实现系统的矩阵变换、矩阵的存储和摄像机位置等，每次绘制物体时，需要从该类得到对应的变换矩阵，是整个 3D 世界绘制的关键类。

- 读取文件和图片的方法类 MethodUtil

该类中主要封装着对文件和图片进行操作的多种方法。由于本应用中读取和加载数据分为从本地直接读取和在网络端读取两种方式，所以在此类中，对文档和图片的操作方式也分为这两种方式，使得对数据的操作更加方便。

- 屏幕截取类 ScreenSave

该类中封装着屏幕截取的方法。在体验界面中，用户单击左上角的截屏按钮会调用此类中的屏幕截取方法，将当前的屏幕信息保存起来，并保存在 SD 的截图保存路径中。

- 解压压缩文件工具类 ZipUtil

该类中包含了对压缩文件进行解压缩操作的方法。由于本应用中下载的模型数据包都是压缩文件，程序不能直接使用，所以下载完毕后应调用本类中的方法，解压到相应目录下以供使用。

10.3.2 应用架构简介

在上一小节中，已经简单介绍了应用中的各个类的作用，在这一节中将介绍一下应用的整体架构，使读者对本应用有更深的理解。接下来将按照程序运行的顺序介绍各个类的作用以及应用的整体框架，如图 10-31 所示。

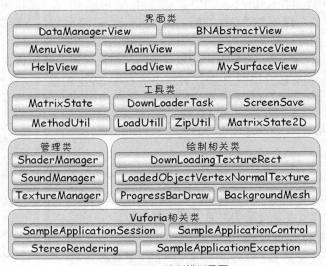

▲图 10-31　绘制模型界面

（1）运行本应用，首先会进入到欢迎界面"StereoRendering"。在此界面中，程序会完成对 Vuforia SDK 的初始化和加载与对设备中的照相机的初始化和启动。此过程中，屏幕上会一直播放欢迎动画，直到初始化工作全部完成，设备会跳转到主菜单页面。

（2）用于显示主菜单界面的"MenuView"下面放置了进入体验、数据包管理、帮助 3 个动态按钮。单击按钮后程序会调用类中的 onTouchEvent 方法，不同的按钮会触发不同的代码来控制相应界面的显示和跳转。

（3）主菜单界面左下角的圆形按钮是关于按钮。用户单击此按钮后，程序实时改变关于界面左上角的坐标，使关于界面会从屏幕下方渐渐移动到屏幕中间。关于界面中描述了本开发团队的信息。用户单击返回按钮后，程序会重新跳转到主菜单按钮。

（4）单击主菜单界面的进入体验按钮进入选择数据包界面"ExperienceView"。单击黄色的模型名称会进入加载界面"LoadView"并读取数据包内的 obj 模型，以供在主体验界面中使用。单击灰色的模型名称会弹出提示信息，提示用户下载相应数据包。

（5）单击主菜单界面的数据包管理按钮进入数据包管理界面"DataManagerView"。若模型名称后的下载按钮为灰色，则说明该类数据包已经存在本设备中。否则说明本地没有此类模型的数据包。用户点下载按钮后开启下载线程。

（6）在初始化数据时，共分为直接从网络上读取数据和在本地设备读取数据两种方式。如果要进行加载的资源在本设备的 SD 卡中存在，则程序直接在本地读取。如果本地没有要加载的资源，就直接在网络上读取，并启动下载线程。

（7）在加载页面中，完成数据的加载后程序会跳转到主体验界面。在主体验界面中，程序会对资料卡片上的二维码进行追踪。一旦检测到二维码和模型名称匹配就会寻找相应的模型，在屏幕二维码的位置上绘制一个三维立体模型。

（8）在初始化数据的过程中，程序会对数据包中的模型讲解内容进行加载。如果用户单击左上角的语音讲解功能，则程序会调用 speak 方法，找到模型对应的文字讲解内容开启语音朗读功能。

（9）在主体验界面中，如果用户单击右下角的屏幕截取按钮，则程序会调用屏幕截取类工具类 ScreenSave 中的截屏方法，抓取屏幕的显示画面生成一张图片，自动保存在截图路径下。

（10）在每一个界面上都存在返回按钮。用户单击返回按钮后会切换到上一界面。在主菜单界面上，单击退出按钮弹出 toast 消息，用户确认是否要退出应用。

10.4 Vuforia 相关类

上一节对应用的整体架构进行了介绍，从本节开始将依次介绍本应用中各个界面的开发。首先介绍的是本案例中的欢迎界面，该界面在应用开始时呈现，负责 Vuforia 的控制和照相机的初始化。下面将对其进行详细介绍。具体如下。

（1）开发 Vuforia 的异常类 SampleApplicationException。由于初始化 Vuforia SDK 和相机时可能有多种类型的错误导致应用崩溃，所以需要此类声明多种异常类型。在程序抛出异常时，可方便确定发生异常的原因。发生此类的详细代码如下。

> 代码位置：见随书源代码/第 10 章/Chemistry/app/src/main/java /com/qualcomm/vuforia 目录下的 SampleApplicationException.java。

```
1    package com.qualcomm.vuforia;
2    ……//此处省略了部分类和包的引入码，读者可自行查阅源代码
3    public class SampleApplicationException extends Exception {
4        private static final long serialVersionUID = 2L;  //序列化时保持版本兼容性
5        public static final int INITIALIZATION_FAILURE = 0;//初始化Vuforia SDK过程中失败
```

```
 6      public static final int VUFORIA_ALREADY_INITIALIZATED = 1;   //Vuforia SDK 已经初始化
 7      public static final int TRACKERS_INITIALIZATION_FAILURE = 2; //跟踪器初始化失败
 8      public static final int LOADING_TRACKERS_FAILURE = 3;        //加载跟踪器失败
 9      public static final int UNLOADING_TRACKERS_FAILURE = 4;      //反初始化跟踪器失败
10      public static final int TRACKERS_DEINITIALIZATION_FAILURE = 5;//跟踪器反初始化失败
11      public static final int CAMERA_INITIALIZATION_FAILURE = 6;   //相机初始化失败
12      public static final int SET_FOCUS_MODE_FAILURE = 7;          //对焦失败
13      public static final int ACTIVATE_FLASH_FAILURE = 8;          //开始动画失败
14      private int mCode = -1;                                      //初始化错误编码
15      private String mString = "";                                 //初始化错误描述
16      public SampleApplicationException(int code, String description) {//异常类的构造器
17          super(description);
18          mCode = code;                                            //传入错误编码
19          mString = description;                                   //传入错误描述
20      }
21      public int getCode() {                                       //返回错误编码的方法
22          return mCode;                                            //返回错误编码
23      }
24      public String getString() {                                  //返回错误描述的方法
25          return mString;                                          //返回错误描述
26  }}
```

- 第 4 行初始化了 serialVersionUID，其作用是序列化时保持版本的兼容性，即在版本升级时反序列化仍保持对象的唯一性。
- 第 5~13 行定义了多种异常类型的编号，以便在操作过程中选择相应的异常类型创建异常类，及时抛出异常信息。
- 第 16~23 行为获得异常编号和描述信息的方法，方便开发者在调试时判断抛出异常的原因。

（2）接下来介绍的是 Vuforia 的控制接口 SampleApplicationControl。此接口包含了对追踪器的基本操作方法。在 activity 类中可重写本接口中的相关方法，以满足开发者的具体开发需要。详细代码如下。

📌 **代码位置**：见随书源代码/第 10 章/Chemistry/app/src/main/java/com/qualcomm/vuforia 目录下的 SampleApplicationControl.java。

```
 1  package com.qualcomm.vuforia;
 2  ……//此处省略了部分类和包的引入码，读者可自行查阅源代码
 3  public interface SampleApplicationControl{
 4      boolean coInitTrackers();                                    //初始化追踪器
 5      boolean coLoadTrackersData();                                //加载追踪器
 6      boolean coStartTrackers();                                   //启动追踪器
 7      boolean coStopTrackers();                                    //停止追踪器
 8      boolean coUnloadTrackersData();                              //删除追踪器数据
 9      boolean coDeinitTrackers();                                  //反初始化追踪器
10      void onInitARDone(SampleApplicationException e);             //停止当前任务
11      void onQCARUpdate(State state);                              //跳转下一步骤调用的方法
12  }
```

- 第 4~9 行定义了对追踪器进行初始化、加载、启动、停止、反初始化等的操作方法。
- 第 10 行的方法对调用的时机有要求。应在 Vuforia 初始化完毕，追踪器初始化且数据加载完毕，准备启动时调用。

（3）接下来介绍的是对 SDK 和相机的配置类 SampleApplicationSession。此类中实现了 UpdateCallbackInterface 接口，可不断执行更新数据的相关代码，保证各个初始化过程时的衔接。此类的详细代码如下。

📌 **代码位置**：见随书源代码/第 10 章/Chemistry/app/src/main/java/com/qualcomm/vuforia 目录下的 SampleApplicationSession.java。

```
1  package com.qualcomm.vuforia;
2  ……//此处省略了部分类和包的引入码，读者可自行查阅源代码
3  public class SampleApplicationSession implements UpdateCallbackInterface {
```

```
4          private static final String LOGTAG = "Vuforia_Sample_Applications";  //显示信息
5          private Activity mActivity;                                  //对当前 activity 的引用
6          private SampleApplicationControl mSessionControl;            //vuforia 的控制接口
7          private boolean mStarted = false;                            //AR 是否在运行
8          private boolean mCameraRunning = false;                      //照相机是否正在运行
9          private int mScreenWidth = 0;                                //用来存储设备的屏幕宽度
10         private int mScreenHeight = 0;                               //用来存储设备的屏幕高度
11         private InitVuforiaTask mInitVuforiaTask;                    //初始化 Vuforia 的异步任务
12         private LoadTrackerTask mLoadTrackerTask;                    //加载追踪器的异步任务
13         private Object mShutdownLock = new Object();                 //操作过程中被加锁的对象
14         private int mVuforiaFlags = 0;                               //使用 openGL 的版本
15         private int mCamera = CameraDevice.CAMERA.CAMERA_DEFAULT;    //表示照相机的默认模式
16         private Matrix44F mProjectionMatrix;                         //存储投影矩阵
17         private boolean mIsPortrait = false;                         //屏幕是否处在竖屏模式
18         public SampleApplicationSession(SampleApplicationControl sessionControl) {
           //此类的构造器
19             mSessionControl = sessionControl;                        //将引用指向传进的参数
20         }
21         public Matrix44F getProjectionMatrix() {                     //获取用于渲染的投影矩阵
22             return mProjectionMatrix;                                //返回投影矩阵信息
23         }
24         public void onConfigurationChanged() {                       //布局改变时进行管理的方法
25             updateActivityOrientation();                             //更新 Activity 的横屏竖屏设置
26             storeScreenDimensions();                                 //保存屏幕尺寸
27             if (isARRunning()) {                                     //判断 AR 是否正在运行
28                 configureVideoBackground();                          //配置视频背景
29                 setProjectionMatrix();                               //更新投影矩阵
30     }}
31         ……//此处省略了本类的其他方法,下文会详细介绍
32     }
```

- 第 13 行声明并创建了一个对象。它的作用是同步 Vuforia 初始化、数据加载、销毁事件。当数据正在被读取的时候程序被销毁,程序会执行完加载操作后再停止 Vuforia。
- 第 15 行的值表示相机的运行模式。相机有多种运行模式,此处用了相机默认的模式进行配置,既能保证功耗较少,又能保证基本的效果。
- 第 24~30 行为设备布局改变时进行管理的方法。当布局发生改变时,设备会检测当前的屏幕是横屏还是竖屏,并将其他参数保存下来,以保证屏幕的显示效果。

(4) 接下来介绍的是初始化 AR 的相关代码。此类中包含了初始化 Vuforia 的异步任务和设置屏幕重力变换朝向和屏幕模式等。并且考虑到在初始化过程中可能出现的多种异常,代码中针对多种异常设计了处理异常的逻辑。其详细代码如下。

代码位置:见随书源代码/第 10 章/Chemistry/app/src/main/java/com/qualcomm/vuforia 目录下的 SampleApplicationSession.java。

```
1   public void initAR(Activity activity, int screenOrientation) {  //初始化 AR 的方法
2       SampleApplicationException vuforiaException = null;         //声明一个异常类的引用
3       mActivity = activity;                                       //将引用指向当前的 activity 对象
4       //如果显示模式为物理感应器决定显示方向
5       if ((screenOrientation == ActivityInfo.SCREEN_ORIENTATION_SENSOR) &&
6       (Build.VERSION.SDK_INT > Build.VERSION_CODES.FROYO))         //并且版本号高于 2.2
7           //表示根据重力变换朝向
8           screenOrientation = ActivityInfo.SCREEN_ORIENTATION_FULL_SENSOR;
9       mActivity.setRequestedOrientation(screenOrientation);        //设置屏幕模式
10      updateActivityOrientation();                                 //更新 activity 的显示模式
11      storeScreenDimensions();                                     //查询并记录屏幕尺寸
12      mActivity.getWindow().setFlags(                              //设置窗体始终点亮
13              WindowManager.LayoutParams.FLAG_KEEP_SCREEN_ON,
14              WindowManager.LayoutParams.FLAG_KEEP_SCREEN_ON);
15      mVuforiaFlags = Vuforia.GL_20;                               //使用 OpenGL ES 3.0 版本
16      if (mInitVuforiaTask != null) {                              //已经初始化了 Vuforia SDK
17          String logMessage = "Cannot initialize SDK twice";       //增加异常描述
18          vuforiaException = new SampleApplicationException(       //新建异常类
19              SampleApplicationException.VUFORIA_ALREADY_INITIALIZATED,//异常类型
20              logMessage);                                         //异常描述
```

```
21          Log.e(LOGTAG, logMessage);                       //显示异常信息
22      }
23      if (vuforiaException == null) {                      //如果没有发生异常
24          try {
25              mInitVuforiaTask = new InitVuforiaTask();    //新建初始化Vuforia的异步任务
26              mInitVuforiaTask.execute();                  //执行初始化Vuforia的异步任务
27          } catch (Exception e) {                          //初始化过程中存在异常
28              String logMessage = "Initializing Vuforia SDK failed";  //错误描述
29              vuforiaException =new SampleApplicationException(      //新建异常类
30                  SampleApplicationException.INITIALIZATION_FAILURE,
31                  logMessage);
32              Log.e(LOGTAG, logMessage);                   //显示异常信息
33          }
34      }
35      if (vuforiaException != null)                        //如果该过程中发生了异常
36          mSessionControl.onInitARDone(vuforiaException);  //停止初始化Vuforia
37  }
```

- 第2~15行代码将设备设置为根据重力变换朝向实时在横屏竖屏之间切换，并且对activity进行设置，使其适应当前的屏幕显示。
- 第16~22行考虑到重复初始化Vuforia SDK的情况，针对性抛出相对应的异常编号和异常描述并显示在设备的屏幕上。
- 第23~37行为在没有异常产生的情况下，新建和执行初始化Vuforia异步任务的基本操作步骤。并且考虑到其他造成初始化失败的原因，也将这些异常信息显示出来。

（5）接下来介绍的是保存屏幕尺寸和更新屏幕显示模式的相关代码。保存屏幕尺寸的方法本质上是将当前activity的尺寸存入度量对象中。更新屏幕显示模式其实就是判断当前activity是横屏模式还是竖屏模式并存储下来。其详细代码如下。

代码位置：见随书源代码/第 10 章/Chemistry/app/src/main/java/com/qualcomm/vuforia 目录下的 SampleApplicationSession.java。

```
1   private void storeScreenDimensions() {                              //保存屏幕尺寸的方法
2       DisplayMetrics metrics = new DisplayMetrics();                  //得到显示的度量对象
3       //获得当前activity的尺寸并将其存入上述对象中
4       mActivity.getWindowManager().getDefaultDisplay().getMetrics(metrics);
5       mScreenWidth = metrics.widthPixels;                             //保存activity的宽度
6       mScreenHeight = metrics.heightPixels;                           //保存activity的高度
7   }
8   private void updateActivityOrientation() {                          //更新屏幕显示模式
9       //得到当前activity的界面配置信息对象
10      Configuration config = mActivity.getResources().getConfiguration();
11      switch (config.orientation) {                                   //界面的显示模式
12      case Configuration.ORIENTATION_PORTRAIT:                        //如果界面为竖屏模式
13          mIsPortrait = true;                                         //将竖屏的标志位置为真
14          break;
15      case Configuration.ORIENTATION_LANDSCAPE:                       //如果界面为横屏模式
16          mIsPortrait = false;                                        //将竖屏的标志位置为假
17          break;
18      case Configuration.ORIENTATION_UNDEFINED:                       //如果界面为未定义模式
19      default:
20          break;
21      }}
```

- 第1~7行为保存屏幕尺寸的方法。首先获得度量的对象，然后将activity的尺寸保存在此对象中。最终将宽和高等信息保存在本类的成员变量中。
- 第8~21行为更新屏幕显示模式的方法。首先得到了当前界面的界面配置信息对象，然后根据配置信息对象把是否是竖屏显示的标志位初始化。若当前为未定义模式，则不做任何操作。

（6）上文中已经介绍了更新屏幕模式和屏幕尺寸的相关代码。相信读者已经对屏幕设置的相关操作有了一定认识。接下来介绍的是启动AR的相关代码，主要包括启动相机、加载相机驱动、设置相机的模式等。其详细代码如下。

10.4 Vuforia 相关类

> **代码位置**：见随书源代码/第 10 章/Chemistry/app/src/main/java/com/qualcomm/vuforia 目录下的 SampleApplicationSession.java。

```java
 1   public void startAR(int camera) throws SampleApplicationException {
                                                              //启动 Vuforia，相机和追踪器
 2          String error;                                     //异常描述信息
 3          if (mCameraRunning)                               //如果相机正在运行中
 4          {
 5              error = "Camera already running, unable to open again";
                                                              //异常描述为重复开启相机
 6              Log.e(LOGTAG, error);                         //在后台显示错误信息
 7              throw new SampleApplicationException(         //抛出异常信息
 8                      SampleApplicationException.CAMERA_INITIALIZATION_FAILURE,
 9                      error);
10          }
11          mCamera = camera;                                 //将相机编号传入成员变量
12          if (!CameraDevice.getInstance().init(camera))     //如果初始化相机失败
13          {
14              error = "Unable to open camera device: " + camera;
                                                              //异常描述为无法加载驱动
15              Log.e(LOGTAG, error);                         //在后台显示错误信息
16              throw new SampleApplicationException(         //抛出异常信息
17                      SampleApplicationException.CAMERA_INITIALIZATION_FAILURE,
18                      error);
19          }
20          if (!CameraDevice.getInstance().selectVideoMode(
21                  CameraDevice.MODE.MODE_DEFAULT))//设置相机为默认模式失败
22          {
23              error = "Unable to set video mode";           //设置异常描述
24              Log.e(LOGTAG, error);                         //在后台显示错误信息
25              throw new SampleApplicationException(         //抛出异常信息
26                      SampleApplicationException.CAMERA_INITIALIZATION_FAILURE,
27                      error);
28          }
29          configureVideoBackground();                       //背景渲染的配置方法
30          configureRenderingFrameRate();                    //控制渲染的帧速率
31          if (!CameraDevice.getInstance().start()) {        //如果相机启动失败
32              error = "Unable to start camera device: " + camera;
                                                              //异常描述为启动相机失败
33              Log.e(LOGTAG, error);                         //在后台显示错误信息
34              throw new SampleApplicationException(         //抛出异常信息
35                      SampleApplicationException.CAMERA_INITIALIZATION_FAILURE,
36                      error);
37          }
38          setProjectionMatrix();                            //更新投影矩阵
39          mSessionControl.doStartTrackers();                //开启跟踪器
40          mCameraRunning = true;                            //表示现在相机正在运行
41          //将相机设置为连续自动对焦
42          if (!CameraDevice.getInstance().setFocusMode(
43                  CameraDevice.FOCUS_MODE.FOCUS_MODE_CONTINUOUSAUTO)) {
44              //设置对焦模式触发自动对焦操作
45              if (!CameraDevice.getInstance().setFocusMode(
46                      CameraDevice.FOCUS_MODE.FOCUS_MODE_TRIGGERAUTO)) {
47                  //将相机设置为默认的对焦模式
48                  CameraDevice.getInstance().setFocusMode(
49                          CameraDevice.FOCUS_MODE.FOCUS_MODE_NORMAL);
50   }}}
```

- 第 1~28 行为初始化相机并将其设置为默认模式的相关代码，也考虑到此过程中可能出现的各种失败情况。如果发生异常，程序会将相应的异常信息分类抛出。

- 第 29~30 行分别为背景渲染的配置方法和控制渲染帧速率的方法，本文由于篇幅有限将不再赘述，有兴趣的读者可自行查阅相关代码。

- 第 31~37 行为启动相机和显示异常信息的相关代码。

- 第 38~40 行为成功启动相机后所做的一系列操作。程序不断更新投影矩阵，以便在主体验界面上能得到正确的三维立体模型效果。

- 第 41～50 行为设置相机对焦模式的相关代码。上文 3 种对焦模式中，对焦效果最好的为连续自动对焦模式。效果最差的为默认的对焦模式。

（7）下面将介绍的是初始化 Vuforia 的异步任务类。由于此类继承了 AsyncTask 类，有些方法可在后台中不断被调用。在此同时，不会使 UI 线程阻塞。并且在此类中设置了开发者的键值。其详细代码如下。

> 代码位置：见随书源代码/第 10 章/Chemistry/app/src/main/java/com/qualcomm/vuforia 目录下的 SampleApplicationSession.java。

```
1    private class InitVuforiaTask extends AsyncTask<Void, Integer, Boolean> {
2        private int mProgressValue = -1;                                      //初始化加载进度
3        protected Boolean doInBackground(Void... params) {                    //在后台执行任务
4            synchronized (mShutdownLock) {                                    //给控制对象加锁
5                String keyTemp = "";                                          //开发者的键值
6                Vuforia.setInitParameters(mActivity, mVuforiaFlags, keyTemp); //设置初始化参数
7                do {
8                    mProgressValue = Vuforia.init();                          //执行初始化操作
9                    publishProgress(mProgressValue);                          //发送进度值
10               } while (!isCancelled() && mProgressValue >= 0                //重复执行上述代码
11                       && mProgressValue < 100);
12               return (mProgressValue > 0);
13       }}
14       protected void onPostExecute(Boolean result) {
15           SampleApplicationException vuforiaException = null;               //初始化异常信息
16           if (result) {                                                     //如果此步骤成功
17               Log.d(LOGTAG, "InitVuforiaTask.onPostExecute: Vuforia "       //在后台显示错误信息
18                   + "initialization successful");
19               boolean initTrackersResult;                                   //是否成功的标志
20               initTrackersResult = mSessionControl.doInitTrackers();        //得到初始化结果
21               if (initTrackersResult) {                                     //如果初始化成功
22                   try {
23                       mLoadTrackerTask = new LoadTrackerTask();             //新建加载任务
24                       mLoadTrackerTask.execute();                           //执行此任务
25                   } catch (Exception e) {
26                       String logMessage = "Loading tracking data failed";  //读取失败
27                       vuforiaException = new SampleApplicationException(   //抛出异常信息
28                           SampleApplicationException.LOADING_TRACKERS_FAILURE,
29                           logMessage);
30                       Log.e(LOGTAG, logMessage);                            //在后台显示错误信息
31                       mSessionControl.onInitARDone(vuforiaException);      //停止初始化
32               }}else {                                                      //如果初始化追踪器的任务失败
33                   vuforiaException = new SampleApplicationException(        //抛出异常信息
34                       SampleApplicationException.TRACKERS_INITIALIZATION_FAILURE,
35                       "Failed to initialize trackers");
36                   mSessionControl.onInitARDone(vuforiaException);          //停止初始化
37           }}else {                                                          //上一个初始化步骤执行失败
38               String logMessage;                                            //用来存储错误信息的字符串
39               //检查是否是因为设备的驱动不支持造成初始化失败
40               logMessage = getInitializationErrorString(mProgressValue);    //得到错误信息
41               Log.e(LOGTAG, "InitVuforiaTask.onPostExecute: " + logMessage
42                   + " Exiting.");                                           //在后台显示错误信息
43               vuforiaException = new SampleApplicationException(            //抛出错误信息
44                   SampleApplicationException.INITIALIZATION_FAILURE,
45                   logMessage);
46               mSessionControl.onInitARDone(vuforiaException);              //停止初始化
47       }}}
```

- 第 1～13 行为在后台执行的关于 Vuforia 初始化的代码。在此过程中之所以为 mShutdownLock 对象加锁是因为要保证初始化过程与销毁过程不同时进行。
- 第 5 行中字符串 keyTemp 应该存放 Vuforia 给予开发者的键值。如果读者对此有兴趣可登录 Vuforia 的官方网站注册账号后申请自己的键值。
- 在初始化过程中，只有在本步骤全部完成时，Vuforia.init()才不会阻塞。然后它会开始下一个步骤并返回初始化过程完成的百分比。假如 Vuforia.init()返回−1，表明初始化过程中发生错

误，抛出相应的错误后初始化过程停止。

● 第 14~50 行为初始化追踪器和读取追踪器的相关代码。在此过程中，可能由于设备上驱动不支持，会造成初始化失败。

（8）下面将介绍的是与 Vuforia 相关联的类 StereoRendering，此类继承了 Activity 类并实现了 SampleApplicationControl 接口。在此类对象发生各种生命周期的改变时，对于 Vuforia 相关部件也要做出相应的动作。详细代码如下。

> 代码位置：见随书源代码/第 10 章/Chemistry/app/src/main/java/com/bn/ar/activity 目录下的 StereoRendering.java。

```
1   package com.bn.ar.activity;
2   ……//此处省略了部分类和包的引入码，读者可自行查阅相关源代码
3   public class StereoRendering extends Activity implements SampleApplicationControl {
4       private static final String LOGTAG = "StereoRendering";   //后台调试信息
5       private boolean isExit = false;                            //是否退出的标志位
6       private DataSet mCurrentDataset;                           //数据集
7       private int mCurrentDatasetSelectionIndex = 0;             //当前使用的数据集索引
8       private ArrayList<String> mDatasetStrings =new ArrayList<String>();
        //XML 数据文件路径
9       private GlSurfaceView mGlView;                             //绘制界面对象
10      private boolean mPredictionEnabled = true;                 //开启预测功能
11      private RelativeLayout mUILayout;                          //布局引用
12      private AlertDialog mErrorDialog;                          //弹出错误信息
13      public SampleApplicationSession vuforiaAppSession;         //初始化 Vuforia 的类
14      public static SoundManager sound;                          //声音管理器
15      public TextToSpeech mTTS;                                  //实现朗读文字功能的类
16      private static final int REQ_TTS_STATUS_CHECK = 0;         //定义 TTS 的查询状态
17      @Override
18      protected void onCreate(Bundle savedInstanceState) {
19          super.onCreate(savedInstanceState);
20          //检查 TTS 数据是否已经安装并且可用
21          Intent checkIntent = new Intent();                     //新建一个 Intent 对象
22          checkIntent.setAction(TextToSpeech.Engine.ACTION_CHECK_TTS_DATA);   //设置其动作
23          startActivityForResult(checkIntent, REQ_TTS_STATUS_CHECK);//发送请求
24          mTTS = new TextToSpeech(this, null);                   //文字朗读的类
25          requestWindowFeature(Window.FEATURE_NO_TITLE);         //隐藏标题栏
26          getWindow().setFlags(WindowManager.LayoutParams.FLAG_FULLSCREEN,//设置为全屏
27                          WindowManager.LayoutParams.FLAG_FULLSCREEN);
28          sound = new SoundManager(this);                        //声音的管理类
29          vuforiaAppSession = new SampleApplicationSession(this);//初始化 Vuforia
30          startLoadingAnimation();                               //开始加载画面
31          mDatasetStrings.add("xml/ARLJ118.xml");                //下载的数据包路径
32          //初始化 Vuforia，并将 Vuforia 设置成横屏模式
33          vuforiaAppSession.initAR(this, ActivityInfo.SCREEN_ORIENTATION_LANDSCAPE);
34          DisplayMetrics dm = new DisplayMetrics();              //新建度量对象
35          getWindowManager().getDefaultDisplay().getMetrics(dm); //存入当前显示尺寸信息
36          Constant.ssr = ScreenScaleUtil.calScale(dm.widthPixels, dm.heightPixels);
                                                                   //自适应的计算
37      }……//此处省略了本类的其他方法，下文会详细介绍
38  }
```

● 第 3~16 行声明并建立了实现所需功能的数据集信息、声音管理器和朗读文字内容所需的类。

● 第 17~24 行为初始化语音朗读功能的相关代码，首先发送一个 Intent 检查 TTS 数据是否已经安装并且可用。如果其可用，则创建一个 TextToSpeech 类以供使用。

● 第 25~38 行为初始化配置 activity 的相关代码，将其设置为隐藏标题栏并全屏。接下来开始加载画面并进行屏幕自适应方面的计算。

● 第 31 行为项目中从服务器得到数据包的存储路径。开发者将制作好的二维码上传到 Vuforia 官方网站后将得到 XML 数据文件。此处存储的就是数据包在项目中的存储路径。

（9）下面将介绍的是 StereoRendering 类中重写的读取追踪器数据的方法。其中主要过程包括得到一个追踪器的对象，创建数据集，遍历每个追踪目标，设置使用者信息等。并在此过程中详

细写入了避免异常发生的逻辑。其详细代码如下。

代码位置：见随书源代码/第 10 章/Chemistry/app/src/main/java/com/bn/ar/activity 目录下的 StereoRendering.java。

```
1   @Override
2   public boolean doLoadTrackersData() {
3       TrackerManager tManager = TrackerManager.getInstance();//得到追踪器的管理者
4       ObjectTracker objectTracker = (ObjectTracker) tManager  //得到一个追踪器的对象
5                       .getTracker(ObjectTracker.getClassType());
6       if (objectTracker == null){return false;}                //如果追踪器为空
7       if (mCurrentDataset == null) {                           //如果当前数据集为空
8           mCurrentDataset = objectTracker.createDataSet();     //创建数据集
9       }
10      if (mCurrentDataset == null){return false;}              //数据集创建失败
11      if (!mCurrentDataset.load(                               //读取数据失败
12              mDatasetStrings.get(mCurrentDatasetSelectionIndex),
13              STORAGE_TYPE.STORAGE_APPRESOURCE))
14          return false;                                        //执行失败
15      if (!objectTracker.activateDataSet(mCurrentDataset))     //数据集未激活
16          return false;                                        //执行失败
17      int numTrackables = mCurrentDataset.getNumTrackables();  //得到可追踪目标的个数
18      for (int count = 0; count < numTrackables; count++) {    //遍历每个追踪目标
19          Trackable trackable = mCurrentDataset.getTrackable(count);
                                                                 //得到一个可追踪对象
20          String name = "Current Dataset : " + trackable.getName();
                                                                 //返回可追踪对象的名字
21          trackable.setUserData(name);                         //设置使用者信息
22          Log.d(LOGTAG, "UserData:Set the following user data "
23                  + (String) trackable.getUserData());
24      }
25      return true;                                             //执行成功
26  }
```

● 第 1~16 行是对追踪器和数据集的相关操作，主要的操作顺序为通过追踪器的管理者得到追踪器对象，在指定路径下读取数据包存入数据集中并将其激活。

● 第 17~26 行对可追踪的目标进行遍历。程序会将用户定义的可追踪目标视为 Trackable，遍历后为每一个可追踪对象设置用户信息。

（10）下面将介绍的是 StereoRendering 类中重写的 onInitARDone 方法。此方法是在其他初始化完成后进行调用的。如果在初始化过程中没有发生异常，则进行初始化 AR 部分，并将自己开发的界面和 AR 部分结合。其详细代码如下。

代码位置：见随书源代码/第 10 章/Chemistry/app/src/main/java/com/bn/ar/activity 目录下的 StereoRendering.java。

```
1   @Override
2   public void onInitARDone(SampleApplicationException exception) {
3     if (exception == null) {                                //如果没有异常发生
4         initApplicationAR();                                //初始化程序中的 AR 部分
5         mGlView.mRenderer.mIsActive = true;                 //开始渲染
6         addContentView(mGlView, new LayoutParams(LayoutParams.MATCH_PARENT,
7                 LayoutParams.MATCH_PARENT));                //添加一个绘制界面
8         mUILayout.bringToFront();                           //设置布局在相机之前
9         new Handler().postDelayed(new Runnable(){           //3.5秒后将布局设为半透明
10          @Override
11          public void run() {
12              mUILayout.setBackgroundColor(Color.TRANSPARENT);//将布局设置为半透明
13          }
14        }, 3500);
15        try {
16            vuforiaAppSession.startAR(CameraDevice.CAMERA.CAMERA_DEFAULT);//启动 AR
17        } catch (SampleApplicationException e) {            //如果发生异常
18            Log.e(LOGTAG, e.getString());                   //在后台显示错误信息
19        }
```

```
20        boolean result = CameraDevice.getInstance().setFocusMode(      //查看是否自动连续对焦
21                CameraDevice.FOCUS_MODE.FOCUS_MODE_CONTINUOUSAUTO);
22        if (!result){//如果开启失败
23            Log.e(LOGTAG,"Unable to enable continuous autofocus");//在后台显示错误信息
24        }} else {
25            Log.e(LOGTAG, exception.getString());                     //显示异常信息
26            showInitializationErrorMessage(exception.getString());//错误信息显示在屏幕上
27    }}
```

- 第1～7行是对渲染界面的相关操作。初始化的程序AR部分是指创建一个OpenGL ES视图，并根据各种需求对其进行初始化。
- 第8～14行是对初始化界面的操作。程序将此界面显示在最前面，并且延迟3.5秒等到大部分初始化任务完成后再将其设置为透明。
- 第15～28行将相机设置为自动连续对焦。如果发生异常，则将异常信息显示在屏幕上。

10.5 界面绘制类

上一节中已经介绍了Vuforia相关类的开发过程。实际应用开发中，各个界面的切换和功能的开发问题都是需要开发者投入很大精力来解决的。为了使读者对各个界面的开发有深入的了解，本节将对其进行进一步的介绍。

10.5.1 界面控制类

由于本应用中的界面数量比较多，如果将所有的界面写在一个类中将会使代码数量过多，程序逻辑混乱，难以调试。所以首先应开发一个界面控制类，控制界面之间的切换和跳转。在逻辑上看，界面控制类可视为单独界面类的管理类。

（1）下面将介绍的是界面控制类的基本框架。本类中有每个单独界面类的引用，以便于控制多个界面之间的跳转。本类中还新建了渲染器对象，用于渲染界面。最重要的是本类中要有初始化界面的相关代码，使AR窗口和各界面相适应。其详细代码如下。

> 代码位置：见随书源代码/第10章/Chemistry/app/src/main/java/com/bn/ar/views 目录下的 GlSurfaceView.java。

```
1   public class GlSurfaceView extends GLSurfaceView {
2       public SceneRenderer mRenderer;                            //绘制界面渲染器对象
3       public StereoRendering activity;                           //与Vuforia关联的activity
4       public BNAbstractView currView;                            //当前界面的引用
5       public BNAbstractView mainView;                            //主界面的引用
6       public BNAbstractView menuView;                            //菜单界面的引用
7       public BNAbstractView loadView;                            //加载界面的引用
8       public BNAbstractView helpView;                            //帮助界面
9       public BNAbstractView dataManagerView;                     //数据管理界面
10      public BNAbstractView experienceView;                      //体验界面
11      public URLConnectionThread urlThread;                      //执行下载和初始化任务的线程
12      SampleApplicationSession vuforiaAppSession;                //初始化Vuforia
13      public com.qualcomm.vuforia.Renderer renderer;             //AR渲染器
14      public GlSurfaceView(Context context)                      //此类的构造器
15      {
16          super(context);
17          activity = (StereoRendering) context;                  //初始化本类中的activity
18          mScreenSave = new ScreenSave(GlSurfaceView.this);      //截屏使用的类
19      }
20      public void init(boolean translucent,SampleApplicationSession vuforiaAppSession) {
21          if (translucent)                                       //是否为半透明
22          {
23              this.getHolder().setFormat(PixelFormat.TRANSLUCENT);//设置其为半透明
24          }
25          this.vuforiaAppSession = vuforiaAppSession;
```

```
26          this.setEGLContextClientVersion(3);           //设置使用OpenGL ES 3.0
27          mRenderer = new SceneRenderer();              //创建渲染器对象
28          this.setRenderer(mRenderer);                  //设置渲染器
29      }
30      @Override
31      public boolean onTouchEvent(MotionEvent e) {      //重写监听器
32          if (currView == null) {return false;}         //如果当前界面为空
33          return currView.onTouchEvent(e);              //调用当前界面的监听方法
34      }
35      ……//此处省略了本类的其他方法，下文会详细介绍
36  }
```

- 第 2～10 行为各个界面类的引用。由于本类是所有界面类的控制类，控制着所有界面之间的切换，所以类中应有所有界面类对象的引用。
- 第 11～19 行包括界面的渲染器和网络线程的引用以及本控制类的构造器。
- 第 20～29 行为初始化 OpenGL ES 界面的相关代码。在此过程中，声明了本界面使用的 OpenGL ES 的版本并创建和设置了渲染器。
- 第 30～36 行为此类重写的监听方法。由于多个界面共同在此类的管理下相互切换，所以本类中也应对监听的管理方法，返回当前界面的监听方法。

（2）接下来介绍的是界面控制类中的场景渲染器类。本类中设置了 2D 界面和摄像机的位置以及 9 参数位置矩阵等。本类的主要功能是完成各个界面的初始化和设置绘制的基本参数，为后面的渲染做准备。其详细代码如下所示。

> **代码位置**：见随书源代码/第 10 章/Chemistry/app/src/main/java/com/bn/ar/views 目录下的 GlSurfaceView.java。

```
1   public class SceneRenderer implements GLSurfaceView.Renderer {
2       public boolean mIsActive = false;                         //控制此类是否进行绘制的标志位
3       public void onDrawFrame(GL10 gl) {                        //绘制方法
4           if (!mIsActive) {return;}                             //不进行任何绘制
5           GLES30.glClear(GLES30.GL_DEPTH_BUFFER_BIT|GLES30.GL_COLOR_BUFFER_BIT);
6           if (currView != null) {currView.onDrawFrame();}       //绘制当前界面
7       }
8       @Override
9       public void onSurfaceChanged(GL10 gl, int width, int height) {
10          initViewPort(width, height);                          //初始化视口
11          MatrixState.setInitStack();                           //初始化矩阵类
12          MatrixState.setLightLocation(0, -300, 350);           //设置光源位置
13          MatrixState2D.setInitStack();                         //初始化矩阵类
14          MatrixState2D.setProjectOrtho(-ratio, ratio, -1, 1, 1, 100);//计算产生平行投影矩阵
15          MatrixState2D.setCamera(0, 0, 5, 0f, 0f, 0f, 0f, 1f, 0f);//产生摄像机9参数位置矩阵
16          MatrixState2D.setLightLocation(0, 50, 0);             //设置光源位置
17          if (currView == null){currView = menuView;}           //将主菜单界面作为当前界面
18      }
19      @Override
20      public void onSurfaceCreated(GL10 gl, EGLConfig config) {//本界面被创建时执行的方法
21          urlThread = new URLConnectionThread(path);            //建立初始化数据和下载线程
22          urlThread.start();                                    //开启线程
23          initRendering();                                      //初始化渲染器
24          menuView = new MenuView(GlSurfaceView.this);          //新建主菜单界面
25          helpView = new HelpView(GlSurfaceView.this);          //新建帮助界面
26          mainView = new MainView(GlSurfaceView.this);          //新建主体验界面
27          loadView = new LoadView(GlSurfaceView.this);          //新建加载界面
28          dataManagerView = new DataManagerView(GlSurfaceView.this);//数据包管理界面
29          experienceView = new ExperienceView(GlSurfaceView.this);//选择类别界面
30          if (currView == null) {currView = menuView;}          //进入主菜单界面
31      }
32      private void initRendering() {                            //初始化渲染器的方法
33          GLES30.glClearColor(0.0f, 0.0f, 0.0f,Vuforia.requiresAlpha() ? 0.0f : 1.0f);
                                                                  //设置背景颜色
34          GLES30.glEnable(GLES30.GL_CULL_FACE);                 //开启背面检测
35          GLES30.glCullFace(GLES30.GL_BACK);                    //开启设置卷绕方式
36          GLES30.glEnable(GLES30.GL_DEPTH_TEST);                //开启深度检测
```

```
37            renderer = com.qualcomm.vuforia.Renderer.getInstance();  //初始化 AR 渲染器
38            vuforiaAppSession.onSurfaceCreated();
39        }
40        public void initViewPort(int width, int height) {
41            DisplayMetrics metrics = new DisplayMetrics();         //新建度量对象
42            activity.getWindowManager().getDefaultDisplay().getMetrics(metrics);
                                                                    //计算 activity 的尺寸
43            Constant.ssr = ScreenScaleUtil.calScale(metrics.widthPixels,metrics.heightPixels);
                                                                    //计算缩放比
44            viewportPosX = 0;                                     //调整视口的起始 x 坐标
45            viewportPosY = 0;                                     //调整视口的起始 y 坐标
46            viewportSizeX = width;                                //获得视口的宽度
47            viewportSizeY = height;                               //获得视口的高度
48            GLES30.glViewport(viewportPosX, viewportPosY, viewportSizeX,viewportSizeY);
                                                                    //调整视口大小
49            vuforiaAppSession.onSurfaceChanged(width, height);    //调整 Vuforia 的大小
50        }}
```

- 第 1～7 行为此界面控制类对绘制的控制方法。如果 mIsActive 的值为假，则不进行任何绘制。如果 mIsActive 的值为真，则绘制当前界面。
- 第 8～18 行是此界面发生改变时，调整此界面大小的方法。另外，此方法中还包括对 2D 界面中光源、摄像机位置等设置的初始化。
- 第 19～31 行为此类对各个界面类进行初始化的方法。由于有些界面绘制时需要数据包内的纹理 id，所以在进行初始化界面类时要开启数据加载线程。将所有需要的纹理图初始化后存入数组中以供绘制使用。
- 第 32～39 行为初始化渲染器的方法，进行绘制前的设置。
- 第 40～50 行为设置视口大小的方法。其中完成了对 OpenGL ES 界面和 Vuforia 界面的视口调整。

10.5.2 单独界面类

上面已经介绍了界面控制类的框架。为了方便管理和保证整个应用的结构清晰，在本应用中每个界面的逻辑都单独写在自己的类中，与其他界面的代码区分出来，在界面控制类中进行控制和切换。下面将分别介绍每个界面中的代码。

（1）读者可以发现在上述的代码中所有的界面类都是 BNAbstractView 类。此类是 2D 界面的绘制类，具有动态放大和缩小的功能。并且此类可将各种缓冲数据送入 2D 界面的着色器中进行绘制。下面将对其进行详细介绍。其详细代码如下。

代码位置：见随书源代码/第 10 章/Chemistry/app/src/main/java/com/bn/ar/draw 目录下的 BN2DObject.java。

```
1   package com.bn.ar.draw;
2   ……//此处省略了部分类和包的引入码，读者可自行查阅源代码
3   public class BN2DObject
4   {
5       FloatBuffer mVertexBuffer;                //顶点坐标数据缓冲
6       FloatBuffer mTexCoorBuffer;               //顶点纹理坐标数据缓冲
7       int muMVPMatrixHandle;                    //总变换矩阵引用 id
8       int maPositionHandle;                     //顶点位置属性引用 id
9       int maTexCoorHandle;                      //顶点纹理坐标属性引用 id
10      int programId;                            //自定义渲染管线程序 id
11      int texId;                                //纹理图片 id
12      int vCount;                               //顶点个数
13      public float x = 0;                       //起始位置的 x 坐标
14      public float y = 0;                       //起始位置的 y 坐标
15      public float scaleTemp = 1.0f;            //进行缩放的倍数
16      boolean firstOver = false;                //第一次缩放是否结束
17      boolean secondOver = false;               //第二次缩放是否结束
18      boolean thirdOver = false;                //第三次缩放是否结束
19      boolean scaleOverFlag = false;            //是否缩放结束的标志位
```

```
20          float scaleFirstSpan = 0.005f;              //缩小时的步长
21          float scaleSecondSpan = 0.005f;             //扩大时的步长
22          float scaleThirdSpan = 0.005f;              //缩小时的步长
23          float scaleFirstEnd = 0.93f;                //判断缩小是否结束的值
24          float scaleSecondEnd = 1.07f;               //判断扩大是否结束的值
25          float scaleThirdEnd = 1f;                   //判断缩小是否结束的值
26          public BN2DObject(int texId,int programId,float picWidth,float picHeight,
            float x,float y){
27              this.x=Constant.fromScreenXToNearX(x);  //将屏幕 x 转换成视口 x 坐标
28              this.y=Constant.fromScreenYToNearY(y);  //将屏幕 y 转换成视口 y 坐标
29              this.texId=texId;                       //传入纹理 id
30              this.programId=programId;               //传入着色器编号
31              initVertexData(picWidth,picHeight);     //初始化顶点数据
32              initShader();                           //初始化着色器
33          }
34          public void initVertexData(float width,float height){//初始化顶点数据
35              ……//此处省略了部分代码，读者可自行查阅源代码
36          }
37          public void initShader(){                   //初始化着色器的相关代码
38              ……//此处省略了部分代码，读者可自行查阅源代码
39          }
40          public void drawSelf(){                     //绘制 2D 界面的相关代码
41              ……//此处省略了部分代码，读者可自行查阅源代码
42          }
43          ……//此处省略了界面缩放的相关代码，下文将对其进行详细介绍
44      }
```

● 第 5～12 行声明了绘制时使用的各种变量，包括顶点坐标、纹理坐标、绘制使用的着色器 id、纹理 id 等信息。

● 第 13～25 行为进行缩放操作时的相关成员变量及标志位。其中第 20～25 行设置了缩放停止的阈值以及缩放的步长。如果开发者更改对缩放的大小，则只需要更改其中的值即可。

● 第 26～33 行为 2D 界面的构造器，需要注意的是第 3 个参数和第 4 个参数分别是 2D 界面的宽度和高度，应传入屏幕坐标而不是视口坐标。

● 第 34～42 行为初始化顶点数据、初始化着色器和绘制 2D 界面的相关代码。由于本文篇幅有限，不再赘述，有兴趣的读者可自行查阅源代码。

（2）上面介绍了 2D 界面类的基本信息，下面将对此界面的缩放功能的相关代码进行详细介绍。设置缩放功能的方法主要是由多个标志位多次改变来实现的。在执行此方法时，不断对缩放系数进行改变以达到满意的效果。其详细代码如下所示。

✏️ **代码位置**：见随书源代码 / 第 10 章 /Chemistry/app/src/main/java/com/bn/ar/draw 目录下的 BN2DObject.java。

```
1   public void scaleButton(){                          //缩放按钮的方法
2       if (scaleOverFlag)                              //如果全部缩放结束
3       {
4           firstOver = false;                          //第一轮缩放没有结束
5           secondOver = false;                         //第二轮缩放没有结束
6           thirdOver = false;                          //第三轮缩放没有结束
7           scaleOverFlag = false;                      //开始下一轮缩放
8       }
9       calCartoonGo();                                 //计算缩放系数
10  }
11  public void calCartoonGo() {                        //计算缩放系数的方法
12      if (!firstOver) {                               //第一轮缩放未结束
13          scaleTemp = scaleTemp - scaleFirstSpan;     //计算缩放系数
14          //缩放系数小于阈值则第二轮动画播放完毕
15          if (scaleTemp <= scaleFirstEnd) {firstOver = true;}
16          return;
17      }
18      if (!secondOver) {                              //第二轮缩放未结束
19          scaleTemp = scaleTemp + scaleSecondSpan;    //计算缩放系数
20          //缩放系数大于阈值则第二轮动画播放完毕
```

```
21          if (scaleTemp >= scaleSecondEnd) {secondOver = true;}
22          return;
23        }
24        if (!thirdOver) {                                        //第三轮缩放未结束
25          scaleTemp = scaleTemp - scaleThirdSpan;                //计算缩放系数
26          if (scaleTemp <= scaleThirdEnd) {
27              thirdOver = true;                                  //第三轮动画播放完毕
28              scaleOverFlag = true;                              //缩放完毕
29          }
30          return;
31 }}
```

- 第 1~10 行为缩放按钮的方法。主要设置了 3 个标志位，用来区分每轮缩放是否完成。如果 3 轮缩放都进行完毕，则重新开始下一轮缩放。
- 第 11~31 行为计算缩放系数的方法。程序的逻辑是依次扫描第一轮到第三轮的缩放是否完成，如果缩放完成，则扫描下一轮。如果缩放未完成，更新本次的缩放系数。在按钮的绘制方法中，按照缩放系数进行缩放后再进行绘制。

（3）上面已经详细介绍了界面的控制类，下面将从主菜单界面类开始对每个界面的代码进行详细介绍。主菜单的主要功能是让用户选择自己想要跳转的界面。另外也是本应用中真正意义上的第一个页面，呈现出本应用的整体风格。其详细代码如下。

代码位置：见随书源代码/第 10 章/Chemistry/app/src/main/java/com/bn/ar/views 目录下的 MenuView.java。

```
1  public class MenuView extends BNAbstractView{
2    GlSurfaceView mv;                                             //界面控制的引用
3    ArrayList<BN2DObject> al = new ArrayList<BN2DObject>();//存储主菜单界面的界面
4    ArrayList<BN2DObject> alAboutView = new ArrayList<BN2DObject>();//存储关于界面的界面
5    boolean isAboutView = false;                                  //用于区分关于界面
6    float translateY = -0.8f;                                     //关于界面初始平移量
7    public MenuView(GlSurfaceView mv){                            //主菜单类的构造器
8        this.mv = mv;                                             //传入界面控制类
9        onSurfaceCreated();                                       //对界面进行初始化
10   }
11   public void onSurfaceCreated(){                               //初始化界面的方法
12    ……//省略了 onSurfaceCreated()方法，读者可以自行查阅源代码
13   }
14   @Override
15   public void onDrawFrame()                                     //绘制方法
16   {
17     for(int i=0;i<al.size();i++){
18       MatrixState2D.pushMatrix();                               //保护现场
19       if(i>=4){al.get(i).scaleButton();}                        //更新缩放倍数
20       MatrixState2D.translate(al.get(i).x,al.get(i).y,0);       //进行平移
21       MatrixState2D.scale(al.get(i).scaleTemp,al.get(i).scaleTemp,al.get(i).scaleTemp);
22       al.get(i).drawSelf();                                     //绘制按钮
23       MatrixState2D.popMatrix();                                //恢复现场
24     }
25     if(isAboutView){                                            //绘制关于内容
26       translateY+=0.025f;                                       //更新关于界面的平移量
27       translateY = translateY>0?0:translateY;                   //增加到 0 后保持不变
28       MatrixState2D.pushMatrix();                               //保护现场
29       MatrixState2D.translate(0,translateY,0);                  //进行平移操作
30       for(BN2DObject temp:alAboutView){
31           MatrixState2D.pushMatrix();                           //保护现场
32           MatrixState2D.translate(temp.x,temp.y,0);             //进行平移操作
33           temp.drawSelf();                                      //绘制按钮
34           MatrixState2D.popMatrix();                            //恢复现场
35       }
36       MatrixState2D.popMatrix();                                //恢复现场
37     }else{
38        translateY= -0.8f;                                       //初始化平移量
39 }}}
```

- 第 1~13 行为初始化主菜单界面和关于界面中所有 2D 组件的代码。isAboutView 是用来区分关于界面是否进行绘制的标志位，当用户单击关于按钮时，此标志位为真，关于界面会缓缓移动到屏幕中间。单击返回后，此标志位为假。
- 第 17~24 行为主菜单界面的绘制代码。对于有动态缩放效果的按钮，在绘制前应先计算其缩放系数，再进行绘制。对于其他的部件，进行保护现场、平移、绘制、恢复现场等操作即可。
- 第 25~39 行为绘制关于界面的相关代码。在此段代码中，不断增加关于界面的偏移量，之后进行绘制操作，用此方法来实现界面不断上升的效果。偏移量到达阈值后则不再增加，使关于界面不再上升。

（4）主菜单页面部分的相关代码已经基本介绍完毕，下面将介绍在主菜单界面中单击进入体验跳转到的选择类别界面的相关代码。本界面中会显示出在网络上得到的类别纹理图。用户可通过单击黄色纹理图开始此类模型的体验。其详细代码如下。

代码位置：见随书源代码/第 10 章/Chemistry/app/src/main/java/com/bn/ar/views 目录下的 ExperienceView.java。

```
1   public class ExperienceView extends BNAbstractView{
2     ArrayList<BN2DObject> al = new ArrayList<BN2DObject>();        //储存背景信息
3     ArrayList<BN2DObject> alCircle = new ArrayList<BN2DObject>();//小圆点的绘制信息
4     ArrayList<BN2DObject> alCategoryLoad = new ArrayList<BN2DObject>(); //类别图的绘制信息
5     GlSurfaceView mv;
6     public static boolean initBitmap = true;                       //是否要初始化类别图
7     public static boolean isAddBitmap=true;                        //是否要添加类别图
8     private float x,y,max[],min[];          //用来存储各个页面能到达的最大坐标和最小坐标
9     int page = 1;                           //总页数
10    float pointX[];                         //存储各个页面的 x 坐标
11    int currPage = 0;                       //当前页数
12    float moveSpan = 10;                    //滑动的阈值
13    public ExperienceView(GlSurfaceView mv){ //本界面类的构造器
14      this.mv =mv;                          //传入界面管理类
15      onSurfaceCreated();                   //初始化背景图等
16    }
17    public void onSurfaceCreated() {
18      al.add(new BN2DObject(TextureManager.getTextures("bg_back.png"), //设置背景信息
19          ShaderManager.getShader(0),BACK_WIDTH,BACK_HEIGHT,
20          BACK_LOCATION_X,BACK_LOCATION_Y));
21     al.add(new BN2DObject(TextureManager.getTextures("close.png"),//设置返回按钮信息
22          ShaderManager.getShader(0),CLOSE_BUTTON_WIDTH,CLOSE_BUTTON_WIDTH,
23          CLOSE_BUTTON_LOCATION_X,CLOSE_BUTTON_LOCATION_Y));
24     al.add(newBN2DObject(TextureManager.getTextures("experience.png"), //设置体验类别图信息
25          ShaderManager.getShader(0),EV_CATEGORY_BUTTON_WIDTH,
26          EV_CATEGORY_BUTTON_HEIGHT,EV_TYPE_LOCATION_X,
27          EV_TYPE_LOCATION_Y));
28    }
29    private void changeCircle(){                                    //切换小圆点的状态
30       for(int i=0;i<alCircle.size();i++){                          //对小圆点进行遍历
31         if(i==currPage){                                           //将本页的圆点变为黑色
32           alCircle.get(i).setTexture(TextureManager.getTextures("blackcircle.png"));
33         }else{                                                     //将其他小圆点设为白色
34           alCircle.get(i).setTexture(TextureManager.getTextures("whitecircle.png"));
35  }}}
```

- 第 2~4 行的 3 个数组分别用来存储背景图、分页的小圆点、类别图的绘制信息。第一次初始化好之后，在绘制的时候直接绘制即可，无需对其进行其他操作。
- 第 8~12 行声明了实现多个页面循环滑动的成员变量。如果用户现在处在第一个页面再向左滑动且大于阈值，则最后一个页面将成为当前页面。
- 第 17~28 行为初始化存储背景图数组的相关代码。设置了其纹理图、着色器编号以及大小等。
- 第 29~35 行为切换页面的同时也改变小圆点状态的方法。假如当前页为第一页，则第一

个小圆点为黑色，其他小圆点为白色，以此类推。

（5）上面的代码对选择体验模型类别界面进行了基本的介绍，下面将对实现动态滑动效果进行的准备工作进行详细介绍。在本方法中创建了多个数组分别存储界面的位置、能到达的最大坐标和最小坐标，并初始化数据。其详细代码如下。

代码位置：见随书源代码/第 10 章/Chemistry/app/src/main/java/com/bn/ar/views 目录下的 ExperienceView.java。

```
1    public void initTypeData(){
2      if(!net_success&&typeBitmaps.length==0){return;}     //联网失败并且SD卡不存在指定文件
3      while(initBitmap){                                    //如果需要初始化类别图
4        if(URLConnectionThread.init){                       //如果网络线程初始化完毕
5          page = typeTexId.length/6+1;                      //得到总页数
6          pointX = new float[typeTexId.length];             //用来记录每个类别图的位置
7          max = new float[typeTexId.length];                //存储每个类别图最大能到达的x坐标
8          min = new float[typeTexId.length];                //存储每个类别图最小能到达的x坐标
9          for(int i=0;i<typeTexId.length;i++){
10           int curPage = i/6;                              //计算当前页,每一个包含6项
11           int curCol = (i%3);                             //计算当前列
12           int curRow = (i/3)%2;                           //计算当前行
13           typeTexId[i] = TextureManager.initTexture(typeBitmaps[i], false);
14           typeTexIdNotLoad[i] = TextureManager.initTexture(typeBitmapsNotLoad[i], false);
15           if(isAddBitmap){                                //添加类别图
16             alCategoryLoad.add(new BN2DObject(typeTexId[i],ShaderManager.getShader(0),
17               EV_CATEGORY_BUTTON_WIDTH,EV_CATEGORY_BUTTON_HEIGHT,
18               EV_CATEGORY_BUTTON_LOCATION_X+EV_BACKAGE_DISTANCE*curPage+
19               (EV_CATEGORY_BUTTON_DISTANCE_X*curCol),
20               EV_CATEGORY_BUTTON_LOCATION_Y
21               +(EV_CATEGORY_BUTTON_DISTANCE_Y*curRow)));
22           }
23           pointX[i]=EV_CATEGORY_BUTTON_LOCATION_X+EV_BACKAGE_DISTANCE*curPage
24             +(EV_CATEGORY_BUTTON_DISTANCE_X*curCol);
25           max[i] = pointX[i] +(page-curPage)*EV_BACKAGE_DISTANCE;//每张图可到达的最大边界
26           min[i] = pointX[i] - (curPage+1)*EV_BACKAGE_DISTANCE;  //每张图可到达的最小边界
27         }
28         if(page>1){                                       //如果总页数不止一页
29           float span = (LITTLE_BUTTON_WIDTH*page+100*(page-1))/page;
30           EV_CIRCLE_LOCATION_X -=span;                    //计算每张图的位置
31         }
32         for(int i=0;i<page;i++){                          //每个页面添加一个圆点
33           alCircle.add(new BN2DObject(TextureManager.getTextures("blackcircle.png"),
34             ShaderManager.getShader(0),LITTLE_BUTTON_WIDTH,LITTLE_BUTTON_WIDTH,
35             EV_CIRCLE_LOCATION_X+i*100,EV_CIRCLE_LOCATION_Y));
36         }
37         changeCircle();                                   //切换圆点的显示状态
38         isAddBitmap=false;                                //停止添加图片
39         initBitmap = false;                               //停止初始化图片
40   }}}
```

- 第4~8行为新建记录图片位置和页数的相关代码。typeTexid 是一个存储着所有类别模型的编号的数组。每一个模型类别都要记录下自己的位置，所以新建的数组长度应与 typeTexid 一致。
- 第9~27行将初始化纹理图，将其存入数组中。之后从上到下、从左到右将模型类别图片依次排列。分别计算每张图片的起始位置，存入数组中。
- 第28~31行为调整小圆点之间距离的方法。如果不及时调整小圆点距离，在遇到总页数过多的情况下，小圆点会显得十分分散，还有可能两边的小圆点无法正常显示。所以小圆点之间的间距应该随着总页数的增加而减小。
- 第32~40行为将小圆点添加到数组中并改变标志位状态的相关代码。

（6）上面的代码对选择体验模型类别界面进行了基本的介绍，下面将详细介绍此界面中关于触控响应的代码和逻辑。每个界面都有自己的位置。实现动态滑动的原理就是在监听中的滑动部分改变界面的位置数据。其详细代码如下。

第 10 章 中学教育 AR 应用——化学可视体验

> **代码位置**：见随书源代码/第 10 章/Chemistry/app/src/main/java/com/bn/ar/views 目录下的 ExperienceView.java。

```java
1   @Override
2   public boolean onTouchEvent(MotionEvent e) {              //重写的监听方法
3     switch(e.getAction()){
4       case MotionEvent.ACTION_DOWN:                         //如果当前动作为按下
5         x=Constant.fromRealScreenXToStandardScreenX(e.getX());  //将x坐标转换为标准屏幕坐标
6         y=Constant.fromRealScreenYToStandardScreenY(e.getY());  //将y坐标转换为标准屏幕坐标
7         break;
8       case MotionEvent.ACTION_UP:                           //如果当前动作为抬起
9         float upx = Constant.fromRealScreenXToStandardScreenX(e.getX());
10        if(x!=0&&Math.abs(upx-x)>moveSpan) {                //如果滑动大于阈值
11          if(page<=1){break;}                               //如果只有一页，则不允许滑动
12          if((upx-x)<0){                                    //左走并大于阈值
13            currPage++;                                     //向左滑动，当前页自加
14            if(currPage==page){currPage = 0;}               //到达右边界，循环
15            for(int i=0;i<alCategoryLoad.size();i++){       //所有图片的坐标减去屏幕宽度
16              pointX[i]=pointX[i]-EV_BACKAGE_DISTANCE;
17              if(pointX[i] == min[i]){                      //到达最小边界，人为改变坐标使其循环
18                pointX[i] =max[i]-EV_BACKAGE_DISTANCE;      //人为使其循环
19              }
20              alCategoryLoad.get(i).x = Constant.fromScreenXToNearX(pointX[i]);
21            }
22          }else{                                            //右走并大于阈值
23            //此处方法与上面方法基本一致，读者可自行查阅源代码
24          }
25          changeCircle();                                   //切换小圆点的显示状态
26          if(soundOn){                                      //如果音效开启
27            StereoRendering.sound.playMusic(Constant.BUTTON_PRESS, 0);//播放按键声
28        }}else{                                             //如果当前动作为按下
29          if(x>(CLOSE_BUTTON_LOCATION_X-CLOSE_BUTTON_WIDTH/2)  //单击返回按钮
30          &&x<(CLOSE_BUTTON_LOCATION_X+CLOSE_BUTTON_WIDTH/2)
31          &&y>(CLOSE_BUTTON_LOCATION_Y-CLOSE_BUTTON_WIDTH/2)
32          &&y<(CLOSE_BUTTON_LOCATION_Y+CLOSE_BUTTON_WIDTH/2)){
33            x = 0;
34            reSetData();                                    //初始化数据
35            mv.currView = mv.menuV;                         //进入主菜单界面
36            if(soundOn){                                    //如果音效开启
37              StereoRendering.sound.playMusic(Constant.BUTTON_PRESS, 0);
                                                              //播放按键声
38          }}else{                                           //单击任意一项模型类别
39            //此处省略了单击某类模型后执行的部分代码，读者可自行查阅源代码
40        }}
41        break;
42      case MotionEvent.ACTION_MOVE:                         //如果当前动作为移动
43        if(x==0||page==1){break;}                           //如果只有一页不允许滑动
44        float moveX= Constant.fromRealScreenXToStandardScreenX(e.getX());
45        float dx = moveX-x;                                 //计算滑动距离
46        if(Math.abs(dx)>moveSpan){                          //如果滑动距离大于阈值
47          for(int i=0;i<alCategoryLoad.size();i++){         //遍历所有图片
48            float changeBefore = pointX[i]+dx;              //更新图片位置
49            alCategoryLoad.get(i).x = Constant.fromScreenXToNearX(changeBefore);
50        }}
51        break;
52      }
53      return true;
54  }
```

- 第 4~7 行为在屏幕上按下操作的响应，x 和 y 分别存储着触点的标准屏幕坐标中的 x 和 y 值。方便之后计算本次滑动的距离。
- 第 8~21 行为抬起后的相关操作。如果抬起时的 x 坐标小于按下时的 x 坐标说明手指向左滑动。此时要判断共有多少页，以此确定能否有滑动效果。如果页数大于 1，则应设置滑动效果。将当前页面的索引加 1。所有图片的 x 坐标都减小。
- 第 22~24 行省略了判断向右滑动的部分代码。这部分跟上面向左滑动的代码差别很小，

有兴趣的读者可自行查阅源代码。

- 第 29~38 行为单击返回按钮后执行的相关代码。用户单击返回按钮后，程序将本界面中当前的状态数据重新设置为初始状态，并切换至主菜单页面。
- 第 42~52 行为页面随触点移动的相关代码。在触点移动时不断计算滑动的距离。如果距离大于阈值，就对所有的图片进行遍历，改变其 x 坐标位置。

（7）通过上面对选择模型类别界面的介绍，读者应该对本界面的基本逻辑和滑动效果的实现有了一定了解。下面将继续对加载界面的相关代码进行介绍。此界面的主要功能是读取用户选择的模型类别的有关模型和内容。其详细代码如下。

代码位置：见随书源代码/第 10 章/Chemistry/app/src/main/java/com/bn/ar/views 目录下的 LoadView.java。

```java
1   package com.bn.ar.views;
2   ……//此处省略了部分类和包的引入码，读者可自行查阅源代码
3   public class LoadView extends BNAbstractView{
4       ProgressBarDraw loadTop;                        //加载时的进度条
5       BN2DObject back;                                //背景图
6       ProgressBarDraw load;                           //进度条上面文字的绘制者
7       GlSurfaceView mv;                               //界面控制类引用
8       int initIndex=0;                                //加载步骤的索引
9       int initDataIndex= 0;                           //加载模型的索引
10      public static boolean initBitmap = true;        //是否要初始化图片
11      public LoadView(GlSurfaceView mv){              //加载界面的构造器
12          this.mv=mv;                                 //传入界面控制类
13          onSurfaceCreated();                         //初始化加载界面
14      }
15      @Override
16      public boolean onTouchEvent(MotionEvent e) {    //本界面中没有触控设置
17          return false;
18      }
19      public boolean initTextures(String path,int id){
20          String txtStr = MethodUtil.loadFromFile(path+"/texturename.txt");
            //在指定文件中读取纹理的名字
21          if(txtStr.equals( "NOTSTRING")){            //如果读取失败
22              System.out.println("不存在文件："+path+"/texturename.txt");   //打印错误信息
23              return false;
24          }
25          String[] bitmapName =  txtStr.split("\\|");      //将字符串以"|"进行切分
26          mTextures[id] = new int[bitmapName.length/2];    //新建存储纹理 id 的数组
27          for(int i=0;i<bitmapName.length/2;i++){
28              Bitmap bitmap= MethodUtil.getBitmapFromSDCard(path"/texture/"
29                  +bitmapName[i*2+1],UNZIP_TO_PATH);       //在解压缩路径中找到纹理图
30              if(bitmap==null){                            //如果读取失败
31                  System.out.println("不存在 bitmap："+ bitmapName[i*2+1]);
32                  return false;
33              }
34              mTextures[id][i] = TextureManager.initTexture(bitmap, true);
            //将纹理图 id 存入数组中
35          }
36          return true;
37  }}
```

- 第 4~6 行为在加载页面中进行加载任务时，负责随着加载进度不断增长而不断改变加载进度条和进度条上面的颜色的绘制者。
- 第 11~14 行为加载界面的构造器。在构造器的相关代码中可以看出，每当新建一个加载界面对象，都要进行一次初始化操作，并传入界面控制类进行管理。
- 第 15~18 行为本类的监听方法。因为此界面的任务只是加载应用中的资源，并显示加载进度，所以监听方法中并没有调用任何方法。
- 第 19~37 行将解压缩出来的图片进行初始化，并将纹理 id 存入到数组中以供使用。在此过程中，程序首先在 texturename.txt 文件中读取所有纹理的名字，然后在解压缩文件的路径下找

到相应图片初始化后存储在数组中。

（8）通过上面对加载界面的简单介绍，读者应该初步理解了本界面中初始化图片方法。下面将继续对加载界面中加载其他资源的相关代码进行介绍。主要读取模型的多种信息，包括 obj 文件、名字、讲解内容等。其详细代码如下。

代码位置：见随书源代码/第 10 章/Chemistry/app/src/main/java/com/bn/ar/views 目录下的 LoadView.java。

```java
1   public void initBNDeviceView(int count,int index,int numberOfType){
2       if((index-2)>=0&&(index-2)<count){
3           initDataIndex = index -2;                          //initDataIndex 为模型的索引
4           index = 2;                                         //index 为加载步骤
5       }
6       switch(index)
7       {
8           case 0:
9               break;
10          case 1:
11              //读取模型 obj 文件的名字
12              String texDevice = MethodUtil.loadFromFile(zipNameArray[numberOfType]+"/objname.txt");
13              if(texDevice.equals( "NOTSTRING")){            //如果不存在上述文件
14                  System.out.println("不存在文件: "+zipNameArray[numberOfType]+"/objname.txt");
15                  goToast(mv.activity,NOT_EXIST);            //将错误信息显示在屏幕上
16                  reSetData();                               //初始化数据
17                  mv.currView = mv.menuView;                 //返回主菜单界面
18                  return;
19              }
20              nameList[numberOfType] =new String[texDevice.split("\\|").length/2];  //所有模型的名字
21              //将所有 3d 模型的绘制者存入数组中
22              LoadedObj[numberOfType]=new LoadedObjectVertexNormalTexture
23                                      [texDevice.split("\\|").length/2];
24              ContentList[numberOfType] = new String[texDevice.split("\\|").length/2];
                //讲解内容数据
25              for(int i=0;i<nameList[numberOfType].length;i++){
26                  nameList[numberOfType][i] = texDevice.split("\\|")[i*2+1];
                    //将模型名字存入数组
27                  //读取仪器模型的讲解数据
28                  ContentList[numberOfType][i] = MethodUtil.loadFromFile(zipNameArray[numberOfType]
29                          +"/readcontent/"+nameList[numberOfType][i]+".txt");
30              }
31              if(numberOfType==0) {                          //如果读取仪器模型
32                  //加载酒精灯灯芯模型
33                  spiritLampLine=LoadUtil.loadFromFile(zipNameArray[numberOfType]
34                          +"/obj/SpiritLampLine.obj", mv.getResources());
35                  //加载酒精灯灯盖模型
36                  spiritLampTop=LoadUtil.loadFromFile(zipNameArray[numberOfType]
37                          +"/obj/SpiritLampTop.obj", mv.getResources());
38              }
39              break;
40          case 2:
41              //加载模型，并将其存储到模型数组中
42              LoadedObj[numberOfType][initDataIndex]=LoadUtil.loadFromFile(
43                      zipNameArray[numberOfType]+"/obj/"+nameList[numberOfType][initDataIndex]+".obj",
44                      mv.getResources());
45              break;
46          default:
47              isSourceInit[numberOfType]=true;               //资源加载完毕
48              mv.currView=mv.mainView;                       //跳转到主体验界面
49              break;
50      }}
```

- 第 2~5 行确定了 initDataIndex 和 index 之间的数值关系。initDataIndex 为模型的索引，index 为加载步骤。当 index 小于 2 时，说明没有进行加载模型操作。当 index 等于 2 时，说明正

10.5 界面绘制类

在加载模型，此时模型的索引应不断增大。

- 第 10~30 行为初始化模型名称、讲解内容的过程。首先在解压缩文件路径下找到存储模型名字的文件并切分后存入数组中，然后再找到存储讲解内容的文件，将其中的内容取出来后存入讲解内容的数组中。
- 第 32~37 行为仪器模型加载时要进行的特殊操作。因为仪器模型中有酒精灯，为了保证酒精灯各部分的透明度不同，应该将各部分拆分出来，分别进行绘制。
- 第 41~45 行为加载模型的相关代码。在上个加载步骤中，已经将模型的名称存入数组中。在加载模型的时候只需要在解压缩路径下找到模型名称的文件读取顶点和纹理信息即可。为了管理更为方便，也有一个数组用来存储模型的绘制者。

（9）通过上面对加载界面的简单介绍，读者应该初步理解了本界面中读取模型多种信息的方法。下面将继续对加载界面中进度条的初始化代码进行详细介绍。包括获得进度条和上面文字的纹理图及设置背景等。其详细代码如下。

代码位置：见随书源代码/第 10 章/Chemistry/app/src/main/java/com/bn/ar/views 目录下的 LoadView.java。

```
1   public void initTypeData(){                              //初始化类别数据
2       int texIdBottom = 0;                                 //进度条下面的纹理 id
3       int texIdTop = 1;                                    //进度条上面的纹理 id
4       for (int i = 0; i < types.length; i++) {             //对纹理图进行遍历
5           if ((mTextures[i] == null)|| (mTextures[i] != null && mTextures[i].length
            == 0)) {//如果纹理图为空
6               initBitmap = true;                           //进行纹理图的初始化
7               while (initBitmap) {
8                   if (URLConnectionThread.init) {          //如果网络线程初始化完毕
9                       boolean isSuccess = initTextures(zipNameArray[i], types[i]);
                        //加载模型纹理
10                      initBitmap = false;                  //改变初始化纹理图标志位
11                      if (isSuccess) {                     //如果初始化纹理图成功
12                          texIdBottom = mTextures[i][2];   //得到进度条下面的纹理 id
13                          texIdTop = mTextures[i][1];      //得到进度条上面的纹理 id
14      }}}}
15      if(load==null){//如果"分子模型加载中"或"仪器模型加载中"的绘制者为空
16          load = new ProgressBarDraw(texIdBottom,texIdTop,ShaderManager.getShader(3),
17                       PROGRESS_WIDTH,WORD_HEIGHT,
18                       WORD_LOCATION_X,WORD_LOCATION_Y);//新建文字的绘制者
19      }}
20      @Override
21      public void onDrawFrame(){                           //加载界面的绘制方法
22          initTypeData();                                  //初始化数据
23          if(!isSourceInit[curType]==true)                 //如果资源没有加载完毕
24          {
25              draw(countTypeObj[curType]+3,curType);       //加载资源
26          }else{                                           //如果资源加载完毕
27              mv.currView = mv.mainView;                   //跳转到体验界面
28      }}
29      public void onSurfaceCreated() {                     //初始化加载页面方法
30          isSourceInit=new boolean[typeNumber];            //判断资源是否加载完毕
31          back = new BN2DObject(TextureManager.getTextures("bg_back.png"),//设置背景
32                       ShaderManager.getShader(0),BACK_WIDTH,BACK_HEIGHT,
33                       BACK_LOCATION_X,BACK_LOCATION_Y);
34          loadTop = new ProgressBarDraw(TextureManager.getTextures("load_bottom.png"),
                                                             //设置进度条
35                       TextureManager.getTextures("load_front.png"),ShaderManager.getShader(3),
36                       PROGRESS_WIDTH,PROGRESS_HEIGHT,
37                       PROGRESS_LOCATION_X,PROGRESS_LOCATION_Y);
38      }
```

- 第 2~14 行为初始化纹理图的相关方法。如果纹理图存在数组中则不进行任何操作。如果纹理图不存在数组中，则在解压缩文件路径下找到相应的文件，存入相应的位置。
- 第 15~19 行为初始化加载过程中进度条上面的文字的方法。其颜色会随着加载进度的增

加而改变。新建对象时需要传入底部和顶部的纹理 id 和着色器编号及位置、大小。

● 第 21~28 行为加载界面的绘制方法。首先进行初始化纹理图的工作。加载完毕后，查询本类模型资源是否已经加载过。如果已经加载过，则直接跳转到主体验界面中。如果没有加载过，则绘制进度条并加载相应的模型资源。

● 第 29~38 行为初始化加载界面的方法。在此方法中建立了一个数组，其长度等于模型类别数量。用来判断各类模型是否已经加载完毕。还设置了加载界面中进度条和进度条上面文字的位置、大小和纹理等。

（10）上文中对加载界面中读取资源部分进行了详细介绍。下面将具体介绍加载界面中具体的绘制方法。包括计算当前进度条长度，设置进度条长度，以及绘制背景和进度条等。其详细代码如下所示。

代码位置：见随书源代码/第 10 章/Chemistry/app/src/main/java/com/bn/ar/views 目录下的 LoadView.java。

```
1    public void draw(int span,int index) {                              //加载资源的方法
2        initBNDeviceView(span-3,initIndex,index);                       //初始化界面资源
3        if(initIndex<span){initIndex++;}                                //索引加1
4        if(initIndex == span){reSetData();}                             //恢复变量
5        MatrixState2D.pushMatrix();                                     //保护现场
6        MatrixState2D.translate(back.x, back.y, 0);                     //进行平移
7        back.drawSelf();                                                //绘制背景
8        MatrixState2D.popMatrix();                                      //恢复现场
9        if(load!=null) {                                                //如果进度条的绘制者为空
10           load.setPositionX(                                          //计算当前进度
11               PROGRESS_STRAT_X+initIndex*(PROGRESS_WIDTH/(span-1)),
12               PROGRESS_STRAT_X, PROGRESS_WIDTH);
13           MatrixState2D.pushMatrix();                                 //保护现场
14           MatrixState2D.translate(load.x,load.y,0);                   //进行平移
15           if(mTextures[index]!=null) {                                //如果纹理图不为空
16               load.setTexture(mTextures[index][2],mTextures[index][1]);//设置纹理
17           }
18           load.drawSelf();                                            //绘制进度条
19           MatrixState2D.popMatrix();                                  //恢复现场
20       }
21       loadTop.setPositionX(                                           //计算当前进度
22           PROGRESS_STRAT_X+initIndex*(PROGRESS_WIDTH/(span-1)),
23           PROGRESS_STRAT_X, PROGRESS_WIDTH);
24       MatrixState2D.pushMatrix();                                     //保护现场
25       MatrixState2D.translate(loadTop.x,loadTop.y,0);                 //进行平移
26       loadTop.drawSelf();                                             //绘制进度条
27       MatrixState2D.popMatrix();                                      //恢复现场
28   }
```

● 第 2~4 行为初始化纹理图及模型的相关方法。如果初始化的步骤小于总步骤，则步骤数自加，继续加载资源。直到当前初始化的步骤等于总步骤数，资源加载完毕。

● 第 5~8 行为绘制加载界面中的背景图的相关方法。

● 第 9~28 行为绘制加载界面中进度条和进度条上面文字的方法。首先计算出此时的加载进度对应进度条的 x 位置，将其传入进度条的绘制者，在着色器中进行计算后进行纹理 id 的切换。

（11）上文中对加载界面中的绘制方法进行了详细介绍。下面将对本应用中最重要的一个界面——主体验界面进行介绍。在本界面中，程序会在相机所拍摄的背景图中自动寻找可追踪的目标，并进行绘制。其详细代码如下。

代码位置：见随书源代码/第 10 章/Chemistry/app/src/main/java/com/bn/ar/views 目录下的 MainView.java。

```
1    package com.bn.ar.views;
2    ……//此处省略了部分类和包的引入码，读者可自行查阅源代码
3    public class MainView extends BNAbstractView{
4        private final float TOUCH_SCALE_FACTOR = 540.0f/SCREEN_WIDTH_STANDARD;//缩放比例
5        private LoadedObjectVertexNormalTexture currLOVN;              //模型绘制对象
```

10.5 界面绘制类

```
6       private BackgroundMesh vbMesh = null;              //相机所照背景图绘制对象
7       private float mPreviousX;                            //记录上一次单击的 x 坐标
8       private float x,y;                                   //记录当前单击的 x、y 坐标
9       private String curContent=null;                      //语音介绍功能所用的文字内容
10      ArrayList<BN2DObject>  al=new ArrayList<BN2DObject>();//存储 2D 界面
11      GlSurfaceView mv;                                    //界面的控制类
12      boolean isDrawSpiritLamp=false;                      //是否要画酒精灯
13      public MainView(GlSurfaceView mv){                   //主体验界面的构造器
14          this.mv = mv;                                    //传入界面的控制类
15          onSurfaceCreated();                              //初始化主体验界面
16      }
17      @Override
18      public void onSurfaceCreated() {                     //初始化主体验界面
19          al.add(new BN2DObject(TextureManager.getTextures("screenshot.png"),
20                  ShaderManager.getShader(0),SCREEN_WIDTH,SCREEN_WIDTH,
21                  SCREEN_SHOT_X,SCREEN_SHOT_Y));           //添加截屏按钮
22          al.add(new BN2DObject(TextureManager.getTextures("goback.png"),
23                  ShaderManager.getShader(0),SCREEN_WIDTH,SCREEN_WIDTH,
24                  SCREEN_SHOT_X,GO_BACK_Y));               //添加返回按钮
25          al.add(new BN2DObject(TextureManager.getTextures("speech.png"),
26                  ShaderManager.getShader(0),SOUND_WIDTH,SOUND_WIDTH,
27                  SOUND_X,SOUND_Y));                       //添加语音讲解按钮
28      }
29      @Override
30      public void onDrawFrame() {                          //主体验界面的绘制方法
31          renderFrame();                                   //绘制背景和 3D 物体
32          draw2DObjects();                                 //绘制 2D 按钮
33          if(saveFlag) {                                   //如果截屏标志位为真
34              mScreenSave.saveScreen();                    //进行截屏
35              mScreenSave.setFlag(false);                  //将截屏的标志位置为假
36      }}
37      public void draw2DObjects(){                         //绘制 2D 界面
38          for(BN2DObject   temp:al){                       //遍历列表中的所有 2D 部件
39              MatrixState2D.pushMatrix();                  //保护场景
40              MatrixState2D.translate(temp.x,temp.y,0);    //进行平移
41              temp.drawSelf();                             //绘制 2D 部件
42              MatrixState2D.popMatrix();                   //恢复现场
43      }}
44      ……//此处省略了部分代码,下文将对其进行详细介绍
45  }
```

- 第 4 行中 TOUCH_SCALE_FACTOR 指的是角度缩放比,具体是指在屏幕上滑动一个单位长度所对应的角度值。此处是指滑动一个标准屏幕宽度模型会旋转 540 度。
- 第 5~16 行声明了实现主体验界面功能所需的成员变量和相关类。currLOVN 为与二维码相对应的 3D 物体的绘制者。vbMesh 为相机背景的绘制者。
- 第 17~28 行为初始化主体验界面的方法。在此方法中设置了截屏按钮、返回按钮、语音讲解按钮的相关信息。并将这些按钮添加进列表中。
- 第 29~36 行为主体验界面的绘制方法。先绘制背景和 3D 物体,再绘制 2D 界面。在此方法中,还添加了截屏的方法。如果截屏的标志位为真,进行截屏后将标志位置假,完成截图。
- 第 37~43 行为绘制 2D 界面的相关方法。遍历存储 2D 组件的列表,在保护现场、平移后进行绘制,最后恢复现场,绘制完成。

(12)上文中对主体验界面中的成员变量和绘制方法进行了简单的介绍。读者可能对具体的绘制方法不太了解,下面将相机背景和 3D 物体的绘制方法展开进行介绍。其详细代码如下。

<svg>代码位置:见随书源代码/第 10 章/Chemistry/app/src/main/java/com/bn/ar/views 目录下的 LoadView.java。

```
1   private void renderFrame(){                              //绘制背景和 3D 物体
2       Eyewear eyewear = Eyewear.getInstance();             //得到一个眼镜实例
3       checkEyewearStereo(eyewear);                         //查看眼镜是否是 3D 模式
4       int numEyes = 1;
5       //清除深度缓冲与颜色缓冲
6       GLES30.glClear(GLES30.GL_COLOR_BUFFER_BIT | GLES30.GL_DEPTH_BUFFER_BIT);
7       State state = mv.renderer.begin();                   //启动 AR 渲染器
```

```
8            GLES30.glEnable(GLES30.GL_DEPTH_TEST);              //开启深度检测
9            //判断是前相机还是后相机
10           if (Renderer.getInstance().getVideoBackgroundConfig().getReflection() ==
11             VIDEO_BACKGROUND_REFLECTION.VIDEO_BACKGROUND_REFLECTION_ON){
12             GLES30.glFrontFace(GLES30.GL_CW);                 //开启顺时针卷绕
13           }else{
14             GLES30.glFrontFace(GLES30.GL_CCW);                //开启逆时针卷绕
15           }
16           if (!eyewear.isSeeThru()){                          //判断眼镜是否可见
17             renderVideoBackground(0, numEyes);                //绘制相机所照背景图
18           }
19           for (int eyeIdx = 0; eyeIdx < numEyes; eyeIdx++){
20             Matrix44F projectionMatrix;                       //投影矩阵
21             int eyeViewportPosX = viewportPosX;               //视口 x 坐标位置
22             int eyeViewportPosY = viewportPosY;               //视口 y 坐标位置
23             int eyeViewportSizeX = viewportSizeX;             //视口宽度
24             int eyeViewportSizeY = viewportSizeY;             //视口高度
25             projectionMatrix = mv.vuforiaAppSession.getProjectionMatrix();//获取投影矩阵和视口数据
26             GLES30.glViewport(eyeViewportPosX, eyeViewportPosY,    //设置视口
27               eyeViewportSizeX, eyeViewportSizeY);
28             // 通过这里判断是否检测到 target
29             for (int tIdx = 0; tIdx < state.getNumTrackableResults(); tIdx++{
30               // 查看一帧中有几个待跟踪目标, 在 Vuforia 中最多可同时跟踪 5 个目标
31               TrackableResult result = state.getTrackableResult(tIdx);
32               Trackable trackable = result.getTrackable();
33               MatrixState.setCamera(Tool.convertPose2GLMatrix(result.getPose()).
                   getData());//设置摄像机
34               drawObjects(nameList[curType],LoadedObj[curType],ContentList[curType],
                   //绘制 3D 物体
35                                         trackable,projectionMatrix,curType);
36           }}
37           GLES30.glDisable(GLES30.GL_DEPTH_TEST);             //关闭深度检测
38           mv.renderer.end();                                  //关闭 AR 渲染器
39         }
```

- 第 5~18 行为绘制相机背景的相关代码。先确定当前使用的是前置摄像头还是后置摄像头。然后根据摄像头的不同确定不同的卷染方式。最终进行绘制。
- 第 19~27 行为设置渲染窗口的视口的相关方法。numEyes 是指渲染窗口的数量。在设备没有连接眼镜的情况下，numEyes 的值为 1。此时方法只设置一个渲染窗口的视口，并且得到一个投影矩阵。在绘制 3D 物体时传入此矩阵进行绘制。
- 第 28~35 行为判断是否检测到追踪目标的相关方法。根据检测的姿态数据设置摄像机的位置。然后进行 3D 物体的绘制。
- 第 37~39 行为绘制完成后进行的工作。关闭深度检测后关闭 AR 渲染器。

（13）上文中对主体验界面中的绘制方法展开后进行了简单的介绍。由于篇幅有限省略了部分代码。下面将介绍绘制具体物体的方法。主要的原理是在存储着模型绘制者的数组中寻找对应的绘制者，并且向着色器中传入当前的投影矩阵。其详细代码如下。

代码位置： 见随书源代码/第 10 章/Chemistry/app/src/main/java/com/bn/ar/views 目录下的 LoadView.java。

```
1   public void drawObjects(String[] pics,LoadedObjectVertexNormalTexture[] obj,
2     String[] contant,Trackable trackable,Matrix44F projectionMatrix,int id){
3     float factor = 1;//透明因子
4     MatrixState.pushMatrix();//保护现场
5     for(int i=0;i<pics.length;i++){
6         boolean flag = trackable.getName().equalsIgnoreCase(pics[i]);  //判断当前识别图
7         if(flag){
8             isDrawSpiritLamp = (pics[i].equals("SpiritLamp"))?true:false;
                //判断此模型是不是酒精灯
9             currLOVN = obj[i];
10            curContent = contant[i];
11            if(currLOVN==null){
12                return;
13            }
```

```
14              factor = getFactor(pics[i]);//得到绘制时的透明度
15              if(isDrawSpiritLamp){                                     //如果需要绘制酒精灯的模型
16                  GLES30.glDisable(GLES30.GL_DEPTH_TEST);               //关闭深度检测
17                  MatrixState.pushMatrix();                             //保护现场
18                  MatrixState.rotate(currLOVN.yAngle, 0,0,1);           //绕 z 轴旋转
19                  currLOVN.drawSelf(mTextures[id][0],projectionMatrix,0.9f);  //绘制酒精灯灯体
20                  MatrixState.popMatrix();                              //恢复现场
21                  MatrixState.pushMatrix();                             //保护现场
22                  MatrixState.translate(0, 0, 200);                     //进行平移操作
23                  MatrixState.rotate(spiritLampTop.yAngle, 0,0,1);      //绕 z 轴旋转
24                  spiritLampTop.drawSelf(mTextures[id][0], projectionMatrix, 1.0f);
                                                                          //绘制酒精灯盖的模型
25                  MatrixState.popMatrix();                              //恢复现场
26                  MatrixState.pushMatrix();                             //保护现场
27                  MatrixState.translate(0, 10, 85);                     //进行平移操作
28                  MatrixState.rotate(spiritLampLine.yAngle, 0,0,1);     //绕 z 轴旋转
29                  MatrixState.scale(0.8f, 0.8f, 0.8f);                  //缩小为原模型的 0.8
30                  spiritLampLine.drawSelf(mTextures[id][0], projectionMatrix, 1.0f);
                                                                          //绘制酒精灯线的模型
31                  MatrixState.popMatrix();                              //恢复现场
32                  GLES30.glEnable(GLES30.GL_DEPTH_TEST);                //关闭深度检测
33                  isDrawSpiritLamp = false;
34              }else{
35                  MatrixState.pushMatrix();                             //保护现场
36                  MatrixState.rotate(currLOVN.yAngle, 0,0,1);           //绕 z 轴旋转一定角度
37                  currLOVN.drawSelf(mTextures[id][0],projectionMatrix,factor);  //绘制物体
38                  MatrixState.popMatrix();                              //恢复现场
39              }
40              break;
41          }
42          MatrixState.popMatrix();                                      //恢复现场
43      }
```

- 第 3~13 行为识别当前图的相关方法。首先判断是否扫描到可追踪的图片。如果可以追踪到，在模型数组中找到对应的模型传给对应的引用。并且找到讲解内容也传给对应的字符串引用。
- 第 14 行为得到对应透明度的方法。为了使画面渲染更加逼真，程序中设置了多种透明度。根据模型的不同，实时调整透明度的数值，从而使画面更加真实。
- 第 15~33 行为绘制酒精灯的相关代码。由于酒精灯比较特殊，每部分的透明度都不同，所以需要分开进行绘制。
- 第 35~38 行为除了酒精灯外的 3D 物体的绘制方法。程序找到对应的 3D 物体模型后在指定位置进行绘制即可。

（14）上文中对主体验界面中的绘制 3D 方法已经介绍得很详细，但是读者可能对渲染相机背景的方法有些疑惑，下面将展开本方法进行介绍。本方法主要完成的功能为设置布局模式，创建相机所照背景图的绘制对象并进行绘制。其详细代码如下。

代码位置：见随书源代码/第 10 章/Chemistry/app/src/main/java/com/bn/ar/views 目录下的 LoadView.java。

```
1   private void renderVideoBackground(int vbVideoTextureUnit, int numEyes){
2       //绑定摄像机的背景纹理并从 Vuforia 获取纹理 id
3       if (!Renderer.getInstance().bindVideoBackground(vbVideoTextureUnit)){
4           System.out.println("Unable to bind video background texture!!");
5           return;
6       }
7       if (vbMesh == null){
8           boolean isActivityPortrait;
9           Configuration config = mv.activity.getResources().getConfiguration(); //获取布局配置
10          //判断是横屏还是竖屏
11          if (config.orientation == Configuration.ORIENTATION_LANDSCAPE) {   //横屏
12              isActivityPortrait = false;
13          }else{
14              isActivityPortrait = true;                                     //竖屏
15          }
```

```
16              //创建相机所照背景图绘制对象
17              vbMesh = new BackgroundMesh(2, 2, isActivityPortrait);
18              if (!vbMesh.isValid()){                              //如果绘制背景是无效的
19                  vbMesh = null;                                   //清空绘制对象
20                  System.out.println("VB Mesh not valid!!");       //打印错误信息
21                  return;
22              }
23              vbMesh.initShader();                                 //初始化着色器
24          }
25          GLES30.glDisable(GLES30.GL_DEPTH_TEST);                  //关闭深度检测
26          GLES30.glDisable(GLES30.GL_CULL_FACE);                   //关闭背面剪裁
27          vbMesh.drawSelf(vbVideoTextureUnit, numEyes);            //绘制相机所照图
28          ShaderUtil.checkGlError("Rendering of the video background failed"); //检测错误
29          GLES30.glEnable(GLES30.GL_DEPTH_TEST);                   //打开深度检测
30          GLES30.glEnable(GLES30.GL_CULL_FACE);                    //打开背面剪裁
31      }
```

- 第 3~6 行为绑定摄像机的背景纹理。其中背景纹理是从 Vuforia 引擎中获得的。
- 第 7~22 行为创建背景图绘制对象的相关方法。在创建背景图绘制对象前要先判断当前屏幕显示方法是横屏模式还是竖屏模式。然后将当前模式传入背景图绘制对象的构造器中。创建后要检测此对象是否有效。
- 第 23 行为背景图绘制对象的初始化着色器方法,为之后的绘制工作做准备。
- 第 25~31 行为背景图的绘制方法。在绘制前要关闭深度检测和背面剪裁。

(15) 上文中已经对主体界面中的大部分方法进行了详细介绍。主体验界面中的监听部分还没有进行介绍。下面将展开此方法进行详细介绍。在本类的监听方法中,读者应该着重掌握播放讲解内容和截取当前屏幕的方法。其详细代码如下。

代码位置:见随书源代码/第 10 章/Chemistry/app/src/main/java/com/bn/ar/views 目录下的 LoadView.java。

```
1   @Override
2   public boolean onTouchEvent(MotionEvent e){             //监听方法
3       switch (e.getAction()) {                            //获得动作
4         case MotionEvent.ACTION_MOVE:                     //如果为滑动
5         if(x!=0){
6             x = Constant.fromRealScreenXToStandardScreenX(e.getX());//转换为的标准屏幕坐标
7             float dx = x-mPreviousX;                      //计算触控笔位移
8             if(currLOVN!=null&&Math.abs(dx)>10f)          //如果绘制者不为空
9                 currLOVN.yAngle += dx * TOUCH_SCALE_FACTOR; //设置沿 y 轴旋转角度
10        }}
11        break;
12        case MotionEvent.ACTION_DOWN:                     //如果为按下
13          y = Constant.fromRealScreenYToStandardScreenY(e.getY());//转换为的标准屏幕坐标
14          x = Constant.fromRealScreenXToStandardScreenX(e.getX());
15        //如果此时单击到了截屏按钮
16        if(x>(SCREEN_SHOT_X-SCREEN_WIDTH/2)&&x<(SCREEN_SHOT_X+SCREEN_WIDTH/2)
17        &&y>(SCREEN_SHOT_Y-SCREEN_WIDTH/2)&&y<(SCREEN_SHOT_Y+SCREEN_WIDTH/2)){
18            x = 0;                                        //将 x 坐标清空
19            if(soundOn){                                  //如果开启音效
20                StereoRendering.sound.playMusic(Constant.BUTTON_PRESS, 0);//播放按键声
21            }
22            mScreenSave.setFlag(true);                    //进行截屏
23        //如果此时单击到了返回按钮
24        }else if(x>(SCREEN_SHOT_X-SCREEN_WIDTH/2)&&x<(SCREEN_SHOT_X+SCREEN_WIDTH/2)
25        &&y>(GO_BACK_Y-SCREEN_WIDTH/2)&&y<(GO_BACK_Y+SCREEN_WIDTH/2)){
26            x = 0;                                        //将 x 坐标清空
27            if(soundOn){                                  //如果开启音效
28                StereoRendering.sound.playMusic(Constant.BUTTON_PRESS, 0);  //播放按键声
29            }
30            if(mv.activity.mTTS.isSpeaking()){            //如果正在播放声音
31                mv.activity.mTTS.stop();                  //停止播放
32            }
33            reSetData();                                  //重置数据
34            mv.currView = mv.menuView;                    //返回菜单界面
35        }else if(x>(SOUND_X-SOUND_WIDTH/2)&&x<(SOUND_X+SOUND_WIDTH/2)
```

```
36        &&y>(SOUND_Y-SOUND_WIDTH/2)&&y<(SOUND_Y+SOUND_WIDTH/2)){//点到了讲解按钮
37            x = 0;                                                //将x坐标清空
38            if(curContent!=null&&!curContent.endsWith("NOTSTRING")){  //如果存在讲解内容
39                if(mv.activity.mTTS.isSpeaking()){               //如果正在进行讲解
40                    goToast(mv.activity, SPEAKING);              //显示正在讲解
41                }else{
42                    mv.activity.mTTS.speak(curContent, TextToSpeech.QUEUE_FLUSH, null);
                                                                    //进行讲解动作
43            }}else{
44                goToast(mv.activity, NOT_CONTENT_FAIL);          //显示无讲解内容
45            }
46        case MotionEvent.ACTION_UP:                              //如果动作为抬起
47            break;
48        }
49        mPreviousX = x;                                          //记录本次的x坐标
50        return true;
51    }
```

- 第 4~11 行为监听到滑动动作后执行的程序。根据滑动距离在 x 轴的分量大小和角度缩放比确定 3D 模型绕 z 轴进行旋转的角度。在绘制 3D 模型时，先旋转后绘制。
- 第 13~15 行为监听到按下动作后执行的程序。先将按下点的坐标转换为标准屏幕坐标，然后判断触点落在哪个按钮上。
- 第 16~23 行为按下截屏按钮后执行的程序。先判断是否播放按键声再进行截屏。
- 第 24~34 行为按下返回按钮后执行的程序。先判断是否正在进行语音讲解。如果当前正在进行讲解，则停止讲解，然后返回主菜单页面。
- 第 35~48 行为按下语音讲解按钮后执行的程序。在讲解前要检查是否存在讲解内容。如果不存在讲解内容要显示在屏幕上。如果存在将其放入队列中即可。当用 TextToSpeech.QUEUE_FLUSH 调用 Speak()方法时，会中断当前实例正在运行的任务。
- 第 49 行将本次触点的 x 坐标记录下来。在下次触控中使用。

10.6 线程类

上一节中已经介绍了各个界面类和界面控制类的开发过程，线程类在本应用中也是很重要的一部分，主要完成数据包的下载以及初始化工作。线程开发在应用开发中占据着非常重要的位置。通过本节学习，读者将了解如何开发出线程类，详细代码如下。

（1）首先要介绍的是线程类框架。在本应用中，程序在开始运行和用户单击数据包管理按钮后都会开启此线程，完成数据的下载及初始化。此线程类主要任务是下载并解压缩数据包，将相关信息存入数组中供程序使用。其详细代码如下。

> 代码位置：见随书源代码/第 10 章/Chemistry/app/src/main/java/com/bn/thread 目录下的 URLConnectionThread.java。

```
1   package com.bn.thread;
2   ……//此处省略了部分类和包的引入码，读者可自行查阅源代码
3   public class URLConnectionThread extends Thread{
4       private String path;                              //package_list.txt 的下载地址
5       DownLoaderTask dlt;                               //下载任务
6       public static boolean flag = true;                //控制此线程是否继续循环的标志位
7       public static boolean init = false;               //初始化是否完成的标志位
8       String str =null;                                 //txt 内容
9       public static boolean isWantToUpdata=false;       //是否要更新数据
10      public URLConnectionThread(String path){          //线程的构造器
11          this.path = path;                             //传入下载地址
12      }
13      @Override
14      public void run(){                                //重写 run 方法
```

```
15      while(true){                                    //循环执行以下代码
16        while(flag){                                  //判断线程是否继续执行
17          try{
18            if(!init){                                //如果数据还没有初始化
19              if(isWantToUpdate){                     //判断是从网络还是在本地读数据
20                getTxtFromURL();                      //下载 txt 到 SD 卡
21                System.out.println("从网络上下载package_list.txt");
22              }else{
23                getTxtFromSD();                       //在 SD 卡中读取数据
24                System.out.println("从SD卡中package_list.txt");
25              }
26              initData();                             //初始化数据
27              String[] bitmapNameYellow= new String[typeNumber];//用于存放类别纹理的名称
28              String[] bitmapNameGray= new String[typeNumber];//用于存放类别纹理的名称
29              for(int i=0;i<typeNumber;i++){          //遍历所有类别
30                String urlYellow = ListArray[i*length+2];   //初始化黄色纹理
31                String[] contentY = urlYellow.split("/");   //对字符串进行切分
32                bitmapNameYellow[i] = contentY[contentY.length-1];//获取黄色纹理名称
33                String urlGray = ListArray[i*length+5];     //初始化灰色纹理
34                String[] contentG = urlGray.split("/");     //对字符串进行切分
35                bitmapNameGray[i] = contentG[contentG.length-1];//获取灰色纹理名称
36              }
37              //判断所需要的 bitmap 是否存储在手机 SD 卡上
38              boolean isExistBitmap = isExistsInFile(bitmapNameYellow,YELLOW_PIC_LOAD_PATH)
39                                  &&isExistsInFile(bitmapNameGray,GRAY_PIC_LOAD_PATH);
40              if(isExistBitmap){                      //如果 SD 卡存在 bitmap
41                getBitmapFromSD();                    //在 SD 卡上取 bitmap
42              }else{                                  //如果 SD 卡不存在 bitmap
43                getBitmapFromURL();                   //下载 bitmap 到 SD 卡
44              }
45              init = true;                            //初始化成功
46              flag = false;                           //线程停止
47            }
48            if(init&&flag&&selectDataIndex[selectData]){
49              //下载选中模型的 zip 数据
50              dlt = new DownLoaderTask(ListArray[selectData*length+3],
51                    ZIP_LOAD_PATH,selectData,ZIP_FLAG);
52              dlt.execute();                          //下载线程执行
53              flag = false;                           //本线程停止
54          }}catch(Exception e){
55              e.printStackTrace();                    //打印异常信息
56        }}
57        try{
58          Thread.sleep(10);                           //睡眠 10ms
59        }catch(Exception e){
60          e.printStackTrace();
61    }}}
```

● 第 19~24 行为获取 package_list.txt 的相关方法。一共分为两种方法，即从网络上获取和在本地 SD 卡中的下载路径中获取。

● 第 26 行为初始化相关数据的方法。在下文中将会详细介绍。

● 第 27~36 行为获得每个类别纹理图名称的相关方法。并且将纹理图的名称存在数组内。

● 第 40~44 行为获得纹理图的相关方法。判断纹理图是否存在 SD 卡中。如果存在 SD 卡中则直接读取纹理图。如果不存在，则直接在网络上进行读取并下载。

● 第 45~47 行为初始化完成后进行的操作。将初始化成功的标志位置为真，并且将本线程暂停。

● 第 48~54 行为在数据包管理页面中选中模型后进行的下载操作。扫描选择的模型数据包，新建下载任务并执行。

（2）上文介绍了线程类的基本框架。相信读者已经对线程类的开发有了一定的了解。下面将对线程类中一些方法进行详细介绍。主要包括从本地或网络上得到字符串数据的方法及初始化模型编号和纹理图。其详细代码如下。

10.6 线程类

代码位置：见随书源代码/第 10 章/Chemistry/app/src/main/java/com/bn/thread 目录下的 URLConnectionThread.java。

```java
1   private void initData(){                                          //初始化数据工作
2       typeBitmaps=new Bitmap[typeNumber];                           //类别图,表示本类已经下载
3       typeBitmapsNotLoad = new Bitmap[typeNumber];                  //类别图,表示本类还未下载
4       typeTexId = new int[typeNumber];                              //类别纹理id,表示已经下载
5       typeTexIdNotLoad =  new int[typeNumber];                      //类别纹理id,表示本类还未下载
6       types = new int[typeNumber];                                  //类型编号
7       selectDataIndex = new boolean[typeNumber];                    //表示选中了第几类模型
8       downLoadZipChangeT = new boolean[typeNumber];                 //表示是否要切换纹理
9       downLoadZipFinish  = new boolean[typeNumber];                 //表示模型是否初始化完成
10      countTypeObj = new int[typeNumber];                           //每个类别中物体模型的个数
11      mTextures = new int[typeNumber][];                            //分子模型纹理列表
12      zipNameArray=new String[typeNumber];                          //存放 zip 包的名字
13      ContentList=new String[typeNumber][];                         //存放讲解内容
14      LoadedObj=new LoadedObjectVertexNormalTexture[typeNumber][];
15      nameList=new String[typeNumber][];                            //存放模型名字
16      for(int i=0;i<typeNumber;i++) {
17          selectDataIndex[i] = false;                               //把所有的类别的模型都设置为未选中
18          types[i] = i;                                             //初始化模型编号
19          String url = ListArray[i*length+3];
20          String[] content = url.split("/");                        //进行切分
21          String zipName = content[content.length-1].substring(0, content[content.length-1].length()-4);
22          zipNameArray[i]=zipName;                                  //将数据包名字放入数组中
23          boolean isExistZIP = MethodUtil.isExistFile(zipName,UNZIP_TO_PATH);
                                                                      //判断数据包是否存在
24          downLoadZipFinish[i] = isExistZIP;
25          downLoadZipChangeT[i] = isExistZIP;
26          countTypeObj[i] =  Integer.parseInt(ListArray[i*length+4]);//初始化每个类别的模型个数
27      }}
28  private void getTxtFromURL(){                                     //从指定 URL 读取 package_list.txt 文件
29      ListArray = MethodUtil.getStringInfoFromURL(path).split("\\|");//对数据进行切分
30      typeNumber = ListArray.length/length;                         //得到模型类别的数量
31      dlt = new DownLoaderTask(path,UNZIP_TO_PATH,-1,TXT_FLAG);     //下载 package_list.txt 文件
32      dlt.execute();                                                //执行下载任务
33  }
34  private void getTxtFromSD(){                                      //从 SD 卡读取 txt 文件
35      str = MethodUtil.loadFromFile("package_list.txt");            //在文件清单中读取所有内容
36      ListArray = str.trim().split("\\|");                          //将读取的内容以|进行切分
37      typeNumber = ListArray.length/length;                         //类别个数
38  }
```

- 第 2~15 行为初始化存放相关数据的数组。其中包括类别编号、类别名称、讲解内容、已下载和未下载的纹理图、数据包名称等。
- 第 16~27 行扫描本地中有哪些数据包。将数据包是否存在的信息存入数组中，在数据包管理页面中将会用到。如果数据包存在，则纹理图为黄色，如果数据包不存在，则纹理图为灰色。
- 第 28~33 行为在指定 URL 读取 package_list.txt 文件的方法。在网络上读取此文件得到模型类别数量。然后新建下载任务，将 package_list.txt 文件下载到本地。
- 第 34~38 行为在 SD 卡中读取 txt 文件的方法。在指定路径下寻找 package_list.txt 文件。将其中的内容进行切分得到类别个数。

（3）上文介绍了线程类中在 URL 上读取 txt 文件的相关方法。但是本应用中除了要读取 txt 文件外还需要读取 bitmap 文件，下面将详细介绍读取 bitmap 生成对应 id 的方法和判断多个文件是否存在的方法。其详细代码如下。

代码位置：见随书源代码/第 10 章/Chemistry/app/src/main/java/com/bn/thread 目录下的 URLConnectionThread.java。

```java
1   private void getBitmapFromURL(){                                  //从指定 URL 中读取 Bitmap
2       for(int i=0;i<typeNumber;i++){
3           dlt = new DownLoaderTask(ListArray[i*length+2],YELLOW_PIC_LOAD_PATH,i,PIC_FLAG);
```

```
4         dlt.execute();                                      //下载黄色图
5         dlt = new DownLoaderTask(ListArray[i*length+5],GRAY_PIC_LOAD_PATH,i,PIC_FLAG);
6         dlt.execute();                                      //下载灰色图
7         //从指定 URL 读取黄色 bitmap
8         typeBitmaps[i] = MethodUtil.getBitmapFromURL(ListArray[i*length+2]);
9         //从指定 URL 读取灰色 bitmap
10        typeBitmapsNotLoad[i] = MethodUtil.getBitmapFromURL(ListArray[i*length+5]);
11    }}
12    private void getBitmapFromSD(){                         //从 SD 卡读取类别纹理
13        for(int i=0;i<typeNumber;i++){
14            String url = ListArray[i*length+2];
15            String[] content = url.split("/");
16            String zipName = content[content.length-1];    //获取黄色纹理名称
17            //从指定的 SD 卡目录中获取黄色图片
18            typeBitmaps[i] = MethodUtil.getBitmapFromSDCard(zipName,YELLOW_PIC_LOAD_PATH);
19            url = ListArray[i*length+5];
20            content = url.split("/");
21            zipName = content[content.length-1];           //获取灰色纹理名称
22            //从指定的 SD 卡目录中获取灰色图片
23            typeBitmapsNotLoad[i] =MethodUtil.getBitmapFromSDCard(zipName,GRAY_PIC_LOAD_PATH);
24    }}
25    //判断指定的文件下是否存在需要查找的多个文件
26    private boolean isExistsInFile(String[] fileNames,String path) {
27        boolean isExist = true;                             //用来表示是否存在的标志位
28        for(int i=0;i<fileNames.length;i++){                //对文件名称进行遍历
29            if(!MethodUtil.isExistFile(fileNames[i],path)){//判断单个文件是否存在
30                isExist = false;                            //将标志位置 false
31                break;
32        }}
33        return isExist;                                     //返回结果
34    }
```

- 第 1~11 行为在 URL 中得到 bitmap 的方法。首先将从 package_list.txt 得到的纹理图名称传入下载工具类中,并开始下载。然后通过网络读取相应数据,得到 bitmap 对象。
- 第 12~24 行为从 SD 卡中读取类别纹理的相关方法。对每种类别进行遍历,得到黄色纹理和灰色纹理的名称。在工具类方法中传入纹理名称和文件路径即可。
- 第 25~34 行为判断指定的文件下是否存在需要查找的多个文件。将存储有多个文件名称的数组和路径传入此方法中,方法可返回这些文件是否在路径中存在的标志位。

10.7 工具类

上一节中已经介绍了本应用中线程类的开发过程,本节将介绍各个工具类的开发过程,工具类主要为线程类和其他类提供基本的功能方法。本节中将对本应用中使用的多种开发工具类的功能和开发过程进行详细介绍。

10.7.1 下载工具类

由于本应用应该具有在网络端更新数据的功能,但是如果每一次都在网络上获取数据包,则对网速的要求较高,而且重复的读取操作过多。所以应该开发一个下载工具类,将网络端的数据包下载到本地。

(1) 下面要介绍的是下载工具类的基本框架。为了使下载任务运行时不影响 UI 线程的运行,此类继承了异步任务类,这样可以在后台不断地进行下载任务。下面将会详细介绍此类,具体代码如下。

> 代码位置:见随书源代码/第 10 章/Chemistry/app/src/main/java/com/bn/ar/utils 目录下的 DownLoader-Task.java。

```
1   package com.bn.ar.utils;
2   ……//此处省略了部分类和包的引入码,读者可自行查阅源代码
```

10.7 工具类

```java
3   public class DownLoaderTask extends AsyncTask<Void, Integer, Long> {    //继承了异步任务类
4       private URL mUrl;                                    //下载文件需要的URL
5       private File mFile;                                  //下载的文件
6       private File mFileParent;                            //下载的文件的根目录
7       private FileOutputStream mOutputStream;              //声明一个字节流
8       int index;                                           //需要下载的模型的索引
9       int type = -1;                                       //下载文件的类型
10      //url为下载文件的网络地址，out为存放文件的路径，
11      //index为要下载的模型的索引，type指定下载文件的类型
12      public DownLoaderTask(String url,String out,int index,int type){//下载任务的构造器
13          super();
14          this.index = index;                              //传入模型索引
15          this.type = type;                                //传入下载文件类型
16          try {
17              mUrl = new URL(url);                         //下载地址
18              String fileName = new File(mUrl.getFile()).getName();//获得文件名称
19              mFileParent = new File(out);                 //创建用于存放zip或pic的文件
20              if(!mFileParent.exists()){mFileParent.mkdirs();} //如果目录不存在，就创建一个目录
21              //创建一个文件用来存储下载下来的字节流
22              mFile = new File(mFileParent.getPath(), fileName);
23              } catch (MalformedURLException e) {
24                  e.printStackTrace();                     //打印异常信息
25          }}
26      @Override
27      protected Long doInBackground(Void... params) {//后台执行的方法
28              return download();                           //下载的方法
29          }
30      private int copy(InputStream input, OutputStream output){
31              byte[] buffer = new byte[1024*8];            //创建byte数组，用于复制
32              BufferedInputStream in = new BufferedInputStream(input, 1024*8);
33                                                           //创建输入流
33              BufferedOutputStream out  = new BufferedOutputStream(output, 1024*8);
                                                             //创建输出流
34              int count =0,n=0;        //count为复制的总byte数量，n为本次读取的byte数量
35              try {
36                  while((n=in.read(buffer, 0, 1024*8))!=-1){  //只要能读取成功
37                      out.write(buffer, 0, n);                //在输出流中写入
38                      count+=n;                               //更新复制总长度
39                  }
40                  out.flush();
41              } catch (IOException e) {                       //捕获异常
42                  e.printStackTrace();                        //打印异常信息
43              }finally{
44                  try {
45                      out.close();                            //关闭输出流
46                  } catch (IOException e) {                   //捕获异常
47                      e.printStackTrace();                    //打印异常信息
48                  }
49                  try {
50                      in.close();                             //关闭输入流
51                  } catch (IOException e) {                   //捕获异常
52                      e.printStackTrace();                    //打印异常信息
53              }}
54              return count;                                   //返回复制的总长度
55      }
```

● 第4~9行声明了完成下载任务所需要的一些类成员变量。比如下载文件需要的URL、下载的文件、下载的文件的根目录、需要下载的模型的索引、文件类型等。

● 第13~25行为从SD卡中读取类别纹理的相关方法。对每种类别进行遍历，得到黄色纹理和灰色纹理的名称。向工具类方法中传入纹理名称和文件路径即可。

● 第30~55行为将输入流中的数据复制进输出流中的相关方法。首先新建一个固定长度的数组，然后建立输入流和输出流。将输入流的数据读取到数组中。如果复制成功，再将数组中的数据复制进输出流。最终返回复制的总长度。

（2）上面已经介绍了下载工具类的基本框架，相信读者对于下载部分已经有了较为清晰的认识，下面将详细介绍下载工具类中在后台执行的相关代码。主要的逻辑为得到文件长度，根据文

件长度判断下载是否完整。若不完整则重新下载。具体代码如下。

代码位置：见随书源代码/第 10 章/Chemistry/app/src/main/java/com/bn/ar/utils 目录下的 DownLoaderTask.java。

```java
private long download(){
    URLConnection connection = null;                    //网络连接的引用
    int bytesCopied = 0;                                //表示当前从网络下载到指定文件的byte数
    try {
        connection = mUrl.openConnection();  //连接网络
        int length = connection.getContentLength();     //获得要下载文件的长度
        if(mFile.exists()&&length==-1){
            mFile.delete();                             //删除下载文件目录
            mFileParent.delete();                       //删除文件所在的根目录
            Constant.net_success = false;               //表示联网失败
            URLConnectionThread.flag = false;           //线程停止内层循环
            return 0l;
        }
        mOutputStream = new FileOutputStream(mFile);
        //把从url得到的数据在指定文件上复制
        bytesCopied =copy(connection.getInputStream(),mOutputStream);
        Constant.net_success = true;                    //表示联网成功
        URLConnectionThread.flag = true;                //下载任务进行
        if(bytesCopied!=length&&length!=-1){            //下载不完整
            System.out.println("Download incomplete bytesCopied="+
            bytesCopied+", length"+length);
        }
        if(bytesCopied==length){//下载成功
            if(type==Constant.ZIP_FLAG){//如果当前下载的是zip包，则进行解压
                //解压SD卡指定目录下的zip包
                String sZipPathFile = Constant.ZIP_LOAD_PATH+mFile.getName();
                ZipUtil.Ectract(sZipPathFile, Constant.UNZIP_TO_PATH);
                Constant.downLoadZipChangeT[index] =true;
                                                        //改变是否改变纹理图的标志位
                Constant.downLoadZipFinish[index] = true;   //表示此模型下载完成
                Constant.selectDataIndex[index] = false;
                                                        //将此模型设置为未选中状态
            }
        }
        mOutputStream.close();                          //关闭输出流
    } catch (IOException e) {                           //捕获异常
        System.out.println("-------------联网失败-------------");   //打印信息
        Constant.net_success = false;                   //联网失败
        URLConnectionThread.flag = false;               //网络连接失败
        e.printStackTrace();                            //打印异常信息
    }
    return bytesCopied;                                 //返回已经复制的byte数量
}
```

- 第 5~13 行为获得网络上某个文件数据长度的方法。如果文件不存在或者返回的长度为 -1，说明不能进行下载。
- 第 14~18 行为将输入流和输出流进行套接的方法。用 copy 方法将输入流中的数据复制到输出流中，并更改相应标志位。
- 第 19~32 行为对下载结果的处理代码。如果下载不完整，则打印出错误信息。如果下载成功，则将数据包进行解压缩，改变相应的标志位，并关闭输出流。
- 第 33~40 行为捕获异常后的相关方法。更改对应的标志位，打印异常信息并且返回已经复制的 byte 数量。

10.7.2　读取 txt 和 bitmap 工具类

本应用有时需要在网络端或者在 SD 卡中直接读取文件，以此来得到 package.txt 中的内容和模型的纹理图。所以开发一个工具类完成读取 txt 和 bitmap 的任务是十分必要的。本节将会重点

10.7 工具类

对其开发过程及逻辑进行介绍。

（1）此工具类中存在多个对文件进行操作的方法，下面先介绍关于读取 txt 文件的相关方法。主要过程为在 SD 卡或者网络中找到对应的目的文件创建输入流，程序在输入流中将得到的字符串保存下来。具体代码如下所示。

> **代码位置：** 见随书源代码/第 10 章/Chemistry/app/src/main/java/com/bn/ar/utils 目录下的 MethodUtil.java。

```java
1   package com.bn.ar.utils;
2   ……//此处省略了部分类和包的引入码，读者可自行查阅源代码
3   //从 SD 卡获取文件信息
4   public  static String loadFromFile(String fileName){
5       File file1=new File(Constant.UNZIP_TO_PATH);            //路径是否存在
6       File file=new File(Constant.UNZIP_TO_PATH+fileName);    //文件是否在路径中
7       if(!file1.exists()||!file.exists()){                    //如果路径不存在或者文件不存在
8           return "NOTSTRING";                                 //返回特定字符串
9       }
10      String result=null;                                     //用于返回字符串内容
11      try{
12          int length=(int)file.length();                      //得到文件长度
13          byte[] buff=new byte[length];                       //新建 byte 数组
14          FileInputStream fin=new FileInputStream(file);      //创建输入流
15          fin.read(buff);                                     //从输入流得到数据
16          fin.close();                                        //关闭输入流
17          result=new String(buff,"UTF-8");                    //进行 UTF-8 编码
18          result=result.replaceAll("\\r\\n","\n");            //替换换行符
19      }catch(Exception e){                                    //捕获异常
20          System.out.println("对不起，没有找到指定文件！"+fileName);
21      }
22      return result;                                          //返回字符串内容
23  }
24  //从网页获取指定路径的信息字符串
25  public static String getStringInfoFromURL(String subPath){
26      String result=null;                                     //用于返回字符串内容
27      try{
28          URL url=new URL(subPath);                           //新建 URL 对象
29          URLConnection uc=url.openConnection();              //建立网络连接
30          InputStream in=uc.getInputStream();                 //得到输入流
31          int ch=0;
32          ByteArrayOutputStream baos = new ByteArrayOutputStream();//建立输出流对象
33          while((ch=in.read())!=-1){                          //从输入流中读取数据
34              baos.write(ch);                                 //将数据写入输出流
35          }
36          byte[] bb=baos.toByteArray();                       //转化为 Byte 数组
37          baos.close();                                       //关闭输出流
38          in.close();                                         //关闭输出流
39          result=new String(bb,"UTF-8");                      //使用 UTF-8 编码
40          result=result.replaceAll("\\r\\n","\n");            //进行换行符的替换
41          Constant.net_success = true;                        //网络连接成功
42          URLConnectionThread.flag = true;                    //线程可以运行
43      }catch(Exception e){                                    //捕获异常
44          Constant.net_success = false;                       //网络连接失败
45          URLConnectionThread.flag = false;                   //线程停止
46          System.out.println("txt 从服务器读取 txt 失败！"+Constant.net_success );
47          e.printStackTrace();                                //打印异常信息
48      }
49      System.out.println("返回结果:"+result);
50      return result;                                          //返回字符串结果
51  }
```

- 第 5～9 行检测路径和文件是否存在。如果有一项不存在则不能继续进行读取操作。
- 第 11～23 行为创建输入流并读取数据的相关代码。先得到文件的长度，然后创建相应长度的 byte 数组。从文件的输入流中读取数据后进行 UTF-8 编码。要注意的是最后要进行的换行符的替换。最后返回的字符串即为 txt 文件中存储的字符串。
- 第 28～30 行为连接网络并创建输入流的相关代码。首先新建一个 URL 并进行连接。然后

得到网络连接的输入流。
- 第 31~35 行为创建输出流并将网络连接的输出流与其进行套接的相关代码。
- 第 36~42 行为将输出流对象转换为 byte 组并使用 UTF-8 编码的相关代码。以上操作进行完毕后，将网络连接和线程循环的标志位都置为 true。
- 第 43~48 行为对读取过程中异常的处理操作。

（2）通过上面的介绍，读者应该对 txt 文件的读取有了比较清晰的认识。下面将对 bitmap 的读取方法进行深入介绍。此方法与读取 txt 文件的方法大部分内容相似。最大的区别在于得到输入流后要将输入流的数据送到 bitmap 工厂中。其具体代码如下。

> 代码位置：见随书源代码/第 10 章/Chemistry/app/src/main/java/com/bn/ar/utils 目录下的 MethodUtil.java。

```
1   //从SD卡获取zip解压后的指定名称的bitmap
2   public static Bitmap getBitmapFromSDCard(String fileName,String path){
3       File file = new File(path);           //要读取文件的路径
4       File f=new File(path+fileName);       //要读取的文件
5       if(!file.exists()||!f.exists()){//如果path不存在或者path下没有指定名称的文件则返回
6           return  null;
7       }
8       Bitmap bp=null;                       //用于返回bitmap
9       try{
10          int length=(int)f.length();                //获得目的文件的byte长度
11          byte[] buff=new byte[length];              //创建相应长度的byte数组
12          FileInputStream fin=new FileInputStream(f);//创建输入流
13          fin.read(buff);                            //读取数据
14          fin.close();                               //关闭输入流
15          bp = BitmapFactory.decodeByteArray(buff, 0, buff.length);
                                                       //进行编码,得到所需要的bitmap
16      }catch(Exception e){                           //捕获异常
17          System.out.println("对不起，没有找到指定图片！"+fileName);//打印后台信息
18          e.printStackTrace();                       //打印异常信息
19      }
20      return bp;                                     //返回bitmap对象
21  }
22  //从网页获取指定路径的Bitmap
23  public static  Bitmap getBitmapFromURL(String path) {
24      Bitmap bitmap=null;                            //用于bitmap对象
25      try {
26          URL url = new URL(path);                   //新建URL对象
27          HttpURLConnection con=(HttpURLConnection) url.openConnection();//建立HTTP连接
28          con.setDoInput(true);
29          con.connect();                             //HTTP进行连接
30          InputStream inputStream=con.getInputStream();//得到HTTP连接的输入流
31          bitmap=BitmapFactory.decodeStream(inputStream); //将HTTP的输入流传入bitmap工厂
32          inputStream.close();                       //关闭输入流
33          Constant.net_success = true;               //网络连接成功
34          URLConnectionThread.flag = true;           //线程继续进行
35      }catch (MalformedURLException e) {
36          Constant.net_success = false;              //网络连接失败
37          URLConnectionThread.flag = false;          //线程停止运行
38          System.out.println("bitmap  从服务器读取bitmap失败！"+Constant.net_success );
39          e.printStackTrace();                       //打印异常信息
40      }catch (IOException e) {
41          Constant.net_success = false;              //网络连接失败
42          URLConnectionThread.flag = false;          //线程停止运行
43          e.printStackTrace();                       //打印异常信息
44      }
45      return bitmap;                                 //返回得到的bitmap
46  }
```

- 第 3~7 行为检测文件存在的父路径和文件是否存在的相关代码。如果其中有一项不存在，则返回空，不能继续进行读取操作。
- 第 10~21 行读取相关文件的长度并送入 bitmap 工厂的相关操作。先获得相关文件的长度，然后创建相应长度的 byte 数组，将从输入流中得到的数据存入数组后将数据送入 bitmap 工厂中，

得到 bitmap 对象。

● 第 26～30 行为得到 HTTP 连接的输入流并进行读取操作的相关代码。首先新建一个 URL 对象，然后新建连接。如果连接成功，得到网络连接的输入流，并将输入流中的数据送入 bitmap 工厂中。从 bitmap 工厂中将会得到对应的 bitmap 对象。

10.7.3 解压缩工具类

本应用中为了方便管理，上传的模型数据包都是压缩数据包。下载到本地后不能直接进行读取操作，所以开发一个解压缩文件的工具类是十分必要的。下面将详细介绍此工具类。具体代码如下。

代码位置：见随书源代码/第 10 章/Chemistry/app/src/main/java/com/bn/ar/utils 目录下的 ZipUtil.java。

```
1   package com.bn.ar.utils;
2   ……//此处省略了部分类和包的引入码，读者可自行查阅源代码
3   public class ZipUtil {//将 SD 卡某个文件中的 zip 包解压到指定位置
4     public static ArrayList<String> Ectract(String sZipPathFile, String sDestPath) {
5       ArrayList<String> allFileName = new ArrayList<String>();
6       try {
7         //先指定压缩档的位置和档名，建立 FileInputStream 对象
8         FileInputStream fins = new FileInputStream(sZipPathFile);
9         //将 fins 传入 ZipInputStream 中
10        ZipInputStream zins = new ZipInputStream(fins);
11        ZipEntry ze = null;
12        byte[] ch = new byte[256];                          //用于数据复制
13        while ((ze = zins.getNextEntry()) != null) {
14          File zfileTemp = new File(sDestPath);             //新建解压目标目录
15          if(!zfileTemp.exists()){                          //如果目标目录不存在
16            zfileTemp.mkdirs();                             //创建目录
17          }
18          //在 zfileTemp 文件下创建名称为 ze.getName()的文件目录
19          File zfile = new File(zfileTemp.getPath(),ze.getName());
20          File fpath = new File(zfile.getParentFile().getPath());
21          if (ze.isDirectory()) {                           //判断是否是一个目录实体
22            if (!zfile.exists())                            //如果解压缩目录下不存在对应目录
23              zfile.mkdirs();                               //创建相应目录
24            zins.closeEntry();                              //关闭对应 Entry
25          }else {                                           //如果压缩文件只是一个文件
26            if (!fpath.exists())                            //判断父目录是否存在
27              fpath.mkdirs();                               //创建父目录
28            FileOutputStream fouts = new FileOutputStream(zfile);//为解压缩文件创建输出流
29            int i;                                          //用于数据的复制
30            allFileName.add(zfile.getAbsolutePath());       //将解压缩文件的绝对路径添加到列表中
31            while ((i = zins.read(ch)) != -1)               //从输入流中读取数据
32              s.write(ch, 0, i);                            //往解压缩文件中写入数据
33            zins.closeEntry();                              //关闭 Entry
34            fouts.close();                                  //关闭输出流
35          }}
36        fins.close();                                       //关闭输入流
37        zins.close();
38      } catch (Exception e) {
39        System.err.println("Extract error:" + e.getMessage());//打印异常信息
40      }
41      return allFileName;                                   //返回解压后的文件列表
42   }}
```

● 第 7～10 行是为压缩文件建立输入流的相关代码，并以输入流对象创建 ZipInputStream 对象，为之后的解压缩做准备。

● 第 11～17 行为判断是否存在解压缩目录的相关方法。如果 SD 卡中不存在解压缩目录，则在相应位置上创建一个解压缩目录。

● 第 18～27 行判断压缩文件是否是目录。如果是目录，则在解压缩目录下新建一个相同名字的文件夹。如果压缩文件是单个文件，则在父目录下直接解压缩。

- 第 28～32 行为在解压缩文件中写入数据的相关代码。先为解压缩文件建立输出流对象，然后向输出流中写入数据。最终关闭输出流，解压缩结束。

10.7.4　读取模型工具类

由于本应用中使用的模型为 obj 格式，在应用中并不能直接使用，所以程序中应有一个读取 obj 格式的工具类。此工具类的作用为读取 obj 文件中的顶点坐标、顶点纹理坐标、法向量等并生成 3D 模型供绘制者绘制使用。

（1）下面将具体介绍读取模型类 Loadutil 的相关代码。该类可从 obj 模型文件读出顶点坐标、纹理坐标和法向量数据，将读出的数据送到模型加载类中加载出相应的物体对象，具体开发代码如下。

> 代码位置：见随书源代码/第 10 章/Chemistry/app/src/main/java/com/bn/ar/utils 目录下的 Loadutil.java。

```
1    package com.DirtRoadTruck.util;
2    ……//此处省略了部分类和包的引入码，读者可自行查阅源代码
3    public class LoadUtil {
4        @SuppressLint("UseSparseArrays")
5        public static LoadedObjectVertexNormalTexture loadFromFile
6        (String fname, Resources r,int mProgram){   //fname 为 obj 名称，r 为 Resources 对象引用
7            LoadedObjectVertexNormalTexture lo=null; //加载后物体的引用
8            ArrayList<Float> alv=new ArrayList<Float>();  //原始顶点坐标列表——直接从 obj 文件中加载
9            ArrayList<Float> alvResult=new ArrayList<Float>(); //结果顶点坐标列表——按面组织好
10           ArrayList<Float> alt=new ArrayList<Float>();        //原始纹理坐标列表
11           ArrayList<Float> altResult=new ArrayList<Float>();  //纹理坐标结果列表
12           ArrayList<Float> aln=new ArrayList<Float>();        //原始法向量列表
13           ArrayList<Float> alnResult=new ArrayList<Float>();  //法向量结果列表
14           InputStream in=r.getAssets().open("objModel/"+fname);//从 obj 模型中取得字节流数组
15           InputStreamReader isr=new InputStreamReader(in); //将字节流转换为字符流
16           BufferedReader br=new BufferedReader(isr);       //创建字符流缓冲区
17           String temps=null;
18           ……//省略了扫描文件的代码，将在下面详细介绍
19           int size=alvResult.size();                       //获取顶点坐标数量
20           float[] vXYZ=new float[size];                    //创建用于存储顶点坐标的数组
21           for(int i=0;i<size;i++){vXYZ[i]=alvResult.get(i);}//将顶点坐标数据转存到数组中
22           size=altResult.size();                           //获取顶点纹理坐标数量
23           float[] tST=new float[size];                     //创建用于存储纹理坐标的数组
24           for(int i=0;i<size;i++){tST[i]=altResult.get(i);}//将纹理坐标数据转存到数组中
25           size=alnResult.size();                           //获取法向量列表的大小
26           float[] nXYZ=new float[size];                    //创建存放法向量的数组
27           for(int i=0;i<size;i++){nXYZ[i]=alnResult.get(i);} //将法向量值存入数组
28           //创建加载物体对象
29           lo=new LoadedObjectVertexNormalTexture(mProgram,vXYZ,nXYZ,tST);
30           return lo;                                       //返回创建的物体对象的引用
31       }}
```

- 第 5～6 行中，参数 fname 为要加载的 obj 文件的名称，r 为 Resources 对象的引用，mProgram 为着色器 id。
- 第 7～13 行中创建了存放原始的顶点坐标、纹理坐标、顶点法向量的列表。一并创建了它们的存放结果列表。
- 第 14～16 行从模型中获取字节流数据，并转换成字符流数据送到创建好的缓存中。
- 第 19～27 行为将读取到的顶点坐标、顶点纹理坐标、顶点法向量这些信息存入到相应的数组中。
- 第 29～31 行创建加载物体对象，并返回。

（2）上一小节的开发中并没有介绍如何扫描文件，所以本节将要介绍 Loadutil 类中最重要的部分代码，即如何从 obj 模型中扫描文件将数据读出。原理就是扫描 obj 中的数据，以开头的字母判断后面的数据是具体哪种类型。其中具体开发代码如下。

> **代码位置：** 见随书源代码/第 10 章/Chemistry/app/src/main/java/com/bn/ar/utils 目录下的 Loadutil.java。

```
1   //扫描文件，根据行类型的不同执行不同的处理逻辑
2   while((temps=br.readLine())!=null) {                              //读取一行文本
3       String[] tempsa=temps.split("[ ]+");                          //将文本行用空格符切分
4           if(tempsa[0].trim().equals("v")){                         //此行为顶点坐标行
5                       //若为顶点坐标行则提取出此顶点的 xyz 坐标添加到原始顶点坐标列表中
6                       alv.add(Float.parseFloat(tempsa[1]));   //将 x 坐标添加到列表中
7                       alv.add(Float.parseFloat(tempsa[2]));   //将 y 坐标添加到列表中
8                       alv.add(Float.parseFloat(tempsa[3]));   //将 z 坐标添加到列表中
9           }else if(tempsa[0].trim().equals("vt")){              //此行为纹理坐标行
10                      //若为纹理坐标行则提取 st 坐标并添加到原始纹理坐标列表中
11                      alt.add(Float.parseFloat(tempsa[1]));   //将 s 坐标添加进列表中
12                      alt.add(1-Float.parseFloat(tempsa[2]));//将 t 坐标添加到列表中
13          }else if(tempsa[0].trim().equals("vn")){              //此行为法向量行
14                      //若为纹理坐标行则提取 ST 坐标并添加进原始纹理坐标列表中
15                      aln.add(Float.parseFloat(tempsa[1]));//tempsa1 放进 aln 列表中
16                      aln.add(Float.parseFloat(tempsa[2]));//tempsa2 放进 aln 列表中
17                      aln.add(Float.parseFloat(tempsa[3]));//tempsa3 放进 aln 列表中
18          }else if(tempsa[0].trim().equals("f")) {//此行为三角形面
19                  //计算第 0 个顶点的索引，并获取此顶点的 x、y、z 3 个坐标
20                  int index=Integer.parseInt(tempsa[1].split("/")[0])-1;//计算索引
21                  float x0=alv.get(3*index);                      //获得 x 坐标
22                  float y0=alv.get(3*index+1);                    //获得 y 坐标
23                  float z0=alv.get(3*index+2);                    //获得 z 坐标
24                  alvResult.add(x0);                              //将 x 坐标添加到结果列表中
25                  alvResult.add(y0);                              //将 y 坐标添加到结果列表中
26                  alvResult.add(z0);                              //将 z 坐标添加到结果列表中
27                  //计算第 1 个顶点的索引，并获取此顶点的 x、y、z 3 个坐标
28                  index=Integer.parseInt(tempsa[2].split("/")[0])-1;
29                  float x1=alv.get(3*index);                      //获得 x 坐标
30                  float y1=alv.get(3*index+1);                    //获得 y 坐标
31                  float z1=alv.get(3*index+2);                    //获得 z 坐标
32                  alvResult.add(x1);                              //将 x 坐标添加到结果列表中
33                  alvResult.add(y1);                              //将 y 坐标添加到结果列表中
34                  alvResult.add(z1);                              //将 z 坐标添加到结果列表中
35                  //计算第 2 个顶点的索引，并获取此顶点的 x、y、z 3 个坐标
36                  index=Integer.parseInt(tempsa[3].split("/")[0])-1;//计算索引
37                  float x2=alv.get(3*index);                      //获得 x 坐标
38                  float y2=alv.get(3*index+1);                    //获得 y 坐标
39                  float z2=alv.get(3*index+2);                    //获得 z 坐标
40                  alvResult.add(x2);                              //将 x 坐标添加到结果列表中
41                  alvResult.add(y2);                              //将 y 坐标添加到结果列表中
42                  alvResult.add(z2);                              //将 z 坐标添加到结果列表中
43              ……//省略了将纹理坐标组织到结果纹理坐标列表中，读者可自行查阅代码
44          }}
```

- 第 2~3 行按行读取，每读取一行用空格符切分。
- 第 4~17 行为通过输入流，每行都会判断字符为 v、vt、vn 其中的哪个，其分别对应顶点坐标、顶点纹理坐标、顶点法向量，判断出来为何种信息后，依照文件中的信息将顶点数据依次组织到相应的结果列表中。
- 第 18~42 行通过输入流，判断出行开头字符为 f 的为三角形面数据，并计算出顶点索引得到 x、y、z 坐标然后将坐标添加到相应的结果集中。

10.8 常量类

上一节详细介绍了各种工具类的相关代码，接下来介绍本应用中的常量类。本应用的常量类中存储有 2D 界面的坐标及宽高等信息以及各种静态变量。本节中，将对本应用中常量类的数据及作用进行进一步的介绍。

（1）下面介绍的是常量类中关于下载和解压缩的相关数据及储存数据包信息的数组。其中包括下载路径、解压缩路径和数据类型等信息。程序初始化过程中，初始化线程会将相关数据读取

后保存到对应的数组中。详细代码如下。

> **代码位置：**见随书源代码/第 10 章/Chemistry/app/src/main/java/com/bn/ar/utils 目录下的 Constant.java。

```java
1   package com.bn.ar.utils;
2   ……//此处省略了部分类和包的引入码，读者可自行查阅源代码
3   public class Constant {
4       //截屏图片的存储路径
5       public static final String screenSavePath = "/sdcard/Chemistry/screenshot/";
6       //存储下载的 zip 包的存储路径
7       public static final String ZIP_LOAD_PATH = "/sdcard/Chemistry/zip_download/";
8       //存储下载的黄色纹理图的存储路径
9       public static final String YELLOW_PIC_LOAD_PATH = "/sdcard/Chemistry/pic_download/yellow/";
10      //存储下载的灰色纹理图的存储路径
11      public static final String GRAY_PIC_LOAD_PATH = "/sdcard/Chemistry/pic_download/gray/";
12      //zip 包解压后的存放路径
13      public static final String UNZIP_TO_PATH = "/sdcard/Chemistry/unzip/";
14      //package_list.txt 文件的下载路径
15      public static final String path="http://192.168.191.1:8080/huaxue/package_list.txt";
16      public static int ZIP_FLAG = 1;            //压缩文件的标志
17      public static int PIC_FLAG = 2;            //图片文件的标志
18      public static int TXT_FLAG = 3;            //文本文件的标志
19      public static boolean[] selectDataIndex;   //代表选中了第几个数据
20      public static int selectData = 0;          //默认选中的是第 0 项
21      public static boolean[] downLoadZipChangeT;//将灰色纹理图切换为黄色纹理的数组
22      public static boolean[] downLoadZipFinish; //下载的文件是否解压缩完成
23      public static boolean[] isSourceInit;      //下载的文件是否初始化完成
24      public static boolean saveFlag=false;      //是否照相
25      public static boolean soundOn = true;      //是否开启音效
26      public static boolean net_success = true;  //联网是否成功
27      public static int[] types;                 //类型编号
28      public static int curType;                 //默认类型为化学仪器
29      public static ScreenSave mScreenSave;      //照相对象
30      public static Matrix44F vbOrthoProjMatrix; //投影矩阵
31      public static int length= 6;//长度，表示 package_list.txt 中每一类模型由几个部分组成
32      public static String[] ListArray;          //txt 分割数组
33      public static Bitmap[] typeBitmaps;        //表示已经下载的类别图
34      public static Bitmap[] typeBitmapsNotLoad; //类别图,表示本类还未下载
35      public static int[] typeTexId;             //类别纹理 id,表示已经下载
36      public static int[] typeTexIdNotLoad;      //类别纹理 id,表示本类还未下载
37      public static int[] countTypeObj;          //每个类别中物体模型的个数
38      public static String[] zipNameArray;       //存放压缩包名字的数组
39      public static int[][] mTextures;           //模型纹理列表
40      public static String[][] nameList;         //存放模型名称的二维数组
41      public static LoadedObjectVertexNormalTexture[][] LoadedObj;//存放模型绘制者的二维数组
42      public static String[][] ContentList;      //存放讲解内容的数组
43  }
```

● 第 4～15 行为指定下载数据以及解压缩路径的相关代码。为了管理方便，下载的数据压缩包、黄色纹理图、灰色纹理图以及 txt 文件都存储在不同的路径下。

● 第 15 行中 path 字符串存储的是 package_list.txt 的下载路径。用户可能有修改 IP 的需要，只需记录自己架设的服务器 IP 并替换字段中的 192.168.191.1 即可。

● 第 16～18 行为用来区分各种数据的标志。每种数据都对应不同的操作。如果下载的是压缩文件，下载到指定路径后将会直接进行解压缩操作。

● 第 19～23 行为数据包管理界面中使用的数组。当用户选中某一个数据包后，selectDataIndex 中对应位置的标志位会改变，下载任务会被创建。

● 第 32～42 行为本应用中存储绘制者、相关纹理、讲解内容的相关代码。

（2）上文中已经介绍了常量类中的关于数据存储和初始化的相关代码。常量类中的关于 UI 的位置和长宽部分不再进行介绍。下面将介绍常量类中的几个方法和屏幕自适应部分。另外，显示 Toast 的方法也会有所介绍。本类的详细代码如下。

10.9 管理类

> 代码位置：见随书源代码/第 10 章/Chemistry/app/src/main/java/com/bn/ar/utils 目录下的 Constant.java。

```java
1   public static void goToast(StereoRendering activity,int flag){//显示 Toast 的方法
2       Message message = new Message();                //新建 Message 对象
3       Bundle bundle = new Bundle();                   //新建 Bundle 对象
4       bundle.putInt("operation", flag);               //设置 Bundle 信息
5       message.setData(bundle);                        //将 Bundle 存入 Message 中
6       activity.myHandler.sendMessage(message);        //发送消息
7   }
8   public static float getFactor(String name){         //设置模型透明度的方法
9       float factor= 1.0f;                             //默认的透明度
10      if(name.equals("ConicalFlask")||name.equals("CultureDish")||name.equals("Cup")||
11          name.equals("Cylinder")||name.equals("Drier")||name.equals("LiquidFunnel")||
12          name.equals("OrdinaryFunnel")||name.equals("RoundFlask")||
13          name.equals("ThreeGuideTube")||name.equals("Ucuvette")){//透明度较低的模型
14          factor = 0.6f;                              //降低透明度
15      }
16      return factor;                                  //返回透明度的数值
17  }
18  public static float SCREEN_WIDTH_STANDARD = 1920;   //标准屏幕的宽度
19  public static float SCREEN_HEIGHT_STANDARD = 1080;  //标准屏幕的高度
20  //标准屏幕宽高比
21  public static float ratio=SCREEN_WIDTH_STANDARD/SCREEN_HEIGHT_STANDARD;
22  //缩放计算结果
23  public static ScreenScaleResult ssr;
24  public static float fromPixSizeToNearSize(float size){
25      return size*2/SCREEN_HEIGHT_STANDARD;
26  }
27  //屏幕 x 坐标到视口 x 坐标
28  public static float fromScreenXToNearX(float x){
29      return (x-SCREEN_WIDTH_STANDARD/2)/(SCREEN_HEIGHT_STANDARD/2);
30  }
31  //屏幕 y 坐标到视口 y 坐标
32  public static float fromScreenYToNearY(float y){
33      return -(y-SCREEN_HEIGHT_STANDARD/2)/(SCREEN_HEIGHT_STANDARD/2);
34  }
35  //实际屏幕 x 坐标到标准屏幕 x 坐标
36  public static float fromRealScreenXToStandardScreenX(float rx){
37      return (rx-ssr.lucX)/ssr.ratio;
38  }
39  //实际屏幕 y 坐标到标准屏幕 y 坐标
40  public static float fromRealScreenYToStandardScreenY(float ry){
41      return (ry-ssr.lucY)/ssr.ratio;
42  }
```

- 第 1～7 行为发送 toast 的相关代码。向其中传入 Activity 类型的参数。在方法中新建 Bundle 对象并设置其中的内容。设置完毕后进行发送。
- 第 8～17 行为设置模型透明度的相关代码。本应用中为了使渲染的画面更加逼真，模型的透明度是不同的。往本方法中传入模型的名称，返回模型透明度的值。
- 第 18～19 行设置了标准屏幕的宽度和高度，其数值都是以像素为单位。
- 第 20～23 行为计算出的缩放结果。包括缩放比等信息。
- 第 24～42 行为从屏幕坐标转换为视口坐标和从实际屏幕坐标到标准屏幕坐标的方法。

10.9 管理类

为了使本应用结构更加清晰，维护更加便捷，项目中有多种管理者，分别管理声音、纹理和着色器。为了使读者能够充分认识到管理类的功能和开发过程，下文中将对管理类的相关代码进行详细介绍。

10.9.1 声音管理类

首先介绍的是声音部分的管理类。管理类中新建了声音池等对象。将项目中使用的音效加入本类中完成初始化工作。在需要播放声音的位置调用本类中播放声音的方法即可。详细代码如下。

代码位置：见随书源代码/第 10 章/Chemistry/app/src/main/java/com/bn/ar/manager 目录下的 SoundManager.java。

```java
1   package com.bn.ar.manager;
2   ……//此处省略了部分类和包的引入码，读者可自行查阅源代码
3   public class SoundManager{                                //声音的管理类
4       SoundPool sp ;                                        //声音池引用
5       HashMap<Integer,Integer> hm ;                         //用来存储声音的 Map
6       StereoRendering activity ;                            //activity 的引用
7       public SoundManager(StereoRendering activity){        //本类的构造器
8           this.activity = activity;                         //传入 activity 对象
9           initSound();
10      }
11      public void initSound(){                              //声音初始化
12          sp = new SoundPool                                //新建声音池
13          (4,                                               //同时支持 4 个声音流
14          AudioManager.STREAM_MUSIC,                        //声音流类型
15          100);                                             //声音质量
16          hm = new HashMap<Integer, Integer>();             //新建存储音效的 Map 对象
17          hm.put(Constant.BUTTON_PRESS, sp.load(activity, R.raw.clickbutton, 1));
                                                              //单击按钮
18      }
19      public void playMusic(int sound,int loop){            //播放声音的方法
20          //新建声音的管理者
21          AudioManager am = (AudioManager)activity.getSystemService(activity.AUDIO_SERVICE);
22          //从声音管理者中得到当前音量值
23          float steamVolumCurrent = am.getStreamVolume(AudioManager.STREAM_MUSIC);
24          //从声音管理者中得到最大音量值
25          float steamVolumMax = am.getStreamMaxVolume(AudioManager.STREAM_MUSIC);
26          float volum = steamVolumCurrent/steamVolumMax;
27          sp.play(hm.get(sound), volum, volum, 1, loop, 1) ;   //播放声音
28  }}
```

- 第 4～5 行为声明声音池的引用和存储 Map 的相关操作。Map 中每一个音效都有唯一的一个键值。使用时，只需要在 Map 中用对应键值将其取出即可。

- 第 7～10 行为声音管理类的构造器。新建此类时向构造器中传入 Activity 对象。新建此类的同时完成声音池的初始化工作。

- 第 11～18 行为初始化声音池的相关代码。设置了可以同时播放声音流的数量、声音流类型、声音质量等信息，并将声音放入声音池中。

10.9.2 着色器管理类

为了使渲染得更加真实，画面更加炫酷，本应用中使用了多套效果不同的着色器。如果没有管理类进行管理，维护代码的工作将会变得非常复杂。有了着色器的管理类，对着色器的配置和更改将会变得非常简单，下面将介绍着色器管理类的相关代码。

代码位置：见随书源代码/第 10 章/Chemistry/app/src/main/java/com/bn/ar/manager 目录下的 ShaderManager.java。

```java
1   package com.bn.ar.manager;
2   ……//此处省略了部分类和包的引入码，读者可自行查阅源代码
3   public class ShaderManager {
4     public static String[][] programs={
5       {"vertex_rect.sh","frag_rect.sh"},                      //第一套着色器
6       {"vertex.sh","frag.sh"},                                //第二套着色器
7       {"vertex_background.sh","frag_background.sh"},          //第三套着色器
8       {"vertex_load2d.sh","frag_load2d.sh"},                  //第四套着色器
9       {"vertex_loading.sh","frag_loading.sh"},                //第五套着色器
10    };//所有着色器的名称
11    static HashMap<Integer,Integer> list=new HashMap<Integer,Integer>();
12    public static void loadingShader(GlSurfaceView mv,int start,int num){//加载着色器
13      for(int i=start;i<start+num;i++){
14          //加载顶点着色器的脚本内容
```

```
15          String mVertexShader=ShaderUtil.loadFromAssetsFile(programs[i][0], mv.getResources());
16          //加载片元着色器的脚本内容
17          String mFragmentShader=ShaderUtil.loadFromAssetsFile(programs[i][1],mv.getResou
            rces());
18          //基于顶点着色器与片元着色器创建程序
19          int mProgram = ShaderUtil.createProgram(mVertexShader, mFragmentShader);
20          list.put(i, mProgram);//将着色器程序id放入列表中
21     }}
22     public static int getShader(int index){              //获得某套程序id
23        int result=0;
24        if(list.get(index)!=null) {                       //如果列表中有此套程序
25           result=list.get(index);                        //取出此套着色器的id
26        }
27        return result;                                    //返回着色器id
28    }}
```

- 第4～10行为存储着色器名称的相关代码。每行中前者为顶点着色器的名称，后者为片元着色器的名称。将一套着色器中的顶点着色器和片元着色器写在一起。
- 第11行为存储着色器的Map。着色器在数组中的索引就是Map的键值。想得到着色器id时，在Map中使用其在数组中的索引号即可取出。
- 第12～21行为加载着色器的相关代码。遍历数组中的内容，读取相应着色器中的内容，并创建程序。创建程序完成后将对应的id放入Map中。

10.9.3 图片管理类

（1）应用开发中，往往会涉及UI的开发。与此同时，也会涉及图片的初始化及读取纹理id相关操作。这就需要有一个类专门用来进行对图片的管理。下面将介绍本应用中的图片管理类。

> **代码位置**：见随书源代码/第10章/Chemistry/app/src/main/java/com/bn/ar/manager 目录下的 TextureManager.java。

```
1    package com.bn.ar.manager;
2    ……//此处省略了部分类和包的引入码，读者可自行查阅源代码
3    public class TextureManager{
4        public static String[] texturesName={
5           "bg_back.png","load_front.png","load_bottom.png","title.png",
6           ……//此处省略了部分图片的名称字符串，需要的读者请自行查阅随书的源代码
7        };                                                  //纹理图的名称
8        static HashMap<String,Integer> texList=new HashMap<String,Integer>();//放纹理图的列表
9        public static void loadingTexture(GlSurfaceView mv,int start,int picNum){
         //加载所有纹理图
10           for(int i=start;i<start+picNum;i++){//对图片进行遍历
11               int texture=0;//图片id
12               if((texturesName[i].equals("ghxp.png"))||(texturesName[i].
                 equals("modeltexture.png"))){
13                   //以重复拉伸的方式对图片进行初始化操作
14                   texture=initTexture(mv,texturesName[i],true);
15               }else{
16                   //以截取的方式对图片进行初始化操作
17                   texture=initTexture(mv,texturesName[i],false);
18               }
19               texList.put(texturesName[i],texture);   //将数据加入到列表中
20           }}
21       public static int getTextures(String texName){//获得纹理图
22           int result=0;                                  //用来存储纹理id
23           if(texList.get(texName)!=null){                //如果列表中有此纹理图
24               result=texList.get(texName);               //获取纹理图
25           }else{
26               result=-1;
27           }
28           return result;                                 //返回纹理id
29    }}
```

- 第 4~7 行为需要进行初始化的图片名称。将这些图片名称存入一维数组中方便管理。
- 第 8 行为新建存储图片名字和图片 id 的 Map。所有图片初始化完毕后，在程序中只要传入图片名称后就可获得此图片的 id。
- 第 9~20 行为初始化纹理图的相关代码。向其中传入要初始化图片的起始索引和数量，程序会以重复拉伸和截取的方式对图片进行初始化。
- 第 21~29 行为得到纹理图 id 的方法。向方法中传入图片的名称，程序会以图片名称为键值在 Map 中查询相应图片的 id 并返回。

（2）上文中介绍了图片管理类的基本框架，相信读者已经对图片管理类有了基本的认识。下面将对图片管理类中最重要的初始化方法进行介绍。具体方法如下。

> 代码位置：见随书源代码/第 10 章/Chemistry/app/src/main/java/com/bn/ar/manager 目录下的 TextureManager.java。

```java
1   public static int initTexture(GlSurfaceView mv,String texName,boolean isRepeat){  //生成纹理 id
2       int[] textures=new int[1];
3       GLES30.glGenTextures(1,textures,0);
4       GLES30.glBindTexture(GLES30.GL_TEXTURE_2D, textures[0]);                       //绑定纹理 id
5       //设置 MAG 为线性采样
6       GLES30.glTexParameterf(GLES30.GL_TEXTURE_2D, GLES30.GL_TEXTURE_MAG_FILTER,
7                                                    GLES30.GL_LINEAR);
8       //设置 MIN 为最近点采样
9       GLES30.glTexParameterf(GLES30.GL_TEXTURE_2D,GLES30.GL_TEXTURE_MIN_FILTER,
10                                                   GLES30.GL_NEAREST);
11      if(isRepeat){
12          //设置 S 轴的拉伸方式为重复拉伸
13          GLES30.glTexParameterf(GLES30.GL_TEXTURE_2D,GLES30.GL_TEXTURE_WRAP_S,
14                                                      GLES30.GL_REPEAT);
15          //设置 T 轴的拉伸方式为重复拉伸
16          GLES30.glTexParameterf(GLES30.GL_TEXTURE_2D,GLES30.GL_TEXTURE_WRAP_T,
17                                                      GLES30.GL_REPEAT);
18      }else{
19          //设置 S 轴的拉伸方式为截取
20          GLES30.glTexParameterf(GLES30.GL_TEXTURE_2D,GLES30.GL_TEXTURE_WRAP_S,
21                                                      GLES30.GL_CLAMP_TO_EDGE);
22          //设置 T 轴的拉伸方式为截取
23          GLES30.glTexParameterf(GLES30.GL_TEXTURE_2D,GLES30.GL_TEXTURE_WRAP_T,
24                                                      GLES30.GL_CLAMP_TO_EDGE);
25      }
26      String path="pic/"+texName;                              //定义图片路径
27      InputStream in = null;                                   //声明输入流
28      try {
29          in = mv.getResources().getAssets().open(path);       //创建输入流
30      }catch (IOException e) {                                 //捕获异常
31          e.printStackTrace();                                 //打印异常信息
32      }
33      Bitmap bitmap=BitmapFactory.decodeStream(in);            //从流中加载图片内容
34      GLUtils.texImage2D(GLES30.GL_TEXTURE_2D,0,bitmap,0);
35      bitmap.recycle();                                        //纹理加载成功后释放内存中的纹理图
36      return textures[0];                                      //返回纹理 id
37  }
```

- 第 5~10 行为设置采样方式的相关代码。本应用中为了使纹理尽量清晰，设置 MAG 为线性采样，设置 MIN 为最近点采样。
- 第 11~17 行设置图片拉伸方式为重复拉伸。
- 第 18~25 行设置图片拉伸方式为截取。
- 第 26~36 行为从输入流中加载图片内容的相关代码。基于存放图片的路径创建输入流并在输入流中加载图片，最终得到图片的纹理 id。

10.10 应用中着色器的开发

前面几节中已经介绍了应用中功能部分的代码,即本节之前本应用在功能上已经开发完毕,如果想最终显示则还需要最后一步着色器的开发。应用中用到的着色器共有 5 套,分别用来绘制 2D 界面、3D 模型、相机背景、进度条、下载时的波浪矩形。

10.10.1 绘制 3D 模型的着色器

本例中绘制 3D 模型的着色器是本应用的一大亮点。为了使渲染效果更加逼真,在着色器中添加了各类光的混合计算。主体验界面中,使用本着色器渲染出的模型与现实世界相结合,给读者带来一种全新的视觉体验。

(1)着色器有顶点着色器与片元着色器之分,首先来介绍顶点着色器的开发过程,带光照的着色器是在顶点着色器中进行光照计算,将计算好的环境光、散射光、镜面光的最终光强度结果与光照标志位一起送到片元着色器中。

> 代码位置:见随书源代码/第 10 章/Chemistry/app/src/main/assets/shader 目录下的 vertex.sh。

```
1    in vec3 aPosition;                                       //顶点位置
2    in vec3 aNormal;                                         //顶点法向量
3    in vec2 aTexCoor;                                        //顶点纹理坐标
4    //用于传递给片元着色器的变量
5    out vec4 ambient;                                        //环境光最终强度
6    out vec4 diffuse;                                        //散射光最终强度
7    out vec4 specular;                                       //镜面光最终强度
8    out vec2 vTextureCoord;                                  //纹理坐标
9    //定位光光照计算的方法
10   void pointLight(                                         //定位光光照计算的方法
11       in vec3 normal,                                      //法向量
12       inout vec4 ambient,                                  //环境光最终强度
13       inout vec4 diffuse,                                  //散射光最终强度
14       inout vec4 specular,                                 //镜面光最终强度
15       in vec3 lightLocation,                               //光源位置
16       in vec4 lightAmbient,                                //环境光强度
17       in vec4 lightDiffuse,                                //散射光强度
18       in vec4 lightSpecular){                              //镜面光强度
19       ambient=lightAmbient;                                //直接得出环境光的最终强度
20       vec3 normalTarget=aPosition+normal;                  //计算变换后的法向量
21       vec3 newNormal=(uMMatrix*vec4(normalTarget,1)).xyz-(uMMatrix*vec4(aPosition,1)).xyz;
22       newNormal=normalize(newNormal);                      //对法向量规格化
23       //计算从表面点到摄像机的向量
24       vec3 eye= normalize(uCamera-(uMMatrix*vec4(aPosition,1)).xyz);
25       //计算从表面点到光源位置的向量 vp
26       vec3 vp= normalize(lightLocation-(uMMatrix*vec4(aPosition,1)).xyz);
27       vp=normalize(vp);                                    //格式化 vp
28       vec3 halfVector=normalize(vp+eye);                   //求视线与光线的半向量
29       float shininess=50.0;                                //粗糙度,越小越光滑
30       float nDotViewPosition=max(0.0,dot(newNormal,vp));   //求法向量与 vp 的点积与 0 的最大值
31       diffuse=lightDiffuse*nDotViewPosition;               //计算散射光的最终强度
32       float nDotViewHalfVector=dot(newNormal,halfVector);  //法线与半向量的点积
33       float powerFactor=max(0.0,pow(nDotViewHalfVector,shininess));//镜面反射光强度因子
34       specular=lightSpecular*powerFactor;                  //计算镜面光的最终强度
35   }
36   void main(){
37       gl_Position = uMVPMatrix * vec4(aPosition,1);//根据总变换矩阵计算此次绘制此顶点位置
38       vec4 ambientTemp, diffuseTemp, specularTemp;//存放环境光、散射光、镜面反射光的临时变量
39       pointLight(normalize(aNormal),ambientTemp,diffuseTemp,specularTemp,uLightLocation,
40       vec4(0.7,0.7,0.7,1.0),vec4(0.9,0.9,0.9,1.0),vec4(0.4,0.4,0.4,1.0));
41       ambient=ambientTemp;
42       diffuse=diffuseTemp;
```

```
43          specular=specularTemp;
44          vTextureCoord = aTexCoor;//将接收的纹理坐标传递给片元着色器
45      }
```

- 第 1~3 行声明了顶点位置、法向量、纹理坐标等相关变量。这些变量都是由 3D 模型的相关类传送过来的，在着色器中直接声明这些变量即可，具体传递的过程读者可自行查阅相关代码，此处由于篇幅有限，不再赘述。
- 第 5~8 行声明传送给片元着色器的相关成员变量。其中包括环境光、散射光、镜面光的强度以及纹理坐标等。这些变量是经过顶点着色器的计算后得到的值，送到片元着色器中继续进行下一步计算最终得到顶点的颜色。
- 第 19~34 行计算 3 种光，其根据光源方向、顶点位置和该点法向量来计算光照强度，实质为计算其对应点的颜色值，计算光照的公式此处就不再对其进行详细介绍了。
- 第 36~45 行为着色器中的主方法，首先根据总变换矩阵计算出点的位置，然后使用计算光照方法计算出 3 种光的最终强度，最后将 3 种光的最终强度传入片元着色器。

（2）完成顶点着色器的开发后，下面开发的是片元着色器。片元着色器中接收到顶点着色器传过来的环境光、反射光、镜面光的最终强度，计算出片元的最终颜色，不需要光照时给光照标志位传入 0 即可。其详细代码如下。

> 代码位置：见随书源代码/第 10 章/Chemistry/app/src/main/assets/shader 目录下的 frag.sh。

```
1   #version 300 es
2   precision mediump float;                              //指定片元着色器中浮点数的默认精度
3   uniform sampler2D sTexture;                           //纹理内容数据
4   uniform float uFactor;                                //透明度
5   //接收从顶点着色器过来的参数
6   in vec4 ambiert;                                      //环境光强度
7   in vec4 diffuse;                                      //反射光强度
8   in vec4 specular;                                     //镜面光强度
9   in vec2 vTextureCoord;                                //纹理坐标
10  out vec4 fragColor;                                   //片元最终颜色
11  void main(){
12      vec4 finalColor=texture(sTexture, vTextureCoord);       //将计算出的颜色给此片元
13      finalColor = vec4(finalColor.r,finalColor.g,finalColor.b,finalColor.a*uFactor);
                                                          //添加透明度
14      fragColor = finalColor*ambient+finalColor*specular+finalColor*diffuse;
                                                          //给此片元颜色值
15  }
```

- 第 6~9 行为从顶点着色器中传过来的 3 种光最终强度，用于片元中的计算。
- 第 10 行中声明了片元最终颜色。此数据将会在绘制时使用。
- 第 11~15 行为片元着色器的主方法。首先得到纹理的颜色，然后在其中添加进透明度的计算。最终分别计算出 3 种光照射下的颜色数值并相加得到最终结果。

10.10.2 绘制 2D 界面的着色器

上一小节介绍了绘制 3D 模型的着色器，下面将详细介绍绘制 2D 界面的着色器的开发。与 3D 模型的着色器相比，2D 界面的着色器的开发相对简单。

（1）开发顶点着色器，此着色器为简单着色器，只用于根据总变换矩阵计算顶点位置之后将顶点位置与纹理坐标传给片元着色器即可，具体开发如下。

> 代码位置：见随书源代码/第 10 章/Chemistry/app/src/main/assets/shader 目录下的 vertex_load2d.sh。

```
1   #version 300 es                                       //声明 OpenGL ES 版本
2   uniform mat4 uMVPMatrix;                              //总变换矩阵
3   in vec3 aPosition;                                    //顶点位置
4   in vec2 aTexCoor;                                     //顶点纹理坐标
```

```
5     out vec2 vTextureCoord;                              //用于传递给片元着色器的变量
6     void main(){                                          //主方法
7         gl_Position = uMVPMatrix * vec4(aPosition,1);;   //根据总变换矩阵计算此次绘制此顶点位置
8         vTextureCoord = aTexCoor;                         //将接收的纹理坐标传递给片元着色器
9     }
```

- 第 2~5 行声明了从 2D 界面绘制类中传过来的变量与用于传递给片元着色器的变量，包括总变换矩阵、顶点位置、顶点纹理坐标等。
- 第 6~7 行根据顶点位置和总变换矩阵计算顶点位置 gl_Position，每个顶点执行一次。

（2）完成该顶点着色器的开发后，下面开发的是 2D 界面的片元着色器，其中将接收到的纹理坐标经过 texture 函数计算出片元最终颜色，其详细代码如下。

代码位置：见随书源代码/第 10 章/Chemistry/app/src/main/assets/shader 目录下的 frag_load2d.sh。

```
1   #version 300 es                                    //声明 OpenGL ES 版本
2   precision mediump float;                           //指定片元着色器中浮点数的默认精度
3   in vec2 vTextureCoord;                             //接收从顶点着色器传过来的参数
4   uniform sampler2D sTexture;                        //纹理内容数据
5   out vec4 fragColor;                                //片元最终颜色
6   void main(){                                       //主方法
7       fragColor = texture(sTexture, vTextureCoord);  //给此片元从纹理中采样出颜色值
8   }
```

- 第 2~4 行指定了片元着色器中浮点数的精度，声明从顶点着色器中传递过来的变量和纹理内容。
- 第 7 行根据从顶点着色器传递过来的参数 vTextureCoord 和程序传递过来的 sTexture 计算片元的最终颜色值，每片元执行一次。

10.10.3 绘制波浪矩形的着色器

上文中已经介绍了绘制 2D 界面和 3D 模型的相关着色器，所呈现的效果已经相当逼真。为了使渲染效果更加丰富，本应用还使用了绘制波浪矩形的着色器。

（1）实现波浪效果的重点在于不断改变矩形的顶点位置。所以在着色器的开发中，顶点着色器应通过计算不断改变顶点位置。下面将详细介绍实现此效果的顶点着色器的相关代码。

代码位置：见随书源代码/第 10 章/Chemistry/app/src/main/assets/shader 目录下的 vertex_loading.sh。

```
1   #version 300 es
2   uniform mat4 uMVPMatrix;                           //总变换矩阵
3   uniform float uStartAngle;                         //本帧起始角度(即最左侧顶点的对应角度)
4   uniform float uWidthSpan;                          //横向长度总跨度
5   in vec3 aPosition;                                 //顶点位置
6   in vec2 aTexCoor;                                  //顶点纹理坐标
7   out vec2 vTextureCoord;                            //用于传递给片元着色器的纹理坐标
8   void main(){
9       //接着计算当前顶点 y 方向波浪对应的 z 坐标
10      float angleSpanZ=4.0*3.14159265;               //纵向角度总跨度，用于进行 y 距离与角度的换算
11      float uHeightSpan=0.75*uWidthSpan;             //纵向长度总跨度
12      float startY=-uHeightSpan/2.0;                 //起始 y 坐标(即最上侧顶点的 y 坐标)
13      //根据纵向角度总跨度、纵向长度总跨度及当前点 y 坐标折算出当前顶点 y 坐标对应的角度
14      float currAngleZ=uStartAngle+3.14159265/3.0+((aPosition.y-startY)/uHeightSpan)*angleSpanZ;
15      float tzZ=sin(currAngleZ)*0.01;                //y 方向波浪对应的 z 坐标
16      //根据总变换矩阵计算此次绘制此顶点的位置
17      gl_Position = uMVPMatrix * vec4(aPosition.x,aPosition.y,tzZ,1);
18      vTextureCoord = aTexCoor;                      //将接收的纹理坐标传递给片元着色器
19  }
```

- 第 5~7 行声明了从 2D 界面绘制类中传过来的变量与用于传递给片元着色器的变量，包括总变换矩阵、顶点位置、顶点纹理坐标等。
- 第 10~11 行为设置纵向角度和长度的总跨度的相关代码，确定了两者之间的转换比例。

- 第 12～14 行确定了起始 y 坐标，在计算时，所有的顶点的 y 坐标减去起始坐标，按照比例折算出当前顶点 y 坐标对应的角度。
- 第 15～17 行确定当前点的 z 坐标，并将点的坐标与最终变换矩阵相乘，得到最终的位置。

（2）本套着色器中的顶点着色器部分已经介绍完毕，下面将介绍本套着色器中的片元着色器部分。与顶点着色器相比，片元着色器中逻辑较为简单。详细代码如下。

代码位置：见随书源代码/第 10 章/Chemistry/app/src/main/assets/shader 目录下的 frag_loading.sh。

```
1   #version 300 es                                         //声明 OpenGL ES 版本
2   precision mediump float;                                //指定片元着色器中浮点数的默认精度
3   in vec2 vTextureCoord;                                  //接收从顶点着色器传过来的参数
4   uniform sampler2D sTexture;                             //纹理内容数据
5   out vec4 fragColor;                                     //片元最终颜色
6   void main(){                                            //主方法
7       fragColor = texture(sTexture, vTextureCoord);       //给此片元从纹理中采样出颜色值
8   }
```

- 第 2～4 行指定了片元着色器中浮点数的精度，声明从顶点着色器中传递过来的变量和纹理内容。
- 第 7 行根据从顶点着色器传递过来的参数 vTextureCoord 和从程序传递过来的 sTexture 计算片元的最终颜色值，每片元执行一次。

10.11 应用的优化与改进

至此，本案例的开发部分已经介绍完毕。本应用使用 OpenGL ES 3.0 开发，使用 Java 作为开发语言，笔者在开发过程中，已经注意到加载模型的时间较长，所以，很注意尽量保持模型外形的同时减少模型点数。但实际上还是有一定的优化空间。

- 应用界面的改进

本应用中各个界面使用的图片已经较为精美，有兴趣的读者可以更换图片以达到满意的效果。另外，由于在 OpenGL ES 3.0 中可以自行开发着色器，有兴趣的读者可以自行开发出渲染效果更加炫酷的着色器，以改变渲染风格，进而得到很好的效果。

- 应用性能的进一步优化

虽然在应用的开发中，已经对应用的性能优化做了一部分工作，但是，本应用的开发中存在的某些未知错误在所难免，在性能比较优异的移动手持数字终端上，可以更加优异地运行，但是在一些低端机器上的表现则未必能够达到预期的效果，还需要进一步优化。

- 优化 3D 模型

本应用中所用的模型中的各部分模型均由开发者使用 3DMax 进行制作。由于是开发者自己制作，模型可能存在几点缺陷：每类模型只使用一张图，模型制作不够精美，纹理贴图不够细致，模型中面的共用顶点没有进行融合等。

- 优化细节处理

虽然笔者已经对此应用做了很多细节上的处理与优化，但还是有些地方的细节需要优化。各种界面的按钮应该设计得更人性化，进一步提升本应用的体验。另外，各个界面中按钮和标签中所用的纹理图已经进行优化，读者也可以对其进行处理。

- 自适应排版

本应用中选择模型类别和数据包管理界面中已经设计了自适应排版的功能。界面会以 6 个类别为一页进行排版，但是现在可以体验的类别较少，界面中各个标签排列不够紧凑。由于时间有限，笔者没有进行进一步优化。读者可自行实践多种排列版式。

10.11 应用的优化与改进

- 增加模型类别

由于时间有限，本应用中只有"分子模型"和"仪器模型"两个类别。为了进一步提升用户的体验，已经在这两种类别中增加了许多模型。之后的开发中可以对这两种类别进行细分，并增加可体验的模型数量，丰富应用的内容。

第 11 章 益智类游戏——污水征服者

随着近年来水污染现象越来越严重，而人们普遍缺乏保护水资源的意识，为了让大家能在娱乐中学习到保护水源的重要性，开发了此款游戏，真正做到了寓教于乐。

本章将开发一款基于 Android 平台的益智类游戏——污水征服者，通过本章的学习，读者将会对 Android 平台下 3D 游戏的开发步骤有深入的了解，下面就带领读者详细地了解该益智类游戏的开发过程。

11.1 游戏背景及功能概述

本小节将对污水征服者游戏的背景及功能进行简单的介绍，使读者对本游戏的开发有一个整体的认知，方便读者快速理解并掌握本游戏的开发技术。

11.1.1 背景概述

水是生命之源，而随着经济的发展，水污染问题日益突出，严重影响了人们的生活。所以提高人们保护水资源的意识尤为重要。那如何去普及这些知识呢，本游戏就利用了玩家娱乐的时间，在玩家进行娱乐的同时学习到保护水源的重要性。

本章介绍的游戏利用了实时流体仿真计算引擎，所模拟的水流形象逼真，而玩法也非常简单，是通过体感操控控制污水的速度和方向并躲避火焰的灼烧，最终将污水收集到固定的容器中。

11.1.2 功能介绍

本节将对污水征服者游戏的功能以及操作方法进行简单介绍，使读者对游戏有一个整体的了解，方便对后面章节知识的深入学习，下面将分步骤介绍该游戏的简单玩法。

（1）运行本游戏，首先进入加载界面，"百纳科技" 4 个字中的水渐渐上涨，如图 11-1 所示。

（2）当游戏的加载界面结束后，进入游戏的欢迎界面，在欢迎界面中会看到水落下后荡漾的效果，欢迎界面下方会出现"触屏开始"的提示按钮，单击欢迎界面任意位置，即可进入主菜单界面，如图 11-2 所示。

▲图 11-1 闪屏界面

▲图 11-2 欢迎界面

（3）在主菜单界面中单击相应的浮动按钮，可以暂停该按钮，再次单击暂停的按钮，即可进入相应的界面，该界面右侧管道的火苗是由粒子系统模拟的，如图 11-3 所示。

（4）在主菜单界面单击"设置"按钮进入设置界面，该界面可以设置游戏的音乐和音效，如图 11-4 所示，单击界面中的音效和音乐键可以控制游戏的游戏音效以及背景音乐的开关。

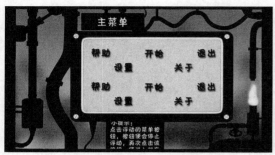
▲图 11-3　主菜单界面

▲图 11-4　设置界面

（5）在主菜单界面单击"帮助"按钮进入游戏的帮助界面，如图 11-5 所示。该界面中介绍了本游戏的玩法，单击下一页键可以参看下一页的帮助内容。

（6）在主菜单界面单击"关于"按钮进入游戏的关于界面，如图 11-6 所示。该界面中介绍了游戏的制作单位。

▲图 11-5　帮助界面

▲图 11-6　关于界面

（7）在主菜单界面单击"开始"按钮进入选关界面，如图 11-7 所示。该界面左上角滚动显示相应关卡的情节，下方显示该关卡的分数，选关界面中发光的地方为可以选择的关卡，单击后发光亮度增加，然后单击右上方的"进入游戏"按钮，即可进入游戏界面。

（8）进入游戏界面后，通过左右晃动手机控制水流的速度和方向，并避免火焰的灼烧，火焰每喷 3 秒钟就会熄灭 6 秒，如图 11-8 所示。

▲图 11-7　选关界面

▲图 11-8　游戏界面

(9）游戏界面中，单击游戏中阻挡水流前进的障碍物可以消除障碍物，使水流前进，越过喷火区域，如果被火焰烧到，手机就会发出振动警告，如图11-9所示。

(10）游戏界面中，单击界面右上角的计时区域可以暂停游戏，再次单击游戏继续，如图11-10所示。

▲图11-9　挡板消失

▲图11-10　暂停功能

(11）在游戏时，如果水流在规定的时间内没有到达指定的容器，则游戏失败，会出现失败界面，如图11-11所示。

(12）在游戏失败时，单击失败界面上的"确定"按钮，会进入失败后的展示界面，该界面会展示一些关于水污染的图片，如图11-12所示，单击该界面右下角的"返回"按钮会回到选关界面。

▲图11-11　失败界面

▲图11-12　失败展示界面

(13）在游戏时，如果水流在规定的时间内到达指定的容器并且达到规定的数量，则游戏胜利，会出现胜利界面，如果分数打破记录则提示记录被打破，如果未打破记录则提示未破记录，如图11-13所示。

(14）在游戏胜利时，单击胜利界面上的"确定"按钮，会进入胜利后的展示界面，该界面会展示一些关于青山绿水的图片，如图11-14所示，单击该界面上右下角的"返回"按钮会回到选关界面。

▲图11-13　胜利界面

▲图11-14　胜利展示界面

11.2 游戏的策划及准备工作

读者对本游戏的背景和基本功能有一定了解以后,本节将着重讲解游戏开发的前期准备工作,这里主要包含游戏的策划和游戏中资源的准备。

11.2.1 游戏的策划

本游戏的策划主要包含游戏类型定位、呈现技术以及目标平台的确定等工作。

- 游戏类型

本游戏的操作为触屏和体感相互结合,通过左右晃动手机引导水流前进,并且在恰当的时机触摸消除阻挡水流前进的障碍物,使水流到达指定的容器,增加了游戏的可玩性,属于休闲益智类游戏。

- 运行目标平台

游戏目标平台为 Android 2.2 及以上版本。由于本游戏中计算量比较大,CPU 运算速度较慢的设备运行游戏时游戏效果会比较差。

- 操作方式

本游戏所有关于游戏的操作为触屏和体感相结合,玩家可以晃动设备引导水流前进,同时触摸阻挡水流前进的障碍物使其消失,最终取得游戏的胜利。

- 呈现技术

游戏完全采用 OpenGL ES 2.0 技术进行 2D 的绘制,由于计算量很大,如果采用 3D 的计算和绘制当前的设备可能无法承担,所以将来的升级版本可以考虑进行 3D 的绘制,增强玩家的游戏感。

- 算法

游戏采用流体 MPM(Material Point Method,物质点法)算法来完成流体的仿真计算,不但计算速度快,而且效果逼真自然,仿真程度很高。

11.2.2 安卓平台下游戏开发的准备工作

了解了游戏策划,本节将做一些开发前的准备工作,包括搜集和制作图片、声音等,其详细开发步骤如下。

(1)首先为读者介绍的是本游戏中除游戏界面外所要用到的图片资源,系统将所有图片资源都放在项目文件下的 app/src/main/assets 文件夹下,如表 11-1 所列。

表 11-1　　　　　　　　　　其他界面图片清单

图　片　名	大小(KB)	像素(w×h)	用　　　途
about.png	3.59	128×64	关于按钮
about1.png	3.59	128×64	关于按钮
about2.png	3.59	128×64	关于按钮
abouttext.png	53.9	512×256	关于游戏界面文字
chilun.png	12.7	64×64	齿轮
dx.png	1.52	32×64	时间冒号
exit1.png	5.18	128×64	退出按钮
exit2.png	5.18	128×64	退出按钮
failed.png	33.1	512×256	失败图片

续表

图 片 名	大小(KB)	像素(w×h)	用 途
failedtext.png	110	256×1024	失败的文字
fire.png	1.0	32×32	火
gamepause.png	2.87	128×128	游戏暂停按钮
gameplay.png	3.65	128×128	游戏继续按钮
help.png	3.91	128×64	帮助按钮
help1.png	3.91	128×64	帮助按钮
help2.png	3.91	128×64	帮助按钮
helpt1.png	144	512×256	帮助界面文字
helpt2.png	144	512×256	帮助界面文字
helpt3png	144	512×256	帮助界面文字
helpt4.png	144	512×256	帮助界面文字
helpt5.png	144	512×256	帮助界面文字
highscore.png	9.64	128×32	最高得分
icon.png	4.19	72×72	游戏图标
load1.png	24.2	512×128	加载界面
mainmenu.png	4	128×64	主菜单
menubg.png	223	1024×512	主菜单背景
menubgf.png	222	1024×512	主菜单背景
menutext.png	18.8	256×128	主菜单文字
music_off.png	13.1	512×64	关闭音乐
music_on.png	13.1	512×64	打开音乐
nextpage.png	8.21	128×32	下一页按钮
return.png	9.07	128×32	返回按钮
selectbg.png	350	1024×512	选关界面背景
selectname1.png	9.44	256×256	剧情提示板
selectname2.png	9.44	256×256	剧情提示板
selectview.png	90.4	1024×512	选关界面
set.png	3.93	128×64	设置按钮
set1.png	3.93	128×64	设置按钮
set2.png	3.93	128×64	设置按钮
sound_off.png	14.1	512×64	打开音效按钮
sound_on.png	14.1	512×64	打开音乐按钮
startbutton.png	10.3	128×32	开始游戏按钮
startgame1.png	4.19	128×32	开始按钮
startgame2.png	4.19	128×32	开始按钮
swu.png	3.16	32×64	"无"图片
text1.png	38.8	256×256	展示界面文字
text2.png	38.8	256×256	展示界面文字

续表

图 片 名	大小(KB)	像素(w×h)	用 途
victorytext.png	108	256×1024	胜利文字
victory11.png	41.7	512×256	打破记录
victory22.png	41.7	512×256	未破纪录
welcomecpks.png	10.2	256×64	文字提示
welcomeview.png	260	1024×512	欢迎界面背景
xiangkuang.png	77	1024×512	相框图片

（2）接下来为读者介绍的图片资源为游戏中所要见到的图片资源，系统将该部分图片资源放在项目文件下的 app/src/main/assets 文件夹下，如表 11-2 所列。

表 11-2　　　　　　　　　　游戏界面图片清单

图 片 名	大小(KB)	像素(w×h)	用 途
part1-1.png	9.79	256×512	游戏场景部件
part1-2.png	4.32	128×128	游戏场景部件
part1-3.png	2.93	32×128	游戏场景部件
part1-4.png	4.26	128×128	游戏场景部件
part1-5.png	3.35	64×512	游戏场景部件
part1-6-1.png	3.93	128×32	游戏场景部件
part1-6-2.png	5.4	128×64	游戏场景部件
part1-6-3.png	5.86	128×64	游戏场景部件
part1-6-4.png	5.82	128×64	游戏场景部件
part1-6-5.png	4.59	128×32	游戏场景部件
part1-6-6.png	4.52	128×32	游戏场景部件
part1-6-7.png	3.47	64×32	游戏场景部件
part1-6-8.png	6.75	32×256	游戏场景部件
part1-6-9.png	5.26	128×64	游戏场景部件
part1-7.png	26.2	512×512	游戏场景部件
part1-8.png	2.84	128×32	游戏场景部件
part1-8-2.png	2.82	256×16	游戏场景部件
part1-9.png	26.1	512×512	游戏场景部件
part1-10.png	16	128×512	游戏场景部件
part1-11.png	10	128×512	游戏场景部件
part1-12.png	62.9	128×256	游戏场景部件
part1-13.png	13.2	32×256	游戏场景部件
part1-14.png	10.3	64×64	游戏场景部件
part1-15.png	10	128×128	游戏场景部件
part1-16.png	22.9	256×256	游戏场景部件
part1-17.png	12.7	64×64	游戏场景部件

续表

图 片 名	大小(KB)	像素(w×h)	用 途
part1-18.png	13.5	256×256	游戏场景部件
part1-19.png	19.7	128×128	游戏场景部件
part2-1.png	12.9	256×64	游戏场景部件
part2-2.png	13.6	64×256	游戏场景部件
part2-3.png	35.8	256×256	游戏场景部件
part2-4.png	23.9	256×128	游戏场景部件
part2-5.png	10.8	64×128	游戏场景部件
part2-6.png	17.4	256×64	游戏场景部件
part2-7.png	34.6	256×256	游戏场景部件
part2-8.png	21.8	256×128	游戏场景部件
part2-9.png	9.43	256×256	游戏场景部件
part2-10.png	4.32	256×64	游戏场景部件
part2-13.png	6.59	256×128	游戏场景部件
part2-16.png	59.2	256×256	游戏场景部件
part2-17.png	37.0	128×256	游戏场景部件
part2-18.png	39.9	256×256	游戏场景部件
part2-19.png	53.9	256×128	游戏场景部件
part2-21.png	8.97	32×128	游戏场景部件
part2-22.png	19.8	512×128	游戏场景部件
part2-23.png	10.0	128×128	游戏场景部件
part2-24.Png	9.86	128×128	游戏场景部件
part2-25.png	4.15	256×256	游戏场景部件
part2-26.png	15.1	256×128	游戏场景部件
part2-27.png	31	256×1024	游戏场景部件
part2-28.png	115	256×512	游戏场景部件
part2-29.png	4.63	64×128	游戏场景部件
s0-s9.png	3.2	32×64	游戏场景部件
scorenumber0-9.png	5.25	32×64	游戏场景部件
selectchizi.png	2.75	16×64	游戏场景部件
selectfc.png	5.24	64×64	游戏场景部件
selectgame1.png	14.6	256×256	游戏场景部件
selectgame2.Png	17.9	256×128	游戏场景部件
selectgame3.png	10.8	256×256	游戏场景部件
selectgame4.png	16.8	256×128	游戏场景部件
www.png	1.05	64×64	游戏场景部件

（3）接下来介绍游戏中用到的声音资源，系统将声音资源放在项目目录中的 app/src/main/res/raw 文件夹下，其详细情况如表 11-3 所列。

表 11-3　　　　　　　　　　　　　　声音清单

声音文件名	大小(KB)	格　式	用　　途
bn_gameover.mp3	50.5	mp3	游戏失败声音
bn_swish.mp3	7.44	mp3	按钮声音
bnbg_music.mp3	1640	mp3	背景音乐
bnbt_press.mp3	3.67	mp3	按钮声音
victory.mp3	112	mp3	胜利声音

11.3　游戏的架构

上一小节实现了游戏的策划和前期准备工作，本节将对该游戏的架构进行简单介绍，包括核心算法、界面相关类、辅助线程类和工具类，使读者对本游戏的开发有更深层次的认识。

11.3.1　各个类的简要介绍

为了让读者能够更好地理解各个类的作用，下面将其分成 5 部分进行介绍，而各个类的详细代码将在后面的章节中相继开发。

1. 框架类及核心类

● Activity 的实现类 WaterActivity

该类是通过扩展 Activity 得到的，是整个游戏的控制器，也是整个游戏的程序入口。

● 游戏核心算法 PhyCaulate 类

该类是应用流体 MPM 算法编写的，用于流体的仿真计算，从而实现流体逼真自然的效果，是该游戏开发的核心类。

2. 界面相关类

● 总界面管理类 ViewManager

该类为游戏程序中呈现界面最主要的类，主要负责游戏资源的加载、整个游戏画面的绘制和游戏触控事件的处理。

● 自定义的 View 接口类 ViewInterface

该类为游戏程序中自定义 View 的接口类，自定义 View 通过实现 ViewInterface 接口，复写接口中的方法，方便 ViewManager 的管理和调用。

● 自定义游戏欢迎界面类 BNWelcomeView

该类为游戏加载完资源后展示的"欢迎"界面，界面中玩家会看到"水流"下落的荡漾的效果，界面下方会出现"触屏开始"的闪动字样。

● 自定义游戏设置界面类 BNSetView

该类为游戏中设置是否需要打开游戏音效和背景音乐的界面类，玩家通过单击相应按钮可以打开或者关闭音乐、音效。

● 自定义游戏选关界面类 BNSelectView

该类为游戏中选关类，玩家通过单击界面中不同的发光建筑物来查看不同的剧情、相应的最高得分。关卡选中后，单击界面右上角的"开始游戏"按钮进入不同的游戏。

● 自定义游戏主菜单界面类 BNMenuView

该类为游戏主菜单界面类，玩家通过单击屏幕中不同功能的按钮切换到不同的界面，查看相应界面的功能。
- 自定义游戏帮助界面类 BNHelpView

该类为游戏帮助类，玩家通过切换帮助卡片来了解游戏中要注意的事项以及取得游戏胜利的方法。

- 自定义游戏界面类 BNGameView1、BNGameView2

该类为游戏界面类，不同的界面会出现不同的道具元素，玩家通过恰当的操作来取得游戏的胜利。

- 自定义游戏展示界面类 BNDisplayView

该类为游戏胜利或者失败后的展示界面类，通过向玩家普及保护水资源的知识来达到游戏的目的。

- 自定义游戏关于界面类 BNAboutView

该类简单地介绍了游戏的制作团队。

3. 线程辅助类

- UpdateThread 类

继承自 Thread 类，用于调用 PhyCaulate 中 update 方法对流体进行仿真模拟计算，产生存储流体粒子位置的数组。

- CalculateFloatBufferThread 类

继承自 Thread 类，用来将 UpdateThread 类产生的位置数组换算成流体粒子位置缓冲数组，方便 OpenGL ES 2.0 的绘制。

- FireUpdateThread 类

继承自 Thread 类，用来模拟场景中动态火的计算，从而达到逼真自然的效果。

- SmokeUpdateThread 类

继承自 Thread 类，用来模拟场景中动态烟的计算，从而达到逼真自然的效果。

4. 烟火粒子系统相关类

- FireSingleParticle 类

单个烟火粒子类，通过封装单个烟火粒子的相关计算信息，方便粒子系统的调用以及绘制。

- FireParticleSystem 类

存储火粒子的火粒子系统类，通过 update 方法不断地发射火粒子，精确地模拟仿真火粒子的运动。通过调用 drawSelf 方法，逼真地绘制火粒子运动的效果。

- SmokeParticleSystem 类

存储烟粒子的烟粒子系统类，通过 update 方法不断地发射烟粒子，精确地模拟仿真烟粒子的运动。通过调用 drawSelf 方法，逼真地绘制烟粒子运动的效果。

5. 工具及常量类

- 缓冲池工具类 BN1FloatArrayPool、BN2FloatArrayPool、BNBufferPool

为了避免重复开辟内存降低游戏的性能而创建的工具类。

- 常量类 Constant、SourceConstant

以上类是用来存放整个游戏过程中用到的常量及 12 个关卡的地图数据。

- 游戏自适应屏幕

ScreenScaleResult、ScreenScaleUtil 两个类完成对其他分辨率设备的自适应，使游戏可以运行于不同分辨率的于 Android 设备。
- 初始化图片类 InitPictureUtil

该类用于初始化游戏中用到的所有的图片资源，将图片加载进设备显存，方便 OpenGL ES 2.0 绘制的调用。

- 线段工具类 Line2DUtil

Utils 类用来计算两条线段是否相交、点到线段的距离、已知线段的两点求线段方程的系数方程等一系列工具方法。通过封装工具方法，极大地降低了游戏开发的成本。

- 矩阵工具类 MatrixState

该类中封装了一系列 OpenGL ES 2.0 系统中矩阵操作的相关方法，通过将复杂的系统方法封装成简单的接口，方便开发人员的调用，提高了游戏的开发速度。

- 坐标系转换工具类 PointTransformUtil

该类中定义了许多常用的坐标转换方法，包括将 2D 坐标转换成 3D 世界坐标、将 2D 物体坐标转换成 3D 物体坐标、将 2D 物体尺寸转换成 3D 物体尺寸、将 3D 物体坐标转换成 2D 物体坐标等工具方法，使坐标转换变得简单明了。

- 着色器编译工具类 ShaderUtil

该类中封装了用 IO 从 app/src/main/assets 目录下读取文件、检查每一步是否有错误、创建 Shader、创建 shaderProgram 等一系列的方法，屏蔽了复杂的系统方法。通过简单地调用工具类中的方法即可对着色器进行编译，对提高游戏开发速度有很大的帮助。

- 声音工具类 SoundUtil

初始化游戏中的声音资源的工具类，方便游戏中声音的调用。

- 水粒子工具类 WaterParticleUtil、格子工具类 GridUtil

WaterParticleUtil 用于动态计算水粒子列表的顶点缓冲和纹理缓冲，GridUtil 为用于计算游戏中水粒子所在格子的工具类。

6. 游戏元素绘制类

- 烟火绘制类 FireSmokeParticleForDraw

定义特殊的着色器用于进行烟火粒子的绘制类。

- 其他元素绘制类

游戏中需要用到很多特殊的着色器，不同的着色器对应着不同的绘制类。由于绘制类较多，这里就不再一一地进行介绍了，读者可以自行查看源代码。

11.3.2 游戏框架简介

上一小节已经对该游戏中所用到的类进行了简单介绍，可能读者还没有理解游戏的架构以及游戏的运行过程。接下来本小节将从游戏的整体架构上进行介绍，使读者对本游戏有更好的理解，其框架如图 11-15、图 11-16 和图 11-17 所示。

> **说明** 图 11-15 中列出的为常量类及 Activity 类、游戏界面类、游戏核心计算类和线程辅助类，其各自功能后续将详细介绍，读者在这里不必深究。

图 11-16 是本游戏开发中用到的工具类，这些类用于加载图片、坐标系转换、控制游戏声音、自适应屏幕、重力感应矫正等一系列操作。

图 11-17 是本游戏开发中用到的绘制类以及烟火相关类，每个绘制类都由特殊的着色器实现，包括烟火绘制类、游戏胜利绘制类、渐变图片绘制类和闪屏界面绘制类等。

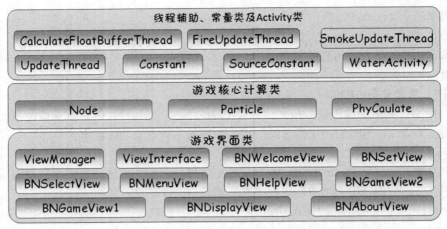

▲图 11-15　游戏框架图

▲图 11-16　工具类

▲图 11-17　实体对象绘制类和烟火相关类

接下来按照程序运行的顺序逐步介绍各个类的作用以及整体的运行框架，使读者更好地掌握本游戏的开发步骤，其详细步骤如下。

（1）启动游戏，首先创建的是 WaterActivity，显现的是整个游戏的资源加载界面。

（2）资源加载完毕后，程序会跳转到欢迎界面，在欢迎界面玩家会看到从高处下落的水流并在屏幕中间荡漾。玩家可以根据界面下方提示，触摸欢迎界面切换到主菜单界面。

（3）在主菜单界面玩家会看到 5 个自上而下滚动的菜单按钮——帮助、设置、开始、关于和退出，单击不同按钮程序会切换到相应的界面。

（4）玩家单击开始按钮进入游戏关卡选择界面 BNSelectView；玩家单击帮助按钮就会进入游戏的帮助界面 BNHelpView；当玩家单击关于按钮，系统就会进入游戏关于界面 BNAboutView；如果单击设置按钮就会进入游戏设置界面 BNSetView；当玩家单击退出按钮后，游戏会退出。

（5）当进入关卡选择界面时，玩家可以通过单击不同的发光建筑物来查看不同的关卡，界面左上角显示的为该关卡的剧情，界面下方显示相应的最高分数。关卡选定后，玩家可以单击界面右上方的"开始游戏"进入相应的关卡进行游戏。

（6）进入游戏界面后，玩家可以通过左右晃动手机引导水流的前进，并在恰当的时机单击阻挡水流前进的障碍物同时避免火焰的灼烧。当在规定的时间内收集到规定数量的水滴时游戏胜利，否则游戏失败。

（7）游戏胜利或者失败后，游戏界面会弹出胜利或者失败对话框，单击对话框中的"确定"按钮，进入"展示界面"。展示界面左边普及水资源的相关知识，右方显示胜利或者失败后的渐变图片。玩家单击界面右下角的"返回"按钮，程序会跳转到选关界面，重新进行关卡的选择进行游戏。

11.4 常量及公共类

从此节开始正式进入游戏的开发过程，本节主要介绍本游戏的公共类和常量类，即 WaterActivity、Constant 与 SourceConstant，其中 WaterActivity 为本游戏的入口类而 Constant 为本游戏的常量类，SourceConstant 类比较简单，此处不再赘述，读者请自行查看随书的源代码。下面将分别向读者进行介绍。

11.4.1 游戏主控类 WaterActivity

首先介绍的是游戏的控制器 WaterActivity 类，该类的主要作用是在适当的时间初始化相应的界面，并根据其他界面发送回来的消息切换到用户所需的界面,其具体的开发步骤如下。

（1）开发 WaterActivity 的框架，其框架的详细代码如下。

> 代码位置：见本书随书源代码/第 11 章/WSZFZ/app/src/main/java/com/bn/ WaterActivity 目录下的 WaterActivity.java。

```
1    package com.bn.WaterActivity;
2    ……//此处省略了部分类的导入代码，读者可自行查看随书的源代码
3    public class WaterActivity extends Activity{
4        public SensorManager mySensorManager;              //SensorManager 的引用
5        public Sensor myAccelerometer;                     //传感器类型
6        public static int currView;                        //当前界面是闪屏界面
7        ViewManager viewManager;                           //创建界面管理器的引用
8        public static SoundUtil sound;                     //游戏音乐
9        public AudioManager audio;                         //游戏中控制音量工具对象
10       public static Vibrator vibrator;                   //振动器
11       public static SharedPreferences sharedPreferences; //用于简单的数据存储的引用
12       public static SharedPreferences.Editor editor;     //用于编辑保存数据的引用
13       @Override
14       public void onCreate(Bundle savedInstanceState){
15           super.onCreate(savedInstanceState);
16           DefaultOrientationUtil.calDefaultOrientation(this);
17           sharedPreferences = this.getSharedPreferences("bn",Context.MODE_PRIVATE);
18           editor = sharedPreferences.edit();
19           String first = sharedPreferences.getString("first", null);
             //存储是否是第一次玩游戏
20           if(first == null){                             //判断是否是第一次玩游戏
21               editor.putLong("time1", 0);                //将第一关的时间置 0 并存入
22               editor.commit();                           //提交
23               editor.putLong("time2", 0);                //将第二关的时间置 0 并存入
```

```java
24                    editor.commit();                              //提交
25                    editor.putString("first", "notFirst");        //设置为不是第一次进入游戏
26                    editor.commit();                              //提交
27              }
28              requestWindowFeature(Window.FEATURE_NO_TITLE);//设置为全屏
29              getWindow().setFlags(WindowManager.LayoutParams.FLAG_FULLSCREEN,
30                    WindowManager.LayoutParams.FLAG_FULLSCREEN);
31              setRequestedOrientation(ActivityInfo.SCREEN_ORIENTATION_LANDSCAPE);//强制横屏
32              getWindow().addFlags(                               //禁止设备自动锁屏
33                    WindowManager.LayoutParams.FLAG_KEEP_SCREEN_ON);
34              setVolumeControlStream(AudioManager.STREAM_MUSIC);//只允许调整多媒体音量
35              audio=(AudioManager) getSystemService(Service.AUDIO_SERVICE);
36              sound = new SoundUtil(this);                        //创建 Sound 对象
37              vibrator=(Vibrator)getSystemService(VIBRATOR_SERVICE);//手机振动的初始化
38              mySensorManager =                                   //获得SensorManager对象
39                    (SensorManager)getSystemService(SENSOR_SERVICE);
40              myAccelerometer=                                    //设置传感器类型
41                    mySensorManager.getDefaultSensor(Sensor.TYPE_ACCELEROMETER);
42              viewManager = new ViewManager(this);                //创建 ViewManager 对象
43              setContentView(viewManager);                        //跳转到闪屏界面
44              DisplayMetrics dm = new DisplayMetrics();           //创建DisplayMetrics对象
45              getWindowManager().getDefaultDisplay().getMetrics(dm);//获取设备的屏幕尺寸
46              Constant.ssr=ScreenScaleUtil.calScale(dm.widthPixels, dm.heightPixels);
                //计算屏幕缩放比
47       }
48       public Handler myHandler = new Handler(){              //创建 Handler 对象
49              public void handleMessage(Message msg){          //Handler 用于接收消息的方法
50       ……//此处省略了用于接收消息的 Handler 的部分代码,读者可自行查看随书的源代码
51       }}
52       public void toMainView(){                              //跳转到主菜单界面
53              viewManager.toViewCuror = viewManager.menuView; //下一界面的引用为主菜单界面
54              viewManager.viewCuror.closeThread();            //关闭当前界面的线程
55              viewManager.toViewCuror.reLoadThread();         //初始化主菜单界面所需要的数据
56              currView = Constant.MENU_VIEW;                  //为记录当前界面的变量赋值
57              viewManager.viewCuror = viewManager.menuView;   //当前界面的引用为主菜单界面
58       }
59       ……//此处省略了跳转到其他界面的方法的代码,读者可自行查看随书的源代码
60       @Override
61       public boolean onKeyDown(int keyCode, KeyEvent event){
62       ……//此处省略了对键盘监听的部分代码,读者可自行查看随书的源代码
63       }
64       public SensorEventListener mySensorListener = new SensorEventListener(){
65       ……//此处省略了实现对传感器监听的部分代码,将在下面进行详细介绍
66       }
67       @Override
68       protected void onResume() {                            //重写 onResume 方法
69              super.onResume();
70              Constant.isPause = false;                       //游戏暂停标志位设为 false
71              mySensorManager.registerListener(
72                    mySensorListener,                         //添加监听
73                    myAccelerometer,                          //传感器类型
74                    SensorManager.SENSOR_DELAY_NORMAL         //传感器事件传递的频度
75                    );
76              if(WaterActivity.sound.mp!=null){
77                    WaterActivity.sound.mp.start();           //开启背景音乐
78       }}
79       @Override
80       protected void onPause(){                              //重写 onPause 方法
81              super.onPause();
82              Constant.isPause = true;                        //游戏暂停标志位设为 true
83              mySensorManager.unregisterListener(mySensorListener);//取消注册监听器
84              if(WaterActivity.sound.mp!=null){
85                    WaterActivity.sound.mp.pause();           //暂停背景音乐
86       }}
87       @Override
88       protected void onStop(){                               //重写 onStop 方法
89           System.exit(0);                                    //退出
90       }}
```

- 第14～47行重写onCreate方法，当运行该类时，首先调用此方法，在此方法中首先进行声音、轻型数据存储，传感器和屏幕分辨率的初始化，将游戏设置为横屏模式，然后跳转到闪屏界面。
- 第48～51行为Handler接收消息的方法，用于接收从其他类发过来的消息，通过判断所发消息进行界面跳转。
- 第52～58行为跳转到其他界面的方法，在跳转界面时会调用该方法，关闭当前界面的相关线程，并初始化下一个界面所需要的数据。由于跳转到其他界面的方法与本方法相似，此处不再赘述。
- 第61～63行实现了对键盘的监听，本游戏主要是对返回键的监听，每次按返回键都会跳转到上一个界面。
- 第68～90行分别为重写的onResume方法、onPause方法和onStop方法，在onResume方法中对传感器注册监听，并取消游戏和音乐的暂停，在onPause方法中对传感器取消注册监听，并暂停游戏和音乐，在onStop方法中直接退出游戏。

（2）接下来开发WaterActivity中对传感器监听的代码，其详细开发代码如下。

代码位置：见本书随书源代码/第11章/WSZFZ/app/src/main/java/com/bn/ WaterActivity 目录下的WaterActivity.java。

```java
1   public SensorEventListener mySensorListener = new SensorEventListener(){    //创建传感器对象
2       public void onAccuracyChanged(Sensor sensor, int accuracy){
3       }
4       public void onSensorChanged(SensorEvent event){
5           float []values=event.values;                //获取3个轴方向上的加速度值
6           if(currView == Constant.SELECT_VIEW){
7               return;                                 //当前界面为选关界面时无重力感应
8           }
9           if(currView == Constant.WELCOME_VIEW){
10              if(!Constant.contral){
11                  return;                             //当前界面为欢迎界面且重力感应未生效时无重力感应
12              }}
13          if(currView == Constant.GAME_VIEW){
14              if(!Constant.contral){
15                  return;                             //当前界面为游戏界面且重力感应未生效时无重力感应
16              }}
17          if(DefaultOrientationUtil.defaultOrientation
18              ==DefaultOrientation.PORTRAIT){         //当设备为手机时
19              float sgxTemp=Math.min(Math.abs(values[1]), 1.8f); //设置重力感应的最大值
20              if(values[1]>0.5f){                     //当y轴上的加速度分量大于阈值时
21                  Constant.SGX = sgxTemp;             //给水流x方向上的速度赋值
22              }else if(values[1]<-0.5f){              //当y轴上的加速度分量小于阈值时
23                  Constant.SGX = -sgxTemp;            //给水流x方向上的速度赋值
24              }else{                                  //在阈值范围内
25                  Constant.SGX=0.0f;                  //水流x方向上的速度为0
26              }}
27          else{                                       //当设备为PAD时
28              float sgxTemp=Math.min(Math.abs(values[0]), 1.8f); //设置重力感应的最大值
29              if(values[0]>0.5f){                     //当x轴上的加速度分量大于阈值时
30                  Constant.SGX = -sgxTemp;            //给水流x方向上的速度赋值
31              }else if(values[0]<-0.5f){              //当x轴上的加速度分量小于阈值时
32                  Constant.SGX = sgxTemp;             //给水流x方向上的速度赋值
33              }else{                                  //在阈值范围内
34                  Constant.SGX=0.0f;                  //水流x方向上的速度为0
35  }}}};
```

> **说明** 该方法主要实现了对加速度传感器的监听。由于有一些PAD和手机的加速度的坐标轴方向相反，所以在对传感器进行监听时，首先要判断设备是手机还是PAD，如果是手机则水流的x方向上的速度为y轴上的加速度分量，如果是PAD则水流

的 x 方向上的速度为 x 轴上的加速度分量。

11.4.2 游戏常量类 Constant

本类是常量类，用来存放本项目的大部分的静态变量，以供其他类方便地调用这些公共变量，其中部分静态变量的声明由于篇幅问题在此省略，读者可自行查看源代码。下面进行详细介绍。

下面开发的便是 Constant 类，其详细代码如下。

> 代码位置：见本书随书源代码/第 11 章/WSZFZ/app/src/main/java/com/bn/ constant 目录下的 Constant.java。

```java
1   package com.bn.constant;
2   ……//此处省略了部分类的导入代码，读者可自行查看随书的源代码
3   public class Constant{
4       public static long phyTick=0;                             //物理帧刷帧计数器
5       public static float SCREEN_WIDTH_STANDARD = 1280;         //屏幕标准宽度
6       public static float SCREEN_HEIGHT_STANDARD = 720;         //屏幕标准高度
7       public static float RATIO =                               //屏幕宽高比
8       SCREEN_WIDTH_STANDARD/SCREEN_HEIGHT_STANDARD;
9       public static ScreenScaleResult ssr;                      //ScreenScaleResult 的引用
10      public static Object lockA = new Object();                //线程锁 A
11      public static Object lockB = new Object();                //线程锁 B
12      public static Queue<float[][]> queueA = new LinkedList<float[][]>();
                                                                  //水粒子位置存储队列
13      public static Queue<FloatBuffer> queueB = new LinkedList<FloatBuffer>();
                                                                  //水缓冲存储队列
14      public static int timeCount = 30;                         //每秒刷的物理帧
15      public static long ms = 119000;                           //初始化每关时间
16      public static long msl = 59000;                           //绘制秒
17      public static long[] COLLISION_SOUND_PATTERN={01,301};    //振动开始时间和时长
18      public static Object lockFire = new Object();             //火灯烧的时候不进行物理计算的锁
19      public static Object touch = new Object();                //触控消失物体的锁
20      public static float WATER_PARTICLE_SIZE = 28f;            //水粒子绘制时的大小
21      public final static float WATER_PARTICLE_SIZE_3D =        //水粒子在 3D 坐标系下的大小
22      WATER_PARTICLE_SIZE/(Constant.SCREEN_HEIGHT_STANDARD/2);
23      public static float SGX = 0;                              //水粒子在 x 方向上的受力
24      public static float SGY = 6;                              //水粒子在 y 方向上的受力
25      public static boolean contral = false;                    //欢迎界面重力感应生效标志位
26      public static boolean isPause = false;                    //游戏暂停的标志位
27      public static boolean isFire = true;                      //当前是否在喷火的标志位
28      public static int pengTicks=90;                           //喷火的时间
29      public static int buPengTicks=180;                        //熄灭的时间
30      public static long youXiTime = 120000;                    //每一关的游戏时间
31      public static final float WELCOME_WIDTH = 278*0.8f;       //图片的宽
32      public static final float WELCOME_HEIGHT = 85*0.8f;       //图片的高
33      public static final float WELCOME_X = 620;                //图片左上角在屏幕位置的 x 坐标
34      public static final float WELCOME_Y = 635;                //图片左上角在屏幕位置的 y 坐标
35      public static final float nameWidth =                     //图片在 3D 坐标系下的宽
36      PointTransformUtil.from2DObjectTo3DObjectWidth(Constant.NAME_WIDTH);
37      public static final float nameHeight =                    //图片在 3D 坐标系下的高
38      PointTransformUtil.from2DObjectTo3DObjectHeight(Constant.NAME_HEIGHT);
39      public static final float nameX = PointTransformUtil.from2DWordTo3DwordX
        (Constant.NAME_X);
40      public static final float nameY = PointTransformUtil.from2DWordTo3DwordY
        (Constant.NAME_Y);
41          ……//此处省略了常量类中其他图片大小和位置的部分代码，读者可自行查看随书的源代码
42  }
```

> **说明**
>
> 该类主要是存放本游戏所用到的一些静态变量，存到该类中方便日后修改。其中存放的主要有线程锁、与计时相关的变量、水粒子的相关参数以及游戏中用到的图片的位置。第 31~34 行为决定图片大小和位置的变量，第 35~40 行把图片的大小和位置参数转换为 3D 坐标系下的大小和位置。

11.5 界面相关类

前面的章节介绍了游戏的常量及公共类,本节将为读者介绍本游戏界面相关类,其中界面管理类继承自 GLSurfaceView,其他类均实现了一个自定义接口 ViewInterface,并利用 OpenGL ES 2.0 的 3D 绘制技术绘制 2D 界面,这些类实现了游戏的所有界面。下面将为读者详细介绍部分界面类的开发过程,其他界面与其相似,此处不再介绍。

11.5.1 游戏界面管理类 ViewManager

现在开始介绍界面管理类 ViewManager 的开发,该类主要管理项目中的其他界面类,并绘制实现了闪屏界面,下面将分步骤进行开发。

(1) 下面介绍 ViewManager 类的框架,其详细代码如下。

> 代码位置:见本书随书源代码/第 11 章/WSZFZ/app/src/main/java/com/bn/views 目录下的 ViewManager.java。

```
1   package com.bn.views;
2   ……//此处省略了部分类的导入代码,读者可自行查看随书的源代码
3   public class ViewManager extends GLSurfaceView{
4       WaterActivity activity;                              //WaterActivity 的引用
5       private SceneRenderer mRenderer;                     //场景渲染器
6       Resources resources;                                 //创建 Resources 的引用
7       public ViewInterface menuView;                       //主界面的引用
8       public ViewInterface aboutView;                      //关于界面的引用
9       public ViewInterface selectView;                     //选关界面的引用
10      public ViewInterface welcomeView;                    //欢迎界面的引用
11      public ViewInterface helpView;                       //帮助界面的引用
12      public ViewInterface setView;                        //设置界面的引用
13      public ViewInterface shanPingView;                   //闪屏界面的引用
14      public ViewInterface displayView;                    //展示界面的引用
15      public ViewInterface gameView1;                      //关卡 1 的引用
16      public ViewInterface gameView2;                      //关卡 2 的引用
17      public static ViewInterface viewCuror;               //当前界面的引用
18      public static ViewInterface toViewCuror;             //要去的界面的引用
19      ShanPingRectForDraw backGround;                      //闪屏界面的背景
20      public int backGroundNF;                             //没有火的菜单背景纹理 ID
21      public int backGroundYF;                             //有火的菜单背景纹理 ID
22      int initIndex = 1;                                   //初始化资源的顺序变量
23      boolean isInitOver = false;                          //资源是否初始化完毕的标志位
24      float alpha = 1.0f;                                  //最后一张闪屏图片的 alpha 值
25      float alphaSpan = 0.01f;                             //最后一张闪屏图片的 alpha 值的增量
26      //将闪屏图片的大小和位置坐标转换为 3D 世界的坐标
27      float spX = PointTransformUtil.from2DWordTo3DWordX(Constant.SP_X);
28      float spY = PointTransformUtil.from2DWordTo3DWordY(Constant.SP_Y);
29      float spWidth = PointTransformUtil.from2DObjectTo3DObjectWidth(Constant.SP_WIDTH);
30      float spHeight = PointTransformUtil.from2DObjectTo3DObjectHeight(Constant.SP_HEIGHT);
31      public ViewManager(WaterActivity activity){          //构造器
32          super(activity);
33          this.activity = activity;
34          this.resources = this.getResources();
35          setEGLContextClientVersion(2);                   //OpenGL ES 版本为 2.0
36          mRenderer = new SceneRenderer();                 //创建场景渲染器
37          setRenderer(mRenderer);                          //设置渲染器
38          setRenderMode(GLSurfaceView.RENDERMODE_CONTINUOUSLY);//设置渲染模式
39      }
40      public boolean onTouchEvent(MotionEvent event){      //触摸事件的方法
41          if(viewCuror != null)                            //当前界面不为空,则触控生效
42              viewCuror.onTouchEvent(event);
43          return true;
44      }
45      private class SceneRenderer implements GLSurfaceView.Renderer{
```

```
46              @Override
47              public void onDrawFrame(GL10 gl){                    //绘制一帧画面的方法
48                  GLES20.glBindFramebuffer(GLES20.GL_FRAMEBUFFER, 0);   //绑定系统的缓冲
49                  GLES20.glClear(
50                          GLES20.GL_DEPTH_BUFFER_BIT |
51                          GLES20.GL_COLOR_BUFFER_BIT);              //清除深度缓冲与颜色缓冲
52                  if(!isInitOver){                                  //游戏资源为未初始化完毕,绘制闪屏界面
53                      MatrixState.pushMatrix();                     //保护现场
54                      MatrixState.translate(spX, spY, 0);           //平移图片位置
55                      if(initIndex <22){                            //如果没有绘制到最后一张,依次绘制每一张闪屏图片
56                          backGround.drawSelf(
57                                  SourceConstant.loadingTex[initIndex-1],
58                                  initIndex,alpha);
59                      }else{                                        //如果绘制到最后一张,则一直绘制最后一张闪屏图片
60                          backGround.drawSelf(
61                                  SourceConstant.loadingTex[initIndex-2],
62                                  initIndex-1,alpha);
63                      }
64                      MatrixState.popMatrix();                      //恢复现场
65                      initBNView(initIndex);                        //每绘制一张闪屏图片,调用一次初始化资源的方法
66                      if(initIndex<22)
67                          initIndex++;                              //绘制一帧画面该变量加一
68                  }else{                                            //绘制欢迎界面
69                      MatrixState.pushMatrix();                     //保护现场
70                      if(viewCuror != null)                         //当前界面不为空
71                          viewCuror.onDrawFrame(gl);                //绘制该场景
72                      MatrixState.popMatrix();                      //恢复现场
73              }}
74              public void onSurfaceCreated(GL10 gl, int width, int height) {
75                  ……//此处省略了 onSurfaceCreated 的部分代码,读者请自行查阅随书的源代码
76              }
77              public void onSurfaceChanged(GL10 gl, int width, int height) {
78                  ……//此处省略了 onSurfaceChanged 的部分代码,将在下面进行详细介绍
79              }
80              public void initBNView(int number){
81                  ……//此处省略了初始化游戏资源的部分代码,将在下面进行详细介绍
82              }
83              public void initNumberSource(Resources resources){
84                  ……//此处省略了初始化数字图片的部分代码,读者请自行查阅随书的源代码
85              }
86              public void initSources(Resources resources){
87                  ……//此处省略了初始化背景图片的部分代码,读者请自行查阅随书的源代码
88              }
89              public void surfaceDestroyed(SurfaceHolder holder){
90                  ……//此处省略了 surfaceDestroyed 的部分代码,读者请自行查阅随书的源代码
91              }
```

- 第 4~30 行主要创建各个界面的引用,并初始化闪屏界面所需要的成员变量。第 31~39 行为该类的构造器,主要是设置渲染模式。第 40~44 行为判断屏幕触控事件是否生效的方法。

- 第 45~73 行为本类的场景渲染器,主要功能是绘制每一帧画面。在绘制闪屏界面时,首先要判断游戏资源是否全部加载完毕,如果没有加载完,按顺序绘制每一张闪屏图片,并加载部分资源,当资源全部加载完毕后,准备绘制欢迎界面。

- 第 74~76 行为画面创建时系统调用的方法,第 77~79 行为画面改变时系统调用的方法,该方法将在下面进行详细介绍。

- 第 80~82 行为初始化游戏资源的方法,游戏在闪屏界面时,会按顺序初始化游戏资源。

- 第 83~88 行为初始化本游戏用到的数字纹理和背景纹理图片的方法,由于比较简单,此处不再赘述。

(2)下面介绍 ViewManager 类的 onSurfaceChanged 方法,该方法是在画面改变时进行调用,其详细代码如下。

11.5 界面相关类

> 📌 **代码位置**：见本书随书源代码/第 11 章/WSZFZ/app/src/main/java/com/bn/views 目录下的 ViewManager.java。

```java
1    public void onSurfaceChanged(GL10 gl, int width, int height) {
2        float ratio = Constant.RATIO;                                    //屏幕宽高比
3        GLES20.glViewport(                                               //设置视口的位置大小
4            Constant.ssr.lucX,                                           //视口左上角 x 坐标
5            Constant.ssr.lucY,                                           //视口左上角 y 坐标
6            (int) (Constant.SCREEN_WIDTH_STANDARD*Constant.ssr.ratio),   //视口宽度
7            (int) (Constant.SCREEN_HEIGHT_STANDARD*Constant.ssr.ratio)   //视口高度
8        );
9        MatrixState.setCamera(0, 0, 1,0, 0, -1, 0, 1, 0);                //设置摄像机位置
10       float temp = 1f;
11       MatrixState.setProjectOrtho(-ratio*temp, ratio*temp, -1*temp, 1*temp, 0, 10
);//设置正交投影的参数
12   }
```

> 💡 **说明**　该方法主要是设置界面视口的位置和大小，其中位置是以视口的左上角坐标为准的，然后设置摄像机的位置和正交投影的相关参数。

（3）最后介绍 ViewManager 类的 initBNView 方法，该方法主要作用是初始化游戏资源，其详细代码如下。

> 📌 **代码位置**：见本书随书源代码/第 11 章/WSZFZ/app/src/main/java/com/bn/views 目录下的 ViewManager.java。

```java
1    public void initBNView(int number){                   //初始化游戏资源的方法
2        switch(number){
3            case 1:                                       //步骤1
4                SourceConstant.loadingTex[1] =            //初始化第二张闪屏图片
5                    InitPictureUtil.initTexture(resources,"load2.png");
6                welcomeView = new BNWelcomeView(ViewManager.this);//初始化欢迎界面的所有资源
7                break;
8        ……//由于中间步骤与 case1 相似，此处省略了的部分代码，读者请自行查阅随书的源代码
9            case 22:                                      //步骤22
10               alpha = alpha - alphaSpan;                //改变最后一张图片的透明度，直至透明
11               break;
12       }
13       if(number == 22 && alpha <=0){                    //判断当前闪屏图是否最后一张且透明度为0
14           isInitOver = true;                            //闪屏结束
15           ViewManager.toViewCuror = welcomeView;        //跳转到欢迎界面
16           activity.currView = Constant.WELCOME_VIEW;    //记录当前界面的变量赋值为欢迎界面
17           ViewManager.toViewCuror.reLoadThread();       //加载欢迎界面的资源
18           ViewManager.viewCuror = welcomeView;          //当前界面的引用为欢迎界面
19   }}
```

> 💡 **说明**　该方法用来加载游戏的所有资源，每绘制一张闪屏界面就进行一个步骤并加载部分游戏资源，到最后一步时资源加载完毕后过渡到欢迎界面。这样做的好处是在闪屏的时候就把所有资源加载完毕了，这样在进入其他界面或者游戏的时候不会因为加载某个界面的资源而等待，提高了运行速度。

11.5.2 欢迎界面类 BNWelcomeView

上面讲解了游戏的界面管理类 ViewManager 的开发过程，当 ViewManager 类开发完成以后，随即就进入到了游戏欢迎界面的开发，下面将详细介绍 BNWelcomeView 类的开发过程。

（1）下面介绍 BNWelcomeView 类的框架，其详细代码如下。

> 📌 **代码位置**：见本书随书源代码/第 11 章/WSZFZ/app/src/main/java/com/bn/views 目录下的 BNWelcomeView.java。

```java
1    package com.bn.views;
2    ……//此处省略了部分类的导入代码,读者可自行查看随书的源代码
3    public class BNWelcomeView implements ViewInterface{
4        ViewManager viewManager;                                //创建界面管理器的引用
5        Resources resources;                                    //创建Resources的引用
6        UpdateThread updateThread;                              //UpdateThread线程的引用
7        CalculateFloatBufferThread calculateFloatBufferThread;  //计算缓冲线程
8        FloatBuffer waterTexBuffer;                             //水的纹理缓冲
9        FloatBuffer waterVerBuffer = null;                      //水的顶点缓冲
10       int frameBufferFrontId;                                 //声明帧缓冲ID
11       int shadowFrontId;                                      //自动生成的水图片纹理ID
12       int renderDepthBufferFrontId;                           //渲染缓冲
13       boolean isFrontBegin = true;                            //渲染缓冲只初始化一次的标志位
14       int SHADOW_TEX_WIDTH = Constant.waterPictureWidth;      //生成的纹理图的分辨率
15       int SHADOW_TEX_HEIGHT = Constant.waterPictureHeight;    //生成的纹理图的分辨率
16       WelcomeViewRectForDrawWater waterRect;                  //用于绘制水的纹理矩形
17       int waterTex;                                           //水的纹理
18       Water water;                                            //水的绘制者
19       RectCenterForDraw cpksRect;                             //"触屏开始"纹理的绘制者
20       int cpksId;                                             //"触屏开始"纹理ID
21       //"触屏开始"纹理做缩放动作的相关变量
22       float scaleEnd = 1.1f;                                  //放大的倍数
23       float scaleStart = 1.0f;                                //缩小的倍数
24       float scaleTemp = 1.0f;                                 //中间变量
25       float scaleSpan = 0.005f;                               //缩放率
26       //"触屏开始"按钮的相关坐标和大小
27       float welWidth = PointTransformUtil.from2DObjectTo3DObjectWidth
28           (Constant.WELCOME_WIDTH);                           //按钮的宽
29           float welHeight = PointTransformUtil.from2DObjectTo3DObjectHeight
30           (Constant.WELCOME_HEIGHT);                          //按钮的高
31           float welX = PointTransformUtil.from2DWordTo3DWordX
32           (Constant.WELCOME_X);                               //图片左上角点x坐标
33       float welY = PointTransformUtil.from2DWordTo3DWordY
34           (Constant.WELCOME_Y);                               //图片左上角点y坐标
35       ArrayList<float[]> arrEdges = new ArrayList<float[]>(); //存放地图中碰撞线的列表
36       List<RectForDraw> drawers = new ArrayList<RectForDraw>();//物体的绘制者列表
37       List<float[]> wutiPosition3D = new ArrayList<float[]>();
         //存储物体在3D坐标系中的位置的列表
38       ArrayList<Integer> textureID = new ArrayList<Integer>(); //存放地图中纹理的ID
39       int gridX;                                              //地图的宽度
40       int gridY;                                              //地图的高度
41       boolean isDelete = false;                               //是否删除了闪屏界面纹理的标志位
42       int soundCount = 15;                                    //控制音效播放时间的变量
43       boolean isSound = true;                                 //控制音效播放的标志位
44       public BNWelcomeView(ViewManager viewManager){//构造器
45           this.viewManager = viewManager;
46           this.resources = viewManager.getResources();
47           initSources(resources);                             //初始化资源
48       }
49       public boolean onTouchEvent(MotionEvent event){         //处理触摸事件的方法
50           if(event.getAction() == MotionEvent.ACTION_MOVE){   //单击屏幕后跳转到主菜单界面
51               Message message = new Message();                //创建Message对象
52               Bundle bundle = new Bundle();                   //创建Bundle对象
53               bundle.putInt("operation", Constant.GO_TO_MENUVIEW); //绑定消息
54               message.setData(bundle);                        //设置消息
55               viewManager.activity.myHandler.sendMessage(message); //发送消息
56           }
57           return true;
58       }
59       public void initFRBuffers(){                            //初始化帧缓冲和渲染缓冲的方法
60    ……//此处省略了initFRBuffers的部分代码,将在下面章节的BNGameView2类中详细介绍
61       }
62       public void generateShadowImage(){                      //通过绘制产生阴影纹理的方法
63    ……//此处省略了generateShadowImage的部分代码,将在下面章节的BNGameView2类中详细介绍
64       }
65       public void onDrawFrame(GL10 gl){                       //绘制一帧画面的方法
66    ……//此处省略了onDrawFrame的部分代码,将在下面进行详细介绍
67       }
68       public void drawGameView(){                             //绘制欢迎界面的方法
```

```
69            ……//此处省略了 drawGameView 的部分代码，将在下面进行详细介绍
70        }
71        public void drawScence(){                        //绘制场景中物体和图片的方法
72            ……//此处省略了 drawScence 的部分代码，将在下面进行详细介绍
73        }
74        public void initSources(Resources resources){    //初始化用到的资源的方法
75            ……//此处省略了 initSources 的部分代码，将在下面章节的 BNGameView2 类中详细介绍
76        }
77        public void reLoadThread(){                      //开启线程的方法
78            ……//此处省略了 reLoadThread 的部分代码，将在下面章节的 BNGameView2 类中详细介绍
79        }
80        public void closeThread(){                       //关闭线程的方法
81            ……//此处省略了 closeThread 的部分代码，将在下面章节的 BNGameView2 类中详细介绍
82        }
```

- 第 4～18 行主要是创建相关资源和线程的引用，并声明绘制水所需要的纹理矩形、顶点缓冲、纹理缓冲、渲染缓冲和绘制者。
- 第 19～34 行为用于绘制"触屏开始"按钮所需要的相关变量。第 35～43 行为用于存放地图数据的相关变量和控制声音的变量。
- 第 44～48 行为本类的构造器，主要功能为初始化一些相关成员变量。第 49～58 行为本类的处理触控事件的方法，当用户单击屏幕后会向 Activity 发送消息，然后跳转到下一界面。

> **说明** 由于本类的部分方法与 BNGameView2 中的部分方法相似，所以第 59～64 行以及第 74～82 行所涉及的方法此处不再介绍，读者请查看 11.5.5 节所介绍的 BNGameView2 类。

（2）下面介绍 BNWelcomeView 类的 onDrawFrame 方法，该方法主要是绘制每一帧画面，其详细代码如下。

📎 **代码位置**：见本书随书源代码/第 11 章/WSZFZ/app/src/main/java/com/bn/views 目录下的 BNWelcomeView.java。

```
1    public void onDrawFrame(GL10 gl){                    //绘制一帧画面的方法
2        if(!isDelete){                                   //如果闪屏界面加载的纹理没有删除
3            GLES20.glDeleteTextures(                     //删除闪屏界面加载的纹理
4                SourceConstant.loadingTex.length,
5                SourceConstant.loadingTex, 0);
6            isDelete = true;                             //标志位设为 true
7        }
8        GLES20.glClearColor(0f, 0f,0f, 0);               //清除背景颜色
9        MatrixState.setProjectOrtho(                     //设置正交投影相关参数
10            -Constant.RATIO,
11            Constant.RATIO,
12            -1, 1, 0, 10);
13       soundCount--;                                    //控制音效的播放的计数器递减
14       if(soundCount ==0&&isSound){                     //当计数器为 0 且音效开启
15           WaterActivity.sound.playMusic(Constant.water, 0);   //播放音效
16           isSound = false;//标志位设为 false
17       }
18       drawGameView();                                  //绘制游戏场景
19   }
```

> **说明** 该方法是本类用于绘制每一帧画面的方法，在绘制时首先要判断闪屏界面加载的纹理是否删除，如果没有删除则进行删除操作释放资源，然后设置正交投影的参数并播放本界面的相关音效，最后调用 drawGameView 方法进行画面绘制。

（3）下面介绍 BNWelcomeView 类的 drawGameView 方法，其详细代码如下。

第 11 章　益智类游戏——污水征服者

> **代码位置**：见本书随书源代码/第 11 章/WSZFZ/app/src/main/java/com/bn/views 目录下的 BNWelcomeView.java。

```
1    public void drawGameView(){
2             GLES20.glViewport(0, 0, SHADOW_TEX_WIDTH, SHADOW_TEX_HEIGHT);   //设置视口
3             generateShadowImage();                              //自定义缓冲并绑定,绑定后绘制水生成缓冲
4             GLES20.glViewport(                                  //设置视口的位置和大小
5                     Constant.ssr.lucX,                          //视口左上角 x 坐标
6                     Constant.ssr.lucY,                          //视口左上角 y 坐标
7                     (int) (Constant.SCREEN_WIDTH_STANDARD*Constant.ssr.ratio),  //视口宽度
8                     (int) (Constant.SCREEN_HEIGHT_STANDARD*Constant.ssr.ratio)  //视口高度
9             );
10            GLES20.glBindFramebuffer(GLES20.GL_FRAMEBUFFER, 0);  //绑定系统的缓冲
11            GLES20.glClear(                                     //清除深度缓冲与颜色缓冲
12                    GLES20.GL_DEPTH_BUFFER_BIT |
13                    GLES20.GL_COLOR_BUFFER_BIT);
14            drawScence();                                        //绘制场景
15            GLES20.glDeleteFramebuffers(1, new int[] { frameBufferFrontId },0);  //删除缓冲
16            GLES20.glDeleteTextures(1, new int[] { shadowFrontId },0);  //删除纹理
17    }
```

> **说明**　该方法的主要作用是设置视口大小，并实现多分辨屏幕自适应效果，所以本方法中设置了两次视口的位置和大小。然后绑定系统缓冲并删除深度缓冲和颜色缓冲，进而调用 drawScence 方法绘制画面场景，绘制结束后删除缓冲和纹理。

（4）下面介绍 BNWelcomeView 类的 drawScence 方法，其详细代码如下。

> **代码位置**：见本书随书源代码/第 11 章/WSZFZ/app/src/main/java/com/bn/views 目录下的 BNWelcomeView.java。

```
1    public void drawScence(){                                    //绘制场景中物体和图片的方法
2             for(int i=0;i<drawers.size();i++){                  //绘制场景中的物体
3                     MatrixState.pushMatrix();                   //保护现场
4                     MatrixState.translate(wutiPosition3D.get(i)[0], wutiPosition3D.get(i)[1], 0);
                                                                  //平移物体
5                     MatrixState.rotate(wutiPosition3D.get(i)[2], 0, 0, 1);
                                                                  //旋转物体
6                     drawers.get(i).drawSelf(textureID.get(i));  //绘制物体
7                     MatrixState.popMatrix();                    //恢复现场
8             }
9             scaleTemp = scaleTemp + scaleSpan;                  //"触屏开始"按钮缩放的计算方法
10            if(scaleTemp>scaleEnd || scaleTemp<scaleStart){     //缩放率大于或小于临界值时
11                    scaleSpan = -scaleSpan;                     //正负置反
12            }
13            MatrixState.pushMatrix();                           //保护现场
14            MatrixState.translate(welX, welY, 0);               //平移
15            MatrixState.scale(scaleTemp, scaleTemp, 1);         //缩放
16            cpksRect.drawSelf(cpksId);                          //绘制触屏开始图片
17            MatrixState.pushMatrix();                           //保护现场
18            waterRect.drawSelfForWater(shadowFrontId);          //绘制水纹理
19            MatrixState.popMatrix();                            //恢复现场
20    }
```

- 第 2~8 行绘制场景中的物体，本场景中的物体是通过加载用地图设计器设计的地图实现的，加载方法将在 11.5.5 节介绍。
- 第 9~16 行用于绘制"触屏开始"按钮所需要的相关变量。第 17~20 行绘制水纹理，实现本界面中的荡漾的水效果。

11.5.3　选关界面类 BNSelectView

上一小节介绍了欢迎界面的开发过程，下面介绍选关界面是如何开发的，本游戏的选关界面设计巧妙，以化工厂为背景，工厂的一个部件代表一个关卡，单击相应部件即可进入相应的关卡。

11.5 界面相关类

下面将详细介绍 BNSelectView 类的开发过程。

(1) 下面介绍 BNSelectView 类的框架，其详细代码如下。

> 代码位置：见本书随书源代码/第 11 章/WSZFZ/app/src/main/java/com/bn/views 目录下的 BNSelectView.java。

```
1    package com.bn.views;
2    ……//此处省略了部分类的导入代码，读者可自行查看随书的源代码
3    public class BNSelectView implements ViewInterface{
4        ViewManager viewManager;                          //界面管理器的引用
5        Resources resources;                              //Resources 的引用
6        UpdateThread updateThread;                        //更新线程
7        CalculateFloatBufferThread calculateFloatBufferThread;  //计算缓冲线程
8        int fireId;                                       //烟的纹理 ID
9        FireSmokeParticleForDraw fpfd;                    //烟的绘制者
10       SmokeParticleSystem fps;                          //烟粒子模拟系统的引用
11       SmokeUpdateThread fireUpdateThread;               //模拟烟效果线程
12       ……//此处省略了部分成员变量的声明，读者可自行查看随书的源代码
13       public BNSelectView(ViewManager viewManager){    //构造器
14           this.viewManager = viewManager;
15           this.resources = viewManager.getResources();
16           positions.add(new GunDongPicture(    //设置字幕板第一张滚动字幕的位置和大小
17                   textX,textStartY,
18                   0,textRectHeight,
19                   textYInc,textEndY));
20           positions.add(new GunDongPicture(    //设置字幕板第二张滚动字幕的位置和大小
21                   textX,textStartY-textRectHeight-0.1f,
22                   0,textRectHeight,
23                   textYInc,textEndY));
24           initSources(resources);
25       }
26       public boolean onTouchEvent(MotionEvent event){   //处理触控事件的方法
27           ……//此处省略了 onTouchEvent 的部分代码，读者请自行查阅随书的源代码
28       }
29       public void initFRBuffers(){                      //初始化帧缓冲和渲染缓冲
30           ……//此处省略了 initFRBuffers 的部分代码，读者请自行查阅随书的源代码
31       }
32       public void generateShadowImage(){                //通过绘制产生阴影纹理的方法
33           ……//此处省略了 generateShadowImage 的部分代码，读者请自行查阅随书的源代码
34       }
35       public void swapGuan1Tex(){                       //单击第一关时换按钮纹理的方法
36           ……//此处省略了 swapGuan1Tex 的部分代码，将在下面进行介绍
37       }
38       public void swapGuan2Tex(){                       //单击第二关时换按钮纹理的方法
39           ……//此处省略了 swapGuan2Tex 的部分代码，将在下面进行介绍
40       }
41       public void onDrawFrame(GL10 gl) {                //绘制一帧画面的方法
42           ……//此处省略了 onDrawFrame 的部分代码，读者请自行查阅随书的源代码
43       }
44       public void drawGameView(){                       //绘制选关界面
45           ……//此处省略了 drawGameView 的部分代码，读者请自行查阅随书的源代码
46       }
47       public void drawScissorScence(){                  //绘制字幕板区域的方法
48           ……//此处省略了 drawScissorScence 的部分代码，将在下面进行介绍
49       }
50       public void drawScence(){                         //绘制场景中的物体
51           ……//此处省略了 drawScence 的部分代码，将在下面进行介绍
52       }
53       public void drawTime(long score){                 //绘制分数的方法
54           ……//此处省略了 drawTime 的部分代码，将在下面进行介绍
55       }
56       public void calculateObjectCurrentAngle(){        //计算可以旋转的物体当前的角度
57           ……//此处省略了 calculateObjectCurrentAngle 的部分代码，读者请自行查阅随书的源代码
58       }
59       public void initSources(Resources resources) {    //初始化用到的资源的方法
```

```
60          ……//此处省略了 initSources 的部分代码，读者请自行查阅随书的源代码
61      }
62      public void reLoadThread(){                       //开启线程的方法
63          ……//此处省略了 reLoadThread 的部分代码，读者请自行查阅随书的源代码
64      }
65      public void closeThread(){                        //关闭线程的方法
66          ……//此处省略了 closeThread 的部分代码，读者请自行查阅随书的源代码
67  }}
```

- 第 4~12 行为本类的相关成员变量，主要有相关类的引用、图片纹理的 id、纹理的大小和位置、纹理的绘制者以及加载地图资源所需要的一些变量，由于变量较多，此处省略了一部分，读者请自行查阅随书的源代码。
- 第 13~25 行为本类的构造器，主要功能为初始化一些相关成员变量，并设置界面中字幕板区域需要的字幕图片的位置、高度、平移量和终止点，为了实现字幕图片的循环滚动，并衔接起来，所以设置了两张字幕图片，其中第二张字幕图片的位置紧接着第一张下面，并且两张图片内容相同，具体如何实现循环滚动，将在下面详细介绍。
- 第 26~28 行为本类处理触控事件的方法，单击不同的按钮会产生不同的事件。第 29~34 行分别为初始化帧缓冲、渲染缓冲的方法和产生阴影纹理的方法，将在第 11.5.5 节的 BNGameView2 中做详细介绍。
- 第 35~40 行为单击选关按钮换成选中状态下图片的方法，其详细情况将在后面的步骤中给出。第 41~46 行为绘制一帧画面的方法，由于和上一节所讲的相似，此处不再赘述。
- 第 47~49 行为绘制字幕板区域的方法。第 50~52 行为绘制场景中物体和部件的方法。第 53~55 行为绘制得分的方法。这 3 个方法的详细情况将在后面的步骤中给出。

> **说明** 第 56~67 行所涉及的方法与上一节中的方法相似，都会在第 11.5.5 节的 BNGameView2 中做详细介绍，此处读者先明白其他方法是如何开发的即可。

（2）下面介绍 BNSelectView 类的 swapGuan1Tex 和 swapGuan2Tex 方法，该方法主要的功能是当单击选关按钮换成选中状态下图片，其详细代码如下。

代码位置：见本书随书源代码/第 11 章/WSZFZ/app/src/main/java/com/bn/views 目录下的 BNSelectView.java。

```
1   public void swapGuan1Tex(){                       //单击第一关时换按钮纹理的方法
2       if(guan2Select){                              //如果当前第二关被选中
3           swapGuan2Tex();                           //第二关图片设置为未被选中的状态
4       }
5       guan1Select = !guan1Select;                   //第一关状态标志位反
6   }
7   public void swapGuan2Tex(){                       //单击第二关时换按钮纹理的方法
8       if(guan1Select){                              //如果当前第一关被选中
9           swapGuan1Tex();                           //第一关图片设置为未被选中的状态
10      }
11      guan2Select = !guan2Select;                   //第二关状态标志位反
12  }
```

> **说明** 该界面中总会有一个关卡是处于选中状态下的，被选中时该选关区域为高亮效果，所以当单击未被选中的关卡时会调用这两个方法，将该选关区域的纹理换成高亮效果的，另一关恢复原状。而是否换纹理是由每一关的标志位控制的，所以在每个方法里都要将标志位反。

（3）下面介绍 BNSelectView 类的 drawScissorScence 方法，该方法主要的功能是实现字幕的循环滚动并进行绘制，其详细代码如下。

11.5 界面相关类

> 代码位置：见本书随书源代码/第 11 章/WSZFZ/app/src/main/java/com/bn/views 目录下的 BNSelectView.java。

```java
1   public void drawScissorScence(){                        //绘制字幕板区域的方法
2       GLES20.glEnable(GL10.GL_SCISSOR_TEST);              //启用剪裁测试
3       GLES20.glScissor(                                   //设置剪裁区域
4           (int)(scissorX*Constant.ssr.ratio+Constant.ssr.lucX),
5           (int)(scissorY*Constant.ssr.ratio+Constant.ssr.lucY),
6           (int)(scissorWidth*Constant.ssr.ratio),
7           (int)(scissorHeight*Constant.ssr.ratio));
8       GLES20.glClear(GL10.GL_COLOR_BUFFER_BIT |
9           GL10.GL_DEPTH_BUFFER_BIT);                      //清除颜色缓存与深度缓存
10      for(int i=0;i<positions.size();i++){
11          GunDongPicture gdp = positions.get(i);          //取到当前字幕图片的信息
12          if(gdp.go()){                                   //如果当前字幕图片已经滚动到终止位置
13              int temp = i;                               //记录当前字幕图片索引
14              int size = positions.size();                //字幕图片的数量
15              temp++;                                     //递加
16              temp = temp%size;                           //得到下一张字幕图片的索引
17              GunDongPicture gdpNext = positions.get(temp);//获取下一张字幕图片的信息
18              float x = gdpNext.x;                        //记录下一张图片的 x 坐标
19              float y = gdpNext.y;                        //记录下一张图片的 y 坐标
20              float z = gdpNext.z;                        //记录下一张图片的 z 坐标
21              gdp.setXYZ(x,y-textRectHeight-0.1f,0);//设置已滚动到终止位置的图片的位置
22          }}
23      for(int i=0;i<positions.size();i++){                //绘制滚动字幕
24          GunDongPicture gdp = positions.get(i);          //取得当前字幕图片的信息
25          float x = gdp.x;                                //记录当前字幕图片的 x 位置
26          float y = gdp.y;                                //记录当前字幕图片的 y 位置
27          float z = gdp.z;                                //记录当前字幕图片的 z 位置
28          MatrixState.pushMatrix();                       //保护现场
29          MatrixState.translate(x, y, 0);                 //平移图片到记录的位置
30          if(guan1Select){                                //如果第一关被选中
31              textRect.drawSelf(text1Id);                 //绘制对应第一关的字幕图片
32          }else if(guan2Select){                          //如果第二关被选中
33              textRect.drawSelf(text2Id);                 //绘制对应第二关的字幕图片
34          }
35          MatrixState.popMatrix();                        //恢复现场
36      }
37      GLES20.glDisable(GL10.GL_SCISSOR_TEST);             //禁用剪裁测试
38  }
```

- 第 2～9 行启用并设置剪裁区域，然后清除颜色缓存与深度缓存，因为字幕板区域利用了剪裁测试，设置的大小即为剪裁区域的大小。

- 第 10～22 行为实现字幕图片循环滚动效果的算法，首先要得到当前滚动图片的索引，判断该图片是否滚动到终止位置，如果滚动到终止位置，就要取得下一张正在滚动的图片的位置信息，将该滚动结束的图片位置设置到正在滚动的图片的下面，这样就实现了循环滚动的效果，并且上下两张图片衔接了起来。

- 第 23～38 行实时绘制滚动的字幕图片，根据获得的字幕图片的位置信息，进行实时绘制，如果第一关被选中，则绘制第一关的字幕图片，如果第二关被选中，则绘制第二关的字幕图片，绘制结束后关闭剪裁测试。

（4）下面介绍 BNSelectView 类的 drawScence 方法，该方法主要的功能是绘制字幕板区域，其详细代码如下。

> 代码位置：见本书随书源代码/第 11 章/WSZFZ/app/src/main/java/com/bn/views 目录下的 BNSelectView.java。

```java
1   public void drawScence(){                               //绘制场景中的物体
2       MatrixState.pushMatrix();                           //保护现场
3       MatrixState.translate(-Constant.RATIO, 1, 0);       //平移纹理
4       backGround.drawSelf(backGroundId);                  //绘制背景
5       MatrixState.popMatrix();                            //恢复现场
```

```
6           MatrixState.pushMatrix();                              //保护现场
7           MatrixState.translate(Constant.selectPIC2_X, Constant.selectPIC2_Y, 0);    //平移纹理
8           selectGamePic2.drawSelf(selectGuan2[0]);               //绘制未选中状态下的第一关选关区域
9           MatrixState.popMatrix();                               //恢复现场
10          if(guan1Select){                                       //如果第一关被选中
11              MatrixState.pushMatrix();                          //保护现场
12              MatrixState.translate(Constant.selectPIC1_X, Constant.selectPIC1_Y, 0);
                //平移纹理
13              selectGamePic1.drawSelf(selectGuan1[1]);  //绘制选中状态下的第一关选关区域
14              MatrixState.popMatrix();                           //恢复现场
15          }
16          if(guan2Select){                                       //如果第二关被选中
17              MatrixState.pushMatrix();                          //保护现场
18              MatrixState.translate(Constant.selectPIC2_X, Constant.selectPIC2_Y,
                0);    //平移纹理
19              selectGamePic2.drawSelf(selectGuan2[1]);//绘制选中状态下的第二关选关区域
20              MatrixState.popMatrix();                           //恢复现场
21          }
22     ……//此处省略了部分物体的绘制代码，读者请自行查阅随书的源代码
23          if(guan1Select){                                       //如果第一关被选中
24              MatrixState.pushMatrix();                          //保护现场
25              MatrixState.translate(wordX, wordY, 0);  //平移纹理
26              wordRect.drawSelf(wordId[0]);                      //在字幕板上绘制关卡名称
27              MatrixState.popMatrix();                           //恢复现场
28              if(guan1Score == 0){                               //如果第一关分数为零
29                  MatrixState.pushMatrix();                      //保护现场
30                  MatrixState.translate(Constant.scorePositionX3D,Constant.scorePositionY3D,0);
31                  rectNumber.drawSelf(noScoreTex);               //绘制"无"
32                  MatrixState.popMatrix();                       //恢复现场
33              }
34              else{                                              //如果分数不为零
35                  drawTime(guan1Score);                          //绘制第一关的得分
36              }}
37     ……//此处省略了第二关名称和分数的绘制代码，读者请自行查阅随书的源代码
38     }}}
```

> **说明** 该方法主要作用是搭建和绘制该界面各个部件，要绘制界面的背景、选关区域选中和未被选中的状态，然后还有对应每一关的名称和字幕介绍，这些都绘制到字幕板区域。由于省略的按钮、烟、水等部件的绘制与上述绘制方式相似，此处不再赘述。

（5）下面介绍 BNSelectView 类的 drawTime 方法，该方法主要的功能是绘制每一关的得分情况，其详细代码如下。

✎ **代码位置**：见本书随书源代码/第 11 章 /WSZFZ/app/src/main/java/com/bn/views 目录下的 BNSelectView.java。

```
1   public void drawTime(long score){                              //绘制分数的方法
2       float trans = 0.1f;                                        //每个数字的平移量
3       String strScore = score+"";                                //将分数转换成字符串类型
4       MatrixState.pushMatrix();                                  //保护现场
5       MatrixState.translate(Constant.scorePositionX3D,Constant.scorePositionY3D,0);
        //平移纹理
6       for(int i=0;i<strScore.length();i++){
7           char c = strScore.charAt(i);                           //取出每一个数字
8           rectNumber.drawSelf(scoreNumber[c-'0']);               //绘制每一个数字
9           MatrixState.translate(trans, 0, 0);                    //每绘制一个数字向右平移一定距离
10      }
11      MatrixState.popMatrix();                                   //恢复现场
12  }
```

> **说明** 该方法首先要接收从其他地方传来的分数，然后将其转换为字符串类型，再从分数中取出每一个数字找到对应的纹理，依次进行绘制。

11.5.4 主菜单界面类 BNMenuView

上一小节介绍了选关界面的开发过程，下面介绍主菜单界面是如何开发的，该界面的特点就是所有按钮都是自上而下不断浮动的，所以本小节将重点介绍浮动按钮的开发思路。

（1）下面介绍 BNMenuView 类的框架，其详细代码如下。

📡 **代码位置**：见本书随书源代码 / 第 11 章 /WSZFZ/app/src/main/java/com/bn/views 目录下的 BNMenuView.java。

```
1    package com.bn.views;
2    ……//此处省略了部分类的导入代码，读者可自行查看随书源代码
3    public class BNMenuView implements ViewInterface{
4        ViewManager viewManager;                          //创建界面管理器的引用
5        RectCenterForDraw menuButton;                     //菜单按钮的绘制者
6        int menuButtonTex[] = new int[5];                 //菜单按钮未单击时的纹理 ID
7        int menuButtonClickTex[] = new int[5];            //菜单按钮单击时的纹理 ID
8        ArrayList<MenuSingleButton> buttons =             //存储按钮的列表
9            new ArrayList<MenuSingleButton>();
10       ArrayList<MenuSingleButton> buttonsForDel =       //存储要删除的按钮的列表
11           new ArrayList<MenuSingleButton>();
12       int idIndex = 0;                                  //按钮索引编号
13       int delayTime = Constant.oriDelayTime;            //按钮走 25 次添加一批
14       ……//此处省略了部分变量的声明代码，读者可自行查看随书的源代码
15       public BNMenuView(ViewManager viewManager) {      //构造器
16           this.viewManager = viewManager;
17           initSources(viewManager.getResources());
18           buttons.add(new MenuSingleButton(             //第一批按钮的位置
19           this,menuButtonTex[2],menuButtonClickTex[2],Constant.startid,-0.5f,0.5f));
20           buttons.add(new MenuSingleButton(
21           this,menuButtonTex[1],menuButtonClickTex[1],Constant.setid,-0.2f,0.6f));
22           buttons.add(new MenuSingleButton(
23           this,menuButtonTex[0],menuButtonClickTex[0],Constant.helpid,0.2f,0.4f));
24           buttons.add(new MenuSingleButton(
25           this,menuButtonTex[3],menuButtonClickTex[3],Constant.aboutid,0.6f,0.6f));
26           buttons.add(new MenuSingleButton(
27           this,menuButtonTex[4],menuButtonClickTex[4],Constant.exitid,0.9f,0.3f));
28           positions.add(new GunDongPicture(             //将第一张滚动小提示图片的位置加入列表
29           textX,textStartY,0,Constant.menuViewDongPictureH,textYInc,textEndY));
30           positions.add(new GunDongPicture(             //将第二张滚动小提示图片的位置加入列表
31           textX,textStartY-Constant.menuViewDongPictureH-0.1f,0,
32           Constant.menuViewDongPictureH,textYInc,textEndY));
33       }
34       public boolean onTouchEvent(MotionEvent event){   //处理触摸事件的方法
35           ……//此处省略了 onTouchEvent 的部分代码，将在下面进行介绍
36       }
37       public void sendMessage(int viewNumber){          //发送信息的方法
38           ……//此处省略了 sendMessage 的部分代码，读者请自行查看随书的源代码
39       }
40       public void playMusic(boolean isUp){              //控制单击按钮音效的方法
41           ……//此处省略了 playMusic 的部分代码，读者请自行查看随书的源代码
42       }
43       public void onDrawFrame(GL10 gl){                 //绘制一帧画面的方法
44           ……//此处省略了 onDrawFrame 的部分代码，读者请自行查看随书的源代码
45       }
46       public void drawGameView(){                       //绘制游戏界面
47           ……//此处省略了 drawGameView 的部分代码，读者请自行查看随书的源代码
48       }
49       public void drawScissorScence(){                  //绘制按钮滚动区域的方法
50           ……//此处省略了 drawScissorScence 的部分代码，将在下面进行介绍
51       }
52       public void drawScissorScence2(){                 //绘制小提示区域的方法
53           ……//此处省略了 drawScissorScence2 的部分代码，读者请自行查看随书的源代码
54       }
55       public void drawScence(){                         //绘制火苗的方法
56           ……//此处省略了 drawScence 的部分代码，读者请自行查看随书的源代码
57       }
```

```
58      public void buttonsGo(){                                    //按钮浮动的方法
59        ……//此处省略了 buttonsGo 的部分代码,将在下面进行介绍
60      }
61      public void initSources(Resources resources){              //初始化图片资源的方法
62        ……//此处省略了 initSources 的部分代码,读者请自行查看随书的源代码
63      }
64      ……//此处省略了部分重写方法的代码,读者请自行查看随书的源代码
65  }
```

- 第 4~14 行为本类的相关成员变量,主要有相关类的引用、图片纹理的 id、纹理的大小和位置以及纹理的绘制者。
- 第 15~33 行为本类的构造器,主要是初始化第一批按钮的位置,因为首次进入界面,必须要有一组按钮的,所以第一批按钮的初始位置是人为初始化的,然后初始化出小提示区域的位置和大小。
- 第 34~63 行为本来的触控方法、场景绘制方法、按钮浮动的方法以及初始化图片资源的方法。

(2)下面介绍 BNSelectView 类的 onTouchEvent 方法,其详细代码如下。

代码位置:见本书随书源代码/第 11 章/WSZFZ/app/src/main/java/com/bn/views 目录下的 BNSelectView.java。

```
1   public boolean onTouchEvent(MotionEvent event){              //处理触摸事件的方法
2       int[] tpt=ScreenScaleUtil.touchFromTargetToOrigin(
3                   (int)event.getX(),
4                   (int)event.getY(),
5                   Constant.ssr);                              //触控的屏幕自适应
6       wx = tpt[0];                                            //获得触控点 x 坐标
7       wy = tpt[1];                                            //获得触控点 y 坐标
8       if(event.getAction() == MotionEvent.ACTION_DOWN){       //如果是 down 事件
9           for(int i=0;i<buttons.size();i++){
10              MenuSingleButton button = buttons.get(i);       //获得所有按钮索引
11              if(button.touch(wx, wy)){                       //判断所点按钮是最上面的
12                  for(int j = 0;j<buttons.size();j++){
13                      if(j != i){                             //如果索引不等于选中的按钮的索引
14                          buttons.get(j).isTouch = false;
                            //设置其他按钮为 false,当前选中按钮为 true
15                      }}
16                  break;
17      }}}
18      return true;
19  }
```

> **说明** 该方法为处理触控事件的方法,由于按钮可能有重叠的情况,所以会先判断单击的是不是最上面按钮,单击某一个按钮后,该按钮属性为 true,其他按钮设为 false,则该按钮暂停住,并做缩放动作,再次单击进入相应界面。

(3)接下来介绍 BNSelectView 类的 drawScissorScence 方法,其详细代码如下。

代码位置:见本书随书源代码/第 11 章/WSZFZ/app/src/main/java/com/bn/views 目录下的 BNSelectView.java。

```
1   public void drawScissorScence(){                            //绘制剪裁区域的场景
2       GLES20.glEnable(GL10.GL_SCISSOR_TEST);                  //启用剪裁测试
3       GLES20.glScissor(                                       //设置剪裁区域的大小和位置
4               (int)((380+Constant.ssr.lucX)*Constant.ssr.ratio),
5               (int)((207+Constant.ssr.lucY)*Constant.ssr.ratio),
6               (int)(645*Constant.ssr.ratio),
7               (int)(348*Constant.ssr.ratio));
8       GLES20.glClearColor(0.83f, 0.85f, 0.86f, 0);            //清除背景颜色
9       for(int i=0;i<buttons.size();i++){                      //依次绘制所有按钮
10          MenuSingleButton button = buttons.get(i);           //获得按钮索引
```

11.5 界面相关类

```
11          MatrixState.pushMatrix();                              //保护现场
12          MatrixState.translate(button.x, button.y, button.z);   //平移按钮
13          if(!button.isTouch){                                   //该按钮没有被选中
14              menuButton.drawSelf(button.notTouchId);            //绘制未选中状态下的按钮
15          }else{                                                 //该按钮被选中
16              MatrixState.scale(button.scaleTemp, button.scaleTemp, 1);//缩放按钮
17              menuButton.drawSelf(button.touchId);               //绘制选中状态下的按钮
18          }
19          MatrixState.popMatrix();                               //恢复现场
20      }
21      GLES20.glDisable(GL10.GL_SCISSOR_TEST);                    //关闭剪裁测试
22  }
```

> **说明** 该方法为绘制按钮的方法，绘制时启用了剪裁测试，然后根据按钮状态进行绘制，当按钮未被选中时，绘制普通状态的按钮，当按钮被选中时，绘制被选中状态下的按钮并让其进行缩放。绘制结束后，关闭剪裁测试。

（4）接下来介绍 BNSelectView 类的 buttonsGo 方法，其详细代码如下。

代码位置：见本书随书源代码/第 11 章/WSZFZ/app/src/main/java/com/bn/views 目录下的 BNSelectView.java。

```
1   public void buttonsGo(){                                     //按钮浮动的方法
2       buttonsForDel.clear();                                   //清除存储要删除的按钮的列表
3       for(int i=0;i<buttons.size();i++){
4           MenuSingleButton button = buttons.get(i);            //获得按钮索引
5           if(!button.isTouch){                                 //当前按钮未被选中
6               button.go();                                     //按钮向下行进
7           }else{                                               //当前按钮被选中
8               button.scale();                                  //按钮做缩放动作
9           }
10          if(button.y < Constant.buttonEndY){                  //如果按钮行进到了终止位置
11              buttonsForDel.add(button);                       //将该按钮加入删除列表
12      }}
13      for(int i=0;i<buttonsForDel.size();i++){
14          buttons.remove(buttonsForDel.get(i));                //删除超过终止位置的按钮
15      }
16      delayTime--;                                             //行进步数递减
17      if(delayTime<0){                                         //当步数小于 0 时
18          for(int i=0;i<5;i++){                                //添加一批新按钮
19              buttons.add(new MenuSingleButton(
20                      this,menuButtonTex[idIndex],
21                      menuButtonClickTex[idIndex],
22                      Constant.buttonId[idIndex],
23                      Constant.buttonX[idIndex],
24                      Constant.buttonY[idIndex]));
25              idIndex = (++idIndex)%Constant.buttonX.length;
26          }
27          delayTime = Constant.oriDelayTime;                   //出现新的一批按钮的计数间距
28  }
```

> **说明** 该方法为实现按钮从上到下浮动的方法，按钮在规定的区域内行进，如果被选中则停止行进。当按钮行进到终止位置时，将按钮存储到删除列表中，然后将按钮删除。当行进步数小于 0 时，说明已经删除了一部分按钮，为了确保界面上的按钮数量，就要添加一批新的按钮进去。

11.5.5 游戏界面类 BNGameView2

上一节完成了主菜单界面的介绍，接下来将带领读者进入到游戏界面类的开发。游戏界面的开发比较复杂，下面将详细介绍该界面的开发过程。

（1）下面介绍 BNGameView2 类的成员变量，由于成员变量很多，首先给出成员变量的第一部分的代码，下面将分步骤给读者详细讲解，其详细代码如下。

代码位置：见本书随书源代码/第 11 章/WSZFZ/app/src/main/java/com/bn/views 目录下的 BNGameView2.java。

```
1    WaterActivity activity;                                    //上下文对象引用
2    UpdateThread updateThread;                                 //流体模拟线程
3    CalculateFloatBufferThread calculateFloatBufferThread;     //计算缓冲线程
4    FloatBuffer waterTexBuffer = null;                         //水的纹理缓冲
5    FloatBuffer waterVerBuffer = null;                         //水的顶点缓冲
6    float[] m = new float[16];                                 //平移旋转矩阵
7    float[] p = new float[4];                                  //存储原来粒子位置的数组(4个分量)
8    float[] rp = new float[4];                                 //存储变换后的粒子的位置
9    float[] currAngle;                                         //绘制辅助用——物体当前角度
10   boolean[] currFX;                                          //绘制辅助用——物体旋转策略
11   int frameBufferFrontId;                                    //声明帧缓冲 ID
12   int shadowFrontId;                                         //自动生成的水图片纹理 ID
13   int renderDepthBufferFrontId;                              //声明渲染缓冲 ID
14   boolean isFrontBegin = true;                               //渲染缓冲只初始化一次的标志位
15   int SHADOW_TEX_WIDTH = Constant.waterPictureWidth;         //生成的纹理图的分辨率
16   int SHADOW_TEX_HEIGHT = Constant.waterPictureHeight;       //生成的纹理图的分辨率
17   GameViewRectForDrawWater waterRect;                        //用于绘制水的纹理矩形
18   ViewManager viewManager;                                   //界面的管理者
19   Resources resources;                                       //声明 resources 引用
20   float[][] edges;
21   ArrayList<float[]> arrEdges = new ArrayList<float[]>();    //计算用的线列表
```

> **说明** 这些成员变量用于记录水的缓冲、变换矩阵和向量、碰撞线，实现了水透明、水和物体的碰撞检测、物体围绕固定点旋转等一系列的功能，读者应该仔细理解。

（2）成员变量的第一部分主要介绍了水的一些相关的变量，但是游戏界面中玩家会看到各式各样的游戏元素，并且有些元素还可以旋转运动。成员变量的第二部分代码就包含了这些信息。下面给出详细的开发代码。

代码位置：见本书随书源代码/第 11 章/WSZFZ/app/src/main/java/com/bn/views 目录下的 BNGameView2.java。

```
1    List<String> objectName;                                   //物体名称列表
2    List<float[]> objectXYRAD;                                 //物体位置,旋转角度,旋转角速度,终止角列表
3    List<boolean[]> objectControl;                             //物体是运动的标志位
4    List<Integer> objectType;                                  //物体的类型列表
5    List<float[]> bddWZ;                                       //可动的图片的不动点的位置列表
6    List<float[]> objectWH;                                    //物体的宽度和高度列表
7    List<float[]> pzxList;                                     //碰撞线列表
8    List<RectForDraw> drawers = new ArrayList<RectForDraw>();  //物体的绘制者列表
9    List<float[]> wutiPosition3D = new ArrayList<float[]>();   //3D 中的物体位置列表
10   List<float[]> bddWZ3D=new ArrayList<float[]>();            //可动图片的不动点在 3D 中的位置的列表
11   ArrayList<Integer> textureID = new ArrayList<Integer>();   //存放地图纹理 ID 的列表
12   int gridX;                                                 //物理反应世界的宽度
13   int gridY;                                                 //物理反应世界的高度
14   List<float[]> firePositions = new ArrayList<float[]>();    //用于参与物理计算的火的位置列表
15   List<float[]> firePositions3D = new ArrayList<float[]>();  //火 3D 中位置列表
16   int fireId;                                                //系统分配的火纹理 ID
17   FireSmokeParticleForDraw fpfd;                             //烟火的绘制者
18   FireParticleSystem fps;                                    //烟火粒子系统的引用
19   FireUpdateThread fireUpdateThread;                         //烟火粒子系统计算线程
20   int waterTex;                                              //水的纹理 ID
21   Water water;                                               //水的绘制者
22   VicOrFailRectForDraw rect;                                 //胜利失败的绘制者
23   int victory1Id;                                            //胜利图片的 ID
24   int victory2Id;                                            //胜利图片的 ID
25   int failedId;                                              //失败图片的 ID
26   boolean musicOnce = true;                                  //播放一次音乐的标志位
27   float[] victory2D = new float[4];                          //胜利的范围(2D 中的范围)
```

11.5 界面相关类

> **说明** 这些成员变量用于记录游戏场景元素的相关信息、烟火的相关信息,实现了火灼烧水流、判定游戏胜利或者失败等一系列的功能,读者可以自行查看源代码。

(3)下面给出成员变量的最后一部分代码,这些成员变量记录的主要是背景滚动和摄像机移动的一些相关的信息,比较简单,具体代码如下所示。

代码位置:见本书随书源代码/第 11 章/WSZFZ/app/src/main/java/com/bn/views 目录下的 BNGameView2.java。

```java
1   float[] cameraOldPosition = new float[2];                                       //上一次的摄像机的位置
2   float[] cameraPosition = new float[2];                                          //当前摄像机的位置
3   float cameraX;                                                                  //摄像机位置的横坐标
4   float cameraY;                                                                  //摄像机位置的纵坐标
5   public ArrayList<float[]> touchPoints = new ArrayList<float[]>();               //触控点的列表的位置
6   boolean isDrawType7 = true;                                                     //是否绘制编号 7 的标志位
7   boolean isDrawType6 = true;                                                     //是否绘制编号 6 的标志位
8   boolean isDrawType5 = true;                                                     //是否绘制编号 5 的标志位
9   RectForDraw backGround;                                                         //背景的绘制者
10  int backGroundID;                                                               //背景纹理 ID
11  float backGroundMoveSpan = 0.015f;                                              //背景纹理移动的速度
12  public float backGround3DX = -Constant.RATIO*4;                                 //背景左上角点的横坐标
13  public float backGround3DY = 1*4;                                               //背景左上角点的纵坐标
14  //暂停和开始按钮的位置的触控
15  float rectX = PointTransformUtil.from2DWordTo3DWordX(Constant.play_pause_x);
16  float rectY = PointTransformUtil.from2DWordTo3DWordY(Constant.play_pause_y);
17  float rectWidth = PointTransformUtil.from2DObjectTo3DObjectWidth(Constant.
    play_pause_width);
18  float rectHeight = PointTransformUtil.from2DObjectTo3DObjectHeight(Constant.
    play_pause_height);
19  float vfWidth = PointTransformUtil.from2DObjectTo3DObjectWidth(Constant.VFWidth);
20  float vfHeight = PointTransformUtil.from2DObjectTo3DobjectHeight
    (Constant.VFHeight);
21  RectForDraw rectNumber;                                                         //数字的绘制者
22  int soundCount = 70;                                                            //控制音效播放时间的变量
23  boolean isSound = true;                                                         //是否是声音的标志位
```

> **说明** 这些成员变量用于记录游戏场景摄像机的相关信息、滚动背景的相关信息,实现了摄像机跟随场景移动,背景缓慢反方向移动等一系列的功能,读者可以自行查看源代码。

(4)上面实现了 BNGameView2 类的成员变量代码,接下来将开发 BNGameView2 类的有参构造器——初始化 Tower_Shell 类中相关变量,其详细开发代码如下。

代码位置:见本书随书源代码/第 11 章/WSZFZ/app/src/main/java/com/bn/views 目录下的 BNGameView2.java。

```java
1   public BNGameView2(ViewManager viewManager,WaterActivity activity) {    //有参构造器
2       this.activity = activity;                                           //上下文引用
3       this.viewManager = viewManager;                                     //view 管理类引用
4       this.resources = viewManager.getResources();                        //得到资源对象
5       initSources(resources); }                                           //初始化资源的方法
```

(5)上面实现了 BNGameView2 类的有参构造器,接下来开发 BNGameView2 类实现的整体框架代码,具体各模块功能的实现后继开发,其详细代码如下。

代码位置:见本书随书源代码/第 11 章/WSZFZ/app/src/main/java/com/bn/views 目录下的 BNGameView2.java。

```java
1   package com.bn.views;
2   ……//此处省略部分引入包类,读者可自行参见随书代码
```

第 11 章 益智类游戏——污水征服者

```
3    public class BNGameView2 implements ViewInterface{          //游戏界面类
4    public BNGameView2(ViewManager viewManager,WaterActivity activity){}//有参构造器
5    public boolean onTouchEvent(MotionEvent event){}            //触摸事件的方法
6    public void initFRBuffers(){}                               //初始化帧缓冲和渲染缓冲的方法
7    public void generateShadowImage(){}                         //通过绘制产生水流纹理
8    public void calCameraPositionAll(){}                        //计算摄像机位置的方法
9    public void onDrawFrame(GL10 gl) {}                         //绘制一帧画面的方法
10   public void drawTime(){}                                    //绘制倒计时的方法
11   public void drawGameView(){}                                //绘制游戏界面
12   public void drawScence(){}                                  //绘制场景中物体的方法
13   //计算可以旋转的物体当前的角度的方法
14   public void calculateObjectCurrentAngle() {}
15   public void initSources(Resources resources) {}             //初始化用到的资源的方法
16   public void reLoadThread() {}                               //加载游戏数据的方法
17   public void closeThread(){}                                 //关闭线程的方法
18   public void removeXian(){}                                  //游戏中删除线的方法
19   public float calCamXMinus(){    //计算新位置和旧位置的差来决定背景移动的方向的方法
20       return cameraPosition[0] - cameraOldPosition[0];        //计算横方向的距离差
21   }}
```

- 第 3 行为 BNGameView2 类的有参构造器，构造器中完成了上下文环境的构建，初始化了资源对象的引用，并调用了初始化资源的方法完成了资源的初始化。
- 第 5 行为 BNGameView2 类的触控方法，触控游戏界面的相关元素，可以实现游戏的暂停以及可以去除游戏场景中阻挡水流前进的障碍物。
- 第 6 行为初始化帧缓冲和渲染缓冲的方法，通过自定义缓冲来实现水透明的效果。
- 第 7 行为通过绘制产生水流纹理的方法，在着色器中利用产生的水流纹理图来实现水流流动时逼真自然的效果，后面将进行详细的介绍。
- 第 8 行为计算摄像机位置的方法，该方法可以使摄像机跟随游戏场景中的水流前进。
- 第 9~12 行为游戏场景中的绘制方法。
- 第 14 行为计算可以旋转的物体当前角度的方法，通过在游戏场景中旋转物体来实现真实的场景效果，增强玩家的游戏体验。
- 第 15 行为初始化游戏场景资源的方法。第 16 行为加载游戏数据的方法。第 17 行为退出该关卡后关闭线程的方法。
- 第 18 行为删除游戏场景元素的方法，玩家通过触摸阻挡水流前进的障碍物来移除物体，引导水流快速准确地到达指定的容器，从而取得游戏的胜利。
- 第 19~21 行为通过计算摄像机新位置和旧位置的差来决定背景移动方向的方法。

（6）上面实现了 BNGameView2 类的框架代码，接下来将开发触摸事件的方法。为此开发了方法 onTouchEvent，通过这个方法玩家可以查看游戏场景中不同的功能，其详细代码如下。

> 代码位置：见本书随书源代码/第 11 章/WSZFZ/app/src/main/java/com/bn/views 目录下的 BNGameView2.java。

```
1    public boolean onTouchEvent(MotionEvent event){             //触摸事件的方法
2    //将当前的触控点的坐标转换为标准屏幕的坐标
3    int[] tpt=ScreenScaleUtil.touchFromTargetToOrigin((int)event.getX(),
         (int)event.getY(),Constant.ssr);
4    float wx = tpt[0];                                          //记录横坐标值
5    float wy = tpt[1];                                          //记录纵坐标值
6    if(event.getAction() == MotionEvent.ACTION_DOWN){           //当触控事件为 down 时
7    if(Constant.victory || Constant.failed){                    //当游戏已经取得胜利或者失败时
8    //如果手指单击了弹出"胜利"或者"失败"的对话框中的胜利按钮
9    if(wx > Constant.sureX && wx < Constant.sureX+Constant.sureWidth
10   && wy > Constant.sureY && wy < Constant.sureY+Constant.sureHeight){
11   Message message = new Message();                            //创建 Message 对象
12   Bundle bundle = new Bundle();                               //创建携带数据的 Bundle
13   bundle.putInt("operation", Constant.GO_TO_DISPLAYVIEW);     //将跳转界面的编号存入 Bundle 中
14   message.setData(bundle);                                    //将 Bundle 设置进 Message
15   viewManager.activity.myHandler.sendMessage(message);}}      //发送信息
```

11.5 界面相关类

```
16      //如果手指单击了屏幕中的暂停按钮
17      if(wx > Constant.play_pause_x && wx < Constant.play_pause_x+Constant.play_pause_width
18      && wy > Constant.play_pause_y && wy < Constant.play_pause_y+Constant.play_pause_height){
19      Constant.isPause = !Constant.isPause;}              //游戏暂停或者开始
20      synchronized (Constant.touch) {                     //触控点加锁
21      touchPoints.add(new float[]{wx,wy});}}              //将触控点加入触控点列表
22      return true;
23      }
```

- 第3~5行为通过调用坐标转换方法,将当前设备的触控点坐标转换到程序设定的标准屏幕中的触控点坐标,方便程序准确地进行计算,并将坐标存储在局部变量中。读者不必担心,后面将会对坐标转换进行详细的介绍。
- 第6~15行为玩家游戏胜利或者失败后通过单击对话框中的"确定"按钮,通过发送消息跳转到游戏展示界面。
- 第17~19行为玩家通过单击游戏场景中的"暂停"按钮,来实现游戏的暂停或者继续。
- 第20~21行为加锁将玩家的触控点加入触控点列表中,方便了后面删除障碍物的操作。

(7)以上开发了游戏界面的触摸方法,接下来开发初始化帧缓冲和渲染缓冲的方法initFRBuffers,其详细实现代码如下。

代码位置:见本书随书源代码/第 11 章/WSZFZ/app/src/main/java/com/bn/views 目录下的 BNGameView2.java。

```
1    public void initFRBuffers(){                            //初始化帧缓冲和渲染缓冲的方法
2        int[] front = new int[1];                           //用于存放产生的帧缓冲id的数组
3        GLES20.glGenFramebuffers(1, front, 0);              //产生一个帧缓冲id
4        frameBufferFrontId = front[0];                      //将帧缓冲id记录到成员变量中
5        if(isFrontBegin){                                   //若没有产生深度渲染缓冲对象则产生一个
6         GLES20.glGenRenderbuffers(1, front, 0);            //产生一个渲染缓冲id
7         renderDepthBufferFrontId = front[0];               //将渲染缓冲id记录到成员变量中
8         //绑定指定id的渲染缓冲
9         GLES20.glBindRenderbuffer(GLES20.GL_RENDERBUFFER, renderDepthBufferFrontId);
10        GLES20.glRenderbufferStorage(                      //为渲染缓冲初始化存储
11        GLES20.GL_RENDERBUFFER,
12        GLES20.GL_DEPTH_COMPONENT16,                       //内部格式为16位深度
13        SHADOW_TEX_WIDTH,                                  //缓冲宽度
14        SHADOW_TEX_HEIGHT);                                //缓冲高度
15        isFrontBegin = false;}                             //将未初始化标志设置为false
16        int[] frontTexId = new int[1];                     //用于存放产生纹理id的数组
17        GLES20.glGenTextures(1, frontTexId, 0);            //产生一个纹理id
18        shadowFrontId = frontTexId[0];                     //将纹理id记录到水图片纹理id成员变量中
19    }
```

- 第2~4行产生了自定义缓冲的id,并记录进成员变量以备后面的方法使用。
- 第5~15行初始化了用于实现深度缓冲的渲染缓冲对象,并为其初始化了存储。
- 第16~18行产生了水图片纹理对应的纹理id并记录进成员变量以备后面的方法使用。

(8)完成了initFRBuffers方法的开发后,就可以开发通过绘制产生水纹理的generateShadowImage方法了,其代码如下。

代码位置:见本书随书源代码/第 11 章/WSZFZ/app/src/main/java/com/bn/views 目录下的 BNGameView2.java。

```
1    public void generateShadowImage(){                      //通过绘制产生水纹理
2        initFRBuffers();//初始化帧缓冲和渲染缓冲
3        GLES20.glBindFramebuffer(GLES20.GL_FRAMEBUFFER, frameBufferFrontId);   //绑定帧缓冲
4        GLES20.glBindTexture(GLES20.GL_TEXTURE_2D, shadowFrontId);             //绑定纹理
5        //设置Min的采样方式
6        GLES20.glTexParameterf(GLES20.GL_TEXTURE_2D,
7        GLES20.GL_TEXTURE_MIN_FILTER,GLES20.GL_LINEAR);
8        //设置Mag的采样方式
9        GLES20.glTexParameterf(GLES20.GL_TEXTURE_2D,
```

第 11 章 益智类游戏——污水征服者

```
10      GLES20.GL_TEXTURE_MAG_FILTER,GLES20.GL_LINEAR);
11      //S 轴截取拉伸方式
12      GLES20.glTexParameterf(GLES20.GL_TEXTURE_2D,
13      GLES20.GL_TEXTURE_WRAP_S,GLES20.GL_CLAMP_TO_EDGE);
14      //T 轴截取拉伸方式
15      GLES20.glTexParameterf(GLES20.GL_TEXTURE_2D,
16      GLES20.GL_TEXTURE_WRAP_T,GLES20.GL_CLAMP_TO_EDGE);
17      GLES20.glFramebufferTexture2D(                      //设置自定义帧缓冲的颜色附件
18      GLES20.GL_FRAMEBUFFER,
19      GLES20.GL_COLOR_ATTACHMENT0,                        //颜色附件
20      GLES20.GL_TEXTURE_2D,                               //类型为 2D 纹理
21      shadowFrontId,                                      //纹理 id
22      0);                                                 //层次
23      GLES20.glTexImage2D(                                //设置颜色附件纹理图的格式
24      GLES20.GL_TEXTURE_2D,
25      0,                                                  //层次
26      GLES20.GL_RGB,                                      //内部格式
27      SHADOW_TEX_WIDTH,                                   //宽度
28      SHADOW_TEX_HEIGHT,                                  //高度
29      0,                                                  //边界宽度
30      GLES20.GL_RGB,                                      //格式
31      GLES20.GL_UNSIGNED_SHORT_5_6_5,                     //类型
32      null);
33      GLES20.glFramebufferRenderbuffer(                   //设置自定义帧缓冲的深度缓冲附件
34      GLES20.GL_FRAMEBUFFER,
35      GLES20.GL_DEPTH_ATTACHMENT,                         //深度缓冲附件
36      GLES20.GL_RENDERBUFFER,                             //渲染缓冲
37      renderDepthBufferFrontId);                          //渲染缓冲 id
38      //清除深度缓冲与颜色缓冲
39      GLES20.glClear( GLES20.GL_DEPTH_BUFFER_BIT | GLES20.GL_COLOR_BUFFER_BIT);
40      GLES20.glClearColor(0,0,0,0);                       //清除背景
41      FloatBuffer waterTemp = null;                       //声明水的缓冲
42      synchronized (Constant.lockB){                      //取得水粒子位置最新的缓冲
43      while(true){                                        //循环
44      waterTemp = Constant.queueB.poll();                 //从缓冲队列中得到一个水缓冲
45      if(Constant.queueB.peek()==null){                   //查看队列中是否还有缓冲
46      break;}                                             //如果队列中没有缓冲退出循环
47      else{
48      //如果队列中有缓冲则释放上一个缓冲
49      BNBufferPool.releaseBuffer(waterTemp);}}}
50      if(waterTemp != null){                              //如果水的绘制缓冲不为空
51      BNBufferPool.releaseBuffer(waterVerBuffer);         //释放上一帧的水的缓冲
52      waterVerBuffer = waterTemp;}
53      if(waterVerBuffer == null){                         //如果水的缓冲为空
54      return;}//退出当前方法
55      GLES20.glBlendFunc(GLES20.GL_ONE, GLES20.GL_ONE);   //设置混合参数
56      water.drawSelf(waterTex,waterVerBuffer, waterTexBuffer, phy.currWaterCount*6);
        //绘制水
57      //恢复混合参数
58      GLES20.glBlendFunc(GLES20.GL_SRC_ALPHA,GLES20.GL_ONE_MINUS_SRC_ALPHA);
59      }
```

- 第 3～37 行主要为对自定义帧缓冲进行各方面设置的代码,首先将自定义帧缓冲的颜色附件设置为纹理图,然后对此纹理图的各方面进行设置,接着设置了自定义帧缓冲的深度缓冲附件。

- 第 39～54 行为进行绘制物体前清除深度缓冲和颜色缓冲,循环取得最新的水的缓冲,释放上一帧的缓冲等操作,极大地提高了程序运行的效率。

- 第 55～58 行为向纹理中绘制水的代码,比较简单,和前面代码中绘制物体的代码基本没有区别。

(9)上面介绍完了产生水纹理的方法,接下来介绍摄像机的跟随问题。摄像机是随着水流的前进而移动,从而玩家可以体验大地图游戏的快感,具体开发代码如下。

代码位置：见本书随书源代码/第 11 章/WSZFZ/app/src/main/java/com/bn/views 目录下的 BNGameView2.java。

```
1    public void calCameraPositionAll(){                        //计算摄像机位置的方法
2      float total3DX = 0;                                      //水粒子横坐标总和
3      float total3DY = 0;                                      //水粒子纵坐标总和
4      int count = phy.particles.size();                        //列表中水粒子数量
5      if(count == 0){                                          //如果列表中没有水粒子
6        return;}                                               //退出当前计算方法
7      for(int i=0;i<count;i++){                                //循环水粒子列表
8        Particle p = phy.particles.get(i);                     //从列表中得到一个水粒子
9        total3DX = total3DX + p.x3d;                           //将水粒子的横坐标累加到总和中
10       total3DY = total3DY + p.y3d;}                          //将水粒子的纵坐标累加到总和中
11     cameraOldPosition[0] = cameraPosition[0];                //记录摄像机的旧位置
12     cameraOldPosition[1] = cameraPosition[1];                //记录摄像机的旧位置
13     synchronized (Constant.lockFire){                        //加锁计算
14       cameraPosition[0] = total3DX / count;                  //计算摄像机横坐标
15       cameraPosition[1] = total3DY / count;}                 //计算摄像机纵坐标
16     float temp = calCamXMinus();                             //计算摄像机移动的距离
17     if( temp > 0.01){                                        //如果摄像机向右移动了
18       backGround3DX = backGround3DX - backGroundMoveSpan;}   //背景的横坐标向左移动
19     else if(temp<-0.01) {                                    //如果摄像机向左移动了
20       backGround3DX = backGround3DX + backGroundMoveSpan;    //背景的横坐标向右移动
21     }}
```

> **说明** 第 2~6 行为一些局部变量的初始化。第 7~15 行为循环水粒子列表，计算出水粒子的横坐标总和和纵坐标总和，先记录摄像机的旧位置，然后再计算摄像机的新位置。第 16~20 行通过比较两次摄像机的位置差来移动背景，从而实现滚动背景的效果。

（10）接下来开发绘制倒计时的代码，在游戏场景中玩家可以看到，在界面的右上角时间在不断地减少，给玩家一种游戏的紧迫感。倒计时的具体实现代码如下。

代码位置：见本书随书源代码/第 11 章/WSZFZ/app/src/main/java/com/bn/views 目录下的 BNGameView2.java。

```
1    public void drawTime(){                                    //绘制倒计时的方法
2      float trans = 0.1f;                                      //数字的偏移量
3      int temp = (int) (Constant.ms/1000);                     //时间辅助变量
4      int second = 0;                                          //秒数
5      int minute = 0;                                          //分钟数
6      if(temp>=60){                                            //如果秒数大于 60
7        second =(int) (Constant.msl/1000);                     //计算当前秒数
8        minute = 1;}                                           //分钟数为 1
9      else{
10       second =(int) (Constant.ms/1000);                      //计算当前秒数
11       minute = 0;}                                           //分钟数为 0
12     MatrixState.pushMatrix();                                //保存原始的物体坐标系
13     //将物体坐标系平移到绘制时间的位置
14     MatrixState.translate(cameraX+Constant.timePositionX3D,cameraY+Constant.
       timePositionY3D,0);
15     if(minute<10){                                           //如果分钟数为一位数字
16       rectNumber.drawSelf(timeNumber[0]);                    //绘制数字 0
17       MatrixState.translate(trans, 0, 0);                    //平移物体坐标系
18       rectNumber.drawSelf(timeNumber[minute]);}              //绘制分钟数字
19     else{                                                    //如果为两位数字
20       rectNumber.drawSelf(timeNumber[minute/10]);            //如果分钟数为两位数字
21       MatrixState.translate(trans, 0, 0);                    //平移物体坐标系
22       rectNumber.drawSelf(timeNumber[minute%10]);}           //绘制分钟数字
23     MatrixState.translate(trans, 0, 0);                      //平移物体坐标系
24     rectNumber.drawSelf(maoHao);                             //绘制冒号
25     MatrixState.translate(trans, 0, 0);                      //平移物体坐标系
```

```
26      if(second<10){                                              //如果秒数为一位数字
27          rectNumber.drawSelf(timeNumber[0]);                     //绘制数字0
28          MatrixState.translate(trans, 0, 0);                     //平移物体坐标系
29          rectNumber.drawSelf(timeNumber[second]);}               //绘制秒数数字
30      else{                                                       //如果秒数为两位数字
31          rectNumber.drawSelf(timeNumber[second/10]);             //绘制秒数的高位
32          MatrixState.translate(trans, 0, 0);                     //平移物体坐标系
33          rectNumber.drawSelf(timeNumber[second%10]);}            //绘制秒数的低位
34      MatrixState.popMatrix();                                    //恢复物体坐标系
35  }
```

● 第2～11行声明该方法的局部变量，包括平移辅助变量和时间辅助变量的声明，除此之外计算当前游戏界面剩余的分钟数和秒数。

● 第12～35行主要为根据当前的分钟数是一位数字还是两位数字，当前的秒数是一位数字还是两位数字来进行恰当的绘制，动态地调整数字之间的间距。

（11）游戏场景中玩家可以看到不断旋转的元素，注意观察可以看到旋转的物体并不是绕着中心点旋转，而是绕着随便指定的点进行旋转。开发的具体代码如下。

代码位置：见本书随书源代码/第 11 章/WSZFZ/app/src/main/java/com/bn/views 目录下的 BNGameView2.java。

```
1   Matrix.setIdentityM(m, 0);                                          //调用系统方法初始化矩阵
2   //将物体的平移信息存储进矩阵
3   Matrix.translateM(m, 0, wutiPosition3D.get(i)[0], wutiPosition3D.get(i)[1], 0);
4   Matrix.rotateM(m, 0,wutiPosition3D.get(i)[2], 0, 0, 1);  //将物体的旋转信息存储进矩阵
5   float[] vbdd={bddWZ3D.get(i)[0],bddWZ3D.get(i)[1],0,1};  //存储物体的不动点的数组
6   float[] vbddA=new float[4];                              //声明一个临时的一维数组
7   float[] tm=new float[16];                                //声明一个临时的一维数组
8   Matrix.setRotateM(tm, 0, angleTemp,0,0,1);               //将物体的旋转角度设置进矩阵 tm
9   Matrix.multiplyMV(vbddA, 0, tm, 0, vbdd, 0);             //计算旋转后新的不动点的位置
10  float hfx=vbdd[0]-vbddA[0];                              //计算旋转前后不动点横坐标距离差
11  float hfy=vbdd[1]-vbddA[1];                              //计算旋转前后不动点纵坐标距离差
12  Matrix.translateM(m, 0, hfx, hfy, 0);                    //将计算好的平移量差记录到矩阵 m
13  Matrix.rotateM(m, 0, angleTemp,0,0,1);                   //将物体旋转角度记录到矩阵 m
14  MatrixState.setNewCurrMatrix(m);                         //将旋转矩阵设置进 MatrixState 类
```

● 第1～4行初始化一个矩阵，并通过调用矩阵类的相关方法将物体的平移、旋转信息存储进矩阵。这样矩阵就保存了物体的初始化信息。

● 第5～14行是物体以不动点为中心旋转的代码。由于物体只能围绕自身坐标系的中心旋转，为了实现绕不动点旋转的效果，必须计算出每次旋转不动点的位移差。这样每次旋转前先将物体平移指定的位移差，然后再绘制物体就达到了绕不动点旋转的效果。

（12）游戏场景中玩家可以看到不断旋转的元素，注意观察可以看到旋转的物体并不是绕着中心点旋转，而是绕着随便指定的点进行旋转。开发的具体代码如下。

代码位置：见本书随书源代码/第 11 章/WSZFZ/app/src/main/java/com/bn/views 目录下的 BNGameView2.java。

```
1   public void calculateObjectCurrentAngle() {              //计算可以旋转的物体当前的角度的方法
2       for (int i = 0; i < objectName.size(); i++) {        //循环物体列表
3           int type = objectType.get(i);                    //得到物体的类型
4           float angleTemp = currAngle[i];                  //得到物体当前的角度
5           if (type != 0) {                                 //如果物体可以旋转
6               boolean[] flags = objectControl.get(i);      //得到物体旋转的类型
7               if (flags[0]) {                              //不进行任何操作
8               } else {
9                   if (flags[1]) {                          //若为一直旋转
10                      if (flags[2]) {                      //若为往复旋转
11                          if (currFX[i]) {                 //不断累加角度
12                              angleTemp += objectXYRAD.get(i)[3];
13                          } else {
14                              angleTemp -= objectXYRAD.get(i)[3];}   //不断累减角度
```

11.5 界面相关类

```
15    if (angleTemp >= objectXYRAD.get(i)[4]) {      //累加到一定的角度后
16        currFX[i] = false;                          //设置物体旋转策略为false
17    } else if (angleTemp <= 0) {                    //累减到一定的角度后
18        currFX[i] = true;}                          //设置物体旋转策略为true
19    } else {                                        //若不为往复旋转
20        angleTemp = angleTemp+objectXYRAD.get(i)[3];}  //不断地累加角度
21    } else {                                        //如果不为一直旋转
22    //如果累加的角度小于指定的角度
23    if (angleTemp + objectXYRAD.get(i)[3] <= objectXYRAD.get(i)[4]){
24        angleTemp += objectXYRAD.get(i)[3];}}}      //对角度累加
25    currAngle[i] = angleTemp;                       //将各个物体的旋转角度存入currAngle中
26 }}
```

- 第2～4行遍历物体列表，依次得到每一个物体，并记录该物体的类型和物体在游戏场景界面中的初始角度，方便后面的代码的调用。
- 第5～24行中，若得到的物体不是静止的物体，根据物体的不同的旋转策略进行旋转。例如一直旋转、往复旋转、单一旋转等。根据不同的旋转策略采用不同的旋转逻辑。代码比较简单，这里不再做过多的讲解，读者可以查看注释帮助理解。
- 第25行将计算出的旋转角度存储进成员数组中，方便其他成员方法的调用。

（13）游戏场景中物体旋转的代码开发完毕之后，接下来就是初始化游戏中的数据了。为此开发了方法 initSources，接下来将为读者详细讲解游戏数据的加载。首先给出该方法的第一部分代码，具体代码如下所示。

> **代码位置**：见本书随书源代码/第 11 章 /WSZFZ/app/src/main/java/com/bn/views 目录下的 BNGameView2.java。

```
1   InputStream in = resources.getAssets().open("mapForDraw2.map");  //得到输入流
2   ObjectInputStream oin = new ObjectInputStream(in);               //对输入流进行包装
3   width = oin.readInt();                                           //读取地图的宽度
4   height = oin.readInt();                                          //读取地图的高度
5   objectName = (List<String>) oin.readObject();                    //读取物体名称列表
6   objectXYRAD = (List<float[]>) oin.readObject();                  //读取物体平移旋转列表
7   objectControl=(List<boolean[]>)oin.readObject();                 //读取物体的旋转策略列表
8   objectType=(List<Integer>)oin.readObject();                      //读取物体的类型列表
9   bddWZ=(List<float[]>)oin.readObject();                           //读取物体不动点列表
10  objectWH = (List<float[]>)oin.readObject();                      //读取物体的宽度和高度列表
11  pzxList=(List<float[]>)oin.readObject();                         //读取碰撞线列表
12  in.close();                                                      //关闭输入流
13  oin.close();                                                     //关闭输入流
```

- 第1～2行通过调用系统的方法得到 Assets 文件夹下的输入流，并打开指定名称的地图数据文件。然后对 InputStream 输入流进行更高级的包装，读取文件中的数据对象。
- 第3～11行分别调用 ObjectInputStream 的 readInt 方法和 readObject 方法得到文件中的数据对象，并将读取的数据对象存储。
- 第12～13行在文件数据读取完毕之后，关闭输入流。

> **说明** 这里只是粗略地给出地图数据的简单信息，关于文件数据结构，后面将进行具体的讲解。请读者在本小节先进行大致的了解，后面再进行系统的学习。

（14）步骤（13）中打开了文件的输入流并得到了相应的地图数据，但是这些数据还要经过一系列的转换才可以应用到游戏场景中，下面给出数据转换的代码，具体如下所示。

> **代码位置**：见本书随书源代码/第 11 章 /WSZFZ/app/src/main/java/com/bn/views 目录下的 BNGameView2.java。

```
1   //通过读取的宽度和高度换算物理计算中的物理世界的宽度和高度
2   gridX = (int)(width/PhyCaulate.mul);
3   gridY = (int)(height/PhyCaulate.mul);
```

```
4    //将图片的宽度和高度换算成 3D 中的宽度和高度
5    float backWidth = PointTransformUtil.from2DObjectTo3DObjectWidth(width);
6    float backHeight = PointTransformUtil.from2DObjectTo3DObjectHeight(height);
7    //根据宽度和高度创建背景的绘制者
8    backGround = new RectForDraw(resources,backWidth*8,backHeight*8,1,1);
9    //初始化关卡 2 的背景纹理 id
10   backGroundID = InitPictureUtil.initTexture(resources,R.raw.back2);
11   //创建胜利或者失败后的弹出的对话框的绘制者
12   rect = new VicOrFailRectForDraw(resources,vfWidth,vfHeight,1,1);
13   //初始化打破记录的胜利的纹理 id
14   victory1Id = InitPictureUtil.initTexture(resources,"victory11.png");
15   //初始化未打破记录的胜利的纹理 id
16   victory2Id = InitPictureUtil.initTexture(resources,"victory22.png");
17   //初始化失败的纹理 id
18   failedId = InitPictureUtil.initTexture(resources,"failed.png");
19   for(int i=0;i<objectWH.size();i++){//循环列表,创建 rect 的绘制者
20   //将图片的宽度和高度换算成 3D 中的宽度和高度
21   float widthTemp = PointTransformUtil.from2DObjectTo3DObjectWidth(objectWH.get(i)[0]);
22   float heightTemp = PointTransformUtil.from2DObjectTo3DObjectHeight(objectWH.get(i)[1]);
23   //创建游戏元素的绘制者,并将绘制者添加进绘制者列表
24   drawers.add(new RectForDraw(resources,widthTemp,heightTemp,1,1));
25   }
```

- 第 1~6 行将读取的地图文件中的宽度和高度换算成物理计算世界中的宽度和高度,以及将背景图片的宽度和高度换算成 3D 中图片的宽度和高度。

- 第 7~22 行通过地图数据不断地初始化游戏场景中的纹理图片并创建相应纹理的绘制者。

- 第 24 行将创建游戏元素的绘制者添加进绘制者列表,方便其他方法的调用。

(15)步骤(14)中完成了地图数据的转换工作,但是这些还远远不够。纹理 id 的初始化和碰撞线相关信息的计算也极其重要。下面给出详细的开发代码。

代码位置:见本书随书源代码/第 11 章/WSZFZ/app/src/main/java/com/bn/views 目录下的 BNGameView2.java。

```
1    //得到地图中绘制图片的名称并加入 textureId 列表
2    for(int i=0;i<objectName.size();i++){
3    //根据图片名称初始化纹理 id
4    Integer id = new Integer(InitPictureUtil.initTexture(resources,objectName.get(i)));
5    textureID.add(id);}                            //将纹理 id 加入纹理 id 列表
6    if(pzxList!=null){                             //如果碰撞线列表不为空
7    edges=new float[pzxList.size()][];             //创建边的二维数组
8    for(int i=0;i<pzxList.size();i++){             //循环碰撞线列表
9    float[] td=pzxList.get(i);                     //得到一条碰撞线
10   //给出线段两个点求 AX+BY+C=0 的系数
11   float[] ABC=Line2DUtil.getABC(td[0]/PhyCaulate.mul,
12   td[1]/PhyCaulate.mul, td[2]/PhyCaulate.mul, td[3]/PhyCaulate.mul);
13   //创建碰撞线数组存储相关碰撞线信息
14   edges[i]=new float[]{
15   td[0]/PhyCaulate.mul,                          //线段起点的横坐标
16   td[1]/PhyCaulate.mul,                          //线段起点的纵坐标
17   td[2]/PhyCaulate.mul,                          //线段终点的横坐标
18   td[3]/PhyCaulate.mul,                          //线段终点的纵坐标
19   td[4],                                         //法相量 x 坐标
20   td[5],                                         //法相量 y 坐标
21   ABC[0],                                        //线段方程的参数
22   ABC[1],                                        //线段方程的参数
23   ABC[2],                                        //线段方程的参数
24   td[6]};                                        //线的类型
25   arrEdges.add(edges[i]);                        //将边加入列表
26   }}
```

- 第 1~5 行根据地图中读取的图片的名称初始化纹理 id,并将纹理 id 加入纹理 id 列表,方便绘制时纹理 id 的调用。

- 第6～26行为有关碰撞线的计算，通过创建碰撞线数组存储相关碰撞线信息，包括线段起点的横纵坐标、线段终点的横纵坐标、法向量的 x、y 坐标、线段方程的参数、线段的类型等一系列的信息，并将存储碰撞线的数组存入碰撞线列表。

（16）游戏的初始化数据方法完成了数据的初始化工作之后，接下来就要开发每次进入游戏关卡之后加载游戏的 reLoadThread 方法，由于该方法只是初始化一些成员变量，开启一些线程，思路比较简单，所以下面只给出部分代码，具体代码如下。

代码位置：见本书随书源代码 / 第 11 章 /WSZFZ/app/src/main/java/com/bn/views 目录下的 BNGameView2.java。

```
1    Constant.phyTick = 0;                                    //恢复物理帧计数
2    Constant.ms = 119000;                                    //设置每一关的游戏时间
3    Constant.msl = 59000;                                    //设置时间小于一分钟的秒数
4    soundCount = 70;                                         //声音计时器
5    isSound = true;                                          //是否播放声音的标志位
6    Constant.isFire = true;                                  //当前是否喷火焰的标志位
7    Constant.contral = false;                                //欢迎界面重力感应生效标志位
8    Constant.isPause = false;                                //设置暂停标志位为 false
9    backGround3DX = -Constant.RATIO*2;                       //恢复背景左上角点横坐标
10   isDrawType7 = true;                                      //恢复类型 7 的元素是否绘制的标志位
11   isDrawType6 = true;                                      //恢复类型 6 的元素是否绘制的标志位
12   isDrawType5 = true;                                      //恢复类型 5 的元素是否绘制的标志位
13   Constant.failed = false;                                 //恢复失败标志位
14   Constant.victory = false;                                //恢复胜利标志位
15   rect.alpha = 0.3f;                                       //恢复初始 alpha 值
16   Constant.queueA.clear();                                 //清空缓冲队列 queueA
17   Constant.queueA.clear();                                 //清空缓冲队列 queueB
18   phy.particles.clear();                                   //清空物理计算类中的水粒子列表
19   arrEdges.clear();                                        //清空线列表
20   ……//此处省略部分代码，比较简单这里不再赘述，请读者自行查阅项目源代码
21   BN1FloatArrayPool.returnAll();                           //归还缓冲
22   BNBufferPool.returnAll();                                //归还缓冲
23   BN2FloatArrayPool.returnAll();                           //归还缓冲
24   updateThread = new UpdateThread(phy);                    //创建物理计算线程
25   calculateFloatBufferThread = new CalculateFloatBufferThread(phy);//创建缓冲计算线程
26   fireUpdateThread = new FireUpdateThread(fps,false);      //创建火粒子计算线程
27   fireUpdateThread.start();                                //启动火粒子计算线程
28   updateThread.start();                                    //启动物理计算线程
29   calculateFloatBufferThread.start();                      //启动缓冲计算线程
```

- 第1～19行重新初始化成员变量的值。第21～23行归还自定义缓冲，如果每次游戏之前不归还自定义的缓冲，则多次游戏之后运行游戏的设备可能出现黑屏的状况。

- 第25～29行分别创建和游戏相关的缓冲计算线程、火粒子计算线程、物理计算线程，并调用线程的 start 方法在切换到游戏界面时启动相应的线程。

（17）随着游戏类 BNGameView2 中 reLoadThread 方法开发完毕，随机进入到了 colseThread 方法的开发，该方法的开发也比较简单，具体代码如下。

代码位置：见本书随书源代码 / 第 11 章 /WSZFZ/app/src/main/java/com/bn/views 目录下的 BNGameView2.java。

```
1    public void closeThread(){                               //关闭线程的方法
2        updateThread.setFlag(false);                         //关闭物理计算线程
3        calculateFloatBufferThread.setFlag(false);           //关闭缓冲计算线程
4        try{                                                 //捕获异常
5            updateThread.join();                             //等待物理计算线程执行完毕
6            calculateFloatBufferThread.join();               //等待缓冲计算线程执行完毕
7        } catch (InterruptedException e){                    //捕获异常
8            e.printStackTrace();}                            //打印异常信息
9        fireUpdateThread.setFlag(false);                     //关闭火粒子计算线程
10       phy.setStartRowAndCol(0, 0);                         //恢复格子相关信息
11       BN1FloatArrayPool.returnAll();                       //归还缓冲
```

第 11 章 益智类游戏——污水征服者

```
12    BNBufferPool.returnAll();                                      //归还缓冲
13    BN2FloatArrayPool.returnAll();                                 //归还缓冲
14  }
```

> **说明** 该方法主要是在游戏关卡结束之后进行停止相应线程,并且归还相应的缓冲的操作,读者一定要注意归还缓冲,否则再次运行本关卡的时候,设备可能出现黑屏的情况。

(18)上面的方法开发完毕之后,最后将为读者介绍游戏类的单击移除碰撞线的方法removeXian,该方法的开发比较复杂,请读者一定好好研读,具体代码如下。

代码位置:见本书随书源代码/第 11 章/WSZFZ/app/src/main/java/com/bn/views 目录下的 BNGameView2.java。

```
1   public void removeXian(){                                        //游戏中删除线的方法
2     synchronized (Constant.touch){                                 //加锁进行计算
3       for(int i=0;i<touchPoints.size();i++){                       //循环触控点列表
4         float[] touch = touchPoints.get(i);                        //得到触控点
5         //将触控点坐标转换成 3D 中的点坐标
6         float wx3D = PointTransformUtil.from2DWordTo3DWordX(touch[0]);
7         //将触控点坐标转换成 3D 中的点坐标
8         float wy3D = PointTransformUtil.from2DWordTo3DWordY(touch[1]);
9         float camerax = cameraX;                                   //记录摄像机的横坐标
10        float cameray = cameraY;                                   //记录摄像机的纵坐标
11        float finalXMap3D = wx3D + camerax;                        //计算触控点在 3D 地图中的位置
12        float finalYMap3D = wy3D + cameray;                        //计算触控点在 3D 地图中的位置
13        //将 3D 地图中的坐标转换成 2D 物理世界中的坐标
14        float finalXMap = PointTransformUtil.form3DWordTo2DWordX(finalXMap3D);
15        //将 3D 地图中的坐标转换成 2D 物理世界中的坐标
16        float finalYMap = PointTransformUtil.form3DWordTo2DWordY(finalYMap3D);
17        float finalXMapPhy = finalXMap/PhyCaulate.mul;             //换算成水计算的世界的坐标
18        float finalYMapPhy = finalYMap/PhyCaulate.mul;             //换算成水计算的世界的坐标
19        int index = -1;                                            //声明临时变量 index
20        int type = 0;                                              //声明临时变量 type
21        for(int j=0;j<phy.edges.size();j++){                       //循环碰撞边列表
22          float[] temp = phy.edges.get(j);                         //得到一条碰撞边
23          type = (int) temp[temp.length-1];                        //得到该碰撞边的类型
24          //类型为 7 或者 6 或者 5,则进行触控删除碰撞边的计算
25          if(temp[temp.length-1] == 7 || temp[temp.length-1] == 6 || temp[temp.length-1] == 5){
26            final int theldTemp = 8;                               //触控点上下左右的边距
27            float minX = 0;                                        //左侧 x
28            float maxX = 0;                                        //右侧 x
29            float minY = 0;                                        //上侧 y
30            float maxY = 0;                                        //下侧 y
31            float x1 = temp[0];                                    //线段起点的横坐标
32            float y1 = temp[1];                                    //线段起点的纵坐标
33            float x2 = temp[2];                                    //线段终点的横坐标
34            float y2 = temp[3];                                    //线段终点的纵坐标
35            if(x1<x2){                                             //如果 x1<x2
36              minX = x1;                                           //将 x1 记录为最小值
37              maxX = x2;}                                          //将 x2 记录为最大值
38            else{
39              minX = x2;                                           //将 x2 记录为最小值
40              maxX = x1;}                                          //将 x1 记录为最大值
41            if(y1<y2){                                             //如果 y1<y2
42              minY = y1;                                           //将 y1 记录为最小值
43              maxY = y2;}                                          //将 y2 记录为最大值
44            else{
45              minY = y2;                                           //将 y2 记录为最小值
46              maxY = y1;}                                          //将 y1 记录为最小值
47            minX -=theldTemp;                                      //扩大触控范围,方便触控
48            maxX +=theldTemp;                                      //扩大触控范围,方便触控
49            minY -=theldTemp;                                      //扩大触控范围,方便触控
50            maxY +=theldTemp;                                      //扩大触控范围,方便触控
51            //如果触控点在可删除线段的触控范围内
52            if(finalXMapPhy>minX && finalXMapPhy<maxX && finalYMapPhy>minY && finalYMapPhy<maxY){
```

```
53            index = j;                                    //记录当前线段的索引
54            break;}}}
55        if(index != -1){                                  //如果得到了可删除线的索引
56            phy.edges.remove(index);                      //从列表中删除该线
57            if(type == 7){                                //如果删除的线的类型为 7
58                isDrawType7 = false;}                     //设置 7 类型的元素为 false
59            if(type == 6){                                //如果删除的线的类型为 6
60                isDrawType6 = false;}                     //设置 6 类型的元素为 false
61            if(type == 5){                                //如果删除的线的类型为 5
62                isDrawType5 = false;}                     //设置 5 类型的元素为 false
63            break;}}
64        touchPoints.clear();                              //清空触控点列表
```

- 第 1～18 行将触控点坐标先转换成 3D 中的点坐标，再将摄像机的坐标加上触控点转换后的坐标得到触控点在 3D 世界中的真正坐标，然后把当前坐标转换成 2D 物理世界的坐标，最后转换成物理计算的坐标。一系列转换得到了触摸的真正坐标。
- 第 19～54 行循环碰撞线列表，查看当前的触控点坐标是否在物体的范围内，如果在范围内的话，记录当前物体的索引，并退出。
- 第 55～64 行根据当前的物体的索引，删除物体所在的碰撞线，并且绘制时不再对此类型的碰撞线进行绘制。最后清空触控点列表，方便下次本方法的调用。

11.5.6 纹理矩形绘制类 RectForDraw

本类是纹理矩形绘制类，负责绘制游戏中用到的所有纹理矩形。包括背景、对话框、虚拟按钮等等。项目中还有部分不同矩形绘制类，但与本类相似，所以此处只介绍其中一个。本类的代码简单，相信读者很容易理解。

（1）下面介绍 RectForDraw 类的框架，其详细代码如下。

代码位置：见本书随书源代码/第 11 章/WSZFZ/app/src/main/java/com/bn/fordraw 目录下的 RectForDraw.java。

```
1    package com.bn.fordraw;
2    ……//此处省略了部分类的导入代码，读者可自行查看随书的源代码
3    public class RectForDraw{
4        int mProgram;                                    //自定义渲染管线程序 id
5        int muMVPMatrixHandle;                           //总变换矩阵引用 id
6        int maPositionHandle;                            //顶点位置属性引用 id
7        int maTexCoorHandle;                             //顶点纹理坐标属性引用 id
8        String mVertexShader;                            //顶点着色器
9        String mFragmentShader;                          //片元着色器
10       FloatBuffer mVertexBuffer;                       //顶点坐标数据缓冲
11       FloatBuffer mTexCoorBuffer;                      //顶点纹理坐标数据缓冲
12       int vCount=0;                                    //顶点数量
13       float sRepeat;                                   //纹理横向重复量
14       float tRepeat;                                   //纹理纵向重复量
15       public RectForDraw(Resources res,float sizeX,float sizeY,float sRepeat,
           float tRepeat){//构造器
16           this.sRepeat = sRepeat;                      //初始化纹理横向重复量
17           this.tRepeat = tRepeat;                      //初始化纹理纵向重复量
18           initVertexData(sizeX,sizeY);                 //初始化顶点坐标与着色数据
19           initShader(res);                             //初始化 shader
20       }
21       public void initVertexData(float sizeX,float sizeY)//初始化顶点坐标与着色数据的方法
22       ……//此处省略了 initVertexData 的部分代码，将在下面进行详细介绍
23       }
24       public void initShader(Resources res){//初始化 shader 的方法
25       ……//此处省略了 initShader 的部分代码，将在下面进行详细介绍
26       }
27       public void drawSelf(int texId){//绘制方法
28       ……//此处省略了 drawSelf 的部分代码，将在下面进行详细介绍
29    }}
```

> **说明** 第 4~14 行声明该类需要的成员变量和引用。第 15~20 行为该类的构造器，作用是给成员变量赋值，并初始化顶点坐标与着色数据和 shader。

（2）下面介绍本类中的 initVertexData 方法和 initShader 方法。其具体代码如下。

> **代码位置**：见本书随书源代码/第 11 章/WSZFZ/app/src/main/java/com/bn/fordraw 目录下的 RectForDraw.java。

```java
 1  public void initVertexData(float sizeX,float sizeY) {//初始化顶点坐标与着色数据的方法
 2      vCount=6;                                         //顶点数量
 3      float vertices[]=new float[]{                     //初始化顶点坐标数据
 4              0,0,-1,
 5              0,-sizeY,-1,
 6              sizeX,0,-1,
 7              sizeX,0,-1,
 8              0,-sizeY,-1,
 9              sizeX,-sizeY,-1
10      };
11      ByteBuffer vbb = ByteBuffer.allocateDirect(vertices.length*4);
        //创建顶点坐标数据缓冲
12      vbb.order(ByteOrder.nativeOrder());               //设置字节顺序
13      mVertexBuffer = vbb.asFloatBuffer();              //转换为 Float 型缓冲
14      mVertexBuffer.put(vertices);                      //向缓冲区中放入顶点坐标数据
15      mVertexBuffer.position(0);                        //设置缓冲区起始位置
16      float texCoor[]=new float[]{                      //初始化顶点纹理坐标数据
17              0.0f,0.0f,
18              0.0f,tRepeat,
19              sRepeat,0.0f,
20              sRepeat,0.0f,
21              0.0f,tRepeat,
22              sRepeat,tRepeat
23      };
24      ByteBuffer cbb = ByteBuffer.allocateDirect(texCoor.length*4);
        //创建顶点纹理坐标数据缓冲
25      cbb.order(ByteOrder.nativeOrder());               //设置字节顺序
26      mTexCoorBuffer = cbb.asFloatBuffer();             //转换为 Float 型缓冲
27      mTexCoorBuffer.put(texCoor);                      //向缓冲区中放入顶点着色数据
28      mTexCoorBuffer.position(0);                       //设置缓冲区起始位置
29  }
30  public void initShader(Resources res){                //初始化 shader 的方法
31      //加载顶点着色器的脚本内容
32      mVertexShader=ShaderUtil.loadFromAssetsFile("vertex_particle.sh", res);
33      //加载片元着色器的脚本内容
34      mFragmentShader=ShaderUtil.loadFromAssetsFile("frag_particle.sh", res);
35      //基于顶点着色器与片元着色器创建程序
36      mProgram = ShaderUtil.createProgram(mVertexShader, mFragmentShader);
37      //获取程序中顶点位置属性引用 id
38      maPositionHandle = GLES20.glGetAttribLocation(mProgram, "aPosition");
39      //获取程序中顶点纹理坐标属性引用 id
40      maTexCoorHandle= GLES20.glGetAttribLocation(mProgram, "aTexCoor");
41      //获取程序中总变换矩阵引用 id
42      muMVPMatrixHandle = GLES20.glGetUniformLocation(mProgram, "uMVPMatrix");
43  }
```

- 第 2~10 行创建并赋值顶点数组。第 11~15 行创建顶点坐标数据缓冲。第 16~23 行创建并赋值纹理数组。第 24~29 行创建顶点纹理数据缓冲。

- 第 30~43 行为初始化着色器的方法，即从对应的着色器程序中获取着色器中对应变量属性 id。

（3）下面介绍本类中的 drawSelf 方法，其具体代码如下。

代码位置：见本书随书源代码/第 11 章/WSZFZ/app/src/main/java/com/bn/fordraw 目录下的 RectForDraw.java。

```java
1   public void drawSelf(int texId){                              //绘制方法
2         MatrixState.pushMatrix();                               //保护现场
3         GLES20.glUseProgram(mProgram);                          //制定使用某套 shader 程序
4         GLES20.glUniformMatrix4fv(                              //将最终变换矩阵传入 shader 程序
5             muMVPMatrixHandle,1,false,
6             MatrixState.getFinalMatrix(),0);
7         GLES20.glVertexAttribPointer(                           //为画笔指定顶点位置数据
8             maPositionHandle,
9             3,
10            GLES20.GL_FLOAT,
11            false,
12            3*4,
13            mVertexBuffer
14        );
15        GLES20.glVertexAttribPointer(                           //为画笔指定顶点纹理坐标数据
16            maTexCoorHandle,
17            2,
18            GLES20.GL_FLOAT,
19            false,
20            2*4,
21            mTexCoorBuffer
22        );
23        GLES20.glEnableVertexAttribArray(maPositionHandle);     //启用顶点位置数据
24        GLES20.glEnableVertexAttribArray(maTexCoorHandle);      //启用纹理坐标数据
25        GLES20.glActiveTexture(GLES20.GL_TEXTURE0);
26        GLES20.glBindTexture(GLES20.GL_TEXTURE_2D, texId);      //绑定纹理
27        GLES20.glDrawArrays(GLES20.GL_TRIANGLES, 0, vCount);    //绘制纹理矩形
28        MatrixState.popMatrix();                                //恢复现场
29   }
```

说明　该 drawSelf 方法的作用是绘制矩形，为画笔指定顶点位置数据和为画笔指定顶点纹理坐标数据，绘制出纹理矩形，并且该类绘制出的纹理矩形是以左上角点为原点的。

11.5.7 地图数据结构相关类

本小节将对地图数据的结构进行详细的介绍，使读者可以快速地掌握该游戏中数据的相关信息，具备开发地图设计器的能力，下面给出地图数据结构的代码。

代码位置：见本书随书源代码/第 11 章/WSZFZ/app/src/main/java/com/bn/views 目录下的 BNGameView2.java。

```java
1   InputStream in = resources.getAssets().open("mapForDraw2.map");//得到输入流
2   ObjectInputStream oin = new ObjectInputStream(in);           //对输入流进行包装
3   width = oin.readInt();                                       //读取地图的宽度
4   height = oin.readInt();                                      //读取地图的高度
5   objectName = (List<String>) oin.readObject();                //读取物体名称列表
6   objectXYRAD = (List<float[]>) oin.readObject();              //读取物体平移旋转列表
7   objectControl=(List<boolean[]>)oin.readObject();             //读取物体的旋转策略列表
8   objectType=(List<Integer>)oin.readObject();                  //读取物体的类型列表
9   bddWZ=(List<float[]>)oin.readObject();                       //读取物体不动点列表
10  objectWH = (List<float[]>)oin.readObject();                  //读取物体的宽度和高度列表
11  pzxList=(List<float[]>)oin.readObject();                     //读取碰撞线列表
12  in.close();                                                  //关闭输入流
13  oin.close();                                                 //关闭输入流
```

- 第 1~2 行通过调用系统的方法打开指定文件的输入流并进行更高级的包装，方便程序的使用。

11.5.8 屏幕自适应相关类

上述基本完成了游戏界面的开发，但是不同 Android 设备的屏幕分辨率是不同的，游戏要想更好地运行在不同的平台上就要解决屏幕自适应的问题。屏幕自适应的解决方案有很多种，本游戏中采用缩放画布的方式进行屏幕的自适应。下面将分步骤介绍屏幕自适应的开发过程。

（1）下面介绍屏幕缩放工具类 ScreenScaleUtil 的开发，该类用于计算画布缩放等一系列的参数，用于完成屏幕的自适应，其详细代码如下。

> **代码位置：** 见本书随书源代码/第 11 章/WSZFZ/app/src/main/java/com/bn/screen/auto 目录下的 ScreenScaleUtil.java。

```java
1   package com.bn.screen.auto;
2   public class ScreenScaleUtil{                                   //计算缩放情况的工具类
3       static final float sHpWidth=1280;                           //原始横屏的宽度
4       static final float sHpHeight=720;                           //原始横屏的高度
5       static final float whHpRatio=sHpWidth/sHpHeight;            //原始横屏的宽高比
6       static final float sSpWidth=720;                            //原始竖屏的宽度
7       static final float sSpHeight=1280;                          //原始竖屏的高度
8       static final float whSpRatio=sSpWidth/sSpHeight;            //原始竖屏的宽高比
9       public static ScreenScaleResult calScale(float targetWidth, float targetHeight){
10          ScreenScaleResult result=null;                          //屏幕缩放结果类
11          ScreenOrien so=null;                                    //横屏竖屏的枚举类
12          if(targetWidth>targetHeight) {                          //设备宽度大于高度设备为横屏模式
1               so=ScreenOrien.HP;}                                 //当前设备为横屏模式
14          else{ so=ScreenOrien.SP;}                               //否则当前设备为竖屏模式
15          if(so==ScreenOrien.HP){                                 //进行横屏结果的计算
16              float targetRatio=targetWidth/targetHeight;         //计算目标的宽高比
17              if(targetRatio>whHpRatio) {                         //若目标宽高比大于原始宽高比则以目标的高度计算结果
18                  float ratio=targetHeight/sHpHeight;             //计算视口的缩放比
19                  float realTargetWidth=sHpWidth*ratio;           //游戏设备中视口的宽度
20                  float lcuX=(targetWidth-realTargetWidth)/2.0f;  //视口左上角横坐标
21                  float lcuY=0;                                   //视口左上角纵坐标
22                  result=new ScreenScaleResult((int)lcuX,(int)lcuY,ratio,so);}
                    //计算结果存放进屏幕缩放结果类
23              else{                                   //若目标宽高比小于原始宽高比则以目标的宽度计算结果
24                  float ratio=targetWidth/sHpWidth;               //计算视口的缩放比
25                  float realTargetHeight=sHpHeight*ratio;         //游戏设备中视口的高度
26                  float lcuX=0;                                   //视口左上角横坐标
27                  float lcuY=(targetHeight-realTargetHeight)/2.0f;//视口左上角纵坐标
28                  result=new ScreenScaleResult((int)lcuX,(int)lcuY,ratio,so);}}
                    //计算结果存放进屏幕缩放结果类
29          if(so==ScreenOrien.SP) {                                //进行竖屏结果的计算
30              float targetRatio=targetWidth/targetHeight;         //计算目标的宽高比
31              if(targetRatio>whSpRatio) {             //若目标宽高比大于原始宽高比则以目标的高度计算结果
32                  float ratio=targetHeight/sSpHeight;             //计算视口的缩放比
33                  float realTargetWidth=sSpWidth*ratio;           //游戏设备中视口的宽度
34                  float lcuX=(targetWidth-realTargetWidth)/2.0f;  //视口左上角横坐标
35                  float lcuY=0;                                   //视口左上角纵坐标
36                  result=new ScreenScaleResult((int)lcuX,(int)lcuY,ratio,so);}
                    //计算结果存放进屏幕缩放结果类
37              else{                                   //若目标宽高比小于原始宽高比则以目标的宽度计算结果
38                  float ratio=targetWidth/sSpWidth;               //计算视口的缩放比
39                  float realTargetHeight=sSpHeight*ratio;         //游戏设备中视口的高度
40                  float lcuX=0;                                   //视口左上角横坐标
41                  float lcuY=(targetHeight-realTargetHeight)/2.0f;//视口左上角纵坐标
42                  result=new ScreenScaleResult((int)lcuX,(int)lcuY,ratio,so);}}
                    //计算结果存放进屏幕缩放结果类
43          return result;}                                         //将屏幕缩放结果对象返回
44      public static int[] touchFromTargetToOrigin(int x,int y,ScreenScaleResult ssr) {
45          int[] result=new int[2];                                //创建存储原始触控点的数组
46          result[0]=(int)((x-ssr.lucX)/ssr.ratio);    //将目标触控点横坐标转换为原始屏幕触控点横坐标
47          result[1]=(int) ((y-ssr.lucY)/ssr.ratio);   //将目标触控点纵坐标转换为原始屏幕触控点纵坐标
48          return result;                                          //返回原始触控点数组
49      }}
```

11.5 界面相关类

- 第 3~8 行声明游戏标准屏（分为横屏和竖屏）的宽度、高度以及宽高比。
- 第 12~14 行判断当前屏幕是横屏还是竖屏。第 15~28 行中，当屏幕为横屏时计算视口缩放比以及视口左上角点坐标。第 29~43 行中，当屏幕为竖屏时计算视口缩放比以及视口左上角点坐标。
- 第 43 行将计算结果以对象 ScreenScaleResult 返回。第 44~49 行为将目标屏幕的触控点转为原始屏幕触控点的方法。

（2）上面实现了 ScreenScaleUtil 类的开发，接下来将开发的是 ScreenScaleResult 类，该类用于存储 ScreenScaleUtil 类计算的一系列结果，极大地方便了后续代码的取用，其详细代码如下。

> 代码位置：见本书随书源代码/第 11 章/WSZFZ/app/src/main/java/com/bn/ screen/auto 目录下的 ScreenScaleResult.java。

```
1    package com.bn.screen.auto;                                         //表示横屏以及竖屏的枚举值
2    public class ScreenScaleResult{                                     //缩放计算的结果
3      public int lucX;                                                  //画布左上角 x 坐标
4      public int lucY;                                                  //画布左上角 y 坐标
5      public float ratio;                                               //画布缩放比例
6      public ScreenOrien so;                                            //横竖屏情况
7      public ScreenScaleResult(int lucX,int lucY,float ratio,ScreenOrien so){//构造器
8        this.lucX=lucX;                                                 //初始化画布左上角 x 坐标
9        this.lucY=lucY;                                                 //初始化画布左上角 y 坐标
10       this.ratio=ratio;                                               //初始化画布缩放比例
11       this.so=so;}                                                    //初始化横竖屏情况
12     public String toString(){                                         //重写 toString()方法
13       return "lucX="+lucX+", lucY="+lucY+", ratio="+ratio+", "+so;    //返回相关值
14   }}
```

> 说明
>
> ScreenScaleResult 类用于存放 ScreenScaleUtil 类的计算结果，包括视口左上角 x 坐标、视口左上角 y 坐标、视口缩放比例、横竖屏情况等。将结果封装成对象方便变量的取用，因为取用时不用再进行重复的计算，读者应该掌握这种优化程序的思想。

（3）完成了 ScreenScaleUtil 及 ScreenScaleResult 类的开发，下面就需要在 WaterActivity 类中获取屏幕的宽和高，并将计算的相关数据存储到常量类 Constant 中，具体开发代码如下。

> 代码位置：见本书随书源代码/第 11 章/WSZFZ/app/src/main/java/com/bn/ constant 目录下的 Constant.java。

```
1    DisplayMetrics dm = new DisplayMetrics();                           //创建 DisplayMetrics 对象
2    getWindowManager().getDefaultDisplay().getMetrics(dm);              //获取设备的屏幕尺寸
3    Constant.ssr=ScreenScaleUtil.calScale(dm.widthPixels, dm.heightPixels);
     //计算屏幕缩放比
```

> 说明
>
> 上述代码位置在 WaterActivity 类的 OnCreate()方法中。当 WaterActivity 对象切换到 ViewManager 界面时获取设备的屏幕宽度和高度，用于在 ViewManager 中进行计算实现屏幕的自适应。

（4）在获得了屏幕的宽和高后，为了完成 ViewManager 界面的屏幕自适应，需要在 ViewManager 类初始化时在 SceneRenderer 中的系统回调方法 onSurfaceChanged 中设置如下代码，具体代码如下。

> 代码位置：见本书随书源代码/第 11 章/WSZFZ/app/src/main/java/com/bn/views 目录下的 ViewManager.java。

```
1    float ratio = Constant.RATIO;                                      //得到视口缩放率
2    GLES20.glViewport                                                  //设置视口的方法
3    (Constant.ssr.lucX,                                                //视口左上角点横坐标
```

```
4        Constant.ssr.lucY,                                              //视口左上角纵坐标
5        (int) (Constant.SCREEN_WIDTH_STANDARD*Constant.ssr.ratio),      //视口的宽度
6        (int) (Constant.SCREEN_HEIGHT_STANDARD*Constant.ssr.ratio));    //视口的高度
```

> **说明**
> 上面 6 句代码位置在 SceneRenderer 类的 onSurfaceChanged 方法中。当 SceneRenderer 初始化时利用结果类 ScreenScaleResult 提取数据，用于获取视口的缩放比、视口左上角点 x 坐标、视口左上角点 y 坐标等参数，并调用系统方法设置视口的位置及大小。

（5）此时已经完成了游戏界面的屏幕自适应，但是要让游戏界面先前的触摸菜单继续对玩家的触摸操作产生反应，就要完成触摸范围的屏幕自适应，所以需要开发目标屏幕的触控点转为原始屏幕触控点的方法，具体实现的代码如下所示。

代码位置：见本书随书源代码/第 11 章/WSZFZ/app/src/main/java/com/bn/ screen/auto 目录下的 ScreenScaleUtil.java。

```
1   public static int[] touchFromTargetToOrigin(int x,int y,ScreenScaleResult ssr){
2       int[] result=new int[2];                          //创建存储原始触控点的数组
3       result[0]=(int) ((x-ssr.lucX)/ssr.ratio);         //将目标触控点横坐标转换为原始屏幕触控点横坐标
4       result[1]=(int) ((y-ssr.lucY)/ssr.ratio);         //将目标触控点纵坐标转换为原始屏幕触控点纵坐标
5       return result;}                                   //返回原始触控点数组
```

> **说明**
> 以上代码位置在 ScreenScaleUtil 类的 touchFromTargetToOrigin 方法中。当游戏玩家进行触摸菜单选项的时候，由于视口的平移和缩放，触摸有效位置已经发生了变化，必须还原有效触摸位置触控才可以生效，读者在做自适应屏幕的时候一定要注意这一点。

11.6 线程相关类

上一章节介绍了游戏中一些物体的绘制相关类，本节将为读者介绍本游戏中涉及的一些主要线程，下面将为读者进行详细介绍。

11.6.1 计算缓冲线程类 CalculateFloatBufferThread

现在开始介绍计算缓冲线程类 CalculateFloatBufferThread 的开发，该类主要为大量的水粒子计算绘制缓冲，方便主线程的调用。下面将为读者详细介绍该类的开发代码。

代码位置：见本书随书源代码/第 11 章/WSZFZ/app/src/main/java/com/bn/thread 目录下的 CalculateFloatBufferThread.java。

```
1   public class CalculateFloatBufferThread extends Thread {  //计算缓冲的线程
2       PhyCaulate sph;                                        //计算类
3       boolean flag = true;                                   //循环标志位
4       public CalculateFloatBufferThread(PhyCaulate sph){     //有参构造器
5           this.sph = sph;                                    //存储计算 sph 引用
6           this.setName("CalculateFloatBufferThread");}       //设置线程的名字
7       public void setFlag(boolean flag){                     //设置标志位的方法
8           this.flag = flag;}                                 //改变标志位
9       public void run(){                                     //run 方法
10          while(flag){                                       //循环
11              if(Constant.isPause || sph.particles.size() == 0) {  //如果水粒子数量为 0 或者游戏暂停
12                  try {                                      //捕获异常
13                      Thread.sleep(500);                     //当前线程休息 500ms
14                  } catch (InterruptedException e) {         //捕获异常
15                      e.printStackTrace();}                  //打印异常
```

```
16         continue;}                                           //继续下次循环
17         float[][] waterPositionXY3D = null;                  //获取XY粒子坐标序列
18         synchronized (Constant.lockA){                       //拿到队列中最新的XY粒子坐标序列
19             while(true){                                     //循环取得最新的缓冲
20                 waterPositionXY3D = Constant.queueA.poll();  //得到一份数组
21                 if(Constant.queueA.peek() == null){          //查看队列中是否还有数组
22                     break;}                                  //队列为空,跳出循环
23                 else{
24                     BN2FloatArrayPool.releaseBuffer(waterPositionXY3D);}}} //否则释放上一个数组
25         if(waterPositionXY3D == null){                       //如果队列中没有数据
26             try {                                            //捕获异常
27                 Thread.sleep(15);                            //休息15ms
28             } catch (InterruptedException e) {               //捕获异常
29                 e.printStackTrace();}                        //打印异常
30             continue;}                                       //继续下次循环
31         float[]vertices=WaterParticleUtil.calcuVertexData    //初始化顶点坐标数据缓冲
32         (Constant.WATER_PARTICLE_SIZE,waterPositionXY3D);
33         FloatBuffer mWaterVertexBuffer=BNBufferPool.getAnInstance(vertices.length);
           //得到缓冲实例
34         mWaterVertexBuffer.put(vertices);                    //将顶点位置数据放进缓冲
35         mWaterVertexBuffer.position(0);                      //设置缓冲开始位置
36         BN1FloatArrayPool.releaseBuffer(vertices);           //释放一维数组
37         BN2FloatArrayPool.releaseBuffer(waterPositionXY3D);  //释放二维数组
38         synchronized (Constant.lockB){                       //加上缓冲锁
39             Constant.queueB.offer(mWaterVertexBuffer);       //将缓冲送入队列
40         }}}}
```

- 第2~8行声明缓冲计算类中的sph计算类引用和循环标志位,并在构造函数中对计算类引用初始化。除此之外声明了设置线程循环标志位的setFlag方法,方便程序的循环控制。
- 第11~16行中,当玩家单击游戏界面中的暂停按钮时,不再需要缓冲计算线程循环计算缓冲。当前线程休息500ms,继续下一次循环,直到玩家解除暂停状态。
- 第17~30行中,通过查看数组队列中是否存在数组,如果存在则循环取得最新的数组,并不断地释放上一个数组。重复上述操作,直到队列中数组个数为零,则跳出循环,保存当前数组的引用。
- 第31~35行初始化顶点坐标数据缓冲,并得到缓冲实例,对缓冲进行一些基本的设置。
- 第36~37行计算完毕缓冲后释放一维数组以及二维数组的引用。第38~39行将计算好的水粒子缓冲加锁送入常量类的缓冲队列。

11.6.2 物理刷帧线程类 UpdateThread

上一小节介绍了计算缓冲线程的开发过程,下面介绍物理刷帧线程类,该类主要负责游戏的物理刷帧,实时地进行物理计算,刷新水粒子的位置和摄像机的位置,并承载着刷新游戏计时的任务。其详细代码如下。

> 代码位置:见本书随书源代码/第 11 章 /WSZFZ/app/src/main/java/com/bn/thread 目录下的 UpdateThread.java。

```
1   package com.bn.thread;
2   ……//此处省略了部分类的导入代码,读者可自行查看随书的源代码
3   public class UpdateThread extends Thread {
4       PhyCaulate sph;                                 //创建物理计算类的引用
5       boolean flag = true;                            //线程开启的标志位
6       int updateCount= 250;                           //欢迎界面水重力感应起作用的时间计数器
7       int gameCount = 200;                            //第一关水重力感应起作用的时间计数器
8       public UpdateThread(PhyCaulate sph){            //构造器
9           this.sph = sph;                             //获取物理计算类的对象
10          this.setName("UpdateThread");               //设置本线程的名称
11      }
12      public void setFlag(boolean flag){              //设置线程标志位
13          this.flag = flag;                           //获取标志位
14      }
```

```java
15      public void run(){                              //重写 run 方法
16          Constant.phyTick=0;                         //物理帧刷帧的计数器置 0
17          long beforeTS=0;                            //创建时间戳
18          while(true){
19              if(!flag){                              //如果标志位为 false，停止线程
20                  break;}
21              if(Constant.isPause){                   //如果游戏暂停
22                  try {
23                      Thread.sleep(500);              //线程休眠 500ms
24                  } catch (InterruptedException e) {
25                      e.printStackTrace();}           //打印异常
26                  continue;                           //直接进行下一次循环
27              }
28              long currTS=System.nanoTime();          //获取当前的系统时间
29              if(currTS-beforeTS<40000000){           //如果时间间隔小于临界值
30                  continue;                           //直接进行下一次循环
31              }else{                                  //如果时间间隔大于临界值
32                  beforeTS=currTS;                    //时间戳等于当前系统时间
33              }
34              if(WaterActivity.currView == Constant.WELCOME_VIEW){ //如果当前界面为欢迎界面
35                  updateCount--;                      //水粒子受重力感应的时间计数器递减
36                  if(updateCount<0){                  //当计数器小于零时
37                      Constant.contral = true;        //重力感应起作用
38              }}
39              if(WaterActivity.currView == Constant.GAME_VIEW){    //如果当前界面为游戏界面
40                  gameCount--;                        //水粒子受重力感应的时间计数器递减
41                  if(gameCount<0){                    //当计数器小于零时
42                      Constant.contral = true;        //重力感应起作用
43              }}
44              sph.update();                           //实时进行物理计算
45              ViewManager.viewCuror.calCameraPositionAll();//计算摄像机的位置
46              ViewManager.viewCuror.removeXian();     //查看是否有被删除的碰撞线
47              if(sph.particles.size() == 0)           //如果水粒子数为零
48                  continue;                           //直接进行下一次循环
49              float[][] waterPositionXY3D=            //存储水粒子位置的二维数组
50                      BN2FloatArrayPool.getAnInstance(sph.particles.size());
51              for(int i=0;i<sph.particles.size();i++){     //获取所有水粒子
52                  waterPositionXY3D[i][0] = sph.particles.get(i).x3d;
                    //水粒子的 x 坐标存储到数组中
53                  waterPositionXY3D[i][1] = sph.particles.get(i).y3d;
                    //水粒子的 y 坐标存储到数组中
54              }
55              synchronized (Constant.lockA){          //加锁
56                  Constant.queueA.offer(waterPositionXY3D);   //将位置数组送入队列
57              }
58              Constant.timeCount--;                   //每秒刷的物理帧递减
59              if(Constant.timeCount==0){              //如果物理帧等于 0
60                  Constant.ms-=1000;                  //每关的倒计时减少 1s
61                  Constant.msl-=1000;                 //用于绘制秒数的倒计时减少 1s
62                  if(Constant.ms<0){                  //如果倒计时小于 0
63                      Constant.ms=0;                  //倒计时为 0
64                      Constant.msl=0;                 //绘制秒数的倒计时为 0
65                  }
66                  if(Constant.msl<0){                 //如果绘制秒数的倒计时小于 0
67                      Constant.msl=0;                 //绘制秒数的倒计时为 0
68                  }
69                  Constant.timeCount=30;              //每秒刷的物理帧恢复为 30
70              }
71              if(Constant.ms<=0){                     //如果倒计时小于等于 0
72                  Constant.failed = true;             //游戏失败标志位置为 true
73              }
74              Constant.phyTick++;                     //物理帧刷帧的计数器递加
75 }}}
```

- 第 4～14 行主要创建物理计算类的引用，声明相关变量和标志位，并在构造器中初始化物理计算类的引用，在 setFlag 方法中初始化线程标志位。
- 第 19～27 行为控制线程的代码，如果标志位为 false，则线程停止，如果游戏暂停标志位

为 true，则线程休眠 500ms。

● 第 28～33 行为控制物理计算速度的代码，由于在本游戏中如果界面中的水粒子数减少后，物理计算会加快，水流速度也就变快。此处通过获取系统时间，利用时间戳，当刷帧时间过短时，直接跳过下面关于水粒子的物理计算，从而减缓计算速度。

● 第 34～43 行为在欢迎界面和游戏界面控制重力感应生效时间的代码，当水落下的时候，水是不受重力感应的，所以通过一个计数器来控制其生效时间，当计数器为 0 时，水正好落下，此时重力感应生效。

● 第 44～57 行为进行物理刷帧计算的代码，线程每次刷帧都要对水粒子进行物理计算，并更新计算机位置，然后将最新的水粒子的位置存储起来，并送入队列中，供绘制需要。

● 第 58～75 行为游戏刷新倒计时的代码，此处通过物理刷帧控制倒计时，首先已经测出每秒刷帧 30 次，所以每进行 30 次物理计算，倒计时减少 1s，当倒计时为 0 时，游戏失败。这样做的好处就是，在一些低端设备上游戏时间也是充足的，不会因为物理计算得太慢而无法完成。

11.6.3 火焰线程类 FireUpdateThread

上一小节介绍了计算缓冲线程的开发过程，下面介绍火焰线程类，该类主要负责对火焰粒子系统进行实时计算刷新，并控制火焰喷发的时间。其详细代码如下。

> 代码位置：见本书随书源代码/第 11 章/WSZFZ/app/src/main/java/com/bn/thread 目录下的 FireUpdateThread.java。

```
1   package com.bn.thread;
2   ……//此处省略了部分类的导入代码，读者可自行查看随书的源代码
3   public class FireUpdateThread extends Thread {
4       FireParticleSystem fireParticleSystem;          //创建火粒子系统的引用
5       boolean flag = true;                            //线程是否开启的标志位
6       long   bticks=0;                                //控制火焰喷发的中间变量
7       boolean isAlwaysFire;                           //火焰是否一直喷的标志位
8       public FireUpdateThread(FireParticleSystem fireParticleSystem,Boolean isAlwaysFire){    //构造器
9           this.fireParticleSystem = fireParticleSystem;//初始化火粒子系统的引用
10          this.isAlwaysFire = isAlwaysFire;           //初始化火焰是否一直喷的标志位
11          this.setName("FireUpdateThread");           //设置线程名称
12      }
13      public void setFlag(boolean temp){              //设置线程标志位
14          flag = temp;                                //获取标志位
15      }
16      public void run(){                              //重写 run 方法
17          while(flag){                                //是否一直循环
18              if(Constant.isPause)                    //游戏如果暂停
19                  continue;                           //直接进行下一次循环
20              if(!isAlwaysFire){                      //火焰不是一直喷
21                  if(!Constant.isFire){               //当前火焰没有在喷
22                      //如果火停止喷的时间大于停止的时间界限
23                      if(Constant.phyTick-bticks>Constant.buPengTicks){
24                          Constant.isFire = true;     //喷火标志位置 true
25                          bticks=Constant.phyTick;    //中间变量等于当前刷帧计数器
26                  }}
27                  else{                               //火焰当前在喷
28                      fireParticleSystem.update();    //通过计算实时更新火粒子信息
29                      //如果火停止喷的时间大于喷发的时间界限
30                      if(Constant.phyTick-bticks>Constant.pengTicks){
31                          Constant.isFire = false;    //喷火标志位置 false
32                          bticks=Constant.phyTick;    //中间变量等于当前刷帧计数器
33              }}}
34              else{                                   //火焰一直在喷
35                  fireParticleSystem.update();        //通过计算实时更新火粒子信息
36              }
37              try {
38                  Thread.sleep(60);                   //线程休眠 60ms
```

```
39              } catch (InterruptedException e){
40                  e.printStackTrace();                    //打印异常
41      }}}}
```

- 第4~15行主要创建火粒子系统的引用，声明相关变量和标志位，并在构造器中初始化火粒子系统的引用和喷火标志位，在 setFlag 方法中初始化线程标志位。
- 第20~36行为处理火焰喷发的代码，因为本游戏中的火焰有间断喷发的，有一直喷发的，其中第20~33行为火间断喷的代码，火焰每喷发一段时间就将喷发标志位置反，停止喷发，如此循环，喷发时间由物理刷帧数控制。
- 第34~36行为火焰一直喷的情况。第37~41行为线程休眠和处理异常的代码。

> **说明** 本章节省略了烟雾线程类的开发，其与火焰线程类相似，此处不再赘述，而关于火焰和烟雾都是通过粒子系统实时仿真实现的，该系统不是本书研究重点，有兴趣的读者可自行查阅随书的源代码。

11.7 水粒子计算相关类

上一节介绍了游戏中的线程的相关类，但是只是开发这些还远远不够。水流类游戏对设备和算法的要求特别高，如果不能开发一套高效的算法，也就不可能实现和用户时时交互的目的。本节将为读者介绍本游戏中核心的计算类，下面将为读者进行详细介绍。

11.7.1 单个水粒子类 Particle

下面首先介绍单个水粒子类 Particle 的开发，该类主要为封装单个水粒子的相关信息，方便水粒子计算的调用。下面将为读者详细介绍该类的开发代码。

> **代码位置**：见本书随书源代码/第 11 章/WSZFZ/app/src/main/java/com/bn/phy 目录下的 Particle.java。

```
1   package com.bn.phy;
2   public class Particle{                                      //单个水粒子类
3       public float x;                                         //当前粒子位置 x
4       public float y;                                         //当前粒子位置 y
5       public float vx;                                        //粒子 x 方向速度
6       public float vy;                                        //粒子 y 方向速度
7       public float agx;                                       //粒子 x 方向加速度
8       public float agy;                                       //粒子 y 方向加速度
9       public float T00;                                       //粒子计算相关变量
10      public float T01;
11      public float T11;
12      public int cx;
13      public int cy;
14      public float[] px = new float[3];                       //水粒子成员变量数组
15      public float[] py = new float[3];
16      public float[] gx = new float[3];
17      public float[] gy = new float[3];
18      public float x3d;                                       //3D 中的水粒子横坐标位置
19      public float y3d;                                       //3D 中的水粒子纵坐标位置
20      public Particle(float x, float y, float vx, float vy){//单个水粒子的有参构造器
21          this.x = x;                                         //初始化粒子横坐标位置
22          this.y = y;                                         //初始化粒子纵坐标位置
23          this.vx = vx;                                       //初始化粒子横坐标速度
24          this.vy = vy;                                       //初始化粒子纵坐标速度
25      }}
```

> **说明** 以上代码为封装的单个水粒子相关信息类,其中存储了单个水粒子的位置、粒子的速度、粒子的加速度、3D中水粒子位置等一系列参数。构造器中初始化了水粒子的位置、水粒子的速度等一系列信息。将粒子的诸多信息封装成对象符合面向对象的规则,读者好好体会。

11.7.2 单个网格节点类 Node

上面介绍完了单个水粒子类 Particle 的开发,接下来将为读者介绍单个网格节点类 Node 的开发。该类中封装了计算 Node 的一系列信息。下面给出该类的源代码。

代码位置:见本书随书源代码/第 11 章/WSZFZ/app/src/main/java/com/bn/phy 目录下的 Node.java。

```
1   package com.bn.phy;
2   public class Node{                        //单个节点类
3       public float m;                       //节点质量
4       public float gx;                      //节点重力加速度
5       public float gy;                      //节点重力加速度
6       public float u;
7       public float v;                       //节点速度
8       public float ax;                      //节点加速度
9       public float ay;                      //节点加速度
10      public boolean active;                //是否是活动的
11      public int x;                         //节点的位置
12      public int y;                         //节点的位置
13  }
```

> **说明** 以上代码为封装的单个网格节点相关信息类,其中存储了单个节点的位置、节点的速度、节点的加速度、节点的质量等一系列参数。代码比较简单,这里不再赘述。

11.7.3 物理计算类 PhyCaulate

介绍完毕单个水粒子类 Particle 和单个网格节点类 Node,下面将为读者重点介绍本游戏中的核心计算类 PhyCaulate 的开发代码,该类负责物理世界中水粒子的碰撞计算,详细开发代码如下。

(1)下面介绍 PhyCaulate 类的成员变量,这些成员变量中封装了计算中用到的一系列信息,包括碰撞线信息、胜利失败信息、水粒子碰撞参数等,其详细代码如下。

代码位置:见本书随书源代码/第 11 章/WSZFZ/app/src/main/java/com/bn/phy 目录下的 PhyCaulate.java。

```
1   public  int gsizeX;                                      //格子行数
2   public  int gsizeY;                                      //格子列数
3   public static final int mul = 6;                         //物理计算世界缩放比例
4   GridUtil gu=new GridUtil();                              //网格工具类
5   ArrayList<Node> active = new ArrayList<Node>();          //当前活动的格子列表
6   float[] settings ={                                      //水粒子的相关参数
7   2.0F,                                                    //密度
8   1.0F,                                                    //刚度
9   1.0F,                                                    //体积黏度
10  0.0F,                                                    //弹性
11  0.4F,                                                    //黏性
12  0.0F,                                                    //回收率
13  0.04F,                                                   //重力
14  0.0F};                                                   //光滑度
15  public ArrayList<float[]> edges;                         //碰撞线列表
16  public int waterCount;                                   //初始化的水粒子数量
17  public int currWaterCount;                               //当前剩余的水粒子数量
18  public ArrayList<Particle> particles=new ArrayList<Particle>();  //水粒子列表
```

```
19    public float[] area = new float[4];                          //胜利区域
20    List<float[]> firePositions = new ArrayList<float[]>();      //游戏中火的位置列表
21    public ArrayList<Particle> shanChu=new ArrayList<Particle>();//水粒子的辅助删除列表
22    int count = 80;                                              //水流受力荡漾的计时器
23    float sgx;                                                   //粒子的横方向受力
24    float sgy;                                                   //粒子的纵方向受力
25    float vxMax = 0.7f;                                          //限制粒子横方向最大速度
26    float vyMax = 0.7f;                                          //限制粒子纵方向最大速度
```

- 第 1~5 行的成员变量声明物理世界的大小、物理计算世界缩放比例、网格工具类、当前活动的格子列表等一些信息。游戏计算中活动的格子列表会随着水流的移动而运动，这样就减少了格子的使用，提高了游戏的计算效率。
- 第 6~14 行设置水粒子的一系列参数，其中包括密度、重力、光滑程度等，读者可以自行修改相关参数，调整水流的碰撞运动效果。
- 第 15~22 行声明了计算中的一些辅助变量，具体作用注释中已经给出，这里不再赘述。
- 第 23~26 行声明了水粒子的横纵方向受力变量，并限制了水粒子横纵方向运动的最大速度。读者可以自行修改水粒子的最大速度，调整的速度越大，水粒子的运动速度越快。

（2）介绍完毕 PhyCaulate 类的成员变量，下面将为读者介绍 PhyCaulate 类中一些设置成员变量的方法，方法比较简单，下面直接给出相关代码。

代码位置：见本书随书源代码 / 第 11 章 /WSZFZ/app/src/main/java/com/bn/phy 目录下的 PhyCaulate.java。

```
1    public void setStartRowAndCol(int startRow,int startCol){//设置可移动网格中计算开始的网格位置
2    gu.startRow = startRow;                                  //设置计算开始的网格的行数
3    gu.startCol = startCol;}                                 //设置计算开始的网格的列数
4    public void setGridXY(int gridX,int gridY){              //设置物理计算世界大小的方法
5    this.gsizeX = gridX;                                     //设置物理计算世界的宽度
6    this.gsizeY = gridY;}                                    //设置物理计算世界的高度
7    public void setEdges(ArrayList<float[]> edges){          //设置物理计算世界中的碰撞线
8    this.edges = edges;}                                     //设置碰撞线的引用
9    public void setWaterParameters(float[] temp){            //设置水的参数的方法
10   for(int i=0;i<settings.length;i++){                      //循环设置水粒子反应参数
11   settings[i] = temp[i];}}
12   public void setFirePosition(List<float[]> temp){         //设置火位置的方法
13   firePositions.clear();                                   //清空上一次火位置列表
14   for(int i=0;i<temp.size();i++){                          //循环 temp 火位置列表
15   firePositions.add(temp.get(i));}}                        //将 temp 列表中元素添加进 firePositions 列表
16   public void setSpeedMax(float vxMax,float vyMax){        //设置水流的最大速度的方法
17   this.vxMax = vxMax;                                      //设置水流的最大横方向速度
18   this.vyMax = vyMax;}                                     //设置水流的最大纵方向速度
19   public void setVictoryArea(float[] temp){                //设置胜利区域的方法
20   for(int i=0;i<4;i++){
21   area[i] = temp[i];                                       //循环赋值设置胜利区域
22   }}
```

> **说明**：以上代码为设置成员变量的一系列方法，方便物理计算类 PhyCaulate 成员变量的设置。代码很简单，这里不再进行详细的介绍。读者可以查看代码中的注释自行学习。

（3）下面讲解水流和碰撞线碰撞的核心代码，其中用到了诸多的数学知识，感兴趣的读者可以查阅更多的有关流体和刚体碰撞的书籍，下面给出碰撞代码。

代码位置：见本书随书源代码 / 第 11 章 /WSZFZ/app/src/main/java/com/bn/phy 目录下的 PhyCaulate.java。

```
1    final float rrz=5;                                       //检测容忍值
2    for(float[] fw:edges){                                   //循环碰撞边列表
```

11.7 水粒子计算相关类

```
3      float xYC=x+100*fw[4];                                    //求出试走点沿向量方向的延长点
4      float yYC=y+100*fw[5];                                    //求出试走点沿向量方向的延长点
5      //判断试走点与延长点线段和碰撞检测线段是否有交点
6      boolean b=Line2DUtil.intersect(x,y,xYC,yYC,fw[0], fw[1], fw[2], fw[3]);
7      if(b){                                                    //若有交点则继续
8      //求出试走点与碰撞检测线段的距离
9      float disCt=Line2DUtil.calDistence(fw[6],fw[7],fw[8],x,y);
10     if(disCt<rrz){                                            //若距离在容忍值范围内
11     float xb=disCt*fw[4];                                     //计算速度变化量
12     float yb=disCt*fw[5];                                     //计算速度变化量
13     p.vx+=xb;                                                 //计算速度
14     p.vy+=yb;}}}                                              //计算速度
15     for (int i = 0; i < 3; i++){                              //循环i
16     for (int j = 0; j < 3; j++){                              //循环j
17     Node n = gu.get((p.cx + i), (p.cy + j));                  //得到节点
18     float phi = p.px[i] * p.py[j];n.u += phi * p.vx;n.v += phi * p.vy;}}}   //节点相应计算
19     for (Node n : this.active){                               //循环活动的节点
20     if (n.m > 0.0F){                                          //如果节点的质量大于0
21     n.u /= n.m;n.v /= n.m;}}                                  //计算节点的相应变量
22     for (Particle p : this.particles){                        //循环水粒子列表
23     float gu = 0.0F; float gv = 0.0F;                         //声明临时变量
24     for (int i = 0; i < 3; i++){                              //循环i
25     for (int j = 0; j < 3; j++){                              //循环j
26     Node n = this.gu.get((p.cx + i), (p.cy + j));             //得到节点
27     float phi = p.px[i] * p.py[j];gu += phi * n.u;gv += phi * n.v;}}  //节点相应计算
28     p.agx = gu;p.agy = gv;        p.x += gu;p.y += gv;        //水粒子相关变量累加
29     p.vx += this.settings[7] * (gu - p.vx);                   //计算水粒子速度
30     p.vy += this.settings[7] * (gv - p.vy);                   //计算水粒子速度
31     p.vx=Line2DUtil.fengding(p.vx,vxMax);                     //速度限制防过快
32     p.vy=Line2DUtil.fengding(p.vy,vyMax);                     //速度限制防过快
```

> **说明** 以上代码为水流和刚体碰撞的核心代码,由于其中诸多的数学知识不在本书的研究范围内,有兴趣的读者可以查阅更多的水流和刚体碰撞的书籍,编写出更加简洁、高效的算法。这里就不再对这些数学知识进行详的介绍了。

(4)下面将开发的方法比较简单,包括判断关卡胜利的方法、水流受力荡漾的方法、水灼烧手机振动的方法、游戏失败的方法。接下来给出各个方法的具体代码。

代码位置:见本书随书源代码/第 11 章 /WSZFZ/app/src/main/java/com/bn/phy 目录下的 PhyCaulate.java。

```
1   public void victoryArea(){                                   //判断关卡胜利的方法
2   int count = 0;                                               //记录水粒子个数的临时变量
3   for(int i = 0;i < particles.size();i++){                     //循环水粒子列表
4   Particle p = particles.get(i);                               //得到一个水粒子
5   if(p.x>area[0]&&p.x<area[1]&&p.y>area[2]&&p.y<area[3]){      //如果水粒子的位置在胜利的范围内
6   count++;                                                     //记录到达胜利区域的水粒子的个数
7   }}
8   if(count>waterCount*0.3f){                                   //当水粒子的数量达到指定的数量后
9   Constant.victory = true;                                     //设置游戏胜利的标志位
10  }}
11  public void force(){                                         //水流受力的方法
12  count--;                                                     //水流受力荡漾的计时器
13  if(count<0){                                                 //如果时间耗尽
14  if(Constant.SGX > 0){                                        //如果水流受力为正
15  float temp = -(float) (Math.random());                       //获得一个随机的负方向的力
16  if(temp<-0.5f){                                              //如果负方向的力小于-0.5
17  temp = -0.5f;}                                               //将负方向受力设置为-0.5
18  Constant.SGX = temp;}                                        //将受力设置给常量
19  else{
20  float temp = (float) (Math.random());                        //获得一个随机的正方向的力
21  if(temp>0.5f){                                               //如果正方向的力大于0.5
22  temp = 0.5f;}                                                //将正方向的力设置为0.5
23  Constant.SGX = temp;}                                        //将受力设置给常量
24  count = 80;                                                  //恢复水流受力计时器的初始值
25  }}
```

```
26    public void shake(){                                    //手机振动的方法
27    if(shanChu.size() != 0){                                //如果辅助删除列表中有水粒子
28    if(!Constant.effectOff)                                 //如果没有关闭音效
29    WaterActivity.vibrator.vibrate(Constant.COLLISION_SOUND_PATTERN,-1);//手机振动
30    }}
31    public void waterCount(){                               //判断是否失败
32    if(particles.size()< waterCount * 0.3) {                //水粒子数量小于胜利的数量
33    Constant.failed = true;                                 //设置游戏失败
34    Constant.isPause = true;                                //设置游戏暂停
35    }}
```

- 第 1～10 行为判断关卡胜利的方法，每一次调用该方法都要循环水粒子列表，判断当前水粒子的坐标是否在胜利的范围内。如果在范围内则水粒子计数器加一，循环结束后判断在胜利范围内的水粒子是否达到了指定的数量，若达到了数量则游戏胜利，否则失败。

- 第 11～25 行为选关界面等界面中水流受力荡漾的方法，通过调用 Math 的 random 函数，每次产生一个受力随机值，并有规律地使该受力正负地交替变化，从而产生了水流左右荡漾的效果。思路比较简单，这里不再进行详细的介绍。

- 第 26～30 行中，当水粒子受到火焰的灼烧时，手机振动提醒玩家注意。代码比较简单，这里不再进行赘述。

- 第 31～35 行为判断游戏失败的方法，通过判断当前列表水粒子的数量是否小于游戏胜利指定的最小数量，如果比最小的数量还小，则游戏直接失败。

（5）上面的方法开发完毕后，接下来将为读者开发火焰灼烧水粒子的方法。该方法的开发和判断游戏胜利方法的开发思路很一致，详细代码如下所示。

> 代码位置：见本书随书源代码/第 11 章/WSZFZ/app/src/main/java/com/bn/phy 目录下的 PhyCaulate.java。

```
1     public void fire(){                                     //火灼烧水粒子的方法
2     shanChu.clear();                                        //清空辅助删除列表中的值
3     for(int j=0;j<firePositions.size();j++){                //循环火的列表
4     float positionLeftX = firePositions.get(j)[0]-3;        //火的左边界
5     float positionRightX = positionLeftX + 12;              //火的右边界
6     float positionDownY = firePositions.get(j)[1];          //火的下边界
7     float positionUpY = positionDownY - 17;                 //火的上边界
8     for(int i = 0;i < particles.size();i++){                //循环水粒子列表
9     Particle p = particles.get(i);                          //得到一个水粒子
10    //如果当前水粒子在火的灼烧范围内
11    if(p.x>positionLeftX&&p.x<positionRightX && p.y>positionUpY && p.y<positionDownY){
12    shanChu.add(p);                                         //将水粒子添加进删除列表
13    }}}
14    for(int i=0;i<shanChu.size();i++){                      //循环辅助删除列表
15    particles.remove(shanChu.get(i));                       //从水粒子主列表中删除
16    currWaterCount--;}                                      //记录当前剩余的水粒子数量
17    shake();                                                //手机振动
18    }
```

- 第 2～7 行首先清空辅助删除列表，然后循环火焰列表，得到每一个火焰对象并计算当前火焰的灼烧范围，记录在局部变量内。

- 第 8～13 行循环水粒子列表，得到每一个水粒子并判断当前水粒子是否在火焰的灼烧范围内。如果在则将水粒子添加进辅助删除列表，否则得到下一个水粒子进行判断。

- 第 14～18 行循环辅助删除列表，将辅助删除列表中的水粒子从水粒子计算列表中删除。删除完毕之后手机振动提醒玩家避免火焰的灼烧。

11.8 游戏中着色器的开发

前几个章节对游戏界面类、线程类、计算类进行了介绍，这一小节将对游戏中用到的相关着

色器进行介绍,本游戏中用到的着色器有很多,分别负责对火、水、烟、渐变物体、欢迎界面闪屏物体等一系列物体着色。由于其中大部分物体的着色器代码类似,所以在此只对有代表性的着色器进行介绍,其他着色器程序请读者自行查看源代码。下面来介绍游戏中着色器的开发。

11.8.1 纹理的着色器

纹理着色器分为顶点着色器和片元着色器,下面便分别对纹理着色器的顶点着色器和片元着色器的开发进行介绍。

(1)开发纹理着色器的顶点着色器,其详细代码如下。

> 📡 **代码位置:** 见本书随书源代码/第 11 章/WSZFZ/app/src/main/assets 目录下的 vertex_particle.sh。

```
1   uniform mat4 uMVPMatrix;                          //总变换矩阵
2   attribute vec3 aPosition;                         //顶点位置
3   attribute vec2 aTexCoor;                          //顶点纹理坐标
4   varying vec3 vPosition;                           //用于传递给片元着色器的顶点坐标
5   varying vec2 vTexCoor;                            //用于传递给片元着色器的纹理坐标
6   void main(){
7       gl_Position = uMVPMatrix*vec4(aPosition,1);   //根据总变换矩阵计算此顶点位置
8       vTexCoor = aTexCoor;                          //将接收的纹理坐标传递给片元着色器
9   }
```

> 💡 **说明** 该顶点着色器的作用主要为根据顶点位置和总变换矩阵计算 gl_Position,每顶点执行一次。

(2) 完成顶点着色器的开发后,下面开发的是纹理着色器的片元着色器,其详细代码如下。

> 📡 **代码位置:** 见本书随书源代码/第 11 章/WSZFZ/app/src/main/assets 目录下的 frag_particle.sh。

```
1   precision mediump float;                              //设置精度
2   varying vec2 vTexCoor;                                //接收从顶点着色器过来的参数
3   uniform sampler2D sTexture;                           //纹理内容数据
4   void main(){
5       gl_FragColor = texture2D(sTexture,vTexCoor);      //从纹理中采样出颜色值赋值给最终颜色
6   }
```

> 💡 **说明** 该片元着色器的作用主要为根据从顶点着色器传递过来的参数 vTextureCoord 和从 Java 代码部分传递过来的 sTexture 计算片元的最终颜色值,每个片元执行一次。

11.8.2 图像渐变的着色器

采用片元着色器可以开发出很多有趣的效果,例如游戏中展示界面中图片渐变的效果就是采用此片元着色器进行绘制。界面中玩家可以看到一幅图片平滑地过渡到另一幅图片,非常有意思。下面对此着色器的开发进行介绍。

(1)需要在应用程序中定时将连续变化的混合比例因子以及两幅纹理图传入渲染管线,以备片元着色器使用。由于将混合比例因子传入渲染管线的代码与将其他数据传入渲染管线的代码基本相同,因此这里不再赘述,需要的读者请参考随书的源代码。

(2) 本纹理着色器的顶点着色器与普通的纹理映射顶点着色器基本相同,但片元着色器有所不同。因此下面给出本游戏中的图像渐变的着色器,其代码如下。

> 📡 **代码位置:** 见本书随书源代码/第 11 章/WSZFZ/app/src/main/assets 目录下的 frag_jianbian.sh。

```
1   precision mediump float;                              //设置精度
2   varying vec2 vTextureCoord;                           //接收从顶点着色器过来的参数
3   uniform sampler2D sTexture1;                          //纹理内容数据 1
4   uniform sampler2D sTexture2;                          //纹理内容数据 2
```

```
5    uniform float uT;                                          //混合比例因子
6    uniform int currentIndex;                                  //当前图片的索引
7    uniform int indexNumber;                                   //下一幅图片的索引
8    void main() {
9      vec4 color1 = texture2D(sTexture1, vTextureCoord);       //从纹理中采样出颜色值1
10     vec4 color2 = texture2D(sTexture2, vTextureCoord);       //从纹理中采样出颜色值2
11     gl_FragColor = color1*(1.0-uT) + color2*uT;              //按比例混合两个颜色值
12   }
```

> **说明** 上述片元着色器其实很简单,根据传入的混合比例因子将从两幅纹理图中采样得到的颜色按比例进行混合,只要混合比例因子定时变化,就自然会产生平滑过渡的效果了。

11.8.3 水纹理的着色器

游戏中玩家可以看到半透明的水流效果,在游戏背景滚动时可以透过后面的物体,效果非常逼真自然。在 OpenGL ES 2.0 中这种效果是非常容易实现的,只需要在片元着色器中增加几句简单的代码即可。下面给出片元着色器具体的开发代码。

代码位置:见本书随书源代码/第 11 章/WSZFZ/app/src/main/assets 目录下的 frag_water.sh。

```
1    precision mediump float;                                   //设置精度
2    varying vec2 vTexCoor;                                     //接受从顶点着色器传递过来的纹理
3    uniform sampler2D sTexture;                                //纹理内容数据
4    void main(){                                               //主函数
5      vec4 color = texture2D(sTexture,vTexCoor);               //从纹理中采样出颜色值
6      if(color.r < 0.05 ){                                     //如果采样出的红色值小于 0.05
7         color.a=0.0;}                                         //将该片元的颜色设置为透明
8      else{                                                    //如果采样出的红色值大于等于 0.05
9         color.a = 0.4;                                        //将该片元颜色的透明度设置为 0.4
10        color.r=0.0;                                          //将片元的红色值去除
11        color.g=0.0;                                          //将片元的绿色值去除
12        color.b=1.0;}                                         //将片元的蓝色值设置为 1.0
13     gl_FragColor = color;                                    //将颜色值赋给最终颜色
14   }
```

> **说明** 上述片元着色器的作用主要为从纹理中采样出颜色值,如果颜色值不是红色,则将该片元设置为透明。如果当前片元的颜色值为红色,则设置该片元为半透明并将颜色设置为蓝色,这样在游戏界面中玩家就看到了半透明的水流的效果。

11.8.4 加载界面闪屏纹理的着色器

玩家单击游戏图标进入游戏,首先会看到加载资源的界面。该界面中水面不断上涨,直到水面覆盖掉"百纳科技"4 个大字,则游戏资源全部加载完毕。而此动画的开发正是运用到了该着色器。详细的开发代码如下所示。

代码位置:见本书随书源代码/第 11 章/WSZFZ/app/src/main/assets 目录下的 frag_shanping.sh。

```
1    precision mediump float;                                   //设置精度
2    varying vec2 vTexCoor;                                     //接受从顶点着色器传递进来的纹理
3    uniform sampler2D sTexture;                                //纹理内容数据
4    uniform int index;                                         //由程序传入片元着色器的图片纹理索引
5    uniform float alpha;                                       //由程序传入片元着色器的透明度
6    void main(){                                               //主函数
7      if(index !=21){                                          //如果不是第 21 张纹理
8         gl_FragColor = texture2D(sTexture,vTexCoor);}         //采样出颜色值直接赋值给最终颜色
9      else{                                                    //如果是最后一张纹理
10        vec4 color = texture2D(sTexture,vTexCoor);            //从纹理中采样出颜色值
11        color.a = alpha;                                      //设置该片元颜色的透明度
```

```
12         gl_FragColor = color;                              //将此颜色赋值给最终颜色
13  }}
```

> **说明** 上述片元着色器的作用主要为不断接收从程序中传入的纹理编号,如果传入的纹理编号不是最后一个,则直接从纹理中采样出颜色值并赋值给最终颜色。假如传入的纹理为最后一张,则不断改变该纹理的透明度,实现由亮变暗的效果,说明游戏资源加载完毕。

11.8.5 胜利失败对话框的纹理着色器

玩家在游戏界面游戏一定的时间后可能取得游戏的胜利或者失败,此时游戏中会弹出"胜利"或者"失败"的对话框,细心的玩家会观察到该对话框为圆角矩形,而这样简单的功能也是在着色器中实现的,下面将给出该着色器的开发代码。

> **代码位置**:见本书随书源代码/第 11 章/WSZFZ/app/src/main/assets 目录下的 frag_vicfail.sh。

```
1   precision mediump float;                                 //设置精度
2   varying vec2 vTexCoor;                                   //接收从顶点着色器传递进来的纹理
3   uniform sampler2D sTexture;                              //纹理内容数据
4   uniform float alpha;                                     //程序中传递进来的 alpha 值
5   void main(){                                             //主函数
6       vec4 color = texture2D(sTexture,vTexCoor);           //从纹理中采样出颜色值
7       if(color.a<0.1){                                     //如果该片元的透明度小于 0.1
8           discard;}                                        //设置该片元
9       else{                                                //如果该片元不透明
10          color.a = alpha;                                 //设置片元的透明度
11          gl_FragColor = color;                            //将该片元颜色值赋值给最终颜色
12  }}
```

> **说明** 上述片元着色器的作用为从纹理中采样出颜色值,并判断该片元的透明度,如果透明度小于 0.1,即相当于片元透明,则将该片元舍弃。否则设置片元的透明度,并将该片元颜色赋值给最终颜色即可。代码比较简单,这里不再赘述。

11.8.6 烟火的纹理着色器

游戏界面中玩家可以经常看到烟和火的效果,非常逼真自然。这种绚丽的效果当然也离不开特殊的着色器了。由于烟和火的片元着色器的代码基本一致,所以下面将为读者讲解火粒子着色器的开发,详细开发代码如下。

> **代码位置**:见本书随书源代码/第 11 章/WSZFZ/app/src/main/assets 目录下的 frag_fire.sh。

```
1   precision mediump float;                                 //设置精度
2   uniform float sjFactor;                                  //衰减因子
3   uniform float bj;                                        //衰减后半径
4   uniform sampler2D sTexture;                              //纹理内容数据
5   varying vec2 vTextureCoord;                              //接收从顶点着色器过来的参数
6   varying vec3 vPosition;                                  //接收从顶点着色器传递进来的顶点位置
7   const vec4 startColor=vec4(0.1020,0.4196,0.8510,1.0);    //火的初始颜色
8   const vec4 endColor=vec4(0.0,0.0,0.0,0.0);               //火的终止颜色
9   void main(){                                             //主函数
10      vec4 colorTL = texture2D(sTexture, vTextureCoord);   //从纹理中采样出颜色值
11      vec4 colorT;                                         //声明临时变量
12      float disT=distance(vPosition,vec3(0.0,0.0,0.0));    //计算顶点和原点的距离
13      float tampFactor=(1.0-disT/bj)*sjFactor;             //计算衰减变量
14      vec4 factor4=vec4(tampFactor,tampFactor,tampFactor,tampFactor);//创建中间过渡颜色
15      colorT=clamp(factor4,endColor,startColor);           //调用系统函数计算出片元颜色
16      colorT=colorT*colorTL.a;                             //计算出片元颜色
17      gl_FragColor=colorT;                                 //将片元颜色赋值给最终颜色
18  }
```

> **说明** 上述片元着色器的作用为从纹理中采样出颜色值,并结合从程序中传入的衰减因子、衰减后半径等参数,计算火粒子运动过程中的过渡颜色,调用系统的 clamp 函数来计算片元的颜色,并将该颜色赋值给最终颜色。读者可以结合源代码仔细研究该效果的实现。

11.9 游戏地图数据文件介绍

从前面介绍的地图加载的代码中读者大概可以知道,实际上游戏地图中的数据是从地图中加载的。但是如果读者想开发新的关卡的时候,就会需要新的地图数据,所以这里有必要为读者介绍地图文件的结构,以便读者有需要的时候开发一款合适的地图设计器。

地图数据文件采用二进制方式来进行存储,这种存储方式具有存储数据量大时文件比较小的特点,特别适合游戏开发的需要。接下来就为读者详细讲解地图文件的数据结构。

- 地图数据文件里首先存储的是地图的尺寸,也就是游戏场景的尺寸。每一个数据都是一个 Int 型的整数,分别代表地图的宽度和高度。
- 接下来文件中存储的是物体名称列表对象,该对象为一个 list,列表中存储的对象为 String 类型。每一个 String 类型的对象代表的是游戏场景中每一个物体的名称,之所以记录物体的名称是为了方便初始化物体的纹理 id。
- 接下来存储的是物体的平移旋转列表对象,该对象同样为一个 list,列表中存储的是 Float 类型的数组,数组中依次保存着物体左上角点横坐标、物体左上角点纵坐标、物体旋转角速度、物体初始角度、物体终止角度等信息,方便场景中物体的旋转。
- 下面存储的是物体旋转策略列表对象,列表中存储的是 Boolean 类型的数组,每个数组中包含 3 个不同的旋转策略:旋转一次、一直旋转、往复旋转。通过设置不同的旋转策略,可以很方便地在游戏场景中控制物体的旋转。
- 接下来存储的是物体类型列表对象,该对象中存储着 Integer 类型的数据,每一个数据代表着相应物体的类型,不同类型的物体有不同的属性。例如类型 1 代表不旋转的物体、类型 8 代表水槽、类型 9 代表火焰等。
- 文件中然后存储的是物体的不动点列表,列表中存储着 Float 类型的数组,每个数组包含两个数据,分别为物体旋转点的横纵坐标。
- 下面存储的是物体的宽度和高度列表对象,对象中存储着 Float 类型数组,每个数组同样包含两个数据,分别代表物体的宽度和高度。之所以记录物体的宽度和高度是为了方便游戏场景中物体的绘制。
- 最后存储的是碰撞线列表对象,对象中存储着 Float 类型数组,数组中的元素依次代表着线段起点的横坐标、线段起点的纵坐标、线段终点的横坐标、线段终点的纵坐标、线段法相量的横坐标、线段法相量的纵坐标、线段的类型等信息。

从上面的介绍中可以看出,游戏中地图数据读取的代码和这里介绍的存储顺序是一致的,先读取的是游戏场景的宽度和高度,接下来依次读取的是物体名称列表对象、物体平移旋转列表对象、物体旋转策略列表对象等,这里不再赘述。

介绍完毕地图数据文件的结构后,相信读者对游戏数据结构已经大致地了解了。读者手动初始化地图数据也可以,但是由于工作量过于巨大,实际上这种初始化数据的方式并不可行。而游戏中笔者这些数据实际上也是来自于笔者自己开发的地图设计器。

由于地图设计器的代码量巨大,并且也不是本书的重点,有兴趣的读者可以参照上面介绍的地图数据文件的存储结构开发一款适合自己需要的地图设计器。下面给出两幅笔者开发的地图设计器的图片，如图 11-18 所示。

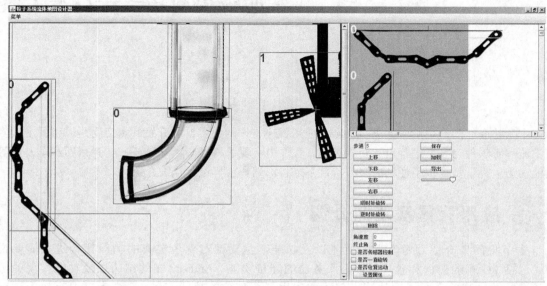

▲图 11-18　地图设计器

11.10　游戏的优化及改进

到此为止，水流游戏——污水征服者已经基本开发完成，也实现了最初设计的功能。但是通过开发后的试玩测试发现，游戏中仍然存在一些需要优化和改进的地方，下面列举笔者想到的一些方面。

- 优化游戏界面

没有哪一款游戏的界面不可以更加完美和绚丽，所以对本游戏的界面，读者可以自行根据自己的想法进行改进，使其更加完美。如游戏场景的搭建、火焰灼烧水流的效果和游戏结束时失败效果等都可以进一步完善。

- 修复游戏 bug

现在众多的手机游戏在公测之后也有很多的 bug，需要玩家不断地发现以此来改进游戏。本游戏中水流和物体碰撞过程有时会遇到一些意想不到的问题，虽然我们已经测试改进了大部分问题，但是还有很多 bug 是需要玩家发现的，这对于游戏的可玩性有极其重要的帮助。

- 完善游戏玩法

此游戏的玩法还是比较单一，读者可以自行完善，增加更多的玩法使其更具吸引力。在此基础上读者也可以进行创新来给玩家焕然一新的感觉，充分发掘这款游戏的潜力。

- 增强游戏体验

为了满足更好的用户体验，水流的速度、火焰灼烧的时间等一系列参数读者可以自行调整，合适的参数会极大地增加游戏的可玩性。

第 12 章　生活服务类应用——驾考宝典

本章将介绍的是生活服务类 Android 应用程序——驾考宝典的开发。本应用是以市面上大多数主流驾考软件为参考进行设计和构思的。软件中实现了科目一、科目二/三、科目四和车友圈等功能，为广大学员提供了便利的服务，接下来将对驾考宝典进行详细介绍。

12.1　应用背景及功能介绍

本节将简要介绍驾考宝典的背景以及功能，主要针对驾考宝典的功能架构进行简要说明。包括 PC 端的架构和管理功能、服务器的连接功能、Android 端的结构以及功能实现的操作流程。通过这些介绍说明让读者熟悉本应用各个部分的功能，对整个驾考宝典有较为详细的了解。

12.1.1　驾考宝典背景简介

随着人民生活水平的提高，车辆成为人们出行必不可少的工具，考取驾照的人也越来越多。因此驾校考试软件的选择变得尤其重要，一款好的驾校考试软件可以让用户更快地熟悉驾考规则，找到合适的学校，更方便地考取驾照。为了满足广大驾校考试者的需求，推出了驾考宝典这一应用，下面将简单介绍驾考宝典的特点。

- 方便易用

驾考宝典的设计较为人性化，对于初次使用该软件的用户，在首次进入应用时会在引导界面引导用户熟悉该软件的大部分功能。用户未登录便可自由浏览大部分信息，而注册并登录后的所有选择记录都会被保存下来，方便用户第二次访问，使得驾考宝典更加方便易用。

- 便于管理

驾考宝典中的数据状态和内容可以灵活地被修改，因此应用的管理人员可以很方便地通过修改 PC 端数据信息来更新相关内容。既能为用户提供正确健康有效的信息，又能有效地降低应用管理人员的工作压力，极大地提高了工作效率。

- 快乐学习

驾考宝典中加入了论坛的功能，使用户在做题的同时，可以与大家交流讨论，从而增加学习乐趣。另一方面，用户在做错题后，答案会以诙谐幽默的方法显示出来，使得用户对题目印象更加深刻，更快地提高分数，拿到驾照。

- 人性化界面

驾考宝典中的图标统一采用扁平化设计，让界面变得更加干净整齐，使用起来格外简洁，从而带给用户更加良好的操作体验。同时，侧滑界面的加入使得用户选取驾校、车型和进入个人中心时更加方便，使得本软件更具人性化。

12.1.2 驾考宝典功能概述

开发一个应用之前,需要对开发的目标和所实现的功能进行细致有效的分析,进而确定开发所要做的具体准备工作。做好应用开发的准备工作,将为整个项目的开发奠定一个良好的基础。在参照并分析市面上大部分驾考类软件后,开发人员对驾考宝典制定了如下基本功能。

1. PC 端功能

PC 端即安装在个人计算机上的应用程序客户端,在驾考宝典中用于管理员登录并管理软件的相关信息。其中主要包括登录功能、用户信息管理功能、驾校信息管理功能、车型信息管理功能意见、管理员信息管理功能与论坛管理功能,下面将一一介绍。

- 驾考宝典的信息管理登录界面

管理员通过输入正确的用户名和密码进入 PC 端管理界面来对信息进行查看和管理,当输入正确的用户名和密码后,将自动进入管理界面,登录成功。

- 用户信息管理

管理员可以在用户管理界面中查看用户的诸多信息,如用户名、电话、所报车型、所属驾校等等。同时管理员可以使用户账号禁止登录,当用户在论坛发布不良信息后管理员可以对其惩罚封禁账号。

- 驾校信息管理

管理员可查看并管理驾校信息,对错误、过时的驾校信息进行修改与更新。同时也可以为软件添加新的驾校或者删除驾校(即设置驾校在 Android 端不可见)。同时为管理员提供了搜索功能,更加方便管理。

- 车型信息管理

管理员可以查看并管理车型信息(包括车型名称、对应驾照等级、车型描述等),修改车型内容(包括车型名称、对应驾照、车型描述等),添加新的车型等。

- 管理员信息管理

总管理员可以对其他管理员的信息进行查看并管理,其可查看内容为管理员姓名、性别、电话等信息,同时总管理员也可以对其他管理员账号进行离职和复职处理,使其他管理员不能登录。管理员信息管理也提供了搜索功能。

- 论坛管理

论坛管理分帖子类型和帖子详情两部分。

(1)帖子类型中可查看帖子类别名称,也可对类型进行添加、删除、修改。同时此部分也提供了搜索功能,方便管理员管理。

(2)帖子详情中是论坛中各个用户评论的具体内容,包括帖子类别、用户昵称、帖子标题、帖子内容、开帖时间等。当单击帖子内容时,在表格右侧会出现帖子内容中各个用户的回复内容,包括用户昵称、评论内容及时间。同时,帖子详情中可以管理各个用户(删除帖子、对用户进行封号管理)。

- 试题管理

试题管理分试题题目和视频管理两部分。

(1)试题题目是科目一和科目四中的全部试题,其内容包括试题题目、所属科目、所含图片、试题类别、章节名称等。该部分提供了添加试题、删除试题、修改试题、查询试题等功能。

(2)视频管理是科目二和科目三的全部视频,其内容包括视频名称、视频地址、视频图片及其所对应的车型等。其中视频地址是在 Android 端跳转到本地浏览器所用的地址。

2. 服务器端功能

服务器是指网络中能对其他机器提供某些服务的计算机系统。在驾考宝典中，服务器端用于处理来自 Android 端和 PC 端发送来的请求，调用相关方法，操作数据库，拿到相应的信息，是 PC 端和 Android 端的关系连接桥梁。下面将具体介绍其功能。

- 收发数据

服务器端利用服务线程，循环接收从 Android 客户端传送来的数据，经过处理后发送给 PC 端。PC 端数据的修改也会影响到 Android 端的相应数据。这样就能将 Android 客户端、服务器端、PC 端联系起来，形成一个共同协作的整体。

- 操作数据库

数据库中的数据是采用 MySQL 这个关系型数据库管理系统来进行管理的。服务器能根据 PC 端和 Android 客户端发送的请求信息调用适当的方法，执行对应的 SQL 语句来对数据库进行操作，最后返回目标数据，保证了数据的真实有效。

3. Android 端功能

Android 端就是在手机终端运行的软件，也就是本章节主要介绍的驾考宝典客户端，它是服务于广大的客户的生活服务类 Android 应用程序。主要分为科目一、科目二/三、科目四、车友圈和个人中心五个模块，下面将详细介绍其功能。

- 科目一

科目一包含了科一考规、交通标志、科一秘籍等帮助功能，可以使用户更快地了解科目一的规则，方便用户学习；同时，科目一提供试题练习功能，包括顺序练习、章节练习、分类练习、随机练习及模拟考试等，此功能使用户足不出户就能进行练习；此外，我的收藏、数据统计、我的错题、考试记录等功能为用户做题提供了极大的方便。

- 科目二/三

该模块主要为用户提供了科目二、科目三考试时进行实际操作时所需注意的事项及技巧。其中包括科目二和科目三的考规、通关秘籍、具体视频等功能。当单击视频图片时，会从服务器获取网址，并会自动跳转到本地浏览器进行浏览。

- 科目四

科目四其基本功能与科目一功能一致，只是试题类型有所区别：科目四中新增了多项选择题。这里不再赘述。

- 车友圈

该模块主要功能包括科一交流、科二交流、科三交流、科四交流、新手上路等。在车友圈模块中用户可以进行经验交流、学术讨论，通过自由发言认识更多考取驾照的朋友。

- 个人中心

个人中心主要为用户提供基本信息的管理服务，包括登录、注册、账号找回、用户信息修改等功能。在这一模块中，用户可以查询和修改自己的相关信息，并记录自己所选驾校与车型，方便下次登录时直接选定。个人中心可通过侧滑程序进入。

根据上述的功能概述得知本应用主要有科目一/四、科目二/三、车友圈和个人中心 4 大项，每一项中都包含若干小项，其功能结构如图 12-1 所示，功能结构图包含了驾考宝典的全部功能。认识该功能结构图有助于读者了解本程序的开发。

12.1 应用背景及功能介绍

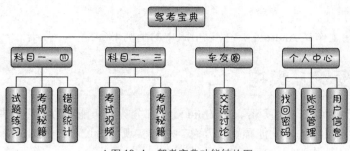

▲图 12-1 驾考宝典功能结构图

12.1.3 开发环境与目标平台

开发使用驾考宝典之前，读者需要了解并完成本项目的软件环境。软件环境是指软件运行所要求的各种条件，是软件能正常运行的前提，包括软件环境和硬件环境。下面将简单介绍本项目所需要的环境和目标平台，请读者阅读了解即可。

1．开发环境

- JDK 1.6 及其以上版本

JDK 是指辅助开发某一类软件的相关文档、范例和工具的集合，在驾考宝典中选用 JDK 1.6 作为开发环境。JDK 1.6 版本是目前 JDK 最常用的版本之一，有许多开发者用到的功能，读者可以通过不同的操作系统平台在官方网站上免费下载。

- Navicat for MySQL

Navicat for MySQL 是一款强大的 MySQL 数据库管理开发工具。它基于 Windows 平台，为 MySQL 量身定做，提供类似于 MySQL 的用户管理界面和直观而强大的图形界面，给 MySQL 新手以及专业人士提供了一组全面的工具。

- Eclipse 编程软件（Eclipse IDE for Java）

Eclipse 是一个著名的开源 Java IDE，主要是以其开放性、高效的 GUI、先进的代码编辑器等著称，其项目包括许多各种各样的子项目组，包括 Eclipse 插件、功能部件等，主要采用 SWT 界面库，支持多种本机界面风格，是一款非常好用的软件。

- Android Studio 编程软件

Android Studio 是一个 Android 集成开发工具，基于 IntelliJ IDEA，类似 Eclipse ADT，Android Studio 提供了集成的 Android 开发工具用于开发和调试。

- Android SDK

Android SDK 指的是 Android 专属的软件开发工具包，它由第三方服务商提供，以实现软件产品某项功能。一般以集合 kpi 和文档、范例、工具的形式出现。在开发项目时，开发者不需要对产品每个功能进行开发，选择合适、稳定的 SDK 服务并花费很少的精力即可在产品中集成某项功能。

2．目标平台

驾考宝典需要的目标平台如下。

- 服务器端

服务器端工作在 Windows 操作系统（建议使用 Windows 7 及以上版本）的平台。

- PC 端

端工作在 Windows 操作系统（建议使用 Windows 7 及以上版本）的平台。

- Android 客户端

Android 客户端工作在 Android 4.2 及以上版本的手机平台。

12.2 功能预览及架构

驾考宝典应用由 PC 端、服务器、Android 端 3 部分构成，能够为用户提供方便快捷的服务。这一节将介绍驾考宝典的基本功能预览以及总架构的实现。通过对本节的学习，读者可以更好地了解驾考宝典的总体架构和相关功能。

12.2.1 安卓端功能预览

这一小节将为读者介绍驾考宝典 Android 端的基本功能预览。其主要分为 4 个模块，分别为科目一、科目二/三、科目四、车友圈。其中每一个模块中都有多个小版块，同时对应软件中的不同功能，下面将一一介绍，请读者仔细阅读。

（1）打开本软件后，若为首次打开则进入导航界面，如图 12-2 所示，否则进入闪屏界面，如图 12-3 所示。在这个加载过程中，应用的 Android 端与数据库端进行连接，为下一步缓冲做准备工作。

▲图 12-2 导航界面

▲图 12-3 闪屏界面

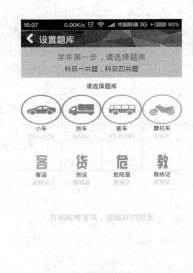
▲图 12-4 选车界面

（2）滑过导航界面的 4 页引导页后，会进入选车界面，如图 12-4 所示，用户根据报考的准驾车型选择相应的车型，单击完成后进入选择驾校界面，如图 12-5 所示，该界面会调用 GPS 定位功能并且应用下端提供的首字母搜索功能从而使用户更方便地选择出其所在驾校。

（3）加载完成后进入本应用的主界面。主界面包含了 4 个可相互切换的界面（分别对应 4 个模块，默认为科目一模块界面），如图 12-6 所示。单击导航栏中不同的按钮，可以跳转到对应的模块界面。

（4）在科目一界面中，单击屏幕中任意一种练习，系统将跳转到对应的学习模式中。图 12-7 所示为顺序练习界面，在下方导航栏内有上一题、收藏、学习模式、下一题 4 个按钮，收藏可以将当前题目放到主界面我的收藏内方便用户总结及反复记忆，而学习模式可以展开对每道题的具体分析，方便用户理解与记忆。

▲图 12-5 驾校界面　　▲图 12-6 主（科目一）界面　　▲图 12-7 顺序练习界面

（5）用户在任意一种练习模式答题，驾考宝典都会对用户做过的题目进行统计并在数据统计功能内展示用户在近期内的做题数以及正确率，如图 12-8 所示，从而使用户对自己目前的知识掌握情况有一定的了解。

（6）主界面上方有 3 个按钮，分别为科一考规、交通标志、科一秘籍。前两者是为了更好地为用户提供帮助，使用户对考取驾驶本的流程以及国家对交通方面的规章制度有更加清晰的认识。秘籍是对考试题目的归纳总结，方便用户更好地理解记忆，如图 12-9 所示。

（7）当用户对练习题有了较为准确的记忆后，可以通过模拟考试来对自己进行测验，如图 12-10 所示，模拟考试功能会模仿正规科目一考试，取消了练习模式里的学习模式与收藏功能，加入了分数记录以及时间限制功能，在未到规定时间内完成答题可通过上方交卷功能主动结束考试。

（8）用户每次模拟考试的考试结果会自动备份到科目一界面内的考试记录功能内，用户可以查看在每次模拟考试中获得的成绩以及答错的题目，方便更正错误记忆。

▲图 12-8 数据统计界面　　▲图 12-9 科一秘籍界面　　▲图 12-10 模拟考试界面

（9）科目二/三界面，主要用于帮助处在科目二/三即大小路考阶段的用户，除了提供交通考规功能外，还总结了在大小路考中需要注意的事项以及一些考试实用技巧，以及大量的优秀教学视频来帮助用户更快地掌握驾驶技能，如图 12-11 所示。

（10）科目四界面与科目一界面内容大致相同，如图 12-12 所示，这里因篇幅有限，不再具体讲解，请自行参照科目一界面讲解。

（11）车友圈界面是本应用的一大亮点所在，它为所有用户提供了一个可以交流学习的平台，如图 12-13 所示，用户可以在这里将自己遇到的问题写出来向其他用户进行求助，也可以将自己总结的经验通过这一平台分享给其他用户。

▲图 12-11　科目二/三界面　　　▲图 12-12　科目四界面　　　▲图 12-13　车友圈界面

（12）在本应用中，论坛分为科一交流、科二交流、科三交流、科四交流和新手上路 5 个区域，更加清晰地对用户群体进行了分类，使得处于同一阶段的用户能够更好地交流学习。单击任一 Button 可进入对应论坛。

（13）为了更好地维护车友圈的氛围，以及防止某些不良用户的恶意操作与散布虚假消息，参与车友圈讨论，需要用户注册一个属于自己的账户，如图 12-14 所示，若用户还未拥有账号，可单击"新用户注册"来获得一个属于自己的账号，若不慎忘记密码也可单击"找回密码"，通过相应验证即可找回密码。

（14）用户登录成功后，将自动跳转到对应界面，若单击的为"科一交流"，则将看到如图 12-15 所示画面，用户可以清晰地看到其他用户的言论以及发言时间，用户可单击下方发布新帖按钮来发布用户想要表达的言论，如图 12-16 所示。

（15）另外，用户也可对其他用户的言论进行评论，只需单击对应的 Item 即可参与到该发帖用户的讨论中，如图 12-17 所示，这无疑为解决用户所遇到的问题提供了一条快捷有效的通道。

（16）用户可单击自己的头像进入个人中心对自己的信息进行更改，如图 12-18 所示，也可在论坛内单击其他用户头像来对其他用户的信息进行查看。单击个人中心内头像图片可自定义上传头像或直接调用摄像机进行拍照，并将照片作为头像，如图 12-19 所示。使软件更加人性化，增强了用户体验。

12.2 功能预览及架构

▲图 12-14 登录界面

▲图 12-15 科一交流界面

▲图 12-16 发布新帖界面

▲图 12-17 回复界面

▲图 12-18 个人中心界面

▲图 12-19 更换头像界面

（17）用户在任意界面向右滑动，可激活侧拉界面，如图 12-20 所示，用户可在此进入个人中心，或对选择的车型或驾校进行更改。

（18）"关于我们"提供了官方邮箱，如图 12-21 所示。用户若遇到问题或者有更好的意见或建议可通过邮件与管理者进行互动，使得软件能更好地为用户提供服务。

（19）任意主框架的模块界面中单击系统返回键都会弹出程序退出提示框，提示用户再次单击即会退出程序，若在规定时间内再次单击返回键则退出应用，如图 12-22 所示。

第 12 章　生活服务类应用——驾考宝典

▲图 12-20　侧拉界面

▲图 12-21　关于我们界面

▲图 12-22　退出程序界面

> **说明**　以上便是对驾考宝典 Android 端的功能预览，相信读者们已经对驾考宝典 Android 端中的各个功能有了大致的了解。需要指出的是，上述功能预览中，所有信息是程序开发成功后添加的，以达到预览显示效果。后面章节会对驾考宝典的功能实现做具体介绍，请读者仔细阅读。

12.2.2　PC 端功能预览

　　PC 端主要负责驾校信息、车型信息、论坛信息、试题信息的增删改查操作以及对用户信息、管理员信息的查看与修改，加入用户管理、帖子详情、管理员管理、意见反馈旨在对信息有一个具体管理的功能，保证信息的健康有效。本小节将对 PC 端的功能进行简单介绍。

　　（1）管理员在使用驾考宝典 PC 端以前，需要输入正确的用户名和密码来获取权限登录 PC 端管理界面，如图 12-23 所示。单击"清空"可清空当前账号和密码，当输入正确的账号及密码后，将自动进入 PC 端主界面，若输入有误，则弹出"请输入正确的账号和密码"。

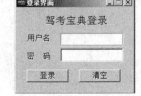

▲图 12-23　PC 端登录界面

　　（2）登录成功后进入 PC 端主界面，主界面主要分为左右两个部分，其中左边为树状导航列表，右边是一个卡片布局管理器。单击左边树状列表中的不同叶子节点将切换至不同的卡片。如图 12-24 所示，为切换至帖子详情卡片时的界面。

▲图 12-24　PC 端主界面

(3) PC 端驾校信息部分可查看驾校 ID、驾校名称、驾校简介、联系电话、驾校所在地等具体信息，单击添加驾校可增加新的驾校，单击修改/删除可对已存在的驾校进行调整，如图 12-25 所示。若列表长度较长，可通过右侧条件搜索查询到所需要的信息。

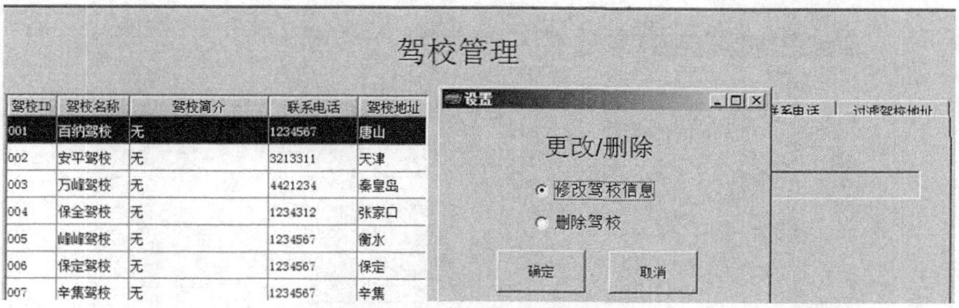

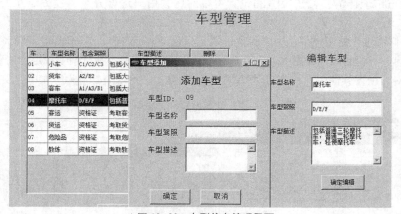

▲图 12-25　驾校管理界面图

(4) PC 端车型信息部分可查看并修改车型的名称、对应驾照等级、车型描述等信息，同样也可为驾考宝典添加新的车型，如图 12-26 所示。单击添加车型可为当前车型表添加新的车型。

▲图 12-26　车型信息管理界面

(5) PC 端的用户管理部分可以查询所有的用户的信息。用户信息包括用户账号、所报车型、所属驾校、用户昵称、年龄、性别、电话、所在地。同时管理员可以对遭受惩罚的用户账号进行解除封号操作，如图 12-27 所示。

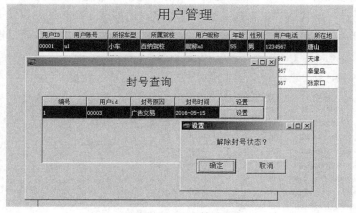

▲图 12-27　用户管理界面

（6）管理员信息界面可以查看所有管理员的信息，包括姓名、性别、电话、是否在职。管理员可对所有管理员进行离职与复职操作，也可添加新的管理员，如图 12-28 所示。

▲图 12-28　管理员管理界面

（7）PC 端论坛管理部分，管理人员可以查看来自 Android 端用户论坛的交流信息，论坛管理包括帖子类型与帖子详情，帖子类型的设置可以对广大用户进行分类，使处于不同学车阶段的用户能更好地交流。

（8）帖子详情包含帖子类型、用户昵称、帖子标题、帖子内容、开帖时间以及回复该帖的用户的昵称、评论内容、评论时间，如图 12-29 所示。管理员可以对一些不符合帖吧规定的帖子和不当言论进行删除，甚至对有损害其他用户利益的用户进行封号处理，使论坛更好地为广大用户发挥其应有作用。

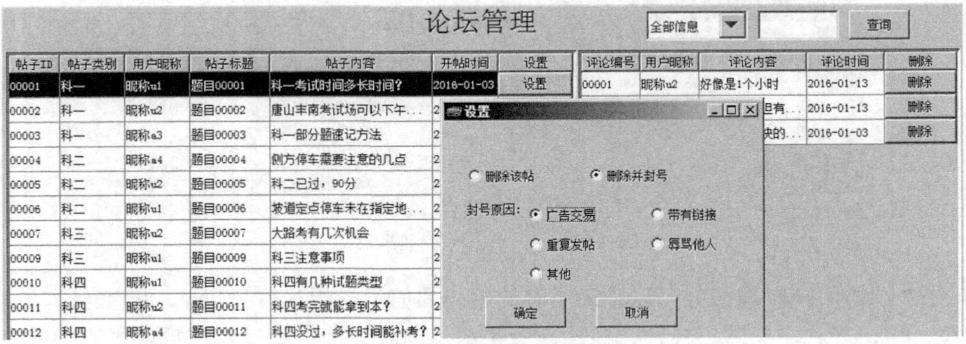

▲图 12-29　帖子详情图

（9）PC 端试题管理部分是驾考宝典的核心部分，包括试题题目以及视频管理，试题题目包含试题题目、所属科目、所含图片、试题类别、章节名称，如图 12-30 所示，这是 Android 端科目一与科目四题目的来源，管理员可通过右侧按钮实现对试题列表的增删改查功能。

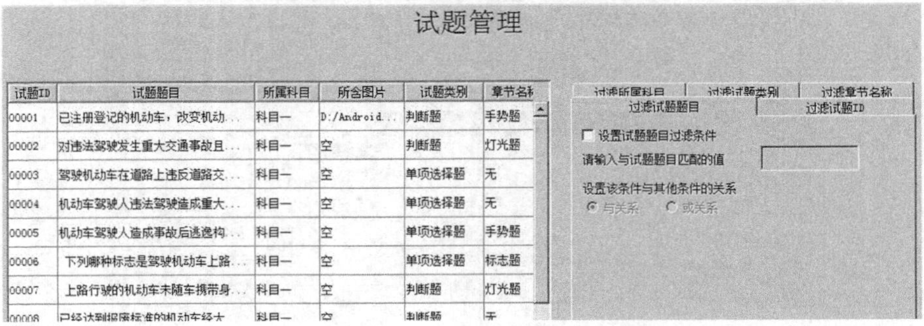

▲图 12-30　试题题目图

12.3 开发前的准备工作

（10）视频管理则包含视频名称、视频路径、视频图片、车型名称，同样可通过界面内的按钮实现对列表内容的增删改查，是 Android 端科目二与科目三教学视频的来源。

> **说明** 以上是对整个 PC 端功能的概述，请读者仔细阅读，以对 PC 端有大致的了解。预览图中的各项数据均为后期操作添加，若不添加则 Android 端无数据，请读者自行登录 PC 端和 Android 端后尝试操作。鉴于本书主要介绍 Android 的相关知识，因此只以少量篇幅来介绍 PC 端的管理功能。

12.2.3 目录结构图

上一小节介绍了驾考宝典中 PC 端的功能展示，下面将介绍驾考宝典项目 Android 端部分的目录结构。在进行本项目的开发之前，还需要对本项目的目录结构有大致的了解，便于读者对驾考宝典整体架构的理解，具体内容如下。

（1）下面介绍的是驾考宝典的所有 Java 文件的目录结构和项目连接文件目录具体结构，导入的字体和 Android 配置文件。Java 文件存放在 Java 目录下，根据内容分别放入指定包内，包名的格式相同，便于程序员对各个文件的管理和维护。具体如图 12-31 所示。

（2）此步骤介绍驾考宝典中导入的 so 包和图片资源以及配置文件的目录结构，该目录下用于存放图片资源、部分按钮和 TextView 属性文件以及 XML 文件，values 目录下存放的是 colors.xml 文件、strings.xml 文件和 styles.xml 文件，具体结构如图 12-32 所示。

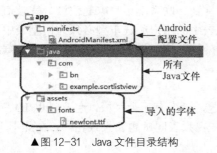

▲图 12-31 Java 文件目录结构

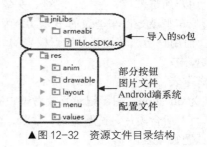

▲图 12-32 资源文件目录结构

> **说明** 图 12-32 中介绍的 4 个图片文件用于存放不同分辨率的图片，Andriod 系统会根据手机屏幕的大小及屏幕密度去选择不同文件夹下的图片资源，以此来实现在不同大小不同屏幕分辨率下适配的问题。layout 中存放的是具体 Android 的各个界面布局。

12.3 开发前的准备工作

本节将介绍系统开发前的一些准备工作，主要包括数据库的设计、数据库中各个表格之间的关系、各个表格的创建等基本操作过程，通过这些来概括地介绍数据库的建立和运行流程，使用户对数据库运行有基本的了解和认识。

12.3.1 数据库设计

开发一个系统之前，做好数据库分析和设计是非常必要的。开发者需要根据软件的需求，在数据库管理系统上，设计数据库的结构和建立数据库。良好的数据库设计，会使开发变得相对简单，后期开发工作能够很好地进行下去，缩短开发周期。

该系统总共包括 13 张表，包括管理员表、用户表、试题表、试题答案表、试题整理表、错题表、试题车型表、论坛类别表、论坛主帖表、论坛回复表、封号表、视频表、驾校表等。各表在数据库中的关系如图 12-33 所示。

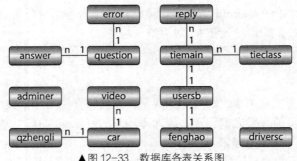

▲图 12-33　数据库各表关系图

下面将分别介绍用户表、试题表、试题答案表、试题整理表、车型表、论坛类别表、论坛主帖表、管理员表。这几个表有代表性地概括了驾考宝典的大部分功能，而其他表格与这些表格都有一定的相似之处，在此就不一一介绍，详细内容请自行查看随书源代码/第 12 章/sql/test.sql。

- 用户表

表名为 usersb，用于记录用户的信息，该表有 12 个字段，包含用户 ID、用户账号、用户所选车型、用户所选驾校、密码、昵称、头像、年龄、性别、联系电话、家庭住址、登录信息。其中用户所选车型就是以车型表的车型 ID 为外键，该表中的用户所选车型必须为车型表中已有的车型 ID，而用户所选驾校就是以驾校表的驾校 ID 为外键，该表的用户所选驾校必须为驾校表中已有的驾校 ID。

- 试题表

表名为 question，用于记录驾校考试中的所有试题，该表有 7 个字段，包含试题 ID、试题的题目、科目、所含图片、试题类别、章节、试题解析。视频表同试题表大致相同，在此不再介绍。

- 试题答案表

表名为 answer，用于记录试题表中各个试题的答案，该表有 5 个字段，包含试题答案 ID、所属试题、试题选项、试题选项内容以及答案信息，该表的所属试题就是以试题表的试题 ID 为外键，试题答案表中的所属试题必须为试题表中已有的试题 ID。

- 试题整理表

表名为 qzhengli，用于记录试题所属的车型，该表有两个字段，分为整理试题 ID 以及整理车型 ID。该表以整理试题 ID 和整理车型 ID 共同为主键，其中整理试题 ID 就是以试题表的试题 ID 为外键，而整理车型 ID 是以车型表的车型 ID 为外键。

- 车型表

表名为 car，用于记录驾考考试所包含的车型，该表有 4 个字段，包括车型 ID、车型名称、资格证、车型描述。驾校表同车型表大致相同，在此不再介绍。

- 论坛类别表

表名为 tieclass，用于记录论坛的各个类别，该表共有两个字段，其中包含类别 ID、类别名称。

- 论坛主帖表

表名为 tiemain，用于记录用户在不同类别中发布的帖子，该表有 6 个字段，包含有主帖 ID、主帖类别 ID、主帖用户 ID、主帖标题、主帖内容和发布时间。其中主帖类别 ID 就是以论坛类别表中的类别 ID 为外键，而主帖用户 ID 就是以用户表中的用户 ID 为外键。论坛回复表与论坛主帖表大致相同，这里将不再介绍。

12.3.2 数据库表设计

上述小节介绍的是驾考宝典数据库的结构，接下来介绍的是数据库中相关表的建立和具体属性的预览。由于篇幅有限，下面着重介绍试题表、试题答案表、试题整理表。其他表请读者结合随书源代码/第 12 章/sql/test.sql 学习。

（1）试题表：用于记录驾考考试中的所有试题，用户在开始使用 Android 端时，试题表中数据会自动从服务器端加载到手机的 SQLite 数据库，管理员可以在 PC 端对试题进行增、删、改、查的操作。该表有 7 个字段，包含试题 ID、试题的题目、科目、所含图片、试题类别、章节、试题解析，详细情况如表 12-1 所示。

表 12-1　　　　　　　　　　　　试题表

字段名称	数据类型	字段大小	是否主键	说明
q_id	char	5	是	试题 ID
q_title	varchar	400	否	试题题目
q_subject	char	8	否	试题科目
q_image	varchar	100	否	所含图片
q_class	char	12	否	试题类别
q_zhangjie	char	8	否	章节
q_jiexi	varchar	400	否	试题解析

建立该表的 SQL 语句如下。

代码位置：见书中源代码/第 12 章/sql/test.sql。

```
1    create table 'question'(                              /*试题表创建*/
2      'q_id' char(5) NOT NULL,                            /*试题 ID*/
3      'q_title' varchar(400),                             /*试题题目*/
4      'q_subject' char(8),                                /*试题科目*/
5      'q_image' varchar(100),                             /*试题所含图片*/
6      'q_class' char(12),                                 /*试题类别*/
7      'q_zhangjie' char(8),                               /*试题章节*/
8      'q_jiexi' varchar(400),                             /*试题解析*/
9      primary key ('q_id')                                /*设置试题 ID 为主键*/
10   ) ENGINE=InnoDB DEFAULT CHARSET=utf8;                 /*设置字符编码为 utf8*/
```

（2）试题答案表：用于记录每个试题的答案，该表共有 5 个字段，包含试题答案 ID、所属试题、试题选项、试题选项内容以及答案信息，详细情况如表 12-2 所示。

表 12-2　　　　　　　　　　　　试题答案表

字段名称	数据类型	字段大小	是否主键	说明
A_id	char	5	是	试题答案 ID
A_que_id	char	5	否	所属试题
A_select	char	1	否	试题选项
A_se_neirong	varchar	200	否	试题选项内容
A_yorn	char	2	否	答案信息

建立该表的 SQL 语句如下。

代码位置：见书中源代码/第 12 章/sql/test.sql。

```
1    create table 'answer'(                                    /*试题答案表的创建*/
2        'a_id' char(5) NOT NULL,                              /*试题答案 ID*/
3        'a_que_id' char(5),                                   /*所属试题*/
4        'a_select' char(1),                                   /*试题选项*/
5        'a_se_neirong' varchar(200),                          /*试题选项内容*/
6        'a_yorn' char(2),                                     /*答案信息*/
7        primary key ('a_id'),                                 /*这时试题 ID 为主键*/
8        constraint 'a_que_id_fk'
9        foreign key('a_que_id') references 'question'('q_id') /*试题 ID 为外键*/
10   ) ENGINE=InnoDB DEFAULT CHARSET=utf8;                     /*设置字符编码为 utf8*/
```

（3）试题整理表：用于记录试题与车型的关系，该表有两个字段，分别为整理表试题 ID 以及整理表车型 ID，详细情况如表 12-3 所示。

表 12-3　　　　　　　　　　　　　　试题整理表

字段名称	数据类型	字段大小	是否主键	说明
qz_que_id	char	5	是	整理试题 ID
qz_car_id	char	5	否	整理车型 ID

● 建立该表的 SQL 语句如下。

代码位置：见书中源代码/第 12 章/sql/test.sql。

```
1    create table 'qzhengli'(                                            /*试题整理表的创建*/
2        'qz_que_id' char(5) NOT NULL,                                   /*整理试题 ID*/
3        'qz_car_id' char(5) NOT NULL,                                   /*整理车型 ID*/
4        primary key ('qz_que_id','qz_car_id'),                          /*整理试题 ID 和车型 ID 同为主键*/
5        constraint 'qz_que_id_fk'
6        foreign key('qz_que_id') references 'question'('q_id'),         /*试题 ID 为外键*/
7        constraint 'qz_car_id_fk'
8        foreign key('qz_car_id') references 'car'('c_id')               /*车型 ID 为外键*/
9    ) ENGINE=InnoDB DEFAULT CHARSET=utf8;                               /*设置字符编码为 utf8*/
```

12.3.3　使用 Navicat for MySQL 创建表并插入初始数据

驾考宝典采用 MySQL 作为后台数据库，开发时使用 Navicat for MySQL 实现对 MySQL 数据库的操作。Navicat for MySQL 是一款强大的 MySQL 数据库管理软件，使用简单且功能强大。下面便介绍如何使用 Navicat for MySQL 连接 MySQL 数据库并进行相关的初始化操作，具体步骤如下。

（1）开启软件，单击软件左上方的连接按钮创建连接。在常规栏中设置连接名、主机名、密码以及用户名（密码也可以不设置），如图 12-34 所示。

> **说明**　在进行上述步骤之前，必须首先在机器上安装好 MySQL 数据库并启动数据库服务，同时还需要安装好 Navicat for MySQL 软件。MySQL 数据库以及 Navicat for MySQL 软件都是免费的，读者可以自行从网络上下载安装。

（2）在建好的连接上单击鼠标右键，选择打开连接，然后选择创建数据库。输入数据库名为 "test"，字符集选择 "utf8--UTF-8 Unicode"，整理为 "utf8_general_ci"，如图 12-35 所示。

（3）在创建好的 test 数据库上单击鼠标右键，选择打开数据库（双击 test 也可打开数据库），然后选择右键菜单中的运行批次任务文件，找到随书源代码/第 12 章/sql/test.sql 脚本。单击此脚本开始运行，就能完成数据库中相关表的创建。

（4）此时再双击 test 数据库，其中的所有表会呈现在右侧的子界面中。当数据库创建成功后，读者需通过 Navicat for MySQL 运行随书源代码/第 12 章/sql/insert.sql 脚本里与 adminer 表相关的脚本文件来插入初始数据，具体插入初始数据代码如下。

▲图 12-34　创建新连接

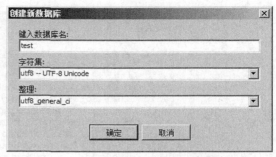

▲图 12-35　创建新数据库

 **代码位置：** 见随书源代码/第 12 章/sql/insert.sql。

```
1    INSERT INTO 'adminer' VALUES ('100001','小李','100001','男','1234567','是');
2    INSERT INTO 'adminer' VALUES ('100002','小王','100002','女','1234567','是');
```

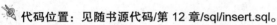 由于管理员在运行 PC 端前，需要输入正确的用户名和密码，才能对驾考宝典中相关的信息进行管理，所以运行程序之前，需要向数据库中插入初始数据，如管理人员的账号、密码，以及试题、答案、论坛主帖、回复的相关信息等。

了解了本系统都有哪些功能后，读者若想在计算机和手机上运行测试相关程序，需要注意以下几方面的内容。分别为数据库的连接和相关 IP 地址的配置，具体描述如下：

- 首先要在自己的机器上安装配置好 MySQL 数据库，并导入本案例所需的表。本案例中 MySQL 数据库是没有密码的，若读者需要有密码则需要修改相关代码来实现。
- 接着需要将服务端项目导入 Eclipse 并运行。
- 然后可以将 PC 端项目导入 Eclipse 并运行。要特别注意的是，笔者提供的源代码是默认 PC 端和服务器工作在同一台机器上的，若读者的需求不同，则需要修改 PC 端项目中 NetInfoUtil 类中有关服务器 IP 地址的代码。
- 最后可以将 Android 项目导入 Android Studio 并运行到手机上。读者需要根据自身 IP 地址，设置 Android 端项目 NetInfoUtil 类中有关服务器 IP 地址的代码。同时还需要保证运行 Android 端的手机和运行服务器的机器网络可以互通。

综上可以看出，成功运行本案例需要对开发各方面的基本知识比较熟悉，如果读者对这些基本知识不太了解，请首先参考相关的书籍资料进行学习。由于本书着重于介绍 Android 端功能的开发，对这些基本知识不再详细介绍。

12.4　服务器端的实现

上一节讲述了开发前的准备工作，这一节主要介绍服务器的开发过程。包括读取数据库信息、读取图片数据、向数据库加载数据等功能。服务器作为沟通纽带，实现了数据库、PC 端和 Android 端的功能交互以及信息传递。下面将逐一介绍功能的实现。

12.4.1　常量类的开发

本小节将向读者介绍服务器的常量类 Constant 的开发。在 Android 项目中通常通过定义常量类，来确定服务器与 PC 端、Android 端之间的信息传递信号。于是我们开发了供其他 Java 文件调用的常量类 Constant，其具体代码如下。

> **代码位置**：见随书源代码/第 12 章/DriverSystemServer/src/com/bn/util 目录下的 Constant.java。

```
1   package com.bn.util;
2   public class Constant {
3      public static final String JiaXiao_XinXi="JiaXiao_XinXi";       //得到驾校信息
4      public static final String CheXingXinXi="CheXingXinXi";         //得到车型信息
5      public static final String getQuestionById="getQuestionById";   //根据试题 ID 得到试题信息
6      public static final String getUserNameById="getUserNameById";   //根据 ID 查询用户昵称
7      public static final String getAnswerqByid="getAnswerqByid";     //根据 ID 找到试题各个选项
8      public static final String getTiemainbyuser="getTiemainbyuser"; //得到该用户所有发过的帖子
9      public static final String getTiemainMaxID="getTiemainMaxID";   //得到主帖表的最大 ID
10     public static final String addAnswer="addAnswer";               //添加答案
11     public static final String addQzhengli="addQzhengli";           //添加试题整理表
12     public static final String updateUserTouxiang="updateUserTouxiang";//更改用户头像
13     ......//此处省略了常量类的剩余代码，读者可自行查阅随书附带的源代码
14   }
```

> **说明** 常量类的开发是高效完成项目的一项十分必要的准备工作，这样可以避免在不同的 Java 文件中定义常量的重复性工作，提高了代码的可维护性。如果读者在下面的类或方法中有不明白具体含义的常量，可以在本类中查找。

12.4.2 服务线程的开发

上一小节中介绍了服务器常量类的开发，本小节将介绍服务线程类的开发。驾考宝典中需要向服务器索取和传输大量信息，于是我们开发了服务线程类 ServerThread。ServerThread 提供 PC 端与 Android 端接口，增加系统的可靠性。

（1）下面介绍一下主线程类 ServerThread 的开发，主线程类部分的代码虽然比较短，但却是服务器端最重要的一部分，也是实现服务器功能的基础，具体代码如下。

> **代码位置**：见随书源代码/第 12 章/DriverSystemServer/src/com/bn/Server 目录下的 ServerThread.java。

```
1   package com.bn.Server;
2   ......//此处省略了一些导入相关类的代码，读者可自行查阅随书附带的源代码
3   public class ServerThread extends Thread{
4      public ServerSocket ss;                                      //创建 ServerSocket 的引用
5      boolean flag=true;                                           //flag 标志位设为 true
6      public void run(){                                           //重写 run 方法
7         try{
8            ss=new ServerSocket(9999);                             //启动服务器，监听 9999 端口
9            System.out.println("Socket success :");                //标示 9999 端口已监听
10        }catch(Exception e){                                      //捕获异常信息
11           e.printStackTrace();}                                  //打印异常信息
12        while(flag){                                              //总是等待客户连接
13           try{
14              Socket sc=ss.accept();                              //等待客户端连接 9999 端口
15              System.out.println("客户端请求到达: "+sc.getInetAddress());  //标示接收到的信息
16              ServerAgentThread sat=new ServerAgentThread(sc);    //创建新的线程
17              sat.start();                                        //启动新的线程
18           }catch(Exception e){                                   //捕获异常信息
19              e.printStackTrace();}    }}                         //打印异常信息
20     public static void main(String args[]){                      //创建 main 方法
21        (new ServerThread()).start();                             //启动新线程
22     }}
```

- 第 4～7 行创建 ServerSocket 引用，同时设置标志位为 true。
- 第 8～9 行为创建连接端口的方法，首先创建一个绑定端口到端口 9999 上的 ServerSocket 对象，然后打印连接成功的提示信息。
- 第 12～21 行为启动线程的方法，该方法将接受客户端请求 Socket，成功后调用并启动代

12.4 服务器端的实现

理线程,对接收的请求进行具体的处理。

(2)经过上面步骤(1)的介绍,应该了解了服务器端主线程类的开发方式,下面介绍代理线程 ServerAgentThread 的开发。此线程用于接收来自 Android 端或者 PC 端的请求信息,从而调用 DBUtil 的相关方法,从数据库中获取信息,具体代码如下。

代码位置:见随书源代码/第 12 章/DriverSystemServer/src/com/bn/Server 目录下的 ServerAgent-Thread.java。

```
1   package com.bn.Server;
2   ......//此处省略了一些导入相关类的代码,读者可自行查阅随书附带的源代码
3   public class ServerAgentThread extends Thread {
4       private Socket sc;                                              //声明 Socket 引用
5           private DataInputStream in;                                 //声明输入流引用
6           private DataOutputStream out;                               //声明输出流引用
7           private static final String ok = "ok";                      //定义字符串 ok
8           private static final String fail = "fail";                  //定义字符串 fail
9           public ServerAgentThread(Socket sc) {                       //创建构造器
10              try {
11                  this.sc = sc;                                       //获取 Socket 的引用
12                  in = new DataInputStream(sc.getInputStream());      //创建数据输入流
13                  out = new DataOutputStream(sc.getOutputStream());   //创建数据输出流
14              } catch (Exception e) {                                 //捕获异常信息
15                  e.printStackTrace();                                //打印异常信息
16          }}
17          public void run () {                                        //run 方法
18          try{
19              String readinfo = IOUtil.readStr(in);                   //得到信息
20              System.out.println("readinfo===" + readinfo);           //打印接收的信息
21              //添加用户
22              if(readinfo.startsWith(ADD_USER)){                      //匹配添加用户字符串
23                  String[] getmsg=readinfo.split(ADD_USER);           //将得到的字符串分割
24                  String isok=DBUtil.addUsersb(getmsg);               //添加用户
25                  IOUtil.writeStr(out, MyConverter.escape(isok));}    //输出添加结果
26              //得到所有用户信息
27              else if(readinfo.equals(GET_USER)){                     //匹配查询所有用户信息
28              String liststr=TypeExchangeUtil.listToString(DBUtil.getUsersb());
                                                                        //用户信息由列表转为字符串
29                  IOUtil.writeStr(out, MyConverter.escape(liststr));} //输出查询用户信息
30              ......//由于其他 msg 动作代码与上述相似,故省略,读者可自行查阅源代码
31          }catch(Exception e){ e.printStackTrace();                   //打印异常信息
32              }finally{
33                  try {sc.close();} catch (IOException e) {e.printStackTrace();}  //关闭socket
34                  try {din.close();} catch (IOException e) {e.printStackTrace();}//关闭输入流
35                  try {dout.close();} catch (IOException e) {e.printStackTrace();}//关闭输出流
36   }}}
```

- 第 15~21 行为通过 id 获取指定用户信息的代码。首先截取数据信息,拿到用户 id ,然后调用 DBUtil 的 getusermessagebyid 方法,根据传入的 id 执行 SQL 语句,获取对应的用户信息,最后将字符串信息返回 PC 端或 Android 端。

- 第 21~25 行为获得管理员信息的方法,该方法直接调用 DBUtil 的 getAdminUser 方法处理数据库,并得到返回管理员信息,然后将字符串信息转码并加密传给 PC 端或 Android 端。

- 第 27~32 行关闭使用结束后的 socket、输入流和输出流。在 Java 中,垃圾收集器不能监管全部输入输出流,若不及时关闭,则可能自始至终都占用你的内存空间一直不会释放,所以开发者需要及时关闭不再使用的资源。

12.4.3 DB 处理类的开发

上一小节介绍了服务器线程的开发,下面介绍 DBUtil 类的开发。DBUtil 是服务器端一个很重要的类,它包括了所有 Android 端和 PC 端的请求方法。通过与数据库建立连接后执行 SQL 语句,然后将得到的数据库信息处理成相应的格式并返回,具体代码如下。

> 代码位置：见随书源代码/第 12 章/DriverSystemServer/src/com/bn/Database 目录下的 DBUtil.java。

```java
1   package com.bn.Database;
2   ......//此处省略了一些导入相关类的代码，读者可自行查阅随书附带的源代码
3   public class DBUtil {                                               //创建 DBUtil 类
4       public static Connection getConnection(){                       //与数据库建立连接的方法
5           Connection con = null;                                      //声明连接的引用
6           try{
7               Class.forName("org.gjt.mm.mysql.Driver");               //声明驱动
8               con= DriverManager.getConnection("jdbc:mysql://localhost/test?useUnicode=true
9               &characterEncoding=UTF-8","root","");                   //得到连接的引用
10          }catch(Exception e){                                        //捕获异常信息
11              e.printStackTrace();}                                   //打印异常信息
12          return con;}                                                //返回连接
13      public static String getCarTypeMaxId(){                         //得到车型表的最大 ID
14          Connection con=getConnection();                             //与数据库建立连接
15          Statement st=null;                                          //建立接口
16          ResultSet rs=null;                                          //创建结果集
17          String string=new String();                                 //建立一个 String
18          try{
19              st=con.createStatement();                               //创建对象发送 SQL 语句
20              String task="select max(c_id) from car;";
21              rs=st.executeQuery(task);                               //执行 SQL 语句
22              rs.next();                                              //得到结果
23              if(rs.getString(1)==null){                              //如果得到结果为空
24                  string=String.valueOf(0);}                          //String 赋值为 0
25              else{
26                  string=rs.getString(1);}                            //将结果赋值给 String
27          }catch(Exception e){                                        //捕获异常信息
28              e.printStackTrace();                                    //打印异常信息
29          }finally{
30              try{rs.close();}catch(SQLException e){e.printStackTrace();}   //关闭结果集
31              try{st.close();}catch(SQLException e){e.printStackTrace();}   //关闭接口
32              try{con.close();}catch(SQLException e){e.printStackTrace();}} //关闭连接
33          return string;}                                             //返回得到的最大 ID
34      ......//由于其他方法代码与上述相似，该处省略，读者可自行查阅源代码
35  }
```

- 第 5~12 行为与数据库建立连接的方法，首先加载数据库驱动，然后建立并返回连接。注意建立连接时，各数据库属性以读者自己的 MySQL 设置而定（即符合 Navicat for MySQL 中的连接名、数据库名、用户名、用户密码）。

- 第 14~28 行用于得到车型表的最大 ID。先连接数据库，创建一个 Statement 对象来发送 SQL 语句，再创建一个 ResultSet 对象获得返回的结果集，最后拿到结果集，若为空则返回 0，否则返回结果。

- 第 27~33 行打印异常信息，并在获取信息数据结束后，关闭刚才打开的 ResultSet、Statement 和 Connection，根据程序的具体内容决定关闭的内容。做完此操作后，返回拿到的 String 字符串到 PC 端或 Android 端。

> 💡 说明　DB 处理类是服务器端的重要组成部分，DB 处理类的开发使对数据库的操作变得简单明了，它根据 Android 端或者 PC 端发来的相关请求，调用对应的方法，从数据库中拿到需要的信息，极大地提高了团队的合作效率。

12.4.4　图片处理类

上一小节主要介绍了 DB 处理类的开发，下面将介绍的是图片处理类。图片处理是一项非常重要的操作，Android 端和 PC 端都会进行图片处理，包括添加图片、查看图片、保存图片等操作，这些操作都需要对服务器进行下载或者上传图片来完成，其具体代码实现如下。

> **代码位置**：见随书源代码/第 12 章/DriverSystemServer/src/com/bn/util 目录下的 Pcode.java。

```
1   package com.bn.util;
2   ......//此处省略了一些导入相关类的代码，读者可自行查阅随书附带的源代码
3   public class Pcode {
4   public static String GetImageStr(String imgpath) {     //将图片文件转化为字符串
5   String imgFile = imgpath;                              //得到待处理的图片路径
6   InputStream in = null;                                 //定义缓冲输入流
7   byte[] data = null;                                    //创建临时缓存数组
8   try {
9   in = new FileInputStream(imgFile);                     //创建缓冲输入流
10  data = new byte[in.available()];                       //定义比特数组
11  in.read(data);                                         //写入比特数组
12  in.close();                                            //关闭输入流
13  } catch (IOException e) {                              //捕获异常信息
14  e.printStackTrace();}                                  //打印异常信息
15  BASE64Encoder encoder = new BASE64Encoder();           //Base64 编码
16  return encoder.encode(data);}}                         //返回字节数组字符串
17  //对字节数组字符串进行 Base64 解码并生成图片
18  public static boolean GenerateImage(String imgStr,String cid){
19  if (imgStr == null)                                    //如果图像数据为空
20  {return false;}                                        //返回失败
21  BASE64Decoder decoder = new BASE64Decoder();           //对字节数组 Base64 编码
22  try {
23  byte[] b = decoder.decodeBuffer(imgStr);               //得到数据
24  for (int i = 0; i < b.length; ++i) {                   //循环验证
25  if (b[i] < 0) {                                        //调整异常数据
26  b[i] += 256;}}
27  String imgFilePath =
28  "D:/Android/workspace/DriverSystemServer/试题图片/"+cid+".png";  //生成的图片路径
29  OutputStream out = new FileOutputStream(imgFilePath);  //创建缓存输出流
30  out.write(b);                                          //输出图片数据
31  out.flush();                                           //清空缓冲区数据
32  out.close();                                           //关闭文件流
33  return true;}                                          //返回成功
34  catch (Exception e) {                                  //捕获异常信息
35  return false;                                          //返回失败
36  }}
```

● 第 4～16 行为从指定路径下的文件夹里获取图片数据的代码。首先根据传入的图片路径获取图片信息，再将图片信息放入指定的缓冲输出流中，将信息读出写入比特数组，然后以 Base64 编码的字符串的形式返回，最后关闭输入输出流。

● 第 18～35 行为将图片存入指定路径下的文件夹里的方法，先创建一个文件，然后将 File 实例放入输入流中，再将其数据写入到文件流中，最后关闭文件流。

> **说明** 在驾考宝典中通过流对图片进行操作时，从磁盘中获得图片的方法是根据图片路径将图片信息放入输入流中，通过循环读取输入流的信息并写入输出流，以字节数组的形式读取输出流的信息，最后以字符串的形式返回。

12.4.5 辅助工具类

上面各小节主要介绍了服务器端各功能的具体实现方法，在服务器中的类调用方法的时候，需要用到两个工具类，即数据类型转换类和编译码类。下面将分别介绍这两个工具类。工具类在这个项目中十分常用，请读者仔细阅读。

1. 数据类型转换类

在 DB 处理类执行方法时，需要把指定的数据转换成字符串或者数组的形式然后再进行处理。在处理线程方法中，经过 DB 处理返回的列表数据又需经过类型转换，转变为字符串才能写入流。

下面将介绍数据类型转换类 TypeExchangeUtil 类的开发，具体代码如下。

> 代码位置：见随书源代码/第 12 章/DriverSystemServer/src/com/bn/util 目录下的 TypeExchangeUtil.java。

```
1   package com.bn.util;
2   ......//此处省略了一些导入相关类的代码，读者可自行查阅随书附带的源代码
3   public class TypeExchangeUtil {
4       public static String listToString(List<String[]> list){  //把列表数据转换成字符串
5           StringBuffer sb=new StringBuffer();                  //字符串变量 StringBuffer
6           if(list!=null){                                      //如果列表不为空
7               for(int i=0;i<list.size();i++){                  //遍历列表
8                   String str[]=list.get(i);                    //将列表的值赋给字符串
9                   for(int j=0;j<str.length;j++){               //遍历字符串数组
10                      sb.append(str[j]+"η");}                  //将字符串放入 StringBuffer
11                  sb.substring(0,sb.length()-1);               //返回整个字符串
12                  sb.append("#");}}                            //在 StringBuffer 后加#符号
13          return sb.toString();}                               //以字符串形式返回
14      public static List<String[]> strToList(String msg){      //转换为 List<String[]>类型
15          List<String[]> list =new ArrayList<String[]>();      //创建新列表
16          String []str=msg.split("#");                         //以#为界分割开
17          for(int i=0;i<str.length;i++){                       //遍历字符串数组
18              if(str[i].length()>0)                            //若字符串长度大于 0
19                  list.add(str[i].split("η"));}                //以η分割添加到列表中
20          return list;      }                                  //返回列表
21      ....../*由于其他方法代码与上述相似，此处省略，读者可自行查阅源代码*/
22  }
```

● 第 4~13 行为把 List<String[]>数据转换为字符串的方法，先遍历列表并将得到的数据存入临时字符串数组，再遍历数组，在每个数组变量后加上"η"并存入字符串变量，在每次数组遍历完成后添加"#"用以区分每次的数据，最后将整个字符串变量返回。

● 第 14~21 行为将字符串转换成 List<String[]>的方法，先通过 split 方法将字符串以"#"为界分割开，然后对生成的数组遍历，如果含有数据（字符串长度大于 0），就在数据后面添加"η"存入列表，最后将列表返回。

> **说明** 上述数据类型转换的方法是一种非常常用的方法，合理地使用可以极大提高系统处理效率。在驾考宝典中涉及 DB 处理类执行方法时，基本都用到了该方法。请读者仔细研读，理解其中的逻辑方式，以后便可以直接拿来用。

2. 编译码类

代理线程通过调用 DB 处理类中的方法对数据库进行操作后，将得到并转换后的操作结果通过流反馈给 Android 客户端或 PC 端，这些操作结果必须经过编译码类中的方法编码后才能写入流，当读取时必须先解码，这样保证了数据传输的正确性。

（1）下面介绍编译码类中的编码方法，该方法采用自定义字符集对指定的字符串进行编码。所有的空格符、标点符号、特殊字符以及其他非 ASCII 字符都将被转化成%xx 格式 (xx 等于该字符在字符集表里面的编码的十六进制数字)或者%uxxxx 格式的字符编码。

> 代码位置：见随书源代码/第 12 章/DriverSystemServer/src/com/bn/util 目录下的 MyConverter.java。

```
1   public static String escape(String s) {
2       StringBuffer sbuf = new StringBuffer();          //创建 StringBuffer 存取字符信息
3       int len = s.length();                            //拿到传入字符串的长度
4       for (int i = 0; i < len; i++) {
5           int ch = s.charAt(i);                        //遍历字符串的每一个字符
6           if ('A' <= ch && ch <= 'Z') {                //若为字符 A~Z
7               sbuf.append((char) ch);                  //追加 A~Z 字符到 StringBuffer 的末尾
8           } else if ('a' <= ch && ch <= 'z') {         //若为字符 a~z
```

```
9                    sbuf.append((char) ch);         //追加 a~z 字符到 StringBuffer 的末尾
10               } else if ('0' <= ch && ch <= '9') {//若为数字 0~9
11                   sbuf.append((char) ch);         //追加 0~9 数字到 StringBuffer 的末尾
12               } else if (ch == '-' || ch == '_' || ch == '.' ||
13                   ch == '!'|| ch == '~' || ch == '*' || ch == '/' ||
14                   ch == '('|| ch == ')') {        //若为一些常见字符
15                       sbuf.append((char) ch);     //追加字符到当前 StringBuffer 对象的末尾
16               } else if (ch <= 0x007F) {          //若为其他 ASCII 码值
17                   sbuf.append('%');               //末尾追加%字符
18                   sbuf.append(hex[ch]);           //末尾追加转码后的十六进制字符
19               } else {                            //若为中文字符
20                   sbuf.append('%');               //末尾追加%字符
21                   sbuf.append('u');               //末尾追加 u 字符
22                   sbuf.append(hex[(ch >>> 8)]);   //追加字符到当前 StringBuffer 对象的末尾
23                   sbuf.append(hex[(0x00FF & ch)]);//追加内容到 StringBuffer 末尾
24               }
25           }
26           return sbuf.toString();                 //返回转码后的 StringBuffer
27       }
```

- 第 6~15 行中，当字符为 a~z、A~Z，以及 "=" "_" 等一些常见字符时，强制把它们转换成字符型并追加到当前 StringBuffer 对象的末尾。
- 第 16~18 行为采用自定义字符集对空格符、标点符号、特殊字符以及其他非 ASCII 字符的转码方式，它们都将被转化成%xx 的格式。
- 第 19~24 行为采用自定义字符集对中文字符的转码方式，将当前字符转化成自定义字符集中对应的%uxxxx 格式字符。

（2）接下来介绍的是编译码类中的解码方法。该方法可对通过 escape 方法编码的字符串进行解码，其工作原理为通过找到形式为%xx 和%uxxxx 的字符序列（x 表示十六进制的数字），用 Unicode 字符/u00xx 和/uxxxx 替换这样的字符序列进行解码。

代码位置：见随书源代码/第 12 章/DriverSystemServer/src/com/bn/util 目录下的 MyConverter.java。

```
1    public static String unescape(String s) {
2        StringBuffer sbuf = new StringBuffer();     //创建 StringBuffer 存取字符信息
3        int i = 0;                                  //定义索引值
4        int len = s.length();                       //拿到传入字符串的长度
5        while (i < len) {                           //索引位置未到字符结尾
6            int ch = s.charAt(i);                   //拿到索引所在位置字符
7            if ('A' <= ch && ch <= 'Z') {           //若为字符 A~Z
8                sbuf.append((char) ch);             //追加字符 A~Z 到 StringBuffer 对象的末尾
9            } else if ('a' <= ch && ch <= 'z') {    //若为字符 a~z
10               sbuf.append((char) ch);             //追加字符 a~z 到 StringBuffer 对象的末尾
11           } else if ('0' <= ch && ch <= '9') {    //若为数字 0~9
12               sbuf.append((char) ch);             //追加数字 0~9 到 StringBuffer 对象的末尾
13           } else if (ch == '-' || ch == '_' || ch == '.' ||
14               ch == '!'|| ch == '~' || ch == '*' || ch == '/'  //若为一些常用字符
15               || ch == '('|| ch == ')') {
16               sbuf.append((char) ch);             //追加内容到当前 StringBuffer 对象的末尾
17           } else if (ch == '%') {                 //若为字符%
18               int cint = 0;                       //定义子索引
19               if ('u' != s.charAt(i + 1)) {       //若为特殊 ASCII 码值字符
20                   cint = (cint << 4) | val[s.charAt(i + 1)];   //解码第一个字符
21                   cint = (cint << 4) | val[s.charAt(i + 2)];   //解码第二个字符
22                   i += 2;
23               } else {                            //若为中文字符
24                   cint = (cint << 4) | val[s.charAt(i + 2)];   //解码第一个字符
25                   cint = (cint << 4) | val[s.charAt(i + 3)];   //解码第二个字符
26                   cint = (cint << 4) | val[s.charAt(i + 4)];   //解码第三个字符
27                   cint = (cint << 4) | val[s.charAt(i + 5)];   //解码第四个字符
28                   i += 5;
29               }
30               sbuf.append((char) cint);           //将解码后的字符追加到结尾
31           } else {
32               sbuf.append((char) ch);             //将解码后的字符追加到结尾
```

```
33                }i++;}
34         return sbuf.toString();                   //返回解码后的字符
35     }
```

- 第 5~16 行为当字符为 a~z、A~Z，以及 "="" _" 等一些常见字符时的解码方式，即直接追加内容到当前 StringBuffer 对象的末尾即可。
- 第 17~23 行为当前编码为特殊 ASCII 码值字符时的判断及解码方法，若编码字符索引所指向的字符为%且下一位字符不为 u，则当前编码为特殊 ASCII 码值字符的编码。只须将其转化为自定义字符集中的对应字符即可完成解码操作。
- 第 23~29 行为当前编码为中文字符时的判断及解码方法，若编码字符索引所指向的字符为%且下一位字符不为 u，则当前编码为中文字符的编码。只须将其转化为自定义字符集中的对应字符即可完成解码操作。

12.4.6 其他方法的开发

在上面的介绍中，省略了 DB 处理类中的一部分方法和其他类中的一些变量定义，但是想要完整实现各功能是需要所有方法合作的。这些省略的方法并不是不重要，只是篇幅有限，无法一一详细介绍，请读者自行查看随书的源代码。

12.5 PC 端功能搭建及界面实现

上一节介绍的是服务器的开发与实现，这一节主要介绍 PC 端的搭建及界面的实现。PC 端作为一个管理端口，用于管理员管理驾考宝典中的相关信息，主要包括管理员信息、用户信息、驾校信息、车型信息、论坛管理以及试题的管理。下面将介绍各功能的实现。

12.5.1 用户登录功能的实现

下面将介绍用户登录功能的开发，包括登录界面的搭建及其相关功能的实现。用户登录是本系统中不可或缺的功能，在启动驾考宝典 PC 端后，首先弹出的便是登录界面，管理员可通过输入正确的账号和密码登录 PC 端。下面请读者查看具体内容。

（1）下面介绍的是用户登录界面的搭建，一个界面首先需要实现的是其界面的基本框架的搭建。在基本框架中可以设置界面的标题、大小、初始位置、界面布局等信息，具体代码如下：

📡 **代码位置**：见随书源代码/第 12 章/DriverContrual/src/com/bn/fyq/Login 目录下的 Loginit.java。

```
1    package com.bn.fyq.Login;
2    ......//此处省略了一些导入相关类的代码，读者可自行查阅随书源代码
3    public class Loginit implements ActionListener{
4    ......//此处省略了一些定义按钮等的代码，读者可自行查阅随书源代码
5    public Loginit(){
6    Image icon = Toolkit.getDefaultToolkit().getImage("src/com/bn/image/1.png");
                                                       //设置背景图片
7    jf.setIconImage(icon);                            //添加背景图片
8    jf.setTitle("登录界面");                           //设置标题
9    for(int i=0;i<2;i++)
10   {jlArray[i].setBounds(20,30+35*i,80,60);          //设置"用户名""密码"标签的位置
11   jlArray[i].setFont(ft);                           //两个标签的字体设置
12   jbArray[i].setBounds(10+i*100+10,120,80,25);      //对"登录""清空"按钮位置的摆放
13   jp.add(jlArray[i]);                               //将标签添加到 JPanel
14   jp.add(jbArray[i]);                               //将按钮添加到 JPanel
15   jbArray[i].setFont(ft);                           //按钮的字体设置
16   jbArray[i].addActionListener(this);}              //对按钮添加监听
17   jtxtName.setBounds(85,50,120,25);                 //用户名输入框的位置摆放
18   jp.add(jtxtName);                                 //输入框添加入 JPanel
19   jtxtName.addActionListener(this);                 //对用户名输入框添加监听
```

```
20    jtxtPassword.setBounds(85,80,120,25);              //密码输入框的位置摆放
21    jp.add(jtxtPassword);                              //输入框添加到 JPanel
22    jtxtPassword.setEchoChar('*');                     //设置输入框提示字符为 "*"
23    jtxtPassword.addActionListener(this);}             //对密码输入框进行监听
24    ......//此处省略登录界面中按钮的监听方法的实现,后面简单介绍
25    }}
```

● 第 6～16 行用于得到一张图片,并将其设置为登录界面的背景图片,同时设置登录界面的标题。对"用户名""密码"两个标签以及"登录""清空"两个按钮进行位置摆放以及对字体进行设置,并且还对按钮添加了监听。

● 第 17～23 行用于将用户名输入框添加到 JPanel,对其进行位置的摆放,并对用户名输入框添加监听。密码输入框也和用户名输入框一样,添加到 JPanel,进行位置的摆放,并同时将其输入字符更改为"*"。

(2)登录界面搭建好之后,接下来要进行的是给界面中的两个按钮添加监听,即上述步骤(1)代码中省略的具体单击方法 actionPerformed。在 actionPerformed 中通过 getSource 判断当前单击的按钮,从而执行相关事件,具体代码如下。

> 代码位置:见随书源代码/第 12 章/DriverContrual/src/com/bn/fyq/Login 目录下的 Login.java。

```
1   @Override
2   public void actionPerformed(ActionEvent e){         //对按钮进行监听
3   if(e.getSource()==jbArray[1]){                      //单击的按钮为清空
4       jtxtName.setText("");                           //用户名输入框清空
5       jtxtPassword.setText("");                       //密码输入框清空
6       jtxtName.requestFocus();                        //光标移动到用户名输入框
7   else{
8       String admId=jtxtName.getText().toString().trim();    //得到输入的用户名
9       String admPwd=String.valueOf(jtxtPassword.getPassword());  //得到输入的密码
10      ......//此处省略了一些对空输入的判断代码,读者可自行查阅随书附带的源代码
11      //向服务器发送信息判断用户名、密码的正确性
12      SocketClient.ConnectSevert(Constant.SUPER_LOGIN+admId+Constant.SUPER_LOGIN+admPwd);
13      String adminfo=SocketClient.readinfo;           //得到服务器传回信息
14      f(adminfo.equals("ok")){                        //如果得到的是 "ok"
15          jf.setVisible(false);                       //登录界面设置为不可见
16          try {
17              //设置 Windows 风格
18              UIManager.setLookAndFeel(UIManager.getSystemLookAndFeelClassName());}
19          catch (Exception m) {                       //捕获异常信息
20              m.printStackTrace();}                   //打印异常信息
21          new MainFrame();}                           //显示主界面
22      ......//此处省略了一些判定是否可以登录的代码,读者可自行查阅随书附带的源代码
23  }
```

● 第 3～6 行为"清空"按钮的单击事件。当用户单击清空按钮后,将用户名输入框和密码输入框的内容都清空,并且将输入光标移动到用户名输入框。

● 第 7～21 行为"登录"按钮的单击事件,用户单击登录按钮后,拿到用户输入的账号和密码,并向服务器发送信息,判断所输入账号密码是否与服务器中的账户信息相匹配。若匹配,则登录成功,进入 PC 端主界面,若不匹配,则弹出对话框提示用户"请输入正确的账号和密码!"。

> **说明** 由于篇幅限制,这里省略了部分代码。其中包括当用户成功输入账号密码时,会跳转到主管理界面,当用户输入错误账号密码时,会对用户进行提示其账号密码错误。具体内容读者可自行查阅随书附带的源代码来进行学习。

12.5.2 主管理界面功能的开发

介绍完登录界面之后,将要介绍的是主管理界面功能的开发。用户登录成功后,将进入 PC

端主管理界面，主管理界面是 PC 端的主要界面，主要用于对驾考宝典中的管理员、用户等基本信息以及试题信息和论坛信息等各个版块进行管理，下面请读者查看具体内容。

（1）下面要介绍的是用来搭建主管理界面的树结构模型 MainTree 类，树结构模型主要由 6 个主节点构成，分别为驾校信息主节点、车型信息主节点、用户浏览主节点、管理员信息主节点、论坛管理以及帖子类型主节点，各个节点下面还有若干子节点，单击某节点将切换至不同的界面，具体代码如下。

🖉 代码位置：见随书源代码/第 12 章/DriverContrual/src/com/bn/fyq/ShowTree 目录下的 MainTree.java。

```
1    package com.bn.fyq.ShowTree;
2    ......//此处省略了一些导入相关类的代码，读者可自行查阅随书附带的源代码
3    public class MainTree implements TreeSelectionListener{
4        JTree jt=new JTree();                                        //创建树形结构
5        ......//此处省略定义各个树节点的代码，读者可自行查阅随书附带源代码
6        public JTree JTreeOfList(){                                  //定义各个节点
7            snode3=new DefaultMutableTreeNode("驾校信息及管理");     //定义驾校信息节点
8            snod2=new DefaultMutableTreeNode("车型信息及管理");      //定义车型信息节点
9            snod5=new DefaultMutableTreeNode("用户浏览");             //定义用户浏览节点
10           asnod1=new DefaultMutableTreeNode("管理员信息及管理");   //定义管理员信息节点
11           snod1=new DefaultMutableTreeNode("论坛管理");             //定义论坛管理节点
12           tieClass=new DefaultMutableTreeNode("帖子类型");          //定义帖子类型子节点
13           fnode1=new DefaultMutableTreeNode("帖子详情");            //定义帖子详情子节点
14           fnode5=new DefaultMutableTreeNode("试题管理");            //定义试题管理节点
15           node2=new DefaultMutableTreeNode("试题题目");             //定义试题题目子节点
16           snod4=new DefaultMutableTreeNode("视频管理");             //定义视频管理子节点
17           snod1.add(tieClass);                                     //将帖子类型子节点添加到论坛管理节点
18           snod1.add(fnode1);                                       //将帖子详情子节点添加到论坛管理节点
19           fnode5.add(node2);                                       //将试题题目子节点添加到试题管理节点
20           fnode5.add(snod4);                                       //将视频管理子节点添加到试题管理节点
21           DefaultMutableTreeNode top=new DefaultMutableTreeNode("驾校管理系统");
22           ......//此处省略了将各个子节点添加到主节点的代码，读者可自行查阅随书附带源代码
23           TreeModel all = new DefaultTreeModel(top);               //主节点添加到树模型中
24           jt.setModel(all);                                        //JTree 设置模型
25           jt.addTreeSelectionListener(this);                       //给 JTree 添加监听
26           return jt;
27           ......//此处省略各个树节点添加监听方法的代码，后面将简单介绍
28       }}
```

● 第 6～16 行为树状列表中各个主节点（分别为驾校信息、车型信息、用户信息、管理员信息、论坛管理以及试题管理）和叶节点（分别为帖子类型、帖子详情、试题题目和视频信息）的定义代码。

● 第 17～20 行把已经创建的子节点对象添加到相对应的主节点下。即将帖子类型子节点与帖子详情子节点添加到论坛管理节点，将试题题目子节点与视频管理子节点添加到试题管理节点。

● 第 23～26 行将主节点添加到树模型并给创建的树对象的各个节点添加监听，即单击相应节点后切换到对应布局卡片。具体代码在此处省略，下面将会对其进行简单介绍。

（2）主界面搭建好了之后，接下来要进行的工作就是给界面中的树节点添加监听，即上述步骤（1）操作中省略的给树节点添加监听的方法 valueChanged，具体代码如下。

🖉 代码位置：见随书源代码/第 12 章/DriverContrual/src/com/bn/fyq/ShowTree 目录下的 MainTree.java。

```
1    @Override
2    public void valueChanged(TreeSelectionEvent arg0){
3        //获得最后点中的节点，添加单击事件
4        DefaultMutableTreeNode node=(DefaultMutableTreeNode)jt.getLastSelectedPathComponent();
5        if(node.equals(snode3))                                      //单击的是驾校信息
6        {MainFrame.cardLayout.show(MainFrame.jAll,"jiaxiao");}       //显示驾校信息界面
7        ......//其他节点操作代码与上述操作基本相同，不再进行赘述，读者可自行查阅源代码
8    }
```

> **说明** 上面给出的是切换到各个节点时的单击事件和对相关节点进行组装的代码。当管理员单击相应节点时,程序会首先显示相应界面,然后为界面表格加载数据。例如,管理员单击用户界面时,系统会首先显示用户界面,然后创建表格模型加载数据。

12.5.3 管理员信息及其他类型信息的开发

介绍完主界面功能的开发之后,本小节将介绍管理员信息及其他类型信息的开发,其中主要包括查看信息以及对信息的修改等功能。这里以管理员信息为例进行介绍。下面请读者查看具体内容。

(1)要添加管理员,具体代码如下。

代码位置:见随书源代码/第 12 章/DriverContrual/src/com/bn/fyq/addAdm 目录下的 AdmUser.java。

```
1    package com.bn.fyq.addAdm;
2    ......//此处省略了一些导入相关类的代码,读者可自行查阅随书附带的源代码
3    public class AdmUser  extends JFrame implements ActionListener{
4    ......//此处只实现添加管理员功能代码,读者可自行查阅随书附带的源代码
5    @Override
6    public void actionPerformed(ActionEvent arg0) {           //为按钮添加监听
7    if(arg0.getSource()==jbadd[0]){                           //如果单击的是"添加管理员"
8    Pattern pattern1=Pattern.compile("[0-9]{7,11}");          //0~9 必须出现 7~11 次
9    Pattern pattern2=Pattern.compile("[A-z0-9]{4,11}");       //A~z 或 0~9 必须出现 4~11 次
10   String []getmsg=new String[3];                            //创建长度为 3 的数组
11           boolean b=true;                                   //创建标志位 b 为 true
12               for(int i=0;i<getmsg.length;i++)              //创建循环得到数据
13   {getmsg[i]=jtadd[i].getText();                            //得到文本框数据
14       if(i==1)                                              //如果是第二个文本框数据
15       {if(!pattern2.matcher(getmsg[1]).matches())           //如果格式不匹配
16       {b=false;                                             //标志位 b 设置为 false
17       JOptionPane.showMessageDialog                         //生成提示信息
18       (this, "密码长度在 4-11 位之间","提示",
19       JOptionPane.INFORMATION_MESSAGE);break;}}
20       if(i==2)                                              //如果是第二个文本框数据
21       {if(!pattern1.matcher(getmsg[2]).matches()            //如果信息不匹配
22           {b=false;                                         //设置标志位 b 为 false
23           JOptionPane.showMessageDialog                     //生成提示信息
24           (this, "电话长度在 7-11 位之间,且必须为数字","提示",
25           JOptionPane.INFORMATION_MESSAGE);break;}}
26       if(b==false)                                          //如果标志位为 false
27       {return ;}}
28   if(b){
29       s.append(Constant.ADD_ADMIN+jladd[jladd.length-1].getText()); //添加账号信息
30       s.append(Constant.ADD_ADMIN+getmsg[0]);                //添加姓名
31       s.append(Constant.ADD_ADMIN+getmsg[1]);                //添加密码信息
32       s.append(Constant.ADD_ADMIN+sexStr);                   //添加性别信息
33       s.append(Constant.ADD_ADMIN+getmsg[2]);}               //添加电话信息
34       SocketClient.ConnectSevert(s.toString());              //将信息传送服务器
35   }}
```

● 第 7~9 行为正则式,用来验证用户输入的密码或者电话信息是否与要求的相匹配。其中第一个正则式为 0~9 之间的数字必须出现 7~11 次,第二个正则式为 A~z 的字母或者 0~9 的数字必须出现 7~11 次。

● 第 10~26 行创建一个字符串数组,用以接收用户在文本框输入的管理员信息,并与信息格式相互匹配,以保证管理员信息的正确性。当用户输入的信息与要求不匹配时,对用户进行提示,使用户重新输入。

- 第 27～32 行将管理员信息分别以常量类信息开头的形式存入字符串变量。这个字符串变量就是要向服务器发送的信息。
- 第 33 行将管理员信息发送至服务器。

> **说明** 　管理员是特殊的用户，拥有登录 PC 端、管理用户及其他信息的权限，由于管理员的特殊性，所以并不含有修改管理员信息的功能，但是可以对管理员进行离职的操作。

（2）添加管理员后，可以对管理员进行离职操作，即不允许此管理员登录 PC 端与管理信息。实现这个功能只是需要向服务器发送管理员 ID 即可，由于过于简单，这里不再对其进行介绍。

> **说明** 　由于 PC 端的其他基本信息如用户信息、车型信息等的呈现方式与管理员信息的呈现方式基本相同，这里将不再对其他信息进行介绍，具体内容读者可自行查阅随书附带的源代码来进行学习。由于驾考宝典的主要信息在于试题，下面将对试题管理重点介绍。

12.5.4　试题管理功能的开发

本小节将介绍驾考宝典中的试题管理功能。其中主要包括显示试题信息、添加试题、修改试题信息以及删除试题这几部分功能，下面请读者查看具体内容。

（1）为了把试题信息呈现到界面表格中，编写如下代码。

代码位置：见随书源代码/第 12 章/DriverContrual/src/com/bn/fyq/StContrual 目录下的 StContrual.java。

```
1   package com.bn.fyq.StContrual;
2   ......//此处省略了一些导入相关类的代码，读者可自行查阅随书附带的源代码
3   public class StContrual extends JPanel implements ListSelectionListener{
4   ......//此处实现显示试题信息的代码，读者可自行查阅随书附带的源代码
5   public static Object[][] getDataFromDUBtil(){           //从服务器得到试题信息
6   SocketClient.ConnectSevert(Constant.ADD_QUESTION);     //向服务器发送信息
7       String getData=SocketClient.readinfo;              //得到所有的试题信息
8       String[] s=getData.split("#");                     //以"#"分割数据，存入数组
9       String[] sreply=null;                              //创建临时数组存放每个试题数据
10      String[][] sreturn=new String[s.length][];         //创建二维数组
11      for(int i=0;i<s.length;i++){
12      sreply=s[i].split("η");                            //将数据以"η"分割存入数组
13          sreturn[i]=sreply;}                            //将试题信息存入二维数组
14          return sreturn;}                               //返回二维数组
15  public static void reload(){                           //对表格信息的重新绘制
16          int rows=getRowFromDUBtil();                   //得到行数
17          int cols=getLineFromDUBtil();                  //得到列数
18          Object[][] data=getDataFromDUBtil();           //得到试题信息的二维数组
19          mtm.setData(data);                             //写入试题信息
20          mtm.fireTableDataChanged();}                   //表格信息更改时间
21  ......//此处只实现重新绘制表格的代码，读者可自行查阅随书附带的源代码
22  }
```

- 第 4～13 行向服务器发送数据以得到试题信息字符串。首先以"#"将试题信息字符串中的每条试题信息分割开并存入数组，再将每条试题信息的数据以"η"分割，然后存入二维数组，则现在二维数组中存放的就是试题的具体信息。最后将包含试题信息的数组返回。
- 第 14～19 行为重新绘制表格的方法，通过具体方法得到试题的信息以及根据试题个数和试题中所包含的具体内容分别得到行号与列号，最后将试题信息显示在界面表格中。

（2）下面介绍的是修改试题信息的功能。在试题存入数据库后，可能需要修改其题目、答案、所属车型等信息，那么就需要对已经存在的试题信息进行修改，具体代码如下。

12.5 PC 端功能搭建及界面实现

代码位置：见随书源代码/第 12 章/DriverContrual/src/com/bn/fyq/StContrual 目录下的 EditSt.java。

```
1   package com.bn.fyq.StContrual;
2   ......//此处省略了一些导入相关类的代码,读者可自行查阅随书附带的源代码
3   public class EditSt    extends JPanel implements ActionListener,ItemListener{
4   ......//此处只实现对试题信息修改的代码,读者可自行查阅随书附带的源代码
5   public void actionPerformed(ActionEvent arg0) {          //对按钮的单击监听
6       if(arg0.getSource()==jbadd[0]){                      //如果单击的是确定按钮
7           String stadd[]=new String[3];                    //创建数组存放试题信息
8           StringBuilder s=new StringBuilder();             //创建字符串变量
9           boolean b=true;                                  //标志位 b 设为 true
10          for(int i=0;i<3;i++){
11              stadd[i]=jtadd[i].getText();                 //循环得到文本框数据
12              if(i==1){
13                  stadd[i]=tastname.getText();}            //得到试题题目
14              if(i!=2){
15                  if(stadd[i].length()==0){                //如果得到数据为空
16                      b=false;                             //标志位 b 设置为 false
17                      JOptionPane.showMessageDialog        //提示信息
18                          (this,"除图片  其余信息不应为空","提示",//除去图片,其他信息不可以为空
19                      JOptionPane.INFORMATION_MESSAGE);
20                      break;}}}
21          if(b){                                           //如果标志位为 true
22              s.append(Constant.updateQuestion+stadd[0]);  //编号存入字符串变量
23              s.append(Constant.updateQuestion+stadd[1]);  //题目存入字符串变量
24              switch(jcbkm.getSelectedIndex()){            //判断科目选择信息
25              case 0:s.append(Constant.updateQuestion+"科目一");break; //试题科目为科目一
26              case 1:s.append(Constant.updateQuestion+"科目四");}break;//试题科目为科目四
27              if(stadd[2].length()==0){                    //图片信息为空
28                  s.append(Constant.updateQuestion+"空");} // "空" 存入字符串
29              else{
30                  s.append(Constant.updateQuestion+tupianxinxi);} //存入图片信息
31              switch(jcb.getSelectedIndex()){              //判断试题类型的选择
32              case 0:s.append(Constant.updateQuestion+"单项选择题");break; //试题类型为单选
33              case 1:s.append(Constant.updateQuestion+"多项选择题");break; //试题类型为多选
34              case 2:s.append(Constant.updateQuestion+"判断题");}break;  //试题类型为判断
35              ......//由于篇幅有限,此处省略了小部分代码,读者可自行查阅随书附带的源代码
36              s.append(Constant.updateQuestion+tastjiexi.getText());  //存入试题解析内容
37              SocketClient.ConnectSevert(s.toString());    //向服务器发送数据
38      ......//由于篇幅限制,此处省略了一些代码,读者可自行查阅随书附带的源代码
39      }}
```

● 第 6～20 行创建字符串数组存放编辑的试题信息,并保证题目与图片信息的正确性。其中题目信息不可以为空,图片信息可以为空。

● 第 21～30 行将编辑好的试题编号、试题题目与相对应的常量信息存放入字符串变量中。并根据用户选择的具体科目,将科目信息与对应的常量信息存放入字符串变量。同时若图片信息为空,则将"空"存入字符串变量,否则将图片信息存入字符串变量。

● 第 31～37 行根据用户所选择试题类别,将试题的类别信息与对应的常量信息存放入字符串变量中,并且将试题的解析内容存放入字符串变量。同时将包含试题所有信息的字符串变量发送至服务器,等待服务器响应。

> **说明** 此处只是介绍了试题信息的编辑过程,对于将编辑好的试题信息发送至服务器,并且根据服务器返回信息进行响应的代码这里不再讲解。具体内容读者可自行查阅随书附带的源代码来进行学习。

(3) 下面介绍的是试题信息的删除。当添加的试题不再需要时,可以对试题进行删除。具体代码如下。

代码位置：见随书源代码/第 12 章/DriverContrual/src/com/bn/fyq/StContrual 目录下的 DelQues.java。

```
1   package com.bn.fyq.StContrual;
```

```
2      ......//此处省略了一些导入相关类的代码,读者可自行查阅随书附带的源代码
3      public class DelQues   extends JFrame implements ActionListener{
4      ......//此处只是删除试题功能的代码,读者可自行查阅随书附带的源代码
5      public void actionPerformed(ActionEvent e){              //对按钮进行监听
6      if(e.getSource()==bok){                                   //单击的是确定按钮
7          String s=jqueid.getText();                            //得到要删除的试题 ID
8          SocketClient.ConnectSevert(Constant.delQuestion+s);   //向服务器发送信息
9      }}}
```

- 第 6~8 行得到试题的 ID,然后向服务器发送信息删除该试题。

> **说明** 删除某道试题时,应该先把以试题 ID 为外键的表中的该题信息删除。例如,删除试题 ID 为 "00001" 的试题时,试题答案表中关于 "00001" 试题的信息就应该删除。具体内容读者可自行查阅随书附带的源代码来进行学习。

12.5.5 论坛管理功能的开发

本小节将介绍驾考宝典中的论坛管理功能。论坛管理主要分为查看论坛信息、查看用户回复、删除帖子以及对用户禁言这些功能。

> **说明** 由于论坛管理中的查看论坛信息、查看用户回复的实现与查看管理员信息这一功能相似,而删除帖子这一功能更是跟删除试题没有区别,所有这里不再对其进行介绍。具体内容读者可自行查阅随书附带的源代码来进行学习。

12.6 Android 客户端各功能模板实现

上一节介绍了 PC 端框架搭建和功能实现。这一节主要介绍 Android 端各块功能的具体实现。包括整体框架的搭建、常量类的开发、调用系统浏览器、启动界面功能的实现、定位功能的实现、返回键的监听以及各模块相关界面的搭建。接下来将一一介绍这些功能。

12.6.1 整体框架的搭建

本小节将向读者介绍主体框架的搭建,讲述 ViewPager 的使用方法。实现侧拉界面的划出以及其他界面的单击切换,包括科目一、科目二/三、科目四和车友圈 4 个模块界面的切换过程。该功能的实现可以提高用户的体验感,下面请读者看具体内容。

(1)主界面的搭建,包括布局的安排、按钮、图片等控件的大小、位置、排列方式的设置。代码中的一些省略部分与介绍的部分相似,在此就不一一列举出来,读者可自行查阅随书代码进行学习,具体代码如下。

> **代码位置**:见随书源代码/第 12 章/DriverSystem_AndroidStudio/app/src/main/res/ layout/activity_main.xml。

```
1  <com.bn.driversystem_android.SlidingMenuxmlns:android="http://schemas.android.com/apk/res/android"
2      xmlns:tools="http://schemas.android.com/tools"
3      android:id="@+id/id_menu"                              <!--设置界面 id-->
4      xmlns:fyq="http://schemas.android.com/apk/res/com.bn.driversystem_android"
5      android:layout_width="wrap_content"                    <!--设置宽度为自适应-->
6      android:layout_height="fill_parent"                    <!--设置高度为满屏-->
7      android:scrollbars="none"                              <!--设置滚动条为隐藏-->
8      fyq:rightPadding="100dp"                               <!--设置右内间距-->
9      >
10     <!-- 总界面 BEGIN -->
11     <LinearLayout
```

```
12            android:layout_width="wrap_content"        <!--设置宽度为自适应-->
13            android:layout_height="fill_parent"        <!--设置高度为满屏-->
14            android:orientation="horizontal" >         <!--设置排列方式为横向-->
15            <include layout="@layout/layout_menu" />   <!--设置复用模块-->
16            <RelativeLayout
17                android:orientation="vertical"         <!--设置排列方式为垂直-->
18                android:layout_width="fill_parent"     <!--设置宽度为满屏-->
19                android:layout_height="fill_parent"    <!--设置高度为满屏-->
20                >
21                <!-- 标题 -->
22                <LinearLayout android:id="@+id/main_tab_banner"  <!--设置LinearLayout的id-->
23                    android:layout_width="fill_parent"           <!--设置宽度为满屏-->
24                    android:layout_height="wrap_content"         <!--设置高度为自适应-->
25                    android:paddingLeft="10dip"                  <!--设置左内间距-->
26                    android:orientation="horizontal"             <!--设置排列方式为横向-->
27                    android:gravity="center"                     <!--设置元素位置-->
28                    android:background="@drawable/bj"            <!--设置背景图片-->
29                    android:layout_alignParentTop="true"         <!--设置控件上边缘与父控件对齐-->
30                    >
31                ......<!--此处文本域与上述相似,故省略,读者可自行查阅随书的源代码-->
32                <!-- 排版 -->
33                <LinearLayout android:id="@+id/main_tab_container" <!--设置控件id-->
34                    android:layout_above="@id/main_tab"            <!--设置其余控件在某id控件上面-->
35                    android:layout_below="@id/main_tab_banner"     <!--设置其余控件在某id控件下面-->
36                    android:layout_width="fill_parent"             <!--设置宽度为满屏-->
37                    android:layout_height="fill_parent"            <!--设置高度为满屏-->
38                    android:background="#FFFFFF">                  <!--设置背景颜色为白色-->
39                </LinearLayout>
40            </RelativeLayout>
41        <!-- 标题栏上方 END -->
42    </LinearLayout>
43    <!-- 总界面 END -->
44 </com.bn.driversystem_android.SlidingMenu>
```

- 第 1~8 行用于总布局的声明与设置,设置其宽度为自适应屏幕宽度,高度为屏幕高度,并设置滚动条为隐藏。

- 第 11~19 行为总布局声明,该布局是一个线性布局,其中包含一个顶部标题栏和一个用于存放底部导航栏的相对布局和 ViewPager 控件。总线性布局设置其宽度为自适应屏幕宽度,高度为屏幕高度,并复用了 layout_menu.xml 文件。

- 第 21~29 行为顶部标题栏的线性布局,位置为顶部居中,排列方式为横向排列,用于显示当前所在模块的标题。设置线性布局为自适应屏幕高度,宽度为满屏。

- 第 33~38 行为相对布局内对各线性布局的排版,设置背景色为白色,设置其他控件在标题栏 main_tab_banner 之下,设置其他控件在导航栏 main_tab 之上。

(2)下面介绍主界面 MainFrame 类中整体的开发。主界面主要是由科目一界面、科目二/三界面、科目四界面以及车友圈界面组成的,用户单击界面时,会切到相应的界面,这些界面将在下面的章节逐个介绍,主界面搭建具体代码如下。

代码位置:见随书源代码/第 12 章/DriverSystem_AndroidStudio/app/src/main/java/com/bn/driversystem_android/MainActivity.java。

```
1     package com.bn.driversystem_android;
2    ......//此处省略了一些导入相关类的代码,读者可自行查阅随书附带的源代码
3     public class MainActivity extends ActivityGroup {
4    ......//此处省略定义变量的代码,请自行查看随书的源代码
5     @Override
6         protected void onCreate(Bundle savedInstanceState) {      //重写 OnCreate 方法
7             super.onCreate(savedInstanceState);                   //调用父类构造函数
8             requestWindowFeature(Window.FEATURE_NO_TITLE);        //取消顶部 Title
9             if(chexingzanshi.equals("小车")){                      //确定标志位
10                XuanZeCheXing="01";
11            }
12   /*因与上述相似,此处省略其余相似内容,请自行查看随书的源代码*/
```

```
13          Exit.getInstance().addActivities(this);                //调用退出方法
14          mainTabContainer = (LinearLayout)findViewById(R.id.main_tab_container);
15          localActivityManager = getLocalActivityManager();
16          setContainerView("kemuyi", KeMuyiActivity.class);      //切换界面到科目一界面
17          initTab();                                             //初始化各控件
18     }
19     private void initTab() {                                    //初始化控件的方法
20     ......//此处省略定义初始化控件、PagerAdapter 以及监听的代码,下面将详细介绍
21     }
22     public void setContainerView(String id,Class<?> activity){  //切换界面方法的具体实现
23          mainTabContainer.removeAllViews();                     //移除现存所有控件
24          mainTabIntent = new Intent(this,activity);             //创建新的 Intent
25          mainTabContainer.addView(localActivityManager.
26            startActivity(id, mainTabIntent).getDecorView());
27     }                                                           //添加并启动新的控件
28     @Override
29       public boolean onKeyDown(int keyCode, KeyEvent event) {   //重写退出方法
30           if (keyCode == KeyEvent.KEYCODE_BACK) {               //如果单击的为返回键
31               exit();                                           //调用退出方法
32               return false;}                                    //返回 false
33          return super.onKeyDown(keyCode, event);}               //重新调用 OnKeyDown 方法
34      private void exit() {                                      //退出方法具体实现
35          if (!isExit) {                                         //如果 isExit 是 false
36               isExit = true;                                    //isExit 设为 true
37               Toast.makeText(getApplicationContext(), "再按一次退出程序",
38                       Toast.LENGTH_SHORT).show();               //抛出一个提示 Toast
39            // 利用 handler 延迟发送更改状态信息
40               mHandler.sendEmptyMessageDelayed(0, 2000);        //设置延迟为 2000ms
41          } else {                                               //如果 isExit 为 true
42               finish();
43               System.exit(0);                                   //程序退出
44      }}
```

- 第 6～17 行为 Activity 启动时调用的方法,在 onCreate 方法中取消了顶部的 Title,调用了 Exit 方法,因各车型题库不同,所以在启用主界面的时候,先要确定用户选择的车型,并调用初始化控件方法。

- 第 19～21 行定义初始化控件、PagerAdapter 以及监听,这里的代码省略,下面将详细介绍。

- 第 22～26 行为切换界面方法的具体实现,移除现有控件,创建新的 Intent,放入需要的界面,然后启用新的控件。

- 第 28～33 行重写 Android 返回键代码,若单击的为返回键,则启用退出方法。第 35～44 行为退出方法的具体实现,按两次返回键即为退出,按第一次发送 Toast 提示信息,设置标志位为 true,第二次按返回键则退出。

（3）接下来介绍的是主界面类中多个控件的初始化方法 initTab。在该方法中首先拿到了各个布局和控件的引用,然后为 ViewPager 设置适配器并添加页面切换监听,为导航栏中的各模块添加单击监听。当切换至不同模块时,对应模块的图片和字体颜色改变,具体代码如下。

代码位置：见随书源代码/第 12 章/DriverSystem_AndroidStudio/app/src/com/bn/ driversystem_android 目录下的 MainActivity.java。

```
1      private void initTab() {
2      ......//此处省略一些 xml 文件中各控件的监听,请自行查看随书的源代码
3          Typeface customFont = Typeface.createFromAsset(
4                    this.getAssets(), "fonts/newfont.ttf");      //创建字体
5          mainTabTitleTextView.setTypeface(customFont);          //应用字体
6          if(Integer.parseInt(XuanZeCheXing)==4) {               //若车型为摩托车
7               kemu1_xiamianLinear_kemu2.setVisibility(View.INVISIBLE);//隐藏科目二/三
8          }
9          else if(Integer.parseInt(XuanZeCheXing)>4){            //若车型为资格证
10              kemu1_xiamianLinear_kemu2.setVisibility(View.INVISIBLE); //隐藏科目二/三
11              kemu1_xiamianLinear_kemu4.setVisibility(View.INVISIBLE);//隐藏科目四
```

```
12              }
13              //科目一
14              kemuyiImageView.setOnClickListener(new OnClickListener() { //触碰监听
15                  public void onClick(View v) {
16                      mainTabTitleTextView.setText("科目一：理论考试");//设置显示文字
17                      setContainerView("kemuyi", KeMuYiActivity.class);//跳转界面
18                      kemuyiImageView.setImageResource(R.drawable.ico_img1_p);
                                                                    //更换科一图片
19                      kemuerImageView.setImageResource(R.drawable.ico_img2);
                                                                    //更换科二/三图片
20                      kemusiImageView.setImageResource(R.drawable.ico_img3);
                                                                    //更换科四图片
21                      cheyouquanImageView.setImageResource(R.drawable.ico_img5);
                                                                    //更换车友圈图片
22              }});
23      /*因与上述相似，此处省略3个获取view方法，请自行查看源代码*/
24      }
```

- 第 2 行省略部分用于获得界面中相关控件的引用，如线性布局、图片控件和文本框架。
- 第 3～4 行设置界面字体为存放在 fonts 文件中的自定义 newfont.ttf 格式（这里的 newfont.ttf 为自定义的某种字体，读者可自行更换）。
- 第 5～13 行为导航界面按钮的设置，因不同车型有不同的考试类型（例如摩托车只有科目一考试，各资格证没有科目二/三考试）。
- 第 15～24 行为单击监听的设置。当用户手指单击屏幕上的科目一按钮的时候，触发 onClickListener 事件，导航栏内各按钮会发生相应变化，同时主界面会切换至相应的模块。

12.6.2 常量类的开发

本小节将向读者介绍驾考宝典中常量类 Constant 的开发。驾考宝典内有许多需要重复调用的常量，为了避免重复在 Java 文件中定义常量，我们统一开发了单独的常量类 Constant，供其他 Java 文件调用，其具体代码如下。

> 代码位置：见随书源代码/第 12 章/ DriverSystem_AndroidStudio/app/src/com/bn/fyq/Constant 目录下的 Constant.java。

```
1   package com.bn.fyq.Constant;
2   public class Constant {
3       public static final String getQuestionByid="getQuestionByid";//根据 id 得到试题其他信息
4       public static final String getAnswerqByid="getAnswerqByid";//根据 id 找到试题的正确答案
5       public static final String getAnswerById="getAnswerById";//根据 id 找到试题的选项内容
6       public static final String updateQuestion="updateQuestion";//根据 id 更改试题内容
7       public static final String delAnswer="delAnswer";          //根据 id 删除试题全部答案
8       ......//此处省略其他常量的定义，读者可自行查阅随书的源代码
9   }
```

> **说明** 常量类的开发是一项十分必要的准备工作，能够避免在程序中重复不必要的定义工作，提高代码的可维护性，因为篇幅有限，在此没有一一列出，若读者在下面的类或方法中发现不知道其具体作用的常量，可以到这个类中查找。

12.6.3 侧滑界面的实现

接下来介绍的是驾考宝典中侧滑界面，用户通过向右滑动从而进行功能选择。该界面改变了应用只有一种切换方式的作风，方便了用户体验。该界面实现了用户选择车型、选择驾校、关于我们、个人中心等功能的选择。下面请读者了解具体内容。

（1）下面介绍侧滑菜单工具类，此类的功能是设置屏幕的宽度、菜单的宽度、实现菜单状态转换等，从而实现用户滑动后的不同效果。具体代码如下。

> 代码位置：见随书源代码/第 12 章/DriverSystem_AndroidStudio/app/src/com/bn/ driversystem_android 目录下的 SlidingMenu.java。

```
1   public class SlidingMenu extends HorizontalScrollView
2   {
3   //此处省略该类的 3 个构造器
4       @Override
5       protected void onMeasure(int widthMeasureSpec, int heightMeasureSpec){
6           if (!once){                                                    //显式地设置一个宽度
7               LinearLayout wrapper = (LinearLayout) getChildAt(0);//定义 LinearLayout
8               ViewGroup menu = (ViewGroup) wrapper.getChildAt(0);//定义 ViewGroup
9               ViewGroup content = (ViewGroup) wrapper.getChildAt(1);
10              mMenuWidth = mScreenWidth - mMenuRightPadding;//设置宽度
11              mHalfMenuWidth = mMenuWidth / 2;
12              menu.getLayoutParams().width = mMenuWidth;    //将宽度写入ViewGroup中
13              content.getLayoutParams().width = mScreenWidth;
14          }
15          super.onMeasure(widthMeasureSpec, heightMeasureSpec);//调用父类方法
16      }
17      @Override
18      protected void onLayout(boolean changed, int l, int t, int r, int b){
19          super.onLayout(changed, l, t, r, b);              //调用父类方法
20          if (changed){
21              this.scrollTo(mMenuWidth, 0);                 //将菜单隐藏
22              once = true;                                  //将标志位置 true
23          }}
24      @Override
25      public boolean onTouchEvent(MotionEvent ev){
26          int action = ev.getAction();                      //定义 action
27          switch (action){
28          case MotionEvent.ACTION_UP:
29              int scrollX = getScrollX();
30              if (scrollX > mHalfMenuWidth){                //若显示区域大于设置宽度
31                  this.smoothScrollTo(mMenuWidth, 0);       //设置完全显示
32                  isOpen = false;                           //改变标志位
33              } else{
34                  this.smoothScrollTo(0, 0);                //否则设置隐藏
35                  isOpen = true;                            //改变标志位
36              }
37              return true;                                  //返回 true
38          }
39          return super.onTouchEvent(ev);                    //返回父类参数
40      }
41      public void openMenu(){                               //打开菜单
42          if (isOpen)                                       //如果是打开
43              return;                                       //返回不操作
44          this.smoothScrollTo(0, 0);                        //否则设置隐藏
45          isOpen = true;                                    //改变标志位
46      //关闭菜单、切换菜单状态等状态与打开菜单状态类似，故此处省略
47   }}
```

● 第 4~16 行通过显式地设置侧滑界面菜单的宽度和一半的宽度，并将其分别加入到已经定义的 ViewGroup 中，将它们作为参数传递给父类方法。

● 第 17~23 行重写 onLayout 方法，将接收的各个参数传递给父类方法，并对菜单状态进行判断，若状态改变，则将菜单设置隐藏。

● 第 24~40 行重写 onTouchEvent 方法，并对 action 进行判断，如果显示区域大于菜单宽度一半，则设置完全显示，否则设置隐藏，并将标志位改变。

● 第 41~47 行为对是否打开菜单进行判断的方法，如果打开菜单，则不进行操作。同理，关闭菜单、切换菜单状态等方法与此方法类似。

> 说明　在实现侧滑界面时，对 onLayout、onTouchEvent 等方法的重写至关重要，这些方法能够设置侧滑界面的宽度与大小，并使其能方便地隐藏与显示。

（2）在上述代码中写了侧滑界面主要的实现类，而只有一个类是不能实现侧滑的，其还需要几个辅助类的帮助，下面将重点介绍获得屏幕相关的辅助类，具体代码如下。

📌 **代码位置**：见随书源代码/第 12 章/DriverSystem_AndroidStudio/app/src/com/bn/util 目录下的 ScreenUtils.java。

```
1   public class ScreenUtils{
2       public static int getScreenWidth(Context context){
3   WindowManager wm = (WindowManager) context              //通过Context 的getSystemService
4           .getSystemService(Context.WINDOW_SERVICE);//得到 WindowManager 的实例
5           DisplayMetrics outMetrics = new DisplayMetrics(); //创建 DisplayMetrics
6           wm.getDefaultDisplay().getMetrics(outMetrics);  //得到屏幕高度
7           return outMetrics.widthPixels;
8       }
9       public static Bitmap snapShotWithStatusBar(Activity activity){
10          View view = activity.getWindow().getDecorView();//获取到程序显示的区域,包括标题栏
11          view.setDrawingCacheEnabled(true);           //为提高绘图效率将其设为 true
12          view.buildDrawingCache();                    //设置 view 可以改变成 Bitmap
13          Bitmap bmp = view.getDrawingCache();         //保存为 bitmap
14          int width = getScreenWidth(activity);        //得到屏幕宽度
15          int height = getScreenHeight(activity);      //得到屏幕高度
16          Bitmap bp = null;
17          bp = Bitmap.createBitmap(bmp, 0, 0, width, height);   //对 Bitmap 进行设置
18          view.destroyDrawingCache();                  //清空缓存
19          return bp;
20  }}}
```

● 第 2～8 行通过 Context 的 getSystemService 得到 WindowManager 的实例从而获得屏幕高度并将其返回。

● 第 9～20 行获取当前屏幕截图、程序显示的区域、状态栏，并且设置 view 可以改变成 Bitmap，对图片大小进行设置并返回。

> 💡 **说明** 由于获得屏幕宽度、获得状态栏的高度、获取当前屏幕截图且不包含状态栏的方法与上述两个方法类似，故不再赘述，请读者自行参考源代码。

12.6.4 调用系统浏览器

调用系统浏览器是一个非常简单且常用的功能，很多软件中都会涉及，分为启动默认浏览器和打开本地 HTML 文件两种方法。下面将简单介绍一下第一种方法的使用，具体代码如下。

📌 **代码位置**：见随书源代码/第 12 章/DriverSystem_AndroidStudio/app/src/com/bn/driversystem_android 目录下的 KemuerActivity.java。

```
1   buttondaoCheRuKu.setOnClickListener(new View.OnClickListener() {  //给图标设置监听器
2       @Override
3       public void onClick(View v) {                                 //设置单击监听器
4           new  AlertDialog.Builder(KeMuerActivity.this)             //添加选择提示
5           .setTitle("小驾提醒您： ")
6           .setMessage("此过程需要联网，建议您在 wifi 下观看")       //设置提示内容
7           .setPositiveButton("是" ,new OnClickListener(){           //若选择的为 "是"
8               @Override
9               public void onClick(DialogInterface dialog, int which) {  //设置单击监听器
10                  Intent intent= new Intent();                     //创建 Intent 对象
11                  intent.setAction("android.intent.action.VIEW");//为 Intent 设置动作
12                  SocketClient.ConnectSevert(Constant.
13                   GET_ADDRESS_BY_NAMEANDCARID+"倒车入库"+
14                   Constant.GET_ADDRESS_BY_NAMEANDCARID+"01");
15                  String isok=SocketClient.readinfo;                //从数据库内获取对应网址
16                  Uri content_url = Uri.parse(isok);                //设置 URL 路径
17                  intent.setData(content_url);                      //给 Intent 设置数据
18                  startActivity(intent);                            //发送调用浏览器的 Intent
```

```
19                }})
20          .setNegativeButton("否" , null)                          //若单击的为"否"
21          .show(); }});
```

> **说明** 这段代码调用手机上的浏览器登录"科目二倒车入库实战视频"网站,其中用到了 Android 中的 Intent 机制来发送消息以及利用 URI 标识某一互联网资源名称的字符串。用户通过 URI 可以对相关资源(包括本地和互联网)使用特定的协议进行交互操作,有兴趣的读者可以上网查阅相关资料。

12.6.5 启动界面功能的实现

本小节将介绍启动界面时的动画显示实现功能,当用户第一次使用驾考宝典时,会对本应用的一些功能进行介绍引导,使用户更加了解本软件的特色;而用户第二次以后进入时,会出现一个欢迎界面,欢迎用户的访问。下面将对启动界面的实现进行介绍。

(1)第一次打开软件后,就会进入一个由图片组成的选项组界面,用户通过滑动来了解本软件并进入主界面。下面将介绍该布局的具体内容,具体代码如下。

> **代码位置**:见随书源代码/第 12 章/DriverSystem_AndroidStudio/app/src/main/res/layout 目录下的 guide.xml。

```xml
1   <android.support.v4.view.ViewPager                         <!--引用 ViewPager-->
2       android:id="@+id/viewpager"                            <!--设置 id-->
3       android:layout_width="match_parent"                    <!--设置布局的宽-->
4       android:layout_height="match_parent" />                <!---设置布局的高--->
5   <LinearLayout
6       android:id="@+id/ll"                                   <!--设置 id-->
7       android:layout_width="wrap_content"                    <!--设置布局的宽-->
8       android:layout_height="wrap_content"                   <!---设置布局的高--->
9       android:layout_alignParentBottom="true"                <!--位于容器底部-->
10      android:layout_centerHorizontal="true"                 <!--水平居中-->
11      android:layout_marginBottom="24.0dp"                   <!--设置距离底部长度-->
12      android:orientation="horizontal" >                     <!--设置水平-->
13      <ImageView
14          android:layout_width="wrap_content"                <!--设置宽-->
15          android:layout_height="wrap_content"               <!--设置高-->
16          android:layout_gravity="center_vertical"
17          android:clickable="true"                           <!--可单击-->
18          android:padding="15.0dip"                          <!--设置填充-->
19          android:src="@drawable/dot" />                     <!---引用资源图片--->
20  </LinearLayout>
```

> **说明** 这段代码为软件刚打开时进入引导页的布局文件,布局中设置宽度和高度都占满全屏,引用图片列表,在其相对布局中包含了图片控件,设置相对布局的长宽和渲染上下文,设置了 ImageView 的 ID、宽度、高度以及引入图片资源名称等。

(2)接下来将要介绍判断用户是否是第一次进入应用及进入欢迎界面的代码实现,该段代码通过对标识码及对 SharedPreferences 的使用次数的判断,使对于用户第一次进入应用及非首次进入应用实现不同的运行效果。具体代码如下。

> **代码位置**:见随书源代码/第 12 章/DriverSystem_AndroidStudio/app/src/com/bn/ driversystem_android 目录下的 SplashActivity.java。

```java
1   //此处省略了一些导入及定义相关的代码,读者可自行查阅随书附带的源代码
2   public class SplashActivity extends Activity {
3       private Handler mHandler = new Handler() {             //创建 Handler
4           @Override
5           public void handleMessage(Message msg) {
```

12.6 Android 客户端各功能模板实现

```
6                switch (msg.what) {                          //对标识码进行判断
7                    case GO_HOME:                            //如果不是第一次进入
8                        goHome();                            //显示欢迎界面
9                        break;
10                   case GO_GUIDE:                           //如果是第一次进入
11                       goGuide();                           //显示帮助界面
12                       break;
13               }
14               super.handleMessage(msg);                    //引用父类方法
15      }};
16      @Override
17      protected void onCreate(Bundle savedInstanceState) {
18          super.onCreate(savedInstanceState);               //引用父类方法
19          setContentView(R.layout.welcome);                 //进入界面
20          init();                                           //初始化方法
21      }
22      private void init() {
23          //读取 SharedPreferences 中需要的数据
24          //使用 SharedPreferences 来记录程序的使用次数
25          SharedPreferences preferences = getSharedPreferences(
26                  SHAREDPREFERENCES_NAME, MODE_PRIVATE);
27          //取得相应的值,如果没有该值,说明还未写入,用 true 作为默认值
28          isFirstIn = preferences.getBoolean("isFirstIn", true);
29          // 判断程序与第几次运行,如果是第一次运行则跳转到引导界面,否则跳转到主界面
30          if (!isFirstIn) {
31          //使用 Handler 的 postDelayed 方法,3 秒后执行跳转到 MainActivity
32          mHandler.sendEmptyMessageDelayed(GO_HOME, SPLASH_DELAY_MILLIS);
33          }else {
34          mHandler.sendEmptyMessageDelayed(GO_GUIDE, SPLASH_DELAY_MILLIS);
35      }}
```

> **说明** 这段代码为通过对标识码及 SharedPreferences 的使用次数的判断,实现了用户首次及非首次进入应用的不同界面,并加载布局文件,创建滑动对象,设置欢迎界面显示时间,并且在界面显示结束后触发监听器页面会自动跳转到主程序界面,然后主程序界面线程触发加载数据。实现上述功能还需要两个工具类,由于篇幅有限,请读者自行参考 ViewPagerAdapter 类及 GuideActivity 类。

12.6.6 定位功能的实现

定位功能基本在所有生活服务类应用中都会用到,当用户开启网络或 GPS 时,会自动定位用户的位置,并显示出来。而本应用通过定位功能来确定用户所在范围内的驾校,进而利于用户选择驾校,下面将具体介绍定位功能,其代码如下。

代码位置:见随书源代码/第 12 章/DriverSystem_AndroidStudio/app/src/com/bn/School/ sortlistview 目录下的 Location.java。

```
1    public class Location extends Application {
2        @Override
3        public void onCreate() {
4            mLocationClient = new LocationClient( this );       //创建 LocationClient
5            mLocationClient.setAK("0Fa49070e3d9a18f293c5a335"); //设置 Key 值
6            mLocationClient.registerLocationListener( myListener );//自动定位
7            mGeofenceClient = new GeofenceClient(this);         //创建 GeofenceClient
8            super.onCreate();                                   //调用父类方法
9            Log.d(TAG, "... Application onCreate... pid=" + Process.myPid());
10       }
11       public void logMsg(String str) {
12           try {                                               //异常处理
13               mData = str;                                    //对 mData 赋值
14               if (mTv != null){mTv.setText(mData);}}          //mTv 不为空显示请求字符串
15           catch (Exception e) {                               //捕获异常
16               e.printStackTrace();}}                          //打印异常
```

```
17    public class MyLocationListener implements BDLocationListener {
18        @Override
19        public void onReceiveLocation(BDLocation location) {
20            if (location == null){return ;}                    //无更新位置不进行操作
21            StringBuffer sb = new StringBuffer(256);            //定义 StringBuffer
22            sb.append("/n省: ");
23            sb.append(location.getProvince());                  //将省加入到 StringBuffer 中
24            logMsg(sb.toString());                              //将 sb 转换为 String 类型
25            Log.i(TAG, sb.toString());                          //输出到屏幕中
26    }}
```

- 第 1~10 行创建 LocationClient 对 key 值进行设置,把定位功能设置为自动定位。创建 mGeofenceClient,调用父类函数,为定位做准备。
- 第 19~30 行为监听函数,有更新位置的时候,格式化成字符串,输出到屏幕中,其中要求字符串中包含省市区,即定位精确到区。

> **说明** 这段代码中需要百度地图中的定位服务,而此服务需要 Key 值,Key 值在每台计算机及应用中都有所不同,需要读者自行申请。由于篇幅有限,请读者自行查阅 Key 值申请相关的资料。

12.6.7 返回键的监听

自定义返回键是一种非常简单且实用的功能,在如今大部分服务类应用上有着大量应用,下面我们介绍一下如何给图片添加监听,使其具有与系统默认的返回键相同的功能。

(1)下面将介绍列表布局的创建,该布局是标题栏中所显示内容,包括文本框、图片等控件的属性设置,具体代码如下。

📎 **代码位置**:见随书源代码/第 12 章/ DriverSystem_AndroidStudio/app/src/main/res/layout 目录下的 kemuyi_keyikaogui.xml。

```
1   <RelativeLayout                                         <!--相对布局-->
2       android:id="@+id/kemuyi_keyikaogui"                 <!--设置 Relativelayout 的id-->
3       android:layout_width="match_parent"                 <!--设置宽度为满屏-->
4       android:layout_height="40dp"                        <!--设置高度为 40 像素-->
5       android:background="@drawable/bj">                  <!--设置背景图-->
6       <TextView                                           <!--添加文本-->
7           android:id="@+id/talker_My_logintoast"          <!--设置 textView 的 id-->
8           android:layout_width="wrap_content"             <!--设置宽度为自适应-->
9           android:layout_height="wrap_content"            <!--设置高度为自适应-->
10          android:layout_marginTop="8dp"                  <!--设置距父控件上方高度-->
11          android:layout_toRightOf="@+id/fanhui"          <!--与指定控件右边缘对齐-->
12          android:text="科一考规"                          <!--设置显示文字-->
13          android:textColor="#ffffff"                     <!--设置文字颜色-->
14          android:textSize="20sp" />                      <!--设置文字大小-->
15      <ImageView                                          <!--添加图片控件-->
16          android:id="@+id/fanhui"                        <!--设置 ImageView 的 id-->
17          android:layout_width="40dip"                    <!--设置宽度为 40 像素-->
18          android:layout_height="30dip"                   <!--设置高度为 30 像素-->
19          android:layout_marginTop="5dp"                  <!--设置离父控件上方高度-->
20          android:layout_alignParentLeft="true"           <!--子视图在父视图中居左显示-->
21          android:layout_alignParentTop="true"            <!--子视图在父视图中居顶显示-->
22          android:gravity="bottom"                        <!--设置控件显示位置-->
23          android:src="@drawable/fanhui"                  <!--添加图片-->
24          />
25  </RelativeLayout>
```

- 第 1~5 行为标题栏的设置,总布局设置为相对布局,并为相对布局设定了 id,宽度为满屏,高度为 40 像素,并设置了背景图。
- 第 6~14 行为标题栏内显示文字的设置,设置了文本的 id、字体内容、字体大小、字体颜

12.6 Android 客户端各功能模板实现

色以及文字的摆放位置。

- 第 15~23 行为返回键的图片设置，添加一个 ImageView 控件，设置了控件的 id、图片位置、图片大小以及图片内容。

（2）刚才介绍了标题栏布局的创建，接下来将介绍如何在项目中调用更改布局内的内容，首先需要拿到布局内文本或图片的 id，然后为其添加监听，接下来就可以为其赋予功能或修改其内容，具体代码如下。

> **代码位置**：见随书源代码/第 12 章/DriverSystem_AndroidStudio/app/src/com/bn/ driversystem_android 目录下的 KykgActivity.java。

```java
1   package com.bn.driversystem_android.kemuyi;
2   ......//此处省略了一些导入相关类的代码，读者可自行查阅随书附带的源代码
3   public class KykgActivity extends Activity{                 //科一考规
4       private ImageView fanhui;                                //定义一个 ImageView
5       @Override
6       protected void onCreate(Bundle savedInstanceState) {     //重写 OnCreate 方法
7           super.onCreate(savedInstanceState);                  //调用父类构造函数
8           requestWindowFeature(Window.FEATURE_NO_TITLE);       //去掉顶部 Title
9           setContentView(R.layout.kemuyi_keyikaogui);          //切换界面到科一考规
10          fanhui=(ImageView)findViewById(R.id.fanhui);         //通过 id 找到返回键图片
11          OnClickListener clickListener = new OnClickListener();//创建一个单击监听
12          fanhui.setOnClickListener(clickListener);            //为返回键图片添加监听
13      }
14      private class OnClickListener implements View.OnClickListener{ //设置单击监听
15          @Override
16          public void onClick(View v) {                        //重写 OnClick 方法
17              finish();                                        //该界面结束
18      }}}
```

- 第 6~9 行重写了 OnCreate 方法，Activity 启动时调用父类构造函数，取消了顶部的 Title，确定当前显示界面。
- 第 10~12 行为自定义返回键的设置，通过查找 id 来获取布局文件中自定义的返回键图片，然后对其设置单击监听。
- 第 14~17 行为单击监听的具体设置，返回键的功能是结束当前界面返回上一界面，而 finish 方法很准确地实现了这一功能。

> **说明** 这段代码是对布局文件中的文档或图片添加监听的很通用的方法，除了上文提到的可以作为自定义返回键功能外，还有着广泛的应用，读者只需要在设置监听环节内为文本或图片自定义需要完成的动作，即可使其实现对应的功能。

12.6.8 选车界面的实现

本小节将向读者介绍选车界面的实现。由于各个用户可能会考取不同的车型，所以用户需要选取不同的题目来进行考试。选车界面便是方便用户改变不同的考试题目而设计的，使每个用户都可以选择自己所要学习的题目来准备考试，下面请读者看具体代码。

> **代码位置**：见随书源代码/第 12 章/DriverSystem_AndroidStudio/app/src/com/bn/Begin 目录下的 ChooseCar.java。

```java
1   protected void onCreate(Bundle savedInstanceState){
2       button1.setOnTouchListener(new View.OnTouchListener(){       //单击监听
3           public boolean onTouch(View v, MotionEvent event) {
4               if(event.getAction() == MotionEvent.ACTION_DOWN){    //按下监听
5                   //重新设置按下时的背景图片
6                   ((Button)v).setBackgroundResource((R.drawable.xiaoche_p));
7                   Car_Down=1;                                      //还原标志位
```

```
8                    //小车按下后 其他车辆还原
9                    button2.setBackgroundResource((R.drawable.huoche_n));
10                 }else if(event.getAction() == MotionEvent.ACTION_UP){   //手势抬起
11                    DBUtil.deleteAllSJTJ();                              //将数据统计表清空
12                    //再修改为抬起时的正常图片
13                    ((Button)v).setBackgroundResource((R.drawable.xiaoche_p));
14                    testConnectThread();                                 //发送消息的进程
15                    if(NetIsOk_Car==false){                              //判断是否联网
16                        Toast.makeText(ChooseCar.this,"暂时未能连接到服务器,
17                           请您检查您的网络连接",Toast.LENGTH_SHORT).show();
18                    }else{                                               //如果联网
19                        final CustomProgressDialog dialog =new CustomProgressDialog
                          (ChooseCar.this,"正在获取试题信息...",R.anim.frame);
                        //设置题库,等待2s 后
20
21                        Handler handler = new Handler();
22                        handler.postDelayed(new Runnable() {
23                            public void run() {                          //获取小车题目数
24                                userinfo_one=DBUtil.getquanbucount("科目一", "01");
25                                shiti_shumu.setText("科目一共"+userinfo_one+"题,
26                                   科目四共"+userinfo_four+"题");           //得到试题个数
27                                dialog.cancel();                         //过两秒让框消失
28                            }
29                        }, 2000);                                        //设置框失效时间
30                        dialog.show();                                   //显示动态框
31                    }}
32                    return false;                                       //返回
33          }});
```

- 第4～9行为单击小车按钮的按下监听。当小车按下时,将小车背景图片修改为按下的背景图片,而其他车型的图片均变为默认未按下时的背景图片,同时将标志位还原,便于下次再按下时进行判断。
- 第10～17行为小车按钮的抬起监听。当小车抬起时,发送消息进程对联网进行判断,如果未联网,则对用户进行提示。
- 第18～32行中,当小车抬起后,出现 CustomProgressDialog 动态显示,提示用户正在获取试题信息。开启 Handler 来通过服务器获取所选车型的试题数目,并进行显示。

12.6.9 选驾校界面的实现

上一节介绍了用户选择车型的界面,本节将对选择驾校的界面进行介绍。当用户定位或选择自己所在地的城市时,会出现本地的所有驾校供用户选择。由于驾校较多,本应用还添加了搜索功能及单击右侧首字母快速定位功能,从而方便用户使用。下面请读者看具体代码。

代码位置:见随书源代码/第 12 章/DriverSystem_AndroidStudio/app/src/com/bn/ School/sortlistview 目录下的 SchoolList.java。

```
1    private void initViews() {
2        //设置右侧触摸监听
3        sideBar.setOnTouchingLetterChangedListener(new OnTouchingLetterChangedListener() {
4            @Override
5            public void onTouchingLetterChanged(String s) {
6                if(position != -1){
7                    sortListView.setSelection(position);   //设置该字母首次出现的位置
8        }}});
9        sortListView.setOnItemClickListener(new OnItemClickListener() {
10           @Override                                      //驾校单击监听
11           public void onItemClick(AdapterView<?> parent, View view,
12                 int position, long id) {
13               GET_SCHOOLLIST=((SortModel)adapter.getItem(position))
14                     .getName().toString();                //得到所选值
15               SCHOOLLIST_OK=1;                            //驾校是否单击的标志位
16               Intent intent=new Intent();                 //创建 Intent
17               intent.setClass(SchoolList.this, MainActivity.class);
18               intent.setFlags(Intent.FLAG_ACTIVITY_CLEAR_TOP);
```

```
19                startActivity(intent);                    //进行跳转
20        }});
21        String userinfo=null;                              //接收所在城市驾校
22        SocketClient.ConnectSevert(Constant.getDrivescCityName
23                        +CityList.City_GetIt);              //向服务器发消息
24        userinfo=SocketClient.readinfo;                     //接收回应
25        String[] sgo=userinfo.split("#");                   //删除最后的#
26        String[] getIt=new String[sgo.length];              //用于接收各个驾校
27        for(int i=0;i<sgo.length;i++){
28                sreply=sgo[i].split("η");                   //删除η
29                getIt[i]=sreply[0];                         //得到各个驾校
30        }
31        SourceDateList = filledData(getIt);                 //设置列表值
32        Collections.sort(SourceDateList, pinyinComparator); //根据a~z进行排序
33 }
```

- 第2~8行设置右侧触摸监听，当用户单击右侧首字母时，可以快速定位到以该首字母为首的驾校列表，并显示给用户。
- 第9~20行中，通过单击驾校列表，得到用户所选的驾校值，将值传递给MainActivity，并跳转到MainActivity界面。
- 第21~33行中，通过服务器上传所选城市并得到驾校。对列表值进行设置，并对驾校名称根据a~z的顺序进行排序。

> **说明** 选择驾校界面中的定位功能，如定位失败，则用户可以通过单击定位按钮进入城市列表选择自己所在城市，其功能与驾校功能类似，请读者自己参照代码，此处不再赘述。

12.6.10 Android端与服务器的连接

本小节将向读者介绍Android端与服务器的连接。当Android端想要获取数据或更新数据库信息的时候，就要与服务器建立连接，向服务器发送请求，服务器会根据发送的请求信息，操作数据库，从而改变相关信息，下面请读者看具体代码。

代码位置： 见随书源代码/第12章/DriverSystem_AndroidStudio/app/src/com/bn/util 目录下的SocketClient.java。

```
1  package com.bn.util;
2  ......//此处省略了一些导入相关类的代码，读者可自行查阅随书的源代码
3  public class SocketClient {
4        static Socket s;                                    //声明Socket的引用
5        private static DataInputStream din;                 //声明输入流的引用
6        private static DataOutputStream dout;               //声明输出流的引用
7        public static String readinfo;                      //标志位
8        public static byte[] data=null;                     //声明byte信息缓存
9        static String getinfo;                              //创建临时存储字符串
10       public static void ConnectSevert(String info){      //通信建立方法
11           try{s=new Socket();
12               s.connect(new InetSocketAddress(Constant.IP,Constant.POINT),5000);
                 //IP地址和端口号
13           }catch(SocketTimeoutException e){               //捕获响应超时异常
14               if(!s.isConnected()){                       //若连接超时
15                   readinfo=Constant.SOCKET_ERROR;
16                   }return; }
17               catch(IOException e){                       //捕获I/O错误异常
18                   if(!s.isConnected()){
19                       readinfo=Constant.SOCKET_ERROR;
20                       }return; }
21           try{din=new DataInputStream(s.getInputStream()); //拿到输入流
22               dout=new DataOutputStream(s.getOutputStream());//拿到输出流
23               info=MyConverter.escape(info);              //编码
```

```
24                    dout.writeInt(info.length());            //向服务器发送请求
25                    dout.write(info.getBytes());             //向服务器发送请求
26                    getinfo=din.readUTF();                   //读取服务器端返回的信息
27                    if(getinfo.equals("STR")){readinfo=IOUtil.readstr(din);}
28                    else if(getinfo.equals("BYTE")){data=IOUtil.readBytes(din);}
                                                               //使用对应输入流
29             }catch(Exception e){if(!s.isClosed()&&s.isConnected()){   //捕获异常
30               readinfo=Constant.SOCKET_IOERROR;             //若连接成功后连接关闭
31                 System.out.println("读取数据超时...");         //打印"读取超时"
32               }return;}
33             finally{try{dout.close();}catch(Exception e){e.printStackTrace();}
                                                               //关闭输出流
34           try{din.close();}catch(Exception e){e.printStackTrace();}  //关闭输入流
35           try{s.close();}catch(Exception e){e.printStackTrace();}    //关闭连接
36        }}
37        ......//此处代码与上述相似,故省略,读者可自行查阅随书的源代码
38    }
```

- 第 10～20 行为通信建立的方法。在方法中给出 Socket 的 IP 地址和端口号,拿到输入流和输出流,在每一次建立通信的时候调用该方法。因为所有的方法都会使用同样的代码建立通信,所以把建立通信的方法单独写出,减少项目中的重复代码。
- 第 21～32 行为获取信息的具体实现方法。建立通信后向服务器发送获取需求信息的请求,服务器收到请求,访问数据库,调用相应的 SQL 语句从数据库获取对应的信息,最后将获取的信息返回给 Android 端。
- 第 33～35 行关闭输入流、输出流以及 Socket。因为内存是有限的,不能在信息传递结束后依然保持 Android 端与服务器的连接,所以一定要把不再使用的资源关闭。

> **说明** 其他 Android 端与服务器通信的代码与此处给出的用户信息获取的方法大致相同,由于篇幅有限,此处就不一一给出,读者可自行查阅随书附带的源代码,代码位置见随书源代码/第 12 章/DriverSystem_AndroidStudio/app/src/com/bn/util 目录下的 SocketClient.java。

12.6.11 答题界面模块的实现

上一小节介绍了 Android 端与服务器的连接,本小节将介绍答题界面模块的开发。驾考宝典的主要功能就在于答题界面,这里主要包括顺序练习、章节练习、分类练习、随机练习以及模拟考试这些功能。下面请读者查看具体内容。

1. SQLite 数据库的使用

答题时需要获取数据库存储的试题、答案信息,然后将信息呈现在界面上。如果每次获取信息时都直接从服务器获取,则会有一定的延迟并且浪费流量,所以我们将其从服务器获取并存储到手机的 SQLite 服务器,当需要信息时,从手机的 SQLite 数据库获取这些信息。既保证了速度,又解决了不必要的浪费。

(1)这里介绍的是将试题、答案信息从服务器获取并存储到手机的 SQLite 数据库。下面请读者看具体代码。

> 代码位置:见随书源代码/第 12 章/DriverSystem_AndroidStudio/app/src/com/bn/util 目录下的 DataUtil.java。

```
1     package com.bn.util;
2     ......//此处省略了一些导入相关类的代码,读者可自行查阅随书附带的源代码
3     public class DataUtil {
4     public  static void jiazaiquestion() throws Exception {   //加载试题信息存入sqlite数据库
```

```
5         String sdata[][]=null;                                //创建二维数组存放试题信息
6         SocketClient.ConnectSevert(Constant.getQuestion);//向服务器发送信息
7         String getreply=SocketClient.readinfo;                 //得到所有的试题信息
8         String[] s=getreply.split("#");                        //以#分割,试题信息写于数组中
9         sdata=new String [s.length][7];                        //根据具体长度定义数组
10        for(int i=0;i<s.length;i++){
11            String[] sreply=s[i].split("η");                   //通过η将试题信息的数据分割开
12            for(int j=0;j<sreply.length;j++)
13                {sdata[i][j]=sreply[j];}}                      //将试题信息存入二维数组
14                DBUtil.insertquestion(sdata);}                 //将数据插入SQLite数据库
15 ......//由于代码相似,此处省略了部分代码,读者可自行查阅随书附带的源代码
16 }
```

- 第 6～13 行向服务器发送信息以获取试题信息字符串,将获取的试题信息字符串首先以"#"分割得到每条试题的信息,再用"η"将每条信息中数据分割并存入二维数组。此时二维数组中的数据即为数据库中的试题信息。

- 第 14 行将得到的试题信息数组通过 insertquestion 方法存入 SQLite 数据库。这样我们的手机中就存储了试题的各个信息。其中 insertquestion 方法我们将在后面介绍。

（2）下面介绍的是将得到的试题信息存储到手机的 SQLite 数据库,其具体代码如下。

> 代码位置：见随书源代码/第 12 章/DriverSystem_AndroidStudio/app/src/com/bn/util 目录下的 DBUtil.java。

```
1  package com.bn.util;
2  ......//此处省略了一些导入相关类的代码,读者可自行查阅随书附带的源代码
3  public class DBUtil {
4  public static void insertquestion(String [][]sque){   //将试题信息存储到SQLite数据库
5  try{
6  createOrOpenDatabase();                               //打开数据库
7  String sql;                                           //创建字符串
8          for(int i=0;i<sque.length;i++){               //循环插入数据
9          sql="insert into question values              //定义字符串数据
10 ('"+sque[i][0]+"','"+sque[i][1]+"','"+sque[i][2]+"','"+sque[i][3]
11 +"','"+sque[i][4]+"','"+sque[i][5]+"','"+sque[i][6]+"');";
12         sld.execSQL(sql);}                            //插入数据
13         closeDatabase();}                             //关闭数据库
14         catch(Exception e)                            //捕获异常信息
15             {e.printStackTrace();                     //打印异常信息
16 }}
17 ......//由于代码相似,此处省略了部分代码,读者可自行查阅随书附带的源代码
18 }
```

- 第 6 行为打开数据库并建立试题以及其他信息表格的方法。其中建表方法与在数据库中建表相似,这里不再对其进行介绍。

- 第 7～15 行创建一个字符串,并将试题的各个信息存放在字符串中,最后将试题信息插入数据库并且捕获并打印异常。

> **说明** DBUtil.java 主要是对数据库进行操作时的一些方法,这里的方法与服务器端方法类似,不做详细介绍。

2. 试题练习模式的开发

试题练习功能的开发主要包括试题、答案的呈现,对答案的监听等内容,其中各个练习模式的不同主要在于试题的顺序。下面请读者看具体过程。

（1）试题以及答案的呈现。将试题等信息呈现在界面上是试题练习功能的第一步,界面有了信息,用户才能对其进行单击使用,其具体代码如下。

代码位置：见随书源代码/第 12 章/DriverSystem_AndroidStudio/app/src/com/bn/ driversystem_android/kemuyi 目录下的 shunxuActivity.java。

```
1   public void TMshengcheng(String ceshistid){              //生成题目及获取答案
2              shitixinxi=fangfa.getshiti(ceshistid);        //通过方法获取试题信息
3              shitixuanxiang=fangfa.getdaanxuanxiangneirong(ceshistid);
                                                             //得到试题各个选项内容
4              DAjiexi=shitixinxi[0][5];                     //得到试题解析
5              StringBuilder sb=new StringBuilder();         //创建字符串变量
6              sb.append(shitidebianhao+""+" :");             //加上题号
7              sb.append(shitixinxi[0][0]);                  //加上题目
8              textview_timu= (TextView) findViewById(R.id.TextView_timu);
                                                             //获取题目textview 监听
9              textview_timu.setText(sb);                    //对题目textview 添加内容
10             getData=DBUtil.getAnswerneirongByid(ceshistid); //得到题目的答案内容
11  }
```

- 第3~4 行通过 fangfa.java 中的方法根据试题 ID 得到试题信息，包括试题题目、答案、解析等内容。并且将答案解析存放在字符串中。
- 第5~9 行创建字符串变量，将试题题号以及试题题目信息通过字符串变量组合起来，并设置在题目 textview 中显示。
- 第10 行通过 DBUtil.java 中的方法根据试题 ID 得到试题的答案选项内容。

> **说明**　由于试题题目以及答案的呈现方式相同，所以这里只对题目生成进行了介绍。而上述涉及的 DBUtil.java 各种方法已经在上面提及，这里将不做讲解。fangfa.java 中的各种方法其实是运用 DBUtil.java 中一部分方法来实现，有兴趣的读者可自行查阅随书附带的源代码。

（2）下面将介绍的是答案的监听。在题目以及答案呈现在界面上时，可以对答案进行单击监听，也就是做题，在用户单击完毕会显示答案的正确性，其具体代码如下。

代码位置：见随书源代码/第 12 章/DriverSystem_AndroidStudio/app/src/com/bn/ driversystem_android/kemuyi 目录下的 shunxuActivity.java。

```
1   package com.bn.driversystem_android.kemuyi;
2   ......//此处省略了一些导入相关类的代码，读者可自行查阅随书附带的源代码
3   public class shunxuActivity extends Activity{
4   ......//此处只实现对答案进行监听的代码，读者可自行查阅随书附带的源代码
5   textview_a.setOnTouchListener(new OnTouchListener(){       //对答案A 进行监听
6       @Override
7       public boolean onTouch(View v, MotionEvent event) {    //触摸事件的监听
8       if(event.getAction()==MotionEvent.ACTION_DOWN)         //手指按下
9       {huifuyuanyang();                                      //所有事件恢复原样
10      linear_a.setBackgroundColor                            //线性布局设置背景颜色为黄
11  (shunxuActivity.this.getResources().getColor(R.color.yellow));}
12          else if(event.getAction()==MotionEvent.ACTION_UP){ //手指抬起
13              linear_a.setBackgroundColor                    //线性布局设置背景颜色为白
14  (shunxuActivity.this.getResources().getColor(R.color.white));
15              String daanneirong=textview_a.getText().toString();//得到单击的答案内容
16              zuotixuangzejieguo[shitidebianhao][0]="A";     //结果存储为 "A"
17              try{
18  String ZQXXneirong=getData[0];                             //得到正确答案的内容
19      if(daanneirong.equals(ZQXXneirong))                    //选项正确
20          {Resources resources = getBaseContext().getResources();
21          Drawable imageDrawable =                           //拿到 "正确" 图片
22          resources.getDrawable(R.drawable.zhengque);
23          imageview_a.setImageDrawable(imageDrawable);       //A 选项设置 "正确" 图片
24          textview_a.setTextColor                            //A 选项设置字体颜色为绿
25  (shunxuActivity.this.getResources().getColor(R.color.green));
26          zhengquedati();                                    //"正确答题" 方法
27          if(xueximuyang==1)                                 //如果是学习模式
28              {xianshiJIEXI();}}                             //显示解析
```

```
29              else {                                          //选项错误
30                  Resources resources = getBaseContext().getResources();
31                  Drawable imageDrawable =                    //拿到"错误"图片
32   resources.getDrawable(R.drawable.cuowu);
33   imageview_a.setImageDrawable(imageDrawable);               //A选项设置"错误"图片
34                  textview_a.setTextColor                     //A选项设置字体颜色为红
35   (shunxuActivity.this.getResources().getColor(R.color.red));
36                  cuoqudati();}}                              //"错误答题"方法
37              catch(Exception e){                             //捕获异常信息
38                  e.printStackTrace();}}                      //打印异常信息
39          return true;}});                                    //返回true
40   }
```

- 第8～11行为触摸监听方法中的手指按下的监听，当手指按下时，设置所选线性布局的背景颜色，用以提示用户已经单击。
- 第12～16行中，当用户手指抬起时，设置所选线性布局的背景颜色为白，即变回原样。得到用户所单击选项的具体内容并将所选试题答案选项存储在数组中。
- 第17～27行中，当用户所选答案正确时，将答案的字体颜色设置为绿色，其图片设置"正确"图片，并运行"正确答题"方法。如果当前模式为学习模式，将显示试题解析。
- 第28～38行中，当用户所选答案错误时，将答案的字体颜色设置为红色，其图片设置"错误"图片，并运行"错误答题"方法。

> **说明** 上述涉及的具体方法，如"错误答题"方法，其实是在错误答题后设置其他选项不可单击，并将其存储到错题表，读者可自行查阅随书附带的源代码来学习其他内容。而关于错题表等信息，将会在后面进行介绍。

（3）试题顺序的不同会导致试题呈现方式的不同，从而产生不同的练习模式。下面将介绍不同练习模式的试题顺序，其具体代码如下。

代码位置：见随书源代码/第12章/DriverSystem_AndroidStudio/app/src/com/bn/driversystem_android/kemuyi目录下的shunxuActivity.java。

```
1    ......//此处只是对试题顺序的呈现进行介绍，所以省略了部分代码，读者可自行查阅随书附带的源代码
2    if(lianximoshi==1){                                        //当前是章节练习
3        textview_biaoti_dati.setText("章节练习");              //设置标题textview
4        if(zhangjieXUANZE.zhangjieBZ==0)                       //如果章节为"无"
5        {int changdu=Integer.parseInt(DBUtil.getZJCount        //得到试题总数
6        ("无",DianJiKeMu,MainActivity.XuanZeCheXing));
7        ceshishitiID=new String [changdu];                     //定义数组长度
8        ceshishitiID=DBUtil.getQuestionIdByZJ                  //定义数组内容，得到试题ID
9        ("无",DianJiKeMu,MainActivity.XuanZeCheXing);}
10   }
11   ......//由于代码相似，此处省略了部分代码，读者可自行查阅随书附带的源代码
12   else if(lianximoshi==3){                                   //当前是随机练习
13       textview_biaoti_dati.setText("随机练习");              //设置标题textview
14       int changdu=Integer.parseInt(DBUtil.getCountBUYduoxiang //得到试题总数
15       (DianJiKeMu,MainActivity.XuanZeCheXing));
16       sJkaishishitiid=new String[changdu];                   //定义数组长度
17       sjlxSTid=new String[changdu];                          //定义数组长度
18       sJkaishishitiid=DBUtil.getQuestionIdBUYduoxiang        //得到所有试题ID
19       (DianJiKeMu,MainActivity.XuanZeCheXing);
20       int sjSTid[]=new int[changdu];                         //定义数组，存放随机ID
21       sjSTid=genNum(changdu,changdu);                        //通过方法得到一定长度随机ID
22       for(int w=0;w<changdu;w++)
23       {sjlxSTid[w]=sJkaishishitiid[sjSTid[w]-1];}            //得到随机试题ID
24   }
```

- 第1～10行设置标题textview为"章节练习"。通过DBUtil.java中的方法得到试题总数，根据试题总数定义数组长度，再根据数据库存储信息得到所有试题的ID。

- 第 11~20 行设置标题 textview 为"随机练习"。根据数据库存储的试题数量定义数组,然后用 sJkaishishitiid 数组存放得到的所有试题 ID。
- 第 21~23 行根据用户输入的长度并且通过方法 genNum 得到所要长度的随机 ID,再将这些随机 ID 作为 sJkaishishitiid 数组的下标,最后以这些下标的顺序得到排序出的试题 ID。

> **说明** 由于顺序练习、章节练习以及科目练习的试题顺序呈现方法相似,这里只对其中一个进行了介绍,其他内容读者可自行查阅随书附带的源代码来进行学习。

3. 模拟考试模式的开发

练习模式是对数据库题目的熟悉,而模拟考试就是对科目一、四具体考试的模拟。通过模拟考试能够更加真切地了解到自己的具体水平,从而查漏补缺,进而通过科目一、四的考试。下面对模拟考试这一功能的开发做出介绍,其具体代码如下。

代码位置:见随书源代码/第 12 章/DriverSystem_AndroidStudio/app/src/com/bn/ driversystem_android/kemuyi 目录下的 kaoshiActivity.java。

```
1    ......//此处省略了部分代码,读者可自行查阅随书附带的源代码
2    else if(event.getAction()==MotionEvent.ACTION_UP){    //手指抬起
3       linear_a.setBackgroundColor                        //布局A设置背景颜色为白
4       (kaoshiBHYduo.this.getResources().getColor(R.color.white));
5       huifuyuanyang();                                    //恢复原样
6       imageview_a.setImageResource
7       (R.drawable.userda);                                //A设置图片为"答题"
8       textview_a.setTextColor                             //选项A字体颜色设置为绿
9       (kaoshiBHYduo.this.getResources().getColor(R.color.green));
10      userxuanxiang[shitidebianhao-1][0]="A";             //答题结果存储为A
11      linear_xiayiti.performClick();                      //下一题
12   }
```

- 第 2~9 行中,当手指抬起时,首先将线性布局 A 的背景颜色设置为白,并且运行 huifuyuanyang 方法将界面中的各个控件恢复原样。最后将选项 A 图片设置为"答题",字体颜色设置为绿色。
- 第 10~11 行将答题结果存储为"A",并进行下一题。

> **说明** 这里是模拟考试中对 A 选项的单击结果,由于试题题目以及答案呈现方式在上面已经介绍,这里将不再赘述。对于模拟考试试题顺序的生成,可以参照随机试题 ID 的生成。具体内容读者可自行查阅随书附带的源代码来进行学习。

12.6.12 考试记录等功能的实现

本小节将介绍收藏、错题、数据统计以及考试记录这些功能的开发。其中收藏功能是指对试题进行收藏,错题功能将会收集用户的所有错题,数据统计将对用户的所做题目以及正确率进行收集,而考试记录功能则是对模拟考试结果的记录。下面请读者看具体内容。

(1)当用户进行模拟考试并在交卷以后,程序会将涉及的试题 ID 存储到手机的 SQLite 数据库。数据库已经在上面提及,而存储试题 ID 的方法也主要存在于 DBUtil.java 中,这里将不再赘述。下面介绍的是将用户的考试记录呈现在界面上的方法,其具体代码如下。

代码位置:见随书源代码/第 12 章/DriverSystem_AndroidStudio/app/src/com/bn/driversystem_android/kemuyi 目录下的 kaoshijiluActivity.java。

```
1    package com.bn.driversystem_android.kemuyi;
2    ......//此处省略了一些导入相关类的代码,读者可自行查阅随书附带的源代码
```

```
3   public class kaoshijiluActivity extends Activity{
4   ......//此处只实现将考试记录呈现在界面的代码,读者可自行查阅随书附带的源代码
5   final BaseAdapter ba=new BaseAdapter(){                           //创建数据适配器
6   ......//由于代码简单,此处省略了部分代码,读者可自行查阅随书附带的源代码
7   @Override
8   public View getView(int arg0, View arg1, ViewGroup arg2) {
9   LinearLayout ll=new LinearLayout(kaoshijiluActivity.this); //创建一个线性布局ll
10      ll.setOrientation(LinearLayout.VERTICAL);                    //设置朝向
11      ll.setPadding(5,5,5,5);                                      //设置四周留白
12      String ksID=ksid[arg0];                                      //拿到第arg0个考试ID
13      String shitiid[]=DBUtil.getSTidFromKSByks_id(ksID);          //根据考试ID得到试题ID
14      String shijianANDfenshu[]=DBUtil.getKSJUFENandSJ(ksID, shitiid[0]);
                                                                     //得到考试分数
15      TextView textTH=new TextView(kaoshijiluActivity.this);//创建textview
16      int cishu=arg0+1;                                            //定义int数据"次数"
17      textTH.setText("这是第"+cishu+"次模拟: "+shijianANDfenshu[1]+"分");
                                                                     //设置textview内容
18      textTH.setTextSize(24);                                      //设置字体大小
19      textTH.setTextColor
20  (kaoshijiluActivity.this.getResources().getColor(R.color.blue));//设置字体颜色为蓝色
21      ll.addView(textTH);                                          //将textview添加到布局
22      TextView textTM=new TextView(kaoshijiluActivity.this);//创建时间textview
23      textTM.setText(shijianANDfenshu[0]);                         //设置内容
24      textTM.setTextSize(20);                                      //设置字体大小
25      textTM.setTextColor
26  (kaoshijiluActivity.this.getResources().getColor(R.color.slateblue));
                                                                     //设置字体颜色
27      textTM.setPadding(5,5,5,5);                                  //设置四周留白
28      textTM.setGravity(Gravity.LEFT);
29      ll.addView(textTM);                                          //将textview添加到布局
30      TextView textksid=new TextView(kaoshijiluActivity.this);//创建考试IDtextview
31      textksid.setVisibility(View.GONE);                           //设置不可见
32      ll.addView(textksid);                                        //将textview添加到布局
33      return ll;}};                                                //返回线性布局
34  listview_zhangjie.setAdapter(ba);                                //为listview设置内容适配器
35  }
```

- 第9~11行创建一个线性布局ll,并设定其朝向与留白。
- 第12~14行根据arg0得到手机数据库中存储的考试ID,并且根据考试ID得到此次考试中所包含的所有的试题ID以及考试的分数。
- 第15~21行根据arg0的具体数据,在textview显示此次考试的次数、分数,并对其进行字体大小以及颜色的设置。
- 第22~29行创建一个textview用以显示考试时间,并对其设置字体、颜色。
- 第30~34行创建一个textview用以标记考试ID,此textview设置不可见。当用户对线性布局进行单击时,根据隐藏的考试ID可快速获取考试的具体内容。最后为listview设置内容适配器。

(2) 当考试记录呈现在界面后,需要对其设置监听。当单击其中一条考试记录时,能够重新进行此次考试。那么下面就来介绍监听的实现。其具体代码如下。

🕮 **代码位置**: 见随书源代码/第12章/DriverSystem_AndroidStudio/app/src/com/bn/driversystem_android/kemuyi目录下的 kaoshijiluActivity.java。

```
1   listview_zhangjie.setOnItemClickListener(                        //对listview设置监听
2   new OnItemClickListener(){
3   @Override
4   public void onItemClick                                          //单击事件的处理方法
5   (AdapterView<?> arg0, View arg1, int arg2,long arg3) {
6       LinearLayout ll=(LinearLayout)arg1;                          //获取当前选中选项对应布局
7       TextView tvn=(TextView)ll.getChildAt(2);                     //获取其中的TextView
8       KSID=tvn.getText().toString();                               //得到考试ID
9       if(MainActivity.kaoshijilu==1){                              //考试记录为1
10          startActivity(new Intent().setClass                      //启动模拟考试界面
```

```
11                  (kaoshijiluActivity.this, kaoshiBHYduo.class));}
12      }});
```

- 第6~8行根据单击的线性布局得到布局中的第3个textview，即上述提到过的考试ID textview，从而获取考试ID。
- 第9~11行中，当考试记录为1时，启动模拟考试界面，即重新进行以前的考试。其中这里的考试记录为1，即为科目一考试。

> **说明**：由于收藏、错题功能的实现与考试记录功能相似，所以这里对考试记录功能进行了详细介绍，其他将不再讲解，具体内容读者可自行查阅随书附带的源代码来进行学习。

（3）数据统计功能是根据用户所做题目的总数以及错误题目数量、正确题目数量，以饼图的形式呈现在界面上，下面对饼图的实现进行简单的介绍。其具体代码如下。

代码位置：见随书源代码/第12章/ DriverSystem_AndroidStudio/app/src/com/bn/shuju_tongji 目录下的 ShuJu_TongJi_Main.java。

```
1   package com.bn.shuju_tongji;
2   ......//此处省略了一些导入相关类的代码,读者可自行查阅随书附带的源代码
3   public class ShuJu_TongJi_Main extends Activity {
4   ......//此处只是创建饼图的介绍,所以省略了部分代码,读者可自行查阅随书附带的源代码
5   textview_shujutongji=(TextView)findViewById(R.id.shuju_text);  //获取统计textview监听
6   String zhengque=DBUtil.getSJTJcount("yes");                     //得到正确做题数量
7   String cuowu=DBUtil.getSJTJcount("no");                         //得到错误做题数量
8   String quanbu=DBUtil.getquanbucount                             //得到试题总数
9   (MainActivity.DianJiKeMu, MainActivity.XuanZeCheXing);
10  int zong=Integer.parseInt(cuowu)+Integer.parseInt(zhengque);    //计算所做题目数量
11  items[0]=(float)(Float.parseFloat(quanbu))-(float)zong;         //未做题目数量
12  items[1]=(float)(Float.parseFloat(zhengque));                   //正确做题数量转换为float
13  items[2]=(float)(Float.parseFloat(cuowu));                      //错误做题数量转换为float
14  int weizuo=(int)items[0];                                       //未做题目数量转换为int
15  textview_shujutongji.setText                                    //设置统计textview内容
16  ("共做了"+zong+"道题/n 正确"+zhengque+"道(绿色),错误"
17  +cuowu+"道(黄色)/n 未做"+weizuo+"道题(单击饼图查看详情)");
18  textInfo = (TextView) findViewById(R.id.text_item_info);        //获取textview监听
19  pieChart = (PieChartView) findViewById(R.id.parbar_view);       //获取PieChartView监听
20  pieChart.setItemsSizes(items);                                  //设置各个块的值
21  pieChart.setRotateSpeed(animSpeed);                             //设置旋转速度
22  pieChart.setRaduis(radius);                                     //设置饼状图半径
23  pieChart.setStrokeWidth(strokeWidth);                           //设置边缘的圆环粗度
24  pieChart.setStrokeColor(strokeColor);                           //设置边缘的圆环颜色
25  pieChart.setRotateWhere(PieChartView.TO_RIGHT);                 //设置选中的item停靠的位置
26  pieChart.setSeparateDistence(15);                               //设置旋转的item分离的距离
27  }
```

- 第5~17行通过DBUtil.java中的方法，获取用户所做题目正确的数量、错误的数量以及试题的总数。根据正确与错误的数量，计算出用户的做题总数。并将这些信息转换为Float型。最后通过组装，在统计textview中显示这些信息。
- 第18~26行通过设置饼图中的各个块的值、饼状图的半径（这里的半径并不包括圆环的粗度）以及边缘圆环粗度和圆环颜色等信息，将饼图呈现在界面上。

> **说明**：由于数据统计功能与其他功能不太相似，所以这里对其进行了简单介绍。关于饼图的单击监听，由于比较简单，读者可自行查阅随书附带的源代码来进行学习。

12.6.13 车友圈模块的实现

本小节将介绍车友圈模块的开发。车友圈为用户对于驾考考试各个科目的疑问、经验提供了

交流的地方，用户对于考试中的疑问以及考试的经验，都可以发到车友圈供他人查看、评论。下面请读者查看具体内容。

1. 帖子列表的开发

车友圈共分为 5 项，即科目一、二、三、四以及闲聊模块，单击打开其中一个模块，即可看到用户发过的所有帖子。下面将介绍帖子列表的开发。

（1）在用户单击车友圈后，应该先判断用户是否登录。如果没有登录，就应该跳转登录界面让用户登录，下面对其进行简单介绍。其具体代码如下。

🏹 **代码位置**：见随书源代码/第 12 章/DriverSystem_AndroidStudio/app/src/com/bn/driversystem_android/cheyouquan 目录下的 keyijiaoliuActivity.java。

```
1    package com.bn.driversystem_android.cheyouquan;
2    ......//此处省略了一些导入相关类的代码，读者可自行查阅随书附带的源代码
3    public class keyijiaoliuActivity extends Activity{
4    ......//此处省略了部分代码，读者可自行查阅随书附带的源代码
5    if(Constant.LOGIN_OK==0){                                  //如果标志位为 0
6    Toast toast=Toast.makeText(getApplicationContext(), "请先登录", Toast.LENGTH_SHORT);
7    toast.show();                                              //Toast "请先登录"
8    Intent intent=new Intent();
9    intent.setClass(keyijiaoliuActivity.this, Login_Begin_FromCheYouQuan.class);
10   startActivity(intent);                                     //启动登录界面
11   keyijiaoliuActivity.this.finish();}                        //关闭当前 Activity
12   else{
13   setContentView(R.layout.luntan);                           //设置界面布局
14   ScrollView_tiemain=(ScrollView)findViewById(R.id.ScrollView_tiemian);//获取 ScrollView 监听
15   ScrollView_tiemain.setVisibility(View.VISIBLE);            //设置可见性
16   ScrollView_huifu=(ScrollView)findViewById(R.id.ScrollView_hufu);    //获取 ScrollView 监听
17   ScrollView_huifu.setVisibility(View.GONE);                 //设置不可见
18   String LunTanXX=CheYouQuanActivity.luntanXX;               //得到单击类别
19   luntan_textview=(TextView)findViewById(R.id.luntan_textview); //获取 textview 监听
20   luntan_textview.setText(CheYouQuanActivity.luntanMZ);      //设置 textview 内容
21   String getreply=null;                                      //创建空字符串
22   fanhui_lt=(ImageView)findViewById(R.id.fanhui_lt);         //获取"返回"监听
23   imageview_canyutaolun=(ImageView)findViewById(R.id.imageview_canyutaolun);}
                                                                //设置图片
24   ......//此处省略了部分代码，读者可自行查阅随书附带的源代码
25   }
```

● 第 5～11 行中，当判断标志位为 0 时，用户界面显示一个 Toast 提示用户"请先登录"并且关闭当前 Activity，启动登录界面。

● 第 13～17 行设置界面布局，将 tiemain 的 ScrollView 设置为可见，huifu 的 ScrollView 设置不可见。

● 第 18～23 行根据用户所单击的车友圈模块，得到单击的论坛类别。并且根据类别信息设置 textview 的内容。最后对 canyutaolun 设置图片。

（2）在用户登录后，就应该从服务器获取帖子的信息，并显示在界面上。由于将信息显示在界面这一功能是运用 listview 实现，这一技术已经在考试记录等功能的实现中讲解，这里将不再赘述。下面将简单介绍从服务器获取用户头像并显示在界面上，其具体代码如下。

🏹 **代码位置**：见随书源代码/第 12 章/DriverSystem_AndroidStudio/app/src/com/bn/driversystem_android/cheyouquan 目录下的 keyijiaoliuActivity.java。

```
1    package com.bn.driversystem_android.cheyouquan;
2    ......//此处省略了一些导入相关类的代码，读者可自行查阅随书附带的源代码
3    public class keyijiaoliuActivity extends Activity{
4    ......//此处省略了部分代码，读者可自行查阅随书附带的源代码
5    ImageView  imageview_yonghu=new ImageView(keyijiaoliuActivity.this); //获取头像 imageview 监听
6    SocketClient.ConnectSevert
```

```
7        (Constant.getUsertouxiangByid+sdata[arg0][2]);         //向服务器获取头像信息
8        String getreply=SocketClient.readinfo;                 //得到头像信息
9        if(getreply.equals("空")){                             //如果为空
10       imageview_yonghu.setImageDrawable
11       (getResources().getDrawable(ceshitupian[0]));}         //设置头像为固定图片
12       else {
13       Bitmap bm=DataUtil.stringtoBitmap(getreply);           //将头像信息转换为Bitmap
14       imageview_yonghu.setImageBitmap(bm);                   //设置用户头像
15       }}
```

- 第5~8行得到头像监听,向服务器获取头像信息,并将其存储到已经创建的字符串getreply。请读者注意,这里得到的头像信息是一个字符串。
- 第9~14行中,当得到头像信息为空时,则将用户的头像设置为一个固定的头像。若图片信息不为空,则将得到的头像信息字符串转换成Bitmap并设置用户头像。

2. 帖子单击监听的开发

上面介绍了将帖子信息显示到界面上,下面将介绍帖子单击的监听。单击帖子内容将会显示用户对该帖子回复,单击发帖人将会显示该用户一些简单信息,其具体代码如下。

📝 **代码位置**:见随书源代码/第12章/DriverSystem_AndroidStudio/app/src/com/bn/driversystem_android/cheyouquan 目录下的 keyijiaoliuActivity.java。

```
1    package com.bn.driversystem_android.cheyouquan;
2    ......//此处省略了一些导入相关类的代码,读者可自行查阅随书附带的源代码
3    public class keyijiaoliuActivity extends Activity{
4    ......//此处只是单击用户的监听,所以省略了部分代码,读者可自行查阅随书附带的源代码
5    linear_yonghu.setOnClickListener(new View.OnClickListener() {  //单击"用户"的监听
6        @Override                                                   //重写监听方法
7        public void onClick(View v) {
8        keyijiaoliuActivity.yonghudeid=textview_yonghuid.getText().toString();//得到用户ID
9        MainActivity.yonghudianji="2";                              //标志不是登录者本身
10       startActivity(new Intent().setClass
11       (keyijiaoliuActivity.this, PerSon_Home.class));             //启动用户信息界面
12       }});
13   ......//此处只是单击帖子内容的监听,所以省略了部分代码,读者可自行查阅随书附带的源代码
14   linear_neirong.setOnClickListener(new View.OnClickListener() {//单击帖子内容的监听
15       @Override                                                   //重写监听方法
16       public void onClick(View v) {
17       String dianjiTM=textview_biaoti.getText().toString();       //得到单击帖子题目
18       SocketClient.ConnectSevert
19       (Constant.getTiemainIDByName+dianjiTM);                     //根据题目得到帖子ID
20       TieMainID=SocketClient.readinfo;                            //得到帖子ID
21       startActivity(new Intent().setClass
22       (keyijiaoliuActivity.this, keyireplyActivity.class));       //启动查看回复界面
23       }});
24   }
```

- 第5~12行根据所单击的内容得到所要查看用户的ID,并且设置标志位,标志当前并不是本人对其个人信息进行设置。最后启动用户信息界面。
- 第14~22行根据用户所单击的内容得到单击的帖子题目,进而从服务器获取到该帖子的ID,最后启动查看回复界面。

> 📝 **说明**　上述涉及的查看回复界面会在下面提及,而用户信息界面也将在个人中心模块进行讲解。至于省略的代码,用户可自行查阅随书附带的源代码来进行学习。

3. 发布帖子功能的开发

当用户对驾考考试的一些规则存在疑问,或者对考试有什么心得想向他人传授时,可以单击

发帖功能，将自己想写的事情发布出来。那么下面将介绍发布帖子的功能，其具体代码如下。

> 代码位置：见随书源代码/第 12 章/DriverSystem_AndroidStudio/app/src/com/bn/driversystem_android/cheyouquan 目录下的 fabutiezi.java。

```
1    package com.bn.driversystem_android.cheyouquan;
2    ......//此处省略了一些导入相关类的代码，读者可自行查阅随书附带的源代码
3    public class keyijiaoliuActivity extends Activity{
4    ......//此处只是发布帖子的监听，所以省略了部分代码，读者可自行查阅随书附带的源代码
5    imageview_fabu.setOnClickListener(new View.OnClickListener() {    //发布帖子的单击监听
6    @Override                                                         //重写监听方法
7    public void onClick(View v) {
8    tiemainadd[1]=CheYouQuanActivity.luntanXX;                        //得到发布帖子的类别 ID
9    SocketClient.ConnectSevert(Constant.getTiemainMaxID);             //向服务器发送信息
10   String String_getid=SocketClient.readinfo;                        //得到主帖类别最大 ID
11   int int_getid=Integer.parseInt(String_getid);                     //将 ID 转换为 int 类型
12   int_getid++;                                                      //ID+1
13   tiemainadd[0]= fangfa.zhuanhuanSTid(int_getid);                   //对 ID 进行格式设置
14   SocketClient.ConnectSevert
15   (Constant.GETID_BY_ZHANGHAO+Login_Begin_PerSon.GET_ZHANGHAO);//向服务器发送信息
16   String SCid=SocketClient.readinfo;                                //得到用户的 ID
17   tiemainadd[2]=SCid;                                               //将用户 ID 放入数组
18   tiemainadd[3]=edittext_biaoti.getText().toString();               //将发帖标题放入数组
19   tiemainadd[4]=edittext_neirong.getText().toString();              //将发帖内容放入数组
20   if(tiemainadd[3].length()==0||tiemainadd[4].length()==0)          //如果内容为空
21   {Toast.makeText
22   (fabutiezi.this, "客官，请输入标题/内容", Toast.LENGTH_SHORT).show();//显示 Toast 提示用户
23   return;}                                                          //返回
24   tiemainadd[5]=fangfa.huoqushijian();                              //得到时间
25   for(int i=0;i<tiemainadd.length;i++)                              //for 循环
26   {sadd.append(Constant.addTiemain+tiemainadd[i]);}                 //将数据存放在字符串变量
27   SocketClient.ConnectSevert(sadd.toString());                      //向服务器发送信息
28   ......//此处省略了部分代码，读者可自行查阅随书附带的源代码
29   }});
30   }
```

- 第 7～13 行首先获取用户所要发布的帖子的类别 ID，并且向服务器获取该类别帖子的最大 ID，并对最大 ID 进行格式设置。
- 第 14～20 行从服务器得到发帖用户的用户 ID，从界面获取帖子的标题及内容，并将这些信息存放在数组中。
- 第 21～27 行中，当标题或者内容为空时，对用户进行提示，使其输入正确信息。当这些信息全部输入正确时，将数组信息存放在字符串变量，并将信息发送至服务器。

> **说明** 该功能的代码只是介绍向服务器发送信息，至于当接收到返回信息，如发布成功或者失败时，应该进行怎样处理，读者可自行查阅随书附带的源代码来进行学习。

4. 查看回复等相关功能的开发

上面已经提到过，当用户单击其中一条帖子的内容时，会跳转到查看回复界面。其中查看回复界面不仅包括了查看他人的回复以及个人信息这些功能，用户还可以与他人一样对这条帖子进行回复、评论。

由于查看回复功能与帖子列表的实现相似，对帖子进行回复与发布帖子这一功能相似，这里将不再对其进行讲解，读者可自行查阅随书的源代码来进行学习。

12.6.14 个人中心模块的实现

本小节将介绍个人中心模块的开发。个人中心模块中主要包括登录、注册、忘记密码、选择驾校、选择题库、关于我们、个人资料等版块。用户可以单击不同的版块进入相应的界面，查看

或者修改相关的信息，下面请读者看具体内容。

1. 注册功能的实现

在驾考宝典中，用户可以在驾考宝典中查看或者修改相关信息，管理个人资料以及修改头像等。但可以完成这些操作的前提是用户必须根据自己已注册的用户名和密码进行登录。下面将具体介绍用户注册功能的内容和实现，其具体代码如下。

> 📄 **代码位置：** 见随书源代码/第 12 章/DriverSystem_AndroidStudio/app/src/com/bn/Begin 目录下的 Login_ZhuCe.java。

```java
1   package com.bn.Begin;
2   ……//此处省略了一些导入相关类的代码，读者可自行查阅随书附带的源代码
3   public class Login_ZhuCe extends Activity{
4       ……//此处省略定义变量的代码，读者可自行查阅随书附带的源代码
5       @Override
6       protected void onCreate(Bundle savedInstanceState) {
7           super.onCreate(savedInstanceState);              //调用父类方法
8           requestWindowFeature(Window.FEATURE_NO_TITLE);   //取消顶部 Title
9           setContentView(R.layout.login_zhuce);            //设置界面布局
10          ……//返回按钮相关的代码在前面已经说过，此处不再赘述
11          zhuCeButton.setOnClickListener(new View.OnClickListener() {
12              @Override
13              public void onClick(View v) {
14                  SocketClient.ConnectSevert(Constant.
15                          GET_USER_ZHANGHAO_FORPHONE);     //向数据库中传送标志位
16                  userinfo=SocketClient.readinfo;          //得到账号字符串
17                  for(int i=0;i<sgo.length;i++){
18                      sreply=sgo[i].split("η");            //去除字段η
19                      getIt[i]=sreply[0];                  //得到账号
20                  }
21                  for(int j=0;j<getIt.length;j++){         //逐个判断账号是否存在
22                      if(zhuCe_ZhangHao.getText()
23                              .toString().trim().equals(getIt[j])){
24                          zhanghaoOKOrNot=0;               //将注册账号是否可用的标志位还原
25                      }}
26                  ……//此处省略注册时规定用户密码长短的代码，读者可自行查阅随书附带的源代码
27                  StringBuilder s=new StringBuilder();     //定义 StringBuilder
28                  s.append(Constant.ADD_USER_FORPHONE+getUserMaxId());  //加 ID
29                  ……//getUserMaxId（）方法读者可自行查阅随书附带的源代码
30                  ……//此处省略注册时给定用户的默认值的代码，读者可自行查阅随书附带的源代码
31                  SocketClient.ConnectSevert(s.toString()); //将注册信息写入
32                  String isok=SocketClient.readinfo;        //接收传送成功与否的标志位
33                  if(isok.equals("ok")){                    //如果接收到 ok，则进行跳转
34                      ……//跳转到登录界面,此处不再赘述
35                  }}});
36          }
```

● 第 13～20 行中，当单击注册按钮时，对从数据库接收来的字符串进行分割得到所有用户账号，并将其写入数组中。

● 第 21～25 行判断注册账号是否在原数据库中存在。当其数据存在时，将注册账号是否可用的标志位还原。

● 第 26～36 行中，如果原数据库中不存在注册账号，注册写入用户所填信息及未写入的默认信息。当成功存入数据库时，跳转到登录界面进行登录。

> 📢 **说明**　在注册账号写入数据库时，出现了 getUserMaxId 方法，该方法从数据库获取用户最大 ID，并对 ID 加 1，得到最大 ID 下一个 ID 的值。对其判断后，修改为 ID 所对应的形式，如当最大 ID 为 1 时，将其写为"00001"，由于篇幅有限，在此就不一一列举。

2. 找回密码功能的实现

上一小节介绍了用户注册功能，其实，登录功能与注册功能大同小异，在此便不再赘述，读者可自行查阅代码。用户在使用软件时，忘记密码是时常发生的事情，而本软件便提供了密码找回功能。用户只需要输入账号与注册时所设的安全码即可得到密码提示。下面将具体介绍用户找回密码功能的内容和实现，其具体代码如下。

> 代码位置：见随书源代码/第 12 章/DriverSystem_AndroidStudio/app/src/com/bn/Begin 目录下的 Login_ZhaoHuiMiMa.java。

```java
1   package com.bn.Begin;
2   ......//此处省略了一些导入相关类的代码，读者可自行查阅随书附带的源代码
3   public class Login_ZhaoHuiMiMa extends Activity{
4   ......//此处省略定义变量的代码，读者可自行查阅随书附带的源代码
5       @Override
6       protected void onCreate(Bundle savedInstanceState) {
7           super.onCreate(savedInstanceState);          //调用父类方法
8           requestWindowFeature(Window.FEATURE_NO_TITLE);  //取消顶部 Title
9           setContentView(R.layout.login_zhaohuimima);  //设置界面
10          zhaohui_button.setOnClickListener(new View.OnClickListener() {
11              @Override
12              public void onClick(View v) {
13                  //得到用户所输入的用户名和安全码
14                  SocketClient.ConnectSevert(Constant.GET_USER_PASSWORD_FORPHONE+
15                          zhaohui_zhanghao.getText().toString().trim()
16                          +Constant.GET_USER_PASSWORD_FORPHONE+
17                          zhaohui_anquanma.getText().toString().trim());
18                  String isok=SocketClient.readinfo;   //定义接收码
19                  if(isok=="1"){                        //如果接收码为 1
20                      Toast toast=Toast.makeText(getApplicationContext(),
21                          "您的账号/安全码有误", Toast.LENGTH_SHORT);
22                      toast.show();                     //显示提示
23                      return;                           //用户输入无效
24                  }
25                  Toast toast=Toast.makeText(getApplicationContext(),
26                      "您的密码是:"+isok, Toast.LENGTH_LONG);   //得到安全码
27                  toast.show();
28                  Intent intent=new Intent();           //进行跳转到登录界面
29                  intent.setClass(Login_ZhaoHuiMiMa.this, Login_Begin_PerSon.class);
30                  //注意本行的 FLAG 设置，实现了退出时不会再显示登录界面的问题
31                  intent.setFlags(Intent.FLAG_ACTIVITY_CLEAR_TOP);
32                  startActivity(intent);                //执行跳转
33              }});
34  }}
```

- 第 10～17 行通过文本框的输入得到用户所输入的账号和安全码，并将账号和安全码转换成字符串后传送给服务器。输入框内容要求存在此用户及用户所对应的安全码。
- 第 18～27 行中，当单击找回按钮时，判断从服务器传来的信息是否正确，当接收码不为 1 时，说明用户输入的账号和安全码完全正确，即可提供其账号所对应的密码，用于用户进入登录。其中，其提示信息为 Toast 显示。
- 第 28～34 行中，用户找回密码完全没有问题后，直接跳转到登录界面，便于用户登录。

> **说明** 第 19 行中出现了从服务器接收来的接收码，其主要功能用于回应用户输入的信息是否正确，其值可以在服务器端修改。

3. 用户信息更改

下面介绍的是用户信息修改功能的实现，每一位用户注册账号时都填写了自己的相关信息，

所以用户也应该可以对相应信息做出修改。在个人中心单击进入个人资料界面，即可修改个人信息，具体代码如下。

（1）下面介绍用户修改除用户头像外的所有信息的方法。由于个人昵称、性别、联系方式的修改方法大致一样，故选择具有代表性的修改个人昵称作为介绍，其他代码请读者自行参照，具体代码如下。

> **代码位置**：见随书源代码/第 12 章/DriverSystem_AndroidStudio/app/src/com/bn/Begin 目录下的 PerSon_Home.java。

```
1    package com.bn.Begin;
2    ......//此处省略了一些导入相关类的代码，读者可自行查阅随书附带的源代码
3    public class PerSon_Home extends Activity {
4    String userZhangHao=Login_Begin_PerSon.GET_ZHANGHAO;    //得到账号
5        @Override
6        protected void onCreate(Bundle savedInstanceState) {
7            super.onCreate(savedInstanceState);              //调用父类方法
8            requestWindowFeature(Window.FEATURE_NO_TITLE);   //取消顶部 Title
9            setContentView(R.layout.login_person_home);      //显示界面
10           userZhangHao=Login_Begin_PerSon.GET_ZHANGHAO;    //得到账号
11           String userinfo=null;                            //用于接收信息
12           SocketClient.ConnectSevert(Constant.PERSON_ALL+userZhangHao);
13           userinfo=SocketClient.readinfo;
14           String[] s=userinfo.split("#");                  //删除最后的#号
15           String[] sreply=null;                            //接收为:当分割s[0]时,sreply[0]=10001
16           sreply=s[0].split("η");                          //通过η将数组中的每个数据分割开来
17           //用户昵称各个监听
18           linearLayout_nicheng.setOnClickListener(clickListenerNiCheng);
19           textView_nicheng.setOnClickListener(clickListenerNiCheng);
20           textView_nicheng02.setOnClickListener(clickListenerNiCheng);
21           imageView_nicheng.setOnClickListener(clickListenerNiCheng);
22           if(UpDate_NiCheng.GET_NiCheng==null){            //对昵称进行判断
23               textView_nicheng02.setText(sreply[2]);       //从服务器得到昵称
24           }else{                                           //设置更新后的昵称
25           textView_nicheng02.setText(UpDate_NiCheng.GET_NiCheng);
26           StringBuilder s_nicheng=new StringBuilder();     //定义昵称
27           s_nicheng.append(Constant.UPDATE_PERSON_NICHENG+userZhangHao);
28           s_nicheng.append(Constant.UPDATE_PERSON_NICHENG+UpDate_NiCheng.GET_NiCheng);
29           SocketClient.ConnectSevert(s_nicheng.toString());  //将信号传入服务器
30           String isok=SocketClient.readinfo;                 //得到服务器返回信号
31           if(isok.equals("ok")){
32               UpDate_NiCheng.GET_NiCheng=null;              //设置为默认值
33   }}}}
```

- 第 10~16 行得到账号并通过账号从服务器获取用户所有信息，并能通过调用 split 方法将各个用户信息分割出来，分别为车型、驾校、昵称、头像、年龄、性别、电话、地址等。
- 第 17~24 行通过调用单击监听，跳转到更新昵称界面，如果未修改，则设置其从服务器获取的昵称。
- 第 25~34 行从更新昵称类获取用户输入的昵称并传送到服务器。如果传送成功，则将 UpDate_NiCheng.GET_NiCheng 设为空，以便于再次进入时进行更新。

（2）一个漂亮的头像可以使用户在论坛中更加引人注意，故本软件实现了用户头像的功能。用户可以在自己的手机上选择已经存在的图片，也可以选择调用照相机进行拍照。图片选择成功后，会进行图片剪裁，使用户选择自己喜欢的部分上传为头像。具体代码如下。

> **代码位置**：见随书源代码/第 12 章/DriverSystem_AndroidStudio/app/src/com/bn/Begin 目录下的 PerSon_Home.java。

```
1    private void showDialog() {
2        new AlertDialog.Builder(this)                    //创建对话框
3        .setTitle("设置头像")                              //对话框标题
4        .setItems(items, new DialogInterface.OnClickListener() {  //设置选项
```

12.6 Android 客户端各功能模板实现

```
 5          @Override
 6          public void onClick(DialogInterface dialog, int which) {   //单击监听
 7              switch (which) {                                       //判断设置头像的模式
 8                  case 0:                                            //从手机中选取图片
 9                      Intent intentFromGallery = new Intent();
10                      intentFromGallery.setType("image/*");          //设置文件类型
11                      intentFromGallery
12                              .setAction(Intent.ACTION_GET_CONTENT);
13                      startActivityForResult(intentFromGallery,      //访问手机中的图片
14                              IMAGE_REQUEST_CODE);
15                      break;
16                  case 1:                                            //调用照相机
17                      Intent intentFromCapture = new Intent(
18                              MediaStore.ACTION_IMAGE_CAPTURE);
19                      if (Tools.hasSdcard()) {                       //判断存储卡是否可以用
20                          intentFromCapture.putExtra(
21                                  MediaStore.EXTRA_OUTPUT,
22                                  Uri.fromFile(new File(Environment
23                                          .getExternalStorageDirectory(),
24                                          IMAGE_FILE_NAME)));        //创建新图片空间
25                      }
26                      startActivityForResult(intentFromCapture,      //开始照相
27                              CAMERA_REQUEST_CODE);
28                      break;
29          }}})                                                       //取消按钮
30              .setNegativeButton("取消", new DialogInterface.OnClickListener() {
31                  @Override
32                  public void onClick(DialogInterface dialog, int which) {
33                      dialog.dismiss();                              //若是取消,则将对话框隐藏
34                  }
35          }).show();
36      }
37      private void getImageToView(Intent data) {
38          if (extras != null) {
39              bit_GetPic= extras.getParcelable("data");              //接收图片
40              Bitmap yuan_Picture=toRoundBitmap(bit_GetPic);//把得到的矩形图片设置成圆形
41              get_Picture_String=convertIconToString(yuan_Picture);//把图片转换成字符串
42              Drawable drawable = new BitmapDrawable(yuan_Picture);
43              touxiang.setBackgroundDrawable(drawable);              //设置头像
44              SocketClient.ConnectSevert(Constant.updateUserTouxiang+
45                      userinfo_getId+Constant.updateUserTouxiang+get_Picture_String);
46              userinfo=SocketClient.readinfo;
47              if(userinfo.equals("ok")){                             //传输成功
48                  bm_get=yuan_Picture;
49                  touxiang.setImageBitmap(yuan_Picture);             //在界面中设置圆形图片
50      }}}
```

● 第 2~5 行创建对话框并对对话框的标题、选项等进行设置。当单击不同按钮时,有不同的监听,实现不同的功能。

● 第 8~15 行中,当请求码为 0 时,调用手机自带的相册,读取所有图片数据。用户选择成功后,调用剪裁方法进行剪裁。

● 第 16~29 行中,当请求码为 1 时,判断手机储存卡是否可用,创建图片空间。调用手机自带相机进行拍照,并进行剪裁。

● 第 39~46 行得到剪裁的头像,设置用户头像,对所得头像进行格式转换。将所转换成的字符串发送到服务器。

● 第 47~50 行将用户所选头像上传至服务器,若传输成功,则将头像修改,显示到程序当中。

> **说明** 由于篇幅有限,图片的裁剪方法(startPhotoZoom)、转换头像成圆形的方法(toRoundBitmap)、图片 Bitmap 数据转换成 String 数据的方法(convertIconToString)等未一一列出,请读者自行参照随书附带的源代码。

12.7 本章小结

本章对驾考宝典 PC 端、服务器端和 Android 客户端的功能及实现方式进行了简要的讲解，实现了驾考宝典的基本管理功能，读者在实际项目开发中可以参考本系统，对系统的功能进行优化，并根据实际需要加入其他相关功能。

> **说明** 鉴于本书的宗旨为主要介绍 Android 项目开发的相关知识，因此，本章主要详细介绍了 Android 客户端的开发，对数据库、服务器端、PC 端的介绍比较简略，不熟悉的读者请进一步参考其他的相关资料或书籍。